Bibliothek des Eigentums

Im Auftrag der Deutschen Stiftung Eigentum
herausgegeben von Otto Depenheuer

Band 3

Schwäbisch Hall-Stiftung
(Herausgeber)

Kultur des Eigentums

Zusammengestellt von
Michael Stürmer und Roland Vogelmann

Mit 29 Abbildungen, davon 15 Farbtafeln

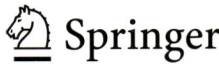 Springer

Schwäbisch Hall-Stiftung
„bauen – wohnen – leben"
Crailsheimer Straße 52
74523 Schwäbisch Hall

ISSN 1613-8686
ISBN-10   3-540-33951-5 Springer Berlin Heidelberg New York
ISBN-13   978-3-540-33951-9 Springer Berlin Heidelberg New York

Bibliografische Information Der Deutschen Bibliothek
Die Deutsche Bibliothek verzeichnet diese Publikation in der Deutschen Nationalbibliografie; detaillierte bibliografische Daten sind im Internet über <http://dnb.ddb.de> abrufbar.

Springer ist ein Unternehmen von Springer Science+Business Media

springer.de

© Springer-Verlag Berlin Heidelberg 2006
Printed in Germany

Einbandgestaltung: Erich Kirchner, Heidelberg

SPIN 11533269   64/3153-5 4 3 2 1 0 – Gedruckt auf säurefreiem Papier

Geleitwort

Das 75jährige Bestehen der Bausparkasse Schwäbisch Hall AG ist ein schöner Anlaß, ausführlich den Wert des Eigentums herauszustellen. Die Deutsche Stiftung Eigentum gratuliert zu dem Jubiläum sehr und freut sich, die gehaltvolle Festgabe in ihrer Schriftenreihe zu führen. Es soll damit dem Eigentum als Idee, als allgemeine soziale Grundlage und als Medium der Freiheit eine Bühne geboten werden, denn im kurzatmigen Alltag geht seine Grundlagenfunktion allzu leicht unter, und die Politik scheint ohnehin mehr seine Abschöpfung als seine Pflege im Auge zu haben. Dabei ist Eigentum die wirtschaftliche Basis aller realen Freiheit. Das Verfügbarhaben von Eigenem bietet seinem Inhaber die Möglichkeit, es zum persönlichen Erfolg und zum Vorteil der Allgemeinheit einzusetzen. Erst das Eigentum an den Produktionsmitteln gibt Motivation und Leistungswillen, mit diesen Pfunden zu wuchern und etwas hervorzubringen, was auch anderen nützen kann. Für die Gesellschaft ist Eigentum deshalb unersätzliche Bedingung ihres allgemeinen Wirtschaftskreislaufs, für den freiheitlichen Staat bedeutet Eigentum einen Eckpfeiler seiner Ordnung, und für die Kultur stellt Eigentum einen Ausgangspunkt ihrer Hervorbringung und Verbreitung dar. Die vielfältigen Beiträge in dieser Festschrift machen all das von unterschiedlichen Ausgangspunkten her deutlich und verfolgen die Wirkungen bis in konkrete Einzelformen hinein.

Wohneigentum verkörpert die Verbindung von persönlichem Freiheitsgewinn und sozialem Ertrag am augenfälligsten. Die Festgabe ehrt ein Unternehmen, das sich seit einem Dreivierteljahrhundert um die Möglichkeiten seines Erwerbs verdient gemacht hat. Wir wünschen dem Haus auch weiterhin nachhaltige Prosperität bei dieser wichtigen Aufgabe.

Kiel / Köln, im März 2006

Prof. Dr. Edzard Schmidt-Jortzig
Stiftungsratsvorsitzender
der Deutschen Stiftung Eigentum

Prof. Dr. Otto Depenheuer
Herausgeber der
Bibliothek des Eigentums

Vorwort

Eigentum ist nicht alles. Aber alles ist nichts ohne Eigentum. Freiheit und Eigentum bedingen einander. Wo das Eigentum fällt, da muss die Freiheit nach. Und wo die Freiheit fehlt, da sind auch die Tage des Eigentums gezählt. Das ist die Erfahrung des 20. Jahrhunderts, und es reicht, sie einmal zu machen.

Die Epoche begann mit der Urkatastrophe des großen Krieges: „In ganz Europa gehen die Lichter aus, und wir werden sie nicht wieder leuchten sehen in unserer Lebenszeit", sagte damals ein britischer Außenminister, ratlos und traurig. Die Epoche der Kriege war katastrophal für die Menschen, zerstörerisch für alles Eigentum. Wir haben im Westen des europäischen Kontinents bald nach 1945 die Lichter wieder leuchten sehen, und im Osten seit 1989.

Damit kam auch die Freiheit zurück, und mit ihr das Eigentum. Das Recht auf die Suche nach dem Glück, die ewig junge, unverlierbare Botschaft der europäischen Aufklärung, ist wieder in Geltung.

Aber wer glaubt, dieses Recht sei jemals endgültig und unverlierbar gesichert, der übersieht die vielerlei Einschränkungen und Gefahren, die Eigentum umstellen.

Bausparkasse Schwäbisch Hall – das war in den Anfängen vor einem Dreivierteljahrhundert eine Geschichte von Krise, Krieg und Katastrophe und wurde dann, über sechs Jahrzehnte, eine Geschichte des Aufbaus, der Solidität, des Vertrauens. Wir wollen dazu weder Chronik noch Festschrift liefern, sondern betrachten diese 75 Jahre des Hauses als Anlass, in vielen Variationen über das Grundthema Eigentum nachzudenken, sein Versprechen und seine Gefährdungen. Denn die Kultur des Eigentums hat vielerlei Ausprägungen, von den ältesten wie Grund und Boden bis zu den neuesten wie Patentwesen und Copyright. Nichts davon ist abschließend hypothekarisch gesichert, sondern muss Tag für Tag vertreten werden, gerechtfertigt und verteidigt.

Wer vieles bringt, wird manchem etwas bringen – sagt der Theaterdirektor bei *Goethe*. Wir wollen eben dies, aber auch noch etwas mehr. Dieses Buch soll in der Perspektive des Eigentums die geistesgeschichtliche Lage der Gegenwart beleuchten und den Blick auf die Zukunft leiten.

Das bestimmte das Gespräch mit den Autoren und die Auswahl der Themen. Vollständigkeit war weder theoretisch denkbar noch praktisch möglich.

Dennoch glauben wir, hoffen wir, dass die geneigte Leserin und der geneigte Leser in diesen Beiträgen Anregendes, Nützliches und Weiterführendes findet.

Berlin / Schwäbisch Hall, im März 2006

Dr. Matthias Metz
Vorsitzender des Vorstands
Bausparkasse Schwäbisch Hall AG

Prof. Dr. Michael Stürmer
Chefkorrespondent
DIE WELT

Inhalt

Geleitwort V

Edzard Schmidt-Jortzig, Otto Depenheuer

Vorwort VII

Matthias Metz, Michael Stürmer

I. Worauf die Republiken bauen

Wenn das Eigentum fällt, so muß der Bürger nach 3

Hans D. Barbier

Haus und Hof – die Gefährdung 9

Ernst-Wolfgang Böckenförde

Förderer der Selbsthilfe – Das Modell der Genossenschaftsbanken 17

Fritz Bokelmann

Wir kennen uns – wir helfen uns 25

Alexander Erdland

Eigentum und Bürgergesellschaft 29

Dieter Haack

Kleines Geld, großes Geld –
der Beitrag der Sparkassen zur Vermögensbildung 35

Heinrich Haasis

Deutschland Deine Stärken
Handicap als Aufstiegsmotiv 43

Gertrud Höhler

Der Wert des Geldes 49

Jean-Claude Juncker

Die Verantwortung des Unternehmers
Diskussionsansätze aus der Sicht der Kirche 53

Karl Kardinal Lehmann

Eigentum: Voraussetzung für Freiheit und Wohlstand 61

Berthold Leibinger

Wohneigentum und nachhaltige Entwicklung
– von der Mitverantwortung zur Mitgestaltung 69
Thomas Lützkendorf

Die Firma als Haus 77
Helmut Maucher

Öffentlicher Nutzen, privater Nutzen. Überlegungen zu Geschichte
und Gegenwart eines komplizierten Verhältnisses 83
Paul Nolte

Ein neuer Generationenvertrag tut Not 91
Bernd Raffelhüschen und Jörg Schoder

Die zweite Schaffung der Republik: Freiheit und Eigentum 97
Wolfgang Schäuble

Kultur des Eigentums 103
Oscar Schneider

Katastrophe und Renaissance
der deutschen Eigentumsgesellschaft (1914–2006) 109
Hans-Peter Schwarz

Leben, Freiheit und Eigentum 117
Michael Stürmer

Geistiges Eigentum 123
Uwe Wittstock

Ohne Eigentum ist alles nichts 129
Reinhold Würth

II. Der Staat und seine Grenzen

Freiheit und Zukunft sichern
Wohneigentum: Österreichische Dimension und politische Bedeutung 137
Martin Bartenstein

Wozu braucht man Eigentum? 145
Kurt H. Biedenkopf

Soziale Marktwirtschaft im 21. Jahrhundert 151
Peter Bofinger

So viel Markt wie möglich – so viel Staat wie nötig 159
Wolfgang Franz

Eigentümliches – vom Umgang mit der Sozialen Marktwirtschaft 165
Klaus-Peter Müller

Die Eigentumsgarantie des Grundgesetzes 171
Hans-Jürgen Papier

Eigentum – was geht den Staat das an? 179
Christine Scheel

Luftschlösser 187
Horst Teltschik

Wem gehört die Natur?
Ein Gespräch mit *Klaus Töpfer* 195
geführt von Jochim Stoltenberg

Soll der Staat nur fördern oder auch fordern? 201
Otto Wiesheu

III. Bauformen, Lebensformen

Stadtpläne 211
Vittorio Magnago Lampugnani

Dies Haus ist mein …
Perspektiven volkskundlicher Hausforschung 227
Hermann Bausinger

Kibbuz als Lebensform 235
Dorit Brandwein-Stürmer

Die Stadt, ein System des Networking 241
Hans-Michael Brey

Kultur des Eigentums in Italien.
Wohnen all' italiana 249
Heinz-Joachim Fischer

Adresse „Wohnungsgenossenschaft" – Erfahrungen und Perspektiven 255
Lutz Freitag

Der Fuchs 261
Eckhard Fuhr

Können sich Landschaft und Wohneigentum vertragen?
Im Prinzip nein …
… aber der Landschaftsverbrauch ließe sich wesentlich verringern! 267
Karl Ganser

Fernsehen und Familie – schweres Management 277
Petra Gerster

Mittelstand und schrumpfende Stadt 283
Dankwart Guratzsch

Muss die Familie neu erfunden werden? 289
Wolfgang Huber

Wohnungseigentum und Kinder 297
Franz-Xaver Kaufmann

Klasse statt Masse
Ein Gespräch mit *Eberhard von Kuenheim* 305
geführt von Michael Stürmer

Aufgeklärte Spekulationen
Die squares in der Londoner Stadtentwicklung 1630–1790 311
Vittorio Magnago Lampugnani

Natur des Eigentums: Bauten als erstarrtes Verhalten von Tieren 319
Hubert Markl

Das Haus des Geldes
Die Wiederverwandlung der Bundesbank 325
David Marsh

Das Familiäre im Bankgeschäft 331
Friedrich von Metzler

Die Stadt als Markt 337
Alexander Otto

Unternehmertum und Unabhängigkeit 343
Christopher Pleister

Liebe und nicht so liebe Haustiere 349
Josef H. Reichholf

Die Wiedergeburt unserer Städte 357
Petra Roth

Städte im Abseits: Kecskemét zum Beispiel 363
Karl Schlögel

Zur Sozialgeschichte des Wohneigentums 369
Günther Schulz

Chinas Aufstieg zur Weltmacht – Wie geht es weiter? 377
Konrad Seitz

Das Elternhaus 385
Cora Stephan

Heimat 391
Christoph Stölzl

Alles unter einem Dach
Das westfälische Haus 397
Hans-Ulrich Thamer

Kultur der Aktie 403
Kurt Viermetz

Neues Bauen in alten Städten
Kriterien für den Städtebau im 21. Jahrhundert 413
Martin Wentz

IV. Raum und Traum

Von Träumen und Räumen 423
Max Bächer

Die heilende Kraft der eigenen vier Wände 429
Sabine Bergmann-Pohl

Widersprüche der Freiheit 435
Joachim Fest

Das Haus, das ich schon immer bauen wollte 439
Ingeborg Flagge

Hartnäckige Villenbesitzer?
Über reale und fiktive Häuser deutscher Dichter 447
Wolfgang Frühwald

Die Verantwortung der Politik für die Landschaft 455
Alois Glück

Wandel des Lebens durch Mobilität – Das große Glücksversprechen 461
Bernd Gottschalk

Das Hotel, ein Traum 467
Jan Kleihues

Sein oder De-sign?
Die Manufaktur der schönen Körper 475
Irene Krawehl

Leben ohne Eigentum 485
Hermann-Josef Kugler

Haus der Bücher
Haus des Lebens 493
Klaus-Dieter Lehmann

Vom Hausbesetzer zum Hausbesitzer 501
Oswald Metzger

Die Kraft, die aus der Marke kommt 507
Bernd M. Michael

Was wollen 1.300 Millionen Chinesen? 517
Kay Möller

Wie wollen wir morgen wohnen?
Leben in der Stadt der Zukunft 523
Horst W. Opaschowski

Hoch hinaus
Ein Gespräch mit *Ulrike Meyfarth-Nasse* 531
geführt von Jochim Stoltenberg

Wie Gott in Frankreich?
Wandel und Kontinuität der französischen Wohnstile 537
Jean-Paul Picaper

Das Haus als Firma 545
Elisabeth Plessen

Das menschliche Gehirn – das Haus aller Häuser 553
Idan Segev

Geistige Wege zur Stadt
Über Urbanität und Bewusstsein 563
Rolf Schneider

Alle meine Zelte 571
Peter Scholl-Latour

Die Ewige Stadt
Der Umbau Roms zur modernen Hauptstadt Italiens
im späten neunzehnten Jahrhundert 573
Gustav Seibt

Abschied vom bürgerlichen Bauen
Die Architektur der Nachkriegszeit krankt nicht an den Architekten,
sondern an der Abwesenheit von Bauherren 579
Wolf Jobst Siedler

Zur Zukunft des Städtischen nach dem Scheitern der Moderne 583
Hans Stimmann

Missfällt den Medien das Eigenheim? 593
Peter Voß

Wohneigentum im Spannungsfeld der Politik 597
Andreas J. Zehnder

From Slum to Urban Property: How to Reinvent a City 605
Bernd Zimmerman

pro domo

Der Bausparer 615
Ulli Kulke

Vom Umgang mit fremdem Geld 621
Matthias Metz

Totgesagte leben länger!
Ansichten und Einsichten eines Marktforschers 627
Rüdiger Szallies

Autorenverzeichnis 633

I. Worauf die Republiken bauen

Wenn das Eigentum fällt, so muß der Bürger nach

Hans D. Barbier

Eigentum ist ein gutes deutsches Wort. Aber in einem der historisch wirkmächtigsten Zusammenhänge wird es nicht ohne Grund fast immer Englisch zitiert:" Life, liberty and property". Das ist der Dreiklang des Bürgerrechtes in der Formulierung, die ihm der englische Philosoph *John Locke* (1632–1704) gegeben hat. Mehr als nur ein Nachhall davon findet sich in der amerikanischen Unabhängigkeitserklärung, in der dieser Akkord zu „Life, liberty and the pursuit of happiness" moduliert wird. Die kollektive Erinnerung daran, dass da einmal „property" stand, ist den Amerikanern freilich nie verloren gegangen. Sie haben, auf dem liberalen Erbe Europas stehend, mit der Chiffre „Eigentum" entscheidend das geprägt, was man die moderne Zivilisation der westlichen Welt nennt. Der Bürger steht erhobenen Hauptes vor seinem Staat, der der Seine ist, weil der Bürger ihn aus den Erträgen seines Eigentums finanziert. In den Finanzgeflechten des modernen Staates ist das nicht mehr so deutlich erkennbar. Aber im kollektiven Gedächtnis der Bürgergesellschaft wirkt es nach, wenn es auch längst keine Selbstverständlichkeit mehr ist, aus dem sichtbaren Stolz auf Eigentum die Würde der Bürgerlichkeit herzuleiten, zu zeigen und auf ihr zu bestehen. In geschichtsbewussten Kreisen der englischen Bürgerschaft ist bis heute das Wissen präsent, dass die Finanzierung des vom Königtum getragenen Staates aus den Bodenerträgnissen der Bürger am mühevollen Beginn und am guten Ende des Ringens um den Parlamentarismus stand.

Leben, Freiheit, Eigentum. Für die Denker des angelsächsischen Liberalismus ist es entscheidend, dass es hier nicht um Rechte geht, die der Staat von hoher Hand zu gewähren hat. Es sind – ausdrücklich: einschließlich des Eigentums – unveräußerliche Rechte, die den Menschen vor aller Staatsgründung gehören. Indem sie Bürger werden, hat der Staat diese Rechte der Menschen zu schützen. Und es spricht für den das ökonomische Kalkül nicht scheuenden Pragmatismus angelsächsischer Staatslehre, dass dieses Schutzgebot auf dem Ökonomismus eines guten Geschäftes für alle ruht. Die Rechtsfiguren der parlamentarischen Vertretung, der Bindung allen Staatshandelns an das Gesetz und der Unabhängigkeit der richterlichen Gewalt entstehen im Spannungsverhältnis zwischen der Ursprünglichkeit der Rechte auf Leben, Freiheit und Eigentum einerseits und dem in der staatsgründenden Bürgerversammlung beschlossenen Schutzauftrag an den Staat andererseits. Im guten Geschäft für alle erscheint der Staat als Schützer vor den individuellen Gewaltrisiken einer vorstaatlichen Welt. Auf das Konto des Staates fließen die Steuern, die zu zahlen den Bürgern möglich wird, solange der Staat ihrem Erwerbsstreben Raum lässt und er sich nicht in die Bewirtschaftung ihres Eigentums einmischt. Diese plastische Sicht der Staatsaufgabe und der Staatsfinanzen war zeitbedingt. Es waren nämlich die Grundsteuern, die zunächst dem englischen, dann dem amerkanischen Staat zur Verfügung standen: „property" war vor allem „estate". Damit war man ganz beim Empfinden der Zeit: In der Epoche *John Lockes* bedeutete Bürgertum „gentry". Und an der Formel „Bürgertum gleich Besitz" war nichts Anstößiges.

Das war vor dreihundert Jahren. Heute wird niemand das Bürgersein an Besitz oder Eigentum knüpfen, weder rechtlich noch soziologisch. Aber es wäre für die Zukunft des Gemeinwesens nicht schlecht, wenn man den Zusammenhang zwischen Bürgerlichkeit und Eigentum aus den abgesunkenen Tiefen des kollektiven Gedächtnisses höbe, wenn man diesen einst so geläufigen Konnex wieder etwas näher an die Formulierung von Grundsätzen für das Verhältnis von Bürgergesellschaft und Staat heranließe. Und sei es in der warnenden These: „Wenn das Eigentum fällt, so muss der Bürger nach." Das klingt nach hingetupftem Feuilleton, ist aber ein auch für den Erkenntnisbedarf der Politik belastbares Stück Ökonomie: ohne Eigentum keine Bürgerlichkeit, ohne Bürgerlichkeit kein Wohlstand. Eine Gesellschaft, die aus gutem Grund das Bürgerrecht nicht an Eigentum bindet, kann dennoch gute Gründe finden, eine Beziehung zwischen Eigentum und Bürgerlichkeit zu vermuten.

Was steht hinter der Beziehung von Eigentum, Bürgerlichkeit und Wohlstand? Dahinter steht nicht eine Ideologie, sondern das Rechnen. Das Rechtsinstitut „Eigentum" hat offenbar eine wesentliche Funktion für die Gestalt und das Ergebnis des Investitionskalküls in längerfristiger Perspektive. Alle Versuche, das individuelle Eigentum durch Entscheidungsprozeduren eines Kollektivs zu ersetzen, sind moralisch, materiell und politisch desaströs fehlgeschlagen. Der Kommunismus, der als Theorie der Überwindung der Bourgeoisie den Zusammenhang von Bürgerlichkeit und Eigentum immer klar gesehen hat, ist spektakuläres Beispiel für das monströse Scheitern eines Großexperimentes gegen das Eigentum. Für weniger scharf geschnittene Formen dieser Ideologie – bis hin zum Laborismus des untergegangenen Jugoslawien – gilt indessen das gleiche Urteil: sie sind aus erklärbarem Grunde gescheitert. Wer es nötig hatte, der konnte aus diesem Scheitern etwas lernen: Die Verfügung über individuelles Eigentum ist durch keine Simulation und durch keine am Reißbrett entworfene gesellschaftliche Gesamtrechnung zu ersetzen.

Aber auch die Marktwirtschaft ist nicht auf ein Rechenverfahren zu reduzieren. Denn für das Rechnen ist es nicht gleichgültig, was wem gehört. Ersatzlösungen eines nur für Kalkulationszwecke zugelassenen „Als-ob"-Eigentums führen auch hier nicht einmal zum häufig behaupteten Zweitbesten. Ein Indiz für die gesellschaftliche und wirtschaftliche Bedeutung des vollen Rechtstitels „Eigentum" ist schon darin zu sehen, dass eine Theorie der Ökonomie, die nicht explizit auch vom Eigentum, von seinen Rechten und Pflichten handelt, nur schattenhaft die Wirklichkeit abbildet. Nutzen- und Investitionskalküle lassen sich in Aufwands- und Ertragsgrößen oder durch Auszahlungs- und Einzahlungssequenzen auf formaler Ebene durchaus darstellen. Das sind gerade wegen ihrer abstrahierenden Vereinfachung bewährte Hilfsmittel zur Ermittlung von Marktgleichgewichten, zur Kalkulation von Preisen und Mengen auf einzelnen Märkten oder zur Erklärung von Anpassungsprozessen im Preis- und Mengenverbund eines ganzen Systems von Märkten. Das ist für das geübte Hantieren mit dem ökonomischen Kalkül schon viel. Aber es ist nicht alles für den Versuch einer Erklärung der Wirklichkeit des sozialen Lebens. Eigentum ist eben mehr als der Barwert eines Nettozahlungsstromes.

Die Verfügung über Eigentum ist für die Lebenswirklichkeit einer Marktwirtschaft konstituierend. Schon der freie Tausch für die Ermittlung von Knappheitspreisen für Güterbestände ist nicht möglich, wenn es kein individuelles Eigentum mit den darin enthaltenen Verfügungsrechten des Kaufs, der Veräußerung und der Beleihung gibt. Beim Investieren, also bei der Voraussetzung für Wachstum, wird die Bedeutung des Eigentums noch erheblicher. Die Berechtigung, ertragversprechende Wagnisse zu übernehmen, ergibt sich aus der Haftung im Falle des Scheiterns. Personengebundene Haftung aber ist nicht möglich, wenn die Übernahme von Risiken nicht im Eigentum oder in Rechten individualisiert ist, die dem Rechtsinstitut „Eigentum" nachgebildet sind. Auf dieser Funktion des Eigentums baut die „Theory of Property Rights" auf, wie sie etwa von den Ökonomen *Armen Alchian* und *Harold Demsetz* entwickelt worden ist. Es zeigt sich auch aus dieser Sicht: Ohne wohldefiniertes und personell zugeordnetes Eigentum lässt sich keine Investitionsperspektive entwickeln, die realistische Gewinnchancen nicht zuletzt deswegen aufspürt, weil sie mit haftungsbewehrten Risiken rechnet. Und es muss dabei nicht immer um Investitionen in einen Maschinenpark zur Produktion von Gütern oder um die Beteiligung an einem Dienstleistungsunternehmen gehen. Auch in einer Altersvorsorge, die auf der Bedienung individueller Kapitalkonten gründet, wirken „property rights": Die so vorsorgenden Bürger gewinnen Sinn für die je eigene Sparleistung, und sie stellen kalkulierbare Anforderungen an eine marktgemäße Verzinsung, anstatt sich der unkalkulierbaren Erwartung hinzugeben, eine Gemeinschaft von Umlageverpflichteten werde schon für das mit dem medizinischen Fortschritt größer werdende Teilkollektiv der Altgewordenen sorgen.

Die Moral des Marktes lebt von Rechten und von Pflichten, die in besonderem Maße im Rechtsinstitut „Eigentum" verkörpert sind. Die Moral des Marktes ist die Moral des richtigen Rechnens mit knappen Gütern. Die Moral des Marktes ist die Moral des haftungsgebundenen Wägens von Risiken und Chancen im Invesitionskalkül der Unternehmen. Die Moral des Marktes scheint auf im gesellschaftlichen

Stellenwert des Eigentums für die Vorsorge gegen Risiken und Altersarmut. Eigentum und die Wahrnehmung der in ihm gebundenen Rechte für das Ausloten wirtschaftlicher Chancen treten im Wettbewerb der Märkte auch in den Dienst derer, die kein Eigentum haben. Denn auch sie sind nicht machtlos dem Eigentum anderer ausgeliefert, weil die Ausübung der Rechte aus Eigentum in einer Marktwirtschaft immer unter dem Vorbehalt der Bewährung in der Konkurrenz steht. In allen diesen Facetten der Moral zeigt sich die auch normativ hoch zu bewertende Kalkulations- und Disziplinierungsleistung des Marktes.

Es geht beim Versuch einer ökonomischen und gesellschaftlichen Bewertung des Eigentums eben nicht nur um Kalkulation eines markträumenden Gleichgewichtspreises für die Transaktionen des jeweiligen Tages. Die längerfristige Perspektive der Investoren findet ihren als Produktivitätsfortschritt und Innovation gemessenen Niederschlag im „Wohlstand der Nationen", dem *Adam Smith* seine grundlegende Analyse der Leistung von Märkten im Rahmen eigentumsbasierter Rechtsordnungen gewidmet hat. Eigentum und Bürgerlichkeit: das ist auch eine Frage des Zeithorizontes. Wie weit weg ist uns die Zukunft? Dass Eigentum Bürgerlichkeit hervorbringt, ist nicht die Begleiterscheinung eines konsumorientierten Lebensstils. Sparen und Investieren, Bewahren und Vererben sind Haltungen und Motive, die zum Denken und Handeln in längeren Zeitperspektiven führen. Die Klassiker der Analyse des kapitalistischen Investitionskalküls, zu denen auf seine Weise *Karl Marx* gehört hat, haben erkannt, worin das gar nicht so schwer zu lüftende Geheimnis des Produktivitätsfortschritts der amerikanischen und westeuropäischen Nationalwirtschaften des 19. Jahrhunderts begründet war: in der „Mehrergiebigkeit der Produktionsumwege". Was allerdings nicht alle gesehen haben, war die Abhängigkeit dieser produktiveren Umwege vom individuellen Eigentum an Produktionsmitteln. Der Bourgeois, der sein Eigentum auch unter dem Aspekt des Vererbens bewirtschaftet, hat den längeren Zeithorizont als der Funktionär, der vergesellschaftete Produktionsmittel in den Dienst des Erreichens von Jahresplanzahlen zu stellen hat. Die bürgerliche Perspektive ist offenbar nicht mehr verfügbar, wenn man ihr das Eigentum genommen hat. Bürgerlich sein ist mehr als eine Attitüde. Gelebte Bürgerlichkeit bedarf auch der wirtschaftlichen Fundierung.

Die Desaster des 20. Jahrhunderts sind nicht ohne Lehren geblieben. Bürgerlichkeit aber bleibt weiterhin politischen Risiken ausgesetzt. Der Sinn für den Zusammenhang von Eigentum und Bürgerlichkeit ist auch in den Staaten und Gesellschaften des frühen 21. Jahrhunderts nicht ungefährdet. Hohe und steigende Staatsanteile am Sozialprodukt der Industrienationen, die Kollektivierung von Vorsorgeeinrichtungen im finanzwirtschaftlichen Umlageverfahren, hohe Steuern, die mit dem Bedarf an breit gestreuten Subventionen und vielerlei Hilfen zur Lebensführung von immer mehr Gruppen begründet werden: ein Bürgertum, das seine Lebensentwürfe in Eigenverantwortung und mit eigenen Mitteln durchaus auch im etwas fahleren Licht des von den Ökonomen so genannten „kalten Sterns der Knappheit" gestalten will, kann sich darin nicht wiederfinden. Reformagenden, die das verkennen, werden das Bürgertum für Stückwerksreparaturen an den schwankenden Finanzgerüsten des Gemeinwesens nicht gewinnen können. Man kann nicht auf den politischen Leistungsbeitrag bürgerlicher Kreise und bürgerlicher Tugenden setzen, wenn man nicht gewillt ist, den Zusammenhang von Bürgerlichkeit und Eigentum auch unter den Bedingungen einer sozial verpflichteten Politik zu respektieren. Eigentum ist unerlässlich für wirtschaftlichen Fortschritt, Freiheit und Herrschaft des Rechts. Eigentum ist eine Institutionenerfindung der Zivilisation: als Schranke gegen die Macht des Staates, als Hilfe bei der Entwicklung demokratischer Strukturen in der heute noch einschränkend „westlich" genannten Welt.

Schutz von Leben, Freiheit und Eigentum: Bürgerlichkeit braucht das ganze Programm des klassischen Liberalismus. Politisch ungefährdet war dieses Programm auch in der Obhut demokratischer Strukturen nie. Parlamente sehen ihren Auftrag und ihre Bewährung im Gestalten. Der Unterschied zwischen dem Guten und dem Gutgemeinten bleibt dabei nicht immer trennscharf. Mark Twain, dem alten Spötter, wird der Satz zugeschrieben: „No man's life, liberty or property are safe while the legislature is in session."

Literatur

Alchian, A./ Demsetz, H., The Property Rights Paradigm, Journal of Economic History 1973, S. 174-183

Locke, J. (1690), Two Treatises of Government, London

Smith, A. (1993), Der Wohlstand der Nationen, München

Haus und Hof – die Gefährdung

Ernst-Wolfgang Böckenförde

1. Wenn wir von Haus und Hof sprechen, verbinden sich damit bestimmte Vorstellungen und Bilder. Als zehn- bis zwölfjähriger Junge und auch später noch war ich öfters als Feriengast auf dem Bauernhof im Westfälischen, von dem mein Großvater abstammte: Das lang gestreckte Wohnhaus mit den Pferdeställen, andere Stall- und Ökonomiegebäude, die große quergerichtete Scheune, die Einfahrt zum Hof von Bäumen eingerahmt, das war die lebendige Anschauung, die ich von Haus und Hof hatte. Und einige hundert Meter entfernt lag – ebenfalls in verwandtschaftlicher Verbindung – ein ähnlicher Hof, zu dem wir uns hin und wieder, über die Weidezäune kletternd, aufmachten. Aber nicht nur mit landwirtschaftlichen Gehöften in bäuerlicher Einzelsiedlung (sog. Bauerschaften) oder dörflichem Zusammenhang entlang der Straße verbinden wir die Vorstellung von Haus und Hof, sondern ebenso mit Handwerksbetrieben, die mit dem Wohngebäude verbunden sind, und auch mit freistehenden, vom Garten umgebenen Wohnhäusern.

Was so als „Haus und Hof" wahrgenommen wird, erscheint nicht wenigen als eine mehr oder minder natürliche Gegebenheit, eingelassen in eine Landschaft, die dadurch geprägt wird und ihren unverwechselbaren Charakter erhält. Aber Haus und Hof sind keineswegs etwas Natürliches, sie sind Hervorbringungen und Ausdruck von Kultur, d. h. der Niederschlag menschlicher Arbeit und Planung, die den Boden urbar macht, Wälder rodet, Grundflächen ausweist und zuordnet, sie bebaut und zum Zwecke einer bestimmten Nutzung kultiviert und ihnen Pflege angedeihen lässt. Unter diesen notwendigen Kulturbedingungen für Haus und Hof nimmt die Eigentumsordnung eine besondere Stellung ein. Dass so etwas wie Haus und Hof als gesicherte Einrichtung menschlichen Zusammenlebens entsteht, dass es geschützt ist und über Generationen hinweg Bestand haben kann, verdanken wir nicht zuletzt der Eigentumsordnung, wie die Menschen sie geschaffen haben.

Eine solche Eigentumsordnung ist freilich nicht ein für alle Mal da, sie ist veränderlich, kann verschiedene Gestalt annehmen, und entsprechend verändern sich die Bedingungen und Möglichkeiten für den Erwerb, den Erhalt und die Vererbung von Haus und Hof. Die Art der Eigentumsordnung ist ein bestimmender Faktor für die Gestaltung der grundlegenden Lebensvorgänge in einer Gesellschaft; sie gibt Antwort darauf, durch wen und in welcher Weise die vorhandenen oder erschließbaren Lebensgüter in Besitz genommen, wie sie genutzt und veräußert werden können, wodurch und in welchem Maß der einzelne einen Anteil daran erhält, in welchen Formen und von wem maßgeblich getragen sich die vielfältigen Produktionsvorgänge vollziehen. Eigentumsformen und Eigentumsinhalt prägen, so gesehen, Lebensformen und Sozialstruktur; sie können sie stabilisieren, verändern und auch auflösen; Haus und Hof sind Ausdruck einer bestimmten Eigentumskultur.

2. Ist diese Eigentumskultur heute bedroht oder gesichert? Eigentum an Haus und Hof hat seine Grundlage in einem **institutionellen** Eigentumsverständnis. Eigentum dient hier als Lebensgrundlage und persönlicher Lebensraum, aus dem heraus sich individuelle Freiheit und Erwerbstätigkeit, in Gemeinschaftsbeziehungen stehend, entfalten; es wird deshalb vor grenzenloser Mobilität und Verfügbarkeit ein Stück weit gesichert, um zu verhindern, dass der Einzelne und die Familien zum Flugsand eines universellen Warenverkehrs werden.

2.1 Dieses institutionelle Eigentumsverständnis ist heute in der Defensive; will man es festhalten, bedarf es dazu besonderer Anstrengungen. Der Gegenwind kommt von der sich immer mehr ausbreitenden und dominant werdenden Funktionsweise der kapitalgesteuerten Erwerbs- und Industriegesellschaft, der wir allerdings, niemand sollte das übersehen, enorme Wohlstandswirkungen verdanken. Zu dieser Funktionsweise gehört es, dass Eigentum sich in (geldwertes) Vermögen und Kapital verwandelt, gerade und nur als solches wahrgenommen und eingesetzt wird; das Eigentumsgut wird zur Ware, die auf Ankauf, Verkauf und Verwertung am möglichst freien Markt nach dem Prinzip von Angebot und Nachfrage angelegt ist. Das führt zu einer ungeheuren Mobilität und produktiven Dynamik, die tendenziell alles Geschehen der eigenen Funktionslogik zu unterwerfen sucht und dadurch wesentliche Veränderungen der Lebensformen und Lebensverhältnisse im Sinne ihrer Marktökonomisierung bewirkt. Ein institutionelles Eigentumsverständnis kann da nur als Hemmnis erscheinen, als Relikt einer feudal oder agrarisch bestimmten Ordnung, das überwunden werden muss.

2.2 Das Problem lässt sich an einem Beispiel verdeutlichen. *Joseph H. Schumpeter* hat auf die „produktive Zerstörung" hingewiesen, die von der kapitalistischen Produktionsweise für hergebrachte Lebensverhältnisse ausgeht, und *W. v. Simson*, der überzeugte und zugleich nachdenkliche Europäer, hat dies am Fall der Wirkungen des GATT-Abkommens (heute WTO) treffend erläutert: „In Frankreich, in Bayern und auch in anderen Ländern stellt der bäuerliche Klein- und Mittelbetrieb nicht nur eine beliebige ... Erwerbstätigkeit dar, sondern ein unersetzliches Moment des allgemeinen, so und nicht anders gewachsenen Daseins ... Es wird vielfach erklärt, diese fest verwurzelte Daseinsform müsse zugrunde gehen, wenn ihre in Kleinbetrieben hergestellten Produkte zur Konkurrenz gezwungen würden mit importierten, aus industrialisierten Großbetrieben stammenden Agrarerzeugnissen. Nimmt man an, dass dies zutrifft, müsste eine europäische Verfassung sich fragen, ob die Gemeinschaft berechtigt ist, internationale Verpflichtungen auf sich zu nehmen, deren Erfüllung die wesentliche Eigenheit einzelner Mitglieder aufhebt." (*v. Simson* 1991, S. 13).

2.3 Bewegen wir uns von diesem Beispiel auf den Kernpunkt hin, so zeigt sich, dass eine permanente Gefährdung von Haus und Hof, seiner Grundlage in institutionell gesehenem Eigentum, in dem von den inneren Bewegungskräften der kapitalgesteuerten industriellen Erwerbsgesellschaft immer wieder verfolgten Bestreben liegt, auch Grund und Boden voll dem reinen Marktprinzip und seiner Funktionslogik zu unterstellen. Dieses Streben ist in verschiedenen Anläufen ein weites Stück vorangekommen, hat zu mannigfachen Verwerfungen geführt und Abwehrkräfte erst spät und bis heute zaghaft mobilisiert. Wie ist die Problemlage?

2.3.1 Das Marktprinzip ist für den Umgang mit Grund und Boden, wo dieser, bezogen auf die Bedürfnisse der Menschen, nicht im Überfluss vorhanden, sondern knapp ist, unangemessen und in seinen Wirkungen zerstörerisch. Dies ist deshalb so, weil einerseits steigende Nachfrage nicht zu vermehrter, sei es gleicher, sei es funktional gleichwertiger Produktion führen kann, andererseits aber auf Grund und Boden auch nicht wie auf Luxus- oder Liebhabergüter im Zusammenleben der Menschen verzichtet werden kann. Es fehlt mithin – anders als für den Bereich herstellbarer Waren – an einer wesentlichen Voraussetzung für die Funktionsfähigkeit des Marktprinzips und seiner Ausgleichslogik.

2.3.2 Wird dem Marktprinzip dennoch freier Lauf gelassen, ist die Folge neben anderem eine durch steten Nachfragedruck ausgelöste Preisexplosion für Baugrundstücke und Bauerwartungsland, wie sie vor allem – wenn auch nicht allein – innerhalb und im Umfeld von Ballungsgebieten eingetreten ist und weiterhin stattfindet. Diese kontinuierliche Preisexplosion bringt ein außergewöhnliches Maß nicht aufgrund eigener Leistung bzw. Investition veranlasster Gewinne, die individuell anfallen. Sie haben für die Begünstigten einen eher zufälligen Charakter, der auf wechselnde öffentlich-rechtliche Bebaubarkeitsregelungen, die vielfach wie Glückslose anfallen, zurückgeht. Dies wird noch dadurch verstärkt, dass Bebaubarkeit und Nichtbebaubarkeit sich heute nicht mehr primär aus der natürlichen Beschaffenheit und Lage des Grundstücks ergeben. Angesichts der Entwicklung der bautechnischen Möglichkeiten ist einerseits nahezu jedes Grundstück „an sich" bebaubar, andererseits sind für die Bebaubarkeitsregelungen je länger je mehr übergreifende gesamtplanerische Erwägungen und Gesichtspunkte der Boden- und Raumordnung maßgebend, die gegenüber Lage und Beschaffenheit des einzelnen Grundstücks akzidentiell sind; Art und Maß der Bebaubarkeit erhalten daher Zuteilungscharakter (*Böckenförde* 1972, S. 221f.; *Brohm* 1970, Sp. 345ff.).

2.3.3 Diese Entwicklung hat eine soziale Schieflage hervorgerufen. Exorbitanten leistungslosen Gewinnen auf der einen stehen die enormen Aufwendungen auf der anderen Seite gegenüber, die allein schon für den Erwerb eines Baugrundstücks zu erbringen sind. Sie machen den fleißigen Bausparer vielfach schon „arm", bevor er den ersten Spatenstich für das erstrebte Haus getan hat; sie reduzieren die Baugrundstücke auf Kleinparzellen mit Hochbebauung, die jeden wirklichen Garten aussparen, und schließen relativ weite Bevölkerungskreise auch bei Sparwillen und Leistungsbereitschaft vom Zugang zu Bodeneigentum aus, weil es für sie unerschwinglich ist. Mit der sozialen Gebundenheit und Verfangenheit von Grund und Boden, mit der Sozialpflichtigkeit des Eigentums (Art. 14 Abs. 2 GG), die sich gerade hier ausprägen muss, ist das schwerlich vereinbar.

3. Ist es möglich, dieser Entwicklung entgegenzutreten, Gegenmittel gegen die volle Herrschaft des Marktprinzips im Grundstücksverkehr aufzubauen und dadurch dem institutionellen Eigentum als Grundlage für Haus und Hof einen eigenen Lebensraum zu erhalten?

Es kann nicht darum gehen, Hergebrachtes gegen den Trend der Zeit einfach zu konservieren; das führte in eine romantische Idylle, die früher oder später doch von der Entwicklung überrollt würde. Notwendig ist nicht, eine Gegenwelt zu den Gegebenheiten der kapitalgesteuerten Industriegesellschaft, die Grundlage unseres Wohlstandes ist, aufzubauen, vielmehr eine Verbindung mit diesen Gegebenheiten herzustellen, die institutionelles Eigentum als Element der Balancierung und Widerständigkeit gegenüber dem reinen Marktprinzip in seiner Eigenart abstützt und erhält. Das ist eine Gestaltungsaufgabe, die nicht einfach, aber durchaus erreichbar ist, wenn der politische Wille dazu vorhanden ist.

3.1 Einem solchen Willen steht jedenfalls die verfassungsrechtliche Eigentumsgarantie nicht entgegen. Diese ist offen für verschiedene Eigentumsformen, garantiert das Eigentum keineswegs nur als Kapital oder Ware; sie versteht Eigentum gerade nicht als das Recht, mit dem Eigentumsobjekt nach Belieben zu verfahren, wie es § 903 BGB nahe legen könnte, überlässt es vielmehr ausdrücklich dem Gesetzgeber, Inhalt und Schranken des Eigentumsrechts zu bestimmen (Art. 14 Abs. 1 S. 2 GG), ohne dass dies bereits einen Eingriff in das Eigentum darstellt, der ggf. entschädigungspflichtig ist (eingehend *Böhmer* 1989, S. 56ff.); sie schreibt schließlich bei der Enteignung für die Entschädigung nicht den Verkehrswert vor, sondern eine gerechte Abwägung zwischen den Interessen der Allgemeinheit und der Beteiligten (Art. 14 Abs. III GG; näher *Opfermann* 1974, S. 33-66, 142-172). Es lohnt sich, in diesem Zusammenhang einige grundsätzliche Aussagen des Bundesverfassungsgerichts in älteren Entscheidungen zu Art. 14 GG ins Gedächtnis zurückzurufen.

3.1.1 Prinzipiell sieht das BVerfG im Eigentum ein elementares Grundrecht, das in einem inneren Zusammenhang mit der Garantie der persönlichen Freiheit steht; es hat die Aufgabe, „dem Träger des Grundrechts einen Freiheitsraum im vermögensrechtlichen Bereich sicherzustellen und ihm damit eine eigenverantwortliche Gestaltung des Lebens zu ermöglichen." (BVerfGE 24, S. 367 [389]). Inhalt und Funktion des Eigentums sind dabei der Anpassung an die gesellschaftlichen und wirtschaftlichen Verhältnisse fähig und bedürftig; „es ist Sache des Gesetzgebers, Inhalt und Schranken des Eigentums unter Beachtung der grundlegenden verfassungsrechtlichen Wertentscheidung zu bestimmen" (BVerfGE 24, S. 367 [389]).

3.1.2 Wichtig für den hier behandelten Zusammenhang ist eine Entscheidung aus dem Jahr 1967. Darin heißt es: „Die Tatsache, dass der Grund und Boden unvermehrbar und unentbehrlich ist, verbietet es, seine Nutzung dem unübersehbaren Spiel der freien Kräfte und dem Belieben des einzelnen vollständig zu überlassen; eine gerechte Rechts- und Gesellschaftsordnung zwingt vielmehr dazu, die Interessen der Allgemeinheit beim Boden in weit stärkerem Maße zur Geltung zu bringen als bei anderen Vermögensgütern. Der Grund und Boden ist weder volkswirtschaftlich noch in seiner sozialen Bedeutung mit anderen Vermögenswerten ohne weiteres gleichzustellen; er kann im Rechtsverkehr nicht wie eine mobile Ware behandelt werden." (BVerfGE 21, S. 73 [82f.]). Dieselbe Entscheidung sagt zur Bedeutung von Art. 14 Abs. 2 GG („Eigentum verpflichtet. Sein Gebrauch soll zugleich dem Wohl der Allgemeinheit dienen"): „Das Gebot sozialgerechter Nutzung ist nicht nur eine Anweisung für das konkrete Verhalten des einzelnen, sondern in erster Linie eine Richtschnur für den Gesetzgeber bei der Regelung des Eigentumsinhalts das Wohl der Allgemeinheit zu beachten. Es liegt hierin die Absage an eine Eigentumsordnung, in der das Individualinteresse den unbedingten Vorrang vor dem Interesse der Gemeinschaft hat." (BVerfGE 21, S. 73 [83]).

3.1.3 Schließlich ist auch die Position zur Höhe und zum Maßstab der Entschädigung deutlich. Das Gericht geht unter Hinweis auf Art. 14 Abs. 3 Satz 2 GG davon aus, dass „eine starre, allein am Marktwert orientierte Entschädigung" dem Grundgesetz fremd sei; der Gesetzgeber könne „je nach den Umständen vollen Ersatz, aber auch eine darunterliegende Entschädigung bestimmen." (BVerfGE 24, S. 367 [421]). Und im Blick auf den Entschädigungsmaßstab heißt es: „Ob ein Grundstück bebauungsfähig ist, hängt nicht allein von den tatsächlichen Verhältnissen, sondern zunächst von den für das Grundstück maßgeblichen Rechtsvorschriften ab. Ein Grundstück, das nach den gesetzlichen Bestimmungen nicht bebaut werden darf, kann bei der Bemessung der Entschädigung nicht als Bauland in Betracht kommen." (BVerfGE 24, S. 367 [422]). Spekulationen auf potentielles Bauland (Bauerwartungsland) sind damit als Maßstabsfaktor abgewiesen.

3.2 Die hiernach für einen rechtlichen Gestaltungswillen, wenn er denn vorhanden ist, eröffneten Möglichkeiten sind zahlreich; sie können, auch wegen des verfügbaren Raumes, hier nicht im Einzelnen diskutiert werden. Jedenfalls sind weitgehende Um- oder Neugestaltungen des Bodennutzungsrechts, die dem erwähnten Zuteilungscharakter von Bebaubarkeitsregelungen Rechnung tragen, nicht ausgeschlossen (vgl. *Böckenförde* 1972, S. 224-226; vorausgreifende Problemanalyse: *Brohm* 1970, Sp. 346-350). Abschließend sei auf einen möglichen Weg im Rahmen des geltenden Bodennutzungsrechts hingewiesen, der als Dammbau gegen ausufernde Grundstücksspekulation samt deren Folgen für den Erwerb und Bestand von Haus und Hof geeignet sein könnte und näher erwogen werden sollte. Er besteht in einer Kombination mehrerer Maßnahmen, die in ihrem Zusammenwirken geeignet erscheinen zu einem Erfolg zu führen.

3.2.1 Die Entschädigung für die Inanspruchnahme von Grundstücken für Baulandgewinnung, Stadtentwicklung u. ä. ist grundsätzlich nicht länger am Verkehrswert zu orientieren, in den alle Spekulationselemente wie auch steigender Nachfragedruck eingehen, sondern an dem Wert des entzogenen Eigentumsrechts gemäß seinem rechtlich gesicherten Inhalt zum Enteignungszeitpunkt. Das bedeutet, dass Eigentum an Acker- und Weideland nur nach dem Wert von Acker- und Weideland, das Bebaubarkeit ausschließt, zu entschädigen ist, nicht nach Bauerwartungschancen; der Wiederbeschaffungswert für ein Grundstück gleicher rechtlicher Nutzungsart ist maßgebend und angemessen.

3.2.2 Die den Gemeinden im Rahmen städtebaulicher Entwicklungsmaßnahmen (§§ 165-169 BauGB) zuerkannten Aufgaben, Befugnisse und Verpflichtungen sind zur Entwicklung und zum Ausbau von Wohngebieten vermehrt anzuwenden und ggf. zu erweitern. Die hierbei vorgesehenen Entschädigungs- und Ausgleichsregelungen (§ 169 Abs.1 u. 4 i. V. m. § 153 Abs. 1-3 BauGB) tragen dem unter 3.2.1 formulierten Entschädigungsprinzip bereits in weitem Umfang Rechnung. Die Veräußerungspflicht der Gemeinden nach Abschluss der Entwicklungsmaßnahmen zum Neuordnungswert (§ 169 Abs. 6 u. 8 BauGB) hat allein der Finanzierung der Entwicklungsmaßnahmen zu dienen und schließt Finanzgewinne der Gemeinden selbst aus.

3.2.3 Zur Eindämmung des Preisauftriebs bei Zweitverkäufen ist die Steuerpflichtigkeit von Veräußerungsgewinnen bei Baugrundstücken und Immobilien einzuführen, die sich auch aus allgemeinen Erwägungen der Steuergerechtigkeit empfiehlt. Eine Überwälzung der Steuerbelastung auf den Erwerber durch entsprechend erhöhte Kaufpreise kann durch eine Bodenvorratspolitik der Gemeinden im Rahmen ihrer Entwicklungs- und Aufbaumaßnahmen (s. 3.2.2) entgegengewirkt werden.

Literatur

Böckenförde, E.-W. (1972), Eigentum, Sozialbindung des Eigentums, Enteignung, in: Duden, K./ Külz, H.R./Ramm, Th./Scharnberg, R./Zeidler, W. (Hrsg.), Gerechtigkeit in der Industriegesellschaft, Karlsruhe, S. 215-23

Böhmer, W. (1989), Eigentum aus verfassungsrechtlicher Sicht, in: Baur, J.F. (Hrsg.), Das Eigentum, Göttingen, S. 39-81

Brohm, W. (1970), Artikel Städtebau III, Recht, in: Staatslexikon, hrsg. von der Görres-Gesellschaft, 6. Aufl., Ergänzungsbd. 3, Freiburg, Sp. 339-351

Opfermann, W. (1974), Die Enteignungsentschädigung nach dem Grundgesetz, Berlin

Schrödter, H. (1998), Baugesetzbuch. Kommentar. 6. neubearb. Aufl., München

v. Simson, W., Was heißt in einer europäischen Verfassung „Das Volk"?, in: Europarecht 1991, S. 1-18

Förderer der Selbsthilfe –
Das Modell der Genossenschaftsbanken

Fritz Bokelmann

Wer das Modell heutiger Genossenschaftsbanken verstehen möchte, gerade auch mit Blick auf den Titel dieses Buches, kommt nicht darum herum, sich mit der Tradition und dem Modell der Genossenschaft generell zu befassen und immer wieder darauf zurückzugreifen. Mehr als derzeit 5.000 Genossenschaften allein in Deutschland mit über 16 Mio. Mitgliedern, von denen 15,5 Millionen Menschen Mitglied und damit Eigentümer einer der rund 1.300 Kreditgenossenschaften sind, machen deutlich, dass wir es hier mit einem gesellschaftlichen Phänomen zu tun haben, das nicht von heute auf morgen entstanden sein kann.

Historische Wurzeln

Und das reicht tatsächlich schon bis in die griechische und römische Antike zurück. Selbst die alten Germanen hatten in ihren Sippenverbänden bereits Organisations- und Kooperationsformen entwickelt, in denen ein Element der heutigen genossenschaftlichen Grundprinzipien zu finden ist: Das individuelle Eigentum an dem gemeinsam bearbeiteten und verteidigten Grund und Boden. Man war Miteigentümer als geborenes Mitglied der Sippe oder Dorfgemeinschaft. Dieses Eigentum war allerdings zunächst noch eher ideeller Natur und niemand hatte die Möglichkeit, sich dem zu entziehen. Der Sippenälteste bestimmte die Regeln und setzte sie kraft seiner Autorität durch. Erst viel später entwickelte sich individuelles Eigentum an Haus und Hof mit allen positiven und negativen Folgen, die damit verbunden waren. (S. hierzu und im Folgenden *Aschhoff/Henningsen* 1995, S. 16ff; *Harbrecht* 2000, S. 317ff).

Im Mittelalter finden wir mit den Gilden der Kaufleute und den Handwerkerzünften Kooperationen, die zunächst der Unterstützung und dem Schutz ihrer Mitglieder dienten und in denen gemeinsame Einrichtungen genutzt wurden. Auch hier bildeten sich im Laufe der Zeit Strukturen heraus, die durch vielfältige Zwänge gekennzeichnet waren und über den ursprünglichen Zweck hinaus tief und umfassend in fast alle Bereiche des täglichen Lebens der Menschen und ihrer Familien eingriffen.

Machen wir einen Sprung in die erste Hälfte des 19. Jahrhunderts: Diese Zeit war geprägt durch zunehmende Industrialisierung und Liberalisierung. Die nun zwar

weitgehend selbstständigen, aber auf sich allein gestellten Handwerker, Kleinge-
werbetreibenden und Bauern hatten zunehmend Probleme, sich die nötigen Rohstoffe, Vorprodukte und Kredite zu angemessenen Bedingungen zu beschaffen.
Ihre wirtschaftliche Situation verschlechterte sich zum Teil dramatisch: Ganze
Familien gerieten in die Abhängigkeit von Wucherern, verloren oft genug ihr
gesamtes Hab und Gut.

Aus dieser Notsituation heraus entwickelten gegen Mitte des 19. Jahrhunderts
Friedrich Wilhelm Raiffeisen für den landwirtschaftlichen und *Hermann Schulze-
Delitzsch* für den gewerblichen Bereich unabhängig voneinander ein Modell
kooperativen Wirtschaftens, das bis heute seine Gültigkeit bewahrt und seine Faszination weltweit nicht verloren hat. Beide werden daher zu Recht als die eigentlichen Väter des modernen Genossenschaftswesens angesehen.

Genossenschaftliche Grundprinzipien

Zuvor hatte sich herausgestellt, dass Kooperationsmodelle, die noch den Charakter von Wohltätigkeitsvereinen hatten und nicht an die Bedingung der Mitgliedschaft geknüpft waren, damals wirtschaftlich nicht überlebensfähig waren
(S. *Kluge* 1991, S. 45f). Das Genossenschaftsmodell von *Raiffeisen* und *Schulze-
Delitzsch* unterschied sich von früheren Ansätzen vor allem durch das Prinzip der
freiwilligen Mitgliedschaft sowie die eindeutig definierte und damit klar begrenzte
Zielsetzung. Dies ist bis heute im deutschen Genossenschaftsgesetz verankert und
findet sich in jeder Satzung einer Genossenschaft wieder. Das Genossenschaftsgesetz bezeichnet im § 1 Abs. 1 als Genossenschaften „Gesellschaften von nicht
geschlossener Mitgliederzahl, welche die Förderung des Erwerbes oder der Wirtschaft ihrer Mitglieder mittels gemeinschaftlichen Geschäftsbetriebes bezwe-
cken".

Nicht weniger, aber eben auch nicht mehr.

Selbsthilfe, *Selbstverantwortung* und *Selbstverwaltung* waren und sind die Kern-
prinzipien einer jeden Genossenschaft. Sie und der daraus abgeleitete, im Genossenschaftsgesetz verankerte Förderauftrag einer Genossenschaft für ihre Mitglieder
gelten übrigens als die Alleinstellungsmerkmale, durch die eine Kreditgenossenschaft im Vergleich zu Kreditinstituten, die in anderen Rechtsformen betrieben werden, unverwechselbar bleibt.

Historisch sind die genossenschaftlichen Grundprinzipien der freien, gemeinschaftlichen Selbsthilfe und der Selbstverantwortung Ausdruck der von *Raiffeisen*
treffend formulierten Erkenntnis, „Was dem Einzelnen nicht möglich ist, das vermögen viele". Ob er dabei eine Anleihe bei *Schiller* genommen hat, der in seinem
Wilhelm Tell „Verbunden werden auch die Schwachen mächtig" gedichtet hatte,

ist leider nicht überliefert. Schon damals wurden die finanziellen Mittel, die die Genossenschaft ihren Mitgliedern zur Verfügung stellte, vor allem durch die Mitglieder selbst aufgebracht. Die Einlagen wurden verzinst, aber jedes Mitglied stand auch mit seinem gesamten persönlichen Hab und Gut für die Gemeinschaft ein („Einer für alle, alle für einen"). Erst mit der Reform des Genossenschaftsgesetzes im Jahr 1889 wurde den Genossenschaften die Möglichkeit der Haftungsbeschränkung für ihre Mitglieder eingeräumt.

Das Prinzip der *Selbsthilfe* spiegelt sich bis heute in der Mitgliedschaft wider. Wer heute durch den Kauf von Geschäftsanteilen die Mitgliedschaft in einer Genossenschaft erwirbt, der wird damit gleichzeitig auch Miteigentümer der Genossenschaft mit allen Rechten und Pflichten. Auch heute noch hat das solidarische Element in der Form des Haftsummenzuschlages Bestand. Die Mitglieder einer Kreditgenossenschaft wurden allerdings in den letzten Jahrzehnten nicht mehr in Anspruch genommen. Hierfür sorgte die Einrichtung funktionierender Sicherungssysteme mit einem von allen Kreditgenossenschaften gemeinsam garantierten Institutsschutz.

Aus der Eigentümerfunktion des Mitgliedes einer Kreditgenossenschaft leitet sich auch das Prinzip der *Selbstverantwortung* ab. Ausschließlich die Mitglieder selbst entscheiden unabhängig von der Höhe ihrer Einlagen gleichberechtigt über die Geschicke der Genossenschaft. Die mindestens einmal jährlich stattfindende Mitgliederversammlung ist somit ihr oberstes Leitungsorgan. Heute wird diese Funktion zwar in sehr vielen Kreditgenossenschaften von der Vertreterversammlung wahrgenommen, aber die Vertreter sind die gewählten Repräsentanten der Mitglieder.

Das Prinzip der *Selbstverwaltung* findet seinen Niederschlag darin, dass der Aufsichtsrat, der von den Mitgliedern oder ihren Vertretern bestimmt wird, sich ausschließlich aus Mitgliedern zusammensetzt. Das gleiche gilt für den Vorstand, der für das operative Geschäft der Bank verantwortlich zeichnet. *Bonus* bezeichnet die Mitgliederdemokratie in Kreditgenossenschaften treffend als „Identitätsklammer", die auch bei größer werdenden Kreditgenossenschaften z.B. durch lokale Mitgliederversammlungen oder Beiräte gestärkt und gefestigt werden kann (S. *Bonus* 1994, S. 147).

Zu den Wesensmerkmalen einer Volksbank oder Raiffeisenbank gehört nach wie vor auch das *Regionalprinzip*. Von einigen Spezialinstituten abgesehen, betreibt jede Kreditgenossenschaft ihr Geschäft nur in ihrem regional abgegrenzten Geschäftsgebiet. Das entspricht auf der einen Seite ihren historischen Wurzeln, auf der anderen Seite verschafft es ihr eine sehr genaue Kenntnis der wirtschaftlichen und gesellschaftlichen Strukturen vor Ort. Es ermöglicht schnelle Entscheidungen, nicht zuletzt auf Grundlage der im wörtlichen Sinne „greifbaren" Nähe zum Kunden. Dies ist übrigens auch der Hauptgrund dafür, dass die Volksbanken und Raiffeisenbanken keine eigene Direktbank gegründet haben, sondern das Internet-Banking zwar auf einer gemeinsamen technischen Plattform abbilden, aber individuell mit ihren Kunden vor Ort betreiben.

Im 19. und bis weit in das 20. Jahrhundert hinein wurde die Frage, ob eine Kreditgenossenschaft auch an solche Kunden Kredite vergeben sollte, die nicht deren Mitglied sind, intensiv diskutiert. Dabei ging es vor allem um die Frage, ob die Möglichkeit des Nichtmitgliedergeschäftes – etwa zur Auslastung der Betriebskapazitäten und zur Erzielung von Skalenerträgen – die Identität und Existenz der genossenschaftlich organisierten Kreditwirtschaft gefährden würde (S. *Kluge* 1991, S. 150f). Diese Bedenken haben sich längst zerstreut, denn seit der durch die Änderung des Genossenschaftsgesetzes im Jahr 1973 ermöglichten Öffnung verzeichnen die Volksbanken und Raiffeisenbanken weiter stetig steigende Mitgliederzahlen. Heute ist etwa jeder zweite der rund 30 Mio. Kundinnen und Kunden der Kreditgenossenschaften gleichzeitig auch deren Mitglied.

Auf der anderen Seite wird die Möglichkeit des Erwerbs der Mitgliedschaft an einer Genossenschaft von den meisten Kreditgenossenschaften an die Aufnahme oder das Vorhandensein einer aktiven Geschäftsbeziehung geknüpft. Der Kauf von Geschäftsanteilen an der Genossenschaft als bloße Kapitalanlage – mit einer im übrigen regelmäßig über den Marktkonditionen liegenden Verzinsung durch die jährlich ausgeschüttete Dividende – ist dem Wesen einer Genossenschaft fremd und wird von den allermeisten Kreditgenossenschaften zu Recht abgelehnt.

Genossenschaftliche Verbundstrukturen

Seit der Gründung der ersten Vorschussvereine vor mehr als 150 Jahren hat sich eine Organisation entwickelt, die wohl zu den leistungsfähigsten im Finanzdienstleistungsbereich in Deutschland gezählt werden kann. Schon bald erkannten die Volksbanken und Raiffeisenbanken, dass sie dem steigenden Bedarf an unterschiedlichen Finanzdienstleistungen am besten dadurch angemessen gerecht werden konnten, indem sie eine Reihe von Produkten und Leistungen gemeinsam erstellen und anbieten. So haben sie mit den Zentralbanken, der R+V-Versicherung, der Bausparkasse Schwäbisch Hall, der Union Investment, den Hypothekenbanken, der VR-Leasing, der DIFA und vielen anderen eine Reihe von gemeinsamen Tochterunternehmen – einen *FinanzVerbund* – gegründet, für die ein Ziel im Vordergrund steht: den Mitgliedern und Kunden der Volksbanken und Raiffeisenbanken alle Finanzdienstleistungen aus einer Hand, und zwar möglichst aus der Hand der vor Ort ansässigen Kreditgenossenschaft anzubieten. Innerhalb dieser Verbundstrukturen behalten die Kreditgenossenschaften die Markthoheit in ihren jeweiligen Geschäftsgebieten und nutzen aktiv die Produkte der Verbundpartner.

Die Meinungsbildung und Entscheidungsfindung in diesem Verbund erfolgt in einer lebendigen Verbände- und Gremienstruktur auf Bundes- und Regionalebene, die von den Volksbanken und Raiffeisenbanken bestimmt und getragen wird.

Darüber hinaus haben die Verbände die Prüfungshoheit für die Genossenschaften. Auch diese Pflichtmitgliedschaft jeder Genossenschaft in einem genossenschaftlichen Prüfungsverband ist historisch bedingt. Sie diente zunächst vor allem dem Schutz der Mitglieder (S. *Kluge* 1991, S. 252) und ihrer in die Genossenschaften eingebrachten Vermögenswerte. Darüber hinaus bieten die Verbände ihren Mitgliedsgenossenschaften neben der qualifizierten Prüfung ein breites Spektrum an Beratungs-, Bildungs- und Betreuungsleistungen an und fungieren als deren Interessenvertreter. Nicht ohne Erfolg: Bis heute gilt die Genossenschaft als die insolvenzsicherste Unternehmensform in Deutschland.

Wo stehen die Kreditgenossenschaften heute?

Um das Jahr 1935 herum gab es in Deutschland 20.000 noch selbstständige Kreditgenossenschaften. Der Rückgang dieser Zahl auf zuletzt rund 1.300 hört sich drastisch an und er ist es auch: Er spiegelt das hohe Tempo wider, mit dem sich Strukturwandel und wirtschaftliche Entwicklung in unserer Zeit vollziehen. Sie führt uns aber auch sehr klar die Fähigkeit der Genossenschaften vor Augen, sich an die veränderten, stetig steigenden Anforderungen anzupassen und dabei attraktiv zu bleiben: Das nach wie vor sehr dichte Geschäftsstellennetz landauf, landab ist ein sichtbares Zeichen der Nähe der Volksbanken und Raiffeisenbanken zu ihren Mitgliedern und Kunden.

Im Mittelpunkt dabei steht bis heute der gesetzlich verankerte, auf die wirtschaftlichen Belange der Mitglieder ausgerichtete Förderauftrag der Genossenschaft, der die Gruppe der Kreditgenossenschaften gegenüber den anderen Bankengruppen auszeichnet. Es geht einer Volksbank/Raiffeisenbank nicht um die Maximierung ihres Unternehmenswertes oder eines Aktienkurses. Und sie hat auch nicht den Versorgungsauftrag der öffentlich-rechtlichen Sparkasse. Dennoch trägt natürlich auch sie Mitverantwortung für die wirtschaftliche Entwicklung in ihrem Geschäftsgebiet, die ja die Basis für ihre eigene Tätigkeit ist. Zusammen mit den Sparkassen gewährleisten die Volksbanken und Raiffeisenbanken die flächendeckende Versorgung der Bevölkerung und der vor allem mittelständischen Wirtschaft mit Finanzdienstleistungen.

Dabei kommt es ihnen nicht darauf an, der „billige Jakob" zu sein. Vielmehr geht es darum, im Wettbewerb durch die beste Qualität, das beste Produktangebot, die beste Beratung und Betreuung für ihre Mitglieder und Kunden zu überzeugen. Wer den Förderauftrag der Genossenschaft ernst nimmt, der kann kein anderes Unternehmenskonzept haben.

Gleichzeitig ist aber auf der Kostenseite natürlich immer darauf zu achten, die eigene Wettbewerbsfähigkeit gegenüber der hellwachen Konkurrenz stetig zu verbessern, um wirtschaftlich gut über die Runden zu kommen, denn nur so ist es möglich den Förderauftrag gegenüber den Mitgliedern auch dauerhaft zu erfüllen. Dies gelingt den Kreditgenossenschaften durch fortlaufende Verbesserung der arbeitsteiligen Prozessgestaltung im Verbund und vernetzte, hocheffiziente Strukturen.

Stark im Verbund

Die genossenschaftliche Bankengruppe ist in ihrem Verbund mit einer konsolidierten Bilanzsumme von 850 Mrd. EURO ein Schwergewicht im deutschen Bankenmarkt. Die wirtschaftliche Stärke sowie die Geschlossenheit des genossenschaftlichen FinanzVerbundes wird vom Bundesverband der Deutschen Volksbanken und Raiffeisenbanken e.V. (BVR) seit dem Jahresabschluss 2003 durch den Ausweis eines konsolidierten Jahresabschlusses eindrucksvoll dokumentiert.

Angesichts der zunehmenden Bedeutung auch *externer* Bonitätsbeurteilungen an den Finanz- und Kapitalmärkten hat die vom BVR beauftragte Ratingagentur „FitchRatings" dem genossenschaftlichen FinanzVerbund ein Verbundrating von „A+" ausgestellt. „FitchRatings" begründete dieses hervorragende Ergebnis mit

- dem engen Zusammenhalt des FinanzVerbundes,
- der starken Sicherungseinrichtung,
- der Rentabilität des Verbundes,
- der komfortablen Eigenkapitalsituation sowie mit
- der guten Qualität des Kreditportfolios.

Damit wurde auch von unabhängiger Seite bestätigt, dass die Volksbanken und Raiffeisenbanken und ihr genossenschaftlicher FinanzVerbund mit ihren 200.000 Mitarbeiterinnen und Mitarbeitern ein stabiler und tragender Faktor im deutschen Wirtschaftsleben sind.

Schlussbemerkung

Aufbauend auf ihren historischen Wurzeln und getragen von ihren Mitgliedern sind Kreditgenossenschaften heute als moderne und flexible mittelständische Unternehmen in einem lebendigen Verbund für die Zukunft bestens gerüstet. Durch das in ihnen verankerte Prinzip des dezentralen und selbstverantworteten Unternehmertums sind sie in ihren Geschäftsgebieten die geborenen Partner sowohl der mittelständischen Wirtschaft als auch ihrer Privatkunden, wenn es darum geht, gemeinsam mehr zu erreichen. Hier liegt der Schlüssel für ihren Erfolg – damals wie heute.

Literatur

Aschhoff, G./Henningsen, E (1995), Das deutsche Genossenschaftswesen, Veröffentlichungen der DG BANK Deutsche Genossenschaftsbank, Bd. 15, 2. Aufl., Frankfurt

Bonus, H. (1994), Das Selbstverständnis moderner Genossenschaften: Rückbindung von Kreditgenossenschaften an ihre Mitglieder, Tübingen

Harbrecht, W. (2000), Die Zukunft der Genossenschaftsidee im 21. Jahrhundert im Lichte ihrer historischen Entwicklung, in: Historischer Verein bayerischer Genossenschaften et. al. (Hrsg.), Entwicklung und Realisierung des Genossenschaftsgedankens vom Mittelalter bis zur Gegenwart, Schriftenreihe zur Genossenschaftsgeschichte, Bd. 2, München

Kluge, A. H. (1991), Geschichte der deutschen Bankgenossenschaften – Zur Entwicklung mitgliederorientierter Unternehmen, Schriftenreihe des Instituts für bankhistorische Forschung e.V., Bd. 17, Frankfurt/Main

Wir kennen uns – wir helfen uns

Alexander Erdland

Die Genossenschaften haben als Institutionen gesellschaftlicher Selbstorganisation schon seit langem einen festen Platz in unserer Volkswirtschaft und unserem Leben. Ihre Entstehung war u. a. die Antwort auf die speziellen Finanzierungsschwierigkeiten von Landwirten und kleineren Betrieben im 19. Jahrhundert. Es war eine Zeit, in der sich die auf dem Markt führenden Privatbankiers in erster Linie als Financiers der rasch wachsenden Großindustrie verstanden und oftmals Bauern, Handwerker und Gewerbetreibende vernachlässigten. So schufen diese durch gleichberechtigte örtliche Zusammenschlüsse nach den Prinzipien der Selbsthilfe, Selbstverwaltung und Selbstverantwortung eine eigene Beleihungsgrundlage und Finanzkraft. Genossenschaften in einer Markt- und Wettbewerbswirtschaft sind freiwillige Vereinigungen zu dem Zweck, gemeinsam ökonomische Ziele zu erreichen, die der Einzelne für sich allein nicht oder nicht gleich gut erreichen kann. Die grundsätzliche Identität von Miteigentümer und Kunde ist für das Genossenschaftsprinzip kennzeichnend. Hieraus ergibt sich die tiefe Verankerung und gelebte Verantwortung der Genossenschaft im örtlichen Wirtschaftsraum. 800 Millionen Mitglieder in Genossenschaften unterschiedlicher Branchen gibt es rund um die Erde, ein unermessliches Potenzial für individuelle Freiheit, Aufbauleistung, Geschäftserfolg und Kooperation im umfassenden Sinn des Wortes über Grenzen hinweg.

Insbesondere auch für die genossenschaftliche Bank gilt: Die Verwurzelung im Heimatmarkt ist der Kern ihres Wesens. Ihre corporate identity muss nicht neu erfunden werden, sondern ist der Genossenschaft von Anfang an in die Wiege gelegt. Die Genossenschaftsbank ist keine Institution, die neu gegründet ihren Platz in der Gesellschaft erst finden muss, sie ist eine Organisation aus der Mitte der Gesellschaft heraus. Sie ist nicht ein Dienstleistungserbringer für den Mittelstand, sondern sie ist der Mittelstand selbst. Damit ist auch ihre örtliche Verantwortung keine Zutat, die gegen geschäftliche Interessen abgewogen werden müsste; sie ist von vornherein ein integraler Bestandteil des Selbstverständnisses und Grundlage der Glaubwürdigkeit jeder genossenschaftlichen Bank. Das Eintreten für die Schaffung von Arbeits- und Ausbildungsplätzen vor Ort, für die Attraktivität, Identität und Zukunftsfähigkeit des örtlichen Raums, für die Erhaltung und Verbesserung der regionalen Infrastruktur, für den Schutz der heimischen Umwelt sind keine Zusatzaufgaben, sondern selbstverständliche genossenschaftliche Verpflichtung.

Zusätzlich können die Genossenschaften miteinander durch Arbeitsteilung und Kooperation, durch gemeinsamen Betrieb und die Nutzung zentraler subsidiärer Leistungserstellung notwendige Größen- und Spezialisierungsvorteile für sich, für ihre Mitglieder und Kunden erschließen. So entstehen und entwickeln sich Verbundpartner für die Genossenschaftsbanken, die diesen zur Sicherung ihrer Wettbewerbsfähigkeit dienen; für das Kundengeschäft der genossenschaftlichen Ortsbank ermöglichen die Verbundpartner eine Angebotsbreite, die von der einzelnen Bank nicht oder nur suboptimal erbracht werden kann. Dabei müssen die Stellung der Weichen, das Ineinandergreifen im verbundinternen Netzwerk bis hin zur Vorteilsverteilung einschließlich der wechselseitigen Leistungsanreize stets so geprägt sein, dass eine bestmögliche Nutzung des Gesamtpotenzials für das örtliche Geschäft gesichert ist. Dies ist nicht nur eine technisch-organisatorische Herausforderung, es ist auch eine kulturelle. Qualität, Subsidiarität, Profitabilität und Solidarität sind miteinander zu verbinden; gemeinsame Sprache und Erfahrungen quer durch den Verbund, konstruktiv offene und aufrichtige Erörterung untereinander im ständigen Verbesserungsprozess gehören ebenso dazu wie konsequentes gemeinsames Handeln auf Basis der Gewissheit aller Beteiligten, dass die unverwechselbaren Prinzipien des genossenschaftlichen Zusammenhalts gewahrt bleiben. Insgesamt gilt: Die Partnerschaft der Mitglieder in der einzelnen Genossenschaftsbank wird ergänzt durch die Partnerschaft im genossenschaftlichen Gesamtverbund.

Auch wenn durch seinen Finanzverbund das genossenschaftliche Bankwesen über die Grenzen der Regionen hinaus aktiv wird und auch international in Erscheinung tritt, bleibt es im Kern bei der örtlichen Verankerung. Denn der genossenschaftliche Finanzverbund baut sich in seiner Eigentümerstruktur konsequent von unten her auf. Er beruht auf der unternehmerischen Freiheit der einzelnen Genossenschaftsbank mit ihren Mitgliedern und Interessen.

Die Genossenschaftsbanken schauen auf eine große Tradition zurück. Aber die Genossenschaftsidee ist zugleich hochaktuell, ja, sie kann gerade heute Antworten auf neue Fragen geben. Mehrere Gründe sind dafür ausschlaggebend:

Ein wesentlicher Grund besteht darin, dass in dem Maße, in dem sich der Staat aus der allgemeinen Daseinsvorsorge zurückzieht, die private Vorsorge an Bedeutung gewinnen muss. Die drückende Verschuldung lässt dem Staat immer weniger Möglichkeiten zur Erfüllung bislang von ihm wahrgenommener Aufgaben. Auch die enge Bindung der meisten sozialen Sicherungssysteme an die Arbeitseinkommen setzt in Zeiten hoher Arbeitslosigkeit den entsprechenden Sozialleistungen immer engere Grenzen. Doch nicht nur aus finanziellen Gründen, vor allem auch aus Gründen der Effektivität heraus erscheint eine Anpassung des öffentlichen Engagements in verschiedenen Bereichen der Daseinsvorsorge notwendig. Denn staatliche Vorsorge ist oft mit Bürokratie und Pauschalierung verbunden, sie kann sich durch allgemeinverbindliche gesetzliche Regelungen weniger an den tatsächlichen Bedürfnissen der einzelnen Menschen orientieren. Dass für die Lösung individueller Probleme auch individuell zugeschnittene Lösungen notwendig sind, ist bei staatlichen Programmen oft nicht sicherzustellen. Der Zwangscharakter öffentlicher Ansätze kommt zum Ausdruck, wenn sie allgemein verpflichtend sind. Außerdem beeinträchtigen staatliche Eingriffe oft die Funktionsweise von Märkten, beispielsweise indem sie den Knappheitsverhältnissen widersprechende Preise erzwingen. Vielmehr wäre die Konzentration auf das genossenschaftliche Prinzip der „Hilfe zur Selbsthilfe" auch für den Staat die zeitgemäße Maxime zu Förderung des Eigenengagements und Unternehmermuts der Bürger.

Es gehört zum Zug unserer Zeit, dass an die Stelle staatlicher, allgemein-gesellschaftlicher Versorgung zunehmend die private, freiwillige Vorsorge tritt. Hier liegt ein maßgebliches Betätigungsfeld für die Genossenschaftsbanken, die von sich aus schon zutiefst privaten Charakter tragen. Sie machen Angebote bei der Eigenvorsorge für die Wechselfälle des Lebens. Zugleich behalten sie als Partner vor Ort den unmittelbaren Bezug zu den wirtschaftlichen Problemlagen und haben somit ein ausgeprägtes Verständnis für die Belange ihrer Mitglieder und Kunden. Bei der genossenschaftlichen Bank steht der Mensch im Mittelpunkt. Die Kombination aus geschäftlicher Leistungsfähigkeit auch aus ihrem Verbund und größtmöglicher Kundennähe am Ort prädestiniert die Genossenschaftsbanken in einmaliger Form dazu, das wachsende Bedürfnis nach privaten finanziellen Lösungen zu erfüllen.

So können die Genossenschaftsbanken eine Marktnische besetzen im Wettbewerb mit globalen bzw. nur zentral aufgestellten Finanzdienstleistern. Anonymität, fehlendem individuellem Verständnis und Entscheidungsferne werden persönliche Ansprache, gewachsene Kundenkenntnis und nachhaltige Verantwortung entgegengesetzt, bei gleichzeitig hoher Leistungsfähigkeit. Dies ist vor allem auch für die Zusammenarbeit mit dem Mittelstand wichtig, der in Deutschland das Rückgrad der gesamten Volkswirtschaft darstellt. Hier findet der größte Teil der Wertschöpfung statt. Und hier befinden sich auch die meisten Arbeitsplätze. Wenn man die tragenden Belange kleiner und mittlerer Unternehmen für unsere Volkswirtschaft und unsere ganze Gesellschaft bedenkt, dann erkennt man, dass hierzu geeignete Finanzierungsstrukturen gehören, wozu die Genossenschaftsbanken als Mittelstandsbanken besonders gut beitragen.

In dem Zusammenhang erkennt man auch eine weitere Bedeutung des genossenschaftlichen Bankensektors für die Gesamtwirtschaft. Die Genossenschaftsbanken sind nicht nur erfolgreiche Teilnehmer am Wettbewerb. Sie geben dem Wettbewerb selbst wichtige Impulse. Damit leisten sie einen wesentlichen Beitrag zur Funktion und zum Erfolg der Marktwirtschaft insgesamt.

Der Wettbewerb ist immer auch ein Wettbewerb der Unternehmenskulturen. Stets fließen außerökonomische Faktoren in den Verlauf des Wettbewerbsprozesses ein und wirken indirekt als Erfolgsgrundlage. Bei den Genossenschaftsbanken sind dies die ausgeprägte Kultur der Selbständigkeit, des Eigentums, der partnerschaftlichen Kooperation, die enge Verbundenheit durch räumliche Nähe, das Klima des Vertrauens sowie die persönliche Verbindung der Beteiligten, die Wertschätzung und auch die Toleranz untereinander. Gerade diese emotionalen Faktoren sind für die Chancen der Genossenschaftsbanken und ihres Verbundes im Wettbewerb entscheidend. Auch auf der Grundlage dieser Werte wird im Kundengeschäft eine Marktnische ausgefüllt: Transparenz, Verlässlichkeit, Glaubwürdigkeit und persönliches Engagement werden honoriert.

Die hohe Aktualität des Genossenschaftsgedankens ergibt sich nicht zuletzt aus der Motivationswirkung, die das genossenschaftliche Prinzip nach innen und außen entfaltet. Der genossenschaftliche Finanzverbund ist kein zentral gelenkter Konzern, sondern organisiertes dezentrales Unternehmertum, dynamisch unterwegs, auf der Basis gemeinsam geprägter Überzeugungen und Ambitionen. Die örtliche Genossenschaftsbank ist darin keine Filiale, sondern sie stellt eine rechtlich und wirtschaftlich selbstständige Einheit dar. Vor Ort wird unternehmerisch gedacht und gehandelt. Dies wirkt anziehend für Menschen, die gern Entscheidungen treffen und Verantwortung für andere übernehmen. Es zieht Persönlichkeiten an, die sich besonders durch selbstständiges Handeln und ein hohes Maß an Eigeninitiative auszeichnen. Gerade die dezentrale Struktur macht also die Genossenschaftsbanken zu einem attraktiven Arbeitgeber. Dezentrales Unternehmertum im genossenschaftlichen Finanzverbund setzt positive Energie frei.

Hinzu kommt, dass für alle Beteiligten die Identifikation mit dem „eigenen" Unternehmen erleichtert wird. Mitarbeiter, Mitglieder und Kunden kennen sich persönlich, sind oft identisch. Die Probleme, an denen gearbeitet wird, sind für alle Beteiligten verständlich, ihre partnerschaftliche Lösung liegt im gemeinsamen Interesse. Es werden Chancen eröffnet, persönlich etwas zu bewegen. Ein Umfeld, in dem Menschen gern arbeiten, fördert die Leistungsbereitschaft und damit den geschäftlichen Erfolg. Motivierte und leistungsbereite Menschen schaffen ein sympathisches Dienstleistungsklima, das den Kunden gut tut. Zufriedene Kunden sind die wirtschaftliche Basis der Bank, sie sichern ihre Arbeitsplätze.

Wir kennen uns – wir helfen uns, dies ist einfach formuliert und ist doch das anspruchsvolle Fundament der genossenschaftlichen Erfolgsgeschichte.

Eigentum und Bürgergesellschaft

Dieter Haack

Kaum ein Begriff der gesellschaftspolitischen Diskussion der letzten beiden Jahrzehnte ist so prominent wie die „Bürgergesellschaft" oder „Zivilgesellschaft". Die Politik fordert derzeit in allen Diskussionen über die Zukunft die Bürger dazu auf, sich für ihr Gemeinwesen einzusetzen. Kaum ein Mandatsträger verspricht dem Bürger noch, der Staat könne seine Probleme lösen und ihn damit entlasten. Der Staat ist in der aktuellen Diskussion über das Verhältnis von Staat und Gesellschaft in die Defensive geraten.

Die Ursachen für diese breite Aufmerksamkeit, die das Konzept der Bürgergesellschaft und, mit diesem in einem untrennbaren Zusammenhang stehend, das bürgerschaftliche Engagement erfährt, sind vielfältig und lassen sich allgemein beschreiben:

Internationalisierungsprozesse reduzieren in Gegenwart und Zukunft die Rolle der Nationalstaaten. Einer Entgrenzung stehen neue Grenzziehungen gegenüber, die oftmals weit hinter das territoriale Niveau ehemaliger Nationalstaaten zurückfallen. Beides kann zu einer Neustrukturierung überkommener politischer Gefüge führen. Parallel hierzu ist eine wachsende Zahl supranationaler und global tätiger Institutionen wahrzunehmen, die zunehmende Regulierung internationaler Transaktionen erfordern, zugleich aber Deregulierungsprozesse auslösen. Zudem ist ein Befund kaum noch bestritten: Der moderne Staat der Industrie-, Dienstleistungs- und Informationsgesellschaft hat im Laufe seiner Entwicklung mehr Aufgaben übernommen, als er mit den ihm verfügbaren Ressourcen ernsthaft erfüllen kann. Die Rede vom „Staatsversagen" oder dem „überforderten Staat" kennzeichnen die Situation ebenso wie die These über den „Sozialstaat in der Krise".

Es schwindet die Kraft zur nationalen Solidarität, auch weil die Deregulierungstendenzen im Wettbewerb Entstaatlichung zu erzwingen scheinen, während zugleich der innergesellschaftliche Bedarf an Regulierung des sozialen Zusammenhalts steigt: Auch die ständig geforderte Eigenverantwortung der Bürger geht in der modernen Politik ohne soziale Ausgleichmechanismen – und seien sie nur für die besonders Bedürftigen gedacht, deren Zahl beständig zunimmt – nicht.

Wenn von Bürgergesellschaft die Rede ist, geht es allerdings nicht nur um Einsparung und Entlastung des überforderten Sozialstaates durch stärkere Leistungserstellung seitens der Bürger, also um Instrumentalisierung der Bürger für staatliche Zwecke. Auch wenn in Zeiten des Rückbaus wohlfahrtsstaatlicher Zusicherungen zumeist von staatlicher Seite, also gleichsam „von oben" die Tugend der Eigeninitiative bemüht wird, sind die Diskussionen um Bürgergesellschaft und bürgerschaftliches Engagement zugleich Ausdruck der Unzufriedenheit mit der gegenwärtigen Politik und ein Versuch, gesellschaftliche Kontrolle über staatliches Handeln zurück zu gewinnen. Der aktive Bürger übernimmt Gemeinwohlverantwortung auf unterschiedlichen Feldern. Er möchte aber in dafür höherem Maße die Entscheidungsfindung beeinflussen. Der Bürger verlangt als Gemeinwohlakteur eine Staatsorganisation, die Transparenz und Partizipation, Effizienz und Effektivität von Politik und Verwaltung sichert.

Vor diesem Hintergrund handelt es sich bei der Forderung nach Bürgergesellschaft um ein Demokratiemodell, das die Machtteilung zwischen Staat und Gesellschaft in Frage stellt. Es geht um Neujustierung des Verhältnisses von Politik, Gesellschaft, Wirtschaft und Bürger. Zwar ist der Staat mit seinem Anspruch auf Allzuständigkeit an seine Grenze gelangt, gleichwohl bleibt er nach wie vor als gesellschaftlicher Problemlöser gefordert – und er kann dieser Herausforderung nicht ausweichen. Vor diesem Hintergrund gilt es, eine neue Orientierung staatlichen Handelns mit dem Leitgedanken des aktivierenden Staates zu finden.

Damit dieser „aktivierende Staat" zur Entfaltung kommen kann, bedarf es einer anderen Verantwortungsteilung zwischen Staat und Bürgergesellschaft. Der Begriff der Verantwortungsteilung macht Ernst mit dem unstreitigen Befund, dass Staat und Verwaltung kein Gemeinwohlmonopol zukommt. In der Realität gibt es vielmehr eine Pluralität von Gemeinwohlakteuren, d. h. neben der öffentlichen Hand sind dies einzelne oder organisierte Bürger, Unternehmen oder Organisatoren des dritten Sektors. Es ist Aufgabe des aktivierenden Staates, die spezifischen Gemeinwohlkompetenzen dieser Akteure zusammenzuführen und füreinander fruchtbar zu machen. Das Leitbild des aktivierenden Staates bedeutet eine neue Verantwortungsteilung zwischen Staat und Gesellschaft, zwischen staatlicher Steuerung und Bürgergesellschaft. Nach wie vor aber bedarf es der das Gemeinwohl sichernden Regelungsstrukturen. Diese Gewährleistungsfunktion des Staates bleibt. Sie macht deutlich, dass es in diesem Prozess nicht um eine Rückkehr zur „Privatrechtsgesellschaft" geht, wo der Bürger sich selbst überlassen bleibt, sondern der Staat Verpflichtungen zum Schutz des Bürgers anerkennt. Das Leitbild des Gewährleistungsstaates greift also den Befund auf, dass der Staat seine Aufgaben anders als in der Vergangenheit wahrnimmt, nämlich unter Aktivierung der Selbstregulierungskräfte der Gesellschaft. Der Wohlfahrtsstaat wird damit ergänzt, überlagert und teilweise ersetzt durch den Gewährleistungsstaat. Das mit dem Gewährleistungsstaat verfolgte Ordnungsmodell setzt zwar auf freie gesellschaftliche Entfaltung, es erlaubt die individuelle Verfolgung von Eigennutz, will aber zugleich durch Schrankensetzung die Rücksichtnahme auf die Verwirklichung des Eigennutzes anderer und die Erreichung von Gemeinwohlzwecken gewährleisten –, wie Sicherheit, lebenstaugliche Umwelt, Kultur u. ä. (*Hoffmann-Riem* 2005, S. 92).

Eine Säule dieses Gewährleistungsstaates ist das Eigentum. Das verfassungsrechtlich gewährleistete Eigentum ist einerseits Grundlage für die im Rahmen des Gewährleistungsstaates eingeforderte Eigeninitiative und Eigenverantwortung des Bürgers. Denn die Individualnützigkeit des Eigentums, d. h. die grundsätzliche Verfügungsgewalt des privaten Eigentümers über den Eigentumsgegenstand steigert seine Bereitschaft, durch individuelle Anstrengung Güter herzustellen und zu erwerben, die so genannte Antriebsfunktion. Diese Antriebsfunktion des Privateigentums nutzt den Umstand, dass der Mensch sich für den Eigenerwerb mehr einsetzt als für den gemeinschaftlichen Erwerb (*Kirchhof* 2005, S. 22). Das Privateigentum vermittelt so „den unbedingt nötigen Raum für die eigenverantwortliche Gestaltung des persönlichen Lebens und das seiner Familie" und muss „als eine Art Verlängerung der menschlichen Freiheit betrachtet werden." Es spornt an „zur Übernahme von Aufgaben und Verantwortung" und zählt damit „zu den Voraussetzungen staatsbürgerlicher Freiheit (*Spiecker* 2005, S. 154). Das Wohneigentum spielt dabei eine herausgehobene Rolle.

Während die Antriebsfunktion des Privateigentums die ökonomische Grundlage für den Bürger schafft und unbestritten Voraussetzung für Eigeninitiative und Eigenverantwortung ist, wird die soziale, gemeinwohlorientierte Funktion des privaten Eigentums oftmals verkannt oder infrage gestellt. Denn Eigentum – so die Herausgeber in ihrem Vorwort zum Bericht zur Lage des Eigentums – ist nun einmal sichtbarer Ausdruck von Ungleichheit und gibt dem Individualinteresse vor dem Interesse der Gemeinschaft Vorrang. Es ist daher fortwährender Stein des Anstoßes aus menschenrechtlicher Perspektive, zumal es in der Logik des Gleichheitsstaates liegt, Gleichheit nicht nur als Rechtsgleichheit, sondern als Ergebnisgleichheit zu interpretieren (*Depenheuer* 2002, S. 4)

Das Bundesverfassungsgericht hat zwar immer betont, dass sich das verfassungsrechtlich gewährleistete Eigentum durch Privatnützigkeit auszeichnet. Es soll dem Bürger als Grundlage privater Initiative und in eigenverantwortlichem privatem Interesse von Nutzen sein. Gleichzeitig hat das Gericht aber die Aufgabe des Gesetzgebers betont, „das Sozialmodell zu verwirklichen, dessen Elemente sich einerseits aus der grundgesetzlichen Anerkennung des Privateigentums (…) und andererseits aus der verbindlichen Richtschnur des Artikel 14, Abs. 2 GG ergeben" (BVerfGE 37, S. 132 [140]). Das bedeutet „die Absage an eine Eigentumsordnung, in der das Individualinteresse den unbedingten Vorrang vor den Interessen der Gemeinschaft hat" (BVerGE 21, S. 73 [83]).

Das Privateigentum leistet seinen Beitrag zum „Sozialmodell", also dann, wenn es zum Gemeinwohl beiträgt oder, im Sinne der Eigentumsethik der christlichen

Soziallehre, wenn es sich der universellen Bestimmung der Güter unterordnet. Das Recht auf Privateigentum könne „nicht ohne die Verpflichtung für das Gemeinwohl verstanden werden". Diese Verpflichtung bedeutet nicht, dass der Eigentümer seine Verfügungsbefugnis über das Eigentum an den Staat abzutreten hätte, wohl aber, dass das Privateigentum weit gestreut sein, und in welcher Form auch immer, möglichst vielen Menschen zugute kommen muss. Der Eigentümer muss sich der sozialen Hypothek, die auf dem Eigentum liegt, bewusst bleiben. Der Gesetzgeber hat dementsprechend die Pflicht, dies bei der Regelung des Eigentums-, des Steuer-, des Sozial- und des Betriebsverfassungsrechts zu beachten (*Spiecker* 2005, S. 158/159).

Damit ist aus verfassungsrechtlicher Sicht und aus Sicht der Eigentumsethik der katholischen Soziallehre und der evangelischen Sozialethik der vom Privateigentum geleistete bzw. einzufordernde Gemeinwohlbeitrag diesem Institut immanent. Es gilt daher das (vermeintliche) Spannungsverhältnis zwischen Privatnützigkeit und Gemeinwohlorientierung des Privateigentums aufzulösen. Dies heißt nicht nur, das Privateigentum in den Dienst des Gemeinwohls, sondern das Gemeinwohl in den Dienst der Bürger zu stellen, zu deren Freiheits- und Entfaltungsbedingungen das Recht auf Privateigentum gehört. Nur in dieser Wechselwirkung wird dem verfassungsrechtlichen Modell des Eigentums als Verantwortungseigentum gefolgt.

Entscheidende gemeinwohlorientierte Leistung des Privateigentums ist sein Beitrag für die Marktwirtschaft. Der Markt ist dem Plan bei der Bewältigung von Knappheitsproblemen überlegen, was jede Gegenüberstellung der Marktwirtschaft zur Planwirtschaft im letzten Jahrhundert zweifellos belegt. Er führt – über das Instrument des Preises – zum Ausgleich zwischen Angebot und Nachfrage. Die Märkte vermeiden dadurch die für Planwirtschaften typische Rationierung und die damit einhergehenden Wartezeiten (s. *Engel* 2002, S. 37). Voraussetzung dieser ökonomischen Wirksamkeit ist die Gewaltenteilung zwischen Staat und Wirtschaft. Sie fordert beides: Die wirtschaftliche Unabhängigkeit der Bürger vom Staat und die politische Unabhängigkeit des Staates von der Wirtschaft. Die wirtschaftliche Unabhängigkeit der Bürger vom Staat ist notwendige Bedingung für Selbständigkeit, persönliche Freiheit und politische Mitwirkungsrechte in der Demokratie. Sie bedingt strikte Trennung der Hoheitsgewalt des Staates von der Herrschaft über die Produktionsmittel. Die Erfahrung bestätigt, dass mit dem Verlust der wirtschaftlichen Freiheitsrechte auch die formal geltenden politischen Freiheitsrechte ausgehöhlt werden (s. *Mestmäcker* 1990).

Damit ist aber gerade die gemeinwohlorientierte Funktion des Privateigentums wesentlicher Baustein des aktivierenden demokratischen Staates. Bürgergesellschaft und Privateigentum bedingen einander.

Literatur

Depenheuer, O. (2002), Zielsetzung und Konzeption der Berichte zur Lage des Eigentums, in: von Danwitz, Th./Depenheuer, O./Engel, Ch., Bericht zur Lage des Eigentums, Berlin/Heidelberg/New York, S.1-7

Engel, Ch. (2002), Die soziale Funktion des Eigentums, in: von Danwitz, Th./Depenheuer, O./Engel, Ch., Bericht zur Lage des Eigentums, Berlin/Heidelberg/New York, S. 9-107

Hoffmann-Riem, W. (2005), Das Recht des Gewährleistungsstaates, in: Schuppert, G. F. (Hrsg.), Der Gewährleistungsstaat – Ein Leitbild auf dem Prüfstand, Baden-Baden, S. 89ff.

Kirchhof, P. (2005), Eigentum als Ordnungsidee – Wert und Preis des Eigentums, in: Depenheuer, O. (Hrsg.), Eigentum, Berlin/Heidelberg/New York, S. 19-42

Mestmäcker, E.-J. (1990), Die Kraft des Freiburger Imperativs, in: FAZ vom 2. Juni 1990

Spiecker, M. (2005), Die universelle Bestimmung der Güter – Zur Eigentumsethik der Christlichen Gesellschaftslehre, in: Depenheuer, O. (Hrsg.), Eigentum, Berlin/Heidelberg/New York, S. 151-166

Kleines Geld, großes Geld –
der Beitrag der Sparkassen zur Vermögensbildung

Heinrich Haasis

Wer den Pfennig gut bewahrt, Geld gewinnt und Sorgen spart! Volksweisheiten dieser Art sind heute zwar aus der Mode gekommen, doch in der Sache bleiben sie einem Grundprinzip treu: wer spart, sein Vermögen richtig und sicher anlegt, der gewinnt. Dies dürfte gerade die Aktienschmelze der Jahre 2001 und 2002 wieder deutlich gemacht haben. Insgesamt brachten die Deutschen Ende 2004 ein Brutto-Geldvermögen von über vier Billionen Euro auf. Das ist ein Rekord, und mit Spareinlagen in Höhe von durchschnittlich über 100.000 Euro haben die Deutschen einmal mehr bewiesen, dass sie Weltmeister im Sparen sind. Fragen wir nach den Sparzielen der Bundesbürger, so steht nach einer repräsentativen Umfrage des Deutschen Sparkassen- und Giroverbands (DSGV) anlässlich des Weltspartages die Altersvorsorge an erster Stelle. Gerade bei der jüngeren Generation ist die Bereitschaft zur eigenverantwortlichen Vorsorge stark gestiegen (DSGV, Vermögensbarometer 2005). Damit knüpfen wir wieder an ein altes Prinzip an: Sparen als Vorsorge, wozu die Sparkassen, die das Sparen schon im Namen tragen, einen wesentlichen Beitrag in der Geschichte geleistet haben und noch heute leisten. Es waren die Sparkassen, die als erste Vermögensbildung und Vorsorgegedanken in das Bewusstsein breiter Bevölkerungsschichten brachten und dafür sorgten, dass aus kleinem Geld großes Geld wurde – an dieser Tradition halten die Sparkassen bis heute fest.

Vor über 200 Jahren stand der Gedanke, Sparen als Vorsorge zu betreiben, für ein völlig neues Denken. Denn Sparen ist nichts anderes als der Ausdruck individueller Freiheit, selbst verdientes Geld anlegen zu können, um für Notfälle oder Alter vorzusorgen und Vermögen aufzubauen. Sparen ist untrennbar mit der Selbstverantwortung und Mündigkeit des Individuums verbunden. Dass dies eine historische Zäsur bedeutete, wird klar, wenn man einen Blick auf die Zeit davor wirft. Seit wann haben die Menschen eigentlich die Einsicht zu sparen und vor allem, wann bekamen sie überhaupt die Möglichkeit dazu?

Gab es im Mittelalter noch die soziale Gemeinschaft des „ganzen Hauses", wo Meister, Gesellen und Lehrling alle unter einem Dach lebten und für einander aufkamen, so löste sich diese Form des Zusammenlebens und der gegenseitigen Absicherung mit dem Herausbilden komplexerer Staatsgebilde allmählich auf. Eine starke Dynamik setzte im 18. Jahrhundert ein: Die Bevölkerung nahm sprunghaft zu, ein Prozess, der sich im 19. Jahrhundert noch drastischer verstärkte und schließlich mit der Industrialisierung zu völlig neuen sozialen Zusammensetzungen der Gesellschaft führte. Ein Schlagwort dieser Zeit war der „Pauperismus" (von Lateinisch pauper = arm). Hatte es schon immer Arme und Bettler gegeben, so war die Verelendung ganzer Massen, die nun in die Städte drängten, ein Phänomen ohne Beispiel in der Geschichte. Kirchliche Einrichtungen waren längst überfordert, nicht zuletzt weil ihr Einfluss seit dem 18. Jahrhundert, im Südwesten Deutschlands vor allem seit der Säkularisierung zu Beginn des 19. Jahrhunderts, drastisch zurückging. Was war geschehen? Im 18. Jahrhundert setzte eine europaweite Bewegung ein, die heute als Epoche der Aufklärung zusammengefasst wird. Gegenüber den traditionellen Mächten, Adel und Klerus, die über Jahrhunderte die Drei-Stände-Gesellschaft als gottgewollt bestimmte, begann sich ein Bürgertum zu emanzipieren, das diese Grundfeste nun in Frage stellte. Politisch wie sozial hatte dies revolutionierende Auswirkungen auf die alteuropäischen Herrschaftssysteme. Der erste politische Höhepunkt gipfelte schließlich in der Französischen Revolution. Ihre Ideen strahlten auf das gesamte soziale und kulturelle Selbstverständnis Europas ab und charakterisieren bis heute die Identität der westlichen Welt: Freiheit und Unverletzlichkeit der Würde des Individuums.

Mitten in diesen epochalen Wandel fallen die Gründungen der ersten Sparkassen. Reiche, selbstbewusste Bürger wollten sich nicht mehr damit abfinden, dass Armut gottgewollt und gottgegeben war. Sie wollten eine Institution schaffen, die es den unteren Schichten erlaubte, kleinere Summen anzulegen, um der drohenden Gefahr des Absinkens ins Elend vorzubeugen. Die Philosophie dieser ersten Sparkassen stand ganz in der erzieherischen Tradition der Aufklärung: zur Selbstverantwortung des Menschen gehört der Vorsorgegedanke. Das freiwillige persönliche Sparen wurde als geeignete Übung erkannt, um ständig Selbstverantwortung zu praktizieren. In keiner Denkschrift, die den Sparkassengründungen vorausging, und in keiner deutschen Sparkassensatzung fehlt die Betonung des moralischen und ideellen Anliegens der Sparkassen (*Spiethoff* 1961, S. 36).

„Die Ersparungsklasse [sic!] dieser Versorgungsanstalt ist zum Nutzen geringer fleißiger Personen beiderlei Geschlechts, als Dienstboten, Tagelöhner, Handarbeiter, Seeleute errichtet, um ihnen Gelegenheit zu geben, auch bei Kleinigkeiten etwas zurückzulegen..." Mit dieser Veröffentlichung in den Hamburgischen Addreß-Comtoir-Nachrichten im Jahre 1778 begann ein neues Kapitel der Wirtschafts- und Sozialgeschichte. Die feine Hamburger Sozietät hatte eine Kasse errichtet, die es erstmals den „geringen Personen" erlauben sollte, kleine und kleinste Beträge gewinnbringend anzulegen. Die unteren Schichten, dazu zählten vor allem Tagelöhner, Gesellen, Handwerker, Dienstboten, Seeleute und Soldaten, sollten von nun an die Möglichkeit erhalten, für ihr Leben selbst vorzusorgen, um in Not oder im Alter abgesichert zu sein. Das war etwas Neues. Zwar gab es bereits seit der frühen Neuzeit Pfand- und Leihhäuser sowie die Montes pietatis, doch lag diesen Institutionen nicht der Spar- und Vorsorgegedanke für die Masse der Bevöl-

kerung zugrunde. Im 17. und 18. Jahrhundert kamen die ersten Waisenkassen auf – in Deutschland ist die älteste unter ihnen die 1749 gegründete Waisenkasse in Salem, aus der sich später eine Sparkasse entwickelte –, die zwar schon den Vorsorgegedanken implizierten, diesen jedoch wie der Name sagt, auf die Waisen beschränkte. Hinzu kommt, dass es sich hierbei nicht um im eigentlichen Sinne arme Waisen handelte. Denn schließlich mussten ihnen Gelder vererbt worden sein, die dann anzulegen waren. Für Notzeiten und Alter blieb nur karitative Hilfe. Wie ein Damoklesschwert drohte die ständige Gefahr des Elends. Das eigentlich Neue war, dass Sparen zur Tugend wurde, Ausdruck der Eigenverantwortung. Wie stark sich dieses neue Denken von der alten Adelsgesellschaft des Ancien Régime abhob, verdeutlicht ein Wort über das Sparverhalten der höfischen Gesellschaft Frankreichs kurz vor der Französischen Revolution: „Sparen, etwas auf die Seite legen, das war, als hätte man es statt mit klaren Gewässern mit einem übelriechenden Sumpf zu tun. Besser das Geld zum Fenster hinauswerfen!" (*Szerb* 1943/2005, S. 33)

Die ersten Sparkassen waren neben Hamburg (1778) in Oldenburg (1786), Detmold (1786) und Kiel (1796) entstanden. Doch beschränkte sich die Sparkassenidee nicht auf „philanthropische" Clubs reicher Bürger. Auch Vertreter der traditionellen Schichten entdeckten die Vorteile dieser Kassen, um den sozialen Herausforderungen der Zeit zu begegnen. So war es Königin Katharina von Württemberg, die 1818 für das Königreich eine landesweit tätige Sparkasse gründen ließ, die bis heute in der Landesbank Baden-Württemberg (LBBW) und der Baden-Württembergischen-Bank (BW-Bank) fortlebt. Nebenbei bemerkt, hierin liegt letztlich die historische Ursache für eine Besonderheit in Baden-Württemberg: Die Württembergische Landessparkasse ging 1975 mit der Girokasse Stuttgart in der Landesgirokasse und 1999 in der LBBW auf. Seit Gründung der Landessparkasse war somit eine Wettbewerbssituation mit den örtlichen Sparkassen gegeben, was sich bis heute im Verhältnis der LBBW und BW-Bank zu den Sparkassen fortsetzt. In Freiburg war es der Geistliche *Heinrich Sautier* (1746-1810), der 1803 einen detaillierten Sparkassenplan vorlegte, welcher allerdings erst 1826 reifen sollte. Auch wenn in den ersten Sparkassen-Statuten als Zielgruppe von den „armen" Schichten gesprochen wird, so wissen wir heute, dass arm damals nicht im heutigen Sinne mittellos bedeutete, sondern vielmehr jene Schichten umschrieb, die noch in der Lage waren, kleine Summen aufzubringen. Sparkassen waren also keine Armenkassen, sondern Institute für die kleinen Leute, aus denen sich schon bald Kreditinstitute entwickelten. Der sozialpolitische Aspekt blieb zwar immer erhalten, verlor im Laufe der Zeit aber seine Dominanz. In der Mitte des 19. Jahrhunderts erwuchs den Sparkassen dann Konkurrenz in den Genossenschaften nach *Schulze-Delitzsch*, die sich zur zweiten großen dezentral aufgestellten Bankengruppe entwickelten.

Der eigentliche Siegeszug der Sparkassen begann jedoch mit der Selbstverwaltung der Kommunen, die mit den Namen zweier großer preußischer Reformer, des Reichsfreiherrn *vom und zum Stein* und des Staatskanzlers Fürst *von Hardenberg* verbunden sind. Mit ihren Reformen zu Beginn des 19. Jahrhunderts wurde der Grundstein für die moderne Bürgergesellschaft gelegt, die ihr Fundament auf der kommunalen Ebene hat. Dieser Gedanke der Subsidiarität, der Hilfe zur Selbsthilfe, lebt bis heute fort und bildet die Basis für die Tätigkeit der kommunal verankerten Sparkassen.

Die Sparkassen waren die ersten Einrichtungen, die das Sparen in größerem Umfange institutionalisierten. Ihr besonderes Verdienst ist die Popularisierung des Sparens bis hin zu einer eigenen „Sparideologie", wodurch auch kleine und kleinste Beträge für den Sparprozess mobilisiert werden konnten. Dadurch leisteten die Sparkassen und später auch die Genossenschaften im Laufe der Zeit einen wesentlichen Beitrag zur volkswirtschaftlichen Kapitalbildung. Dies bildete wiederum die Voraussetzung für Investitionen und Wirtschaftswachstum (*Kaufhold* 2001, 29). Die Spareinlage war also ein Erfolgsmodell in doppelter Hinsicht: sie half nicht nur, den Pauperismus durch Existenzsicherung und Existenzaufbau zu überwinden, sondern hatte auch positive gesamtwirtschaftliche Wirkung (*Wysocki* 1980).

Bis heute gehört es zu den zentralen Aufgaben der Sparkassen, allen Bevölkerungsgruppen Wege zur Vermögensbildung zu weisen. In den Sparkassengesetzen der Länder ist diese Aufgabe als Teil des öffentlichen Auftrages definiert. Im Sparkassengesetz für Baden-Württemberg heißt es in § 6 Ziffer 1 „Unternehmenszweck, öffentlicher Auftrag": „Die Sparkassen fördern den Sparsinn und die Vermögensbildung breiter Bevölkerungskreise und die Wirtschaftserziehung der Jugend." (GBl Nr. 5, 19.5.2003, S. 217). Erst durch ihre breite Präsenz in allen Städten und Regionen können die Sparkassen diesem Auftrag in vollem Umfang gerecht werden. Heute sind rund 50 Millionen Bundesbürger Kunden der Sparkassen und ihrer Verbundpartner.

Mit dem Wandel von der Agrar- zur Industriegesellschaft veränderten sich die gesellschaftlichen Verhältnisse und Bedürfnisse grundlegend. Auch die Ansprüche an Vermögensbildung und Vorsorge wurden komplexer und beschränkten sich nicht mehr auf das Ansparen „kleinerer Summen". Mit den Lebensversicherungen und dem Bausparen sind weitere wichtige Instrumente für die Vermögensbildung und die Vorsorge breiter Bevölkerungsschichten geschaffen worden.

Am Anfang der deutschen Lebensversicherungen steht erneut Hamburg. Dort wurde im Jahre 1778 die Hamburgische Allgemeine Versorgungsanstalt gegründet. Allerdings setzte sich die Lebensversicherung als wichtiger Pfeiler der Vermögensbildung zur Altersabsicherung erst im 19. Jahrhundert durch. Vor allem der

Bismarckschen Sozialversicherung ist es zu verdanken, dass die Bedeutung von Lebensversicherungen erstmals in das Bewusstsein breiter Schichten drang. Die weiteren Entwicklungen folgten dann Schlag auf Schlag: Angesichts der Volksfürsorge, einer SPD-nahen gewerkschaftlich-genossenschaftlichen Volksversicherungsgesellschaft, die einen gewaltigen Zuspruch in der Arbeiterschaft erfuhr, begann man auch bei den Sparkassen mit Gedanken über dieses neue Geschäftsfeld. Zunächst in Preußen, dann nach Ende des Ersten Weltkrieges wurden auch in den übrigen deutschen Ländern nach dem Regionalprinzip öffentliche Lebensversicherungsanstalten gegründet. (*Borscheid* 2003, S.23-46, 1999). In Baden entstand 1923 die Öffentliche Versicherungsanstalt Baden (ÖVA) mit Sitz in Mannheim, und in Württemberg im Jahr darauf die Deutsche Versorgungsanstalt (DVA) mit Sitz zunächst in Berlin, später in Stuttgart. Aus den öffentlichen Versicherungsanstalten in Baden und Württemberg sind im Jahr 2000 die SV Versicherungen hervorgegangen und zum 1. Januar 2004 fusionierten die SV Versicherungen in Baden-Württemberg und die SV Versicherungen in Hessen-Thüringen, die auch Gebiete von Rheinland-Pfalz umfasst, zur neuen SV SparkassenVersicherung mit Sitz in Stuttgart.

Die Anfänge des deutschen Bausparens fallen in eine Zeit, als infolge des Ersten Weltkrieges große Wohnungsnot, Kapitalmangel und hohes Zinsniveau bei starker Inflation herrschten. Bereits Anfang der Zwanziger Jahre gab es eine Vielzahl neu gegründeter privater Bausparkassen, was allerdings zu einer gewissen Unübersichtlichkeit auf dem Gebiet des Bausparens führte. Mit der Einführung eines öffentlichen Bausparwesens im Jahre 1929 wurde daher neben der Beseitigung der Wohnungsnot der unbedingte Schutz des Bausparers vor Verlusten zum wichtigsten Ziel erklärt. Der erste Bundespräsident der Bundesrepublik Deutschland, *Theodor Heuss*, bezeichnete die Bausparkassen als die „legitimen Kinder der öffentlichen Sparkassen", da sie „sozialpolitisch und arbeitsmäßig aufs engste [mit den Sparkassen] verbunden sind." (*Heuss, T.* 1954, S. 289).

Die Grundidee der Bausparbewegung war die kollektive Selbstfinanzierung des zum Bau eines Eigenheimes erforderlichen Fremdkapitals. Die Bausparer sparten planmäßig in eine gemeinsame Kasse, aus der sie in einer bestimmten Reihenfolge die vertraglich festgelegte Bausparsumme ausgezahlt bekamen, die sich aus dem angesparten Guthaben und dem Darlehen zusammensetzte. An diesem Grundprinzip des kollektiven Bausparens hat sich bis heute nichts Wesentliches geändert. Das Bausparen ist nach wie vor ein Grundpfeiler der Vermögensbildung im Wohnungsbau. Die LBS Landesbausparkasse Baden-Württemberg, die im Jahr 1999 aus der Fusion der LBS Baden und der LBS Württemberg hervorging, hat bundesweit die höchste Marktdurchdringung und wetteifert jährlich mit der genossenschaftlichen Bausparkasse Schwäbisch Hall um die Marktführerschaft. Bei knapp zwei Millionen Verträgen und 1,35 Millionen Bausparern ist jeder achte Bürger Baden-Württembergs ein LBS-Bausparer.

In unserer modernen Dienstleistungsgesellschaft sind die Sparformen freilich noch komplexer und vor allem vielfältiger geworden. Dennoch bleiben die Deutschen bei der Geldanlage vorsichtig und besonnen – so das Urteil der Bundesbank in einer ihrer jüngsten Auswertungen (Bundesbank 2005).

Bargeld und Spareinlagen haben nach wie vor den größten Anteil am Geldvermögen, gefolgt von Versicherungen und Pensionsansprüchen. An dritter Stelle stehen Investmentfonds und festverzinsliche Wertpapiere. Nur ein kleiner Teil wird direkt in Aktien angelegt. Ob klassische Spareinlagen, Fondsanlagen, Leasing, Versicherungen oder Bausparen, jede Sparkasse kann heute all diese Finanzdienstleistungen anbieten, weil sie Teil eines hocheffizienten, arbeitsteiligen Verbundsystems ist. Das gleiche gilt für den Verbund der Volks- und Raiffeisenbanken, die ein ähnliches Allfinanzsystem in Deutschland bieten. In Baden-Württemberg haben wir die Sparkassen-Finanzgruppe in den letzten Jahren weiter ausgebaut und die Verbundunternehmen von Landesbank (LBBW), LBS und SparkassenVersicherung zu starken Einheiten zusammengeführt. (*Haasis* Kreditwesen 2004). Wie erfolgreich die Gruppe arbeitet, zeigen die Zahlen: über 60 Prozent aller Bürger in Baden-Württemberg haben eine Geschäftsverbindung zur Sparkassen-Finanzgruppe. In Baden-Württemberg sind die 56 Sparkassen mit 37.000 Beschäftigten in rund 2.600 Filialen präsent und leisten damit auch heute einen unverzichtbaren Beitrag für die Vermögensbildung in unserer Gesellschaft. Damals wie heute schätzen die Sparkassen das kleine Geld. Aus ihrer über 200jährigen Geschichte wissen sie, welchen konstruktiven Anteil die kleinen Summen am Vermögensaufbau ganzer Generationen besitzen.

Literatur

Borscheid, P. (2004), Mit Sicherheit leben: Altersvorsorge und Lebensversicherung in Deutschland bis 1945, Sparkassenhistorisches Symposium 2003. Der Vorsorgegedanke im Wandel, Stuttgart, S. 23-48

Ders. (1999), Sicherheit in der Risikogesellschaft. Zwei Versicherungen und ihre Geschichte, Stuttgart

Deutsche Bundesbank, Vermögensbildung und Finanzierung im Jahr 2004, Monatsbericht Juni 2005, S. 15-30

Deutsche Bundesbank (Hrsg.), Deutsches Geld- und Bankwesen in Zahlen 1876-1975, Frankfurt 1976

Deutscher Sparkassen- und Giroverband, Vermögensbarometer 2005

Haasis, H. (2004), Verbund und Regionalität – Stärken der Sparkassen-Finanzgruppe weiterentwickeln, Zeitschrift für das gesamte Kreditwesen 23, S. 19-23

Ders. (1997), Zeitgemäße Interpretation des öffentlichen Auftrags, Sparkasse 1997, S. 71-75

Heuss, T., Kinder der öffentlichen Sparkassen, Sparkasse 1954, 289 (Jubiläumsheft 25 Jahre öffentliche Bausparkassen)

Kaufhold, K. H., Geldwirtschaft und Sparkassen-Finanzgruppe von den Anfängen bis 1945, Sparkassenhistorisches Symposium 2001. Taler, Markt und Euro – Die Bedeutung der Sparkassen-Finanzgruppe für die Geldwirtschaft, Stuttgart 2002, S. 23-43

Spiethoff, B. (1961), Vom Feudalbesitz zum Sparguthaben. Ein Beitrag zur Geschichte der Vermögensbildung, Stuttgart

Szerb, A. (2005), Das Halsband der Königin, München (ungekürzte, überarb. Neuausgabe der Ausgabe von 1943)

Wysocki, J. (2005), Untersuchungen zur Wirtschafts- und Sozialgeschichte der deutschen Sparkassen im 19. Jahrhundert, Stuttgart (vollständiger Nachdruck der Originalausgabe von 1980)

Deutschland Deine Stärken

Handicap als Aufstiegsmotiv

Gertrud Höhler

Deutschland im Stillstand: so sehen wir es an besseren Tagen. Deutschland im Abstieg: so an schlechteren.

So viele Schwächen kann dieses zuvor so erfolgreiche Land gar nicht haben, dass es sich nicht befreien könnte. – Es sei denn, es will sich nicht befreien.

Darum geht es beim Stärkenmanagement: Kräfte entfesseln, die in Fesseln liegen, aus Gründen, die wir – noch – nicht verstehen. Wer in Deutschland Erfolg sucht, fühlt das deutsche Handicap – vor allem, wenn er Deutscher ist. Ausländer nutzen oder kritisieren den Standort; aber sie bleiben frei. Als Deutscher in Deutschland ist man niemals frei. Auch Engländer, Franzosen, Italiener fühlen die Bindung an ihr Land; ihre Zustimmung zu dieser Herkunft ist jedoch nicht von schweren Schatten überlagert, wie sie viele Deutsche begleiten. Deutscher zu sein, sagen viele von uns, ist ein Schicksal, das man nur angestrengt annimmt. Im Ausland gönnt man sich gern ein paar unerkannte Stunden.

Die deutsche Erblast ist ein Trauma, das uns Kraft kostet. Stärken zu managen, ist hier zu Lande schwieriger als anderswo. Der Stolz, gerade hier im Lande alle Kraft einzusetzen, ist nicht selbstverständlich. Man muss ihn inszenieren, und nicht jeder Chef hat Zeit und Lust dazu. Noch weniger sind jene, die diese Last nicht nur fühlen, sondern erklären können. Erst dann kann Stärkenmanagement beginnen. Was wir verstehen, können wir zähmen. Was wir gezähmt haben, können wir verwandeln: Schwäche in Stärke, Kleinmut in Mut.

Dieses deutsche Handicap lässt sich beherrschen, wenn wir seine Anatomie in großen Zügen beschrieben haben:

- Das Trauma unserer Schuld begleitet uns, was auch immer wir unternehmen, es an die Kette zu legen. Im sozialen Organismus einer Nation folgt es denselben Grenzen wie in der Seele des Individuums: Die kollektive Brainware der Deutschen hat Narben, wie sie der Hirnphysiologe bei Menschen findet, die im Feuer überlebt haben oder einer Gewalttat entronnen sind. Gleichviel, wie sich dieses Trauma auf die Generationen verteilt; es liefert allen Deutschen die wehmütige Gewissheit, nicht zu sein wie andere.

Im Zusammenspiel der Völker sind wir deshalb mit dem Gefühl unterwegs, mehr liefern zu müssen, eilfertiger umarmen zu müssen, wo andere Nationen differenzieren. Wir werben um Sympathie durch Vorleistungen. Wir eilen voraus mit ökologischen Weltrekorden, die sich nicht rechnen.

- Im Wiedergutmachungs- und Beruhigungsfieber legten wir uns das perfekteste und teuerste Sozialsystem in Europa zu. Da wir „anders als die andern" waren, galten die Lehren, die andere vor uns für ihren sozialpolitischen Idealismus bezogen, nicht für uns. Schweden reformierte, während Deutschland weiter expandierte.
  Wir wollten uns nicht vergleichen. Wir fühlten uns auch nicht geliebt. Also blieb nur eines: die andern nicht zu brauchen. Tüchtiger sein als sie. Der tüchtige Deutsche war der hässliche Deutsche in vielen ausländischen Köpfen.
  Der Widerspruch war schwer zu managen: Wunderknaben in der Kritik. Um diesen Kontrast zu beherrschen, gewöhnten wir uns an vorauseilende Selbstkritik.
  Sonderrollen mobilisieren Kräfte; das haben wir bewiesen. Aber sie kosten auch Kraft, die uns heute fehlt.

- Deutsche Tüchtigkeit gehört ins deutsche Handicap, weil sie hart erkämpft wurde gegen das Misstrauen der Kriegsgegner und Opfer. Das soziale Netz immer enger zu knüpfen, bot sich auch als Nachweis unseres *Goodwill* an: nicht als Konsum-Barbaren unsere Spur zu zeichnen, sondern als Gerechtigkeits-Champions. Flankierender Beweis war die deutsche Mitbestimmung. Das deutsche Handicap von heute setzt sich aus lauter Bemühungen zusammen, nach dem Absturz in die Barbarei den höchsten Rang in Rechtschaffenheit zu erreichen.
  „Ohne das Soziale wären die Deutschen auf das Deutsche zurückgeworfen" schreibt *Alexander Gauland*, „das hat sich schon einmal als nicht rutschfest erwiesen." (*Alexander Gauland*, Frankfurter Allgemeine Sonntagszeitung, Nr. 51 vom 19.12.2004, S. 13)

- Darauf beruht das deutsche Handicap: Die großen Leistungen der Nachkriegsgeschichte folgten nicht einer leuchtenden Idee, sondern waren „Gegenbeweise". Die große deutsche Kraftanstrengung diente immer auch dem Nachweis, dass man uns wieder zulassen sollte auf den Spielplätzen der freien Welt. Formell geschah das ja; aber das deutsche Trauma lässt weder uns noch die andern los. Darum war in der Ära Schröder jede der politischen Freundesbegegnungen, sei es mit dem Franzosen *Chirac*, sei es mit dem Russen *Putin*, auf der deutschen Seite von einem surrealen Überschwang begleitet, den man nicht gleich versteht. Es ist das deutsche Handicap, das in Lachsalven ertränkt wird, und es ist ebendieses Handicap, das eine souveräne Beziehung zu unseren Rettern jenseits des Atlantiks verhindert.

- Es gibt keinen *German way of life*. Damit bekommen wir auch einen besonderen Platz in Europa, bindungslos im Auftreten, aber in Wahrheit beschwert von den schwersten Ketten der jüngeren Geschichte.
  Wir werden ganz sicher nicht durch Bindungslosigkeit wettmachen können, was wir in den Bündnissen der freien Welt im zwanzigsten Jahrhundert verspielt haben. Berechenbar wird Deutschland nicht, indem es ökonomisches Kalkül an die Stelle wertorientierter Rückfragen an die neuen Bündnispartner setzt. Vorleistung als deutsches Handicap. Dass beides sich mühelos verbinden lässt, zeigen uns andere Nationen.

- Wir sollten wachsam sein, dass sie nicht zum Löwenanteil des deutschen Handicaps wird: die Bindungslosigkeit. Die steigende Frequenz der politischen Zärtlichkeiten mit ausgewählten Partnern kann nicht darüber hinwegtäuschen, dass wir immer noch in der Welt des Entweder-Oder verharren, wo Entwurzelung als Preis für globale Mitspieltickets gilt. Die Werte der abendländischen Geschichte, die stark genug waren, um von der antiken in die christliche Welt zu wechseln, „getaufte" Mythen der Menschheitserfahrung, stehen offiziell zur Disposition. Die europäische Krankheit hat im deutschen Handicap ihre spezielle Variante.

Frei von Bindungen werden wir nicht stärker. Unsere Stärken sind verankert in der abendländischen Geschichte, ohne die wir auf diesem Globus heimatlos wären.

Die Füße im Staub, den Kopf in den Sternen, sagt der Franzose *Denis Tillinac*, das war Europas Stärke in der Geschichte.(Vgl. Le Figaro, 10./11.4.2004, S. 12) Diese Stärke reicht viel weiter zurück als das deutsche Handicap. Sie macht auch die deutsche Logik des Misslingens, in der wir gefangen scheinen, zu einem überwindbaren Kapitel.

Es gilt, Stärken zu pflegen in einem starken Land. Auf einem Boden, der trägt. Mit Partnern, die uns etwas zurauen. Mit Partnern, denen wir etwas zutrauen. Stärken pflegen mit Selbstvertrauen, das wir gegenseitig stärken. Das ist die ideale Konstellation.

Stärkenmanagement hat in Politik und Wirtschaft die gleichen Bedingungen. Sie gelten auch für den Umgang des einzelnen mit seinen Stärken. Um diese Stärken kennen zu lernen, braucht jeder die anderen. Wir sind, wenn wir besser werden wollen, nie allein. Stärken managen heißt Beziehungen managen. Jedes Team ist ein Beziehungsnetzwerk, und der Markt wiederholt dieses Muster.

Stärken pflegen in einem Land, das mit seinen Schwächen beschäftigt ist, heißt einfach: die Rückseite der Schwächen betrachten, wie man die Rückseite einer Münze anschaut: Kopf oder Zahl. Die Zahlen, das sind die Schwächen. Die Köpfe sind das Potential. Drehen wir die Münze, setzen wir auf die Köpfe. Leistung oder Lähmung eines Landes setzt sich aus Millionen von Köpfen zusammen, die ihr Bestes geben, oder die, die sich verweigern.

Wir haben begriffen: Die Folgen der Verweigerung treffen uns selbst. Wir, nicht „die Politiker" oder „die Manager" leben schlechter, wenn wir unsere Kraft dem Ganzen vorenthalten.

Tu es für dich! lautet das Motto. Mach aus deinem Leben, was die Betreuer von gestern versäumt haben! Zeig's ihnen: Bürger ohne Fesseln können mehr!

Dann wird klar: Die Stärken eines Landes sind die Stärken seiner Bürger. Wenn jeder für sich ein besseres Leben will, werden alle ein besseres Leben haben. Dies gilt, weil wir uns endlich darauf einigen: Nicht was ich anderen wegnehme, macht mein Leben besser, sondern das, was ich mit anderen teile. Meine Energie, mein Selbstvertrauen und meine Zuversicht geben anderen Energie, Vertrauen und Zuversicht. Es geht nicht ohne die anderen. Die Verteilungskämpfe sind zu Ende. Das Bündnis für Stärkenmanagement gilt.

Betrachten wir die Rückseite der Münze, deren Zahlenseite uns ängstigt. Das deutsche Handicap, so wird plötzlich klar, war immer Ausgangspunkt der deutschen Stärken.

Unser Schwächenprofil verbirgt unsere Stärken. Wir müssen zeigen, was wir längst konnten, und dies unter leichteren Bedingungen als 1945. Die neue deutsche Krise ist nicht ein Weltenbrand, wie damals, sondern, wieder einmal, selbstgemacht, glücklicherweise begrenzt und deshalb heilbar.

Wieder ist nichts weiter verlangt als Höchstleistung. Aber diesmal mit einem dicken Bonus: Alle befreundeten Völker wünschen uns Erfolg, weil ihr eigener auch von uns abhängt. Wir können uns nicht mit mangelnder „Motivation" entschuldigen, das Erwartungsklima ist optimal.

Die neue „Wiedergutmachung" ist also von Wohlwollen und Zustimmung unserer Bündnispartner getragen. Keiner erwartet, dass wir Unmögliches vollbringen. Wir müssen uns nur von unseren Übertreibungen trennen. Es interessiert auch niemanden mehr, warum sie zu Stande kamen. Wir wissen es. Starren wir nicht auf die Zahlen, wenden wir die Münze. Deutschlands *Brainpower* sollte ausreichen, im Schlaraffenland der Sozialsysteme aufzuräumen. Stop dem Selbstmitleid! Wir sind besser als wir zugeben.

Wir können mehr Freiheit erreichen als andere Völker, eben weil es keinen *German way of life* gibt. Was wünschen wir uns? Was tut uns gut? Fragen, die niemand mehr stellt. Nur sie öffnen den Weg für Höchstleistungen. Wie wollen wir leben? Wir wissen es doch: mit viel Bewegungsfreiheit, ohne erdrückende Konsumzwänge, in glücklichen Beziehungen, unter dem Schutz eines berechenbaren Staates. Wir wollen unsere Kräfte mit anderen messen und unsere Grenzen erproben – nichts anderes ist Stärkenmanagement. Wir werden großzügig und hilfsbereit sein, wenn wir so leben dürfen. Wir werden nicht mehr zulassen, dass das Gute, das wir erreicht haben, verspielt wird, nur weil wir zu eitel sind, unsere Fehler zuzugeben.

Stärkenmanagement heißt, auf Leistungen setzen. Wir müssen uns trennen vom Trotz und der Bequemlichkeit, die aus Verlierern Verweigerer machen. Es gibt keine Entschuldigung, wenn wir weiter auf unserem speziellen Zeitlupenreformtempo bestehen. Es geht nicht um „Globalisierung", sondern um unsere Lebensqualität.

Wenn wir auf unsere Stärken setzen, dann reicht das, um auch international mitzuspielen. Wir werden kein spezielles Einlassticket erwarten können, weil wir es längst haben: Alle Augen sind auf uns gerichtet, erwartungsvoll, in ungläubiger Enttäuschung. Eile ist geboten. Noch traut man uns „draußen" eine Menge zu.

Wir brauchen Lob! Schon deshalb müssen wir jetzt liefern. Sobald die ersten Rücklieferungen an Lob kommen, werden wir besser werden. Extraeinladungen, im Weltkonzern der Besten mitzuspielen, werden wir nicht erhalten. Für Selbstmitleid gibt es keine Prämie. Ein deutscher Sonderweg kann nur ins Aus führen.

Aufwachen! heißt die Devise. Wir wollen doch im Licht unserer Leistungen bewundert werden, wie die letzten fünfzig Jahre. Wo ist also die Leistung? Nachreichen, schnellstens!

Wir können dankbar sein, dass alle staunenden Nachbarn sie uns immer noch zutrauen.

Der Wert des Geldes

Jean-Claude Juncker

Das eigene Heim gibt Sicherheit, beruhigt und schafft Heimatverbundenheit. Der Weg dorthin aber ist oftmals weit und schwer. Für die meisten heißt es, Monat für Monat zu sparen, um einen Teil des erarbeiteten Lohns auf die hohe Kante zu legen und schließlich mit Hilfe eines Darlehens zum erhofften Ziel zu kommen.

Die Rolle der Politik scheint dabei zuweilen zweit-, wenn nicht drittrangig. Dass dem so ist, ist weniger den freien Kräften des Marktes zu verdanken als dem Erfolg der politischen Entscheidungen der letzten Jahre, ja Jahrzehnte. Nie erscheint die politische Gestaltung so unwichtig wie wenn sie auf Dauer erfolgreich ist und ihre Ziele unauffällig, aber beständig erreicht.

Zu diesen Erfolgen gehört ohne Zweifel die Geldpolitik. Seit Ende der 80er Jahre, verfolgt Europa den tugendhaften Weg der Geldwertstabilität, aufbauend auf der Erfahrung jener Länder, welche schon länger auf die Vorteile einer stabilen Währung gesetzt haben, darunter Deutschland. Der Weg zum Euro sowie die Einführung der gemeinsamen Währung haben in ganz Europa zu jener geldpolitischen Läuterung geführt, die viele lange Zeit für unmöglich hielten.

Trotz aller Rangeleien, die es weiterhin im Einzelnen zur europäischen Wirtschafts- und Währungspolitik geben kann: den Erfolg kann niemand dem Euro absprechen. Nicht nur, dass zwölf Mitgliedstaaten der Europäischen Union eine gemeinsame Währung besitzen. Diese Währung steht auch den besten ihrer Vorgängerinnen in Sachen Geldwertstabilität in nichts nach. Seit der Einführung des Euro liegt die jährliche Teuerungsrate in der Eurozone um die zwei Prozent. Das ist ein Wert, der auch in Niedriginflationsländern jedem historischem Vergleich standhält.

Wir Europäer können stolz sein auf diesen Erfolg, auf den noch vor zehn Jahren nur wenige zu wetten gewagt hätten. So soll auch kein Zweifel darüber aufkommen, dass die Verpflichtung zur Stabilität uneingeschränkt für alle Väter und Mütter des Euro gilt. Auch wenn es in kritischen Momenten zu Meinungsverschiedenheiten kommt zwischen den Finanzministern und der Europäischen Kommission oder zwischen der Eurogruppe und der Europäischen Zentralbank (EZB). In der Grundausrichtung herrscht Einigkeit.

Dem war schon 1989 so, als der Delors-Bericht, benannt nach EU-Kommissionspräsident *Jacques Delors*, die Straßen zur Währungsunion aufzeichnete. Das Ziel der Preisstabilität und die daran gebundene Unabhängigkeit der künftigen Europäischen Zentralbank waren schon zu diesem Zeitpunkt unabdingbar Bedingung für das Gelingen des Projektes und das große Vertrauen, das es brauchte.

Der erste Grund dafür war politischer Natur, genauso wie der Euro ein durch und durch politisches Projekt war. Allen Beteiligten war klar, dass Deutschland die Mark nur in die gemeinsame Währung einbringen würde, wenn diese eben so hart sein würde, wie es die Deutsche Mark seit Jahrzehnten war. Ebenso war klar, dass es eine EZB nur geben würde wenn ihre Grundprinzipien der Angesehensten ihrer Vorgängerinnen, der Deutschen Bundesbank, folgen würden.

Das politische Argument stützte sich jedoch auch auf eindeutige volkswirtschaftliche Erkenntnisse. Die Verteidiger der Preisstabilität predigten so gesehen denen, die schon getauft waren. In den 80er Jahren hatte sich langsam aber sicher in EU-Europa ein währungspolitischer Konsens gebildet, der die Inflation nicht als Teil der Lösung sah, sondern als Teil des Problems. Die Inflation in den Ländern des Europäischen Währungssystems (EWS) erreichte noch 1980 eine Spitze von 11 Prozent. Acht Jahre später, 1988, war die Teuerungsrate auf durchschnittlich 2 Prozent gefallen. So kam es, dass während der Verhandlungen zur Wirtschafts- und Währungsunion 1991 im Rahmen des Maastrichter Vertrages, welche ich während der luxemburgischen Präsidentschaft im ersten Semester leitete, es nicht in Frage kommen konnte, die gewonnene Stabilität aufs Spiel zu setzen.

Der Maastrichter Vertrag erklärt eindeutig die Gewährleistung der Preisstabilität zum vorrangigen Ziel der Europäischen Zentralbank und des Europäischen Systems der Zentralbanken. Er fordert die EZB zugleich zur Unterstützung der allgemeinen Wirtschaftpolitik der EU auf, „soweit dies ohne Beeinträchtigung des Zieles der Preisstabilität möglich ist". Zu den Zielen der Wirtschaftspolitik gehören die harmonische, ausgewogene und nachhaltige Entwicklung des Wirtschaftslebens, hohes Beschäftigungsniveau und ein hohes Maß an sozialem Schutz, beständig nichtinflationäres Wachstum sowie ein hoher Grad internationaler Wettbewerbsfähigkeit.

Dementsprechend wurde der Euro also nicht für Banken oder Großkonzerne geschaffen, sondern er entstand im Interesse aller Europäer. Wenn der Wunsch nach Stabilität an seiner Wiege stand, ist das vor allem einer großen Erkenntnis zu verdanken, dass nämlich die Inflation der Feind des kleinen Mannes ist. Eine hohe Teuerungsrate trifft als Ersten den Lohnempfänger. Steigende Zinsen werden die Wohlhabenden schützen. Auch der Besitzer von Sachwerten ist vor Geldwertverlust abgeschirmt. Die Kaufkraft des Lohnes sowie der Renten wird hingegen schnell von der Inflation aufgefressen. Sicher zahlen sich Kredite einfacher zurück. Aber der Preis steigender Zinsen übertrifft schnell solche kurzfristigen Gewinne.

Die Kosten von Inflation sind volkswirtschaftlich hoch. Kauf- und Investitionsentscheidungen werden schwieriger, da die Entwicklung der Preise schwerer vorhersehbar ist. Die Qualität der Entscheidungen sinkt unausweichlich. Niedrige Teuerungsraten hingegen geben dem wirtschaftlichen Umfeld Stabilität und Gewissheit. Tiefe Zinsen fördern produktivitätssteigernde Investitionen und legen den Grundstein für kontinuierliches Wachstum. Den Verbrauchern gibt die Sicherung der Kaufkraft derweil Vertrauen, was wiederum die gesamtwirtschaftliche Entwicklung stützt. Den Haushalten ermöglicht Geldwertstabilität langfristiges Planen, sei es beim Sparen oder bei Rückzahlung von Krediten.

Allen Unkenrufen zum Trotz waren die Vorteile der Stabilitätsbindung des Euro schon vor der eigentlichen Einführung der Gemeinschaftswährung zu spüren. Die Realzinsen, das heißt die Nominalzinsen abzüglich der erwarteten Inflation, fielen während der Konvergenzphase zur Währungsunion beständig. Anfang 1999, als der Euro als Rechnungswährung endgültig Wirklichkeit wurde, standen die kurzfristigen Realzinsen in der Eurozone bei 2,3 Prozent und die langfristigen bei 3,2 Prozent. Von 1990 bis 1998 waren es dagegen im Durchschnitt noch 4,5 und 5,2 Prozent. Auch in Deutschland musste man bis in die frühen 70er Jahre zurückgehen, um ähnlich niedrige Realzinssätze zu finden.

Sowohl die Logik der Preisstabilität wie auch jene der Währungsunion haben den Europäern also die erhofften Vorteile gebracht, nicht nur nominal auf dem Papier, sondern auch real. Seit der Einführung des Euro kommen der Eurozone rekordverdächtig niedrige Zinsen zugute. Am 6. Juni 2003 senkte die EZB ihren Leitzins (Hauptrefinanzierungssatz) auf 2% ab und hielt ihn für mehr als zwei Jahre konstant auf diesem Niveau.

Sicher gibt es immer wieder Stimmen, welche für die einzelnen Länder noch tiefere Zinsen befürworten. Doch auch Deutschland erlebte mit der Einführung des Euro besonders günstige Zinssätze. In den 33 Monaten vor dem 1. Januar 1999 sank der Diskontsatz zumindest nominal auf den tiefsten Stand in der 50-jährigen Geschichte der Bundesbank – 2,5 Prozent. Nur zweimal zuvor waren die Zinsen niedriger gewesen: 1959 für 8 Monate und 1987-1988 für sieben Monate.

Auch die Überraschungen sind mit dem Euro weniger geworden. In den Ländern mit traditionell niedrigen Teuerungsraten verschwanden die zuweilen angenehmen Seiten der Auf- und Abwertungen, die man am Beispiel der höheren Kaufkraft während des Sommerurlaubs verdeutlichen kann. Doch überwogen vor allem die negativen Seiten, wie zum Beispiel die unlautere Konkurrenz aus Hochinflationsländern mittels der so genannten „beggar-my-neighbour policy", die fortan der Geschichte angehören.

Lange Jahre war Währungspolitik in Europa ein Feld der mehr oder weniger offenen Konflikte. Die nationalen Zentralbanken waren nicht nur auf der Hut vor der hauseigenen Inflation. Das beständige Risiko externer Schocks zwang dazu, stets das internationale Umfeld schon fast misstrauisch zu beäugen. Dies galt sicher für die Preisentwicklung von Rohstoffen, allen voran Erdöl. Dies galt jedoch auch für die Währungspolitik der Handelspartner. Spekulation, Devisenflucht, währungsbedingter Verlust an Wettbewerbsfähigkeit waren ständige Wegbegleiter nationaler Währungspolitik.

Der Euro hat diese Sorgen sicher nicht komplett weggewischt. Die Höhe der Dosis an Stabilität, die die gemeinschaftliche Währung in die Eurozone gebracht hat, wird jedoch an den historischen Tiefstständen der Zinsen klar erkennbar. Dass der Wechselkurs des Euro gegenüber dem amerikanischen Dollar auch in Zeiten von Instabilität in den Erdöl produzierenden Ländern des Mittleren Ostens ansteigen konnte, wie zum Beispiel 2003, ist ein weiterer Beweis der Stärke, die der Euro den Ländern der Eurozone gibt. Dank der gemeinsamen Währung können sie in Krisenzeiten eine Alternative zur traditionellen Flucht in den Dollar anbieten. Eine Stärke, die im Endeffekt dem Vorteil aller Bürger dient.

Das politische Projekt der Gemeinschaftswährung hat lange Zeit für viel Skepsis gesorgt. Das Versprechen der Politik war damals, die Stabilität der Deutschen Mark mit den Vorteilen einer europaweiten Währung von Weltformat zu verbinden. Dieses Versprechen, von vielen angezweifelt, ist eingehalten worden.

Die Preise in der Eurozone sind stabil. Die Zinsen – nominal und real – sind niedrig. Zugleich ist das Wechselkursrisiko weggefallen. Handelsbarrieren sind verschwunden – ob für Unternehmen auf dem europäischen Markt oder für Privatkunden in internationalen Internetshops und Auktionshäusern. Die europäische Wirtschafts- und Währungspolitik hat es ermöglicht, die Vorteile eines stabilen Preisniveaus mehr Menschen zugute kommen zu lassen als je zuvor, ohne dass anderen dadurch Nachteile entstanden wären.

Der Weg zum Eigenheim ist für die einfachen Leute sicherlich auch heute noch lang. Aber der Euro hat durch Erhalt der Kaufkraft sowie Abbau externer Risiken ihn ohne Zweifel etwas leichter gemacht.

Die Verantwortung des Unternehmers

Diskussionsansätze aus der Sicht der Kirche

Karl Kardinal Lehmann

1. Das Verhältnis der Wirtschaft zu Fragen der Ethik und zur Kirche

Es gibt eine mächtig gewordene Tradition, wonach am Markt orientierte Wirtschaft und Ethik unverträglich seien, weil freiwillige, „moralische" Handlungen den Marktregeln widersprächen und einen ethisch orientierten Unternehmer in der Regel aus dem Markt werfen würden. Man meint, das freie Spiel der Marktregeln gewährleiste am ehesten Fortschritt und irgendwie auch Verteilungsgerechtigkeit. So konnte sich die Ansicht durchsetzen, es handele sich bei der Wirtschaft um einen wertfreien oder wertneutralen Raum, der eigenen Gesetzmäßigkeiten folge. Nach der Überzeugung des Wirtschaftsliberalismus wird gerade durch und wegen der ausschließlichen Verfolgung der Eigen-Interessen des Unternehmens allein unter gewinnbringenden Absichten das Allgemeinwohl am meisten gefördert. Alle weitergehenden Forderungen humanitärer oder gesellschaftlicher Rücksichten erscheinen als dem ökonomischen Handwerk fremd und letztlich schädlich. Von *Adam Smith* bis *Milton Friedman* gilt darum so etwas wie „Wirtschaftsethik" als ein Widerspruch in sich, als ein hölzernes Eisen. Das Wohl und Wehe unseres Wirtschaftssystems hängt nach dieser Ansicht vom Vermögen der Führungskräfte ab, das Gewinnstreben optimal zu erfüllen, wobei vorausgesetzt wird, dass sich sowohl die öffentliche Hand als auch besonders interessierte Gruppen möglichst wenig einmischen dürfen. Natürlich wird damit nicht unmoralischen Praktiken das Wort geredet, schon gar nicht im Blick auf Bestechung und Veruntreuung.

Nun besteht kein Zweifel, dass die Wirtschaft ein eigener Sachbereich unseres Lebens ist, in dem sich zu bewegen ein Höchstmaß an wirtschaftlichem Sachverstand erfordert, da er zuerst eigenen Spielregeln und nicht von außen an ihn herangetragenen, völlig fremden Erwägungen zu folgen hat. Das schließt nicht aus, dass sich mittlerweile die Wirtschaft selbst in der Frage nach dem Verhältnis von Ökonomie und Ethik nicht mehr von einem abstrakten, sich gegenseitig ausschließenden, ja sogar feindseligen Gegenüber bestimmt zeigt, sondern mehr als früher nach den immanenten ethischen Prinzipien fragt.

Die oben beschriebene herkömmliche Spannung zwischen Wirtschaft und Ethik wie auch die allmähliche Öffnung von Kreisen der Wirtschaft gegenüber ethischen

Fragestellungen konkretisiert und verschärft sich in gewisser Weise, wenn man die gegenseitige Einstellung von Kirche und Unternehmern zueinander in den Blick nimmt. Heute wird dieses Verhältnis im Allgemeinen als einerseits recht freundlich, anderseits aber in bestimmter Hinsicht als zugleich kühl-distanziert eingeschätzt. Eine Studie im Auftrag des Arbeitskreises für Führungskräfte in der Wirtschaft über *„Ethos und Religion bei Führungskräften"* (*Kaufmann, Kerber, Zulehner* 1986) kommt nach Umfragen zu folgendem Befund: „Nicht Zurückweisung kirchlichen Einflusses ist die Grundeinstellung der Mehrheit der Befragten, sondern eine eher wohlwollende Distanz, die nicht nur das sozial-karitative kirchliche Wirken, sondern auch die religiös-geistliche Hilfe zu schätzen weiß, die die Kirche ihren Gläubigen anbietet, und man ist auch bereit, diese finanziell zu unterstützen. Entscheidend ist aber, dass die befragten Führungskräfte die Kirche nur für andere, nicht für sich selbst als hilfreich und wichtig ansehen." (Ebd., 176.). Die Gründe für diese Distanzierung im eigenen Bereich sind mannigfach: Die Kirche erscheint vielen als zu starr und autoritär; sie lässt einen in schwierigen Situationen im Stich. „Vieles ist schön, bringt mir aber keine konkrete Hilfe in mein Leben", fasst einer zusammen. Im Grunde fühlt sich der Unternehmer mit seinem Gewissen alleingelassen.

Ich will solchen Kennzeichnungen nicht näher nachgehen. Es sind statistische Befunde, die darum hier und dort gewiss zutreffen, in anderen Fällen gar nicht stimmen. Darum scheint es mir fruchtbarer zu sein, darauf einzugehen, was überhaupt die katholische Soziallehre zur Verantwortung des Unternehmers und zum Eigentum zu sagen weiß. Vielleicht ist das vage Gefühl vieler Führungskräfte, von der Kirche in den konkreten Situationen ihrer Tätigkeit alleingelassen zu sein, nicht zuletzt darin begründet, dass Kenntnisse von den entsprechenden sozialethischen Aussagen der Kirche weitgehend fehlen bzw. sich die Kirche umgekehrt vielfach schwer damit tut, den Verantwortlichen der Wirtschaft ihre eigenen Überlegungen zu vermitteln.

Die Bestimmung von Akzenten, die in einem verantwortlichen unternehmerischen Handeln heute gesetzt werden müssen, erfolgt zum einen auf der Voraussetzung, dass die Wirtschaft nicht nur von ökonomischen Gesetzen regiert wird, sondern durch den Menschen bestimmt wird. Das ist auch in Anschlag zu bringen gegenüber einem sehr mechanistisch und deterministisch denkenden Liberalismus, bei dem der Mensch mit seiner Freiheit genau betrachtet unter den zwingenden Marktgesetzen untergeht. Zum anderen sollte in vertiefter Weise nachgedacht werden über das Spektrum der Zielsetzungen und Verpflichtungen freien unternehmerischen Handelns, das sich den kritischen und vielfach nicht unberechtigten Anfragen der Öffentlichkeit stellt. Hierzu können aus dem Fundus der Katholischen Soziallehre und der Christlichen Gesellschaftslehre einige Anregungen und Orientierungshilfen beigetragen werden, die den Spielraum wie die Schranken in wirtschaftlichen Gestaltungsfragen zu berücksichtigen suchen:

1. Der Erwerbstrieb und der Eigennutz des Menschen sind mächtige und nicht zu unterschätzende Faktoren; sie müssen jedoch auf ihre Weise dem Gemeinwohl des Unternehmens und der Gesamtgesellschaft dienen. Trotz der außerordentlichen Steigerung der Produktivkräfte wurde die Verteilungsfrage, die große soziale Frage des 19. Jahrhunderts, nicht gelöst; auch wenn wir kein Elend im traditionellen Sinne mehr haben, so zeigt sich Armut in neuen Formen. Die Unternehmer sind bei der Wahrung des Gemeinwohls sowohl Partner wie Kontrahenten der Gewerkschaften. Auf die Unternehmer fällt jedoch immer wieder die konkrete Verantwortung zurück, denn sie sind die Adressaten der Forderungen, müssen Löhne und Gehälter zahlen und können – wenn auch in Grenzen – die Preise beeinflussen. Aber gerade hier darf man ihre Möglichkeiten auch nicht überschätzen. *G. Briefs* spricht im Blick auf die öffentliche Meinung von der Gewohnheit, „ständig steigende Erwartungen in Forderungen an den Arbeitgeber umzusetzen, aber dabei vergisst (man), dass er meistens nur der Mittelsmann zwischen Produktion und Verbrauch ist." (*Briefs* 1980, S. 490).

2. Jedes Unternehmen dient nicht bloß dem Kapital, dem Erwerb oder Gewinn, sondern ist von einem vielfältigen Interessenverbund bestimmt. Wenn es gut „am Markt" liegt, dient es z.B. zugleich der Befriedigung der Verbraucherwünsche und allen am Unternehmen irgendwie Beteiligten. Ein Unternehmen darf nicht moralisch diskreditiert werden, weil es Gewinne macht, die im Übrigen weitgehend Maßstab für richtiges Handeln geworden sind. Allerdings ist die Verwendung der Rendite eine eminent ethische Frage.

3. Es ist gut, wenn die Grundprobleme des Wirtschaftens und der unternehmerischen Entscheidungen immer mehr zu Aufgaben einer menschenwürdigen und persongerechten Organisation als zu solchen des Kapitals werden. So ist eine ethisch motivierte Sozialpolitik, richtig eingesetzt, durchaus unternehmerisch positiv zu beurteilen. Die Katholische Soziallehre betont den Vorrang der Person vor der Technik und den Vorrang der Subjektwerdung und der Wahrnehmung von Verantwortung durch den Einzelnen gegenüber allen anonym auferlegten Prozessen. In diesem Sinne ist auch die Mitbestimmung die Anwendung des Subsidiaritätsprinzips auf Betriebsebene. Aber gerade hier ist wiederum deutlich zwischen unternehmerischer Betriebsführung und Arbeitgeberfunktion zu unterscheiden, was die Konzilsaussagen von „Gaudium et spes" nicht ausreichend tun. (Vgl. Art. 68; vgl. KAB 1982, S. 389f.).

4. Was wir „Arbeit" nennen, ändert sich in seinen realen Erscheinungsformen. Sie ist nicht länger in den eng gefassten ökonomischen Kategorien des Arbeitsvertrages allein, der Entlohnung und Produktivität zu verstehen. Erwerbsarbeit ist nicht die einzige Form sinnvoller und von der Gesellschaft anzuerkennender Betätigung. Es sollte in Zukunft nicht mehr – wie bisher – die Arbeitslosigkeit

finanziert werden, sondern endlich sollte neue, noch nicht marktfähige Arbeit, vor allem in Umwelt und Sozialwelt, erschlossen werden.

5. Gerade heute wird man die Gemeinwohlverpflichtung des Unternehmers auch im Blick auf die Bewahrung der natürlichen Lebensbedingungen für die Gegenwart und für die Zukunft erblicken. Die Beziehung zwischen Ökonomie und Ökologie lässt sich nicht ohne mindestens implizite Werturteile genauer und wirkungsvoll beschreiben. Die ständige Aufgabe, zwischen diesen Bereichen und ihren jeweiligen Erfordernissen einen Ausgleich zu finden, ist ein entscheidender Zug im Bild des Unternehmers, der hier stets um eine glaubwürdige Vermittlung zwischen Eigenwohl und Gemeinwohl bemüht bleiben muss.

6. Technik ist keine Kategorie, die sich am Ende nur in der Steigerung der Produktivität und der Erzeugung neuer Güter hinreichend erfassen lässt. Ihre Schattenseiten, die gerade auch in Bezug auf das Menschenbild sichtbar werden, lassen sich auf die Dauer nicht einfach ausklammern.

7. Die in die Unabhängigkeit entlassenen ehemaligen Kolonialgebiete und andere wirtschaftlich weniger entwickelte Länder entfalten sich nicht geradlinig mit gewissen zeitlichen Abständen zu den Industrienationen. Bei der Sozialfunktion des Unternehmers muss stets auch die Verpflichtung zur Hilfe in unterentwickelten Ländern eingeschlossen sein. Eine hohe volkswirtschaftliche Produktivität steht dazu nicht im Gegensatz, denn nur so lässt sich ein befriedigendes Einkommen für breite Schichten ermöglichen.

8. Mit den Gesetzen des Marktes hat man zwar große Erfolge erzielt, hat darüber manchmal aber die Grenzen dieser Erfolge vergessen. Heute wird immer deutlicher, dass die Entwicklung der Weltwirtschaft auch mit der Förderung der weltweiten Familie der Menschen zu tun hat und dass für die Entwicklung einer Weltgemeinschaft die Entfaltung und Pflege der seelischen Kräfte des Menschen von wesentlicher Bedeutung ist. Auch die psychischen, kulturellen und ethischen Kräfte sind ein Wirtschaftsfaktor. Marktregeln funktionieren auf die Dauer nur dann, wenn sie von einem moralischen Grundkonsens getragen werden.

Man könnte das Gesagte in vieler Hinsicht erweitern. Es gibt eine Reihe von schlichten, aber auf die Dauer lebensnotwendigen Verhaltensweisen, die ein implizites Wertverhalten erfordern: Der Unternehmer hat Verantwortung gegenüber dem Verbraucher seiner Produkte. Eine unsinnige Bedürfnisweckung geht oft auch wirtschaftlich daneben. Ein dauerhaftes Vertrauensverhältnis zu den Kunden ist wichtiger als ein kurzfristiger Erfolg. Mitarbeiter müssen ihren Fähigkeiten entsprechend richtig eingesetzt werden. Die Verantwortung für die Allgemeinheit schließt von selbst hohe Verantwortung für die Sicherung der Arbeitsplätze und für allgemeinen Wohlstand ein.

Viele der genannten Perspektiven sind gerade auch in den jüngsten Enzykliken angesprochen worden. (Vgl. z.B. „Populorum progressio", 41; „Sollictudo rei socialis", 26,8; 29,8; 30,1; 33,5; 34,1-3; 34,5; vgl. weiter „Gaudium et spes", 19,57.). Die Kirche sieht in der Wirtschaft nicht einen Bereich, der abseits von Geist und Kultur angesiedelt ist, sondern eine eminent schöpferische und verantwortungsvolle Gestaltungskraft unseres Lebens. Wirtschaft ist ein Kultursachbereich. Theologisch gesprochen gehört die Entwicklung aller menschlichen Fähigkeiten zur Berufung des Menschen.

2. Der Christ und die Wirtschaft

Vieles vom Gesagten gilt auch für das Verhältnis des Christen zur Wirtschaft. Eine lange Tradition hat dazu geführt, dass die Christen vielfach ihre Überzeugungen als einen subjektiven Bereich ansehen, während die Wirtschaftler objektiven Gesetzen der Ökonomie zu folgen wähnen. Beide Bereiche erscheinen dann als indifferent gegeneinander und berührungsfrei.

Ein kurzer Blick in die Evangelien zeigt indes, dass *Jesus von Nazareth* in seiner Verkündigung weit weniger Berührungsängste mit dem Bereich der Wirtschaft der damaligen Zeit an den Tag legte, als es bei manchen Ausprägungen eines für die Gegebenheiten der Welt blinden Christentums der Fall ist. *Jesus* hebt gewisse Züge des Kaufmanns und vergleichbarer Berufe hervor, die für das Mensch- und Christsein vorbildlich seien. Es sind – dies muss zugegeben werden – besonders jene Gleichnisse, die uns immer etwas Schwierigkeiten bereiten. So wird z.B. der „betrügerische Verwalter", der die Schuldscheine heruntersetzt, gelobt, weil er sich in seiner Notsituation zwar skrupellos, aber entschlossen, klug und zielbewusst die Zukunft sichert (Vgl. Lk 16,1ff.). Der schelmenhafte Schurke wird wegen seiner stark entwickelten praktischen Intelligenz erwähnt, da er einen ausgeprägten Erfindungsgeist für „Erfolg" um jeden Preis hat. Er riskiert alles und setzt auf eine Karte, während andere nur am Konto „Sicherheit" hängen. Nur diese Eigenschaften werden zum Vergleich herangezogen (Vgl. auch Lk 12, 41ff. und 19, 12ff.). Die Christen sollten solche Reaktionsweisen von den klugen Weltkindern lernen – freilich nicht, indem sie die erwähnten Betrugspraktiken selbst kopieren, sondern indem sie in ihrer eigenen Situation eine analoge Geistesgegenwart und Risikobereitschaft an den Tag legen. In einem Wort *Jesu*, das uns außerhalb der Bibel begegnet und in der Alten Kirche hoch im Kurs war, heißt es: „Werdet tüchtige Wechsler!" Damit ist nicht gemeint, wir sollten alle diesen heute für uns kaum mehr vertrauten Beruf ausüben, sondern wir könnten von den Wechslern, die im Nu die verschiedenen Münzen zu unterscheiden wissen, den scharfen Blick zur Entlarvung des Falschen lernen.

Jesus hat sein und seiner Jünger Verhalten immer wieder symbolisch im Blick auf verschiedene Berufe und ihre Motive plausibel gemacht; er zieht z.B. den Hirten,

Arzt, Lehrer, Boten, Hausherrn, Diener, Fischer, Baumeister, Erntearbeiter, Richter und König zum Vergleich heran. Aber auch der Kaufmann, Wechsler und Verwalter, also damalige „Unternehmer" treten mit ganz bestimmten Fähigkeiten ihres Berufes positiv und beispielhaft in den Horizont von *Jesu* Botschaft. Warum sollte darum nicht auch die heutige Kirche etwas von der Kraft zur schöpferischen Initiative und von der praktischen Geistesgegenwart dieser Berufe lernen – ohne sich dabei hurtig der „Welt" anzupassen, denn es geht zweifellos um jeweils ganz verschiedene Berufungen. Wenn man genauer in die Bibel hineinschaut, gibt es hier noch sehr viel mehr Anregungen. (Vgl. *Fischer* 1988).

3. Gemeinsame Aufgaben von Wirtschaft und Kirche

Im Hinblick auf die zu Beginn gestellte Frage nach dem Verhältnis zwischen Wirtschaft und Kirche möchte ich noch eine besonders wichtige gemeinsame Aufgabe nennen. Unternehmen und Kirche, aber auch Gewerkschaften leben bei uns in einer freiheitlichen Gesellschaftsordnung. Es gibt innere Zusammenhänge zwischen freier Gesellschaft, leistungsfähigem Unternehmertum, unabhängigen Tarifparteien und garantierter Glaubens- und Religionsfreiheit. Wir haben allen Grund, die uns jeweils offen stehenden gesellschaftlichen Freiheitsräume zu nützen und gegen mannigfache Bedrohungen zu schützen. Hier sitzen wir alle in einem Boot. Vielleicht haben wir diese gemeinsame Herausforderung noch nicht genügend erkannt und aufgenommen.

Die Kirche mag nicht über jene blitzschnelle Anpassungsfähigkeit verfügen wie viele Unternehmen. Das Gesetz des Fortschrittes ist in der Kirche ein anderes. Sie kommt von weit her und hat viele Erfahrungen der Menschheitsgeschichte und des Glaubens in ihrem lebendigen Gedächtnis, die noch längst nicht abgegolten sind, auch wenn sie manchmal verstaubt aussehen mögen. Im Blick auf das Gespräch zwischen Kirche und Wirtschaft möchte ich am Ende thesenhaft Folgendes nennen:

1. Wir verwirklichen technologisch-organisatorisch viel, ohne es bereits auf längerfristige Folgen überprüft zu haben. Es gibt aber kein menschliches Tun, das nicht ethisch verantwortet werden müsste. Hier sollte unser Wahrnehmungsvermögen geschärft werden. Wenn die Ethik der Technik immer hinterherlaufen muss, hat sie – und mit ihr der Mensch selbst – auf die Dauer das Nachsehen.

2. Die Wirtschaft lebt und wirkt inmitten der Kultur und der alltäglichen Lebenswelt. Ihre Veränderungen bewirken oft unbeabsichtigte Nebeneffekte, die bei genauerem Zusehen die Schatten- und gar Nachtseiten des Fortschritts offenbaren. Rücksicht allein auf Marktmechanismen und Wettbewerbsvorteile können partiell blind machen. Die Wirtschaft dient dem Humanum auch in der Sorge um bewahrenswerte Überlieferungen und grundlegende Spielregeln mensch-

lichen Lebens. Pflege im Museum durch Mäzene kommt allemal zu spät. Wie soll ein neuer Begriff von Verantwortung in der Sorge um die Zukunft beschaffen sein?

3. „Die große Revolution der Denkungsart, welche die Neuzeit mit sich brachte, hat ... zwar die Fähigkeiten von Homo faber ungeheuer erweitert, hat ihn gelehrt, Apparate herzustellen und Instrumente zu erfinden, mit denen man das unendliche Kleine und das unendliche Große messen und handhaben kann, sie hat ihn aber zugleich der festen Maßstäbe beraubt, die ihrerseits, weil sie jenseits des Herstellungsprozesses selbst liegen, ihm einen echten, aus seiner Tätigkeit selbst stammenden Zugang zu etwas Absolutem und unbedingt Verlässlichem verschafften." *(Arendt* 1981, S. 300). Die Arbeit und die total auf sie bezogene Freizeit sind kein Letztes. Sonst verkommt der Mensch und ähnelt auf Dauer einem schlauen, aber angepassten Tier.

Dies ist nur der Anfang des Anfangs. Über diese und viele andere Dinge sollten Menschen aus der Kirche und aus der Wirtschaft miteinander reden, mehr als bisher. Am Schluss stehe ein Ausruf aus der Bibel, der in seiner Sprache der Geistesart der Wirtschaft nahe steht: „Kauft die Zeit, den günstigen Augenblick, den Kairos aus!" (Kol 4,5; vgl. Eph 5,16).

Literatur

Arendt, H. (1981), Vita activa oder Vom tätigen Leben, 2. Aufl., München

v. Auer, F./Segbergs, F. (Hrsg.) (1995), Markt und Menschlichkeit. Kirchliche und gewerkschaftliche Beiträge zur Erneuerung der Sozialen Marktwirtschaft. Mit dem gemeinsamen Sozialwort der Kirchen, Reinbek bei Hamburg

Biervert, B./*Held*, M. (Hrsg.) (1989), Ethische Grundlagen der ökonomischen Theorie. Eigentum, Verträge und Institutionen, Frankfurt a.M. / New York

Briefs, G. (1980), Der verkannte Unternehmer, in: Ders., Ausgewählte Schriften II., Berlin, S. 482-490 (zuerst publiziert in FAZ 1965)

Fischer, M. (Hrsg.) (1988), Jesu Botschaft zur Welt bringen. Wirtschaftliche, technologische und geistige Entwicklungen im Licht biblischer Texte, Stuttgart

Galbraith, J. K. (2005), Die Ökonomie des unschuldigen Betrugs. Vom Realitätsverlust der heutigen Wirtschaft, München

Horn, K. I. (1996), Moral und Wirtschaft, Tübingen

Bundesverband der Katholischen Arbeitnehmerbewegung (KAB) Deutschlands (Hrsg.) (1982), Texte zur Katholischen Soziallehre. Die sozialen Rundschreiben der Päpste und andere kirchliche Dokumente, mit einer Einführung v. Oswald von Nell-Breuning, 5. Aufl. Köln

Kaufmann, F.-X./*Kerber* W./*Zulehner,* P.M. (Hrsg.) (1986), Ethos und Religion bei Führungskräften. Eine Studie im Auftrag des Arbeitskreises für Führungskräfte in der Wirtschaft (München), München (= Fragen einer neuen Weltkultur, Bd.3)

Klose, A. (1988), Unternehmerethik (= Soziale Perspektiven, Bd. 3), Linz

Kock, M. (Hrsg.) (1998), Bausteine für eine künftige Wirtschaftsethik. Dialogergebnisse des Gesprächskreises Kirche-Unternehmer in der Evangelischen Kirche im Rheinland, bearbeitet von *Klaus Lefringhausen*, Neukirchen-Vluyn

Lachmann, W. (1987), Wirtschaft und Ethik. Maßstäbe wirtschaftlichen Handelns, Neuhausen-Stuttgart

Lefringhausen, K. (1988), Wirtschaftsethik im Dialog, Stuttgart

v. Pierer, H./Homann, K./Lübbe-Wolf, G. (2003), Zwischen Profit und Moral. Für eine menschliche Wirtschaft, München/Wien

Sekretariat der Deutschen Bischofskonferenz (Hrsg.) (o.J. – 1985), Wirtschaftsordnung und Wrtschaftsethik (= Der Vorsitzende der Deutschen Bischofskonferenz, Nr. 12), Bonn

Dass. (Hrsg.) (o.J. – 1991), Enzyklika Centesimus Annus zum hundertsten Jahrestag von Rerum Novarum (=Verlautbarungen des Apostolischen Stuhles, Nr. 101), Bonn

Dass./Kirchenamt der EKD (Hrsg.) (o.J. – 1994), Zur wirtschaftlichen und sozialen Lage in Deutschland (=Gemeinsame Texte, Nr. 3), Bonn/Hannover

Diess. (Hrsg.) (o.J. – 1997), Für eine Zukunft in Solidarität und Gerechtigkeit (=Gemeinsame Texte, Nr. 9), Bonn/Hannover

Sekretariat der Deutschen Bischofskonferenz (Hrsg.) (o.J. – 1998), Mehr Beteiligungsgerechtigkeit (=Die deutschen Bischöfe, Erklärungen der Kommissionen, Nr. 20), Bonn

Dass. (o.J. – 2003), Solidarität braucht Eigenverantwortung (=Die deutschen Bischöfe, Erklärungen der Kommissionen, Nr. 27), Bonn

Dass. (Hrsg.) (o.J. – 2003), Das Soziale neu denken (=Die deutschen Bischöfe, Erklärungen der Kommissionen, Nr. 28), Bonn

Spiegel, Y. (1992), Wirtschaftsethik und Wirtschaftspraxis – ein wachsender Widerspruch, Stuttgart

Steger, U. (Hrsg.) (1992), Unternehmensethik (=Schriftenreihe der Europäischen Business School Schloss Reichartshausen am Rhein, Bd. 3), Frankfurt a.M., New York

Tuleja, T. (1987), Ethik und Unternehmensführung, Landsberg/Lech

Wörz, M./*Dingwerth*, P./*Öhlschläger*, R. (Hrsg.) (1990), Moral als Kapital. Perspektiven des Dialogs zwischen Wirtschaft und Ethik, Stuttgart

Zsifkovits, V. (1994), Wirtschaft ohne Moral?, Innsbruck/Wien

Zürn, P. (1991), Ethik im Management. Antworten auf Fragen der Zeit, 2. erw. Aufl., Frankfurt a.M.

Eigentum: Voraussetzung für Freiheit und Wohlstand

Berthold Leibinger

1. Leipzig im März 1989

Im März 1989 – sieben Monate vor dem Fall der Mauer in Berlin – war ich zur Früh-jahresmesse in Leipzig. Vielleicht lag eine Vorahnung der kommenden Veränderung in der Luft – kaum wahrnehmbar, aber an einzelnen Zeichen doch spürbar.

So wurde toleriert, dass es so etwas wie freie Taxen gab. Autobesitzer aller mög-lichen Berufe boten ihre Fahrdienste den westlichen Messebesuchern an, in der Hoffnung, ein paar DM oder Dollar, „Valuta" eben, zu verdienen, mit denen man auch in der DDR so viel mehr als mit dem eigenen Geld kaufen konnte.

Ich fand einen Lehrer am Ausgang des Messegeländes mit einem Wartburg, also einem gehobenen Fahrzeug, der mich auf dem schnellsten Weg zum Flughafen bringen sollte. Die Zeit war knapp, denn mehr als eine Stunde wurde vor dem Abflug benötigt, um die notwendigen Ausreiseprozeduren hinter sich zu bringen.

Mein Lehrer und ich fuhren also durch Leipzig. Zunächst entlang der offiziellen Verbindung zwischen Messe und Flughafen, an die sich die Intourist-Autos des staatlichen Reisebüros hielten. Die Zeit wurde knapp. Wir verließen diese Straße und nahmen eine Abkürzung. Graue und triste Fassaden und holperiges Kopfstein-pflaster, das die offizielle „Prachtstraße" ausgezeichnet hatte, wurden durch schlag-lochübersäte Fahrwege mit zahlreichen seenartigen Pfützen abgelöst, die der Wart-burg aber tapfer durchpflügte. Wir fuhren durch eine zerfallende Stadt. Leere Fensterhöhlen, abfallender Putz an den Fassaden bewohnter Häuser, davor undichte Mülleimer, gefüllt mit Braunkohlenasche. Braungelbe Brühe lief über die Reste der Gehwege. Dann wieder Plattenbauten, Wohnmaschinen, lieblos mit öden Vorgärten, die schon heruntergekommen waren, bevor sie fertig gestellt wurden.

In Artikel 2, Absatz 1 der Verfassung der Deutschen Demokratischen Republik vom 6. April 1968 hieß es:

„Der Mensch steht im Mittelpunkt aller Bemühungen der sozialistischen Gesell-schaft und ihres Staates.

Die weitere Erhöhung des materiellen und kulturellen Lebensniveaus des Volkes auf der Grundlage eines hohen Entwicklungstempos der sozialistischen Produktion, der Erhöhung der Effektivität, des wissenschaftlich-technischen Fortschritts und des Wachstums der Arbeitsproduktivität ist die entscheidende Aufgabe der entwickelten sozialistischen Gesellschaft."

Und weiter in Absatz 2:

„Das feste Bündnis der Arbeiterklasse mit der Klasse der Genossenschaftsbauern, den Angehörigen der Intelligenz und den anderen Schichten des Volkes, das sozialistische Eigentum an Produktionsmitteln, die Leitung und Planung der gesellschaftlichen Entwicklung nach den fortgeschrittensten Erkenntnissen der Wissenschaft bilden unantastbare Grundlagen der sozialistischen Gesellschaftsordnung."

Dieser eben zitierte Artikel 2 der Verfassung der DDR formuliert sehr eindeutig die Ausgangspunkte allen Tuns. Die Realität hatte mit den hehren Zielen der Verfassung aber wenig gemein.

Wir kamen an den Rand der Stadt, Schrebergärten tauchten auf, weiß gestrichene Hütten – „unsere Datschen", sagte mein Lehrer – in kleinen, aber ordentlichen Parzellen. So etwas dürfe man besitzen, und natürlich halte man es in Ordnung, meinte er. Und das nötige Material könne man zwar nicht kaufen, aber mit Tausch und Arbeit als Gegenleistung könne man vieles bekommen. Einer habe seine Datscha innen ganz mit Fliesen ausgekleidet, die er Urlaub für Urlaub aus Ungarn in seinem „Trabi" mitgebracht habe.

Der Unterschied im Zustand des „gesamtgesellschaftlichen Eigentums" in den Straßen Leipzigs und des höchst bescheidenen Privateigentums in den Schrebergärten hätte krasser nicht ausfallen können. Einer der Grundirrtümer des Sozialismus wurde hier exemplarisch vorgeführt. Das Streben nach Eigentum ist eine zutiefst menschliche Eigenschaft und ist und bleibt eine der wesentlichen Antriebskräfte für die Anstrengung und Leistung der Menschen.

Noch einmal die Verfassung der DDR, Artikel 10:

„Das sozialistische Eigentum besteht als gesamtgesellschaftliches Volkseigentum, als genossenschaftliches Gemeineigentum werktätiger Kollektive sowie als Eigentum gesellschaftlicher Organisationen der Bürger.

Das sozialistische Eigentum zu schützen und zu mehren, ist Pflicht des sozialistischen Staates und seiner Bürger."

Das Staatswesen der DDR hatte seine Pflicht gröblich verletzt. Die DDR war 1990 nicht nur bankrott, das Land war zu Grunde gerichtet. Seine Städte und Dörfer, Häuser, Straßen und Fabriken, Flüsse und Wälder waren in erbärmlichem Zustand.

Und die Bürger? Sie waren nicht schlechter und nicht fauler, nicht dümmer und nicht unbegabter als ihre Brüder und Schwestern in den westlichen Bundesländern. Aber man hatte sie unter den falschen Vorzeichen antreten lassen. Das Großexperiment „sozialistische gegen marktwirtschaftliche Ordnung" auf deutschem Boden, 1945 mit gleichem Ausgangspunkt begonnen, endete mit einer katastrophalen Niederlage des Sozialismus. Und der Umgang mit dem Eigentum spielte dabei eine entscheidende Rolle.

2. Deutschland nach 1945

Der wirtschaftliche Aufstieg Westdeutschlands braucht hier im Einzelnen nicht beschrieben zu werden. 1945 war Deutschland in Ost und West, im Norden und im Süden ein zerstörtes Land. Millionen Flüchtlinge aus Ostpreußen und Schlesien, aus der Tschechoslowakei, aus den südeuropäischen Ländern strömten in das uns verbliebene Land, oder richtiger: wurden in dieses Land getrieben. Viele mittellos, häufig Frauen und Kinder alleine, die Männer fehlten. Millionen junger Männer waren auf den Schlachtfeldern überall in Europa umgekommen. Millionen kamen zurück, Monat für Monat, jahrelang, aus der Kriegsgefangenschaft. Sie hatten vielfach außer dem Kriegshandwerk nichts gelernt. Dazu kam, dass dieses Deutschland die Achtung der Welt und wohl auch die Selbstachtung verloren hatte.

Aber es gab einen ungeheuren Willen, neu zu beginnen, das Zurückliegende, das Schreckliche zu vergessen, das zerstörte Land wieder aufzubauen. Warum gelang dieses grandiose Aufbauwerk im Westen, aber im Osten nicht?

Sicher, weil in diesem gedemütigten, enttäuschten, auch getäuschten und missbrauchten Volk eine große Kraft steckte.

Dann aber auch, weil die Rahmenbedingungen stimmten. Die Siegermächte im Westen waren Staaten mit einer freiheitlich-demokratischen Grundordnung. Bei allen Ressentiments gegenüber Deutschland, bei allen Einschränkungen, Forderungen und Auflagen, denen wir uns gegenübersahen, wurden doch Grundlinien und Rechtsvorstellungen beachtet, die in demokratischen Verfassungen festgeschrieben sind. Dazu kam die Hilfe durch den Marshall-Plan, und dazu kam, dass man nach einiger Zeit wohl auch erkannte, dass ein gesundes Deutschland der eigenen Sicherheit nützlich sein könnte.

Schließlich, und dies ist ein ganz entscheidender Punkt, wurde der neue deutsche Staat auf der Basis der besten Verfassung aufgebaut, die wir je hatten. Im August 1948 schuf der so genannte Verfassungskonvent in 13 Tagen in Herrenchiemsee die Grundlagen unserer Verfassung. Die Väter der Verfassung, Männer wie *Carlo Schmid, Otto Suhr, Anton Pfeiffer*, hatten die zwölf Jahre des Hitler-Regimes überdauert und konnten an die geistigen Werte des anderen, des alten Deutschland anknüpfen.

Was für ein Unterschied zur Situation in der DDR nach der Wiedervereinigung 1990. 45 Jahre sozialistische Diktatur, dazu kommen noch zwölf Jahre *Hitler*, ließen eine solche Kontinuität nicht zu.

Das Grundgesetz der Bundesrepublik Deutschland stellt die Menschenwürde und die freie Entfaltung der Persönlichkeit, die Meinungsfreiheit, aber auch das Eigentum und seinen Rang in den Mittelpunkt. Dazu Artikel 14:

„Das Eigentum und das Erbrecht werden gewährleistet. Inhalt und Schranken werden durch die Gesetze bestimmt."

Und im zweiten Abschnitt:

„Eigentum verpflichtet. Sein Gebrauch soll zugleich dem Wohle der Allgemeinheit dienen."

Wohltuend schlicht und klar formuliert im Vergleich zum Schwulst der DDR-Verfassung. Eigentum verpflichtet. Der Gedanke, dass aus Privilegien Verantwortung entsteht, ist nicht neu. Neu ist aber, dass diesem Postulat Verfassungsrang gegeben wird.

3. Sozialpflichtigkeit des Eigentums

Die Sozialpflichtigkeit des Eigentums ist ein zentraler Gedanke der sozialen Marktwirtschaft. In deren Konzeption sind Überlegungen von *Friedrich August von Hayeck*, *Alfred Müller-Armack*, *Ludwig Erhard* und anderen eingeflossen. Die Verbindung von „Sozial" und „Markt" ist auch als Reaktion auf die Staatswirtschaft des Dritten Reiches und die sozialistische zentral gelenkte Wirtschaft zu verstehen.

Dort, in beiden Fällen, wurde postuliert, dass der soziale Gedanke zentrales Anliegen sei, dass die Unterschiede zwischen arm und reich aufgelöst würden, und zwar in dem Sinne, dass es allen besser gehen werde und dass die zentral gelenkte Wirtschaft dazu die richtige Methode sei. Denn der Staat und seine Macht und seine Lenkung sorgten für Gerechtigkeit. Ein Grundgedanke, den wir schon bei *Hegel* finden, und der uns Deutschen besonders süß eingeht. Den Staat als höheres Wesen zu sehen, zu meinen, er erhebe sich über Egoismus und Geldgier und sorge für Gleichheit oder wenigstens gleiche Chancen, ist ein bestimmender Faktor unserer Geschichte.

Die soziale Marktwirtschaft nimmt die Grundströmungen unserer Zeit auf, und sie nimmt sie ernst, aber sie führt sie auch weiter. Sie sieht und anerkennt die Menschen in ihrer Grunddisposition und bejaht deshalb die Marktwirtschaft mit Wettbewerb und die Freiheit des Einzelnen. Sie antwortet aber auch auf die sozialen

Grundanliegen unserer Zeit. Sie ist – könnte man zugespitzt formulieren – der Versuch, Kapitalismus und Sozialismus zu versöhnen. Wettbewerb, die Freiheit des Handelns für jeden, Eigenverantwortung, das Recht, die Früchte des eigenen Tuns zu ernten, das Recht auf Eigentum und der Schutz des Eigentums, sind Grundbausteine der sozialen Marktwirtschaft. Aber das Ganze ist gebunden durch die Verpflichtung gegenüber dem Gemeinwohl.

4. Über das Eigentümer-Unternehmen

Ein praktisches Beispiel dazu: Der Eigentümer-Unternehmer hat die Freiheit, seine Mittel und Möglichkeiten dort einzusetzen, wo er sich den größten wirtschaftlichen Erfolg verspricht. Er hat auch die eventuell negativen Folgen dieser Freiheit zu tragen. Aber er hat auch gleichzeitig die Interessen der Gesellschaft und der ihm anvertrauten Mitarbeiter oder – richtiger – derer, die ihr wirtschaftliches Schicksal ihm anvertraut haben, zu bedenken.

Zum Besitz besteht eine innere, tiefe Verbindung, die auch nicht durch konjunkturelle Tiefen aufgehoben wird. Dass dieser Besitz keine feste, sichere Größe ist, muss dabei klar sein. Die geistige Qualität, Flexibilität und der unternehmerische Mut entscheiden heute über den Erfolg eines Unternehmens im weltweiten Wettbewerb. Eine statische Besitzattitüde ist in unserem Wirtschaftsbereich nicht mehr möglich. Dafür sorgt der Wettbewerb. Dies ist die marktwirtschaftliche Seite der sozialen Marktwirtschaft.

In Deutschland gibt es heute hunderttausende eigentümerbestimmter Unternehmen. 70 oder 80 Prozent (je nach Abgrenzung) der in der Wirtschaft Tätigen arbeiten in solchen Betrieben. Die Tatsache, dass die Eigentümerfamilien ihre Unternehmen durch Höhen und Tiefen begleiten, sorgt zum einen zu einem wesentlichen Teil für die wirtschaftliche Stabilität unseres Landes. Sie sorgt auch – schon durch die Notwendigkeit für Kreativität – für schöpferische Unruhe, um *Joseph Schumpeter* etwas abzuwandeln.

Wenn die Eigentümer nicht mehr willens oder nicht mehr in der Lage sind, die Kraft und die Ideen aufzubringen, die das Unternehmen braucht, findet Besitzwechsel statt. Oft mit großen Nachteilen, auch für die Mitarbeiter. Der Sozialausgleich, der dabei stattfindet, ist ein Tribut an die soziale Marktwirtschaft, wenngleich Verzerrungen nicht ausbleiben. Verzerrungen in beiden Richtungen übrigens. Durch die Eigentümer, wenn sie beispielsweise den Niedergang eines Unternehmens dadurch beschleunigen, dass sie dem Unternehmen wichtige Mittel in kritischen Phasen entziehen, um ihre Eigeninteressen zu sichern, oder durch die Mitarbeiter, wenn überzogene Forderungen zur Unzeit durchgesetzt werden. Kein soziales Regelwerk kann letztlich den Anstand ersetzen – auf beiden Seiten.

Der Besitzwechsel und das Verschwinden alter und das Aufkommen neuer Unternehmen ist nicht nur ein natürlicher Vorgang. Er ist der Sauerteig unserer Marktwirtschaft. Wir müssen ihn zulassen, den Besitzwechsel, denn der Versuch der Konservierung überholter Strukturen lähmt unsere Wirtschaft. Veränderung ist ihr Lebenselixier. Der Markt wird sich – auf lange Sicht – immer durchsetzen.

Es ist klar, dass in der Praxis bei gefährdeten Unternehmen von den handelnden Personen oft schwierige Entscheidungen verlangt werden. Wann ist ein Unternehmen in seiner bestehenden Form sanierungswürdig oder wann verschwände es besser? Wann ist dem wirtschaftlichen Zwang – auch mit sozialen Nachteilen – nachzugeben? Wann müssen die handelnden Personen „ausgewechselt" werden? Eigentümer, Banken und oft auch die Politik stehen vor schwierigen Fragen.

Es gibt keine goldenen Regeln, vielleicht aber eine Erfahrung: Das Eigentümer-Unternehmen sorgt durch die existenzielle Betroffenheit der Verantwortlichen am ehesten für ein wirtschaftlich vernünftiges Verhalten. Eigentum hat eine stabilisierende Wirkung. Aber – auch das muss gesagt werden – es ist kein Garant für eine problemfreie Wirtschaft.

Die Kritik der Gesellschaft am Kapitalbesitz entzündet sich vielfach am Verhalten der Manager von Aktiengesellschaften und an ihrem Verhältnis zum Eigentum. Sie werden von den Eigentümern als Vertreter eingesetzt. Die Eigentümer von Aktiengesellschaften sind entweder eine Vielzahl von Aktionären oder das gebundene Kapital liegt bei Banken, Versicherungsgesellschaften oder Investment Fonds – hinter denen wiederum eine Vielzahl anonymer Eigentümer steht.

Diesen Eigentümern eine Sozialpflichtigkeit an ihrem Unternehmen und dessen Führung zu vermitteln, ist schwierig. Der Einzelne hat wenig Einfluss, oder aus anderer Perspektive: die Bindung an den Aktienbesitz ist gering. Ihnen den Grundgedanken der Sozialpflichtigkeit ihres Eigentums nahe zu bringen, ist zweifellos sehr schwierig.

Notwendig dazu sind prägende Kräfte im Unternehmen, die das stellvertretend übernehmen, Manager, Unternehmensleiter. Sie müssen den Grundgedanken der Verantwortungsethik in ihr Handeln integrieren.

Über das Eigentumsrecht

Die Absichten des Staates, in das Eigentumsrecht lenkend einzugreifen, haben Tradition. Jede Regierung denkt darüber nach, wie man zwischen „guten" und „schlechten" Gewinnen unterscheiden kann.

Unternehmensgewinne, sofern sie im Unternehmen verbleiben, sind gut und werden niedrig besteuert, Unternehmergewinne, also solche, die natürlichen Personen zufließen, sind schlecht und unterliegen höheren Steuern. Dabei wird übersehen, dass in 70 Prozent der deutschen Unternehmen die Unternehmergewinne die des Unternehmens sind.

Das Einkommen meiner Familie etwa wird zum ganz überwiegenden Teil im Unternehmen reinvestiert und dient nicht dem privaten Verbrauch. Aber da wir eine Personengesellschaft sind, wird darauf eine wesentlich höhere Steuer erhoben als bei einer Kapitalgesellschaft. Korrekterweise muss hinzugefügt werden, dass ein gewisser Ausgleich durch die Anrechenbarkeit der Gewerbesteuer erfolgt. Auch bei der Erbschaftssteuer gibt es gegenüber Aktienbesitz Vorteile.

Junge Unternehmen, Neugründungen werden durch die Steuerreform fast gezwungen, die Form der Aktiengesellschaft zu wählen. Die Erbschaftssteuer ist weit, und zunächst gilt es einmal, möglichst wenig Steuern zu bezahlen.

Die Kraft der deutschen Wirtschaft liegt ganz wesentlich in den mittelständischen, eigentümerbestimmten Unternehmen. Diese zu fördern, ist zwar ebenfalls das Credo jeder Regierung, aber man tut just das Gegenteil. Wir verlieren einen wesentlichen Teil unserer strukturellen Stärke, wenn wir den „amerikanischen" Weg der börsennotierten Gesellschaft fördern.

Was zutiefst nicht begriffen wird, ist, dass die „Selbstverwirklichung" der Eigentümer-Unternehmer mit Vorteilen für das Gesamte verbunden ist. Und dass man die Effizienz des Systems vor Neidgefühle stellen sollte.

Damit sind wir beim Erbrecht. Auch hier gibt es Überlegungen zwischen „gutem" und „weniger gutem" Eigentum zu unterscheiden. Gut ist in erster Näherung, was selbst erarbeitet ist (wie immer man dies definieren mag). Weniger gut ist geschenktes oder ererbtes Eigentum.

Es würde wirklich zu weit führen, auf Einzelheiten einzugehen. Nur so viel: Da natürliche Personen sterblich sind, der Staat aber unsterblich ist, würde bei einem Erhöhen der Steuern auf Ererbtes ein immer größerer Teil aller Güter beim Staat landen. Bei einer Generation von Erben, wie wir sie jetzt in Deutschland haben, würde dies in besonderem Maße gelten. Im Herbst des Jahres 2005 denkt die schwarz-rote Koalition über eine Verbesserung der Erbschaftssteuer nach, wenn das Unternehmen durch die Eigentümer weitergeführt wird. Dies macht Sinn.

Eigentum bleibt Eigentum, ob es erworben, geschenkt, gefunden oder durch glückliche Spekulation erworben wurde. Manche der Überlegungen, die wir zu diesen Themen hören, mögen vordergründig eingängig sein. Trotzdem ist es falsch, wenn der Staat – in seinem Interesse handelnd und immer der jeweiligen eigenen Meinung folgend – in die Übertragung von Eigentum lenkend eingreifen will.

5. Freiheit und Eigentum

Freiheit und das Recht auf Eigentum sind untrennbar miteinander verknüpft. Nur wer entscheiden kann, worauf er seine Kraft richtet, wie er mit den Früchten seines Tuns umgeht, ist frei. Und daraus abgeleitet wird auch deutlich, dass die Wahrnehmung von Freiheitsrechten in allen Bereichen des Lebens Eigentum in irgendeiner Form voraussetzt. Die Sicherung der persönlichen Lebensumstände durch Eigentum ist vielleicht der wichtigste gesellschaftliche Beitrag, den es leistet.

Es ist auch gesagt worden, dass Freiheit den Missbrauch von Freiheit einschließt. Unsere Gesellschaft muss dies hinnehmen, aber wir anerkennen auch, dass der Missbrauch durch Gesetz und Sitte eingeschränkt wird.

Eigentum schafft Vorteile. Gott hatte die Menschen nicht gleich geschaffen. „Ohn unser Verdienst und Würdigkeit" gibt er manchen mehr an Talent und Intelligenz und Fleiß und Kraft als anderen. Alle Versuche der Menschen, mit Gewalt hier Gleichheit herzustellen, enden mit der Suche nach dem kleinsten gemeinsamen Nenner – zum Nachteil aller.

Wer aber privilegiert ist, sei es durch Gaben oder durch Erbe, muss akzeptieren, dass er dafür in die Pflicht genommen wird.

Entscheidend bleibt aber, dass wir die Menschen in ihrer Grunddisposition ernst nehmen, dass wir ihnen die Freiheit zum Handeln geben, dass wir ein Umfeld schaffen, wo die geistigen Fähigkeiten der Menschen sich entfalten können, wo Fleiß belohnt wird und wo das Erarbeitete erhalten und weitergegeben werden darf. Nur dann werden wir der Natur des Menschen gerecht.

Eine solche Gesellschaft könnte tatsächlich, wie es die amerikanische Verfassung will, „the pursuit of happiness", das Streben nach dem Glück des Einzelnen ermöglichen. Dass eine solche Gesellschaft die Schwachen nicht vergäße, ist für mich selbstverständlich, weil sie über das verfügt, was das Ganze bindet – nämlich Anstand.

Das ist im Übrigen keine neue Erkenntnis, sondern dies hat der Grieche *Aristoteles* 300 Jahre vor Christus schon gewusst, als er den untrennbaren Zusammenhang von Freiheit und Eigentum klar erkannt hat und postulierte, dass die freiheitliche Demokratie an die Existenz von Menschen gebunden ist, die über Besitz und Bildung verfügen.

Wohneigentum und nachhaltige Entwicklung

– von der Mitverantwortung zur Mitgestaltung

Thomas Lützkendorf

Veranlassung

Die Frage, ob und inwieweit privates Wohneigentum zu nachhaltiger Entwicklung – hier insbesondere zu nachhaltiger Siedlungsentwicklung – beitragen kann, war und ist umstritten. Ausgehend von einer Argumentationskette „Wohneigentum = Eigenheim = neu und zusätzlich zu errichtendes, freistehendes Einfamilienhaus" werden häufig unter Hinweis auf die Inanspruchnahme und Umwandlung von Flächen mögliche negative Wirkungen auf die Umwelt herausgearbeitet.

Im Beitrag wird untersucht, ob – unabhängig von Bauweise und Siedlungsstruktur – das Eigentum in Verbindung mit Pflichten und (Verfügungs-)Rechten eine Voraussetzung für verantwortungsvolles Handeln und aktives Mitgestalten bei der Umsetzung von Prinzipien nachhaltiger Entwicklung ist. In engem Zusammenhang mit dem Lehr- und Forschungsprofil des Stiftungslehrstuhls „Ökonomie und Ökologie des Wohnungsbaus" wird aufgezeigt, dass sich Selbstverwirklichung und das Verfolgen individueller ökonomischer Ziele mit ökologischer und sozialer Verantwortung verbinden lässt.

1. Nachhaltige Entwicklung – Vision, Phrase, Leitbild?

Die Wurzeln der Begriffe „Nachhaltigkeit" und „Nachhaltige Entwicklung" sowie ihre Interpretation und Anwendung in den Bereichen der Politik, Wissenschaft und Gesellschaft wurden in der Literatur (vgl. u.a. *Kopfmüller* 2001, *Rogall* 2004) bereits ausführlich vorgestellt und diskutiert. Als inzwischen allgemein anerkannte Grundlage wird die Definition der nach ihrer Vorsitzenden benannten Brundtland-Kommission verwendet:

„Sustainable development is development that meets the needs of the present without compromising the ability of future generations to meet their own needs. It contains within it two key concepts: the concept of "needs", in particular the essential needs of the world's poor, to which overriding priority should be given; and the idea of limitations imposed by the state of technology and social organization on the environments ability to meet present an future needs." (UN 1987, S. 54)

Nachhaltigkeit kann als Vision oder Ziel einer langfristig zu erreichenden ökologischen, wirtschaftlichen und sozialen Stabilität betrachtet werden, während die nachhaltige Entwicklung den Weg dorthin im Sinne eines dynamisch-innovativen Prozesses aufzeigt und unterstützt. Insbesondere *Rogall* arbeitet jedoch heraus, das es sich beim Konzept einer nachhaltigen Entwicklung nicht nur um einen wirtschaftlich-technischen Strategiepfad, sondern auch um ein ethisch begründetes Leitbild handelt. Dabei beruht die Ethik der Nachhaltigkeit auf den Grundprinzipien der Gerechtigkeit und der Verantwortung zwischen den Menschen der Gegenwart und zwischen den Generationen (*Rogall* 2004, S. 27). Mit der 1994 eingeführten Passage „Der Staat schützt auch in Verantwortung für die künftigen Generationen die natürlichen Lebensgrundlagen ...“ (GG, Artikel 20a) greift das Grundgesetzt der Bundesrepublik Deutschland den Gedanken der Verantwortung für künftige Generationen auf. Entwicklung und Berücksichtigung einer Langzeitperspektive im Sinne der Beurteilung von Entscheidungen und Maßnahmen auch hinsichtlich ihrer Folgen werden zu einer wesentlichen Voraussetzung.

Während die im Brundtland-Bericht enthaltenen Aspekte einer inter- und intragenerativen sowie einer interregionalen Gerechtigkeit häufig in der Nachhaltigkeitsdiskussion ihren Niederschlag finden, möchte der Autor auf den aus seiner Sicht gleichwertigen Aspekt des berechtigten Anspruchs auf Bedürfnisbefriedigung hinweisen. Der Anspruch der Befriedigung menschlicher Bedürfnisse – insbesondere berechtigter Grundbedürfnisse – unter ggf. gleichzeitiger und gleichberechtigter Beachtung ökonomischer, ökologischer und sozialer Randbedingungen ist damit ein fester Bestandteil des Konzeptes und des Leitbildes nachhaltiger Entwicklung. Wohnen ist ein derartiges Grundbedürfnis und wird als Bedürfnisfeld „Bauen und Wohnen“ zum Gegenstand einer intensiven politischen (vgl. u.a. BUNDESTAG 1998)) und wissenschaftlichen (vgl. u.a. *Beschorner* 2005) Diskussion im Zusammenhang mit der Erarbeitung von handlungsleitenden Ansätzen für die Umsetzung von Prinzipien nachhaltiger Entwicklung.

Beim Begriff „Nachhaltige Entwicklung“ ist ein Vermittlungsproblem erkennbar. Bei einer aktuellen Studie zum Umweltbewusstsein in Deutschland (BMU 2004) gaben nur 22 Prozent der Befragten an, diesen Begriff zu kennen, während sich bis zu 88% mit den Grundprinzipien der Nachhaltigkeit (hier schonender Ressourcenverbrauch, Generationengerechtigkeit, fairer Handel) identifizieren können. Mit alternativen Formulierungen wie „dauerhaft“, „zukunftsfähig“, „zukunftsverträglich“ oder auch „umwelt- und sozialverträglich“ wird versucht, an umgangssprachliche und positiv besetzte Wendungen anzuknüpfen, um so begriffliche Barrieren zu überwinden. Aus Sicht des Autors ist es jedoch ohnehin erforderlich, die Prinzipien nachhaltiger Entwicklung an den jeweiligen Betrachtungsgegenstand anzupassen und in die Arbeits-, Handlungs- und Verantwortungsbereiche handelnder Akteure zu übersetzen. Dann wird es auch möglich, dass die Bürgerinnen und Bürger im Unterschied zu staatlichen bzw. gesellschaftlichen Einrichtungen und

Unternehmen auch ohne ausformuliertes Leitbild über die Wahrung ihrer Verantwortung einen Beitrag zur nachhaltigen Entwicklung leisten können. Dies wird nachstehend am Beispiel der Eigentümer von Wohnungen und Wohnbauten diskutiert.

2. Von allgemeinen Schutz- zu konkreten Handlungszielen

Die Präzisierung des Leitbilds nachhaltiger Entwicklung erfolgt i.d.R. zunächst durch eine Formulierung von Schutzzielen für die Bereiche Umwelt, Gesellschaft und Wirtschaft. Derartige Schutzziele, die in der Literatur mit unterschiedlichen Begrifflichkeiten und Detaillierungsgraden beschrieben werden, sind u.a.: Schutz des Ökosystems, Schutz natürlicher Ressourcen, Schutz der menschlichen Gesundheit, Schutz sozialer Werte und öffentlicher Güter sowie Erhaltung von Kapital und Schutz materieller Güter. Die Umsetzung der Schutzziele erfordert ein aktives Handeln betroffener und beteiligter Akteure. Für die Ableitung von Handlungszielen im Bereich Bauen und Wohnen bilden die im Abschlussbericht der Enquete-Kommission „Schutz des Menschen und der Umwelt" des 13. Deutschen Bundestages dargestellten und begründeten Zieldimensionen eine Grundlage (Bundestag 1998, S. 234). Dies sind:

in der ökonomischen Dimension

- Minimierung der Lebenszykluskosten von Gebäuden
- Relative Verbilligung von Umbau- und Erhaltungsinvestitionen im Vergleich zum Neubau
- Optimierung der Aufwendungen für technische und soziale Infrastruktur
- Verringerung des Subventionsaufwandes

in der ökologischen Dimension

- Reduzierung des Flächenverbrauchs
- Beendigung der Zersiedelung der Landschaft
- Geringhaltung zusätzlicher Bodenversiegelung und Ausschöpfung von Entsiegelungspotentialen
- Orientierung der Stoffströme im Baubereich an den Zielen der Ressourcenschonung
- Vermeidung der Verwendung und des Eintrages von Schadstoffen in Gebäuden
- Verringerung der CO_2-Emissionen der Gebäude

in der sozialen Dimension

- Sicherung bedarfsgerechten Wohnraums nach Alter und Haushaltsgröße
- Erträgliche Ausgaben für „Wohnen" auch für Gruppen geringeren Einkommens

- Schaffung eines geeigneten Wohnumfeldes, soziale Integration, Vermeidung von Ghettos
- Vernetzung von Arbeiten, Wohnen und Freizeit in der Siedlungsstruktur
- „Gesundes Wohnen" innerhalb wie außerhalb der Wohnung
- Erhöhung der Wohneigentumsquote unter Entkopplung von Eigentumsbildung und Flächenverbrauch
- Schaffung bzw. Sicherung von Arbeitsplätzen im Bau- und Wohnungsbereich

Bei einer Analyse der oben aufgeführten Handlungsziele wird deutlich, dass sie die Arbeits-, Handlungs- und Verantwortungsbereiche unterschiedlicher Akteure und Akteursgruppen berühren. Eigentümer von Wohnungen und Wohnbauten im weitesten Sinne sind nicht in der Lage, alle Handlungsziele gleichermaßen aktiv zu verfolgen, da sie teilweise außerhalb ihrer Möglichkeiten zur direkten Mitwirkung und Beeinflussung liegen. Nachstehend wird untersucht, in welchen Bereichen im Zusammenhang mit Wohneigentum Möglichkeiten zum aktiven Handeln im Zusammenhang mit der Wahrnehmung von Verantwortung gegeben sind. Um jedoch an die individuellen und institutionellen Ziele der Akteure im Bereich Bauen und Wohnen anknüpfen zu können, wird vom Autor vorgeschlagen, in die ökonomische Dimension der Nachhaltigkeit das Ziel „Sicherung von Wert und Ertrag" aufzunehmen. (*Lützkendorf* 2005, S. 13) Dies ist durch das allgemeine Schutzziel „Erhaltung von Kapital" zu begründen.

3. Eigentum und Eigentümer – von Rechten, Pflichten und Handlungsmöglichkeiten

Im Grundgesetz der Bundesrepublik Deutschland werden Eigentum und Erbrecht ausdrücklich gewährleistet. Mit der Passage „Eigentum verpflichtet. Sein Gebrauch soll zugleich dem Wohle der Allgemeinheit dienen." (GG, Art. 14, Abs. 2) wird zusätzlich auf die gesellschaftliche (Mit-)Verantwortung der Eigentümer eingegangen. Auf dieser Grundlage ist es möglich, dass die dem Eigentümer im Prinzip zugestandenen und geschützten Verfügungsrechte am Eigentum durch z.B. staatliche Vorschriften beschränkt werden können. Im Zusammenhang mit der Umsetzung von Prinzipien einer nachhaltigen Entwicklung wird von prominenten Marktteilnehmern, hier von führenden Finanzinstituten in ihrer Erklärung zur Umwelt und zur nachhaltigen Entwicklung, die Rolle des Staates bei der Festlegung von Zielen zum Umweltschutz – in Publikationen des Umweltbundesamtes auch als „ökologische Leitplanken" bezeichnet – anerkannt: „Wir sind der Überzeugung, dass eine nachhaltige Entwicklung am ehesten erzielt wird, wenn sich die Märkte in einem geeigneten Rahmen kostenwirksamer Vorschriften und Wirtschaftsinstrumente entfalten können. Den Regierungen aller Länder kommt eine führende Rolle bei der Festlegung und Durchsetzung langfristiger gemeinsamer Prioritäten und Werte im Umweltbereich zu." (UNEP 1997, Punkt 1.2) Diese Argumentation wird verstärkt von staatlichen Institutionen aufgegriffen, die sich einem starken Druck zur Deregulierung ausgesetzt sehen. Zunehmend werden Gesetze und Vorschriften daher mit der Verantwortung gegenüber der Gesellschaft und gegenüber der Umwelt sowie im Zusammenhang mit einem notwendigen Schutz der Verbraucher in enger Wechselwirkung mit der Stärkung der Eigenverantwortung handelnder Akteure begründet. So werden z.B. im Baugesetzbuch in seiner Neufassung aus dem Jahr 2004 unter Einbeziehung von, sich aus den Prinzipien einer nachhaltigen Entwicklung ergebenden Aspekten, u.a. Anforderungen an Bauleitpläne formuliert: „Die Bauleitpläne sollen eine nachhaltige städtebauliche Entwicklung, welche die sozialen, wirtschaftlichen und umweltschützenden Anforderungen auch in Verantwortung gegenüber künftigen Generationen miteinander in Einklang bringt, und eine dem Wohl der Allgemeinheit dienende sozialgerechte Bodennutzung gewährleisten. Sie sollen dazu beitragen, eine menschenwürdige Umwelt zu sichern und die natürlichen Lebensgrundlagen zu schützen und zu entwickeln, auch in Verantwortung für den allgemeinen Klimaschutz, sowie die städtebauliche Gestalt und das Orts- und Landschaftsbild baukulturell zu erhalten und zu entwickeln." (BauGB, § 1, Abs. 5)

Bauen und Wohnen üben durch Inanspruchnahme von Ressourcen, die Umwandlung von Flächen und die Wirkungen auf die lokale und globale Umwelt immer Einfluss aus auf das Ökosystem. Menschliche Aktivitäten zur Errichtung und Nutzung von Bauwerken sind jedoch im Zusammenhang mit der Befriedigung von Grundbedürfnissen unverzichtbar, müssen aber umweltverträglich gestaltet werden. Die Art der baulichen Lösung beeinflusst die Qualität des Zusammenlebens und wirkt sich auf die Gesundheit, Behaglichkeit und Sicherheit der Bewohner aus. Bedürfnisse nach Geborgenheit, Privatheit, Selbstverwirklichung und Status werden befriedigt. Städtebauliche Strukturen und ausgewählte Einzelgebäude sind Teil des kulturellen Erbes. Die Sicherung der Umwelt- und Sozialverträglichkeit der Planung, Errichtung und Nutzung von Gebäuden ist damit ein wesentlicher Beitrag für eine nachhaltige Entwicklung. Art und Umfang dieses Beitrages werden durch Einstellungen, Entscheidungen und Handlungen beteiligter Akteure beeinflusst. Dieser Einfluss wird am Beispiel der Eigentümer von Wohnungen und Wohnbauten diskutiert, die in den Rollen Bauherr/Investor/Käufer, Eigentümer/Vermieter und Selbstnutzer/Konsument auftreten. Diese Betrachtung beschränkt sich ausdrücklich nicht auf selbstnutzende Eigentümer von Eigenheimen, sondern schließt hier die Mitglieder von Eigentümergemeinschaften und Genossenschaften sowie private Vermieter von Mehrfamilienhäusern mit ein. Die Unternehmen der Wohnungswirtschaft, die ebenso einen wichtigen Beitrag zur nachhaltigen Entwicklung leisten, sind hier nicht Gegenstand.

In der Phase der Planung und Errichtung von Gebäuden treten die (künftigen) Eigentümer sowohl in der Rolle des Bauherrn und Investors als auch in der des Nachfragers nach Planungs- und Bauleistungen sowie nach Bauprodukten auf. Sie beeinflussen die Bedarfsplanung und treffen Planungsentscheidungen mit weitreichenden Konsequenzen für die Zukunft. Sie nehmen dabei i.d.R. eine zunächst von individuellen Interessen geleitete Langzeitbetrachtung vor. Aus Sicht des Autors kann die in der internationalen Diskussion häufig negativ besetzte These, wonach Bauherren in Deutschland bei Errichtung von Wohnbauten oder Erwerb von Eigentum meist auch an eine Weiternutzung durch ihre eigenen Kinder denken und hiefür einen hohen finanziellen und baulichen Aufwand treiben, in ein Planen und Bauen unter Wahrnehmung der Verantwortung für künftige Generationen uminterpretiert und zu einem positiven Aspekt werden. Aktuelle Diskussionen zur Bedeutung von Wohnimmobilien bei der Alters- und Generationenvorsorge bestätigen die Sinnhaftigkeit und Notwendigkeit einer Langzeitperspektive beim Umgang mit Immobilien.

Sind jedoch Bauherren in der Lage, ihre Rolle als souveräner Konsument auch wahrzunehmen und den Beitrag ihrer Entscheidungen zu nachhaltiger Entwicklung zu beurteilen? Tatsächlich sind Bauherren/Erwerber durch fehlende Qualifikation und unvollständige Informationen derzeit nur bedingt in der Lage, die mittel- bis langfristigen ökonomischen und ökologischen Auswirkungen ihrer Entscheidungen abzuschätzen und in die Entscheidung einzubeziehen. Hier liegen Notwendigkeit und Möglichkeit der konsequenten Verbesserung der Informationsgrundlagen durch Produktinformation, Gütezeichen, Energieausweise und Gebäudepässe sowie durch entsprechende Beratungsangebote. Gleichzeitig wachsen die Anforderungen an die Langlebigkeit von baulichen Lösungen bei gleichzeitiger Anpassbarkeit an sich wandelnde Nutzerbedürfnisse.

In der Phase der Nutzung kann der Eigentümer im Rahmen gegebener Möglichkeiten seine Verfügungsrechte über sein Eigentum wahrnehmen. Dies heißt jedoch im Zusammenhang mit Wohnimmobilien auch, dass dem Eigentümer die Verantwortung für Instandhaltung und Modernisierung zufällt.

Gerade die systematische Instandhaltung sowie eine der Anpassung von Wohnbauten an veränderte Nutzerbedürfnisse, an neue technische Möglichkeiten und an umweltpolitische Erfordernisse dienende Modernisierung von Wohnbauten tragen wesentlich zur nachhaltigen Entwicklung bei. Sie dienen der Erhaltung von Kapital durch Wertsicherung und sind eine Voraussetzung für erhoffte Effekte im Rahmen der Altersvorsorge. Sie reduzieren gleichzeitig die Energie- und Stoffströme sowie die Wirkungen auf die Umwelt durch Ausschöpfung der potenziellen Nutzungsdauer der Bauteile und Bauwerke sowie der weiteren Reduzierung des gebäudebedingten Energiebedarfes und der CO_2-Emissionen. Zusätzlich werden i.d.R. qualifizierte Arbeitsplätze in der Region durch entsprechende Aufträge an das lokale Handwerk geschaffen bzw. gesichert. Aus Sicht des Autors ergibt sich hier im günstigen Fall die Übereinstimmung aus individuellen und gesellschaftlichen Interessen, die eine Grundlage zum Übergang von subventionsbezogenen Ansätzen zu einer den Prinzipien der Nutzenteilung folgenden Förderung durch den Staat bilden kann.

Selbstnutzenden Eigentümern stehen zusätzlich in der Phase der Nutzung, wie den übrigen Bürgerinnen und Bürgern auch, alle Möglichkeiten offen, über ein bewusstes Konsumenten- und Verbraucherverhalten einen Beitrag zur nachhaltigen Entwicklung zu leisten. Möglichkeiten sind u.a. die Auswahl von Energieversorgern, richtiges Heizen und Lüften, sonstiges energie- und wassersparendes Verhalten oder Müllvermeidung und –trennung. Der fehlende Zugriff auf die Bausubstanz schränkt jedoch die Handlungsmöglichkeiten von Nicht-Eigentümern in diesem Punkt ein.

4. Zusammenfassung und Ausblick

Eigentum im Sinne der Ausübung von Verfügungsrechten und der Wahrnehmung von Verantwortung ist Voraussetzung für aktive Mitgestaltung nachhaltiger Entwicklung und eröffnet weitgehende Handlungsmöglichkeiten. Sich dieser Verantwortung bewusst zu sein, ist Teil der Kultur des Eigentums. Aufgabe des Staates ist es, die Eigentümer stärker einzubeziehen und ihre Eigenverantwortung herauszuarbeiten und zu stärken. Hierbei werden inzwischen ausdrücklich alle Wohn- und Siedlungsformen einbezogen:

„Wo eine Siedlungserweiterung auf Grund steigender Wohnraumnachfrage erforderlich ist, ist dies auch am Stadtrand vertretbar, wenn dies zu ökologisch verträglichen, ökonomisch effizienten und sozial vertretbaren Siedlungsstrukturen führt. Die dabei am Stadtrand entstehende Siedlungsform mit Ein- oder Mehrfamilienhaus-Siedlungen, kleinen Gärten und großzügigen Freiflächen kann ein positiver Bestandteil nachhaltiger Siedlungsentwicklung sein."

(Bundesregierung 2002, S. 291)

Erforderlich in der politischen Diskussion zur nachhaltigen Siedlungsentwicklung sind ggf. neue oder weiterentwickelte Formen der Interessenvertretung von Wohneigentümern und Vermietern von Mehrfamilienhäusern, um alle relevanten Akteursgruppen einzubeziehen und auch einzubinden. Um die Qualität von Entscheidungen der Wohneigentümer zu verbessern, müssen die Probleme unzureichender Informationsgrundlage überwunden werden. Erst hierdurch lassen sich die Möglichkeiten von Eigentümern, zu einer nachhaltigen Entwicklung positiv beizutragen, voll ausschöpfen. Neben der Weiterentwicklung von Wertvorstellungen und -maßstäben bei den Eigentümern wird daher ein Weg in der Erarbeitung und Bereitstellung von Informationssystemen, Planungs- und Bewertungshilfsmitteln und weiteren Entscheidungshilfen gesehen. Das ist eine Aufgabe, an deren Erfüllung der Stiftungslehrstuhl Ökonomie und Ökologie an der wirtschaftswissenschaftlichen Fakultät der Universität Karlsruhe (TH) mitwirkt.

Literatur

Beschorner, T. et al. (2005), Institutionalisierung von Nachhaltigkeit, Marburg

BMU (2004) (Hrsg.), Umweltbewusstsein in Deutschland 2004, Berlin

Bundesregierung (2002), Perspektiven für Deutschland – Unsere Strategie für eine nachhaltige Entwicklung, Berlin, http://www.bundesregierung.de/Anlage585668/pdf_datei.pd

Bundestag (1998), Konzept Nachhaltigkeit – Vom Leitbild zur Umsetzung; Abschlußbericht der Enquete-Kommission „Schutz des Menschen und der Umwelt" des 13. Deutschen Bundestages, Bonn

Harloff, H. et al. (2000), Wohnen und Nachhaltigkeit, Berlin

Kopfmüller, J. et al. (2001), Nachhaltige Entwicklung integrativ betrachtet, Berlin

Lützkendorf, T. , Nachhaltig Planen, Bauen und Bewirtschaften, ZdUKa 2005, S. 13-24

Rogall, H. (2004), Ökonomie der Nachhaltigkeit, Wiesbaden

UN (1987), Our Common Future – Report of the World Commission on Environment and Development, New York

UNEP (1997), Erklärung der Finanzinstitute zur Umwelt und zur nachhaltigen Entwicklung, www.unepfi.org

Die Firma als Haus

Helmut Maucher

1. Begriffsdefinition

Der Titel mag zunächst verwundern. Aber wenn wir nachdenken, erinnern wir uns, dass manche Leute vom „Haus Siemens" sprechen, oder dass in der französischen Schweiz die „Maison Nestlé" ein gängiger Begriff ist. Auch manche Unternehmenschefs geben manchmal Erklärungen ab wie etwa: „Mein Haus ist der Meinung, dass …".

Wie ist diese sprachliche Verbindung von Haus und Firma zustande gekommen? Hier müssen wir den Ursprung und die Grundfunktion eines Hauses etwas näher beleuchten. Das Haus hatte ursprünglich den Sinn, vor Wärme und Kälte und Gefahren zu schützen. Es war dann Zentrum und Mittelpunkt einer Familie, und schließlich war es auch Eigentum einer Familie. Es wurden von dort aus Aktivitäten entfaltet, um die Ernährung der Familie sicherzustellen, also letztlich auch Einkommen zu erzielen.

Wenn wir nun diesen Begriff des „Hauses" erweitern, dann stellen wir fest, dass auch ein Unternehmen zum Teil ähnliche Funktionen oder Aufgaben übernimmt. Im Idealfall bietet eine Firma den Mitarbeitern Arbeit, Einkommen, Sicherheit, Entwicklungsmöglichkeit und Gemeinschaftserlebnis und übernimmt auch in vielerlei Hinsicht gegenüber den Mitarbeitern soziale Verantwortung. Das griechische Wort „oikos" ist der Ursprung von Ökonomie: Wirtschaft des ganzen Hauses.

2. Unternehmensbeispiel: Nestlé

Man kann am Beispiel Nestlé diese allgemeinen Bemerkungen konkretisieren. Nestlé wurde vor etwa 140 Jahren in der französischen Schweiz von einem Mann namens *Heinrich Nestle* gegründet. Die Familie *Nestle* war schwäbischen Ursprungs, später angesehene Bürgerfamilie in Frankfurt. Die Schweiz war im 19. Jahrhundert ein idealer Platz für wirtschaftliche Tätigkeit und für Neugründungen. Das hat wohl auch *Heinrich Nestle* bewogen, in die Schweiz zu ziehen. Seine Grundausbildung war die des Apothekers. Doch war er stets an den verschiedensten unternehmerischen Tätigkeiten interessiert. Schließlich stellte er fest, dass Neugeborene, die, aus welchen Gründen auch immer, nicht ausreichend mit Muttermilch versorgt werden konnten, ein Ernährungsproblem hatten. Das bewog ihn, ein Produkt zu entwickeln, das für Säuglinge und Kleinkinder zur

Ernährung geeignet war. Es bestand hauptsächlich aus gemälztem Getreide, Milch und Zucker. Das Produkt hatte augenblicklich Erfolg und wurde alsbald in vielen Ländern verkauft. Damit war der Grundstein für die Entwicklung des Nestlé-Konzerns gelegt.

Zu seinen Lebzeiten hat *Heinrich Nestle* sicherlich nie von Marketing oder Markenpolitik gehört. Aber er verstand davon mehr als manche Werbeintellektuellen, die sich heute auf diesem Gebiet tummeln. Er wusste zum Beispiel, dass man ein Produkt entwickeln muss, das vom Verbraucher geschätzt wird und tatsächlich hilft, durchs Leben zu kommen. In einem Brief aus Frankreich wurde ihm empfohlen, auf seine Packungen doch das Schweizer Kreuz zu setzen. Er schrieb dem betreffenden Kunden zurück, dass ja jedes Schweizer Unternehmen das Schweizer Kreuz auf seine Packung setzen könne. Nur er könne dagegen seine Marke auf die Packung setzen.

Auch in der Schaffung dieser Marke, die sich bis heute auf allen unseren Packungen befindet, war er genial. Er nutzte seinen Namen *Nestle* (= kleines Nest), um seinen Namen in ein Bild umzusetzen, ein Vogelnest. Darin füttert eine Vogelmutter drei Jungvögel. Das war nicht nur ideal bezüglich der Erklärung seines Namens, sondern passte auch wie selbstverständlich auf alle Produkte der Ernährung. Gleichzeitig vermittelt diese Marke auf ideale Weise Nestwärme für Konsumenten wie für Mitarbeiter. Damit war das „Haus" Nestlé geschaffen. Die Marke dient bis heute als Corporate Image des Unternehmens.

Mit diesem Grundakkord zwischen Produkt und Marke nahm *Heinrich Nestle* die Mitarbeiter in die Pflicht, Produkte zu schaffen, die einem echten Bedürfnis der Konsumenten dienen, und diese Produkte mit höchster Qualität auszustatten.

Seine Nachfolger haben es verstanden, diese Grundphilosophie zu bewahren und immer wieder zu konkretisieren. Sie ist auch heute noch gelebtes Element der Unternehmenskultur. Erst in den letzten Jahren wurde sie schriftlich niedergelegt. Der Sinn: Diese Grundphilosophie an die jüngere Generation wie an neu akquirierte Unternehmen weiterzugeben.

Was das Haus Nestlé heute bedeutet, ergibt sich am meisten aus seiner Unternehmenskultur. Zunächst haben wir bei Nestlé immer darauf geachtet, dass die Unternehmenskultur so beschaffen ist, dass Regeln, Verhaltensweisen und Produkte nicht Traditionen, Mentalitäten und Wertvorstellungen anderer Kulturen verletzen. Dies ist schon deshalb notwendig, weil wir als multinationales Unternehmen auf der ganzen Welt arbeiten und an Menschen aller Länder unsere Produkte verkaufen. Gleichzeitig muss die Unternehmenskultur aber so spezifisch sein, dass es niemals Zweifel gibt: Unverwechselbar geht es um Nestlé, nicht einfach um allgemeine Sprüche wie *„edel sei der Mensch, hilfreich und gut."*

Wesentliche Elemente dieser Unternehmenskultur sind:

Wir sind ein Unternehmen, das mehr menschen- und produktorientiert als system-orientiert ist. Natürlich brauchen wir Systeme, um ein weltweites Unternehmen zu leiten, aber das ist eine Frage der Priorität. Systeme und Methoden dürfen auf keinen Fall Selbstzweck werden.

Wir sind auf jeden Fall mehr langfristig als kurzfristig orientiert. Das ist und bleibt für die nachhaltige und erfolgreiche Entwicklung des Unternehmens meines Erachtens unerlässlich. Nestlé ist in Vevey am Genfer See zuhause. Aber wir führen unsere Geschäfte und unsere Tochtergesellschaften so dezentral wie möglich. Dadurch entstehen mehr Motivation, mehr Identifikation, mehr Flexibilität und auch mehr Marktnähe. Wir sind uns indessen bewusst, dass die Festlegung der grundlegenden Unternehmenspolitik und -strategie sowie die Notwendigkeit, konzernweite Koordination und Managemententwicklung zusammenzuhalten, dieser Dezentralisierung Grenzen setzen.

Hinsichtlich der Organisation bevorzugen wir flache Hierarchien mit wenig Ebenen und breiten Kontrollspannen. Wir arbeiten nach dem Prinzip: „Soviel Hierarchie wie nötig, so wenig wie möglich."

Auf jeder Stufe der Organisation bilden wir ein *Team mit Spitze* und nicht ein *Team als Spitze*. Wir sind also für Teamarbeit – aber mit verantwortlicher Leitung. Nestlé, das sind die Menschen, die für das Haus arbeiten.

Neben der Ausbildung und der beruflichen Erfahrung legen wir großen Wert auf Führungskräfte, die nach Persönlichkeit und Charakter in der Lage sind, Richtung zu geben und innovatorisch zu denken, zu motivieren und das Team mitzunehmen. Dazu gehören Arbeitsethik, Integrität, Ehrlichkeit und Qualitätsbewusstsein. Die Beziehungen unter den Mitarbeitern und gegenüber den Mitarbeitern müssen auf Vertrauen basieren, wobei gegenseitige Aufrichtigkeit erwartet wird und Intrigen abgelehnt werden. Die Mitarbeiter von Nestlé – das ist die Leitvorstellung – sind eher bescheiden, haben aber Stil und Sinn für Qualität. Wir schätzen Understatement.

Die Mitarbeiter, so ist die Vision, sind für dynamische und zukunftsorientierte Trends auf den Gebieten Technologie, Änderung der Verbrauchergewohnheiten sowie Geschäftsideen und Geschäftsmöglichkeiten offen, wahren jedoch die Achtung für grundlegende menschliche Werte, Einstellungen und Verhaltensweisen. Nestlé hat über allen Wandel hinweg gegenüber kurzfristigen Modeerscheinungen und selbsternannten Gurus eine bewusst skeptische Einstellung.

Die Einbeziehung der Nestlé-Mitarbeiter aller Stufen beginnt mit angemessener Information und Kommunikation über die allgemeinen Unternehmensaktivitäten wie über die spezifischen Aspekte ihrer Tätigkeit. Alle Änderungen und möglichen Verbesserungen sollten erläutert werden. Die Mitarbeiter sollen dazu aufgefordert werden, ihre eigenen Ideen in den Prozess des Wandels einzubringen. Dies trägt zur Motivation der Nestlé-Mitarbeiter bei, schafft mehr Zufriedenheit in der Arbeit und leistet einen Beitrag zur persönlichen Entwicklung bei gleichzeitiger Verbesserung der Ergebnisse des Unternehmens. Wir nennen dieses Konzept hoffnungsvoll: *„Employee Involvement"*.

Schließlich ist Nestlé davon überzeugt, dass die Mitarbeiter das wertvollste Kapital des Unternehmens sind. Dies muss umgekehrt Einstellung und Maßstab sein für Verantwortungsbewusstsein der Unternehmensleitung gegenüber den Mitarbeitern.

Nestlé ist kein anonymes Unternehmen, das seine Produkte an anonyme Verbraucher vertreibt. Was wir wollen, ist ein Unternehmen mit menschlichem Antlitz, das sich bemüht, den Bedürfnissen der einzelnen Menschen auf der ganzen Welt gerecht zu werden.

So entsteht im Haus Nestlé – man müsste eigentlich von „Häusern Nestlé" sprechen – eine spezifische Unternehmenskultur. Die Angehörigen des Nestlé-Managements sollen auf allen Ebenen starkes Engagement für das Unternehmen zeigen, für seine Weiterentwicklung, seine Kultur und die eben beschriebenen Führungsprinzipien und Elemente der Unternehmenskultur. Abgesehen von beruflicher Tüchtigkeit und Erfahrung stellen die Fähigkeiten und der Wille, diese Prinzipien anzuwenden, auch die wichtigsten Kriterien für jede Beförderung dar, nicht aber der Pass oder die ethische oder nationale Herkunft einer Person.

Wir wollen also ein Weltunternehmen sein, aber kein Allerweltsunternehmen. Dazu gehört, Leistung zu befördern und belohnen, Leistung und zugleich Verantwortung wahrzunehmen.

Als multinationales Unternehmen mit weltweiter Aktivität und nahezu 500 Werken hat Nestlé also viele „Häuser" in allen Teilen der Welt. In diesem Sinne ist Nestlé auch ein virtuelles Haus. Schon im Neuen Testament heißt es bekanntlich: „Im Hause meines Vaters gibt es viele Wohnungen."

3. Schlussbemerkung

Man muss sich natürlich heute fragen, wie weit im Zusammenhang mit der Globalisierung, den heutigen Arbeitsmethoden, der Informationstechnologie und der Mobilität von Arbeitsplätzen und Mitarbeitern die überkommene Philosophie und

Charakteristik eines „Hauses" weiter bestehen können. Ich bin überzeugt, dass es möglich ist, weil die grundsätzliche Geisteshaltung, die Führungsphilosophie und unsere Unternehmenskultur auch für die Zukunft gelten und trotz aller technologischen und politischen Entwicklungen die Grundsubstanz dessen, was den Menschen ausmacht, sich kaum verändern wird. Gelingt es, diesen „Haus"-Charakter im weitesten Sinne des Begriffes aufrechtzuerhalten, bin ich überzeugt, dass darin auch ein strategischer Wettbewerbsvorteil für Nestlé beschlossen ist.

Öffentlicher Nutzen, privater Nutzen. Überlegungen zu Geschichte und Gegenwart eines komplizierten Verhältnisses

Paul Nolte

Die Vertreibung aus dem Paradies: Das ist die mythische Ursituation des Konflikts zwischen öffentlichem und privatem Nutzen. Als sie vom Baume der Erkenntnis aßen, mussten Adam und Eva schmerzhaft erfahren, dass die allgemeinen Leistungen des Gartens Eden für sie nicht mehr zur Verfügung standen. An die Stelle eines allgemeinen Nutzens an kollektivierten Gütern trat das Privateigentum, an die Stelle der ungemessenen Inanspruchnahme von Früchten das harte Ringen um jedes einzelne Produkt des Bodens, das die eigene Subsistenz, stets in Konkurrenz zu derjenigen der Nachbarn, sichern half. An die Stelle des Konsums, des Verzehrs ohne Gegenleistung trat der Vorrang der privaten Produktion: Was immer man konsumieren wollte, musste zuerst erzeugt werden, und zwar unter Anstrengung, „im Schweiße des Angesichts". Privatheit entstand aber nicht nur im Eigentum, sondern zugleich – eine hoch bedeutsame Koinzidenz – in der persönlichen Sphäre, als Intimität. Denn Adam und Eva erkannten, dass sie nackt waren, und begannen sich zu kleiden. So gewannen sie auch Individualität, wurden von Platzhaltern der Menschheit zu konkreten Personen und versuchen seitdem, ihren privaten Nutzen zu mehren.

Die biblische Geschichte vom Sündenfall im 1. Buch Mose ist keine historische Episode und sollte nicht als solche missverstanden werden. Einem solchen Missverständnis sind alle Theorien aufgesessen, die aus der vermeintlichen Logik einer historischen Entwicklung den Fortschritt einer Rückkehr ins Paradies ableiten wollten, so wie das klassisch, und fraglos faszinierend, *Karl Marx* entworfen hat: Der bittere Schritt der Menschheit in Privateigentum und privat optimierte Lebensführung müsste in der kommunistischen Gesellschaft rückgängig gemacht werden. Wo alle Güter und Lebensverhältnisse kollektiviert sind, sollte sich jeder ganz nach Lust und Bedarf an den reichen Früchten gemeinsamer Erträge bedienen können. Aber wer sorgte sich um die Dinge, wer trug Verantwortung für das gemeinsame Eigentum, wenn ein Gott dafür nicht zur Verfügung stand? Denn im biblischen Paradies waren die Früchte gerade kein Ergebnis gesellschaftlicher Produktion gewesen, kein Ergebnis öffentlicher Anstrengung, sondern wurden gewissermaßen extern zur Verfügung gestellt. In Wirklichkeit jedoch ist öffentlicher Nutzen immer erst das Ergebnis individueller Vorleistungen, die heute üblicherweise als „Steuern" bezeichnet werden.

Doch traten Adam und Eva, wenn man die Erzählung der Genesis doch einmal historisch versteht, nicht unmittelbar in das Zeitalter von Kapitalismus und Marktgesellschaft ein. Für die Erwirtschaftung von Profiten blieb kein Raum in einer Situation der äußersten Knappheit, der Abhängigkeit von der Natur, wie sie die agrarischen Subsistenzgesellschaften überall auf der Welt über Jahrtausende, bis an die Schwelle der Industrialisierung, gekennzeichnet hat. Und wo doch Reichtümer angehäuft wurden, geschah das fast immer im Gehäuse politischer Herrschaftsbildung: also von Adelsgesellschaften oder von Königreichen, wie sie die frühen Hochkulturen und das europäische Mittelalter prägten. Die Unterscheidung von öffentlichem und privatem Nutzen ergab da wenig Sinn. Denn was dem Fürsten gehörte, gehörte ihm nicht als Privatperson; es stand aber auch nicht der „Allgemeinheit" zur Verfügung. Erst die Entstehung des modernen Staates in der Frühen Neuzeit ermöglichte es, öffentliche Leistungen überhaupt zu denken und allmählich auch real zur Verfügung zu stellen.

Mindestens ebenso wichtig war jedoch die Geburt des bürgerlichen Eigentümers und Unternehmers etwa zur selben Zeit: die Herausbildung von Individuen, die sich auf eigene Rechnung an neu entstehenden Märkten zu behaupten suchten, die für sich und nicht für den Fürsten nach Profit strebten, die ihren Besitz zu vermehren trachteten. Wie konnte das möglich sein, ohne den Zusammenhalt der Gesellschaft zu gefährden? Zerstörte das Privateigentum nicht die sozialen Bindungen, das Netz sozialer Verpflichtungen zwischen den Menschen? Das war ganz zweifellos der Fall, und kaum jemand hat diese Auflösung herkömmlicher sozialer Strukturen im Angesicht des Kapitalismus dramatischer auf den Punkt gebracht als *Marx* und *Engels* im „Kommunistischen Manifest" von 1848. Aber die Debatte über die gesellschaftlichen und moralischen Effekte der Markt- und Eigentümergesellschaft haben sie damit nicht eröffnet. Schon im 17. Jahrhundert begann in England eine Diskussion, die mit *Bernard de Mandevilles* 1714 erstmals in London erschienener „Bienenfabel" einen ersten Höhepunkt erreichte (*Mandeville* 1980).

Darin stellte *Mandeville*, der als Arzt aus Holland nach England gekommen war, die provozierende These auf: Die Laster der menschlichen Natur wie Egoismus und Habgier sind moralisch gar nicht so verdammenswert, denn sie schlagen am Ende in einen Nutzen für die Allgemeinheit um. „Private Vices, Public Benefits" lautete deshalb auch der Untertitel seiner Abhandlung. Der öffentliche Nutzen ist nicht, so *Mandevilles* Einsicht, auf den Altruismus der individuellen Akteure angewiesen, auf die Zügelung ihrer Leidenschaften. Er bedarf auch nicht unbedingt eines staatlichen Akteurs, der das Gemeinwohl ersatzweise definiert und für die Untertanen durchzusetzen versucht, gegen die widerstrebenden Einzelinteressen. Wenn genügend Menschen ihrer Freiheit folgen und ihren eigenen Vorteil zu mehren suchen, dann ist den Interessen aller, auch der Ärmeren, auf lange Sicht am besten gedient.

Diese pointierte Rechtfertigung des Eigeninteresses hat seither einen markanten Pol der Debatte über privaten und öffentlichen Nutzen gebildet. Die Theoretiker der frühen bürgerlichen Gesellschaft im 18. Jahrhundert, etwa im Umkreis der schottischen Aufklärung, waren meist prinzipiell gewillt, *Mandeville* zu folgen. Doch fügten sie häufig – als ganz typisch kann *Adam Smith* gelten – eine moralische Instanz, eine moralische Kraft ein, die über die reinen Marktprinzipien hinaus die Gesellschaft im Lot halten sollte. Nicht die Selbstsucht allein, die *Mandeville* so hemmungslos angepriesen hatte, bewirkte den größtmöglichen Nutzen, sondern ein Gefühl der moralischen Bindung zwischen den Menschen trat hinzu, das sie auf die Beachtung der Interessen des Anderen verpflichtete. Unter dieser Voraussetzung mehrte die Marktgesellschaft dann nicht nur die Vorteile für ihre einzelnen Mitglieder, die stärkeren wie die schwächeren, sondern sollte auch zur Zivilisierung der Sitten beitragen (*Montesquieu* 1965; vgl. *Pocock* 1985). Wer sich auf Dauer am Markt behaupten will, der kann den anderen nicht dauernd übers Ohr hauen – im Gegenteil: er muss ihm, wie ein Kaufmann seinem Kunden, mit besonderem Respekt, werbend und schmeichelnd, höflich und berechenbar gegenübertreten (*vgl. Hirschman* 1980*; Hirschman* 1986).

Die Dynamik des durchbrechenden Industriekapitalismus zerstörte im 19. Jahrhundert die harmonische Vision eines zivilisierten Eigentümerkapitalismus. Die Kritik an den destruktiven Effekten des Marktes trat in den Vordergrund. Zu krass waren die sozialen Unterschiede, die sich auch in unterschiedlichen Chancen der politischen Macht niederschlugen. Der Raum des öffentlichen Nutzens entstand nicht mehr quasi automatisch, wie man das in Zeiten eines relativ egalitären Kapitalismus der Kleinhändler und Kleinproduzenten erwarten konnte, sondern musste mit Hilfe von außen gesichert werden. Dass sich die Stellung eines Menschen in der Öffentlichkeit, seine Recht im Gemeinwesen aus seiner sozialen Stellung ableiteten, war zwar keineswegs eine „Errungenschaft" des Kapitalismus; dieser definierte nur die Spielregeln der Zuordnung neu: Wo vorher Geburt und ständische Ordnung den Zugang etwa zum städtischen Wahlrecht oder zu politischen Ämtern geöffnet hatten, war es nun zunehmend die individuelle Steuerleistung.

Und doch erwies sich der zeitweise durchaus verhärtete Nexus zwischen Marktstellung und bürgerlicher Existenz schon sehr bald als ein historisches Übergangsphänomen. Denn anders als in der ständischen Gesellschaft ließ sich die „Marktfähigkeit" von Individuen von ihrer politischen und bürgerlichen Rechtsstellung abkoppeln, und genau das geschah auch seit dem späteren 19. Jahrhundert. Das Wahlrecht verlor die Eigentumsbindung, die es als Zensuswahlrecht gehabt hatte, und wurde universalisiert. Der Bürgerstatus war nicht länger an die Voraussetzung eines bestimmten Besitzes oder einer Steuerleistung in der Heimatgemeinde gebunden. Und auch die zivile Existenz, die zivile Rechtsfähigkeit der Individuen löste sich von ihrer Marktstellung ab. Ein Beispiel dafür ist die Aufhebung von

Heiratsbeschränkungen, die bis dahin die Ehe an einen Kapital- oder Selbständig-
keitsnachweis gebunden hatten. Und noch ein Beispiel, das uns heute ganz selbstverständlich ist: Wer auf soziale Unterstützung durch die Gemeinschaft, wer auf
staatliche Sozialleistungen angewiesen ist, verliert damit schon lange nicht mehr
einen Teil seiner bürgerlichen und politischen Rechte. Hinter diese Entkopplung
von Marktgesellschaft und Bürgerschaft, von privater und öffentlicher Existenz
führt kein Weg mehr zurück.

Jedoch zeigte sich bald auch eine Kehrseite des großen Trends, die Sicherung des
öffentlichen Nutzens einem gemeinwohlorientierten Staat statt der bürgerlichen
Gesellschaft zuzuweisen. Das gilt zumal im deutschsprachigen Mitteleuropa, wo
die Orientierung an einem obrigkeitlich definierten Gemeinwohl längst vor dem
Durchbruch der Marktgesellschaft die Mentalitäten und Verhaltensweisen geprägt
hat (*Muller* 2002). Der „Besitzindividualismus" (*McPherson* 1967) angelsächsischer Prägung hat es in Deutschland auch in der Phase des Hochkapitalismus
schwer gehabt, und eine tiefe Skepsis gegenüber den Leistungen des Marktes als
einem Erzeuger nicht nur privaten, sondern auch öffentlichen Nutzens hat die
gesamte deutsche Geschichte des 20. Jahrhunderts geprägt. Der Eigennutz, den
Mandeville so euphorisch gefeiert hatte, ist aus ganz unterschiedlichen politischen
Richtungen immer wieder moralisch verurteilt worden. „Gemeinnutz geht vor
Eigennutz", hieß es bei den Nationalsozialisten, und damit war nicht nur eine
Rangfolge gemeint, sondern ein fundamentales Misstrauen gegenüber dem Eigen-
nutz, der als gemeinschaftsschädigend galt. In der Bundesrepublik zeigt sich die
Unsicherheit im Umgang mit dem Eigennutz einer privaten Eigentümergesell-
schaft immer wieder bei der Interpretation des Art. 14 des Grundgesetzes mit
seiner ebenso bekannten wie mehrdeutigen Formulierung, der Gebrauch des
Eigentums solle zugleich dem Wohle der Allgemeinheit dienen. Darin scheint die
Vorstellung mitzuschwingen, der Erwerb und Gebrauch des Privateigentums sei
prinzipiell keine der Allgemeinheit dienliche Sache; erst sein bestimmter
Gebrauch unter zusätzlichen moralischen Kriterien führe das private Eigentum an
das Gemeinwohl heran. Welche konkreten Verhaltensweisen das aber sein sollen,
bleibt gänzlich unbestimmt.

Es durfte auch unbestimmt bleiben, denn im westlichen Wohlfahrtsstaat ist das
Problem des öffentlichen und des privaten Nutzens, vor allem nach 1945, in einen
pragmatischen Kompromiss überführt worden. Die Voraussetzung dafür bildeten
die außerordentlich günstigen ökonomischen Rahmenbedingungen, die eine beispiellose Verbreiterung des Massenwohlstandes ermöglichten, in Verbindung mit
einer expansiven demographischen Konstellation und einem ebenso expansiv
agierenden staatlichen Sektor. Diesen Kompromiss könnte man so beschreiben:
Der private Vorteil, der Eigennutz der Marktsubjekte wurde akzeptiert, die vielfach gegen ihn herrschenden Bedenken zurückgestellt. Zum Ausgleich stellte der
Staat den öffentlichen Nutzen in Form von Sozial- und Infrastrukturleistungen zur

Verfügung. So lange man dabei aus dem Vollen schöpfen konnte, funktionierte dieser Kompromiss sehr gut. Er hatte den Vorteil, dass die alte Frage, ob auch aus dem privaten Engagement selber, aus dem Streben nach Profit und Eigennutz, ein allgemeiner gesellschaftlicher Vorteil hervorgehe, gar nicht weiter bearbeitet zu werden brauchte. Aber auch die umgekehrte Frage: ob nämlich die gleichmäßige und flächendeckende Verfügbarmachung öffentlicher Leistungen zu ungleichen Effekten führe, also den jeweiligen Nutzern einen privaten Vorteil verschaffe gegenüber denen, die das öffentliche Angebot nicht in Anspruch nehmen, oder nehmen können, wurde kaum gestellt.

Deshalb ist es nicht überraschend, wenn das Ende der expansiven Nachkriegskonstellation, das sich in der Bundesrepublik seit mehr als zwei Jahrzehnten deutlich abgezeichnet hat, aber einer Mehrheit der Bevölkerung erst in den letzten Jahren zu Bewusstsein gekommen ist, die Problematik des öffentlichen und privaten Nutzens in beide Richtungen wieder hat aufbrechen lassen. Einerseits wird der beschriebene Kompromiss aufgekündigt, indem das private Gewinnstreben, die private Nutzenmaximierung am Markt häufig, und auch öffentlich, unter einen politischen Generalverdacht gestellt werden kann. Wenn die öffentlichen Verteilungsspielräume enger werden, geraten die private Ökonomie und die mit ihr verbundene soziale Ungleichheit unter einen schärferen Legitimationsdruck. Andererseits ist der Kompromiss auch deshalb brüchig, weil der aus öffentlichen Leistungen privat appropriierte Nutzen ins Blickfeld der öffentlichen und politischen Aufmerksamkeit gerät. Das ist wohl die wichtigere der beiden Tendenzen, und sie markiert, im Gegensatz zur bloßen Wiederkehr der Eigennutzkritik, eine neue Denkweise über öffentliche und private Güter.

Was ist damit gemeint? Bisher war man davon ausgegangen, dass der Staat öffentliche Güter zum allgemeinen Nutzen zur Verfügung stellt. Alle Steuerzahler finanzieren eine Universität oder eine Autobahn oder ein öffentliches Schwimmbad, und alle können diese Einrichtungen weitgehend kostenfrei und prinzipiell jederzeit in Anspruch nehmen. Gegenüber der potentiellen Nutzung blieb die tatsächliche Nutzung dieser öffentlichen Güter zum privaten Vorteil durch einzelne Bürger unberücksichtigt. Das bedeutet aber: Wer die Universität nicht besucht, wer die Autobahn nicht befährt, wer seltener schwimmen geht, finanziert mit seinen Steuern die Nutzungsvorteile der anderen Bürger mit. Das (und nicht einfach die Not der öffentlichen Haushalte) ist der systematische Hintergrund aktueller Diskussionen über die Privatisierung öffentlicher Einrichtungen, über Straßenbenutzungs- und auch über Studiengebühren (*Nolte* 2004). Wer aus einer öffentlichen Leistung einen privaten Vorteil in Anspruch nimmt, der soll dafür auch (wenigstens anteilig) bezahlen. Die öffentliche Leistung wird damit selber als ein marktfähiges Gut erkennbar, dessen Kauf die Bürger ökonomisch abwägen und kalkulieren können.

Dabei besteht der private Nutzen nicht nur im unmittelbaren „Genuss" der Leistung selber – etwa darin, einen Nachmittag in einem aufwändig betriebenen Hallenbad zu verbringen – sondern kann auch weit reichende „Folgechancen" auslösen, die gleichfalls überwiegend privat angeeignet werden. Das kann zum Beispiel dann der Fall sein, wenn die Fahrt auf der Autobahn nicht der Freizeit dient, sondern Teil einer gewinnorientierten Unternehmung ist. Nicht zuletzt deshalb ist vor kurzem in der Bundesrepublik eine Maut für LKW, aber (noch) nicht für PKW eingeführt worden. Das wichtigste und am meisten diskutierte Beispiel jedoch sind Bildungschancen. Die mit hohen Kosten zur Verfügung gestellte universitäre Bildung kann nicht jeder einzelne in Anspruch nehmen; wer es aber tut, genießt nicht nur (hoffentlich) interessante Vorlesungen und Seminare, sondern erhöht ganz beträchtlich seine Chancen auf eine hoch qualifizierte, und vor allem: eine gut bezahlte, Berufstätigkeit, also auf ein im Durchschnitt ganz erheblich höheres Lebenseinkommen; übrigens auch: seine Chancen auf immaterielle Güter wie Gesundheit und Lebenserwartung. Deshalb ist der in den Debatten über Studiengebühren viel zitierte Hinweis auf die Verkäuferin, die mit ihrer Lohnsteuer das Studium und die Lebenschancen des Arztsohnes finanziere, durchaus treffend. Man kann im Übrigen noch weitere Gründe geltend machen, warum auch öffentliche Güter ihren Preis haben sollten. Der Preis ist auch ein Ausdruck des Respektes für eine Leistung, die ein knappes Gut ist und nicht verschleudert werden kann. Was umsonst ist, kann (jedenfalls langfristig gesehen) nichts taugen; oder es wird nachlässig behandelt, weil der elementare Anreiz fehlt, der aus der Sorge für ein (Mit-) Eigentum folgt.

Damit ist die Antwort auf eine andere, fundamentale Frage des öffentlichen und privaten Nutzens schon angedeutet: Sollte der Staat eher Besitzrechte kollektivieren, um seinen Bürgerinnen und Bürgern anschließend Subsistenzmittel zur Verfügung zu stellen? Das ist der Weg, den der klassische Wohlfahrtsstaat überwiegend gegangen ist. Oder sollte er eher versuchen, Eigentumsrechte der Individuen zu fördern und zu stärken, also die Bürger als marktfähige und selbstverantwortliche Individuen zu stärken, und nur im Notfall mit unmittelbarer Unterstützung eingreifen? Wenn die Verfügung über Eigentumsrechte einen sorgsamen und verantwortlichen Umgang mit öffentlichen wie privaten Gütern lehrt, dann profitiert davon wiederum nicht nur der Einzelne, sondern auch die Gemeinschaft insgesamt. In Deutschland tut man sich eher schwer, in diese Richtung weisende Denkmodelle zu entwickeln. Deshalb lohnt sich ein Blick in die angelsächsischen Länder, wo der Gedanke einer Stärkung individueller Verfügungsrechte keineswegs eine Domäne „neoliberalen" Denkens ist, sondern auch in eher „linken" Strömungen entwickelt wird.

Ein Beispiel dafür ist die Vision einer „stakeholder society" bei *Bruce Ackerman* und *Anne Alstott* (*Ackerman/Alstott* 1999): Statt Sozialfälle mit staatlicher Unterstützung mehr schlecht als recht zu reparieren, sollte jeder junge Amerikaner ein einmaliges Startgeld von 80.000 Dollar erhalten, um mit diesem Besitz dann ganz nach eigenem Belieben zu verfahren. Der eine wird sich eine Ausbildung an einer Elite-Universität „kaufen", die nächste ein Unternehmen gründen, ein dritter aber vielleicht auch das Geld auf einer Weltreise verprassen. Die Annahme ist jedoch, dass die verantwortliche Verfügung über Eigentumsrechte den letzten Fall eher zur Ausnahme macht; dass damit Individuen gestärkt werden; und die Gesellschaft damit zugleich gerechter und dynamischer wird – eine neue Synergie von öffentlichem und privatem Nutzen also. Davon sind Überlegungen zu einer „ownership society", wie sie in Amerika eher im republikanischen Umfeld angestellt werden, nicht so weit entfernt. Auch hier geht es darum, Eigentums- und Verfügungsrechte der Einzelnen zu stärken, zum Beispiel in der eigenen Zukunftsplanung, in der privaten Vorsorge für das Alter. Wer eigene Ansprüche bildet, wird mit diesen Ansprüchen sorgfältiger, ehrgeiziger, durchaus auch: profitorientierter umgehen als jemand, der abstrakt kollektivierte Ansprüche im Bedarfsfall einlösen kann.

Bei genauerem Hinsehen sind der deutschen „Kultur des Eigentums" solche Elemente auch gar nicht völlig fremd. Sie tauchen in der aktuellen bildungspolitischen Diskussion in Form von „voucher"-Konzepten auf. Sie sind aber auch längst institutionell gefestigt in verschiedenen, sogar staatlich geförderten Instrumenten der Vermögensbildung, von den „vermögenswirksamen Leistungen" über die staatliche Förderung des Bausparens bis zur staatlich geförderten Lebensversicherung oder „Riester-Rente". Solche privat erworbenen Eigentumsansprüche sind, und das wird häufig als ein prinzipieller Einwand vorgebracht, dem Risiko des Marktes ausgesetzt: Wer heute Geld in Aktien anlegt, weiß nicht, welchen Wert sein Vermögen in dreißig Jahren haben wird. Doch wäre es naiv zu glauben, andere Formen der Vermittlung von öffentlichen und privaten Gütern seien prinzipiell risikolos: Dass das nicht so ist, haben wir am Beispiel der umlagefinanzierten Rentenversicherung inzwischen gründlich gelernt. Zukunft ist Risiko (*Nolte* 2006) – und der Markt stellt sogar ein Risiko ersten Ranges dar. Aus diesem Risiko kann man aussteigen nur um den Preis einer Verminderung nicht nur des privaten, sondern auch des öffentlichen Nutzens, des Gewinns für die Gesamtheit. Denn in das Paradies führt kein Weg mehr zurück.

Literatur

Ackerman, B./Alstott, A. (1999), The Stakeholder Society, New Haven

Hirschman, A.O. (1980), Leidenschaften und Interessen. Politische Begründungen des Kapitalismus vor seinem Sieg, Frankfurt

Hirschman, A.O. (1986), Rival Views of Market Society and Other Essays, New York

McPherson, C.B. (1967), Die politische Theorie des Besitzindividualismus. Von Hobbes bis Locke, Frankfurt

de Mandeville, B. (1980), Die Bienenfabel oder: Private Laster, Öffentliche Vorteile, Frankfurt

Muller, J.Z. (2002), The Mind and the Market: Capitalism in Modern European Thought, New York

Montesquieu (1965), Vom Geist der Gesetze, K. Weigand (Hrsg.), Stuttgart

Nolte, P. (2004), Vom Steuerstaat zur Gebührengesellschaft, in: ders., Generation Reform. Jenseits der blockierten Republik, München, S. 188-197

Nolte, P. (2006), Riskante Moderne. Die Deutschen und der neue Kapitalismus, München

Pocock, J.G.A. (1985), Virtue, Commerce, and History. Essays on Political Thought and History, Chiefly in the Eighteenth Century, Cambridge

Ein neuer Generationenvertrag tut Not

Bernd Raffelhüschen und Jörg Schoder

Wenn die Rede vom Generationenvertrag ist, wird damit meist die Institution der gesetzlichen Rentenversicherung (GRV) assoziiert. Jedoch finden sich im deutschen Sozialstaat noch weitere umlagefinanzierte Systeme, die in Form eines Generationenvertrages ausgestaltet sind. Betrachtet man die altersspezifischen Einnahmen und Ausgaben der gesetzlichen Krankenversicherung (GKV) und der gesetzlichen Pflegeversicherung (GPV), so zeigt sich, dass auch hier eine Umverteilung zwischen verschiedenen Altersgruppen – vornehmlich von Jung zu Alt – stattfindet. Solange das Verhältnis von Jungen (Beitragszahlern) und Alten (Leistungsempfängern) „günstig", und durch Wirtschaftswachstum genügend Umverteilungsmasse vorhanden ist, werden die Probleme eines solchen Systems kaum sichtbar. Jedoch zeigen die aktuell zu beobachtenden – konjunkturbedingten – Finanzierungsschwierigkeiten der GRV die Anfälligkeit dieser Systeme, wenn einer der beiden genannten Faktoren nicht erfüllt ist. Mit Blick auf die demografische Entwicklung in Deutschland ist die gegenwärtige Situation lediglich ein Vorgeschmack für die Zeit nach dem Jahr 2015, in der die Generation der so genannten Baby-Boomer beginnt, in den Ruhestand zu gehen.

1. Die Bevölkerungsentwicklung in Deutschland

Die demografische Entwicklung in Deutschland ist durch ein deutliches Ansteigen des Durchschnittsalters der Bevölkerung gekennzeichnet. Ursächlich hierfür ist der so genannte doppelte Alterungsprozess: Einerseits befindet sich die Fertilität seit den 1970er Jahren auf niedrigem Niveau, andererseits nimmt die Lebenserwartung stetig zu. Nimmt man – wie in der mittleren Variante der 10. koordinierten Bevölkerungsvorausberechnung des Statistischen Bundesamtes – an, dass die Fertilität mit durchschnittlich 1,4 Kindern pro Frau auf dem heutigen Niveau verharrt, während die Lebenserwartung von Männern (Frauen) von heute 75,9 (81,6) auf 81,1 (86,6) Jahre steigt, so sinkt die Bevölkerungszahl Deutschlands selbst mit einer jährlichen Nettozuwanderung von 200.000 Personen von heute ca. 82 Millionen auf etwa 75 Millionen Menschen bis zum Jahr 2050.

Doch nicht die Schrumpfung allein ist dramatisch. Vielmehr impliziert der doppelte Alterungsprozess eine Verschiebung in der Altersstruktur. Dies kann mit dem Ansteigen des so genannten Altenquotienten veranschaulicht werden, der das Verhältnis der Rentenempfänger (über 65jährige) zu den Erwerbsfähigen (18 bis 65jährigen) angibt und sich bis zum Jahr 2050 fast verdoppeln wird. Die Konsequenzen des doppelten Alterungsprozesses für die umlagefinanzierten Sozialversicherungen liegen klar auf der Hand. Einerseits sinken die durchschnittlichen Beitragseinnahmen pro Mitglied in der gesetzlichen Renten-, Kranken- und Pflegeversicherung. Andererseits steigen die durchschnittlichen Leistungsausgaben pro Renten-, Kranken- und Pflegeversicherten. Anders ausgedrückt versorgen künftig immer weniger Junge immer mehr Alte, die zugleich immer älter werden. Für die Sozialversicherungssysteme bedeutet dies zwangsläufig, dass es zu einer Diskrepanz zwischen Einnahmen und Ausgaben kommt.

2. Status Quo der Sozialversicherungssysteme

Das quantitative Ausmaß dieses zukünftigen Missverhältnisses zwischen Ausgaben und Einnahmen lässt sich mit Hilfe der Methodik der Generationenbilanzierung (Generational Accounting) – entwickelt durch *Auerbach*, *Gokhale* und *Kotlikoff* (1991, 1992, 1994) – bestimmen. Bei der Generationenbilanzierung handelt es sich im Kern um ein intertemporales Budgetierungssystem, mit dessen Hilfe alle zukünftigen Zahlungen eines Individuums an den Staat mit allen zukünftigen Leistungen, die es vom Staat erhält, saldiert werden, um so die Nettosteuerlasten einzelner Generationen bestimmen zu können. Im Gegensatz zu traditionellen Indikatoren staatlicher Aktivität (Budgetdefizit, Schuldenstand) werden dabei auch implizite Zahlungsverpflichtungen erfasst, wie sie vor allem im Rahmen der umlagefinanzierten Sozialversicherungen auftreten. Daher eignet sich die Methode für die Beurteilung der Nachhaltigkeit einer bestimmten Fiskalpolitik sowie deren intergenerativen Verteilungswirkungen. Eine Politik kann als nachhaltig bezeichnet werden, wenn sie „bis in alle Ewigkeit" verfolgt werden kann, ohne die intertemporale Budgetrestriktion des Staates zu verletzen. Mit anderen Worten reichen die Nettosteuerzahlungen aller heute lebenden und zukünftigen Generationen aus, um die heute bestehende Staatsschuld zu tilgen. Ist dies nicht der Fall, besteht eine so genannte Nachhaltigkeitslücke, die als Differenz zwischen dem Barwert aller zukünftigen Staatseinnahmen und -ausgaben berechnet wird. Diese tatsächliche Staatsverschuldung setzt sich zusammen aus der explizit ausgewiesenen Staatsverschuldung (wie sie etwa dem Maastrichter Defizitkriterium zu Grunde liegt) und der impliziten Staatsverschuldung, die alle schwebenden Ansprüche an den Staat erfasst, wie sie im Wesentlichen in den umlagefinanzierten Sozialversicherungen bestehen.

Die Ergebnisse der aktuellen Generationenbilanz Deutschlands zeigen, dass die staatlichen Haushalte und Parafiski insgesamt auf keiner nachhaltigen Basis stehen. Die explizite Staatsschuld betrug 2003 61,9 Prozent des Bruttoinlandsprodukts (BIP). Die implizite Staatsschuld des Basisjahres 2003 beläuft sich bei einem unterstellten Zins von 3 Prozent und einem Wachstum von 1,5 Prozent auf 135,7 Prozent des BIP. Damit beträgt die Nachhaltigkeitslücke bzw. die tatsächliche Staatsschuld knapp zwei Bruttoinlandsprodukte. Um diese Nachhaltigkeitslücke zu schließen müssten alle nach 2003 geborenen Individuen über Ihren Lebenszyklus Nettosteuerzahlungen in Höhe von gut 40.000 Euro im Barwert leisten, während die im Basisjahr 2003 geborene Generation bei gegebener Gesetzeslage in etwa den selben Betrag als Nettotransfer über Ihren Lebenszyklus vom Staat erhält. Diese Mehrbelastung von gut 80.000 Euro zeigt, dass die gegenwärtige Politik nicht als generationengerecht bezeichnet werden kann.

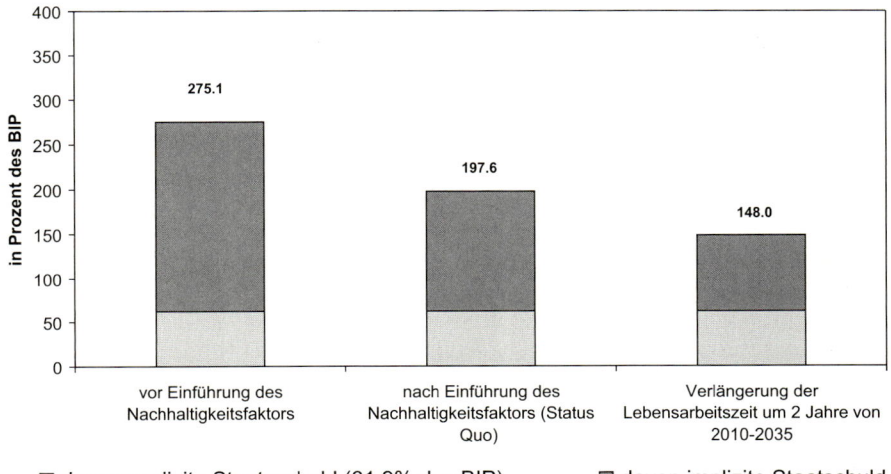

Abbildung 1: Nachhaltigkeitslücken vor und nach Einführung des Nachhaltigkeitsfaktors (Status quo) und bei Verlängerung der Lebensarbeitszeit um 2 Jahre
Basisjahr 2003, $r = 3\%$, $g = 1,5\%$

Betrachtet man die Konsequenzen einer Fortführung dieser Politik für die Beitragssätze in den Subsystemen GRV, GKV und GPV, wird die dramatische Lage anschaulich. So drohen in der GKV in 30 Jahren durchschnittliche Beitragssätze von über 18 Prozent. Aufgrund der ausgabensteigernden Wirkungen des medizinisch-technischen Fortschritts sind jedoch Beitragssätze von über 26 Prozent weitaus wahrscheinlicher. In der GPV werden sich unter der gegenwärtigen Gesetzeslage die Beitragssätze von heute 1,7 Prozent auf über 2,6 Prozent (mit Kostendruck gar auf 3,4 Prozent) nach 2030 erhöhen. Ähnlich stellt sich die Situation in der gesetzlichen Rentenversicherung dar. Würde die jetzige Gesetzeslage im Bereich der GRV beibehalten, so ergäben sich für die Zeit nach 2030 Beitragssätze von über 25 Prozent, gegenüber heute 19,5 Prozent. Ohne den 2005 eingeführten Nachhaltigkeitsfaktor hätten gar Beitragssätze über 30 Prozent gedroht.

3. Tut ein neuer Generationenvertrag Not?

Eine nachhaltige Konsolidierung der sozialen Sicherungssysteme kann nur erfolgreich sein, wenn sowohl die Einnahmen- als auch die Ausgabenseite reformiert werden. Berechnungen im Zusammenhang mit den im Gesundheitsbereich diskutierten Lösungen der „Bürgerversicherung" bzw. der „solidarischen Gesundheitsprämie" zeigen jedoch, dass nicht allzu große Hoffnungen auf die Einnahmenseite gelegt werden sollten. Vielmehr sind unpopuläre Veränderungen auf der Ausgabenseite das Gebot der Stunde. Denn nur auf diese Weise kann eine nachhaltige Konsolidierung der sozialen Sicherungssysteme ohne weitere Belastungen für den Arbeitsmarkt erfolgen. Die Konsequenz dessen jedoch ist, dass das solidarisch finanzierte Leistungsniveau zwangsläufig abgesenkt werden muss.

Im Folgenden wird im Kontext der GRV argumentiert, weil hier die These von der Notwendigkeit eines neuen Generationenvertrags am einfachsten verdeutlicht werden kann. Mit der Absenkung des Leistungsniveaus durch die modifizierte Bruttolohnanpassung im Rahmen des Altersvermögensergänzungsgesetzes wurde bereits im Jahr 2001 das Tor für eine langfristig deutliche Absenkung des Rentenniveaus aufgestoßen. Im Jahr 2004 erfolgte u.a. mit Einführung des so genannten Nachhaltigkeitsfaktors eine weitere Rentenkürzung, die durch verschiedene akute „Notmaßnahmen" ergänzt wurde. Die genannten Maßnahmen haben die Nachhaltigkeit des (Sub-)Systems GRV klar verbessert (vgl. Abbildung 1). Dennoch werden weitere Maßnahmen – wie die von der Kommission „Nachhaltigkeit in der Finanzierung der Sozialen Sicherungssysteme" empfohlene, jedoch bislang vom Gesetzgeber nicht umgesetzte Anhebung der Regelaltersgrenze auf 67 Jahre – folgen müssen, um die Sozialsysteme auf eine nachhaltige Basis zu stellen (vgl. Abbildung 1).

Für die privaten Haushalte entstehen aufgrund der genannten Reformen Versorgungslücken, die im Gleichschritt mit der demografischen Problematik zunehmen werden. Die Nettorente eines Eckrentners sinkt gegenüber dem heutigen Niveau durch die drei bereits beschlossenen Reformen um über 16 (9) Prozent bis zum Jahr 2040 (2020). Damit der Lebensstandard im Alter künftig nicht deutlich absinkt, muss also entsprechende individuelle Kapitalbildung außerhalb des solidarischen Umlagesystems erfolgen. Dies veranlasste den Gesetzgeber im Jahr 2001 zur Verabschiedung des Altersvermögensgesetzes (AVmG) bzw. des Altersvorsorgeverträge-Zertifizierungsgesetzes (AltZertG).

Diese gesetzgeberische Maßnahme zur Stärkung der ersetzenden bzw. ergänzenden privaten Vorsorge ist generell zu begrüßen. Bei genauerer Betrachtung genügt dies jedoch nicht, um Generationengerechtigkeit langfristig sicher zu stellen. Denn diejenigen, die für sich privat vorsorgen sollen und müssen, sind gleichzeitig auch jene, die durch Ihre Beiträge die (gesetzlichen) Renten von heute finanzieren und zudem die (gesetzlichen) Renten von morgen sicherstellen sollen, indem sie Kinder großziehen. Diese Dreifachbelastung entspricht nicht dem ursprünglichen Gedanken des Generationenvertrags, eine der Belastungen ist zuviel. Einen gangbaren Ausweg, der eine gewisse Generationengerechtigkeit wieder herstellt, beinhaltet umlagefinanzierte sowie kapitalgedeckte Elemente der Altersvorsorge – und trägt so auch dazu bei, Risiken zu diversifizieren. Der umlagefinanzierte Teil ist dabei als gesetzliche Grundrente ausgestaltet, die ein Niveau haben muss, das auch bei ungünstiger demografischer Entwicklung finanzierbar bleibt, ohne den Arbeitsmarkt und den Einzelnen zu sehr zu belasten. Mit einem solchen gesetzlichen Grundrentenniveau ist im Vergleich zu einem System fester Beitragssätze und entsprechend der Demografie schwankender Rentenniveaus, Transparenz gegeben: Jeder Bürger weiß, wie viel er vom Staat erwarten kann. Die private Ersparnis muss dann entsprechend dem gewünschten Lebensstandard im Alter angepasst werden. Auch die GKV und die GPV können in entsprechender Weise zukunftsfähig gemacht werden: Ein gesetzlich garantiertes Grundleistungsniveau, das durch entsprechende private Vorsorgemaßnahmen ergänzt werden kann. Durch einen derart ausgestalteten „neuen" Generationenvertrag könnten Solidarität, Generationengerechtigkeit und individuelle Freiheit bzw. Selbstverantwortung in ein ausgewogenes Verhältnis gebracht werden.

Die zweite Schaffung der Republik: Freiheit und Eigentum

Wolfgang Schäuble

I.

„Kein Kaiser kann, was unser ist, verschenken", heißt es in *Schillers* Wilhelm Tell. Nicht nur die freiheitsliebenden Schweizer haben ein sicheres Gespür dafür, wie wichtig es für Menschen sein kann, etwas ihr Eigen zu nennen. Eigentum erwerben zu können, ist seit jeher Ausdruck der Freiheit des Menschen. Und doch wurde noch 200 Jahre nach der Proklamation des Eigentums als Menschenrecht eben dieses Menschenrecht im Herzen Europas in Frage gestellt: Kein Kaiser, sondern ein Arbeiter- und Bauernstaat maßte sich das Recht an, mit dem Eigentum seiner Bürger nach Gutdünken zu verfahren.

Für uns heute, anderthalb Jahrzehnte nach der Wiedervereinigung, erscheint das Recht auf Eigentum, welches in Art. 14 unseres Grundgesetzes geschützt wird, selbstverständlich. Für die Kultur des Eigentums waren die Jahre 1989 und 1990 jedoch Meilensteine. Den meisten derer, die seinerzeit über die Deutsche Einheit verhandelten, war klar, daß die Eigentumsfrage eine der zentralen Erfolgsbedingungen für das Zusammenwachsen der beiden deutschen Staaten und das Zusammenleben ihrer Bürgerinnen und Bürger sein würde.

II.

Die damalige Bundesregierung war von Anfang an bestrebt, die Rechts-, Wirtschafts- und Sozialordnung der Bundesrepublik auf das Gebiet der Deutschen Demokratischen Republik zu übertragen – wie es dann ja auch im Einigungsvertrag geschehen ist. Dieses Ziel ist aus der Perspektive des Jahres 2006 nahe liegend, doch zu Beginn des Jahres 1990 war der Gedanke kühn. Denn die Sowjetunion wollte bei der Annäherung der beiden deutschen Staaten und der sich – vor allem nach dem Ausgang der freien Wahlen in der DDR am 18. März 1990 – abzeichnenden Wiedervereinigung keine politische Gestaltungskraft einbüßen und erst recht jeden außenpolitischen Gesichtsverlust vermeiden.

Bei der Vereinheitlichung der Rechtsordnungen gehörten die Eigentums- und Vermögensregelungen von Anfang an zu den schwierigsten Fragen. Sie boten nicht nur bei den Verhandlungen mit der DDR, sondern auch innerhalb der eigenen Reihen erhebliches Konfliktpotenzial. Die kollektive Planwirtschaft der DDR und die auf dem Primat des Privateigentums beruhende Wirtschaftsverfassung der Bundesrepublik waren schlicht unvereinbar. Das Recht auf Eigentum konnte dabei niemals zur Disposition stehen: Eigentum als Garant der Privatautonomie und der bürgerlichen Eigenständigkeit – diese auf *Locke* und bereits auf *Aristoteles* zurückgehenden rechtsphilosophischen Wesensmerkmale westlicher, freiheitlicher Rechtsordnungen waren schon 1949 bei der Schaffung des Grundgesetzes bestimmend und mussten in jedem Fall auch 1990 zur Geltung gelangen.

Bei allen Kontroversen war dieses Ziel im Grundsatz auch unumstritten. Selbst die Regierung *Modrow* hatte ihre Anstrengungen weniger auf den Erhalt sozialistischer Eigentumsideale gerichtet als auf die Zuteilung durchaus „besitzindividualistischer" Eigentumstitel an systemnahe Personen. Die berüchtigten *Modrow*-Verkäufe von Filetgrundstücken zum Schleuderpreis an Funktionäre beschäftigten dann aus gutem Grund nicht nur Journalisten, sondern auch die Gerichte.

Weithin unumstritten war auch, dass das individuelle Eigentum an Produktionsmitteln Grundlage der Wirtschafts- und Sozialordnung sein soll. Mit dem Staatsvertrag über die Währungs-, Wirtschafts- und Sozialunion vom 18. Mai 1990 hat die Soziale Marktwirtschaft erstmals auch begrifflich Eingang in ein staatsrechtliches Dokument der Bundesrepublik Deutschland gefunden. Indem die Soziale Marktwirtschaft „Grundlage für die weitere wirtschaftliche und gesellschaftliche Entwicklung mit sozialem Ausgleich" sein sollte, wurde zugleich das Privateigentum an Produktionsmitteln verankert – ebenso das Ziel der Überführung von Staatseigentum in Privateigentum „soweit wie möglich".

Heftig umstritten war jedoch der Eigentumsschutz in den besonderen Bedingungen einer Umbruchssituation. Während man sich über die Eigentumsfreiheit früh einig war, so enthält doch der Staatsvertrag ungeachtet seiner marktwirtschaftlichen und bürgerlich-freiheitlichen Ausrichtung keine Aussagen zum Eigentumsschutz. Warum? Eigentum ist einerseits Institution und Idee. Eigentum lebt von seiner Respektierung und seinem Schutz. Anderseits zielt Eigentum auch auf den Schutz des Bestehenden, des Erworbenen – häufig unabhängig davon, ob es „wohl"-erworben ist. In der besonderen Situation der Wiedervereinigung trat eine weitere Komponente hinzu: In einer freiheitlichen Gesellschaft muss Eigentum schließlich auch gelebte Wirklichkeit und soziale Realität sein. Und eben diese unterschied sich in Ost und West ganz wesentlich. Mit dieser Tatsache rechtlich umzugehen, war eine der besonderen Herausforderungen, denen sich Gesetzgeber und Politik im wiederzuvereinigenden und schließlich wiedervereinigten Deutschland stellen mussten.

Auf der einen Seite stand das Vertrauen der Bürger in das Institut des Eigentums auf dem Spiel: Eine Nichtrückgabe des durch Enteignung entzogenen Eigentums – und damit die Übernahme des im Unrecht gebildeten Eigentums – wäre für das Vertrauen in die Beständigkeit und Garantie des Eigentums fatal gewesen. Die ethische Grundierung der Eigentumsidee sprach daher für eine weitestgehende Restitution von Vermögensverschiebungen seit 1933. Auf der anderen Seite hatten viele Menschen in der DDR ungeheuer viel in die von ihnen genutzten Grundstücke investiert – im Vertrauen auf den Bestand gegenwärtiger Eigentums- und Nutzungsrechte. Zwischen den konkurrierenden Interessen und dem zugleich bei Alteigentümern wie Erwerbern vorhandenen Vertrauen musste ein möglichst schonender Ausgleich gefunden werden – auch wenn es nicht immer eine für alle Beteiligten befriedigende Lösung geben konnte.

Auch andere mittel- und osteuropäische Reformstaaten standen vor der Frage, wie die Sicherstellung von Kontinuität und die nach Restitution streitende Gerechtigkeit zum Ausgleich gebracht werden könnten. Dennoch wies die Situation in Deutschland eine Besonderheit auf: Im Rückblick erscheint die Vereinheitlichung der Rechtsordnungen der beiden deutschen Staaten durch den Einheitsvertrag und dessen Philosophie des Beitritts der DDR zur Rechtsordnung der Bundesrepublik als selbstverständlich – und das gerade auch im Bereich des Privateigentums. Dieser Weg ermöglichte die friedliche Vereinigung der beiden deutschen Staaten. Was sich aus heutiger Sicht aber eher harmlos und natürlich anhört, war in der Situation des Jahres 1990 politisch höchst brisant: Die große Mehrheit der Bürgerinnen und Bürger der DDR wollte die Einheit, war sich aber eben auch unsicher darüber, wie sich diese Einheit auf ihr Leben und ihre persönliche Zukunft auswirken würde. Und manche in der Bundesrepublik zu vernehmenden Rufe nach „Übernahme" machten die Situation nicht einfacher.

Wer soziale Spannungen zwischen den Bürgern der beiden deutschen Staaten vermeiden und ein tragfähiges Fundament für das zukünftige Zusammenleben bauen wollte, musste diese besondere psychologische und soziale Situation gerade auch in die Überlegungen zur Eigentumsfrage mit einbeziehen.

III.

Eine besondere Situation bestand auch im Hinblick auf die rechtswidrigen Enteignungen, die in der sowjetischen Besatzungszone vor Gründung der DDR verfügt worden waren. Für die Bodenreform der Jahre 1945 bis 1949 war allein die Sowjetunion verantwortlich. Das war sicherlich die Triebfeder des sowjetischen Widerstands, sie zum Gegenstand der deutsch-deutschen Verhandlungen werden zu lassen. Aber nicht nur die Sowjetunion, sondern auch die Regierung der DDR vertrat unmissverständlich die Haltung, dass die Festschreibung der Ergebnisse der Bodenreform Voraussetzung für die Deutsche Einheit sei. Für eine Rückabwicklung der damaligen Vermögensverschiebungen gab es in der DDR keine Mehrheit. Die Bundesregierung und die Verhandlungsführer – mich eingeschlossen – standen somit vor dem Problem, dass eine ungenügende Berücksichtigung der Emotionen und Befürchtungen der Bürgerinnen und Bürger der DDR das Risiko einer Entscheidung gegen die Einheit erhöhen könnten.

Die vom Bundesjustizministerium geführten Verhandlungen über die Gemeinsame Erklärung beider deutschen Regierungen zur Regelung offener Vermögensfragen vom 15. Juni 1990 legten fest, dass die besatzungshoheitlichen Enteignungen zwischen 1945 und 1949 nicht mehr rückgängig zu machen sind. Diese gemeinsame Erklärung ist später in den Einigungsvertrag übernommen worden. Dabei war wesentlich, dass es für eine andere Regelung in der frei gewählten Volkskammer der damaligen DDR auch nicht im Entferntesten eine Mehrheit gegeben hätte. Wer also eine einvernehmliche Regelung über die Grundlagen der Herstellung der staatlichen Einheit Deutschlands wollte, musste akzeptieren, dass ein Rückgängigmachen der Bodenreform nicht verhandelbar war. Die Durchsetzung der Rückgabe notfalls auch um den Preis der Wiedervereinigung zu fordern, hätte aber bedeutet, das Recht auf Eigentum über das Recht auf Freiheit zu stellen.

In der Geschichte haben sich auch die tragischsten Folgen gewaltsamer Veränderungen niemals vollständig rückgängig machen lassen. Das wusste man schon beim Westfälischen Frieden und auch beim Wiener Kongress. Letzten Endes bleibt immer nur die Hoffnung, aus der Geschichte zu lernen und auf dieser Grundlage eine bessere Zukunft zu bauen. Und auch das entspricht geschichtlicher Erfahrung: die Hartnäckigkeit, mit der Erben Vermögensopfer ihrer Vorfahren rückgängig machen wollen, steht manchmal in einem Widerspruch zu den nicht rückgängig zu machenden Opfern an Leib und Leben, die Gewalt und Diktatur in der Geschichte allzu oft gefordert haben.

Was den Ost-West-Bezug dieser Debatte anbelangt, fällt auf, wie wenig Verständnis im Westen dafür herrschte, dass sich die in der DDR verbliebenen Menschen – 40 Jahre nach der Bodenreform – beim Fall der Mauer als die eigentlich Benachteiligten durch das deutsche Schicksal empfunden haben – und somit kein Verständnis dafür hatten, dass mit dem Fall der Mauer nun zuerst und vor allem das Unrecht derjenigen rückgängig gemacht werden sollte, die frühzeitig in den Westen vertrieben wurden, in 40 Jahren aber nach der Meinung der anderen bessere Lebensmöglichkeiten in Freiheit hatten als die in der DDR Eingesperrten.

In jedem Fall aber wäre eine Rückabwicklung der sowjetischen Enteignungen von den Bürgern der DDR mehrheitlich nicht mitgetragen worden. Es war wie mit dem Spatz in der Hand und der Taube auf dem Dach. Die bundesdeutsche Regierung entschied sich schließlich, die einmalige Chance für ein wiedervereinigtes Deutschland nicht um den Preis der Restitution der sowjetischen Bodenreform zu gefährden. Politik hat manchmal schwere und harte Entscheidungen zu treffen. Die zweite Gründung der Republik durch die Wiedervereinigung aller Deutschen in Freiheit war mit harten Entscheidungen verbunden. Sie waren allesamt richtig.

IV.

Das Bundesverfassungsgericht hat den Ausschluss der Restitution später für verfassungsgemäß erklärt und damit die Entscheidung der Bundesregierung für die Freiheit aller Deutschen bestätigt.

Für Grundvermögen, das nach 1949 enteignet worden war, galt jedoch der Grundsatz weitgehender Restitution, aber auch des sozialverträglichen Ausgleichs mit konkurrierenden Nutzungsrechten. Den Ausgleich mit Bestandsschutzinteressen aktueller Eigentümer lösten die Restitutionsausschlussgründe, die den Erwerb einer Redlichkeitsprüfung unterzogen. Damit wurde dem Restitutionsprinzip deutlich Vorrang eingeräumt. Noch weiter ging der Vorrang bei der Unternehmensrestitution, bei der auf eine einzelfallbezogene Prüfung, ob Teilungsunrecht vorlag, in bestimmten Fällen ganz verzichtet wurde. Besonders die ungeklärten Vermögensfragen galten als wesentliches Hindernis für den wirtschaftlichen Aufbau im Beitrittsgebiet. Eine Lehre, die wir aus jener turbulenten Zeit des Umbruchs ziehen können, ist die hohe Bedeutung effizienter Verwaltungsstrukturen für die Durchsetzung des Rechts.

In den Kontext einer Kultur des Eigentums gehören auch die gezielten Vermögensverschiebungen, zu denen es bei den DDR-Massenorganisationen und der SED bis zur Wiedervereinigung kam. Der Einigungsvertrag hat eine unabhängige Kommission geschaffen, um solche Verschiebungen bis ins Ausland aufzuspüren.

Eigentum hat immer auch einen wirtschaftspolitischen Aspekt. Die Privatisierung der staatseigenen DDR-Wirtschaft ist gelungen in dem Rahmen, den die wirtschaftliche Ausgangslage zuließ. Das im Einigungsvertrag vorgesehene Programm der Privatisierung mit der Beteiligung der Bürger am Produktivvermögen ist niemals Wirklichkeit geworden allein deshalb, weil das volkseigene Vermögen sich nicht als Vermögen, sondern als Schuldenberg herausstellte, der den Bundeshaushalt und künftige Generationen noch lange belasten wird.

Auf einem wichtigen Feld der Eigentumskultur, dem Eigentum an den eigenen vier Wänden, bleibt allerdings auch in den neuen Ländern nach wie vor viel zu tun. Denn die Bemühungen der Bundesregierung, den Mietern zum Eigentum an ihren Wohnungen zu verhelfen, waren nicht so erfolgreich wie erhofft. Statt klarer gesetzlicher Vorgaben wurde diese Aufgabe den meist kommunalen Wohnungsgesellschaften überlassen. Zum Eigentum an den Wohnungen hat dies nur in wenigen Fällen geführt, auch wenn die Bundesregierung früh Anreize geschaffen hat.

Bedenkt man jedoch, dass wir uns 1990 unvorbereitet in einer historisch einmaligen Situation befanden, für die es keine Blaupause in irgendeiner Schublade gab, so hat sich – gerade auch aus heutiger Sicht – das damals notwendigerweise sehr schnell und mit mutigen Schritten entwickelte Konzept der Eigentumsüberleitung insgesamt gut bewährt.

V.

Was bleibt mit Blick auf die Erfahrungen der letzten 50 und der letzten 15 Jahre unserer Geschichte? Das Recht auf Eigentum ist Menschenrecht, ist unentbehrlicher Teil unserer Freiheitsordnung, und dennoch ist dieses Recht immer wieder in Frage gestellt worden. Eigentum und der Umgang mit Eigentum führen oftmals auch zu Konflikten, die aber lösbar sind und immer wieder neu gelöst werden müssen – und zwar mit den Instrumenten des freiheitlichen Rechtsstaats. Eigentum und Freiheit bedingen einander.

Eigentum ist nicht nur Ausdruck von Freiheit, es ist immer auch Verpflichtung. Es will errungen und geschützt werden. Wer mit *Schiller* anfängt, ist gut beraten, mit *Goethe* zu enden: „Was Du ererbt von Deinen Vätern, erwirb es, um es zu besitzen.“

Kultur des Eigentums

Oscar Schneider

Alle Kultur ist auf den Menschen bezogen, auch das Eigentum muss als anthropologische Errungenschaft verstanden werden. Tiere sind außerstande, Kulturleistungen hervorzubringen, wenn sie auch wie die Bienenwabe oder das Seidenkokon durchaus imstande sind, Produkte zu schaffen, die unser Auge bewundert und unser Verstand vor erhebliche Erkenntnisprobleme stellt. Das Eigentum, das Privateigentum an Immobilien und beweglichen Gegenständen gehört zu den fundamentalen Grundentscheidungen unserer Verfassungsordnung. Schon die Paulskirchenverfassung von 1849 sah die politische Mündigkeit des Staatsbürgers, seine politische Freiheit und rechtsstaatliche Sicherheit mit der Eigentumsgarantie in einem untrennbaren Zusammenhang. Die erste deutsche Republik schützt in Art. 153 (WV) das Eigentum. Das Grundgesetz vom 23. Mai 1949 nimmt diese deutsche Rechtstradition wieder auf. Art. 14 GG gewährleistet das Eigentum und das Erbrecht. Es kodifiziert zugleich die Sozialpflichtigkeit des Eigentums und die Möglichkeit einer Enteignung. Der Eigentümer hat Anspruch auf eine Entschädigung unter gerechter Abwägung der Interessen der Allgemeinheit und seiner eigenen. Wegen der Höhe der Entschädigung steht im Streitfalle der Rechtsweg vor den ordentlichen Gerichten offen. Das Strafrecht schützt das Eigentum. Die Eigentumsfreiheit zählt zu den Grundrechten und damit zu den historischen, ethischen und moralischen Grundprinzipien unseres freiheitlich demokratischen Rechtsstaates. Eigentumskultur ist Rechtskultur, auf ihr beruht unsere Gesellschafts-, Wirtschafts- und Sozialordnung. Die Brockhaus-Enzyklopädie aus 1968 sieht im „Eigentum, die umfassende Besitz-, Verfügungs- und Nutzungsmacht über Gebäude, Grund und Boden (unbewegliche Sachen) und sonstige Habe (bewegliche Sachen, Recht u.a.)“. Die Kultur des Eigentums ist so alt wie die historisch nachweisbare Menschheit. Der Dekalog schützt das Eigentum: Diebstahl ist Sünde. Nach dem Römischen Recht dulden Liebe und Eigentum keinen Teilhaber (amor et dominium non partiuntur socium). Die Römer sahen im Eigentümer den besseren Schützer und Bewahrer einer Sache. Sie nahmen an, „dass der Eigentümer sorgfältiger mit seiner Sache umgeht als ein Verwalter". – Diligentior praesumitur in re sua dominus quam procurator.

Eigentum verpflichtet, zwingt zur Selbstverantwortung. Diesen Rechtsgedanken finden wir schon bei den Römern und im BGB (§ 903): „Suae quisque rei moderator et arbiter – seine Sache lenkt und richtet jeder selbst." Die Kultur des Eigentums ist somit eine Kultur der selbstverantwortlichen Freiheit.

Das Eigentum schafft klare Rechtslagen. – Dominium non potest esse in pendenti.

Wie das Bürgerliche Gesetzbuch aus dem Jahre 1900 unterschied schon das Römische Recht zwischen Eigentum und Besitz. – Nihil commune habet proprietas cum possessione. Das Eigentum hat mit dem Besitz nichts gemein. Im Recht werden Eigentum und Besitz streng getrennt. Der Schutz des Eigentums gehörte im Imperium Romanum zu den höchsten Rechtspflichten der Staatsgewalt. – Nihil tam proprium imperii est ut legibus vivere.

Die römische Kultur und Urbanität ist auf der Grundlage der römisch rechtlichen Eigentumsordnung erwachsen. Viele Grundsätze des Römischen Rechts sind in die Grundstrukturen des Bürgerlichen Gesetzbuches eingegangen. Aus den Werken der großen Dichter Roms können wir erkennen, wie sehr die Eigentumsordnung mit dem römischen Bürgerrecht verknüpft war. *Cicero* und viele seiner Zeitgenossen besaßen Landgüter. Die Wohnkultur der höheren Schichten der Stadt erreichte einen kaum steigerbaren Komfort, eine nicht zu übertreffende Kultur des Lebensstils. Es bestand eine rechtliche, wirtschaftliche und geistige Symbiose der Eigentumskultur mit allen spirituellen Formen der römischen Lebenswelt. *Horaz*, dem *Maecenas* ein Landgut schenkte, jubelte. Er hatte in seinen Gebeten dieses Eigentum erfleht: „Hoc erat in votis: modus agri non ita magnus … – Das war in meinen Gebeten: ein Stück Land, nicht so sehr groß …"

Wie *Horaz* jubelte um 1220 *Walther von der Vogelweide*, als ihm Kaiser *Friedrich II.* ein Lehen schenkte: „Ich hân mîn lêhen. – Ich hab' mein Lehen, alle Welt, ich hab' mein Lehen! Nun fürchte ich nicht mehr den Februar an den Zehen Und werde alle schlechten Herren um nichts mehr bitten." Der Minnesänger lobt den edlen König, den mildtätigen König, der für ihn gesorgt habe, dass er im Sommer kühle Luft und „im Winter Wärme habe". Jetzt sei er bei seinen Nachbarn viel geschätzter: sie sähen ihn nicht mehr als Schreckgespenst an, wie sie es einst taten. Zu lange sei er ohne seine Schuld arm gewesen. Das Eigentum an einem Haus oder Grundstück verschafft ihm einen höheren gesellschaftlichen Rang, verleiht ihm Ebenbürtigkeit. Der Dichter, der sich seines geistigen Ranges durchaus bewusst war – mit *Dürer* zu vergleichen! – braucht nicht mehr zu betteln, nicht mehr an Herbergen anzuklopfen. Der Minnesänger hat es als Schande, als Kulturschande betrachtet, dass er durch seine unbehauste Existenz zum Gespött der Behausten geworden war. Das Eigentum, das eigene Dach gibt ihm Sicherheit, Freiheit und gewiss auch schöpferische Kraft für seine Kunst.

Friedrich Hölderlin hat in seiner Ode „Mein Eigentum" uns ein Wunder in deutscher Sprache geschenkt. Nie zuvor und nach ihm hat ein Dichter das Eigentum auf eine höhere Ebene der geistigen Deutung und spirituellen Erfahrung gehoben wie der Dichter des Hyperion: „Beglückt, wer, ruhig liebend ein frommes Weib, am eigenen Herd in rühmlicher Heimat lebt, es leuchtet über festem Boden schöner dem sicheren Mann sein Himmel." Dem Lyriker *Hölderlin* ist das Eigentum ein irdisches Asyl für himmlische Gedanken. Er bittet die Himmelskräfte, jedem sein Eigentum zu segnen, auch seines, und hofft, „dass zu frühe die Parce den Traum nicht ende".

Doch an der Kultur des Eigentums scheiden sich die Geister, die sozialistischen Revolutionäre und die blinden Weltverbesserer. *Jean-Jacques Rousseau* führt in der Antwort auf die zweite Preisfrage „Welche Ursache hat die Ungleichheit der Menschen und ist sie in der Natur begründet?" aus: „Der erste, der ein Stück Land einzäunte und sich vermaß zu sagen: Das gehört mir, und Leute fand, die einfältig genug waren, es zu glauben, war der wahre Gründer der bürgerlichen Gesellschaft. Wie viele Verbrechen, wie viele Kriege, wie viele Entbehrungen und Schrecken wären der Menschheit erspart geblieben, wenn einer die Grenzpfähle ausgerissen, die Gräben verschüttet und seinen Mitmenschen zugerufen hätte: hütet euch, diesen Betrüger anzuhören; ihr seid verloren, wenn ihr vergesst, dass die Frucht allen und das Land niemandem gehört!" *Jean-Jacques Rousseau* hat den Verführern zu einer falschen Freiheit und den Vermassungsideologien des 20. Jahrhunderts die Stichworte geliefert. Sein Denken lief auf die Veränderung der menschlichen Natur hinaus. Er lehrte: Wer die Unternehmung wagt, ein Volk zu begründen, „muss jedes Individuum, das in sich selber ein vollkommenes und einsames Ganzes ist, zum Teil eines größeren Ganzen verwandeln, aus dem dieses Individuum sozusagen sein Leben und sein Sein beziehen soll". Erst wenn jeder Bürger nichts mehr ist und nicht mehr hat als gemeinsam mit allen anderen, befindet sich die Gesetzgebung auf dem höchsten Grad ihrer Vollkommenheit. Für den kollektivierten Menschen, der dem Volkswillen seine Freiheit opfern muss, hat Eigentum als Bedingung menschlicher Freiheit seinen Sinn und Wert verloren.

Hegel und *Marx* verdienen eine besondere Skizze. Für *Hegel* war das Eigentum ein Element seiner panlogistischen Freiheitsphilosophie. Für *Karl Marx* war das Eigentum die historische Ursache für die Entfremdung und Unterdrückung des Menschen.

Hegel unterschied nicht mehr zwischen dem Seienden und dem Sein, nicht mehr zwischen Schöpfer und Geschöpf: „Wenn das göttliche Wesen nicht das Wesen von Mensch und Natur wäre, so wäre es eben ein Wesen, das nichts wäre." Diese These bedeutet eine Umkehrung eines Gedankens, der die Antike und das Mittelalter beherrschte. *Hegel* gerät allzu sehr in die Nähe des Pantheismus. Der Staat ist für *Hegel* die „selbstbewusste sittliche Substanz", „die Wirklichkeit der sittlichen Idee" und „die Wirklichkeit des substanziellen Willens … das an und für sich Vernünftige". Die höchste Pflicht des Einzelnen ist es, „Mitglied des Staates zu sein" (Rechtsphilosophie, § 258). Der Staat ist die sich als Wille verwirklichende Vernunft. *Hegels* Apotheose des Staates hat nicht wenig beigetragen zur Steigerung des Glaubens an die Staatsallmacht und zur Minderung der Zivilcourage und des

Freiheitsbewusstseins. Nach *Hegel* bringt erst der Staat „jene vollkommene organische Synthese, wo Recht und Moral, Individuum und Familie und bürgerliche Gesellschaft in einer Einheit so verbunden sind, dass die Einzelpersonen Personen sind und doch aus dem Ganzen heraus lebe, so dass der Gleichklang aller gewahrt ist. Der Staat wird von *Hegel* ganz konkret verstanden. Er sieht in ihm sogar eine lebendige Person. Sein Geist, der Volksgeist, soll für jeden Einzelnen etwa das sein, was die Seele für den Leib ist. Im Volksgeist offenbart sich der objektive Geist. Durch die besonderen Geister hindurch steigt dann der objektive Geist zur Weltgeschichte empor und wird zum allgemeinen „Weltgeist", dessen Recht das höchste Recht überhaupt ist".

Hegel untersucht die Eigentumsfrage in seinen „Grundlinien der Philosophie des Rechts". Wie immer, so spricht auch *Hegel* in diesem Zusammenhang von einer hohen Warte aus. Mittels seiner dialektischen Trias des Seins und Nichtseins und Werdens glaubt er die Biographie des universalen Subjekts, Gottes, zu erzählen. So nimmt er auch das geistige Eigentum in seine Betrachtungen auf. Kunst und Wissenschaft sind dem freien Geiste eigen; der Geist hat ihnen ein Äußerliches gegeben. Das geistige Eigentum (Urheberrecht), die Anwendung der Bestimmungen von Sachen auf geistigen Eigentümer „werden erst durch die Vermittlung des Geistes, der sein Inneres zur Unmittelbarkeit und Äußerlichkeit herabsetzt" anwendbar. Die wahrhafte Stellung des Eigentums im Allgemeinen ist nach *Hegel* vom Standpunkt der Freiheit her zu ermitteln. Das Eigentum ist „das erste Dasein derselben (der Freiheit) wesentlicher Zweck für sich". Nach *Hegel* ist das Denken des Menschen, wo es Wahrheit ist und das Sein selbst betrifft, das Denken des Weltgeistes selbst, der die Dinge, indem er sie denkt, erschafft, weshalb denn Wahrheit und Sein zusammenfallen. In seinem absoluten Idealismus schreibt er: „Sich zueignen heißt im Grunde somit nur, die Hoheit meines Willens gegen die Sache manifestieren und aufweisen, dass diese nicht an und für sich, nicht Selbstzweck ist. Diese Manifestation geschieht dadurch, dass ich in die Sache einen anderen Zweck lege, als sie unmittelbar hatte; ich gebe dem Lebendigen als meinem Eigentum eine andere Seele, als es hatte; ich gebe ihm meine Seele. Der freie Wille ist somit der Idealismus, der die Dinge nicht wie sie sind, für an und für sich hält, während der Realismus dieselben für absolut erklärt, wenn sie sich auch nur in der Form der Endlichkeit befinden" (§ 44 Philosophie des Rechts). *Hegel* vertrat auch die Auffassung, dass elementarische Gegenstände nicht zu Privatbesitz partikularisiert werden können. „Aber die Bestimmungen, die das Privateigentum betreffen, können höhere Sphären des Rechts, einem Gemeinwesen, dem Staate, untergeordnet werden müssen". Als Maßstab dafür kann der „vernünftige Organismus des Staates" hilfreich sein. *Hegel* drückt in seiner philosophischen Diktion einen Gedanken aus, der sich in Art. 14 GG wieder findet: die Eigentumsfreiheit findet in den übergeordneten Gemeinwohlinteressen ihre Begrenzung. *Hegel* kritisiert, dass im platonischen Staat das Privateigentum kein allgemeines Prinzip ist. „Die Vorstellung von einer frommen oder freundschaftlichen und selbsterzwungenen Verbrüderung der Menschen mit Gemeinschaft der Güter und der Verbannung des privateigentümlichen Prinzips kann sich der Gesinnung leicht darbieten, welche die Natur der Freiheit des Geistes und des Rechtes verkennt und sie nicht in ihren bestimmten Momenten erfasst". Der Berliner Staatsphilosoph bringt die Eigentumsfreiheit mit der Natur der Freiheit des Geistes und des Rechtes in Verbindung. In diesem Gedanken ist ihm sein Schüler *Karl Marx* nicht gefolgt.

Nach *Hegel* hat alles seinen Sinn, einfach indem es ist. Die Welt wird zur Ursache Gottes. „Alles Wirkliche ist vernünftig und alles Vernünftige ist wirklich". War für *Kant* die Begrenzung eine Bedingung der Wahrheit, findet sie *Hegel* in der Totalität.

Karl Marx sah in der Aufhebung des Privateigentums „die vollständige Emanzipation aller menschlichen Sinne und Eigenschaften". Er philosophierte über die „Universalität des Geldes" und rief zum Beweis *Goethe* und *Shakespeare* zu Hilfe. „Wenn ich sechs Hengste zahlen kann sind ihre Kräfte nicht die meine? Ich renne zu und bin ein rechter Mann als hätte ich 24 Beine" (Faust I, 1823 ff.). Nach *Marx* hat uns „das Privateigentum so dumm und einseitig gemacht, dass ein Gegenstand erst der unsrige ist, wenn wir ihn haben, er also als Kapital für uns existiert oder von uns unmittelbar besessen, gegessen, getrunken, an unserem Leibe getragen, von uns bewohnt, kurz gebraucht wird".

Marx hat das allgemeine Bedürfnis nach Transparenz bewusst abgelehnt und bekämpft. Die Eigentumsphilosophie kann nur dann in ihrer ontologischen Tiefe ergründet werden, wenn man die Symbiose mit der Freiheitsphilosophie erkennt und im praktischen politischen Leben zur Geltung bringt. Für die Marxisten haben auch Kunstwerke keinen Wert, der sich aus dem Werk von selber ergibt. Sie sehen in Kunstwerken nur Symptome, die enthüllen, wie es um die Gesellschaft bestellt ist, in der sie entstanden sind. Der marxistische Mensch sollte am Ende der Geschichte ein Reich der Freiheit erreichen: ohne Eigentum und ohne Staat! *Lenin* hat in der Sowjetunion das Eigentum abgeschafft und damit den einzelnen Menschen kollektiviert, der Willkür der anonymen Machtapparatur des Staates und der Partei überlassen.

Für *Marx* war der Kommunismus „das aufgelöste Rätsel der Geschichte". Er sah im Privateigentum die menschliche Stelbstentfremdung und seine Beseitigung als die Aneignung des menschlichen Wesens durch und für den Menschen. „Dieser Kommunismus ist die wahrhafte Auflösung des Widerstreitens zwischen dem Menschen mit der Natur und mit dem Menschen, die wahre Auflösung des Streites zwischen Freiheit und Notwendigkeit. Er ist das aufgelöste Rätsel der Geschichte." Obwohl *Karl Max*, ursprünglich ein entschiedener Anhänger von *Hegel*, später sich schroff von diesem abwandte, blieb er doch immer ein Dialektiker. Sein Denken verschwindet freilich oft im metaphysischen Nebel und in der dialektischen Phrasiologie des Hegel'schen Vorbildes. Die Welt muss zuerst zerstört und der Mensch muss zuerst vernichtet werden, bevor der dialektische Umschlag erfolgt, aus dem die Synthese der Geschichte gewonnen wird: die neue Welt und der neue Mensch!

Die geschichtliche Entwicklung hat *Rousseau* und seine große und mächtige Jüngerschar widerlegt. Eigentum ist nicht Diebstahl! Eigentum bedeutet den fruchtbaren Boden für jegliche Kultur, sie bedeutet Sicherheit und Freiheit für den Menschen.

Udo di Fabio hat deshalb zutreffend darauf hingewiesen, dass eine überzogene gesetzliche Sozialpflichtigkeit des Eigentums die Eigentumsbildung selbst gefährdet. „Wer das Eigentum immer stärker durch das Gesetz sozial bindet, lähmt an irgendeinem Punkt die Bereitschaft mit der Eigentumsbildung seine Freiheit so auszuüben, dass sie in Verantwortung erwächst." Die Kultur des Eigentums kann sich nur dann und dort entfalten, wo erkannt wird, dass sie in einem sehr engen und unverzichtbaren Zusammenhang zu den allgemeinen rechtlichen, philosophischen und religiösen Bindungen des Menschen steht. Die Eigentumskultur setzt eine kulturstaatliche Grundverfassung der Gesellschaft voraus. Das geht schon aus der ursprünglichen Bedeutung des Begriffs cultura hervor. Cultura bezieht sich auf die Kultur des Bodens und Gartens, auf das durchfurchte und bestellte Feld des Landmannes. Erst vor dem Kulturhorizont der Geschichte tritt deutlich in Erscheinung, wie durch ein falsches Menschenbild der Freiheitsbezug des Eigentums verkannt und geleugnet werden kann.

Katastrophe und Renaissance der deutschen Eigentumsgesellschaft (1914–2006)

Hans-Peter Schwarz

„Das goldene Zeitalter der Sicherheit"

Als *Stefan Zweig* im Exil und mitten im Zweiten Weltkrieg wehmütig auf das Europa seiner Jugend zurückblickte, nannte er diese versunkene Welt „das goldene Zeitalter der Sicherheit". Es war ein Zeitalter, in dem nicht nur die politische Ordnung fest gefügt schien, sondern auch das, was man als Eigentumsgesellschaft bezeichnen könnte: „Unsere Währung, die österreichische Krone, lief in blanken Goldstücken um und verbürgte damit ihre Unwandelbarkeit ... Wer ein Vermögen besaß, konnte genau errechnen, wie viel an Zinsen es alljährlich zubrachte ... Wer ein Haus besaß, betrachtete es als sichere Heimstatt für Kinder und Enkel, Hof und Geschäft vererbte sich von Geschlecht zu Geschlecht; während ein Säugling noch in der Wiege lag, legte man in der Sparbüchse oder der Sparkasse bereits einen ersten Obolus für den Lebensweg zurecht, eine kleine Reserve für die Zukunft ...".

Stabile Währung, Unantastbarkeit des persönlichen Besitzes in einem Maß, das heute unvorstellbar ist, fester Glaube an die Planbarkeit der kleineren oder größeren Sparanlagen – so stellte sich die aufs Privateigentum gegründete Gesellschaft aus Sicht des privaten Bürgers und des Kleinbürgers dar. In *Stefan Zweigs* Erinnerung wurde auch ein weiterer Aspekt des Privateigentums angesprochen: der Generationszusammenhang. „Die Welt von gestern" kannte noch kein so erstaunliches Wachstum des Einkommens wie es in der zweiten Hälfte des 20. Jahrhunderts einige Jahrzehnte lang selbstverständlich erschien. Somit war das von Generation zu Generation weiter gereichte Erbe von kaum zu überschätzender Bedeutung. Damit verband sich eine weitere grundlegende Tatsache: in der damaligen Eigentumsgesellschaft bildete die Familie ein gleichsam moralisches Wesen. „Die Überlieferung von Blut, Geld, Gefühlen, Geheimnissen und Andenken hielt sie zusammen", hat *Michelle Perrot* formuliert. So gesehen, reichte die Eigentumsgesellschaft weit über die Sphäre der Ökonomie heraus in die der Kultur.

In *Stefan Zweigs* Betrachtungen zur „Welt von Gestern" blieben allerdings die eigentlich dynamischen Faktoren unerwähnt, die der Eigentumsgesellschaft des liberalen Zeitalters ihr einmaliges Gepräge gaben: die industriellen Unternehmer, Bankiers, Kaufleute und Erfinder, die sich selbst als Unternehmer betätigten oder mit Unternehmern zusammengingen. Noch war der innovative Unternehmer die Zentralfigur dieser modernen Eigentumsgesellschaft, doch bereitete sich in der

„Welt von Gestern" bereits die für die Großunternehmer späterer Jahrzehnte typische Trennung von Eigentümern und Managern vor. Entscheidend aber war auch hier: die Unternehmer und Unternehmungen besaßen weitgehend uneingeschränktes Eigentum an den Produktionsmitteln. Sie wirtschafteten in einem nicht völlig, aber doch weitgehend staatsfreien, privatrechtlich geschützten Raum. Sie florierten, so sie am Markt Erfolg hatten, auch dank niedriger Besteuerung der Erträge, und sie profitierten in starkem Maß vom freien Kapitalverkehr. Wenn sich die eingangs erwähnten Familien der bürgerlichen und kleinbürgerlichen Eigentumsgesellschaft damals einer insgesamt bemerkenswerten Sekurität erfreuten, so verdankten sie das der Dynamik des Hochkapitalismus.

Man muss sich diese gesamteuropäische Eigentumsgesellschaft vor den großen Kriegen und Revolutionen wenigstens in den Grundzügen vor Augen führen, um die Katastrophengeschichte des 20. Jahrhundertes zu begreifen. Seit längerem schon ist es üblich, den Ersten Weltkrieg mit *George Kennan* als die „Urkatastrophe" des Jahrhunderts zu bezeichnen. Der Begriff erfasst durchaus Wesentliches, bedarf aber in unserem Zusammenhang der Differenzierung. Was seit dem fatalen August 1914 in den Stürmen des 20. Jahrhunderts vielerorts hoffnungslos versank, war nicht nur das Europa der Zivilität, des Rechtsstaats, der stabilen politischen Institutionen, des globalen Austauschs und der offenen Grenzen. Damit verbunden war die beispiellose Katastrophe der liberalen Eigentumsgesellschaft in Europa. Viele Länder wurden betroffen, nicht zuletzt Deutschland.

Dass das Unglück, mit dem die Deutschen im 20. Jahrhundert selbst geschlagen wurden, eine moralische, politische und militärische Katastrophe war, pfeifen die Spatzen seit dem Jahr 1945 von allen Dächern. Aber noch hat sich der Wirtschaftshistoriker nicht gefunden, der diese tragischen, vielfach auch selbst verursachten Vorgänge als eine einzige große Katastrophe der Eigentumsgesellschaft in umfassender Darstellung und in allen ihren Aspekten vor Augen führen würde.

Der fatale Geschichtsprozess einer Zerstörung der Eigentumsgesellschaft in Deutschland – das ist die eine Seite. Genau so wichtig sind aber die Gegenbewegungen, also alle Versuche, die voller Unverstand zu Grunde gerichtete Eigentumsgesellschaft unter veränderten Bedingungen und in neuen Formen wieder aufzubauen. Die Geschichte der Bundesrepublik ist schon unter vielen Aspekten interpretiert worden. Es wäre an der Zeit, sie auch einmal als Renaissance der ruinierten Eigentumsgesellschaft zusammenfassend zu begreifen. Dies wäre dann die Geschichtsschreibung eines „silbernen Zeitalters" im Westeuropa der zweiten Hälfte des 20. Jahrhunderts, dessen Staatsmänner, Bankiers, Volkswirtschaftsprofessoren und Wirtschaftspublizisten auf neuen Wegen in das verlorene golden Zeitalter zurückstrebten, ohne es doch je zu erreichen.

Die Katastrophe der deutschen Eigentumsgesellschaft: Stationen

Der Zeitraum von 1914 bis 1948 lässt sich als Epoche des Unheils diagnostizieren, in der die einstmals selbstsichere und optimistische deutsche Eigentumsgesellschaft schubweise im Chaos versank … 34 lange Jahre. Wenn das Jahr 1948 als Wendepunkt identifiziert wird, von dem an die halbtote Eigentumsgesellschaft wieder rasch in Gang kam, so gilt das nicht für die Ostzone und spätere DDR. Dort ging der Prozess der planmäßigen Zerstörung unter kommunistischen Vorzeichen weiter. Die Wende kam erst 1990. Doch an den Folgen von Eigentumsvernichtung und Flucht Hunderttausender von Eigentümern aus der DDR hat das wiedervereinigte Deutschland bis heute zu leiden.

Welche Kapitel müsste eine Katastrophengeschichte der deutschen Eigentumsgesellschaft enthalten? Andeutungen müssen genügen.

Umfassende historische Umwälzungen haben immer viele Ursachen und Verursacher – selbstverschuldete, fremdverschuldete, vorhersehbare und unvorhersehbare. So verhält es sich auch mit der Katastrophe der deutschen Eigentumsgesellschaft. Zwei Hauptursachen sind indes unschwer identifizierbar: die beiden Weltkriege und, untrennbar damit verbunden, der totale Staat.

„War is hell", hat der klardenkende amerikanische General *Sherman* den Sachverhalt einmal kurz und unsentimental formuliert. Wenn die politische Führung den Sprung ins Dunkel riskiert und das Va-banque-Spiel des totalen Krieges bis zum bitteren Ende führt, muss das die Eigentumsgesellschaften selbst der siegreichen Mächte erschüttern und die der Besiegten ruinieren. So ist es den Deutschen im 20. Jahrhundert zweimal ergangen.

Schon im Ersten Weltkrieg hat sich zunehmend der Grundsatz durchgesetzt, dass das Eigentum grundsätzlich zur Disposition des Staates stand, der schonungslos ums Überleben kämpfte. Der totale Staat kündete sich bereits an. Es ist bezeichnend, dass General *Ludendorff*, der seit 1916 zusammen mit *Hindenburg* die deutsche Kriegsmaschine diktatorisch steuerte, 1935 ein Buch mit dem Titel „Der totale Krieg" veröffentlichte. Totaler Krieg – totaler Staat – beides bedingt einander. Beides ruiniert zwangsläufig die Eigentumsgesellschaft.

Anders als im Zweiten Weltkrieg ging die Kriegswalze 1914-1918 allerdings nicht über Deutschland hinweg. Dennoch waren die Kriegsfolgen verheerend. Neben vielem anderen löste sich eine der tragenden Säulen des „goldenen Zeitalters der Sicherheit" gewissermaßen in Rauch auf: die über Generationen hinweg stabile Währung. Die schleichende Inflation der Kriegsjahre, gefolgt von Hyperinflation 1922/23, war die große Zäsur, von der sich die deutsche Eigentumsgesellschaft lange Zeit nicht erholt hat. Die Reparatur durch Einführung der Rentenmark gelang zwar. Aber ein wesentlicher Teil des Mittelstands war verarmt, und viele lasteten das den Regierungen der demokratischen Republik an. Dennoch war die deutsche Eigentumsgesellschaft noch nicht am Ende – trotz der Niederlage 1918/19, Versailles, Reparationen und Inflation. Das Privateigentum an den Produktionsmitteln wurde zwar in den ersten Monaten der Revolution politisch in Frage gestellt, blieb aber zu guter Letzt doch erhalten. Die Sachwertbesitzer waren zwar häufig verschuldet und durch höhere Steuern belastet. Dennoch: die Eigentumsgesellschaft war gewissermaßen mit einem blauen Auge davongekommen. Die unwiderstehliche Deformation, gefolgt vom Ruin, kam erst in den Jahren der nationalsozialistischen Diktatur und des Krieges.

Dabei ist zwischen den eigentumsfeindlichen Eingriffen und Steuerungsmaßnahmen des NS-Regimes, den Kriegsschäden und den Kriegsfolgen zu unterscheiden. Im Dritten Reich blieb das formale Eigentum an den Produktionsmitteln erhalten. Mit Ausnahme jüdischer Deutscher mussten Industrielle, Gewerbetreibende und Landwirte nicht für ihr Eigentum fürchten. Doch alle Formen von Eigentum standen nun nach Maßgabe der Ziele des Regimes zur Disposition der Staatsbürokratie, die den Führerwillen exekutierte. Eigentum machte nicht mehr frei. Es war nur noch eine funktionale Größe, die jederzeit vom totalen Staat mehr oder weniger vollständig in Anspruch genommen werden konnte. Alles endete schließlich in der erbarmungslosen Zwangswirtschaft der Kriegsjahre.

In den Jahren 1942 bis 1945 traf dann der totale Krieg die deutsche Eigentumsgesellschaft im Mark. Die alliierten Flächenbombardierungen waren als systematische Zerstörung des Privateigentums konzipiert. Als die Kriegswalze 1944/45 übers Land ging, multiplizierten sich die Zerstörungen. Allein in den vier ersten Monaten des Jahres 1945 wurden sieben Millionen Menschen durch Bombardierungen obdachlos. Bei Kriegsende war etwa die Hälfte des Wohnraums zerstört, somit auch, wenn diese überhaupt überlebten, zumeist das persönlichste Hab und Gut der Bewohner. Millionen wohlhabender oder bescheidener Eigentümer waren auf einen Schlag in eine sub-proletarische Existenz versetzt. Die Schäden an den Produktionsanlagen waren vergleichsweise geringer – man veranschlagte sie auf 20 %.

Die Eroberung der Ostgebiete durch die Rote Armee, gefolgt von den Austreibungen der Deutschen aus Mittel- und Ostmitteleuropa , enteignete weitere Millionen in den ehemals deutschen Siedlungsgebieten. Hof und Gut, die sich – in den Worten *Stefan Zweigs* – von Geschlecht zu Geschlecht vererbt hatten, einstmals „sichere Heimstatt für Kinder und Enkel" waren mitsamt aller Habe für immer verloren. Die Zahl der Flüchtlinge und Vertriebenen in den vier Besatzungszonen belief sich 1946 auf 9,1 Millionen.

Während der Besatzungsjahre 1945 bis 1948 spitzte sich die Lage weiter zu. In Bezug auf das Eigentum verhielten sich die Militärregierungen durchaus diktatorisch. Entschädigungslose Demontagen von Produktionsanlagen, Beschlagnahme unversehrter Wohnungen für die Bedürfnisse der Besatzung, verschärfte Abgabenpflicht der Landwirte, unvermeidliche Wohnraumbewirtschaftung, überhaupt totale bürokratische Lenkung der Produktion und der Distribution, gemildert nur durch den Schwarzmarkt, Bewirtschaftung von allem und jedem. Dass auch das deutsche Auslandsvermögen von den Kriegsgegnern einbehalten wurde, versteht sich von selbst. Die zurück gestaute Inflation wuchs sich zwar noch nicht zur Hyperinflation aus. Doch als am 20. Juni in den Westzonen die Währungsreform durchgeführt wurde, schrumpften die Geld- und Sparguthaben auf 6,5 % der bisherigen Einlagen – also faktisch eine erneute Enteignung.

Ein Sonderfall war die Ostzone. Dort vollzog sich die finale Katastrophe der Eigentumsgesellschaft. Nach der Oktoberrevolution von 1917 war die leninistisch-stalinistische Sowjetunion in ganz Europa, Deutschland inbegriffen, als abschreckendes Beispiel erst revolutionär ungestümer, dann kalt bürokratischer Zerstörung der Eigentumsgesellschaft begriffen worden. Diese Revolution griff nun mit dem Einmarsch der Roten Armee auf die Ostzone über. Der offizielle Beginn revolutionärer Umgestaltung mit dem Fernziel der Sowjetisierung wurde zwar erst 1952 verkündet. Tatsächlich begann die Zerstörung der noch formell bestehenden Eigentumsgesellschaft aber schon im Herbst 1945 mit einer Bodenreform, vorerst nur für Grundbesitz über 100 ha, wodurch die „Junker-Klasse" und die Großbauern depossediert wurden, mit Vergesellschaftung von Großbetrieben und mit entschädigungslosen Demontagen. In den fünfziger und sechziger Jahren folgte die faktische Enteignung der Bauern, des Handels, des gewerblichen Mittelstandes, der industriellen Produktionsmittel, der Banken und der Versicherungen. Diese weitgehende Zerstörung der Eigentumsgesellschaft hatte verhängnisvolle Folgen. Die Depossedierung veranlasste die betroffenen Eigentümer vielfach zur Flucht in den Westen, so dass die DDR zu einem Land ohne eine Schicht selbstständiger Unternehmer wurde, woran die neuen Länder bis heute leiden. Die Überführung hunderttausender privater Unternehmen in Kollektiveigentum war Hauptursache dafür, dass sich der Aufbau des Sozialismus à la SED über die Jahrzehnte hinweg als Sackgasse der Modernisierung herausstellte.

Die Bundesrepublik Deutschland: Renaissance der Eigentumsgesellschaft

Wie erwähnt, lässt es sich auf den Tag genau sagen, von wann es mit dem „goldenen Zeitalter der Sicherheit" steil abwärts ging. Es waren dies die ersten Augusttage des Jahres 1914. Doch auch die Renaissance der Eigentumsgesellschaft hat ein präzises Datum – die Währungsreform in den deutschen Westzonen. Im Gedächtnis der Generationen, die das erlebten, hat sich der 20. Juni 1948 viel stärker eingeprägt als spätere politische Zäsuren. An demselben Tag vollzog sich ein dreifacher Vorgang: die Abwicklung eines beträchtlichen Teils der ruinierten alten Eigentumsgesellschaft durch Währungsschnitt, die Einführung der Dollar-gesicherten D-Mark und die Aufhebung der erstickenden Bewirtschaftung und Preisbindung (allerdings mit wichtigen Ausnahmen) durch das „Leitsätzegesetz" *Ludwig Erhards*. Die Sachwertebesitzer, so ist damals und später oft kritisch festgestellt worden, wurden geschont. Doch das entsprach dem harten und klaren Prinzip, dank dem die zuvor dreivierteltote Eigentumsgesellschaft wiederbelebt wurde: unbedingter Primat für den Wiederaufbau des Produktionsapparats und Befreiung der vergleichsweise wenigen großen, der zahlreichen mittleren und der Millionen kleiner Unternehmer von den Fesseln des Zwangsstaats. Das Konzept zielte darauf ab, die Leistungskraft der bisher wirtschaftlich versklavten Alteigentümer, soweit sie überlebt hatten, rasch wiederzubeleben, um dank der Wiederaufbaukonjunktur im Innern und durch das Comeback der legendären deutschen Exportmaschine auf die Weltmärkte in großem Stil neues Eigentum zu erwirtschaften. Rasch zeigte sich bei dieser Gelegenheit, dass die freie Unternehmerwirtschaft im Rahmen sinnvoller ordnungspolitischer Schranken jedem Zwangssystem überlegen ist.

Was dann weltweit rasch als „Wirtschaftswunder" Beachtung fand, wäre allerdings nicht zu Stande gekommen ohne adäquate politische Voraussetzungen und günstiger Rahmenbedingungen. Diese können hier nur angedeutet werden: Wiederherstellung des Rechtsstaats mit seinen Eigentumsgarantien, 17 lange Jahre einer ausschließlich von bürgerlichen Parteien getragenen Bundesregierung, die auf soziale Marktwirtschaft setzte, rasche Beendigung der Demontagen und anderer alliierter Eingriffe in die deutschen Eigentumsverhältnisse, Öffnung der Weltmärkte, nicht zuletzt in Westeuropa. Vor allem drei internationale Rahmenbedingungen waren entscheidend: erstens der ungebrochene, beispiellose internationale Boom, der von 1950 bis in die frühen 70er Jahre anhielt, zweitens billige Energie, drittens der Friede. Es war zwar ein Friede, der durch die Hinnahme der Teilung Europas und Deutschlands erkauft war, ein kalter Friede auch, der verschiedentlich in einen heißen Krieg umzuschlagen drohte und letztlich nur im Schatten der Atomwaffen Bestand hatte – aber immerhin Frieden, ohne den die Eigentumsgesellschaft keinen Bestand hat.

In den ersten Jahrzehnten dieser Renaissance der Eigentumsgesellschaft hatten allerdings Millionen deutscher Bürger noch an der Last der vorangegangen Katastrophenepoche zu tragen: die Flüchtlinge und Vertriebenen aus den Ostgebieten, die Flüchtlinge aus der Ostzone bzw. der DDR, auch die im Bombenkrieg um ihr Eigentum Gebrachten. Verschiedene Hilfsprogramme, besonders ein komplizierter „Lastenausgleich" kamen in Gang, finanziert aus Sondersteuern auf erhalten gebliebenes Vermögen, Besteuerung neuer Gewinne und Zuschüsse des Bundes und der Länder. Die rund 100 Milliarden D-Mark, die so bis zum Jahr 1979 verteilt wurden, deckten natürlich nur einen Bruchteil der materiellen Verluste, von den ideellen Tragödien des Eigentumsverlusts ganz zu schweigen. Etwas großzügiger war zu Recht die Wiedergutmachung an die grausam beraubten Deutschen jüdischer Herkunft und deren Erben, die in Berlin, Dresden, Frankfurt, Mannheim und anderswo eine Art Patriziat der deutschen Eigentümergesellschaft gebildet hatten und zwischen 1933 und 1939 unter Zurücklassung eines großen Teils ihrer Habe das Land verlassen mussten oder, wenn sie das nicht konnten, dem Massenmord zum Opfer fielen.

So gelang es über die Jahrzehnte hinweg, in der Bundesrepublik Deutschland eine erneuerte Eigentumsgesellschaft zu schaffen, die viel breiter und auch sozial befriedigter war als diejenige des „goldenen Zeitalters" vor 1914. Entscheidend dafür aber waren die im großen Boom der Nachkriegsjahrzehnte erwirtschafteten Gewinne aus Unternehmens- und Arbeitseinkünften.

Seit 1990 ist eine weitere Herausforderung zu bewältigen: die Inkorporation der Deutschen in der DDR, die sich damals für den Beitritt zur westdeutschen Eigentumsgesellschaft entschieden. Wer auch nur halbwegs bei Verstand war, konnte nicht erwarten, dass die Asymmetrien zwischen einer über 42 Jahre hinweg gewachsenen, dabei auch gehörig verkrusteten Eigentumsgesellschaft und den aus bescheidenen Verhältnissen kommenden, des Kapitals ermangelnden Ostdeutschen rasch zu beseitigen wären. Ein formeller „Lastenausgleich" wie einstmals in der „alten" Bundesrepublik durchgeführt, wäre weder möglich noch praktisch gewesen. Doch seit 15 Jahren findet eine Art informeller „Lastenausgleich" mittels der Sozialtransfers und Investitionen aus den wohlhabenderen Alt-Ländern in die neuen Länder statt, dies verbunden mit der Migration junger Ostdeutscher in Regionen des Westens, wo die funktionierende Eigentumsgesellschaft mehr Arbeitsplätze bereit hält.

Ein Sonderproblem war die Restitution des unter kommunistischer Herrschaft geraubten Eigentums an die früheren Eigentümer. Manche kamen wieder zu ihrem Besitz, der natürlich viel vom ursprünglichen Wert verloren hatte. Die Enteigneten der Jahre 1945 bis 1949 gingen leer aus.

Wie wird es wohl mit der heutigen deutschen Eigentumsgesellschaft weiter gehen? Da die beiden schlimmsten Plagen der einstmaligen Eigentumsgesellschaft – europäische Kriege und der totale Staat – nach 1948 ausgeblieben sind und voraussichtlich noch länger nicht drohen, erscheint die derzeitige Eigentumsgesellschaft relativ gesichert. Insgesamt ist es erstaunlich, wie viele Elemente der Eigentumsgesellschaft, die seit 1914 in die Katastrophe geschlittert war, nach 1948 restauriert werden konnten, allerdings stark verändert und weiterentwickelt. Zu den Neuentwicklungen gehört nicht nur die bereits angesprochene Verbreitung der Privateigentümer, die zudem in der Regel viel wohlhabender sind als die Großväter- und Urgroßvätergeneration vor 1914. Auch die viel höhere Besteuerung des Eigentums, das dicht gewebte Netz des Sozialstaats und des weit ausgedehnten Arbeitsrechts und die betriebliche Mitbestimmung gehören zu diesen völlig neuen Bedingungen. Je nach politischem Standort wird man also die heutige Eigentumsgesellschaft beim Vergleich mit dem „goldenen Zeitalter" als überlegen und sozialstaatlich verbessert loben oder als geschwächt und deformiert kritisieren. Ob und wie die deutsche Eigentumsgesellschaft die gleichzeitig hereingebrochenen Prüfungen der Globalisierung und der Europäisierung in der 25-er EU überstehen wird, bleibt abzuwarten. Jedenfalls gehört das Comeback der Eigentumsgesellschaft nach vorhergehender Katastrophe zu den erstaunlichsten Phänomenen der deutschen Wirtschafts- und Sozialgeschichte. Dass ihre Renaissance und Fortentwicklung zudem eine entscheidende Voraussetzung für die Stabilisierung der Demokratie war, wird heute kaum mehr ernsthaft bestritten.

Literatur

Birke, A. M. (1989), Nation ohne Haus. Deutschland 1945-1961, Berlin, S. 23 f.

Perrot, M. (1992 <1987>), Geschichte des privaten Lebens, Bd. 4, Frankfurt/M., S. 195

Zweig, S. (1993 <1944>), Die Welt von Gestern. Erinnerungen eines Europäers, Frankfurt/M., S. 14 f.

Leben, Freiheit und Eigentum

Michael Stürmer

Wir leben in der Epoche des Artensterbens. Bisher ist darin für das Eigentum keine Ausnahme vorgesehen. Das Grundgesetz schützt zwar, wie es einer ordentlichen Verfassung zukommt, im Prinzip das Eigentum, ist jedoch gegen den sauren Regen machtlos, den der unaufhaltsam wachsende Daseinsvorsorge- und Umverteilungsstaat Tag und Nacht darüber gießt. Mehr noch, indem es eine nach oben offene Sozialpflichtigkeit des Eigentums postuliert und seit mehr als einer Generation auch im Namen der Umwelterhaltung den Zugriff zum Würgegriff verdichtet, fördert es die Erosion der vorletzten Bastion, welche die Freiheit hat, des Eigentums.

Die letzte ist die Menschenwürde, von der das Grundgesetz 1948/49, eingedenk der zurückliegenden Greuel, so erhaben wie unverbindlich textete, sie sei unantastbar. Wenn aber dem Zugriff des Staates auf die, wie Bismarck sagte, „misera contribuens plebs" das Eigentum im Wege steht, dann ist die Privatheit der Kommunikation, der Wohnung und des Besitzes keine undurchdringliche Mauer mehr. Was die Steuer in all ihren Varianten noch verschont, das holt sich die Umweltpolizei, und wenn dann noch Freiräume bleiben, dient die Prävention gegen den modernen Terror als Grund und Vorwand, dem Bürger nachzuspüren. Selbst die Bedürftigen und Armen, die doch als Empfänger vieler staatlicher Wohltaten auf der Seite der Benefiziäre stehen, zahlen den Preis ständig wachsender Eingriffe und Kontrollen. Zwar verfügen sie nicht über viel an materiellem Eigentum. Doch sind die Ansprüche, die ihnen der Staat, Largesse gegen wahlpolitisches Wohlverhalten, in den fetten Jahren gegen sich selbst gewährte, längst, wo die mageren Jahre an Land stiegen, zum postmodernen Eigentumstitel angewachsen. Was als Wohltat begann, verkehrt sich in Plage.

So kommt es, dass, je mehr der Interventionsstaat zum Schuldenstaat wird, präventives Misstrauen zum Medium der Kommunikation zwischen Staat und Bürger wird und die Beziehungen vergiftet. Alles geschieht, wie der infantilisierte Staatsbürger erfährt, zu seinem Schutz. Wenn wir aber nicht aufpassen und die durch die Informations-Revolution ins Ungemessene gesteigerte Übermacht des Interventionsstaates auf ein freiheitsverträgliches Maß zurückdrängen, wird sich die Idee des Eigentums schon in wenigen Jahren als bloße Episode erweisen – und mit ihr Bürgerlichkeit und politische Freiheit. Das sind dann nur noch romantische Erinnerungen an glücklichere Zeiten, die im englisch-schottischen 17. Jahrhundert begannen, in der bürgerlichen Epoche zwischen Absolutismus und Totalitarismus ein knappes Jahrhundert florierten und in den zurückliegenden glücklichen Jahrzehnten Westeuropas noch einmal eine Spätblüte erlebten – aber schon nicht mehr aus eigener Kraft, sondern durch die geistige und materielle Ermutigung, die 1945 aus der Neuen Welt zurückkam in die Alte Welt, courtesy of the United States of America. Das waren moralische Ermutigung und Marshall-Plan, Glauben an die Demokratie und an free enterprise und, zuerst und zuletzt, die Bereitschaft der Amerikaner, die eigene Existenz in die strategische Waagschale zu werfen, um die Sowjetmacht einzudämmen durch nukleare „extended deterrence", Stationierung von Truppen und, zuletzt und vor allem, die moralische Gegenmacht der Freiheit.

Eigentum zu bilden ist, seitdem die Jäger und Sammler vor tausenden von Jahren durch Ackerbauern und Viehzüchter verdrängt wurden, ein sozialer Instinkt der Menschen. Ihm entsagen sie nach bisheriger Erfahrung nur durch starken Willen und Hingabe an ein höheres Ideal, oder unter Zwang und Todesdrohung. Für letzteres stehen die totalitären Regime, ob im Kleinen die millennarischen Bewegungen des späten Mittelalters, wie sie *Norman Cohn* beschrieben hat, im Großen der russische Leninismus und der deutsche Nationalsozialismus. Für ersteres stehen die klösterlichen Gemeinschaften des Christentums bis heute, mit ihrem lapidaren „ora et labora", und die heroische Siedlungs- und Lebensform des Kibbuz im Heiligen Land seit der Spätzeit der Osmanen. Aber solches gehört in die Kategorie der Ausnahmen.

Die Regel zwischen dem Untergang des Römischen Reiches und dem Aufstieg der europäischen Städtekultur von Oberitalien bis zur Hanse im Ostseeraum war ganz anders, bestimmt vom Feudalsystem. Ihm liegt die Vorstellung eines Vertrages zugrunde (feudum=Vertrag, Bündnis, Verpflichtung), genau genommen eines universellen, nahezu lückenlosen Vertragssystems, das Besitz und Herrschaft regelte, Pflichten und Rechte. Oberster Feudalherr war in der Theorie – und jedenfalls in der Rhetorik – der Allmächtige. *Jean d'Ormesson* hat in seinem glanzvollen Roman „Au Plaisir de Dieux" eine im langen Niedergang befindliche Aristokratenfamilie dargestellt, die anfangs noch Gott und den König auf ihrer Seite weiß, bis sie sich mehr und mehr mit dem Geld des Industriebürgertums in ein neues Bündnis einlassen muss, das Verachtung und Bewunderung vereint. Der König „par la grace de Dieu", von Gottes Gnaden, berief sich auf das Feudalbündnis mit Gott. So wie Gott der Erdkreis gehörte, den die Kirche bis über *Columbus* hinaus als flache Scheibe beschrieb, so gehörte dem König von Frankreich alles Land, alle Arbeit und alle Loyalität. *Ludwig XIV.* fasste das in den Leitsatz: „Ein Gott, ein König, ein Gesetz".

Ähnlich im Heiligen Römischen Reich deutscher Nation. Zwar wurde nach Reichsrecht der Kaiser von den Kurfürsten gewählt – weshalb diese die Sieben Säulen des Reiches genannt wurden, die Siebenzahl von biblischer Würde – galt doch der Leihezwang: Das war die Theorie, dass jeder Fürst sein Land nur zu

Lehen hatte und sein Nachfolger im Besitz nur folgen konnte unter Zustimmung des Kaisers. Und so ging es die feudale Stufenleiter hinunter bis zum letzten Hintersassen und Bauern, der zu frohnen, das heißt dem Herrn zu dienen hatte. Dafür stand ihm in bedrängten Zeiten, so wiederum die Theorie, Schutz zu. Im Bauernkrieg und in den städtischen Rebellionen des frühen 16. Jahrhunderts zeigte sich, dass die Unteren darin keine Gerechtigkeit mehr fanden und sich wehrten. Das geschah im Namen Gottes, der Gerechtigkeit und des Eigentums.

Die blutige Abrechnung mit den aufständischen Bauern hat das Feudalsystem auf dem Lande erhalten bis in die Zeiten der Französischen Revolution. In den Städten, namentlich den großen Handelsstädten, setzten sich Geldwirtschaft, Frühkapitalismus und Besitzindividualismus durch. Die Handwerkszünfte verteidigten weiterhin die Tradition, indem sie Außenseiter fern hielten durch lange Gesellenzeiten, das Erfordernis „ehrlicher Geburt" und strenge Abgrenzungen untereinander. Ihr wichtigstes Eigentum war das Recht auf legale Arbeit. Alles Markt- und Messewesen war ihnen daher instinktiv zuwider. Ihr Kapital lag in der ständischen „Ehre". Den Marktzugang verteidigten sie wider alle Fremden oder Eindringlinge. Die Gefahr sahen sie in außerzünftiger, meist billigerer Arbeit ebenso wie in höfisch privilegierten, weltgewandten Konkurrenten. Die Handwerkszünfte regierten sich selbst als Interessengruppen, Sozialnetze, Verteidiger alter Lebensform. Für Eigentumsfreiheit zu kämpfen, Marktöffnung und Freiheit, wäre ihnen niemals eingefallen.

Das blieb dem Handelsbürgertum der großen Städte, dem kapitalstarken, meist verlegerisch tätigen Patriziat, namentlich in der Tuchmacherei, vor allem aber in allem, was dem Krieg diente: Harnische, Schwerter, Panzer, Sattel- und Zaumzeuge, Zelte und Wagen. Zwischen Patriziern und Zunftbürgern herrschte ein natürlicher Konflikt, manchmal kriegerisch ausgefochten, meist aber in Teilungen der Macht aufgehoben. Marktwirtschaft stand gegen Schutzwirtschaft, Kapital gegen Stabilität, Fernhandel gegen den örtlichen Markt. Tuchhandel, Fernhandel mit den Kolonien, Luxus und Krieg waren die Partisanen des modernen Kapitalismus.

Der große Stadtbrand von London 1666, der die gesamte City einäscherte und einen riesigen Ersatzbedarf nach sich zog, machte dem Zunftwesen in Englands Wirtschafts- und Finanzzentrum den Garaus. Das moralische Eigentum der Zünfte war dahin, jeder konnte mit jedem handelseinig werden. Was zählte, waren der Erfolg, die Verfügung über Kapital, und jene Sicherheit, die allein Eigentum an Grund und Boden innewohnt. England, wo gleichzeitig die „enclosure" den großen Landbesitz abrundete und der Bauer durch den Schäfer verdrängt wurde, ging zur Marktwirtschaft über. Dort rechtfertigte *Thomas Hobbes* nach dem Bürgerkrieg den starken Staat, um das „bellum omnium contra omnes" zu beenden. In England aber war es auch, wo im Namen von „life, liberty, estate" *John Locke* dem

Staat die Grenzen zog. Der englische Besitzindividualismus aber wurde, Teil der alten „rights of an Englishman" (*Edmund Burke*), nahezu Eins zu Eins in die amerikanischen Kolonien übertragen, bis heute Grundlage der amerikanischen Marktökonomie.

Die Unterschiede zwischen „Anglo-Saxon capitalism" und dem europäischen Kontinent reichen weit zurück. Im Frankreich des Ancien Regime, mit England seit Jahrhunderten in Markt- und Machtkonkurrenz verbunden, erließ 1776 der Minister *Turgot* die „sechs Dekrete". Frohndienste wurden auf Geldlasten umgestellt, die Zünfte in ihren Kontrollrechten beschnitten. Vor allem aber sollte das alte „Recht auf Arbeit" aus einem Recht, das die Krone gewähren oder versagen konnte, zu einem allgemeinen Bürgerrecht werden – in der Sprache der Zeit das Recht auf das Streben nach Glückseligkeit, la recherche du bonheur, the pursuit of happiness. *Turgot* wollte durch rechtzeitige Reform von oben die Revolution, die er kommen sah, abschneiden. Er scheiterte an konservativen Einwänden, die schon die ganze Kapitalismus-Kritik des folgenden Jahrhunderts vorwegnahmen und bis heute nachklingen. Erst die Französische Revolution vernichtete mit der absoluten Monarchie auch das wirtschaftliche Ancien Regime. Die Ordnungsdiktatur *Napoleons* hob die Revolution auf, im doppelten Sinne: Sie wurde beendet, ihre Errungenschaften, namentlich das freie Eigentum, bewahrt. Der Franc Germinal mit 11,3 Gramm Feinsilber sicherte die Währung, der Code Napoleon brachte Vertragsfreiheit eines jeden mit jedem im Gehäuse eines starken Staates.

In Preußen verbanden *Stein* und *Hardenberg* in ihren Reformen Elemente der englischen Marktwirtschaft und des französischen bürgerlichen Rechts. Ähnlich hielten es die Rheinbundstaaten. Sie alle schufen mit der neuen Eigentumsordnung die Voraussetzungen für beides: Die industrielle Revolution und den Aufstieg eines neuen Bürgertums.

Feste Währungen, auf Gold und Silber gegründet, Ermöglichung riesiger Investitionen durch die neue Aktiengesellschaft und zugleich Eingrenzung des Investitionsrisikos, gesichertes Privateigentum, milde Steuern und eine liberale Wirtschaftsordnung in ganz Europa, Garantie der Rechtsordnung durch den konstitutionellen Staat – das waren die Bedingungen, unter denen Eigentum und Bürgertum sich vermählten. Die Verflechtung der Interessen und die Entmachtung der alten, feudal gegründeten Eliten versprachen gar den ewigen Frieden.

Was aber auf alle Zeiten unwandelbar gegründet schien, war längst unterhöhlt durch die Soziale Frage, Ungleichzeitigkeit der Entwicklung, Expansion und Depression – bis in jene Todeskrise Europas, die *Charles de Gaulle* 1944 im Londoner Exil „la guerre de trente ans de notre siècle" nannte. Krieg, Daseinsvorsorgestaat und die großen totalitären Bewegungen haben von der Kultur des bürgerlichen Zeitalters nicht mehr viel übrig gelassen.

Aufstieg und Niedergang des Eigentums bleiben untrennbar aufs engste verbunden mit Aufstieg und Niedergang des Bürgers. Wo das Eigentum fällt, da muss der Bürger nach. Mit dem Eigentum geht es um die Zukunft der Freiheit. *Ludwig Erhards* „Wohlstand für alle" war noch einmal der Versuch, der Wiederkehr der Katastrophen vorzubeugen, durch beides, Eigentum und Bürgertum, und das Ordnungskonzept der „Sozialen Marktwirtschaft" bedeutete, auch die Bedürftigen und Besitzlosen einzubeziehen. Das System ist durch Maßlosigkeit von innen gefährdet, von der Politik überlastet, und die Vergreisung der Bevölkerung treibt es aus den Fugen. Ob es zu erneuern ist, entscheidet über die Zukunft der Freiheit in Deutschland und, in unausweichlicher Konsequenz, in ganz Europa.

Literatur

Elias, N. (1939), Über den Prozeß der Zivilisation, Basel

Pipes, R. (1999), Property and Freedom, London

Sombart, W. (Ausgabe 1962), Liebe, Luxus und Kapitalismus

Stürmer, M. (1982), Handwerk und Höfische Kultur, München

Geistiges Eigentum

Uwe Wittstock

Viel hatte diese Engländerin an ihrem dreißigsten Geburtstag nicht vorzuweisen. Geschieden, arbeitslos, alleinerziehende Mutter, lebte sie von £ 69 Sozialhilfe pro Woche. Doch sie hatte einen Traum, sie wollte Kinderbuchautorin werden. Sobald ihre kleine Tochter auch nur für Minuten einschlief, arbeitete sie an ihrem ersten Manuskript. Als es endlich abgeschlossen war, besaß sie nicht einmal das Geld, die 320 Seiten fotokopieren zu lassen und musste sie deshalb mehrfach abschreiben, um sie an Agenten und Verlage zu verschicken.

Was sie dann erlebte, wäre ohne ein hoch entwickeltes internationales System zum Schutze geistigen Eigentums nicht denkbar. Nur wenige Jahre nach dem Erscheinen ihres ersten Buches 1997 zählt *Joanne K. Rowling*, so der Name jener englischen Kinderbuchautorin, zu den reichsten Frauen ihres Landes, ihr Romanheld Harry Potter zu den bekanntesten literarischen Figuren weltweit. Ihre bislang sechs Romane wurden in 62 Sprachen übersetzt und erzielten zusammen eine Auflage von rund 300 Millionen Exemplaren (Stand: Herbst 2005). Alle Titel liegen zudem als Hörbücher vor, vier von ihnen wurden inzwischen verfilmt, sie sind im Kino zu sehen, auf Video, auf DVD und bald auch im Fernsehen. Dazu bieten diverse Merchandising-Unternehmen zahllose Harry-Potter-Poster oder -Spielzeugfiguren an, Harry-Potter-T-Shirts, -Mützen oder -Schals, Harry-Potter-Kugelschreiber, -Briefpapier, -Schultaschen oder -Uhren, Harry-Potter-Bettwäsche, -Badetücher, -Lampen, -Bürostühle oder -Computerspiele. Und von all diesen Produkten erhält *Joanne K. Rowling*, die Urheberin jener globalen Erfolgsgeschichte, ihren Tantiemen-Anteil, denn die Rechte an der Verwertung ihrer literarischen Erfindungsgabe sind durch internationale Vereinbarungen gesichert, weitgehend.

Über diese Vereinbarungen wacht nicht zuletzt die World Intellectual Property Organization (WIPO) in Genf, Unterorganisation der UNO. Ihr gehören heute 182 Nationen an (Stand: 2005), und sie ist keineswegs nur dem Schutz der Urheberrechte von Schriftstellern und Künstlern gewidmet, sondern ebenso dem Schutz wissenschaftlicher oder technischer Patente und gewerblich genutzter Markenzeichen oder Designs. Doch so alt das leidenschaftliche Interesse der Menschen ist für die neuesten Werke der Kunst oder die Erfindungen der Forscher und Ingenieure, so jung ist die juristische Absicherung intellektueller Arbeit. 1883 wurde die erste internationale Vereinbarung, die Pariser Konvention, zum Schutz von Patenten und Erfindungen unter 14 Staaten geschlossen. Drei Jahre später folgte die Berner Konvention zum Schutz der Urheberrechte an Werken der Literatur und Kunst. Die zwei zunächst sehr bescheidenen Büros, die eingerichtet worden waren, um die Ziele dieser Konventionen zu verfolgen, wurden 1893 in Bern zum United International Bureau for the Protection of Intellectual Property (BIRPI) vereinigt. Seit 1960 residiert das BIRPI in Genf, nahm ein Jahrzehnt später den Namen WIPO an und wurde 1974 der UNO angegliedert. In den gut hundert Jahren ihres Bestehens nahm die Bedeutung der Behörde, die 1893 gerade mal sieben, heute aber fast tausend Mitarbeiter hat, in beeindruckendem Tempo zu.

Die Gründe dieses Bedeutungsanstiegs liegen auf der Hand. In den letzten beiden Jahrhunderten haben sich die Rhythmen der technischen Innovationen radikal beschleunigt. Während vormoderne Gesellschaften vor allem besorgt sein mussten, die Grundversorgung mit dem Lebensnotwendigen zu garantieren, mit Unterkunft und Nahrung, ist heute in den entwickelten Industrienationen die Erschließung von Ressourcen, die Herstellung von Gütern und deren Verteilung an die Bevölkerung weitgehend sichergestellt. Die Hauptaufgabe ist folglich nicht mehr, Produktion überhaupt zu ermöglichen, sondern stattdessen die etablierten Abläufe zu optimieren. Derartige Optimierungsprozesse zielen in aller Regel auf Rationalisierung der Produktionsabläufe. Im Zentrum der Aufmerksamkeit steht heute mithin der intellektuelle Wettbewerb. Er entscheidet weitgehend über den materiellen Wettbewerb – zwangsläufig steigt das Bedürfnis, das intellektuelle Eigentum zu schützen.

Ebenso sorgen das Mehr an Freizeit und das immer dichtere Netz von Unterhaltungs- und Kommunikationsmedien in den Industriegesellschaften für rapide wachsende Nachfrage nach Inhalten, um diese Medien zu füttern. Damit nimmt der Wert des „Content" naturgemäß zu, entsprechend die Notwendigkeit, ihn urheberrechtlich zu sichern. Gleiches gilt mutatis mutandis für den Handel: Auf immer engeren, immer schärfer umkämpften Märkten sind Imagebildung und Imagepflege durch Markenzeichen und Markendesign von kaum zu überschätzender Bedeutung. Sie fordern als immaterielles Besitztum ähnliche Fürsorge und letztlich ähnlichen gesetzlichen Schutz wie materielle Produkte. In der Zeit des ersten Internet-Booms vor zehn Jahren ließ sich beobachten, dass zahlreiche Start-up-Unternehmen das „branding", also das Etablieren eines weithin bekannten und geschätzten Firmennamens, zu den Hauptaufgaben ihrer Gründungsphase zählten. Sie verzichteten bewusst und mitunter auf Jahre hinaus auf finanzielle Erträge. Stattdessen investierten sie in Bekanntheit und Prestige ihrer Marke und ihres Logos.

Die Staaten, die der WIPO beigetreten sind, sichern den juristischen Schutz für geistiges Eigentum zu. Um es vereinfachend auf handliche Formeln zu bringen: Wer eine Handelsmarke für Waren oder Dienstleistungen eintragen lässt, muss nach fünf Jahren nachweisen, dass er seine Marke tatsächlich öffentlich nutzt. Die Marke ist dann für zehn Jahre gesichert, die Schutzdauer kann allerdings beliebig oft um weitere zehn Jahre verlängert werden. Patente dagegen genießen nur für zwanzig Jahre juristischen Schutz. In dieser Zeit kann der Inhaber sein Patent monopolistisch auswerten, danach wird das patentierte Verfahren Gemeingut und kann von jedermann genutzt werden. Der Inhaber eines Designrechts kann maximal 25 Jahre lang anderen verbieten, sein Design zu gewerblichen Zwecken zu gebrauchen, also zum Beispiel Waren mit gleichem oder ähnlichem Aussehen herzustellen oder zu verkaufen. Das Urheberrecht wiederum kennt die längsten Schutzfristen und muss zudem nicht angemeldet oder eingetragen werden. Es entsteht gleichsam mit der Arbeit an einem literarischen Werk, einem Film, einem Musikstück, einem Bild oder auch einem Computerprogramm. Die entsprechenden Werke bleiben in den meisten Industrienationen bis 70 Jahre (in anderen Ländern und mit Blick auf Computerprogramme bis 50 Jahre) nach dem Tod des Autors Eigentum des Urhebers und seiner Erben. Danach werden auch sie Gemeingut.

Doch obwohl das Urheberrecht heute international weitgehend durchgesetzt ist, wird es durch technische Innovationen immer aufs Neue gefährdet. Jüngstes Beispiel das Internet: Im Laufe der neunziger Jahre, als viele, zumal jüngere PC-Besitzer dazu übergingen, ihren Computer auch zur Musikwiedergabe zu nutzen, begannen sich im Netz Plattformen wie „napster" zu etablieren. Hier konnten von einem Internet-User zum anderen bequem, schnell und vor allem kostenlos Musikstücke unter Umgehung des Urheberrechts ausgetauscht werden. Zunächst schien das nicht weiter bedenklich, schließlich waren auch in der Vergangenheit gerade von Jugendlichen im privaten Kreis immer wieder Songs zum Beispiel von Schallplatten auf Tonbandkassetten kopiert und verbreitet worden. Doch der Tausch übers Internet nahm bald eine Größenordnung an, die der Musikindustrie ernste Probleme bereitete – und mittlerweile nicht wenige Unternehmen an den Rand des Ruins und darüber hinaus getrieben hat. Obwohl die großen Musikkonzerne kaum etwas unversucht lassen, um Verletzungen ihrer Urheberrechte zu unterbinden, obwohl sie im Internet heute legale, gebührenpflichtige Tauschbörsen anbieten und sowohl die illegalen, gebührenfreien Börsen wie auch deren Nutzer juristisch verfolgen lassen, ist ein Ende des Trends nicht abzusehen. Im Gegenteil, er verstärkt sich: Nach naturgemäß schwer überprüfbaren Zahlen waren im September 2004 knapp sieben Millionen User weltweit in illegalen Tauschbörsen aktiv, ein Jahr später, im September 2005 sind es bereits annähernd zehn Millionen. Ähnliches zeichnet sich inzwischen – allerdings noch nicht in solcher Dimension – für die Kinoindustrie ab. Auch Filme werden, nicht selten schon kurz nach der Premiere, im Internet billig oder kostenlos als Raubkopie angeboten.

Zumindest bei den Musikbörsen scheint sich jenseits aller gesetzlichen Vorschriften unter den jugendlichen Usern so etwas wie ein Ehrenkodex abzuzeichnen. Sie betrachten das Netz offenbar als rechtsfreien, aber deshalb noch lange nicht normfreien Raum. Während sie die von großen Musikkonzernen vertriebenen Songs über die Tauschbörsen bedenkenlos weiterverbreiten, werden die Produktionen kleiner und kleinster Label von ihnen beim Tausch gern mit dem Appell verbunden, der Tauschpartner möge nach eigenem Ermessen Gebühren an die Künstler entrichten oder eben – wenn ihm der Song gefällt – ganz traditionell die entsprechende CD im Laden erwerben. Die schon vom jungen *Bertolt Brecht* in den zwanziger Jahren eingestandene „grundsätzliche Laxheit in Fragen geistigen Eigentums" entwickelt somit bei heutigen Internet-Usern eine gleichsam Robin Hoodsche Ausprägung: Sie nehmen ohne große Hemmungen bei den – aus ihrer Perspektive Reichen –, geben indes bereitwillig den wirtschaftlich Schwachen.

Doch Kritik am Urheberrecht und damit am Prinzip des geistigen Eigentums äußert sich nicht nur auf solche praktische Weise, sondern wird auch im Zusammenhang mit juristischen Grundsatzfragen diskutiert. So hat das Copyright für Software nach Ansicht vieler Kritiker maßgeblich dazu beigetragen, dass beispielsweise ein Konzern wie Microsoft im Bereich der PC-Betriebssysteme eine weltweit marktbeherrschende, monopolartige Position erringen und diese dann auf vielfältige Weise zugunsten der eigenen Interessen einsetzen konnte – was dem Unternehmen Verfahren mit den Kartellbehörden eintrug. Microsoft habe, so lautet der Vorwurf, die Betriebssysteme so ausgelegt und mit anderen, eigenen Software-Produkten gebündelt, dass Konkurrenten auf wettbewerbswidrige Weise aus dem Markt gedrängt oder wirtschaftlich abhängig werden. Vor allem habe Microsoft durch seine Vormachtstellung die Verbreitung anderer Betriebssysteme verhindert, die besser und sicherer seien als die des Konzerns. Um diese Hegemonie zu brechen, wird nicht zuletzt von Microsoft-Gegnern im Internet inzwischen kostenlose Software angeboten, die für sich in Anspruch nimmt, den Betriebssystemen von Microsoft in vielfältiger Hinsicht überlegen zu sein.

Parallel dazu werden in steigendem Maße Einwände gegen das Urheberrecht laut. Die Verbreitung urheberrechtlich geschützter Werke kann, so argumentieren die Kritiker, nicht unabhängig von der Macht der Medienunternehmen betrachtet werden, die diese Werke vertreiben. Denn diese nicht selten zu einflussreichen Konzernen verbundenen Unternehmen bevorzugen verständlicherweise Werke, deren Rechte sie selbst besitzen. Ein Urheber, der sich mit seiner Arbeit in der Öffentlichkeit optimal platziert sehen will, steht folglich unter nicht geringem Druck, die Nähe zu einem dieser Konzerne zu suchen. Seine Unabhängigkeit, die ihm das Urheberrecht eigentlich garantieren soll, geht dann verloren. Die Medienunternehmen wiederum müssen, um den Absatz ihrer Produkte zu optimieren, daran interessiert sein, den Geschmack des Publikums, also seine ästhetischen Bedürfnisse und Erwartungen, so weit wie möglich zu standardisieren. Aus dieser Sicht betrachtet, führt das erst vor gut hundert Jahren begründete Urheberrecht letztlich nicht zu Unabhängigkeit der Künstler und Vielfalt der Kultur, sondern im Gegenteil zu Verarmung und Banalisierung.

Sind solche Sorgen unbegründet? Der Stand unserer Massenmedien, insbesondere des Fernsehens, gibt ihnen Plausibilität. Doch die schier grenzenlose Vielfalt literarischer und künstlerischer Produktion jenseits der Massenmedien wird von dieser Kritik offenkundig verfehlt. Auch ist bislang noch kein überzeugendes Modell präsentiert worden, wie die wirtschaftliche Existenz von Autoren und Künstlern jenseits der Sicherung ihrer Urheberrechte zu gewährleisten wäre.

Die ernstesten Einwände gegen geistiges Eigentum werden allerdings im Bereich des Patentrechts vorgebracht. In nicht wenigen Bereichen der Wissenschaft haben Patente heute die Funktion eines wirtschaftlichen Anreizes für nicht-staatliche Forschungsarbeit: Die notwendigen Investitionen sollen durch Auswertung der Patente amortisiert werden. Daraus können jedoch, wie das Beispiel der pharmazeutischen Industrie bei der HIV-Therapie zeigt, ernste ethische Probleme entstehen. Der überwiegende Teil der HIV-Infizierten lebt in armen Ländern Afrikas, Lateinamerikas und Asiens. Die inzwischen entwickelten lebensverlängernden Medikamente kosten in den USA für einen Infizierten rund 15.000 Dollar pro Jahr. Eine solche Unsumme ist in der Dritten Welt nicht aufzubringen. Nachgeahmte Präparate mit gleicher Wirkung, – Generika –, sind weitaus billiger, sie kosten rund 3000 Dollar pro Jahr und Patient. Brasilien hat daraufhin die Eigenproduktion entsprechender Generika aufgenommen und verteilt sie seit 1997 kostenlos an jeden HIV-infizierten Bürger – mit dem Ergebnis, dass die Sterberate auf einen Bruchteil sank. Allerdings entgehen den Pharmafirmen in Europa und Amerika auf diese Weise rechnerisch pro Jahr weit über eine Milliarde Dollar. 2001 wurde deshalb eine Beschwerde gegen Brasilien bei der Welthandelsorganisation WTO vorgetragen – und nach massiven öffentlichen Protesten, die verheerende Auswirkungen auf das Image der Pharmabranche hatten, wieder zurückgezogen. Im November 2001 einigten sich die Mitgliedsstaaten der WTO auf ihrer Konferenz in Dauha (Katar) darauf, Entwicklungsländern im Fall gravierender Gesundheitsprobleme wie bei AIDS, Tuberkulose oder Malaria die Herstellung von Generika für den eigenen Bedarf zu gestatten. Im Sommer 2003 schließlich entschied die WTO, auch den Export derartiger Generika in Entwicklungsländer zuzulassen, die nicht über ausreichenden Produktionskapazitäten verfügen. Damit wurde aus humanitären Gründen unter streng definierten Voraussetzungen der Schutz geistigen Eigentums in weiten Teilen der Welt de facto aufgehoben.

Ohne Eigentum ist alles nichts

Reinhold Würth

Das als Eigentum definierte umfassende Besitz-, Verfügungs- und Nutzungsrecht über Grund und Boden und sonstige Habe ist dem Brockhaus drei einführende Zeilen wert. Damit werden die Grundregeln der Eigentümerschaft definiert. Um den Begriff Eigentum in seiner ganz unterschiedlichen geschichtlichen, sozial-politischen und staatsrechtlichen Ausdeutung beleuchten zu wollen, ließen sich Bibliotheken füllen. Allein in unserem deutschen Bürgerlichen Gesetzbuch befasst sich der Abschnitt 3 ab § 903 bis § 1296 direkt und indirekt mit dem Eigentum, seinen Definitionen und Surrogaten.

Die weltweite Gesetzgebung zum Thema Eigentum ist Legion und Jahrtausende alt. Eine der Wurzeln unseres Eigentumsbegriffs findet sich im Römischen Recht. Schon viel früher wird im 2. Buch Moses Kap. 20 für Juden und Christen auf Eigentum hingewiesen mit dem Gebot: „Du sollst nicht stehlen!". Die Definition des Stehlens macht nur Sinn, wenn offensichtlich Individualeigentum vorhanden gewesen sein muss.

Unterschiedliche Auffassungen zum Thema Eigentum in unterschiedlichen Rechts- und Kulturkreisen entwickelten sich, bis dann in der Moderne, getrieben durch die Industrialisierung und die damit verbundenen immer komplizierteren Rechtsstrukturen, in der modernen Gesetzgebung Deutschlands das Bürgerliche Gesetzbuch und das Handelsgesetzbuch (gemeinsames Inkrafttreten am 1.1.1900) ihren ersten Höhepunkt fanden. In allen Industrieländern entstanden äquivalente Gesetzgebungen.

Nun hat sich der Begriff des Eigentums immer wieder gewandelt und war nur dort relevant, wo legitimerweise das Individuum Sachen und Gegenstände exklusiv in eigener Verantwortung und Verfügbarkeit für sich beanspruchen konnte.

In den vorgeschichtlichen Sammler- und Jäger-Gesellschaften war das Gesamt-eigentum am Revier und die Verteidigung dessen gegen andere Stämme eher vor-herrschend als das Individualeigentum. Die Nomadenvölker kannten durch den permanenten Wechsel der Stand- und Weideorte kein Eigentum an Grund und Boden, die Weide- und Haustiere waren Eigentum der Familien. Im Umfeld der Bronzezeit (ca. 2000–1000 v. Chr.) dürften sich in Europa dann die ersten Acker-baugesellschaften gebildet haben, die erlaubten, Rechte an Grund und Boden zu erwerben und abzusichern. Die Agglomeration möglichst großer Landgebiete in wenigen Händen (Adel) führte zu ersten geschichtlich beweisbaren Unterschieden in den Gesellschaftsstrukturen, eine Teilung der Gesellschaft in reich und arm begann ihren Lauf, erreichte in Zentraleuropa mit der Leibeigenschaft einen ersten Höhepunkt und setzte sich in der bäuerlichen Abhängigkeit bis weit in die Neuzeit fort.

Das erste Aufbegehren ging aus der Krise der spätmittelalterlichen bäuerlichen Gesellschaft hervor und führte 1524 bis 1526 zum Bauernkrieg, der sich überwiegend in Oberschwaben, im südlichen Reichsgebiet, in Teilen der Schweiz und nicht zuletzt in Franken abspielte: Im Odenwälder und Neckartaler Haufen übernahm *Götz von Berlichingen* unter Druck die Führung. Die mangelnde Geschlossenheit der Bauernbewegung erleichterte es dem Schwäbischen Bund, den Aufstand unter *Georg Truchsess von Waldburg* und *Herzog Anton von Lothringen* zu beenden.

Das Bauernlegen, also die Einziehung bäuerlicher Stellen durch den Gutsherrn, begann in England schon in der frühen Neuzeit (die Schafe fressen die Menschen), in Mecklenburg und Vorpommern ging die Zahl der Bauern auf ehemals ritterschaftlichem Boden im 15. bis 17. Jahrhundert stark zurück.

Am gnadenlosesten und für unsere heutigen Begriffe geradezu unvorstellbar wurde der Eigentumsbegriff auf die Sklaven angewandt, die zeit- und geografiebedingt mit unterschiedlicher Schärfe zu einer Sache „degradiert" und wie Sachen oder Tiere behandelt wurden. Welche Tragödien empfanden als Sklaven gehaltene Menschen, rechtlos, drangsaliert, unterworfen, bei offen gezeigter Obsession, zu der die menschliche Rasse fähig ist.

Der Sklavenhalter konnte einzelne oder alle mit dem Eigentumsrecht verbundenen dinglichen Befugnisse ausüben, im Extremfall die Sklaven auch verkaufen oder töten. Deshalb wird die Sklaverei von der Leibeigenschaft, mit der kein Eigentumsrecht verbunden ist, unterschieden. (*Brockhaus*, Bd. 20, S. 656).

Gegen Ende des Römischen Reichs gab es staatliche, danach kirchliche Beschränkungen des Handels mit christlichen Sklaven in Europa und im Mittelmeerraum. Gleichwohl wurden ab dem 10. Jahrhundert von den Türken christliche, von den christlichen Machthabern muslimische Sklaven quer durch Europa verhandelt. In den weltweiten Kolonien der europäischen Staaten setzte sich die Sklaverei bis ins 19. Jahrhundert fort, in den USA fand die Sklaverei erst 1870 ihr Ende, in Brasilien erst 1888, also hundert Jahre nach der Französischen Revolution!

Lässt man diese Tour d'horizon der Ungleichbehandlung von Menschen auf sich wirken, dann wird der Ruf nach Freiheit, Gleichheit, Brüderlichkeit (Liberté, Egalité, Fraternité) der Französischen Revolution gut verständlich. Auch wenn die

Niederlage *Napoleons* in Waterloo (18. Juni 1815) die Restitution der Monarchien in Deutschland bewirkte, so blieben die Auswirkungen in Form der konstitutionellen Monarchien nicht aus. Das blutige Jahrhundert, das 20., mit seinen mehr als 80 Millionen Toten – Erster Weltkrieg 8,7 Mio., Grippeepidemie 1918 25 Mio. weltweit, Zweiter Weltkrieg 50 Mio. – brachte in Europa nochmals leidvolle Unrast und Unruhe. Die Ideen von *Karl Marx* und *Friedrich Engels* mit ihrem kommunistischen Manifest waren gut gemeint und wurden nach den Irrungen und Wirren der vorausgegangenen Jahrtausende zunächst als Fortsetzung der Französischen Revolution und deren Krönung durch die Abschaffung des Privateigentums von den Völkern Europas begrüßt. Der für Deutschland und seine Alliierten verlorene Erste Weltkrieg brachte 1918/1919 die Abschaffung der Monarchien im Deutschen Reich, der für Deutschland verlorene Zweite Weltkrieg brachte als Konsequenz die Schrumpfung des Reichsgebiets und die Teilung Deutschlands in Bundesrepublik Deutschland und Deutsche Demokratische Republik.

Die Gründung der beiden deutschen Staaten und die Einführung des Sozialismus in der DDR mit dem Ziel der Schaffung einer klassenlosen Gesellschaft führte zum geradezu exemplarischen Systemwettbewerb zwischen der von *Alfred Müller-Armack* und *Ludwig Erhard* 1948 konzipierten sozialen Marktwirtschaft im Westen und der kommunistisch angelegten Planwirtschaft in der DDR, Westeuropa trat in Wettbewerb mit Osteuropa. Das Desinteresse der DDR-Bürger an der Ressourcenoptimierung am Volkseigentum führte zum Verfall aller Produktionsmittel und der öffentlichen Infrastruktur. Dadurch war es dem Westen möglich, den Ostblock sozusagen zu Tode zu rüsten: Der Doppelbeschluss der NATO von 1979, der ja in Deutschland unter der Kanzlerschaft von *Helmut Schmidt* gegen große Widerstände durchgesetzt wurde, war einer der letzten Sargnägel zum Fall des Kommunismus.

Altbekanntes Fazit: Die kapitalistische Wirtschaftsordnung bewies ihre haushohe Überlegenheit gegenüber jeder Form von Kommunismus, die Bankrotterklärung von UdSSR und Comecon, innerhalb nur weniger Monate nach dem Fall der Berliner Mauer am 9. November 1989, brachte den Völkern Mittelost- und Osteuropas immer mehr Freiheit.

Lässt man die hier gemachten Ausführungen auf sich wirken, dann ist klar, dass der Manchester-Kapitalismus (und die damit mindestens teilweise Fortsetzung einer Art Leibeigenschaft) nach den Gär- und Klärungsprozessen des 20. Jahrhunderts im 21. Jahrhundert keine Chance mehr hat. Die Demokratisierung der Welt macht deutliche Fortschritte, das Privateigentum ist in allen demokratischen Verfassungen garantiert, wobei im nächsten Abschnitt die Limitierung des Privateigentums beschrieben werden soll.

Grundgesetz Bundesrepublik Deutschland, Artikel 14 [Eigentum; Erbrecht; Enteignung]

(1) Das Eigentum und das Erbrecht werden gewährleistet. Inhalt und Schranken werden durch die Gesetze bestimmt.

(2) Eigentum verpflichtet. Sein Gebrauch soll zugleich dem Wohle der Allgemeinheit dienen.

(3) Eine Enteignung ist nur zum Wohle der Allgemeinheit zulässig. Sie darf nur durch Gesetz oder auf Grund eines Gesetzes erfolgen, das Art und Ausmaß der Entschädigung regelt. Die Entschädigung ist unter gerechter Abwägung der Interessen der Allgemeinheit und der Beteiligten zu bestimmen. Wegen der Höhe der Entschädigung steht im Streitfalle der Rechtsweg vor den ordentlichen Gerichten offen.

Das Grundgesetz definiert das Recht auf Eigentum als unveränderlich, es kann also nicht einmal durch eine Grundgesetzänderung (Zweidrittelmehrheit in Bundestag und Bundesrat) abgeschafft werden, das Bundesverfassungsgericht ist mit seinen Urteilen dem Recht auf Eigentum in wunderbarer Weise gefolgt und hat staatliche und öffentliche Eingriffe ins Privateigentum immer sehr eng und limitierend ausgelegt. Der legale Erwerb von Eigentum über Arbeit, Ressourcenoptimierung und Konsumverzicht lohnt sich also und hat heute (2005) zu einem Wohlstand im Land geführt, wie es ihn noch nie gegeben hat, die Bevölkerung Deutschlands verfügt über ein Geldvermögen von 3,9 Billionen Euro, eine unvorstellbare Summe. 43 % der deutschen Bevölkerung verfügen über Wohneigentum, die Sparquote in Deutschland lag 2003 bei 10,8 % des verfügbaren Einkommens und gehört damit zu den höchsten in der Welt.

Trotz dieser hohen Spartätigkeit sind die deutschen Bürger Weltmeister in Auslandsreisen. Allein 2004 wurden 58 Milliarden Euro für Auslandsreisen ausgegeben. 2004 waren 45,0 Mio. Fahrzeuge zugelassen, d.h. auf jeden Bürger entfallen 0,55 Fahrzeuge. Deutschland ist Exportweltmeister. Das deutsche Bruttoinlandsprodukt 2004 übersteigt das französische Bruttoinlandsprodukt um 34,4 %, das spanische gar um 164,5 %. Pro Capita, also pro Bürger, beträgt das Sozialprodukt in Deutschland 26.900 Euro, in Frankreich 26.500 Euro, in Spanien 19.600 Euro (2004).

Fazit: Eigentum bringt Stabilität für den Einzelnen genauso wie für das Gemeinwesen – nie hat es in der deutschen Geschichte 60 Jahre Frieden gegeben mit der Aussicht, dass diese Friedensphase weitere 50 bis 100 Jahre andauern kann – noch länger dann, wenn es gelingt, den Ressourcenverteilungskämpfen bei weiter zunehmender Weltbevölkerung vorzubeugen. In diesem Kontext ist genauso wichtig, dass die Bürger nicht nur ihr persönliches Eigentum schützen, sondern dass wir auch das bei uns unterentwickelte Nationalgefühl stärken und mit gleicher Freude unser öffentliches Nationalvermögen schützen und pflegen: Ich denke dabei an die Infrastruktur, an das Straßen- und Autobahnnetz, an Forschung und Bildung, an das Schulwesen, an den großen Bereich von Kultur mit öffentlichen Museen, Theatern!

Wo wären wir z.B. mit unserem Privateigentum, wenn wir uns nicht von unserem Anwesen über öffentliche Straßen an jeden x-beliebigen Ort bewegen könnten, von der Haustüre bis nach Wladiwostok, Palermo oder Hammerfest. Insofern hat jeder vernünftige Bürger Verständnis dafür, Steuern zu zahlen, aber viel lieber dann, wenn das Geld nicht sinnlos verplempert, sondern dort eingesetzt wird, wo es für die Nation Früchte, Zukunftssicherheit und Wohlstand bringt.

Nach einer Studie der Allianz „Zusammenhang zwischen Wohneigentum und Kriminalität" weist *Peter Haueisen*, Leiter der Allianz Baufinanzierung, nach, wie eng der Zusammenhang zwischen mangelndem Wohneigentum und hoher Kriminalität ist:

„In Spanien, das mit 85 % Wohneigentum europäischer Spitzenreiter ist, fallen im Schnitt 2.400 Verbrechen je 100.000 Einwohner an. Dagegen: In Deutschland, das lediglich eine halb so hohe Eigentumsquote aufweisen kann, ermittelte die Kriminalstatistik durchschnittlich 7.900 Fälle je 100.000 Einwohner. Damit ist die Kriminalitätsrate dreimal höher als in Spanien. Deutschland liegt zudem mit einer Wohneigentumsquote von 41 % im europäischen Vergleich an vorletzter Stelle ..." *(Haueisen, P.)*

Auch innerhalb Deutschlands lässt sich diese enge Korrelation zwischen Wohneigentum und Kriminalität nachweisen, wenn *Haueisen* schreibt:

„In Baden-Württemberg liegt die Wohneigentumsquote bei rund 48 %. Hier zählte das Bundeskriminalamt in 2001 weniger als 5.500 Delikte je 100.000 Einwohner. Hamburg hingegen verzeichnet eine Wohneigentumsquote von lediglich 20 %. Gleichzeitig sind in der Kriminalitätsstatistik der Hansestadt für das Jahr 2001 mehr als dreimal so viele Delikte (18.600 Fälle je 100.000 Einwohner) erfasst."

Im Oktober und November 2005 kam es in ganz Frankreich zu gewalttätigen Ausschreitungen jugendlicher Ausländer, erstmals in der Geschichte Frankreichs wurde im Mutterland der Ausnahmezustand ausgerufen. Solch bürgerkriegsähnliche Unruhen in einem Kernland der Europäischen Union erscheinen vordergründig skurril und unwirklich: Leicht zu erkennen ist, dass diese eigentumslosen jungen Menschen ohne Zukunftsperspektive zum permanenten Unruhefaktor werden. Auch an diesem exemplarischen Beispiel lässt sich ablesen, wie wichtig Eigentumsbildung für die politische Stabilität ist.

Wie oben beschrieben, hat das Geldvermögen in Deutschland seit dem Zweiten Weltkrieg dramatisch zugenommen, auch im Stammland der „Häuslebauer" in Baden-Württemberg haben 49,3 % der Bevölkerung ein eigenes Haus oder mindestens ein eigenes Appartement, das Saarland liegt mit 56,9 % Wohneigentumsquote in Deutschland unter den Bundesländern an der Spitze. *(Harlander/Kuhn 2003, S. 3).*

Verwunderlich bleibt, dass selbst in Spanien, Norwegen, Irland, Griechenland und Belgien die Bürger über mehr Wohneigentum verfügen, als dies in Deutschland der Fall ist: Spanien und Norwegen je 86 % Wohneigentumsquote, Irland 78 %, Griechenland und Belgien je 74 %. (Die Welt, 21. Mai 2004). Insofern besteht in Deutschland beachtlicher Nachholbedarf, selbst in Baden-Württemberg, von den anderen Bundesländern gar nicht zu sprechen.

Vermögen und Eigentum bringen Freiheit und Unabhängigkeit für das Individuum und Stabilität fürs Staatswesen. Ohne Eigentum ist alles nichts.

Literatur

Brockhaus Enzyklopädie in 24 Bd., 19. völlig neubearbeitete Auflage, F. A. Brockhaus GmbH, Mannheim 1993

Harlander, T./Kuhn, G., (2003), „Der Wunsch nach den eigenen vier Wänden", Tendenzen der Wohneigentumsbildung in Baden-Württemberg, Studie im Auftrag der Arbeitsgemeinschaft Baden-Württembergischer Bausparkassen, Schwäbisch Hall

Haueisen, P., Zusammenhang zwischen Wohneigentum und Kriminalität, www.allianz.com/azcom/dp/cda/0,,185430-49,00.html

o. V., Die Welt, Deutschland bleibt beim Wohneigentum weiter Schlusslicht, 21. Mai 2004

II. Der Staat und seine Grenzen

Freiheit *und* Zukunft sichern

Wohneigentum: Österreichische Dimension und politische Bedeutung

Martin Bartenstein

Im Zug der Debatten über die Herausforderungen der Globalisierung und angesichts der populär-populistischen Kritik am Kapitalismus ist es von besonderer Bedeutung, sich die ordnungspolitischen Prinzipien unseres Wirtschafts- und Sozialmodells der (öko-)sozialen Marktwirtschaft in Erinnerung zu rufen. Sie lauten: Freiheit und Leistung sind die unverzichtbaren Grundlagen für soziale Sicherheit und eine nachhaltig, zukunftsverträgliche Entwicklung. Wer das europäische Gesellschaftsmodell auch für die Zukunft sichern will, der muss diese grundlegenden Zusammenhänge im politischen Handeln ernst nehmen und sie auch offensiv argumentieren. Dabei spielt das Eigentum eine in jeder Hinsicht tragende Rolle: Im Eigentum realisiert sich der grundlegende Wert unserer Gesellschaftsordnung – die Freiheit.

Eigentum ist ökonomischer Ausdruck der Freiheit, Eigentum ist Schlüssel zur Freiheit. Das Anliegen des vorliegenden Sammelbandes, jene „Kultur des Eigentums" zu diskutieren und öffentlich zu machen, welche die – vielfach als selbstverständlich geltende – Grundlage unseres liberaldemokratischen Gesellschaftsmodells ist, ist daher umso positiver zu bewerten. Die Aufgabenstellung, für Freiheit und Eigentum zu werben, ist schließlich mit dem *annus mirabilis* 1989 nicht kleiner geworden. Am Verständnis von Freiheit und Eigentum scheiden sich trotz des finalen Zusammenbruchs der sozialistischen Planwirtschaft nach wie vor die politischen Geister. Dies wird etwa in Österreich vor allem in Zusammenhang mit der Privatisierung von ehemaligen Staatsbetrieben deutlich. So beobachten wir in der Politik, dass nicht der vielgescholtene – und in keinem Land der Welt existente – Neoliberalismus, sondern ein bizarrer Neoetatismus politische Karriere macht. Vor einem Zurück zum Staat ist aber in jeder Hinsicht zu warnen: Weder ist der Staat der bessere Unternehmer und Eigentümer – der Schuldenberg der verstaatlichten Industrie in Österreich und die Erfolgsstories nach der Privatisierung zeigen dies sehr eindrucksvoll –, noch ist der traditionelle Nationalstaat die alleinige Antwort auf die Herausforderungen der Globalisierung.

Politik und Eigentum

Privates Eigentum zu fordern und zu fördern bleibt daher ein politisches Grundanliegen. Gerade in Zusammenhang mit der Internationalisierung der Wirtschaftswelt ist die Bedeutung von Betriebs-, Grund- und geistigem Eigentum und seiner Gewährleistung gewachsen. Es steht außer Frage, dass nicht nur das nationalstaatliche Instrumentarium zur Gewährleistung von Eigentum entsprechend weiter entwickelt werden muss, sondern dass auch supranationale Strukturen entsprechende Mechanismen und Strukturen entwickeln müssen, um Eigentum zu sichern und zu schützen. Nach *John Locke* haben sich Staaten ja nur deshalb entwickelt, weil die Menschen darin das beste Instrument sehen, um ihr Eigentum zu erhalten.

Die Förderung von Eigentum ist aber auch unter dem Aspekt ein wichtiges politisches Projekt, weil es ein Korrektiv zur weithin verbreiteten Ansicht darstellt, dass Freiheit und Gerechtigkeit eine Funktion der Gleichheit darstellten. Eigentum ist unbestritten ein Ausdruck von Ungleichheit und sorgt daher traditionell für Ressentiments auf Seiten egalitaristisch orientierter Denker und Politiker. Tatsächlich besteht aber die große gesellschaftspolitische Herausforderung heute darin, Gerechtigkeit nicht länger als Gleichheit zu buchstabieren, sondern zu einem zeitgemäßen Gerechtigkeitsverständnis zu kommen, das unserer liberalen Demokratie angemessen ist. Diese Einsicht wird auch von einer sozialphilosophischen Diskussion getragen, die seit einiger Zeit – vorwiegend in den USA, aber auch im deutschsprachigen Raum – zu beobachten ist. Dabei wird substantielle Kritik an der egalitaristischen Selbstverständlichkeit geäußert, dass Gleichheit zwangsläufig relational, also als Gleichheit der einen mit den anderen, zu verstehen ist. „Warum eigentlich Gleichheit?" lautet daher die berechtigte Frage der Egalitarismuskritiker, die bemerkenswerter Weise nicht dem „neoliberalen", sondern dem linksliberalen Lager zu zuordnen sind (z.B. *Michael Walzer, Avishai Margalit, Joseph Raz, Harry Frankfurt, David Miller, Derek Parfit oder Elisabeth Anderson*).

Wohnen und Ideologie

Ein für Österreich beispielhafter Bereich, der die unterschiedlichen politischen Zugänge zum Eigentum deutlich macht, ist das Wohnungseigentum. Dies wird besonders an der Bundeshauptstadt Wien deutlich, in dem das Wohnungswesen im 20. Jahrhundert ein bemerkenswertes Dokument sozialistischer bzw. sozialdemokratischer Hegemonie darstellt. Die SP-Wohnbaupolitik hatte ein zentrales ideologisches Ziel: „Gleichheit" gegen die grassierende Ungleichheit und Ungerechtigkeit zu schaffen. Der großvolumige Geschosswohnbau des „Roten Wien" der Zwischenkriegszeit marginalisierte alle anderen Bauformen und Ideen. Die „Reichen" wurden zur Entrichtung einer speziellen Wohnbausteuer (benannt nach dem Stadtrat *Hugo Breitner*) verpflichtet, um die Umverteilung von „oben" nach „unten" zu gewährleisten. Bis 1934 wurden vom „Roten Wien" 67.000 solcher Mietwohnungen errichtet. Der objektive Bedarf konnte damit nicht erfüllt werden, die Mieter der kostengünstigen „Gemeindebauten" waren ausgesuchte Parteimitglieder der Sozialdemokratischen Partei. Die Infrastruktur dieser Bauten (z.B.

Kindergarten, Turnanlagen) sicherte den Einwohnern gemäß der sozialistischen Ideologie eine umfassende „Daseinsvorsorge". Auf diese Weise wurden soziale Riten und ideologische Sozialisationsaktivitäten gesichert – und damit die Mehrheiten der Sozialdemokratischen Partei bei den kommunalen Wahlen. Dieses Konzept wurde von der SPÖ nach 1945 weitergeführt. Ergebnis dieser hochideologisierten Wohnbaupolitik ist, dass das Wohnungseigentum in Wien eine bescheidene Rolle spielt. Die in Wien erreichte personelle Eigentumsquote beträgt lediglich 18 Prozent, der bundesweite Durchschnitt liegt bei fast 50 Prozent. „Die insgesamt ungünstige Relation von Miete und Eigentum ist ein historischer, immer gewollter Effekt der Wohnbaupolitik", bilanziert der Politikwissenschafter *Werner Pleschberger*. Und er diagnostiziert im Hinblick auf die Gegenwart: „Die Steuerung der Verteilung des errichteten Wohnraums in politischer Hinsicht ist subtiler geworden, die politische Intervention weniger krass zu durchschauen, aber sie findet nach Insideraussagen statt."

Ein Meilenstein in der Förderung des Wohnungseigentums war das 1948 beschlossene Wohnungseigentumsgesetz (WEG). Es schuf die gesetzlichen Grundlagen zur Errichtung von Eigentumswohnungen. Die Einführung dieses damals für Österreich neuen Rechtsinstituts war praktisch und ideologisch begründet: Auf der einen Seite waren Hauseigentümer aufgrund der geringen Mieterträge, die das Mietrecht ermöglichte, nicht am Wiederaufbau ihrer von Kriegshandlungen zerstörten Häuser interessiert. Auf der anderen Seite sollte aus ideologischen Gründen das Wohnungseigentum gezielt gefördert werden, was einem Anliegen der Österreichischen Volkspartei (ÖVP) entsprach. In der politischen Praxis kristallisierte sich eine parteipolitische Arbeitsteilung heraus: Die SPÖ war für Mieter und das Mietrecht, die ÖVP für Wohnungseigentümer zuständig. Eigentumswohnungen wurden in den folgenden Jahrzehnten vor allem mit Mitteln des Wohnhaus-Wiederaufbaufonds (WWF) und mit Hilfe des Wohnbauförderungsgesetzes 1954 geschaffen. Privatkapital spielte vorerst eine untergeordnete Rolle. Die Rückzahlungsraten waren wegen der langen Rückzahlungsfristen gering – und auch hier spielten parteipolitische Beziehungen eine wichtige Rolle. Mit dem WEG 1975 und dessen Neukodifikation mit dem WEG 2002 kam es zu entscheidenden Verbesserungen der Rechtslage für Wohnungseigentümer. Die Rechte Dritter an Immobilien wurden entschädigungslos aufgehoben. Die Wiederkaufs- und Vorkaufsrechte gemeinnütziger Bauvereinigungen an Wohnungseigentumsliegenschaften wurden abgeschafft. Mit dem 2. Wohnrechtsänderungsgesetz wurde die Vermietung von Eigentumswohnungen gefördert, um „Vorsorgewohnungen" und den Markt zu beleben. Die Novellierung des WEG im Jahre 1997 brachte mehr Sicherheit für künftige Wohnungskäufer. Die Bilanz der von der ÖVP eingeleiteten Wende im Wohnungswesen hin zu Wohnungseigentum ist erfreulich. Allein in den zwei Jahrzehnten bis 1991 hat sich die Zahl der Eigentumswohnungen in Österreich verdreifacht. Es gibt heute in Österreich über 360.000 selbstnutzende Wohnungseigentümer und knapp 1,4 Millionen selbstnutzende Hauseigentümer.

Wohneigentum und Demografie

Die Bedeutung des Wohnungseigentums in Österreich ist nicht nur im Sinn einer politischen Stärkung des Eigentums und der damit verbundenen Werte einer liberalen Demokratie von Bedeutung. Eigentum sichert vor dem Hintergrund der demografischen Entwicklung nicht nur individuelle Freiheit, sondern auch individuelle und gesellschaftliche Zukunft. Dies ist im Kontext der demografischen Entwicklung von entscheidender Bedeutung.

Nach den Daten der Statistik Austria wird das Durchschnittsalter in Österreich im Zeitraum von 2005 bis 2040 von 40 auf 47 Jahre steigen. 33,9 Prozent der österreichischen Gesamtbevölkerung werden 2040 über 60 Jahre alt sein, 8,3 Prozent werden über 80 Jahre alt sein. Die durchschnittliche Lebenserwartung wird sich von 79 Jahren auf 83 Jahre erhöhen. Das bedeutet, dass im Zeitraum 2005 bis 2040 die Zahl an Personen im Pensionsalter von derzeit 1,755 Millionen auf 2,835 Millionen zunehmen, die der Personen im erwerbsfähigen Alter hingegen von 4,998 Millionen auf 4,467 Millionen zurückgehen wird.

Dieser rasche Alterungsprozess wird unsere Gesellschaft massiv verändern und kaum einen gesellschaftlichen Bereich unberührt lassen. Das gilt vor allem für die Systeme der sozialen Sicherheit. Immer mehr Beitragsempfängern werden immer weniger Beitragsleister gegenüberstehen. Darüber hinaus wird prognostiziert, dass eine demografisch alternde Volkswirtschaft – wir konkurrieren im globalen Wettbewerb mit demografisch jungen Regionen wie den USA und Asien – über zuwenig Innovationskraft verfügt und damit im Wettbewerb um Wachstum und Wohlstand das Nachsehen haben wird. Auch ein Mangel an bereitgestelltem Kapital – das für die finanzielle Sicherheit im Alter verwendet wird – könnte sich negativ auf das Wirtschaftswachstum auswirken.

Die österreichische Wirtschafts- und Arbeitsmarktpolitik steuert diesen Entwicklungen durch eine offensive Innovationspolitik und eine Förderung der Weiterbildung älterer Arbeitnehmer entgegen. Einen Meilenstein zur Sicherung des im Umlageverfahren finanzierten Pensionssystems stellen die Pensionsreformen des Jahres 2003 und 2004 dar: Mit der Einführung eines so genannten Nachhaltigkeitsfaktors wurde der künftigen demografischen Entwicklung entsprochen. Der Nachhaltigkeitsfaktor passt die Pensionen an die demografische Entwicklung sowie an das Verhältnis von Beitragszahlern und Pensionisten an: Steigt etwa die Lebenserwartung stärker als prognostiziert an, gibt es bei Beitragssatz, Steigerungsbeitrag, Antrittsalter, Pensionsanpassung und Bundesbeitrag automatisch die notwendigen Anpassungen. Auf diese Weise wird das österreichische Pensionssystem „automatisch" flexibel erhalten. Die Bundesregierung hat dem Parlament vom Jahr 2007 an alle drei Jahre einen Bericht bezüglich der Entwicklung und Finanzierbarkeit des Systems vorzulegen. In ihren Empfehlungen ist die Einhaltung der Annahmen zur Erreichung des Leistungsziels (z.B. Entwicklung der Erwerbsquote und der Produktivität) zu berücksichtigen.

Gleichwohl steht außer Frage, dass zur Sicherung des Lebensstandards künftiger Pensionisten mehr Eigenvorsorge notwendig ist. Dieser Herausforderung wurde in Österreich durch die Einführung einer zweiten („Abfertigung neu") und einer dritten Säule (staatlich gefördertes Zukunftsvorsorgemodell) Rechnung getragen.

Entscheidend für den Lebensstandard der heute jungen Menschen im Alter wird aber zweifellos sein, wie viel Eigentum ihnen im Alter zur Verfügung steht. Die Altersvorsorge für Wohnen im Eigentum stellt nach wie vor eine der besten Formen der Vorsorge dar. Die Daten der Gebäude- und Wohnungszählung (2001) machen deutlich, dass auch in Österreich im vergangenen Jahrzehnt Eigentumswohnungen zunehmend vermietet wurden. Zwar unterliegt auch der Marktwert von Wohnungen Marktschwankungen und der allgemeinen Konjunktur, doch bietet Wohnen in der Eigentumswohnung oder im Eigenheim in jedem Fall einen konstanten Nutzwert – unabhängig vom Marktwert. Ein wichtiger Aspekt in Zusammenhang mit der demografischen Entwicklung ist, dass die ältere Generation ihre Wohnungen länger bewohnt und daher wesentlich später übergibt. Waren 2001 noch 292.000 Personen über 80 Jahre alt, so werden es laut Prognosen im Jahr 2040 bereits 738.000 sein. Diese Zahl entspricht weitgehend der Zahl jener der jungen Leute (20 bis unter 30 Jahre: 874.000 im Jahr 2050), die ihren ersten Haushalt gründen werden. Vor diesem Hintergrund zeichnet sich ab, dass Wohnungsbedarf und Neubautätigkeit zwischen 2015 und 2040 erstmals seit den 90er Jahren wieder steigen dürften. Zudem wird die durchschnittliche Haushaltsgröße aufgrund steigender Scheidungszahlen und gesellschaftlicher Trends (z.B. Single-Haushalte), weiter sinken. Wir brauchen mehr Wohnungen – und wir brauchen mehr Wohnungen im Eigentum.

Dem Wohnungseigentum kommt somit eine immer bedeutsamere Rolle zur Zukunftssicherung zu: Die volkswirtschaftliche Sparleistung der Privathaushalte steigt, der Staatshaushalt wird dadurch entlastet, der öffentliche Aufwand in Form von Bausparförderung ist gering, der Wohnungsbestand wird besser erhalten, die Interessen der Generationen werden besser ausgeglichen.

In der Vergangenheit wäre das verfügbare Wohnungsangebot ohne Eigenleistungen qualitativ und quantitativ unzureichend gewesen. Derzeit werden über 58 Prozent der Wohnungen in Österreich von Haus- und Wohnungseigentümern oder deren nahen Angehörigen bewohnt – Tendenz steigend. 60 Prozent der Neubauten seit den 70er Jahren weisen die Rechtsform Eigentum auf. Über 85 Prozent der Großwohnungen (110 m2 und mehr) stehen im Eigentum.

Ein weiterer Aspekt in Zusammenhang mit der Bedeutung von Wohnungseigentum zur Altersvorsorge liegt darin, dass die medial immer wieder kolportierte Erbenwelle zwar stattfindet, die vererbten Vermögen aber die eigenen Vorsorgeleistungen nicht ersetzen können. Die Förderung des Wohneigentums bleibt daher die nachhaltigste und beste Strategie, um die notwendige Eigeninitiative und Eigenverantwortung bei der Altersvorsorge zu forcieren.

Das österreichische Wohnungswesen ist in den vergangenen Jahren von der notwendigen Tendenz zur Privatisierung gekennzeichnet: der Kürzung der öffentlichen Fördergelder stehen der Bedeutungsgewinn privater Geldmittel, die Förderung privater Bauherren, die Stärkung des Wohnungseigentums sowie der Verkauf von Mietwohnungen (auch jener im Bundeseigentum) an ihre Bewohner gegenüber. Die Ende der 80er Jahre erfolgte Übertragung der wohnungspolitischen Kompetenzen an die Bundesländer hat zu einer Vielfalt förderungsrechtlicher Bestimmungen auf Länderebene geführt. Statt der bisher häufig eingesetzten Zinsenzuschüsse und Annuitätenzuschüsse werden verstärkt Förderungsdarlehen mit niedrigen Zinssätzen eingesetzt.

Die Aktivitäten des dritten Sektors im Wohnungswesen, Wohnungswirtschaft und Wohnpolitik sind breit gefächert. Die gemeinnützige Wohnungswirtschaft umfasst derzeit etwa 200 rein privatrechtlich als AGs, GesmbHs und Genossenschaften organisierte Unternehmen. Der Bereich verwaltet etwa 700.000 Wohnungen und errichtet pro Jahr zwischen 12.000 und 15.000 Wohnungen (der Gesamtwohnungsbestand in Österreich liegt bei mehr als 3,7 Millionen – etwa 3,43 Millionen davon dienen als Hauptwohnsitz, der Rest sind Ferienwohnungen und Zweitwohnsitze). Rund zwei Millionen Österreicher wohnen im gemeinnützigen Wohnungsbestand. Aus Expertsicht ist eine qualitative Deregulierung mit einer Stärkung der unternehmerischen Gestion sowie der Leistungs- und Kundenorientierung notwendig.

Eigentum und Staat

Das Beispiel Wohneigentum zeigt, dass Eigentum nicht nur ein wichtiger Ausdruck der Freiheit in unserer liberalen Demokratie ist, sondern auch ein wichtiges Instrument der Zukunftssicherung und der Eigenvorsorge. In diesem Sinn ist zu wünschen, dass das Eigentum als einer der Schlüsselbegriffe unserer Rechts- und Gesellschaftsordnung verstärkt Thema der öffentlichen Diskussion wird. Genauso wenig, wie wir in unserer Gesellschaft weniger Freiheit brauchen, brauchen wir auch nicht weniger Eigentum. Die Klage über eine angeblich schrankenlose globale Ökonomie darf nicht dazu führen, dass staatlicher Interventionismus auch das Recht auf Eigentum unterminiert.

In der Diskussion der gewandelten Bedeutung von Eigentum ist auch der Konnex zur Rolle und Dimensionierung des Staates von Bedeutung. In den vergangen

Jahrzehnten hat – nicht nur in Österreich – ein politisch massiv vorangetriebener gesellschaftlicher Transformationsprozess stattgefunden, der auf die Entwicklung von Ansprüchen an das Staatswesen ausgerichtet war. In diesem Entwicklungsprozess hin zu einer „Anspruchsdemokratie" und „Vollkaskogesellschaft", in welcher der Staat seine Bürgerinnen und Bürger gegen jedwedes Lebensrisiko abzusichern schien, veränderte sich das Verständnis des Verhältnisses zwischen Staat und Bürgern grundlegend. Es wurde wichtig, aus dem Staat soviel Verpflichtungen für den Einzelnen bzw. für gesellschaftliche Gruppen wie möglich herauszuholen. Seit dem Jahr 2000 hat sich der Kurs in Österreich spürbar gewendet. Eigenverantwortlichkeit und Eigenvorsorge sind Schlüsselbegriffe der Reformregierungen der Kabinette Schüssel I und II, die auch die gesellschaftspolitische Zukunft prägen werden und prägen werden müssen. Das Staatsverständnis unterliegt in ganz Europa einem Wandel. So hält etwa der bekannte Werteforscher und Public-Management-Experte *Helmut Klages* fest: „Nach dem Vordringen des Staates im 20. Jahrhundert sollen nunmehr die Kräfte des Marktes, aber auch der Gesellschaft wieder stärker in den Vordergrund treten. Der Staat, der sich bisher für immer mehr Dinge verantwortlich und ausführend zuständig sah, soll die Rolle eines aktivierenden Befähigers („Enablers") übernehmen, d. h. in der Gesellschaft Eigenkräfte wecken und fördern und auf diesem Wege zu einer günstigen Gesamtentwicklung beitragen. Im Zusammenhang mit dem Leitbild einer „Bürgergesellschaft" (oder „Zivilgesellschaft"), das auf der Eigeninitiative und Eigenverantwortung der Menschen aufbaut, werden zunehmend Fragen gestellt wie: Was kann der Staat, was kann der Markt, was kann die Gesellschaft, was können die einzelnen Menschen leisten?" Im Gegensatz zum alten Modell des paternalistischen Vollkasko-Staates („Vater Staat") aktiviert der nunmehr notwendige „Partner Staat" die Leistungsbereitschaft der Bevölkerung, statt sie zur Delegation von individueller und bürgerschaftlicher Verantwortung zu ermuntern. Dabei spielt Eigentum als Schlüssel zu Eigenverantwortung und Eigenvorsorge eine entscheidende Rolle – und muss auch vor diesem Hintergrund zweifellos stärker und offensiver in den politischen Prozess Eingang finden. Welche unterschiedlichen Zugänge auch immer wir in der Politik zum Thema Eigentum wählen: Fest steht, dass nur Eigentum den Bürgerinnen und Bürgern Freiheit *und* Zukunft sichert.

Bausparen in Österreich

Die Bausparprämie kann erhalten, wer in Österreich unbeschränkt steuerpflichtig ist (d. h. seinen ordentlichen Wohnsitz in Österreich hat). Die Bausparprämie ist eine Erstattung von der Einkommensteuer und ist im § 108 Einkommensteuergesetz geregelt. Ihre Höhe errechnet sich in Prozenten von der in einem Kalenderjahr zu einem Bausparvertrag geleisteten Einzahlung. Dieser Prozentsatz wird jährlich vom Bundesminister für Finanzen nach folgender Formel festgesetzt:

Prozentsatz = Sekundärmarktrendite - 25% + 0,8 Aufschlag

Das Ergebnis wird auf halbe Prozentpunkte gerundet und darf nicht weniger als 3 % und nicht mehr als 8 % betragen.

Jeweils pro Kalenderjahr kann der Bausparer für Einzahlungen bis höchstens EUR 1.000,– die Bausparprämie erhalten, zusätzlich ebenfalls für den unbeschränkt steuerpflichtigen Ehepartner und jedes Kind.

Der Prozentsatz für 2005 beträgt 3,5 %. Das bedeutet für eine Einzahlung von EUR 1.000,– eine Prämie von EUR 35,–.

Bausparen ist die beliebteste Sparform der Österreicher. Während die Sparquote zu Beginn der 90er Jahre von rund 14 Prozent auf derzeit etwa 8,3 Prozent der Netto-Einkommen gefallen ist, verdoppelten sich die Bauspareinlagen in diesem Zeitraum.

Literatur

Bauer, E. (2005), Eigentumswohnungen in Österreich – quantitative Bedeutung und Nutzung, Statistische Nachrichten 2/2005

Havel, M./ Fink, K./ Barta, H., Wohnungseigentum – Anspruch und Wirklichkeit. Entwicklungen, Probleme, Lösungsstrategien

Klages, H. (2001), Brauchen wir eine Rückkehr zu traditionellen Werten?, Aus Politik und Zeitgeschichte B 29/2001, www.bpb.de

Kramer, H., Wohneigentum als Altersvorsorge, Raiffeisen Wohnbau Lebensstilforschung

Krebs, A. (2000), Gleichheit oder Gerechtigkeit

Pleschberger, W. (2004), Elitenherrschaft ohne Machtwechsel, Österreichische Monatshefte 6/04

Wozu braucht man Eigentum?

Kurt H. Biedenkopf

Während meiner Zeit als Gastprofessor in Leipzig erhielt ich zahlreiche Einladungen von Kombinaten, Stadtverwaltungen, neu gegründeten Vereinen mit der Bitte, ihnen über die Veränderungen zu berichten, die mit dem Prozess der deutschen Einheit verbunden sein würden und ihnen die Grundzüge der Wirtschaftsordnung zu erläutern, die mit der Wiedervereinigung auch in der bisherigen DDR Geltung erlangen würden. Eine dieser Einladungen erhielt ich von einem Kombinat in Grimma bei Leipzig. Die erweiterte Führung des Unternehmens, das rund 50.000 Mitarbeiter beschäftigte, hatte sich versammelt, um etwas über ihre und die Zukunft des Unternehmens zu erfahren. Man wollte zudem eine Vorstellung davon gewinnen, nach welchen Grundsätzen die marktwirtschaftliche Ordnung organisiert war. Nachdem wir mehrere Stunden gesprochen und diskutiert hatten, meldete sich ein Herr zu Wort. Er habe die bisherige Aussprache mit Interesse verfolgt. Er sei Chemiker und verstehe nicht sehr viel von wirtschaftlichen und wirtschaftspolitischen Fragen. Ob er eine einfache Frage stellen dürfe? Nachdem sie ihm gewährt wurde, fragte er: Wozu braucht man Eigentum? Später habe ich diese Frage häufig meinen Freunden und Bekannten in führenden Positionen der Wirtschaft mit der Anregung vorgelegt, sie sich einmal in einer stillen Stunde selbst ausführlich zu beantworten. Dass sie zu diesem Zeitpunkt und von einem Chemiker eines großen Kombinates gestellt wurde, war keineswegs überraschend. Das Eigentum spielte in der ehemaligen DDR als Gestaltungs- und Organisationsprinzip der Wirtschaftsordnung kaum eine Rolle. Zwar waren Fragen des Eigentums auch in Artikel 10 der Verfassung der DDR geregelt. Allerdings hatte diese Regelung wenig mit dem Eigentumsbegriff zu tun, der uns geläufig ist, und mit dem Eigentum, das unsere Verfassung in Artikel 14 Grundgesetz gewährleistet. Man unterschied in der DDR zwischen Volkseigentum, genossenschaftlichem Gemeineigentum so genannter werktätiger Kollektive und Privateigentum im engeren Sinne. Volkseigentum war in Wirklichkeit Staatseigentum. Die Bevölkerung hatte keinerlei Einfluss oder Mitbestimmungsrechte über seine Verwendung. Es war Teil des zentralplanwirtschaftlichen Systems der Steuerung der gesamten Wirtschaft. Persönliches Eigentum an Produktionsmitteln war unzulässig. Das Privateigentum sollte der Befriedigung materieller und kultureller Bedürfnisse des Einzelnen dienen. Es durfte den Interessen der Gesellschaft nicht zuwider laufen. Privateigentum wurde im Wesentlichen durch Arbeitseinkommen erworben und existierte zum Beispiel in Form von Ersparnissen, Gebäuden für Wohn- und Erholungsbedürfnisse oder Hausrat. Das „sozialistische Eigentum" in seiner wichtigsten Ausprägung als Volkseigentum war zwingend für Bodenschätze, Kraftwerke,

Banken, Versicherungen und Industriebetriebe vorgeschrieben. Wesentliche Teile der mittelständischen Industrie, des kleineren Handwerks oder Einzelhandels existierten zunächst weiter, wurden dann jedoch in den siebziger Jahren zunächst teilweise durch Staatsbeteiligungen und später zum großen Teil durch Zusammenfassung in Kombinaten verstaatlicht. Es lag deshalb durchaus nahe, dass ich nach der Funktion des Eigentums gefragt wurde.

Unsere Verfassung gewährleistet das Eigentum ebenso wie das Erbrecht als ein Grundrecht. Unser bürgerliches Recht definiert das Eigentum als umfassendes Besitz-, Verfügungs- und Nutzungsrecht über unbewegliche und bewegliche Sachen. Es legt damit im Wesentlichen den Inhalt der dem Eigentümer zustehenden Befugnisse fest. Er ist berechtigt, über die Sache, dessen Eigentümer er ist, nach eigenem Ermessen zu verfügen und sie zu nutzen, soweit nicht Gesetze oder Rechte Dritter dem entgegenstehen. Der wirtschaftspolitisch relevante Eigentumsbegriff reicht jedoch über den des bürgerlichen Rechts weit hinaus. Er bezieht praktisch alle vermögenswerten Rechtspositionen in den Eigentumsbegriff ein, die als subjektive Rechte ausgestattet sind und dem Einzelnen, sei es eine natürliche oder juristische Person, zugeordnet werden. Es umfasst damit Forderungsrechte aller Art, das Recht am so genannten eingerichteten und ausgeübten Gewerbebetrieb ebenso wie Urheber- oder Patentrechte, Mitgliedschaftsrechte in juristischen Personen und ähnliches.

Die Garantie des Eigentums durch Artikel 14 Grundgesetz, ähnlich wie schon in Artikel 153 der Weimarer Reichsverfassung, ist nicht unbegrenzt. Zum einen werden Inhalt und Schranken des Eigentums durch Gesetz bestimmt. Diese Einschränkungen sind vielfältiger Art. Sie werden insbesondere bei so genannten unbeweglichen Sachen, das heißt, bei Grundstücken und Immobilien, wirksam. Mit einem Stück Land, das mir gehört, kann ich nicht nach Belieben umgehen. Die Nutzungsarten können ebenso gesetzlich geregelt und beschränkt werden, wie die Art und Weise der Bebauung. Aus dem so genannten Nachbarschaftsrecht erwachsen Begrenzungen meines Eigentums an Grundstücken. Liegt das Grundstück außerhalb der als Bauland ausgewiesenen Flächen, so kann ich es entweder gar nicht oder nur unter bestimmten Bedingungen bebauen. Allerdings darf die Bestimmung von Inhalt und Schranken des Eigentums durch Gesetz nicht dazu führen, dass der eigentumsrechtliche „Kernbereich" verletzt wird. Ebenso wird das Eigentum vor staatlicher Willkür geschützt. Vor allem jedoch darf es nur unter ganz besonderen Bedingungen enteignet werden. Der Schutz des Eigentums vor Enteignung, die nur zum Wohle der Allgemeinheit zulässig ist und nur durch Gesetz oder aufgrund eines Gesetzes erfolgen darf, das Art und Ausmaß der Entschädigung regelt, ist der eigentliche Ausdruck des durch die Verfassung gewährleisteten Eigentumsrechts.

Wirtschaftspolitisch und wirtschaftsverfassungsrechtlich bedeutsam ist vor allem die so genannte Sozialbindung des Eigentums. Artikel 14 des Grundgesetzes stellt dazu lapidar fest: Eigentum verpflichtet. Sein Gebrauch soll zugleich dem Wohle der Allgemeinheit dienen. Diese Allgemeinwohlorientierung des Grundrechtes war ebenfalls bereits in der Weimarer Verfassung enthalten. Das Grundrecht des Eigentums ist das einzige, welches einer ausdrücklichen Gemeinwohlorientierung unterliegt. Gleichwohl können wir feststellen, dass es sich um einen allgemeinen Grundsatz handelt, der alle Grundrechte erfasst, deren Ausübung das Wohl der Allgemeinheit berühren kann. Dass die Ausübung eines Grundrechtes, wenn schon nicht zugleich dem Wohle der Allgemeinheit dienen, so doch dem Wohle der Allgemeinheit nicht widersprechen sollte, lässt sich vielmehr aus Artikel 14 Absatz 2 für alle Grundrechte ableiten, deren Ausübung Auswirkungen auf das Wohl der Allgemeinheit haben kann. Man könnte auch sagen, dass die Allgemeinwohlbindung allen von der Verfassung gewährten, autonomen Rechtspositionen immanent ist, auch wenn sie von der Verfassung im Zusammenhang mit solchen Rechtspositionen nicht ausdrücklich erwähnt wird. So sind die Pressefreiheit, die Vereinsfreiheit oder die Koalitionsfreiheit nicht nur persönliche, sondern auch so genannte institutionelle verfassungsrechtliche Garantien. Als solche tragen sie die, wenn auch nur in extremen Fällen mit Sanktionen belegbaren, Verpflichtungen in sich, die mit ihnen verbundenen Befugnisse im Sinne einer generellen Allgemeinwohlorientierung zu handhaben.

Der verfassungsrechtliche Schutz des Eigentums bildet zusammen mit der Vertragsfreiheit und der Vereinsfreiheit die wichtigste Grundlage für eine arbeitsteilige Wirtschaftsordnung, deren Zusammenwirken durch Märkte und nicht durch zentrale Planwirtschaft koordiniert wird. Die soziale Marktwirtschaft und damit eine wertgebundene Wettbewerbsordnung sind ohne Eigentum undenkbar. Oder allgemeiner gewendet: Ebenso wenig, wie privates Eigentum in der zentralplanwirtschaftlichen Ordnung eine wesentliche Funktion haben kann, ist eine freiheitliche Wirtschaftsverfassung und ihre Wettbewerbsordnung ohne Privateigentum undenkbar. Denn das Privateigentum stützt die Freiheit. Privateigentum ist damit ebenso ein Grundrecht wie ein Organisationsprinzip, als dass es zusammen mit der Handlungsfreiheit, der Vertragsfreiheit, der Konsumfreiheit und der unternehmerischen Freiheit in den Grenzen gesetzlicher Regelung wirksam wird.

Welche Bedeutung hat in diesem Zusammenhang die „Sozialpflichtigkeit" des Eigentums, welche in dem Satz zum Ausdruck kommt: Eigentum verpflichtet? Zunächst und vor allem im Sinne der Begrenzung oder Verhinderung von Wirtschaftsmacht, welche geeignet ist, die Funktionsfähigkeit der Wettbewerbsordnung zu beeinträchtigen oder in bestimmten Märkten zu beseitigen. Für das Verständnis dieses Zusammenhangs bedeutsam ist, dass die Wettbewerbsordnung selbst für die Ordnung der Verkehrswirtschaft konstitutiv ist. Das Wettbewerbsprinzip hat für die Ordnung der sozialen Marktwirtschaft Verfassungsrang. Die rechtliche Gestaltung des Wettbewerbs ist demnach eine Einrichtung der Wirtschaftsverfassung. Kommt kein Wettbewerb oder kein ausreichender Wettbewerb zustande, wird die Lenkungsaufgabe der Marktpreise beeinträchtigt. Güterproduktion und Verteilung werden in eine nicht gewollte Richtung dirigiert. Fehllenkungen der wirtschaftlichen Zusammenarbeit der Wirtschaftsbürger sind die Folge.

Derartige Fehllenkungen entstehen, wenn sich privatrechtlich organisierte Marktmacht bildet, die in der Lage ist, den Wettbewerb einzuschränken, das Verhalten der Marktteilnehmer in eine bestimmte Richtung zu lenken und damit im Ergebnis den Marktverlauf dort planwirtschaftlich zu gestalten, wo Marktmacht wirksam wird. Wo immer Marktmacht auftritt, ist neben der Vertragsfreiheit auch Privateigentum beteiligt. Ob es sich um Kartelle, um marktbeherrschende Unternehmen oder um Monopole handelt: immer beruhen derartige Strukturen auf der Gewährleistung von Eigentum und dem Recht, über Eigentum – in der Regel in Gestalt von Produktionsmitteln – vertraglich zu verfügen. Für die Legitimation der marktwirtschaftlichen Ordnung entscheidend ist deshalb, dass die Rechtsordnung der Verfälschung der Wettbewerbsordnung durch Wirtschaftsmacht entgegentritt. Dies geschieht mit Hilfe des Gesetzes gegen Wettbewerbsbeschränkungen. Auf das Eigentumsrecht und seine Allgemeinwohlbindung bezogen verwirklicht das Gesetz gegen Wettbewerbsbeschränkungen den Satz: Eigentum verpflichtet. Es schützt die Wettbewerbsordnung vor dem Gebrauch des Eigentums für Zwecke der Marktlenkung, das heißt, der planwirtschaftlichen Gestaltung von Märkten mit privatrechtlichen Mitteln. Das von der Verfassung gewährleistete Eigentumsrecht berechtigt nicht zur planwirtschaftlichen Intervention in die Wettbewerbsordnung. Die Verhinderung von Marktmacht ist deshalb keine Enteignung oder ein enteignungsähnlicher Vorgang, sondern die notwendige Definition der Grenzen des Eigentums, die ihm durch die staatlich geschützte Wettbewerbsordnung gezogen ist. Man kann auch sagen: Das Kartellrecht als wesentlicher Bestandteil der Verfassung der Verkehrswirtschaft definiert die Grenzen des Eigentums auf Grundlage der Wettbewerbsordnung.

Dass Forderungen jeglicher Art, die einer einzelnen oder juristischen Person zustehen, unter den Eigentumsbegriff der Verfassung fallen, ist unstreitig. Weniger eindeutig ist die Antwort auf die Frage, ob auch solche Ansprüche eigentumsähnlichen Charakter haben, die öffentlich-rechtlicher Natur sind. Unter ihnen hat das Bundesverfassungsgericht schon seit längerem Pensions- und Rentenansprüche als eigentumsähnliche Rechte anerkannt. Soweit es dabei um die gesetzliche Rentenversicherung geht, entstehen die Ansprüche gegen die Versicherung als Folge der Beitragszahlung der Versicherten. Mit ihren Beiträgen erwerben sie einen Anspruch gegen die Rentenversicherung auf spätere Zahlung einer Rente. Die Anerkennung eines derartigen Anspruchs als eigentumsähnliches Recht ist – wie sich inzwischen zeigt – deshalb nicht unproblematisch, weil der Rentenversicherte mit seinen Beiträgen zwar einen Anspruch auf spätere Rentenzahlung erwirkt, die

Beiträge jedoch nicht der Finanzierung dieses späteren Anspruchs dienen, wie das bei einer privatrechtlichen Versicherung – Lebens- oder Rentenversicherung – der Fall wäre. Die Beiträge der Versicherten dienen vielmehr unmittelbar der Finanzierung der Renten der älteren Generation. Die gesetzliche Rentenversicherung ist keine normale Versicherung, sondern ein Umlagesystem. Die eigentumsähnlich geschützten Ansprüche des Versicherten richten sich tatsächlich gegen die jeweils nächste Generation, die durch ihre Beiträge einen Rentenanspruch erwirbt, mit ihnen jedoch die Renten der jeweilig älteren Generation finanziert. Die demographische Entwicklung führt uns inzwischen die Probleme vor Augen, die damit verbunden sind, ein im Wege des Umlageverfahrens erworbenen Anspruch als eigentumsähnlichen Anspruch zu schützen. Tatsächlich läuft ein solcher Schutz darauf hinaus, dass letztendlich der Staat für die Einlösung des Anspruches aufkommen muss, wenn die Beitragszahlungen einer kleineren Zahl von Aktiven nicht ausreichen, um die erworbenen Ansprüche zu befriedigen.

Ob der Staat verpflichtet werden kann, alle Ansprüche ohne Einschränkung einzulösen, ist unklar. Denkbar ist, dass man die Frage ähnlich beantworten wird, wie man sie auch bei Betriebsrenten beantwortet. Dort ist der Bezieher einer Betriebsrente noch immer Teil der Betriebsgemeinschaft, die diese Rentenzahlungen erwirtschaftet. Kommt der Betrieb in existenzielle Schwierigkeiten, ist er berechtigt, in den eigentumsähnlichen Anspruch auf Betriebsrente einzugreifen, wenn die Aufrechterhaltung des Unternehmens und damit auch der Arbeitsplätze der Aktiven dieses als unabwendbar erscheinen lässt. Auch bezogen auf die Gemeinschaft des Staatsvolkes wird der Rentner, der seinen Anspruch gegen den Staat geltend macht und sich dabei auf den eigentumsähnlichen Charakter dieses Anspruches beruft, in Kauf nehmen müssen, dass überragende Interessen des Allgemeinwohls einen Eingriff in seinen Rentenanspruch rechtfertigen. Jedenfalls insoweit besteht auch im Blick auf die gesetzlich begründeten Ansprüche gegen die Rentenversicherung, denen eigentumsähnlicher Charakter zuerkannt wird, eine Bindung an das überragende Allgemeinwohl.

Trotz aller Bindungen und Begrenzungen bleibt das Eigentum der Bürger eine der tragenden Säulen eines freiheitlichen Gemeinwesens. Wo Eigentum geschützt wird, herrscht Freiheit. Wo Eigentum missachtet wird, herrscht Unfreiheit. Auf diese Formel lässt sich letztlich die Antwort auf die Frage zurückführen, wozu braucht man Eigentum. Man braucht Eigentum zum Schutz der Freiheit.

Soziale Marktwirtschaft im 21. Jahrhundert

Peter Bofinger

1. Die unsichtbare Hand des Marktes: Effizient, aber nicht barmherzig

Die meisten Ökonomen sind sich darin einig, dass der Markt ein effizientes Organisationsprinzip für eine arbeitsteilige Wirtschaft darstellt. Doch es ist dabei auch unstrittig, dass die „unsichtbare Hand" des Marktes, wie *Adam Smith* diesen faszinierenden Mechanismus bezeichnete, Güter und Dienstleistungen nicht nach den Bedürfnissen, sondern nach der wirtschaftlichen Leistungsfähigkeit der Menschen verteilt. Für den, der nichts leisten will oder nichts leisten kann, bleibt die Hand des Marktes leer. Deshalb gibt es in allen entwickelten Volkswirtschaften einen weit reichenden politischen Konsens, dass die Primäreinkommensverteilung, die sich durch den Marktmechanismus ergibt, durch Mittel staatlicher Umverteilung korrigiert werden muss. Nur so ist es möglich, dass auch jenen Bürgern ein menschenwürdiges Leben ermöglicht wird, deren wirtschaftliche Leistungsfähigkeit unterdurchschnittlich ist.

Doch in welchen Formen soll die staatliche Umverteilung vorgenommen werden, und welchen Umfang soll sie annehmen in einer Welt der Globalisierung, die zu immer stärkerem Wettbewerb zwischen den Standorten führt? Beide Fragen sind für die Zukunftsfähigkeit aller Volkswirtschaften von zentraler Bedeutung und sind deshalb in den letzten Jahren ebenso intensiv wie strittig diskutiert worden. Für Deutschland geht es darum, das im Grunde bewährte System der Sozialen Marktwirtschaft so umzugestalten, dass es gleichzeitig die menschenwürdige Existenzsicherung für die Menschen mit deutlich unterdurchschnittlicher Leistungsfähigkeit bietet und dabei zugleich ausreichende Leistungsanreize für alle Erwerbsfähigen setzt.

2. Hohe Staatsausgaben sind nicht grundsätzlich schlecht für Wachstum

Wenn man Umverteilung in Deutschland betrachten will, bietet es sich an, dies im internationalen Vergleich zu tun. Dabei stellt sich das Problem, wie man Umverteilung statistisch abbilden soll, da die entwickelten Länder verschiedene Modelle des Sozialstaates haben. So werden in den skandinavischen Ländern viele soziale Leistungen über Steuern finanziert und kostenlos durch Staatsbedienstete geleistet, ohne dass dies statistisch als Transfer registriert wird. In Deutschland oder

Frankreich werden demgegenüber solche Leistungen über lohnbezogene Sozial-abgaben finanziert, womit dann z.B. frei praktizierende Ärzte bezahlt werden. Diese Leistungen werden als Transfers ausgewiesen, so dass der statistisch abge-bildete Umfang der sozialen Transfers in einem Land wie Deutschland relativ zu den Skandinaviern zu hoch ausfällt. Auch die staatlichen Ausgaben für die Schul-ausbildung werden in der Statistik nicht als Transfers erfasst, obwohl sie ein gro-ßes Umverteilungselement enthalten. Aus diesem Grund bietet es sich an, die Umverteilung an der Staatsquote, d.h. dem Anteil aller Staatsausgaben am Brutto-inlandsprodukt abzulesen. Abbildung 1 verdeutlicht, dass Deutschland im Ver-gleich zu den „alten" EU-Mitgliedsländern über keinen besonders „fetten" Sozial-staat verfügt, insbesondere wenn man dazu die besonderen Verhältnisse der deutschen Einheit berücksichtigt, die nach wie vor jährliche West-Ost Transfers in Höhe von rund 85 Milliarden Euro erfordern (rund 4 % des Bruttoinlandspro-dukts).

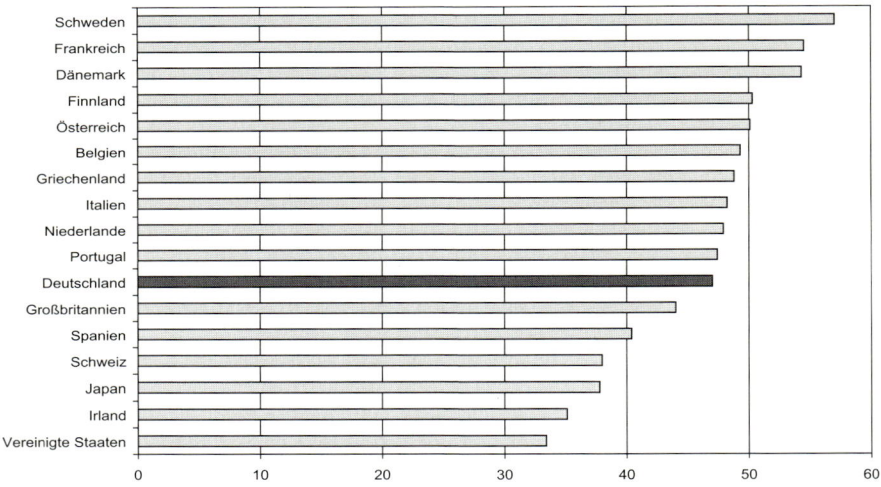

Abbildung 1: Relation der Staatsausgaben zum Bruttoinlandsprodukt im Jahr 2005 (Staatsquote in vH)

Quelle: European Economy

Damit stellt sich die Frage nach dem Einfluss der Staatsausgaben auf die wirt-schaftliche Dynamik. Hier zeigt sich ein differenzierter Befund (Abbildung 2). Zunächst ist nicht zu übersehen, dass Länder mit geringeren sozialen Leistungen tendenziell höheres Wirtschaftswachstum erzielen. Dies gilt insbesondere für Län-der wie Irland, die einen wirtschaftlichen Aufholprozess hinter sich haben. Auch an angelsächsischen Volkswirtschaften ist zu erkennen, dass ihr Wachstum höher ist als in Staaten mit höheren Sozialleistungen. Aber das Beispiel Japans und der Schweiz zeigt auch, dass ein „Magerstaat" ein geringes Wirtschaftswachstum auf-

weisen kann. Umgekehrt ist in Schweden, Dänemark und Finnland eine dynamische Entwicklung mit überdurchschnittlich ausgebautem Sozialsystem möglich.

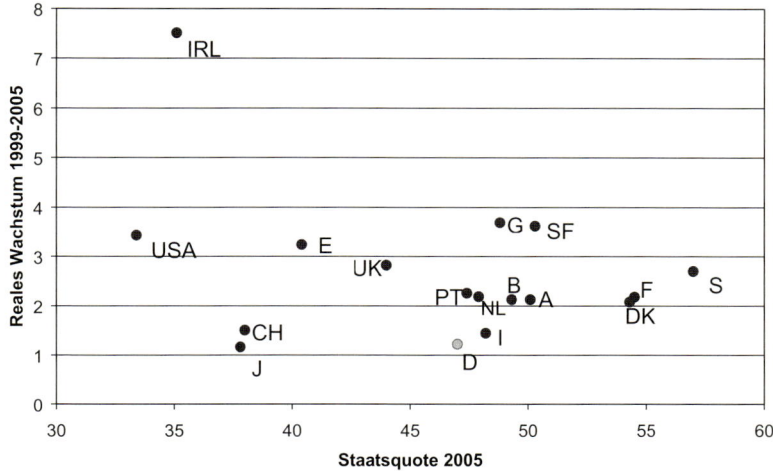

Abbildung 2: Staatsquote (1995) und durchschnittliches reales Wirtschaftswachstum
(1999-2005)

Quelle: European Economy

Deutschland liegt mit durchschnittlichem Wachstum von kaum mehr als einem
Prozent deutlich ungünstiger als alle Länder höherer Staatsquote. Es wäre somit
vorschnell, unsere geringe wirtschaftliche Dynamik einseitig auf ein zu stark aus-
gebautes soziales System zurückzuführen und sich deshalb vom Abbau staatlicher
Leistungen die Lösung unserer Wachstumsprobleme zu erhoffen.

Die in der öffentlichen Diskussion häufig verwendete Formel „Schlanker Staat = dynamischer Staat" ist offensichtlich zu einfach. Vielmehr scheint es darauf anzu-
kommen, Lösungen zu finden, die den spezifischen Bedürfnissen unterschiedlicher
Gesellschaften gerecht werden. Die Tatsache, dass die skandinavischen Länder im
Vergleich globaler Wettbewerbsfähigkeit durchweg Spitzenplätze einnehmen, verdeutlicht zudem, dass klug eingesetzte staatliche Leistungen keinesfalls zu Lasten
der unternehmerischen Handlungsspielräume gehen müssen.

Der internationale Vergleich zeigt zudem, dass es auch in der globalisierten Welt
möglich ist, einen kraftvollen Staat zu bewahren. Nichts belegt dies mehr als die
Tatsache, dass es gerade die kleinen und dem internationalen Wettbewerbsdruck
besonders ausgesetzten skandinavischen Länder sind, die die besonders hohen
Staatsquoten aufweisen. Staaten sind dabei durchaus mit Hotels unterschiedlicher
Leistungsniveaus vergleichbar. So wie in einer Stadt 5-Sterne Hotels und 2-Sterne
Hotels mit unterschiedlichen Zimmerpreisen im Wettbewerb bestehen können, so

wird es auch in der Weltwirtschaft Staaten mit einem qualitativ hohen Angebot an öffentlichen Gütern geben (zu denen nicht zuletzt öffentliche Sicherheit zählt) und Staaten mit einem eher bescheidenen Leistungsniveau. Entscheidend ist, wie im Hotel-Beispiel, dass die Leistungen und die dafür geforderten Steuern und Abgaben einander entsprechen.

Tabelle 1: Rangliste im Global Competitiveness Report 2005/2006 des World Economic Forum

1. Finnland	11. Niederlande
2. USA	12. Japan
3. Schweden	13. Vereinigtes Königreich
4. Dänemark	14. Kanada
5. Taiwan	15. Deutschland
6. Singapur	16. Neuseeland
7. Island	17. Korea
8. Schweiz	18. Vereinigte Arabische Emirate
9. Norwegen	19. Katar
10. Australien	20. Estland

Natürlich besteht bei einer allzu großzügigen Absicherung die Gefahr, dass sich Menschen in der „Sozialen Hängematte" ausruhen und obwohl durchaus leistungsfähig sich vom Arbeitsmarkt fernhalten. Doch solche Mitnahmeeffekte bestehen auch bei privatwirtschaftlichen Absicherungsmechanismen, wie zum Beispiel der privaten Haftpflicht-Versicherung, ohne dass man deshalb solche Institutionen sowie ihren Versicherungsumfang grundsätzlich in Frage stellen würde. Die neuere Glücksforschung zeigt deutlich, dass die meisten Menschen Arbeitslosigkeit als ein besonders großes Unglück ansehen (*Stutzer* und *Frey* 2004) und somit dieser Zustand von den meisten nicht ohne Not angenommen wird. Dies wird auch durch die Tatsache belegt, dass in Deutschland nur vergleichsweise wenig Familien mit zwei und mehr Kindern Sozialhilfe empfangen, obwohl für sie der Abstand zwischen einem regulären Netto-Arbeitsentgelt und der Sozialhilfe nur gering sein kann (*Bofinger* 2004).

3. Umverteilung über die Sozialen Versicherungssysteme hat keine Zukunft

Es wurde schon angesprochen, dass es unterschiedliche Modelle für die Organisation der Umverteilung gibt. In Deutschland ist das System der sozialen Sicherung noch immer stark von *Bismarcks* Sozialgesetzgebung geprägt, d.h. Anknüpfungspunkt für die Versicherungspflicht ist das abhängige Beschäftigungsverhältnis. Dieses Modell ist in den letzten Jahren mehrfach in Bedrängnis geraten.

Als es darum ging, die Deutsche Einheit zu finanzieren, hat sich die Regierung dafür entschieden, die Kosten – neben neuer Schuldenaufnahme – überwiegend den Sozialen Versicherungssystemen aufzubürden. Im Ergebnis kam es dadurch zu einem Anstieg der Beitragssätze um vier Punkte, was seitdem wesentlich zu den allseits beklagten hohen Lohnnebenkosten beigetragen hat. Aber auch andere allgemeine politische und soziale Zielsetzungen werden aus den Beiträgen der sozialversicherungspflichtig Beschäftigten finanziert: die kostenlose Mitversicherung von Ehefrau und Kindern in der gesetzlichen Rentenversicherung, die Hinterbliebenenversorgung in der gesetzlichen Rentenversicherung oder die Förderung von Langzeitarbeitslosen in der Arbeitslosenversicherung.

In Kapitel 5 des Jahresgutachtens 2005/06 des Sachverständigenrates wird ausführlich dargestellt, dass die Sozialen Versicherungssysteme (Arbeitslosenversicherung, Gesetzliche Renten- und Krankenversicherung und Soziale Pflegeversicherung) in hohem Maße durch versicherungsfremde Leistungen und Formen versicherungsfremder Umverteilung belastet werden. Stellt man diesen Leistungen (rund 130 Milliarden Euro) die Bundeszuschüsse an diese Versicherungen von rund 60 Mrd. gegenüber, verbleibt ein Saldo von rund 70 Milliarden Euro. In dieser Höhe tragen die sozialversicherungspflichtig Beschäftigten durch ihre Beitragszahlungen zur Finanzierung allgemeiner politischer und sozialer Aufgaben bei.

Es ist die Erfahrung, dass Menschen immer bestrebt sind, steuerliche oder steuerähnliche Belastungen, so gut es geht, zu vermeiden. In Deutschland wird dies besonders leicht gemacht, da der Staat eine Reihe von Beschäftigungsformen erheblich subventioniert, indem er deutlich geringere Abgaben fordert oder sogar noch Zuzahlungen leistet.

Ungewöhnlich ist, dass der Staat diesen Prozess noch fördert, indem er dafür begünstigte Substitute anbietet:

- Dazu gehören zum einen die 400-Euro-Jobs, bei denen die Subvention dergestalt gewährt wird, dass der Arbeitgeber auf das Arbeitsentgelt eine pauschale Abgabe in Höhe von 25 vH entrichtet. Für den Arbeitnehmer ist dieses Einkommen steuer- und abgabenbefreit. Dies gilt auch für Nebentätigkeiten, die zusätzlich zu einer sozialversicherungspflichtigen Hauptbeschäftigung ausgeübt werden. Das Ausmaß dieser Subvention lässt sich an einem einfachen Beispiel verdeutlichen: Ein Arbeitgeber benötige ein Arbeitsvolumen von 160 Stunden im Monat, dafür soll ein Netto-Lohn von 7,50 Euro pro Stunde gezahlt werden. In der Form eines Mini-Jobs, der auf drei Arbeitskräfte aufgeteilt wird, belaufen sich die Kosten für den Arbeitgeber auf 1 500 Euro, da er auf die 1 200 Euro Entgelt pauschale Abgaben in Höhe von 25 vH leisten muss. Wird dagegen eine Vollzeitkraft eingestellt, muss der Arbeitgeber für ein Nettoeinkommen von 1 200 Euro ein Bruttogehalt von 1873 Euro bezahlen, was für ihn mit Lohnkosten von 2 272 Euro verbunden ist. Insgesamt ist der Vollzeit-Job um 51 vH teurer als die drei Mini-Jobs.

- Die Ich-AG („Existenzgründungszuschuss") kann ebenfalls als Subvention einer nicht-sozialversicherungspflichtigen Beschäftigung betrachtet werden, da dabei de facto ein hoher Zuschuss des Staates – im ersten Jahr = 600 Euro monatlich – für eine selbständige Tätigkeit geleistet wird.

- Auch die 1-Euro-Jobs („Arbeitsgelegenheiten") tragen tendenziell zur Verdrängung von Vollzeitarbeitsplätzen bei – insbesondere beim Handwerk, das ohnehin unter der anhaltend schlechten Baukonjunktur leidet. Diese Form der Beschäftigung wird ungewöhnlich hoch subventioniert, da an die Beschäftigungsträger eine monatliche Pauschale von bis zu 500 Euro pro Beschäftigten gezahlt wird. In der Summe kostet ein über eine Arbeitsgelegenheit beschäftigter Arbeitsloser den Staat bis zu 1 500 Euro im Monat und ist damit ähnlich teuer wie eine reguläre Beschäftigung im öffentlichen Dienst.

Diese Erosion der sozialversicherungspflichtigen Beschäftigung durch marginale Arbeitsverhältnisse ist die Hauptursache dafür, dass es trotz energischer Sparmaßnahmen – insbesondere bei der Gesetzlichen Krankenversicherung – bisher nicht möglich gewesen ist, die Beiträge zu senken. Vielmehr gelten bei der Rentenversicherung weitere Anhebungen als erforderlich.

Wenn die Finanzierbarkeit der Sozialen Sicherungssysteme langfristig gesichert bleiben soll, muss daher zweierlei geschehen:

Die zweifellos notwendige Subventionierung von Beschäftigten von geringer Leistungsfähigkeit muss in eine Form gebracht werden, die nicht nur Teilzeit-Arbeit, sondern auch reguläre versicherungspflichtige Tätigkeiten einschließt. Ein interessantes Vorbild hierfür ist das Konzept der „negativen Einkommensteuer", das in Großbritannien und den Vereinigten Staaten seit Jahren mit Erfolg praktiziert wird. Menschen, die bei ihrer regulären Arbeit ein sehr geringes Einkommen erzielen, erhalten einen staatlichen Zuschuss, der prozentual zum Lohn gezahlt wird.

Gleichzeitig gilt es, die in einer Sozialen Marktwirtschaft notwendige Umverteilung besser zu organisieren, als bisher. Es ist offensichtlich, dass der traditionelle Ansatz, die Umverteilung über die sozialen Sicherungssysteme und ausschließlich innerhalb des Kreises der abhängig Beschäftigten vorzunehmen, nicht zukunftsfähig ist. Schon jetzt ist es schwierig, klar zu trennen zwischen einem abhängigen und einem selbstständigen Arbeitsverhältnis. In Zukunft wird dies noch problematischer. Die ordnungspolitisch adäquate Lösung besteht darin, die Umverteilung auf das Steuersystem zu konzentrieren (und dabei durchaus auch das Modell einer negativen Einkommensteuer zu berücksichtigen) und die Sozialversicherungssysteme so weit wie möglich nach dem Prinzip von Leistung und Gegenleistung („Äquivalenzprinzip") zu gestalten. Für die Gesetzliche Krankenversicherung und die Pflegeversicherung bedeutet dies Beiträge, die unabhängig vom Einkommen geleistet werden. In seinem Jahresgutachten 2004/05 hat der Sachverständigenrat hierfür das Modell einer Bürgerpauschale entwickelt. Alternativ dazu kann man auch das Konzept der Bürgerversicherung ins Auge fassen, dass jedoch einen genau entgegen gesetzten Weg beschreiten möchte. Die zu beobachtende Erosion der sozialversicherungspflichtigen Beschäftigung soll dadurch gestoppt werden, dass der Kreis der Versicherungspflichtigen, der heute nur abhängig Beschäftigte mit Einkommen von mehr als 800 Euro umfasst, auf alle Bürger ausgeweitet wird – unabhängig von der Form ihrer Erwerbstätigkeit. Anstatt die Umverteilung im Steuersystem zu konzentrieren, wird heute noch versucht, diese via Abgabensystem zu perfektionieren. Aus ordnungspolitischer Sicht ist dies allenfalls „second-best".

4. Ausblick

Deutschland steht heute vor richtunggebenden Entscheidungen über die Zukunft der Sozialen Marktwirtschaft. Im Rückblick hat sich dieses Modell grundsätzlich bewährt. Die ihm heute zugerechneten Probleme sind überwiegend nicht auf überzogene Ansprüche der Versicherten zurückzuführen, sondern vielmehr darauf, dass diese Systeme in hohem Maße zur Finanzierung allgemeiner wirtschaftspolitischer und sozialer Aufgaben herangezogen worden sind. Dass ein kraftvoller und für seine Bürger sorgender Staat auch im Zeitalter der Globalisierung nicht nur möglich ist, sondern damit zugleich hervorragende Angebotsbedingungen für seine Unternehmen schaffen kann, verdeutlichen die skandinavischen Länder. Es wäre also vorschnell, Deutschlands Zukunft in einem Magerstaat nach angelsächsischem Vorbild zu suchen.

Reformbedürftig ist allerdings die Form, in der die Umverteilung heute vorgenommen wird. Sie erfolgt in hohem Maße über die Sozialen Sicherungssysteme und führt dazu, dass immer mehr Menschen diesen den Rücken kehren. Die Korrektur erfordert eine sehr viel stärkere Äquivalenz von Leistung und Gegenleistung in der Renten-, Kranken-, Arbeitslosen- und Pflegeversicherung. Gleichzeitig muss die Umverteilung über das Steuersystem gestärkt werden.

Literatur

Bofinger, P. (2004), Wir sind besser als wir glauben, München.

Frey, B./Stutzer, A. (2004), Reported Subjective Well-Being: A Challenge for Economic Theory and Economic Policy, in: Schmollers Jahrbuch 124(2), S. 191-231.

Sachverständigenrat (2004/05), Erfolge im Ausland – Herausforderungen im Inland, internet: www.sachverstaendigenrat-wirtschaft.de

Sachverständigenrat (2005/06), Die Chance nutzen – Reformen mutig voranbringen, internet: www.sachverstaendigenrat-wirtschaft.de

So viel Markt wie möglich – so viel Staat wie nötig

Wolfgang Franz

1. Einführung

Im Hinblick auf die Rolle des Staates fallen zwei Argumentationslinien auf. Zum einen ertönt in Deutschland bei Schwierigkeiten gleich welcher Art sogleich der Ruf nach dem Staat, der diesem dann auch gerne nachkommt. So hängt beispielsweise Erfolg der Politik nach Ansicht der Öffentlichkeit entscheidend von der Beschäftigungslage ab – so als ob die Tarifvertragsparteien nicht die Führungsrolle einnähmen. Zugleich erschallt Wehklagen über den Verlust an Handlungsmöglichkeiten nationaler Wirtschaftspolitik wegen der Internationalisierung der Märkte und der Rolle moderner Informations- und Kommunikationstechnologien. Die gestiegene Mobilität der Produktionsfaktoren Arbeit, Wissen, Sachkapital und Finanzkapital stellt beispielsweise die nationalen Systeme der Besteuerung und sozialen Sicherheit unter verschärften Wettbewerbsdruck. Schon reine Effizienzgewinne im Sinne größerer Treffsicherheit bei sozialen Leistungen, die auf solche internationale Konkurrenz antworten, werden als Sozialdumping gebrandmarkt und mit dem Ruf nach der europäischen Sozialunion abgeblockt. Noch weitergehend sind die Sorgen vor der „race to the bottom": Die nationalen Steuereinnahmen und Sozialausgaben würden auf ein Niveau „herunterkonkurriert" – so niedrig wie in Schwellenländern –, dass die Versorgung mit den notwendigen öffentlichen Gütern und sozialen Leistungen ins Stocken gerät.

Das ist der Hintergrund, vor dem die Frage nach dem schwierigen Verhältnis zwischen Markt und Staat Antworten erfordert.

2. Die Ausgangsthese

Ein knapper Beitrag zur Standortbestimmung von Markt und Staat verlangt Themeneingrenzung. Ausgangspunkt ist die folgende These: Der Markt erweist sich als Koordinationsmechanismus freier einzelwirtschaftlicher Entscheidungen in der Regel überlegen im Vergleich mit anderen Regelsystemen. Das ist nicht Glorifizierung des Marktes – er ist „nur" besser als andere Steuerungssysteme –, auch gibt es Ausnahmen. Man spricht dann von Marktversagen, und dieses rechtfertigt unter bestimmten Voraussetzungen den Staatseingriff. Der Staat ist aber nur dann in der Pflicht, wenn die Aufgaben vom privaten Sektor nicht oder nur wesentlich schlechter erledigt werden können.

Wenn es hier auch nicht um die Grundsatzentscheidung über Staatsverständnis und Rechtfertigung der Marktwirtschaft geht, so muss doch kurz der Frage nachgegangen werden, warum viele Menschen dem Markt so viel Misstrauen entgegenbringen, dass sie lieber zuerst nach dem Staat rufen. Abgesehen von dem Abstraktionsgrad der Marktprozesse liegt dieses Misstrauen vielleicht darin begründet, dass der Markt Ineffizienzen und Opportunitätskosten schonungsloser offen legt, als es geschützte Bereiche tun. Der Charme des Protektionismus sollte nicht unterschätzt werden, vor allem wenn es um die Betroffenen geht: Die Entscheidung für oder gegen das Arbeitnehmer-Entsendegesetz zusammen mit der Allgemeinverbindlicherklärung unterer Lohngruppen in der Bauwirtschaft steht für den von Arbeitslosigkeit bedrohten Bauarbeiter verständlicherweise schnell fest. Als schlimm muss indessen das Eintreten derer für den Protektionismus bezeichnet werden, die es eigentlich besser wissen müssten und – noch ärgerlicher – die hinter vorgehaltener Hand zugeben, es besser zu wissen.

Warum aber gibt der Staat diesem Begehren so bereitwillig nach? Die ökonomische Theorie der Politik liefert einige Antworten. Politiker wollen Wählerstimmen maximieren, da macht es sich, um im obigen Beispiel zu bleiben, gut, wie Phoenix aus der Asche als Retter von Arbeitsplätzen bei einem in Schwierigkeiten geratenen Baugroßunternehmen aufzutreten. Damit keine Missdeutungen aufkommen: Dies geschieht in der Lokalpolitik tagtäglich im Kleinen. Des Weiteren ist eine eigennützige Bürokratie durch das Streben nach Budgetmaximierung gekennzeichnet, nicht zuletzt wegen besserer Beförderungschancen.

3. Rechtfertigung des Staatseingriffs auf Grund von Marktversagen

Ein Staatseingriff kann dann gerechtfertigt sein, wenn durch den Markt die Gesamtheit der individuellen Interessen nicht in optimaler Weise befriedigt wird. Dies stellt jedoch nur die notwendige, nicht aber die hinreichende Bedingung für staatliche Aktivitäten dar. Denn es ist nicht sicher, dass der Staat die Probleme besser löst als der Markt. Zusätzlich muss mithin zwischen privater und staatlicher Ineffizienz abgewogen werden, mit anderen Worten, aus Marktversagen erwächst dem Staat lediglich eine potentielle Rolle.

Kriterien für das Urteil, ob Marktversagen vorliegt, sind Effizienz, Verteilungsgerechtigkeit und mögliche Instabilität des privaten Sektors. Allgemein gesprochen ist mit Effizienz die bestmögliche Nutzung der volkswirtschaftlichen Ressourcen gemeint, während sich das Kriterium der Verteilungsgerechtigkeit darauf bezieht, ob das Marktergebnis und die sich daraus ergebende Distribution von Einkommen und Vermögen den von der Gesellschaft als gerecht deklarierten Vorstellungen entspricht. Die als drittes Kriterium angesprochene mögliche Instabilität des privaten Sektors zielt schließlich vor allem auf das Erfordernis aktiver Konjunkturpolitik ab, um Schwankungen der wirtschaftlichen Aktivität zu dämpfen und damit Wachstumsverluste zu vermeiden.

Der vorgegebene Rahmen gestattet nicht die Behandlung aller drei Aspekte. Im Hinblick auf ihre Wichtigkeit soll daher die Effizienz im Mittelpunkt stehen, konkreter die entsprechend anwendungsbezogene Diskussion der folgenden Gründe für Marktversagen: Öffentliche Güter, externe Effekte, natürliche Monopole und unvollständige Information. Welche Tatbestände und Funktionsstörungen verbergen sich hinter diesen Begriffen?

Öffentliche Güter sind im Wesentlichen durch die fehlende Ausschließbarkeit von Nutzern gekennzeichnet wie etwa bei der Landesverteidigung oder beim Umweltschutz. Jedes Individuum kann das öffentliche Gut nutzen, ohne dafür gesondert zu bezahlen, so dass ein privater Anbieter keine Einnahmen aus dem Verkauf solcher Güter erwirtschaftete, einfach weil sich praktisch jedermann als Trittbrettfahrer verhielte. Obwohl diese Güter den Individuen höchst erwünscht sein mögen, findet sich kein privater Anbieter. Der Staat kann gefordert sein. Statt über Preise muss die Finanzierung dann über einen anderen Mechanismus bewerkstelligt werden, meist über Steuern. Das Problem für den Staat ergibt sich offenkundig daraus, wie er die Wertschätzung der Konsumenten bei fehlendem Preismechanismus ermitteln soll.

Externe Effekte liegen vor, wenn Konsum oder Produktion eines Individuums beziehungsweise Unternehmens unmittelbar den Nutzen oder die Produktionsmöglichkeiten anderer Akteure positiv oder negativ beeinflussen. Ein positiver externer Effekt mag an der Existenz von Kindern verdeutlicht werden, die später die Altersversorgung kinderloser Rentner gewährleisten müssen, während Umweltverschmutzung durch Autoabgase für einen negativen externen Effekt steht. Anders formuliert, der soziale Nutzen ist größer als der Nutzen (aller Eltern) und die sozialen Kosten sind höher als die Kosten (des Autofahrens). Mit Hilfe von Subventionen, die durch Besteuerung der kinderlosen Personen finanziert werden, könnte der Staat versuchen, die Bereitschaft für mehr Kinder zu erhöhen. Im Fall des negativen externen Effekts ist der soziale Preis des Autofahrens zu gering, das Autofahren ist, so gesehen, zu extensiv und kann mit Hilfe eines durch eine höhere Mineralölsteuer künstlich angehobenen Preises reduziert werden. Das Problem für den Staat besteht darin, bei der Besteuerung tatsächlich an der Schadensverursachung anzusetzen. Im Hinblick auf den Ausstoß von Kohlendioxyd verfehlt die derzeitige Ökosteuer in Deutschland dieses Erfordernis eklatant, der Staatseingriff ist ineffizient.

Natürliche Monopole finden sich zumindest potentiell auf den Verkehrs- und Energiemärkten. Der am häufigsten anzutreffende Fall ist die Produktion eines Gutes unter hohen Fixkosten. Um die Leistung „Eisenbahnfahren" anbieten zu können, bedarf es eines Schienennetzes ebenso wie eines Kraftwerkes für die Stromversorgung, allgemein der leitungsgebundenen Angebote. Der hohe Fixkostenanteil impliziert mit steigender Ausbringungsmenge sinkende Durchschnittskosten: Die Beförderung eines weiteren Fahrgastes in einem mäßig besetzten Zug verursacht nahezu keine zusätzlichen Kosten für die Bahn. Unterhalb von Kapazitätsgrenzen lohnt es sich für ein Unternehmen daher allemal, seine Produktion auszudehnen, und die daraus resultierende Monopolisierungstendenz auf dem betreffenden Markt verstärkt sich, falls Vorteile einer Verbundproduktion hinzutreten, etwa im Rahmen einer Kraft-Wärme-Koppelung (KWK), oder falls die Produktion in einer Hand kostengünstiger als die mehrerer einzelner Unternehmen ist.

Was soll der Staat – sprich die Wettbewerbsbehörde – tun, soll er überhaupt tätig werden? Natürliche Monopole illustrieren mögliche wirtschaftspolitische Dilemmasituationen, weil Effizienzeinbußen häufig nicht verhindert, sondern bestenfalls vermindert werden können. Staatliche Enthaltsamkeit, das heißt unregulierte Aktivität der natürlichen Monopolisten, geht auf jeden Fall mit Effizienzeinbußen einher, etwa auf Grund überhöhter Preise oder weil die Innovationsfreudigkeit in Monopolen im Vergleich zu Unternehmen unter Konkurrenzdruck oft zu wünschen übrig lässt. Gesucht ist dann ein Staatseingriff, welcher diese Effizienzeinbuße abmildert, also gegebenenfalls die staatliche Regulierung privater Aktivität („Regulierungsbehörden") oder die staatliche Übernahme der Produktion des betreffenden Gutes. Die umfangreiche Literatur belegt, dass es sich hier keinesfalls um ein triviales Problem handelt und jeder Tatbestand für sich geprüft werden muss. Gerade die Diskussion über Energiemärkte, Telekommunikationsnetze und Briefbeförderungsmonopole hebt den Stellenwert, aber gleichermaßen die Interessenlagen hervor, wie an der Kontroverse über das Schienennetz der Bahn deutlich wird. Zum einen gibt es gute Gründe dafür, das Schienennetz als natürliches Monopol anzusehen, es mithin unter staatliche Regulierung zu stellen und den Wettbewerb auf der Schiene zu privatisieren. Zum anderen widerspricht der Vorstand der Deutschen Bahn einer solchen Trennung vehement und verweist auf den Verbundcharakter.

Unvollständige Information kann unter bestimmten Voraussetzungen ebenfalls einen Staatseingriff rechtfertigen, wobei in diesem Zusammenhang Werturteile eine größere Rolle spielen als in den vorangegangenen Beispielen. Dies lässt sich an Hand des Versicherungsmarktes verdeutlichen. Das Problem besteht darin, dass möglicherweise ein privater Versicherungsmarkt, obschon erwünscht, nicht zustande kommt. Wenn ein Versicherer im Gegensatz zum Versicherten die individuellen Risiken nicht hinreichend genau abschätzen kann, muss er mit einer für alle (in etwa) gleichen Durchschnittsprämie kalkulieren mit der Folge, dass diese Prämien für die aus der Sicht der Versicherung guten Risiken im Vergleich zu einer aktuarisch fairen Prämie relativ hoch ausfallen, so dass schließlich die guten Risiken auf die Versicherung verzichten, im Extremfall der betreffende private Versicherungsmarkt zusammenbricht. Selbst im Fall der guten Risiken kann dies unerwünscht sein, weil im Schadensfall – etwa schwere Krankheit – die privaten finanziellen Rücklagen nicht ausreichen und die Sozialhilfe einspringen müsste, es sei denn – und hier manifestiert sich das Werturteil –, man überließe diese Personen ihrem Schicksal. Ähnliche Überlegungen gelten für die Arbeitslosenversicherung, wobei hier zusätzlich die für die Versicherer kaum zu kalkulierende Risikoinfektion hinzukommt, nämlich kumulativ hohe Arbeitslosigkeit auf Grund nicht vorhersehbarer konjunktureller oder angebotsseitiger Störungen.

Diese und verwandte Überlegungen legen einen Staatseingriff in Form einer Versicherungspflicht zumindest für bestimmte Bevölkerungsgruppen dar. In bestimmten Fällen wird der Staat die Versicherung im Wesentlichen selbst übernehmen müssen, und sei es in Form einer Ausfallbürgschaft.

4. Grenzen staatlicher Umverteilungspolitik im internationalen Standortwettbewerb

Das Thema Effizienz und Verteilungsgerechtigkeit ist so breit, dass es bei der Behandlung nur eines Aspektes bleiben muss, nämlich der Grenzen einer staatlichen Redistributionspolitik im internationalen Standortwettbewerb.

Eine als gesellschaftlich erwünscht angesehene Verteilung der Einkommen und Vermögen kann der Staat zum einen durch Sicherung unverletzlicher Rechte und Chancen zur Erzielung der Markteinkommen zu erreichen versuchen, zum anderen durch Veränderung des Marktergebnisses durch Umverteilung. Welche Verteilung die Gesellschaft als erwünscht, also als „gerecht", definiert, hängt im Wesentlichen von der Risikoscheu ihrer individuellen Mitglieder ab. In Anlehnung an die Gerechtigkeitstheorie von *J. Rawls* sei eine rein hypothetische Situation konstruiert, in der die Individuen weder ihre derzeitige noch ihre künftige relative Position in der Verteilung aller Vermögen und Begabungen kennen. Unter solchem „Schleier der Ungewissheit" werden sich stark risikoscheue Individuen eher für eine staatliche Umverteilungspolitik in Richtung einer Maximierung eines Minimalstandards (Maximin-Strategie) aussprechen. Sie fürchten, wenn dann die Rollen in der Gesellschaft bekannt und verteilt sind, sonst zu den am schlechtesten gestellten Mitgliedern zu gehören.

Allerdings muss diese Maximin-Verteilungsregel unter dem Schleier der Ungewissheit, also im Vorhinein, unumstößlich festgelegt werden. Denn wenn die Verteilungspositionen einmal offen gelegt sind, entspricht die Regel nicht mehr den Präferenzen der dann Bessergestellten, und dies umso weniger, je egoistischer diese Gruppe veranlagt ist. Sie würden sich der Umverteilung gerne entziehen, aber der Staat sorgt für Einhaltung der Regel – soweit er dies kann. Und hier beginnt das Problem.

Mobile Produktionsfaktoren können sich durch Abwanderung in andere Länder, die weniger ambitiös umverteilen, einer als übermäßig angesehenen Belastung durch Steuern und Abgaben entziehen, sei es als Arbeitnehmer, Kapitalbesitzer oder Unternehmer. Dabei reicht schon marginale Mobilität, um die nationale Politik unter Druck zu setzen, wie die Diskussion über die Abwanderung deutscher Fachkräfte mit Spitzenqualifikation zeigt. Wollten die immobilen Faktoren gleichwohl Umverteilung zu ihren Gunsten versuchen, so schlüge dies fehl, weil durch verstärkte Abwanderung von Human- und Sachkapital heimische Investitionen unterbleiben und damit Arbeitsplätze verschwinden. Anders formuliert: Die immobilen Faktoren mögen zwar im Stande sein, durch Umverteilung über das Steuer- und Transfersystem ihre Zahllast der Steuern und Abgaben zu reduzieren, nicht aber ihre Traglast.

5. Internationaler Steuerwettbewerb

Häufig wird die Sorge vorgetragen, der internationale Standortwettbewerb führe zu einem Unterbietungswettlauf, „race to the bottom", mit der Folge, dass notwendige und wünschenswerte öffentliche Güter, etwa Infrastruktur oder Bildungswesen, nicht mehr zur Verfügung stehen und die Systeme der sozialen Sicherung untragbar ausgehöhlt würden. Wie sind solche Befürchtungen einzuschätzen?

Beim Steuerwettbewerb ist zu unterscheiden, ob es sich einerseits lediglich um eine Verlagerung von Steuerbemessungsgrundlagen handelt, wenn beispielsweise inländische Kapitalbesitzer dieses nach Luxemburg verlagern, um der Besteuerung hierzulande zu entgehen, obwohl sie ihren Wohnsitz oder ihren Unternehmenssitz nach wie vor in Deutschland behalten und damit öffentliche Leistungen in Anspruch nehmen. Solches Trittbrettfahren muss unterbunden werden, sei es durch internationale Abkommen, sei es durch deutlich niedrigere Steuersätze für Kapitaleinkünfte (etwa in Form der Abgeltungssteuer, wie in Österreich).

Bei echtem Wettbewerb andererseits der Staaten mit niedrigeren Steuersätzen, um Investoren zu attrahieren, wird dies gleichwohl nicht zur „race to the bottom" führen. Arbeitnehmer und Unternehmen berücksichtigen bei ihren Standortentscheidungen beides, das öffentliche Leistungsangebot und die dafür fälligen Abgaben, so dass der Unterbietungswettlauf bald seine Grenzen findet, es sei denn, andere Volkswirtschaften bieten die gleichen Standortvorteile bei einer geringeren steuerlichen Belastung. Dann aber führt Steuerwettbewerb zu höherer Effizienz des staatlichen Leistungsangebotes. Der Steuerwettbewerb zwischen den einzelnen Kantonen in der Schweiz, die über eine beträchtliche Finanzautonomie verfügen, untermauert nicht die Befürchtungen eines ruinösen Steuerunterbietungswettlaufs.

Eigentümliches – vom Umgang mit der Sozialen Marktwirtschaft

Klaus-Peter Müller

Erfolgsmodell Soziale Marktwirtschaft

Binnen weniger Jahre gelang es der Bundesrepublik Deutschland, sich von einem kriegszerstörten, politisch und ökonomisch am Boden liegenden Land zur führenden Wirtschaftsmacht Europas und einem der wohlhabendsten Staaten der Welt zu entwickeln. Dieser fast schon kometenhafte Aufstieg ist untrennbar mit der Einführung und dem Erfolg der Sozialen Marktwirtschaft verbunden. Das von Persönlichkeiten wie *Walter Eucken* konzipierte, von *Ludwig Erhard* und *Alfred Müller-Armack* gegen mannigfachen Widerstand durchgesetzte Ordnungsmodell wurde rasch zur Chiffre des deutschen Nachkriegserfolgs und zur Grundlage des so genannten Wirtschaftswunders. In ideologisch aufgeheizten Debatten wurde die Soziale Marktwirtschaft zwar immer wieder zu einem Zerrbild dessen herabgewürdigt, wofür sie eigentlich stand: den Wohlstand breiter Schichten. Doch wirklich infrage gestellt wurde sie bis zur Wiedervereinigung Deutschlands kaum. Wenn doch, dann weniger deshalb, weil ihr Erfolglosigkeit unterstellt werden konnte, sondern eher, weil sie die postmateriellen Sehnsüchte der Protestgeneration nicht zu befriedigen versprach. Eine große Mehrheit des Volkes unterstützte aber die Idee der Sozialen Marktwirtschaft ebenso uneingeschränkt, wie dies die bis dahin Verantwortung tragenden Parteien taten.

Zweifel und Fragen

Mit dem Zusammenbruch der zentralen Staatswirtschaften in Mittel- und Osteuropa schien das Ende der offenen Gegnerschaft zum marktwirtschaftlichen Ordnungsmodell eingeläutet. Folglich stiegen auch die Hoffnungen, dass die Bewältigung der kommenden Herausforderungen, die Anpassung der Wirtschaftsordnung an die veränderten Rahmenbedingungen des globalen Wettbewerbs, gelingen würde. Doch war diese Annahme verfrüht. Spätestens mit dem Beginn des neuen Jahrtausends wird vielerorts bezweifelt, ob das bis dato so erfolgreiche Wirtschaftsmodell noch imstande ist, in der globalisierten Weltwirtschaft des 21. Jahrhunderts zu bestehen. Mehr noch: Hinter den Lippenbekenntnissen zur freiheitlichen Wirtschaftsordnung wurde immer deutlicher erkennbar, wie brüchig auch der Konsens über die eigentlichen Prinzipien der Sozialen Marktwirtschaft inzwischen geworden ist – und wie weit sich manche ihrer demonstrativen Befürworter von den eigentlichen Ideen der Gründungsväter entfernt haben.

Darauf, dass die Soziale Marktwirtschaft in den letzten Jahren und Jahrzehnten schleichend ihres Wesenskerns beraubt worden ist, haben kritische Beobachter schon seit geraumer Zeit mit Recht hingewiesen. Viel zu lange hat auch die Politik fast fahrlässig ignoriert, dass der Sozialstaat seiner eigenen wirtschaftlichen Grundlage den Boden entzieht, wenn er Leistungsbereitschaft und Selbstverantwortung der Menschen durch Überregulierung und übermäßige Abgabenbelastung erstickt. Zu wenig wurde darauf geachtet, dass private Initiative und privater Unternehmergeist die Antriebsfedern für wirtschaftlichen Fortschritt und Wohlstandszugewinn darstellen. Und zu wenig haben auch die Bürger vom Staat und von der Politik eingefordert, auf kostspielige Versprechen zu verzichten, sich eines Allzuständigkeitsanspruchs zu entsagen und das einzelne Individuum mehr in die Verantwortung zu nehmen.

Da, wo die Begrifflichkeiten schwammig werden und ihre eigentliche Bedeutung zu verlieren drohen, kann es nicht verwundern, dass die Soziale Marktwirtschaft nicht mehr über ihre ursprüngliche Anziehungskraft verfügt. Dass ihr von den Bürgern heute weniger Zutrauen entgegengebracht wird als noch in der jüngsten Vergangenheit, ist aber auch auf die hohe Arbeitslosigkeit und die seit Jahren schwache Wirtschaftsentwicklung zurückzuführen. Wenn die Politik auf diesen Feldern ihre Problemlösungsfähigkeit einbüßt, wirkt sich dies auch auf die Zustimmung zum Wirtschaftssystem aus.

Freiheitswille und Marktwirtschaft

Dass die Beziehung der Deutschen zur Sozialen Marktwirtschaft komplex, möglicherweise in ihren Wertbezügen nicht mehr hinreichend verankert ist, zeigt sich auch daran, dass ihr Freiheitsstreben in der Regel weniger stark ausgeprägt ist als ihr Verlangen nach Gleichheit und Gerechtigkeit. Die Freiheit aber zählt neben dem Wettbewerb und dem Eigentum zu den Fixpunkten einer jeden marktwirtschaftlichen Ordnung. Das Zusammenwirken dieser drei Komponenten erst bringt Eigeninitiative, Risikobereitschaft und unternehmerische Initiative zur vollen Entfaltung. Wo das Freiheitsverlangen unterentwickelt ist, scheuen die Menschen auch den Wettbewerb und verliert das Streben nach Eigentum seinen dynamischen Charakter als Impulsgeber für Aufbruch und Veränderung.

Das Eigentümliche an der gegenwärtigen Situation ist, dass der Appell an den unternehmerischen Wagemut des Einzelnen ebenso schwach ausgeprägt ist wie das Aufzeigen neuer freiheitlicher Perspektiven. Beides wäre aber für den so wichtigen Stimmungsumschwung in der Bevölkerung dringend notwendig. Stattdessen ist die Debatte in Deutschland geprägt von einer diffusen Furcht vor den Herausforderungen der Globalisierung, so als hätten in der Vergangenheit nicht gerade die Deutschen von ihr profitiert. Zu lange auch wurde der Bürger nur zögerlich mit den tatsächlichen Belastungen der sozialen Sicherungssysteme und dem Zustand der Staatsfinanzen konfrontiert, so als könne er die volle Wahrheit nicht ertragen. Und noch immer wird von zu vielen das rhetorische Bekenntnis zu Reformen und Eigenverantwortung pflichtschuldig vorgetragen, im Zweifel aber doch auf die schützende Obhut des Staates verwiesen, so als läge hier das Erfolgsgeheimnis der Sozialen Marktwirtschaft begründet.

Ein Blick in die Geschichte lehrt, dass dort, wo der Freiheitswille erlahmt ist, der Staat schrittweise seinen Handlungsbereich weiter ausgedehnt hat, auf Kosten des mündigen und für sich selbst Verantwortung tragenden Bürgers. In einem derartigen Klima verliert der Einzelne leicht das Zutrauen in die eigene Leistungsfähigkeit und den Glauben an den Vorrang privatwirtschaftlicher Lösungen. Vor allem aber können dort leicht Stimmungen gedeihen, die längst versunken geglaubte anti-kapitalistische Reflexe wieder an die Oberfläche treiben. Beispielhaft hierfür steht die emotional geführte Diskussion um die moralisch korrekte Höhe und Verwendung von Unternehmensgewinnen, die im Frühjahr 2005 wochenlang die Medien beherrschte. In ihrem Verlauf wurde zum einen deutlich, wie mit recht einfachen Mitteln Stimmung gegen Wirtschaft und Unternehmer gemacht und dabei ein unterschwellig vorhandenes Reservoir an Vorurteilen und Stereotypen mobilisiert werden konnte. Zum anderen zeigt die Debatte, dass in Deutschland der Begriff des Eigentums offenbar einen Bedeutungswandel erfahren hat. Wie anders wäre es zu erklären, dass so unverblümt gegen das Recht des Unternehmers auf die freie Verwendung seiner Gewinne Stellung bezogen werden konnte?

Das Eigentum in der Sozialen Marktwirtschaft

Möglicherweise ist die Einstellung der Deutschen gegenüber dem privaten Eigentum symptomatisch für ihr nicht ganz widerspruchsfreies Verhältnis zur Sozialen Marktwirtschaft insgesamt. So wie sie im Allgemeinen die marktwirtschaftliche Idee eindeutig befürworten, so unterstützen sie auch den Gedanken der privaten Eigentumsordnung. Aber es ist zumindest fraglich, wie weit die Bürger den Wert und die Bedeutung des Eigentums nicht nur für den Einzelnen, sondern auch in seinem gesellschaftlichen Nutzen zu schätzen wissen. Bemerkenswert ist in diesem Zusammenhang die Hartnäckigkeit, mit der immer wieder der Artikel 14 des Grundgesetzes zitiert wird, um den Primat des privaten Eigentums in Frage zu stellen. Der Wortlaut des Artikels 14 Abs. 2, wonach das Eigentum verpflichtet und sein Gebrauch zugleich dem Wohle der Allgemeinheit dienen solle, wird dabei auch zum Einfallstor für die moralische Beurteilung von Gewinnen und Renditen. Das private Eigentum unter Rechtfertigungs- und Begründungszwang – das hatten sich weder die Väter und Mütter des Grundgesetzes noch die Begründer der Sozialen Marktwirtschaft so vorgestellt.

Die Überzeugung, dass das private Eigentum die zentrale Triebkraft für Selbstverwirklichung und Eigenverantwortung ist, scheint im Abnehmen begriffen zu sein.

Im Ergebnis wächst dem Staat eine Rolle zu, die mit den Ansprüchen und der Funktion des privaten Eigentums zunehmend in Konflikt gerät. Die Begrenzung staatlicher Einflussnahme in jenen Bereichen, die gemäß dem Subsidiaritätsprinzip auch von Privaten geregelt werden können, nutzt hingegen nicht nur der Allgemeinheit, sondern schafft auch neue Freiräume für den Wirtschaftsbürger. Auf der anderen Seite ist der Schutz des Privateigentums aber auch dann gefährdet, wenn der Staat an Gestaltungsmacht oder Gestaltungswillen verliert. Ein starker Rechtsstaat – nicht zu verwechseln mit einem aufgeblähten Staatsapparat und einem expansiven sozialen Bevormundungsanspruch – ist insofern eine fundamentale Voraussetzung für die Sicherheit und Garantie des privaten Eigentums.

In Deutschland ist die Garantie des privaten Eigentums durch das Grundgesetz eindeutig geregelt und somit Ausgangspunkt aller gesetzgeberischen Aktivitäten und Verpflichtungen des Staates. Als elementares Grundrecht entspringt es keiner generösen Geste des Staates, sondern muss von ihm respektiert und geschützt werden. Nicht das Privateigentum bedarf der Rechtfertigung, sondern der staatliche Eingriff in diese Rechtsposition. Aus diesem Grunde sind auch der unternehmerischen Tätigkeit des Staates Grenzen gesetzt. Es entspricht dieser ordnungspolitischen Logik, dass sich die Öffentliche Hand von vielen ehemaligen Staatsbetrieben sowie von Beteiligungen an Unternehmen teilweise oder vollständig getrennt hat. Allerdings stand dahinter häufig nicht ordnungspolitische Einsicht, sondern einzig die Intention, den klammen Haushalten auf Bundes- und Länderebene neue Mittel zuzuführen.

Der übergewichtige Staat

Teil der ordnungspolitischen Aufgabe des Staates ist es, für eine Stärkung des Privaten und die Förderung des Eigentums einzutreten. Zu diesem Zweck hat der Gesetzgeber eine Fülle unterschiedlicher vermögensbildender Programme für die verschiedensten Bevölkerungskreise aufgelegt. Ungeachtet dieser Bestrebungen ist die Gefahr, dass der große staatliche Aktionsradius in Deutschland zu einer Verwässerung und Aushöhlung der Idee des privaten Eigentums wie überhaupt der Sozialen Marktwirtschaft beiträgt, kaum mehr zu übersehen. Die hohe Staatsquote belegt eindrucksvoll, dass der Staat zu einem erheblichen Maße auf Erträge und Vermögen der Bevölkerung zurückgreifen muss, um die von ihm zum großen Teil selbst geschürten Erwartungen erfüllen zu können. In einer stärker am Wert des Eigentums und der Freiheit orientierten Gesellschaft wäre diese Entwicklung früher auf Widerspruch gestoßen, zumindest ein größerer Druck auf die politisch Handelnden ausgeübt worden, die Steuerlast zu senken und den Einfluss des Staates zurückzuführen. In Deutschland aber werden Versprechen sozialer Wohltaten noch immer viel zu selten auf ihre Finanzierbarkeit und ordnungspolitische Logik überprüft. Dabei geht es nicht darum, dass der Leistungsstarke sich seiner Verantwortung entziehen und sich um einen angemessenen Beitrag zur Finanzierung der

Staatsaufgaben drücken würde. Der Grundsatz, dass breite Schultern mehr tragen müssen als schwache, steht nicht zur Disposition. Durch ein Übermaß an Steuerlasten droht aber nicht nur die Eigentümerstruktur zerstört zu werden, auch der Einsatzwille und die Leistungsbereitschaft des Einzelnen werden beeinträchtigt – mit negativen Folgen für Wachstum und Beschäftigung.

Noch gravierender sind allerdings die psychologischen Folgen des überdimensionierten Staates für die Herausbildung und Pflege einer Kultur eigenverantwortlicher Bürger. Da, wo der Staat als bereitwilliger Geldgeber in Erscheinung tritt, sei es in Form von Unternehmenssubventionen, sei es in Form von Sozialtransfers, unterstützt er einen schleichenden Entmündigungsprozess, der durch die Ausweitung sozialer Wohltaten nur noch an Tiefe gewinnt. Im Gegensatz zu einem auf staatliche Alimentation beruhenden Abhängigkeitsdasein fördert das Eigentum nicht nur das zukunftsorientierte, längerfristige Denken und Handeln, sondern es versetzt den Eigentümer vor allem in die Lage, die materielle Basis seiner Existenz in eigener Regie zu planen und weiterzuentwickeln. Damit gewinnt er ein Maß an Autonomie gegenüber dem Staat, über das jene nicht verfügen, die die Verantwortung für ihre finanzielle Zukunft weiterdelegiert haben. Den selbstbewussten Bürger und Eigentümer zu fördern hat sich der Staat im Grundsatz zwar auf seine Fahne geschrieben. Es wirkt allerdings kontraproduktiv, wenn er gleichzeitig durch Überregulierungen und Sozial-Paternalismus private und unternehmerische Initiativen in ihrer Substanz gefährdet.

Rückbesinnung

Die Soziale Marktwirtschaft hat sich ungeachtet der wirtschaftlichen Schwierigkeiten, denen unser Land im Augenblick gegenübersteht, in den vergangenen Jahrzehnten bewährt und bedarf insofern keiner Generalrevision. Dort, wo Kurskorrekturen notwendig sind, weil unsere derzeitige Gesetzgebung nicht mehr mit den Herausforderungen der Zeit Schritt halten konnte, müssen sich diese wieder stärker an den Prinzipien und dem Geist der Sozialen Marktwirtschaft orientieren. Dass sich dieser Geist gegenwärtig noch immer nicht frei entfalten kann, gehört zu den bemerkenswerten Begleiterscheinungen einer Reformdiskussion, die in Deutschland nun schon seit geraumer Zeit geführt wird. Als Folge dessen werden viele der gegenwärtigen Herausforderungen nur mit halbherzigen Schritten angegangen und einer Lösung, wenn überhaupt, dann nur schrittweise näher gebracht.

Zu diesen Herausforderungen zählt in erster Linie die Verschlankung des Staates, unter anderem durch einen Abbau überbordender Sozialleistungen und durch eine Senkung der Steuerlast. Der Erfolg dieser Reformen wird über die Zukunftsfähigkeit unserer Gesellschaft entscheiden. Die Politik wäre schlecht beraten, diesen Prozess durch eine von ihr selbst initiierte Neiddiskussion zu belasten oder gar zu konterkarieren. Die wirtschaftliche Erneuerung Deutschlands kann nur über eine

Revitalisierung der marktwirtschaftlichen Ordnung gelingen, in deren Rahmen nicht bloß Gesetze geändert und Leistungen gekürzt, sondern auch ein Mentalitätswandel unterstützt und freiheitliche Tugenden gefördert werden. Den Sinn und die Bedeutung des Wettbewerbs wie des Eigentums auf ein Neues zu unterstreichen und damit den Vorrang des Privaten unmissverständlich zu betonen, das ist eine der wichtigsten Anforderungen, der sich eine am Gemeinwohl orientierte Politik in den nächsten Jahren stellen muss.

Schließlich bedarf auch das in der Gesellschaft vorherrschende Unternehmerbild einiger Korrekturen, damit das private Unternehmertum als eine der wesentlichen Antriebskräfte der Marktwirtschaft wieder zu neuer Ausstrahlung gelangen kann. Wenn auch die Unternehmer als ökonomische Leistungsträger akzeptiert werden, wird doch häufig die Sozialverträglichkeit ihres Handelns in Zweifel gezogen. Die vermeintlich zu hohen Gewinne werden ebenso kritisiert wie die für die Fortexistenz des Betriebes bisweilen unvermeidliche unternehmerische Entscheidung, wirtschaftlich unrentable Arbeitsplätze abzubauen. Auch die Forderung, der Staat möge in die Unternehmensfreiheit der Gewinnverwendung eingreifen, führt in die Irre. Mit den Prinzipien und dem Geist der Sozialen Marktwirtschaft sind solche staatlichen Interventionsrechte unvereinbar.

Damit die Idee der Sozialen Marktwirtschaft nicht auch zukünftig der Gefahr ausgesetzt bleibt, von interessierter Seite mit Erfolg diskreditiert zu werden, müssen bereits im Bildungssystem die Weichen richtig gestellt werden. Es muss mehr als bisher zu einer Aufgabe von Schulen und Universitäten werden, jungen Menschen die Bedeutung von privatem Eigentum, Wettbewerb und Unternehmergeist näher zu bringen. Die heranwachsende Generation sollte diese Werte nicht nur als unverzichtbare Grundlage einer dynamischen Wirtschaftsordnung begreifen, sondern auch als Voraussetzungen einer demokratischen Bürgergesellschaft. Die Politik, aber auch alle gesellschaftlichen Gruppen, sind und bleiben in der Verantwortung, im Interesse einer freiheitlichen Gesellschaft eindeutige Akzente zugunsten der marktwirtschaftlichen Ordnung zu setzen.

Die Eigentumsgarantie des Grundgesetzes

Hans-Jürgen Papier

Die Eigentumsgewährleistung des Grundgesetzes in Art. 14 GG steht in der Tradition der Philosophie der Aufklärung sowie der rechtsstaatlichen Verfassungen, die die Eigentumssicherheit als Menschenrecht erachteten und von den starken Interdependenzen zwischen Freiheit und Eigentum ausgingen. Schon die *Déclaration des droits de l'homme et du citoyen* vom 28. August 1789 formulierte in ihrem Art. 17: „Das Eigentum des Menschen als unverletzliches und heiliges Recht kann niemand entzogen werden, abgesehen in Fällen, in denen gesetzlich anerkannte Gründe des öffentlichen Wohls eine Entziehung eindeutig erfordern und eine gerechte Entschädigung gewährt wird". Ähnliche Garantien fanden sich in Art. 164 der Paulskirchenverfassung von 1848 und in Art. 153 der Weimarer Reichsverfassung von 1919. Auch das Bundesverfassungsgericht sieht in Art. 14 Absatz 1 Satz 1 GG „ein elementares Grundrecht, das in einem inneren Zusammenhang mit der Garantie der persönlichen Freiheit steht" (BVerfGE 24, S. 367 [389]). Der Eigentumsgarantie wird damit im Gewährleistungszusammenhang der übrigen Grundrechte die Funktion zugeschrieben, dem Einzelnen „einen Freiheitsraum im vermögensrechtlichen Bereich zu sichern und ihm dadurch eine eigenverantwortliche Gestaltung seines Lebens zu ermöglichen".

1. Eigentum

Gegenstand der Eigentumsgarantie des Art. 14 Absatz 1 Satz 1 GG ist die Herrschafts- und Nutzungsbefugnis, das Recht des „Habens" und „Gebrauchmachens" an einem konkreten Gegenstand. Diese gegenstandsbezogene Eigentumsfreiheit und der sich aus ihr manifestierende Gebrauchswert des geschützten Gutes sind allerdings nicht unbedingt garantiert. Im Falle eines Konflikts mit den Gemeinwohlinteressen und unter den näheren Voraussetzungen des Art. 14 Absatz 3 S. 1 und 2 GG sowie des Art. 15 GG stehen sie zur Disposition des Gesetzgebers. Doch wegen der im Satz 3 des Art. 14 Absatz 3 GG und in Art. 15 GG für diesen Fall zwingend vorgeschriebenen Entschädigungspflicht ist zugleich sichergestellt, dass der Eigentumsentzug per saldo kein Vermögensentzug ist.

Die politische Stoßrichtung der älteren dem Eigentum gewidmeten Verfassungsartikel zielte ursprünglich auf den Schutz des Grundeigentums. Der erhebliche Grundflächenbedarf der öffentlichen Hand – etwa für den Eisenbahnbau – führte zu der Notwendigkeit, die Überführung von Grundflächen auf begünstigte Unternehmungen gesetzlich zu regeln, so dass die Enteignung als Entziehung von

Grundeigentum in Gesetz und Verfassung Einzug fand. Die Entwicklung unter der Geltung des Art. 153 WRV ging vor allem dahin, der Eigentumsgarantie nicht nur das Grundeigentum und sonstige dingliche Rechte, sondern die vermögenswerten Rechte des Bürgers schlechthin, also insbesondere auch die Forderungsrechte, zu unterstellen (RGZ 130, S. 200ff.). Unter der Geltung des Grundgesetzes wurde die Eigentumsgarantie auf immer neue Vermögensgegenstände ausgedehnt. Seit zwei Entscheidungen vom 28. Februar 1980 (BVerfGE 53, S. 257ff.) und vom 1. Juli 1981 (BVerfGE 58, S. 81ff.) soll sie sich nach der bundesverfassungsrechtlichen Judikatur z.b. auch auf die Versichertenrenten und die Anwartschaften auf Versichertenrenten der gesetzlichen Rentenversicherung erstrecken. Dies ist später auf alle sozialversicherungsrechtlichen Rechtspositionen vermögenswerter Art erstreckt worden, wenn diese auf nicht unerheblichen Eigenleistungen des Versicherten beruhen und zudem der Existenzsicherung dienen (BVerfGE 69, S. 272ff.).

In der Literatur wird überdies seit längerem die Einbeziehung des Vermögens als Ganzes in den Eigentumsschutz gefordert. Dies hätte zur Folge, dass jede Steuer- oder sonstige Abgabenbelastung an Art. 14 Absatz 1 GG zu messen wäre. Mit einer solchen Ausweitung des Anwendungsbereichs des Art. 14 GG wäre indes keine Stärkung seiner Effizienz, sondern umgekehrt eine Relativierung seiner Garantiefunktionen verknüpft. Der allgemeine Vermögensschutz, den das Grundgesetz gewährt, ist durch das Auffanggrundrecht der allgemeinen Handlungsfreiheit (Art. 2 Absatz 1 GG) hinreichend gewährleistet. Es ergibt keinen Sinn, diesen Vermögensschutz dem Art. 14 GG zuzuordnen und damit die Eigentumsgarantie partiell zu einem allgemeinen Gesetzmäßigkeitsgrundrecht zum Schutz vor jedweden Belastungen vermögenswerter Art umzugestalten. Gegenstand der Eigentumsgarantie im Sinne des Art. 14 GG ist daher nicht das Vermögen des Bürgers schlechthin, sondern nur das subjektive, durch die verfassungsmäßigen Gesetze ausgeformte Eigentumsrecht (so BVerfGE 20, S. 351 [356]).

2. Grundrechtsträger

Auf dieses Grundrecht können sich neben natürlichen Personen auch inländische juristische Personen des Privatrechts berufen (siehe Art. 19 Absatz 3 GG). Nicht grundrechtsfähig sind jedoch der Staat selbst, juristische Personen des öffentlichen Rechts sowie juristische Personen des Privatrechts, soweit öffentlich-rechtliche Träger alleinige Gesellschafter sind oder die öffentliche Hand eine Mehrheitsbeteiligung hält (BVerfG, NJW 1990, S. 1783).

3. Privateigentum als subjektives Recht

Art. 14 Absatz 1 S. 1 GG gewährleistet das Privateigentum in erster Linie als subjektives Recht des einzelnen Eigentümers. Seinem Ziel, einen Freiheitsraum für eigenverantwortliche Betätigung abzusichern (BVerfGE 24, S. 367 [389]), entspricht also eine gegenstandsbezogene Eigentumsfreiheit, eine konkrete Bestands- und Nutzungsgarantie, das Recht des „Habens" und „Gebrauchmachens" an einem konkreten Gegenstand. Die eigentumsgrundrechtlich garantierte Verfügungsbefugnis umfasst nicht nur die Freiheit, den Eigentumsgegenstand zu veräußern, in anderer Weise über ihn rechtlich zu verfügen oder aus seiner Vermietung bzw. Verpachtung Erträge zu ziehen, sondern auch die Freiheit, den Eigentumsgegenstand selbst zu nutzen. Zugleich stellt das Eigentumsgrundrecht eine Spezialregelung des Vertrauensschutzes für diejenigen Einwirkungen mit Rückanknüpfungen dar, die sich auf Rechtspositionen im Sinne des Eigentumsbegriffs des Art. 14 GG beziehen (BVerfGE 76, S. 220 [244]).

4. Weitere Funktionen der Eigentumsgarantie

Die Gewährleistung des Eigentums bedeutet Schutz der bestehenden und der neu entstehenden konkreten (Privat-)Rechte jedes einzelnen Rechtssubjekts. Sie enthält darüber hinaus jedoch auch die konstitutionelle Zusicherung, dass das Privateigentum als Rechtseinrichtung erhalten bleibt (BVerfGE 24, S. 367 [389]). Sie wendet sich insoweit an den Gesetzgeber und verpflichtet ihn, einen Kernbestand von Normen zur Verfügung zu stellen, welche die Existenz, die Funktionsfähigkeit und die Privatnützigkeit von Eigentum ermöglichen und dem privatnützigen Eigentum durch hinreichende Verfahrens- und materiell-rechtliche Sicherungen trotz aller Gemeinwohlanforderungen einen gesicherten Platz in der Sozialordnung verschaffen. Die Heterogenität der subjektiven Vermögensrechte führt allerdings dazu, dass der Institutsgarantie nur wenige allgemeine und durchgehende Strukturprinzipien entnommen werden können und dass eine Aufgliederung hinsichtlich der höchst disparaten subjektiven Vermögensrechte notwendig wird.

5. Die gesetzliche Ausgestaltung von Inhalt und Schranken des Eigentums

Nach Art. 14 Absatz 1 S. 2 GG werden Inhalt und Schranken des Eigentums durch die Gesetze bestimmt. Zugleich spricht Art. 14 GG neben der Gewährleistung des Privateigentums auch die Sozialbindung des Eigentums aus: Art. 14 Absatz 2 GG besagt, dass Eigentum verpflichtet und dass sein Gebrauch zugleich dem Wohl der Allgemeinheit dienen soll. Allerdings ist der Gesetzgeber bei der Erfüllung der ihm durch Art. 14 Absatz 1 S. 2 GG aufgetragenen Aufgabe nicht völlig frei. Die Gemeinwohlverpflichtung des Eigentumsgebrauchs (Art. 14 Absatz 2 GG) ist ebenso Rechtfertigungsgrund und Orientierungspunkt wie auch Grenze einer

Beschränkung des Eigentums (BVerfGE 25, S. 112 [118]). Der Gesetzgeber hat – in den Worten des Bundesverfassungsgerichts – die Aufgabe, die schutzwürdigen Interessen der Beteiligten in einen „gerechten Ausgleich" und in ein „ausgewogenes Verhältnis zu bringen" (BVerfGE 101, S. 239 [259]). Eigentumsbindungen müssen danach auch stets verhältnismäßig sein. Gemessen am sozialen Bezug und an der sozialen Bedeutung des Eigentumsobjekts dürfen sie vor allem nicht zu einer übermäßigen Belastung führen und den Eigentümer im vermögensrechtlichen Bereich unzumutbar treffen (vgl. BVerfGE 21, S. 150 [155]; 58, S. 137 [148]). In dem Spannungsfeld von grundrechtlicher Anerkennung und Gewährleistung des Privateigentums (Art. 14 Absatz 1 S. 1 GG) einerseits und dem Sozialgebot des Art. 14 Absatz 2 GG andererseits hat der Gesetzgeber dem Gebot der Rücksichtnahme auf die Belange derjenigen Rechtspersonen hinreichend Rechnung zu tragen, die auf die (Mit-)Nutzung des Eigentumsgegenstandes angewiesen sind. Je stärker andere Rechtspersonen auf die Nutzung fremden Eigentums angewiesen sind, das Eigentumsobjekt also in einem sozialen Bezug und in einer sozialen Funktion steht, umso weiter ist der Gestaltungsspielraum des Gesetzgebers. Diese Abstufungen tragen dem Umstand Rechnung, dass die Eigentumsnutzung und die Verfügung über das Eigentum nicht in jedem Fall innerhalb der Sphäre des Eigentümers verbleiben, „sondern Belange anderer Rechtsgenossen berühren, die auf die Nutzung des Eigentumsobjekts angewiesen sind" (BVerfGE 50, S. 290 [340 f.]; 89, S. 1 [6]).

6. Die Enteignung

Der grundgesetzliche Schutz richtet sich jedoch nicht nur gegen die unangemessene gesetzliche Ausgestaltung von Inhalt und Schranken des Eigentums sowie gegen eine Auslegung und Anwendung gesetzlicher Inhalts- und Schrankenbestimmungen mit einem entsprechenden Ergebnis, sondern in erster Linie gegen staatliche Enteignungen. Art. 14 Absatz 3 GG definiert Begriff und Inhalt der Enteignung nicht und enthält keine Vorgaben für ihre Abgrenzung zur entschädigungslosen Sozialbindung des Eigentums nach Absatz 1 Satz 2. Er normiert jedoch bestimmte Zulässigkeitsvoraussetzungen: Eine Enteignung darf nach Absatz 3 Satz 1 nur zum Wohle der Allgemeinheit vorgenommen werden. Sie darf nach Satz 2 nur durch Gesetz oder aufgrund Gesetzes erfolgen, das Art und Ausmaß der Entschädigung regelt (sog. „Junktim-Klausel"). Diese Entschädigung ist gemäß Satz 3 unter gerechter Abwägung der Interessen der Allgemeinheit und der Beteiligten zu bestimmen. Wegen der Höhe der Entschädigung steht nach Satz 4 der Rechtsweg zu den ordentlichen Gerichten offen.

6.1 Begriff der Enteignung

Das zentrale Rechtsproblem im Anwendungsbereich des Art. 14 Absatz 3 GG ist die Frage nach den konstitutiven Merkmalen der Enteignung und ihrer Abgrenzung von der Sozialbindung nach Absatz 1 Satz 2 und Absatz 2. Wie in kaum einem anderen Bereich der Grundrechtsjudikatur haben sich dabei die Maßstäbe vielfach verschoben. Im 19. Jahrhundert entwickelte die Rechtsprechung einen „klassischen Enteignungsbegriff", der die Enteignung als „ganze oder teilweise Entziehung von Grundeigentum oder Rechten an solchem zur Durchführung eines dem öffentlichen Wohle dienenden Unternehmens" definierte. Enteignung war nach diesem Verständnis der Entzug von Grundeigentum und dessen Überführung auf ein gemeinnütziges Unternehmen, mithin ein hoheitlicher „Güterbeschaffungsvorgang".

Bereits seit der Weimarer Zeit erweiterten Rechtsprechung und Lehre den „klassischen" Enteignungsbegriff (vgl. RGZ 105, S. 251 [253]; 135, S. 308 [311]). Vor allem wurde der Eigentumsschutz auf alle vermögenswerten Rechte des Bürgers erweitert. Zudem erkannte die Rechtsprechung die Möglichkeit einer Enteignung durch Gesetz an und erweiterte die Enteignung auf alle Formen von Eigentumseingriffen. An die Stelle der Güterbeschaffung traten materielle Abgrenzungsformeln, die die Grenzlinie zwischen Sozialbindungen und Enteignung definierten. Beginnend mit den Beschlüssen zum Kleingartenrecht vom 12. Juni 1979 (BVerfGE 52, S. 1 [27]) und vor allem zur „Nassauskiesung" vom 15. Juli 1981 (BVerfGE 58, S. 300ff.) schränkte das Bundesverfassungsgericht diesen „erweiterten" Enteignungsbegriff jedoch wieder erheblich ein. Nunmehr begriff das Bundesverfassungsgericht als Enteignung die vollständige oder teilweise Entziehung konkreter subjektiver Rechtspositionen i.S.v. Art. 14 Absatz 1 Satz 1 GG (BVerfGE 56, S. 249 [260]; 79, S. 174 [191]). In der Entscheidung des Bundesverfassungsgerichts vom 22. Mai 2001 zur Baulandumlegung fand diese Entwicklung einen Schlusspunkt, der den Begriff der Enteignung weitgehend auf seinen klassischen Gehalt zurückführt. Wesensmerkmal der Enteignung im verfassungsrechtlichen Sinne ist nach dieser neuesten Rechtsprechung der hoheitliche Zugriff auf das Eigentum des Einzelnen, der auf die Beschaffung von Gütern für ein konkretes öffentliches Vorhaben gerichtet ist (BVerfGE 104, S. 1ff.). Die Enteignung i.S.v. Art. 14 Absatz 3 GG ist somit entgegen den früheren Aussagen der Rechtsprechung wieder wie im 19. Jahrhundert ein zielgerichteter „Güterbeschaffungsvorgang", allerdings – anders als damals – nicht beschränkt auf das Grundeigentum.

6.2 Anforderungen an die Enteignung

Gemäß Art. 14 Absatz 3 Satz 2 GG ist eine Enteignung nur rechtmäßig, wenn sie durch ein Gesetz oder aufgrund eines Gesetzes erfolgt, das Art und Ausmaß der Entschädigung regelt. Dieser spezifisch enteignungsrechtliche Gesetzesvorbehalt geht über den allgemeinen Vorbehalt des Gesetzes hinaus: Gesetz i.S.v. Art. 14 Absatz 3 Satz 2 GG ist – anders als in Art. 14 Absatz 1 Satz 2 GG – allein das förmliche Parlamentsgesetz (vgl. BVerfGE 56, S. 249 [261]). Das der Enteignung zugrunde liegende Gesetz muss zudem gem. Art. 14 Absatz 3 Satz 2 GG zugleich

„Art und Ausmaß der Entschädigung" regeln. Diese „Junktim-Klausel" erfüllt eine Warnfunktion gegenüber dem Gesetzgeber und soll diesen zwingen, selbst zu entscheiden, ob er eine Enteignung zulässt und in welcher Höhe er Entschädigung gewährt (BVerfGE 46, S. 268 [287]). Damit schützt die Junktim-Klausel vor allem den Eigentümer, der eine Enteignung nur dulden muss, wenn der Gesetzgeber selbst Art und Ausmaß der Entschädigung geregelt hat. Zugleich soll aber die eigenmächtige Zuerkennung von Entschädigung durch die Gerichte verhindert werden, so dass das Junktim mittelbar auch dem Schutz der Haushaltsprärogative des Parlaments dient.

Nach Art. 14 Absatz 3 Satz 1 GG ist die Enteignung nur zum Wohle der Allgemeinheit zulässig. Dieses Gemeinwohlerfordernis ist streng sachzweckbezogen und nur dann gegeben, wenn die Enteignung zur Erfüllung einer bestimmten öffentlichen Aufgabe erforderlich ist (BVerfGE 38, S. 175 [180]). Demgegenüber ist die Enteignung kein Instrument zur Mehrung staatlichen Vermögens. Unzulässig sind ferner Enteignungen, die lediglich Private begünstigen oder widerstreitende Eigentümerinteressen schlichten sollen. Neben dem durch Art. 14 Absatz 3 Satz 1 geforderten Bezug zum Gemeinwohl muss jede Enteignung nach dem Grundsatz der Verhältnismäßigkeit zur Erreichung der öffentlichen Aufgabe geeignet, erforderlich und verhältnismäßig im engeren Sinne sein. Eine Enteignung kommt nur als letztes Mittel zur Erreichung des beabsichtigten Zweckes in Betracht (BVerfGE 45, S. 297 [321]). Sie ist ausgeschlossen, wenn das benötigte Eigentum unter angemessenen Bedingungen freihändig rechtsgeschäftlich erworben oder das Vorhaben in gleicher Weise auf Grundstücken der öffentlichen Hand verwirklicht werden kann oder wenn der Eingriff außer Verhältnis zum Nutzen für das Gemeinwohl steht.

6.3 Die Enteignungsentschädigung

Die Festsetzung von Art und Ausmaß der Entschädigung muss gem. Art. 14 Absatz 3 unter gerechter Abwägung der Interessen der Allgemeinheit und der Beteiligten erfolgen. Diese Entschädigung stellt geschichtlich eine Ausformung des allgemeinen, in Art. 74, 75 der Einführung zum Allgemeinen Landrecht für die preußischen Staaten aus dem Jahr 1794 erwähnten Aufopferungsanspruchs dar, der heute die dogmatische Grundlage für die – nicht auf Art. 14 Absatz 3 GG beruhenden – Institute des enteignungsgleichen und des enteignenden Eingriffs bildet. Das in Art. 14 Absatz 3 GG normierte Abwägungsgebot wendet sich nicht an die Exekutive oder an die Gerichte, die im Einzelfall die Entschädigung festsetzen bzw. über die Rechtmäßigkeit der Festsetzung befinden, sondern an den Enteignungsgesetzgeber. Sieht dieser keine den Anforderungen des Art. 14 Absatz 3 GG entsprechende Entschädigung vor, so ist das Enteignungsgesetz verfassungswidrig.

Abgesehen von dem Abwägungsgebot stellt das Grundgesetz für Art und Höhe der Enteignungsentschädigung keine ausdrücklichen Vorgaben auf. Mit dem Grundsatz der Verhältnismäßigkeit wäre es freilich unvereinbar, eine bloß nominelle Entschädigung zu gewähren. Andererseits kann der Berechtigte auch nicht – wie gegenüber einem rechtswidrigen und schuldhaften Eingriff – vollen Schadensersatz verlangen, der den Eingriff tendenziell ungeschehen machen soll. Stattdessen orientiert sich die Enteignungsentschädigung am Verkehrswert des entzogenen Eigentums (Vgl. BGHZ 59, S. 250 [258 f.]). Dieser bestimmt sich nach dem Zeitpunkt der Vornahme der Enteignung, wobei Vorwirkungen der Enteignung – wie der Wertverlust durch die Ankündigung des Vorhabens – zu eliminieren sind (vgl. BGHZ 87, S. 66ff.).

Teilweise wird vertreten, der Gesetzgeber müsse zwingend eine Verkehrswertentschädigung vorschreiben. Angesichts der Abwägungsklausel des Art. 14 Absatz 3 kann diese Auffassung zwar nicht überzeugen. Allerdings werden die Gestaltungsspielräume des Gesetzgebers durch den Gesichtspunkt der Eigenleistung begrenzt: Erweist sich der Wert des entzogenen Gutes als das Äquivalent eigener Leistung des Eigentümers, so ist die „gerechte" Entschädigung i.S.v. Art. 14 Absatz 3 regelmäßig der Verkehrswert. Beruht dieser Wert hingegen auch auf öffentlichen Leistungen oder neutralen Faktoren wie der Bodenpreisentwicklung, so ist das Interesse an voller Verkehrswertentschädigung von Verfassung wegen insoweit nicht absolut vorrangig.

Eigentum – was geht den Staat das an?

Christine Scheel

Über Eigentum kann man sich und seinen Status definieren, sich von anderen abgrenzen oder sich zuordnen. Eigentlich ist Eigentum überhaupt nur denkbar innerhalb einer sozialen Kategorie, letztlich in Abgrenzung zu anderen. Für sich allein macht es keinen Sinn, Eigentum zu besitzen. *Robinson Crusoe*, einsam auf „seiner" Insel sitzend, konnte diese ganz sein Eigentum nennen – aber was hätte es ihm genützt, irgendwelche Quadratmeter abzustecken und als sein Eigentum zu deklarieren? Es interessierte niemanden, keiner konnte ihn deshalb bewundern oder beneiden, niemand wollte es ihm wegnehmen – und mit niemandem hätte er die Werte und Ressourcen der Insel wirtschaftlich nutzbar machen können. Sie hatte in diesem Sinn keinen Asset, den der Inselmann sich hätte zumessen können.

Eigentum ist sinnvoll immer nur denkbar in Beziehung zu anderen Menschen. Wenn es einen materiellen Wert haben soll, so setzt es sogar das Funktionieren eines Marktes voraus. Sonst lässt sich weder Tauschwert bestimmen noch ein Preis erzielen. Ob wir es philosophisch, ethisch-religiös oder ökonomisch-marktwirtschaftlich betrachten: Eigentum regelt sich und seinen Wert nur über andere. Die Frage ist daher nicht ob, sondern wie und in welchem Umfang andere über „mein" Eigentum mit bestimmen oder mit bestimmen dürfen oder dürfen sollen. Damit das nicht irgendjemand in beliebiger, also willkürlicher Weise betreibt, ist die Existenz einer gesicherten Rechtsordnung, also eines funktionierenden und demokratisch legitimierten Staates – mitsamt seinen regionalen und örtlichen Gliederungen, etwa den Kommunen – eine durchaus gelungene und hilfreiche Einrichtung.

Ein Blick in die Geschichte der Menschheit zeigt drastisch, dass ihre heftigsten Krisen und Konflikte rund ums Eigentum weit überwiegend nicht mit Zugriffen des Staates, staatlichen Vorschriften und Steuererhebungen verbunden sind, sondern mit der Abwesenheit von staatlicher Autorität bzw. ihrer Zerstörung im Zuge von Eroberungen und Angriffskriegen. Die Zahlen der dabei Ermordeten, Geschändeten und Entrechteten über Jahrtausende sind gar nicht zu ermessen. Wenn die Auseinandersetzung um Besitz nicht auf gleicher Augenhöhe – bei Marktkompetenz oder im Kräfteverhältnis – erfolgt, sind Ungerechtigkeiten unausweichlich. So haben sich z.B. die Shinnecock-Indianer vor 150 Jahren Long Island, heute Wochenendsitz der Reichen vor den Toren von New York, für 25 Dollar abluchsen lassen. Ob sie heute, in einem funktionierenden Rechtswesen, ihre Forderung von 1,7 Mrd. US-Dollar Schadensersatz realisieren können, wird derzeit untersucht.

In den Auseinandersetzungen um Grund und Boden in frühen Gesellschaften stand nicht unbedingt die bloße Sicherung des Zugriffs auf fremdes Eigentum im Vordergrund, wie wir es bis heute beim Krieg ums Öl erleben. Oft war der Antrieb der Kampf ums nackte Überleben, um Weide- und Wasserplätze für das Vieh; im Alten Testament läßt sich ausreichend dazu nachlesen – hoch aktuell: Mit Blick auf Trinkwasserreserven werden wir dieses Motiv der Kriegführung in weiten Teilen der Welt zunehmend wieder antreffen.

Wie angenehm läßt sich da über Eigentum und Eingriffsrechte eines demokratischen Staates in mitteleuropäischen Regenzonen philosophieren! Man kauft sich ein Grundstück, läßt sich als rechtmäßiger Eigentümer eintragen und von staatlicher Ordnung als solcher schützen – und kann dann einen Brunnen bohren und (etwa nach dem bayerischen Wassergesetz) bis zu drei Liter Wasser pro Sekunde kostenlos für den Eigenbedarf nach oben befördern. Im Umkehrschluss legen allerdings Behörden fest, an welchen Stellen Baugebiete ausgewiesen werden dürfen – was ja u.a. dem Schutz des selbst genutzten Grundwassers dient.

Dass im Rahmen des Bauleitverfahrens noch andere Fachstellen und Träger öffentlicher Belange zu Wort kommen können, mag dem ungeübten Beobachter ebenso wie den an Grundstücksumwandlung, Verkauf oder Kauf Interessierten überfrachtet oder bürokratisch erscheinen. Bei genauer Hinsicht findet man auch mit Sicherheit überall bürokratische Hürden in Planungs- und Genehmigungsprozessen, die überflüssig, unzeitgemäß und obendrein Kosten treibend und Zeit fressend wirken. Erschreckend an überbordender Bürokratie ist ja nicht allein ihre schiere Existenz, sondern vielmehr ihr Wachstum wider alles öffentlich deklamierte Wollen – und ihre Eigendynamik und offensichtliche Unbesiegbarkeit.

Zentral ist in jedem Fall die Frage nach Rolle und Funktion des Staates. Als gesellschaftliches Gebilde gilt er als Teil oder Klammer der Gesellschaftsordnung, die er mitgestaltet, mit weiter entwickelt und der er Rahmen und Orientierung gibt. Bürger brauchen Freiräume für eigenverantwortliches Leben und müssen dazu vor Zugriffen des Staates geschützt werden – desselben Staates, dessen sie gleichzeitig bedürfen zum Schutz ihrer selbst, ihres Eigentums – und der Lebensgrundlagen, vulgo des Gemeineigentums, etwa eines genießbaren, sauberen Trink- und Brauchwassers.

In den Grundlagen unseres Gemeinwesens sind noch für drei weitere entscheidende, mit Eigentum zusammenhängende Themen Regelungen getroffen: Verfügungsgewalt, Begrenzung von Eigentum und Enteignung. Die Möglichkeit der Enteignung sieht das Grundgesetz zwar vor, aber sie ist nach aller Erfahrung in Deutschland auf Bedarf für allgemeine öffentliche Infrastruktur oder Nothilfe – Maßnahmen – der Widerstand eines Grundbesitzers gegen dringend erforderliche Hochwasser – Verbauungen in einem oberbayerischen Dorf hat erst im Sommer 2005 wieder Schlagzeilen gemacht – beschränkt. Mag man angesichts der ungehindert durch das Dorf tobenden Wassermassen nur den Kopf schütteln über den uneinsichtigen Eigentümer, so gibt es natürlich auch Enteignungsmaßnahmen, über die sich trefflich streiten läßt: Ist die Autobahn wirklich erforderlich und wenn, muss es unbedingt diese Trassenführung sein?

Dass solche Entscheidungen in einem demokratisch geordneten Verfahren getroffen werden, hilft zwar dem Betroffenen im Einzelfall nicht, ist aber im Hinblick auf die Eigentumsfrage im Grunde beruhigend – zumal im Blick auf die deutsche Vergangenheit oder manche andere Länder. Der *Chodorkowski*-Prozess in Russland oder die Ereignisse in Zimbabwe sind beredte Beispiele.

Unser Staatsgebilde zeigt also eine erkennbar positive Einstellung zum privaten Eigentum. Übrigens – was kaum bewußt, da selbstverständlich ist – schon darin, dass es keine Begrenzung desselben gibt. Jeder kann so viel Grund und Boden oder Güter erwerben, wie er dazu ökonomisch in der Lage ist. Und das Bundesverfassungsgericht wendet bei einschlägigen Entscheidungen immer wieder als Leitnorm an, dass Substanz nicht, allenfalls gering besteuert werden darf. Die Vermögensbesteuerung ist weitgehend abgeschafft, die Belastungen durch Erbschaftsbesteuerung auf private Vermögen sind für direkte Verwandtschaftsbeziehungen so gestaltet, dass die größten Teile tatsächlich bei den Nachkommen ankommen und von diesen zu weiterer Eigentumsansammlung verwendet werden können.

Schließlich: auch wenn immer wieder als zu hoch beklagt, so ist der Spitzensteuersatz von 42 % auf Einkommen in Deutschland (Stand: Herbst 2005) noch als moderat zu bezeichnen. Jedenfalls kann auch an dieser Stelle staatlichen Eingreifens in Eigentumsrechte nicht von Überforderung gesprochen werden. Die Finanzierung von Infrastruktur und innerer Sicherheit durch den Staat sind ja gerade unabdingbare Voraussetzung dafür, dass Eigentümer zu solchen werden und es bleiben können. Es bleibt mithin der Ethik des Einzelnen überlassen, was er/sie meint, wieviel Anhäufung von Besitz auf die eigene Person vertretbar ist. Der begleitende gesellschaftliche Diskurs zu diesen Wertefragen, etwa angestoßen durch die Kirchen, kann dabei hilfreich sein, ist aber nicht bindend.

Was die Verfügungsgewalt anbelangt, ist lediglich eingeschränkt, dass mit dem „eigenen Eigentum" nicht völlig nach Gutdünken verfahren werden kann. So ist sowohl in der Verfassung des Freistaates Bayern wie im Grundgesetz die Sozialbindung angesprochen: „Eigentum verpflichtet gegenüber der Gesamtheit. Offenbarer Missbrauch des Eigentums- oder Besitzrechts genießt keinen Rechtsschutz." (Art. 158 BV) und "Das Eigentum und das Erbrecht werden gewährleistet. Inhalt und Schranken werden durch die Gesetze bestimmt (Art. 14 Abs. 1 GG). Eigentum verpflichtet. Sein Gebrauch soll zugleich dem Wohle der Allgemeinheit dienen

(Art. 14 Abs. 2 GG). Eine Enteignung ist nur zum Wohle der Allgemeinheit zulässig" (Art. 14 Abs. 3 GG). Auch hier ist die gesellschaftliche Wertediskussion hilfreich, um Orientierung etwa für soziale und ökologische Verantwortung zu geben.

Oftmals wird der Einfluss des Staates einvernehmend und bevormundend empfunden. Dann ist man aber doch wieder froh, wenn es steuerliche Erleichterungen
oder Zuschüsse gibt, die es erleichtern, Eigentum – sei es Wohneigentum oder Vermögensbildung – zu schaffen. Auch da gibt es eine klare Positionierung: Wir
haben eine staatliche Ordnung, die persönliches Eigentum ausdrücklich befürwor-
tet und deshalb sogar seine Entstehung unterstützt. Das geschieht mit dem sozial-
staatlichen Ziel, dass viele partizipieren sollen, die allein aus eigener Kraft nicht so
weit kommen könnten.

Einmischen des Staates bedeutet Lenkung, was aber positiv verstanden Hilfestellung heißen kann. Gerade beim Aufbau des wichtigsten und am schwersten zu
erwerbenden Eigentums hat es über Jahrzehnte eine für die Wirtschaftsentwicklung und für Millionen Familien unersetzbare Unterstützung durch solche staatlichen Eingriffsmaßnahmen gegeben. Die Hilfestellung bei der Baufinanzierung
für Familien mit niedrigem Einkommen und Zulagen für Kinder erfordert freilich
auch Offenlegung der Vermögensverhältnisse und Erfüllung bürokratischer
Pflichten. Die Antragsteller müssen Nachweise erbringen, damit die ausführenden Stellen beurteilen können, ob ein Förderantrag positiv beschieden werden
kann. Um die Lenkungswirkung gezielt einzusetzen, hat die Politik bei der Eigenheimzulage in den vergangenen Jahren Änderungen vorgenommen, um neuerdings – aus naheliegenden Gründen – Alt- und Neubauten gleichermaßen zu
berücksichtigen und das Leben mit Kindern endlich stärker zu fördern.

Ein weiteres stützendes Element staatlichen Einflusses ist die Lenkung durch För-
derprogramme. Unterschiedliche Untersuchungen belegen, dass das Potential zur
Energieeinsparung durch Wärmedämmung enorm ist und die für das Weltklima
und unser aller Überleben notwendigen CO_2-Sparmaßnahmen in diesem Bereich
kostengünstig zu erreichen sind. Intelligente staatliche Steuerung erreicht also
gleich mehrere Ziele: Sicherung des Eigentums und Einsparen von Finanzmitteln
für einzelne, Impulse für die Wirtschaft – zum Beispiel vor allem mittelstän-
disches Handwerk – und gleichzeitig Beitrag zum Schutz der Umwelt.

Der Staat ist nun keine einzige zentrale Stelle, sondern zeigt sich auch in puncto
Vorschriften von seiner föderalen Seite. Das entspricht der Realität und der
Komplexität des Lebens: Es gibt übergeordnete Aspekte ebenso wie regionale
Gesichtspunkte und Aufgaben, die in den kleinsten öffentlichen Einheiten, den
Kommunen, geregelt werden können und sollen. Entsprechend dem Subsidiari-
tätsprinzip als Leitbild zur Regelung des Zusammenlebens von Menschen sollen
möglichst viele Entscheidungen zunächst ohnehin im privaten Raum getroffen

werden können – und alle übrigen auf der jeweils niedrigst möglichen Ebene angesiedelt sein. Eine Richtschnur, die in Fragen des privaten Eigentums eine besonders einleuchtende Wirkung entfaltet.

Der gesellschaftliche Wandel verändert die infrastrukturellen, sozialen und räumlichen Strukturen der Städte und Siedlungsräume. Das Leitbild der Raumordnung fordert deshalb – auf der Basis des Grundgesetzes – gleichwertige Lebensverhältnisse in allen Teilen Deutschlands. So ist es auch übergreifende Aufgabe des Staates mit dafür zu sorgen, dass es vernünftige Infrastruktur oder angemessene Versorgung mit bezahlbarem Wohnraum, ebenso wie eine differenzierte Eigentumspolitik gibt, die Individual-, Gemeinschafts- und Genossenschaftseigentum umfasst. Der Anspruch, Städte und Regionen als vitale Wohn-, Lebens- und Wirtschaftsstandorte zu festigen und einer Gentrification entgegen zu wirken, wird dann auf untere Ebenen herunter gebrochen und ist mit den jeweiligen Zuständigkeiten auf Landes- und kommunaler Ebene zu finden und wird dort umgesetzt.

Eine weitere Aufgabe staatlicher Institutionen besteht darin, an das bauliche und kulturelle Erbe anzuknüpfen und es weiterzuentwickeln. Damit verbunden sind Vorschriften und Eingriffe auch in privates Eigentum. Die Berechtigung dazu ergibt sich aus den offenkundigen positiven Wirkungen von historisch gewachsenen, intakten Dorf- und Stadtstrukturen. Die Grenzen sollten da liegen, wo den Eigentümern eine Nutzung unverhältnismäßig erschwert würde. Die Definition dafür ist mit demokratischen Spielregeln auszuhandeln, nicht von der Bürokratie vorzuschreiben.

Es gibt nun sicherlich unterschiedlich ausgeprägte Leitbilder zu Themen wie Wohnen und Arbeiten, Flächenverbrauch, Umgang mit historischem Erbe, moderner Infrastruktur bis hin zu Konsum- und Freizeitmöglichkeiten. Neue Konzepte zum Wohnen für junge Familien oder – in einer insgesamt alternden Gesellschaft – für Senioren mit wohnungsnahen Dienstleistungen zu entwickeln, kann nicht isolierte Aufgabe von Architekten sein, sondern hier geht es um gesellschaftliche Zukunftsentwürfe. Diese zu initiieren und zu moderieren, dabei auch regelnd einzugreifen und Entscheidungen und eine Realisierung herbeizuführen, das alles ist Aufgabe staatlich-kommunaler Institutionen. So spielen Themen aus diesen Bereichen in Gemeinderatssitzungen eine herausragende Rolle in Realisierung dessen, was auf der Bundesebene abstrakt bei Diskussionen zum Baugesetzbuch oder zur Eigenheimförderung stattfindet.

Die Rahmengesetzgebung obliegt dem Bund. Vom Wohneigentumsgesetz bis zu steuerlichen Fragen begleiten die zuständigen Gremien auf Bundesebene die gesellschaftliche Entwicklung. Diskussionen über die Weiterentwicklung der Vorschriften des Baurechts nach neuen Erkenntnissen und Entscheidungen über die

Förderung umweltgerechteren Bauens finden hier statt. Auch die Frage der Alters-vorsorge und der Stellenwert einer selbst genutzten Immobilie oder des Schaffens von Wohneigentum als „Rentenergänzung" spielen bei Gesetzgebungsprozessen und daraus resultierenden Vorschriften eine immer größere Rolle.

Wie stark soll oder muss der Staat Einfluss nehmen auf eine alternde Gesellschaft, die Tatsache einer längeren Lebensdauer in den eigenen vier Wänden oder zukunftsgerichteten neuen Wohnformen, die in den letzten Jahren auch in den politischen Diskussionsrunden mehr zum Thema geworden sind? Müssen Förde-rungen umstrukturiert werden, weg von der klassischen Eigenheimzulage hin zu anderen zukunftsorientierten Strukturen? Wie auch immer dies entschieden wird: Politik gestaltet und muss zukunftsfähige Entscheidungen treffen, die immer in irgendeiner Form Relevanz für privates Eigentum haben.

In den verschiedenen Bundesländern beinhalten die Bauordnungen in der Regel allgemeine Anforderungen an die Bauausführung, damit öffentliche Sicherheit und Ordnung, insbesondere Leben und Gesundheit, aber auch die natürlichen Lebensgrundlagen nicht gefährdet werden. Zudem sollen Bauten das Gesamtbild ihrer Umgebung nicht verunstalten, wobei es hierzu unterschiedliche Ansichten gibt. Über Geschmack läßt sich bekanntlich trefflich streiten – nur wie gestritten wird, in kultivierter Form und zielgerichtet, das muss in einer Gesellschaft organi-siert sein. Spannende öffentliche Debatten gab es bspw. in München im Rahmen eines Bürgerentscheids zur Höhenbegrenzung für Hochhäuser. Auch die Einfüh-rung einer kommunalen Baumschutzverordnung kann in solchem demokratischen Diskurs entschieden werden. So kann dann die Bauaufsichtsbehörde verlangen, dass Bäume nicht beseitigt werden, die für ein Landschaftsbild oder für Luftrein-haltung erforderlich sind.

Voraussetzungen für die Bebauung werden definiert von der Angemessenheit eines Grundstückes, Abstandsflächen bis hin zu Einfriedungen. Bei der Baugestal-tung wird die Interpretation der Vorschriften schon schwieriger. Wenn es heißt, „Bauliche Anlagen sind nach den anerkannten Regeln der Baukunst durchzubil-den und so zu gestalten, dass sie nach Form, Maßstab, Verhältnis der Baumassen und Bauteile zueinander, Werkstoff und Farbe nicht verunstaltend wirken" (Art.11 Abs. 1 BayBO), dann steckt hier Sprengstoff im Streit zwischen Behörde und Eigentümer.

Auch hier ist entscheidend die kommunale Ebene im Spiel. Die Städte und Gemeinden können durch Satzung örtliche Bauvorschriften erlassen, die von der Gestaltung von Ortsbildern, Kinderspielplätzen bis zur erforderlichen Anzahl von Kraftfahrzeugstellplätzen Regeln aufstellen. Ihnen obliegt die Ausweisung von Baugebieten. Sie können Zersiedelungsaspekte am besten beurteilen und sich über den Freizeitwert, der die Attraktivität einer Kommune erhöht, am Ort das beste

Bild machen. Dies bedeutet, dass die Vorschriften des Staates die Bürger am stärksten auf der kommunalen Ebene erreichen und konfrontieren.

Aus allem ist ersichtlich, dass im Sinne der Gemeinwohlorientierung Vorschriften durchaus Sinn haben. So schützen Mindestabstandsflächen davor, dass einem der Nachbar zu nahe rückt. Lärmschutzvorschriften dienen der Gesundheit. Der Denkmalschutz erhält unsere Kulturgüter für die Zukunft. Doch alles was den Bürgern als überflüssige Vorschrift erscheint, entfaltet ärgerliche Wirkung, führt zu Staats- und Politikverdrossenheit. Es muss daher um Transparenz von Vorschriften und Entscheidungen gehen und um die erkennbare Möglichkeit, dass Bürger in der Demokratie mitwirken können. Denn obrigkeitsstaatliche Verfahren sind heute nicht mehr angemessen und durchsetzbar. Sie widersprechen unserem Verständnis von Demokratie und sind aus rein subjektiven Erwägungen heraus hinderlich, weil bürgerliche Handlungsspielräume eingegrenzt und Innovationen gebremst werden. Das egoistische Recht des Stärkeren kann und darf aber gerade auch eine Demokratie mit sozialstaatlichem Leitbild nicht akzeptieren.

Auch ökologisch gesehen, ist die Lage ambivalent. Leuchten die einen Vorgaben (fast) jedermann ein (Natur- und Wasserschutzgebiete, Heizungsanlagen, Abwasserbeseitigung etc.), so müssen manche Normierungen – bleiben wir beim Baubereich – geradezu als kontraproduktiv angesehen werden. So kann durch Vorschriften zu Dachneigung oder Gesamtausrichtung von Gebäuden energiesparendes Bauen behindert werden. Dass die ökologischen Fragen immer eng mit der Gesundheit aller und nicht zuletzt der Nutzer des Eigentums verbunden und Vorschriften in diesem Bereich mitunter lebensrettend sind, zeigt besonders deutlich das Verbot von Asbest.

Staatliche Einwirkung auf privates Eigentum kann vom Schutz des Lebens und seiner Grundlagen bis zu hochgradigem Ärger über bürokratischen Regelungswahn reichen. Kultur des Eigentums setzt einen kultivierten Staat voraus, der Eigentum schützen, aber auch seine sozial verantwortliche Nutzung einfordern kann. Einen Staat, der seine Aufgaben für die Bürgerinnen und Bürger gewissenhaft erfüllt und seine Bürokratie in Zaum hält, der den Markt fördert und regelt und für sozialen Ausgleich sorgt. Entscheidend ist dabei eine Organisation des Gemeinwesens in transparenten demokratischen Strukturen. In einem solchem Rahmen können Eigentümer Eigentum genießen.

Luftschlösser

Horst Teltschik

Es ist die Zeit der Abschiede – auch von den Luftschlössern von 1968. „Geschichte eines politischen Abenteuers" – so lautet der Untertitel des Buches der drei „Spiegel"-Redakteure *Matthias Geyer*, *Dirk Kurbjuweit* und *Cordt Schnibben* über die „Operation Rot-Grün". Es handelt sich auch um ein Tagebuch zur siebenjährigen Regierungszeit von Bundeskanzler *Gerhard Schröder* und Außenminister *Joschka Fischer*.

Mit dem Ende der Regierung Rot-Grün scheidet eine Generation von Politikern von der Macht, die sich im Politik- und Lebensstil in vielfacher Weise der 68er Studentenbewegung angehörig oder verpflichtet fühlte. In ihrer Selbstwahrnehmung wahrten sie das Erbe der 68er. Sie hatten den Marsch durch die Institutionen angetreten, und der Wahlerfolg von 1998 bedeutete, dass sie angekommen waren. Das gilt im besonderen Maße für *Joschka Fischer*, *Jürgen Trittin* und für *Otto Schily* – alles Angehörige der seit den sechziger Jahren geführten außerparlamentarischen Opposition gegen die Notstandsgesetze. In mancher Hinsicht zählen auch die weiland JUSO-Bundesvorsitzenden *Gerhard Schröder* und *Heidemarie Wieczorek-Zeul* dazu.

Diese Namen stehen stellvertretend für eine Bewegung, die sich in den sechziger Jahren als neue Linke zusammenfand. Ihre Strategie bestand aus der direkten Aktion, der unmittelbaren Provokation. So sollten neue Einsichten gewonnen, die Öffentlichkeit mobilisiert und die Gesellschaft verändert werden.

Auslöser dieser neuen linken Bewegung waren dramatische internationale Veränderungen, innenpolitische Machtverlagerungen sowie gesellschaftspolitische Verharzungen. Protestbewegungen an der amerikanischen Universität Berkeley, in Paris, Rom oder Mexiko-City waren vorausgegangen und ermutigten die Protestbewegung vor allem an den Universitäten Berlin, Hamburg, München und Frankfurt.

Die Welt veränderte sich, Amerika verlor seinen Glanz. Zorn und Enttäuschung trieben neue utopische, vielfach ideologisch überhöhte Zielvorstellungen hervor. Es waren meist „Luftschlösser". Doch es lohnt sich, sie in der Nachbetrachtung auch am Verhalten ihrer Apologeten in den letzten zwanzig Jahren zu messen.

Das autoritäre Schah-Regime im Iran und die Eskalation des Vietnamkrieges lösten die Studentenproteste in Berlin aus. Mit der roten Mao-Bibel in der erhobenen

Hand und zu den rhythmischen Rufen „Ho-Ho-Ho-Chi-Minh" marschierten Tausende von Studenten durch die Strassen von Berlin. Südvietnam galt als eine von Kolonialismus und Imperialismus unterdrückte Gesellschaft, der Sieg des Vietcong als Sieg der Demokratie. *Che Guevara's* Aufruf an die Völker Asiens, Afrikas und Lateinamerikas: „Schaffen wir zwei, drei, viele Vietnam", *Maos* Forderung der „permanenten Revolution", die „Revolution in der Revolution" von *Regis Debray* und *Lenins* „Was tun?" wurden Leitbild und Handlungsanleitung der linken Protestbewegung.

Ein Kult der Gewalt wurde gepredigt. Das spielte eine mobilisierende Rolle sowohl für die Befreiungsbewegungen der Dritten Welt als auch zunehmend für die Protestbewegungen in den westlichen Industriestaaten. Die Unterscheidung zwischen Gewalt gegen Sachen und Gewalt gegen Personen erwies sich sehr bald als intellektuelle Kunstübung. Im Terror der RAF fand diese Hybris ihr blutiges Ende.

In den sechziger und Anfang der siebziger Jahre starben während der Kulturrevolution *Maos* nach offiziellen Darstellungen der chinesischen Führung 40 Millionen Menschen. Vietnam ist auch heute noch ein kommunistisches System. Die blutige Machtübernahme der Mullahs im Iran mündete in ein neues System der Unterdrückung und des Terrors. Doch die Proteste der linken intellektuellen Avantgarde sind ausgeblieben.

Sie sind auch angesichts der Mauer von Berlin und des Stacheldrahts, der die Welt teilte, ausgeblieben. Die blutige Niederschlagung des Prager Frühlings 1968 durch Warschauer Pakt Armeen wurde hingenommen, weil man den Verantwortlichen in Prag, ohne hinzuhören, Verrat am Sozialismus unterstellte.

Proteste blieben aus beim sowjetischen Einmarsch in Afghanistan, bei der Verhängung des Kriegsrechts in Polen gegen die Solidarnosc-Bewegung.

Als der sowjetische Generalsekretär *Breschnew* trotz der Ostpolitik *Willy Brandts* und trotz der Unterzeichnung der KSZE-Schlussakte von Helsinki – als Höhepunkte der Entspannungspolitik gefeiert – mit der Stationierung neuer nuklearer Mittelstreckenraketen begann, die ausschließlich auf Westeuropa zielten, richtete sich der Protest von hunderttausenden Demonstranten der „Friedensbewegung" nicht gegen die Sowjetunion. Er richtete sich ausschließlich gegen die Bundesregierungen von *Helmut Schmidt* und *Helmut Kohl*. Sie waren es aber, die, zuerst durch Androhung und dann durch die tatsächliche Stationierung amerikanischer Mittelstreckensysteme, am Ende die „Null-Lösung" auf beiden Seiten durchsetzten. Es waren Akteure von Rot-Grün, die in diesen Jahren die Auflösung der NATO forderten und „Ami go home" zu ihrer Losung machten.

Die gleichen Akteure bezeichnen heute die NATO – wie einstmals Bundeskanzler *Helmut Kohl* – als Teil der deutschen Staatsräson. Sie kämpfen um jeden Standort, den die US Army aufgeben will.

Sie haben Deutschland in den ersten Krieg seit 1945 im Kosovo geführt – ohne Resolution des UN Sicherheitsrates.

Nach Verteidigungsminister *Peter Struck* wird „die deutsche Sicherheit am Hindukusch" verteidigt. Die Bundeswehr müsse heute – so *Struck* – weltweit eingesetzt werden. Diese sehr weitgehenden Festlegungen haben nicht einmal eine Debatte im Bundestag ausgelöst. Abrüstung und Rüstungskontrolle – über Jahrzehnte eingefordert – sind kein Thema mehr. Als die chinesische Führung 1989 die Demokratiebewegung auf dem Platz des Himmlischen Friedens mit Panzern erstickte, forderten führende Politiker von Rot-Grün die Bundesregierung *Helmut Kohl* auf, die Beziehungen zu China abzubrechen. In Regierungsverantwortung und als Mitglied des VW-Aufsichtsrates forderten sie nur kurze Zeit später das Gegenteil und betrieben es. Tempi passati; „Luftschlösser", die sich buchstäblich in Luft aufgelöst haben. Was schert mich mein Wort von gestern? Vielleicht auch nur angekommen in der Wirklichkeit des Lebens?

Auslöser der Studentenrevolte waren aber nicht nur die Dramen der Außenwelt, sondern eine Vielzahl innen- und gesellschaftspolitischer Verwerfungen, die immer häufiger öffentliche Kontroversen ausgelöst hatten. Dagegen erschöpften sich die Antworten des 'Establishment' vielfach im Verschweigen, im Verdrängen oder wechselseitigen Schuldzuweisungen. Gleichzeitig begann sich zwanzig Jahre nach dem II. Weltkrieg ein Generationswechsel zu vollziehen. Es kam nicht von ungefähr, dass manche Agitationskader sich aus Söhnen und Töchtern derer rekrutierten, die im Dritten Reich schuldig geworden waren.

Die „Spiegel-Affäre" 1962 hatte einen innenpolitischen Skandal ausgelöst, der die deutsche Demokratie erstmals einer schweren Belastungsprobe ausgesetzt hatte. In Bonn hatte sich 1966 eine Grosse Koalition gebildet, die den außerparlamentarischen Aufstieg der Opposition (APO) hervorrief. Die parlamentarische Auseinandersetzung über die Notstandsgesetze beschleunigte Anfang der sechziger Jahre die Bildung der außerparlamentarischen Protestbewegung, der sich linke Studentenverbände, Intellektuelle und Teile der Gewerkschaften angeschlossen hatten. *Otto Schily* gehörte zu ihnen. Es war ein Kampf gegen Windmühlen, denn die Notstandsgesetze wurden nie angewandt. *Schilys* Anti-Terror-Gesetze von heute und die Hausdurchsuchung eines Cicero-Journalisten hätten ihn damals auf die Barrikaden gebracht.

Hinzu kamen die wachsenden Probleme der neuen Massenuniversität. Die Inhalte von Forschung und Lehre und die institutionellen Strukturen standen immer weniger in Einklang mit dem Leistungsanspruch von Staat und Gesellschaft. Die sich entwickelnde moderne Industriegesellschaft und deren materialistische Ausprägung nährte Zweifel an traditionellen Werten und Tugenden. Ihre Predigt musste unglaubwürdig oder überholt erscheinen.

Die Proteste richteten sich in maßloser Rhetorik gegen einen „allmächtigen Staat" und seinen „Unterdrückungsapparat", gegen die Machtverhältnisse an den Hochschulen, gegen Kapitalismus und Imperialismus, gegen das „Establishment", gegen „repressive Toleranz" und „Restauration". Zum Symbol dieser „Unterdrückungsmechanismen" wurden die „Autoritäten" in Staat, Gesellschaft und Hochschulen, aber auch der Springer-Konzern mit seinen Publikationen als „Werkzeuge der öffentlichen Manipulation und Unterdrückung". Antiautoritäres Handeln sollte als „permanenter Lernprozess" wirken, um die Strukturen von Menschen und Institutionen zu verändern. Zur Überraschung der „Studentenrevolutionäre" selbst erwiesen sich die „Autoritäten" in ihrer Reaktion häufig genug als hilflos, moralisch unsicher und intellektuell überfordert.

Die intellektuellen Antworten und Methoden der „Neuen Linken" schöpften jedoch nicht aus den Quellen der repräsentativen Demokratie des Grundgesetzes und der Menschenrechte. An die Stelle von persönlichem Verantwortungsbewusstsein, Sachbemühtheit, Toleranz und Respekt vor Andersdenkenden traten Intoleranz, die Bereitschaft zu Gewalt als legitimes Mittel der politischen Auseinandersetzung und die radikale Ablehnung der Spielregeln der parlamentarischen Demokratie und des Rechtsstaates. Die Losung lautete: „Macht kaputt, was euch kaputtmacht". „Unser größter Fehler war der Mangel an demokratischer Sensibilität", bekannte später *Daniel Cohn-Bendit*, einer der Agitatoren der sechziger Jahre.

Es ist das Kennzeichen aller politischen Utopien und Ideologien, dass sie „Reißbrettentwürfe" einer Gesellschaft sind, „theoretisch fundiert und technisch geplant", *(Jens Reich)*. Der „Neue Mensch" muss hergestellt, „gebildet" werden. Das Individuum, so *Dutschke*, musste sich verändern in der und durch die Aktion, durch Aufbegehren gegen Autoritäten und autoritäre Herrschaftsstrukturen" *(Ingrid Gilcher-Holtey)*.

Zu den Leitbildern der Neuen Linken gehörten die Frühschriften von *Karl Marx* mit ihrer Kritik an der „Entfremdung", der Anarchismus von *Bakunin*, der „eindimensionale Mensch" von *Herbert Marcuse*, die Sozialutopien von *Saint-Simon*, *Fourier* und *Proudhon*. Eine neue Gesellschaft sollte entworfen werden, die die Entfremdung des Menschen in seiner Lebenswelt aufhebt, „in der Freizeit, in der Familie, in den sexuellen und sozialen Beziehungen des einzelnen ..." *(Ingrid Gilcher-Holtey)*. Es sollte „eine Mischung aus Anarchismus und Marxismus" hergestellt werden, „um den Versuch zu unternehmen, die Verhältnisse in der Bundesrepublik zu verändern", erklärte einer der intellektuellen Wortführer des Sozialistischen Deutschen Studentenbundes (SDS), *Bernd Rabehl*.

West-Berlin sollte nach dem Vorbild der Münchner Räterepublik von 1918 zu einer Rätedemokratie umgestaltet werden. Vorgesehen waren neue Strukturen, die die Stadt in einzelne Kollektive von jeweils 3 – 4.000 Menschen aufgliedern sollte. An der Spitze sollte ein oberster Städterat stehen.

Revolutionäre Kommunen sollten eingerichtet werden. Die erste Kommune entstand in Berlin. Anti-autoritäre Kindergärten folgten. Gegründet wurde die „Kritische Universität" als Gegenentwurf zu den staatlichen Universitäten. Sie sollte nicht lange überleben.

Als die französischen Gewerkschaften für den 13. Mai 1968 einen Generalstreik ausrufen, marschieren 500.000 Arbeiter und Studenten gemeinsam durch Paris. Auch in Berlin, Frankfurt und in anderen Städten beginnen Studenten, vor die Fabriktore zu ziehen, um Arbeiter zu mobilisieren. Sie scheitern kläglich. Sie scheitern nicht zuletzt an ihrer Sprache, einem unverständlichen Gemisch aus marxistischer Terminologie und „Kritischer Theorie".

Der Verfasser dieses Beitrages verfasste 1968 für das politische „Establishment" als Handreichung ein Stichwortverzeichnis, um Theorie und Praxis der Neuen Linken überhaupt verständlich zu machen.

Die Napalm-Bilder aus Vietnam und die Notstandsgesetze hatten ein relativ breites Aktionsbündnis in den Universitäten, mit großen Teilen der Medien, vielen „Intellektuellen" und Teilen der Gewerkschaften ermöglicht. Besonders bereit für den Diskurs mit der APO war die „Frankfurter Schule" mit *Jürgen Habermas, Max Horkheimer, Theodor W. Adorno*. Viele Professoren wurden zu Mitläufern oder waren nicht mehr sichtbar. Nur wenige waren zur offensiven Auseinandersetzung bereit. In Berlin war es vor allem *Richard Löwenthal*, der einmal zum Verfasser äußerte, dass er das alles schon einmal erlebt habe – nur mit anderem Vorzeichen. Er hatte sich als Jude und Kommunist in der Weimarer Republik mit der Intoleranz und Aggression der Nazis auseinandersetzen müssen. *Hans Magnus Enzensberger* schrieb von der „Wirklichkeit eines neuen Faschismus".

Doch auch *Jürgen Habermas* attestierte *Rudi Dutschke* auf dem SDS-Kongress über „Bedingungen und Organisation des Widerstandes" in dunklen Worten eine „voluntaristische Ideologie" und etikettierte sie – wenngleich „hypothetisch" – als „linken Faschismus". Und *Adorno* schrieb am 6.8.1969 an *Marcuse*: „Die Meriten der Studentenbewegung bin ich der letzte zu unterschätzen: sie hat den glatten Übergang zur verwalteten Welt unterbrochen. Aber es ist ihr ein Quentchen Wahn beigemischt, dem das Totalitäre teleologisch innewohnt, gar nicht erst – obwohl dies auch – als Reperkussion".

Die Studentenrevolte sollte endgültig ihre Fähigkeit zur Mobilisierung und zur Aktion verlieren, als sie sehr rasch in die ML (Marxisten/Leninisten)-Bewegung und in die so genannten K-Gruppen umkippte und in den RAF-Terrorismus einmündete. *Jürgen Trittin* gehörte zu einer K-Gruppe in Göttingen. Die 68er Bewegung zerfiel in rivalisierende Gruppierungen, Rote Zellen und diversen Subkulturen. Im März 1970 löste sich der SDS auf.

Was ist von diesen Luftschlössern der 68er Bewegung geblieben, die sich als die neue politische und gesellschaftliche Avantgarde verstand? Die Utopie einer neuen Staats-, Wirtschafts- und Gesellschaftsordnung blieb diffus und letztlich spurenlos. SPD und Grüne sind heute zu Bannerträgern der Sozialen Marktwirtschaft von *Ludwig Erhard* geworden.

Dennoch werden den 68ern nach wie vor viele Wirkungen zugeschrieben. *Ingrid Gilcher-Holtey* weist aber zu Recht daraufhin, „dass die Bestimmung des Einflusses sozialer Bewegungen auf politische, soziale und kulturelle Entwicklungen sich einer direkten Zuschreibung entzieht".

Willy Brandts Ankündigung in der Regierungserklärung von 1969, er wolle „mehr Demokratie wagen", war der Versuch, mehr Chancen für Partizipation zu schaffen, um Teile der Neuen Linken zu integrieren. Ein anderer Teil fand sich später in der Partei der Grünen wieder, die das Parteienspektrum in Deutschland erweiterten. Mit dem Wahlerfolg von Rot/Grün 1998 mündete allerdings für einige Akteure der „lange Marsch durch die Institutionen" ein in die Übernahme von bundespolitischer Regierungsverantwortung. Der dunkle Anzug mit Weste, der Dienstwagen mit Chauffeur wurden zur gern akzeptierten Gewohnheit. Sie waren in der realen Welt der Politik angekommen. An den Ritualen der Macht hat sich unter Rot-Grün nichts verändert. Brioni und Cohiba, die Toskana und der Rotwein wurden Markenzeichen von Rot-Grün.

Der Abbau von Hierarchien und Herrschaft durch Selbstbestimmung und Selbstverwaltung ist – wenn überhaupt – nur in Ansätzen gelungen. Die Einführung der „Drittelparität" an Hochschulen oder die „Unternehmensmitbestimmung" mögen Beispiele sein, die aber bis heute in ihrer Wirkung umstritten sind. Die K-Gruppen kehrten zur hierarchisch strukturierten Kaderorganisation zurück.

Geblieben sind eine Reihe gesellschaftlicher und kultureller Einflüsse und Wirkungen. Die 68er Bewegung „veränderte Erziehungsweisen, Verhaltens- und Umgangsformen, unterschied sich von den vorangegangenen Generationen durch einen neuen Habitus, akzentuierte und zelebrierte die von ihr vorgenommene

Lebensstilreform ..." (*Ingrid Gilcher-Holtey*). Der Philosoph *Peter Sloterdijk* spricht von einer „Wende zur Lebensart". Vorher gab es in Deutschland ein anderes Savoir-vivre. Inzwischen ist ein linker Hedonismus gesellschaftsfähig geworden. Man hat mehr Demokratie gewagt, um mehr Konsum zu wagen. Alle Wege von 68 führen letzten Endes in den Supermarkt"(Focus, 31/2005).

Sicher haben die 68er und ihre Apologeten den Prozess der Individualisierung und Fragmentierung der Gesellschaft und die Entwicklung von Subkulturen gefördert und beschleunigt. Die „provokative Aktion" von Interessengruppen verschiedenster Art hat sich erhalten. Egoismus und Egozentrik feiern Triumphe. Der politische und gesellschaftliche Konsens, der eine staatliche Gemeinschaft im Innersten trägt und zusammenhält, droht immer häufiger verloren zu gehen. Deshalb gehen Verdammung und Mythologisierung der 68er Bewegung Hand in Hand.

Bernd Rabehl, einer der führenden Köpfe der linken 68er Avantgarde und heute beamteter Professor an der FU Berlin, zieht eine nüchterne Bilanz:

„Ich würde behaupten, nichts, absolut nichts ist geblieben, weil dies eine Jugendbewegung war, die die *Adenauer*-Republik in Frage gestellt hat. Aber sie hat nichts Eigenständiges zuwege gebracht ... Wir haben verloren, vollkommen verloren ..."

Dennoch war es wahrscheinlich wichtig und notwendig, dass diese Generation mit Rot-Grün 1998 die politische Verantwortung übernahm. Denn nur sie konnte außen- und sicherheitspolitische sowie wirtschafts- und sozialpolitische Entscheidungen treffen, die veränderten, ohne dass es zu großen Verwerfungen in der Gesellschaft kam.

„In den Regierungsjahren haben die Roten und die Grünen, manchmal unter Schmerzen, Pragmatismus gelernt. Sie haben die Unschuld verloren, und das ist gut so ... Es kann sich etwas bewegen. Dahinter kommen Rot und Grün nicht mehr zurück, auch nicht irgendwann in der Opposition. Weil man sie ja nur erinnern muss an ihre Regierungsjahre". (*Matthias Geyer, Dirk Kurbjuweit*)

Literatur

Enzensberger, H. M. (1968), Kursbuch 13/1968

Gilcher-Holtey, I. (2001), Die 68er Bewegung, München

Reich, J. (1996), Wie mörderisch ist Utopie? Terror im Namen der „guten" Sache, Frankfurt

Rabehl, B. (1998), Rheinischer Merkur, 17.4.1998

Wem gehört die Natur?

Ein Gespräch mit *Klaus Töpfer*

geführt von Jochim Stoltenberg

Meine Parzelle gehört mir! Aber wem gehört die Natur? Mit wem könnte man kompetenter nach Antworten suchen als mit *Klaus Töpfer*, bis Ende März 2006 Exekutiv-Direktor des Umweltprogramms der Vereinten Nationen (UNEP).

Wir treffen uns im Berliner Grandhotel Esplanade am Rande der City-West am Landwehrkanal. Klaus Töpfer, sein schwarzes Rollköfferchen hinter sich herziehend, ist gerade in der Lobby angekommen. Kein Bodyguard weit und breit. Stattdessen freudige Begrüßung mit dem Mann an der Rezeption. Seit vielen Jahren ist *Töpfer* hier Stammgast, unprätentiös sein Auftreten. Statussymbole sind seine Sache nicht. Weil sein Lieblingsplatz in der „Kneipe" zu dieser Morgenstunde noch verschlossen ist, fahren wir mit dem Lift hinauf in die Suite im fünften Stock. Die ist sein Wohnzimmer in der Stadt, in der er sich wohl fühlt, in der er gern für das Amt des Regierenden Bürgermeisters kandidiert hätte, wenn da nicht sein Versprechen gegenüber *Kofi Annan* gewesen wäre, die große Umweltbühne nicht vorzeitig zu verlassen.

„Macht Euch die Erde Untertan!" – so sagte Gott im Paradies. Wieweit, beginne ich in Anlehnung an die Schöpfungsgeschichte unser Gespräch, darf der Mensch die Natur als sein Eigentum behandeln? *Töpfer*: „Zunächst einmal werden die Naturgüter und die Schöpfung durch menschliches Tun belastet. Aber auch der Mensch in seiner Gesundheit wird massiv belastet. 75 bis 80 Prozent aller Themen, die wir als Umweltprobleme benennen, haben negative Auswirkungen auf die menschliche Gesundheit. In meinem ersten Ministeramt in Rheinland Pfalz, Mitte der achtziger Jahre, war ich verantwortlich für Umwelt und Gesundheit. Damit haben wir schon damals den Zusammenhang zwischen beiden Bereichen deutlich gemacht. Das gilt heute viel stärker. Diese Erfahrung machen wir mittlerweile unausweichlich auch auf globaler Ebene. Klimawandel ist Ursache, dass etwa Malaria wieder deutlich an Bedeutung auch in Regionen gewinnt, in denen sie schon als ausgemerzt galt. Es gibt viele andere umweltbezogene Krankheiten. Das ist die erste große Erfahrung."

Die Natur als Eigentum? Das legt dem Menschen Verpflichtungen auf. „Die Umwelt ist Schöpfung, sie ist in unsere Verantwortung gegeben. Es wird immer wieder aus der Schöpfungsgeschichte der Herrschaftsauftrag des Menschen gegenüber der geschaffenen Natur unterstrichen. Wenn man aber weiter liest, findet man da auch den wunderschönen Satz: ‚Er setzte ihn in den Garten Eden, auf dass er ihn bebaue und bewahre'. Das ist eine der schönsten Definitionen nachhaltiger Entwicklung – bebauen und bewahren. Der Konstanzer Biologe Professor *Hubert Markl* hat in einem seiner Bücher das schöne Bild vom Gärtner verwendet, der mehr als nur das Maximum aus seinem Boden herausholen, ihn also nicht auszehren will. Das entspricht nicht nur dem Respekt vor der Schöpfung und dem Schöpfer. Es ist auch eine selbstbezogene, fast egoistische Betrachtung der Menschen. Denn ohne Naturkapital, ohne das, was intakte Ökosysteme für uns leisten, wird es wirtschaftliche Entwicklung nicht geben. Wir sehen das an allen Ecken und Enden. Schauen Sie beispielsweise auf die wirtschaftliche Entwicklung in China. Der Grenzfaktor für weiteres Wachstum dort ist nicht mehr das Finanzkapital. Die Chinesen haben gewaltige Reserven aus ihren Handelsüberschüssen. Der Grenzfaktor ist auch nicht das Humankapital. Auch dafür ist gewaltig investiert und viel geleistet worden. Der begrenzende Faktor ist das Naturkapital. China bekommt jetzt die selbst verursachten, mittlerweile dramatischen Umweltprobleme im eigenen Land zu spüren. Aber das gilt nicht nur für China. Deshalb ist es wichtig zu fragen, wer dafür verantwortlich ist."

Klaus Töpfer würde die Frage nicht stellen, hätte er keine Antwort. „Wir haben in der Marktwirtschaft immer wieder gesehen, dass freie Güter im Zweifel übernutzt werden, also Güter, die keinen Preis, die keinen Eigentümer haben. Ich bin ja lange Zeit auch Chef des UNO-Siedlungsprogramms Habitat gewesen. Da haben wir gesehen, dass die entscheidende Voraussetzung auch für Entwicklungsprozesse sichere Titel, also sichere Eigentums- oder zumindest Miettitel sind. Solange es die nicht gibt, wird nicht investiert. Die norwegische Regierung hat gerade Geld zur Verfügung gestellt, damit sich eine Weltkommission mit dieser Frage der Eigentumstitel intensiv beschäftigt. Der Name, der in diesem Zusammenhang eine besondere Rolle spielt, ist der von Professor *Hernando de Soto*. Der weltweit geachtete Peruaner, Ökonom mit dem Spezialgebiet Entwicklungspolitik, sagt, wenn wir Eigentumstitel schaffen können, erreichen wir auch das Eigeninteresse der Menschen. Dabei müssen wir die Eigentumsverhältnisse auch mit Blick auf die Natur klären. Das ist nichts Unanständiges, sondern etwas Notwendiges."

Und wem gehört die Natur? Wie schafft man Eigentumstitel an ihr? *Klaus Töpfer* braucht keinen Spickzettel. Druckreif kommen seine meist in ganz ruhiger, abgeklärter Stimmlage formulierten Antworten. Nur hin und wieder, dann aber wohl bedacht, ein empörter Unterton oder ein Anflug von bissiger Ironie. „Bisher ist es so, dass das, was wir als biologische Vielfalt betrachten, praktisch ein global öffentliches Gut ist. Es gehört der Allgemeinheit. Nehmen Sie als Beispiel die Urwälder am Kongo oder am Amazonas. Dort bewahren die Ärmsten der Armen quasi zum Nulltarif die genetische Artenvielfalt und erbringen wiederum zum

Nulltarif massive Leistungen etwa für unseren Klimahaushalt, indem die Wälder dort Kohlendioxyd absorbieren. Es ist ja faszinierend, dass diejenigen, die die Belastungen mit CO2 verursachen, auch noch wie selbstverständlich erwarten, dass diese Wälder von den Ärmsten kostenlos erhalten werden, damit „global warming" uns nicht noch größere Schwierigkeiten macht. Das ist genau der Zusammenhang: Wir müssen das Interesse der Menschen dafür wecken, dass der Schutz beispielsweise dieser Urwälder außerordentlich bedeutsam, aber nicht umsonst zu haben ist. Wir sind in Deutschland ganz selbstverständlich der Überzeugung, dass wir so etwas wie einen Vertrags-Naturschutz machen müssen: Landwirte, die ihre Flächen nicht nutzen, sondern für den Naturschutz zur Verfügung stellen, werden finanziell entschädigt. Genau das tun wir in anderen Bereichen nicht."

Um die globale Problematik deutschen Gesprächspartnern plastisch zu verdeutlichen, greift *Klaus Töpfer* gern zu Beispielen und Erfahrungen aus seiner Zeit als Bundesumweltminister (1987 bis 1994). Schon damals galt er als rastloser Kämpfer auf dem Feld der Umweltpolitik, als die in Deutschland wie weltweit als allenfalls drittklassiges Problem noch eher belächelt wurde. Erst stritt er für den Schutz von Nord- und Ostsee, focht (ziemlich vergeblich) mit dem damaligen Verkehrsminister *Friedrich Zimmermann* um eine generelle Geschwindigkeitsbegrenzung mit dem Ziel, Energie zu sparen und den Kohlendioxydausstoß zu vermindern. Nach der Wiedervereinigung entschärfte er in der ehemaligen DDR mit einem Milliarden-Programm deren ökologischen Zeitbomben und setzte eine Verpackungsverordnung durch, die der Entsorgungs- und Recyclingwirtschaft einen Milliarden-Markt öffnete. Auch das ein Jahrzehnt später eingeführte Dosenpfand geht auf die von ihm 1991 durchgepaukte Mehrwegquoten-Verordnung zurück.

Was immer der leidenschaftliche Skatspieler anpackt, reizt er voll aus. Hat sich *Klaus Töpfer* für eine Aufgabe entschieden, dann geht er mit aller Kraft ans Werk. Auch als er das Umweltressort an die heutige Kanzlerin *Angela Merkel* abgeben musste und ins Bundesbauministerium (1994 bis 1997) wechselte. Da brachte er Schwung in den Parlaments- und Regierungsumzug von Bonn nach Berlin, sorgte für die Einhaltung des vorgegebenen Zeit- und Finanzrahmens (zwischen 1998 und 2000, Kostenobergrenze 20 Milliarden D-Mark). Den erfüllte er auch dadurch, dass er die umziehenden Ministerien davon überzeugte, nicht alles neu zu bauen, sondern auch die reichlich vorhandene Altbausubstanz in der Hauptstadt zu nutzen. Ein Mann der Tat und einer, auf den nicht nur in Sachen Umweltpolitik zu Recht der oft missbrauchte Titel „Querdenker" zutrifft.

Das hat ihm in der Regierung *Kohl*, der Kanzler nicht ausgenommen, nicht nur Freunde verschafft. Und so überraschte es nicht, als er das Angebot des UNO-Generalsekretärs *Kofi Annan* annahm und 1998 als einer von dessen Stellvertretern die UNO-Umweltbehörde in Nairobi übernahm. Damit begann für ihn ein neuer Kampf: Erst für die Neuorganisation und dann gegen das wegen mangelnder

Effizienz erheblich lädierte Image der einzigen UNO-Unterorganisation außerhalb Amerikas und Westeuropas.

Vor diesem Hintergrund und mit diesem Erfahrungsschatz mit *Klaus Töpfer* über die Kultur des Eigentums zu sprechen, führt zwangsläufig dazu, von herkömmlichen Betrachtungsweisen abzuweichen und nach einem weiteren, ja globalen Ansatz zu suchen. Wie steht es denn heute, nehme ich den Gesprächsfaden wieder auf, mit der praktischen Einsicht, dass die Natur mit ihrem Reichtum, unser aller Lebensgrundlage, eine ungeteilte ist und nur gemeinsam bewahrt werden kann? *Klaus Töpfer*, von Haus aus eher eine Frohnatur und kein Beschwörer des Weltuntergangs, blickt mich einmal mehr ganz ernst aus seinen blauen Augen an. „Ja", sagt er, „wir haben eine Konvention über Artenvielfalt. Und darin steht diese Herausforderung als Anforderung fixiert, nämlich die Frage des Zugangs und der Nutzungszusammenarbeit bei den genetischen Ressourcen. Aber leider gibt es noch keine Regelung über das biologisch genetische Eigentum an den Schätzen der Natur. Die sind noch immer freie Güter. Deshalb wächst die Gefahr ihrer Ausbeutung. Für die Menschen, um im Kongo oder Amazonas zu bleiben, liegt die einzige wirtschaftliche Chance im Abholzen und dem Verkauf der Bäume. Und das werden sie solange machen, bis sie für deren Erhalt nicht finanziell entschädigt werden, um aus einer solchen ‚Entlohnung' dann ihren Lebensunterhalt zu sichern. Die Urwälder sind das Eigentum der Menschen dort. Aber sie sind zugleich für unseren Klimahaushalt unentbehrlich. Deshalb müssen wir dazu kommen, dafür auch zu bezahlen. In unserem eigenen Interesse."

Ein neues Feld für die Entwicklungspolitik – Geld in die Amazonas-Region oder nach Afrika, um zur Rettung unseres Klimas beizutragen? „Ja, deshalb sprechen wir auch von Entwicklungszusammenarbeit. Gelder aus unserem Bundeshaushalt etwa sind keine Almosen, sondern Zahlungen für Leistungen, die dort bislang kostenlos erbracht werden."

Zwischen Entwicklungspolitikern gibt es bereits eine breite Diskussion darüber, wie man Märkte für Ökosystemleistungen schaffen kann. „Solche Märkte können nur funktionieren, wenn Eigentümer Ansprüche haben. Beim Emissionshandel haben wir so etwas schon vorgemacht. Da gibt es fixierte Nutzungsrechte, mit denen gehandelt werden kann, wenn sie nicht gebraucht werden. Es hat zunächst viele Bedenken gegeben, ob man solche Eigentumstitel praktisch kostenlos vergeben kann, die dann außerordentlich viel wert sind. Aber von solch vergleichbaren Regelungen leben auch bei uns in Deutschland viele Sofa-Bauern ganz gut." Was sind denn das für Landwirte? „Die haben ihre Kühe abgeschafft und ihre EU- verbrieften Milchquoten verkauft. Wir müssen also auch in der Umweltpolitik Instrumente finden, um Begrenzungen einzubauen und diese mit irgendwelchen Eigentumstiteln verbinden. Diese Grundüberlegung, dass mehr oder minder fixierte Ansprüche mitfinanziert werden, führt natürlich zu gewaltigen Kontroversen.

Deshalb sind auch die Entwicklungsländer intern sehr vorsichtig bei diesen Über-legungen. Auf sie kämen ja nicht nur geldwerte Eigentumsrechte zu. Sie müssten auch Leistungen aus Eigentumsrechten anderer bezahlen."

Eigentum in seiner weltweiten Bedeutung ist also weit mehr als das eigene Haus oder Auto. Es stabilisiert nicht nur labile Gesellschaften wie die der Bundesrepu-blik nach dem Zweiten Weltkrieg. Es könnte in weiterem Sinne auch die zuneh-mend bedrohte Schöpfung bewahren. Dafür um Einsicht und dann auch für über-fälliges Handeln zu werben, wird *Klaus Töpfer* nicht müde. „Nur wo wir rechtlich gesicherte Titel haben oder welche Art von Eigentum auch immer – privates, genossenschaftliches oder auch kollektives – wird investiert, wird auch die Natur zu einem akzeptierten wertvollen Gut. Das gilt auch in den Entwicklungsländern. Selbst für die Menschen in den dortigen Slums. Nur wenn sie einen Rechtstitel haben – und ist er noch so bescheiden – und nicht fürchten müssen, von heut auf morgen vertrieben zu werden, fangen sie überhaupt an, sich zu regen, auch kleinste Beträgen zu investieren."

Klaus Töpfer lehnt sich, hoch über Berlin, zurück, denkt an seine Zeit als Baumi-nister nach der Wiedervereinigung: „Wenn Sie Mitte der neunziger Jahre durch den Ost-Teil der Stadt gingen und ein Haus sahen, an dem sich überhaupt nichts verändert hatte, dann lag das meist an den ungeklärten Rechts- oder Eigentums-ansprüchen. Das gilt doch auch bei uns – wo die Rechtslage nicht geklärt ist, wird nicht investiert." Und gleich noch ein Gedankensprung: „Die Katasterleute sind ganz wichtig und in ihrem Ansehen unterbewertet. Wenn einer Unfrieden schaffen will, dann muss er nur ein Kataster zerstören. Das haben wir vor ein paar Jahren auch auf dem Balkan gesehen: Wo Eigentum nicht nachweisbar ist, wird Unfriede die Folge sein."

Zurück zur Natur. Ihr Kapital, das uns allen gehört, ist zu etwa 60 Prozent ver-braucht. Für *Töpfer* eine erschreckende Bilanz, weil die Menschheit kaum etwas reinvestiert. „Wir subventionieren unseren Wohlstand dadurch, dass in die Natur vergleichsweise nichts investiert wird. Wäre da ein Eigentümer, so würde er sofort kommen und sagen: Her mit dem Geld. Gäbe es einen Eigentümer in der Atmo-sphäre, würde er sich dagegen verwahren, dass wir seinen Besitz zum Nulltarif als Abfalleimer für unsere CO_2-Emissionen nutzen. Wir alle haben das Jahrzehnte-lang so gehalten und jetzt wundern wir uns, was aus der Atmosphäre geworden ist. Aber keiner hat sich rechtzeitig Gedanken gemacht, das zu verhindern. Dann hätte man nämlich völlig andere technologische Entwicklungen auf den Weg gebracht. Techniken antworten immer auf Knappheiten. Wenn ich keine Knappheit in der Natur schaffe, etwa durch ganz neu gedachte Eigentumsansprüche, darf ich mich nicht wundern, dass die Natur übernutzt wird. Es wird immer wieder gesagt, es sei unverantwortlich, welch hohen Schuldenberg wir vor der nächsten Generation auftürmen. Viel unerträglicher finde ich, welche ökologischen Hypotheken wir unseren Kindern hinterlassen."

Am Ende des Gesprächs kann sich Optimismus nicht einstellen. Dieses Gefühl empfindet offensichtlich auch *Klaus Töpfer*, als ich mich nachdenklich, auch ein bisschen bedrückt von ihm verabschiede. Frühere Begegnungen waren nicht gar so gedankenschwer. „Ja", sagt er, als wir auf dem Flur vor seiner Suite stehen, „ich muss aufpassen, dass ich nicht nerve. Ich will mit meinen Fakten und Erfahrungen auch niemanden in Angst und Schrecken versetzen. Sie sollen die Menschen zum Handeln bringen." Genervt hat *Klaus Töpfer* wahrlich nicht. Er hat sich nur einmal mehr für eine Sache, für unser aller Schöpfung, engagiert. Und neue Einsichten vermittelt. Darüber, was Eigentum auch ist und zu unser aller Nutzen bewirken kann.

Soll der Staat nur fördern oder auch fordern?

Otto Wiesheu

1. Veränderte Rahmenbedingungen für den Standort Deutschland

Die Rahmenbedingungen für Politik, Wirtschaft und Gesellschaft in der Bundesrepublik Deutschland haben sich in den letzten Jahren grundlegend verändert:

Die zunehmende Europäisierung und Globalisierung schaffen weltweit zusätzliche Märkte und neue Absatzchancen sowie ein nie da gewesenes Angebot an Produkten und Dienstleistungen mit hoher Qualität zu sinkenden Preisen. Dieser Prozess bedeutet aber auch verschärften internationalen Wettbewerb um Betriebsansiedlungen, Investitionen, Arbeitsplätze und Steuereinnahmen – mit neuen Konkurrenten nicht nur in der erweiterten Europäischen Union und im daran angrenzenden Südosteuropa, sondern vor allem auch in Asien mit den aufsteigenden wirtschaftlichen Großmächten China und Indien.

Mit dem beschleunigten Wandel zur wissensbasierten Industrie- und Dienstleistungsgesellschaft sind es Qualifikation, Kompetenz und unternehmerisches Denken und Handeln jedes einzelnen Beschäftigten, die immer stärker über die Wettbewerbsfähigkeit von Unternehmen entscheiden. Die Anforderungen an Innovations- und Veränderungsbereitschaft und -fähigkeit der gesamten Gesellschaft steigen.

Zudem hat Deutschland in besonderer Weise das Problem einer alternden und schrumpfenden Bevölkerung. Dadurch werden bereits heute und zunehmend in naher Zukunft die sozialen Sicherungssysteme auf eine harte Belastungsprobe gestellt. Mittel- bis langfristig droht die gesamtwirtschaftliche Entwicklung durch das sinkende Arbeitskräftepotenzial gebremst zu werden. Auch der Innovationswille und die Begeisterung für technischen Fortschritt könnten in einer alternden, naturgemäß stärker auf Sicherheit bedachten Gesellschaft abnehmen.

Die aktuellen wirtschaftlichen Fakten in Deutschland machen deutlich, wie sehr das Land heute schon unter Druck steht:

Die Bundesrepublik befindet sich in der längsten Stagnationsphase der Nachkriegszeit und fällt aufgrund unterdurchschnittlicher Wachstumsraten im globalen Wohlstandsvergleich schrittweise zurück. Der Abbau sozialversicherungspflichtiger Beschäftigung hält seit Jahren an. Der Prozess der Deindustrialisierung setzt sich unablässig fort. Parallel dazu steigt die Sockelarbeitslosigkeit in Deutschland immer weiter an. Vom privaten Konsum sowie der Investitionstätigkeit kommen zu wenig Wachstumsimpulse. Die Konsequenz aus mangelnder Wirtschaftsdynamik und Stellenabbau sind notleidende Sozial- wie Staatsfinanzen.

2. Fördern und Fordern in einer solidarischen Leistungsgesellschaft

In dieser kritischen Situation ist eine Politik des „Weiter so" zum Scheitern verurteilt. In vielen Bereichen wird ein Paradigmenwechsel nötig.

Die Zeiten, in denen manche meinten, es würde genügen, sich auf das Umverteilen wirtschaftlicher Zuwächse zu beschränken, die sich mehr oder weniger automatisch einstellen, sind vorbei. Der Wohlfahrtsstaat baut inzwischen auf Substanzverzehr auf. Das können und dürfen wir uns nicht länger leisten.

Die wirtschaftliche Basis für die jahrzehntelang verfolgte Politik der bloßen passiven Alimentierung erodiert zusehends. An einer neuen, ordnungspolitisch ohnedies sinnvolleren Balance von Fördern und Fordern kann deshalb kein Weg mehr vorbeiführen. Fördern und Fordern sind dabei zusammengehörende, einander bedingende Elemente erfolgreicher Wirtschafts- und Gesellschaftsordnung – im Sinne einer „solidarischen Leistungsgesellschaft", in der Leistung und Solidarität nicht im Gegensatz zueinander stehen, sondern einander voraussetzen und verstärken. Deshalb ist es auch ungerechtfertigt, den Paradigmenwechsel in Richtung aktivierender Sozialpolitik mit dem Etikett der „sozialen Kälte" zu delegitimieren.

Die solidarische Leistungsgesellschaft setzt nicht mehr nur auf Geldzahlungen zur Kompensation von Lebensrisiken, sondern zielt im Sinne des subsidiären Gedankens – Hilfe zur Selbsthilfe – darauf ab, die Bürger zur Teilhabe am Arbeitsleben, an der Vermögensbildung, am demokratischen Willensbildungsprozess zu befähigen.

Dabei muss man die Menschen auch daran erinnern, dass Gerechtigkeit nicht vorrangig in Ergebnisgleichheit, sondern in (Start-)Chancengerechtigkeit besteht. Wir müssen ein gewisses Maß an Ungleichheit in der Gesellschaft akzeptieren, weil sonst jegliche Anreize für Leistung und damit die Grundlagen für wirtschaftlichen Wohlstand fehlen. Gleichheit in wirtschaftlichem Niedergang und Armut ist keine akzeptable gesellschaftspolitische Option. Darin liegt übrigens auch die zentrale ordnungspolitische Bedeutung des Eigentums in der Marktwirtschaft: Erst die Möglichkeit, Eigentum zu erwerben, setzt den notwendigen Anreiz, im Rahmen der eigenen Fähigkeiten Leistung zu erbringen.

Beispiele für Fördern und Fordern in diesem Sinne gibt es in vielen Bereichen:

In der Bildungspolitik geht es darum, ebenso begabungsgerecht wie leistungsbetont vorzugehen und bei der Vermittlung von Allgemeinbildung, Schlüsselqualifikationen und Werten leistungsschwache Schüler parallel zur gezielten Eliteförderung bestmöglich zu unterstützen.

In der Vermögensbildung gilt es, die Bürger durch die Förderung von Immobilienerwerb, Unternehmensbeteiligungen, kapitalbildenden Versicherungen etc. stärker am (Produktiv-)Kapital zu beteiligen, gleichzeitig aber auch den Einsatz von Privateigentum zur teilweisen Abdeckung der Lebensrisiken Krankheit und Arbeitslosigkeit sowie zur Altersvorsorge einzufordern.

In der Arbeitsmarkt- und Sozialpolitik wurde mit der Zusammenlegung von Arbeitslosen- und Sozialhilfe für erwerbsfähige Bürger zum Arbeitslosengeld II angestrebt, passgenauere Beratungs- und Vermittlungsangebote, gezieltere Qualifizierungs- und Weiterbildungsmaßnahmen, angemessene Freibeträge für Hinzuverdienste sowie die Absicherung durch die Sozialversicherungen für alle Arbeitslosengeld-II-Empfänger zu kombinieren mit verschärften Zumutbarkeitsregeln, effektiveren Sanktionsmöglichkeiten und stärkerer Anrechnung von Vermögen bzw. Partnereinkommen.

In der Unternehmens- und Existenzgründerförderung besteht das Fördern und Fordern darin, parallel zur Bereitstellung einer modernen Infrastruktur, zu staatlichen Beratungsangeboten, zur Vergabe günstiger Darlehen oder zur Begleitung bei der Erschließung von Auslandsmärkten von den Unternehmern Einsatz- und Risikobereitschaft, professionelles Kostenmanagement sowie permanentes Innovationsstreben, aber auch soziale Verantwortung für die Beschäftigten einzufordern.

3. Revitalisierung der Sozialen Marktwirtschaft als Erfolgsmodell des Förderns und Forderns

Letztlich kommt es also darauf an, dass sich Politik, Wirtschaft und Gesellschaft in Deutschland wieder auf die Grundidee der Sozialen Marktwirtschaft besinnen. Basierend auf den christlich-abendländisch geprägten Prinzipien Freiheit, Menschenwürde, Eigenverantwortung, Subsidiarität und Solidarität steht die Soziale Marktwirtschaft als ordnungspolitisches Leitbild seit mehr als 50 Jahren für die optimale Verbindung von ökonomischer Leistungskraft und sozialer Verantwortung. Das Prinzip des Förderns und Forderns ist in der Sozialen Marktwirtschaft, wie sie ursprünglich gedacht war, bereits fundamental angelegt.

- Die persönliche Freiheit ermöglicht es dem Einzelnen, Verantwortung für sich selbst und seine Familie zu übernehmen.

- Privateigentum und klare, gesicherte Eigentumsverhältnisse sind dabei ebenso Voraussetzung für das Gelingen der Marktwirtschaft wie dezentrale Preisbildung, fairer Wettbewerb und Risikobereitschaft. Das Grundgesetz der Bundesrepublik schützt deshalb in Artikel 14 explizit das Privateigentum, bindet dessen Nutzung allerdings an das Gemeinwohl: „Eigentum verpflichtet. Sein Gebrauch soll zugleich dem Wohle der Allgemeinheit dienen."

- Neben der Eigenverantwortung gibt es also die Verpflichtung zur Solidarität – als angemessene Unterstützung für diejenigen, die wirklich bedürftig sind, aber gemäß dem Grundsatz der Subsidiarität auch als gesellschaftliche Anschubhilfe, um wieder selbst Verantwortung für sich übernehmen zu können.

Über Jahrzehnte hinweg hat die Soziale Marktwirtschaft für wirtschaftlichen Wohlstand und soziale Sicherheit in Deutschland gesorgt, wie es sie in der Geschichte des Landes nie zuvor gab. Sie wird auch im 21. Jahrhundert die mit Abstand beste ordnungspolitische Alternative sein, wenn es gelingt, bestehende Fehlentwicklungen zu korrigieren und auf neue Herausforderungen zu reagieren.

4. Marktkräfte stärken, Innovationen fördern, Kosten senken

Neben der Neudefinition der Solidarität im Sinne einer fördernden und fordernden solidarischen Leistungsgesellschaft geht es bei der Revitalisierung der Sozialen Marktwirtschaft darum, die Wirtschaftsordnung in einer Reihe von Bereichen von leistungsfeindlichem und leistungshemmendem Ballast zu befreien.

Von größter Bedeutung ist es zunächst, die Allzuständigkeit des Staats zurückzudrängen. In der Erfolgsphase des deutschen Wirtschaftswunders hat der Staat, gerade in der Sozialpolitik, Kompetenzen und Aufgaben an sich gezogen, die ihn unter den neuen Bedingungen der Globalisierung und immer härteren Wettbewerbs zunehmend überfordern und gleichzeitig die Anpassungsflexibilität der Volkswirtschaft behindern.

Überall, wo der Staat die wirtschaftliche Entwicklung bremst, blockiert und behindert, muss er sich deshalb zurückziehen. Deutschland braucht wieder mehr Privatinitiative, Markt und Wettbewerb als Triebfedern für Wachstum und Wohlstand und damit für die Verbreiterung der materiellen Basis, auf der vieles andere aufbaut.

Überflüssige Bürokratie, die vor allem den Mittelstand belastet, unnötige Kosten verursacht und unternehmerische Kräfte bindet, muss abgebaut werden. Noch bestehende Überregulierungen auf früheren staatlichen Monopolmärkten sind zu beseitigen. Bürokratieabbau, Privatisierung und Liberalisierung dürfen dabei aber nicht als Selbstzweck verstanden werden. Sie sind vielmehr so zu gestalten, dass sie in mehr mittelstandsfreundlichen Wettbewerb einmünden, der im Ergebnis den Verbrauchern ein breiteres, qualitativ besseres und kostengünstigeres Angebot an Gütern und Dienstleistungen bringt.

Auch an der stärkeren Flexibilisierung der Arbeitsmärkte über die so genannten Hartz-Reformen hinaus führt kein Weg vorbei, wenn die Einstellungsbereitschaft der Arbeitgeber erhöht, die Beschäftigungsschwelle des Wachstums gesenkt und vor allem der Niedriglohnbereich gestärkt und damit sowohl die wachsende Langzeitarbeitslosigkeit als auch der hohe Anteil un- und angelernter Erwerbsloser erfolgreich bekämpft werden sollen.

Ganz entscheidend ist zudem, die Zukunft offensiv zu gestalten und all das, was uns im Wettbewerb und Strukturwandel laufend wegbricht, durch Neues, Besseres zu ersetzen. Noch stärker forschungs- und wissensbasierte, höher- und höchstwertige Produkte und Dienstleistungen müssen den Hochlohnstandort Deutschland absichern und auch in der neuen globalen Arbeitsteilung für einen internationalen Spitzenplatz sorgen. Wirtschaftliche Zukunftsfähigkeit ist in hohem Maße gleichzusetzen mit Innovationsfähigkeit: Wir müssen um so viel besser sein, wie wir teurer sind.

Absichtserklärungen allein helfen dabei nicht weiter. Wir müssen vielmehr die notwendigen Modernisierungsprozesse auch mit der gebotenen Geschwindigkeit und Breite konkret auf den Weg bringen und vorantreiben, wenn wir im Wettbewerb bestehen wollen. In diesem für die Sicherung der wirtschaftlichen Leistungsgrundlagen entscheidenden Bereich kann und darf es nicht um staatliche Rückzüge gehen. Vielmehr kommen auf die Öffentliche Hand neue und verstärkte Anforderungen zu. Hier ist ein starker Staat gefordert, der Forschung und Entwicklung, Technologie und Wissenstransfer aktiv fördert und unterstützt.

Prozess- und Produktinnovationen werden für die bereits bestehenden Wirtschaftszweige immer überlebenswichtiger. Gleichzeitig müssen neue Technologien wie Information und Kommunikation, Bio- und Gentechnologie, Neue Materialien, Nanotechnologie etc. entschlossen aufgegriffen und in wirtschaftlichen Erfolg umgemünzt werden.

Zudem bedarf es einer intensiven Pflege und Förderung des Unternehmergeists in unserem Land. Es geht für die Politik darum, Startrampen zu bauen und nicht bürokratische Fallgruben für Menschen, die ein Unternehmen gründen wollen und die unternehmerische Selbstständigkeit der abhängigen Beschäftigung vorziehen. Die volkswirtschaftliche Vitalität lebt entscheidend von einer hohen Gründerdynamik.

Verstärkt gilt es zudem, die Chancen auf neuen Auslandsmärkten entschlossen zu nutzen. Die internationale Arbeitsteilung war für Deutschland bislang einer der wichtigsten Wohlstandsmotoren. Sie kann und sollte es trotz „Offshoring" von Dienstleistungen und zunehmender Verlagerung einfacher, lohnintensiver Fertigung ins kostengünstigere Ausland bleiben. Dabei geht es nicht nur um die Global Player. Es kommt heute auch darauf an, den Mittelstand verstärkt an die Weltmärkte heranzuführen.

Neue Produkte, neue Betriebe, neue Märkte – das ist der Königsweg, um einem wachsenden Druck auf Löhne, Sozial- und Umweltstandards zu entgehen und die voranschreitende Globalisierung der Wirtschaft, strukturelle Umwälzungen, aber auch die demographische Entwicklung positiv zu gestalten.

Dazu gehören nicht zuletzt ausreichende Investitionen in Ausbau und Modernisierung der Infrastruktur. Der Verfall der öffentlichen Investitionshaushalte muss gestoppt werden. Neben quantitativer ist qualitative Konsolidierung notwendig. Nur Sparen *und* Investieren sichern Zukunft.

Wir müssen aber auch illusionslos sehen: An Kostenkorrekturen führt in all den Bereichen kein Weg vorbei, in denen wir nicht um so viel besser sind, wie wir teurer sind. Deutschland hat auch hier unübersehbaren Handlungsbedarf, wenn ein weiterer Anstieg der Arbeitslosigkeit vermieden werden soll.

Das gilt nicht nur für Löhne und Arbeitszeiten, sondern vor allem auch für die Lohnzusatzkosten, das heißt für die Sozialabgaben, die gesenkt werden müssen. Dafür brauchen wir mehr Wettbewerb und gezielte Anreize für kostenbewusstes Verhalten, aber auch Einsparungen und vermehrte Eigenvorsorge in den Sozialversicherungen.

Kostensenkungen sind darüber hinaus anzustreben in der Unternehmensbesteuerung, die international nach wie vor nicht wettbewerbsfähig ist. Außerdem dürfen die Energiekosten nicht weiter durch staatliche Eingriffe künstlich erhöht werden.

Wie dringend die Aufgabe ist, wird daran deutlich, dass allein zwischen 1992 und 2004 nahezu ein Drittel der ursprünglich zehn Millionen Industriearbeitsplätze in Deutschland weggefallen ist. Wenn von diesen verlorenen Arbeitsplätzen nicht einmal 40 Prozent durch Beschäftigungsaufbau im Dienstleistungssektor kompensiert werden konnten, muss erstens in der Industrie mehr denn je um jeden Arbeitsplatz gekämpft, zweitens der strukturelle Wandel hin zur wissensbasierten Industrie- und Dienstleistungsgesellschaft offensiver angegangen und drittens die bestehende Lücke an Existenzgründungen, gerade im Hochtechnologiebereich, geschlossen werden.

5. Solidarische Leistungsgesellschaft als Verantwortungsgemeinschaft

Nach den Katastrophen der ersten Hälfte des 20. Jahrhunderts haben die Väter der Sozialen Marktwirtschaft in ihr von Anfang an einen „offenen Stilgedanken" gesehen, das heißt eine Wirtschafts- und Gesellschaftsordnung, die auf immer neue Herausforderungen erfolgreich antworten kann. Mit einer revitalisierten Sozialen Marktwirtschaft kann Deutschland auch in Zeiten von Globalisierung, Strukturwandel und demographischen Umbrüchen bestehen.

Die wirtschaftliche Zukunftssicherung geht jedoch alle Gesellschaftsgruppen an. Der Staat allein ist damit überfordert. Die fördernde und fordernde solidarische Leistungsgesellschaft kann nur als Verantwortungsgemeinschaft gedacht werden:

- Wir brauchen innovative Unternehmer, die mit ihren Produkten und Dienstleistungen zur Lebensqualität beitragen und durch zukunftsorientiertes Wirtschaften Arbeitsplätze am Standort Deutschland sichern.

- Wir brauchen Arbeitnehmer, die sich nicht nur ein Leben lang um ihre eigene Beschäftigungsfähigkeit kümmern, sondern die ihr Interesse auch darin begreifen, Mitverantwortung für die Wettbewerbsfähigkeit ihrer Betriebe zu übernehmen.

- Wir brauchen Tarifpartner, die ihrer Verantwortung für die Arbeitsplätze hierzulande gerecht werden. Vollbeschäftigung kann in einer freiheitlichen Wirtschaftsordnung wie der unseren nicht vom Staat garantiert werden.

- Wir brauchen nicht zuletzt politisch Verantwortliche, die den Menschen eine Vision davon vermitteln, dass sich die Revitalisierung der Sozialen Marktwirtschaft mittelfristig für alle auszahlt.

Unsere Generation lebt in hohem Maß von dem, was vorangegangene Generationen aufgebaut haben. Wir stehen selbst in der Pflicht, uns beim Gegenwartskonsum stärker zurückzunehmen und angemessen in die Zukunft zu investieren. Auch kommende Generationen haben Anspruch auf ein intaktes volkswirtschaftliches Erbe.

III. Bauformen, Lebensformen

Stadtpläne

Die Städte, in denen wir leben, sind selten Ergebnis einer kontinuierlich ver-
laufenden, sondern einer durch punktuelle Eingriffe, Umwandlungen und Neuplanungen gekennzeichneten Geschichte. Hinter jedem dieser Eingriffe, hinter
jeder dieser Umwandlungen und Neuplanungen steht eine Idee von Stadt. Es sind
veritable urbane Modelle, die nicht nur historisch, soziologisch, ökonomisch und
kulturell, sondern auch künstlerisch bedeutsam sind.

Tatsächlich ist die Stadt seit jeher nicht nur ein Ort, in dem Menschen zusamm-
menkommen, um sich zu schützen, geschützt Waren zu produzieren, Handel zu
treiben und eine Gemeinschaft zu bilden: Sie ist immer auch ein kulturelles Ar-
tefakt und oft ein Kunstwerk. Dieser Anspruch spiegelt sich in den gezeichneten
Stadtentwürfen wider.

In der Folge werden fünfzehn solcher gezeichneten Stadtentwürfe gezeigt. Sie
reichen von *Eugenio dos Santos* Projekt für den Wiederaufbau des Zentrums von
Lissabon nach dem grossen Erdbeben von 1755 bis zu *Daniel Hudson Burnhams*
Plan für Chicago von 1909. Alle, ausnahmslos direkte und sorgfältige Reproduk-
tionen der Originale, die in den jeweiligen Archiven aufbewahrt sind, bilden nicht
nur Instrumente für den Stadtbau, sondern stellen auch Zeugnisse von ideologischen, gesellschaftspolitischen, ökonomischen und kulturellen Positionen dar,
die sequentiell eine fragmentarische Geschichte der Entwicklung des Städtebaus
von der Mitte des 18. bis zum Beginn des 20. Jahrhunderts skizzieren. Nicht zuletzt präsentieren sie sich auch als autonome Kunstwerke, die Erkenntnis ebenso
vermitteln wie ästhetisches Vergnügen.

Vittorio Magnago Lampugnani

[Sämtliche auf den folgenden Seiten gezeigten Bilder entstammen dem Forschungsprojekt
„Das Modell der Stadt. Bausteine zu einer Ideengeschichte des Städtebaus 1750–2000", das
am Lehrstuhl für Geschichte des Städtebaus der Eidgenössischen Technischen Hochschule
Zürich in Zusammenarbeit mit der Bausparkasse Schwäbisch Hall durchgeführt wurde.]

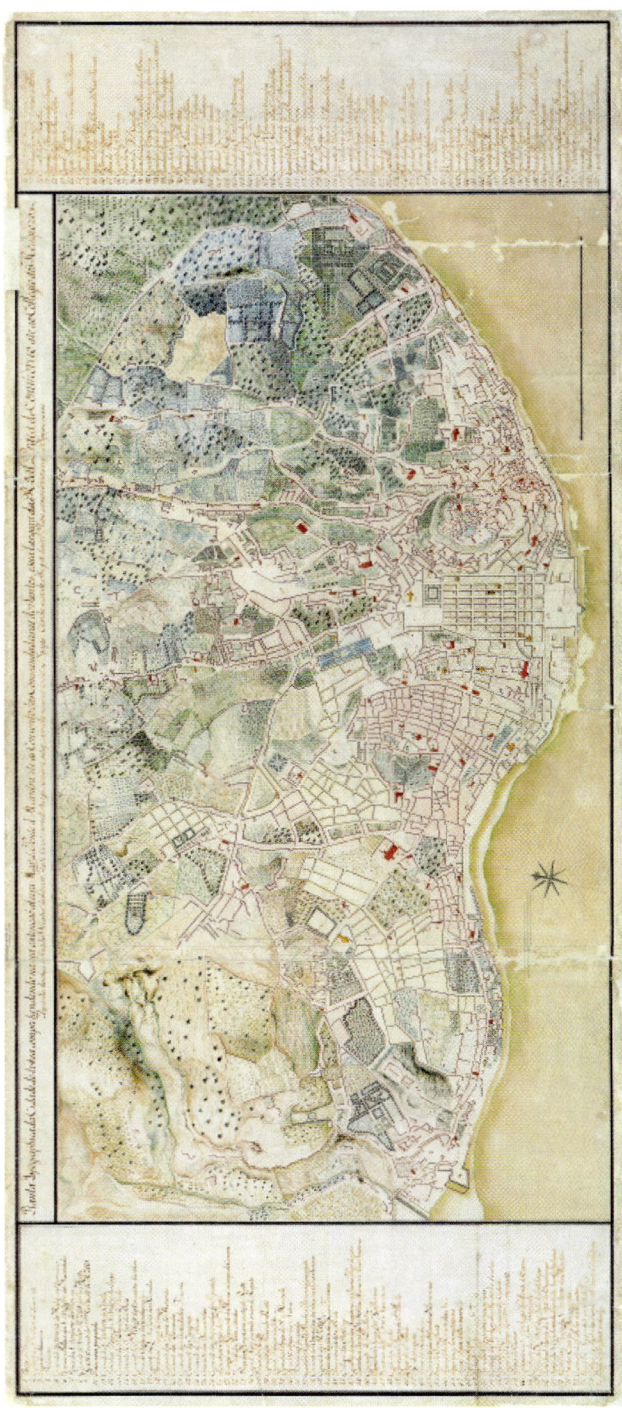

Sebastião José de Carvalho e Mello Marquês de Pombal / Manuel Da Maia / Eugénio dos Santos,
„Esboço da planta preparatória ou correcção da planta anterior, em papel de prancheta. Apresenta
o configurado da cidade antiga, sobreposto e realçado sobre o projecto delineado" (Plan für den
Wiederaufbau von Lissabon nach dem großen Erdbeben von 1755, darunter die alte Stadtstruktur).
Aquarellierte Tuschezeichnung auf Papier, 65,6 × 150,0 cm, undatiert. Lissabon, Mapoteca do Instituto
Português de Cartografia e Cadastro, Departamento de Documentacao e Informacoes, Plan Nr. 354.

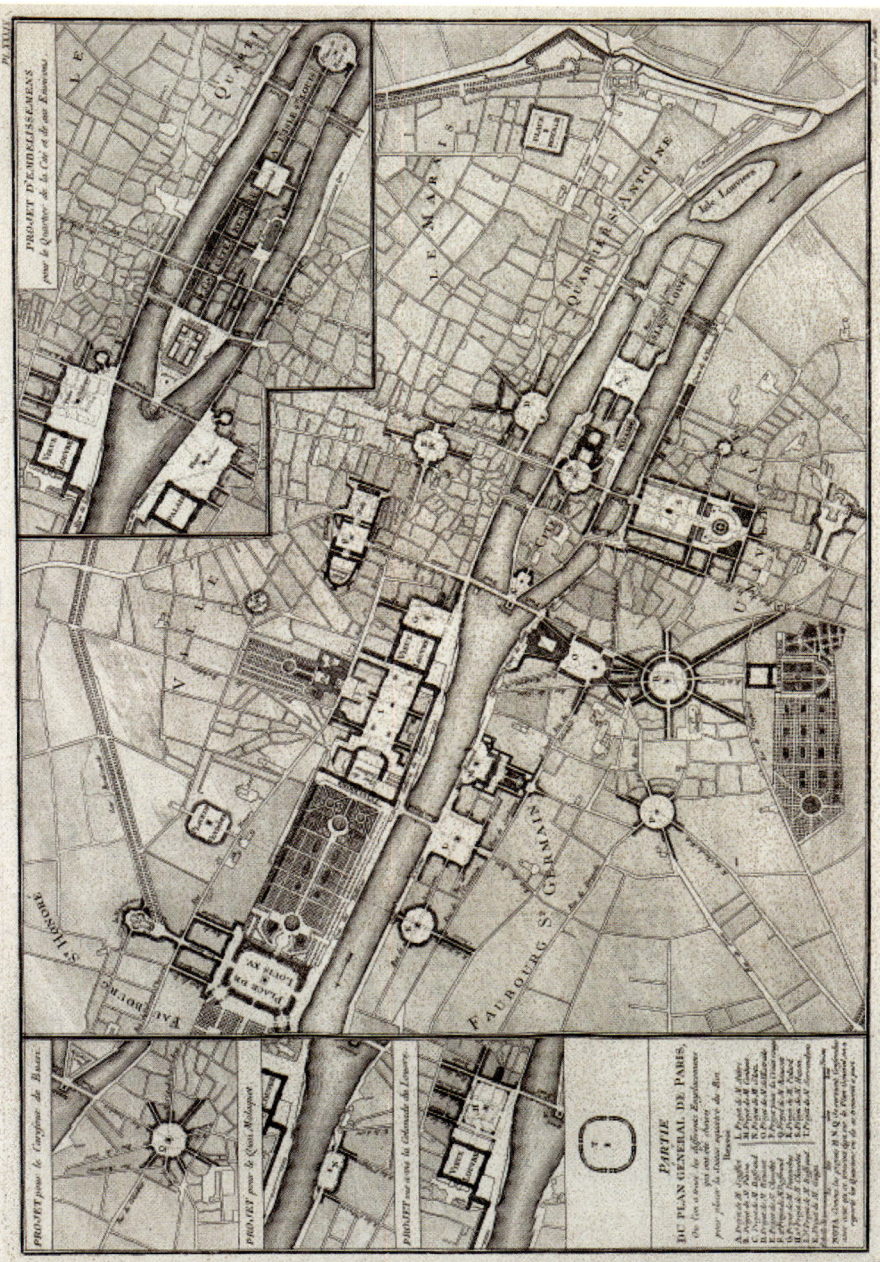

Pierre Patte, „Partie du Plan Géneral de Paris ou l'on a tracé les differents Emplacemens qui ont été choisis pour placer la Statue equestre du Roi" (Teil des Generalplans für Paris mit den verschiedenen Möglichkeiten, eine Reiterstatue für Ludwig XV. zu platzieren), aus: *Pierre Patte,* Monuments érigés à la gloire de Louis XV, Paris 1765, Tafel XXXIX. Stahlstich. 42,6 × 51,3 cm. Zürich, ETH Bibliothek.

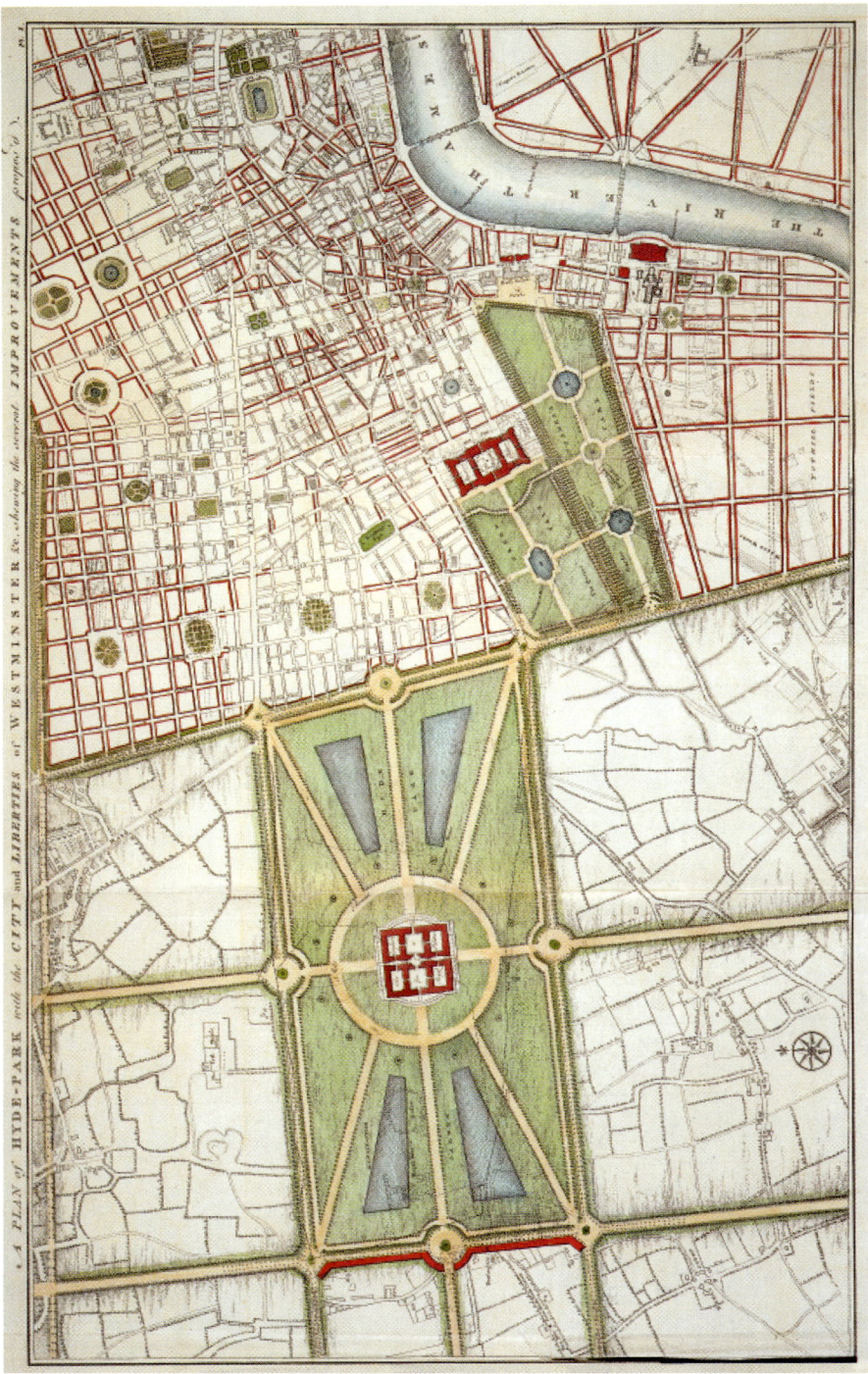

John Gwynn, „A Plan of Hyde-Park with the City and the Liberties of Westminster &c. showing the several Improvements proposed" (Plan des Hyde-Park mit der City und den Liberties of Westminster, auf dem mehrere vorgeschlagene Verbesserungen zu sehen sind), aus: *John Gwynn,* London and Westminster improved, London 1766, Tafel I. Stahlstich, handkoloriert. 34 × 52,3 cm. Zürich, ETH Bibliothek.

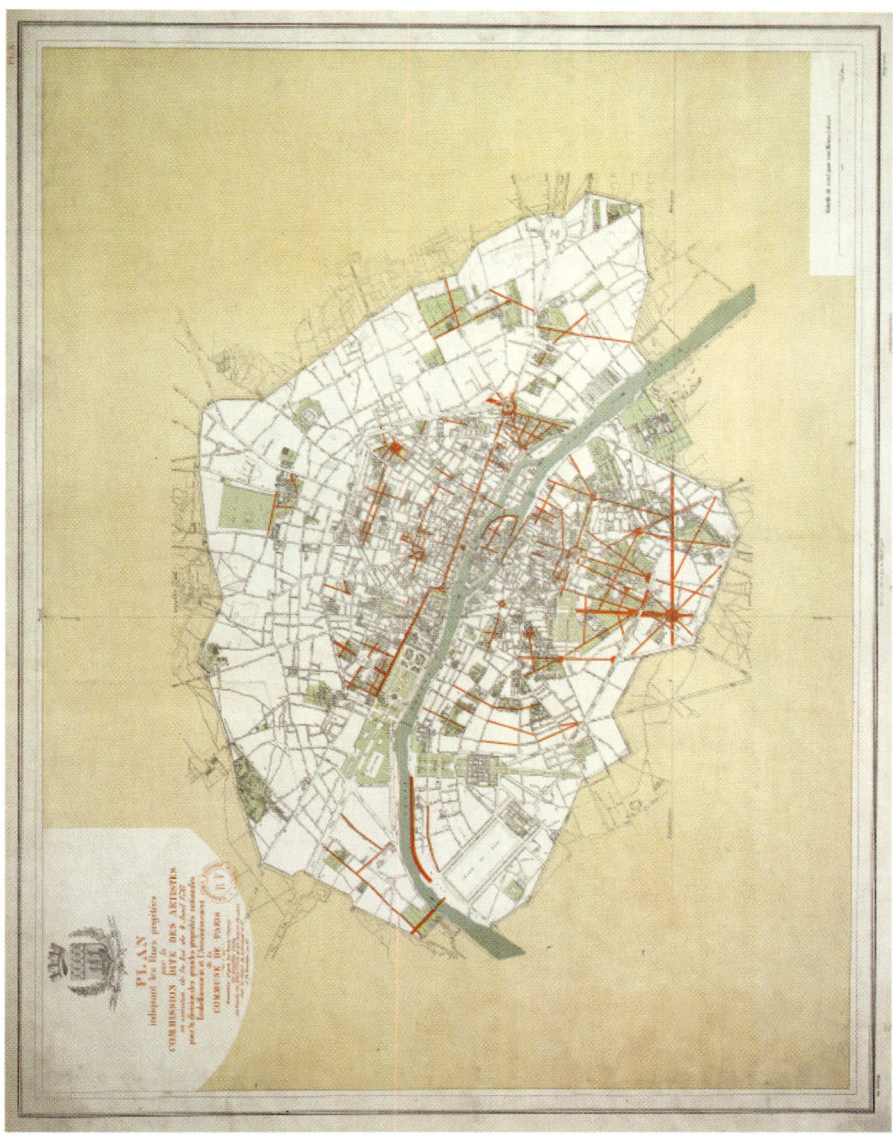

Jacques-Louis David u. a., „Plan indiquant les rues projetées par la Commission dite des Artistes en exécution de la Loi du 4 Avril 1793 pour la division des grandes propriétés nationales, l'embellissement et l'Assainissement de la Commune de Paris" (Plan, der die von der Kommission der Artistes projektierten Straßen angibt, in Ausführung des Gesetzes vom 4. April 1793 über die Aufteilung der großen nationalen Besitztümer, die Verschönerung und die Sanierung der Kommune von Paris), sogenannter „Plan des Artistes", 1793. Kupferstich koloriert. 60 × 75 cm. Paris, Bibliothèque Nationale, Cartes et Plans Ge CC 210, Pl. X.

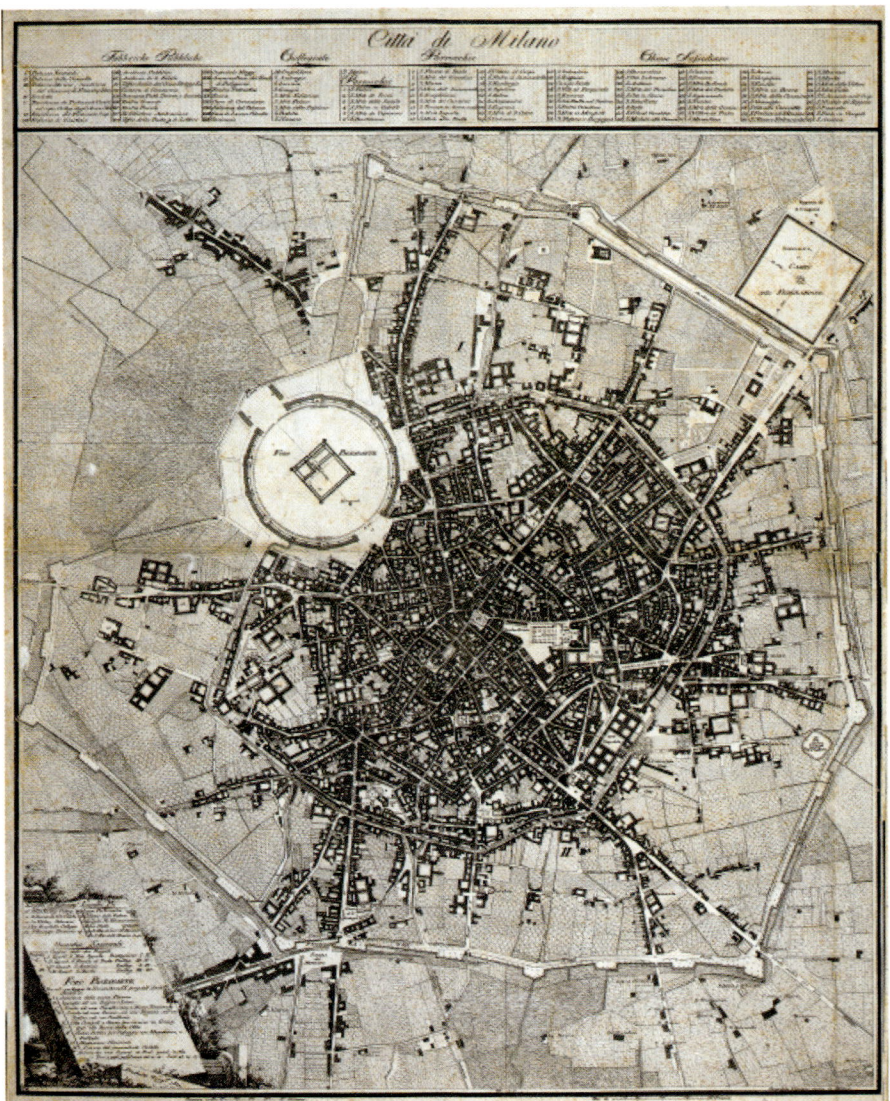

„Pianta della Città di Milano" (Plan der Stadt Mailand) mit dem Foro Bonaparte, eingezeichnet in den
Plan von *Giacomo Pinchetti* nach dem Projekt von *Giovanni Antonio Antolini,* gestochen von *Giuseppe
Caniani* (1801). Kupferstich. 70 × 56,5 cm. Commune di Milano, Civiche Raccolte d'Arte Applicata
ed Incisioni, Raccolta delle Stampe Achille Bertarelli, PV G 2-18.

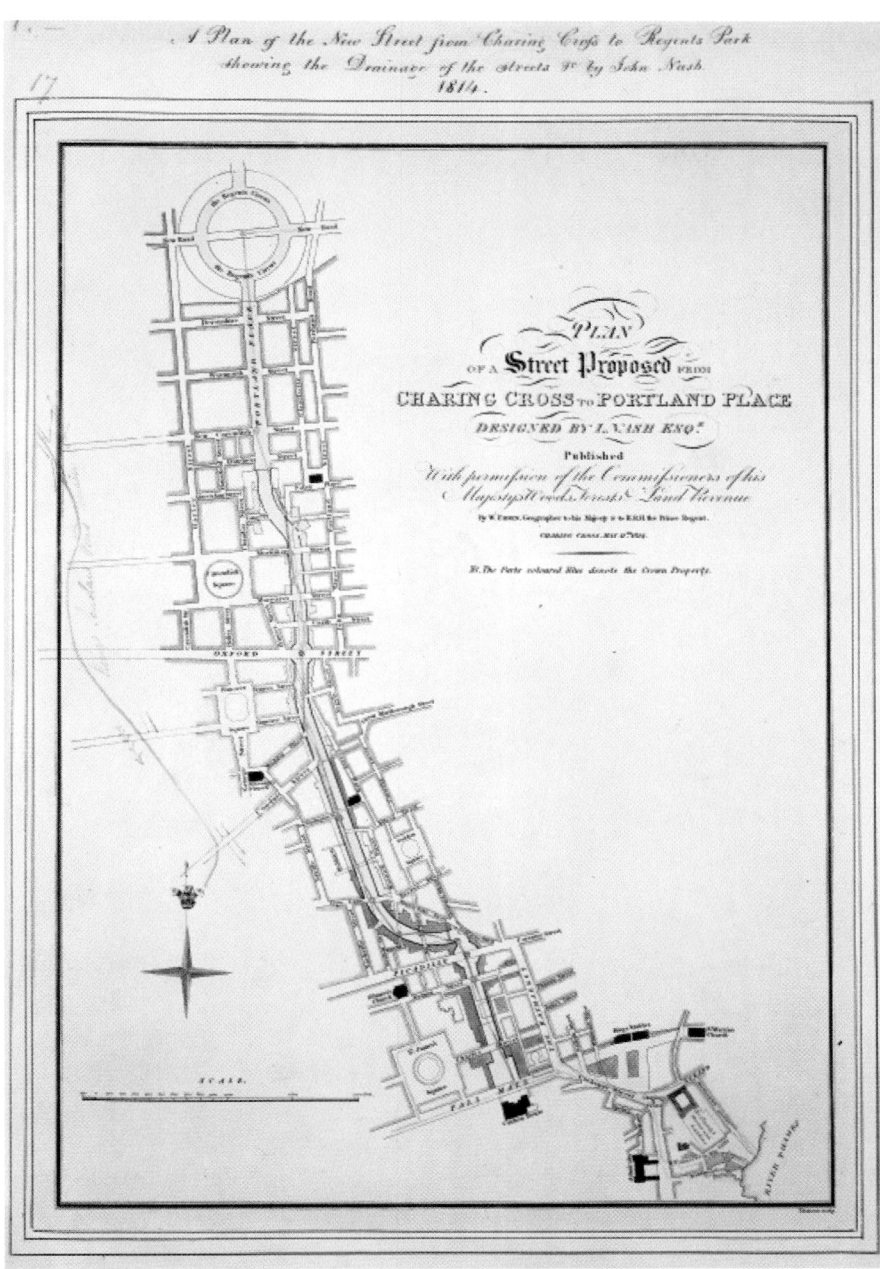

John Nash, „Plan of a street proposed from Charing Cross to Portland Place" (Plan einer Straße, die Charing Cross und Portland Place verbinden soll), d.i. die Regent's Street, dat. 11th May 1814. Kupferstich, koloriert. 49,7 × 34,7 cm. London, British Libary, Maps Collection, London, Crace collection XII 17.

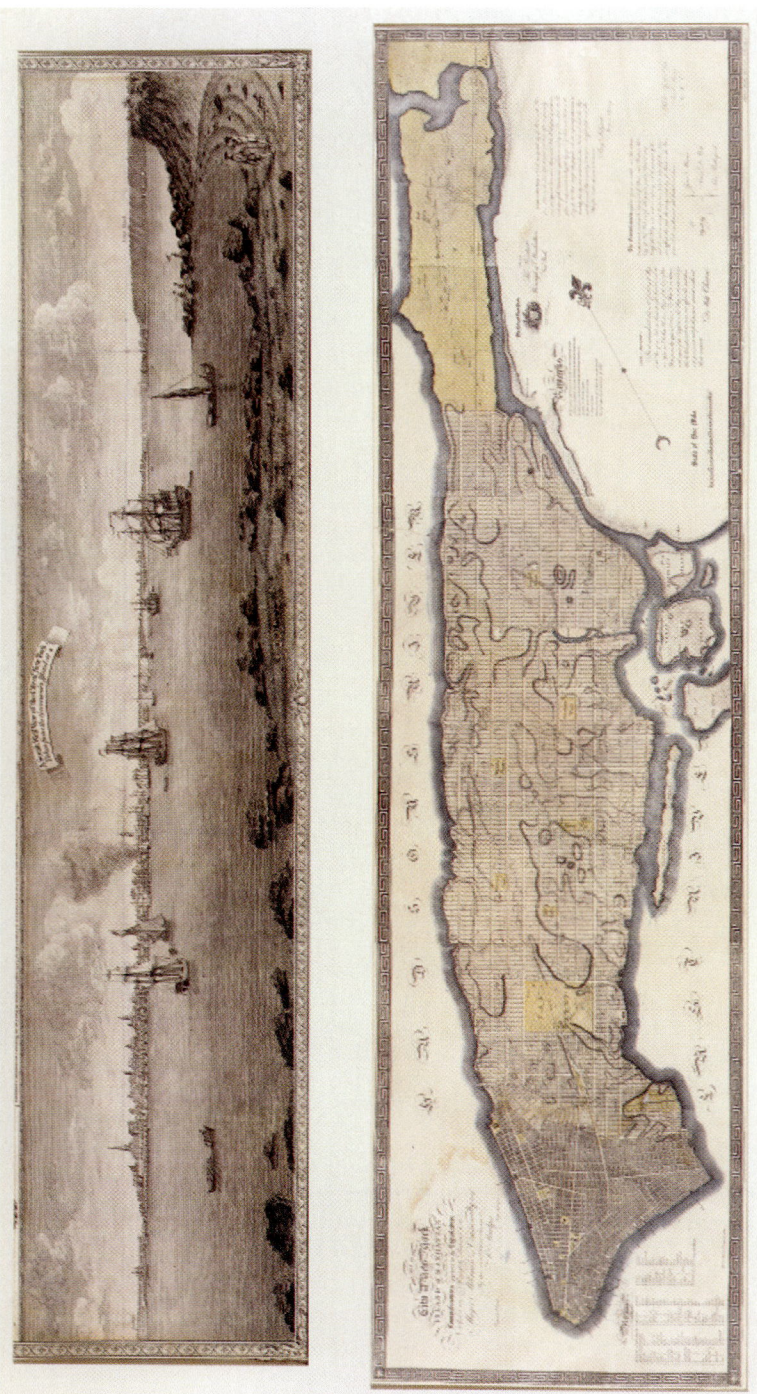

John Randel Junior, sog. Commissioners' Plan von New York (1811), bearbeitet von *William Bridges,*
gestochen von *Peter Maverick*. Photo-Lithographie. 57,79 × 227,33 cm. Darüber: „A South West View
of the City of New York taken from the Governers Island" (Blick von Südwesten auf die Stadt
New York, gesehen von Governers Island), gestochen von *Thomas Kitchin,* 1766-67. Kupferstich.
18 × 85 cm. New York, The New York Public Libary, Eno Collection, Nr. 74 (Plan) und 28 (Ansicht).

Karl Friedrich Schinkel, „Situationsplan eines Teiles der Stadt Berlin zwischen der Friedrich-, Großen Hamburger und Burgstraße, sowie Jägerstraße und Stadtmauer", 1817. Zeichnung, Feder, farbig angelegt. 77 × 59 cm. Berlin, Staatliche Museen zu Berlin – Preußischer Kulturbesitz, Kupferstichkabinett, SM Mappe XXX, Nr. 1.

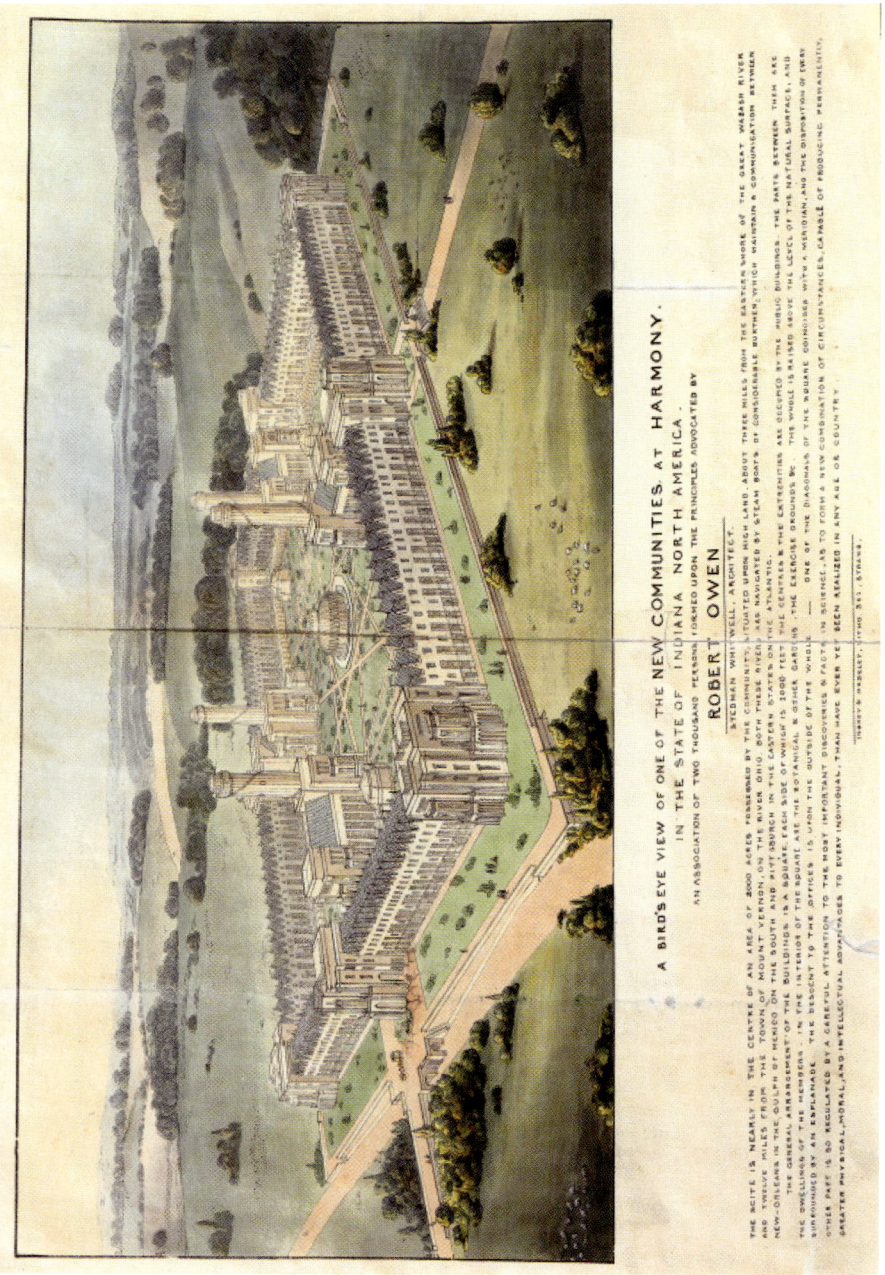

Robert Owen / Thomas Stedman Whitwell, „Bird's Eye View of one of the New Communities at Harmony. In the State of Indiana North America. An Association of Two Thousand Persons Formed Upon the Principles Advocated by *Robert Owen*" (Vogelschau einer der neuen Gemeinschaften von Harmony im Staat Indiana, Nordamerika. Eine Vereinigung von zweitausend Personen nach den von *Robert Owen* aufgestellten Prinzipien), ca. 1824. Farbige Lithographie. 46 × 66,8 cm. London, University of London Libary, The Goldsmith Collection, GL caoe II 6.

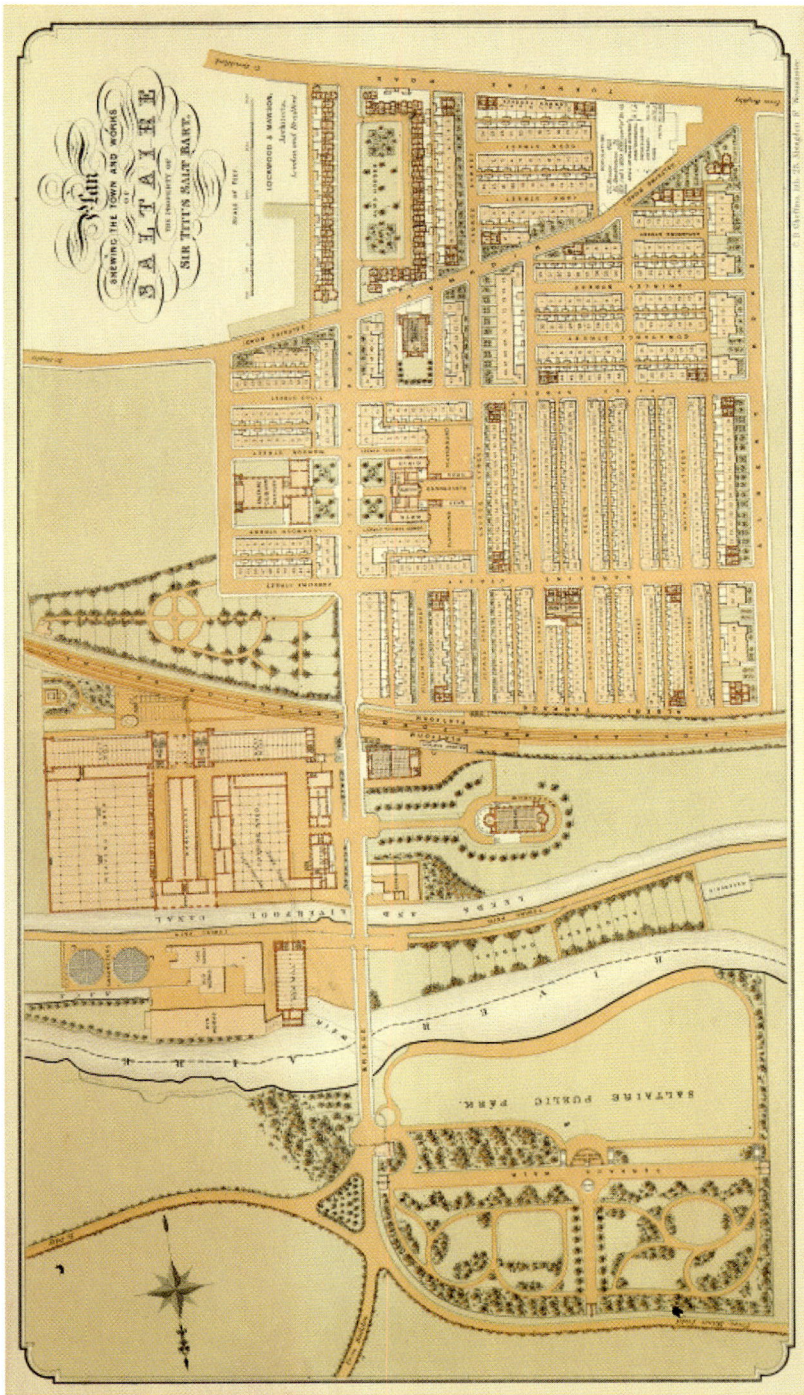

Lockwood & Mawson, „Plan showing the town and works of Saltaire the property of Sir Titus Salt Bart" (Plan, der die Stadt und Fabriken von Saltaire, Eigentum von Sir Titus Salt Bart zeigt), 1870. Lithographie, koloriert. 38 × 59,3 cm. Bradford, Industrial Museum, BD / X / 276.

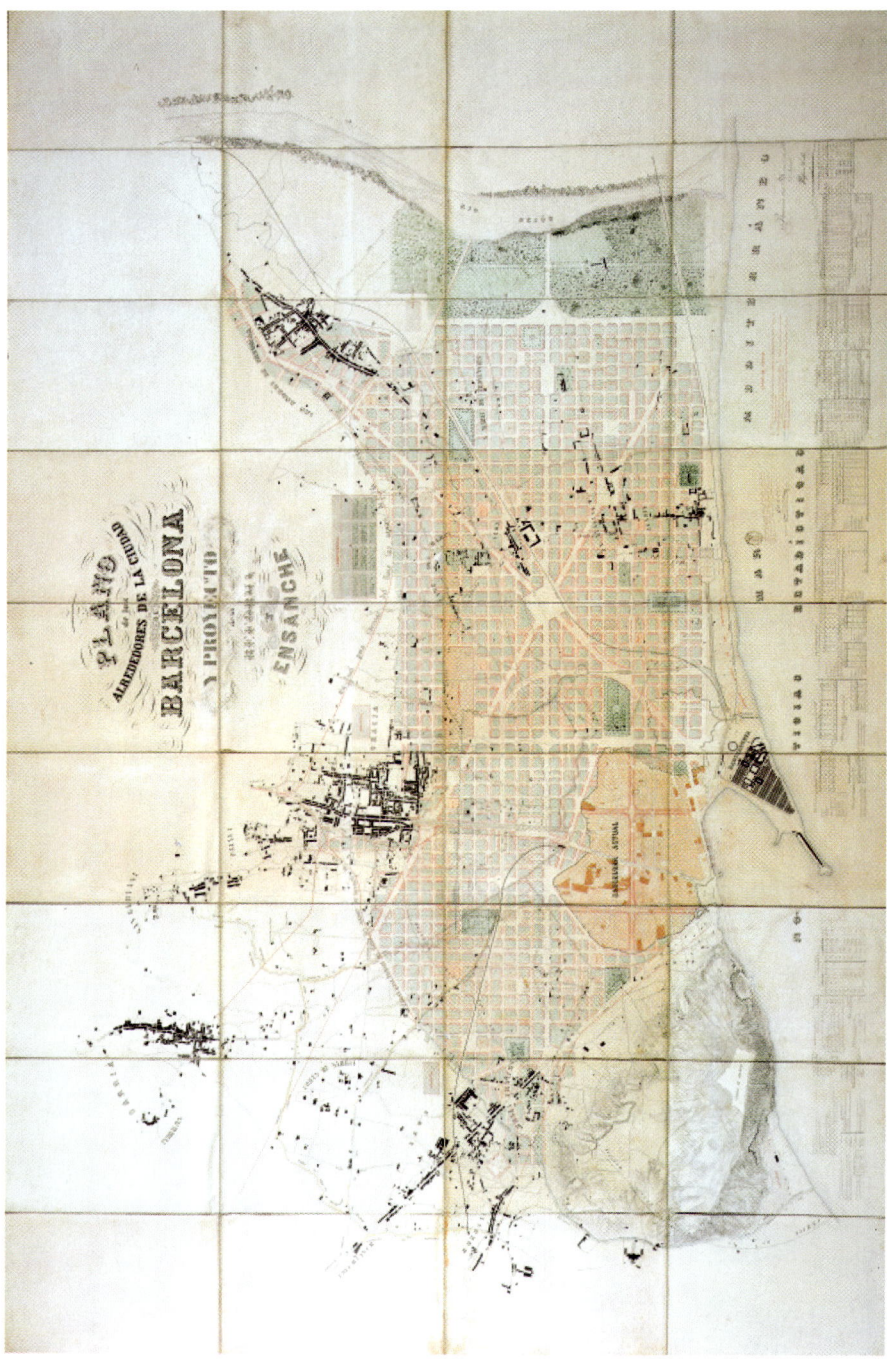

Ildefonso Cerdá, „Plano de los alrededores de la ciudad de Barcelona y Proyecto de Reforma y
Ensanche por *Ildefonso Cerdà*" (Plan der Umgebung der Stadt Barcelona und Projekt für ihre Reform
und Erweiterung von *Ildefonso Cerdà*), 1859. Technik unbekannt. 172 × 262 cm. Barcelona, Cerdà
Urbs i Territori, Archives of the Real Academia de Belles Artes de San Fernando de Madrid, C - 548.

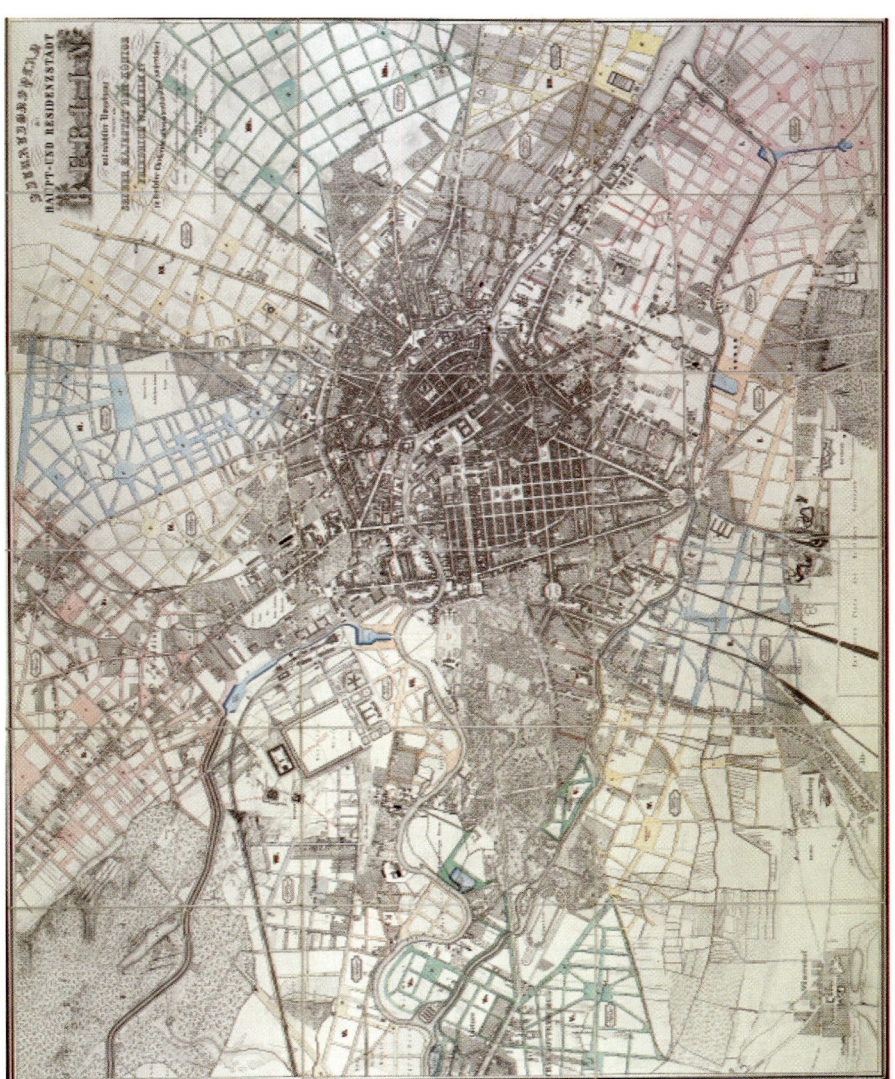

James Hobrecht, Bebauungsplan für Berlin, farbig eingezeichnet in den „Situationsplan der Haupt- und Residenzstadt Berlin mit nächster Umgebung [...], zugeeignet, von Sineck [...] Verlag von Simon Schropp & Comp., Berlin 1856, Lithographie von *C. Birk*", Stempel: „Genehmigt durch Cabinets-Ordre 26. Juli 1862". Lithographie, koloriert. 131,1 × 159,9 cm. Berlin, Staatsbibliothek, Kartenabteilung, X 17795.

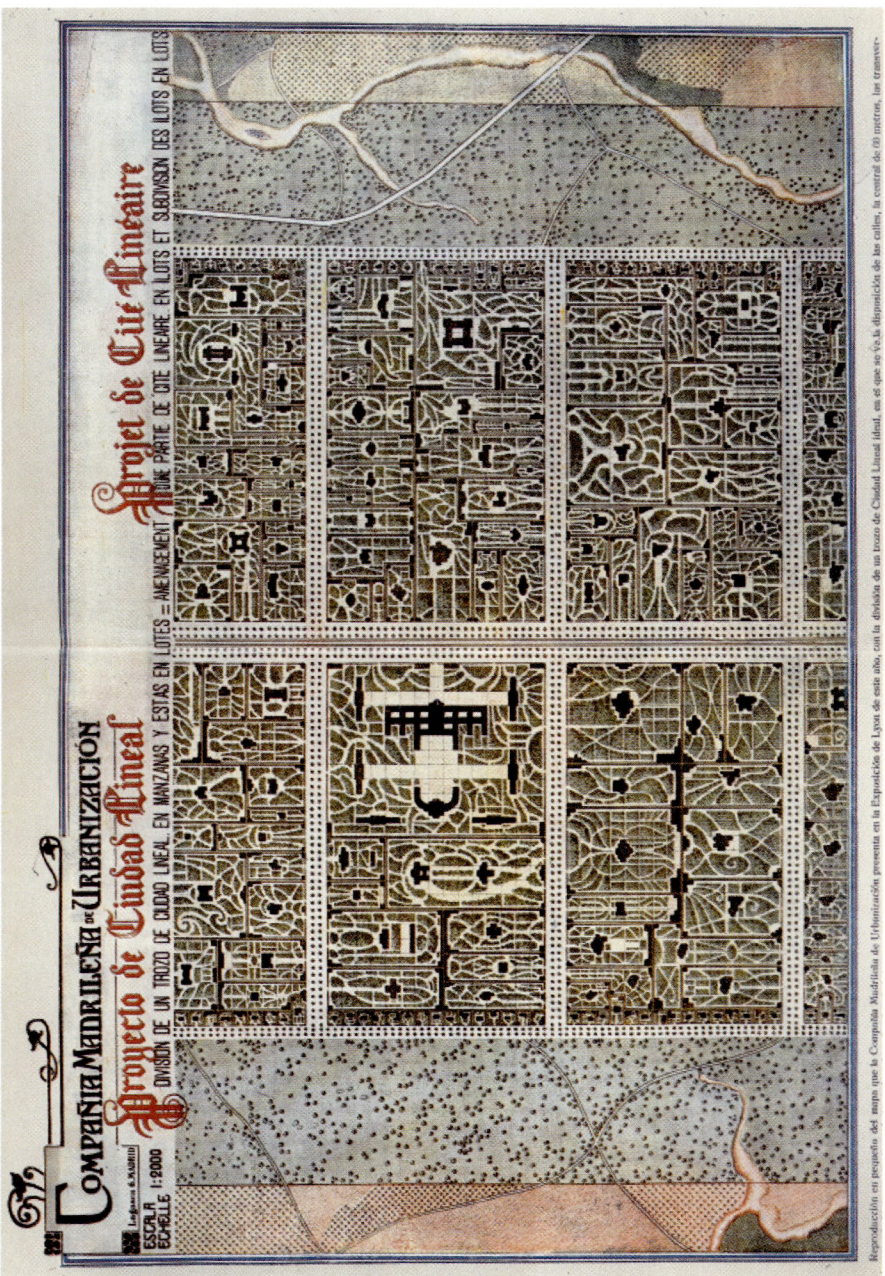

Arturo Soria y Mata, „Projecto de la Ciudad Lineal. Projet de la Cité Linéaire. Division de un trozo de Ciudad Lineal en manzanas y estas en lotes" (Projekt der linearen Stadt: Unterteilung eines Abschnittes der linearen Stadt in Blöcke und Parzellen), aus: La Ciudad Lineal – Organo de la C.M.U. [= Compañia Madrileña de Urbanizaciónes], 10 de Agosto de 1914, Num. 565. Farbdruck. Madrid, Biblioteca Nacional.

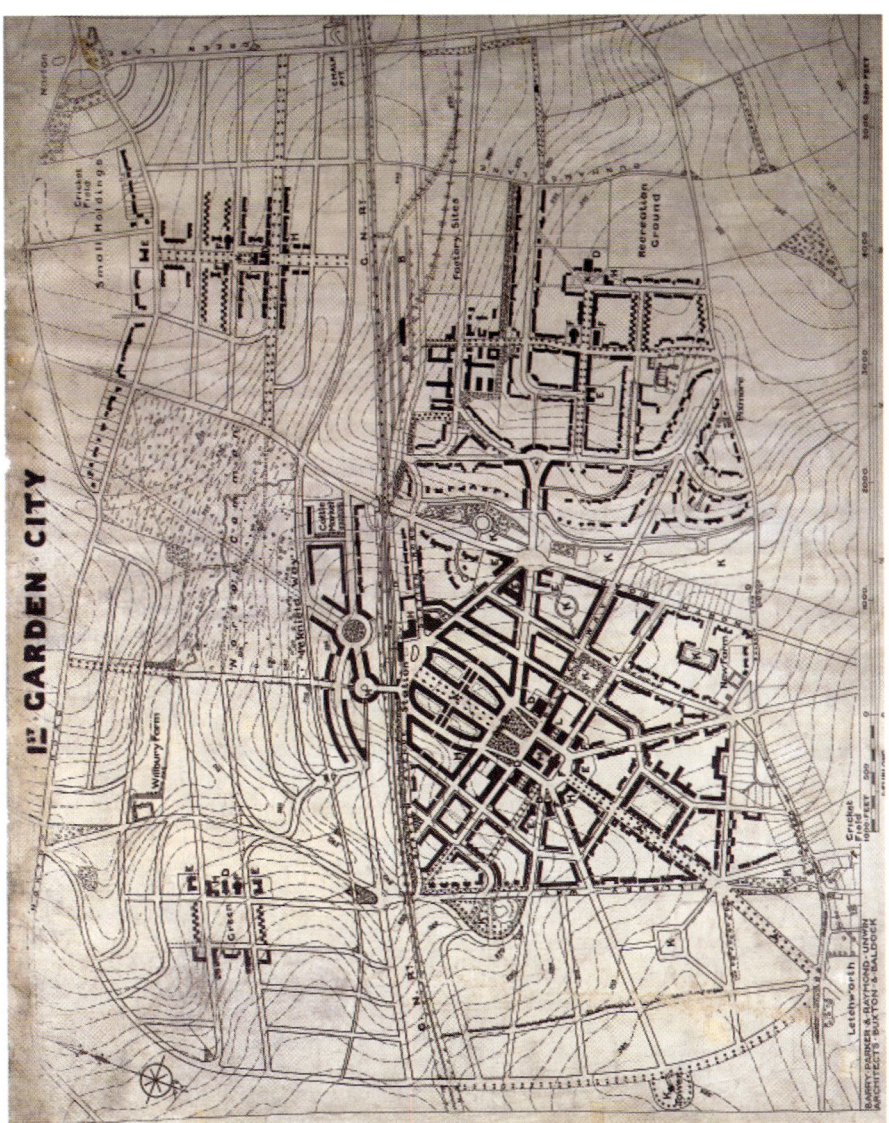

Barry Parker / Raymond Unwin, Letchworth – „1st Garden City", 1903, publiziert im April 1904 als „the Company's Plan". Tusche auf Papier. 96 × 121 cm. Letchworth, First Garden City Heritage Museum.

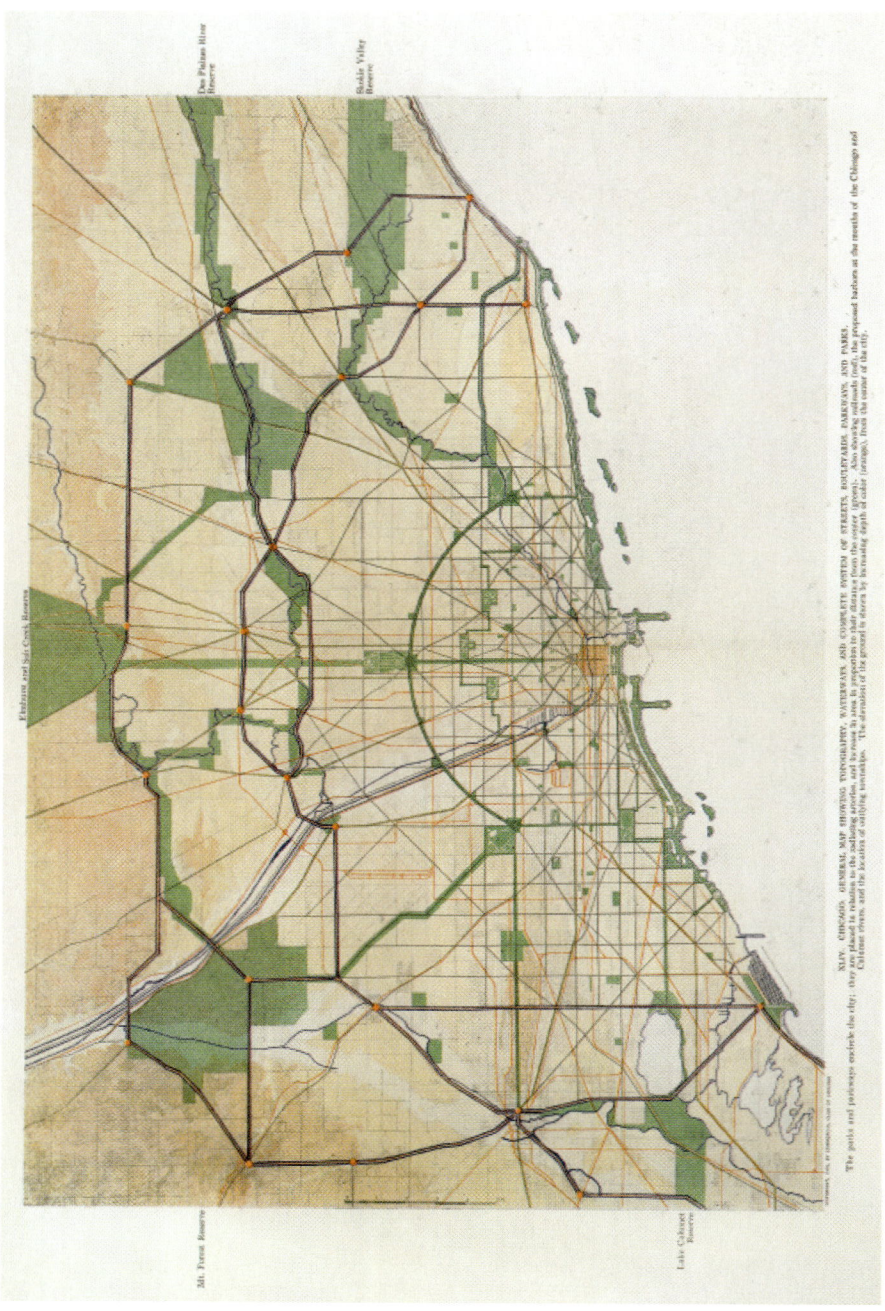

Daniel Hudson Burnham / Edward H. Bennett / Fernand Janin / Jules Guérin, „General Map showing Topography, Waterways, and Complete System of Streets, Boulevards, Parkways, and Parks" (Generalplan, der die Topographie, die Wasserwege und das Gesamtsystem der Straßen, Boulevards, Parkways und Parks zeigt), d.i. Plate 44, Diagram B des Plan of Chicago von 1909, publiziert in: *Charles Moore,* Plan of Chicago, Chicago (The Commercial Club) 1909. Orginaltechnik unbekannt, Farbdruck. 26,3 × 39 cm. Zürich, ETH Bibliothek.

Dies Haus ist mein …

Perspektiven volkskundlicher Hausforschung

Hermann Bausinger

Volkskunde ist Kulturwissenschaft – Gegenstand ist die von den Menschen geschaffene und von ihnen immer neu zu realisierende objektive Welt, die ständig auf sie zurück wirkt. Der schweizerische Volkskundler *Richard Weiss* hat in diesem Sinne formuliert: „Den Menschen durch die Dinge und in seiner Beziehung zu den Dingen zu erkennen, ist das Anliegen der Volkskunde" (*Weiss* 1959, S. 292). Da die Behausung zu den elementaren Objektivationen gehört, die der Mensch herstellt und die sein Leben beeinflussen, sollte der Bereich der Hausforschung eigentlich eine Fülle von Erkenntnissen über das Leben der Menschen in ihrer geschichtlichen Entwicklung und sozialen Vielfalt beibringen. Erstaunlicherweise ist aber gerade in dieser Sparte der Forschung der Mensch lange abhanden gekommen.

Wie man manchen Architekten gelegentlich vorwirft, dass sie über ihrer Begeisterung für ausgefallene Konstruktionen die Menschen vergessen, die sich mit diesen Konstruktionen abfinden und zurechtfinden müssen, so hat auch die Hausforschung über viele Jahrzehnte diejenigen weitgehend ignoriert, die – als Erbauer, Nutzer und Bewohner – mit den Häusern umgingen. Das längste Kapitel volkskundlicher Hausforschung kann deshalb hier mit wenigen Hinweisen abgetan werden.

Die Einseitigkeit hängt zum einen damit zusammen, dass sich die Forscher ihrerseits ganz auf die Einzelheiten der Konstruktion konzentrierten; wo Hausforscher zusammentrafen, war man in einem Kreis von Spezialisten, die sich tagelang mit Details des Baugefüges befassten – von Gefügeforschung war und ist ausdrücklich die Rede. Es versteht sich, dass diese noch immer ein wichtiges Hilfsmittel ist und neue Erkenntnisse zutage fördern kann; so wurde beispielsweise erst relativ spät festgestellt, dass die Fassaden alter Fachwerk- und Steinbauten entgegen der vorherrschenden Meinung meist mit Farbe übertüncht waren. Technische Fortschritte wie die präzise Zeitbestimmung durch die Dendrochronologie haben den Blick auf die historische Entwicklung der Bauformen zunehmend geschärft. Archäologische Funde und Befunde reichen weit zurück, und immer wieder wurden Anstrengungen gemacht, sie nach rückwärts zu verlängern bis zum „Urhaus", für das die Formen der Dachhütte und der Wandhütte angenommen wurden (*Schwab,* SAVk 1920/1921, S. 57).

Soweit die Menschen verschiedener Epochen, also die jeweiligen Bewohner, überhaupt ins Blickfeld kamen, wurden sie meist rasch auf recht umfassende Einheiten bezogen. Diese generalisierende oder doch nur grob differenzierende Betrachtung ist ein zweiter Grund dafür, dass die Aussagekraft vieler Ergebnisse der volkskundlichen Hausforschung begrenzt ist. Insbesondere war es lange das Operieren mit zementierten Vorstellungen der Stämme, das weitergehende Fragen abschnitt. Man ordnete die Hauslandschaften nach den Stammesgrenzen, und man unterstellte für die Stämme blutsmäßige Zusammengehörigkeit, stabile Traditionen und beständige Mentalitäten, wie dies ja schon der Begriff Stamm mit seinen Konnotationen des Gewachsenen, Kräftigen und Feststehenden nahe legt. Termini wie „sächsisches Hallenhaus" oder „fränkisches Gehöft", die man noch immer hören kann, schienen deshalb auch ausreichende Hinweise auf die Art der Bewohner der Häuser zu geben.

Außerdem war die Einteilung in Stämme gut zu vermitteln mit dem ebenfalls organisch gedachten Gebilde der Nation und ihrer Substanz, des Volks. Auch nachdem deutlich geworden war, dass sich die Hausformen nicht ohne Verbiegungen in die Stammesgebiete einpassen lassen, blieb der Gedanke der Verwurzelung erhalten und das „deutsche" Haus der Generalnenner für die vielfältigen baulichen Gegebenheiten. In der nationalsozialistischen Ära war diese Auffassung bis zur Kenntlichkeit entstellt; einer der führenden Hausforscher schloss seinen Überblick über das deutsche Bauernhaus ab mit der Feststellung, dass „diese eigentümlich deutsche Schöpfung alle Randgebiete des deutschen Volksbodens erobert und darüber hinaus gewaltige Grenzbereiche der Nachbarvölker entscheidend überschichtet" habe: „Man darf mit Recht behaupten, dass der Deutsche zur Begründung der volkstümlichen Wohnungskultur Europas weit mehr als alle anderen Völker dieses Erdteiles beigetragen hat" (*Schier* 1934, S. 534).

Allerdings war zu dieser Zeit – vor allem auf der Grundlage der rheinischen Kulturraumforschung der 1920er Jahre – das stammliche Konzept in Frage gestellt; eine ganze Reihe von Untersuchungen hatte deutlich gemacht, dass an der Herausbildung der Bauformen mehrere Faktoren beteiligt sein konnten: klimatische Bedingungen, Bodenbeschaffenheit, Wirtschaftsweise, von der Herrschaft gesetzte Rahmenbedingungen, soziale Verhältnisse. Dies führte dazu, dass die „Hauslandschaften" kleiner angesetzt wurden, schließlich auch dazu, dass die geographische Einteilung gar nicht mehr auf das Haus als Ganzes gerichtet war, sondern auf einzelne Elemente, deren Grenzen nur selten zur Deckung kamen. Am konsequentesten hat diesen Ansatz *Richard Weiss* für die Schweiz verfolgt.

Weiterhin konzentrierte sich die Forschung auf das Bauernhaus. Man kann als Argument dafür anführen, dass das Land ja über Jahrhunderte agrarisch geprägt war, dass also die große Mehrzahl der Menschen im bäuerlichen Umkreis lebte. Aber der eigentliche Grund für die Beschränkung war eher das Vorurteil, dass nur in den bäuerlichen Familien die Substanz des Volkes verankert sei. Es war deshalb kein Zufall, dass Erforschung und Schilderung des Bauernhauses häufig mit Idealisierungen verknüpft war. Das zeigt schon die zentrale Stellung, die lange Zeit das mächtige niederdeutsche Hallenhaus einnahm – in der Forschung, in populären Darstellungen und Bildbänden wie auch in den Anfängen der Freilichtmuseen.

Zu den am häufigsten zitierten Beschreibungen zählt die des westfälischen Aufklärers *Justus Möser*. Er reagierte damit auf ironische Bemerkungen *Voltaires*, der in seinem Essay „Voyage à Berlin" geschrieben hatte, in Westfalen sehe man in großen Hütten, die man Häuser nennt, Tiere, die man Menschen nennt und die mit den andren Tieren aufs einträchtigste zusammenleben. *Möser* lobt dagegen die funktionale Anordnung des aus einer einzigen großen Halle bestehenden Hauses: Beim Herd in der Mitte ist der Platz der Frau, die so ihre Kinder und das Gesinde, aber auch die Tiere im Auge hat und die nicht nur über alle Arbeiten im Haus, sondern auch über alle andern Bedürfnisse die Kontrolle behält. Das eigene Haus begründet in dieser Schilderung also zugleich weitgehende Eigentums- und zumindest Verfügungsrechte über alle Bewohner des Hauses. Dass diese Vorstellung, die sicher schon die westfälischen Verhältnisse zuspitzt, auf andere Landschaften und andere Bauernhäuser nicht übertragbar ist, liegt auf der Hand; aber *Mösers* Beschreibung wurde – beispielsweise als beliebter Lesebuchtext – lange als exemplarisch betrachtet.

Mit der Konzentration auf das Bauernhaus orientierte sich die volkskundliche Hausforschung fast ausschließlich am eigenen Haus, ohne dass in der Regel die Frage nach der Bedeutung eigenen Besitzes, nach den Implikationen des Eigenen ausdrücklich gestellt wurde. Indirekt kam dieser Aspekt allerdings zur Geltung im Blick auf die Verfügungsgewalt der Hausbesitzer, die zu gravierenden Veränderungen im Grundriss und Aufbau führen konnte. An zahlreichen historischen Beispielen konnte die allmähliche Trennung der drei im Haus vereinigten Grundbedürfnisse – Kochen, Essen, Schlafen – gezeigt werden, die sich jedoch nicht mit der gleichen Geschwindigkeit und auch nicht durchgängig vollzog. Wie es bei den städtischen Wohnungen bis heute Rückzugsgebiete mit einem hohen Anteil von Wohnküchen gibt, so hielten sich auch bäuerliche Anwesen, in denen sich das Leben im wesentlichen um den Herd, im Küchenbereich abspielt. Je stärker sich die Hausforschung regionalen, kleinräumigen Untersuchungen zuwandte, umso bunter und vielfältiger wurde das Bild der Bauformen, der Gebrauchsweisen, der Einteilungen und Einrichtungen, die ja doch das Leben im Haus wesentlich bestimmen. Die neueren Forschungen beziehen deshalb das Mobiliar im allgemeinen ein, und es gibt inzwischen für die meisten Landschaften und viele Orte eingehende Darstellungen des als historisch angesehenen Häuserbestands und seiner Entwicklung. In geschichtlichen Querschnitten wurde die Situation einer bestimmten Epoche genauer erfasst – so hat etwa *Volker Gläntzer* wichtige Quel-

len ausgewertet für die Zeit um 1800, als unter anderem Reisende häufig Beobach-
tungen zu Häusern niederschrieben, und so einen Überblick über „Ländliches
Wohnen vor der Industrialisierung" gegeben. Andere Arbeiten konzentrieren sich
auf größere Landschaften, verfolgen die Veränderungen und arbeiten die regio-
nalen Unterschiede heraus; vorbildlich ist dafür immer noch die Untersuchung
„Häuser und Landschaften der Schweiz" von *Richard Weiss*, dem es gelang, die
Bauformen und die innere Anordnung der Häuser bis ins Detail mit den jeweiligen
Arten der Bewirtschaftung und anderen Bedingungen in Verbindung zu bringen.

Die Verengung des Fokus und der damit verbundene Gewinn an Tiefenschärfe
haben mehr und mehr dazu geführt, dass das Leben im Haus zum Gegenstand
gemacht wird. Für die älteren Bauernhäuser gibt es dazu nicht allzu viele aussage-
kräftigen Quellen; aber *Karl-Sigismund Kramer* ist es zum Beispiel mit Hilfe von
Gerichtsakten, Rechnungsbüchern u.ä. gelungen, wichtige Verrichtungen im Haus
und ums Haus nachzuzeichnen und so das Haus als „geistiges Kraftfeld" zu
bestimmen (*Kramer* 1964). Bei diesem Zugang spielt die Idee des „ganzen Hauses" eine wesentliche Rolle; sie betont richtigerweise, dass grundsätzlich ein starker innerer Zusammenhang zwischen allen im Haus lebenden Personen entsteht,
bringt aber andererseits die Gefahr mit sich, dass dieses Geflecht allzu harmonisch
und spannungsfrei verstanden wird. Und sie rückt die vielen kleineren Behausungen, in denen sich wenige Bewohner ohne Gesinde mühsam durchschlagen mussten, ins Abseits.

Olivia Hochstrasser wandte sich in ihrer Untersuchung „Ein Haus und seine
Menschen 1549-1989" ganz bewusst diesem weniger beachteten Teil der ländlichen Kultur zu. Sie rekonstruierte anhand einer Vielzahl von Quellen die Besitz-
und Lebensverhältnisse eines einzelnen Hauses in einer kleinen schwäbischen
Gemeinde durch fast ein halbes Jahrtausend. Da es in dieser Zeit eine Verlagerung
von der Landwirtschaft auf kleinen Handel und industrielle Produktion in dem
Haus gab, konnte sie so wichtige wirtschafts- und sozialgeschichtliche Verschiebungen exemplarisch verfolgen; ein neuer Akzent für die Hausforschung bestand
aber auch darin, dass sie mit der genauen Abfolge der Eigentümer auch wechselnde Haltungen und Einstellungen gegenüber dem Eigentum sichtbar machen
konnte. Während bei anderen, auf große Höfe bezogenen Hausforschungen die
kontinuierliche Erbfolge und damit die Unantastbarkeit des Besitzes entweder
nachgewiesen oder unterstellt wurde (*Imhof* 1984), ergaben sich hier ständig ein-
schneidende Veränderungen nicht nur durch Heirat, sondern auch durch Teilung,
Tausch, Verkauf. *Olivia Hochstrasser* verweist in diesem Zusammenhang auf die
große Bedeutung der Erbsitten: Während in den sogenannten Anerbengebieten
dank der geschlossenen Vererbung an einen der Nachkommen eine starke äußere
und innere Bindung an die Hofstelle und das Haus entsteht, ist diese Bindung im
Bereich der Realteilung wesentlich geringer. Dies hängt auch mit Faktoren zusammen, die nicht direkt aufs Haus bezogen sind; die fortgesetzte Aufteilung der

Güter führt oft dazu, dass der Lebensunterhalt nicht mehr am selben Ort gewonnen werden kann.

Die Eigentumssicherheit beziehungsweise die Eigentumserwartung strahlt auf die gesamte Lebensweise aus. Man hat immer wieder darauf hingewiesen, dass die Art der Vererbung, die handfeste wirtschaftliche Folgen hat, den gesamten Lebensstil beeinflusst. Geschlossene Vererbung führte meist zur Vereinzelung der Hofanlagen und auch zur Vereinzelung der Menschen mit stärkerer Profilierung der Individualität, die Realteilung dagegen zu komplexen Ordnungsformen im Dorfverband und vor allem zu harten Überlebensstrategien. Die Auswirkungen waren allerdings nicht immer und überall gleich, und die Bewertung der unterschiedlichen Erbvorgänge war und ist keineswegs einheitlich. Im 19. Jahrhundert gab es darüber beispielsweise im Königreich Württemberg eine heftige Diskussion. Die der Regierung nahestehenden Wortführer setzten sich für die Realteilung ein; dahinter stand der Versuch, die im alten Herzogtum Württemberg vorherrschende Form nun auch auf die Gebiete Neuwürttembergs zu übertragen – aber als Hauptargument wurde die durch die Realteilung notwendige Zwangsgemeinschaft im Dorf und die ebenfalls erzwungene sparsame Lebensweise der Einzelnen angeführt. *Friedrich List* dagegen erkannte in dem durch die Aufteilung der Güter und oft auch der Häuser erzeugten Wettbewerb eine schädliche Erziehung zu Neid und Missgunst (*Bausinger* 1990).

Der Zusammenhang mit der Erbteilung und damit der Agrarverfassung macht jedenfalls deutlich, dass die Beziehung zum eigenen Haus und auch allgemeiner zum Eigentum keine Konstante ist, sondern dass sie von vielerlei Rahmenbedingungen abhängt. In der historischen Untersuchung von *Olivia Hochstrasser* klingt dies an; in einer Reihe von Gegenwartsuntersuchungen wird dies noch stärker betont. *Margret Tränkle* legte 1972 eine empirische Untersuchung zu „Wohnkultur und Wohnweisen" vor. In dieser Arbeit ging es also nicht mehr primär um die Wohnung in ihrer materiellen Gestalt, sondern – was in der Hausforschung heute durchgängig gefordert wird – um das Wohnen als „Summe der alltäglichen Verrichtungen und Interaktionen", freilich in ständiger Auseinandersetzung mit Gestalt und Möblierung der Wohnungen. Die reichen Ergebnisse, die diese Studie zum Zusammenhang zwischen gesellschaftlichen Strukturen und Wohnweisen oder auch zur Einrichtung, ihrer Funktionalität und Ästhetik erbrachte, sollen hier nicht ausgebreitet werden. Wichtig ist in unserem Zusammenhang die Bewertung von Eigentum und Eigenheim.

Schon *Hans Paul Bahrdt* hatte in seinem Plädoyer für humanen Städtebau darauf hingewiesen, dass im populären Sprachgebrauch und Denken Eigenheim und freistehendes Einfamilienhaus gerne gleichgesetzt werden, während ja doch auch Reihenhäuser oft von ihren Eigentümern bewohnt werden und Wohneigentum auch in Mehrfamilienhäusern verwirklicht werden kann (*Bahrdt* 1968, S. 70). Die Erhebungen von *Margret Tränkle* bestätigen diese einseitige Wunschvorstellung. Sie macht – wiederum in Übereinstimmung mit *Bahrdt, Mitscherlich* und anderen Kritikern – darauf aufmerksam, dass beim Bezug eines Eigenheims auch negative Folgen bedacht werden sollten: Der Wunsch nach dem „Glück allein" entspringe manchmal der irrtümlichen „Vorstellung einer völligen Autonomie und Isolierung des persönlichen und privaten Lebens", und „der Wohnungstyp des Einfamilienhauses" könne schwer überwindbare Kommunikationsbarrieren aufbauen und die Mobilität behindern (*Tränkle* 1972, S. 80 und 86). *Hans Paul Bahrdt* spitzt zu und bezeichnet Sesshaftigkeit als mögliches „handicap" für die Menschen unserer Zeit.

Das ist sicher einseitig; die andere Seite ist der Gedanke des sicheren Rückhalts in bewegten Lebensverhältnissen, oft mit der Metapher des Hafens der stürmischen See gegenübergestellt. Richtig ist aber die bei *Bahrdt* wie bei *Tränkle* vorgetragene Überlegung, dass das Wesentliche im Wunsch nach Wohneigentum die Vorstellung einer störungsfreien Zone, „das Streben nach Unabhängigkeit und nach Befreiung von Rücksichtnahmen auf Vermieter und Nachbarn" ist (*Tränkle* 1972, S. 78); und sicher sind Überlegungen gerechtfertigt, möglichst viel von diesen Freiheiten auch für Mieter zu verwirklichen. Zum Teil sind sie schon erreicht, wenn „der Vermieter fern und anonym ist" (*Bahrdt* 1968, S. 80).

Die Bedeutung des eigenen Hauses – allgemeiner gesprochen: des Wohneigentums – sollte also nicht verabsolutiert werden. Die Eigentumsfrage lässt sich aber auch nicht im Sinne einer platten Kosten-Nutzen-Rechnung ganz auf die pragmatische Ebene verschieben. Vielleicht kann dies eine harmlose Anekdote deutlich machen. Freudenstadt im nördlichen Schwarzwald ist eine Gründung aus der Zeit um 1600 nach Plänen des Baumeisters *Heinrich Schickhardt*; die Mitte bildete der große Marktplatz mit geschlossenen Häuserreihen und umrundet von Arkaden. Durch spätere Zerstörungen und Eingriffe wurde das Bild verändert; die Häuser standen nun auch giebelseitig und mit kleinen, auch feuerpolizeilich gebotenen Abständen dazwischen nebeneinander. Nachdem 1945 viele Häuser der Stadt und auch große Teile des Marktplatzes zerstört worden waren, fasste man den Plan, die ursprüngliche Ordnung wiederherzustellen, die Häuser am Platz also traufseitig und in geschlossener Front aufzubauen. Gegen diesen Plan kämpfte ein einzelner Hausbesitzer verzweifelt an, und seine Hauptbegründung war, er müsse doch um sein Haus herumgehen können – ein Argument, das offenbar auch sonst für freistehende Häuser angeführt wird (*Bahrdt* 1968, S. 76). Auf die Frage, wie oft er denn um sein Haus herumgegangen sei, wurde der Freudenstädter stutzig und räumte dann ein: „Eigentlich nie". Diese kleine Geschichte verweist zweifellos auf das Irrationale, das mit dem Wunsch nach Eigenem verbunden sein kann; aber die Absurdität des angeführten Arguments wurzelt in den Tiefenschichten des Emotionalen, das sich mit rationalen Überlegungen nicht ohne weiteres überspielen lässt.

In den Publikationen zur Hausforschung finden sich Indizien für die besondere Wertschätzung des Eigenen, für die praktische Gründe angeführt werden können, die aber diese praktische Seite übersteigt. Es handelt sich um den Bereich, in dem sich die Philologen in der vorwiegend technisch und dann sozialgeschichtlich orientierten Hausforschung ein Revier gesichert haben: die Sammlung und Interpretation von Hausinschriften, die bei uns seit dem 15. Jahrhundert nachzuweisen sind. In vielen Fällen handelt es sich um nüchterne Zeugnisse, um Einkerbungen von Zeichen oder die Nennung des Erbauers, des Bauherrn und des Baujahrs auf dem Türsturz oder an einer anderen herausgehobenen Stelle. Es gibt aber auch längere Inschriften mit biblischen Zitaten und weltlichen Sinnsprüchen. Betont wird immer wieder, dass mit Gott gebaut und der Segen Gottes erbeten wird. In zahlreichen Inschriften kommt aber vor allem der Stolz des Erbauers und Besitzers zum Ausdruck. „Mein Haus meine Welt" heißt es (*Vincke* 1948, S. 90); die Sprüche wenden sich gegen die Missgunst der Leute und gegen die Einwände der Vorübergehenden (*Mönch* 1937, S. 27, 32, 99) – mit einem „Mir gefällt's so!" (*Mönch* 1937, S. 57) wird jegliche Kritik in die Schranken gewiesen.

Die Hausinschriften unterscheiden sich geringfügig nach der konfessionellen Prägung einer Landschaft, sind aber großenteils über das ganze Sprachgebiet hinweg (und abgesehen von der sprachlichen Fassung auch darüber hinaus) ähnlich. Ich hatte das Privileg, lange Jahre in einem Zimmer mit der Nachbildung eines niedersächsischen Türsturzes zu arbeiten; er trug eine Inschrift, die ganz ähnlich auch in Mittel- und Süddeutschland vorkommt (*Zinck* 1913, S. 31; *Mönch* 1937, S. 33). Manchmal wird nur die Kurzform präsentiert: „Dies Haus ist mein und doch nicht mein" – eine Formel, die man trivialisierend als Hinweis auf die übliche Belastung durch hohe Hypotheken beziehen könnte. Sie lässt aber solche banaleren Zusammenhänge hinter sich und zielt auf die Endlichkeit des menschlichen Lebens und damit allen Besitzes. Die Fortsetzung des Spruchs macht dies offenkundig:

> „Dies Haus ist mein und doch nicht mein.
> Beim Nächsten wird es auch so sein.
> Den Dritten trägt man auch hinaus.
> Nun sage mir, wem gehört dies Haus?"

Was hier vorgeführt wird, ist kein Widerspruch zwischen Stolz aufs Eigentum und religiösem Überbau, sondern das Bewusstsein der Zusammengehörigkeit von selbstbewusster Formung des Eigenen und nicht aufhebbarer Abhängigkeit.

Literatur

Bahrdt, H.P. (1968), Humaner Städtebau. Überlegungen zur Wohnungspolitik und Stadtplanung für eine nahe Zukunft, 2. Aufl. Hamburg

Baumgarten, K. (1985), Das deutsche Bauernhaus. Eine Einführung in die Geschichte vom 9. bis zum 19. Jahrhundert, 2. Aufl. Neumünster

Baumhauer, J.F. (1988), Hausforschung, in: Brednich, R.W. (Hrsg.), Grundriss der Volkskunde, Berlin, S. 95-115

Bausinger, H. (1990), Agrarverfassung und Volkskultur, in: Harmening, D./Wimmer, E. (Hrsg.), Volkskultur – Geschichte – Region, Würzburg, S. 77-87

Freckmann, K., Hausforschung im Dritten Reich, Zs.f.Volkskunde 1982, S. 169-186

Gläntzer, V. (1980), Ländliches Wohnen vor der Industrialisierung, Münster

Hochstrasser, O. (1993), Ein Haus und seine Menschen 1549-1989. Ein Versuch zum Verhältnis von Mikroforschung und Sozialgeschichte, Tübingen

Ilien, A./ Jeggle, U. (1978), Leben auf dem Dorf. Zur Sozialgeschichte des Dorfes und zur Sozialpsychologie seiner Bewohner, Opladen

Imhof, A.E. (1984), Die verlorenen Welten. Alltagsbewältigung durch unsere Vorfahren – und weshalb wir uns heute so schwer damit tun, München

Kramer, K.S., Das Haus als geistiges Kraftfeld im Gefüge der alten Volkskultur, Zs.f.Volkskunde 1964, S. 30-43

Mönch, W. (1937), Schwäbische Spruchkunst. Inschriften an Haus und Gerät, Stuttgart

Mohrmann, R.-E., (1988), Wohnen und Wirtschaften, in: Brednich, R.W. (Hrsg.), Grundriss der Volkskunde, Berlin, S. 117-135

Pessler, W. (1906), Das altsächsische Bauernhaus in seiner geographischen Verbreitung, Braunschweig

Schier, B. (1934), Das deutsche Haus, in: Spamer, A. (Hrsg.), Die Deutsche Volkskunde, Leipzig, S. 477-534

Schöck, I. und G. (1982), Häuser und Landschaften in Baden-Württemberg, Stuttgart etc.

Schwab, H., Volkskunde und Hausforschung, Schweiz.Archiv f. Volkskunde 1920/21, S. 57-67.

Teuteberg, H.J./Wischermann, C. (1985), Wohnalltag in Deutschland 1850-1914, Münster

Tränkle, M. (1972), Wohnkultur und Wohnweisen, Tübingen

Vincke, J. (1948), Die Hausinschriften des Kirchspiels Belm, Osnabrück

Weiss, R. (1959), Häuser und Landschaften der Schweiz, Erlenbach-Zürich und Stuttgart

Zinck, P. (1913), Wohnhausinschriften im Königreich Sachsen, Dresden

Kibbuz als Lebensform

Dorit Brandwein-Stürmer

Der Staat Israel ist bis heute nicht denkbar ohne den Kibbuz: eine ländliche Lebens- und Siedlungsform, aus vielen Quellen gespeist – theologisch, kulturell, ökonomisch und strategisch, der Name abgeleitet vom hebräischen Wort für Sammlung. Diese Siedlungsbewegung, die um die Wende vom 19. zum 20. Jahrhundert aus Europa aufbrach, einen neuen Menschen aus einem alten Volk zu schaffen, gibt es nirgendwo anders als in Israel, von den Höhen Galiläas bis in die flachen Dünenzüge der Negev-Wüste. Indessen unterlag und unterliegt der Kibbuz als Wirtschaftsform einem inneren und äußeren Wandel, der noch keinen Abschluss gefunden hat und vielleicht niemals finden wird. Die moderne Konsum- und Industriegesellschaft ist der heroischen Lebensform nicht günstig. Der größte, aber noch nicht der letzte aller Kibbuzniks war vielleicht *David ben Gurion*, für Israel Vater des Vaterlands, der sich auf seine alten Tage in die Negev Wüste zurückzog und sein Leben im Kibbuz Sde Boker beschloß.

Alles hatte begonnen mit dem Zionismus, der späten jüdischen Antwort auf die europäischen Nationalstaatsbildungen. Begründet wurde die Bewegung noch vor der Jahrhundertwende durch *Theodor Herzl* („Der Judenstaat"), der die Hoffnung auf Assimilation der Juden in Europa aufgegeben hatte. Im Blick auf die historischen Stätten des Judentums im Heiligen Lande predigte er die Vision vom Land ohne Volk für ein Volk ohne Land.

Zionismus bedeutete für jenen Teil der jüdischen Jugend, der sich seiner Fahne anschloss, eine Revolution. Unverkennbar war dieser Aufbruch beeinflusst von Wandervogel und Jugendbewegung in Deutschland: Das war eine Generationenrevolte gegen die Väter im Bratenrock und die Mütter im Schnürkorsett. So wollten die Jungen nicht sein, und in ihren Liedern und Lebensformen („Im Frühtau zu Berge wir zieh'n fallera …") war das unüberhörbar, Protest und Aufbruch. Während aber die Wandervögel deutsch-romantisch vom Land der blauen Blume träumten, die im Nirgendwo blüht, wollten die jungen Zionisten das Land der Väter bebauen und auf diese Weise das Heilige Land zurückgewinnen, nicht durch Eroberung, sondern durch ihrer Hände Arbeit – und zuvor nach Möglichkeit durch Kauf. Die wenigsten wurden dabei von religiösen Motiven getrieben. Zionismus war seit den Anfängen eine weltliche Religion, aber auf heiligem Boden.

Die Zionisten rebellierten auf ihre Weise gegen die jüdische Existenz in der Diaspora, die zwischen Anpassung und Verfolgung niemals festen, verlässlichen

Boden fand: In der Ukraine Pogrome, in Frankreich die „affaire Dreyfus", in Deutschland ein wuchernder Antisemitismus. Sie wollten beides, die jüdischen „Luftmenschen" – so kritisierten sie die Bildungs- und Besitzbürger in Europa, die Thoragelehrten und Talmudschüler – im Mutterland jenseits des Meeres wieder Wurzeln schlagen lassen und zugleich die eigene Leiblichkeit entwickeln. Die Inspiration war, wie in vielen Minderheiten Europas, die Idee nationaler Wiedergeburt, mit ihr verbunden die Schaffung der neuen Hebräer.

Zionismus begann als Eliteprojekt mit sozialistischem Einschlag. Eine kleine Gruppe junger Leute, die sich selber „Pioniere" nannten, entwickelten eine universelle Vision sozialer Gerechtigkeit, die sie umsetzen wollten in ländlicher Siedlung. Der Kibbuz sollte die höchsten genossenschaftlichen Ideale in ländlicher Lebensform verwirklichen. Die Idee idealer Gleichheit, rückhaltloser Kooperation und der wechselseitigen Verantwortlichkeit bei ungeteiltem Eigentum erforderte fast überirdische Kraft. Das galt auch für die Beziehungen zwischen den Geschlechtern. Diese jungen Männer und Frauen ließen sich nicht mehr von den antisexuellen Konventionen der viktorianischen Epoche einschüchtern. Der radikale Zionismus forderte den Seinen viel ab: Auf der einen Seite Befreiung von bürgerlichen Konventionen, auf der anderen Seite fast die Selbstaufgabe zugunsten des Kollektivs. Man arbeitete zusammen, man aß zusammen, man feierte und trauerte, sang und tanzte zusammen, man griff auch zu den Waffen zusammen, was den Kibbuzim einen Ruf für Führungsqualität und Zusammenhalt schuf. Diese Lebensformen prägten auch die Bauformen: Man lebte eng zusammen, schon aus Gründen der immer wieder notwendigen Verteidigung gegen arabischen Angriff. Die meisten Häuser waren von gleicher Bauart und gehörten dem Kibbuz zu Eigentum. Schule und Versammlungsraum wurden aus der gemeinsamen Kasse finanziert. Die Kinder wuchsen, kaum dass sie entwöhnt waren, im Kinderhaus auf, wo sie auch schliefen. Die weitere Familie war der Kibbuz, aber auch die politische Gemeinschaft, die über alles mit Mehrheit beschloss.

„Deganja" hieß der erste Kibbuz, 1910 gegründet von nahezu mittellosen Barfußsiedlern. Seitdem entstand ein Netzwerk von mehr als 270 unabhängigen Kibbuzim mit mehr als 120.000 Mitgliedern. Sie zählen weniger als drei Prozent der Bevölkerung des Staates Israel, doch der Beitrag zum Nationaleinkommen, ob aus industrieller oder agrarischer Produktion, liegt beim Vierfachen ihres Anteils an der Bevölkerung. Ähnlich groß wird ihr Beitrag zur kulturellen, künstlerischen und pädagogischen Leistung eingeschätzt, sichtbar vor allem in den Streitkräften.

Während des 20. Jahrhunderts, vor wie nach der Staatsgründung Israels, blieb der Kibbuz im Mittelpunkt aller Bemühungen, die zionistische Variante des Sozialismus zu verwirklichen – während rundum hauptsächlich Scheitern oder Zwangswirtschaft oder beides zu verzeichnen war. Die Solidarität der Kibbuzniks und der Kibbuznikit – Männer und Frauen – war gegründet auf bestimmte Prinzipien des sozialen Zusammenhalts. Das Genossenschaftsprinzip beruhte darauf, dass der Kibbuz als umfassende Lebensform angelegt war, der nicht nur alle wirtschaftlichen und sozialen Aktivitäten der Gemeinschaft umfasste, sondern auch die jedes einzelnen Mitglieds. Wirtschaftlich bedeutete das gemeinsame Verfügung über alle Mittel der Produktion und des Verbrauchs; sozial ging es um Gemeinschaft, jeden Tag verwirklicht im gemeinsamen Speiseraum, in Feiern und Festen, in Arbeitsgruppen und abgestimmter Arbeitsteilung – beispielsweise Lehrer, Buchhalter, Bibliothekar. Die Geschäftsführung stand unter der Gemeinschaft, die sich auf dem gemeinsamen Rasen versammelte oder im Clubraum, und spezifische Aufgaben an kleine Ausschüsse verteilte. Seelisch gehörte dazu die Gewissheit, in guten wie in schlechten Zeiten in der Gemeinschaft aufgehoben zu sein, aber auch das Bewusstsein, einer vorwärtsgewandten Elite der israelischen Gesellschaft anzugehören. Dazu kam, dass die Kibbuzim miteinander vernetzt waren und aufgrund ihrer wirtschaftlichen Unabhängigkeit politisch Gewicht ausübten. Bei alledem blieb der Kibbuz immer freiwilliger Zusammenschluss, gerechtfertigt durch das Bewusstsein, für die Gesellschaft als Ganzes da zu sein, eine dienende Elite.

Die Lebensform des Kibbuz blieb nicht immun gegen den Wandel der Generationen und der Werte. Eine auf inneren Zusammenhalt gegründete Gesellschaft mit selbst auferlegten Pflichten und Verpflichtungen wurde in den Rückzug gedrängt durch den Besitzindividualismus und die selbst gewählte Suche nach dem Glück. Das Band der Mitglieder untereinander, eingeschlossen ihre Verantwortlichkeit füreinander, waren und sind der Erosion ausgesetzt. Genossenschaftliche Leitprinzipien, früher unantastbar, geraten in Verfall und werden durch Verhaltensweisen ersetzt, die den Gründervätern als Abweg erschienen wären. In drei Dimensionen ist dieser Wandel deutlich sichtbar. Geld beansprucht ein Gewicht, das es früher nicht hatte. Gewinnorientiertes Wirtschaften setzt sich durch. Es verändert die Werteordnung im Kibbuz. Wo früher der Gewinn weit nach der Gemeinschaft rangierte, ist es heute umgekehrt. Der Gemeinnutzen wird vom unternehmerischen Profitprinzip gekreuzt. Das berührt auch die Beziehungen zur Welt außerhalb des Kibbuz, was unter anderem zur Folge hat, dass er für die israelische Gesellschaft an Bedeutung einbüßt. Die Achtung vor dem Kibbuz als selbstlose Gemeinschaft wird nicht mehr universell geteilt. Auch die Kibbuzbewegung geht den Weg aller Interessengruppen. Der Kibbuz hat an Achtung verloren zusammen mit Selbstachtung. Das wiederum hat zur Folge, dass der Bewegung wirtschaftliche Unterstützung weniger zuteil wird, die geistige Führungskraft versiegt und die politische Manövrierfähigkeit zurückgeht. Aufeinanderfolgende Regierungen haben mehr und mehr finanzielle Zuwendungen an die Bewegung und über diese an einzelne Gemeinschaften eingestellt. Damit war auch das innere Gleichgewicht der Gemeinschaft mit den Mitgliedern aus dem Lot.

Der globale Niedergang des Sozialismus hat auch Israel tief verändert. Die zionistische Auffassung von Nation und liberaler Glaubenspraxis ging in der israelischen Gesellschaft zurück und machte traditioneller Religiosität und Ultraorthodoxie Platz. Entsprechend verlor der Kibbuz an normativer Geltung. Dazu kam, dass die Zäune – während sie zu Wehrzwecken verstärkt wurden – gegenüber der israelischen Marktgesellschaft schwanden. Viele Mitglieder finden neuerdings ihre Arbeit außerhalb, dafür werden neue Arbeitskräfte von außen rekrutiert. Auch das Erziehungssystem öffnete sich für Kinder von außen, und umgekehrt werden die Kibbuzkinder auf weiterführende Schulen geschickt. Wohnungen wurden erstmals an Nicht-Mitglieder vermietet. Tourismus und andere Dienstleistungen werden angeboten.

All das musste die Berührungsflächen zwischen Kibbuz und Außenwelt verstärken, wie zuvor schon die Familienbeziehungen über den Zaun gingen. Seit einigen Jahren entwickelt sich ein neues, gemischtes Sozialmodell, kooperativ und individuell, bei dem in ein und derselben Gemeinde Kibbuzmitglieder und individuelle Bürger nebeneinander wohnen. Das bringt zwar Reibungen, ermöglicht aber auch den Kibbuzim, bei geringeren Zahlen wichtige Serviceleistungen aufrechtzuerhalten. Je mehr aber Kibbuzmitglieder außerhalb arbeiten, desto weniger wichtig wird die Gemeinschaft. Was Zuhause bedeutet, ändert sich. Früher war das der Kibbuz in seiner Ganzheit, mehr und mehr aber neuerdings die private Wohnung. Früher waren die Gemeinschaftseinrichtungen das große Wohnzimmer, jetzt hat jeder seinen eigenen Komfort. Der große Esssaal funktioniert nicht mehr als der Marktplatz. Man zieht sich stattdessen auf die Familie zurück. Im Kibbuz werden die gemeinsamen Feste seltener, und Familienfeiern umschließen nicht mehr den gesamten Kibbuz. Das Clubhaus wurde durch das Pub ersetzt, das auch für Außenseiter offen steht. Der Niedergang des moralischen Zauns um den Kibbuz lief parallel zur Erhöhung der Zäune im Innern. Was nicht privatisiert wird, ist der Gesundheitsdienst, Erziehung und soziale Sicherheit. Die wöchentliche Hauptversammlung findet nur noch selten statt. Obwohl ihr das letzte Wort verbleibt, sind die Kompetenzen schwächer geworden. Privatisierung und neues Management mediatisieren den Einzelnen, der sich nicht mehr an die Gemeinschaft wenden kann. Die Privatisierung, die dem Einzelnen bisher ungekannte Verantwortung für sich selbst zuweist, lässt die schwächeren Mitglieder der Gemeinschaft mit einem Gefühl der Entfremdung. Dagegen haben viele Kibbuzim Unterstützungssysteme entwickelt, die als Sicherheitsnetz dienen sollen – und auch so heißen. Das genossenschaftliche Wesen wird damit ersetzt durch Wohlfahrtspflege. Der Kibbuz wird auch darin der Außenwelt ähnlicher und verliert, was ihn lange Zeit auszeichnete als solidarisches Eliteprojekt. Viele Kibbuzim passen sich an, indem sie privates Wohneigentum, Rentenansprüche und Kompensationszahlungen zum Eigentum der Mitglieder machen. Damit sind die einzelnen Mitglieder, wie in einer GmbH, geschützt vor der möglichen Zahlungsunfähigkeit des Kibbuz. Früher, als die Loyalität zum Kibbuz über allem stand, waren solche Vorkehrungen überflüssig, und die Achtung des Kibbuz quer durch die israelische Gesellschaft war auch eine Art Versicherungspolice gegen harte Zeiten.

Mit dem eigenen Schweiß den heiligen Boden zu düngen, war für zwei, drei Generationen der Chalutzim Sinn und Ausdruck patriotischer Pflicht. So entstand der klassische Kibbuz, die individuelle Glückserfüllung aufgehoben in Eretz Israel. Aber was lange Zeit eine Lebensform war, Salz der Erde, um die Welt des Egoismus und der Konkurrenz zu überwinden, ist dabei, nur noch ländliche Heimat zu sein – nicht weniger, aber auch nicht mehr.

Die Stadt, ein System des Networking

Hans-Michael Brey

*Zum Gedenken an Herrn Professor Dr. Paul Klemmer, der diesen Artikel schrei-
ben sollte, aber für alle plötzlich und unerwartet am 26. Juli 2005 in Wittnau/Frei-
burg verstarb. Herr Professor Dr. Klemmer war Präsident des Deutschen Verban-
des für Wohnungswesen, Städtebau und Raumordnung seit dem 26. November
2002.*

In ihrer Publikation „Städte für Menschen" haben *Jens Friedemann* und *Rüdiger
Wiechers* (*Friedemann/Wiechers* 2005, S. XV) die Frage nach der Zukunft des
Leitbildes der europäischen Stadt aufgeworfen: Kann der Charakter der europäische Stadt seine über Generationen hinweg entstandene Struktur erhalten oder
wird dieser Charakter aufgerieben zwischen den gesellschaftlich relevanten Tendenzen der Vergreisung und Migration sowie einem weltweit existierenden Wettbewerb? Zwei Strömungen, die nicht nur zu Beginn des 21. Jahrhunderts die
städtische Entwicklung in Europa dominierten, sondern auch den bis dato existierenden gesellschaftspolitischen Konsens der Bundesrepublik Deutschland, den
Rückzug ins Private, außer Kraft setzten (*Nolte* 2004, 14ff.). Diese Veränderung
der Lebenswirklichkeiten werden für alle Entscheidungsträger ein Ganzes zu bilden haben: Die Bevölkerung altert und nimmt ab, die Produktionsfaktoren Wissen
und Kapital erstarken, die Erwerbsarbeit ändert sich, der Bedarf an industriell tätigen Arbeitskräften sinkt, die Verstaatlichung des Sozialen steigt und die Wieder-
entdeckung des Wettbewerbsprinzips regiert auf der globalen Ebene. Hinzu kommen Auflösung des traditionellen Familienverbundes und Singularisierung der
Haushalte. In der Konsequenz werden Sozial- und Wettbewerbspolitik eine neue
Symbiose eingehen, die die Entwicklung der Städte beeinflusst. Die Verantwortlichen werden sich die Frage stellen müssen, wie sie im Sinne einer erfolgreichen
Standortpolitik die Aspekte „Wirtschaft" und „sozialer Ausgleich" in Einklang
bringen können (Bundesdrucksache 15/4610, Städtebaulicher Bericht der Bundesregierung 2004, S. 13ff.). Im Folgenden soll dargestellt werden, wie die Determinanten der Stadtentwicklung aussehen, und was getan werden muss, um Städte –
gemeinsam mit allen Akteuren im Sinne eines Netzwerkes – erfolgreich in den
Wettbewerb zu führen.

1. Determinanten der Stadtentwicklung

1.1. Die bisherige Stadtentwicklung

Die Entwicklung von Städten wird in der Regel durch fünf Einflussfaktoren bestimmt: sozioökonomische Trends, technologische Entwicklung, institutionelle Gegebenheiten, normativer Gestaltungswille sowie historische Komponenten (*Klemmer* 2005, S. 134). Hierbei zeigt ein Blick in die Stadtgeschichte, dass der Wille zur Beeinflussung von Entwicklungsprozessen bei allen Entscheidungsträgern stets vorhanden war. Er war immer mit dem Ringen um Leitbilder und dem Wunsch verbunden, sich nicht dem scheinbar Faktischen beugen zu müssen. Damit ist die Geschichte der Stadtentwicklung auch eine Geschichte des Wandels der Leitbilder. Darin zeigt sich die Vergangenheit vielfach als Hypothek künftiger Stadtentwicklung; sie kann aber auch – etwa im Falle eines gewachsenen Image- oder Symbolwertes eines Stadtkernes – eine Chance darstellen. Insofern beeinflusst die Stadtentwicklung von gestern die Stadtentwicklung von morgen. Im Sinne einer erfolgreichen Gestaltung der Zukunft gilt es daher, intelligent an die Vergangenheit anzuknüpfen.

1.2. Determinanten zukünftiger Stadtentwicklung

Auf diesen Gegebenheiten aufbauend, wird die zukünftige Entwicklung unserer Städte geprägt werden durch beachtliche Alterung der Menschen, partielle Schrumpfung und zunehmende Verschiedenheit der Bevölkerung. Darüber hinaus werden weitere De-Industrialisierung, ein eher schwaches Wirtschaftswachstum sowie der Trend zur wissensbasierten Ökonomie (*Klemmer* 2005, S. 140ff.) die Stadtentwicklung mittelfristig beeinflussen. Die institutionellen Trends sind derzeit nicht abschließend einzuschätzen, da Entscheidungen zur Gemeindefinanzreform noch ausstehen. Gleiches gilt für die Leitbilddiskussion. Hier gibt es die Präferenz für Erhalt der Stadtkernfunktion, für stärkere Nutzungsdurchmischung sowie die Betonung des Nachhaltigkeitspostulates in dem Sinne, dass zum Beispiel Investitionen im Bestand stärker gefördert werden. Konkrete Gesetzesvorschläge stehen bisher aus (Deutscher Verband 2005, S. 2).

1.2.1. Die Bevölkerungsentwicklung geht auseinander

Zu einer besonderen Aufgabe für die Städte werden die zunehmende Heterogenität der Bevölkerung und die steigende Abhängigkeit der Städte von ökonomischen Entwicklungen an anderer Stelle. Mit Blick auf die Bevölkerungsentwicklung gilt, dass es in Deutschland inzwischen Städte gibt, wo infolge der sinkenden Zahl an Frauen selbst ein Anstieg der Geburtenrate auf Werte über 2,1 (die für eine Bevölkerungsstabilität mindestens erforderliche Geburtenrate) keine Umkehr mehr herbeiführen würde. Hingegen wird es einzelne Städte im Umfeld großer Gravitationszentren im süddeutschen Raum oder entlang der Rheinachse geben, deren

Einwohnerzahl noch wachsen wird. Letztendlich wird eine breite Mehrheit der Großstädte in Westdeutschland – gemessen an der aktuellen Anzahl der Einwohner – für längere Zeit auf dem heutigen Niveau verharren. Städte im Süden des Ruhrgebietes werden kalkulierbar schrumpfen. Da die Bevölkerungsentwicklung einer Kommune in starkem Maße über ihre finanziellen Mittel entscheidet, wird es im Bereich der großen Gravitationszentren zu einem Wettbewerb um das knapper werdende demographische Nachwuchspotential kommen.

Dramatischer sieht es in den neuen Bundesländern aus, wo sich eine negative Bevölkerungsbilanz mit hohem Abwanderungsverlust paart. Typische Fälle sind Hoyerswerda, Suhl, Görlitz, Dessau oder auch Brandenburg (*Klemmer* 2004, S. 16ff.). Stadtentwicklung in den neuen Bundesländern wird damit zu einer Politik von Abriss und Rückbau verbunden mit Revitalisierung der Innenstädte (Deutsches Seminar für Städtebau und Wirtschaft 2004, S. 37ff.).

1.2.2. Zunehmende Abhängigkeit von ökonomischen Entwicklungen

Aufgrund der skizzierten Entwicklung stellt sich die Frage nach den Möglichkeiten, diesen Prozess einzudämmen; denn der Einbruch der Bevölkerung geht in der Regel mit Erosion der Altersstruktur einher. Dieser Prozess lässt sich nur umkehren, wenn den Jüngeren eine Arbeitsmarktperspektive eröffnet wird. Das macht deutlich, dass die räumliche Bevölkerungsentwicklung immer stärker an die regionale Arbeitsmarkt- und Wirtschaftsentwicklung gekoppelt ist. Wenn die räumliche Wirtschaftsentwicklung auseinander driftet, besteht die Gefahr, dass bestehende Bevölkerungsstrukturen einfach altern, die Menschen sich polarisieren. Maßnahmen der städtebaulichen Sanierung oder auch steigende Integrationsbemühungen allein werden nicht ausreichen, um die eigene Stadt im nationalen oder auch internationalen Wettbewerb erfolgreich zu positionieren. Es bedarf der städtischen und/ oder regionalen Wirtschaft, die in Zukunft zur entscheidenden Stellgröße der Stadtentwicklung wird. Voraussetzung für einen erfolgreichen Gebrauch der Stellschraube ist eine offene Form der Kommunikation oder auch des Networking, in der der kontinuierliche Austausch zwischen allen Beteiligten aus Stadt, Wirtschaft, Wissenschaft und Politik mit dem Ziel gepflegt wird, tragfähige Leitbilder zu formulieren und passende Instrumente zu entwickeln, die die Zukunft des Standortes Stadt sichern.

2. Städte als regionale Entwicklungs- und Innovationsmotoren

In diesem perspektivischen und konstruktiven Umgang liegt die wahrscheinlich einzige Chance für die europäische Stadt. Aufbauend auf einem offenen Miteinander werden die Städte und ihre Regionen in die Lage versetzt, eigene Potentiale zu erkennen und zu optimieren. Angesichts anhaltender Wachstumsschwäche und des Übergangs in die postindustrielle Gesellschaft, die in einer wissensbasierten

Ökonomie mündet, werden sich in der Bundesrepublik auch in den kommenden Jahren noch ganze Straßenzüge bzw. Stadtteile entleeren, da stillgelegte Betriebe Brachen einer längst vergangenen Epoche der Industriegesellschaft hinterlassen. In dieser Umbruchsphase, in der auch das Städtebaukonzept des Industriezeitalters untergeht (*Wuschick* 2005, S. 55), sind Finanzkraft, Kooperation zwischen Städtebau und Wirtschaft, der unvoreingenommene Umgang mit Zukunftstechnologien, dem Arbeiten in Netzwerken und ein positives Wirtschaftsklima erforderlich, um den Städten die Rolle regionaler Entwicklungs- und Innovationsmotoren auch künftig zu ermöglichen.

2.1. Öffentliche Haushalte, die Notwendigkeit einer Gemeindefinanzreform und die Bedeutung der privaten/öffentlichen Partnerschaft in der Stadtentwicklungspolitik

Mit Blick auf die dauerhaft angespannte Lage der öffentlichen Haushalte (Statistisches Bundesamt, Datenreport 2004, S. 243 ff.) ist allerdings zu konstatieren, dass die Städte und Gemeinden in ihrem originären Handlungsspielraum und in der Stadtgestaltung eingeschränkt sind. Mittelfristig werden neue Partner benötigt, um zum einen die seit 1995 kontinuierlich sinkenden Investitionen (- 10 Mrd. Euro) in die kommunale Infrastruktur aufzufangen. Hinzu kommen zum anderen überdimensionierte Veranstaltungshallen, Schwimmbäder oder auch Kläranlagen, welche die kommunalen Haushalte unverändert belasten (*Knobloch* 2005, S. 148). Ferner scheinen selbst klassische Versorgungsaufgaben (Investitionen für die Anpassung an neue Kapazitäten im Bereich Wasser und Abwasser) zum finanziellen Wagnis zu werden. Bedenkt man, dass die kommunalen Investitionen ein wesentlicher Wirtschaftsfaktor in der Stadt oder Region sind, und dass mit jedem realisierten Projekt die Standortbedingungen der mittelständischen Unternehmen und der großen Arbeitgeber verbessert werden, so wird hier eine Negativspirale wegen ausbleibender kommunaler Investitionen deutlich, die nur schwer umzukehren ist. Da die Gemeindefinanzreform auf sich warten lässt, suchen die Städte und Regionen neue Partner in der Stadtentwicklung. Es werden Wege gefunden werden müssen, die zu einer Verstetigung der Einnahmen bzw. zu einer Entkoppelung von Einwohner- und Einnahmeentwicklung kommen (*Klemmer* 2003, S. 14 f.). Hier bietet sich in der Perspektive die Kooperation zwischen öffentlicher Hand und privater Wirtschaft unter dem Stichwort „Public Private Partnership" an, ohne sie jedoch in ihrer Wirkung zu überschätzen. Großflächige Sanierungsvorhaben attraktiver Städte werden immer häufiger potenten Investoren angedient. In diesem Zusammenspiel zwischen öffentlicher Hand und privater Wirtschaft liegen die eigentlichen Chancen künftiger Stadtentwicklung.

2.2. Mittelstands-, Handels- und Stadtentwicklungspolitik

Die in den Städten für die Wirtschafts- und Stadtentwicklung Verantwortlichen ringen mehr denn je um bessere Positionierung der Innenstadt. Diese steht jedoch nach wie vor im Wettbewerb zur Grünen Wiese. Neu hinzugekommen sind Konkurrenzverhältnisse zu aufgewerteten innerstädtischen Standorten wie auch zu benachbarten Innenstädten. Da sich der Industriebereich in Europa immer mehr zu einer wissensbasierten Ökonomie entwickelt, stellt sich für erfolgreiche Stadtentwicklungspolitik die Frage, wie kleinen und mittleren Industrieunternehmen, d.h. dem Mittelstand, auf dem Weg in eine Wissensökonomie geholfen werden kann. Gleichzeitig findet eine Verlagerung zu Dienstleistungen statt, die sich auf Handels- und Stadtentwicklung auswirkt. Forschung und Entwicklung werden in einer zukünftigen wissensbasierten Ökonomie zu einem arbeitsteiligen Prozess, in dem Netzwerke eine wachsende Rolle spielen. Dies bedeutet die Fokussierung des strategischen Handelns der Unternehmen auf die Entwicklung neuer marktgängiger Produkte und Leistungen samt strikter Kundenorientierung, stärkere Verbindung von Produkt- und Servicekomponenten, systematische Marktbearbeitung und Etablierung von Vertriebsnetzen und vor allem verstärkte Anstrengungen für Entwicklung neuer Produkte. Damit muss eine Stärkenbündelung bzw. Synergienmobilisierung, d.h. eine verstärkte Kooperation im Mittelstand (*Henke/Lück* 2003, S. 22) einhergehen. Das bedeutet, in Ergänzungen zu denken und nach Anbietern von Komplementen, ergänzenden Produkten und Dienstleistungen Ausschau zu halten. Die Kooperation kann sich in verschiedenen Bereichen wie Ausbildung, Forschung und Entwicklung, Beschaffung und dem Vertrieb auswirken. Es geht hierbei nicht um eine von oben gesteuerte Wissens- und Qualifizierungssteuerung. Gefordert ist eher eine Animationsaufgabe. So ist zu prüfen, wo sich im städtischen oder regionalen Umfeld bereits Ansätze für bedeutsame Kompetenz befinden, die ausgebaut werden können. Hier ist stärkere Zusammenarbeit von Universitäten und Wirtschaft im Rahmen von Kompetenzzirkeln gefordert, um aus Ideen Geschäftskonzepte werden zu lassen. Dies kann bis zur Etablierung industrieller Gemeinschaftsforschung reichen (*Lageman/Friedrich* 1995). Es geht um Förderung organisatorischer Routinen der Zusammenarbeit und weniger um Inhalte. Stets werden isolierte Einzelleistungen zu integrierten Lösungen verknüpft, um Synergieeffekte zu erreichen. Die Aktivitäten des Deutschen Seminars für Städtebau und Wirtschaft haben darüber hinaus in den vergangenen zehn Jahren gezeigt, dass die Attraktivität von Innenstädten erfolgreich mit Hilfe aller Beteiligten aus Mittelstand, Wirtschaft und Kommune gesteigert werden kann. Dafür müssen Handelsaktivitäten gebündelt und mit anderen Leistungen, Freizeit, Vergnügen, Fitness, zu Shopping-Entertainment-Centres verknüpft werden. Somit paaren sich zur erfolgreichen Positionierung einer Stadt immer eine Mittelstands- und eine Regionalkomponente (Deutscher Verband, Jahresbericht 2004, S. 95ff.). Ziel ist die Zuordnung von Handels-, Erlebnis- und Freizeiteinrichtungen mit Agglomerationsvorteilen bzw. einer Aufwertung der so genannten Frequenzstandorte. In der

Konsequenz geht es um eine neue Form des Qualitätswettbewerbs zwischen den Städten und den einzelnen Regionen in den Feldern Forschung, Entwicklung, Mittelstands-, Handels- und Stadtentwicklungspolitik. Von besonderer Bedeutung ist hierbei für die Entwicklung von Städten neben den harten Standortfaktoren eine Verbesserung der weichen Standortfaktoren. Es geht nicht nur um bauliche Maßnahmen, sondern eben auch um Image- bzw. Klimaeffekte.

2.3. Die Bedeutung des „Wirtschaftsklimas" in der Stadt- und Regionalentwicklung für erfolgreiches Networking

Mit dem Begriff „Wirtschaftsklima" verbinden sich Dinge wie Wertschätzung unternehmerischer Aktivitäten in der örtlichen Presse, Unterstützung der vorhandenen Wirtschaft bei betrieblichen Erweiterungs- oder auch Verlagerungswünschen durch kommunale Behörden, Bereitstellung von Gewerbeflächen sowie die Schnelligkeit von Genehmigungsverfahren. Angesprochen sind somit die Beziehungen der Kommunalverwaltung zu ansässigen Betrieben, Presse zu Unternehmen, Einstellungen von Verbänden und Institutionen zur Wirtschaft, Behandlung von Kleinst- und Mittelbetrieben durch bereits vorhandene Großbetriebe sowie die örtliche Identifikation mit den Belangen von Wirtschaft und Wissenschaft. Diese Netzwerke gestalten und prägen das Image einer Stadt und einer Region. Darin wird deutlich, dass Kommunen modernen Unternehmen gleichen. Sie bieten Standorte als Güter an und müssen sich ähnlicher Marketingstrategien bedienen wie moderne Industrien, um im zunehmenden Wettbewerb zu bestehen. In der Konsequenz muss die Kommune hohe Fachkompetenz und umfassend Problemlösungen entwickeln, um als unentbehrlicher Partner der örtlichen Wirtschaft und Wissenschaft akzeptiert zu werden (*Klemmer* 1991, 15f.). Gelingt dies, hat die erfolgreiche Positionierung der Stadt eine Chance.

3. Bedingungen erfolgreicher Stadtentwicklungs- und Regionalpolitik

Wie sehen die Determinanten der zukünftigen Stadtentwicklung aus? Was muss getan werden, um Städte erfolgreich im Wettbewerb zu positionieren? Vorab ist zu konstatieren, dass ehemals deutliche Grenzen zwischen Sektoren und Branchen sowie zwischen Kommunen und privaten Akteuren sich verwischen (*Henckel* 1997, S. 21). Aufgrund der ökonomischen und demographischen Herausforderungen ist von alten Denkmustern abzuweichen, da kein Akteur in der Lage sein wird, die Probleme der De-Industrialisierung sowie der Demographie allein zu lösen. Somit ist der Qualitätswettbewerb zwischen den Städten bei Finanzierung, Forschung, Entwicklung, Mittelstands-, Handels- und Stadtentwicklungspolitik individuell nur zu bestehen, wenn Potentiale gemeinsam erschlossen werden. Allerdings funktionieren Netzwerke nicht per se. Die Sinnhaftigkeit von Kooperationen ist in jedem einzelnen Fall nachzuweisen, und sie wird schwer zu organisieren sein, wenn ein Partner sich strategische Vorteile zu Lasten des anderen verspricht. Ist sie allerdings erfolgreich, können Wirtschaft und sozialer Ausgleich miteinander in Einklang gebracht werden. Voraussetzung für diesen Mentalitätswechsel auf allen Ebenen ist eine bürgerliche Gesellschaft, in der die Einzelnen, getragen von der Gemeinschaft, Verantwortung übernehmen und zu einer selbständigen Lebensführung befähigt werden. Wirtschaftliche Aktivitäten sind keine anonyme, menschenferne Veranstaltung, sondern integraler Teil des gesellschaftlichen und sozialen Lebens in einer Stadt. So wird auch die Frage nach der Zukunft des Leitbildes der europäischen Stadt beantwortet.

Literatur

Bundesdrucksache 15/4610, Städtebaulicher Bericht der Bundesregierung 2004. Nachhaltige Stadtentwicklung – ein Gemeinschaftswerk, Berlin

Deutscher Verband für Wohnungswesen, Städtebau und Raumordnung (Hrsg., 2004), Jahresbericht 2003, Berlin

Deutscher Verband für Wohnungswesen, Städtebau und Raumordnung (Hrsg., 2005), Jahresbericht 2004, Berlin

Deutscher Verband für Wohnungswesen, Städtebau und Raumordnung (Hrsg., 2005), Thesen für eine zukunftsorientierte nationale Wohnungs-, Städtebau- und Raumordnungspolitik im europäischen Kontext, Berlin

Deutsches Seminar für Städtebau und Wirtschaft (Hrsg., 2003), Business Improvement Districts – ein Modell für europäische Geschäftsstraßen. Erste Schritte zur Einbindung von Eigentümern, DSSW-Leifaden Nr. 47, Berlin

Deutsches Seminar für Städtebau und Wirtschaft (Hrsg., 2004), Weiterentwicklung der Städte – Erfahrungen aus der Arbeit des Deutschen Seminars für Städtebau und Wirtschaft, in: Deutscher Verband für Wohnungswesen, Städtebau und Raumordnung, Jahresbericht 2004, Berlin, S. 37-45

Friedemann, J./Wiechers, R. (2005), Städte für Menschen. Grundlagen und Visionen europäischer Stadtentwicklung, Frankfurt am Main

Henckel, D. u. a. (1997), Entscheidungsfelder städtischer Zukunft, Stuttgart, Berlin, Köln

Henke, M.;/Lück, W., Coopetition – Kooperationsstrategie für den Mittelstand, in: Frankfurter Allgemeine Zeitung, 30.06.2003, S. 22

Klemmer, P. (1991), Die europäische Integration und die deutsche Wiedervereinigung als Herausforderung für die Entwicklungsplanung von Großstädten, in: Bielefeld zur Lage (Hrsg.), Reihe Stadtforschung in Bielefeld, Heft 2, Expertenanhörung zur Stadtentwicklung, S. 9-16

Klemmer, P. (2003), Überlegungen für künftige Schwerpunkte der Arbeit des Deutschen Verbands für Wohnungswesen, Städtebau und Raumordnung, Berlin

Klemmer, P. (2004), Demografischer Wandel: Städte am Ende?, in: Ministerium für Städtebau und Wohnen, Kultur und Sport des Landes NRW (Hrsg.), Stadtumbau West. Intelligentes Schrumpfen, Düsseldorf, S. 20-33

Klemmer, P. (2004), Die Zukunft der deutschen Städte – aktuelle Probleme und Lösungsansätze, in: Deutscher Verband für Wohnungswesen, Städtebau und Raumordnung (Hrsg.), Jahresbericht 2004, Berlin, S. 16-21

Klemmer, P. (2005), Thesen zur zukünftigen Stadtentwicklung, in: Friedemann, J./Wiechers, R., Städte für Menschen. Grundlagen und Visionen europäischer Stadtentwicklung, Frankfurt am Main, S. 133-146

Knobloch, B. (2005), Kapital für städtebauliche Projekte, in: Friedemann, J.; Wiechers, R. (2005), Städte für Menschen. Grundlagen und Visionen europäischer Stadtentwicklung, Frankfurt am Main, S. 148-161

Lageman, B./Friedrich, W. (1995): Der volkswirtschaftliche Nutzen der industriellen Gemeinschaftsforschung für die mittelständische Industrie, Untersuchungen des RWI, H. 15, Essen

Meyer, Chr. (2004), Internationalisierung als Herausforderung und Chance der Stadtentwicklung, in: Ministerium für Städtebau und Wohnen, Kultur und Sport des Landes NRW (Hrsg.), Stadtumbau West. Intelligentes Schrumpfen, Düsseldorf, S. 98-107

Miegel, M. (2002), Die deformierte Gesellschaft. Wie die Deutschen ihre Wirklichkeit verdrängen, München

Nolte, P. (2004), Generation Reform. Jenseits der blockierten Republik, München

Ummen, R./Johns, Sven R. (2005), Jahrbuch der Immobilienwirtschaft. Immobilien Praxis & Recht 2005, Berlin

Statistisches Bundesamt (Hrsg., 2005), Datenreport 2004. Zahlen und Fakten über die Bundesrepublik Deutschland, Auszug aus Teil 1, Bonn, S. 234-249

Wuschick, D., Stadtumbauprogramm soll verlängert werden. CEU-Kongress in Berlin fordert Paradigmenwechsel in der Stadtplanung, in: Frankfurter Allgemeine Zeitung, 16.09.2005, S. 55

Kultur des Eigentums in Italien.
Wohnen all' italiana

Heinz-Joachim Fischer

Eigentum hat sich bewährt. Auch in Italien. Gerade in Italien. Ein Stück Land, das eigene Haus, Wohnen in den eigenen vier Wänden – das ist der Traum aller Italiener, der wahr werden muß. Und der bei 81 Prozent all derer, die zwischen den Alpen im Norden und den Regionen der Apennin-Halbinsel im Süden wohnen, ganz „unten" in Kalabrien und Apulien, dazu auf den großen und kleinen Inseln, verwirklicht ist. Vier von fünf Italienern also haben irgendeine Form von Wohnungseigentum, viel im internationalen Vergleich. Daß der Anteil der Lombarden und Sizilianer, der Venetier und Kalabresen, der Florentiner und Römer, die irgendwie Eigentümer an Grund und Boden sind, denen ein Grundstück, „un pezzo di terra", gehört, die in der eigenen „süßen" Wohnung leben, der „casa, dolce casa", wie sie sagen, so hoch ist, hat viele Gründe. Auch den, daß etwas „Immobiles", daß nicht bewegt, also einem auch nicht, normalerweise, weggenommen werden kann. Das ist lebenswichtig im Land, wo die Zitronen blühen, doch alles so schnell verblüht. Wo Wandel und Bewegung paradox zum festen Bestandteil des Lebens gehören.

Ich denke daran, als ich vor Jahren selbst Wurzeln schlagen wollte auf einem Stück italienischer Erde, der „Terra" südlich der Alpen, am Gardasee. Wir also ein rustikales Landhaus kauften, eine alte Mühle in einem romantischen Tal mit einem Forellenbach. Dazu ein Grundstück, gar nicht mal so klein, das aber an den Grenzen wegen der teilweise steilen Hanglage ganz merkwürdige, zackige Formen aufwies. Wo schon ein Zaun stand, war das kein Problem. Als wir jedoch – der Ordnung halber – auch zwischen unserem kleinen Wäldchen und dem höher gelegenen Weinberg eines Bauern den Zaun ziehen wollten und ich darüber ein freundliches, nachbarschaftliches Gespräch mit dem Veroneser Landwirt begann, wurde mir angst und bange. Mir war sofort klar: Wenn ich einen Zaun wollte, müßte ich entweder einen guten Teil meines Grundstücks opfern oder ich hätte nach hochnotpeinlichen Grenzgutachten und gar jahrelangen Gerichtsprozessen zwar meinen Zaun – vielleicht – an der richtigen Stelle, aber einen grimmigen Feind als Nachbarn. Die Idee mit der Grenzmarkierung gab ich schnell auf, um nur nicht die „geheiligte Erde", weder für ihn noch für mich notwendig, anzutasten und zum ewigen Zankapfel zu machen. So leben wir in schönstem nachbarschaftlichen Frieden. Er hält die Hälfte meines Grundstücks für sein Eigentum, und ich rücke an sein Haus heran.

Ich denke daran, wie ich seit den ersten Jahren meines beruflichen Lebens in Italien immer wieder überrascht bin, welche Mühe italienische Eltern im Hinblick auf kultiviertes Eigentum für die „Sistemazione" ihrer Kinder aufwendeten. Zu dieser „Versorgung" gehört nicht nur, daß sie sich – fast mehr als die Zwanzig- und Dreißigjährigen selbst – um einen Arbeitsplatz für diese ins Zeug legen und mit dem „Curriculum" ihrer Sprößlinge hausieren gehen. „Weißt Du nicht? Kannst Du nicht?" Noch geschäftiger betreiben sie, selbst wenn sie es sich fast vom Mund absparen müssen, den Erwerb einer Eigentumswohnung für Töchter und Söhne; das hängt schließlich von ihnen ganz allein ab. Günstige Gelegenheiten für den Erwerb einer „Casa" werden da sofort unter Verwandten in der Großfamilie und unter Freunden genutzt. Eine wertvolle Wohnung gibt man nicht aus der Hand. Deshalb ist etwa der freie Wohnungsmarkt in den großen italienischen Städten sehr klein, die Preise für gute Lagen sehr hoch. Dieser Einsatz auch gar nicht so betuchter Eltern geht hin bis zur kompletten Einrichtung. Inklusive, zum Beispiel, eines giftgrünen Lackanstrichs für die Wände, ganz nach dem exklusiven Geschmack der römischen Signora-Mutter. Das machte mir einmal starken Eindruck, weil das junge Paar nach einem halben Jahr wieder geschieden war, die Eltern der Mädchen-Ehefrau in kluger Voraussicht die Wohnung aber erst einmal in ihrem Eigentum behalten hatten, inklusive des giftgrünen Lacks. Wohnungseigentum kann stärker als Gefühle sein. Zumindest in einer Großfamilie.

Ich denke daran, wie ich über die Ferien meiner italienischen Freunde und Bekannten staunte. Alle, fast alle hatten sie Eltern oder Großeltern, Onkel oder Tanten, gute oder entfernte Freunde, bei denen sie die heißen Sommerwochen verbrachten, ein paar Tage hier, ein paar Tage dort. Entweder am Meer oder in den Bergen. Bei der Geographie der Apennin-Halbinsel muß niemand dafür lange fahren. Italiener verbringen ihre Ferien immer „im Plural", immer „in gruppo" zu mehreren, stets bereit, zusammenzurücken im Ferienhaus, der eigenen Sommerwohnung eines Vertrauten. Nur einen – mit den Jahren inzwischen etwas zunehmenden – Teil der Italiener treibt es hinaus in die weite Welt. Aber an erster Stelle steht für die meisten das eigene Feriendomizil der Familie oder des Freundeskreises. Ganz egal, ob es dann so häßlich ausfällt wie etwa in den Massensilos des Olympiaortes Sestriere (im Februar) in den Turiner Alpen von Piemont. Römer, die auf sich halten, haben Cortina d' Ampezzo nach der Winterolympiade von 1956 für sich in Beschlag genommen und scheuen weder im Sommer noch im Winter die lange Fahrt in „ihren" Norden. Daß dort jetzt eine Umgehungsstraße gebaut werden soll, ist die Sache römischer Wohnungseigentümer, für und wider.

Eine eigene Wohnung, in der Stadt oder auf dem Land, „in campagna", gehört für Italiener zur Sicherung des gefährdeten Lebens. Das hielten schon die Römer der Antike so. Das setzte sich bei den Vornehmen des Mittelalters und der späteren Zeit fort, mit dem Palazzo in Rom selbst und der Villa, „außerhalb der Mauern" – so daß man im heutigen Rom etwa Palazzo und Villa Borghese, Palazzo und Villa

Doria Pamphili nicht verwechseln darf. In Rom kann man die kulturelle Entwicklung des eigenen Wohnens besonders gut sehen, dank den sorgfältigen Ausgrabungen der Archäologen. Auf dem Palatin-Hügel etwa, über dem Tiber und dem Forum Romanum, gegenüber dem Kapitolinischen Hügel, mit den Tempeln der höchsten Götter. Dort haben die Führer des römischen Volkes der Antike, die republikanischen Eliten, dann die imperatorischen Adligen, den Göttern eigene „Häuser" errichtet, zuerst kleine, dann immer größere und stattlichere Tempel. Die Götter, der Gott, die Göttin, bekamen ihre eigene Wohnstatt, wo sie verehrt werden konnten. Damit wurde Wohnungseigentum gleichsam göttlich. Nicht zufällig leitet sich die prächtigste Form des Wohnens, in einem „Palast", von eben diesem „Palatin" ab.

Diese Gedanken zu vertiefen, wollen wir den Religionshistorikern und Philosophen überlassen. Aber natürlich, Nomaden, umherziehende Jäger haben, brauchen keine eigenen Wohnungen; ihre Götter auch nicht. Im Judentum, im Christentum ist es jedoch anders. Als das Volk Israel nach langer Wanderschaft im Heiligen Land zur Ruhe kam, baute es mit der Zeit nicht nur Gebetshäuser, Synagogen, sondern auch für seinen Gott Jahwe einen prachtvollen Tempel in Jerusalem. Obwohl der Gott unsichtbar und überall war, nirgendwo festzuhalten. Aber ein eigener Tempel für ihn mußte sein. Seine überirdische, übermenschliche Allgegenwart verdichtete sich in diesem Tempel, so daß die Juden voll Inbrunst in den Psalmen beten konnten: „Wie lieblich sind Deine Wohnungen, o Herr!"

Das setzte sich im Christentum fort. In den ersten Jahrhunderten kamen die Christen in privaten Häusern zusammen, zum gemeinsamen Gebet und zur „Feier des Gedächtnisses des Herrn". Aber das war ihnen bald nicht genug. Als sie mehr Freiheit im Römischen Reich erhielten und ihren Kult öffentlich feiern durften, bauten sie Kirchen. Als frommen Versammlungsort, aber auch, damit ihr Gott zusammen mit seinen Engeln und Heiligen darin wohnen könne. So jedenfalls drücken es klar die Mosaiken der Basiliken in Rom aus. Man geht nicht zu weit, daraus zu schließen, das Recht auf eigenes Wohnen sei etwas sehr Ursprüngliches für den Menschen, eben etwas „Göttliches". Die christlichen Kirchen haben stets das Recht des Menschen auf Eigentum, zuallererst auf die eigene Hütte, das eigene Haus verteidigt. Lange bevor dieses Recht in die Gesetzesbücher der modernen Staaten eingegangen ist. Die christlichen Kirchen überall in Europa, im westlichen und im östlichen, und in der Neuen Welt der beiden Amerikas künden davon. Der liebe Gott braucht eine eigene Wohnung, und die Menschen auch. Das hat die Kirche in Italien immer gefördert. Das Eigentum war ihr immer heilig. Von sozialistischen oder kommunistischen Enteignungen hielt sie bei aller Nächstenliebe gar nichts. Sie wußte, wie wichtig Eigentum – und jenes zum Wohnen in besonderer Weise – für die Entwicklung der Persönlichkeit ist, mehr noch, für die Förderung stabiler Verhältnisse und letztlich auch der Moral.

Auch ganz profan: Eine eigene Wohnung sichert besonders in Italien auch vor den unberechenbaren Launen und sprunghaften Preiserhöhungen des Vermieters. Gesetze zum Schutz des Mieters gibt es zwar. Aber man braucht starke Nerven, um sich auf eine Auseinandersetzung, leicht auch gerichtlicher Art, mit dem Vermieter einzulassen. Die bedauernswerte Lage der „Sfrattati", der Gekündigten – das Wort allein klingt in Italien fast schon wie „obdachlos" –, wird auch politisch immer wieder zum Thema. Erst kürzlich mußte Ministerpräsident Berlusconi sich korrigieren. Es schien, als ob er allen Italienern eine eigene Wohnung versprochen hätte. Er hatte aber nur die Gekündigten gemeint; man sah sie fast schon elend auf der Straße liegen und alles Heil von der Politik erwarten.

Der Drang zum Wohnungseigentum hat in den letzten 60 Jahren, nach dem Ende des Zweiten Weltkriegs etwa, die italienischen Städte mit Macht verändert. Das fällt dem Fremden nicht sofort auf, weil er meist flugs in die historischen Zentren eilt und dort die schönen Plätze und Paläste, Kirchen und Museen bewundert. Aber um die Altstadt, in Rom und Mailand etwa, auch um die wohlgeplanten und stattlich bebauten Bürgerviertel des Königreichs Italien (von 1870 bis 1946) haben sich häßliche Siedlungen gelegt. Man kann diese private Baulust aus Notwendigkeit verstehen. Dennoch bleiben sie häßlich – höchstens in den besseren Gegenden innen großzügig – und unbequem, unpraktisch, ohne jene erforderlichen Annehmlichkeiten des modernen Lebens, die in Mitteleuropa die Bürger erfreuen. Ordentliche Verkehrsanbindungen, Grünanlagen, weite Plätze, ausreichende Parkmöglichkeiten sind nur im Ausnahmefall vorhanden. Kein Wunder. Seit den fünfziger Jahren mußte man etwa in Rom, vor allem im Osten und Süden für Zehntausende von Zuwanderern aus dem Mezzogiorno, aus Kampanien, Kalabrien, Apulien und Sizilien, einfach schnell Wohnraum schaffen.

Wohlhabende Alt- und Neu-Römer hingegen wollten rasch größere und komfortablere Wohnungen als die ihrer Eltern im „Centro storico" und bevorzugten den Norden und Westen. Die privaten Baulöwen waren einfach schneller als die Stadtplaner. So besitzen viele Römer zwar eine eigene Wohnung, erworben zu erschwinglichen Preisen. Aber die Wohnqualität des Ambientes ist häufig miserabel. Jeden Tag müssen sie den Kampf mit dem Verkehr aufnehmen. Stundenlang quälen sie sich durch verstopfte Straßen, weil die Hauptverkehrsadern schmal geblieben sind. Die privaten Bauherren haben sich um ihre Wohnungen gekümmert, aber um sonst nichts. Erst langsam, langsam kommt die öffentliche Hand der privaten Wirklichkeit hinterher, mit dem Bau von U-Bahnen, „Superstrade" (in Rom mit dem, wie es stolz heißt, längsten Stadt-Tunnel Europas), mit Parkhäusern und -flächen. Turin nutzte die Gelegenheit, bei der Vorbereitung zur Winterolympiade die Stadt in diesem Sinn zu modernisieren.

Ein großer Trost bleibt den Italienern, ob sie nun stolzer Besitzer einer Eigentumswohnung sind oder sich mit gesteigertem Interesse für den Zinssatz von Darlehen darauf vorbereiten. Diese „Mutui" spielen eine große Rolle in den persönlichen Kalkulationen und im monatlichen Haushaltsbudget. Den Wohnungen, oft klein im Innern und eng aneinandergebaut, dicht gedrängter als in Mitteleuropa, kommt immer ein großer, nicht zu großer öffentlicher Raum zu Hilfe: Die Piazza, wo man sich treffen kann, miteinander reden, Erfahrungen austauschen, die Fußballergebnisse und Frauenthemen endlos bereden kann. Oder der Markt, wo man die Einkäufe nicht stumm erledigen muß. Oder die schnelle Kaffeebar für den raschen Espresso oder den gemächlicheren Cappuccino; nirgendwo ist der Caffè so gut wie in einer italienischen „Bar", nicht einmal in den eigenen vier Wänden.

Einen versöhnlichen Ausgleich für die häßlichen Siedlungen rings um die Altstadt bilden die schönen Plätze und Straßen im Zentrum. Gerade die kleineren italienischen Städte bieten in ihrem „Centro storico" hohe Lebensqualität, gerade ohne grelle Reklame und endlose Warenhäuser und bunte Geschäfte. Da zeigt sich ein wohltuendes Gleichgewicht zwischen dem Privaten in den eigenen Wohnungen und der Verantwortung der Bessergestellten, früher der Fürsten, der Patrizier, der gediegenen Handwerks-Zünfte und reichen Händler, der Bischöfe und Ordensleute, heute moderner verantwortlicher Bürgermeister und Verwaltungen für ihre Stadt. So verbinden sich angenehm und schön, „all' italiana", Vergangenheit und Gegenwart, bereit für die Zukunft.

Adresse „Wohnungsgenossenschaft" – Erfahrungen und Perspektiven

Lutz Freitag

Wohnst du noch oder lebst du schon? lautet der eingängige Werbeslogan eines weltweit agierenden nordischen Möbelhauses. Die Wohnungswirtschaft kontert: *Wohnen ist Leben. Gut und sicher wohnen.* Wohnen ist mehr als steinerne Behausung. Wohnpolitik ersetzt Wohnungspolitik. Die Wohnung, das Umfeld und das Quartier, die Nachbarschaft sowie wohnbegleitende Dienst- und Serviceleistung – das alles macht Wohnen aus. Und die Adresse in einer Wohnungsgenossenschaft definiert sich nicht nur über die Rechts- oder Unternehmensform. Wohnen in Genossenschaften ist weit mehr. Diese Wohnform hat eine sinnliche und ideelle Komponente. Sie ist Lebensstil. Selbsthilfe, Selbstverwaltung, Selbstverantwortung – das sind die genossenschaftlichen Prinzipien. Ein dritter Weg zwischen individuellem Eigentum und Wohnen zur Miete. Genossenschaften repräsentieren bürgerschaftliches Engagement und rationale Betriebswirtschaft. Sie sind Teil der Zivilgesellschaft und Teil der Ökonomie. Wohnungsgenossenschaften verbinden persönliche Eigenverantwortung mit Solidarität innerhalb einer überschaubaren Gemeinschaft. Nach dem Prinzip der Subsidiarität leisten Wohnungsgenossenschaften viel, was der Staat so nicht oder nicht mehr leisten kann: In Erfüllung ihres genossenschaftlichen Förderzwecks für die Mitglieder. Sie erbringen jedoch nicht nur den die Genossenschaft prägenden „Member value", sondern auch einen erheblichen „Public value". Denn: Sie ermöglichen auch Haushalten mit geringerem Einkommen ein lebenslanges Wohnen im solidarischen Eigentum bei hoher Wohnqualität. Und durch die nachhaltige Wirtschaftsweise der Wohnungsgenossenschaften werden zusätzliche Vorteile für das Quartier, die Stadt, die Gesellschaft generiert.

Ralf Dahrendorf, Soziologe von Weltruf, beschreibt in seinem Buch „Auf der Suche nach einer neuen Ordnung" das Erfordernis „Konkurrenzfähigkeit zu erzielen, ohne den sozialen Zusammenhalt ... zu zerstören" (Seite 50) und vertritt die Auffassung, dass es „ihrer Natur nach solidarisierende Unternehmen" gibt (Seite 51). Damit meint er auch und gerade die genossenschaftliche Unternehmensform, die selbst in Zeiten der Globalisierung eine sozialökonomische Verankerung der Menschen gewährleistet. Sie kann ein Beitrag zur Auflösung des demokratischen Dilemmas zwischen Freiheit und Sicherheit leisten: „Die Bürgergesellschaft ist die Gesellschaft freier Assoziationen. Menschen schließen sich um ihre Interessen und Vorlieben zusammen. Der gute alte Begriff der Genossenschaft beschreibt das besser als Gesellschaft oder Gemeinschaft. Die genossenschaftlichen Bindungen sind die Lebenswelt; weil es sie gibt, ist der Staat, ist Politik nicht all-wichtig" (Seite 111).

Wohnungsgenossenschaften in Zahlen

Zum Mengengerüst: In Deutschland gibt es 2,2 Mio. Wohnungen in Genossenschaften, in denen rd. 5 Mio. Menschen also über 6 % der deutschen Bevölkerung wohnen. Der Anteil der Genossenschaftswohnungen am Gesamtwohnungsbestand von rd. 39 Mio. macht rd. 6 % aus, bezogen auf den Mietwohnungsbestand rd. 10 %. Es gibt insgesamt rd. 2.000 Wohnungsgenossenschaften mit rd. 2,9 Mio. Mitgliedern, die Geschäftsanteile im Wert von 3,3 Mrd. EURO halten. Das Investitionsvolumen der Wohnungsgenossenschaften beträgt gegenwärtig rd. 3,4 Mrd. EURO pro Jahr. Die kleinste Wohnungsgenossenschaft hat unter 10 Wohnungseinheiten, die größte über 17.000 Wohnungseinheiten, und die mitgliederstärkste Wohnungsgenossenschaft hat rund 25.000 Mitglieder.

Eine interessante Variante sind die Wohnungsgenossenschaften mit Spareinrichtungen. Davon gibt es in Deutschland 43 mit einem Gesamteinlagenbestand von 1,4 Mrd. EURO. Sie dürfen das Passivgeschäft eines Finanzierungsinstituts betreiben, unterliegen einem speziellen Regelwerk und auch der Aufsicht der Bundesanstalt für Finanzdienstleistungsaufsicht (BaFin). Sie bieten ihren Mitgliedern eine attraktive und sichere Geldanlage und haben gute Finanzierungsbedingungen für die Modernisierung und den Ausbau der genossenschaftlichen Wohnungsbestände im Interesse der Mitglieder.

Die Mitglieder- und Wohnungsbestandsentwicklung bei den Genossenschaften ist in den letzten Jahren in Westdeutschland relativ stabil, in Ostdeutschland entsprechend der Entwicklung auf den dortigen regionalen Wohnungsmärkten leicht rückläufig. Die Genossenschaften haben eine nicht unerhebliche Bedeutung für die quantitative Wohnraumversorgung in Deutschland. Aber ihre eigentliche Bedeutung geht weit über die quantitativen Relationen hinaus.

Wohnqualität bei Genossenschaften

Wohnungsgenossenschaften sind innovativ bei der Entwicklung und Realisierung von neuen Wohnformen. Sie bieten nicht nur ein lebenslanges Wohnrecht. Sie praktizieren auch Wohnmodelle für ein langes Leben. Dazu gehören spezielle Angebote für junge Menschen, Familien mit Kindern und die verschiedenen Altersgruppen der Senioren. Wohnungsgenossenschaften praktizieren in großer Vielfalt generationsübergreifendes Wohnen. Sie ergänzen das differenzierte Wohnungsangebot durch entsprechende Wohnumfeldgestaltung sowie wohnbegleitende Service- und Dienstleistungen. In einer großen Wohnungsgenossenschaft in Bielefeld gibt es von der Kita bis zum Hospiz alle Serviceangebote rund um das

Wohnen – meist in Kooperation mit qualifizierten und verlässlichen sozialen Dienstleistern. Angebote für die Freizeitgestaltung – vom gemeinsamen Nordic Walking bis zum Chi-Gong, Briefmarkentausch oder Kulturveranstaltungen – finden wieder zunehmend Anklang, vor allem, wenn sie den aktuellen Freizeittrends entsprechen und auch für ältere Menschen interessant sind. Das stabilisiert Nachbarschaften, fördert den Zusammenhalt und verhindert Konflikte im Quartier.

Das Wohnen in Genossenschaften führt zu einer überdurchschnittlichen Wohnzufriedenheit. Die durchschnittliche Mitgliedschaftsdauer liegt in Westdeutschland bei 30 Jahren und in Ostdeutschland – zeitgeschichtlich bedingt etwas kürzer – bei 21 Jahren. Diese lange Verweildauer führt zwangsläufig dazu, dass heute die Mitglieder- und Nutzerstruktur der Wohnungsgenossenschaften durch viele ältere Menschen geprägt wird. Wer ein lebenslanges Wohnrecht hat, sich in der Wohnung und im Wohnumfeld wohlfühlt und zusätzlich durch wohnbegleitende Dienstleistungen in der selbstbestimmten Lebensweise bis ins hohe Alter unterstützt wird, bleibt eben sehr lange Wohnen. So ist es kein Wunder und schon gar nicht Ausdruck einer Schwäche der Wohnform Genossenschaft, dass die Mitglieder- und Nutzerstruktur der Wohnungsgenossenschaften heute schon der Bevölkerungsstruktur Deutschlands im Jahrzehnt 2020 bis 2030 entspricht. Dies ist kurz- und mittelfristig kein Problem, wohl aber langfristig, wenn in der Zukunft viele Nutzer/innen etwa zur gleichen Zeit ihre Wohnung nicht mehr nutzen können. Daher ist eine gezielte Mitgliederwerbung junger Menschen und Familien und die Ausweitung des speziellen Wohnangebots für diese Bevölkerungsgruppen dringend erforderlich.

Herausforderungen für die Zukunft

Was sind – neben der Anpassung und Differenzierung des Wohnangebots entsprechend dem Wandel der Wohnbedarfe – weitere wichtige Herausforderungen, die es zu bewältigen gilt? Die letzte Bundesregierung hat eine Expertenkommission eingesetzt, die ein 750 Seiten umfassendes Werk mit rund 60 konkreten Handlungsempfehlungen für die zukünftige Entwicklung der Wohnungsgenossenschaften vorgelegt hat. Die neue Bundesregierung hat sich in der Koalitionsvereinbarung verpflichtet, diese Erkenntnisse und Empfehlungen weiter zur Grundlage ihrer Politik für den Bereich der Wohnungsgenossenschaften zu machen. Wichtige Empfehlungen werden bereits auf ihre Machbarkeit und die erforderlichen Umsetzungsbedingungen wissenschaftlich und praxisbezogen untersucht. In drei Aktionsfeldern werden neue Modelle genossenschaftlichen Wohnens und die Erschließung noch ungenutzter Potentiale der Wohnungsgenossenschaften im Rahmen eines Programms der Bundesregierung zum experimentellen Wohnen untersucht. Aus diesen Modellvorhaben werden sich viele Impulse für die Praxis der Wohnungsgenossenschaften ergeben und ihre Zukunftsfähigkeit weiter fördern.

Der GdW hat im Übrigen ein umfassendes Strategieprogramm zur Umsetzung der Erkenntnisse und Empfehlungen der „Expertenkommission" beschlossen, das sich in drei Handlungs- und Aufgabenfelder gliedert:

- des Staates und der Politik
- für die Verbände der Wohnungsgenossenschaften und
- die Wohnungsgenossenschaften

Eine bedeutende Aufgabe liegt darin, kleine Wohnungsgenossenschaften auf die Zukunft vorzubereiten. Mehr als die Hälfte aller Wohnungsgenossenschaften, also über 1.000 haben weniger als 500 Wohnungseinheiten. Sie sind gegenwärtig häufig noch in einer guten Situation: starke Mitgliederbindung und stabile finanzielle Lage. Aber in kleinen Wohnungsgenossenschaften sind Zukunftsrisiken, z. B. aufgrund von Stadtentwicklungs- und Stadtumbauprozessen oder Mitgliederrückgängen in Folge der Altersstruktur der Mitglieder, häufig sehr viel relevanter, weil ein Risikoausgleich in den geringen Beständen nicht möglich ist. Hier liegt eine besondere Verantwortung für die Verbände. Spezielle Beratungs- und Dienstleistungsangebote, die die Lage und Interessen der kleinen Wohnungsgenossenschaften berücksichtigen, sind notwendig. Wichtig ist vor allem: Kooperation zur Erlangung einer virtuellen Größe, die eine Größendegression bei den Kosten und die Steigerung der Leistungsfähigkeit im Angebotsbereich ermöglicht. Ein Beispiel für eine bisher besonders erfolgreiche Kooperation ist die Marketinginitiative der Wohnungsgenossenschaften, die Unternehmen mit 800.000 Genossenschaftswohnungen im Marketingauftritt unterstützt und Synergieeffekte bei der Öffentlichkeitsarbeit und Mitgliedergewinnung mobilisiert. Entscheidend ist: Die Konzepte und die Organisation der Maßnahmen werden auf der Regionalebene speziell entwickelt und auf der Bundesebene lediglich koordiniert.

Ein wichtiges Projekt ist die Einbeziehung des genossenschaftlichen Wohnens in die Altersvorsorge, und zwar möglichst als staatlich gefördertes Vorsorgeprodukt. Es geht vor allem um den Erwerb zusätzlicher Geschäftsanteile oder auch eines Dauerwohnrechts nach § 31 Wohnungseigentumsgesetz (WEG). Durch die Anlage in zusätzlichen Genossenschaftsanteilen während der Erwerbsphase aus dem – möglichst unversteuerten – Arbeitseinkommen soll Vorsorge für das genossenschaftliche Wohnen im Alter getroffen und die späteren Wohnkosten erheblich vermindert werden. Da die Wohnkosten im Alter relativ und – u. a. wegen zusätzlicher baulicher Vorkehrungen oder wohnbegleitender Dienstleistung – auch absolut steigen und weit über 30 % des Alterseinkommens ausmachen können, ist dieses Projekt sehr wichtig. Der GdW hat – gemeinsam mit den anderen Spitzenverbänden der Immobilienwirtschaft – ein konkretes Modell zur Integration der Wohnimmobilie in die staatlich geförderte Altersvorsorge entwickelt und der Politik zur Beratung überreicht („KaNaPE-Modell").

Weitere wichtige Rahmenbedingungen ergeben sich aus der Novellierung des Genossenschaftsgesetzes. Dabei wird von der Bundesregierung eine insgesamt maßvolle und vertretbare Reform angestrebt, die die vermögens- und substanzorientierten Wohnungsgenossenschaften mit ihren nachhaltigen, generationsübergreifenden Unternehmenskonzepten nicht beeinträchtigt. Gleichzeitig wird die EU-Verordnung über die Europäische Genossenschaft (SCE) in deutsches Recht umgesetzt. Sie ist eine eigenständige supranationale Rechtsform für die grenzüberschreitende Tätigkeit von Genossenschaften. Die EU strebt damit nicht die Harmonisierung des Genossenschaftsrechtes an.

Problematische Schwachpunkte der Novellierung des deutschen Genossenschaftsrechts sind vor allem Änderungen zur Vertreterversammlung, die bei den größeren Genossenschaften mit mehr als 1.500 Mitgliedern in der Regel als repräsentatives Vertretungsorgan der Mitglieder besteht. Bei diesen größeren Genossenschaften ist die regelmäßige Beteiligung möglichst vieler Mitglieder an Versammlungen leider nicht immer gewährleistet. So könnten zufällige Mehrheiten auf schlecht besuchten Mitgliederversammlungen Risiken für das wirtschaftliche Handeln und den verlässlichen Betrieb der Wohnungsgenossenschaften auslösen sowie das Gesamtinteresse aller Mitglieder und den generationsübergreifenden Vermögenserhalt vernachlässigen. Die gewählten Vertreter/innen aller Mitglieder gewährleisten dagegen eine gute Beteiligung und kontinuierliche, kompetente Wahrung des Gesamtinteresses. Der Gesetzentwurf sieht Regelungen vor, bei denen schon eine relativ geringe Zahl von Mitgliedern eine Mitgliederversammlung zur Abschaffung der Vertreterversammlung durchsetzen kann. Ähnlich kritisch zu sehen sind geplante neue gesetzliche Regelungen für die Einberufung außerordentlicher Mitglieder- und Vertreterversammlungen. Hier stehen wenig überlegte „basisdemokratische" Ansätze gegen Prinzipien der Verlässlichkeit, Berechenbarkeit und Wohnsicherheit für alle Mitglieder. Es bleibt zu hoffen, dass die Argumente des GdW gegen diese geplanten Regelungen von der Bundesregierung im Parlament berücksichtigt werden.

Zukunft durch Wandel

Die Wohnungsgenossenschaften sind ein gelungener Mittelweg zwischen Mobilität und Sicherheit. Sie entsprechen gerade den zukünftigen Wohnbedürfnissen auch junger Menschen und Familien. Ein Wohnangebot für ein langes Leben; aber gleichzeitig Möglichkeit, die Wohnung oder den Wohnort ohne erhebliche Transaktionskosten zu wechseln, wenn z. B. die Erwerbsbiografie oder die familiäre Entwicklung es erfordert. Sie bieten das sichere und gute Wohnen im solidarischen Eigentum ohne belastende Kapitalbindung. In einer Zeit, in der zunehmende Risiken in der Arbeitswelt und bei der sozialen Sicherung Verunsicherung schaffen, bieten Wohnungsgenossenschaften Wohnsicherheit. Nicht als kuscheliger Fluchtpunkt für wenige, sondern als rationales, auf Eigenverantwortung beruhendes

Geschäftsmodell. Modern und traditionsbewusst – fit für die Zukunft. Nicht durch Pflege sozialromantischen Brauchtums, sondern durch Innovation und Wandel.

Es kommt darauf an, den deutschen Wohnungsgenossenschaften einerseits ihre unternehmerische Freiheit zu sichern und andererseits ihre besondere wohnungs-wirtschaftliche Bedeutung durch entsprechende Rahmenbedingungen anzuerken-nen. Der GdW und seine Mitgliedsverbände werden die politische und gesell-schaftliche Debatte zur Zukunft der Adresse „Wohnungsgenossenschaft" aktiv und konstruktiv führen. „Der Geist der freien Genossenschaft ist der Geist der modernen Gesellschaft", so formulierte es der Genossenschaftspionier Hermann Schulze-Delitzsch. Diese Aussage hat auch heute nichts von ihrer Aktualität ein-gebüßt, und die 2.000 Wohnungsgenossenschaften in Deutschland liefern täglich den Beweis dafür: Wohnen bei Genossenschaften hat Zukunft – Wohnungsgenos-senschaften sind Zukunft.

Der Fuchs

Eckhard Fuhr

In Berlin stritt man über die Zwischennutzung der Ruine des Palastes der Republik. Da erregte ein Fuchs Aufsehen. Ihm war die Frage gleichgültig, ob dieser gespenstische Ort möglichst lange noch künstlerisch „bespielt" werden solle, oder ob damit jetzt Schluss sein müsse, weil das die Konzentration auf das Generationenprojekt der Wiedererrichtung des Stadtschlosses gefährde. Aus einem der oberen Stockwerke schaute der Fuchs am hellichten Tag auf das Treiben in der leeren Mitte der Hauptstadt. Seine eigene Mitte hatte er gefunden. Für ihn war aus dem, was von Erichs Lampenladen noch übrig ist, Malepartus geworden, die Burg, in die sich Reineke der Fabel zufolge zurückzieht zwischen den Streichen, die er seinen Mittieren spielt.

Der Fuchs vom Schlossplatz hat seine Wohnung gut gewählt. Naturromantiker, die einen Fuchs allein dort vermuten und recht aufgehoben fühlen, wo er dem Hasen gute Nacht sagen kann, mag der rotpelzige Räuber dauern, der im Lärm der Großstadt zwischen Beton und Stahlträgern sein Dasein fristen muss, ganz ohne Wald und Wiese, Heide und Moor und sprudelndes Bächlein. Sie verkennen, dass der Schlossfuchs ein Schlaraffenland zum Aufenthalt gewählt hat. Die fetten Ratten, die in den Katakomben des Palastes hausen, nähren ihn ebenso wie die Stadttauben, die sich weiter oben tummeln. Den ganzen Tag steigt ihm der verführerische Duft von Wurst- und Frittenbuden in die Nase. Und weil die Menschen, die sich dort laben, nicht immer den Teller leer essen, fällt manches für ihn ab. Er muss des Nachts nur die Abfallkörbe kontrollieren. Zum Nachtisch gibt es süßen Waffelbruch und klebrige Mohrenköpfe. Vor allem aber: Es droht ihm keine Gefahr von den Stadtmenschen. Sie stellen ihm nicht nach, haben es nicht auf seinen Balg abgesehen und müssen auch nicht ihr Geflügel vor ihm schützen. Sie finden den Fuchs „süß" und bewundern seine Keckheit. Während unter schweren Diskurssalven der Deutungskampf um die Mitte der deutschen Hauptstadt hin und her wogt, hält der Fuchs ein Mittagsschläfchen auf irgendeinem Sonnenfleck im umstrittenen Palastgerippe. Wer möchte nicht ein solcher Lebenskünstler, ein solcher Überlebenskünstler sein?

Was ist es, das die Menschen am Fuchs so sehr fasziniert, dass er in den Tierfabeln und Volkserzählungen der Antike und des Mittelalters die Hauptrolle spielt als schillernde Figur zwischen Gut und Böse, die am Ende immer heil aus allen Verwicklungen herauskommt? Selbst *Johann Wolfgang von Goethe* hat in seiner Nachdichtung des spätmittelalterlichen niederdeutschen Versepos „Reinke de Vos" dem Fuchs in zwölf Gesängen fast 4500 Hexameter gewidmet. Sein „Reineke Fuchs", 1793 geschrieben, lässt diesen uralten Stoff in einer Frische erblühen, die noch heute die Lektüre zum Vergnügen macht.

Das Besondere des Fuchses erschließt sich am besten im Vergleich mit seinem großen Vetter, dem Wolf. Die Naturgeschichte dieser beiden Vertreter der hundeartigen Raubtiere weist viele Ähnlichkeiten auf, am Ende aber doch einen radikalen Unterschied: Im Gegensatz zum Wolf wurde der Fuchs nie domestiziert. Das natürliche Verbreitungsgebiet der beiden Arten ist nahezu deckungsgleich. Es umfasst Nordamerika, Europa, weite Teile Asiens, den Norden Afrikas. Der Fuchs wurde in Australien durch den Menschen eingeschleppt. Für den Wolf gilt das in gewisser Weise auch, denn er lebt ja im Haushund genetisch weiter, den es in Australien außerdem in einer verwilderten Form, als Dingo, gibt. Für beide Arten gilt wohl ebenfalls, dass sie die Nähe des Menschen suchten, als der die Bühne der Evolution betrat. Wolf und Steinzeitmensch jagten dieselben Beutetiere. Sie folgten den großen Huftierherden der eiszeitlichen Tundren und machten einander immer wieder die Beute streitig. Der Fuchs fraß, was sie übrig ließen. Man kann sich leicht vorstellen, dass in den Horden der Eiszeitjäger Wolfs- wie auch Fuchswelpen aufgezogen wurden, zum Spielen für die Kinder oder auch zu deren jagdlicher Ertüchtigung, in jedem Fall aber als eiserne Nahrungsreserve. Für den Wolf hatte diese Intimität irgendwann dramatische Folgen. Er wurde zum Hund und geriet damit in völlige Abhängigkeit vom Menschen. Homo sapiens schuf eine neue Art, die er umformen und seinen Bedürfnissen anpassen konnte wie keine sonst. Neben der Nutzung des Feuers ist die Erschaffung des Hundes die zivilisatorische Leistung des Menschen, mit der seine Geschichte, also seine Emanzipation aus der Naturgeschichte begann.

Der Fuchs betrachtete das aus nächster Nähe und sagte sich: Damit habe ich nichts zu tun. Er tat gut daran. Den Wolf verfolgte der viehzüchtende und ackerbauende Mensch gnadenlos und brachte ihn in den europäischen Zivilisationszentren im 19. Jahrhundert an den Rand der Ausrottung. Erst heute, da sich ein sozusagen postmodernes oder postmaterielles Verhältnis zur Natur ausbildet, geben ihm die Menschen in den Wohlstandszonen wieder Gelegenheit, angestammte Lebensräume neu zu besiedeln. Auch die Füchse wurden gefangen, geschossen, erschlagen oder vergiftet, wo und wann immer man ihrer habhaft werden konnte. In den sechziger Jahren des vorigen Jahrhunderts, während des ersten großen Tollwut-Seuchenzuges in Europa, gingen die Jäger ihm auf Geheiß der Behörden mit Gas zu Leibe. Doch dieser seuchenpolizeiliche Ausrottungsversuch blieb letztlich erfolglos. Heute werden die Füchse durch Köder gegen Tollwut geimpft, was zur Folge hat, dass diese Seuche als einer der wenigen wirksamen Regulatoren der Fuchspopulation ausfällt und es heute wahrscheinlich mehr Füchse gibt als je zuvor. Immer wieder rufen die Jagdbehörden zu ihrer intensiven Bejagung auf, weil doch einmal ein Tollwutfall auftritt, weil der Fuchsbandwurm den Menschen gefährlich werden kann, weil die letzten Auerhühner oder die Gelege anderer seltener Bodenbrüter vor ihm geschützt werden müssen. Schonzeit genießt er nur in wenigen Bundesländern. Doch all das ändert nichts daran, dass die Verfolgung des Fuchses nie so intensiv, vor allem nie so ideologisch überhöht war wie die des Wolfes, gegen den die europäischen Herrscher von *Karl dem Großen* bis *Napoleon* immer wieder Krieg ausriefen. Es war ein Krieg der Christenheit gegen das Teuflische und Dämonische, ein Krieg der Zivilisation gegen die Wildnis. Der Fuchs blieb Schlachtenbummler und dem Menschen auf den Fersen. Er nutzte die Möglichkeiten, die der ihm schuf. Er ist ein Kulturfolger, der selbst in den urbanen Konglomeraten der Gegenwart nicht nur zurechtkommt, sondern regelrecht auflebt. Mehr als eine halbe Million Füchse werden in jüngster Zeit in Deutschland jährlich erlegt, so viele wie nie, seit es Jagdstatistiken gibt. Aber die hohe Jagdstrecke zeugt nur von der Robustheit der Population. Der Fuchs ist ein Allerweltstier geworden und wird selbst dem Großstädter vertraut. Über ihn lässt sich sagen: Es geht ihm gut. Auf leisen Sohlen findet er seinen Vorteil, auch wenn die Welt sich gegen ihn verschworen zu haben scheint. Und er ist dabei niemandes Untertan.

Nennen wir den Fuchs also einen Modernisierungsgewinner. Und halten wir es nicht für einen Zufall, dass *Goethe* sich just in dem weltgeschichtlichen Moment diesem Fabeltier zuwandte, da er den Aufbruch in die Moderne als tiefe allgemeine und persönliche Krise erlebte. Gerade war in Frankreich die Republik ausgerufen worden. *Goethe* hatte den schwunglos und unfähig geführten Feldzug der deutschen Fürsten gegen die französische Revolutionsarmee als Begleiter des Herzogs von Weimar erlebt und darüber den autobiografischen Bericht „Campagne in Frankreich" geschrieben. Die politische Entwicklung erregte ihn. Er erkannte, dass in Frankreich ein neuer Geist, eine neue Epoche geboren war. Doch die Gewaltsamkeit dieser Geburt schreckte ihn ab. „Die Welt erschien mir blutiger und blutdürstiger als jemals", schrieb er in der „Campagne" und fährt fort: „Aber ach aus diesem grässlichen Unheil suchte ich mich zu retten, indem ich die ganze Welt für nichtswürdig erklärte, wobei mir denn durch eine besondere Fügung ‚Reineke Fuchs' in die Hände kam. Hatte ich mich bisher an Straßen-, Markt- und Pöbelauftritten bis zum Abscheu übersättigen müssen, so war es nun wirklich erheiternd, in den Hof- und Regentenspiegel zu blicken: denn wenn auch hier das Menschengeschlecht sich in seiner ungeheuchelten Tierheit ganz natürlich vorträgt, so geht doch alles, wo nicht musterhaft, doch heiter zu, und nirgends fühlt sich der gute Humor gestört. Um nun das köstliche Werk recht innig zu genießen, begann ich alsbald eine treue Nachbildung".

Im Dezember 1792 kehrte *Goethe* nach Weimar zurück und nahm sofort die Arbeit an „Reineke Fuchs" auf. Den Stoff kannte er schon aus seiner Jugend. *Gottsched* hatte 1752 den niederdeutschen „Vos" in einer Übersetzung herausgegeben, die weite Verbreitung fand. Die Anregung für die Nachdichtung, so wird vermutet, kam von *Herder*, der sich im selben Jahr wie *Goethe* mit dem volkstümlichen Reineke-Stoff befasste. In seiner Schrift „Andenken an einige ältere deutsche Dichter" charakterisiert er diesen Stoff und dessen Hauptfigur: „Die Tiercharaktere handeln in ihrer Bestimmtheit mit der angenehmsten Abwechslung fort, und Reineke, der in einem großen Teil des Gedichts – wie Achill – in seinem Schloss Malepartius ruhig sitzet, ist und bleibt doch das Hauptrad, das alles in Bewegung bringt, in Bewegung erhält und mit seinem unübertrefflichen Fuchscharakter dem Ganzen ein immer wachsendes Interesse mitteilt. Man lieset eine Fabel der Welt, aller Berufsarten, Stände Leidenschaften und Charaktere. Alles ist mit Kunst angelegt, ohne im mindestens schwerfällig zu werden; die Leichtigkeit des Fuchscharakters half nicht nur dem Reineke, sondern auch dem Dichter aus; sie half ihm zu sinnlichen Wendungen, in einer Leichtigkeit und Anmut, die ihn bis zur letzten Zeile begleitet. Die anmutige Ruhe endlich, die in diesem Gedicht herrschet, die Unmoralität, ja sogar die Schadenfreude des Fuchses, die leider zum lustigen Gang der Welt mitgehöret, sie machen das Buch zur lehrreichsten Einkleidung eben dadurch, dass sie es über eine enge einzelne End-Moral erheben".

Man versteht jetzt leichter, warum *Goethe* sich diesen Stoff wählte, um, so könnte man salopp formulieren, Urlaub von der Weltgeschichte zu nehmen. Die „anmutige Ruhe" der Fabel versprach Rettung vor dem blutigen Pathos, in welches sich die reale Geschichte gerade steigerte. Die Kunde vom „lustigen Gang der Welt" war Balsam für die Ohren, in denen die Kanonade von Valmy noch nachdröhnte. „Ich unternahm die Arbeit, um mich das vergangene Vierteljahr von der Betrachtung der Welthändel abzuziehen, und es ist mir gelungen", schrieb er im Mai 1793 an *Friedrich Heinrich Jacobi*.

Auch wenn das Personal des Reineke-Epos die ständische Gesellschaft des ausgehenden Mittelalters spiegelt und im Zuge immer neuer Bearbeitungen des Stoffes jeweils gegenwartsbezogene Moralanwendungen in den Vordergrund traten, so bleibt doch bis heute frappierend, wie genau die einzelnen Tiere in ihrem Verhalten und ihrer Wesensart gezeichnet sind. Es mag sich darin ein uraltes, gewissermaßen vorgeschichtliches Wissen spiegeln. Dieser Gedanke drängt sich vor allem deshalb auf, weil die Beziehung zwischen Reineke, dem Fuchs, und Isegrim, dem Wolf, die bei weitem dramatischste ist. Es herrscht eine wirkliche Todfeindschaft zwischen den Verwandten, für die die Nähe zum Menschen seit dem Morgengrauen der Zivilisation so unterschiedliche Konsequenzen hatte.

Als Nobel, der König, seine Vasallen zur Pfingstversammlung ruft, führen viele Klage gegen den abwesenden Fuchs, doch das Hauptwort führt der Wolf und, ganz Opportunist, schließt sich ihm das Hündchen Wackerlos an, das auch noch französisch redet. Der König schickt Braun, den Bär, um Reineke vor die Versammlung zu zitieren. Der willigt ein, spielt aber jedem übel mit, der ihm unterwegs begegnet. Bei Gelegenheit vergeht er sich auch an der Frau des Wolfes. Der Fuchs wird zum Tode verurteilt. Schon unter dem Galgen, stimmt er den König um, indem er durch einen Bericht über einen sagenhaften Schatz dessen Habgier anstachelt. „Hochgeehrt ist Reineke nun!", heißt es am Schluss, „zur Weisheit bekehre bald sich jeder und meide das Böse, verehre die Tugend! Dieses ist der Sinn des Gesangs, in welchem der Dichter Fabel und Wahrheit gemischt, damit ihr das Böse vom Guten sondern möget und schätzen die Weisheit, damit auch die Käufer dieses Buches vom lauf der Welt sich täglich belehren".

Bevor es zu dieser treuherzigen Apotheose kommen kann, musste allerdings noch ein brutaler Zweikampf zwischen Reineke und Isegrim ausgetragen werden. Nach einigem Hin und Her gewinnt der Fuchs die Oberhand. Er hatte „zwischen die Schenkel des Gegners die andre Tatze geschoben, bei den empfindlichsten Teilen ergriff er denselben und ruckte, zerrt' ihn grausam, ich sage nicht mehr – erbärmlich zu schreien und zu heulen begann der Wolf mit offenem Munde. Reineke zog die Tatze behend aus den klemmenden Zähnen, hielt mit beiden den Wolf nun immer fester und fester, kneipt' und zog, da heulte der Wolf und schrie so gewaltig, daß er Blut zu speien begann, es brach ihm vor Schmerzen über und über der Schweiß aus den Zotten, er löste sich vor Angst…Große Pein kam über den Wolf. Er gab sich verloren. Blut rann über sein Haupt, aus seinen Augen. Er stürzte nieder betäubt. Es hätte der Fuchs des Goldes die Fülle nicht für diesen Anblick genommen, so hielt er ihn immer fest und schleppte den Wolf und zog, dass alle das Elend sahen, und kneipt' und druckt' und biss und klaute den Armen, der mit dumpfem Geheul im Staub und eigenen Unrat sich mit Zuckungen wälzte, mit ungebärdigem Wesen".

Drastischer kann man das Elend und die Schmach eines Verlierers der Geschichte kaum schildern. Und triumphaler einen Gewinner nicht in Szene setzen. Dem Gewinner fliegen die Herzen zu, „ein jeglicher wollte der Nächste neben dem Sieger sich blähen. Die einen flöteten, andre sangen, bliesen Posaunen und schlugen Pauken dazwischen". Kein Leser wird glauben, dass Reineke sich wirklich zum Tugendbold gewandelt habe. Aber dass sein realistischer Blick auf die Welt und ihre Bewohner seinen Triumph bedingten, das wird einem in dieser Geschichte lebendig und derb vor Augen geführt. Reineke ist so etwas wie ein Katalysator im moralischen Labor der Gesellschaft. In missliche Lagen geraten deren Mitglieder nie allein durch die Hinterlist des Fuchses, sondern immer auch durch eigene Schwäche, Gier oder Dummheit. Reinekes sprichwörtliche Schläue wurzelt in tiefer Welt- und Menschenkenntnis.

Eine alte Jägerweisheit besagt: „Wenn's den Fuchs trägt, trägt's auch den Jäger". Gemeint ist das Eis. Wer also beim Überqueren eines zugefrorenen Sees der Fuchsspur folgt, kann sich in Sicherheit wiegen. So mag Reineke denn auch als Botschafter einer Bausparkasse der Richtige sein. Man sollte ihn nur nicht für bieder halten.

Können sich Landschaft und Wohneigentum vertragen?

Im Prinzip nein …
… aber der Landschaftsverbrauch ließe sich wesentlich verringern!

Karl Ganser

1. Im Prinzip nein!

Jede Art von Bebauung und Siedlungstätigkeit ist ein nicht reversibler Eingriff in die Landschaft und in den Naturhaushalt.

Die in geologischen Zeiträumen ausgebildeten Bodenprofile werden zerstört. Das natürliche Verhält von Verdunstung, Versickerung und oberflächlichem Abfluss bei Regen wird gründlich verändert. Die Lebensräume von Pflanzen und Tieren werden verringert, eingeengt, zerschnitten und durch Barrieren verinselt. Das führt zu empfindlichen Störungen im höchst komplexen Biotopverbund. So untergräbt der Mensch auch seine eigenen Lebensgrundlagen.

Die Bebauung ist eine nicht kompensierbare Störung des Naturhaushaltes, diese „ewige Wahrheit" ist für die Menschen in einer Industriegesellschaft mit ihrem alles umfassenden Machbarkeitsglauben unangenehm.

Natürliche Landschaften sind nicht machbar, zumindest nicht in von Menschen datierten Zeiträumen.

Somit ist die nicht besiedelte Landschaft nicht ersetzbares Gut. Das wird auch nicht durch den Einwand abgeschwächt, dass es in der Kulturgeschichte der Menschheit immer „Landnahme" gab. Aber erst seit Eintritt in das Industriezeitalter sind die technischen und ökonomischen Möglichkeiten, Landschaften in kurzer Zeit gründlich zu verändern und zu denaturieren, so exorbitant gewachsen. Das ist eine neue Qualität im Verhältnis von Mensch und Natur.

Eingriffe in die Landschaft sind nicht ausgleichbar. Insoweit sind die Bestimmungen der Naturschutzgesetze irrig, wenn durch „Ausgleichsmaßnahmen" oder „Ausgleichsabgaben" der Eindruck erweckt wird, damit sei der Eingriff behoben oder bezahlt.

Auch der gern gebrauchte Hinweis, eine Bebauung sei doch deutlich umweltfreundlicher als eine intensive Landbewirtschaftung, ist lediglich eine Relativierung. Tatsächlich ist der Artenreichtum in manchen Siedlungsgebieten inzwischen höher als in ausgeräumten Agrarlandschaften. Aber eine nur landwirtschaftlich benutzte Fläche bildet sich schneller und leichter in einen neuen naturnahen Zustand zurück als eine besiedelte, wenn diese irgendwann sich selbst überlassen bleibt.

Im Prinzip also Nein:

Das ist die Botschaft eines nicht relativierbaren Natur- und Landschaftsschutzes.

2. Flächenverbrauch

Der Begriff „Flächenverbrauch" ist im Sinne des Natur- und Landschaftsschutzes eine zutreffende Bezeichnung. Das Areal ist für natürliche Kreislaufprozesse verbraucht. Insoweit ist der scheinbar neutrale Begriff der „Flächeninanspruchnahme" eine bürokratische Beschönigung.

Gegenwärtig und schon seit Beginn der sechziger Jahre bewegt sich der Flächenverbrauch für Siedlungszwecke in der Bundesrepublik Deutschland auf einem hohen Niveau. Obwohl die Bevölkerungszahl ab Mitte 1975 nicht mehr zunahm, dehnte sich die Siedlungsfläche mit unverminderten Wachstumsraten weiter aus. Hauptursache ist die weiter steigende personenspezifische Flächeninanspruchnahme. Bei der Wohnfläche stieg dieser Anspruch von etwa 14 m² anno 1950 auf heute annähernd 40 m² pro Person an. Dies wird allgemein als Wohlstandsvermehrung bewertet.

Allerdings geht die Ausweitung der Siedlungstätigkeit nur zum Teil auf die Entfaltung der Wohnbedürfnisse zurück. Daneben beanspruchen Gewerbe und Büros bis hin zu Einrichtungen für Einkauf und Freizeit fast ähnlich viel Siedlungsfläche.

Wohnsiedlungsflächen und gewerblich genutzte Areale zusammengenommen bedeuten zwangsläufig mehr Flächenbedarf für die innere und die äußere Erschließung sowie die gesamte Infrastruktur für Ver- und Entsorgung einschließlich sozialer Einrichtungen.

Heute lässt sich grob vereinfacht sagen: Je ein Drittel der anhaltenden Besiedlung von Flächen entfallen auf Wohnen, Gewerbe und Dienstleistungen samt Infrastruktur.

Dabei sind die Anteile der besiedelten Fläche an der Gesamtfläche bei regionaler Betrachtung sehr unterschiedlich. Das zeigt ein Blick auf Bevölkerungsdichte und Siedlungsflächenanteil in den Regionen.

Flächen zur Bebauung werden fast ausschließlich aus bislang landwirtschaftlich genutzten Flächen genommen. Der Wald dagegen ist gegen eine Besiedlung gut geschützt. Er ist beinahe tabu.

3. Flächen sparen und verdichten

Mit zunehmendem ökologischem Bewusstsein in Politik und Gesellschaft wird immer lautstärker das „Flächen sparen" propagiert.

Die Statistik zeigt allerdings bislang keine messbare Reaktion auf diesen Appell.

„Flächen sparen" wird in der Fachwelt und in der Öffentlichkeit fast ausschließlich mit „verdichtetem Wohnen" verbunden. Flächen sparende Bau- und Siedlungsweisen bei Gewerbe, bei Büros und vor allem beim Verkehr dagegen sind kein Thema, obwohl gerade hier die Verschwendung zum Teil grotesk ist.

Bei inzwischen über Jahre und Jahrzehnte hinaus rückläufiger Wohnungsbautätigkeit – und das wird bei abnehmender Bevölkerungszahl so bleiben – sind in Zukunft die größeren Einsparpotentiale bei Gewerbe und Verkehr zu vermuten.

Das allerdings ist kein Freibrief für die Fläche greifende Wohnsiedlungsweise. Die Gesamtbetrachtung des Flächenverbrauchs ist aber notwendig, um dem Wohneigentum seinen Stellenwert beim Umgang mit Fläche zuzuordnen.

Flächen sparen durch Verdichtung findet gerade beim Wohnen eine Grenze, nicht zuletzt aus ökologischen Gründen, wie gleich noch gezeigt werden wird.

Landläufig wird als Mittel gegen den Flächenverbrauch und die „Ausuferung der Stadt" der mehrgeschossige Wohnungsbau bis hin zum Hochhaus propagiert. Faktisch hat zumindest bisher der Städtebau der Moderne mit den mehrgeschossigen Wohnanlagen nicht wirklich Flächen eingespart. Was durch Stapelung der Geschossfläche im Bauwerk an unbebauter Fläche „geschont" wurde, das ging durch wertloses Abstandsgrün und Flächen fressende Erschließungsanlagen wieder verloren.

Vergleicht man demgegenüber gut gestaltete Siedlungen mit Wohneigentum, wovon es leider nur wenige gibt, dann erreichen diese, bezogen auf die Bruttosiedlungsfläche, zum Teil eine höhere Einwohnerdichte als hoch geschossige Stadtteile.

Der rationelle Umgang mit der Fläche ist also kein Grund, Wohneigentum und die zugehörigen Wohn- und Siedlungsformen zurückzudrängen.

Man kann sogar zeigen, wie mit wenigen Handgriffen bei Gewerbe- und Büro-
immobilien, im Verkehrswegebau und bei allen Erschließungsanlagen große Mengen an Siedlungsfläche eingespart werden könnten, weitaus mehr als bei einer
fragwürdigen Überverdichtung im Wohnbau.

4. Ernsthafte Regionalplanung

Der wohl wirksamste Schlüssel zur Eindämmung des übermäßigen Wachstums
bei den Siedlungsflächen ist die ernsthaft betriebene Regionalplanung.

Diese beginnt bei der realistischen Einschätzung künftigen Bedarfs. In jeder
Region wird heute ein Vielfaches dessen an Bauflächen ausgewiesen und von der
Regionalplanung auch zugelassen, was seriöse Bevölkerungs- und Arbeitsplatz-
prognosen tatsächlich verlangen.

Wirksame Regionalplanung müsste also der kommunalen Planung engere Grenzen setzen. Das Argument, jede Kommune müsse das Recht haben, mit Hilfe von
Bautätigkeit und Bauflächen im Wettbewerb um Arbeitsplätze und Einwohner zu
agieren, ist aus der Sicht nachhaltiger ökologischer und ökonomischer Entwicklung ein Übel.

Die Mehrzahl der Regionen in Deutschland verliert inzwischen Bevölkerung und
Arbeitsplätze. Aber steigende Leerstände bei gewidmeten oder erschlossenen
Gebieten oder bei bereits vorhandenen Geschossflächen haben bislang nicht dazu
geführt, das Wachstum der Siedlungsflächen einzudämmen.

Wenn Regionalplanung in Zukunft noch ernst genommen werden will, dann hat
sie die Vorreiterrolle für eine nachhaltige Entwicklung insgesamt und für den
Schutz der unbebauten Landschaft zu übernehmen.

5. Natur schonend bauen

Mit Blick auf die einleitend dargestellten unvermeidbaren Denaturierungen des
Naturhaushaltes durch Bebauung ist aber nicht nur die Frage von Interesse, ob
überhaupt gebaut wird, sondern ebenso auch die, wie gebaut wird, wenn gebaut
wird.

Oberstes Prinzip muss die naturverträgliche Rückholbarkeit jeder Art von Bebauung sein: Bautätigkeit also im Kreislauf der natürlichen Ressourcen bezogen auf
Stoffströme, Wasserhaushalt und Energie! Obwohl hier das Wissen um die technologischen Möglichkeiten weit fortgeschritten ist, besteht in der Praxis ein großes Anwendungsdefizit.

Wohneigentum bietet im Vergleich zu anderen Nutzungen und Bauherrschaften vergleichsweise günstige Voraussetzungen, um das „ökologische Bauen" im weitesten Sinn wahrzunehmen. Der große Vorteil: Investor und Nutzer sind ein und dieselbe Person. Der „Bauherr" ist an den Ort gebunden und somit eher bereit, auch örtliche Verantwortung auf lange Sicht zu übernehmen. Das vergrößert auch die Bereitschaft, Verantwortung für die Natur zu zeigen.

Die Prinzipien einer Natur schonenden Bau- und Siedlungstätigkeit sind schnell aufgezählt, aber eben nur mit einer gründlich veränderten Einstellung zu verwirklichen:

5.1 Bodenprofile

Die Bodenprofile werden am ehesten dadurch geschont, dass auf Keller oder andere Tiefgründungen grundsätzlich verzichtet wird. Das Bauwerk sollte so auf der Erde aufliegen, dass Eingriffe in den Boden oder gar Bodenaustausch überflüssig werden. Im Übrigen ist der über den Keller geschaffene Raumgewinn besonders teuer.

5.2 Regenwasser

Möglichst das gesamte auf Dächer sowie auf befestigte und unbefestigte Flächen fallende Regenwasser sollte an Ort und Stelle – häufig im Verbund mit Nachbargrundstücken – versickert werden. Um dies zu ermöglichen, sollen alle bebauten und unbebauten Flächen – insbesondere die Dächer – Regenwasser möglichst lange verzögern, zwischenspeichern und verdunsten. Auf diese Weise können der Regenwasserkanal und die Regenwassergebühr gespart werden, wodurch der größte Teil des Mehraufwandes längerfristig finanzierbar wird.

5.3 Energie

Jedes Bauwerk mit seinem Grundstück sollte sich als „Kleinkraftwerk" für Umweltenergie verstehen und zumindest so viel Energie erzeugen, dass so gut wie keine fossile Energie verbraucht wird und, so es geht, sogar ein Überschuss produziert wird. Die technologischen Möglichkeiten sind vielfältig und vom Staat hoch gefördert: Erdwärme, Grundwasser, solare Niedertemperaturwärme, Photovoltaik.

5.4 Stoffströme

So gut wie alles, was auf die Baustelle kommt, sollte aus Materialien bestehen, die problemlos dem Recycling oder der naturverträglichen Endlagerung zugeführt werden können. Man sage nicht, diese Materialien gäbe es nicht. Von weit mehr als 100 verschiedenen Baustoffen und Baustoffkomponenten, die heute beim Bau eines Wohnhauses verwendet werden, sind 90 verzichtbar oder durch kreislauffähige Materialien ersetzbar.

6. Gute Beispiele

Das zunehmende Umweltbewusstsein ab Mitte der achtziger Jahre wirkte sich auch auf die städtebauliche Anlage und die Bauweise von Wohnsiedlungen aus.

Angesichts der stagnierenden und in vielen Regionen abnehmenden Bevölkerungszahlen wurden in Wohnungspolitik und Wohnungswirtschaft die Schwerpunkte allmählich auf das „Bauen im Bestand" verlagert. In Bundesländern mit politischer Tradition im Sozialwohnungsbau entstanden auf diese Weise preiswerte Mietwohnungen im Altbau, indem mit öffentlichen Mitteln die Mieten gebunden und Belegungsrechte erworben wurden. In anderen Bundesländern dagegen lag der Akzent auf der Eigentumsbildung im Bestand auf freifinanzierter Basis mit finanzieller Unterstützung durch Steuerbegünstigung.

Bauen allgemein und Wohnbau im Bestand schont per se die Landschaft und ist darüber hinaus auch wohnungswirtschaftlich wie auch stadtökonomisch von Vorteil.

Dieser Trend zum „Bauen im Bestand" darf allerdings nicht darüber hinwegtäuschen, dass auch weiterhin die größere Wohnbauleistung im Neubau stattfand in denselben Formen wie in den Jahren zuvor.

Zwar fanden Modelle des Flächen sparenden und ökologischen Wohnbaus in dieser Zeit viel fachliche und auch öffentliche Beachtung. Viel Schule aber machten sie nicht.

Zwei unterschiedliche Typen lassen sich unterscheiden:

- Ökologisch engagierte Haushalte und Personen aus der oberen Mittelschicht schlossen sich zu Gruppenbauweisen zusammen, um gemeinsam zu bauen und zu siedeln. Diese Gruppen strebten nicht nur eine andere Siedlungs- und Bauweise an. Sie waren darüber hinaus auch an einer stabilen guten Nachbarschaft mit vielfältigen sozialen Beziehungen interessiert. An diesem Beispiel lässt sich zeigen, dass Landschaftsverbrauch und ökologische Belastung durch Bautätigkeit in erheblichem Umfang zu reduzieren sind.

- Daneben wurde die staatliche Wohnungsbauförderung aktiv mit Modellvorhaben, indem die Fördermittel an städtebauliche Pläne und an Bauweisen mit besserer ökologischer Bilanz gebunden wurden. Bekannt sind in diesem Zusammenhang die Siedlungsmodelle der obersten Baubehörde in Bayern.

Als Sonderfall mit gleicher Zielrichtung ist die Wohnbautätigkeit innerhalb der Internationalen Bauausstellung Emscher Park zu betrachten. Dort wurden in den Jahren 1989 bis 1999 etwa 2000 Wohneinheiten – Mietwohnungen und Eigentümerwohnungen – mit ökologischem und zugleich sozialem Anspruch erstellt. Hier wurde die Tradition der Werks- und Arbeitersiedlungen, verbunden mit Anleihen aus der Gartenstadtbewegung, neu interpretiert und in zeitgemäße Formensprache gebracht.

Einige wenige Erfahrungen sind es wert, festgehalten zu werden:

1. Die Landschaft schonende und ökologische Bauweise steht und fällt mit dem städtebaulichen Entwurf. Um diesen zu optimieren, ist es ratsam, in alternativen Planverfahren zu arbeiten: also in Wettbewerben oder in wettbewerbsähnlichen Formen. Dabei wird nicht nur der bessere Entwurf, sondern auch der Architekt mit einer ökologischer Gesamtverantwortung gesucht.

2. Ohne den Bauherrn mit ökologischem Bewusstsein geht es auf keinen Fall. Bei Gemeinschaftsbauprojekten mit Haushalten und Personen, die sich als ökologisch engagierte Initiative zusammengefunden haben, ist ein solcher Bauherr im Prinzip gegeben. Aber ohne die Führung und die Moderation durch einen erfahrenen Architekten geht es nicht.
   Bei Wohnungsunternehmen ist die Voraussetzung für den ökologisch motivierten Bauherrn zumeist nicht oder nicht ohne weiteres gegeben. Daher bedarf es der Anreize von Außen, sei es durch staatliche Wohnbauförderungsprogramme, gekoppelt mit so genannten Modellvorhaben, oder durch bürgerschaftliche Aktivitäten oder getragen von engagierten Stadtplanern und Architekten.
   Für die ökologische Bauweise ist es ratsam, von Anfang an Mindeststandards für die Material- und Energiebilanz zu definieren und über ein externes Controlling sicherzustellen, dass diese in allen Bauphasen angestrebt und eingehalten werden.

Wie gesagt, der guten Beispiele gegen Ende des vergangenen Jahrhunderts gibt es viele. Doch gemessen an der gesamten Wohnungsbauleistung in der Bundesrepublik Deutschland sind diese mit einem Anteil von wenigen Prozenten vertreten, sozusagen eben nur der Tropfen auf dem heißen Stein.

7. Zwischenbilanz

Nach den bisherigen Betrachtungen bleibt festzuhalten: Weder auf der planerischen Ebene noch in der Ausgestaltung der Bauwerke wurden in der Vergangenheit die Potentiale ausgeschöpft, freie Landschaft zu schonen und das Bauen in kreislauffähige Form zu überführen.

8. Rückbau-Zeitalter

Das Wendewachstum Anfang der neunziger Jahre hat die zuvor entstandene nachdenkliche Phase im Planen und im Bauen jäh unterbrochen.

„Hurra, wir wachsen wieder!" hieß es da. Flugs folgte der Rückfall in die Landschaft fressende Erschließung und Bebauung der früheren Wachstumsjahre.

In völliger Verkennung des vorübergehenden Charakters des plötzlichen Bevölkerungsschubes wurde in dieser Zeit allerorten am Bedarf vorbei gebaut, vor allem im Mietwohnungsbau, aber auch im Angebot an eigen genutzten Häusern.

Danach dauerte es viele Jahre, um im allgemeinen Bewusstsein und in den politischen Programmen wieder an die Situation Mitte der achtziger Jahre anzuknüpfen: Priorität für den Wohnbau und die Eigentumsbildung im Bestand; Flächen sparende und ökologische Bauweise im Neubau; Bekämpfung der übermäßigen Baulandausweisung; prioritäre Nutzung von bereits besiedelten Flächen unter der Vokabel „Konversion".

Gegenwart und Zukunft sind in ganz Europa vom allmählichen Übergang in ein Zeitalter des Rückbaus bestimmt.

Da bis auf weiteres weniger Wachstumsregionen mehr schrumpfenden Regionen gegenüber stehen, ist es schwer, einen generellen gesellschaftlichen Konsens zu diesem Thema zu finden. Rückbau ist etwas, was in unserer Region nicht ansteht, auch nicht sein wird: Das ist die gängige Illusion auch dort, wo es eine Weile noch Wachstum gibt.

Damit werden die offenkundigen Zeichen eines sich einschleichenden Rückbauprozesses erst einmal unbewusst oder bewusst übersehen.

Und doch ist es so, dass auch in noch wachsenden Regionen mit jedem Neubau von Wohnfläche unerkannt Entleerung an anderer Stelle verursacht wird. Das ist so in den kleinen Dörfern, wo in den alten Dorfkernen immer mehr Bauernhäuser leer stehen, am Rande des Dorfes aber immer weiter Eigenheime gebaut werden.

Das ist auch so in größeren Städten, wo die bauliche Entwicklung am Rande der Agglomeration weiter voran schreitet, obwohl es genügend innen liegende Konversionsflächen gibt, für deren Auffüllung dann die notwendige Nachfrage ausbleibt oder geschmälert wird.

Das ist selbst so in den Regionen, in denen die Leerstandsphänomene längst unübersehbar sind, die kommunale Entwicklungsstrategie aber dem Einwohnerschwund mit neuer Baulandausweisung mit Verbissenheit entgegenwirken will.

Die realen Märkte entwickeln sich allerdings nach eigenen Regeln. So werden entgegen den planerischen Vorstellungen gleichsam wildwüchsig Neubaugebiete, Entleerungsgebiete, Abrissstandorte und nicht reaktivierbare Altsiedlungsflächen nebeneinander und zeitgleich entstehen. Dafür gerät der Begriff der perforierten Stadt in den Sprachgebrauch, Das ist eine zutreffende Beschreibung der Realität, aber keine planerische Perspektive.

9. Fazit

Schon in der jüngeren Vergangenheit wäre es unschwer möglich gewesen, den grundsätzlich nicht vermeidbaren Landschaftsverbrauch durch vorsichtige Planung und naturverträgliche Bauweise deutlich zu vermindern. Gerade das selbst genutzte Wohnen hätte dafür beste Voraussetzungen geboten, da hier Bauherr und Nutzer in einer Person zusammenfallen, es also kein gegenläufiges Kalkül zwischen Investor, Käufer und Mieter gibt.

Jetzt da der Übergang in ein generelles Rückbauzeitalter ansteht, sollte es möglich sein, die Siedlungsfläche zumindest in der regionalen Bilanz konstant zu halten, was meint: Es kommt nur so viel an erstmals besiedelter freier Landschaft hinzu, wie an anderer Stelle durch Rückgabe von bereits besiedelten Flächen an die Natur entsteht. Daneben sollte die Bauweise generell so gewählt werden, dass Gebäude am Ende ihrer Nutzungszeit problemlos in den Stoffkreislauf der Natur wieder eingefügt werden können. Beide Vorgaben sind bei vorhandener Einsicht nicht schwer zu erfüllen. Beide Vorgaben bedürfen allerdings der öffentlich-rechtlichen Rahmensetzung durch Planung und Bauvorschriften. Entscheidend aber bleibt, dass die Bauherren, Einzelbauherren und Investoren, erkennen, wie vorteilhaft Planen und Bauen im Einklang mit Landschaft und Natur ist.

Fernsehen und Familie – schweres Management

Petra Gerster

Im Leben jeder Familie kommt einmal der Zeitpunkt, da die Kinder das Haus verlassen und versuchen, auf eigenen Füßen zu stehen. Die Eltern fragen sich sorgenvoll: Werden sie da draußen bestehen? Werden sie ihr Leben meistern? Wegen dieser Ungewissheit versuchen Eltern, ihren Kindern jenes Rüstzeug mit ins Leben zu geben, das sie brauchen, um zu bestehen.

Worin aber besteht dieses Rüstzeug? Was ist das Wichtigste? Worauf kommt es an? Das ist die Schlüsselfrage jeder Erziehung, der Kern jeder Debatte über Bildungsziele und der Frage nach der besten Ausbildung. Die Antworten füllen Bibliotheken. Die Fülle dieser Antworten hier auch nur ansatzweise auszubreiten, würde jeglichen Rahmen sprengen.

Daher konzentriere ich mich auf eine unterschätzte Teil-Antwort, und die lautet: Zu den wichtigsten Dingen, die Eltern einem Kind mit auf dem Weg ins Leben geben können, gehört eine gute Sprache, denn die Grenze meiner Sprache ist die Grenze meiner Welt.

Je größer mein aktiver und passiver Wortschatz, je nuancierter mein Sprachvermögen, je differenzierter und komplexer meine Begrifflichkeit, desto besser verstehe ich diese komplizierte Welt, desto besser finde ich mich in ihr zurecht, desto kritischer kann ich ihr widerstehen, desto mehr Leistung kann ich bringen, desto besser bin ich befähigt, diese Welt mitzugestalten. Darum ist eine gut entwickelte Sprache eine der wichtigsten Voraussetzungen für alles Weitere, damit beginnt die „freie Entfaltung der Persönlichkeit", die das Grundgesetz verspricht.

Aber ausgerechnet bei dem, was man wie von selber lernt, nämlich die eigene Muttersprache, hapert es neuerdings in unserem Land. Ärzte, Psychologen, Logopäden, aber auch Lehrer und Vorschul-Erzieher beobachten übereinstimmend bei einer wachsenden Zahl von Kindern ernste Störungen der Sprachentwicklung.

Nach neueren Studien weisen 20 bis 22 Prozent der sechs- bis siebenjährigen Kinder medizinisch relevante Sprachentwicklungsstörungen auf. Aus früheren Untersuchungen an Kindern im Alter von dreieinhalb bis vier Jahren wissen wir, dass die Zahl der sprachauffälligen Kinder dieser Altersgruppe innerhalb der zurückliegenden zehn Jahre von circa vier auf circa 24 Prozent angestiegen ist.

Es waren die zehn Jahre, in denen bei Bildungsdebatten besonders von der Wirtschaft die Forderung erhoben wurde: Schulen ans Netz, jedem Kind einen Laptop. Medienkompetenz sei die wichtigste Schlüsselqualifikation der Zukunft, darum müssten Kinder schon möglichst früh die neuen medialen Kulturtechniken erlernen, so hieß es frohen Mutes ohne viel Bedacht.

Inzwischen aber steigen Zweifel auf, bei immer mehr Verantwortlichen. Sie beginnen zu begreifen: Über Medienkompetenz verfügt nicht, wer im Internet eine Bestellung beim Otto-Versand aufgeben kann. Über Computerkompetenz verfügt nicht, wer sich durchs Meer der Websites klicken kann. Und wer täglich stundenlang am Computer daddelt, ist das Gegenteil von medienkompetent. Über Medienkompetenz verfügt, wer seine Medien kritisch sichten, auswählen und beurteilen kann.

Dazu braucht es zunächst überhaupt keine Medien, sondern zuvörderst ein warmes Nest, in dem Kinder sich geborgen fühlen, mindestens einen Menschen, der sie bedingungslos liebt und annimmt, der ihnen Geschichten erzählt, ihnen vorliest, ihren natürlichen Wissensdurst stillt, indem er ihre tausend Fragen beantwortet und gleichzeitig ihre Neugier immer wieder neu weckt und nährt.

Kinder, die so einen Menschen haben, erwerben die vier für die Informationsgesellschaft wichtigsten Schlüsselqualifikationen wie von selbst: Sprachkompetenz, emotionale Intelligenz, soziale Intelligenz und ein Weltwissen, das so etwas wie Computer- und Medienkompetenz mit einschließt, aber in Wahrheit viel mehr umfasst.

Die Personalchefs großer Unternehmen haben inzwischen entdeckt, dass soziale und emotionale Intelligenz Qualifikationsmerkmale für Führungspositionen sind. Beispiele für solche Merkmale sind die Fähigkeit, seine Gefühle zu erkennen und in richtige Entscheidungen umzusetzen, die Fähigkeit, sich trotz andauernder Fehlschläge zu motivieren, die Fähigkeit, zumindest vorübergehend Verzicht zu leisten und schließlich die Fähigkeit, sich in andere Menschen hineinzuversetzen.

Und wo lernt man das alles? Lange vorm Kindergarten und vor der Schule ist die Familie zu Hause der erste Ort der Bildung. Und bleibt es auch, wenn die Kinder in die Schule gehen. Was in der Familie versäumt wird, können unsere Schulen, so wie sie derzeit sind, nur schwer oder gar nicht gut machen.

Aus der Tatsache, dass es vor allem auf die Sprache ankommt, beziehen Kinderreime, Abzählverse, Lieder, Schüttelreime und Sprachspiele ihren tiefen Sinn. Deshalb sind Gedichte wichtiger als Computerspiele. Deshalb ist es geradezu lebenswichtig, den Kindern abends am Bett vorzulesen. Hier, bei den Gute-Nacht-Geschichten, bei denen sich das Kind in die Geschichte anderer Menschen einfühlt, entsteht so etwas wie Empathie, woraus sich später emotionale und soziale Intelligenz entwickelt.

Und das kindliche Gehirn wird für den Spracherwerb trainiert. Das Kind muss sich das Gehörte vorstellen, sich an Gehörtes erinnern, will raten, wie es weitergeht, muss selber den roten Faden einer Geschichte herstellen – und wird so auf das spätere Lesen vorbereitet. Und erst durchs Lesen eignen wir uns die Welt an.

Zwischen dem sechsten und dem vierzehnten Lebensjahr entscheidet sich, ob aus einem Kind ein Leser wird. Wenn während dieser Zeit keine Leselust geweckt wird, wird diese Lust mit hoher Wahrscheinlichkeit nie mehr kommen. Und wer Lesen als Last statt als Lust empfindet, wird in unserer hochentwickelten Wissens- und Informationsgesellschaft ein Leben lang Schwierigkeiten haben: mit sich, mit anderen, mit dem Rest der Welt.

Die Tatsache, dass eine so große Zahl von Kindern Sprachprobleme haben, deutet darauf hin, dass einiges schief läuft in der Familie und der Gesellschaft. Was da alles schief läuft, wird gegenwärtig erforscht. Aber eines lässt sich schon jetzt mit hoher Sicherheit sagen: Einer der größten Feinde der Bildung und Erziehung ist das Fernsehgerät. Immer mehr Kinder sitzen immer länger vor dem Fernseher. Eine große Zahl verbringt vorm Fernseher mehr Zeit als in der Schule. Dazu kommen noch das Gedaddel vor dem Computer und das Zeitvertun mit Gameboys und Videospielkonsolen.

Kinder, die vor den Monitoren verstummen, üben sich nicht im Sprechen. Kinder, die vor den Monitoren erstarren, bewegen sich nicht. Kinder, die vor den Monitoren erstarren und verstummen, stopfen sich voll mit Chips, Pommes Frites, zuckriger Cola und Pizza. Sie verfetten und werden krank.

Und in der Schule kommen sie nicht mit. Nach jüngsten Erhebungen des Kriminologischen Forschungsinstituts Niedersachsen (KfN) zum Thema „Medienverwahrlosung als Ursache von Schulversagen und Jugendkriminalität" fallen Schüler mit einem hohen Konsum an Fernsehen, Videos und Computerspielen durch eklatante Leistungseinbrüche in der Schule auf.

Solche Studien werden gestützt von neuen Forschungserkenntnissen der Hirnforschung über den Zusammenhang von Medienkonsum und Lernverhalten, die der Leiter des Leibniz-Instituts für Neurobiologie in Magdeburg, Prof. *Henning Scheich*, in der ZDF-Sendung „Frontal 21" darlegte. Demnach kann sich das in der Schule Gelernte dann nicht im Gehirn festsetzen, wenn es von den Fernseh- und Videobildern der Computerspiele, die in den gleichen Gehirnarealen landen wie der Schulstoff, ständig überlagert wird. Was vormittags in der Schule gelernt wird,

wird nachmittags durch Fernsehen und Computer übertönt und quasi wieder gelöscht.

Die Deutlichkeit dieses Zusammenhangs zwischen überbordendem Medienkonsum und der Bildung lässt sich bereits an der Statistik ablesen. Wesentlich mehr Jungen als Mädchen sitzen vor diversen Monitoren. Und wesentlich mehr Jungen als Mädchen haben Schwierigkeiten in der Schule.

Bei einem Drittel der Mädchen, aber bei fast der Hälfte der Jungen steht ein eigener Fernseher im Zimmer. Knapp 40 Prozent der Jungen besitzen eine eigene Spielkonsole, im Gegensatz zu gerade einmal 16 Prozent ihrer Altersgenossinnen. Fast jeder zweite Junge im Alter von zehn Jahren verfügt über die ganze Palette von Fernsehgerät, Computer, PlayStation und DVD-Recorder im eigenen Kinderzimmer.

Diese Tatsachen zeigen sich an der massiven Auseinanderentwicklung der Schulleistungen bei Jungen und Mädchen in den vergangenen zehn Jahren. So hat sich das Verhältnis der Schulabbrecher zwischen Jungen und Mädchen von 52 Prozent zu 48 Prozent im Jahr 1990 auf 64 Prozent zu 36 Prozent entwickelt. Auch bei den Weiterempfehlungen für höhere Schulen, dem Sitzen bleiben und dem Schuleschwänzen geht die statistische Schere zwischen Mädchen und Jungen signifikant auseinander.

Angesichts solch dramatischer Entwicklungen und Zusammenhänge stellt sich natürlich jedem Elternpaar die Frage: Soll man Computer, PlayStation und Fernseher auf den Müll werfen oder gar nicht erst anschaffen? Eine Minderheit von Eltern tut das. Ich verstehe das, aber richtig finde ich es nicht. Medien gehören zu unserem Leben. Deshalb müssen Kinder lernen, vernünftigen Gebrauch davon zu machen. Das zeitweilige Herumsitzen vor diversen Monitoren schadet nicht, wenn die Eltern dafür sorgen, dass ihre Kinder Sport treiben, musizieren, mit Freunden spielen, malen, gestalten und regelmäßig lesen. Denn wenn wir hier von Sprache reden, darf man nicht vergessen, dass auch Kunst, Sport, Musik und Tanz Ausdrucksmöglichkeiten des Menschen, also „Sprachen" sind.

Gerade die Wichtigkeit von Sport und Musik möchte ich an zwei Beispielen näher erläutern:

In Bad Homburg gibt es eine Schule, an der die Kinder jeden Tag eine Stunde Sportunterricht haben. Und zwar zu Lasten der kognitiven Fächer. Dennoch sind die Schüler dieser Schule in den kognitiven Fächern im Durchschnitt besser als die Schüler, die mehr kognitiven Unterricht haben. Und nicht nur das. An dieser Schule in Bad Homburg gibt es signifikant weniger Pöbeleien, Aggressionen und Unfälle.

Ist ja auch logisch. Sport bringt Sauerstoff ins Gehirn und fördert die Konzentration, also lernt man besser, leichter und ausdauernder. Beim Sport kann man sich ausarbeiten, kann Dampf ablassen, und das macht friedlicher. Der Sport baut Muskeln auf, und wenn man fällt, hat man genug Kraft, sich abzufedern. Man verfügt über genug Körperbeherrschung, um geschickt zu fallen. Die anderen, die das nicht haben, brechen sich den Arm.

Außerdem lernt, wer einen bestimmten Sport betreibt, nicht nur diese Sportart, sondern quasi nebenbei, ohne es zu merken, noch viele andere Dinge. Dass man Selbstdisziplin braucht, um im Sport Erfolg zu haben. Dass man in der Mannschaft mehr erreicht, wenn man auf die anderen achtet, mit ihnen zusammenwirkt. Man lernt Kameradschaft und Teamgeist, und man lernt, dass Regeln gelten und Regelverstöße geahndet werden.

Kinder ziehen viel Selbstbewusstsein aus sportlichen und körperlichen Leistungen, Geschicklichkeit und Kraft. Darum macht der Sport die Kinder nicht nur körperlich stark.

Ähnliche Erfahrungen wie mit dem Sport – und das ist mein zweites Beispiel – machen wir mit der Musik. Kinder, die mehr Musikunterricht haben, und zwar zu Lasten der kognitiven Fächer, bringen in den kognitiven Fächern bessere Leistungen als jene, die keine Musik machen und stattdessen mehr kognitiven Unterricht haben.

Auch das überrascht nicht. Beim Musizieren, so weiß man, werden Gehörsinn, Motorik, Körperwahrnehmung und Hirnzentren, die Emotionen verarbeiten, gleichzeitig beansprucht. Dieses Dauertraining verändert das Gehirn dauerhaft, und zwar so, dass es leistungsfähiger wird.

Und es hat noch mehr Folgen. Man hat beobachtet, dass bei den Kindern mit musikbetontem Unterricht die soziale Kompetenz viel ausgeprägter ist. Es gibt in den Klassen weniger ausgegrenzte Schüler. Musikerziehung fördert ein emotional positiv aufgeladenes Klassenklima. Die Lehrer haben auch beobachtet, dass Schulvandalismus und Aggressionspotenziale zurückgehen und die Kinder in der Pause anders miteinander umgehen. Musik führt Menschen zusammen. Im Ensemblespiel sind sie aufeinander angewiesen, müssen aufeinander hören, um etwas Gemeinsames zu schaffen.

Musik-Kinder schneiden bei Intelligenztests stets etwas besser ab als die Nichtmusiker. Besonders gut entwickeln sich Ausdauer, die Fähigkeit zum abstrakten Denken, Leistungsbereitschaft und Konzentration. Das gilt auch und gerade für Kinder aus sozial schwachen Familien.

Eigentlich ist es also gar nicht so schwer, unsere Bildungsmisere zu lösen. Man hole die Kinder weg von ihren Monitoren, spreche mit ihnen, lese ihnen vor, drücke ihnen Bücher in die Hand, schicke sie hinaus in die frische Luft, auf den Sportplatz und in den Musiksaal – und die nächsten PISA-Ergebnisse werden signifikant besser. Tun wir's doch einfach.

Mittelstand und schrumpfende Stadt

Dankwart Guratzsch

Ein Prozess des großen Stadtumbaus wird in den nächsten Jahrzehnten die städtische Landschaft in Deutschland umwälzen. Wie aber kann sich das mittelständische private Eigentum dem Griff der großen Unternehmen des Wohnungsmarktes und des Handels entziehen? Das Nachdenken darüber hat noch nicht begonnen. Rezepte gibt es nicht.

Der Stadtumbau, zuerst im Osten, inzwischen auch im Westen zum Regierungsprogramm erhoben, ist Reaktion auf dramatische Bevölkerungsverschiebungen, die längst im Gang sind. Die deutsche Bevölkerung schrumpft. Nach Prognosen, wie sie der Direktor des Deutschen Instituts für Urbanistik, *Albrecht Göschel*, vertritt, ist mit einem Bevölkerungsschwund von 82 auf 25 Millionen bis zum Jahrhundertende zu rechnen. Zahlreiche Städte werden von der Landkarte verschwinden. In anderen werden sich die Bevölkerungsmehrheiten umkehren. Städte mit uralten christlichen Kirchen und abendländischer Prägung werden zu Kommunen mit muslimischen Einwohnermehrheiten und völlig veränderten Einkaufs-, Wohn- und Lebensgewohnheiten.

Es ist nur ein Vorbeben der kommenden Geschehnisse, dass sich schon jetzt regional Wohnungsleerstände von nie gekanntem Ausmaß ergeben. In Ostdeutschland stehen 1,3 Millionen Wohnungen leer. Aber auch westdeutsche Großstädte wie Essen müssen bei einem prognostizierten Bevölkerungsschwund von 11,5 Prozent bereits 2015 mit Leerständen in der Größenordnung von einigen zehntausend Wohnungen rechnen. Dass dies auch Auswirkungen auf die Eigentumsstruktur haben wird, liegt auf der Hand. Es ist bis heute nicht analysiert.

Ehe hier zumindest einige Eckpunkte der Entwicklung hervorgehoben werden können, noch ein Hinweis auf den Wandel der Handelsstrukturen. Der Vormarsch der Einkaufscenter in die Kernzonen der Städte hat die Situation des innerstädtischen Einzelhandels kaum entspannt. Was dabei ebenfalls wenig beachtet worden ist, sind die Folgewirkungen auf Stadtstruktur und Stadterhaltung. Die Krise des selbständigen mittelständischen Einzelhandels betrifft das Strukturgewebe des klassischen Typus der europäischen Stadt unmittelbar. Sie führt zur Aushöhlung der bisherigen Existenzbedingungen dieses Stadtorganismus und verbindet sich mit dem Bevölkerungsschwund. Ganze Lebensbereiche des Städtischen werden wegbrechen.

Auswirkungen des Bevölkerungsschwundes und Folgen der Konzentration des Einzelhandels – beides steht im Zusammenhang und bedarf der Erläuterung.

Die klassische europäische Stadt gründet sich auf eine ausgeprägte, stabile mittelständische Struktur. Einer ihrer Pfeiler ist privater Haus- und Wohnungsbesitz, gekoppelt mit mittelständischen Gewerben und Handelsstrukturen. Ökonomisch gesehen, ist es nicht das Großbürgertum, aber auch nicht die Arbeiterklasse, die diesen Typus von Stadt trägt und dominiert, sondern der selbständige, lokal und regional verankerte Mittelstand, der sich in dieser Rolle allerdings durch die großen kommunalen Gesellschaften der Wohnungsversorgung sowie durch überregional und international tätige Großunternehmen, Handelsketten, Filialisten, Renten- und Kapitalanlagefonds bedrängt sieht. Das Überdauern des mittelständischen Fundaments dieser Eigentumsstruktur speziell in den Wohngebieten ist für das Überleben des Typus europäische Stadt grundlegend. Dass es gesichert werden kann, hängt weniger von Marktprozessen als vielmehr von politischen Entscheidungen ab.

Die existentielle Bedeutung der Eigentumsstruktur für die europäische Stadt hat sich in der historischen Episode der DDR erwiesen. Der Verfall der mitteldeutschen Städte war nicht, wie oft behauptet, die Folge der prekären Wirtschaftslage dieses Staates, sondern Ergebnis der systematischen Vernichtung des selbständigen Mittelstandes. Der private Haus- und Grundbesitz und mit ihm die bürgerliche Kultur sollten mit Stumpf und Stiel beseitigt werden. Diesem Ziel dienten die Zwangskollektivierung (bis 1960) und Aufgabenbeschränkung des Handwerks auf Reparatur- und Dienstleistungen, die weitgehende Ausschaltung des privaten Einzelhandels (bereits 1973 betrug sein Anteil am Binnenhandel der DDR einschließlich Gaststättengewerbe nur noch acht Prozent) sowie die Entrechtung des privaten Haus- und Grundbesitzes bis hin zum Verbot von Mieterhöhungen, Verweigerung von Reparaturmaßnahmen und Zwangseinweisung von Mietern.

Das gesamte Städte- und Wohnungsbauprogramm der DDR war auf schleichende Enteignung der Haus- und Grundbesitzer ausgerichtet. Um die Expropriation flächenhaft betreiben zu können, wurden Aufbaugesetze erlassen. Als städtebauliches Leitziel wurde die „sozialistische Stadt" propagiert.

Im Zuge des Programms zur Lösung der Wohnungsfrage sollten bis 1990 2,8–3 Millionen Wohnungen in Plattenbausiedlungen neu entstehen. Dabei beschränkte sich das staatliche Interesse keineswegs auf die Unterbringung von Wohnungssuchenden. Mit der Konzentration auf Großsiedlungen mit für DDR-Verhältnisse moderner Ausstattung verband sich die Zielsetzung, die Existenzgrundlage von sanierungsbedürftigen Altbauten im Privatbesitz dauerhaft einzuschränken. In dieser Hinsicht war dem Konstrukt „Sozialistische Stadt" voller Erfolg beschieden. Um den sich flächenhaft ausbreitenden Leerständen und der Überschuldung zu entgehen, gaben viele Haus- und Grundbesitzer auf und mussten einwilligen, dass ihre Grundstücke unter Verrechnung von angeblich bereits entstandenen Verbindlichkeiten entschädigungslos in „Volkseigentum" übergingen. Ein weiterer erwünschter Nebeneffekt des sozialistischen Wohnungsbaus war der damit verbundene Umbau der gesamten Bauwirtschaft. Die hier angewandte industrielle Fertigung bewirkte plangemäß, dass sich die Bauwirtschaft von einem Handwerkszweig in einen Wirtschaftsbereich der zentral gelenkten industriellen Massenproduktion wandelte und damit dem Zugriff von Privateigentümern entzogen wurde.

Summarisch lässt sich sagen, dass Städtebau bis in die letzten Tage der DDR als Instrument der Gesellschaftspolitik gehandhabt wurde und erst in zweiter Linie dem Zweck diente, annehmbare Wohnverhältnisse zu schaffen. Wie im Laborversuch zeigen die Ergebnisse dieser Baupolitik, dass die Stadt europäischer Prägung solche Untergrabung und Ausschaltung ihrer Eigentumsstrukturen nicht übersteht. Am Ende der SED-Herrschaft waren ganze Altstädte zu Ruinenlandschaften verfallen und samt angrenzenden Stadtteilen für den Totalabriss und die Neubebauung vorgesehen. Der Widerstand gegen die drohende Vernichtung von Heimat und Identität wurde zu einem der entscheidenden Auslöser der revolutionären Ereignisse vom Herbst 1989.

Vor diesem geschichtlichen Hintergrund erweisen die aktuellen Entwicklungen in Gesellschaft und Wirtschaft des vereinigten Deutschland beunruhigende Dramatik. Denn die überraschende Beobachtung ist es ja, dass die Strukturen, die unter den Vorzeichen dieser Politik im Osten Deutschlands geschaffen worden sind, weiterleben und den privaten Haus- und Grundbesitz erneut bedrohen. Beim Leerstand von Millionen Wohnungen werden die Eigentümer der Großsiedlungen – also Wohnungsgesellschaften und neuerdings Fonds – zu direkten Konkurrenten des mittelständischen Haus- und Grundbesitzes. Je länger es ihnen gelingt, sich dem flächenhaften Rückbau zu entziehen, desto schneller ist bei rasch abnehmender Bevölkerung das Schicksal dieser mittelständischen Strukturen und damit der Altstädte besiegelt.

Diese Entwicklung kam ohne größeres öffentliches Aufsehen in Gang. Denn die Wohnungsgesellschaften haben mächtige Verbündete in Gestalt der Kommunen, die überwiegend (noch) ihre Eigentümer sind. Und sie gewinnen neue, indem ganze Pakete von Wohnungen und Wohnungsgesellschaften an zumeist ausländische, damit aber den Stadtentwicklungszielen auf keine Weise verbundene und verpflichtete Anleger veräußert werden. Wie sich jetzt schon zeigt, führt dieser Wandel in den Eigentumsverhältnissen, der kurzfristig Geld in die leeren kommunalen Kassen bringt, zur Verschärfung der Konkurrenz auf den Wohnungsmärkten, die gänzlich zu Lasten des mittelständischen Haus- und Grundbesitzes geht.

Bei der renditeorientierten Verwaltung der Großsiedlungen wird teilweise mit Dumpingmieten, teilweise mit Weiterverkäufen und in Reaktion darauf mit „Sozialcharten" gearbeitet, die vorrangig dazu dienen, Ängste der Altmieter vor Entmietung oder Entrechtung abzubauen und gesellschaftliche Unruhe niederzuhalten. Das eigentliche Opfer dieser Strategien jedoch ist nicht der Mieter, sondern der mittelständische Haus- und Grundeigentümer und mit ihm das Stadtumbauziel europäische Stadt. Durch die aufwendige Sanierung seines eigenen Wohnungsbestandes mit Hypotheken belastet, kann er mit Dumpingpreisen auf dem Wohnungsmarkt nicht mithalten. Seine Existenz wird zusätzlich dadurch bedroht, dass mit der Vereinbarung von „Sozialcharten" indirekt eine Bestandsgarantie für Großsiedlungen ausgesprochen ist, die den mittelständischen Hausbesitzer auch rechtlich und politisch auf ein Abstellgleis schiebt.

Noch tröstet sich mancher Privateigentümer im Westen Deutschlands mit der Einschätzung, dass die Folgen des Bevölkerungsrückgangs den Westen später oder gar nicht erreichen werden. Es ist exakt derselbe Standpunkt, der noch vor fünf Jahren in den meisten Städten des Ostens mit Verve vertreten wurde. Inzwischen haben die Kommunalpolitiker dort ihre Meinung kleinlaut revidiert. Dasselbe ist in Westdeutschland abzusehen. Wie damals im Osten, so sieht auch heute schon im Westen die Wahrheit anders aus, als es die immer noch beschwichtigenden und beschönigenden Sonntagsreden wahrhaben wollen. Schon jetzt gibt es auch in den alten Bundesländern Großsiedlungen mit Leerständen von bis zu 44 Prozent (Bremen-Osterholz-Tenever), die nur mit Subventionen in Millionenhöhe über Wasser gehalten werden. Auch hier – und gerade hier – ist der Verkauf an großen Wohnungsgesellschaften in vollem Gange. Auch hier wird vor der Verödung ganzer Innenstadtbereiche gewarnt. Die Konkurrenz um Käufer und Mieter ist programmiert. Sie wird auch die Eigenheimsiedlungen nicht verschonen. Der Mittelständler ist der Verlierer.

In dieser Situation erlangt der zweite Kampfplatz um den Standort Stadt schicksalhafte Bedeutung. Es ist die Auseinandersetzung um die Vorherrschaft der Handelsformen. Hier jagen die Shopping-Center den ansässigen Mittelstandsbetrieben die Kunden ab. Mit heute bereits 363 Centern, zu denen in den nächsten vier Jahren nochmals 56 neue kommen sollen, steuert der Verdrängungswettbewerb auf einen Höhepunkt zu. Bei insgesamt stagnierender Nachfrage erzielten die Center 1993 366, 2003 372 Mrd. Euro Umsatz – ein sicheres Indiz dafür, dass auf ihrer drastisch ausgeweiteten Verkaufsfläche ein gnadenloser Standortwettbewerb gegen den ortsansässigen mittelständischen Einzelhandel läuft.

Die Auswirkungen auf das Strukturgewebe der Stadt sind bisher kaum untersucht worden. Deutlich wird es in dem unmessbaren Beitrag des eingesessenen Einzelhändlers zu Stadtgestalt und Selbstverständnis der Stadtgesellschaft. Durch Pflege, Erhaltung, Modernisierung und Neuerrichtung des Hauses, in dem er seinen Laden betreibt, trug und trägt er zum Erscheinungsbild und zur Vitalität der Stadt bei. Was er in Absicherung und Image seines Handelsgeschäftes investiert, kommt unmittelbar dem Stadtganzen und der Stadtkultur zugute. In den „neuen Handelswelten" dagegen dominieren die Filialisten, deren Beitrag zum Stadtbild sich in der Beschäftigung eines Fensterputzers erschöpft.

Funktionell betrachtet, ist das Einkaufscenter exterritoriales Gelände. Die Glasfassade umrahmt nicht einen Innenraum und auch nicht einen überdachten städtischen Marktplatz, sondern markiert eine Exklave. Wer das Center betritt, verlässt die Stadt. Er kehrt erst in sie zurück, wenn er ihm wieder entrinnt. Der Eindruck, dass es sich um eine Art Kolonie handelt, ist keineswegs abseitig. Von den Einkünften, die hier erzielt werden, kommt der gastgebenden Stadt nur das von den Center-Betreibern zwar in Aussicht gestellte, aber noch nie am Einzelbeispiel konkret nachgewiesene Mehraufkommen bei der Gewerbesteuer zugute – die Hauptumsätze sind Einnahmen zugunsten auswärtiger Dritter. Sie gehen dem heimischen Handel verloren.

Über die Auswirkungen von „Malls" auf das städtische Umfeld referiert der Bereichsleiter Gewerbeimmobilien am Hamburger Gewos-Institut, *Achim Georg*: „Ausleseprozesse und Mietrückgänge an anderen Standorten sind die Folge und seit Jahren auch vielerorts feststellbar." *Georg* nennt eine Faustformel für diese Prozesse: Bei nahezu konstanten Einzelhandelsumsätzen lasse sich eine „deutlich sinkende Flächenproduktivität in der Größenordnung von minus zwanzig Prozent" nachweisen.

Für Stadtentwicklungs- und Sanierungsprogramme, wie sie insbesondere die Städte in den neuen Bundesländern bitter nötig haben, ergibt sich daraus eine bitterernste Konsequenz: Die Ziele des mühsam in Gang gekommenen Modernisierungsprozesses werden konterkariert und können allenfalls durch eine ruinöse Subventionspolitik näherungsweise und befristet gehalten werden. Während der bodenständige Einzelhändler, dessen Stolz die strahlende Fassade und das bewunderte Stadtbild war, die Rollläden runterlässt und sein Haus, einst sein Aushängeschild, mangels Liquidität sehenden Auges voller Bitternis dem Zahn der Zeit überlässt, treten Betriebe in seine Nachfolge ein, die mit der Stadt und ihrem Erscheinungsbild nichts mehr verbindet.

Anders gesprochen: Der Wandel der Eigentumsstruktur im Handel schlägt mittelfristig auf die Gesamtstadt, ihren Wohlstand, ihre Wohnlichkeit und ihr „Image" durch. Das Ende des mittelständischen Strukturgewebes bedeutet das Ende der europäischen Stadt.

Städte im wiedervereinigten Deutschland steuern unter diesen Vorzeichen auf eine Situation zu, wie sie der Sozialismus in Mitteldeutschland in 40 Jahren Kampf gegen das Privateigentum heraufbeschworen hat. Der Prozess dieser nachholenden Vernichtung von Lebensbedingungen der europäischen Stadt wird unter den Vorzeichen des nicht abwendbaren Bevölkerungsrückgangs nicht etwa gebremst, sondern im Gegenteil auf ein geradezu rettungsloses Tempo beschleunigt.

Entscheidend für die Bewertung dieser Entwicklung ist, sich bewusst zu machen, dass es nicht „der Kapitalismus" oder „der Markt" ist, der sie antreibt. Ursächlich sind ganz konkrete politische und planerische Entscheidungen, die mit den Instrumenten der Bebauungs- und Flächennutzungspläne, mit Wohnungsverkäufen und „Sozialcharten", mit Stadtumbau- und Handelskonzepten bestimmte Eigentumsformen stärken und andere schwächen. Ohne das Fortleben sozialistischer Schablonen in den Köpfen wäre die Verführungsmacht derartiger Programme und Handlungsweisen kaum erklärbar. Die schrumpfende Gesellschaft, in der sich die Lasten auf immer weniger Arbeitsplatzbesitzer verteilen, wird es teuer bezahlen müssen.

Muss die Familie neu erfunden werden?

Wolfgang Huber

1.

Die dramatische Lage der Familie in Deutschland ist auch in der Politik angekommen. Der 7. Familienbericht der Bundesregierung vom August 2005 hat das belegt. Die Familie befindet sich in einer Krise. Mit Einzelmaßnahmen allein – einem verbesserten Betreuungsangebot, dem Elterngeld oder einer familienfreundlichen Arbeitsgestaltung – kommt die notwendige Korrektur nicht zustande. Auch im Familienbericht der Bundesregierung ist deshalb von einem „Mentalitätswandel" die Rede. Nur wenn Menschen von sich aus Ja zur Familie sagen, werden sie in einer Familie leben. Dieses Leben zu gestalten, kann und muss ihnen durch politische Maßnahmen erleichtert werden. Aber das Ja muss von ihnen selbst kommen.

Zur Familie – also der dauerhaften Zusammengehörigkeit von Menschen in einem Mehrgenerationenverbund, mit der Ehe als Zentrum – gibt es keine Alternative. Wenn es die Familie nicht schon gäbe, dann müsste sie neu erfunden werden. Doch es gibt sie; nur machen zu wenige von dieser Möglichkeit Gebrauch. Es gibt viele Gründe, die zu diesem Tatbestand beitragen; eine Reihe dieser Gründe ist im Folgenden zu erörtern. Aber es liegt auch an der gesellschaftlichen Mentalität des hedonistischen Egoismus, dass viele Menschen sich davon abhalten lassen, eine Familie zu gründen oder zu ihr zu stehen. Der Irrtum, dass frei nur sei, wer sein Leben für sich selbst gestalten kann, hat eine Abwendung von der Familie herbeigeführt, die in Deutschland wirtschaftlich und sozialmoralisch ins Gewicht fällt.

Doch die Zeit der „Hegoisten" – der hedonistischen Egoisten also – scheint abzulaufen. Unter jungen Menschen breitet sich wieder die Erkenntnis aus, dass keiner für sich allein lebt. Partnerschaft und Familie stehen bei ihren Lebenszielen wieder hoch im Kurs. Wenn sie eine Familie gründen, wird diese gewiss anders aussehen als die Familie des 19. oder 20. Jahrhunderts. Die größere Fairness in der Partnerschaft zwischen Frauen und Männern und die gerechtere Verteilung der Familienarbeit zwischen ihnen werden zu den erfreulichsten Aspekten dieser Veränderung gehören. Diesen Weg zu wählen, sollten junge Menschen, wo immer das geht, ermutigt werden. Diesen Mentalitätswandel zu befördern, muss zu einer Hauptaufgabe in Erziehung und Bildung, in Ausbildung und Arbeitswelt, in Kirche und Gesellschaft, in Wirtschaft und Staat werden.

Die Familie braucht man nicht zu erfinden, es gibt sie. Aber richtig ist auch: Die Familie wird immer wieder neu erfunden. Keine Familie gleicht der anderen. Weil gelingendes Familienleben immer wieder neu gestaltet werden muss, haben es viele Familien schwer. Doch das ist kein Argument gegen die Familie. Sondern Familien, deren Zusammenleben gelingt, sollten als Ermutigung wahrgenommen werden; Familien, die einen schweren Weg gehen, sollten jene zusätzliche Unterstützung finden, die sie brauchen.

Die erste sozialethische Orientierung heißt: Der Familie muss in der individuellen Lebensplanung wie in den gesellschaftlichen Werthaltungen, in den persönlichen Prioritätenentscheidungen wie im politischen Handeln ein weit höherer Rang zuerkannt werden als gegenwärtig.

2.

Viele Menschen erfahren heute jenes Glück nicht mehr, das Leben mit Kindern bedeutet. In Deutschland haben 100 Erwachsene heute durchschnittlich nur noch 63 Kinder und 39 Enkel.

Zur Erklärung wird auf die finanziellen Einschränkungen und sonstigen Benachteiligungen junger Familien verwiesen. Bei der Vermietung von Wohnungen werden oft Kinderlose vorgezogen. Menschen mit Familie erfahren Benachteiligungen auf dem Arbeitsmarkt, da sie in räumlicher und zeitlicher Hinsicht weniger flexibel sind als andere Arbeitnehmer. Auch der fortlaufende Verlust an gemeinsamer Zeit (etwa durch Schichtarbeit oder Sonntagsarbeit) trifft die Familien besonders hart. Besondere Belastungen treten infolge von Arbeitslosigkeit und Überschuldung auf. Gegen die Wahrnehmung von Elternverantwortung verhalten sich Wirtschaft, Staat und soziale Dienste zwar nicht ablehnend, aber vielfach indifferent. Gesellschaft, Wirtschaft und Staat stimmen überein in ihrer „strukturellen Rücksichtslosigkeit gegenüber Familien" (*F.-X. Kaufmann* 1995).

Noch immer werden die Kosten, die Eltern für das Aufwachsen und die Erziehung ihrer Kinder aufbringen, volkswirtschaftlich nicht einbezogen. Im *Humankapital* wird nur mitgerechnet, was Staat und Wirtschaft in Bildung und Ausbildung investieren. Damit bestätigt unsere Gesellschaft bis zum heutigen Tag eine schneidende Feststellung, die der Nationalökonom *Friedrich List* schon im frühen 19. Jahrhundert im Blick auf die herrschenden volkswirtschaftlichen Vorstellungen seiner Zeit getroffen hat: „Wer Schweine aufzieht, ist ein produktives, wer Menschen aufzieht, ein unproduktives Mitglied der Gesellschaft."

Deutschland gehört in Europa zu den Ländern mit der geringsten Geburtenrate und dem größten Anteil an Einpersonenhaushalten. Familien haben ein Imageproblem. Menschen ohne Kinder sind auch so mit ihrem Leben ganz zufrieden und finden die Gründung einer Familie kaum erstrebenswert. Das ist eine beängstigende Tendenz.

Denn: Wer mit Kindern oder Enkeln zusammenleben darf, wird jeden Tag erfüllt von der Freude, Zeuge dieses Gottesgeschenkes in unserer Mitte zu sein. Bei mancher Mühsal des täglichen Lebens wird er immer wieder angesteckt von der Unbeschwertheit, der Neugier, oft auch der heilsamen Infragestellung durch Kinder. Mit Kindern zu leben, heißt ständig herausgefordert zu sein. Mit ihnen zusammen lernt man Dankbarkeit für die ganz kleinen und die ganz großen Dinge im Leben. Wer mit Kindern lebt, begegnet dem Wunder des Lebens und erfährt neu, was für ein Wunder auch das eigene, von Gott gegebene, behütete und geliebte Leben ist. Wer dagegen in einer kinderlosen Straße lebt, wer kindvergessen ist oder wird, dem fehlt diese Glücks- und Segenserfahrung; oft wird er dadurch auch in seinem Verhalten in der Gesellschaft geprägt.

Eine zweite sozialethische Orientierung lautet: Kinder sind ein Segen; eine kinderarme Gesellschaft ist eine sozial arme Gesellschaft, eine Gesellschaft in Schieflage.

3.

Auch wenn eine kinderarme Gesellschaft eine arme Gesellschaft ist, so kann ein kinderloses Leben eines Menschen und eines Paares ein durchaus erfülltes und sehr gesegnetes Leben sein. „Seid fruchtbar und mehret euch" heißt zwar eine viel zitierte biblische Verheißung für das menschliche Leben in Ehe und Familie *(1. Mose 1, 28)*. Eine absolute ethische Verpflichtung, Kinder zu bekommen, ergibt sich aus ihr jedoch nicht. Sowohl eine kinderlose Ehe wie auch ein Leben ohne Ehe und ohne Kinder können höchsten ethischen Idealen genügen. Das wird nicht nur durch die christliche Tradition der Ehelosigkeit deutlich. Es ergibt sich vielmehr zugleich im Blick auf Paare, die keine leiblichen Kinder bekommen können und dies auch nicht durch die Mittel der modernen Reproduktionsmedizin ausgleichen. Sie leben nicht etwa in einer unvollständigen oder ethisch kritikwürdigen Lebensform. Auch sie können wichtige Beiträge zum gemeinsamen Leben leisten; beispielhaft kann man nennen, wie sie im Patenamt oder in ehrenamtlichem Engagement in einen weiteren Bereich einbringen, was andere in der eigenen Familie leisten.

Doch neben die Achtung vor solchen Lebenssituationen und Lebensformen muss die Ermutigung dazu treten, sich für Kinder zu entscheiden. Viele in der Generation der Zwanzig- bis Vierzigjährigen fühlen sich jedoch durch die Dreifachbelastung von Bildung und Ausbildung, Beruf sowie Ehe und Familie überfordert. Sie erleben, wie *Paul Baltes* das genannt hat, einen „Lebensstau". Die Verschiebung des Kinderwunsches ist eine verbreitete Reaktion. Nicht einfach eine individuelle

Verweigerung der Verantwortung, die mit dem Aufziehen und Aufwachsen von Kindern verbunden ist, sondern eine Kombination zwischen gesellschaftlicher Zukunftsscheu und persönlichem Lebensstau bewirkt die Fertilitätskrise, die sich in der deutschen Gesellschaft weit dramatischer zeigt als in vielen vergleichbaren Gesellschaften.

In unserer Gesellschaft haben wir uns auf eine Konzeption im Verhältnis zwischen den Generationen eingestellt, in der die jetzige Generation nur so viel Zukunftssicherheit hat, wie sie auf die nächste Generation bauen kann. Die Weichenstellung dahin ist vor einem halben Jahrhundert durch *Konrad Adenauers* Rentengesetzgebung erfolgt. Die Folgen werden inzwischen unter dem provozierenden Stichwort eines „Methusalem-Komplotts" (*Schirrmacher* 2004) diskutiert. Wird es diese nächste Generation geben? Wird sie zu solchen Leistungen bereit sein? Diese Frage muss die Gemüter erregen.

Eine dritte sozialethische Orientierung lautet: Auch hinsichtlich ihrer Zukunftsfähigkeit befindet sich die Gesellschaft in gefährlicher Schieflage, die nicht Kindern und Familien eine viel höhere Priorität einräumt als heute.

4.

Der 2. Armuts- und Reichtumsbericht der Bundesregierung aus dem Jahr 2005 zeigt, dass in Deutschland Armut vererbt wird. Nichts beeinflusst den sozialen Weg eines Menschen so sehr wie seine soziale Herkunft. Dies widerspricht dem christlichen Menschenbild, ist sozialpolitisch ein Skandal und bedeutet für ein auf Kopfarbeit angewiesenes Land eine ökonomische Gefahr. Genau an der Schnittstelle zwischen Familien-, Sozial- und Bildungspolitik bedarf es eines sofortigen und radikalen Wandels, der dazu führt, dass alle Kinder nach ihren Fähigkeiten gefördert werden. Aber auch dann muss gelten, dass Bildung nicht allein an der ökonomischen Nützlichkeit ausgerichtet sein darf. Die Würde des Menschen, nicht nur sein ökonomischer Wert ist der entscheidende Maßstab auch für die Bildung.

Dabei fängt Bildung früh an. Über Studiengebühren mag man diskutieren, wenn sichergestellt ist, dass sie sozialverträglich ausgestaltet werden; die frühkindliche Elementarbildung, also der Besuch von Kindergärten sollte dagegen kostenlos sein. Denn über die Bildungschancen von Kindern aus bildungsfernen Familien entscheidet in hohem Maß die Bildung im Elementarbereich; gerade Familien nahe der Armutsgrenze und erst recht unter ihr werden aber am ehesten auf den Kindergartenbesuch verzichten, wenn er mit Gebühren verbunden ist.

Ich formuliere eine vierte sozialethische Orientierung: Familien-, Sozial- und Bildungspolitik müssen so reformiert und verzahnt werden, dass die soziale Herkunft für die Chancen eines Kindes in den Hintergrund tritt und Armut nicht mehr *automatisch* vererbt wird.

5.

Familien tragen einen hohen Anteil an den Lasten der Allgemeinheit; gleichzeitig verlangt das Leben in der Familie materielle Verzichte. Die Maßnahmen des Familienlastenausgleichs gleichen das derzeit nicht aus. Von einem Familien*leistungs*ausgleich sind wir weit entfernt.

Neben einer Neuverteilung der Lasten von Familien insgesamt ist vor allem eine gezielte Unterstützung der in Armut geratenen Familien notwendig. Kinder sind inzwischen zu einem Armutsrisiko geworden. Das gilt vor allem für zwei Familienformen: Familien mit mehreren Kindern und allein Erziehende. Darüber hinaus sind auch Familien von Einwanderern besonders betroffen. Der Armutsbericht der Bundesregierung verrät, dass die Anzahl armer Familien von 2000 bis 2004 um 1,3 Prozentpunkte zugenommen hat (auf inzwischen 13,9 % aller Haushalte mit minderjährigen Kindern).

Ein Schwerpunkt künftiger Familienpolitik muss deshalb in der Vermeidung von Armut und damit einer gerechten Gestaltung des vertikalen Familienlastenausgleichs liegen. Mit einem existenzsichernden Kindergeld müssen Kinder von der Sozialhilfe oder dem Arbeitslosengeld II ihrer Eltern unabhängig gemacht werden.

Eine fünfte sozialethische Orientierung lautet: Es ist Pflicht von Staat und Gesellschaft, dafür zu sorgen, dass ihr größter sozialer und emotionaler Reichtum, nämlich Kinder, nicht materielle Armut zur Folge hat.

6.

Zu einem familienfreundlichen Klima tragen aber nicht nur finanzielle Transfers bei, sondern auch eine auf die Bedürfnisse der Familien abgestimmte Infrastruktur.

Eine stabile Beziehung von Eltern, die sich als Partner verstehen und konstruktiv mit Konflikten umgehen können, bildet eine günstige Grundlage für die Sicherheit, die Kinder und Jugendliche zu ihrer Entwicklung und Entfaltung brauchen. Dass Krisen in Familien überwunden werden, liegt im Interesse der Gesellschaft im Ganzen. Daher sollten Partnerschafts- und Eheberatung sowie Erziehungs- und Familienberatung in ihrer Bedeutung gewürdigt werden und allen Ratsuchenden zugänglich sein.

Familien brauchen bei der Erziehung ihrer Kinder ein soziales und institutionelles Netzwerk, das ihre Erziehungskompetenz unterstützt und Kinder in ihren Entwicklungs- und Lernmöglichkeiten fördert. Dieses Netzwerk muss sowohl familienunterstützende als auch familienergänzende und notfalls -ersetzende Angebote bereithalten.

Vom Verhältnis zwischen Erwerbstätigkeit und Familienarbeit haben Eltern heute unterschiedliche Vorstellungen. All diejenigen verdienen Ermutigung und Unterstützung, die bereit sind, persönliche Opfer dafür zu bringen, dass Kinder im Rahmen von Ehe und Familie aufwachsen können; Eltern sollten insofern darin bestärkt werden, in ihrer Lebensplanung auf das Aufwachsen von Kindern Rücksicht zu nehmen. Aber solche Planungen müssen frei vereinbart sein; der mit ihnen verbundene Verzicht darf nicht einseitig den Frauen zugemutet werden. In vielen Fällen streben beide Ehepartner an, Erwerbstätigkeit und Familienverantwortung zu verbinden. In all diesen Fällen können die Eltern ihre Kinder nicht allein im familiären Umfeld erziehen.

In solchen Fällen bildet ein verlässliches Betreuungsangebot eine unerlässliche Voraussetzung für die Organisation des Familienalltags. Trotz des bestehenden Rechtsanspruchs auf einen Kindergartenplatz ist eine Betreuung der Kinder oftmals nicht gesichert. In zu vielen Fällen beschränkt sich das Angebot auf nur wenige Stunden. Notwendig ist insbesondere eine ausreichende Zahl von Ganztagsplätzen. Dies gilt auch für Kinder unter drei und über sechs Jahren.

Tageseinrichtungen für Kinder sind nicht nur für die Vereinbarkeit von Familien- und Erwerbstätigkeit wichtig. Sie leisten zugleich einen entscheidenden Beitrag zur Chancengleichheit im Bildungsbereich und zur Integration von Kindern.

Als sechste sozialethische Orientierung formuliere ich daher: Familien benötigen eine bedarfsgerechte Infrastruktur, die zugleich bildungsorientiert ist und Bildungsdefizite ausgleicht.

7.

Unsere sozialen Sicherungssysteme sind auf Familien angewiesen. Ihre Leistungen beim Aufwachsen und bei der Erziehung von Kindern sind eine Investition in die Sicherung der nachwachsenden Generation.

Das galt immer; aber der Alterswandel der Gesellschaft macht es allgemein bewusst. Denn eine Verschlechterung des zahlenmäßigen Verhältnisses zwischen der Zahl der Rentenempfänger und der Zahl der Beitragszahler führt zu einer deutlichen Verringerung der Höhe der Renten. Insbesondere in Zweigen der Sozialversicherung, deren Stabilität vom Aufwachsen von Kindern abhängt, muss deshalb der Tatbestand der Kindererziehung bei der Beitragsfestsetzung berücksichtigt werden. Die Entlastung der Familien mit Kindern im Vergleich zu Kinderlosen muss in der Phase der Kindererziehung erfolgen, also dann, wenn für die Familien hohe Kosten entstehen. Die Anerkennung von Kindererziehungszeiten, die erst im Alter zu höheren Renten führt – so richtig sie ist –, reicht nicht aus. Familienpolitische Gesichtspunkte sind daher bei der Neugestaltung der sozialen Sicherungssysteme weit stärker als bisher zu berücksichtigen.

Der Rat der Evangelischen Kirche in Deutschland und die Deutsche Bischofskonferenz haben in ihrer gemeinsamen Erklärung zur Reform der Alterssicherung in Deutschland „Verantwortung und Weitsicht" eine eigenständige Sicherung für jeden Mann und für jede Frau gefordert. Eine eigenständige Rentenbiographie für Frauen ist notwendig, denn „Frauen leisten mit Geburt und Versorgung der Kinder, aber auch mit der Pflege von Angehörigen einen auch gesellschaftlich höchst bedeutsamen Beitrag für die weitere Entwicklung des Gemeinwesens. ... Dabei ist sicherzustellen, dass in Perioden der Kindererziehung die Beitragszahlung durch den Staat übernommen wird. ... Der sozialen Einheit in Ehe und Familie entspricht es, wenn die aus Erwerbs- und Familientätigkeit resultierenden Rentenansprüche beiden Partnern für die Dauer ihrer Ehe zu gleichen Teilen gutgeschrieben werden."

In den Maßnahmen der Rentenreform sind solche Forderungen bisher nicht berücksichtigt. Frauen wie Männer können eigenständige Sicherung nur durch Erwerbstätigkeit erreichen. Damit ist das Alterssicherungssystem nicht neutral in Bezug auf die familiäre Arbeitsteilung und in Bezug auf die Wahl zwischen Familienarbeit und Erwerbstätigkeit. Entscheidet sich beispielsweise eine Frau gegen die Erziehung von Kindern, erhält sie eine relativ bessere eigenständige Sicherung. Da jedes Alterssicherungssystem auf die Erziehung von Kindern angewiesen ist, steht eine solche Lösung mit sich selbst im Widerspruch. Sie genügt darüber hinaus nicht dem Gebot der Gerechtigkeit.

Eine knappe Illustration: Ein Paar mit zwei Kindern, das von einem einzigen Einkommen lebt, weil ein Elternteil die Kinder betreut, hat heute gegenüber einem vergleichbar ausgebildeten gleichaltrigen Paar ohne Kinder und mit zwei Gehältern wesentlich weniger Geld zur Verfügung – und zwar auch nach Berücksichtigung aller ihm zustehenden Transferleistungen. Sollen beide Paare nicht nur im Alter, sondern auch in der Erwerbsphase die Chance auf einen vergleichbaren Lebensstandard haben, muss das kinderlose Paar deutlich mehr zur Altersvorsorge beitragen als das Paar mit Kindern. Dem Beitrag, den das Paar mit Kindern durch Versicherungszahlungen und Kindererziehung leistet, muss im Grundsatz der Beitrag entsprechen, den das andere Paar nur durch Zahlungen leistet.

Die siebte und letzte sozialethische Orientierung lautet deshalb: Geburt und Erziehung der Kindern sind entscheidender Beitrag zu unseren sozialen Sicherungssystemen. Deshalb muss bei der Ausgestaltung dieser Systeme der Erziehungsbeitrag der Eltern angemessen berücksichtigt werden.

Literatur

Baltes, P. (2004), Der Generationenkrieg kann ohne mich stattfinden, in: Frankfurter Allgemeine Zeitung Nr. 110, 12.05.2004, S. 39

Bertram, H. (1997), Familien leben. Neue Wege zur flexiblen Gestaltung von Lebenszeit, Arbeitszeit und Familienzeit, Gütersloh

Kaufmann, F. X. (1995), Zukunft der Familie im vereinigten Deutschland: gesellschaftliche und politische Bedingungen, München

Lebenslagen in Deutschland (2005), 2. Armutsbericht der Bundesregierung, Berlin

Schirrmacher, F. (2004), Das Methusalem-Komplott, München

Zukunft Familie (2005), 7. Familienbericht der Bundesregierung, Berlin.

Verantwortung und Weitsicht (2000), Gemeinsame Erklärung des Rates der Evangelischen Kirche in Deutschland und der Deutschen Bischofskonferenz zur Reform der Alterssicherung in Deutschland, Hannover/Bonn

Wohnungseigentum und Kinder

Franz-Xaver Kaufmann

Kinder sind fehlerfreundliche Wesen. Sie verzeihen in ihrer Anhänglichkeit viele so genannte Erziehungsfehler und passen sich oft widrigen Umständen an, so lange sie auf einen Menschen ihres Vertrauens zählen können. Das gilt weit stärker für kurzfristige Ereignisse als für langfristige Umstände. Letztere bestimmen den Möglichkeitsraum von Sozialisationserfahrungen oft in nachhaltiger Weise. Unter ihnen kommt der Wohnung und dem Wohnumfeld zentrale Bedeutung zu, und zwar in Deutschland stärker als in den meisten anderen europäischen Staaten. Denn lediglich im deutschen Sprachraum dominiert das System der (zudem oft unregelmäßigen) Halbtagsbetreuung und Halbtagsbeschulung. Die Schule wird hierzulande noch nicht als Lebensraum für Kinder verstanden. Umso wichtiger sind Wohnung und Wohnumfeld.

Trotz zunehmender Bedeutung von Handys, E-Mails und ähnlichen Mitteln der Fernkommunikation findet Familie im Wesentlichen im Haus oder in der Wohnung und – bei günstigen Bedingungen – im Wohnumfeld statt. Hier ereignen sich die elementaren Erfahrungen: Emotionsgeladene Begegnungen und Konflikte, Gespräche, Mahlzeiten, Gutenacht-Geschichten, Krankheiten. Hier können Kinder ihre Eltern und eventuell weitere Familienangehörige unkontrolliert beobachten und daraus lernen. Wo einer Familie die abgeschlossene Wohnung fehlt, mangelt es an der elementaren Voraussetzung der Privatheit. Beengte Wohnverhältnisse steigern das Aggressionspotential aller Beteiligten. Wo Kinder keine Rückzugs- und Konzentrationsmöglichkeiten haben, leiden Seelenhaushalt und Schulleistungen. Umgekehrt ermöglichen zureichende Räumlichkeiten, ein eigener Garten oder wenigstens ungefährdete Spielflächen Kontakte mit Gleichaltrigen, fördern spontanes Spiel und Experiment. Für die motorische, kognitive und sozial-emotionale Entwicklung der Kinder stellen die Wohnbedingungen den wichtigsten „ökologischen" Kontext dar. Vor allem im Anschluss an den kürzlich verstorbenen Sozialpsychologen *Urie Bronfenbrenner* (1976) hat sich die Einsicht durchgesetzt, dass die Entwicklung der genetischen Anlagen von Kindern entscheidend von ihren umweltbezogenen Erfahrungen abhängt.

Für die Erfahrungswelt von Kindern kommt es primär auf die faktischen Wohnverhältnisse, nicht auf die Eigentumsverhältnisse am Wohnraum an. So bietet ein gemietetes Einfamilienhaus mit Garten im Regelfalle günstigere Sozialisationsbedingungen als eine Eigentumswohnung in einem Hochhaus. Dennoch kommt auch den Eigentumsverhältnissen faktisch erhebliche Bedeutung zu.

Kinder, die in Wohneigentum aufwachsen, erfahren im Regelfalle deutlich günstigere Wohnverhältnisse und damit wohl auch räumliche Sozialisationsbedingungen. Die Unabhängigkeit der Familie ist größer, der Ärger mit den Nachbarn geringer, und in der Regel auch das Aktivitätsspektrum des Familienhaushalts anregender. Derartige Qualitäten lassen sich aber nur schwer quantifizieren. Deshalb sei im Folgenden nur der durchschnittlich pro Person verfügbare Raum verglichen, was als brauchbarer Näherungswert für die räumlichen Sozialisationsbedingungen von Kindern gelten kann.

Eigentümerhaushalte gleicher Größe verfügen pro Kopf über deutlich mehr Wohnraum als Mieterhaushalte. So verfügten beispielsweise jüngere Paare mit zwei Kindern unter 6 Jahren im Falle von Wohneigentum über durchschnittlich 29,06 qm pro Person, im Falle nicht öffentlich geförderter Mietwohnungen 22,22 qm, und im Falle öffentlich geförderter Mietwohnungen 18,66 qm. Der Wohnraum pro Kopf sinkt deutlich mit zunehmender Familiengröße: Für Dreikinderfamilien betrugen die obigen Durchschnittswerte 24.42 qm, 18,54 qm und 15,47 qm (Fünfter Familienbericht 1994, S. 136). Der durchschnittliche Zuwachs der Wohnungsgröße beträgt demzufolge beim dritten Kind im öffentlich geförderten Mietwohnungsbau nur 2,71 qm, im freien Mietwohnungsbau 3,82 qm und bei Wohneigentum immerhin 5,86 qm. Wesentlich beengter geht es bei vier und mehr Kindern zu, wie Tabelle 1 zeigt, die sich ebenfalls auf die Gebäude und Wohnungszählung von 1987 bezieht. Leider erlauben die neueren Erhebungen, die entweder mit dem Mikrozensus oder der Einkommens- und Verbrauchsstichprobe verbunden sind, keine vergleichbare Tiefenschärfe. Es wäre auch aus diesem Grunde dringend erwünscht, dass in der Bundesrepublik endlich wieder eine Volkszählung und eine damit verbundene Gebäude- und Wohnungszählung veranstaltet wird.

Tabelle 1: Verfügbarer Wohnraum pro Kopf nach Eigentumsverhältnissen und Kinderzahl
Früheres Bundesgebiet: 1987

Haushalts-typen	In % aller Haushalte	Eigentümerhaushalte		Hauptmieterhaushalte		
		Wohnfläche pro Person in m²	Räume je Person	Wohnfläche je Person in m²	Räume je Person	Spalte 4 in % von Spalte 2:
Spalte	(1)	(2)	(3)	(4)	(5)	(6)
Ohne Personen unter 18	73	44,86	2,25	39,89	2,17	89
Mit 1 Kind	15	33,28	1,60	26,33	1,39	79
Mit 2 Kindern	9	29,80	1,42	21,88	1,15	73
Mit 3 Kindern	2	25,96	1,24	18,15	0,96	70
Mit 4 und mehr Kindern	1	22,09	1,05	14,21	0,75	64
Insgesamt	100	38,24	1,88	32,93	1,78	86

Quelle: Gebäude- und Wohnungszählung 1987; Statistisches Bundesamt (1991), Tabelle 9.1; z. T. eigene Berechnungen

Tabelle 1 bezieht sich auf Haushalte mit Kindern unter 18 Jahren. Überraschend mag zunächst der geringe Anteil von Haushalten erscheinen, in denen überhaupt Kinder wohnen (Spalte 1); dabei ist zu berücksichtigen, dass lediglich die aktuell im Zusammenhang mit der Volkszählung 1987 im Haushalt lebenden Kinder erfasst wurden. Verdeutlicht werden soll in unserem Zusammenhang vor allem die deutlich günstigere Wohnsituation von Kindern in Eigentümerhaushalten im Verhältnis zu Kindern in Hauptmieterhaushalten. Wie die letzte Spalte (6) zeigt, beträgt der Wohnraum pro Kopf bei den Haushalten ohne Kinder im Falle von Mieterhaushalten 89 % des Wohnraums bei Eigentümerhaushalten. Dieser Prozentsatz vermindert sich mit zunehmender Kinderzahl auf 70 % bei drei Kindern und 64 % im Falle von vier und mehr Kindern. Während auch kinderreiche Familien in Wohneigentum im Durchschnitt noch mehr als einen Raum pro Person zur Verfügung haben (Spalte 3), ist das bei den Mieterhaushalten nicht der Fall (Spalte 6). Je größer die Familie, desto günstiger wirkt sich somit Wohnungseigentum aus.

Um die Bedürfnisadäquanz der Wohnverhältnisse zu beurteilen, sei auf die „Kölner Empfehlungen 1971" zum Mindestbedarf an Wohnraum des Ständigen Ausschusses für Miete und Familieneinkommen im Internationalen Verband für Wohnungswesen, Städtebau und Raumordnung zurückgegriffen (vgl. Familie und Wohnen 1975, S. 26 f., 149). Diese schon älteren und im Horizont eines bescheideneren Wohlstandsniveaus verabschiedeten Empfehlungen sehen für einen Dreipersonenhaushalt 21,5 qm pro Kopf vor, im Vierpersonenhaushalt 17,4 qm, im Fünfpersonenhaushalt 18,4 qm und im Sechspersonenhaushalt 17,7 qm. Diese Werte wurden bereits 1987 im Falle der Durchschnittswerte bei den Eigentümerhaushalten so deutlich überschritten, dass hier kaum noch Defizite zu vermuten sind. Bei den Hauptmieterhaushalten dagegen erreichten die kinderreichen Haushalte (3 + Kinder) nicht einmal im Durchschnitt diese Mindestwerte. Bemerkenswert ist, dass die „Kölner Empfehlungen" einen deutlichen Sprung im Raumbedarf zwischen der Zwei- und Dreikinderfamilie ermittelt haben. Gerade hier zeigt sich jedoch der Mietwohnungsbau zu inflexibel.

Tabelle 2: Verfügbarer Wohnraum pro Kopf in Haushalten mit Kindern
Alte und neue Bundesländer: 1987 und 1998

Haushalts-typen	Wohnfläche pro Person in m^2					
	Früheres Bundes-gebiet		Neue Länder und Berlin-Ost	Index 1998 Spalte 1 (1987) = 100		Index 1998 Spalte 2 = 100
	1987	1998	1998	Früheres Bundes-gebiet	Neue Län-der und Berlin-Ost	Neue Länder und Berlin-Ost
Spalte	(1)	(2)	(3)	(4)	(5)	(6)
Ohne Perso-nen unter 18 Jahren	41,7	49,8	39,9	119	96	80
Mit 1 Kind	29,4	32,2	27,2	110	93	84
Mit 2 Kindern	25,9	27,8	23,4	107	90	84
Mit 3 Kindern	22,1	23,7	20,5	107	93	86
Mit 4 und mehr Kindern	17,4	19,0	16,9	109	97	89

Quelle: Wie Tabelle 1 sowie: Die Familie im Spiegel der amtlichen Statistik (2003), Tabelle 66; z.T. eigene Berechnungen

Wie Tabelle 2 zeigt, haben sich die Wohnflächen pro Kopf zwischen 1987 (Spalte 1) und 1998 (Spalte 2) im früheren Bundesgebiet vergrößert, allerdings bei den Haushalten ohne Kinder deutlich stärker als bei den Haushalten mit Kindern (Spalte 4). Bezieht man die neuen Bundesländer in die Betrachtung mit ein (Spalte 3), so zeigt sich eine deutlich geringere Wohnfläche pro Kopf als im früheren Bundesgebiet, aber immerhin ein geringeres Gefälle zwischen den Wohnflächen in Haushalten ohne und mit Kindern (Spalte 5 und 6). Anscheinend haben es gerade Familien verstanden, die Chancen des stagnierenden ostdeutschen Wohnungsmarktes zu nutzen. Stark zugenommen hat dort insbesondere der Anteil der Wohnungseigentümer: Er lag 1993 bei 19 % und ist bis 2003 auf 32 % gestiegen, liegt damit aber immer noch deutlich unter dem Eigentümeranteil im früheren Bundesgebiet (46 %); hier hat der Anteil gegenüber 1993 kaum zugenommen (nach *Deckl/Krebs*, WiSta 2004, S. 221).

Bei der Interpretation dieses Sachverhalts ist ein weiterer Unterschied zu bedenken: In den westlichen Bundesländern ist ein weit größerer Anteil der Familien mit drei und mehr Kindern ausländischer, insbesondere türkischer Herkunft. Die Wohnverhältnisse sind hier deutlich beengter, als bei der deutschen Bevölkerung. So beträgt der Mittelwert des pro Kopf verfügbaren Wohnraums im Falle deutscher Haushalte 33 qm (1,8 Räume), im Falle der ausländischen Haushalte 21 qm (1,0 Räume). Dies hängt eng mit den Eigentumsverhältnissen zusammen: „90 % der Ausländer (55 % der Deutschen) leben in Mietwohnungen, 6,5 % (43 %) sind Eigentümer ihrer Wohnung oder ihres Eigenheimes und 3.3 % (2 %) sind in Wohnheimen oder Gemeinschaftsunterkünften untergebracht." (Sechster Familienbericht 2000. S. 153)

Offensichtlich ist der Wille zur Familiengründung ein wesentliches Motiv für die Bildung von Wohneigentum. Von den Haushalten mit zwei Eltern und Kind(ern) wohnen nach der Einkommens- und Verbrauchsstichprobe des Statistischen Bundesamtes (2003) 58 % in eigenen Ein- oder Zweifamilienhäusern; bezogen auf alle Haushalte sind es nur 44 %. Die Bildung von Wohneigentum hat stark lebenszyklischen Charakter: So besitzen weniger als 20 %, der 25–29-jährigen, aber nahezu 70 % der 45–49-jährigen Paarfamilien Wohneigentum. Dabei hat der Anteil der Wohneigentümer in allen Altersgruppen zwischen 1978 und 2003 stark zugenommen (nach *Braun/Pfeiffer* 2004).

Deutliche Zusammenhänge bestehen, was nicht verwunderlich ist, zwischen Einkommens- und Wohnverhältnissen. „Im April 1998 lebten von den Haushalten mit einem Haushaltnettoeinkommen von unter 1.000 DM nur knapp 18 % in einer eigenen Wohneinheit, bei denen mit 1.000 bis unter 2.500 DM waren es schon knapp 25 % und bei einem monatlichen Haushaltnettoeinkommen von 2.500 bis unter 5.000 DM 41 %. Standen monatlich über 5.000 DM zur Verfügung, lebten Haushalte sogar zu fast 2/3 im Eigentum." (*Winter*, WiSta 1999, S. 782) In diesem Punkt bestehen keine grundsätzlichen Unterschiede zwischen Ost- und Westdeutschland.

Während für die Eigentümerhaushalte keine verlässlichen Angaben hinsichtlich ihrer Aufwendungen für Wohnen zur Verfügung stehen, erlaubt die Mikrozensuserhebung von 1998 einige Aussagen über die Mieterhaushalte. „Deutschlandweit müssen kinderlose Haushalte 23,3 %, Haushalte mit Kindern 24 % ihres Einkommens für die Miete ausgeben. Während bei einem Kind im Haushalt die Mietbelastungsquote aber „nur" etwas mehr als 23 % beträgt, liegt sie für Haushalte mit 3 und mehr Kindern bei über 26 %." (*Winter*, WiSta 1999, S. 863) Bemerkenswerter Weise liegt die durchschnittliche Mietbelastung für Ausländerhaushalte (25,3 %) deutlich höher als für Inländerhaushalte (23,4 %). Dies ist im Wesentlichen auf die höhere Durchschnittsmiete von 11,51 DM je qm zurückzuführen, welche 7,7 % über derjenigen der Haushalte mit deutschem Haushaltvorstand (10,69 DM) liegt (*Winter*, WiSta 1999, S. 861). Berücksichtigt man die notorisch geringere Ausstattung und ungünstigere Lage der von Ausländern im Regelfalle bewohnten Wohnungen, so wird deutlich, dass die Ausländer, unter denen die kinderreichen Familien überrepräsentiert sind, auf dem Wohnungsmarkt ungünstigere Chancen haben.

Wie die Wohnungspolitik, so hat auch das Thema „Familie und Wohnen" in den letzten Jahrzehnten stark an Beachtung verloren (zuletzt *Siebel* 1989). Die Pläne der eben konstituierten Großen Koalition sehen eine weitgehende Streichung der

Eigenheimsubventionen vor, die seit dem Wohnungsbauförderungsgesetz von 2001 und dem Gesetz zur Neuregelung der steuerrechtlichen Wohnungsbauförderung zielgenau auf einkommensschwache Haushalte mit Kindern gerichtet waren. Schon früh konnten wir nachweisen, dass das Wohngeld die gewünschte Wirkung auf die Wohnungsversorgung von Familien entfaltet (*Kaufmann/Herlth/Strohmeier* 1980, S. 250 ff.). Wie die obigen statistischen Befunde zeigen, ist das Wohnungsproblem für Familien mit drei und mehr Kindern auch heute noch nicht annähernd gelöst, soweit es ihnen nicht gelingt, Wohneigentum zu bilden. Selbst heute dürfte etwa die Hälfte der kinderreichen Haushalte in Mietverhältnissen und ca. ein Viertel aller kinderreichen Haushalte überhaupt die internationalen Mindeststandards der Versorgung mit Wohnraum auf dem Niveau von 1971 nicht erreichen. Angesichts der desolaten demographischen Perspektiven für Deutschland müsste es jedoch zur obersten Priorität gehören, Familien mit mehr als zwei Kindern zu fördern und deren Sozialisationsbedingungen zu verbessern (vgl. *Kaufmann* 2005, S. 173 ff.). Wohnungspolitik gehört essentiell zur Familienpolitik (vgl. *Kaufmann* 1995, S. 145 ff., 213 ff.).

Literatur

Bronfenbrenner, U. (1976), Ökologische Sozialisationsforschung, Stuttgart

Braun, R./Pfeiffer, U. (2004), So wohnen Familien, in: www.familienhandbuch.de

Deckl, S./Krebs, Th. (2004), Ausstattung mit Gebrauchsgütern und Wohnsituation privater Haushalte. Ergebnisse der Einkommens- und Verbrauchsstichprobe 2003, in: Wirtschaft und Statistik 2/2004, S. 209-227

Die Familie im Spiegel der amtlichen Statistik (2003), in: Bundesministerium für Familie, Senioren, Frauen und Jugend (Hrsg.)

Familie und Wohnen (1975), Gutachten des Wissenschaftlichen Beirats für Familienfragen beim Bundesministerium für Jugend, Familie und Gesundheit, Stuttgart

Fünfter Familienbericht (1994), Familien und Familienpolitik im geeinten Deutschland – Zukunft des Humanvermögens, in: Bundesministerium für Familien und Senioren (Hrsg.), Bonn

Kaufmann, F.-X. (1995), Zukunft der Familie im vereinten Deutschland. Gesellschaftliche und politische Bedingungen, München

Kaufmann, F.-X. (2005), Schrumpfende Gesellschaft: Vom Bevölkerungsrückgang und seinen Folgen, Frankfurt a.M.

Kaufmann, F.-X./Herlth, A/ Strohmeier, K. P. (1980), Sozialpolitik und familiale Sozialisation: Zur Wirkungsweise öffentlicher Sozialleistungen, Stuttgart

Sechster Familienbericht: Familien ausländischer Herkunft in Deutschland: Leistungen, Belastungen, Herausforderungen (2000), in: Bundesministerium für Familie, Senioren und Jugend (Hrsg.), Berlin

Siebel, W. (1989), Wohnen und Familie, in: Handbuch der Familien- und Jugendforschung, Band I: Familienforschung, in: v. R. Nave-Herz u. M. Markefka (Hrsg.), Neuwied u. Frankfurt/M.

Statistisches Bundesamt (1991), Bautätigkeit und Wohnungen. Gebäude und Wohnungszählung vom 25. Mai 1987, Heft 4: Wohnsituation der Haushalte, Teil 3: Ausgewählte Bevölkerungsgruppen, Wiesbaden

Winter, H. (1999), Wohnsituation der Haushalte 1998: Ergebnisse der Mikrozensus-Ergänzungserhebung, in: Wirtschaft und Statistik 10/1999, S. 780-786; 11/1999, S. 858-864

Klasse statt Masse

Ein Gespräch mit *Eberhard von Kuenheim*

geführt von Michael Stürmer

Mobilität, Technik,. Eleganz, Energie – Kaum einer hat so wie *Eberhard von Kuenheim* das Bild des deutschen Automobilbaus bis in die Gegenwart geprägt. Premium cars auf Neudeutsch. *Kuenheim* war BMW, und BMW war *Kuenheim*. Vorstandsvorsitzer von 1970 bis 1993, danach noch einmal sechs Jahre Vorsitzender des Aufsichtsrats, wusste er Richtung zu geben, aber auch zuzuhören – und dann zu entscheiden und die Menschen mitzunehmen. Er glaubt an die Demokratie, wie *Churchill* – „the worst kind of government, with the possible exception of all others". Im Unternehmen muss, wenn alles geprüft und erwogen ist, entschieden werden.

Voraussetzung solcher Leistung sind immer Hand und Verstand für Technik, Design und Märkte von morgen. Aber auch die Fähigkeit zu dem, was der weiland *Freiherr von Knigge* den Umgang mit Menschen nannte. Von Anfang bis Ende, wenn man allein die BMW-Zahlen jener *Kuenheim*-Jahrzehnte auf sich wirken lässt, stand ungebrochener Erfolg. Dabei waren die BMWs des Herrn *von Kuenheim* nicht für den Massenmarkt gemacht, sondern für das kleine, aber wachsende Segment der jungen, ehrgeizigen, hart arbeitenden und anspruchsvollen Aufsteiger, die – Leittypus der sechziger und siebziger Jahre – dabei waren, Erben des Wirtschaftswunders und Teilnehmer an der beginnenden Globalisierung, Karriere zu machen. In früheren Zeiten hätten sie sich wahrscheinlich Vollblut-Reitpferde samt Personal gehalten. Das Münchner BMW-Werk bot stattdessen, was damals sonst nur die Briten konnten, schnelle, elegante Autos, die ein Lebensgefühl vermittelten, wie es keine Generation zuvor in gleicher Weise hatte ausleben können. Es war, den Buchtitel *Milan Kunderas* zu zitieren, die unerträgliche Leichtigkeit des Seins.

Wir trafen uns an einem jener leuchtenden Novembernachmittage, die dem Jahrgang 2005 seine besondere Süße versprechen, in Münchens elegantem Norden und sprachen von Mobilität, Technik, dem menschlichen Erfindungsgeist und der Zukunft des Automobils. Machen Männer die Geschichte? Oder gilt umgekehrt, dass die Verhältnisse sich ihre Helden suchen? Im glücklichsten Fall liegt darin nicht Widerspruch, sondern Ergänzung. Einer wird an die richtige Stelle gesetzt, im vorliegenden Fall *Eberhard von Kuenheim* durch *Herbert Quandt*. Der hielt die Aktienmehrheit an BMW, hatte aber damit mehr Sorgen als Freuden, seitdem er sie auf der Hauptversammlung in München 1959 – BMW war damals am Rande des Untergangs und die uneinholbare Stuttgarter Konkurrenz übte sich in Vorerbschaftsfreude – übernommen und die Münchner Automobilfabrik vorerst gerettet hatte: Vor dem bitteren Ende oder der Übernahme durch Daimler-Benz, oder beidem.

Doch BMW blieb, wenngleich geliebt, Sorgenkind der *Quandt-Gruppe*, die durch Varta-Batterien und Maschinenbauunternehmen lange Erfahrung in der Automobilindustrie hatte. BMW, erklärt mir *Kuenheim* die Vorgeschichte, war in den Nachkriegsjahrzehnten zu klein, um als Spätstarter auf Dauer zu überleben. Der Autobau der 30er Jahre war in Eisenach beheimatet gewesen. In München hatte man Flugmotoren hergestellt. 1945 war das Werk im Osten am Ende, im Westen wurde alles demontiert. Es gab kaum noch Sachwerte. BMW war unterkapitalisiert und in hohem Maß auf Fremdmittel angewiesen.

BMW war arm, aber doch die Prinzessin im Märchen, die darauf wartete, wach geküsst zu werden. Die Position des Fertigungsvorstands wurde frei. *Kuenheim* gab gegenüber *Herbert Quandt*, den er bis heute verehrt, sein Interesse zu erkennen. Er erinnert sich heute: „*Quandt* dachte drei Wochen nach, dann sagte er: Fertigungsvorstand können Sie nicht werden – aber Vorstandsvorsitzender." So wurde der junge Diplom-Ingenieur, Fachrichtung Maschinenbau, den *Harald Quandt*, der jüngere Bruder, fünf Jahre zuvor in den Konzern geholt hatte, BMW-Chef, gerade 42 Jahre alt. Ob er ein Vasall des Hauses *Quandt* sei – wurde er einmal polemisch gefragt. Die Antwort: „Ein *Kuenheim* ist niemandes Vasall". Der seit seiner Jugend sehbehinderte *Herbert Quandt* muss gespürt haben, dass der energische, selbstbewusste *Kuenheim* jene Eigenschaft mitbrachte, welche die Franzosen, unübersetzbar, „panache" nennen, die glückliche Kombination von Verwegenheit, Geist, Sensibilität für Menschen und Dinge, und die Fähigkeit, andere zu begeistern.

Kuenheim selbst stellt das alles im preußischen Understatement dar. Er musste damals aus der Not – es fällt das Wort, nur halb ironisch – vom „Flüchtlingsbetrieb" – eine Tugend machen: „BMW hatte aus der Vorkriegszeit das Gelände im Norden des Münchner Zentrums. Rundum war gebaut, im Osten das Olympiagelände. Es gab keine Erweiterungsmöglichkeiten in unmittelbarer Nähe. Damit war der Weg in die Massenfertigung, wie Volkswagen, versperrt. Für Neuanfang auf der grünen Wiese fehlte das Geld". Aber er stellt auch fest, nicht ohne Stolz: „Als 1973 die *Quandt*-Gruppe in Schwierigkeiten geriet, war es der steigende Wert der BMW-Aktie, der mithalf, die Dinge wieder ins Gleichgewicht zu bringen."

Der Mann, das Werk, der Markt, die Chance und der Mut kamen zusammen in einem Produkt der besonderen Art, dem 3er BMW. Vielleicht hat das alles, tief in den Seelenlandschaften des Unterbewusstseins, etwas mit der Tatsache zu tun, dass *Kuenheim*, geboren 1928, von ostpreußischen Gutshöfen kam, wo auf weiten

Koppeln unter großem Himmel Trakehner Pferde gezüchtet wurden, die heute noch Rang und Ruf haben unter Fachleuten. Pferde aus solcher Zucht waren keine Ackergäule, sondern bedeuteten seit unvordenklichen Zeiten Bewegung, Körperbeherrschung und Kraft, aber auch Vorsprung, Zeitmanagement, Herrschaft. Ein Herr zu Pferde sah den Rest der Welt von oben. Wie konnte es da ausbleiben, auch wenn es das alte Ostpreußen nicht mehr gab, dass bestimmte Denk- und Lebensformen ins Zeitalter der Technik, der großen Straßennetze und der neuen Beweglichkeit übertragen wurden? Vielleicht kam aus dieser Wurzel auch eine bestimmte Form des Umgang mit Menschen, für die Kuenheim verantwortlich war und ohne die keine Fertigungsstraße lief, kein Entwurf realisiert, kein Automobil gebaut werden konnte. Er wollte für das beste Produkt immer und überall die besten Leute. Dass die neben ausgezeichneten Fachkenntnissen auch einen Blick für das geistige Leben, für Kultur und Literatur haben sollten, auch Stil in Haltung und Auftreten, war stilles Auswahlkriterium. Alles sollte passen. BMW hatte, auf English, „to punch above its weight" – und schaffte es.

Mobilität ist Kennzeichen der postindustriellen Dienstleistungsgesellschaft, nicht nur die auf der Straße, sondern auch die in der Gesellschaft, im Beruf, in der Innovation. Keiner hat so wie *Kuenheim* Bedingungen und Folgen erfasst und in ein Gesamtkonzept umgesetzt, das allerdings in der politischen Wirklichkeit Fragment blieb. Vor einigen Jahren, bei den Schönhauser Gesprächen des Bundesverbands der privaten Banken, hatte *Kuenheim* Mobilität definiert – kein Bundesverkehrsminister hat jemals mit gleicher Klarheit gesagt, was das bedeutet: „Ein Feld gesamthafter Verantwortung, nicht nur der Industrie. Wir müssten und wir könnten es in einer Art umgreifender Selbstverpflichtung schaffen, Deutschland zum besten Systemlöser von Verkehrsproblemen der Welt zu machen. Mobilität ist ein entscheidender Produktionsfaktor in einer modernen Industriegesellschaft, dessen Qualität über den Wohlstand in einem Gemeinwesen mit entscheidet. Mobilität gehört zum Wesen des Menschen und ist eine der Vorbedingungen zur Entfaltung seiner Persönlichkeit" – so sagt *Kuenheim* noch heute, und die Anspielung auf das Grundgesetz ist nicht zufällig. Aber was folgt daraus? *Kuenheim* ist nicht Philosoph, sondern Gestaltgeber mit einem vernünftig machbaren Programm: „Es sollte uns gelingen, einen übergreifenden Forschungsverbund von Hochschulen, Autoindustrie, Zulieferern und Elektronikunternehmen zu schmieden. Alle könnten aus ihrer Kompetenz beitragen – und alle hätten den verdienten Erfolg. Bloß: Aus ideologischen Gründen wird die Realisierung dieses Vorschlags behindert". Noch einmal Modell Deutschland, wie es einst unter Kanzler *Helmut Schmidt* hieß? *Kuenheim* wollte mehr, stattdessen musste er sich mit dem Machbaren begnügen. Machbar war BMW. Aber der Erfolg erforderte nicht nur Vision, sondern auch harte Arbeit. Die Tradition war hilfreich, weil sie die Ingenieure begeisterte. Aber es war auch Glück im Spiel: In Bremen musste Borgward – das kleine feine Unternehmen hatte mit der legendären „Isabella" technische und ästhetische Maßstäbe gesetzt – die Flagge einholen, und viele Könner des Automobilbaus kamen an die Isar.

Der Mythos BMW kam noch aus der Vorkriegszeit. Es war in einer sport-, körper- und jugendbegeisterten Epoche das sportive Auto für sportive Typen. Die Wagen mit den weiß-blauen Rauten im Wappen hatten, auf den Weltmärkten mit den britischen Lotus, Jaguars und MGs konkurrierend, den Ruch des Elitären. Nur wenige konnten sich in der langen Depression der dreißiger Jahre derlei leisten. Umso faszinierender war der Traum, zumal die Autobahnen Volk und Volkswagen Freiheit, Weite und Ungebundenheit versprachen, die das NS-Regime im Übrigen verweigerte und in Ideologie und Praxis von Volksgemeinschaft, Winterhilfe und KdF (Kraft durch Freude) kanalisierte, kontrollierte und überwachte. Automobile versprachen eine Freiheit, die es längst nicht mehr gab. Sie wurden auch literaturfähig. Stromlinienförmig war damals die Leitidee, inspiriert vom Flugzeug, und BMW-Autobauer antworteten darauf durch lang ausgezogene, schwingende und zugleich schlanke Formen. Bald war es damit vorbei. Nach kurzem Aufschwung – bis heute in Oldtimer-Auktionen hoch notiert – war lange kriegsbedingte Pause.

Dann war Nachkriegszeit. Ich erinnere mich an meinen ersten eigenen BMW. Er war noch von dieser schwingenden Art, allerdings im Spielzeugformat, doch mit funktionierender Viergangschaltung, von Schuco „Made in US Zone West Germany", gekauft in der Schweiz und als kostbares Weihnachtsgeschenk gegeben – und immer geliebt und geschont.

BMW war zum Kindertraum geworden, aber nicht für immer. Nach dem Krieg hatte das Münchner Unternehmen noch einmal die schönsten Automobile im Traditionsdesign gebaut. Aber die Zeiten hatten sich geändert. Der Zeitgeist – undefinierbar, aber real – wollte andere Linien, eine andere Philosophie, eine andere Botschaft. Aber welche? Jedenfalls nicht die aus München. Gegen Mercedes-Benz, Borgward und andere errang BMW nicht genug Marktanteil, um dauerhaft zu überleben. Die Motorräder stellten Klasse dar, wurden von der Polizei geschätzt, aber waren nicht stark genug, das Werk lebensfähig zu halten. Die winzig kleine „Isetta", deren einzige Tür nach vorne aufging, war ein Ingenieurstraum, nicht Motorrad und nicht Automobil. Doch die Kunden träumten anders.

Zu Beginn seiner Münchner Jahre wollte *Kuenheim* wissen, wie die Welt von morgen träumen würde, genauer gesagt, der Kunde und die Kundin in jenem gesellschaftlichen Segment, das auf leistungsstarke, elegante und teure Autos wartete, ohne die Schwere von Merzedes Benz, aber möglichst mit überlegener Technik. „Ich habe damals den besten Designern gesagt, wir sollten mit unseren Frauen einmal in der Münchner Maximilianstrasse – für Nicht-Münchner: die elegantesten und teuersten Modeboutiquen des internationalen Chic – durch die Läden gehen. Wir haben sie nach Paris und New York geschickt. Sie sollten erspüren, wie künftig der Akkord von Form, Farbe, Anspruch und Selbstverständnis sich neu aufbauen würde." Was hatte das alles mit BMW zu tun? „Die Menschen inszenieren sich, und das Auto gehört, je anspruchvoller desto mehr, von jeher dazu." Anfangs waren die Wagen mit dem Stern denen mit den weiß-blauen Rauten wirtschaftlich leicht davongefahren. Doch die Aufsteiger der sechziger und siebziger Jahre waren auch die Käufer der achtziger Jahre. BMW fuhr scharf heran, wurde in den achtziger Jahren ranggleich mit Mercedes-Benz, außer bei den Staatskarossen. Das Werk, die Menschen, das Produkt – BMW hatte, wie es sonst nur Porsche zuwege brachte, das gewisse Etwas, ein Hauch von Gesamtkunstwerk.

Die Zukunft des Automobils und der individuellen Beweglichkeit? „Autos sind High Tech in jeder Weise. Die Ursache liegt in der Elektronik. Die ist heute ganz entscheidend.“ Kann aber BMW mehr sein als der Systemführer, der den Rahmen setzt, die Plattform gibt und sein Logo darauf befestigt? „Die qualifizierte Zulieferindustrie ist heute fast wichtiger“. Kann BMW das Erfolgsgeheimnis der letzten dreieinhalb Jahrzehnte halten? „Autos sind ein technisches Produkt, ständig durch Technik zu verbessern, gleichzeitig aber Markenartikel. "Dafür zahlen die Kunden eine Prämie, daher der Name premium cars. „Man muss die Technik hochtreiben, gleichzeitig die Marke“. Enttäuschungen sind nicht ausgeschlossen: „Bis das Auto auf der Straße läuft, braucht die Entwicklung zwei Millionen Ingenieurstunden. Dann kommt Frau Gemahlin in den Showroom der BMW-Vertretung und gibt kund, das Blau gefalle ihr nicht. Dann ist alles für die Katz'.“

Einmal, da war er noch aufsichtführend über BMW und 27 Werke in Europa, Amerika und Asien, erinnerte *Kuenheim* die deutsche Politik – er spricht das Wort Provinzialität nicht aus, denkt es aber – an die Fakten des Lebens: „Die Globalisierung hat kein Mitleid“. In der Zwischenzeit ist dieses Mitleid nicht zurückgekommen, und alle Verweise auf die Kosten der deutschen Einheit, das schöne deutsche Sozialmodell und die Klimatisierung der Vollkaskogesellschaft haben keine mildernden Umstände gebracht. Mobilität: Das gilt nicht nur für Güter und Menschen, es gilt auch für die alt gewordenen Gesellschaften Europas. Sie müssen vom Aufbruch nicht nur sprechen, sondern sich hineinstürzen. Denn, so *Kuenheim*: „Gegenwärtig wird die Welt der Arbeit neu verteilt. Sie wandert zum jeweils günstigsten Standort. Bei offenen Grenzen kann die Wirtschaft – jedenfalls ein Teil von ihr – sich dem Druck im Inland, den zu stark werdenden Belastungen entziehen. So muss die Wirtschaft auch handeln… Realitätssinn ist das entscheidende Ordnungsprinzip der Wirtschaft. Nur so kann sie erwirtschaften, was angemessen verteilt werden soll“.

Wie aber entstehen Verständnis und Einsicht, in einem Wort jener Realitätssinn, der das Land zugleich in Bewegung bringen und sichern soll? „Die Medien haben eine entscheidende Rolle zu spielen für die Vermittlung von Realitätssinn – oder dessen Verweigerung“. Man merkt *Kuenheim* an, dass er den Realitätssinn vermisst, nicht nur bei den öffentlich-rechtlichen Medien, die Marktregeln nicht unterliegen, sondern auch bei den Privaten. Wie soll da der Sinn für das Mögliche und Machbare geschärft werden? Die zweite kritische Dimension sieht *Kuenheim* in den Verknöcherungen der Schul- und Universitätsstrukturen, im Verfall von Allgemeinbildung und der Abwanderung der jungen Eliten. Nur scheinbar spricht da der Wirtschaftler, in Wahrheit der Staatsbürger, der sich ums Ganze sorgt: „Nur Wettbewerb sichert Qualität, und über Qualität muss der Kunde frei entscheiden dürfen". Was für die Wirtschaft gilt, gilt auch für Hochschulen und Universitäten, die, anders als in USA und Großbritannien oder an Frankreichs Hautes Ecoles, erst sehr langsam sich ihre Studenten aussuchen dürfen – und dies mitunter nur zögerlich angehen. „Darf es uns wundern, dass unsere qualifizierte Jugend sich ihre Zukunft an den Universitäten der Welt aneignet, nur nicht in Deutschland? Und wundert es darüber hinaus, wenn die derart erworbene Kompetenz an den Märkten der Welt eingesetzt wird, aber eben nicht in Deutschland?" Und dann, so nüchtern wie besorgt: „Die deutsche Industrie wandert aus". Er spricht von längst verlorenen Industrien und tut es mit Trauer und Zorn. Deutschland war einmal Apotheke der Welt. In Chemie, Farben und biologischer Forschung führend. Heute fürchtet sich das Land vor dem Fortschritt, Spitzenforschung wird wenig gefördert, oft blockiert. „Spitze sind wir noch im Automobilbau, bei den Zulieferern, im Werkzeugmaschinenbau. Im Übrigen laufen wir hinterher. Der Mittelstand verkauft sich ans Ausland. Amerikaner, Japaner, Chinesen sind die Käufer – und Forschung und Entwicklung wandern mit".

Kuenheims geistige Welt ist das Preußen des Idealismus, der großen Erneuerung, der Klassik. – aber auch eines nüchternen Wirklichkeitssinns. Daraus kommt der Anspruch, den er an sich selbst stellt wie an andere. Er scheut sich nicht, von Elite zu sprechen. „Recht verstanden ist jeder, der die Aufgabe sieht und die Verantwortung übernimmt, ein Unternehmer im breiten Sinne des Wortes. Er unternimmt etwas. Er ist damit Mitglied unserer Eliten". Was aber folgt daraus? Führung entsteht nicht aus der Quersumme aller abgefragten Meinungen. „Elite ist nicht der Aussteiger. Es ist der, der seine Umgebung für ein Ziel fasziniert. Der Leistung bewirkt, aber auch belohnt. Elite ist der, der tragende Leitbilder und Werte proklamiert und danach handelt. Das sind unverzichtbare Eigenschaften. Es sind im Übrigen Eigenschaften, die Preußen einmal hochgebracht haben".

Ist das ein Selbstporträt? Immer wieder kreist unser Gespräch um das Verhältnis von Realitätssinn und Vision. Für *Kuenheim* kein Widerspruch. „Die wahren Führungskräfte haben keine Ideologien, sondern Realitätssinn. Sie haben Visionen und setzen sie um. Hier sind auch Wege und Mittel, die Durchlässigkeit unserer Gesellschaft zu fördern". Da ist sie wieder, die Faszination durch Mobilität – diesmal die soziale.

Kuenheim neigt nicht zu Pathos und nicht zu Pessimismus. Aber er wird sehr ernst – und sehr preußisch – als er sagt: „Unsere Generation wird nicht danach beurteilt werden, was sie geerntet hat. Sie wird beurteilt nach dem, was sie ausgesät hat."

Aufgeklärte Spekulationen

Die *squares* in der Londoner Stadtentwicklung 1630–1790

Vittorio Magnago Lampugnani

Die Entstehung und das Wachstum der Städte bestimmen von jeher religiöse, politische, gesellschaftliche, technologische und kulturelle Kräfte; vor allem aber ökonomische. Die Wertschöpfung aus Grund und Boden war und ist der Hauptmotor der Stadtentwicklung; dafür wird grundsätzlich versucht, auf den einzelnen Parzellen so viel Nutzfläche wie irgendwie möglich zu bauen. Da jedoch diese Nutzfläche vermarktbar und also attraktiv sein muss, ist die maximale Wertschöpfung nicht mit der maximalen Grundstücksausnützung identisch: Ein Teil der letzteren muss der ersteren geopfert werden. Ausgerechnet das Gesetz der Profitmaximierung setzt im Städtebau jenes der Maximalüberbauung außer Kraft. Konkret: die baugesetzlich zugelassene Hausmasse hat Höfen, Gärten, Straßen und Plätzen Raum zu überlassen. Anders ausgedrückt: Die reine Quantität muss der Qualität den Vorrang geben.

Die Höfe, Gärten, Straßen und Plätze können privat sein, müssen es aber nicht oder zumindest nicht ganz. Damit setzt die Profitmaximierung im Städtebau ein zweites Gesetz außer Kraft: jenes der maximalen Ausweitung des Privatbereichs zuungunsten des öffentlichen Raumes. In der Regel strebt in der Stadt jeder Private die Erweiterung des eigenen Terrains an und versucht, zu diesem Zweck sowohl jenes seiner Nachbarn als auch jenes der Kommune zu besetzen; es gelingt ihm, ebenfalls in der Regel, nur deshalb nicht, weil sich die solchermaßen Bedrohten zur Wehr setzen, und zwar durch entsprechende Baugesetze. Um dem eigenen Terrain jedoch einen größeren Wert zu verleihen, kann ihm der Private einen öffentlichen Raum zuschlagen, der über das hinausgeht, was für die reine Erschließung erforderlich ist. Damit erhält die Kommune etwas, was ihr nicht geschuldet wird, und der Private gibt etwas ab, was abzugeben nicht seine Pflicht ist. Profitieren tun indessen beide. Und demonstrieren, dass in der Stadtökonomie private und öffentliche Wertschöpfung untrennbar miteinander verknüpft und unmittelbar voneinander abhängig sind.

Das zwischen ihnen erforderliche Gleichgewicht ist allerdings höchst empfindlich. In der zeitgenössischen Stadtplanung muss es immer wieder neu definiert und etabliert werden, und in der Geschichte der Städte war es auch nie anders. Dabei hat jede Stadt eine eigene Spielart entwickelt, die nicht nur eng mit ihrer Ökonomie, sondern auch mit ihrer Kultur zusammenhing und immer noch zusammen-

hängt. London im 17. und 18. Jahrhundert stellt ein besonderes, besonders auf-
schlussreiches Fallbeispiel dar.

Von der Glorious Revolution zum Liberalismus

Der Übergang vom Absolutismus zum bürgerlichen Staat vollzog sich in Großbritannien mit weit weniger Krisen als jene, die Frankreich erschütterten. Mit der
Glorious Revolution von 1688 und der Bill of Rights vom darauf folgenden Jahr
wurde das Parlament das maßgebende Staatsorgan, während die englische Krone
ihre absolute Macht verlor und in eine zunehmend marginale Rolle verwiesen
wurde. Gleichzeitig erfuhr das Land einen starken ökonomischen Aufschwung:
zunächst durch die landwirtschaftliche Revolution, bei der die Anwendung
rationeller Techniken im Agrarwesen und die Ablösung des gemeinschaftlichen
openfield system durch das private, intensive *enclosure system* zu einer Steigerung
der Produktivität führte, und unmittelbar darauf durch die industrielle Revolution,
die über den Einsatz von Maschinen im Fertigungsprozess von Waren zur Massen-
herstellung führte. Hinzu kamen opulente Einkünfte aus den zahlreichen Kolonien
des enorm expandierten British Empire.

Diese neuen politischen und wirtschaftlichen Voraussetzungen führten zu einem
tief greifenden gesellschaftlichen Wandel. In England gab es keine Steuerbe-
freiung für die Aristokratie, die mithin nicht in der Lage war, wie jene des vor-
revolutionären Frankreichs die gesamte Steuerschuld auf den Dritten Stand abzuwälzen. Nach den Prinzipien des Liberalismus, die *John Locke* 1690 in seinen *Two
Treatises of Government* ausführte (wobei er das Privateigentum zu einer Grundlage der Gesellschaft erklärte und die Existenz des Staates mit der Notwendigkeit
begründete, eben dieses Privateigentum zu verteidigen), waren sämtliche wirtschaftliche Aktivitäten weitestgehend frei von jeglicher staatlicher Einmischung.
Die Presse war keiner Zensur unterworfen. Dadurch vermochte das Bürgertum
ohne übersteigertes Pathos und ohne großes Blutvergießen in eine einflussreiche
wirtschaftliche und politische Position aufzusteigen und neben dem Adel die bri-
tische Ökonomie zu beherrschen.

Die Zünfte und auch die weiteren berufsständischen Organisationen kontrollierten
immer weniger die Vergütungen und die Mobilität ihrer Mitglieder. Zwischen
Unternehmer und Arbeitnehmer stellte sich die direkte Verhandlung über Arbeitsbedingungen und Lohn ein. Das Gesetz von Angebot und Nachfrage bestimmte
zunehmend das Verhältnis zwischen Kapital und Arbeit, wobei die Fabrikarbeit
begann, an die Stelle der Hausarbeit zu treten. Im aufkommenden Kapitalismus
entstand die neue gesellschaftliche und politische Klasse des Proletariats.

Auch in den Wachstumsmechanismen der britischen Städte wirkte sich der Liberalismus aus. Die Besitzverhältnisse waren fast allenthalben großflächig fragmen-

tiert und bemerkenswert stabil. Der Grund und Boden befand sich in den Händen der Aristokratie oder des Großbürgertums; deren meist blühende wirtschaftliche Situation legte ihnen keine Veräußerung nahe. Zur Regel geriet die Verpachtung: Der Grundstücksbesitzer behielt sein Eigentum, stellte es jedoch für eine bestimmte Zeit gegen eine feste Grundrente einem Investor zur Verfügung, der das Grundstück erschloss, bebaute und den entsprechenden Ertrag so lange abschöpfte, bis der Pachtvertrag auslief.

London: Bodenausnutzungsmechanismen und Typen der Stadtentwicklung

Emblematisch hierfür ist die Stadtentwicklung Londons. Die Hauptstadt des British Empire wuchs und veränderte sich nicht nach übergreifenden oder gar spektakulären Plänen, wie dies etwa in Paris geschah, sondern blieb eine schwer überschaubare Addition autonomer Teile, die nur ansatzweise vom Band der sich zum Meer hin schlängelnden Themse zusammengehalten wurden.

Das lag in erster Linie an den Grundbesitzverhältnissen und den Bodenausnutzungsmechanismen. Das städtische Areal setzte sich nicht aus vielen kleinen Grundeigentümern zusammen, wie es in nahezu allen Städten des europäischen Kontinents überwiegend der Fall war, sondern teilte sich in große zusammenhängende Flächen, die sich im Besitz des Königshauses, des Hochadels und religiöser, schulischer oder korporativer Organisationen befanden. Diese vergaben das Bauland in Pacht auf eine Zeit, die zwischen 21 und 99 Jahren variierte. Zuweilen betrieb der Grundstückseigentümer zusammen mit einem Bauunternehmer Planung, Bebauung und Vermietung in eigener Regie, was hohen Gewinn versprach, aber auch ebenso hohes Risiko und nicht unerhebliche Umtriebe bedeutete. Meistens wurde jedoch das Land nach dem *leasehold system* einer Baugesellschaft verpachtet, die in Abstimmung mit dem Grundbesitzer alle notwendigen Erschließungs- und Baumaßnahmen durchführte und dafür sämtliche Gewinne abschöpfte – natürlich abzüglich der bei Vertragsabschluss vereinbarten festen Grundrente. Das erlaubte dem Besitzer einen zwar vergleichsweise moderaten, dafür aber nahezu risikofreien und ausgesprochen bequemen Gewinn.

In diesen Baugesellschaften spielten die Architekten eine wichtige Rolle: Nicht selten agierten sie als Unternehmer in Schlüsselpositionen, und selbst Persönlichkeiten wie die Gebrüder *John*, *Robert*, *James* und *William Adams* oder *John Nash* verschmähten derlei (durchaus heikle) Positionen nicht. Langfristige Pachtverpflichtungen und substantielle Bankdarlehen erlaubten es ihnen, den zu erstellenden Baukomplex, der in der Regel überwiegend aus Wohnungen bestand, meist einem Konsortium von Baumeistern und Handwerkern unterzuvermieten, wobei sie sich die Kontrolle über die Architektur durch Zeichnungen sicherten, die Vertragsbestandteil waren. In solchen *building agreements* wurden neben den Pachtbedingungen auch ein Bebauungsplan sowie ein Katalog von recht detaillierten Bauvorschriften festgehalten. Jeder Baumeister oder Handwerker vermietete eine oder mehrere Wohnungen, sofern er nicht selbst darin einzuziehen beabsichtigte, einem oder mehreren Nutzern ein weiteres Mal unter – erneut im Schutz der Pachtsicherheit und mit Hilfe von Bankkrediten. Die Qualität der städtebaulichen Planung und der architektonischen Ausführung, die der Architekt (übrigens in Absprache und Einvernehmen mit dem Grundeigentümer) zwar festgelegt hatte, aber unter dem ökonomischen sowie dem (wiederum ökonomisch bedingten) zeitlichen Druck zu leiden drohte, überwachte neben Architekt und Grundeigentümer auch die Zunft. In der Regel ging es dabei darum, Wohngebiete für gehobene Ansprüche zu schaffen; und das städtebauliche Modell war jener *square*, für welchen *Inigo Jones* 1630–35 mit Covent Garden ein Vorbild geschaffen hatte. Für den zweiseitig arkadengesäumten Platz in eleganten neopalladianischen Formen, der als Zentrum und Magnet des Spekulationsprojekts des vierten Earl of Bedford zu dienen hatte, hatte sich *Jones* offensichtlich von der Pariser place Royale (heute place des Vosges) inspirieren lassen. Die unmittelbar darauf folgenden *squares* wie Leicester Square (von 1635 an auf Initiative des zweiten Earl of Leicester angelegt), Bloomsbury Square (von 1661 an im Auftrag und unter Mitwirkung von *Thomas Wriothesley* entstanden, dem vierten Earl of Southhampton: der erste Londoner öffentliche Raum, der als *square* bezeichnet wurde; die Grünanlagen wurden um 1800 vom exponierten Landschaftsarchitekten *Humphry Repton* entworfen) und St. James' Square (von 1665 an durch *Henry Jermyn*, erster Earl of St. Albans, finanziert und realisiert) entwickelten sich zunehmend zum eigenständigen städtebaulichen Typus, dessen klare Anlage, noble Architektur und normierte Grundrisse immer genauer den exklusiven Marktbedürfnissen der florierenden englischen Hauptstadt entsprachen.

Zur gleichen Zeit begannen Stimmen laut zu werden, die eine rationelle und übergreifende Neuordnung der gesamten Stadt London forderten. Eine der gewichtigsten war jene von *John Evelyn*, den ausgedehnte Studienreisen in Europa und ein Exil in Paris für den chaotischen und teilweise desolaten Zustand der englischen Hauptstadt sensibilisierten. 1659 erschien seine bissige Satire *A character of England* (*Evelyn* 1659), 1661 sein viel beachtetes Traktat *Fumifugium* (*Evelyn* 1661), in welchem er nicht nur die „inconveniencie of the aer and smoak of London" anprangerte, sondern auch einige „remedies" vorschlug (darunter die Umsiedlung emissionsstarker Gewerbebetriebe in den Ostteil der Stadt, die Begradigung der Straßen, die Anlage von Friedhöfen extra muros und die Pflanzung von süß riechenden Bäumen in den Vorstädten).

Nach dem Great Fire: Pläne und Maßnahmen

Der große Brand von 1666 zerstörte das mittelalterliche London mit seinen spitz-giebligen Fachwerkhäusern und seinen engen und verwinkelten Gassen nahezu vollständig. Die Chance, die Stadt nach einem neuen, übergreifenden und umfas-senden Plan wiederaufzubauen, drängte sich geradezu auf. Es wurden verschie-dene Vorschläge erarbeitet: von der brillanten urbanen Komposition von *Evelyn*, der seine Zeit für eine grundlegende Modernisierung Londons endlich gekommen wähnte und in seinem Projekt *Marc-Antoine Laugiers* Forderung nach „Vielfalt" ante litteram zu erfüllen scheint, über die schematische Rasterstruktur von *Robert Hooke* bis hin zum großartigen „Plan for Rebuilding the City of London after the Great Fire in 1666" von *Christopher Wren*. König *Charles II.*, der lange am fran-zösischen Hof gelebt hatte und auch in Großbritannien gerne die absolutistische Monarchie wiedereingeführt hätte, machte sich, nicht uneigennützig, für *Wrens* monumentale Vision einer perspektivisch geordneten Hauptstadt nach Pariser Vor-bild stark. Doch trotz der zentralen Stellung, die der Plan für die neue Macht des Geldes vorsah (welche die Königliche Börse verkörperte), kollidierte er noch all-zusehr mit den liberalen Ambitionen des Bürgertums. Diesem waren die empha-tischen Achsen, vor allem aber die notwendig werdenden Umverteilungen der Grundbesitzverhältnisse, welche komplizierte Diskussionen und auch Enteignun-gen mit sich gebracht hätten, tief suspekt. Gegen sein Veto vermochte sich auch der König nicht zu behaupten. Der Plan wurde verworfen, und stattdessen wurde, unter Mitarbeit von *Wren* und anderen Experten, 1667 der so genannte Act for Rebuilding the City (*Commune Concilium [...]* 1667) verabschiedet.

Das Gesetz war politisch eine Verbeugung der Krone vor dem Bürgertum und städtebaulich ein explizites Bekenntnis zur leichten Hand. Lediglich mit der Neu-schaffung von King Street, der Verbreiterung einer bereits bestehenden Straße zu Queen Street, der Begradigung mehrerer allzu krummer Straßen und der Eliminie-rung etlicher Sackgassen griff es in den Stadtgrundriss ein. Daneben statuierte es die allgemeinen Grundsätze für den Wiederaufbau der Stadt, indem es drei Bau-typen festlegte, deren Dimensionen, Geschosszahl und sogar Mauerstärke je nach Bedeutung der Straße bestimmt wurde, an der die Bauten stehen sollten; ein vierter Bautyp, der als Ausnahme galt, regelte das städtische freistehende Wohnhaus. Darüber hinaus sah der Act for Rebuilding the City den Wiederaufbau der öffent-lichen Gebäude durch Abschöpfung einer neuen Kohlesteuer vor, die Kanalisie-rung des Fleet und die Befestigung der Themse-Ufer (die allerdings aufgeschoben wurde).

Unter diesen vergleichsweise geschmeidigen Maßgaben schritt der Wiederaufbau von London rasch voran: Bereits zwei Jahre nach der Verabschiedung des Geset-zes befanden sich rund 1600 Häuser in Bau. Die Aristokratie bestätigte und bekräftigte ihre Neigung, sich in West End niederzulassen. Etliche neue *squares* kamen zu jenen hinzu, die vor dem Great Fire entstanden waren: darunter Soho Square (1681) und Red Lion Square (1684 von *Nicholas Barbon* angelegt, einem berüchtigten Bauspekulanten). Als wichtigstes öffentliches Gebäude baute *Wren* St. Pauls Cathedral (1675–1710), daneben zwei Krankenhäuser, eines in Chelsea (1682) und eines in Greenwich (1696–99). Für die fünfzig neuen Kirchen, die städtebauliche Höhepunkte setzten und ebenso zum Aufbauprogamm gehörten, gab *Wren* in seiner Eigenschaft als Stadtbaurat die Leitlinien vor und überließ die einzelnen Entwürfe Architekten wie *Hooke* und *John Oliver*, später *Nicholas Hawksmoor* und *John Vanbrugh*.

Ein urbaner Typus: der *square*

In der ersten Hälfte des 18. Jahrhunderts blieb zwar die Einwohnerzahl Londons so gut wie unverändert (etwas über 670.000 Menschen), aber die Stadt fuhr fort, sich zu erneuern und zu verschönern. Antrieb dieser intensiven Bautätigkeit waren die Wandlung und Verfeinerung der Lebensgewohnheiten der mittleren und gehobenen sozialen Schichten; ihre ökonomische Grundlage der schier unversiegbare Zufluss von Kapital aus den Kolonien und aus dem Rest Großbritanniens in die Hauptstadt. Es entstanden Hanover Square (1717–19), Cavendish Square (von 1719 an von *John Prince* für *Edward Harley* angelegt, dem Sohn des ersten Earl of Oxford), Berkeley Square (1739–47) und als vorerst größter Londoner *square* Grosvenor Square inmitten von Grosvenor Estate (1725–53); in der zweiten Hälfte des Jahrhunderts folgten Portman Square (1761 ff.), Manchester Square (1776–88), Bedford Square (1775 ff.), Finsbury Square (1777–90) von *George Dance* dem Jüngeren (übrigens der erste Londoner Platz mit Gasbeleuchtung) sowie die ausgewogene Komposition von Mecklenburgh und Brunswick Square von *Samuel Pepys Cockerell* (1790).

Der *square*, der zum Leitmotiv der städtebaulichen Veränderungen Londons im 18. Jahrhundert gerät, hat sich von seinem typologischen Urahn des Covent Garden weit entfernt und ist zu einem ganz und gar autonomen und charakteristischen urbanen Typus geworden. Er ist ein in der Regel mittelgroßer Platz, der als Brennpunkt und Entwicklungsmotor eines gesamten *estate* dem neuen Quartier eine Mitte und Identität verleiht. Freiwillig der Öffentlichkeit geschenkt, bereichert er nicht nur diese, sondern auch und vor allem das private Wohnviertel, indem er den einzelnen Wohnungen Luft und Aussicht und der gesamten Nachbarschaft luxuriösen Glanz verschafft.

In den meist rechteckig oder quadratisch geschnittenen, ebenmäßigen Platz münden die Straßen fast immer an den Ecken oder in deren unmittelbare Nähe ein. Dadurch unterscheidet er sich markant von den barocken Platzanlagen, die in ein perspektivisch aufgebautes, monumentales System von Achsen und *points de vue* eingebunden sind. Die Platzwände sind durch mehr oder minder gleichförmige, auf jeden Fall aber stark normierte, regelmäßig aufgebaute und formal zurückhaltende Architekturen eingefasst. In der Mitte des *square* befindet sich ein zuweilen quadratisches, meistens aber rundes oder ovales Stück Park, das als Ganzes eingezäunt allein den Anwohnern, die einen Schlüssel besitzen, zur Verfügung steht. Er ist nicht formal gegliedert, sondern wie ein Stück Landschaftsgarten gestaltet; wie ein Stück jener Landschaftsgärten, die von den zwanziger Jahren des 18. Jahrhunderts an allenthalben um die Schlösser der englischen Aristokraten auf dem Land entstehen. Auch in die Stadt der Wohlhabenden hält die künstliche Natur des *picturesque* Einzug: als Surrogat, Rechtfertigung und Verheißung zugleich.

Literatur

Commune Concilium tent' in camera Guild-hall civitat' London die Lunæ 29p0s die Apri'is Anno Domini 1667 (1667), An act declaring what streets and streight and narrow passages within the city of London and liberties thereof, burnt down in the late dismall fire, shall be enlarged and made wider, and to what proportion, for notification thereof to the owners or parties interested in the ground to be taken away for the said enlargements, London.

Evelyn, J. (1659), A Character of England. As it was lately presented in a letter, to a Noble Man of France, printed for John Crooke, London

Evelyn, J. (1661), Fumifugium: or The inconvenience of the aer and smoak of London dissipated. Together with some remedies humbly proposed by J. E. Esq; to His Sacred Majestie, and to the Parliament now assembled, printed by W. Godbid for Gabriel Bedel & Thomas Collins, London

de Maré, E. (1975), Wren's London, London

McKellar, E. (1999), The Birth of Modern London. The Development and Design of the City 1660 – 1720, Manchester New York

Olsen, D. J. (1964), Town Planning in London. The 18th and 19th centuries, New Haven

Rasmussen, St. E. (1934), London. The Unique City, Cambridge

Reddaway, Th. F. (1940), The rebuilding of London after the great fire, London

Natur des Eigentums: Bauten als erstarrtes Verhalten von Tieren

Hubert Markl

Eigentum an Grundstücken und Immobilien: dies scheint uns geradezu als Musterbeispiel dauerhafter Besitzergreifung des Menschen, so als ob sich menschliche Kultur außer in Sprache in nichts anderem deutlicher manifestiert hätte. Natur – das heißt doch Freiraum an sich, frei für jeden, der von ihr Besitz ergreifen möchte, um sie zu nutzen. Kultur – das bedeutet dagegen vor allem individuelle und gemeinschaftliche Eigentumsrechte an Land und an allen Arten von Besitztümern, eigentlich also Beschränkung auf das Eigene, Abgrenzung gegen Andere, kulturelle Vielfalt anstelle der gemeinsamen Natürlichkeit, um nicht zu sagen: der Natur des Menschen.

Wer allerdings das Verhalten von Tieren näher betrachtet, wird schnell eines Besseren belehrt und zwar durch nichts so sehr wie durch ihr Bauverhalten, also ihre Fähigkeiten, sich ihre Umwelt selbständig zu gestalten. Damit lernen wir aus ihrem Verhalten etwas über die „Natur des Eigentums", die menschlicher „Kultur des Eigentums" voranging und diese sozusagen auf natürlichen Fundamenten begründete. Woran wir erkennen können, dass unser eigenes Eigentumsverhalten – das sogar die Etymologie als „eigentümliches Verhalten" kennzeichnet –, wenn auch nicht der Eigentumsbegriff, der der Sphäre menschlicher Sprache und menschlichen normativen Denkens vorbehalten bleibt, seine Wurzeln tief im Tierreich hat – wie fast alles, was uns an menschlichem Verhalten für unsere Art typisch, also universal und zumeist auch tief emotional verankert, beeindruckt.

Bauten von Tieren, die kennt doch eigentlich jeder: ein Korallenriff, das Netz einer Spinne, die Röhre einer Köcherfliegenlarve, eine Bienenwabe, einen Ameisenhaufen oder ein Vogelnest, den Dammbau einer Biberfamilie, die Höhlenbauten von Murmeltieren, Präriehunden oder auch nur ganz gewöhnlichen Maulwürfen – wer hätte das nicht schon oft gesehen, davon gehört oder gelesen? Allerweltsprodukte, was soll daran schon Besonderes sein, vielleicht außer der Raffinesse der Techniken, die dabei zum Einsatz kommen und von denen man manchmal kaum glaubt, dass Tiere sie beherrschen könnten?

Dabei verwirklichen sich in Bauten von Tieren mindestens drei verschiedene Eigenheiten ihres Verhaltens, gleich ob sie dabei am Ort festgewachsen sind – so fest wie Pflanzen, weshalb man früher einmal auch von „Pflanzentieren" sprach, wenn man z.B. korallenbildende Polypen meinte, – oder ob sie sich, wie für die meisten Tiere charakteristisch, auf Nahrungs-, Partner- oder Behausungssuche frei bewegen können.

Erstens benötigt meist schon der kleinste, einzellige Leib eines Tierorganismus die Festigkeit und den Halt, wie sie ihm ein anorganisches Skelett, z.B. aus Kalk oder Kieselsäure, geben kann. Bei einem Einzeller ist dies meist ein Gehäuse, das ihn ringsum schützt und das seine spezifische Körpergestalt bildet, doch machen dies die vielzelligen Korallenpolypen, Röhrenwürmer, Muscheln oder Schnecken auch nicht viel anders. Sie alle scheiden die Mineralstoffe an ihrer Körperoberfläche – manchmal auch in ihrem Körperinneren – ab und umhüllen sich somit gleichsam mit ihren Bauten. Wer je eine lebende Muschel oder Seepocke zu öffnen versucht hat, weiß wie gut solche Festungskonstruktionen beschützen können.

Der berühmte deutsche Zoologe *Ernst Haeckel* (1834 – 1919), der mindestens ebenso sehr Zeichner und Maler wie Naturwissenschaftler war, hat mit seinen künstlerischen Darstellungen zahlloser einzelliger (z.B. Foraminiferen und Radiolarien) oder vielzelliger Tiere in seinen wundervollen „Kunstformen der Natur" und vielen anderen Bildwerken gezeigt, wie sehr sich Tierarten in den jeweils arteigentümlichen „Bauwerken" ihrer Gehäuse, Schalen und Skelette in einzigartiger Schönheit entfalten können. Schneckenhäuser sind deshalb seit jeher beliebte Sammelobjekte. Bei manchen Völkern dienten manche von ihnen sogar – wie Goldmünzen – als gängiges Zahlungsmittel, da sie erstens durch ihre Gestalt und Farbgebung nicht leicht zu fälschen und zweitens ausreichend selten waren, um nicht nach Belieben in großen Mengen „inflationierend" auf den Markt gebracht werden zu können. Und wer jemals die gigantischen Kalkgebirge von fossilen oder lebendigen Korallenriffen gesehen hat, auf denen der leuchtend bunte Polypenbewuchs nur wie eine dünne lebende Schleimschicht sitzt, die jedoch viele Meter dicke Kalkablagerungen bei ihrem Wachstum um sich herum und unter sich erzeugen kann, wird nicht daran zweifeln, dass die Natur hier ebenso schöne wie imposante Bauwerke hervorzubringen vermag, die das „Eigentum" der sie hervorbringenden Organismen allein deshalb als ihren wirklichen natürlichen „Besitz" kennzeichnen, weil die Erzeuger ja tatsächlich auf oder in ihren Bauwerken sitzen, ja geradezu darin eingemauert sind.

Zwar drückt sich auch in diesen vielfältig ziselierten, oft bunt gefärbten, durchbrochenen oder gestachelten Formen die arttypische Leistung des ganzen Organismus aus, doch sprechen wir bei diesen Produkten ihres Stoffwechsels eher selten von einem „Konstruktionsverhalten", so wenig wie wir dies bei der Bildung unseres Knochengerüstes sagen würden. Wirkliches Verhalten setzt eben nach unserer Vorstellung doch freie Beweglichkeit voraus, nicht einfach ein noch so kunstvolles Wachstum einer Gestalt. Doch sollten wir diese durch „Baufähigkeiten" bestimmte Grundgegebenheit der allermeisten Tiere nicht vergessen, wenn wir nun ihr wirklich eigentümliches Bau-Verhalten etwas näher betrachten: auch was ihre

Körpergestalt angeht, sind Tiere eben doch von Natur aus geborene Baumeister ihrer selbst, die sich damit vor äußeren Einwirkungen schützen, wenn sie ihre Umwelt schon nicht nach eigenen Bedürfnissen beeinflussen und gestalten können.

Hier geht es jedoch zweitens zu allererst um eine ganz andere, für Bauverhalten charakteristische Eigenheit von Tieren, die auch uns Menschen vertraut ist: um territoriale Besitznahme. Es ist schon richtig, dass ein Korallenpolyp oder eine festgewachsene Meeresmuschel eben festsitzen, wo sie gerade sitzen, und damit ihr Fleckchen „Grundstück" im wahrsten Sinne des Wortes be-sitzen, was manchmal sogar dazu führen kann, dass ein Individuum auf dem anderen siedelt und daraus ganze Muschelgebirge entstehen. Bei beweglichen Tieren ist dies jedoch etwas anderes. Wenn sie sich an einer Stelle niederlassen und dort ihre Schutzbauten, Bruthöhlen oder Nester anlegen, dann müssen sie zu allererst dafür sorgen, dass sie das Gebiet ihrer baulichen Bemühungen gegen Eindringlinge, die es ihnen streitig machen könnten, als ihr ureigenes Revier absichern. Territorialität und Aggressivität gehören daher bei Tieren meist eng zusammen. Wer ohne eigenes Revier herumwandert – wie Zugvögel im Herbst oder im Frühling – braucht sich nicht mit dessen Verteidigung aufzuhalten und ist daher eher schwarm- als angriffslustig. Kaum geht es aber um Nestbau und Brutpflege, dann können aus den unterschiedslos geselligen Zuggefährten besitzergreifende Familienbünde werden, die ihr Brutareal gegen ihresgleichen mit Gesang und Geraufe lautstark und erbittert verteidigen: aus den freien Aufenthaltsräumen sind genau begrenzte Revierparzellen geworden. Natürlich gilt dies nur für jene Tierarten, die auf solche Weise ihr Brutversorgungsgebiet sichern, aber es gibt – vor allem unter Vögeln und Säugetieren – genug davon, um ihre Verwandtschaftlichkeit zu menschlichem Grundbesitzverhalten klar hervortreten zu lassen. Freilich nur, was die Neigung zu solcher Inbesitznahme eines, und sei es noch so kleinen Lebensraumes angeht, nicht etwa das, was wir Menschen damit an Rechtsansprüchen verbinden: Vögel haben kein Grundbuch, sie müssen ihre beanspruchten Areale schon selbst erobern und laufend verteidigen. Allerdings „erben" sie manchmal die Reviere ihrer Eltern, da sie gerne genau dorthin zurückkehren, wo sie herangewachsen sind, manche von ihnen sogar in dasselbe Nest, das bei Raubvögeln oder Reihern über die Jahre zu einer gewaltigen Nestburg heranwachsen kann.

Der bekannte Schweizer Tiergarten- und Zirkusverhaltensforscher *Heini Hediger* (1908–1982), langjähriger Direktor des Züricher Zoos, hat das charakteristische Raumanspruchsverhalten vieler Wirbeltiere genau beschrieben. Viele von ihnen tragen sozusagen unsichtbar, aber im Fall einer unvorsichtigen Grenzüberschreitung durch andere höchst nachdrücklich behauptet, einen „Individualraum" mit sich herum, eine Art „Eigenraumblase", innerhalb derer sie Artgenossen nur nach längerer Vertraulichkeitsbeziehung und ständig wiederholter Vertrautheitsbezeugung dulden: der „Individualabstand" zwischen zugbereiten Staren oder Schwalben auf Telegraphendrähten ist fast sprichwörtlich geworden. Das Ortsfestwerden eines solchen – allein oder für eine Familiengruppe – beanspruchten Raumes macht aus dem mobilen Eigenbereich ein auf Zeit ortsfest besetztes Raum-Eigentum, vor allem, wenn dort in arbeits- und materialaufwendige Bauten investiert werden soll.

Nicht dass es nur bei uns Menschen Immobilieneigentum ohne zugehörigen Grundstücksanteil gäbe. Man denke nur an die afrikanischen Siedelweber, die mit unseren Sperlingen verwandt sind, und die gewaltige Grashaufennester in Akazienbäume bauen, die so schwer werden können, dass am Ende sogar die tragenden Äste abbrechen können. Hier hat zwar jede Vogelfamilie ihr eigenes Brutnest, aber sie sitzen alle im „Gemeindebau" und es werden auch keine Nahrungsreviere, sondern nur die Nesteinschlüpflöcher und Bruthöhlen gegeneinander verteidigt – allerdings auch durchaus gemeinsam das ganze Großhaufennest gegen feindliche Eindringlinge.

Freilich ist es bei größeren Bauvorhaben typischer, dass sie in einem langfristig beanspruchten Territorium liegen, das den Individuen, denen der Bau gehört, als gegen Konkurrenten verteidigter Aufenthalts- und Nahrungssammelraum dient. Solche „Eigenheime" oder „Gemeinschaftswohnbauten" von Tieren sind eigentlich drittens nichts anderes als die räumliche Wiedergabe dauerhaft gewordenen, erstarrten oder kristallisierten, ja sogar manchmal geradezu versteinerten Verhaltens.

Es war eine der großen Leistungen der Grundväter der Vergleichenden Verhaltensforschung (Ethologie), namentlich von *Oskar Heinroth*, *Charles Otis Whitman*, *Wallace Craig*, *Konrad Lorenz* und *Niko Tinbergen*, eigentlich allen voraus jedoch schon von *Charles Darwin*, zu erkennen, dass dem Verhalten von Tieren erbliche Veranlagungen zugrunde liegen, die es erlauben, Verhaltensleistungen wie körperliche Merkmale in ihrer evolutionären Entwicklung und stammesgeschichtlichen Differenzierung zu untersuchen. Nun hat es das Verhalten – als die vollendetste Lebensäußerung von Tieren und Menschen schlechthin – so an sich, dass es in Raum und Zeit vorübergehend abläuft, „erbkoordiniert" vielleicht, wie *Konrad Lorenz* das nannte, aber allenfalls in Film- und Tonaufnahmen wiederzugeben, wenngleich auch in ihnen nicht wirklich festzuhalten – man denke nur an die häufige Erzeugung von begleitenden Düften und anderen chemischen Signalen, die sich dadurch nicht erfassen lässt. Verhalten, das ist fast so etwas wie die Musik des Tierlebens: höchst real und eindrucksvoll, aber leider doch auch überaus flüchtig!

Mit einer ganz wichtigen Ausnahme: dem Bauverhalten von Tieren. In ihm verwirklicht sich das, was Tiere tun, genauso dauerhaft, wie die Bauvorstellungen, also geistigen Leistungen von Architekten in ihren Zeichnungen und Konstruktionen ihren materiellen Niederschlag finden. Biologen haben aus den – zu hartem Substrat erstarrten – Bauten von Termiten, den Nestern von Vögeln oder Insekten, den Netzen von Spinnen und vielen anderen „geronnenen" Lebensäußerungen vieler Tierarten deren verwandtschaftliche Beziehung zu anderen ermittelt und aus solchen Verhaltensgenealogien auf ihre genetischen Verwandtschaftsverhältnisse schließen können. Aber nur deshalb, weil Tiere in dem, was sie anfertigen, gleichsam einen Abdruck ihrer Verhaltensanlagen hinterlassen: ein direkter Weg von den bleibenden Spuren des Verhaltens zurück zu deren genetischer Programmierung. Denn für viele Tierarten sind ihre baulichen Produktionen nicht weniger eindeutig als genetische Fingerabdrücke!

Da man die körperliche Ausprägung dessen, was die Erbanlagen einem Individuum zu entwickeln ermöglichen, als den Phänotyp des betreffenden Lebewesens bezeichnet, hat der englische Evolutionsbiologe *Richard Dawkins* diese in Raum und Zeit über das Individuum weit hinausreichende Verhaltenswirkung auch als „erweiterten Phänotyp" („Extended Phenotype", 1982) bezeichnet. Gene – in ihrer Gesamtheit das Genom – beeinflussen somit nicht etwa nur Knochenbau, Augenfarbe oder Behaarung eines Tieres oder Menschen, sondern auch alles, was ein Tier oder ein Mensch erblich beeinflusst an Verhalten hervorbringt und was seinen dauerhaften Niederschlag in Bauten finden kann: Bauten als erstarrtes Verhalten. Die Reichweite eines solchen „erweiterten Phänotyps" kann dabei höchst beachtlich sein. Im Raum: wenn etwa Biber mit ihren Dammbauten einen ganzen Wasserlauf aufstauen und weitläufige Auwälder überschwemmen; in der Zeit: wenn etwa steinharte meterhohe Termitenbauten in Südafrika Hunderte von Jahren überdauern können – sogar länger als menschliche Königreiche.

Die Natur solchen in Bauten von Tieren manifest gewordenen Eigentums, reicht also unter Umständen weit über Lebensbereich und Lebensdauer der Erzeuger hinaus und übt damit Einfluss auf die ganze Umwelt ihrer Bewohner aus. Sie kann sie überhaupt erst lebenstauglich für sie machen, für optimale Wärme-, Gasaustausch- und Feuchtigkeitsbedingungen in den Bauten sorgen, und den Lebensraum, wie bei manchen Insektenstaaten, zugleich so günstig gestalten, dass er die Nahrungsquellen für die „Bauarbeiter" verfügbar macht, etwa für Pilzkulturen bei Blattschneiderameisen oder Termiten.

Da die imposantesten Bauten nicht das Werk einzelner Tiere, sondern meist ganzer Gemeinschaften („Tierstaaten") sind, – etwa eines Bienenvolkes – , lenkt eine solche Betrachtung den Blick auf solch gemeinschaftliches Verhalten hoch entwickelter Familien- und Sozialsysteme von Tieren, die gerade durch ihr bauliches Gemeinschaftswerk als „Superorganismen" erkennbar werden, als höhere Einheiten sozialer Organisation. *J. Scott Turner* („The Extended Organism", 2000) hat diese Einsicht weiterverfolgt und an vielen Beispielen aus dem ganzen Tierreich gezeigt, wie die höchstentwickelten dieser Gemeinschaftsbauwerke – ob von Insekten oder von Säugetieren – nicht etwa nur für Schutz und Unterkunft für alle Beteiligten sorgen, sondern selbst homöostatisch-organismische Eigenschaften annehmen, indem sie für umweltgerechte Klimatisierung, Temperatur- und Belüftungskonstanz sorgen und darüber hinaus im Wortsinne tief in das ganze Ökosystem, dessen Teil sie sind, eingreifen können: die Tiefbohrschächte mancher Termitenbauten zur Wasserversorgung der Kolonie in wüstenhaften Regionen können Dutzende von Metern in die Tiefe vordringen und durch Erschließung solcher „Versorgungsquellen" im wahrsten Sinne nicht nur für das Termitenvolk, sondern auch für viele andere Lebewesen die Lebensgrundlage schaffen. Von den von Millionen Arbeiterinnen (mit nur einer Königin!) getunnelten Erdbauten der Blattschneiderameisen Südamerikas wird nicht nur berichtet, dass sie ihre Zuchtkammern zur Aufzucht nahrungsspendender Pilzkulturen viele Meter tief und bis zu über hundert Quadratmeter verteilt zu veritablen unterirdischen „Städten" ausbauen, sondern auch, dass der ununterbrochen zur Erhaltung der Kolonie notwendige Fluss von Blättermaterial, auf dem die Pilze gedeihen, über Hunderte von Metern im Umkreis die ganze Pflanzenwelt gestaltend so beeinflusst, dass sie sich besonders gut für die Entwicklung der Kolonie eignet. Wer sich über die Fülle dessen, was „Tiere als Baumeister" (1974) hervorbringen können, näher unterrichten will, der wird beim Altmeister der Biologie der Honigbienen, dem Nobelpreisträger *Karl von Frisch* (1886 – 1982) eine überraschende Fülle von Beispielen erläutert finden. Natürlich über die Wachswaben von Bienenstöcken; aber genauso über die Vielfalt von Vogelnestern bis zu den Laubbrutöfen der Großfußhühner oder die mannigfach bunt dekorierten Balzhütten der Laubenvögel Australiens, oder die auf über 5 Meter anschwellenden Gemeinschaftsnester der (wohlgemerkt einehigen) Siedelweber Afrikas, die so riesig werden, dass andere Vogelarten wie Papageien oder Falken sich den eigenen Nestbau ersparen können, um bei ihnen als „Untermieter" einzuziehen.

Fast möchte es scheinen, als gebe es in den Bauwerken von verschiedenen Tierarten kaum etwas, was in der Kultur des Bauens beim Menschen keine Entsprechung fände. Deshalb können Tierbauten als dauerhaft gewordenes Bauverhalten nicht nur etwas über die Natur der Besitzverhältnisse, also des „Eigentums" bei Tieren lehren, in denen auch unsere eigene Verhaltensnatur mit ihren „Eigentümlichkeiten" wurzelt. Tierbauten gewähren uns gleichsam einen Blick auf die nach außen verlagerten Wirkungen verhaltensbestimmender Erbanlagen von Lebewesen, auf Phänotypen, die in Raum und Zeit weit über die Träger dieses Erbguts hinausreichen und sie lange überdauern, so als wolle die Natur dauerhaft dokumentieren, wozu Tierverhalten fähig ist und was menschlicher Baukultur zur Anregung dienen kann.

Das Haus des Geldes

Die Wiederverwandlung der Bundesbank

David Marsh

Die Deutsche Bundesbank war – und ist – nicht eine Notenbank wie andere. Oberin der Ordnung, Säule der Sicherheit, Heimstätte des gehüteten Haushalts. Mit der 1948 als Bank deutscher Länder nach dem Untergang des Nazi-Reiches entstandenen, 1998 durch Gründung der Europäischen Währungsunion ihrer geldpolitischen Kompetenz verlustig gegangenen Zentralbank verbinden die Nachkriegsdeutschen starke Bande. Die Bundesbank ist Haus des Geldes, Kämpferin gegen Inflation, Hüterin der Deutschen Mark, aber auch Hort der nationalen Identität und Symbol einer Wiedergeburt aus den totalen Verheerungen des Weltkrieges.

Kulturerbe der deutschen Lande und Zukunft Europas fließen in der Bundesbank zusammen: *Deutschland – Ein Währungsmärchen*. Ein Ergebnis des unrühmlich-faszinierenden, politisch-psychologischen Krimi-Zyklus der deutschen Geschichte. Kein anderes Währungsinstitut der Nachkriegszeit wurde so zum Gegenstand unendlicher Mythen und Mystifikation, so umringt von einer sich immer neu verstärkenden Hülle von Anstand, Gewicht und gradliniger Oberlehrerhaftigkeit. Aber die Bundesbank hatte auch ihre Spaßseite, denn sie ermöglichte in den 1950er und 1960er Jahren Fresswelle und Volksautos, ermutigte Stadtarchitektur und Sozialstaat, brachte Hochglanz-Werbekataloge und Urlaub in der Sonne.

Jetzt ist alles – oder zumindest das Meiste – vorbei. Nach der sich über Europa und die Welt stürzenden Erschütterung des Berliner Mauerfalls und der Übertragung, ein Jahrzehnt später, der geldpolitischen Verantwortung der Bundesbank auf die Europäische Zentralbank, ist das Haus leer. Das Lieblingskind D-Mark ist der Mutter entflohen und lässt sich nicht mehr finden. Hinter grauen Mauern im Stadtteil Ginnheim im Nordwesten von Frankfurt übt sich die Bundesbank brav lächelnd in europäischen Pflichtaufgaben, führt aber im Vergleich zur einstigen Glanzzeit nur noch ein Schattenleben. Sie ist nur noch Anhängsel und Aushängeschild einer supranationalen europäischen Institution, die die Bundesbank – wohl, ganz absichtlich, im Interesse des Erstärkens der Nachbarländer am Höhepunkt ihrer Potenz – entmachtet und entkräftet hat. Doch die Erinnerung an das, was die Bundesbank einmal war, bleibt wach. Die Bundesbank stellt eine Mahnung an die Exzesse der Politiker und zugleich ein Zeichen dar, dass die staatlichen wie währungstechnischen Systeme einem ständigen Wandel im Fluss übergeordneter geopolitischer Strömungen unterworfen sind.

Auch in den Augen Außenstehender verkörperte das deutsche Haus des Geldes eine einzigartige Kombination von Eigenschaften. Für ihr Festhalten an einer orthodoxen Geld- und Währungspolitik gelobt, wurde die Bundesbank zugleich für ihren unausrottbaren Hang geschmäht, sich Regierungen im In- und Ausland zu widersetzen. Bis der Funke der Furchtlosigkeit durch die Auflösung der D-Mark erlosch, war die Bundesbank Dämon und Gottheit zugleich. Das Federal Reserve System der Vereinigten Staaten mag mächtiger sein, die Bank of England ehrwürdiger, die Bank of Japan unergründlicher, aber keine hatte die legendäre Unabhängigkeit der Bundesbank oder deren Stolz, unpopuläre Entscheidungen zu treffen, die rund um den Erdball die Geldströme in Bewegung bringen konnten.

Das durch den Kalten Krieg geteilte Deutschland rühmte sich der D-Mark, Rückgrat der verwundeten Nation, und deren Hüterin war die Bundesbank. Und genau aus diesen Gründen mussten sich die Deutschen zum Vorabend des 21. Jahrhunderts von den beiden – Währung wie Währungsinstitut – verabschieden. Pflichtbewusst, aber nicht ohne Wehmut. Durch den Verzicht auf die zu Ruhm und Glanz aufgestiegene Bundesbank und die in ihre Obhut genommene Währung verloren die Deutschen ein wesentliches Element ihres Daseinsgefühls. Aber gleichzeitig markierte die Schaffung der Währungsunion den Anschluss an ein neues Europa der Integration, der Freiheit und der Demokratie. Für viele Menschen brachte dies zwar Umbrüche und Umwälzungen; aber das Hauptergebnis war die Einleitung eines neuen Zeitalters der beständigen Hoffnung.

An den Ursachen dieses Erfolgs war die Bundesbank nicht unbeteiligt. Der Augenblick des Abtretens war auch Zeitpunkt des Triumphs. Zum ersten Mal in ihrer an monetären Umstellungen reichen Geschichte gaben mit der Einführung des Euro die Deutschen eine Währung nicht als Ergebnis von Krieg, Zusammenbruch oder Inflation preis. Im Gegenteil: Gerade aufgrund des Status und der Reputation der Bundesbank und der D-Mark hatten Regierung und Parlament entschieden, sich von ihnen zu trennen und in eine neue politische und wirtschaftliche Ordnung für ganz Europa einzubringen. Mehr noch: die unabhängige Bundesbank wurde Muster, Modell und Maßstab für die Europäische Zentralbank, die mit gleichem Antlitz Funktionsweise und Ergebnisse der deutschen Notenbank weiter fortsetzen soll. Wie *Theo Waigel*, Finanzminister unter *Helmut Kohl* zum Zeitpunkt der Aushandlung der Währungsunion, kurz nach der Maastrichter Gipfelkonferenz im Dezember 1991 zum Ausdruck brachte: „Unsere Stabilitätspolitik wird zum Modell und zum Maßstab für das neue Europa! Wir exportieren das Wesen der Deutschen Mark nach Europa!"

Bei allem Lob für die technische Einführung des Euros: Ob sich Zielvorgabe und Ergebnis abdecken werden, ist eine Frage für die Geld- und Währungshistoriker, die noch nicht abschließend zu beantworten ist. Durch Etablierung des Euro-Bargelds in 2002 erlosch die ohnehin seit einigen Jahren nur auf kleiner Flamme kochende Debatte über Für und Wider der Währungsunion in Deutschland. Sie dauert nur in euro-losen Ländern wie Großbritannien weiterhin an. Bei aller Vorliebe der Deutschen für das Europäische ist das Projekt Währungsunion jedoch weder populär noch populistisch. Um ein typisches Gefühl der negativen deutschen Euro-Meinungsbildung zu vermitteln, darf exemplarisch an die Parolen des damaligen Oppositionskandidaten *Gerhard Schröder* – April 1998: der Euro sei eine „kränkelnde Frühgeburt" – erinnert werden. Als *Kohls* Nachfolger im Bundeskanzleramt ab Oktober 1998 konnte sich *Schröder* von der neuen Staatswährung offiziell nicht mehr distanzieren, aber ein Grundton der Skepsis bestand und besteht nicht nur bei ihm, sondern in der Bevölkerung auch weiterhin.

Die Vertreibung der Bundesbank und der D-Mark aufs Altenteil ist eine historische Zäsur und hinterlässt – wie immer, wenn Bewährtes zurückbleiben muss – einen bitter-süßen Nachgeschmack. Auch nach den ersten Nachkriegsjahren als Wirtschaftswunder-Glücksbringer war die regelsetzende Kraft der Bundesbank und der D-Mark nicht erschöpft, sondern eher vervielfältigt: Ende der 80er Jahre war diese Potenz zugleich Vorbote, Instrument und Preis der nationalen Einheit. In den Jahren des Kalten Krieges war die westdeutsche Star-Währung mit der nationalen Teilung unentwirrbar verzahnt worden. Für Deutsche östlich wie westlich der Elbe war es die D-Mark, welche die polarisierenden Diskrepanzen zwischen den beiden deutschen Nachkriegsstaaten auf den Punkt zu bringen schien. Auf der einen Seite wehten Wohlstand, Lifestyle und Freiheit, auf der anderen Verfall, Mief und Zwang. Ohne den Ruf nach der D-Mark in den revolutionären Strassen von Berlin, Dresden und Leipzig hätte die Wiedervereinigung einen anderen, weniger entschlossenen Verlauf genommen. Nachdem die Regierung von DDR-Ministerpräsident *Lothar de Maizière* ihre währungspolitische Souveränität aufgegeben hatte, war die Abwicklung des ostdeutschen Staates am 3. Oktober 1990 eigentlich nur noch Formsache.

Einmal jenseits der Elbe angelangt, war die neu ausgedehnte Macht der Bundesbank und der D-Mark letztlich dazu verurteilt, aufgrund gesamteuropäischer Verpflichtungen und Empfindlichkeiten sich nach einigen Jahren von der Bühne zu verabschieden. Denn das Emporsteigen der Nachkriegsdeutschen auf den Thron der monetäreren Hard Currency-Orthodoxie verschaffte nicht nur Anerkennung, sondern auch Neidgefühle und Ressentiments im benachbarten Ausland. Die Bundesbank hatte sich über die Jahre hinweg mit ihren „Ehrentiteln" „le monstre de Francfort" oder „The bank that rules Europe" nie richtig angefreundet, obwohl sie sich diese Beschimpfungen hartnäckig erkämpft hatte und sie verteidigte. Als die großen Fragen der nationalen wie der europäischen Vereinigung von den europäischen Regierungen und der Brüsseler Kommission aufgeworfen wurden, war klar, dass die Bundesbank den abschließenden Preis der nationalen Einheit entrichten musste: ihre Macht mit anderen zu teilen. Die im Ausland eben so verbreitete wie überzogene Befürchtung einer Hegemonie der in den Jahren 1989-90 plötzlich auferstandenen deutschen Nation konnte nur durch die Opfergabe der westdeutschen Kronjuwelen, Bundesbank und D-Mark, beschwichtigt und beruhigt werden.

Mit dem Einfügen – ein Jahrzehnt nach der nationalen Vereinigung – der währungspolitischen Kompetenzen der Bundesbank in die Europäische Zentralbank und der Einbringung der D-Mark in den Euro hat die wiedervereinigte Bundesrepublik ihre europäische Gesinnung kräftig unter Beweis gestellt. Das Ausklingen der Ära, in der die Landeswährung auf spezifische deutsche Weise weitgehend auch die Nation selbst symbolisierte, kennzeichnet das Ende einer deutschen Singularisierung. Das Nach-D-Mark-, Nach-Bundesbank-System führt eine neue Normalität ein.

Das Verschwinden der erprobten Währung zeichnet frische Konturen in die europäische Politik, weckt aber gleichzeitig alte Ahnungen und Schatten. Gerade aufgrund der bisher nicht vorhandenen breiten Euro-Unterstützung in der Bevölkerung läuft in Deutschland das Währungsprojekt Gefahr, mangels politischer Legitimität eine Krise zu entfachen, sollte es innerhalb der nächsten Jahre nicht die ersehnten Gewinne an Wohlstand, Sicherheit und Freiheit erbringen.

Auch Struktur und Entscheidungswege der Europäischen Zentralbank werfen zwiespältige Fragen auf. Haben die Deutschen in Europa mit der Aufgabe der D-Mark tatsächlich schlagartig an Macht und Einfluss verloren? Oder war dies alles nur Tarnmanöver? Es gibt Indizien dafür, dass mit der von deutscher geldpolitischer Gesinnung durchsetzten, in Frankfurt ansässigen, von hartnäckigen Währungstechnikern geleiteten europäischen Notenbank die Deutschen die anderen Europäer zumindest halbwegs in eine raffinierte Falle gelockt haben. Die allgemeine europäische Abneigung gegenüber staatlichen Konjunktur-Programmen sowie der ausgeprägte Notenbank-Hang zur monetären Orthodoxie lassen darauf schließen, dass sich im Zuge eines unersichtlichen Transfermechanismus das Regime der Bundesbank weitgehend und fast unsichtbar fortgesetzt hat, wenn auch mit europäischem Vorzeichen.

Kontinuität ist auch in anderen Sphären vorhanden. Die wesentlichsten Befürchtungen vieler deutscher Euro-Gegner haben sich bisher nicht verwirklicht. Weder hat sich die Währungsunion als eine Inflationsgemeinschaft erwiesen noch hat sich nachhaltiger Widerstand gegen die Stabilitätsgrundsätze der Europäischen Zentralbank bei den vorher einer Inflationsmentalität bezichtigten südeuropäischen Mitgliedsländern breit gemacht. Die dunklen, in Memoranden der Euro-Gegner Anfang der 90er Jahre weit verbreiteten Voraussagen, wonach Franzosen, Italienern und Belgiern das Stabilitätsbewusstsein fehle und die Europäische Zentralbank Preisstabilität nicht durchsetzen könne, haben sich als überzogen herausgestellt. Insofern ist das neue europäische Haus des Geldes bisher mit Würde und Standfestigkeit in die Fußstapfen der Bundesbank getreten.

Spannungsursachen für die Zukunft gibt es jedoch allemal. Innerhalb des Euroraums haben das Festzurren der Wechselkurse sowie überdurchschnittliche Kostensenkungen und Rationalisierungen der deutschen Industrie die deutsche Wettbewerbsfähigkeit in Europa sprunghaft gesteigert. Das Ergebnis: seit 1999/2000 Verdoppelung des bereits beachtlichen deutschen Handelsbilanzüberschusses mit europäischen Nachbarn. Früher haben solche Zustände zu Aufwertungen der D-Mark geführt. Innerhalb der Währungsunion sind solche Optionen nicht mehr vorhanden. Das durch den deutschen Wettbewerbsvorsprung verursachte Spannungspotenzial kann nur durch nachhaltig niedrigere Inflationsraten und stärkere Produktivitätszuwächse im restlichen Europa abgefedert werden. Sollte dies nicht eintreten, dann droht über kurz oder lang ein Auseinanderbrechen der Währungsunion. Die Fragestellung ist legitim, ob angesichts des Nichtvorhandenseins einer von vielen für das Gelingen des Maastrichter-Projekts als Voraussetzung gemachten Politischen Union in Europa das europäische Nachfolgerinstitut möglichen kommenden politischen Herausforderungen und Krisen gewachsen sein wird.

Der lange Pfad der Verabschiedung der Bundesbank und der D-Mark ist jedoch mit noch weiteren Paradoxien und Ungewissheiten bestückt. Aufgrund der Nachwehen der Wiedervereinigung und im Zuge der nur unvollständig ausgeführten wirtschaftlichen Hausaufgaben haben die Deutschen in den 90er Jahren an ökonomischer Statur eingebüßt. Angesichts dieser Faktoren hätte die D-Mark in den letzten 10 Jahren ohnehin zur Schwäche tendiert, auch wenn der Euro nie erfunden und eingeführt worden wäre. Mit anderen Worten: Die Währung, die zwei Generationen von Deutschen als Garant der Stabilität schätzen, war zum Zeitpunkt der Grundsatzentscheidung über die Währungsunion bereits dabei, Buddenbrook'sche Verfallserscheinungen zu zeigen.

Unter genauer Betrachtung dieser politisch-ökonomischen Beweggründe lässt sich eine völlig neue Interpretation für den Verzicht auf Bundesbank und D-Mark zeigen: Um die staatliche Einheit zu vollenden, hat *Helmut Kohl* 1990 die D-Mark zu einem überbewerten Kurs eingesetzt. Die beiden verzahnten Operationen – Übertragung der D-Mark in die DDR, dann Verschmelzung der D-Mark mit den Euro-Ländern – sind auf eine für Deutschland Vorteil bringende Weise durchgeführt worden, die unausweichlich zu einer späteren Schwäche der Akquisitionswährung führen musste.

Bisher ist *Kohl* nie in den Verdacht gekommen, mit den ausgeklügelten Schachzügen von Geldjongleuren oder Investment-Bankern vorzugehen. Folgt man jedoch dieser Interpretation *Kohl'scher* Strategie, dann ist der jetzt vollendete und weitgehend verkraftete Verzicht auf Bundesbank und D-Mark für die Deutschen kein Verlust, sondern ein Gewinn. Die Aufgabe eines Währungssystems, das sich historisch bewährt, aber weitgehend ausgedient hat, als Preis für das Wiedererlangen der nationalen Einheit und für die Aufstellung einer das deutsche Gemeinwohl tragenden Ordnung in Europa war und ist ein passables Tauschgeschäft. Das weitere Schicksal der Europäischen Zentralbank und des Euro wird zeigen, ob diese Version der Ereignisse in die Geschichtsbücher eingehen wird. Wenn dies so ist, dann haben die Deutschen bei der Wiederverwandlung des deutschen in ein europäisches Haus des Gelds hinter der üblichen Fassade teutonischer Larmoyanz wahrlich Grund zum Feiern.

Das Familiäre im Bankgeschäft

Friedrich von Metzler

„Man muss sich immer wieder fragen, ob die Bank für die Zukunft noch richtig aufgestellt ist. Davon darf man sich auch durch das Tagesgeschäft nicht abhalten lassen." Dieser Leitspruch meines Vaters Albert bestimmt heute noch unsere Strategie.

Seit elf Generationen ist das Bankhaus im Familienbesitz – wie konnte das gelingen? Grundsätzlich ist dazu zu sagen: Tradition ist Sprungbrett und kein Ruhekissen!

Für uns hieß Tradition nie, einfach immer so weiterzumachen, wie wir es in der Vergangenheit gemacht haben. Ganz im Gegenteil: Wir fragen uns immer wieder, wie wir uns an neue Gegebenheiten anpassen – ja, wie wir sie antizipieren können. Wie sieht das Geschäft in fünf, in zehn Jahren aus? Was müssen wir tun, wo müssen wir investieren, um darauf vorbereitet zu sein?

Metzler musste sich immer wieder auf die eigenen Stärken besinnen und diese ausbauen. Entscheidende Weichenstellungen gab es wiederholt: Ob man sich im 18. Jahrhundert zulasten des Handels- und Speditionsgeschäftes ganz auf das Bankgeschäft konzentriert hatte oder ob in den 70er-Jahren des vergangenen Jahrhunderts der Umbau zu einer reinen Investmentbank angelsächsischen Zuschnitts vorangetrieben wurde – beständig konzentrierte man sich bei Metzler auf das Wesentliche, auf das, was man am besten konnte, auf das, was am besten zur spezifischen Struktur einer Privatbank passte. Unser Geschäft basiert dabei auf dem Wertekanon aus Unternehmergeist, Unabhängigkeit und Menschlichkeit.

Unternehmergeist als dauerhafte Antriebskraft

Denn ein Unternehmen, das sich auf Dauer von seinen Wettbewerbern absetzen will, muss sich auf der strategischen Ebene anders positionieren als diese. Metzler ging um dieser strategischen Fokussierung willen schon früh das Risiko ein, auf einträgliche, altgewohnte Geschäfte zu verzichten. Man hatte den Mut – und die Ausdauer – das im Finanzwesen erworbene Wissen zielgerichtet und konsequent umzusetzen. Unternehmergeist in unserem Sinne heißt deshalb Bewahrung durch Veränderung. Dementsprechend haben wir es oft verstanden, neue Marktchancen frühzeitig zu erkennen und zeitnah zu nutzen. Entscheidender Erfolgsfaktor war und ist nicht zuletzt das unternehmerische Engagement unserer Mitarbeiter – also von Mitarbeitern, die Anstöße für solche Veränderungen geben, die bereit sind, in neue Aufgaben hineinzuwachsen, und damit den unternehmerischen Erfolg mitgestalten.

Unabhängigkeit als Unternehmensziel

Metzler ist sicherlich eines der wenigen deutschen Unternehmen, das nach mehr als 330 Jahren immer noch im Alleinbesitz der Gründerfamilie ist. Durch engen Zusammenhalt in der Familie und eine geschickte Auswahl der Gesellschafter sowie Auszahlung der nicht in der Bank tätigen Familienmitglieder blieb die Familie von Metzler Alleineigner der inzwischen ältesten deutschen Privatbank im ununterbrochenen Familienbesitz. Die Geschäftsphilosophie war über die Jahrhunderte darauf ausgerichtet, diese Unabhängigkeit zu bewahren. Das geeignete Mittel dazu ist der langfristige Geschäftserfolg. Stets hat Metzler diesen Erfolg erzielt durch Konzentration auf Gebiete, in denen das Haus, unabhängig von seiner Größe, mindestens genauso gute oder sogar bessere Dienstleistungen erbringen kann als die größten und erfolgreichsten Wettbewerber. Dabei agieren wir auch unabhängig von einem Zwang zur Größe: Das Bankhaus ist nicht im Mengengeschäft tätig, sondern bietet profitable spezialisierte Dienstleistungen in dynamischen Kapitalmarktbereichen an. Außerdem: Wir haben genug Eigenkapital – auch das macht unabhängig.

Einer einmal getroffenen strategischen Entscheidung muss auch genug Zeit gegeben werden, zu reifen. Wie lange das im Einzelfall dauern kann, sollte nicht unterschätzt werden. Oft erweist sich nämlich das deutsche Beharrungsvermögen als erstaunlich hartnäckig: Einen Markt in Deutschland für Übernahmen, Fusionen und Privatisierungen erwarteten wir bereits für die 80er-Jahre – tatsächlich entwickelte er sich erst in den 90er-Jahren des vergangenen Jahrhunderts wie erhofft.

Um solche Entwicklungen auch über längere Zeit durchzuhalten, muss man unabhängig sein. Dies ist seit jeher unser wichtigstes Asset: Wir waren niemals fremden Anteilseignern verpflichtet. Die Bank gehörte stets der Familie, und bislang waren die Mitglieder in jeder Generation so klug, ihre eigenen Interessen dem Wohl der Bank unterzuordnen. Grundsätzlich ist jeder *Metzler* damit am besten gefahren. Ich werde oft gefragt: „Wann werden Sie verkaufen?" Ich antworte stets: „Warum sollten wir? Wir haben das Commitment der Gesellschafter, dass sich an unserer Unabhängigkeit nichts ändern wird. Denn die Gesellschafter wissen, dass es so weiterhin das Beste für sie sein wird." Die Gesellschafter wiederum geben den Familienmitgliedern, die in der Geschäftsverantwortung stehen, auch alle Mittel, dieser tatkräftig gerecht zu werden. Keine fremden Anteilseigner zu haben, wie zum Beispiel ein börsennotiertes Unternehmen, erlaubt uns, zukunftsweisende Entscheidungen zur Strategie zu treffen und diese nachhaltig zu verfolgen, ohne uns nur auf das nächste Quartalsergebnis konzentrieren und ungeduldige Shareholder zufrieden stellen zu müssen.

Unabhängigkeit bedeutet also Freiheit – in der Meinungsbildung, beim Gestalten von Dienstleistungen, in der Beratung. Das verantwortungsvolle Umgehen mit dieser Freiheit macht uns bei unseren Kunden glaubwürdig. Nur so gedeihen langfristige Geschäftsbeziehungen, nur so haben wir Erfolg. Unabhängigkeit in der Beratung bedeutet aber auch die Vermeidung von Interessenkonflikten. Der Umgang mit dieser Spannungssituation ist essenziell für den Erfolg in der Finanzindustrie.

So verzichten wir im Private Banking darauf, eigene Finanzprodukte zu konzipieren und zu verkaufen. Wir wollen unsere Kunden beraten, das für sie beste Produkt beim Vermögensmanagement einzusetzen.

Außerdem engagieren wir uns nicht mit eigenem Geld in der Unternehmensfinanzierung, sondern suchen im Auftrag unserer Kunden die für sie günstigsten Konditionen am Markt. Einmal abgesehen davon, dass das Kreditgeschäft zu einem Haus unserer Struktur nicht passt, behalten wir dadurch unsere Unabhängigkeit.

Wir nutzen unsere Unabhängigkeit, um Schritt für Schritt weiterzugehen und aus eigener Stärke zu wachsen. Frankfurt am Main ist unser Zentrum, doch wir wollen neue Chancen wahrnehmen und sind jedes Mal neugierig und gespannt auf Herausforderungen in anderen Regionen. Denn in einer zunehmend vernetzten Welt kann man nicht bestehen, wenn der eigene Horizont nur bis zur Stadtgrenze reicht. Auch das hat bei Metzler Tradition: Im 18. Jahrhundert etwa gab es einmal eine Niederlassung in Bordeaux.

Gelebte Werte

In der Marke drückt sich das Selbstverständnis eines Unternehmens aus. Einer guten Marke wird heute ein eigener, sehr hoher Wert zuerkannt. In einem Privatbankhaus stehen die Familienmitglieder persönlich für die Marke ein. Das ist einzigartig und nicht kopierbar. Einerseits mag das manchmal eine schwierige Herausforderung sein, weil einige unserer Vorfahren, Männer wie Frauen, sehr hohe Maßstäbe setzten – andererseits haben wir so eine feste Leitlinie in einer immer unübersichtlicheren Welt. Der Familien- und Firmenname hat damit einen hohen Wiedererkennungswert in einem hart umkämpften Markt und liefert Kunden und Mitarbeitern gleichermaßen eine verlässliche Orientierungshilfe. Ein guter Name dient der Differenzierung gegenüber dem Wettbewerb und steht für den Wertekanon des Unternehmens.

Für den kommenden Generationenwechsel gilt: Wenn der Nachwuchs sich nicht vorstellen kann, in die Geschäftsführung des Bankhauses einzutreten, sollte er es nicht machen. Denn dann wird er es nicht gut machen. Es ist durchaus denkbar, dass einmal eine Generation „aussetzt" und die Bank nur von Nicht-Familienmitgliedern geführt wird. Im Übrigen aber sehen es auch die Partner als Vorteil, dass „ein Metzler" in der Bank aktiv ist. Für die Kunden, Partner und Mitarbeiter stellt sich die Sache so dar: Wenn einer von der Familie dabei ist, können alle sicher sein, dass der Geist des Hauses fortlebt und dass das Prinzip der Nachhaltigkeit erhalten bleibt.

Das Wertesystem eines Unternehmens muss auf den Führungsetagen vorgelebt werden. Verhalten wird tendenziell kopiert. Die Menschen wollen sich mit den erfolgreichen Individuen einer Organisation identifizieren und orientieren sich daher an ihrem Verhalten. So wird eine spezifische Firmenkultur in die einzelnen Abteilungen übertragen. Unternehmensgröße ist demnach kein Hindernis für ein funktionierendes Wertesystem. Ich werde oft gefragt, ob wir unsere spezielle Kultur erhalten können, wenn wir weiter wachsen. Davon bin ich fest überzeugt.

Ein Privatbankier steht mit seinem Kapital und seiner Reputation für sein Tun und Lassen gerade. Er ist daran interessiert, dass sein Unternehmen an die nächste Generation erfolgreich weitergereicht wird, denn er steht in einer langen Kette von Vorfahren und Nachfahren. Das prägt sein Handeln. Er will langfristig geschäftlich tätig sein. Dafür muss er um Vertrauen werben. Vertrauen ist die wichtigste Währung an den internationalen Finanz- und Kapitalmärkten. Diese Währung ist äußerst knapp und hat einen extrem hohen Wert. Zudem gibt es keine internationale Notenbank, die sich um die Stabilität dieser Währung kümmert. Sie lässt sich nicht beliebig schnell vermehren, aber schnell zerstören.

Vertrauen ist die stärkste Währung

Was ist Vertrauen? Der feste Glaube, dass eine bestimmte Erwartung erfüllt wird und dass bestimmte Regeln freiwillig eingehalten werden. In diesem Sinne ist Vertrauen die Basis menschlichen Zusammenlebens und Zusammenarbeitens. Die Gewissheit, dass man dem anderen vertrauen kann, speist sich aus der Erfahrung, dass die Versprechen in der Vergangenheit regelmäßig eingelöst – und somit die Erwartungen nicht enttäuscht wurden. In diesem Sinne beruht Vertrauen auf der unbedingten Verlässlichkeit des anderen und auf der Berechenbarkeit seiner Handlungen. Vertrauen gründet aber auch auf langfristig bewährten und stabilen persönlichen Beziehungen – im Privaten wie im Geschäftlichen. Nachhaltig positive Erfahrungen stärken die Glaubwürdigkeit des Gegenübers und erhöhen damit das Vertrauen in seine Integrität.

Vertrauen ist die Voraussetzung für fast jede Interaktion im Wirtschaftsleben. Es ist umso wichtiger, je komplexer die jeweilige Ware ist und die damit verbundene Gefahr für ein Rechtsgut: Denn kaum ein Marktteilnehmer kann die Qualität der Produkte und Dienstleistungen ohne unverhältnismäßig hohen Aufwand beurteilen. Er ist also – wie die auf Schnelligkeit und Effizienz bedachten Märkte generell – darauf angewiesen, dass er seinen Geschäftspartnern vertrauen kann. Der große Erfolg von Marken, die eine bestimmte Qualität garantieren, ist eine moderne Ausprägung von Vertrauen. So steht „Made in Germany" auch heute noch ungeprüft für technisch und handwerklich hochwertige und damit zuverlässig funktionierende Produkte, womit sich ein bestimmtes Preisniveau rechtfertigen lässt – sozusagen als Vertrauensvorschuss. Auch die Größe eines Unternehmens symbolisierte für viele Jahrzehnte Vertrauen in Seriosität und wirtschaftliche Leistungsfähigkeit. Mittlerweile ist diese Gleichung nicht mehr gültig. Viele Kunden setzen Größe heutzutage mit Undurchschaubarkeit und Intransparenz gleich – also mit Begriffen, die das Vertrauen in ein Unternehmen zumindest auf eine harte Probe stellen können.

Personen und Institutionen schaffen Vertrauen durch ein langfristig verlässliches Verhalten. Entscheidend ist dabei der Gleichklang zwischen Reden und Tun. Versprechen, die eingehalten werden, sind die Basis und addieren sich. Vertrauen wächst. Der Faktor Zeit spielt dabei die entscheidende Rolle. Vertrauen braucht Zeit, und das bedeutet Geduld. Es kann ebenso stark und mächtig wachsen wie ein Mammutbaum. Kommt der Baum allerdings ins Wanken, ist sein Sturz meist nicht mehr aufzuhalten (und er stürzt tief!). Beim Vertrauen ist es ebenso.

In diesem Bild veranschaulicht sich die Schwachstelle im aktuellen Wirtschaftssystem, das in den vergangenen Jahren immer schneller zu einem zunehmend feiner verästelten System zusammengewachsen ist. Allerdings merken wir immer mehr, dass es sich dabei um ein noch fragiles Gebilde handelt – die globalisierte Weltwirtschaft steht noch auf schwankendem Grund, und es wird noch einige Zeit brauchen, bis ein stabiles Fundament für gegenseitiges Vertrauen über Länder- und Kulturgrenzen hinweg entstanden ist. Wenn wir es richtig angehen, bin ich fest davon überzeugt, dass die Globalisierung für uns große Chancen bietet.

Langfristige Ausrichtung statt kurzfristiger Gewinnmaximierung

Entscheidend für Vertrauen ist Transparenz. Uns wird oft die Frage gestellt, wie sich Transparenz mit der Forderung nach Diskretion, die in unserer Bank eine Schlüsselrolle innehat, vereinbaren lässt. Anders als produzierende Unternehmen, die ihre Investitionen über den Kapitalmarkt finanzieren müssen, haben wir uns bewusst als Dienstleistungsunternehmen in der Beratung dagegen entschieden, uns den Anforderungen des Kapitalmarktes zu stellen. Langfristige Strategien bei unserem Ansatz lassen nicht eine Steuerung nach Quartalsergebnissen und betriebswirtschaftlichen Kennziffern zu. Wir können uns das erlauben, weil wir unser Wachstum aus eigener Kraft finanzieren und daher nicht auf den Kapitalmarkt angewiesen sind. Gleichzeitig glaube ich, dass wir unseren Familienaktionären, unseren Kunden und Mitarbeitern gegenüber trotzdem transparenter und berechenbarer sind als viele börsennotierte Unternehmen. Für uns sind langfristiges strategisches Denken und Berechenbarkeit Teile unserer Unternehmensethik.

Die Nachwehen der New Economy haben aber auch ein System grundlegend in Frage gestellt, und zwar durch eine kurzfristig ausgerichtete Wirtschaftsordnung mit Entscheidungsträgern, die für die Ergebnisse ihres Handelns nicht einstehen müssen. Es hat sich also deutlich gezeigt, dass kurzfristige Gewinnmaximierung keine tragfähige Strategie für langfristig erfolgreiches Unternehmertum ist – und damit für wirtschaftliches Handeln, das Vertrauen verdient. Erst die Komponenten einer nachhaltigen Entwicklung sichern den unternehmerischen Erfolg – und lassen langsam wieder Vertrauen entstehen.

Ich verfalle nicht dem Glauben, dass wir wieder ausschließlich Unternehmer haben, die eine Firma für mehrere Generationen aufbauen, nach dieser Maxime leiten und mit ihrem Namen für bestimmte Werte stehen. Ich gehe aber davon aus, dass viele Unternehmer verstanden haben, wie wichtig es für einen nachhaltigen Geschäftserfolg ist, sich strikt an transparenten und damit nachprüfbaren Grundsätzen der Unternehmensführung zu orientieren. Nur über dieses Leitbild einer nachhaltigen Unternehmensführung kann es aus meiner Sicht gelingen, das Vertrauen der Anleger in die Unternehmen zurückzugewinnen. Doch das braucht Zeit. Aus eigener Erfahrung kann ich sagen: Es zahlt sich aus!

Die Stadt als Markt

Alexander Otto

1. Urbanität und Handel

Wer *Sempés* „Konsumgesellschaft" betrachtet, ahnt schnell, dass Urbanität nicht allein mit Werbung und Einkaufen gleichgesetzt werden kann. Wir alle brauchen auch in der Stadt Orte der Ruhe und der Besinnung, wie etwa den Central Park in New York. Ein Blick in viele amerikanische Städte mit ihrer Stadtentwicklung à la Donut – um eine leere Innenstadt mit hoher Kriminalitätsrate gruppieren sich wohlhabende Wohngegenden mit Shopping Malls auf der „Grünen Wiese" – zeigt gerade vor dem Hintergrund der Tradition europäischer Städte aber auch sehr deutlich, dass Urbanität ohne Handel, ohne Markt kaum entstehen wird.

Seit jeher sind die europäischen Städte ein Ort des Handels. Durch die Verleihung des Marktrechts wurde ein Dorf erst zur Stadt, und die Hansestädte tragen heute noch stolz diesen historischen Titel in ihrem Namen.

Von besonderer Bedeutung für die Urbanität ist jedoch weniger der Fernhandel. Containerterminals, Frachtflughäfen und Güterbahnhöfe sind zwar ökonomisch von größter Bedeutung, aber selten Orte, die man aufgrund ihrer Atmosphäre aufsucht. Vielmehr ist es der Einzelhandel, der den Handel mitten in der Stadt sichtbar und erlebbar macht. Wie wichtig der Einzelhandel ist, stellt man häufig erst fest, wenn er fehlt: Wenn das Warenhaus schließt, Leerstände zunehmen und ehemals blühende Fußgängerzonen veröden.

Nicht wenige deutsche Städte leiden unter diesen Problemen. Und nicht wenige sind hausgemacht: Einzelhändler heißen bekanntlich Einzelhändler, weil sie gerne einzeln handeln. Jeder verkauft daher das, was er für richtig hält. Jeder macht sein Marketing so, wie er es für richtig hält. Und jeder öffnet daher dann, wenn er es für richtig hält.

Das hat vor fünfzig Jahren funktioniert, als der deutsche Einzelhandel in der komfortablen Situation war, dass mehr nachgefragt wurde als angeboten werden konnte. Diese Lage hat sich seitdem komplett gewandelt: Die Konkurrenz ist immer schärfer geworden – innerhalb der Stadt, zwischen Stadt und „Grüner Wiese", zwischen den Städten, zwischen den verschiedenen Vertriebskanälen – und sogar zwischen den verschiedenen Optionen, wofür die Menschen ihr Geld ausgeben können. Der Anteil der Einzelhandelsausgaben am privaten Konsum sinkt seit vielen Jahren stetig zu Gunsten von Urlaubsreisen, Handygebühren und anderer Ausgaben.

2. City-Marketing und City-Management – die zahnlosen Tiger?

Wer sich in dieser Wettbewerbssituation behaupten will, muss die Wünsche der Konsumenten erkennen und sie erfüllen – sei es als Einzelhändler oder sei es als Stadt. Viele haben dies schon lange erkannt und entsprechend gehandelt:

So haben sich in zahlreichen Städten Einzelhändler, Stadtverwaltung, Kultureinrichtungen und Gastronomen zusammengeschlossen, um gemeinsam die Innenstadt zu vermarkten. Sofern diese Entwicklung in einem „integrativen und umsetzungsorientierten Kommunikationsprozess zur Stärkung der Innenstadt" mündet, spricht das Deutsche Seminar für Städtebau und Wirtschaft (DSSW) von „City-Management".

Theoretisch kann eine solche Initiative, geleitet von einem City-Manager, zahllose wichtige Aufgaben für eine Innenstadt und den dortigen Einzelhandel erfüllen: Öffnungszeiten angleichen, Parkraum bereitstellen, Marketingaktivitäten bündeln, für Sauberkeit sorgen, den öffentlichen Raum attraktiver gestalten oder Konzepte für einen optimalen Branchenmix entwerfen.

Faktisch hat ein City-Manager nur so viel Macht, wie ihm die lokalen Akteure gewähren – und das reicht zumeist für einen durchschlagenden Erfolg kaum aus. Kein City-Manager kann einen Einzelhändler dazu zwingen, bis 20 Uhr zu öffnen, kein City-Manager kann einen Hauseigentümer zwingen, sein Haus zu renovieren und an einen Supermarkt zu günstigen Konditionen zu vermieten – und bei vielen anderen Themen ist der City-Manager auf den leeren städtischen Haushalt oder finanzielle Beiträge der Mitglieder der City-Management-Initiative angewiesen.

Spätestens bei der Weihnachtsbeleuchtung stellen dann die ersten Einzelhändler fest, dass sich der Erfolg dieser Maßnahme für sie persönlich noch erhöht, wenn sie nur von den anderen bezahlt wird. Eigentum verpflichtet zwar – nicht aber zur Unterstützung von Stadtmarketingaktionen. Viele lassen hier eine langfristig und nachhaltig ausgerichtete Strategie zu Gunsten einer kurzfristigen Kostenminimierung vermissen. Die Folgen für die Stadt sind verheerend, da die Trittbrettfahrer schnell Nachahmer finden – zumal die Kosten für die verbleibenden Einzelhändler und Immobilieneigentümer steigen, je weniger sich beteiligen. Viele ehrgeizige Projekte scheitern daher bereits an diesem Punkt.

3. Business Improvement Districts – der neue Königsweg?

Ende 2004 reagierte die Freie und Hansestadt Hamburg auf diese Problematik und schuf als erstes Bundesland mit dem „Gesetz zur Stärkung der Einzelhandels- und Dienstleistungszentren" die Grundlage für die Einrichtung so genannter „Business Improvement Districts (BID)". In der Gesetzesvorlage führt der Hamburger Senat aus:

„Das in Nordamerika entwickelte Instrument BID bietet neue Chancen für die Aufwertung von Geschäftslagen. Hier trifft sich die Interessenlage der Stadt mit der der privaten Wirtschaft, von der die Initiative für ein BID immer ausgeht. Beiden Partnern ist sehr daran gelegen in der City und den Bezirks- und Stadtteilzentren, eine wirtschaftliche Stabilisierung oder Stärkung städtischer Geschäftslagen zu erreichen. Die auf rein freiwilliger Basis wirkenden Initiativen in den Zentren, wie beispielsweise Standort- und Werbegemeinschaften, werden immer wieder mit dem Problem der „Trittbrettfahrer" konfrontiert, die von den Investitionen und dem Engagement Einzelner profitieren und wichtige gemeinschaftliche Verbesserungsinitiativen für den Standort hemmen; … Mit dem anliegenden Gesetzentwurf soll für die private Wirtschaft die Möglichkeit geschaffen werden, in eigener Organisation und weitgehender Finanzverantwortung Maßnahmen zur Verbesserung der Situation eines Einzelhandels- und Dienstleistungsstandortes zu ergreifen. Im Gegensatz zu bisherigen Formen der Selbstorganisation der lokalen Wirtschaft ist bei dem Modell BID entscheidend, dass die damit verbundenen Aufwendungen durch einen verpflichtenden finanziellen Beitrag aller Eigentümer von Grundstücken im Innovationsbereich (das ist der Begriff des Gesetzentwurfs für BID) gedeckt werden."

Entscheidend beim BID ist folglich die Möglichkeit, die Eigentumsrechte Einzelner zu Gunsten des Gesamtquartiers einzuschränken – wie bereits von den Sanierungsgebieten her bekannt. Ausgangspunkt ist zumeist die Initiative einzelner Grundstückseigentümer oder Gewerbetreibender, die den Handlungsbedarf in ihrer Fußgängerzone erkannt haben. Sie erarbeiten ein erstes grobes Konzept und suchen nach einem möglichen privaten Aufgabenträger. In der anschließenden Konkretisierungsphase wird das Konzept verfeinert, öffentlich diskutiert und durch die Verwaltung geprüft. Wenn nach einem Anhörungsverfahren weniger als ein Drittel der Grundeigentümer gegen die Einrichtung eines BID stimmen, kann dieser in Hamburg durch Rechtsverordnung eingerichtet werden. Dabei wird zwischen dem privaten Aufgabenträger und der öffentlichen Verwaltung ein öffentlich-rechtlicher Vertrag geschlossen. Der Aufgabenträger ist anschließend für die Umsetzung des Konzeptes verantwortlich, die Verwaltung zieht die vereinbarten Abgaben von den Grundstückseigentümern ein.

Die Abgabe wird dabei auf Grundlage des Einheitswerts des Grundstücks bemessen, wobei es beispielsweise für nicht nutzbare Grundstücke Härtefallregelungen gibt. Durch die per Gesetz geregelte maximale Laufzeit eines BID von fünf Jahren ist in Hamburg für jeden Grundstückseigentümer die Belastung kalkulierbar.

An mehreren Standorten wurden in Hamburg inzwischen BIDs eingerichtet und erste Erfolge sind unverkennbar. Das Trittbrettfahrerproblem kann so gelöst werden – sofern die Einsicht und die notwendigen finanzielle Mittel bei einer breiten Mehrheit vorhanden sind. Nicht lösen kann hingegen auch ein BID viele andere entscheidende Fragen für den Erfolg eines Einzelhandelsstandortes: Von einheitlichen Öffnungszeiten bis hin zu einem attraktiven Branchenmix und – damit untrennbar verbunden – einem individuellen Mietenmix.

4. Poolbildung – die Utopie

Das entscheidende Problem bei der Durchsetzung eines attraktiven Branchenmixes ist die unterschiedliche Leistungsfähigkeit der einzelnen Branchen. Ein Lebensmittelgeschäft wird pro Quadratmeter nie die Miete eines Juweliers zahlen können. Da die einzelnen Gebäude in einer Fußgängerzone jedoch zumeist unterschiedlichen Grundeigentümern gehören, ist es wenig verwunderlich, dass einige Branchen sehr häufig in den 1a-Lagen anzutreffen sind und andere so gut wie gar nicht mehr. Verstärkt wird diese Entwicklung noch durch die Einzelhandelsmakler, deren einziges Ziel eine kurzfristig möglichst hohe Miete ist, weil ihre Provision direkt davon abhängt.

Die Eigentümer stehen damit vor einem Dilemma, wie es die Entscheidungstheorie nicht besser formulieren könnte: Sie wissen zwar, dass sie für einen langfristigen Erfolg der Einkaufsstraße und damit für eine nachhaltige Sicherung ihrer Mieterträge eigentlich bestimmte Branchen ansiedeln müssten, die weniger Miete zahlen. Sie wissen in Unkenntnis der Überlegungen der anderen Eigentümer aber nicht, ob es sich langfristig wirklich auszahlen würde, wenn sie selber auf Miete verzichteten – oder ob sie nicht lieber das Geld noch solange mitnehmen sollten, solange es noch fließt.

Lösen könnte man diesen Zielkonflikt zwischen einer langfristig und einer kurzfristig maximalen Rendite für die Eigentümer nur, wenn man die Immobilien poolen und unter einheitliche Verwaltung stellen würde. Hierzu gab es in der Vergangenheit viele Visionen – sie scheitern in der Regel schlicht daran, dass sich nur die Eigentümer beteiligen wollen, deren Mietrendite unter der der anderen liegt (vgl. hierzu auch u.a. Volker Salm, „Revitalisierung von Innenstädten durch Stufenpools" in Berichte des Arbeitskreises Geographische Handelsforschung, Humboldt-Universität zu Berlin, 2000).

5. Herausforderungen des modernen Einzelhandels

Selbst wenn eine solche Poolbildung gelingen würde, bliebe jedoch noch ein weiteres Problem ungelöst: Der moderne Einzelhandel fragt heute immer größere Flächen nach. Hintergrund ist eine deutliche Veränderung des Konsumverhaltens in den vergangenen Jahren:

Zum einen nimmt die Polarisierung der Märkte kontinuierlich weiter zu. Vor allem die Discounter haben gerade in Deutschland an zahlreichen Ausfallstraßen massiv expandiert. Bis 2010 wird sich der Anteil der Billigprodukte am Gesamtkonsum auf etwa die Hälfte erhöhen – bereits heute sind wir im Discount-Bereich in Europa einsame Spitze.

Zum anderen hat die zunehmende Vergleichbarkeit von Angeboten und Leistungen die Ansprüche der Konsumenten deutlich erhöht. Die Konsumforscher sprechen vom „Smart-Shopper", dessen Schnäppchenorientierung sich negativ auf die Rendite des deutschen Einzelhandels niederschlägt.

Wenn der nicht-preisaggressive Einzelhandel in diesem Wettbewerb mit anderen Absatzkanälen mithalten will, muss er ein innovatives Shopping-Erlebnis mit umfangreichem Service, bekannten Marken sowie einer klaren Lifestyle- und Convenience-Orientierung bieten.

Hierfür braucht der Einzelhandel neben anderen Faktoren insbesondere ein ausreichendes Flächenangebot, um sein breiteres und tieferes Warensortiment ansprechend präsentieren zu können. So stiegen etwa die Anforderungen eines Fachmarktes für Unterhaltungselektronik in den letzten fünfzehn Jahren von bis zu 2.500 Quadratmetern auf 3.500 bis 5.000 Quadratmeter. Buchhändler suchen heute statt rund 300 Quadratmeter häufig Flächen von bis zu 2.000 Quadratmetern – in großen Metropolen stehen bereits Buchhäuser mit bis zu 6.000 Quadratmetern.

Das Problem gerade vieler gewachsener Innenstädte ist, dass ihre Strukturen es nicht ermöglichen, diesen veränderten Bedürfnissen der Kunden und damit auch der Einzelhändler nachzukommen. Selbst wenn in einer Einkaufsstraße zehn Läden mit je 200 Quadratmetern leer stehen, kann dort kein Mieter einziehen, der 2.000 Quadratmeter benötigt.

6. Innenstadt-Galerien als Impulsgeber für die City

Gut konzipierte, hochwertige und integrierte Innenstadt-Galerien setzen hier an: Sie sind so gebaut, dass sie auch noch nach Jahrzehnten flexibel auf neue Anforderungen des Einzelhandels angepasst werden können. Sie leisten daher einen wesentlichen Beitrag dazu, dass sich in einer Stadt modernste Einzelhandelskonzepte mitten in der Innenstadt ansiedeln und damit die Attraktivität des gesamten Handelsstandortes deutlich steigern.

Aufgrund des einheitlichen und langfristig ausgerichteten Managements können Innenstadt-Galerien zudem einen breiten Mietenmix realisieren, der einen exakt auf den jeweiligen Standort zugeschnittenen Branchenmix erlaubt. Auch Einzelbetreiber und Existenzgründer finden hier häufig leichter ein Ladengeschäft als in der klassischen 1a-Lage. Dem generellen Trend zur Konzentration im Einzelhandel kann daher gerade hier zumindest teilweise durch die Ansiedlung innovativer und individueller Konzepte begegnet werden. Die Betreiber folgen dabei der Erkenntnis, dass sich ein inhabergeführtes Ladengeschäft häufig schneller und besser auf die Wünsche der jeweiligen Kundschaft einstellen kann, als die Filiale eines großen Handelsunternehmens.

Darüber hinaus erlaubt die Gestaltung der Mietverträge die Festlegung einheitlicher Öffnungszeiten und die Umlage von Werbekosten, wodurch aufwändige Beiträge zum Stadtmarketing möglich werden. Diese reichen von klassischen Anzeigen und eigenen Publikationen über Ausstellungen lokaler Initiativen bis hin zu hochwertigen Aktionen zu unterschiedlichsten Themenbereichen. Häufig übernimmt eine Innenstadt-Galerie dabei nicht nur die Aufgabe eines überdachten lebendigen Marktplatzes, sondern wird gerade in kleineren und mittleren Städten auch zum Stadthallen-Ersatz mit Jazz-Konzerten oder sogar Stabhochsprung-Wettbewerben.

Sparen tun die Einzelhändler in den Galerien hingegen durch sinnvolle Synergieeffekte: Gemeinsame Räume für das Personal, gemeinsame Toilettenanlagen, gemeinsame Modenschauen oder der gemeinschaftliche Einkauf von Energie, Wasser, Abwasser- und Müllentsorgung – all dies spart Kosten, die besser direkt am Kunden eingesetzt werden.

Von hoher Bedeutung für den Standort Innenstadt sind nicht zuletzt die zahlreichen, hell erleuchteten und einfach anzufahrenden Parkplätze, die in der Regel zusammen mit einer Innenstadt-Galerie entstehen. Untersuchungen zeigen, dass Autokunden deutlich mehr Geld in der Stadt lassen als alle anderen. Unabhängig von allen begrüßenswerten Umweltschutz-Maßnahmen darf der Aspekt der Erreichbarkeit bei entsprechenden Diskussionen daher keinesfalls vernachlässigt werden.

Beispiele für derartige Innenstadt-Galerien findet man heute in vielen Städten – von der Altmarkt-Galerie in Dresden über das Ettlinger Tor in Karlsruhe bis hin zum umgestalteten Leipziger Hauptbahnhof, nicht selten ausgezeichnet mit zahlreichen Preisen. Die jeweiligen Städte haben nicht nur als Märkte von diesen Entwicklungen nachweislich profitiert, weil sie zugelassen haben, dass sich der Markt dem Kunden anpasst – anstatt zu versuchen, das Gegenteil vorzuschreiben.

Unternehmertum und Unabhängigkeit

Christopher Pleister

1. Unternehmertum unverzichtbar für Wirtschaft und Gesellschaft

Individuelle und gesellschaftliche Freiheit sind ohne Marktwirtschaft nicht zu verwirklichen. Unverzichtbarer Bestandteil eines marktwirtschaftlichen Systems ist das Recht des Einzelnen auf freie unternehmerische Entfaltung. Der von Joseph A. Schumpeter treffend als „Pionier" bezeichnete Unternehmer ist nicht nur der Motor der Wirtschaft, er ist auch Garant einer marktwirtschaftlichen Ordnung und damit letztlich einer freiheitlichen Gesellschaft.

2. Grenzen der unternehmerischen Selbständigkeit

Unternehmertum ist ohne Unabhängigkeit nicht denkbar. Unternehmertum bedeutet und fördert Unabhängigkeit und Selbstverwirklichung. Gleichzeitig sind optimistische, selbstbewusste und in diesem Sinne unabhängige Köpfe eher zur Gründung eines Unternehmens und der hiermit verbundenen Übernahme von Risiken und Verantwortung bereit. Der Unternehmer ist in einem marktwirtschaftlichen System unbestritten der Akteur mit den höchsten Freiheitsgraden, und das inhabergeführte Einzelunternehmen ist das unabhängigste Unternehmen, das man sich vorstellen kann.

Aber selbst ein solches Unternehmen ist nicht völlig unabhängig. Es ist zunächst einmal den gesetzlichen Rahmenbedingungen unterworfen, zu denen auch die Wettbewerbsordnung zählt. Der Wettbewerb spornt die unternehmerischen Aktivitäten zwar an, er setzt ihnen aber zugleich auch Grenzen. Für eine marktwirtschaftliche Ordnung sind beide Funktionen des Wettbewerbs unverzichtbar. Nur innerhalb dieses Rahmens kann sich der Unternehmer bemühen, im Wettbewerb durch innovative Handlungen Vorteile für sich zu erlangen.

Bedeutende Abhängigkeiten bestehen darüber hinaus in der Praxis häufig im Verhältnis zu Kunden und Lieferanten. Die Abhängigkeitsverhältnisse von den Kunden resultieren zum einen aus dem gewöhnlichen Marktmechanismus bei vollständiger Konkurrenz. Betrachtet der Unternehmer diese Abhängigkeiten nicht, so produziert er an den Bedürfnissen des Marktes vorbei und wird langfristig nicht bestehen können. Produziert der Mittelständler – z. B. als Produzent von Vorprodukten oder als Lieferant für Großhändler – nur für eine geringe Kundenzahl und ist die Konkurrenz in diesem Sinne unvollkommen, so existiert für den Unternehmer die Gefahr, dass er aufgrund einer schwächeren Verhandlungsposition massiv in seinen Freiheitsgraden eingeschränkt wird.

Der Grad der Abhängigkeit des Unternehmers von seinen Lieferanten wird ebenfalls von der konkreten Marktsituation bestimmt. Gerade bei eigentümergeführten mittelständischen Unternehmen existieren Abhängigkeiten von Lieferanten häufig in einem sehr hohen Ausmaß. Hier sagt die rechtliche Unabhängigkeit im Verhältnis zur wirtschaftlichen Unabhängigkeit nicht viel aus. Eine Gesellschaft, die von einem geschäftsführenden Gesellschafter geleitet wird, die von ein oder zwei starken großen Lieferanten abhängig ist, ist wesentlich weniger autonom als beispielsweise eine Gesellschaft, die möglicherweise anderen gehört und von einem Management geleitet wird, aber eine sehr breite Lieferantenstreuung hat.

Auch die Volksbanken und Raiffeisenbanken unterliegen den Gesetzen des Marktes und müssen mit ihrem Leistungsangebot die Bedürfnisse ihrer Kunden optimal befriedigen, um dauerhaft erfolgreich zu sein. Mit einem breit gefächerten Allfinanzangebot und rund 30 Millionen Kunden unterliegen sie auf der Nachfrageseite keiner ausgeprägten Abhängigkeit, wie sie sich zum Beispiel aus einer schmalen Produktpalette und einer geringen Kundenzahl ergeben kann. Auf der Lieferantenseite kooperieren die Genossenschaftsbanken nur mit wenigen Zulieferern für die typischen Bankprodukte wie Bausparverträge, Versicherungen oder Investmentfonds. Da sich diese Zulieferer jedoch im Eigentum der Volksbanken und Raiffeisenbanken befinden, verhindert die Ausübung der Eigentümerkontrolle durch die Genossenschaftsbanken die Entfaltung unangemessener Verhandlungsmacht, die theoretisch zu einer Beschränkung der geschäftspolitischen Handlungsspielräume der einzelnen Bank führen könnte. Genossenschaftsbanken besitzen insoweit im Vergleich zu manch anderem mittelständischen Unternehmen ein hohes Maß an unternehmerischer Selbständigkeit.

Ein selbständiger Unternehmer kann seine geschäftspolitischen Entscheidungen nie völlig losgelöst von seiner Umwelt treffen, sondern muss eine Vielzahl von Restriktionen und Sachzwängen berücksichtigen. Langfristige Verträge reduzieren zwar die Gefahr, dass der Unternehmer in eine Situation gerät, in der ein Vertragspartner eine schwache Verhandlungsposition ausnutzen kann. Diese langfristigen Verträge beschränken jedoch auch die Freiheitsgrade. Der Verzicht auf langfristige Verträge mit Kunden oder Lieferanten kann umgekehrt zu Lasten der Effizienz gehen, weil regelmäßig neue Vertragsbestimmungen und Produktmerkmale vereinbart werden müssen. Enorme Such-, Verhandlungs- und Kontrollkosten können ein solches Vorgehen sehr kostspielig machen. Mangelnde Wettbewerbsfähigkeit ist eine mögliche Folge.

3. Kooperation stärkt Unabhängigkeit

Wenn der Unternehmer einerseits die größtmögliche Unabhängigkeit bewahren möchte und andererseits verschiedene Restriktionen beachten muss, ist die Zusammenarbeit mit anderen Akteuren im Rahmen von Kooperationen oder Netzwerken häufig die optimale Reaktion.

Ursprünglich unterschied die Wirtschaftswissenschaft zwischen zwei Formen der Koordinierung von Wirtschaftsprozessen: Diese sind der Markt mit dem Preismechanismus als Koordinationsinstrument und das Unternehmen, in welchem die Allokation von Produktionsfaktoren durch administrative Entscheidungen erfolgt. Die Entscheidung für eine dieser beiden Koordinationsformen liegt in den Transaktionskosten begründet. Immer dann, wenn die bürokratischen Kosten des unternehmensinternen Weisungssystems niedriger sind als die Anbahnungs-, Verhandlungs-, Entscheidungs- und Kontrollkosten, die bei der marktmäßigen Koordination anfallen, bemüht sich der Unternehmer, die entsprechende Wertschöpfungsstufe in das eigene Unternehmen zu integrieren und kann so seine Wettbewerbsposition stärken.

Später wurden hybride Strukturen, also Kooperationen und Unternehmensnetzwerke, in den Transaktionskostenansatz einbezogen. Diese hybriden Strukturen nehmen eine Mittelstellung zwischen der Koordination über den Markt und in Unternehmen ein. In hybriden Strukturen, deren Aufbau und deren Formen der Zusammenarbeit permanent optimiert werden müssen, erfolgt die Koordination über abgestimmtes Verhalten und gemeinsame Ziele. Diese Form der Zusammenarbeit kombiniert die Vorteile der marktlichen und der hierarchischen Koordinierungsform, ohne dass deren jeweiligen Nachteile zu sehr zum Tragen kommen.

Der einzelne Unternehmer, der sich in einem Netzwerk mit anderen zusammenschließt, bleibt rechtlich und wirtschaftlich selbständig und bewahrt somit seine unternehmerische Unabhängigkeit. Die Sicherung der Autonomie der einzelnen Kooperationspartner ist auch ökonomisch von höchster Bedeutung, denn je größer der Grad der Autonomie, desto größer ist die Fähigkeit von Transaktionspartnern, rasch und flexibel auf Veränderungen des Marktgeschehens zu reagieren und das eigene Verhalten entsprechend anzupassen. Hier ist die marktliche Koordination innerhalb eines Netzwerkes der hierarchischen, die bei einem Zusammenschluss der kooperierenden Unternehmer zu einem gemeinsamen Unternehmen zum Tragen käme, überlegen.

Da sämtliche Transaktionen der selbständigen Unternehmer im Netzwerk monetär bewertet werden, ist die Kooperation selbständiger Unternehmen im Netzwerk dem Zusammenschluss der Unternehmer zu einem einzelnen Unternehmen auch bezüglich der Anreizintensität überlegen. Die mit der Dezentralität verbundene grundsätzliche Vorteilhaftigkeit sorgt für einen effizienten Einsatz der Ressourcen. In hierarchischen Strukturen sind die Anreize zur effizienten Ressourcenallokation schwächer ausgeprägt.

In Kooperationen gibt es je nach Umweltsituation immer wieder die Notwendigkeit, das Verhalten in abgestimmter Weise an Umweltveränderungen anzupassen. Gegenüber einem Unternehmen ist hier ein verstärkter Abstimmungsaufwand notwendig. Bei einer rein marktlichen Koordination wäre diese Abstimmung allerdings mit erheblich größeren Abstimmungskosten (Verhandlungs-, Anpassungs- und ggf. auch Anbahnungskosten) verbunden, so dass das Netzwerk selbständiger Unternehmen hier immer noch zu akzeptablen Lösungen kommt. Zudem bildet sich in längerfristigen Kooperationen in der Regel Vertrauen zwischen den Akteuren. Bildet sich dieses Vertrauen nicht, ist das Netzwerk nicht stabil und zerfällt. Abstimmungskosten wie z. B. Überwachungs- und Kontrollkosten bezüglich der Einhaltung der vereinbarten Verträge werden durch Vertrauen spürbar reduziert. Auch dieser Effekt mündet in eine Ausweitung der bestehenden Handlungsspielräume.

Die Partizipation in Kooperationen bzw. Netzwerken stellt für den einzelnen Unternehmer die optimale Antwort auf die drohende Abhängigkeit von einigen wenigen Marktpartnern dar. Durch die Verbindung von Individualinteressen wird ein Gegengewicht gegen wirtschaftlich starke Unternehmen gebildet, denen so auf gleicher Augenhöhe begegnet werden kann. Die zusammengeschlossenen selbständigen Unternehmer können zudem in hohem Maße Größenvorteile und Skaleneffekte realisieren. Auch größere Investitionen, die den einzelnen Unternehmer ggf. überfordern würden, werden möglich. Die Kooperation bewirkt somit eine Ausweitung der Handlungsspielräume und Gestaltungsmöglichkeiten. Durch das Eingehen von Kooperationen behält der Unternehmer jedoch gleichzeitig seine rechtliche und wirtschaftliche Selbständigkeit und kann diese dauerhaft sichern. Gleichzeitig stärken Kooperationen die wirtschaftliche Kraft des einzelnen Unternehmers, woraus ebenfalls eine Ausweitung der Freiheitsgrade resultiert. Der Ökonom spricht hier von der Lockerung ökonomischer Restriktionen oder von der Verschiebung bindender Nebenbedingungen. Waren es früher die Auswirkungen der Industrialisierung, so sind es heute aus der Globalisierung herrührende Veränderungen, denen selbständige Unternehmer durch kluge und vorausschauende Maßnahmen begegnen müssen.

4. Genossenschaftsbanken sichern unternehmerische Selbständigkeit

Wenn Kooperation sich günstig auf die Wahrung der Unabhängigkeit des Unternehmers auswirkt, so stellt sich die Frage, auf welche Art diese Kooperation verwirklicht werden sollte. Eine bewährte Möglichkeit ist der Zusammenschluss in der Rechtsform der eingetragenen Genossenschaft, denn diese verbindet die ökonomische Vorteilhaftigkeit der Kooperation mit dem entsprechenden Wertefundament.

Die genossenschaftliche Kooperation steht seit jeher unter der Maßgabe praktizierter Selbsthilfe, welcher das Menschenbild eines in Selbstverantwortung und Mündigkeit handelnden Individuums zugrunde liegt. Mitgliederförderung bedeutet in diesem Zusammenhang nicht nur die rein betriebswirtschaftliche Förderung des Unternehmertums, sondern auch die Stärkung der gesellschaftlichen Selbständigkeit und Autonomie des Mitglieds. Unternehmerische Selbständigkeit ist in diesem Sinne Ausdruck individueller Freiheit, Ursache für den materiellen und sozialen Wohlstand des Einzelnen und der Gesellschaft sowie Grundlage für die Entfaltung von Kreativität und Leistung.

Entsprechend dieser Werte gilt das Subsidiaritätsprinzip nicht nur im Verhältnis zwischen Bürger und Staat, sondern auch innerhalb der genossenschaftlichen Organisation. Für die Beziehung der Mitglieder zu ihrer Genossenschaft ist dieses Prinzip ein fundamentaler Eckpfeiler des genossenschaftlichen Selbstverständnisses. Das Subsidiaritätsprinzip innerhalb der genossenschaftlichen Bankengruppe ist Ausdruck des hohen Wertes, den die Unabhängigkeit für ihre Mitglieder hat.

Das Subsidiaritätsprinzip beinhaltet ein Entzugsverbot, ein Hilfsangebot sowie das Gebot der subsidiären Reduktion. Das Entzugsverbot bedeutet, dass all jenes, was eine Person oder eine kleine Gemeinschaft leisten kann, dieser Person oder Gemeinschaft nicht von der Genossenschaft entzogen werden darf. Das Hilfsangebot besagt umgekehrt, dass all die Dinge, die von einer einzelnen Person oder einer kleineren Gemeinschaft aufgrund der individuellen Fertigkeiten nicht so gut wie von der Genossenschaft geleistet werden können, von der Genossenschaft erfüllt werden müssen. Hierbei ist allerdings das Gebot der Freiwilligkeit zu berücksichtigen: Jeder Unternehmer entscheidet unabhängig für sich, welche Maßnahmen er auf die Genossenschaft überträgt und welche er selbst ausführen möchte. Die Genossenschaft darf diese Hilfe nicht gegen den Willen des Einzelnen erbringen und so den Handlungsspielraum des Einzelnen reduzieren.

Die Mitglieder von Genossenschaftsbanken verbindet eine besondere Wertschätzung für Selbstbestimmung und Freiheit. Um diese Werte dauerhaft zu bewahren, wird der Einhaltung des Demokratieprinzips sowie der Berücksichtigung der Prinzipien der Gleichheit, Gerechtigkeit und Solidarität hohe Bedeutung beigemessen. Ein Verstoß gegen das Subsidiaritätsprinzip wäre gleichbedeutend mit einem Verstoß gegen diese Werte.

Genossenschaftsbanken engagieren sich daher auch in gesellschaftspolitischen Fragen. Sie setzen sich seit jeher aktiv für den gesellschaftlichen Wandel ein und treiben ihn mit voran. Die Wahrnehmung wirtschaftlicher Interessen der Mitglieder durch die Genossenschaftsbanken beinhaltet auch die Übernahme gesellschaftspolitischer Verantwortung mit dem Ziel der Stärkung der Gesellschaft und der Förderung von Freiheit und Unternehmertum. Dieser Einsatz ist heute dringender denn je, denn obwohl das Bewusstsein für die Notwendigkeit von Veränderungen spürbar gewachsen ist, ist die Bereitschaft zu konkreten Reformen in weiten Teilen der Bevölkerung nicht gegeben. Unsere Gesellschaft braucht mehr Tatkraft und Mut zu einem neuen Aufbruch. Um Veränderungen anzustoßen muss die individuelle Freiheit des Einzelnen gestärkt werden. Dies ist sowohl ökonomisch als auch gesellschaftspolitisch notwendig.

Nur in einem freien Umfeld kann sich der Einzelne auch unternehmerisch entfalten. Umgekehrt prägt unternehmerisches Handeln die Menschen. Unternehmerische Freiheit lässt einen Geist der Selbständigkeit und der inneren Unabhängigkeit entstehen. Dieser kann einer Demokratie nur dienlich sein, denn er gibt der Gesellschaft die Kraft, die notwendigen Veränderungen anzupacken, anstatt in einem Zustand der Lähmung zu verharren. Wer eigenverantwortlich handelt, ist in höherem Maße bereit für Veränderungen. Über die Stärkung der Freiheit und des Unternehmertums wird mittelbar somit auch die Bereitschaft der Gesellschaft zu Veränderungen erhöht, denn die Zeit des Umbruchs als Gelegenheit zum Aufbruch zu erkennen und die darin liegenden Chancen und Gestaltungsmöglichkeiten zu nutzen, ist eine zutiefst unternehmerische Fähigkeit.

Die Zahl der Neugründungen von Genossenschaften ist in den letzten Jahren spürbar angestiegen. Dass die Genossenschaftsidee nach wie vor en vogue ist, lässt sich sicher wesentlich mit den zugrunde liegenden Wertvorstellungen ihrer Mitglieder begründen. Für die ökonomische und für die gesellschaftliche Zukunft dieses Landes ist dies ein ermutigendes Zeichen.

Liebe und nicht so liebe Haustiere

Josef H. Reichholf

1. Das Haus – ein Platz für Tiere

Die meisten Mitbewohner in Haus und Wohnung kennt man gar nicht! Sie sind zu klein, zu heimlich oder zu unauffällig.

Das große Heer der Kleinen führen die Hausstaubmilben an. Zu Millionen leben die Winzlinge in den Wohnräumen. Ihre Ausscheidungen rufen bei manchen Menschen unangenehme Allergien hervor. Würden alle Menschen auf sie so reagieren, könnten wir nicht wie gewohnt in Häusern leben und vielleicht immer noch das sein, was die fernen Vorfahren unserer Art Mensch gewesen waren, nämlich weit umherschweifende Nomaden ohne festen Wohnsitz, die sich nur zeitweise im Lager niederließen. Die Wohnlichkeit brachte ihren Preis in Form von Mitbewohnern. Sie waren von Anfang an höchst unerwünscht, aber sie widersetzten sich allen Rausschmissversuchen auf die hartnäckigste Weise. Weil sie nicht nur bei den Menschen wohnen wollten, sondern sich von diesen auch ernährten; direkt sogar, wie die wohl ersten „richtigen Haustiere", die Wanzen. Sie, die fachlich genauer als „Bettwanzen" zu bezeichnen sind, plagten sicher schon die Höhlenmenschen vor Zehntausenden von Jahren. Wie sie zum Menschen kamen, weiß man bis heute nicht genau genug. Vielleicht stammen sie von Wanzen ab, die an Fledermäusen in Höhlen des Vorderen Orients saugten, denn dort schieden sich die Bettwanzen in eine westliche und eine östliche Art. Jedenfalls suchten sie nächtens die Menschen schon auf, als diese noch keine Betten hatten, sondern sich in Felle hüllten, in denen möglicherweise auch die ersten Menschenflöhe lebten. Auch deren Herkunft ist noch umstritten, wie die der drei Arten von Läusen, die allesamt bis heute nicht ausgerottet werden konnten. Sie sind keine einfachen Umsteiger, wie die Hundeflöhe, die schon auch mal Menschenblut probieren, sondern längst richtig auf uns Menschen spezialisiert. So etwas dauert, wie wir wissen, ziemlich lange, zumal anzunehmen ist, dass auch die Steinzeitmenschen diese Quälgeister nicht gerade schätzten, sondern in ihren Höhlenlagern auszuräuchern versuchten. Doch je fester die Wohnsitze, desto mehr festigte sich auch die Beziehung zwischen diesen ersten Haustieren und dem Menschen. Denn umso regelmäßiger fiel auch etwas Verwertbares ab für die Larven der Flöhe, die davon in den Ritzen am Boden leben.

Und so kam anderes Getier ins Haus, sobald die Wohnstätte dauerhaft genug errichtet war: Vergleichsweise harmlose Abfallfresser, wie Silberfischchen, oder ernst zu nehmende Kleidungs- und Vorratsschädlinge, wie Brot- und Mehlkäfer, Motten und Schaben, Mäuse und Ratten. Letztere brachten den Menschen höchst gefährliche Krankheiten, wie die Pest. Sie wurde von den Wanderratten aus Asien nach Europa gebracht, wo sie im Mittelalter ganz verheerend wirkte. Die eigentlichen Überträger sind die Rattenflöhe, die zu den Menschen übersprangen als diese mit den Ratten in unsauberen Wohnräumen allzu eng zusammen lebten.

Der Zusammenschluss vieler Häuser zu Gebäudekomplexen und Städten förderte dieses Eindringen von ursprünglich frei lebenden Tieren in die Wohnwelt der Menschen. Seit Jahrhunderten leben nun so viele verschiedene Arten von Tieren in Häusern, dass sie kaum ein Zoologe allesamt ihrer Art nach richtig bestimmen kann. Denn sie kommen aus allen Tiergruppen, die an Land leben: Fledermäuse und Mäuse, Schwalben und Spatzen, Käfer in Hunderten verschiedener Arten; dazu Fliegen und Mücken, Tausendfüßer und Spinnen. Es sind ihrer zu viele, um alle Gruppen einzeln zu benennen. Doch auf dieses reichhaltige Tierleben in unseren Wohnungen würden die meisten Menschen zugunsten der freien Natur verzichten.

Haustiere, die gemeint sind, das sind die eigentlichen Haustiere und nicht die ungewollt gekommenen Hausbesetzer. Die wissenschaftliche Zoologie vermeidet allerdings einen so vulgären Ausdruck wie Hausbesetzer. Sie nennt all die Arten, die in die Menschenwelt eingedrungen sind, vornehm „Synanthropen" (Syn = zusammen und anthropos = Mensch). Beliebter werden sie dadurch nicht. Sie gelten eher als Betätigungsfeld für den heute selten gewordenen Berufsstand der Kammerjäger. Wissenschaftlich interessant sind sie allemal, denn wenn wir verstehen, aus welchen Gründen sich die unterschiedlichen Tiere dem Menschen angeschlossen haben, können wir, falls nötig, sie auch besser bekämpfen oder andere Tiere fernhalten, die da noch auf uns zukommen könnten. Denn wer immer aus der Tierwelt den Menschen nahe rückt, will etwas von uns: Nahrung, Wohnraum und Schutz zumeist.

Manchen Tieren wird das gern geboten, wie Vögeln, die an den Häusern nisten oder im Winter ans Futterhaus kommen. Andere erwecken ziemlich gemischte Gefühle, wie die Spinnen im Haus, die zwar lästige Mücken und andere Insekten fangen, aber mit ihren Netzen auch Staub sammeln und damit die tatsächliche Verstaubtheit der Wohnungen sichtbar machen. Spinnweben kommen nicht gut an, auch wenn sie Todesfallen für Insekten sind, die wir nicht wollen, und daher den Mausefallen entsprechen, die wir aufstellen. Doch was weit lauter unterm Dach rumort als die Mäuse, das sind im Sommerhalbjahr entweder harmlose Siebenschläfer, die tagsüber schlafen, aber nachts herumpoltern. Oder aber es haben sich gar Marder einquartiert. Diese stören die Nachtruhe genauso sicher wie sie zuverlässig Mäuse und Ratten bekämpfen; besser meist als die Hauskatzen, die leckeres Dosenfutter der mühsam gefangenen Nagerbeute vorziehen. Gut gefütterte und verwöhnte Hauskatzen pflegen nicht so bereitwillig in die finsteren Schlupfwinkel der Ratten und Mäuse vorzudringen, wie die Marder, weil sie von diesen natürlichen Beutetieren nicht leben müssen. Stille Freunde dürften Hausmarder in unserer Zeit unter den Automechanikern gewonnen haben. Denn mit durchgebissenen Kabeln, Schläuchen und anderen Schäden sorgen die Automarder für zusätzlichen Verdienst. Vielleicht besteht sogar eine heimliche Übereinkunft zwischen den Werkstätten und den Autoherstellern, die Autos nicht marderdicht zu machen. Das mag mancher geschädigte Zeitgenosse argwöhnen. Denn mit dem nächtlichen Poltern auf den Dachböden sollten die Marder Spaß genug haben. Autos brauchen sie nicht anzubeißen!

Häuser waren von Anfang an für Tiere attraktiv. Viele leben von Natur aus in Höhlen. Die künstlichen Wohnhöhlen der Menschen bieten meistens ein besseres Innenklima. Mit der Zeit näherte es sich auch außerhalb der Tropenzone der tropischen Wärme an. Der Mensch braucht sie, weil er ein Kind der Tropen ist. Viele Mitbewohner aus der Tierwelt empfinden das ähnlich. Es sind Wärme liebende Arten, die sich in der Menschwelt eingenistet haben. Sie wurden umso häufiger, je größer die Wohnkomplexe anwuchsen. Städte erzeugen ein eigenes Klima, das mehrere Grad im Durchschnitt wärmer als das Umland sein kann. Daher sind nicht nur die Wohnungen selbst, sondern auch die Gärten und die Städte so anziehend für Tiere (und viele wild wachsende Pflanzenarten!).

Menge und Vielfältigkeit des Tierlebens wachsen in der Tat mit der Größe der Stadt an. In Millionenstädten wie Berlin gibt es mehr Arten frei lebender Vögel als in den meisten Naturschutzgebieten. Die Artenvielfalt von Schmetterlingen erreicht kaum zu glaubende Höhepunkte in den Randzonen der Großstädte. Die Gebäude- und Wohnkomplexe der Städte stellen in unserer Zeit geradezu Inseln der Artenvielfalt in der ansonsten fortschreitenden Verarmung dar. Tiere und Menschen können durchaus zusammen leben. Von der Unwirtlichkeit der Städte kann kaum noch die Rede sein. Das Eindringen so vieler Tierarten in die Menschenwelt zeigt die Verbesserungen in aller Deutlichkeit an. In den Großstädten singen pro Quadratkilometer mehr Vögel als in den meisten Wirtschaftswäldern. Auf jeden Einwohner kommt heutzutage mindestens ein frei lebender Vogel und nicht mehr auf jeden Fall eine Ratte wie noch vor einem Vierteljahrhundert. Ungeliebtes Hausgetier gibt es zwar zuhauf, geliebtes aber auch an und in den Häusern. Warum ist das eigentlich so? Was macht ausgerechnet den Menschen zum größten Tierfreund?

2. Tierfreund Mensch

Viele Millionen Tiere leben bei den Menschen. In Europa wird ihre Gesamtzahl auf 261 Millionen geschätzt. Diesen richtigen Heimtieren werden oftmals geradezu luxuriöse Bedingungen geboten. Vögel hüpfen in Käfigen herum und singen stundenlang. Schlangen liegen noch länger unbewegt herum und werden dennoch bestaunt. Goldhamster gibt es inzwischen gewiss mehr in deutschen Wohnungen als Hausratten, die in den letzten Jahrzehnten so rar geworden sind, dass sie auf die „Rote Liste der vom Aussterben bedrohten Arten" kamen. Ihre Zuchtform hingegen, die Laborratte, stirbt täglich zu Tausenden unter Testbedingungen im Dienste der medizinischen Forschung für den Menschen. Das Spektrum der in Wohnungen gehaltenen Tiere reicht von Geparden und Pavianen bis zu Riesenschlangen und Vogelspinnen, von Adlern und Falken bis zu Pfeilgiftfröschen und Schildkröten. Es ist keine Übertreibung, dass allein in deutschen Privatwohnungen insgesamt mehr unterschiedliche Tierarten gehalten und gepflegt werden als in den Zoologischen Gärten. In nicht wenigen Fällen werden die Tiere sogar besser gehalten, weil sich die Menschen mit ihren Tieren individuell weit intensiver befassen als das in Zoos in der Regel möglich ist. Viele Erstnachzuchten von Vögeln, Echsen und Schlangen fanden in Privatwohnungen statt. Der Tierfuttermarkt setzt längst ähnliche Größenordnungen um wie der Markt für Babynahrung. Doch damit kommen wir schon in den Bereich der Haustiere, die, weil in zahlreichen Formen und Rassen gezüchtet, direkt vom Menschen abhängig (geworden) sind. Die große Mehrzahl der Vögel, fast alle Säugetiere, Kriechtiere und Aquarienfische (mit ganz wenigen Ausnahmen), die als Heimtiere gehalten werden, sind Wildformen und keine Haustiere. In den Wohnungen müssen ihnen künstlich artgemäße Lebensbedingungen geschaffen werden. Sonst sterben sie. Mit gezielter Zucht passte der Mensch jedoch mehrere Tierarten seiner Welt so sehr an, dass diese in Freiheit kaum oder gar nicht mehr leben könnten. Das niedliche Zwergkaninchen wäre ebenso wie der Goldhamster oder eine prächtige Perserkatze und auch die meisten Hunderassen untauglich für die freie Natur. Aber es gibt Übergänge bei Katzen und Hunden, die auf den Weg hinweisen, der von ihren Stammarten zu den gezüchteten Haustierformen führte. Als Wegweiser werden Hund und Katze dienen.

Doch was treibt die Menschen überhaupt an, sich Tiere ins Haus zu holen. Stets ist mit der Tierhaltung ein mehr oder weniger hoher Aufwand verbunden. Meistens verursachen die Tiere auch Kosten. Einen direkten Ertrag, wie Rinder und Schweine oder Pferde und die anderen Nutztiere, die Fleisch und Milch erzeugen sollen oder ihre Kräfte den Menschen zur Verfügung stellen müssen, bringen sie nicht.

Doch die Vielfalt und die Mengen der Haustiere zeigen zwei grundlegende Eigenschaften des Menschen: Sein soziales Wesen und seine Neugier. Menschen brauchen Leben um sich, um Mensch sein und bleiben zu können. Ganz besonders gilt das für Kinder und alte Menschen. Wo die zusammen lebende Gemeinschaft, also die Groß- und die Kernfamilie, in der Zahl der Mitglieder abnimmt, steigt die Zuwendung zu anderen Lebewesen als Ersatz für die benötigten Sozialkontakte stark an. Am besten geeignet sind für das Zusammenleben mit den Menschen solche Tiere, die ihrer Natur nach schon recht sozial sind. Passen sie auch mit ihrem Aussehen, weil sie ein weiches Fell, einen rundlichen Kopf und große, ausdrucksvolle Augen haben, und verhalten sie sich verträglich, sind sie die idealen Heimtiere. Die Verhaltensforschung nennt die Kombination solcher Merkmale „Kindchenschema". Wir reagieren darauf unbewusst und ganz von selbst. Daher werden die Welpen aller Hunde, auch der später langschnäuzigsten Formen, als niedlich und nett empfunden und Katzen bleiben das zeitlebens dank ihrer rundlich-kurzen Köpfe, auch wenn sie noch so grausam mit der Maus spielen. Säugetiere mit Fell eignen sich besser zum Streicheln als Vögel mit ihrem Gefieder oder gar die hart gepanzerten Schildkröten. Sehr geschätzt wird stets das muntere Spiel der Jungtiere, das bei Katzen und Hunden durch intensives Training möglichst bis weit ins Erwachsenenleben ausgedehnt wird. Und sicher macht das fast beständige Schwimmen der Fische die Heimaquarien so attraktiv. Man kann die kleine Wasserwelt betrachten und dabei träumen oder sich am Farbenspiel erfreuen.

Gerade die Aquarienfische, für die so viel Technik entwickelt wurde und so viel Geld ausgegeben wird, obgleich sie nun wirklich keine Streicheltiere mehr zu bieten haben, lenken den Blick auf den zweiten großen Bereich, die menschliche Neugier. Sie treibt zum Unbekannten, zum Neuen. Vielfach reicht „der Vogel" an sich nicht mehr, die Neugier zu befriedigen, auch wenn er als Kanarienvogel oder Wellensittich millionenfach und in zahlreichen Formen und Farbvarietäten gezüchtet worden ist. Erstrebt wird die besondere, ganz seltene oder die gar noch unbekannte Art. Deshalb übertreffen die Heimtierhaltungen in ihrer Artenvielfalt auch bei weitem die Zoos, weil die Menschen das Neue und Andere so sehr erstreben. Immenses Wissen über das Sosein und die Lebensweise der besonderen Arten sammelt sich auf diese Weise an. Es wird über die Fachzeitschriften oder per Internet ausgetauscht. Dem menschlichen Partner gegenüber schon fast sprachlos gewordene Heimtierhalter eröffnen sich auf diese Weise neue Bereiche für Dialoge und Kontaktaufnahme. Die enge Verbindung zwischen Sozialkontakten und Neugier geht daraus hervor.

Haustiere schaffen eine Zwischenwelt, wenn die rein menschliche Ebene ausdünnt und verloren zu gehen droht. Doch was hier und heute die finanziellen und die technischen Möglichkeiten eröffnen, reicht bekanntlich nicht weit zurück in die Vergangenheit. Heimtierhaltung wird als Luxus angesehen, den sich nur jenes Fünftel der Menschheit leisten kann, das in der begüterten Welt lebt. Wenn sich aber Kinder von Indios in Amazonien unter einfachsten Lebensbedingungen schon Papageien aus dem Nest holen und so aufziehen, dass diese zahm in der Menschengruppe leben, oder wenn das halb verhungerte Kind an einem Müllplatz in Afrika sich an sein klapperdürres Hündchen schmiegt, um sich die Nacht über gegenseitig zu wärmen und vielleicht noch einen weiteren Tag leben zu können, eröffnet solches Verhalten einen viel tieferen Einblick in die uralte Beziehung zwischen Mensch und Tier. Sie dürfte in jenen fernen Zeiten begonnen haben als

Wölfe, die Vorfahren der Haushunde, sich um Menschengruppen scharten, die selbst noch keine festen Wohnsitze hatten, sondern jagend umherstreiften wie die Wolfsrudel auch. Aller Wahrscheinlichkeit nach ist der Hund das erste und älteste richtige Haustier des Menschen.

3. Hund und Katze

Heute, so sagt man, lassen sich die Menschen (in vielen Teilen der Erde, jedoch sicher nicht in allen) in zwei Gruppen einteilen. Die einen ziehen Hunde vor, die anderen die Katze. Der kleine Rest bleibt unbedeutend. Das mag im Großen und Ganzen stimmen, erklärt aber nicht, weshalb der Mensch überhaupt Haustiere züchtete und warum gerade diese beiden. Bei der Katze gelingt es leichter, sich eine Vorstellung ihres Werdegangs von der Wildform zum Haustier zu verschaffen, denn sie ist in ihrem Verhalten weit unabhängiger vom Menschen geblieben als der Hund. Ihre Stammform, die nordafrikanisch-ägyptische Falbkatze (eine Unterart der in Eurasien weit verbreiteten Wildkatze), verehrten die Alten Ägypter als Göttin Bastet: So wichtig war die Katze für die Sicherung des gespeicherten Getreides. Die aus der Wildform gezüchteten ägyptischen (Haus)Katzen fingen Mäuse und Ratten, weil sie nach Katzenart ortsgebunden leben und nicht wie Hunde umherlaufen oder gar weiterwandern. In den vier bis fünf Jahrtausenden, seit Wildkatzen von Menschen gehalten und teilweise auch weiter gezüchtet werden, blieb der Katze dieses Gebundensein an das Haus erhalten. Mancher Katzenfreund sah sich schon bitter enttäuscht, als es seine so liebe Katze bei einem Umzug vorzog, am alten Wohnort zu bleiben und nicht mitzukommen. Katzen bestimmen, so sie nicht eingesperrt gehalten werden, auch ungleich stärker ihren eigenen Tagesablauf als der Mensch. Sie ziehen sich zurück und schlafen wann sie wollen, kommen aus eigenem Antrieb heraus zum Schmusen oder Spielen, beenden dieses aber häufig genug mit Bissen oder ausgefahrenen Krallen, wenn ihnen nicht mehr danach zumute ist. Auf Befehl und an nicht vorhandener Leine (der Dressur) lassen sich Katzen nicht ausführen – schon gar nicht auf fremdem Gelände! Sie haben sich im Verlauf ihrer Domestikation weitaus mehr dem Haus angeschlossen als den Bewohnern. Die Bezeichnung „Domestikation" hat genau das zum Inhalt. Sie kommt vom lateinischen „Domus", also direkt vom Haus, und nicht von Hausherr/Hausherrin. Unsere Sprache stellt damit Hauskatze und Hausmaus gleich, während sie mit Hund von vornherein den gleichsam zu einem anderen Wesen umgezüchteten Wolf meint und den Zusatz „Haus" nicht braucht.

Der Anschluss an den Menschen bleibt beim Hund so gut wie unabhängig vom Ort. Er folgt dem Menschen als treuester Begleiter, wohin dieser geht (oder fährt). Zwar schätzt er seinen Wohnort und wird stets versuchen, ihn wieder zu finden, wenn er alleingelassen werden sollte. Aber die Partnerschaft mit dem Menschen bedeutet dem Hund ungleich mehr als einen sicheren Platz zum Leben. Er ist wie der alte Wolf in ihm an sein Rudel gebunden. Allein fühlt er sich verloren. Zum

Menschen kam er, weil dieser während seines langen Daseins in Jäger- und Samm-
lergruppen wie die Wolfsvorfahren des Hundes auch in Rudeln lebte. Vieles
spricht dafür, dass am Anfang der Beziehung zum Menschen die gemeinsame Nutzung des erlegten Wildes stand. Das Fleisch und die großen Markknochen ver-
zehrten die Menschen, die Innereien und die Abfälle erhielten die Wölfe. Die Jungen, die Welpen, lassen sich nach den eigenen Artgenossen prägen und erziehen,
aber durchaus auch auf den Menschen. Vom Menschen aufgezogene Wölfe werden eine Zeit lang, einige Jahre vielleicht sogar, recht anhänglich und zuverlässig,
vor allem wenn es sich um eher schwache Welpen handelt, die gefunden und groß-
gezogen wurden. Helle Fellfarben und kleinwüchsige Hunde eigneten sich weit
eher als intensiv pigmentierte und große für die Aufzucht, weibliche Tiere besser
als Rüden. Beständige Zuchtwahl förderte nach und nach bestimmte Eigenschaften zutage, die von den Menschen erwünscht waren, ließ aber gleichzeitig das Erbgut des Wolfes so verarmen, dass die ursprüngliche Wildheit zurückging.

Über Jahrtausende hinweg nahm der Hund Gestalt an und es verlor sich der Wolf
darin in Aussehen und Verhalten. Die von der Jagd lebenden Menschen und die zu
Hunden gewordenen Wölfe waren in gegenseitige Abhängigkeit geraten, was beiden Seiten erhebliche Vorteile eintrug. Man bezeichnet diese Wechselwirkung als
Symbiose, als „Zusammenleben zu gegenseitigem Nutzen". Diese Symbiose ist
längst bei den meisten Hunderassen so eng, dass sie ohne den Menschen nicht
mehr leben und folglich auch nicht mehr wirklich verwildern können. Normalen
Hauskatzen fällt das nicht schwer. Nur zur Zeit der Fortpflanzung bricht sich der
Alte Wolf in den Hunden Bahn. Die Rüden laufen kilometerweit, die Beziehung
zum Menschen gleichsam für kurze Zeit verratend. Dann reißt das unsichtbare
Band zum Menschen.

4. Planet der Haustiere

Auf schon weit mehr als 6 Milliarden Köpfe ist die Menschheit in unserer Zeit
herangewachsen. Als Art bestimmt der Mensch den Gang des Lebens auf der Erde
in Besorgnis erregender Weise. Mit seinem Wirken ist auch der Fortbestand anderer Arten von Lebewesen gefährdet. Tausende, vielleicht schon Zehntausende von
Tierarten wurden ausgerottet, weil sie der Mensch direkt vernichtete oder ihnen
die Lebensgrundlagen entzog. Dass dabei aber im Hintergrund auch die Haustiere
ziemlich massiv mitwirken, bedenken selbst die aktivsten Naturschützer oft nicht.
Das Futter, das für die Abermillionen Haustiere längst industriell zubereitet wird,
wächst auch auf ehemaligen tropischen Regenwäldern heran, die in Viehweiden
oder Sojafelder umgewandelt wurden. Haustiere brauchen Nahrung, und diese
entsteht nicht von selbst in den Wohnungen. Einige Zahlen mögen verdeutlichen,
worum es geht: Allein in Europa gibt es gegenwärtig mehr als eine Viertelmil-
liarde Heimtiere. 47 Millionen davon sind Hauskatzen und 41 Millionen Hunde,
die streunenden, herrenlosen nicht mit eingerechnet. Aber auch mindesten 35 Mil-

lionen Vögel leben in europäischen Häusern. Natürlich bleiben diese Zahlen bescheiden, verglichen mit den Nutzierbeständen. So gibt es global etwa 13,5 Milliarden Haushühner, fast eineinhalb Milliarden Rinder und je eine Milliarde Schweine und Schafe.

Zusammen genommen übertreffen die Haus- und Nutztiere die ganze Menschheit an Lebendgewicht mindestens um das Zehnfache! Doch ihre Körper brauchen Nahrung wie unsere auch, und so zehren sie mit uns von der Produktionskraft des Planeten Erde, den sie der Zahl und ihrem Lebendgewicht nach mehr charakterisieren als die ganze Menschheit. Dennoch gehören sie zum Menschsein – unverzichtbar! Weil sie mit unseren Emotionen so eng verbunden sind! Die Heimtiere bringen Freude und Kraft. Besonders Kindern und alten Menschen geben sie davon unschätzbar viel. Der Mensch braucht Tiere! Das Kätzchen oder der Hund im Haus, sie haben selbst in Großfamilien ihren Platz und sie sollten auch in Zukunft mit den Menschen leben können. Sie bedeuten Lebensqualität!

Die Wiedergeburt unserer Städte

Petra Roth

Städte sind Orte der permanenten Erneuerung; sie erfinden sich immer wieder neu, manchmal durch äußere Einflüsse bedingt, manchmal durch gesellschaftliche Entwicklungen, die in den Städten selbst stattfinden. Die Wiedergeburt der Städte – ein wenig klingt das Bild des Phoenix an, des Feuervogels, der zu Asche wird und aus der Asche wieder aufsteigt – erscheint mir als ein komplexer Prozess, bei dem auch das Rechtsinstitut des Eigentums eine Rolle spielt. Und doch ist der Begriff Wiedergeburt problematisch. Städte verändern sich nicht von heute auf morgen radikal. Das würde die in den Städten lebenden Menschen überfordern und ihnen ein Stück ihrer Identität nehmen. Städte werden, aus heutiger Sicht, doch nicht auf dem Reißbrett entworfen und lediglich nach funktionellen Kriterien eingeteilt. Heute haben wir ein stärker organisches Bild der Stadt vor Augen als ein Gemeinschaftswerk, an dem unsere Vorfahren, wir selbst und die nächsten Generationen teilhaben und teilnehmen. Ein wenig geht es in der Gestaltung der Städte darum, Herkunft in die Zukunft mitzunehmen, wie es *Odo von Marquard* einmal in einem anderen Zusammenhang formuliert hat. Das heißt aber auch, dass wir mit Traditionen, mit dem Hergekommenen, pfleglich umgehen und nicht alles zur Disposition des Marktes (und damit der Eigentümer) stellen. Die Wiedergeburt der Städte erfolgte immer aus dem Geist des Gemeinwohls, der die partikularen Interessen einzudämmen und einzuhegen wusste mit Blick auf das größere Ziel, auf die Bewohnbarkeit der Städte.

Die historischen Beispiele belegen deutlich, wie schwierig diese Gratwanderung mitunter fällt. Nach dem Krieg lag die Stadt Frankfurt in Trümmern. 17 Millionen Kubikmeter Trümmer bedeckten die Stadt, mehr als 80 Tausend Wohnungen waren völlig zerstört, 53 Tausend beschädigt. Die historische Altstadt war in den Bombenangriffen untergegangen. An eine Wiedergeburt nach dem oben gebrauchten Bild des Phoenix haben damals vermutlich nur wenige gedacht; die Beseitigung der unmittelbaren Not stand im Vordergrund. Dazu gehörte die Beseitigung der Wohnungsnot; Eigentum hat hier nicht davor geschützt, über ein System der Zuweisungen sein Wohneigentum teilen zu müssen – übrigens ganz im Sinne des herkömmlichen christlichen Verständnisses von Eigentum, das das Teilen in der Not vorsieht. Schwieriger waren die anderen juristischen Fragen. Wem gehören die Gebäudetrümmer? Wie werden die Vermögens- und Eigentumsfragen geregelt, wenn im Zuge des Neuaufbaus der Stadt neue Straßen in das Areal der Altstadt gelegt werden und sich die Baufluchtlinien ändern? Die Frankfurter Stadtpolitiker haben hierfür Lösungen gefunden, die pragmatisch dem Geist der Zeit entsprungen sind. So hat die lange bestehende Trümmerverwertungsgesellschaft die Gebäudetrümmer und damit die Steine nach der Verarbeitung umstandslos in den Besitz der Stadt genommen. Enteignungen wurden, wo sie notwendig waren, durchgeführt; das Hessische Aufbaugesetz von 1948 hat dafür die Rechtsgrundlage geliefert. Mein Amtsvorgänger *Walter Kolb* hat dann im Mai 1952 den Grundstein gelegt für die Neubebauung der Frankfurter Altstadt, ein Gebiet von 3,4 Hektar, das von Trümmern vollständig freigeräumt worden war und nun mit neuer Verkehrsführung, lichterer Bebauung und neuen Verkehrsbeziehungen bebaut werden sollte. Mit der so genannten Frankfurter Lösung, dem gemeinnützig orientierten und einheitlich finanzierten Neuaufbau der Innenstadt, hat Frankfurt damals Maßstäbe für den raschen Aufbau eines zerstörten Stadtkerns gesetzt.

Zwanzig Jahre später: In der nun wieder aufgebauten Stadt Frankfurt am Main brodelt es. Hausbesetzungen, der Kampf um das Westend, das sind Schlagworte, die mit der Stadt auch in der überregionalen Presse verbunden werden. Die Stadt war gewachsen, und vor allem die Nachfrage nach Büros griff in das Westend, ein gutbürgerliches Wohnviertel, über. Das Westend wurde zum Spekulationsobjekt. Die Zerstörung und der Abriss von Wohnhäusern, Mietervertreibung, drohende Verslumung und Ausnahmegenehmigungen zum Bau von Hochhäusern brachten selbst bürgerliche Opponenten auf den Plan. Eine jugendliche Hausbesetzerszene griff zur Selbsthilfe und prangerte mit illegalen Mitteln an, was selbst vielen Menschen, die nicht mit den Hausbesetzern sympathisierten, ein Dorn im Auge war: Wohnraum als Spekulationsobjekt zu sehen, Leerstände zu produzieren und schließlich eine Umwandlung in Büros oder eine Neubebauung vorantreiben zu können. Die Stadtverwaltung hat nach vielen Jahren diesem Missstand entgegen wirken können, so durch das umstrittene Verbot der Wohnraumzweckentfremdung. Dass auch hier das Pendel bisweilen zu stark nach der anderen Seite ausgeschlagen ist und berechtigte Modernisierungsinteressen verhinderte, ist unbestritten. In der hitzigen Situation der siebziger Jahre jedoch hat dieses Instrument zu einer Beruhigung der aufgeladenen Atmosphäre ebenso beigetragen wie die zunehmende Transparenz, die in die Planungsprozesse hineingebracht worden ist.

Heißt dies nun, dass Eigentum und die Kultur des Eigentums in Frankfurt nur eingeschränkt gesellschaftsfähig sind? Nein, dies natürlich nicht. Eigentum lässt sich ohne die Bindung an das Gemeinwohl nicht denken. Das ist auch die Botschaft des Grundgesetzes: Eigentum verpflichtet und sein Gebrauch soll zugleich dem Wohl der Allgemeinheit dienen. Das Beispiel des Westends zeigt, welche Verwerfungen produziert werden, wenn sich Eigentum aus dem Bezug zum Gemeinwohl entfernt. Und das Beispiel der Nachkriegszeit macht deutlich, wie sehr es in Zeiten der Not angeraten sein kann, das Rechtsinstitut des Eigentums einzuschränken. Aber die beiden Beispiele kennzeichnen ja auch nicht den Normalfall, sondern extreme Situationen politischen Handelns, um die Stadt zu gestalten und dem Anspruch gerecht zu werden, dass die Stadt Heimat der Stadtbürger ist. Wie aber entsteht eine solche Heimat im politischen Normalbetrieb, wie kann eine Stadt, die sich beständig neu erfindet, gleichzeitig den Anspruch einlösen, nicht nur Ort für die überaus mobilen Dienstleister der Globalisierung zu sein, sondern ein Ort der Geborgenheit, der Identifikation, der Beheimatung?

Alexander Mitscherlich hat in den sechziger Jahren in seiner einflussreichen Schrift über die Unwirtlichkeit der Städte die These aufgestellt, dass die Phantasielosigkeit, ja die Menschenfeindlichkeit der Städte damit zusammenhänge, dass nach dem Krieg eine grundlegende Grund- und Bodenreform ausgeblieben sei. Wo nur Kapital nach Verwertungschancen suche, könnten keine bewohnbaren Städte entstehen. Ich halte diese These für falsch. Zum einen habe ich nicht den Eindruck, dass in der DDR, dem Staat also, wo eine solche grundlegende Reform durchgeführt worden ist, menschenfreundliche Städte entstanden sind. Das Gegenteil ist eher der Fall. Die Tristesse der Plattenbauten und die gleichzeitige Vernachlässigung der historischen Bausubstanz ist eine der vielen traurigen Hinterlassenschaften des SED-Regimes gewesen. Sicherlich, Bausünden gibt es auch bei uns. Im schnellen Wiederaufbau der fünfziger Jahre hat man bisweilen mehr die funktionalen als die ästhetischen Aspekte des Wohnens betont. Und doch gibt es einen zentralen Unterschied: Dort, wo Menschen in selbst genutztem Eigentum wohnen, entwickeln sie einen anderen Bezug zu ihrem Haus und ihrer Stadt. Eigentum verpflichtet eben nicht nur, es verwurzelt auch. Ein Beispiel mag dies illustrieren. Die Beseitigung von Graffiti erfolgt nach meiner Beobachtung in selbst genutztem Eigentum schneller als in großen Wohnblocks oder Mietshäusern. Das äußere Erscheinungsbild einer Stadt ist aber enorm wichtig für das Sicherheitsempfinden der Menschen und den „Wohlfühlfaktor; deshalb hängt für mich auch Eigentum mit sozialer Stabilität, mit Sicherheit und Sauberkeit in der Stadt eng zusammen.

In Frankfurt ist die Eigentumsquote sehr niedrig. Sie liegt mit weniger als 20 Prozent deutlich unter dem Bundesdurchschnitt und dem Durchschnitt des europäischen Auslands. Das mag vielerlei Gründe haben: die hohen Grundstückspreise in Frankfurt ebenso wie die Tendenz, ins Umland abzuwandern. Wir wollen diesen Eigentumsanteil steigern, schon aus Gründen der sozialen Stabilität. Ein Ansatz ist die Trennung von Boden und Bauwerk durch die Vergabe von Erbpacht. Wir haben diesen Weg beschritten, um vor allem für junge Familien Eigentum in Frankfurt möglich zu machen; dabei sinkt der Erbpachtzins mit der Anzahl der Kinder. Darüber hinaus können wir über die städtischen Wohnungsbaugesellschaften die Umwandlung von Miet- in Eigentumsverhältnisse fördern. Damit stabilisieren wir das individuelle Wohnumfeld auch in schwierigen Stadtvierteln.

In den nächsten Jahren und Jahrzehnten sagen uns die Demographen eine schrumpfende Gesellschaft voraus. Schrumpfung bedeutet nicht einfach, dass wir weniger Menschen in Deutschland haben, es bedeutet auch Einschnitte in die

Infrastruktur: Ver- und Entsorgungsnetze müssen dem geringeren Bedarf angepasst werden, Schulen geschlossen werden, kulturelle und soziale Leistungen können nicht mehr im bisherigen Umfang angeboten werden. Das betrifft vor allem
die Städte, in denen ein tatsächlicher Bevölkerungsrückgang zu verzeichnen ist,
aber auch ländliche Siedlungsräume. Es macht heute wegen der Schrumpfung der
Gesellschaft wenig Sinn, eine Prämie auf die weitere Zersiedelung der Landschaft
zu zahlen; sinnvoller ist es, in den verbleibenden urbanen Kernen den Erwerb von
Eigentum zu fördern und städtebaulich eine Nachverdichtung zu betreiben sowie
neue Baugebiete auszuweisen. Die Menschen werden zukünftig wieder stärker in
Städten wohnen; dieser Trend zeigt sich in den Entwicklungsländern ebenso wie in
den hoch entwickelten Industrieländern. Und deshalb steht den Städten eine weit
reichende Umwandlung bevor.

Vor wenigen Jahren waren die Städte die Domäne der vier großen „A"'s: der Alten,
der Armen, der Alleinstehenden, der Ausländer. Die Arrivierten und die Familien
hat es häufig in die Vorstädte gezogen, weg von der Unübersichtlichkeit der Stadt
und ihren möglichen Gefahren, ihrer kreativen Unruhe. Das hat sich gerade in
Frankfurt deutlich gezeigt. Nach wie vor haben wir einen sehr hohen Anteil von
Single-Haushalten (etwa 50 Prozent), nach wie vor liegt der Ausländeranteil hier
sehr hoch, nach wie vor ist der Anteil der sozial Schwachen hoch, und dass der
Anteil der Alten schon allein durch die demographische Entwicklung in den
nächsten Jahren ansteigen wird, ist sicher. Wie werden wir uns darauf einstellen?
Wie wird die Stadt in Zukunft aussehen? Wenn wir in andere *global cities* schauen,
haben wir Entwicklungen vor Augen, die für Deutschland nicht denkbar sind. Wir
wollen weder innerstädtische Ghettos als Reservat der Randgruppen noch *gated
communities* als exklusive Sicherheitszonen der Vermögenden. Die Städte sind
Geburtsorte der bürgerlichen Freiheit, und Sperrzonen sind mit dem Geist bürgerlicher Freiheit nicht vereinbar. Die Stadt der Zukunft ist nach meiner Überzeugung
nur dann lebensfähig, wenn sie diese Verinselungen sozialer Beziehungen auflöst
in einen gesamtstädtischen Diskurs. Stadtgesellschaft im besten Sinn des Wortes
ist mit Parallelgesellschaften nicht vereinbar. Stadtgesellschaft fordert die Bürger
auf, ihre Stadt geistig in Besitz zu nehmen und sie nicht als etwas Zufälliges zu
betrachten. Und gerade deshalb bedarf es einer Steigerung der Eigentumsquote:
Wer etwas sein eigen nennt, sorgt sich darum, ist an dem Umfeld seines Eigentums
interessiert. Früher einmal war das Wahlrecht an Eigentum gebunden; man hat
argumentiert, dass das Eigentum den Sesshaften, den Bürger, vom bloßen Einwohner trennt. In einer Demokratie ist die rechtliche Anerkennung als Gleicher von
Besitz und Eigentum unabhängig, und das ist richtig. Aber in dem Gedanken der
besonderen Verwurzelung durch Eigentum, das Eintreten in eine Tradition der
Bürgergesellschaft, die sich durch aktive Teilhabe auszeichnet, ist ein richtiger
Kern. Gerade in der globalisierten Welt, in der alles austauschbar zu werden
scheint, in der von Menschen hohe Mobilität und Flexibilität abverlangt wird, ist
die bewusste Hinwendung zu einer konkreten Gemeinschaft ein Gegengewicht,

ein Regulativ. Darin liegt die besondere Bedeutung einer Kultur des Eigentums in der Stadt.

Die Wiedergeburt der Städte ist nach dem Krieg durch eine Einschränkung des Eigentumsrechts mit begründet worden. Sie ist in den sechziger und siebziger Jahren in Frage gestellt worden, als das Eigentum alles, die Gemeinwohlbindung nichts zu gelten schien. Die Zukunft der Stadt liegt in einer gesunden Balance von Eigentum und Gemeinwohlbindung; mehr denn je wird in einer globalisierten Welt das Gemeinwohl gerade in einer Stadtgesellschaft durch Eigentum hervorgebracht. Individuelles Wohneigentum zu fördern, ist in hohem Maß gemeinschaftsbildend; und gerade der kommunitaristische Faktor ist sozial stabilisierend und hält das normative Band vor, das eine aktive Bürgergesellschaft erst ermöglicht. Die Idee des Eigentums ist ein Ausfluss der Idee der Freiheit. In einer modernen Stadtgesellschaft, die durch ein hohes Veränderungspotential gekennzeichnet ist, kann Eigentum die Ordnung schaffen, ohne die Freiheit nicht denkbar und möglich wäre.

Städte im Abseits: Kecskemét zum Beispiel

Karl Schlögel

Standort der von *George Soros* in den 1990er Jahren gegründeten Central European University sollte ursprünglich Kecskemét sein. Dort gab es ein riesiges von
der Roten Armee geräumtes Kasernenareal. Aus diesem Plan wurde nichts, und
Soros ging mit seiner Universität zuerst nach Prag und dann nach Budapest, wo sie
bis heute ist. Wo aber liegt Kecskemét? Kecskemét liegt im Süden der von Donau
und Theiss gebildeten pannonischen Ebene. Von Budapest aus sind es mit dem
Bus, der am Nep-Stadion abfährt, ungefähr anderthalb Stunden. Es ist keine Über-
landfahrt. Man muss nicht vorab reservieren. Die Busse gehen fast alle halbe
Stunde. Es ist wie die Fahrt in einen Vorort, in eine Nachbarstadt. Kecskemét liegt
an der Autobahn M 5, die seit den Tagen, da der Krieg in Jugoslawien den Autoput
blockierte, zur Hauptverbindung zwischen Zentraleuropa, Ägäis und Istanbul
geworden ist. Aber Kecskemét liegt trotz der nur knapp 90 Kilometer Entfernung
von Budapest im Abseits. Weit und breit ist nichts außer einer heideähnlichen,
monotonen und Melancholie fördernden Landschaft zu sehen, ein Horizont für
Leute mit Phantasie, die auf Pferden unterwegs sind. Kecskemét gehört zu dem
Typus von Stadt, der vom Umland lebt, der seine ganze Bedeutung daraus bezieht,
dass er einem großen Umland als Zentrum dient. Solche Städte müsste man erfinden, wenn es sie nicht schon gibt. Sie sind am endlosen Horizont der Punkt, der
Halt bietet. Sie sind die Vertikale, die aufragt in einer Gegend, in der alles flach
und eben ist, und sie ist jenes magische Zentrum, das alle Erwartungen und Phan-
tasien auf sich zieht. Mit solchen Städten treten Landschaften erst aus dem Nichts
heraus. Sie bekommen durch sie einen Namen. Sie werden über diesen Punkt
erreichbar. Solche Städte sind die Relais, über die ein Land mit sich selber in Verbindung tritt. Hier steigt man um, wenn man weiter will, in die Hauptstadt oder in
einen namenlosen Ort. Man merkt es, als der Bus sonntagabends zurück nach
Budapest fährt. Er ist voll von jungen Leuten, die zur Arbeit oder zum Studium in
die Hauptstadt fahren.

Kecskemét, 1368 erstmals erwähnter Marktort, heute Komitatshauptstadt mit rund
120.000 Einwohnern, ragt aus der Ebene, die alles gleich macht, durch drei Tatsachen heraus. Es ist der Geburtsort des neben *Béla Bártok* bekanntesten ungarischen Komponisten *Zoltán Kodály*, es ist der Ort des Schaffens des bedeutenden
ungarischen Dramatikers *József Katona*, der in der ersten Hälfte des 19. Jahrhunderts gelebt hat, und es ist vor allem berühmt durch das Rathaus, ein Meisterwerk
Ödön von Lechners, des Hauptvertreters einer nationalen ungarischen Variante des
Jugendstils. Damit ist aber nicht alles gesagt. Das Wesentliche ist die eingangs

gemachte Behauptung: dass Kecskemét die Mitte einer sonst namenlosen und uns verschlossenen Region Europas ist. Kecskemét ist eine Erfindung, eine Hervorbringung der Ebene. Ihre maximale Verdichtung. Hier kommt sie in gewisser Weise zu sich, hier nimmt sie Form an. *Ödön von Lechner* hat einen sehr guten Punkt für sein Formexperiment gefunden. Vielleicht entschädigt sich die Ebene für ihre Monotonie in *Ödön von Lechners* Formenrausch.

Die eigentliche Stadt wird umgeben von einem Ring, dessen Abschnitte so heißen wie überall in Ungarn: sie sind benannt nach *Kossuth*, dem Freiheitskämpfer von 1848, nach *István Széchenyi*, dem großen Reformer und Vater des modernen Ungarn, nach Kaiserin *Elisabeth*, der in Ungarn so geliebten *Sissi*, nach *Graf Bethlen*, dem transsilvanischen Freiheitskämpfer. An diesem Ring, der das Zentrum umschließt, liegen auch der alte Bahnhof und der neue Busbahnhof. Jenseits des Rings, die neuen Viertel einer Stadt, die immerhin an die 120.000 Einwohner hat, Krankenhäuser, Bibliotheken, Institute, ein Militärflughafen, der, seit Ungarn der Nato angehört, plötzlich bedeutsam geworden ist, einige neue Hotels und die Wohnviertel der Nachkriegszeit, in der Ungarn aus einem bäuerlichen zu einem städtisch-proletarisch-industriellen Land geworden ist. Und nicht zu vergessen: die Friedhöfe, die ein beträchtliches Territorium einnehmen. An den Ausfallstraßen, den heute strategischen Positionen jeder Stadt, liegen die Tankstellen, die allesamt neu und nach einem einheitlichen Design – Waschanlage, Boutique, eine ganze Batterie von Zapfsäulen – gestaltet sind. Nachts leuchten sie und bringen einen Schimmer von Las Vegas noch in die letzte Ecke eines bis vor kurzem noch bei Nacht im Dunkel versunkenen Landes. Nun leuchtet nachts die Stadt in der Ebene, was nur besagt, dass die Stadt ihre ursprüngliche Funktion, Zentrum zu sein, mit den heute zeitgemäßen Mitteln ausübt. Nur in einem unterscheidet sich dieser Glanz vom Glamour der globalen Welt: es gibt im Tankstellendesign von Kecskemét Details und Oberflächen, die nur in der Stadt *Ödön von Lechners* möglich sind. Tankstellen-Design mit Jugendstilzitaten.

Der Jugendstil, oder die Sezession, wie man hier sagt, hat Kecskemét berühmt gemacht. Man würde nicht wegen der mächtigen Konvikte der Piaristen und ihrer tüchtigen Gymnasien hierher kommen, auch nicht wegen der eindrucksvollen katholischen Kirche, der Franziskanerkirche oder der reformierten Kirche, die andeuten, dass es in Kecskemét eine ziemliche Gemengelage der Konfessionen gegeben hat. Man könnte dem noch die griechisch-katholische Kirche hinzufügen. Die Franziskanerkirche am Kossuth Platz geht auf das 13. Jahrhundert zurück, also in die Zeit vor der Türkenherrschaft. Die weiße reformierte Kirche auf dem Freiheitsplatz wurde zwischen 1680 und 1683 errichtet, sie ist der einzige in der Zeit der Türkenherrschaft errichtete Steinbau. Aber ihr heutiges Aussehen hat die Stadt nach dem Ende der Türkenherrschaft bekommen, im 18. Jahrhundert, als die Ebene nach den Verheerungen der Türkenkriege neu peupliert und kolonisiert wurde, und vor allem am Ende des 19. Jahrhunderts, befördert durch den Boom im

Gefolge des ungarisch-österreichischen Ausgleichs von 1867, durch die gesteigerten Aktivitäten im Umfeld des Millenniums 1896 und schließlich durch ein schweres Erdbeben, das am 9. Juli 1911 die Stadt in Trümmer gelegt und dafür gesorgt hatte, dass sie in weiten Teilen neu aufgebaut wurde. Bautätigkeit im Goldenen Zeitalter der Donaumonarchie konnte nur heißen: eine Stadt des Jugendstil zu errichten, und zwar unter der Ägide so eigenwilliger Architekten wie *Ödön von Lechner* und *Gyula Pártos*. Von ihnen stammt das mächtige Rathaus in der Mitte des Marktplatzes, das durch sein massives Volumen und die bunten Oberflächen der ganzen Stadt Halt zu geben scheint. Mit den glasierten Ziegeln, die Muster und Farben der ungarischen Volkskunst aufnehmen, mit den Ornamenten, die in ihrer Kühnheit etwas von *Antonio Gaudi*, dem Zeitgenossen aus Barcelona an sich haben, durchbrechen sie die akademische Tradition. Aber damit nicht genug. Die Fassadenfronten der vier locker ineinander übergehenden Plätze, sowie die Hauptstraße – die natürlich Rákóczi Straße heißt – sind von Jugendstilbauten allererster Klasse bebaut. Hier ist die Schule von Darmstadt, Wien und Budapest am Werk. Hier sticht vor allem das der Calvinistischen Kirche gegenüberliegende reformierte Neue Kollegium mit seinen Anleihen im englischen Landhausstil in der Fassade hervor, vollendet kurz vor Beginn des Ersten Weltkrieges, das Cziffra-Palais mit seinen fast zu grellen, den österreichischen Architekten *Hundertwasser* antizipierenden Majoliken, die Nordfront des Freiheitsplatzes mit gediegenen Jugendstilgeschäftshäusern, die auch in Zehlendorf stehen könnten, schließlich das neobarocke *József-Katona*-Theater, das *Miklós Ybl* aus Anlass der Millenniumsfeiern von 1896 gebaut hatte. Nicht zu vergessen das Gebäude der griechisch-orthodoxen Kirche. All diese Bauten sind schön, lebhaft, heben sich mit ihren zwei bis vier Stockwerken als eine neue Phase der Urbanität von den ein bis zweistöckigen Gebäuden ab, die für die Bebauung der Stadt des 19. Jahrhunderts typisch sind. Die Qualität der Ausführung, die Eleganz und Souveränität der Form sind eigentlich der beste Beweis dafür, wie gering einmal der Abstand zwischen den Metropolen und den Zentren der Provinz, zwischen der großen weiten Welt und dem Hinterland gewesen ist. Es gab einmal ein Europa, in dem fast Zeitgleichheit geherrscht hat. Der Jugendstil von Kecskemét – oder auch der in Temesvar, Szeged und Novi Sad – steht hier für eine überzeugende, professionelle Urbanität inmitten einer Ebene, die im Wesentlichen von Obstanbau, Pferden, Schnapsbrennerei lebt. Die Jugendstilbauten stehen für die städtischen Funktionen, die Kecskemét im modern-bürgerlichen Zeitalter an sich gezogen hat. Diese säkularen Bauten sind die legitimen Nachfolger des katholischen Zeitalters, der Franziskaner und Piaristen.

Wahrscheinlich müsste man nach Kecskemét kommen, wenn der Frühling blüht oder der Sommer in vollem Gange ist. Wenn der Austausch zwischen Stadt und dem Land draußen auf Touren kommt, wenn Markt gehalten wird, und wenn die jungen Leute zu langen Nächten in die Stadt aufbrechen. Jetzt aber, im Winter, sind selbst die Museen, die der Erbauung dienen sollen – das Spielzeugmuseum, das Musikinstrumentenmuseum und einige andere – geschlossen. Selbst im Cafe Liberté am Freiheitsplatz verlieren sich die Gäste. Und doch sind die Gebäude zu gewichtig, die Formen zu vollkommen, um zu übersehen, dass wir hier die alte Metropole einer mitteleuropäischen Provinz vor uns haben.

Alles ist vorhanden, was eine bedeutende Stadt haben muss. Die Kirchen, die alle anwesenden Konfessionen am Platz vertreten: die Katholiken, die Evangelischen, die Calvinisten, die Juden, deren Hauptsynagoge im klassizistisch-maurischen Stil von *J. Zitterbarth* zwischen 1864 und 1871 entworfen und ausgeführt wurde. Aber im Jahre 1944 sind in einer Nacht- und Nebelaktion die 12.000 Juden von Kecskemét nach Auschwitz deportiert worden, und seit den 70er Jahren ist in der Synagoge ein Museum für Wissenschaft und Technik untergebracht. In der Stadt weisen noch andere Gebäude auf ein einmal blühendes jüdisches Leben in Kecskemét hin – auch das ausgezeichnete kleine Museum der ungarischen Photographie ist in einer alten, sehr schön restaurierten Synagoge untergebracht. Außerhalb des Rings sind die Friedhöfe der verschiedenen Glaubensgruppen, denen in den letzten Tagen der Befreiung Ungarns von den Deutschen noch der Friedhof der Rotarmisten auf dem Territorium des jüdischen Friedhofs hinzugefügt worden ist. Die religiösen Gemeinschaften der Umgebung hatten in Kecskemét ihr religiöses Zentrum, den Sitz der ausschlaggebenden Autoritäten – der Bischöfe, der Konsistorialräte, der Rabbiner, die auf den Friedhöfen auch die prominenten Grabstellen innehaben. Kecskemét war das Zentrum der Verwaltung, des Rechts, der Macht. Alles hing in dem Land, das sich nach dem Ausgleich von 1867 so rasch entwickelte, an einer guten Verwaltung. Daher gibt *Ödön von Lechners* Rathaus den wirklichen Stellenwert einer wohl eingerichteten Provinzhauptstadt wider. Hier gab es alles: vom Notar bis zum Kolonialwarenladen, vom Dentisten bis zum Handwerker, schließlich die Schulen, die Gymnasien, die Berufsschulen, die die Säulen der Gesellschaft heranbilden werden. Alles, was es an energischer und zum Fortkommen entschlossener Jugend gab, strebte dorthin: zur Schule der Piaristen und in die Kollegien. Wir dürfen die städtischen Gebäude am Freiheitsplatz nicht vergessen, wo gewiss einmal die Praxen der Ärzte, die Kanzleien der Notare untergebracht waren und die Geschäfte, in denen man das bekam, was man nur in der Stadt bekam, und weswegen man in die Stadt fahren musste: die aktuelle Mode, den besten Stoff, den einzigartigen Rubin für den Verlobungsring. Dass es auch in einer Provinzstadt ein Zentrum des Luxus und der Moden gab und eine hoch entwickelten Kultur von Dienstleistungen, kann man leicht an Details feststellen: an den Beschlägen der Eingänge, den Rahmen der Schaufenster, dem Umgang mit Glas, den heute niemand mehr beherrscht. Wir sind so hingerissen vom Zauber Kecskeméts um 1910, dass wir über die Einbrüche der Nachwelt fast hinwegsehen: über die Hochhäuser, die die von Kirchtürmen und Rathaus gebildete Silhouette verderben, über die 70er-Jahre-Waschbeton-Fronten, die die Feinarbeit der Meister von 1910 zunichte zu machen drohen, die Getreidesilos weiter draußen, die uns sagen, dass der Reichtum der Stadt noch immer der Reichtum seines

Um- und Hinterlandes ist: Obst, Getreide, Vieh. Kecskemét, die Verarbeitungs-maschine der Produkte der Ebene.

Von Kecskemét ist es nicht weit in andere Zentren der mitteleuropäischen Provinz – nach Szeged, Subotica, Novi Sad, Temesvar oder Oradea. Was einmal in einem Kronland oder wenigstens innerhalb des einen großen Reiches lag, ist heute durch Grenzen voneinander getrennt. Was einmal ein intakter und tragender Zusammen-hang war, ist heute durch Grenzen zersplittert: Kecskemét liegt in Ungarn, Temes-var und Oradea liegen in Rumänien, Subotica und Novi Sad in Serbien. Doch noch immer sieht man ihnen an, dass sie Vielvölkerstädte waren und noch immer ein wenig sind. Temesvar heißt zugleich Timisoara und Temeschburg, Oradea heißt zugleich Nagyvárad und Grosswardein, Novi Sad ist zugleich Neusatz und Ujvidék. Allen ist anzusehen, dass hier noch immer eine sehr alte innereuro-päische Grenze zwischen lateinischem und griechischem Christentum verläuft, das durch seine Kirchenbauten präsent ist. Allen ist anzusehen, dass sie einmal Festungen an einer umkämpften Grenze in einem jahrhundertlangen Hin und Her zwischen Osmanischem Reich und den Reichen des christlichen Europa waren – Anlagen wie die von Peterwardein (die zwischen 1692 und 1780 nach Plänen von *Vauban* gebaut worden ist) und Grosswardein oder Temesvar. Alle Städte sind geprägt von den großen Peuplierungs- und Kolonisierungsanstrengungen nach dem Ende der Türkenherrschaft, ein wahres kleines Amerika mit Immigranten aus allen Teilen des westlichen Europa, und die Produktion eines Völkergemisches, wie es nur große Reiche zustande bringen. Die Kirchen, Tempel, Synagogen, Moscheen, die meist an den Hauptplätzen aufgereiht sind, stehen – auch noch in ihrer musealisierten Form – für einen Grad von Komplexheit, den Europa nie mehr erreicht hat, ja: dem es sich nicht gewachsen gezeigt hat. Nach einem Jahrhundert ethnischer Säuberung und Homogenisierung, am Ende langer und grundlegender sozialer Nivellierung, nach gezieltem Massenmord, Bevölkerungsverschiebungen und Deportationen sind in vielen Städten nur noch die Monumente einer einmal unerhört dichten und reichen Kultur geblieben. Die Juden sind umgebracht, die Banater Schwaben sind deportiert und vertrieben, die Ungarn wollen nach Ungarn und die Serben nach Serbien. Überall Restminderheiten, Reste, die nicht wissen, ob sie bleiben sollen: Deutsche, Juden, Serben, Slowaken, Tschechen, Wallachen, Roma, Kroaten. Und dennoch: wenn es noch einen Flecken in Europa gibt, in dem so viele verschiedenen Volkselemente noch aufeinander treffen, so viele verschie-dene Sprachen mitunter noch gesprochen werden – dann ist es hier, wo die kultu-relle Vermischung kein ideologisches Programm war, sondern bis heute fast in alle Familien hineinreicht. Es ist eine Region, in der vom alten Europa – wie durch ein Wunder – etwas geblieben ist, dass vielleicht im neuen eine zweite Chance bekommt. Kein schlechter Ort also für eine Central European University. Europa wird sich wieder seiner Provinzen erinnern. Kecskemét ist weit weg, aber doch nicht aus der Welt. Vor allem im Sommer kommen viele deutsche Touristen, darunter viele Ungarndeutsche auf Heimaturlaub. Seit dem Krieg in Jugoslawien liegt Kecskemét wie andere Städte – Szeged und Pécs – in Reichweite der Wochenendtrips von KFOR- und SFOR-Soldaten. In der Stadt gibt es viele Night Clubs und Spielcasinos. Irgendwann wird die M 5 bis Istanbul durchgehend sein, dann wird Kecskemét, die bisher die Stadt *Ödön von Lechners*, des Paradiesvogels der ungarischen Sezession ist, wieder eine Station an einer europäischen Transversale sein.

Zur Sozialgeschichte des Wohneigentums

Günther Schulz

1. Entstehung einer Mietergesellschaft

Die Lebensformen sind seit dem frühen 19. Jahrhundert durch nichts so nachhaltig umgestaltet worden wie durch Industrialisierung und Urbanisierung. Revolutionierte die erstere die Arbeitsbedingungen, so die letztere die Wohnverhältnisse. Urbanisierung – „Vergroßstädterung" – führte Menschen in nie gekannter Zahl in städtischen Zentren zusammen, ließ Mietskasernen, Elendsquartiere und damit den Gegentyp zum Eigenheim entstehen. Vor der Industrialisierung war die Familie, vereinfacht gesagt, meist zugleich Wohn- und Wirtschaftsgemeinschaft. Dies galt für den Bauern ebenso wie für den Handwerker, für Kaufleute und Adel. Freilich waren die sozialen Unterschiede stets groß, und dies spiegelte sich in der Wohn- wie in der Rechtsform. Wer es sich leisten konnte, lebte im eigenen geräumigen Holz- oder gar Steinhaus und brachte seine gesellschaftliche Stellung in repräsentativer Architektur und Einrichtung zum Ausdruck. Angehörige der Unterschichten wohnten, wenn sie nicht als Gesinde im Haus der Herrschaft lebten, als Kätner, Kötter oder Häusler in einer Hütte.

In den größeren Städten bildeten Hauseigentümer bereits seit Beginn des 16. Jahrhunderts nicht mehr die Mehrheit der Wohnparteien. So wohnte in mittel- und süddeutschen Städten in der ersten Hälfte des 16. Jahrhunderts etwa jeder zweite Haushalt zur Miete. (*Denecke* 1980, S. 186). Im 17. und 18. Jahrhundert, als die Zahl der Menschen von Kriegen und Seuchen heimgesucht wurde und dennoch insgesamt wuchs, nahm auch das Wohnen zur Miete in den Städten immer mehr zu. Am nachhaltigsten aber verschob sich das Verhältnis von Wohneigentümern zu Mietern in Folge von Industrialisierung und Urbanisierung, vornehmlich in der zweiten Hälfte des 19. Jahrhunderts. Mit wachsender Größe der Stadt sank die Quote an Wohneigentum: Auf dem Land und in Städten bis 5.000 Einwohnern betrug sie 81, in Städten über 5.000 Einwohner 30 Prozent. Frankfurt hatte 1895 eine Eigentümerquote von rund 13, München im Jahr 1900 ungefähr 10 Prozent. In Hamburg lebten am Ende des 19. Jahrhunderts nur knapp sechs Prozent der Menschen im Wohneigentum, in Berlin sogar nur 0,5 Prozent. Insgesamt lag die Eigentümerquote in deutschen Großstädten gegen Ende des 19. Jahrhunderts zwischen 10 und 15 Prozent (*Wischermann* 1997, S. 368).

2. Wohneigentum und soziale Schichtung 1800–1945

Der Wunsch, im eigenen Haus zu wohnen, erscheint als Konstante der Menschheitsgeschichte. Er zieht sich durch alle seit dem ausgehenden 19. Jahrhundert durchgeführten Erhebungen. Wohneigentum war mit fortschreitender Teilhabe der breiten Bevölkerung an Politik und gesellschaftlichem Reichtum verbunden, damit zugleich eine Form der Demokratisierung. In diesem Prozess gab es viele Akteure, darunter Staat und Kommunen, Gewerkschaften und Unternehmen, Religionsgemeinschaften und Parteien – nicht zuletzt aber Selbsthilfe, zum Beispiel durch Baugenossenschaften und Bausparkassen.

Für das 19. Jahrhundert gibt es keine Statistiken, die die Verteilung von Wohneigentum auf dem Gebiet des Deutschen Reiches nach sozialen Schichten aufschlüsseln (*Kurz* 2000, S. 29). Die Zeitgenossen wie die spätere Forschung konzentrierten sich stärker darauf, die Wohnbedingungen nach gesellschaftlichen Schichten zu untersuchen. In den Städten lebte die Oberschicht meist im eigenen Haus, die Mittel- und Unterschichten hingegen nur zu einem geringen Teil. Hauseigentum verlieh dem Städter besonderen Status. So reservierte die Preußische Städteordnung von 1808 Hauseigentümern zwei Drittel der Stadtverordnetensitze. Besonders dem besitzenden und steuerzahlenden Bürger schrieb man die Fähigkeit zu, politische Verantwortung zu übernehmen und für die kommunale Selbstverwaltung Sorge zu tragen (*Reulecke* 1997, S. 30).

Der Zustrom in die Städte ließ die Nachfrage nach Wohnraum und damit die Mietkosten steigen. Urbanisierung wurde gewissermaßen zum Feind des Eigenheims. Es entstanden soziale Brennpunkte, in denen Angehörige der Unterschichten zusammengedrängt und unter elenden hygienischen Bedingungen hausten. Beispiele sind der Berliner Wedding und das Hamburger Gängeviertel mit stickigen Kleinstwohnungen, dunklen Hinterhöfen und schmutzigen, stinkenden Gassen. Seit den 1840er Jahren befassten sich vornehmlich bürgerliche Sozialreformer mit der neuen „Sozialen Frage", speziell der „Wohnungsfrage". „Sonnenlicht, reine Luft und frisches Wasser, die freiwilligen, zum Leben nothwendigen Gaben der Natur, sind hier fast zum Luxus geworden; dunkle, feuchte Kammern beherbergen eine Anzahl Menschen auf einem Raume, der kaum für einen, zwei hinreicht. Alt und Jung, Mann und Weib, Gesund und Krank sind da zusammengebettet, und die Folgen kann man sich leicht ausmalen," kritisierte der Wohnreformer *Emil Sax* (zitiert nach *Kastorff- Viehmann* 1979, S. 280). Vor allem die Entstehung der Berliner Mietskasernen beeinflusste die wohnungspolitische Diskussion zu Beginn des Kaiserreichs. Wohnungsreformer propagierten das Eigenheim als die Wohnform, die der Familie angemessen sei, durch Selbstversorgung ein Stück weit krisenunabhängig mache und Garant „einer wirtschaftlich stabilen und politisch ruhigen, staatstreuen Arbeiterschaft" sei (*Wischermann* 1997, S. 362 f.; siehe auch

Führer 1995, S. 23). Der Staat engagierte sich erst seit den 1890er Jahren nennenswert in der Wohnungsfrage (*Zimmermann* 1991, S. 191).

Das Maß, in dem die gesellschaftlichen Schichten über Wohneigentum verfügten, änderte sich im 19. Jahrhundert, doch alte Prägungen blieben erhalten. Mit der neuen liberalen Gesetzgebung wurden Rittergutsbesitz und adeliges Grundeigentum zur Ware am Markt und konnten von Bürgerlichen erworben werden. So war zur Mitte des 19. Jahrhunderts schon etwa ein Drittel der ostelbischen Rittergüter im Besitz bürgerlicher Familien (*von Saldern* 1997, S. 298). Allerdings büßte der Adel in den folgenden Jahrzehnten kaum noch Gutsbesitz ein; es gelang ihm sogar, seinen Grundbesitz zu erweitern (*Reif* 1999, S. 10). Reiche Adelige, vor allem der Hochadel, verfügten meist neben ihren Besitzungen auf dem Land über ein Stadtpalais. Doch zeigte sich seit der Jahrhundertwende die Tendenz, dass sich der Adel vom gesellschaftlichen Leben in der Stadt zurückzog. Selbst die Aristokratie ging dazu über, ihre Stadtbesitzungen zu verkaufen und sich während der kurzen Saison im Hotel oder einer Wohnetage einzumieten (*Malinowski* 2003, S. 71 f.; *von Saldern* 1997, S. 307).

Die Lage im Handwerk war zu Beginn des 19. Jahrhunderts weiterhin vom Prinzip des „Ganzen Hauses" geprägt. Dieses war sowohl Wohnraum für die Familie des Meisters, die Gesellen und Lehrlinge als auch Arbeitsstätte. Der Handwerksmeister war meist Hauseigentümer. So waren in Quedlinburg im Jahr 1798 von den 500 Handwerkern der Stadt 78 Prozent Hausbesitzer, in Kiel lag der Anteil 1803 bei 66 Prozent (*von Saldern* 1997, S. 221). Mit Industrialisierung und Urbanisierung änderte sich dies. Im Laufe des 19. Jahrhunderts nahm der Anteil hausbesitzender Handwerker ab.

Vollbauern besaßen in der Regel Wohneigentum. Ihre soziale Stellung ließ sich nachgerade an der Form und Gestaltung des Hauses ablesen. So heißt es in einem Bericht über pfälzische Bauernhäuser von 1867: „Je größer das Haus, desto reicher der Mann" (*von Saldern* 1997, S. 243). Unterbäuerliche Schichten, die keine Hofstelle hatten – wie Tagelöhner und Gesinde –, hatten meist kein eigenes Haus.

Dies galt auch für die Arbeiter in den Städten. Viele Arbeiterfamilien bewohnten nicht mehr als einen Raum. War ein weiteres Zimmer in der Mietwohnung vorhanden, vermietete man es meist weiter. Eine Anzahl von Unternehmern, vor allem patriarchalisch geprägte, errichteten Werkswohnungen, um Arbeitskräfte zu gewinnen und dabei zugleich Vorstellungen von mustergültigem Bauen zu präsentieren. Werkswohnungsbau war oft auch, wie bei Krupp, unternehmerische Selbstdarstellung. Die wichtigsten Zielgruppen waren Meister sowie „bessere" Arbeiter und Angestellte. Die Wohnungen hatten meist einen kleinen Garten zur Selbstversorgung. Endete das Beschäftigungsverhältnis, so endete auch das Mietverhältnis (*Schulz* 1985).

Wohnen in kleinen Einfamilienhäusern, wie bei der englischen Arbeiterschaft üblich, war für die deutsche Arbeiterschaft untypisch, ebenso wie Wohnen im Eigenheim (*von Saldern* 1995, S. 70). Doch gab es wohnungsreformerische Bestrebungen, den Arbeitern den Zugang zu Wohneigentum zu öffnen. Eines der Vorbilder war die cité ouvrière, ein Arbeiterquartier in Mülhausen/Elsaß, in dem die Arbeiter die Möglichkeit hatten, über ein Mietkaufsystem nach 15 bis 20 Jahren Wohneigentum zu erwerben. Doch dies war nicht sehr verbreitet (*Kastorff-Viehmann* 1979, S. 271 f.). Seit den 1860er Jahren entstanden zahlreiche Bauvereine unter Arbeitern. Sie basierten auf dem Prinzip der genossenschaftlichen Selbsthilfe, viele strebten an, individuelles Wohneigentum in Arbeiterhand zu bilden. Bekannt ist die Berliner Gemeinnützige Baugesellschaft des christlich-konservativen Sozialreformers *Victor Aimé Huber*. Ein Gegner solcher sozial-reformerischen Bestrebungen war u. a. *Friedrich Engels*, der im Vorwort zu seinem Werk „Zur Wohnungsfrage" die „bürgerliche und kleinbürgerliche Utopie" scharf verurteilte, jedem Arbeiter „ein eigentümlich besessenes Häuschen [zu] geben und ihn damit an seinen Kapitalisten in halbfeudaler Weise [zu] fesseln" (*Engels* 1887).

Viele Arbeiter, die auf dem Land oder in kleinen Städten wohnten, besaßen Wohneigentum – anders als die städtischen, denn viele von ihnen stammten aus bäuerlichen Familien, die Grundbesitz hatten. Vor allem in ländlichen Gebieten mit guter Anbindung an städtische Industriebetriebe gab es viele Arbeiter und Angestellte mit Wohneigentum – Pendler, die neben der Industriearbeit Landwirtschaft im Nebenerwerb betrieben (*Kurz* 2000, S. 29 f.; *Petrowsky* 1993, S. 100).

Mit dem Ersten Weltkrieg nahm das Engagement des Staates im Wohnungswesen so stark zu, dass man von einer Epochenwende in der Wohnungspolitik sprechen kann. Es bewirkte Verbesserungen der Wohnungsversorgung. Doch viele Initiativen, strukturelle Änderungen durchzuführen, blieben stecken. Erst nach dem Zweiten Weltkrieg kam es zur wirkungsvollen Förderung des Eigenheims.

Nach dem Ersten Weltkrieg befand sich der deutsche Wohnungsmarkt in einer tiefen Krise. In den Kriegsjahren waren kaum Wohnungen gebaut worden. Die Heimkehr der Soldaten, vermehrte Eheschließungen und der Zustrom von Flüchtlingen aus abgetrennten Gebieten verschärften den Wohnungsmangel. Die Weimarer Verfassung sah vor, „jedem Deutschen eine gesunde Wohnung und allen deutschen Familien, besonders den kinderreichen, eine ihren Bedürfnissen entsprechende Wohn- und Wirtschaftsheimstätte zu sichern" (Artikel 155). Dies blieb allerdings ein frommer Wunsch. Zu den Instrumenten der staatlichen Wohnungspolitik gehörten die staatliche Förderung durch „Hauszinssteuermittel" und die Propagierung des Bausparens (*Ruck* 1988, S. 170). Insgesamt lag der Anteil der staatlichen Subventionen an den Wohnungsbauinvestitionen in den zwanziger Jahren bei 58 Prozent, in den dreißiger Jahren sank er auf 21 und im Jahr 1936 schließlich auf acht Prozent (*Kähler* 1996, S. 402). Zur selben Zeit wurden viele Wohnungsbaugesellschaften gegründet. Sie sollten das Wohnen erschwinglich machen (*Beck* 1995, S. 348). Ein Beispiel ist die Gemeinnützige Aktien-Gesellschaft für Angestellten-Heimstätten (GAGFAH). Ihr Ziel war die „Beschaffung gesunder Wohnungen zu angemessenen Preisen für minderbemittelte Familien und Einzelpersonen, insbesondere den Kreis der nach dem Versicherungsgesetz für Angestellte versicherten Personen". Anfangs plante sie vornehmlich Einfamilien-, bald auch Mehrfamilienhäuser. Mehr als 40 Prozent der Wohnungen verkaufte sie als Wohneigentum, vornehmlich an Angestellte (*GAGFAH* 1968, S. 25, 101).

Der Nationalsozialismus betrieb Eigenheimförderung vornehmlich im Dienste der Rüstungs-, Ostsiedlungs- und Rassenpolitik sowie der Disziplinierung. Die Siedler wurden nach politischen und rassischen Gesichtspunkten ausgesucht: „Siedlungsanwärter sind alle ehrbaren, minderbemittelten deutschen Volksgenossen (vornehmlich gewerbliche Arbeiter und Angestellte), die ebenso wie ihre Ehefrauen deutsche Reichsangehörige arischer Abstammung, national und politisch zuverlässig, rassisch wertvoll, gesund und erbgesund sind" (zit. nach *Kornemann* 1996, S. 664). Insbesondere kinderreiche Familien, Frontkämpfer und „Kämpfer für die nationale Erhebung" sollten bei der Förderung mit Reichsdarlehen und Reichsbürgschaften berücksichtigt werden. Obwohl die Nationalsozialisten die Kleinsiedlungen massiv propagierten, blieb der Bau von Eigenheimen gegenüber dem von Mietwohnungen zurück. Dies lag vor allem daran, dass die Siedlungen höchstens für den gehobenen Mittelstand, jedoch nicht für die breite Masse erschwinglich waren. Der Bau eines Eigenheims war für die breite Bevölkerung weiterhin zu teuer.

3. Durchbruch des Eigenheimbaus nach 1949

Nach dem Zweiten Weltkrieg erhielt der Wunsch nach dem Eigenheim erneut, wie schon in den vorangegangenen Kriegen und Krisen, aus der Erfahrung des Mangels starken Auftrieb. Das Eigenheim mit Garten bot die Möglichkeit, sich selbst zu versorgen, die Erfahrung der Not förderte den Subsistenzgedanken. Nun aber trat ein gesellschaftspolitisches Konzept stärker als je zuvor hinzu: das Verständnis vom Eigenheim in der Tradition der katholischen Soziallehre. Das Eigentum wurde als Dimension der persönlichen Freiheit, Selbstbestimmung und Selbstverwirklichung in den Vordergrund gerückt. Die Politik setzte dies, beflügelt auch vom Wettbewerb der politischen Systeme, in der Praxis durch (*Schulz* 1994). Dazu gehören die staatliche Förderung von Wohneigentum durch öffentliche Darlehen, Steuervergünstigungen, Wohnungsbauprämien und anderes mehr. Nun konnten sich nicht mehr nur die Wohlbetuchten das Eigenheim leisten, sondern auch breitere gesellschaftliche Schichten. Zu den Instrumenten gehört die Zulassung von Stockwerkseigentum seit 1951 („das Eigenheim auf der Etage"), das seit der Jahrhundertwende nicht möglich gewesen war. Das Wohnungsbauprämiengesetz 1952 führte den staatlichen Zuschuss für Bausparer ein.

Diese Maßnahmen konnten zwar nicht verhindern, dass das Eigenheim „teuer" und die wohl größte Investition blieb, die ein Privathaushalt tätigt. Doch sie bewirkten, unterstützt vom wirtschaftlichen Aufschwung, dass weit mehr Privathaushalte als jemals zuvor in der Geschichte diesen Weg beschreiten und mit Erfolg zurücklegen konnten. Indem sie breiten unteren Schichten den Erwerb von Wohneigentum ermöglichten, trugen sie zu einer Demokratisierung des Wohneigentums bei: „Die Schaffung von Eigenheimen muß als sozial wertvollster Zweck staatlicher Wohnungsbau- und Familienpolitik anerkannt werden. Das Eigenheim kann und darf kein Reservat kleiner Schichten sein, im Gegenteil soll gerade der Besitzlose durch Sparen, Selbsthilfe und öffentliche Fördermittel zum Eigentum gelangen und so der Proletarisierung und Vermassung entrissen werden" (*Konrad Adenauer* 1952, zitiert nach: *Wolff* 1996, S. 11).

Im Sozialen Wohnungsbau 1953 bis 1956, beispielsweise, errichteten Arbeiter jährlich zwischen 21 und 26 Prozent der Eigenheime, Beamte und Angestellte 10 bis 16 und Selbstständige 10 bis 11 Prozent; im frei finanzierten Wohnungsbau errichteten Arbeiter 24 bis 30 Prozent der Eigenheime, Beamte und Angestellte 14 bis 18 Prozent (*Schulz* 1988, S. 427 f.). Nach dem Zweiten Weltkrieg wurde Wohneigentum zu einem in allen Schichten verbreiteten Gut. Die Subventionen wurden mehr und mehr „von der Mietshausförderung auf die Eigentumsförderung verlagert" (*von Saldern* 1995, S. 353).

Durch die öffentliche Förderung stieg die Eigenheimquote merklich an. So waren 1978 95 Prozent der Landwirte, 64 Prozent der Selbstständigen, 44 Prozent der Arbeiter, 43 Prozent der Beamten, 40 Prozent der Angestellten und 35 Prozent der Nichterwerbstätigen Eigentümer des Hauses oder der Wohnung, in der sie lebten (*Schulz* 1988, S. 428). Arbeiter verfügen heute ebenso häufig wie Angestellte und Beamte über Wohneigentum – ein Novum in der deutschen Geschichte. Dies gilt freilich vornehmlich für Facharbeiter und Meister, während un- oder angelernte Arbeiter erheblich schlechtere Chancen haben, Wohnungseigentümer zu werden (*Kurz* 2000, S. 40).

In der DDR entwickelten sich die Verhältnisse anders. In den 60er Jahren übernahm der Staat einen immer größeren Anteil am Wohnungsbau. 1970 betrug der Beitrag des staatlichen Wohnungsbaus 82 Prozent, der private Eigenheimbau ging in diesem Zeitraum immer mehr zurück und betrug 1965 nur noch fünf Prozent der Neubauten. Infolgedessen veränderten sich auch die Eigentumsverhältnisse. Der Staat und die Genossenschaften bauten ihren Eigentumsanteil an Wohnungen aus, Privatleute hingegen verfügten über weniger Wohneigentum. 1971 hatte nur jeder vierte Haushalt in der DDR Wohneigentum (*Buck* 2004, S. 250-253).

Gruppen mit relativ mehr ökonomischem als kulturellem Kapital – wie Landwirte, Unternehmer und Handwerker – verfügen am häufigsten über Hauseigentum. Jedoch ließ sich in den letzten Jahrzehnten bei den Gruppen mit mehr kulturellem als ökonomischem Kapital – mittlere und höhere Angestellte sowie Facharbeiter – der größte Zuwachs beim Erwerb von Wohneigentum verzeichnen. Auch wenn der Trend zum Eigenheim anhält, liegt Westdeutschland mit einer Wohneigentumsquote von rund 42 Prozent im internationalen Vergleich weit hinten (*Steinrücke/Schultheis* 1998, S. 9, 12). In den neuen Bundesländern liegt die Quote – bedingt durch die geschilderte Wohnungspolitik der DDR – gar nur bei 28 Prozent (*Zapf* 1999, S. 583).

Literatur

Beck, R. (1995), Leben in der GAGFAH-Siedlung. Angestellten-Wohnen und Wohnungsbau in der Weimarer Republik, in: Lauterbach, B. (Hrsg.), Großstadtmenschen. Die Welt der Angestellten, Frankfurt a. M., S. 347-357

Buck, H. (2004), Mit hohem Anspruch gescheitert – Die Wohnungspolitik der DDR, Münster

Denecke, D. (1980), Sozialtopographische und sozialräumliche Gliederung der spätmittelalterlichen Stadt. Problemstellungen, Methoden und Betrachtungsweisen der historischen Wirtschafts- und Sozialgeographie, in: Fleckenstein, Josef/Stackmann, Karl (Hrsg.), Über Bürger, Stadt und städtische Literatur im Spätmittelalter, Göttingen, S. 161-202

Engels, F. (1887), Zur Wohnungsfrage, 2. Aufl., Zürich

Führer, K. C. (1995), Mieter, Hausbesitzer, Staat und Wohnungsmarkt. Wohnungsmangel und Wohnungszwangswirtschaft in Deutschland 1914-1960, Stuttgart

Gemeinnützige Aktien-Gesellschaft für Angestellten-Heimstätten (Hrsg.) (1968), GAGFAH 1918-1968. Eine Dokumentation, Hamburg

Kähler, G. (1996), Nicht nur Neues Bauen! Stadtbau, Wohnung, Architektur, in: Kähler, G. (Hrsg.), Geschichte des Wohnens, Bd. 4: 1918-1945. Reform, Reaktion, Zerstörung, S. 305-452

Kastorff-Viehmann, R. (1979), Kleinhaus und Mietkaserne, in: Niethammer, L. (Hrsg.), Wohnen im Wandel. Beiträge zur Geschichte des Alltags in der bürgerlichen Gesellschaft, Wuppertal, S. 271-291

Kornemann, R. (1996), Gesetze, Gesetze ... Die amtliche Wohnungspolitik in der Zeit von 1918 bis 1945 in Gesetzen, Verordnungen und Erlassen, in: Kähler, G. (Hrsg.), Geschichte des Wohnens, Bd. 4: 1918-1945. Reform, Reaktion, Zerstörung, S. 601-723

Kurz, K., Soziale Ungleichheiten beim Übergang zu Wohneigentum, ZfS 29/2000, S. 27-43

Malinowski, S. (2003), Vom König zum Führer. Sozialer Niedergang und politische Radikalisierung im deutschen Adel zwischen Kaiserreich und NS-Staat, Berlin

Petrowsky, W. (1993), Arbeiterhaushalte mit Hauseigentum. Die Bedeutung des Erbes bei der Eigentumsbildung, Bremen

Reif, H. (1999), Adel im 19. und 20. Jahrhundert, München

Reulecke, J. (1997), Die Mobilisierung der „Kräfte und Kapitale": Der Wandel der Lebensverhältnisse im Gefolge von Industrialisierung und Verstädterung, in: Reulecke, J. (Hrsg.), Geschichte des Wohnens Bd. 3: 1800-1918. Das bürgerliche Zeitalter, Stuttgart, S. 17-144

Ruck, M. (1988), Die öffentliche Wohnungsbaufinanzierung in der Weimarer Republik. Zielsetzung, Ergebnisse, Probleme, in: Schildt, A./Sywottek, A. (Hrsg.), Massenwohnung und Eigenheim. Wohnungsbau und Wohnen in der Großstadt seit dem Ersten Weltkrieg, Frankfurt/New York, S. 150-200

von Saldern, A. (1995), Häuserleben. Zur Geschichte städtischen Arbeiterwohnens vom Kaiserreich bis heute, Bonn

von Saldern, A. (1997), Im Hause, zu Hause. Wohnen im Spannungsfeld von Gegebenheiten und Aneignungen, in: Reulecke, J. (Hrsg.), Geschichte des Wohnens Bd. 3: 1800-1918. Das bürgerliche Zeitalter, Stuttgart, S. 147-332

Schulz, G. (1985), Der Wohnungsbau industrieller Arbeitgeber in Deutschland bis 1945, in: Teuteberg, H. (Hrsg.), Homo habitans. Zur Sozialgeschichte des ländlichen und städtischen Wohnens in der der Neuzeit, Münster, S. 373-389

Schulz, G. (1988), Eigenheimpolitik und Eigenheimförderung im ersten Jahrzehnt nach dem Zweiten Weltkrieg, in: Schildt, A./Sywottek, A. (Hrsg.), Massenwohnung und Eigenheim. Wohnungsbau und Wohnen in der Großstadt seit dem Ersten Weltkrieg, Frankfurt/New York, S. 409-439

Schulz, G. (1994), Wiederaufbau in Deutschland. Die Wohnungsbaupolitik in den Westzonen und der Bundesrepublik von 1945 bis 1957, Düsseldorf

Steinrücke, M./Schultheis, F. (2002), Vorwort, in: Pierre Bourdieu et al., Der Einzige und sein Eigenheim, erweiterte Neuausgabe, Hamburg, S. 9-18

Wischermann, C. (1997), Mythen, Macht und Mängel: Der deutsche Wohnungsmarkt im Urbanisierungsprozeß, in: Reulecke, Jürgen (Hrsg.), Geschichte des Wohnens Bd. 3: 1800-1918. Das bürgerliche Zeitalter, Stuttgart, S. 335-502

Wolff, K. (1996), Umwandlung von Miet- in Eigentumswohnungen in Berlin: Ursachen, Umfang und Folgen, Berlin

Zapf, K. (1999), Haushaltsstrukturen und Wohnverhältnisse, in: Flagge, Ingeborg (Hrsg.), Geschichte des Wohnens Bd. 5: 1945 bis heute. Aufbau, Neubau, Umbau, Stuttgart, S. 563-614

Zimmermann, C. (1991), Von der Wohnungsfrage zur Wohnungspolitik. Die Reformbewegung in Deutschland 1845-1914, Göttingen

Chinas Aufstieg zur Weltmacht – Wie geht es weiter?

Konrad Seitz

Noch vor wenigen Jahren war China für die meisten Deutschen weit weg. Wir wussten zwar, dass aus dem Fernen Osten etwas Gewaltiges auf uns zukommt, hatte doch schon *Napoleon* gesagt: „Wenn China erwacht, erbebt die Erde!" Aber das war Zukunft, damit brauchten wir uns nicht jetzt schon zu beschäftigen.

Doch 2004 waren wir es, die aufwachten – geweckt von einem riesigen Knall: China war angekommen! Die Ölpreise explodierten, nachdem sie zwanzig Jahre lang zwischen zehn und zwanzig Dollar dahingedümpelt hatten. Der Auslöser der Explosion war China. Vom einstigen Ölexporteur war es zum zweitgrößten Ölverbraucher nach den USA geworden, der bereits fünfzig Prozent seines Ölkonsums einführen musste. Pro Kopf verbrauchen die Chinesen dabei erst ein Zehntel so viel Öl wie die Amerikaner. Der Kampf um die Energieressourcen der Welt hat begonnen.

2004 explodierten ebenso die Rohstoffpreise. Stahl wurde in Deutschland nicht nur teuer, sondern war zeitweise nicht erhältlich; bei Audi standen die Bänder still.

Unmittelbar am bedrohlichsten für uns ist Chinas Einfluss auf die Arbeitsplätze in Deutschland. Viele sehen China noch immer lediglich als die „Werkbank" der Welt, an die man die arbeitsintensiven Fertigungen abgibt, wo man Teile montieren, Hemden nähen, Weihnachtsschmuck produzieren lässt. Ja, wenn es nur so geblieben wäre! Dann hätten wir wenig zu fürchten, denn die arbeitsintensiven Industrien haben wir längst abgegeben. Doch die ganze lange Küste Chinas, von Shenzhen im Süden bis Dalian im Norden, ist mit modernsten, technologie- und kapitalintensiven Fabriken übersät – Fabriken, die oft moderner sind als europäische Fabriken, denn sie wurden später gebaut. Noch sind diese Fabriken meist Joint Ventures amerikanischer, europäischer, japanischer und südkoreanischer Konzerne mit chinesischen Staatsunternehmen. Doch dies ist erst der Anfang. In einer Vier-Stufen-Strategie sind die Chinesen dabei, die Standard-Industrien der Welt zu erobern:

- Auf der ersten Stufe erlernen die Chinesen die Technologie mit Hilfe von Joint Ventures. „Technologie gegen einen Anteil am chinesischen Markt", so lautet der Handel. Die Joint-Venture-Verträge waren anfangs ausdrücklich befristet.

- Auf der zweiten Stufe trägt man die erlernte Technologie in rein chinesische Unternehmen hinein. Diese kopieren die westlichen Produkte durch *reverse engineering*. Sie haben aber durchaus immer mehr auch das Potential, diese selbstständig weiter zu entwickeln; jährlich verlassen 400.000 Ingenieure die chinesischen Hoch- und Fachhochschulen, in Deutschland sind es 30.000. Auf dem chinesischen Markt kommt es nun zu riesigen Überkapazitäten und Preiskämpfen, die ausländischen Joint Ventures werden mehr und mehr in den Export gedrängt, einige geben auf.

- Haben die rein chinesischen Unternehmen ihren Heimmarkt zum großen Teil erobert, so beginnt die Exportintensive, die sich – nach dem japanischen Vorbild der siebziger und achtziger Jahre – zuerst auf den amerikanischen Markt richtet, dann auf den europäischen.

- Auf der vierten Stufe globalisieren sich die chinesischen Unternehmen. Sie errichten weltweit Vertriebsstützpunkte und Produktionsstätten und kaufen westliche Firmen. Im Jahr 2004 übernahm Lenovo, der größte PC-Hersteller Chinas und Asiens, für 1,75 Milliarden Dollar die PC-Sparte von IBM. Die China National Offshore Oil Corporation (CNOOC) bot 18,5 Milliarden Dollar für den US-Ölkonzern Unocal, zog sich allerdings zurück, als sie auf politischen Widerstand in den USA stieß.

Die Exportoffensive der Chinesen ist auch in Deutschland bereits angelaufen. Unsere Produzenten von Haushaltsgeräten, Telekommunikationsausrüstungen, Feinchemikalien, Möbeln, usw. sind bereits unter Druck. Siemens verschenkte 2005 die Handy-Produktion an ein Unternehmen in Taiwan und gab noch 300 Millionen Euro drein. In den nächsten fünf Jahren wird die Angriffswelle aus China unsere Kernindustrie erreichen: die Autohersteller und ihre Zulieferer. In der chinesischen Autoindustrie entstehen derzeit ungeheure Überkapazitäten. Die Joint Ventures wie VW-Shanghai, das bereits Verluste macht, werden mehr und mehr in den Export gedrängt werden. Dazu kommen die Exporte der chinesischen Firmen und die Exporte der japanischen und koreanischen Konzerne, die in China z. T. Fabriken rein für den Export errichten. Im Herbst 2005 kamen auf der Frankfurter Automobilmesse die ersten vier chinesischen Modelle an, und Honda verschiffte die ersten Modelle, die in China für Europa gefertigt werden.

Führen wir uns den Aufstieg Chinas zur dominanten Volkswirtschaft auch anhand statistischer Zahlen vor Augen:

Zuerst sei Chinas Stellung in der globalisierten Weltwirtschaft betrachtet. Mit Warenexporten von 763 Milliarden US-Dollar und Importen von 658 Milliarden US-Dollar im Jahre 2005 ist China – mit bereits weitem Vorsprung vor Japan – die drittgrößte Handelsmacht der Welt. Nach Vorausschätzung der OECD wird es bis

2010 Deutschland als „Exportweltmeister" ablösen. Auf China werden dann 10% des gesamten Welthandels entfallen. Der Leistungsbilanzüberschuss Chinas kletterte 2005 auf 135 Milliarden US-Dollar und erreichte 7,3% seines BIP. Entgegen früherer Hoffnung hat sich China zum riesigen Nettoexporteur entwickelt, der – wie Japan – Wachstum von den USA und Europa abzieht. Bei den grenzüberschreitenden Direktinvestitionen ist China schon seit Jahren das größte Empfängerland und entwickelt sich nun in schnellem Tempo auch zu einem großen Entsendeland.

Diese globale Macht Chinas hat als ihre Basis eine Wirtschaft, die 2005 ein Bruttoinlandsprodukt von rund 2,5 Billionen US-Dollar – Hongkong eingeschlossen – erzeugte. China ist damit die viertgrößte Volkswirtschaft der Welt und dürfte Deutschland bald von seinem dritten Platz verdrängen. Jedoch, so eindrucksvoll die Zahl von 2,5 Billionen US-Dollar ist, so unterschätzt sie die wahre Wirtschaftskraft Chinas bei weitem. Denn bei dieser Zahl ist das in Yuan erstellte BIP zum geltenden Devisenkurs: 8 Yuan = 1 US-Dollar, umgerechnet. Doch für 8 Yuan kann man in China sehr viel mehr kaufen als für einen Dollar in den USA. Der Weltwährungsfond hat deshalb bereits 1992 begonnen, das chinesische Sozialprodukt nach Kaufkraftparität zu berechnen. Tut man dies, dann kommt man für 2005 auf ein chinesisches Bruttoinlandsprodukt von 7 Billionen Kaufkraft-Dollar gegenüber einem amerikanischen BIP von 12 Billionen Dollar.

Noch anschaulicher wird die Wirtschaftskraft Chinas, wenn man auf Zahlen für die physische Produktion blickt. Im Jahre 2005 erzeugte China 320 Millionen Tonnen Stahl – das ist weit mehr Stahl als die frühere Nummer Eins Japan und die frühere Nummer Zwei USA zusammen erzeugten. Und dennoch musste Chinas Stahl noch importieren. Im gleichen Jahr wurden neue Stahlkapazitäten für 50 Millionen Tonnen fertig gestellt, das waren mehr Kapazitäten als Russland und Indien zusammen besitzen.

Im Jahr 2005 wuchs die chinesische Wirtschaft um 9,9% – eine Wachstumsrate, die im Durchschnitt nun schon mehr als ein Vierteljahrhundert anhält. Hält sie weiter an, wird China in zehn bis fünfzehn Jahren die USA – in Kaufkraftdollar gerechnet – wirtschaftlich überholen. Doch, wird es so weitergehen? Gerade in Deutschland sagen viele professionelle China-Beobachter dem Land eine Wirtschaftskrise, wenn nicht überhaupt einen politisch-sozialen Zusammenbruch voraus. Sie tun dies allerdings seit fast dreißig Jahren, seit *Deng Xiaoping* 1978 den Zwangsegalitarismus *Maos* aufgab und China aus abgrundtiefer Armut zur heutigen Höhe führte. Nichtsdestoweniger, die Untergangspropheten haben darin recht, dass die Probleme, die China auf seinem Weg zu überwinden hat, kaum weniger gewaltig sind als die Möglichkeiten weiterer Expansion. Werfen wir einen Blick auf die Hauptprobleme:

Zuerst, Chinas Wirtschaft wächst auf Kosten der Umwelt. Die jährliche Umweltzerstörung wird auf 200 Milliarden Dollar geschätzt. Die landwirtschaftlichen Böden erodieren und verstepppen. Die Städte ersticken im Smog der Automobile, der Kraftwerke und Fabriken. Diese Luftverschmutzung droht in den nächsten fünfzehn Jahren auf das Vier- bis Fünffache anzusteigen, wenn nichts Entscheidendes geschieht. Die Flüsse und Seen sterben durch Verseuchung und übergroße Wasserableitung; der Gelbe Fluss, die Wiege der chinesischen Kultur, führt monatelang kein Wasser mehr. Wassermangel ist zum akutesten Problem Chinas geworden. In Peking, das für zwei Drittel seiner Wasserversorgung auf Grundwasser angewiesen ist, sinkt der Grundwasserspiegel Jahr für Jahr um 1,5 bis 2 Meter. China gehen buchstäblich Wasser, Boden und Luft für das weitere Wirtschaftswachstum aus. Die Umweltzerstörung auch nur zu stoppen, erfordert Hunderte Milliarden „unproduktiver" Investitionen. Viele Menschen, die in verschmutzenden Fabriken arbeiten, die geschlossen werden müssen, werden ihren Job verlieren.

Arbeitsplätze aber für die immer noch stark wachsende Erwerbsbevölkerung zu schaffen, ist das zentrale Problem für den Erhalt der politischen Stabilität. Jahr für Jahr strömen 15 Millionen Jugendliche neu auf die Arbeitsmärkte. In den Städten werden seit der Reform von 1997 jährlich fünf bis sechs Millionen Beschäftigte aus den mit Personal übersetzten Staatsunternehmen entlassen und durch minimale Sozialhilfe versorgt. Krasse Übersetzung herrscht auch in der Landwirtschaft, wo die einzelne Bauernfamilie im Durchschnitt nur 0,55 Hektar Ackerland bearbeitet. 120 bis 150 Millionen Menschen sind in den letzten zwanzig Jahren in die Städte abgewandert und hausen hier als illegale Zuwanderer oder mit befristeter Aufenthaltsgenehmigung in Armenvierteln. Sie verdingen sich als Bauarbeiter, Straßenreiniger, Küchenhilfen, die Frauen als Hausangestellte: Kurz, sie verrichten die Arbeiten, für die geborene Städter sich zu gut sind – als Bauerntölpel verachtet, miserabel bezahlt, ohne Rechte und soziale Sicherung, ohne Schulen für ihre Kinder. Mit den Wanderarbeitern und den aus den Staatsunternehmen entlassenen Arbeitern, die keine neue Beschäftigung mehr finden, hat sich inzwischen ein Millionen-Proletariat in den Städten gebildet, das ein Reservoir der Kriminalität ist und sich in einer wirtschaftlichen Krise zum Massenaufstand zusammenballen könnte. Bei einem Wachstum von 9%, schafft die chinesische Wirtschaft etwa 10 Millionen neue Arbeitsplätze. Netto 15 bis 20 Millionen bräuchte sie. Die Arbeitslosigkeit wird also noch auf Jahre hinaus weiter steigen.

Zu den Grundproblemen der Arbeitslosigkeit und der Umweltzerstörung kommt das politische Problem der Ungleichheit. Die an Egalität gewohnte chinesische Gesellschaft hat sich auseinander entwickelt. In den Städten steht dem wachsenden Wohlstand der Mittelschicht das Elend der Arbeitslosen und Wanderarbeiter gegenüber. Eine klaffende Ungleichheit ist auch entstanden zwischen den reichen Küstenprovinzen und den armen Inlandsprovinzen. Bedrohlich angestiegen ist auch die Ungleichheit zwischen Stadt- und Landbevölkerung: das Durchschnitts-einkommen auf dem Land beträgt nur ein Drittel des Durchschnittseinkommens in den Städten.

Die Lunte an diesem Pulverberg explosiver Probleme ist die Korruption der Par-teikader und insbesondere der Parteikader in den ländlichen Gemeinden – weit weg von der Aufsicht der Zentral- und Provinzregierung. Korruption untergräbt die Legitimität der Partei. An dieser Stelle ist ein Blick auf das chinesische Denken über die Legitimität von Herrschaft notwendig. Im alten China, einem Agrarstaat von 100.000 Dorfgemeinden, übten der Kaiser und seine Mandarine die absolute Herrschaft aus. Das Volk akzeptierte diese Herrschaft – aber unter einer Bedin-gung: der Kaiser musste so herrschen, dass es dem Volk gut ging. Brachen Hun-gersnöte aus und waren dann auch noch die Beamten korrupt, so verlor der Kaiser das „Mandat des Himmels". Es kam dann im alten China immer wieder zu gewal-tigen Bauernaufständen, die den Kaiser stürzten. Der siegreiche Bauernführer wurde zum neuen Kaiser und gründete eine neue Dynastie.

Im heutigen China ist das Legitimitätsdenken grundsätzlich das gleiche: Die Elite herrscht, die „Massen", wie sie Kaiser *Mao* nannte, gehorchen. Nur dass heute die Elite nicht mehr aus konfuzianischen Gelehrten und Literaten – die Humanisten Chinas – besteht, sondern aus Naturwissenschaftlern, Ingenieuren, Betriebswirten und Ökonomen. Diese Elite bildet heute eine weitgehend geschlossene Kaste: Die Studenten wie die Studierten, die privaten Unternehmer wie die Manager der Staatsunternehmen stehen hinter der Partei, sind oft Parteimitglieder. Sie sind die Gewinner des Systems. Die „Dissidenten", die nach westlichem Vorbild Demo-kratie mit einem Mehrparteiensystem fordern, werden im westlichen Wunschden-ken überschätzt. In China haben sie kaum Einfluss.

Die „Massen" sind mit der Entwicklungsdiktatur der Partei zufrieden, so lange sich ihr Lebensstandard verbessert. Dies ist für die Mehrheit der Fall. Die Verlierer des Systems wie Arbeiter der Staatsunternehmen, die unter *Mao* als Elite der Nation galten und jetzt den Arbeitsplatz verlieren, sind eine Minderheit. Ungleich-heit für sich allein erzeugt noch keine Revolution. Der Bauer in einem Provinzdorf dürfte sich mit Gleichmut bewusst sein, dass der Städter in Shanghai viel mehr verdient, solange er sich gleichzeitig bewusst ist, dass auch der eigene Lebensstan-dard steigt. Häufigste Ursache von Unruhen ist heute, wenn Arbeiter aus Staatsun-ternehmen entlassen werden und entdecken, dass die Manager vorher profitable Teile des Unternehmens an Verwandte und Freunde verkaufte haben; wenn Städter aus der angestammten Wohnung im Zentrum in die Peripherie umgesiedelt wer-den; oder wenn die Gemeindeverwaltung Bauern mit völlig unzureichender Kom-pensation ihr Land wegnimmt, und die Parteikader die Nutzung dieses Landes für die Ansiedlung von Industrie verkaufen. Diese systemische Ungerechtigkeit, nicht die Einkommensungleichheit ist der gefährlichste Nährboden für Revolution.

China geht in den nächsten 10 bis 15 Jahren durch eine Periode, in der die politische Stabilität bedroht ist. Es hat einen Entwicklungsstand erreicht, in der sich die Einzelnen ihrer Rechte bewusst sind und aufbegehren, wenn diese verletzt werden. Überall in China kommt es heute zu Protesten und Demonstrationen, Massenunruhen und Ausschreitungen. Die Regierung selbst spricht von 78.000 Demonstrationen und Unruhen allein im Jahr 2004. Schon 2001 machte die Parteiführung selbst die alarmierende Lage publik, als das Zentralkomitee einen dreihundertseitigen Untersuchungsbericht zu dem Thema vorlegte: „China 2000 bis 2001: Studien zu Widersprüchen im Volk unter neuen Bedingungen".

Die Parteiführung ist sich der Gefahren für die politische Stabilität voll und ganz bewusst. Sie tut alles, diese Gefahren zu bannen. Sie hat auf der einen Seite eine Zwei Millionen-Polizeiarmee geschaffen, um bei größeren Unruhen sofort eingreifen zu können. Anders als die Kriegsarmee, die den Tiananmen-Aufstand 1989 in Peking mit Panzern niederwarf, ist die Polizei mit Wasserwerfern, Tränengas und anderen Instrumenten ausgestattet, um Massendemonstrationen ohne Blutvergießen aufzulösen. Die Behörden gehen heute auch auf die Beschwerden der Demonstrierenden ein und versuchen sie zu beschwichtigen, indem sie Zugeständnisse machen. Die Partei hat darüber hinaus dafür gesorgt, dass im Lande keine unabhängigen Organisationen entstehen konnten. Die Proteste der Arbeiter und Bauern sind spontan, die protestierenden Gruppen sind isoliert. Es gibt keine Organisation, die etwa einen Generalstreik in einer ganzen Stadt oder gar in einer ganzen Provinz ausrufen könnte. Nicht anders sind die Bauern auf ihre Dörfer beschränkt; von Demonstrationen außerhalb ihrer Gemeinden erfahren sie allenfalls durch Gerüchte.

Auf der anderen Seite unternehmen Parteiführung und Regierung große Anstrengungen, um die Ursachen der Unruhen zu beseitigen. Neuer Leitstern der Politik ist die „harmonische Gesellschaft". Deng Xiaoping hatte die Devise ausgegeben: „Lasst einige zuerst reich werden, damit die anderen nachfolgen können". Diese Devise ist jetzt von der Partei abgelöst worden durch die neue Leitlinie eines „Wachstums in sozialer Harmonie" und eines „anhaltenden Wachstums", das nicht auf Kosten der Umwelt gehen soll.

Die Parteiführung versucht, Korruption durch Erziehungsmaßnahmen und drakonische Strafen zurückzudrängen. Die Regierung baut ein Sozialversicherungssystem auf, um Arbeitslose und Rentner menschenwürdig zu versorgen; dieses System ist allerdings erst in seinen Anfängen und erstreckt sich bisher nur auf die Städte. Die Regierung ist ebenfalls bestrebt, ein weiteres Anwachsen der sozialen Ungleichheit zu verhindern. Sie hat wesentliche Verbesserungen der rechtlichen und sozialen Lage der Wanderarbeiter in den Städten eingeleitet. Sie versucht, durch Investitionen in die Infrastruktur der Landwirtschaft und durch Subventionierung der Getreidepreise die Einkommen der Bauern zu erhöhen. Im Jahre 2004 stiegen nach chinesischer Statistik die ländlichen Einkommen zum ersten Mal nach langer Zeit schneller als die städtischen Einkommen. Die Regierung unternimmt ferner große Anstrengungen, das Wachstum in die Regionen Zentral-Chinas und Westchinas vorzuschieben.

Wie weit die Parteiführung in Peking die neuen Leitlinien im ganzen Land durchsetzen kann, davon wird abhängen, wie stabil China bleibt. Ob es ihr gelingt, in den nächsten 15 Jahren die politische Stabilität durch Reformen und Demokratisierung der Partei zu sichern, ist zwar keinesfalls sicher, aber von der heutigen Situation her gesehen doch wahrscheinlich. Dann aber wird China in den Jahren 2015 bis 2020 zur dominanten Volkswirtschaft der Welt geworden sein. Und es wird weiter wachsen, bis schließlich – im Jahr 2050 – die große Mehrheit der dann 1,5 Milliarden Chinesen in einer voll entwickelten Wirtschaft lebt. Was ein solcher Koloss für die Weltwirtschaft und für uns bedeutet, übersteigt die Vorstellungskraft.

Das Elternhaus

Cora Stephan

Unter einem Elternhaus stellte ich mir lange Zeit ein verwunschenes, rosenumranktes Biedermeierhaus vor, so eines wie das Pfarrhaus von Verwandten, die ich als Kind oft besuchte. So ein Haus muss zwar ständig „unterhalten" werden, wie es so schön heißt, ist im Sommer kühl und im Winter zugig, aber es riecht nach Johannisbeermarmelade, Leinöl und Lavendel, seine Balken knacken behaglich im Sommer, und im Winter brennt der offene Kamin. In einem solchen Haus steht im elterlichen Schlafgemach ein schweres großes Bett, in dem schon der Urgroßvater, ach was: der Urururgroßvater gezeugt und geboren worden ist. Ein solches Elternhaus hat Vergangenheit und ist Sicherheit für die Zukunft.

Man merkt an dieser Beschreibung, dass ich keines hatte.

An die Elternhäuser anderer erinnere ich mich gut. Einige meiner Freunde aus Kindergarten und Schule hatten welche, mitsamt Großeltern und Großtanten. Das waren Häuser, die lange schon im Besitz „der Familie" waren; man sah das an den hohen alten Bäumen in den dunklen Gärten mit den riesigen Rhododendren. Oder an den Möbeln – nein, keine Erbstücke, sondern genuine Mitbewohner, denn auch die waren schon immer da gewesen. So wie seine Bewohner seit jeher hier wohnten.

Hier, das war eine mittelgroße Stadt in Niedersachsen, eine Stadt, die meine Eltern für sich einnahm, als sie, beide bereits älter als dreißig Jahre, hinzustießen zu den Alteingesessenen. Nicht der Traditionen wegen oder weil hier der Westfälische Friede stattfand, sondern weil es sich angeblich um eine der wenigen Städte Deutschlands handelte, in denen Hochdeutsch gesprochen wurde. Kinder, was für eine Startchance! Niemand würde uns später unsere Herkunft anmerken, sofern sie mit Ort oder Dialektfärbung einherging, perfekt also für eine Zukunft, die man sich weltoffen dachte und in der erkennbare Verwurzelung nur störte.

Manche Leute haben Zeit ihres Lebens der Heimat hinterher getrauert. Andere haben sie nie verlassen. Bei uns lebte man im Glauben, dass es besser sei, gar nicht erst eine zu haben, schon, um sie nicht verlieren zu müssen.

Das Haus, in dem ich seit 1953 aufwuchs, war jedenfalls kein Elternhaus, sondern gehörte zwei alten Jungfern, Schwestern, die irgendwie immer Mittagsschlaf hielten, bei dem sie nicht gestört werden wollten, wenn ich mit ein paar Freunden im

„Garten" spielte. Garten? Das war eher ein dusterer Hinterhof, in den man geschickt wurde, weil man „mal an die frische Luft" sollte.

Nicht, dass wir nichts anderes vorzuweisen gehabt hätten. Bei uns zu Hause hatte man zwar kein Elternhaus, dafür aber eine gute Kinderstube. Das war praktisch, denn eine gute Kinderstube konnte man, im Unterschied zum Elternhaus, stets bei sich haben und bei Bedarf vorzeigen. Wer über keine verfügte, war jedenfalls arm dran, und wenn das Elternhaus noch so prächtig war.

Was dem Adel der Stolz auf die Herkunft und den sesshaften Bürgern das Behagen am Besitz, das war meinen Eltern der Stolz auf Bildung und Manieren. Auch wenn es damit, bei Lichte betrachtet, auch nicht immer weit her war.

Jedenfalls gelang es uns mit ein bisschen Einbildung mühelos, über die stattlichen Bürgerhäuser und Bauernhöfe der anderen hinwegzusehen. Wer uns zeigte, dass wir nicht dazugehörten, offenbarte eine Krämerseele. Weltliche Güter entschädigten nicht für fehlende Herzensbildung. Meine Eltern wussten schließlich, wie zerbrechlich Elternhäuser sein können. Die „gute Kinderstube" war das portable Elternhaus, dessen materielles Substrat verloren gegangen war im Krieg. Und es war das, was man stolz herzeigte, wenn sie einen wieder mal als „tolopen Pack", als Zugelaufene behandelten, die sturen Niedersachsen, die eingebildeten Pfahlbürger mit ihren misstrauischen Blicken, dem Eingeborenenstolz und dem ehernen Lebensgefüge.

Meine Eltern hätten sich nie als Flüchtlinge bezeichnet – ich jedenfalls bin mit dem Wort nicht aufgewachsen. Andererseits: was waren sie sonst? Meine Mutter hatte sich 1947 von Thüringen aus auf den Weg nach Niedersachsen gemacht, mein Vater stieß aus französischer Gefangenschaft dazu. Es gab da nichts zu erzählen von dramatischer Flucht aus dem eisig kalten Osten. Als Flüchtlinge sahen uns höchstens die anderen, weshalb ich lange nicht begriff, was mich unterschied von den Klassenkameradinnen und Freunden. „Flüchtling", das klang nach Armut und Bedürftigkeit, nach Heimatverlust und der Mohnkuchennostalgie unserer schlesischen Zugehfrau. Das alles – bis auf ein bisschen Bedürftigkeit – traf indes auf meine Eltern nicht zu, vor allem nicht auf meine Mutter, die selbst bestimmen wollte, wer und was sie war. Und mein Vater fühlte sich als Bildungsbürger, der keine Heimat braucht bzw. sie notfalls im Kopf hat – wie es sich, fand er, in der Fähigkeit ausdrückte, nicht nur Goethes Faust, sondern auch Ringelnatz und Eugen Roth zu rezitieren. Das Auswendiggelernte makellos wiedergeben zu können, hatte, wie er nicht eben selten sagte, zum Überlebenstraining in der Kriegsgefangenschaft gehört und zählt wohl auch dank der Abwesenheit dieser Zwangslage mittlerweile zu den untergegangenen Tugenden.

Ansonsten waren wir gründlich entwurzelt, war alles abgelegt, das an Vergangenes erinnerte, verpönt wie die Thüringer Klangfärbung, die meine Tante und Cousinen, die „drüben" geblieben waren, der Primitivität verdächtig machten.

Ob das half? Die Eingeborenen durchschauten all die vielen Fremden, die der Zweite Weltkrieg nach Westen gespült hatte. Und der Verweis auf innere Werte nützte wenig, wenn man als Schlüsselkind morgens ungekämmt in die Schule kam. Das Kind ist vernachlässigt, hieß es dann, weil die egoistische Mutter arbeiten geht. Auch das war etwas, was in Elternhäusern nicht vorkam, außer, wo es einen kleinen Familienbetrieb gab, aber da blieb ja die ganze Arbeit, also auch die der Frauen, von vornherein im Haus, niemand musste „auf die Straße".

Der Unterschied zwischen Elternhäusern und enger Mietwohnung zeigte sich dramatisch, als die Stellung meines Vaters gebot, eine Einladung für die Kollegen und ihre Frauen zu geben. Zum Haus gehört Gastfreundschaft. Anders gesagt: man lädt ein und zeigt vor – die Errungenschaften, das Geleistete, die Tradition, die wohlgeratenen Kinder.

Das fiel meinen Eltern naturgemäß schwer. Dabei hatte meine Mutter sogar ein paar Möbelstücke über die grüne Grenze geschafft, dazu das gute Leinen und ein Kaffeeservice für zwölf Personen, wie es sich gehört für eine Aussteuer, mit der man auf „Hausstand" aus ist.

„Hausstand" ist auch so ein Zauberwort aus einer fernen Zeit, in der es ein Privileg war, heiraten und ein eigenes Haus begründen zu dürfen. Das durfte bis ins 19. Jahrhundert nicht jeder, und so warteten die Handwerksgesellen auf den Tod des Meisters, um seine Witwe heiraten zu können, und die jüngeren Adelssprösslinge schafften sich eine Machtposition beim Klerus. Männer ohne Bindung an Haus und Hof waren der Schrecken des frühen Mittelalters. Der marodierenden „jungen" Männer wegen entstand das Rittertum, das einsprang, wo Ehe und Hausstand als Zivilisationsinstitute nicht zur Verfügung standen.

„Hausstand" war mit dem Wunsch verbunden, selbst eine Tradition zu begründen, griff also weit aus in die Zukunft. Derlei „Elternhäuser" stellen etwas anderes dar als die kurzfristigen Behausungen für Lebensabschnitte und die damit verbundenen Partner. Ihre Rituale und Symbole sind darauf angelegt, vererbt zu werden. In Adelskreisen spielt das noch heute eine Rolle, aber ob es den gründlich individualisierten Metropolenbewohner unter Mobilitätszwang etwas bedeutet?

Also am Kaffeeservice sind bei uns die Einladungen ins eigene „Heim", das indes eine ziemlich beengte Mietwohnung war, nicht gescheitert. Und Enge waren meine Eltern gewöhnt nach Jahren der Einquartierung, des Lebens mit Fremden auf engstem Raum. Mein Vater hatte allerdings aus den zehn langen Jahren, die er, beim Militär und im Krieg, in enger Männergemeinschaft „auf Tuchfühlung" verbracht hatte, einen Hang zu Menschenfeindschaft und schlechten Tischmanieren mitgebracht. Uns fehlte, wer weiß, die satte Gewissheit, an einem Ort zu sein, in dem es den Hausherrn und die Hausherrin gibt, die nicht nur einen Haushalt bewirtschaften, sondern ein Haus „führen". Da nützte auch kein Hutschenreuther.

Meine Eltern deklarierten ihre Entwurzelung zu einer freien Entscheidung, deshalb verbot sich die Klage über verlorene Heimat mitsamt allen gehabten und denkbaren Elternhäusern. Damit hatten sie im übrigen Erfahrung, damit, die Wirklichkeit mit ihren Mühen der Ebene zu verlassen, um sich in der luftigen Vorstellung aufzuhalten. Dass ihre Ehe lange Jahre nur auf dem Papier bestanden hätte, wäre ungenau formuliert. Sie ist auf dem Papier entstanden, und nur dadurch über die Rechtsform und die Gattenliebe weit hinausgewachsen.

Dem portablen Elternhaus entsprach die schwerelose Ehe. So muss man das vielleicht betrachten, was aus einer Zwangslage entstand: meine Eltern haben, bevor sie ihre Liebe in einem gemeinsamen Hausstand leben konnten, sie erfinden müssen. Das begann während der Verlobungszeit, in der mein Vater seinen Wehrdienst absolvierte, der ohne Unterbrechung in Kriegsdienst überging. Man heiratete im Krieg. In der Zeit zwischen 1938 und 1947 schrieben sie sich Briefe, in denen sie die Gefühle beschworen, die sich in der Wirklichkeit nur selten entfalten konnten. Diese Briefe erzählen von der Kraft des Wortes und der Gedanken – und davon, dass die Vorstellung von der Liebe weit mächtiger sein kann als ihre Anwesenheit im Hier und Jetzt.

Meine Mutter bekam meistens ganze Konvolute als Antwort. Die Briefe mit den überschwenglichen erotischen Tagträumen ihres Mannes hat sie vernichtet, die erhaltenen Briefe wiegen zusammen immer noch 3,32 Kilogramm – nicht mitgerechnet all die Aufzeichnungen und Mitteilungen, die mein Vater während der Gefangenschaft machte, aber nicht abschicken konnte. Mein Vater wurde im Frühjahr 1947 aus der Kriegsgefangenschaft entlassen, erst im Sommer begegnete man sich wieder.

Anfang der 50er Jahre endlich konnten sie mit ihren drei Kindern leben, was sie sich im Jahre 1940 versprochen hatten. Sollte das noch im 20. Jahrhundert gegolten haben, dass ein Mann erst ein Mann ist, wenn er einen Hausstand gründen und Verantwortung für eine Familie übernehmen kann, dann ist mein Vater erst im Alter von 39 Jahren erwachsen geworden.

Zehn Jahre später, dank dem Wirtschaftswunder und der Karriere meiner Mutter, gab es ein Elternhaus, in dem jedes der Kinder ein eigenes Zimmer bewohnte, auch die beiden Älteren, die bald zum Studium auszogen. Kein Bürgerhaus in der Stadt, kein ausladendes Gehöft auf dem Land, sondern das, was man in Niedersachsen einen „Kotten" nennt. Dort, abseits der großen Meyerhöfe, wohnten früher die „Heuerlinge", die beim Bauern arbeiteten für ein Haus, Garten und etwas Ackerland.

Den großen Eichenbalken an der Wetterseite des im Jahre 1866 erbauten Fachwerkhauses schmückt ein Vers aus Salomonis 18: „Der Name des Herrn ist ein Schloß, der Gerechte läuft dahin und wird beschirmet." Fast 140 Jahre später feierten meine Eltern in diesem Haus ihren 65. Hochzeitstag – „eisern" sagt man dazu, auch das ein besonders haltbarer Baustoff. Eigentlich wäre der Kotten so recht dazu geeignet, ein Elternhaus zu werden, obwohl diese Tradition eine geliehene ist. Eiche ist ein Holz, das eisenhart wird, wenn man es lässt. Für die Zukunft wäre also gesorgt.

Paradoxerweise hat das alte Haus unter seiner Erhaltung Schaden genommen. In den frühen 60er Jahren kannten sich viele Handwerker noch nicht bzw. nicht mehr aus mit der richtigen Behandlung offenen Fachwerks. Von manchen einst eisenharten Eichenbalken blieb nur noch die leere Hülle als Fassadenschmuck. Eine Metapher dafür, warum es keine solide Basis mehr gibt für die Herausbildung einer neuen Tradition des Elternhauses? Weil wir nicht mehr wissen, welche Voraussetzungen lange Dauer benötigt?

Anders gefragt: sind die vielen Einfamilienhäuser, die noch immer entstehen, trotz der demographischen Entwicklung, die dem Wohnungsmarkt magere Jahre bescheren werden – sind diese schnell hochgezogenen Hüllen elternhaus-, also zukunftstauglich? Und wird ihr Zerfallsprozess ähnlich attraktiv ausfallen wie der vieler historischer Ruinen, die nur noch der Efeu zusammenhält?

Ich besitze zwei alte Häuser, eines in Oberhessen, ein anderes in Südfrankreich. Geliehene Tradition oder Rettung des Bewahrenswerten? Wer weiß das schon. Aber das Gefühl, dass ich durch die dicken Mauern eines Hauses in der Ardèche mit dem 17. Jahrhundert verbunden bin, fasziniert mich. Diese Mauern vermitteln das Gefühl der Einzigartigkeit, das in der Vorstellung vom Elternhaus mitschwingt.

Seit ein Leben in der Provinz, ein Landsitz in des Wortes Bedeutung, der Mobilität nicht mehr im Wege steht, ist doch die virtuelle Beweglichkeit mittlerweile überall zu haben, hat das Alte eine neue Chance. Ich nenne das eine Refeudalisierung der Lebensweisen. Man ist auch in einem alten Haus mit der Welt verbunden. Mobilität und Beständigkeit gehen, wer weiß, eine neue Verbindung ein. Die Teilhabe an der Welt ist nicht mehr an die Bedingung geknüpft, das Elternhaus zu verlassen. Wie wird das dessen äußere Hülle verändern?

Heimat

Christoph Stölzl

Heimat, aber wo liegt sie? Bevor wir ausschwärmen in die Menschen-Geschichte, machen wir Station dort, wo die Wörter vermessen, gewogen und abgeklopft werden, in den Lexika, zum Beispiel in Kluges „Etymologischem Wörterbuch der deutschen Sprache", das seit 1883 unverzichtbare Dienste leistet, heute in der 25. Auflage.

Was finden wir? Heimat, (feminin) althochdeutsch *heimoti*, *heimuoti*, mittelhochdeutsch *heimot*, mittelniederdeutsch *hemode*. Das Wort bedeutet „Grundbesitz", ein Sinn, der in oberösterreichisch *hoamatl* (neutrum).„Gut, Anwesen" wiederkehrt. Unser Begriff gehört in die germanische Wortfamilie *haima*, *haimi*: zuerst „Heimat eines Stammes", danach eines einzelnen (dies erst nach dem Erstarken des Privateigentums am fränkischen Niederrhein). Herr Kluge verrät uns auch, dass auf altnordisch *heimr* „Wohnung, aber auch Welt" bedeutet.

Der Heimatbegriff ist nicht unübersetzbar. Die gängigen Wörterbücher beweisen das: italienisch *patria*, englisch *home*, *home country*. Im Tschechischen heißt Heimat *domov* (von *dum* Haus) und folgt damit der gleichen sprachschöpferischen Logik wie im Deutschen. Im Russischen würden wir genauso fündig.

Sprachgeschichte ist eine faszinierende Sache. Oft überrascht sie uns, weil sie gleichermaßen Landkarte des Vergangenen und Fahrplan des Zukünftigen ist. Sie kann auch ernüchternd sein. Für die bei Kulturkritikern weit verbreitete Meinung, so etwas Gefühltiefes, Unsagbares, Unübersetzbares wie „Heimat" gebe es Platz nur bei den Deutschen mit ihrer besonderen Mentalität, liefern unsere Lexika keine Hilfe. Heimat ist der Ort, wohin wir geboren werden, nicht Kinder der unendlichen Menschheitsfamilie zunächst, sondern Glieder einer familiären Genealogie, die wiederum Teil einer kulturell verfassten Gemeinschaft ist. Genau vermessen ist der Globus, irgendwo im gedachten Gitterwerk der Längen- und Breitengrade betreten wir die Erde. In unseren Pässen spielt der Geburtsort eine große Rolle. Mit ihm beginnt die lebenslange Dialektik von kleiner und großer Heimat, von daheim bleiben und Wandern, von Heimatrecht und Vaterland, von Heimat-Gewinnen und Heimat-Verlieren. Zwischen Wohnung und Welt reicht die Spannweite der Heimat, und ums Besitzen geht es allemal. Heimat, so könnten wir vielleicht ein erstes Fazit ziehen, ist weniger ein stabiler Begriff und mehr die Beschreibung einer Aufgabe. Der Mensch ist ein *zoon politikon*, also ein ortsbezogenes Wesen, denn *polis* ist die Stadt im alten Griechenland. Wohin einer gehört, zu wem er gehört, welche Lust oder Last sich aus diesem Zwang zum Raum ergibt, das macht die Menschengeschichte aus.

Bis an die Schwelle der Moderne steht die Geschichte unseres Kontinents im Bann der Einheit von „Land und Herrschaft". Man kann die Folge der Begriffe auch umdrehen: Von Herrschaft und Land. Wer herrschte, verfügte über Land. Wer über fruchtbares Land verfügte, herrschte auch über die Menschen, die das Land bebauten. Keine frei schwebenden Gefühle stehen, soweit wir es wissen können, am Beginn unserer Heimat-Geschichte, keine Erwerbung einer „Heimat" durch Gleiche und Freie in einer „Völkerwanderung", sondern die uralte Beziehung von Herr und Knecht. Wo die Herren sich ansiedeln, durch Gewalt oder durch Vereinbarung mit den früheren Besitzern, da folgen ihnen die Untertanen. Als *glebae adscripti*", „der Scholle zugeschriebene" betreten Namenlose die Landkarte der Geschichte. Ihre Heimat ist ihr Arbeitsplatz, für immer. Denn das Recht, sich anders wohin zu bewegen, ist an die Erlaubnis ihres Herrn gebunden.

Das Europa des Mittelalters kennt als überwölbenden Begriff das Heilige Römische Reich. Aber ein abstraktes Bürgerrecht wie im Imperium Romanum der Antike kennt man nicht. Stattdessen viele rechtliche Parallelwelten; hätte man die Menschen gefragt, was sie denn seien, sie hätten ihren Ort beschrieben im komplizierten Gefüge des feudalen Personenverbandes und hätten sich als Punkt wieder gefunden auf dem Fleckenteppich lokaler Herrschaften, der zusammengehalten wurde durch das Band der Lehens-Treue, durch Eid und Vasallenschwur. Gräflicher oder herzoglicher, klösterlicher oder bischöflicher Untertan ist man, und steht damit freilich auch unter Schutz.

Ist dieser Konnex als „Heimat" empfunden worden? Sicherlich nicht im modernen Sinne. Das Muster Europas wurde durch die Dynastien der Herrschenden, dann vermöge der christlichen Heiligenkulte gewebt. Wer zu dieser Welt nicht gehörte, dem bleibt fast nur der Appell an den König – so wie den schutzbefohlenen, außerhalb der christlichen Gesellschaftspyramide lebenden Juden .

War man indessen im geistlichen Stand, ob Mönch, Nonne oder Priester, dann gehörte man zu Gemeinschaften, die aller Sprach- und Herrschaftsgrenzen uneingedenk sich in ganz Europa bewegten, heute hier, morgen dort lebten, wie es Gottes Statthalter auf Erden befahlen. Die Kleriker sind die eigentlich mobilen Menschen jener Zeit. Die geistige wie die politisch-rechtliche Sprache des Kontinents war die Sprache der Kirche, das Latein; in ihrem Gehäuse Heimatrecht zu erlangen durch Bildung und danach sozialen Aufstieg, war die große Herausforderung über die Jahrhunderte.

Weil der Geist des mittelalterlichen Europa universal wehte, nicht regional und schon gar nicht national, fiel es den Menschen auch nicht schwer, neue Heimaten zu finden, wenn es sich fügte. Dem Ruf slawischer Fürsten etwa, oder dem König von Ungarn folgten im hohen Mittelalter in mehreren Schüben Zehntausende von Bauern und Bürgern aus dem Westen, die sich von ihren Feudalpflichten lösen konnten. Vielleicht kann man hier und in dem gleichzeitigen Aufblühen der deutschen Städte, „Stadtluft macht frei", so etwas wie den Beginn einer selbst gewählten Heimat sehen. Freiheit und Heimat im modernen Sinn sind zwei Seiten einer Medaille.

Aber erst die große Religions-Revolution nach 1500 machte die Menschen bewusst fürs Hier und Jetzt der Heimat, im Guten wie im Bösen. *Luthers* Reformation brachte die Nationalsprachen zur Herrschaft, damit jedermann seinen Glauben selbst verstünde ohne priesterliche Vermittlung. Die lateinische Universalität ging in Stücke. Die nachfolgenden Religionskriege zwangen Hunderttausende von Menschen, ihre angestammten Wohnsitze zu verlassen und auf die Flucht vor ihren Verfolgern zu gehen. Das Suchen einer neuen Heimat, in der sich die Freiheit der Überzeugung leben ließe, wird zum großen Thema Europas. „Hugenotten" und „Salzburger Exulanten" verlassen ihre französische oder habsburgische Heimat und werden zu Preußen. Die puritanischen „Pilgrim Fathers" segeln nach Amerika und suchen eine Heimat für ihren Glauben und im Glauben.

Am 4. Juli 1776 verkündeten die Väter der amerikanischen Revolution den Satz, es seien alle Menschen gleich und frei geschaffen und hätten unveräußerliche Rechte: "life, liberty and the right to the pursuit of happiness". In einer ungeheuren dramatischen Beschleunigung der Geschichte verwandelte dann die französische Revolution den amerikanischen Impuls in ein Erdbeben, das den ganzen europäischen Kontinent erschütterte und verwandelte. Der feudale Fleckenteppich der bunten Untertanenschaften verschwand und es entstand der moderne Flächen-Staat, die moderne Nation, „une et undivisible" in Verfassung, Bürgerrechten und Nationalsprache. Ihr Grundgesetz waren Niederlassungsfreiheit und Mobilität für alle. Die Massenmigration vom Land in die neuen Industriegebiete und die Grosstädte begann.

Die nationale Idee und die politischen Ideologien, ob liberal, ob konservativ oder sozialistisch, boten den entwurzelten Massen neue Formen der Bindung an. Hier, im Hexenkessel der Modernisierung, wurde als Spaltprodukt auch das moderne „Heimatgefühl" destilliert. Den Anstoß gab um 1800 der Schock der französischen Modernität, das Gefühl hoffnungsloser Unterlegenheit. In der Hoffnung, eine Kompensation zu finden, schwärmte die „romantische" Generation aus, und fand die Märchen und Mythen, die Natur- und Kulturlandschaften Deutschlands, die idyllischen Dörfer, die ehrwürdigen alten Städte. Ihre Funde verwandelten die Romantiker literarisch und künstlerisch zu einer Feier des Eigenen. „Heimatliebe" wurde zum Thema der Poesie und einer massenwirksamen Volksmusik. Sie konnte demokratisch gestimmt sein wie bei *Hoffmann von Fallersleben*, aber auch reaktionär. Seit den Romantikern konnte „Heimat" im Deutschen einen antimodernen, trotzigen Zug tragen. Der Appell an ein schwärmerisches Heimatgefühl wird nun zum Kernbestand des deutschen Nationalismus. Dieses Heimatgefühl ist auch immer wieder funktionalisiert worden von jenen politischen Bewegungen, die sich gegen die soziale Transzendenz, die Aufklärung und den Internationalismus wandten. Unter dem Banner von „Heimatkunst" und „Heimatstil" formierte sich der Widerstand gegen die künstlerische Moderne in Architektur und Malerei schon vor 1914. Wer glaubt, dieses doppeldeutige Heimatsyndrom sei ein spezieller „deutscher Sonderweg" in der Moderne, der irrt. Die anderen europäischen Nationalbewegungen hielten es ähnlich. Bei den Tschechen, den Polen, den Ungarn, den Norwegern, Schweden und Finnen hat sich die Leidenschaft fürs Regionale und fürs Althergebrachte auf ähnliche Weise sowohl mit dem Fortschritt wie mit der Nostalgie amalgamiert. Überall in Europa entstand im 19. und frühen 20. Jahrhundert der neue Typus des „Heimatmuseums", überall formierte sich eine die Heimatelemente sammelnde und wissenschaftlich vermessende „Volkskunde". „Heimatromane", welche die angeblich unverbrauchte, der Verstädterung und Modernisierung trotzende Menschlichkeit des bäuerlichen Lebens priesen, gab es in allen europäischen Literaturen.

Die Sehnsucht nach dem festen Halt inmitten rapider Technisierung und Modernisierung wurde in Deutschland allerdings gerade und paradoxerweise durch die Mächte, welche selbst die Zerstörung gewachsener Strukturen am intensivsten betrieben, beschworen. Im Arsenal des Wilhelminismus wie in jenem der Propagandisten des Ersten Weltkriegs („Heimatfront") wurde mit Heimat-Phrasen nicht gespart. Den Gipfel des schamlosen Missbrauchs markierte dann der Nationalsozialismus im Zweiten Weltkrieg. Ausgerechnet jene eiskalten Ideologen, die ganz offen alles Völkerrecht für „Humanitätsduselei" erklärten und auf dem Globus das „Naturrecht" der stärkeren Gewalt beanspruchten, verlangten, als alles zugrunde ging, Heimatliebe „bis zur letzten Patrone".

Die deutsche Höllenfahrt endete im Chaos der Flucht und Vertreibung von Millionen von Menschen. "Heimatvertrieben" zu sein, wurde nach 1945 zur Normalität. Dass „Neue Heimat" geschaffen werden konnte durch gemeinsame nüchterne Aufbauarbeit, dass Migration bei gutem Willen nicht für immer Entwurzelung bedeuten musste, das war die Erfahrung der Gründergeneration der Bundesrepublik. Retortenstädte wie das VW-Zentrum „Wolfsburg", das 1938 als „Stadt des KdF-Wagens bei Fallersleben" auf der grünen Wiese gegründet worden war, wurden nach 1945 zum „Melting Pot" von Flüchtlingen und südeuropäischen Gastarbeitern. Manchmal wählten sich die Flüchtlinge für ihre neue Heimat auch den Namen der verlorenen: so in Neu-Gablonz, wo die Deutschböhmen ihre kunstindustrielle Tradition fortsetzten. Stadt, das war in der Phase des Wiederaufbaus der bombardierten Stadtwüsten kein ideologisch besetztes Phänomen mehr, sondern schlicht eine Aufgabe, für Hunderttausende von Menschen die Infrastruktu-

ren des Lebensnotwendigen wieder zu schaffen. Auch die früher von den Heimat-
ideologen als „Moloch" verketzerte Industrie- und Grosstadt gehört seitdem ganz
selbstverständlich in die Typologie liebenswerter Heimaten. Seit 1945 sind alle
modernen kritischen Sehnsüchte nach irgendeiner unwandelbaren, „ewigen" oder
„echten" Heimat ausgeträumt. Heimat, so könnte man sagen, ist die Summe gelungener Integrationen aus Altem und Neuem. Multikulturell ist die Bundesrepublik
nicht erst durch die Migrantenströme seit den 1970er Jahren, sondern seit der
unfreiwilligen Millionenmigration der Deutschen aus Ostmittel- und Südosteuropa seit 1944.

Solche Rückkehr des Heimatbegriffs kam auf Taubenfüßen, fernab von allem
Nationalbewusstsein älterer Prägung. Zuerst protestierten die Denkmalschützer
gegen die „Zweite Zerstörung" der Städte durch die entfesselte Industriegesell-
schaft. "Heimat" bedeutete für sie das legitime historische Antlitz unserer
Umwelt. Gleichzeitig begann die Bewegung der grünen Naturschützer und der
„Bürgerinitiativen", die Verantwortung für ihr unmittelbares Umfeld einklagten.
Der Tabu-Bann, den die deutschen Intellektuellen wegen der „Blut- und Boden"-
Exzesse der Nazis über das Wort „Heimat" gesprochen hatten, verlor seine
Kraft.1975 landete der aller Volkstümelei unverdächtige elsässische Rebell *Tomi
Ungerer* einen völlig unerwarteten Massenerfolg mit seinem „Grossen Lieder-
buch" der berühmtesten deutschen Volkslieder – die Illustrationen waren eine ein-
zige Apotheose heiler Heimatwelten. Ein Jahrzehnt später war dann auch das Wort
selbst rehabilitiert. Der Filmregisseur *Edgar Reitz* begann 1984 mit seiner Fern-
sehsaga „Heimat". Was das Epos, das in unseren Tagen vollendet wurde, trug und
trägt, ist ein Verständnis von Heimat, das allen romantischen und märchenhaften
Verwischungen bewusst entsagt. „Heimat" ist hier Genauigkeit im Hinschauen,
Leidenschaft für den Alltag, Achtung für die Würde des Alltäglichen. Die gleichen
Schlüsselbegriffe könnte man auf die neuen „heimatsinnigen" kommunitarischen
Bewegungen anwenden. Überdrüssig des allmächtig auftretenden, auf vielen Poli-
tikfeldern aber hilflos agierenden „Vaters Staat" formieren sich in Deutschland die
vielfältigsten Ad-hoc-Initiativen zur Lösung gemeinsamer Probleme im Hier und
Heute.

Wieder einmal erscheint auf der historischen Bühne die Schicksalsverbindung von
Heimat und Freiheit. Eine Bürgergesellschaft, die ihre Agenda selbst in die Hand
nimmt, vom Schulwesen bis zur Arbeitslosigkeit, die sich in der Kunst des
„Community Organizing" nach amerikanischem Vorbild übt, lernt dabei, dass es
nicht nur abstrakt-moralische, sondern ebenso sehr konkret-sinnliche Bilder sind,
welche Menschen zum Guten antreiben. Zwischen Wohnung, Besitz und Welt
(also zwischen dem Individuellen mit seinem sacro egoismo und dem Allgemeinen und seiner Verpflichtung!) changiert der Bedeutungsgehalt des Wortes Heimat
– das sagte unser etymologisches Wörterbuch. Wo es Recht hat, hat es Recht.

Alles unter einem Dach

Das westfälische Haus

Hans-Ulrich Thamer

Das Bild, das wir uns heute vom westfälischen Haus machen, lebt vor allem von der Anschauung von Bauernhäusern aus dem 17. und 18. Jahrhundert. Sie begegnen uns, oft liebevoll restauriert, in Freilichtmuseen und vereinzelt in Dörfern und Bauerschaften im nordwestdeutschen Raum. Von allen regionalen Sonderformen in der Raumgliederung, der Baugestaltung und im Schmuck abgesehen folgten alle westfälischen Bauernhäuser dem einheitlichen Schema des niederdeutschen Hallenhauses, bei dem die Wohnung des Bauern, die Stallungen des Viehs und die Lagerung der Ernte unter einem Dach zusammengefasst waren Mit der Industrialisierung und der Urbanisierung, mit der Mechanisierung der Landwirtschaft und der Einführung neuer Baumaterialien wie neuer Bautypen und Nutzungsmuster wichen seit der zweiten Hälfte des 19. Jahrhunderts die Bau- und Lebensformen des alten, überwiegend in einer Fachwerkkonstruktion errichteten westfälischen Bauernhauses neuen Steinhäusern; das überkommene Grundschema, das „alle Hauptzwecke unter einem Dach" vereinte, wurde von einer baulichen Ausdifferenzierung des Bauernhofes in seine Wohn- und Arbeitsbereiche abgelöst; es verschwanden damit auch die regionalen Besonderheiten der Hauskonstruktionen und ihrer Schmuckformen. Der münsterische Bauhistoriker *J. B. Nordhoff*, der 1873 in seinem Buch „Holz- und Steinbau Westfalens" diese Veränderungen beschrieb, beklagte, „dass bei dem schnellen Fortgange der Civilisation und der veränderten Lebensverhältnisse die meisten urdeutschen Erbtheile in Sagen, Gebräuchen, Sitten und Anschauungen verwischt" würden. Denn „es krystallisierten selbst in diesen unkünstlerischen Werken der Volksarchitektur die Sitte, Lebensweise und Cultur des Westfalen". Mit diesem Urteil stand er nicht alleine, und bis in die neuere Literatur reicht die Meinung, in der traditionellen bäuerlichen Hauskultur habe sich das Bild vom „echten Leben" erhalten. Doch spiegeln sich nicht Zeitgeist und Werte jeder Epoche in ihren Arbeits-, Lebens- und Bauformen? Sind darum nicht auch die groß- oder mittelbäuerlichen Um- und Neubauten des 19. und 20. Jahrhunderts mit ihren Wohnbauten im Stile des Klassizismus oder Historismus Ausdrucksformen ihrer Zeit und deren Normen wie auch die Bungalows und Maschinenhallen der Aussiedlerhöfe der 1960er und 1970er Jahre ihre Zeit spiegeln? Die Neigung, dem Hallenhaus, das sich seit dem 16. Jahrhundert nachweisen lässt und von dem es bis in das späte 19. Jahrhundert noch Neubauten gab, einen überzeitlichen, „urdeutschen" oder „urwestfälischen" Charakter zuzuschreiben, hat auch damit zu tun, dass die große Mehrheit der erhaltenen Häuser aus dem 17. und 18. Jahrhundert stammt und dass wir wenig über die Bauernhäuser des Spätmittelalters wissen.

Immerhin zeigen die ältesten bekannten Gebäude aus der Zeit um 1500 in ihrer Konstruktion Grundformen, die den Häusern der späteren Jahrhunderte verwandt sind, neben dem Vierständerbau vor allem das Ineinander von Wirtschafts- und Wohnteil ohne jegliche Trennwände; die Außenwände bestanden im Unterschied zu den frühneuzeitlichen Bauten nicht aus Lehmflechtwerk oder Backstein, sondern aus einer Verbretterung mit Holzbohlen. Das Leben in den spätmittelalterlichen Bauernhäusern kann man sich nicht karg und armselig genug vorstellen Der Karthäusermönch und frühe Historiker Westfalens *Werner Rolevinck* (1425-1503) beschreibt die Lebensverhältnisse in den „armseligen Hütten": „Ihre Betten, wenn sie überhaupt welche haben, sind harte Lagerstätten aus Stroh und Heu. Aus grober Leinwand und rauhen Lumpen machen sie sich ihre Kleider. Ihre Kücheneinrichtung besteht aus: Wasserkessel, Kochtopf, Schüssel, Löffel, Trinkbecher, Napf, Faß, Korb, Spind, Kiste und ähnlichen Dingen".

Fast könnte man aus der harschen und verächtlichen Kritik, die der Philosoph *Voltaire* nach einer Reise vom Niederrhein durch Westfalen an den dortigen Lebensformen verfasst hat, einen zivilisatorischen Stillstand seit dem Mittelalter bzw. eine Unterentwicklung des Landes ablesen, wenn man nicht in Rechnung stellte, dass hier ein Angehöriger aufgeklärter französischer Eliten des 18. Jahrhunderts schreibt, der über das bäuerliche Leben im Frankreich seiner Zeit nicht sehr viel anders dachte. „Bald danach durchquerten wir das weite, trostlose, unfruchtbare und schauerliche Westfalen … In großen Hütten, die man Häuser nennt, lebt eine Art von Tieren, die man Menschen nennt, in dem herzlichsten Beieinander mit anderen Haustieren. … In ihren verräucherten Hütten mit solch abscheulicher Nahrung [gemeint ist die „ schwarze, klebrige Masse" namens Pumpernickel, d. Vf.] sind diese Menschen der Vorzeit gesund, kraftvoll und fröhlich." Gegen dieses kulturelle Überlegenheitsgefühl pries der Osnabrücker Staatsmann *Justus Möser* 1767 in seiner Schrift „Die Häuser des Landmanns im Osnabrückischen sind in ihrem Plan die besten" die Funktionalität des westfälischen Hauses: „Der Herd ist fast in der Mitte des Hauses, und so angelegt, daß die Frau, welche bei demselben sitzt, zu gleicher Zeit Alles übersehen kann. Ein so großer und bequemer Gesichtspunkt ist in keiner anderen Art von Gebäuden. Ohne von ihrem Stuhle aufzustehen, übersieht die Wirthin zu gleicher Zeit drei Thüren, dankt denen, die herein kommen, heißt solche bei sich niedersetzen, behält ihre Kinder und Gesinde, ihre Pferde und Kühe im Auge, hütet Keller, Boden und Kammer, spinnet immerfort und kocht dabei. Ihre Schlafstelle ist hinter diesem Feuer, und sie behält aus derselben eben diese große Aussicht, sieht ihr Gesinde zur Arbeit aufstehen und sich niederlegen, das Feuer anbrennen und verlöschen, und alle Thüren auf- und zugehen, hört ihr Vieh fressen, die Weberin schlagen, und beobachtet wiederum Keller, Boden und Kammer".

Alles unter einem Dach und alles unter Kontrolle? *Mosers* Idealbild im Genre der Hausväterliteratur macht vergessen, dass es in seiner Zeit auch in Deutschland kritische Stimmen gab, wie etwa *Anton Bruchhausen*, der 1790 sein Ideal einer „bequemen, gesunden und landwirthschaftlichen Münsterischen Bauernwohnung" mit der Wirklichkeit verglich." „Unsre meisten Bauernhäuser, besonders im Amte Ahaus, Bocholt, Rheine und in dem Niederstifte, gleichen einer hohlen Rast, sind für Menschen und Vieh ungesund, unbequem, und überhaupt für die Landwirtschaft übel eingerichtet. Die Wohn- und Schlafstuben sind zu enge, zu niedrig, die Fenster zu klein, und oft so gemacht, daß sie nicht können geöffnet werden, um frische Luft hineinzulassen. In vielen Häusern liegt die Mistgrube vor der Wohn- und Schlafstube, wodurch dann die einzuathmende Luft unrein, ungesund und vergiftet wird … Auch sind an vielen Bauernhäusern noch keine Schornsteine; darum sieht da alles so schmutzig und schwarz aus. Menschen, Kleider, Leinenzeug, das Essen und das Futter für das Vieh sind wie geräuchert."

Das war die Stimme eines Reformers, der im Sinne der Popularaufklärung sich für die Verbesserung von Wohn- und Gesundheitsverhältnissen einsetzt und von einem funktionalen Zusammenhang von Wohnbedingungen und Volksgesundheit ausgeht. Auch ein romantischer Dichter wie *Clemens von Brentano* übersah bei aller Tendenz zur romantischen Verklärung eines ganzheitlichen Lebens nicht die armselige Lebenswirklichkeit vor allem klein- und unterbäuerlicher Schichten, wie sein Bericht von einem Besuch in einem Kötterhaus bei Coesfeld im Jahre 1818 zeigt: „Die Bauernhäuser sind in der inneren Einrichtung ein Beweis, daß hier das wahrhaft häusliche, patriarchalische Leben noch Grund und Boden hat. Wenn Du in das Bauernhaus trittst, stehst Du in einem großen Raum, wie in einer Scheune: Du bist in der Mitte des ganzen Lebens. Auf Platten an der Wand brennt das Feuer an der Erde, ein sich bewegender, eiserner (bei Armen hölzener) Arm dreht den kleinen eisernen Kochkessel oder den großen Kessel für Viehfutter, von der Wasserpumpe über das Feuer; links und rechts stehen die Futtertröge der Kühe und Pferde, deren Köpfe hereinsehen. Die Schlafstellen sind ebenso an die Wände angebracht, mit verschlossenen Türen, daß man Nachts nach dem Vieh sehen kann. Um einen Pfeiler läuft in einem ausgeschnittenen Brett das Kind im Zirkel, wie im Caroussel, damit es nicht ins Feuer fällt. Am Ende dieser Halle wird gedroschen oder Flachs gebrochen, oben darüber liegt das Heu oder Getreide. Die Hausfrau am Feuer übersieht Alles." *Brentano* übersieht weder die sozialen Unterschiede, die sich im Hausbau widerspiegeln noch die Schattenseiten des ländlichen Wohnens: „Alles dieses findest Du bei reichen Bauern vollständig und mit Behaglichkeit, bei den ärmeren roh und grob; das Einzige, was bei vielen Armen den Ungewohnten sehr drückt, ist der Mangel des Rauchfanges. Der Rauch zieht durch alle Öffnungen nach belieben, und bei Regentagen ist Alles voll Rauch."

Das niederdeutsche Hallenhaus blieb trotz aller Veränderungen in Wirtschaft und Gesellschaft bis weit in die zweite Hälfte des 19. Jahrhunderts die dominierende Hausform im westfälischen Raum, und es gab noch genügend Rechtfertigungen dafür bzw. Ratschläge zur Verbesserung und Weiterexistenz des „ganzen Hauses". Das zeigt die „Beschreibung der Landwirthschaft in Westfalen und Rheinpreußen" von *Johann Nepomuk von Schwerz*, der 1836 die Wohnverhältnisse im westfälischen Bauernhaus darstellte: „Die landwirtschaftliche Bauart in Westfalen hat ihr Eigenthümliches, und obgleich Menschen und Thiere unter einem Dache, und, sozusagen, in einer großen Stube bei einander wohnen, so ist es doch nicht ganz so arg, als man es manchmal geschildert hat, und noch weniger wahr, daß desfalls auch Schweine und Menschen aus einem Topfe speisen. Das Ganze der Einrichtung hat vielmehr viel Zweckmäßiges und ist mit geringen Kosten verbunden. Das ganze Gebäude, welches Wohnung, Ställe, Scheune, Dreschtenne und Kornboden in sich faßt, ist geräumig, hoch gestochen, durchaus luftig und gesund."

Die zeitgenössischen Beschreibungen des bäuerlichen Wohnens im westfälischen Haus des 18. Jahrhunderts, ob sie nun vorwiegend bewahrend-apologetisch oder reformerisch-kritisch waren, sind von einer romantischen Verklärung weit entfernt. Sie betonen die Einheit von bäuerlicher Wirtschafts- und Lebensgemeinschaft in der vorindustriellen Zeit, die sich im Nordwesten Deutschlands zudem unter einem Dache vollzog, während zur selben Zeit in Süddeutschland beide Bereiche stärker voneinander getrennt waren. Sie beschreiben die Nützlichkeit der Hausform und die Kontrolle der Hausgemeinschaft durch den Hausvater oder die Hausfrau, die durch den Allzweckraum begünstigt wird. Sie verstehen das „ganze Haus" durchwoben und bestimmt von allgemeinen, sittlich-moralischen Verhaltensregeln und Werten, deren Wahrung von der Hausform gefördert wird. Sie beschreiben aber auch, wie diese Ordnung in ihrer langen Dauer von sozialer Not und wirtschaftlichem Wandel bedroht und aufgelöst wird. Vor allem beschreiben sie die räumliche Gliederung, die Arbeits- und Lebensformen und die soziale Hierarchie der Wirtschafts- und Lebensgemeinschaft unter einem Dach. Dieser Befund wird von dem der modernen Denkmalpflege weitgehend bestätigt und in seiner regionalen stilistischen Differenzierung verdeutlicht.

Der Haustyp des niederdeutschen Hallenhauses zeichnet sich durch eine dreischiffige Gliederung aus. Die hohe Diele bildet das Mittelschiff, die beiden niedrigeren Seitenschiffe bestehen aus kleinteiligen, teilweise voneinander abgetrennten Räumlichkeiten. Das Mittelschiff enthält im Wirtschaftsteil den Arbeits- und Verkehrsraum; er ist Futtergang, Dreschtenne und Abstellraum zugleich. In den Seitenschiffen links und rechts der Diele sind die Stallungen des Viehs und die Schlafräume des Gesindes. Bis zum 18. Jahrhundert schloss sich unmittelbar an die Diele der Wohnteil mit einer offenen Feuerstelle im Mittelpunkt an. Seit dem 18. Jahrhundert trennte eine Wand den Arbeits- vom Wohnbereich. Die offene Feuerstelle diente dem Kochen, war einzige Wärmequelle und Räucherkammer. Denn noch über dem Feuer hingen im „westfälischen Himmel" die Würste und Schinken, die auf diese Weise konserviert wurden. Das Herdfeuer war auch Lebensmittelpunkt, solange nicht ein Wohnraum davon abgetrennt wurde. Das Fehlen eines Schornsteins wurde von den zeitgenössischen Autoren vielfach beklagt. Der Rauch musste bis zum Einbau von Schornsteinen über Luken bzw. durch den Dachraum nach außen geleitet werden. Fürsorglich-strenge Obrigkeiten und bald auch Feuerversicherungen (seit 1768) forderten in der zweiten Hälfte des 18. Jahrhunderts immer nachhaltiger und mit finanziellen Drohungen die Anlage von Schornsteinen. Selbst ihre Größe und die Häufigkeit ihrer Reinigung wurden nun im Namen der allgemeinen Wohlfahrt festgelegt. Vor allem im westlichen Westfalen, das sich seine Vorbilder in den Niederlanden suchte, wurde im späten 18. Jahrhundert die gänzlich offene Herdstelle vom offenen Kamin an der Wand und mit einem Schornstein abgelöst.

Die Wohnräume bestanden zunächst aus einzelnen Verschlägen, bis die Wohnstube an der Längswand des Bauernhauses hinter der Trennwand und dem offenen Wandkamin im Südosten Westfalens seit dem 17. Jahrhundert, verstärkt seit dem 18. Jahrhundert als ganzjährig genutzter Wohnraum oder nur als „Winterstube" dazukam und vom bescheidenen Wohlstand des Bauern zeugte. Bei den bäuerlichen Unterschichten wurde die Stube erst im 19. Jahrhundert langsam eingeführt. Alle Mahlzeiten wurden in der Stube eingenommen, im Winter wurde hier auch gekocht. Nach 1900 entstand dann häufiger neben der Wohnstube noch die „gute Stube", die links vom Dielenraum gelegen besser ausgestattet war. Sie wurde nur an Feiertagen, bei Familienfeiern und bei „hohem Besuch", etwa vom Pfarrer oder vom Lehrer genutzt.

Seit dem späten 17. Jahrhundert lässt sich eine stärker Regionalisierung sowohl im Brauchtum und in der Volkskunst wie in der Konstruktion der Bauernhäuser feststellen. Die Gründe für diese kleinräumige Vielfalt liegen in der territorialen Zersplitterung und der damit einher gehenden Konfessionalisierung. Gerade Westfalen wurde zu einem Flickenteppich von vielen Kleinstaaten mit unterschiedlichen Landesherren und verschiedenen Konfessionen. Die Unterschiede in den Hausformen beziehen sich auf die verschiedenen Konstruktionen des Fachwerks, das insgesamt feingliedriger wurde, das teilweise eng gestellt oder weitmaschig war, das zahlreiche Streben und Strebefiguren kannte und sich durch Zierschnitzerei voneinander abhob. Gerade die letzte Eigentümlichkeit hat ihre Vorbilder in städtischen Fachwerkbauten, die sich durch eine möglichst dekorative Ausgestaltung auszeichneten. Im Münsterland mit seinen teilweise großen Höfen war zudem das Vorbild der Adelssitze unübersehbar. Auch die Bauernhöfe waren von einer Gräfte umgeben, schlossen sich nach draußen mit einem repräsentativen Torhaus ab und umgaben sich bald schon mit weiteren Nebengebäuden wie Speichern und Mühlen. Der repräsentative Eindruck dieser großbäuerlichen Hofanlagen erklärt vielleicht auch die überschwengliche Beschreibung, die *Annette von Droste Hülshoff*

1842 in ihren „Bildern aus Westfalen" von den Bauernhäusern und ihrer „reichlichen" Ausstattung gibt. „Das lange Gebäude von Ziegelstein, mit tief niederragendem Dache und von der Tenne durchschnitten, an der zu beiden Seiten eine lange Reihe von Hornvieh ostfriesischer Rasse mit seinen Ketten klirrt- die große Küche hell und sauber, mit gewaltigem Kamine, unter dem sich das ganze Hauspersonale bergen kann; das viele zur Schau gestellte Geschirr und die absichtlich an den Wänden der Fremdenstuben aufgetürmten Flachsvorräte erinnern ebenfalls an Holland, dem sich diese Provinz, was Wohlstand und Lebensweise betrifft, bedeutend nähert, obwohl Abgeschlossenheit und gänzlich auf den inneren Verkehr beschränktes Wirken ihre Bevölkerung von all den sittlichen Einflüssen, denen handelnde Nationen nicht entgehen können, so frei gehalten haben wie kaum einen andern Landstrich."

Zeilen wie diese haben ganz sicherlich unser Bild vom westfälischen Haus nachhaltig geprägt, auch wenn der Text nicht eine Beschreibung der ganzen bäuerlichen Wirklichkeit bietet. Das haben schon die eingangs zitierten zeitgenössischen Autoren verdeutlicht, die eher Vielfalt und Widersprüchlichkeit der Arbeits- und Lebensgemeinschaft unter einem Dach demonstriert haben: neben der Geschlossenheit dieser bäuerlichen Wohnkultur auch ihre Enge und Kargheit, die nur im großbäuerlichen Wohnen überwunden waren, aber auch immer wieder von den Schwankungen der Konjunkturen und des Lebensglückes eingeholt werden konnten.

Literatur

Eiynck, A. (1987), Alles unter Dach und Fach. Bauen und Wohnen im alten Fachwerk auf dem Lande. (Damals bei uns in Westfalen, Bd. 2), Wiedenbrück

Elling, W./Eiynck, A. (1984), Ländliches Bauen im Westmünsterland, Vreden

von Saldern, A. (1997), Im Hause, zu Hause. Wohnen im Spannungsfeld von Gegebenheiten und Aneignungen, in: Reulecke, J. (Hrsg.), Geschichte des Wohnens, Bd. 3: 1800-1918. Das bürgerliche Zeitalter, Stuttgart, S. 145-332

Schepers, J. (1943), Das Bauernhaus in Nordwestdeutschland. (Schriften der Volkskundlichen Kommission, H.7), Münster

Teuteberg, H. J./Wischermann, C. (1985), Wohnalltag in Deutschland 1850-1914. (Studien zur Geschichte des Alltags, Bd. 3), Münster

Kultur der Aktie

Kurt Viermetz

1.

Wer heute über die Kultur des Eigentums spricht, denkt – zumindest in Deutschland – in aller Regel nicht an die Aktie. Dividendenpapiere spielen in der Bundesrepublik nur eine relativ geringe Rolle. Gerade einmal 6 % des gesamten Geldvermögens der privaten Haushalte entfallen auf Aktien verglichen mit fast 12 % auf Renten, 25 % auf Versicherungsprodukte und 36 % auf Bankprodukte. Nur 7 % der gesamten Bevölkerung über 14 Jahre besitzen Aktien. Wenn man auch die Besitzer von Aktienfonds hinzu rechnet, kommt man auf einen Anteil von 17 %.

Unternehmen werden in Deutschland immer noch überwiegend in Form von Einzelfirmen oder kleinen und mittleren Personengesellschaften geführt. Die deutschen Kapitalgesellschaften sind zum großen Teil GmbH's oder GmbH & Co KG's. Aktiengesellschaften spielen eine weitaus geringere Rolle. Die gesamte Kapitalisierung des Aktienmarkts beträgt in Deutschland knapp 900 Milliarden Euro. Das sind 40 % des Bruttoinlandsprodukts oder 10 % des gesamten volkswirtschaftlichen Kapitalstocks.

In der öffentlichen Diskussion haben Aktien vielfach immer noch den Geruch des Spekulativen, des Unseriösen. Sie sind etwas für Wohlhabendere. Das Wissen über Aktienmarkt und Börse ist erschreckend gering. Eine Untersuchung von Infrastest Finanzforschung ergab, dass mehr als die Hälfte der Bevölkerung nicht den Unterschied zwischen Festverzinslichen Wertpapieren und Aktien kennen. Zwei Drittel wissen nicht, was ein Aktienindex ist.

Deutschland war nicht immer so aktienunfreundlich. Rüdiger von Rosen vom Deutschen Aktieninstitut hat berichtet, dass in den zwanziger Jahren des vorigen Jahrhunderts allein in Berlin 900 Titel notiert wurden. Das sind mehr als die gesamten Inlandsaktien, die heute an der Frankfurter Wertpapierbörse gehandelt werden (800). Dabei ist die Wirtschaft seitdem erheblich gewachsen, der Kapitalstock ist größer geworden und die Zahl der Unternehmen insgesamt hat zugenommen.

Im Ausland spielt die Aktie in vielen Ländern eine erheblich größere Rolle. In den Vereinigten Staaten beispielsweise sind fast 50 % der Bevölkerung Aktionäre. Die Aktienmarkt-Kapitalisierung beträgt 140 % des Bruttoinlandsprodukts. Auch in

Großbritannien oder in Japan sind die Verbreitung der Aktie in der Bevölkerung und die Marktkapitalisierung erheblich höher als in Deutschland. In der Schweiz beträgt die Marktkapitalisierung sogar 230 % des Bruttoinlandsprodukts.

Es gab eine Zeit im Aktienboom der neunziger Jahre, als es so aussah, als würde die Aktie aus ihrer Rolle des Aschenputtels im wirtschaftlichen Geschehen herauskommen. Die Zahl der Aktionäre stieg leicht an. Sparer kauften mehr Dividendentitel. Die Zahl der Unternehmen, die an die Börse gingen – entweder als Neuemission oder in der Form der Kapitalerhöhung – nahm zu. Auch Taxifahrer sprachen über Aktien, was man sonst eigentlich nur von New York gewohnt ist. Diese kleine Blüte war aber nur von kurzer Dauer. Sie endete mit dem Börsencrash in den Jahren 2000 bis 2003. Erst 2005 mit der vorsichtigen Besserung der Aktienkurse begannen erste zaghafte Ansätze von Anlegern und Unternehmen, sich dem Aktienmarkt wieder etwas zu nähern.

Insgesamt gesehen kann man nicht wirklich von einer Aktienkultur in Deutschland sprechen. Aktien führen hierzulande nach wie vor ein Mauerblümchen-Dasein. Das ist ein großer Fehler und eine der Schwächen des Standortes Deutschland. Ich werde im Folgenden zeigen, dass wir ohne eine lebendige Aktienkultur in der Bundesrepublik aus der gegenwärtigen Krise nicht herauskommen. Weder können wir die notwendige Anpassungsfähigkeit der Wirtschaft an die Veränderungen des globalen Marktes herstellen, noch dauerhaft Wachstum und Beschäftigung schaffen, noch die vor uns liegenden demographischen Probleme lösen. Die Revitalisierung der Aktie als Anlage- und Finanzierungsinstrument ist ein wichtiger Schritt, der zur Gesundung der deutschen Wirtschaft erforderlich ist. Ohne sie werden alle wirtschaftspolitischen Reformbemühungen Stückwerk bleiben. Ohne sie wird die deutsche Wirtschaft nicht richtig in Gang kommen.

2.

Warum? Eine lebendige Aktienkultur ist auf drei Gebieten sehr hilfreich: bei den privaten Haushalten, bei den Unternehmen und in der Gesellschaft insgesamt.

2.1 Für die privaten Haushalte bedeutet eine stärkere Nutzung der Aktie, dass sie für ihre Ersparnisse eine höhere Rendite bekommen. In der Bundesrepublik konnten Aktiensparer in den letzten fünfzig Jahren – also einschließlich der Zeiten, in den die Kurse vorübergehend zurückgingen – im Durchschnitt eine Rendite von über 11 % p.a. erzielen. Bei Festverzinslichen Werten erhielten die Anleger dagegen lediglich knapp 7 %. Solche Unterschiede fallen bei langfristigen Sparzielen ins Gewicht. Ein Sparer in Renten braucht rund zehn Jahre, um sein Kapital zu verdoppeln. Ein Aktiensparer benötigt dazu nur sieben Jahre.

Dabei sind dies nur Vorsteuerrenditen. Nach Steuern stellt sich die Situation für den Aktienbesitzer noch besser da. Denn rund zwei Drittel der Aktienrendite kommt dem Sparer im Schnitt in Form von Kurssteigerungen zugute, die jenseits der Jahresfrist einstweilen noch versteuert werden müssen. Der Sparer in Rentenpapiere erhält im Durchschnitt und bei Zugrundelegung eines höheren Einkommens nach Steuern einen Zinsertrag von rund 4% p.a. Der Ertrag des Aktiensparers ist etwa doppelt so hoch. Bei Anlagen in Renten verdoppelt sich das Vermögen nach Steuern in 18 Jahren, bei Anlagen in Aktien in neun Jahren.

Das bedeutet: Durch die Aktie lässt sich die Effizienz und Leistungsfähigkeit des Sparens erheblich steigern. Mit dem gleichem Sparbetrag kann das Sparziel schneller erreicht werden, oder in der gleichen Zeit kann ein höherer Ertrag erzielt werden. Die Nutzung der Aktienanlage ermöglicht den privaten Haushalten daher, bei gleicher Sparquote mehr Konsum zu tätigen. Mit anderen Worten, wenn die privaten Haushalte in Deutschland mehr in Aktien sparen würden, könnten sie ohne Vernachlässigung des Sparens gleichzeitig mehr konsumieren. Die Wirtschaft erhielte mehr Nachfrageimpulse, es gäbe mehr Wachstum und mehr Arbeitsplätze.

Natürlich ist der höhere Ertrag auch mit einer größeren Volatilität verbunden. Sparer mit kurzfristigen Sparzielen sind daher bei Aktien nicht so gut aufgehoben. Für Langfristsparer fällt die Volatilität jedoch weniger ins Gewicht. Zudem ist die Schwankungsanfälligkeit der Rentenmärkte in den letzten Jahren ebenfalls stark angestiegen. Sie ist heute nicht mehr viel geringer als die der Aktienmärkte.

Die höhere Effizienz des Aktiensparens ist nicht nur eine theoretische Überlegung. Sie hat angesichts der demographischen Probleme, vor denen die Bundesrepublik steht, eine außerordentlich aktuelle Bedeutung. Wir alle wissen, dass sich das gegenwärtige Umlagesystem bei der Rentenversicherung, das derzeit rund 80 % der Altersvorsorge gewährleistet, auf Dauer nicht halten lässt. Deutschland braucht einen höheren Anteil an Kapitaldeckung bei der Altersvorsorge. Der Umstieg vom Umlagesystem auf das Kapitaldeckungsverfahren stellt für die heute 30- bis 50-jährigen eine erhebliche Belastung dar. Diese Belastung lässt sich umso leichter tragen, je höher die Effizienz des Sparens ist, das heißt je mehr private Rente die Arbeitnehmer mit einem gegebenen Sparvolumen erreichen.

Hinzu kommt noch eine gesamtwirtschaftliche Überlegung. Bei Rentenpapieren dominieren im Allgemeinen Staatspapiere wie Bundesanleihen. Die Staatsverschuldung, die diesen Papieren zugrunde liegt, resultiert jedoch in den wenigsten Fällen aus produktiven Investitionen, die das Wachstum erhöhen. Die Zinsen auf die Staatsschuld können also nicht aus einem volkswirtschaftlichen Mehrertrag finanziert werden. In aller Regel handelt es sich bei den Zinsen auf Staatsverschuldung – trotz der „Goldenen Budgetregel", nach der die Defizite nicht größer als die Investitionen sein dürfen – um eine einfache Umverteilung von Steuerzahlern zu

Anleihegläubigern. Es ist letztlich kein anderer Mechanismus als beim Umlage-system, bei dem zwischen der jüngeren und der älteren Generation umverteilt wird.

Mit einer solchen Umverteilung kann man, wie die aktuelle Diskussion über die demographischen Belastungen zeigt, das Rentenproblem nicht lösen. Das geht nur, wenn ein Mehrwert erwirtschaftet wird, wenn also die Ersparnis der heutigen Generation zu mehr Wachstum und damit zu einem höheren Bruttoinlandsprodukt in der nächsten Generation führt. Nur dann können die künftigen Renten aus einem volkswirtschaftlichen Mehrertrag geleistet werden. Dieses höhere Wachs-tum erreicht eine Volkswirtschaft aber am besten, indem die Sparer ihre Anlagen unmittelbar den Unternehmen zur Verfügung stellen, die Investitionen tätigen und das höhere Wachstum erwirtschaften. Das Instrument hierzu sind Aktien. Wir brauchen also mehr Aktienfinanzierungen, um das Rentenproblem auf Dauer zu lösen.

2.2 Für die Unternehmen bietet die Aktienfinanzierung Zugang zu einem großen, liquiden und mobilen Markt an Eigenkapitalmitteln. Dieser Markt spannt sich praktisch um den ganzen Globus. Wer eine rentable Geschäftsidee hat und davon die Investoren am Markt überzeugen kann, hat praktisch unbeschränkten Zugang zu Eigenkapital. Der Markt ist dabei durchaus bereit, auch Geschäftsideen zu finanzieren, die auf Hoffnungswerten beruhen. Wie anders konnten in den letzten Jahren so erfolgreiche Unternehmen wie Microsoft oder Dell entstehen? Mit GmbH's und mit Fremdmittelfinanzierung wäre das nicht erreichbar gewesen.

Der Aktienmarkt ermöglicht auch die Umverteilung von Kapital von schrumpfen-den Branchen zu expandierenden. Wer heute nicht mehr so viel Kapital benötigt, kann Aktien zurückkaufen und findet auch dafür den Beifall des weltweiten Aktienmarktes. Der Markt stellt dieses Kapital dann den Firmen zur Verfügung, die in Zukunft stärker wachsen werden.

Das große Problem der deutschen Industrie ist immer noch die zu geringe Eigen-kapitalquote. Sie resultiert zu einem großen Teil daraus, dass die Firmen zu stark auf Fremdkapital anstatt auf Eigenkapital bauten. Sie nahmen Bankkredite auf, in letzter Zeit begaben sie zum Teil auch Unternehmensanleihen. Viele Probleme hätten vermieden werden können, wenn den Unternehmen ein funktionsfähiger Aktienmarkt zur Verfügung gestanden hätte, an dem sie sich mehr Eigenkapital beschafft hätten. In den angelsächsischen Ländern, in denen der Aktienmarkt eine größere Rolle spielt, gibt es keine vergleichbare Eigenkapitalschwäche.

In Deutschland wird ein Vorteil der Aktienfinanzierung bisweilen darin gesehen, dass der Aktienmarkt dem Unternehmer weniger in seine Geschäftspolitik hinein-redet als dies beispielsweise GmbH-Gesellschafter oder Banken tun. Das ist ein gefährliches Argument. Aktionäre sind heute nicht mehr wie es der alte Bankier Fürstenberg formulierte „dumm und frech": dumm, weil sie ihr Geld weggäben und frech, weil sie dafür eine Dividende forderten. Der heutige Aktionär will für das Risiko, das er eingeht, auch eine Sicherheit, dass die Chancen im Unternehmen genutzt werden. Der Unternehmer und der Manager sind daher auch bei einer Aktienfinanzierung gezwungen, ihre Ideen dem Eigentümer=Aktionär darzulegen und ihn von der Richtigkeit zu überzeugen. Wenn ihnen das gelingt, ist es gut. Wenn nicht, dann gibt es Probleme.

Der Aktionär macht dem Unternehmen deutlich, was er von ihm erwartet. Wenn seine Wünsche nicht erfüllt werden, dann zieht er sein Kapital ab und investiert es woanders. Aktionäre sind heute emanzipiert und lassen nicht mehr alles mit sich machen. Zu dieser Entwicklung haben nicht zuletzt die Fonds beigetragen, die das Aktienkapital der kleinen Sparer bündeln und sein Stimmrecht artikulieren. Sie sind wichtigere und mächtigere Vertreter der Aktionärsinteressen als dies die Banken mit dem viel kritisierten Auftragsstimmrechts je gewesen sind.

Die Aktie erleichtert den Firmen auch eine effiziente Regelung der Unternehmensnachfolge. In Deutschland gibt es derzeit schätzungsweise 70.000 Unternehmen, bei denen in den nächsten Jahren eine Nachfolge ansteht. Bei Einzelfirmen und Personengesellschaften, aber auch bei GmbH's ist dies in der Regel mit erheblichen Schwierigkeiten verbunden. Denn es ist schwer, den richtigen Mann oder die richtige Frau für den Chefsessel zu finden, weil diese auch über entsprechendes Kapital verfügen müssen. Bei einer Aktiengesellschaft, bei der das Kapital von der Management-Funktion getrennt ist, geht das viel leichter.

Auch in den Unternehmen stellt sich das demographische Problem. Das System der Betriebsrenten, die früher häufig aus Pensionsrückstellungen gezahlt wurden, die im Unternehmen gebunden waren, ist heute vielfach nicht mehr aufrecht zu erhalten. Für die Unternehmen ist es daher vorteilhaft, die Betriebsrenten aus der Firma auszugliedern und in einen getrennten Pensionsfonds einzubringen. Dieser Fonds kann dann unabhängig vom Unternehmen in den jeweils besten Anlagen investieren (auch in Aktien anderer Unternehmen). Vor allem ist mit der Ausgliederung in Pensionsfonds auch eine Risikodiversifizierung verbunden.

2.3 Aus der Sicht der Gesamtgesellschaft ist eine stärkere Verbreitung der Aktie erforderlich, um die Flexibilität der Wirtschaft zu erhöhen. Wir reden heute viel über die Notwendigkeit der Reform des Arbeitsmarkts, um strukturelle Veränderungen besser und schneller zu realisieren. Das ist sicher richtig. Es geht bei Strukturveränderungen aber nicht nur um den Faktor Arbeit. Genauso wichtig ist die Mobilität und Flexibilität des Kapitals. Die aber erreicht man am besten durch eine Aktienfinanzierung. Nur durch sie kann genügend Kapital für neue Ideen und Chancen mobilisiert und Kapital aus Verwendungen abgezogen werden, in denen es nicht mehr gebraucht wird beziehungsweise in denen es keine ausreichende Rendite mehr erarbeitet.

Das heißt, dass die wirtschaftspolitische Reformagenda in Deutschland erweitert werden muss. Wir brauchen zusätzlich zu allen notwendigen Maßnahmen im Bereich der Steuerpolitik, der Sozialpolitik, der Kostensenkung, der Deregulierung und anderem auch eine Förderung der Aktienkultur. Nur durch sie kann die notwendige Flexibilität und Anpassungsfähigkeit der deutschen Wirtschaft hergestellt werden. Aktienkultur hilft auch bei der Beschäftigung. Nach einer Untersuchung des Deutschen Aktieninstituts schaffen Unternehmen, die an die Börse gehen, überdurchschnittlich viele Arbeitsplätze.

Eine stärkere Verbreitung der Aktie als Anlage- und Finanzierungsinstrument hat für die Gesellschaft aber noch weitere Vorteile. Sie fördert unternehmerisches Denken bei den Menschen. Sie erhöht das Verständnis für wirtschaftliche Anpassungsvorgänge. Wer Börsenberichte verfolgt, sieht wie Unternehmen erfolgreich – oder auch weniger erfolgreich – strukturelle Maßnahmen ergreifen, um ihre Wettbewerbsfähigkeit in der globalen Welt zu verbessern. Eine Gesellschaft mit einer hohen Aktienkultur ist eine Gesellschaft von Unternehmern und unternehmerischem Geist, die sich im Wettbewerb auf den internationalen Märkten besser behaupten kann.

In der Nachkriegszeit hat man in Deutschland aus diesen Gründen das Instrument der Belegschaftsaktien propagiert und gefördert. Die Idee, einen Teil vom Lohn und Gehalt nicht in Form von festen Bezügen, sondern als gewinnabhängige Komponente zu zahlen, ist zweifellos richtig. Problematisch ist allerdings die feste Bindung von Arbeitnehmer und Unternehmen, die hier vielfach beabsichtigt war. In einer sich so stark verändernden Wirtschaft ist es wichtig, Flexibilität und Mobilität zu gewährleisten. Das heißt: wenn es einem Unternehmen schlechter geht und es Arbeitnehmer entlassen muss, dürfen diese Arbeitnehmer nicht durch die lange Bindungsfrist ihrer Belegschaftsaktien gezwungen sein, weiterhin Aktien des Unternehmens zu halten.

3.

Wie erreicht man eine bessere Aktienkultur in Deutschland? Zunächst ist festzuhalten, dass die Ausgangsbedingungen dazu entgegen vielen Skeptikern gar nicht so schlecht sind. Es gibt eine große Zahl von Unternehmen, die eigentlich an die Börse gehen wollen und die dazu auch die notwendigen Voraussetzungen erbringen. Das Deutsche Aktieninstitut schätzt, dass heute rund 1.500 Firmen in der Bundesrepublik börsenfähig sind. Davon wurden in den letzten Jahren aber nur 200 tatsächlich an die Börse gebracht. Zum Vergleich: In London wurden in der gleichen Zeit 1.900 Unternehmen an die Börse gebracht, in den USA sogar 6.000.

Das Durchschnittsalter der Unternehmen, die in Deutschland den Schritt an die Börse wagen, liegt bei 48 Jahren. In den USA sind es acht Jahre, in Großbritannien 13 Jahre.

Es gibt aber nicht nur genügend private Unternehmen. Es gibt auch nach den Privatisierungsmaßnahmen der Regierung in den letzten Jahren immer noch genügend öffentliche Unternehmen, die den Schritt an die Börse tun könnten. Siehe etwa die Landesbanken und die Sparkassen, die durch einen Gang an die Börse viel größere Freiheiten bekämen und mit der Privatwirtschaft auf gleicher Augenhöhe konkurrieren könnten. Freilich wäre es wichtig, dass der Staat solche Privatisierungen nicht – wie bei Post und Telekom geschehen – als Maßnahmen zur Deckung von Haushaltslücken durchführt, sondern dass sie als bewusste Förderung der Aktienkultur in Angriff genommen werden.

Das ist kein Plädoyer für die alte Idee der Volksaktie. Die Volksaktie litt von Anfang an darunter, dass man den Anlegern die Chancen zu Kursgewinnen geben wollte, sie aber nicht ausreichend darauf vorbereitete, dass Aktien auch die Möglichkeit von Kursverlusten mit sich bringen. Aktienförderung darf nicht in den Geruch kommen, etwas mit Subventionierung zu tun zu haben.

Was ist zu tun? Um gleich mit einem Missverständnis zu beginnen. Es geht hier nicht darum, neue Forderungen an den Staat zu stellen und die Verantwortung auf die öffentliche Hand abzuwälzen. Die Förderung der Aktienkultur ist eine gemeinsame Aufgabe, bei der alle, insbesondere auch die Privaten gefordert sind. Wichtig ist, dass die Aktienkultur zu einem öffentlichen Thema gemacht wird, damit allen bewusst ist, was hier auf dem Spiel steht.

Was den Staat betrifft, so hilft der Aktienkultur der ganze Katalog von Forderungen zur Senkung der Steuersätze und zur Vereinfachung des Steuersystems, der heute schon auf der Agenda steht. Auch die Senkung der Sozialabgaben, vor allem der Lohnnebenkosten ist gut. Wichtig sind darüber hinaus zwei Dinge: Das eine ist eine klare Absage an alle Maßnahmen zu einer Vermögensteuer. Sie bestraft den Sparer, was nicht nur aus der Sicht der Aktie, sondern auch aus der Sicht der Gesamtgesellschaft kontraproduktiv ist. Das andere ist, dass die Steuerfreiheit der Kursgewinne bei Aktien unbedingt erhalten bleiben sollte. Es ist zwar richtig, dass Kursgewinne beispielsweise in den Vereinigten Staaten nicht steuerfrei sind und dass dies der Lebendigkeit der Aktie dort keinen Abbruch tut. Aber wenn man den Aktienmarkt erst einmal aufbauen will, dann sollte man nicht gleich mit einer steuerlichen Schlechterstellung beginnen.

Wichtig für die Aktienkultur ist auch, dass die Maßnahmen zur Integration der europäischen Kapitalmärkte beschleunigt vorangetrieben werden. Nur durch ein Zusammenwachsen der europäischen Kapitalmärkte kann Europa bei den Aktienmärkten eine Größe erreichen, die für große Anleger und für multinationale Unternehmen attraktiv ist. Nur dadurch kann die EU auch gegenüber dem amerikanischen Aktienmarkt wettbewerbsfähig werden. Am besten wäre es, wenn auch Großbritannien den Euro einführen und damit Teil des gemeinsamen, auf Euro basierenden europäischen Kapitalmarkts würde.

Hilfreich für das Entstehen einer Aktienkultur in Deutschland wäre auch, wenn es an der Börse ein spezielles Segment für kleinere und mittlere Aktiengesellschaften gäbe. Wir brauchen – auch nach allen schlechten Erfahrungen der Vergangenheit, die sich nicht wiederholen dürfen – einen Neuen Markt. Man könnte auch sagen: Wir brauchen wie die USA eine Nasdaq. Das würde das Anlagespektrum für die privaten und institutionellen Sparer verbreitern, würde der gerade in Deutschland so wichtigen mittelständischen Wirtschaft einen besseren Zugang zu Aktienkapital verschaffen und wäre auch für Private Equity und Venture Capital Fonds hilfreich, die nach der Investition bei den Unternehmen die Möglichkeit des Exits brauchen.

Ein großes Problem für die Aktienkultur ist das traditionelle Verhalten mancher Banken in Deutschland. Deutsche Kreditinstitute haben den Zwang zur Aktienfinanzierung lange Zeit dadurch gemildert, dass sie den Unternehmen in ausreichendem Umfang und zu günstigen Sätzen Kredite anboten. Sie sind teilweise auch selbst ins Risiko gegangen, indem sie Beteiligungen an Unternehmen erwarben. Zudem bieten sie den Firmen Mezzanin-Finanzierungen an, die einen Ersatz für Eigenkapital darstellen.

Das alles ist sicher sehr hilfreich. Es war auch in der Nachkriegszeit, als es an ausreichendem Kapital in Deutschland fehlte, dringend erforderlich. Inzwischen ist aber genügend Kapital dar. Es gibt funktionsfähige Aktienmärkte. Und es gibt zunehmend Anleger, die auch Risikokapital zur Verfügung stellen wollen. Zudem sind die Zinsen so niedrig, dass Aktienengagements auch von dieser Seite her attraktiv sind. Selten zuvor waren die Bedingungen für das Entstehen einer Aktienkultur in Deutschland besser. Das aber erfordert von den Banken ein Umdenken. Sie müssen sich abkehren vom traditionellen Denken in Fremdfinanzierungskategorien und müssen eine aktivere Rolle bei der Vermittlung von Eigenkapital spielen. Ihre Rolle wird in Zukunft nicht mehr so sehr darin bestehen, auf der Passivseite Sparkapital aufzunehmen und dies dann auf der Aktivseite als Kredite auszuleihen. Sie werden für die Sparer stattdessen eher zu Vermittlern attraktiver Anlagemöglichkeiten und für die Unternehmen zum Partner beim Gang an den Aktienmarkt.

Und noch ein letztes möchte ich erwähnen, was zur Etablierung einer funktionsfähigen und lebendigen Aktienkultur notwendig ist. Das ist die Beachtung der Regeln für Corporate Governance. Sie dürfen nicht nur ein unverbindliches Bekenntnis bleiben, sondern sie müssen konsequent gelebt werden. Verstöße gegen sie müssen konsequent geahndet werden. Aktienkultur ist nicht nur technisch gesehen ein attraktives Anlage- und Finanzierungssystem für private Haushalte und Unternehmen. Es ist die Art, wie Sparer und Investoren in einer Wirtschaft gut und fair miteinander umgehen. Nur auf diese Weise kann sie auf Dauer ihre heilsamen Wirkungen für Wachstum und Beschäftigung entfalten.

Neues Bauen in alten Städten

Kriterien für den Städtebau im 21. Jahrhundert

Martin Wentz

Grundlegend für Kriterien des Städtebaus im 21. Jahrhundert ist die Beantwortung der Frage nach der Zukunftsfähigkeit der Stadt als räumliche, bauliche, soziale und kommunikative Struktur insgesamt. Ist der Lebensraum unserer großen Städte in seiner tradierten Ausprägung zukünftig noch erwünscht und erforderlich, oder tritt für ihn nur noch eine abnehmende Zahl von Sympathisanten ein? Welche Lebens-, Wohn- und Arbeitsformen haben sich im Laufe ihrer Entwicklung bewährt und waren flexibel genug, sich den jeweils sich ändernden Rahmenbedingungen des Lebens, Wohnens und Arbeitens anzupassen?

Die Beantwortung dieser Frage ist gleichbedeutend mit der Analyse der besonderen Vorteile der Stadt gegenüber ihren Alternativen. Viele Argumente, wie beispielsweise die Versorgung der Menschen mit Arbeit und Wohnraum, haben Dank der gewonnenen Mobilität im Laufe des letzten Jahrhunderts an Gewicht verloren. Geblieben sind solche des rationelleren Flächen- und Energieverbrauchs. Stärker jedoch wiegen Argumente zu den Potenzialen des gesellschaftlichen, kulturellen und sozialen Lebens. Nur die dichten Strukturen und Netzwerke der Stadt bieten gleichzeitig die Chance auf Öffentlichkeit und persönlichen Rückzug, Nähe und Distanz, Heterogenität und Homogenität, Abwechslung und Ruhe auf engem Raum. Nur die Stadt kann sich darstellen als kleinteiliges patchwork unterschiedlicher Lebensstile und Lebensformen. Hieraus bezieht sie ihre besondere Qualität und Zukunftsfähigkeit.

An dem Gewicht dieser Potenziale ändert auch die neue virtuelle Welt der Internet-Gesellschaft wenig. Je stärker gerade einerseits die Erfahrungen der Menschen im globalen, virtuellen Netzwerk werden, desto mehr Gewicht gewinnt andererseits die Kompensation in den realen Stadtstrukturen durch persönliche Kontakte und Kommunikation im öffentlichen Raum sowie den entsprechenden Einrichtungen. Es gibt vielfältige Beispiele aus dem privaten, wie auch aus dem beruflichen Bereich dafür, dass die persönliche Ansprache und die Erfahrung des direkten Kontakts nicht durch virtuelle Begegnungen ersetzt werden können. Die verlässlichste, direkteste und auch intime Kommunikation wird immer von Angesicht zu Angesicht erfolgen.

Soll die Stadt als historische Struktur ihre Daseinsberechtigung in unserer heutigen hoch mobilen und technisch kommunikativen Gesellschaft beibehalten, so muss sie gerade ihre Stärken, das heißt ihre kommunikativen, bunt gemischten, dichten und robusten Strukturen erhalten und weiterentwickeln. Strategisch macht es nur wenig Sinn, die unbestritten auch vorhandenen Vorteile suburbaner Gebiete im Rahmen der städtischen Stadtentwicklung kopieren zu wollen. Ein solches Unterfangen würde vorauseilend die Schwächung der Stadt fördern. Es kommt deshalb darauf an, gerade die Stärken der urbanen Stadtstrukturen weiter zu entwickeln.

Diese Erwartungen an die Leistungsfähigkeit der Stadt führen zu unmittelbaren Anforderungen an deren bauliche Strukturen, also den Städtebau. Es lassen sich erforderliche Qualitätsmerkmale formulieren, die auf wenigen Kriterien beruhen. Die wesentlichen vier dieser Kriterien sollen hier angesprochen werden:

- das weitere Wachsen der Städte,
- die Erzielung hinreichender sozialer und damit baulicher Dichten sowie
- den öffentlichen Raum und
- eine weitestgehende Mischung der Nutzungen.

1. Wachstum – erfordert eine Stellungnahme zum Umgang mit Fläche und Raum!

Der Bedarf an Wohn- und Arbeitsfläche pro Kopf wächst seit Jahrzehnten kontinuierlich. Dahinter stehen im Arbeitsbereich Weiterentwicklungen und Aufwertungen der Arbeitsprozesse. So hat die Einführung der Computertechnologie zu einem Mehrbedarf an Bürofläche geführt. Im Wohnbereich bewirken sozialstrukturelle Effekte (Zunahme der Einpersonenhaushalte, Kleinstfamilien) und der steigende Bedarf hinsichtlich der tatsächlich für erforderlich gehaltenen Wohnfläche einen entsprechenden stetigen Flächenzuwachs. Wohnverhältnisse und eine Wohnungsbelegung wie vor 30 Jahren, würde heute als soziale Deklassierung empfunden. So ist die Wohnfläche pro Kopf in diesem Zeitraum um 15% bis 20% gestiegen. Im gleichen Umfang hätte der städtische Wohnungsbestand wachsen müssen. Ein Ende dieser Entwicklung ist nicht absehbar.

Der hieraus entstehende Wohnungsbedarf konnte in den meisten Großstädten seit den achtziger Jahren des letzten Jahrhunderts nicht mehr durch entsprechenden Wohnungsneubau ausgeglichen werden. Eine solche Situation des über Jahrzehnte nicht ausgeglichenen Wohnungsmarktes führt unwiderruflich zu sozialer Segregation zwischen der Kernstadt und ihrem Umland. Personen und insbesondere jüngere Familien (Starterhaushalte), die sich einen Umzug zur Optimierung ihrer Wohnverhältnisse finanziell leisten können, werden bei solchen Marktverhältnissen mangels Alternative gezwungen, in das Umland auszuweichen. Ein nicht ausreichendes Flächenangebot beim Faktor „Arbeit" führt analog zur Abwanderung von Unternehmen mit ihren Arbeitsplätzen.

In der Folge werden Kommunen, die sich über viele Jahre eine Unterversorgung an Wohn- und Arbeitsflächen leisten, Einbußen bei den Steuereinnahmen und damit eine Schwächung ihrer finanziellen Leistungsfähigkeit akzeptieren müssen.

Stadtumbau und Flächenumwidmungen können im Sinne einer Innenentwicklung der Städte als freiraumschonende Wege einen Beitrag zur Befriedigung der Flächennachfrage leisten. Angesichts der Dimension des Flächenzuwachses werden Kernstädte und ausgewählte Siedlungsschwerpunkte auch im Rahmen einer Außenentwicklung wachsen müssen. Das Eintreten dieser Situation wird alleine von der Flächennachfrage bestimmt. Die einzige Alternative zu einer solchen Entwicklung ist die weitere Flächenausweisung und Siedlungtätigkeit in den Umlandgemeinden. Die dabei entstehende Zersiedelung der ländlichen Bereiche bringt jedoch für die Umwelt gegenüber Neubauflächen in den Städten erheblich problematischere Folgen. Zudem ist der Flächen- und Energieverbrauch solcher Siedlungen im Umland erheblich höher.

Die Ausweisung zusätzlicher Neubauflächen in der Stadt kann jedoch schnell an von den betroffenen Menschen akzeptierte Grenzen stoßen, wenn diese überwiegend durch Arrondierungen (Anlagerungen) bestehender (historischer) Ortskerne oder Stadtteile erfolgt. Im letzteren Fall kann alleine schon durch die zusätzlichen Verkehrslasten in engen Straßenräumen eine besondere Betroffenheit entstehen. Gegen solche Entwicklungen können sich die jeweiligen Anwohner gut begründet wehren.

Es ist deshalb eine sinnvolle, historisch bewährte Alternative, neue Stadtquartiere eher in den „Zwischenräumen" zwischen bestehenden Stadtteilen mit ihren gegebenen Strukturen zu entwickeln. Auf diese Weise kann eine Überforderung der bestehenden Stadtteile vermieden werden. Durch ein Nebeneinander und eine behutsame Annäherung von Neu und Alt kann so langfristig ein sinnvolles Zusammenwachsen der Stadt entstehen, wie es bereits mit den Stadterweiterungsgebieten des 19. Jahrhunderts praktiziert wurde. Die Definition von Wachstum umfasst so auch immer das „Schonen" und „Bewahren", um lokale Merkmale und Eigenheiten zu erhalten.

Zu solchen Wachstumsstrategien gehört gleichermaßen das Schützen und langfristige Sichern der für die Städte und ihre Lebensqualität notwendigen, ökologisch wertvollen Freiflächen. So hat die Stadt Frankfurt am Main mit der unter Schutzstellung des 8.000 Hektar großen „Frankfurter Grüngürtels" (ca. 30 % des Stadtgebietes) diesem Belang im Rahmen ihrer Stadtentwicklung Rechnung getragen. „Bewahren" und „Entwickeln" sind in diesem Sinne zwei zusammengehörige und sich ergänzende Ziele einer ausgewogenen Stadtentwicklungspolitik.

2. Dichte – bietet die Grundlage sozialer Entwicklungschancen!

Das Plädoyer für eine neue Dichte im Städtebau ist nicht begründet in dem oft zu hörenden Schlagwort vom „enger Zusammenrücken" und erschöpft sich auch nicht im Erwecken romantisierender Bilder mittelalterlicher Enge, wenngleich die Ursprünge unserer Städte dort begründet liegen. Dichte ist vielmehr die Grundlage für nachbarschaftliche Versorgung, für Kommunikation, kulturelle und soziale Interaktion. Erst hierdurch werden die sozialen Chancen und Kontakte ermöglicht, die über Jahrhunderte die europäische Stadt auszeichneten.

Dichte in diesem Sinne wird nicht nur als bauliche Dichte verstanden. Genauso wesentlich ist die „soziale Dichte" eines Stadtquartiers, für die wiederum die Zahl der Bewohner pro Flächeneinheit ein Maß ist. Auch die Kommunikationsdichte könnte ein Maß für soziale Dichte darstellen. Die soziale Dichte korreliert allerdings mit der baulichen, weshalb verkürzend auf letztere im weiteren Bezug genommen werden kann.

Ein weiterer Grund für eine ausreichend hohe Dichte ist, dass diese erst eine hinreichende und finanzierbare Infrastrukturversorgung ermöglicht. In den Distanzen großflächiger Einzelhausgebiete sind ein leistungsfähiger öffentlicher Nahverkehr und eine Wohnort nahe infrastrukturelle Versorgung der Bevölkerung nicht darstellbar. Schließlich lässt sich die Forderung nach höheren Baudichten auch aus der Endlichkeit der Ressource Fläche ableiten. Um zusammenhängende Flächen als Naturräume zu sichern, müssen andere Teilräume zwangsläufig baulich intensiver genutzt werden.

Städtisch dichtes Bauen im beschriebenen Sinne muss immer wieder gegen Vorurteile ankämpfen. Objektive Vorteile treffen nicht nur auf subjektives Unbehagen, sondern heute auch auf rechtliche Rahmenbedingungen, die die Umsetzung solcher Bauformen erheblich erschweren. Hieran ist die Fachwelt nicht unschuldig. Fachliche und öffentliche Diskurse zur Aufarbeitung dieser Problematik finden nur selten statt, obwohl dieses Thema von weitreichender Bedeutung für die Entwicklung unserer Städte und ihrer ureigenen Stärken ist.

Es ist heute im Vergleich zu suburbanen Strukturen nur mit unverhältnismäßig großem Aufwand möglich, solche Stadtviertel wie Kreuzberg und Schöneberg in Berlin, Westend und Sachsenhausen in Frankfurt am Main oder Schwabing in München neu zu konzipieren. Dabei sind auch heute noch diese gründerzeitlichen Wohnquartiere mit ihren Blockstrukturen und hohen baulichen Dichten als klassischer Typus städtischen Wohnens beliebte Stadtteile. Sie ermöglichen einen hohen Wohnwert und bieten den Bewohnern bei guter Erschließung und sicherer Erkennbarkeit der Adresse die Voraussetzungen für eine Identifikation mit ihrem Quartier.

3. Räume – bilden das Szenarium für die Vielfalt des sozialen Lebens!

Die Qualität eines Wohnquartiers ergibt sich insbesondere aus den Räumen zwischen den Baukörpern. Der mittelalterlichen Enge wurden spätestens mit der technisch geprägten Gründerzeit strenge Regelungen zum Stadtgrundriss mit klar lesbaren und überschaubaren öffentlichen Räumen – in der Regel Straßenräume – entgegengesetzt. Die Planungen des zwanzigsten Jahrhunderts verringerten dagegen massiv die Baudichten und schufen zwischen den in der Regel zeilenförmigen Gebäudeketten gleichförmige, transparente, aber auch qualitativ undifferenzierte Grünräume. Städtebaulich wurden zunehmend funktionslose Freiflächen ohne Verweilqualität, räumliche Führung und Abgrenzung geschaffen. Insbesondere die Großsiedlungen der 70er Jahre sind in diesem Sinne negative Beispiele.

Spätestens seit den 80er Jahren gewann über die Erfahrungen mit innerstädtischen Sanierungs- und Stadterneuerungsmaßnahmen die Gestaltung des öffentlichen Raums in den Städten wieder an Bedeutung. Seine vielfältige Nutzbarkeit (Verweilen und Bewegung) und Überschaubarkeit (soziale Kontakte und Kontrolle) wurde „wiederentdeckt". Soziale Interaktionen brauchen den jeweiligen Erfordernissen angepasste, vielfältig nutzbare öffentliche oder private Räume. So differenzieren insbesondere die Raumstrukturen der Gründerzeitviertel zwischen belebten Straßen- und Platzräumen und den eher ruhigen Innen- oder Hinterhöfen.

Der öffentliche Raum als Thema erfasst die gesamte Stadt. In seiner umfassenden Definition ist der öffentliche Raum die Stadt an sich. Er grenzt sich damit bewusst vom privaten Raum ab. Wesentlich für die Qualität dieser jeweiligen Räume sind die Übergangsbereiche zwischen ihnen. Dies gilt für die klare räumliche Abgrenzung gleichermaßen, wie für die Gestaltung der Übergangszonen, z. B. der Fassaden. Sie bilden die Schnittstellen zwischen einerseits städtebaulichen, stadträumlichen und andererseits architektonischen Aufgaben.

Es ist wichtig sich zu erinnern, dass gerade in der Zeit der großen Stadterweiterungen des 19. Jahrhunderts der öffentliche Raum im Vordergrund des Denkens der Planer stand. Die damals erstellten öffentlichen Räume waren von dermaßen hoher Qualität, dass wir uns heute noch vielfach auf sie beziehen können. Städtebau und Stadtgestaltung definieren den öffentlichen Raum und seine Nutzungsmöglichkeiten.

Für die Bauleitplanung bedeutet diese Maßgabe in vielen Fällen die Notwendigkeit eines Perspektivwechsels. Bei der Entwicklung städtebaulicher Konzepte und der Bearbeitung der Bebauungspläne wird häufig noch mit großer Intensität die architektonische Festlegung der Gebäude betrieben. Die Pläne entwickeln sich durch das Platzieren der definierten Baukörper in die Flächen. Aus der Sicht des öffentlichen Raums ist dieses Verfahren wenig zielführend. Städtebau im Sinne der Qualifizierung der öffentlichen Räume bedeutet, dass insbesondere von den entstehenden Räumen, und nicht von den Gebäuden her gedacht werden sollte. Die Platzierung und Dimensionierung der Gebäude ergibt sich erst aus der Definition der vorgesehenen, geplanten öffentlichen Räume. Gebäude begrenzen also die geplanten Räume (Straßen, Plätze) und geben ihnen durch ihre Fassaden (Höhen) und Anordnung Qualität.

Stadtplanung muss sich künftig vorrangig darauf konzentrieren, gezielt öffentliche Räume unterschiedlicher Qualität und Nutzungsmöglichkeit innerhalb der neuen Quartiere zu definieren. Stadtplanung und Städtebau können nicht die sozialen Folgen gesellschaftlicher Entwicklungen ausgleichen oder gesellschaftliche Entwicklungen steuern. Sie können aber sehr wohl soziale Prozesse fördern oder auch im wahrsten Sinne des Wortes „verbauen". Wichtiger als die detaillierte Definition eines Gebäudes ist deshalb die Konzeption des zwischen den Baukörpern entstehenden öffentlichen Raums. Denn erst mit diesen Räumen definiert Stadtplanung den eigentlichen „Lebensraum Stadt".

4. Mischung – hilft die soziale Trennung aufzuheben!

Funktionalistische Zonierungskonzepte, also die Trennung der Nutzungen nach Orten des Kommerz und des Konsums, der Dienstleistungen oder der Produktion, des Wohnens und der Freizeit verhindern die notwendige Belebung des öffentlichen Raums. Der öffentliche Raum erhält dadurch ebenfalls einen monostrukturellen Charakter und verliert seine potenzielle Vielseitigkeit. Die funktionale Entmischung der Stadt trägt deshalb einen Teil der Verantwortung am Verlust urbaner Qualitäten.

Moderne Bautechnologien, Immissions- und Emissionsschutz sowie der Strukturwandel gewerblicher Arbeitsplätze relativieren heute die vermeintliche Notwendigkeit zur funktionalen Trennung. Von daher ist sie künftig auf das zwingend notwendige Maß zu begrenzen, um kommenden Quartieren wieder mehr Leben und Kommunikation „einzubauen". Erst aus Nutzungsvielfalt entsteht Urbanität. Insofern ist der Charakter der mitteleuropäischen Stadt historisch gerade an die Mischung der unterschiedlichen Nutzungen gebunden.

Isoliertes „Wohnen im Grünen" und „Gewerbe im Park" trennen die Wohn- wie auch die Arbeitswelt aus den übrigen Lebenssphären heraus und schaffen unnötig lange Wege einschließlich der daraus resultierenden Verkehrsprobleme. Darüber hinaus führen solche Konzepte zu höherem Flächenverbrauch und stärkerer Landschaftszersiedlung. Weitere Lasten der räumlichen Entflechtung sind soziale Spannungen in monostrukturellen, isolierten Wohnsiedlungen und Angsträume in außerhalb der Arbeitszeit leeren Gewerbegebieten sowie Bürostädten.

Es sollte deshalb zukünftig wieder versucht werden, Arbeiten, Wohnen und Infrastruktureinrichtungen in der Bauleitplanung möglichst weitgehend zu vernetzen. Eine wesentliche Voraussetzung hierfür ist, die Bebauungspläne hinreichend offen und flexibel zu gestalten. Dies bedeutet, nur die für den Städtebau wirklich notwendigen Festsetzungen zu bestimmen und auf eine unnötige Festsetzungstiefe in der Bauleitplanung zu verzichten. Nutzungsmischungen brauchen Zeit, um sich zu entwickeln. Nutzungen müssen sich vor Allem im Laufe der Zeit wandeln können. Hierauf ist bei den Festsetzungen für die Gebäude Rücksicht zu nehmen.

Resümee

Es ist die Aufgabe der Stadtplaner, nachvollziehbare Kriterien für die Stadtentwicklung und den Städtebau zu definieren. Städtebauliche Fehlentwicklungen lassen sich aus den letzten Jahrzehnten in genügender Zahl dokumentieren. Daraus abgeleitete einfache Rezepte für die Zukunft gibt es nicht. Eine verlässliche, in Theorie und Praxis aus der Historie des Städtebaus entwickelte und allgemein getragene Grundvorstellung ist auch nicht vorhanden.

In unserem heutigen Umfeld der unterschiedlichsten Meinungen und Planungskonzepte ist es nicht leicht, grundsätzliche Diskussionen zum Städtebau und seiner Zukunft zu führen. Für viele Stadtplaner ist es nicht einfach zu erkennen, dass wir mit den Idealen und Konzepten der Moderne des 20. Jahrhunderts nur noch begrenzt weiter arbeiten können. Deren Schwächen sind zu offensichtlich. Ein unreflektiertes Entwickeln von städtebaulichen Plänen in Anlehnung an tradierte Konzepte der Moderne ist kaum noch zu verantworten.

Mit den vorgestellten Kriterien wird der Versuch unternommen, Instrumente zu definieren, um heute städtebaulichen Aufgaben analytisch gerecht zu werden. Nur auf einer solchen Basis können die zu entwickelnden Bebauungspläne bearbeitet und bewertet werden. Wie diese Instrumente im Einzelnen angewandt werden, hängt selbstverständlich von den spezifischen Gegebenheiten der jeweiligen Plangebiete ab. Die Definition dieser Kriterien ergibt aber zumindest die intellektuelle Möglichkeit, das jeweilige Handeln zu überprüfen und zu beurteilen.

Als eigene Disziplin spielte der Städtebau, der sich vorrangig mit den öffentlichen Räumen und ihrer Gestaltung auseinandersetzt, leider über Jahrzehnte nur eine eingeschränkte Rolle. Für fast das gesamte vergangene Jahrhundert war die Architektur die dominierende Disziplin. Dies gilt auch überwiegend für die Ausbildung an den Hochschulen. Städtebau und Architektur sind zwar artverwandte, aber in sich unterschiedliche Disziplinen. Gemessen an ihrer Bedeutung für die Stadtentwicklung werden der Städtebau und die Stadtgestaltung heute in der Ausbildung und Forschung immer noch zu gering bewertet.

IV. Raum und Traum

Von Träumen und Räumen

Max Bächer

Raum ist in der kleinsten Hütte

Diogenes war in einer Tonne zu Hause und soll sich darin recht wohl gefühlt haben. Zweckentfremdung eines Flüssigkeitsbehälters zur Linderung der Wohnungsnot. Diogenes war ein Zyniker, ein Proto-Hippie, lebte vom Konsumverzicht auf anderer Leute Kosten, demonstrierte gegen die bürgerliche Wohnkultur. Ob die Tonne sein Eigentum, gemietet oder angeeignet war, tut nichts zur Sache. Seine Genügsamkeit wurde gepriesen, mit der er nur wünschte, *Alexander der Große* möge ihm doch bitte aus der Sonne gehen.

Im Gegensatz zum „Fischer un sine Frau, de waanten tosamen in'n Pisspott". Sie konnte einfach nicht genug kriegen. Ihr Glück zerbarst an der Maßlosigkeit der Fischersfrau: Vom Nachtgeschirr zur Hütte, zum Haus, zum Palast, zum Marmorschloss, schließlich auf den Heiligen Stuhl und mehr, noch mehr. Am Ende landeten sie wieder dort, wo sie herkamen und hingehörten. Aus der Traum vom Raum. Eine schöne Geschichte. Man kann sie immer wieder hören.

Natalino Natalini, der Landarbeiter auf Sardinien, war wohl der ärmste Mensch, den ich je traf. Ein schweres Unwetter hatte die kleine „Piper" zu einer unfreiwilligen Landung auf dem abgeernteten Maisfeld gezwungen, wo wir in einer einsamen, elenden Bretterhütte Obdach fanden. *Natalino* gehörte nichts davon, gar nichts, außer einer Waschschüssel, von der die Emaillierung abgesprungen war, einem verbogenen Schöpflöffel aus Aluminium und einem verrosteten Bettrost. Ein hinkender Bub und ein altes Pferd schliefen zusammen in der Ecke auf einem Heuhaufen. Hier hauste *Natalino*. Ab und zu kam der Proprietario vorbei, brachte Brot, Käse und Schinken mit und füllte die Korbflasche wieder auf.

Für *Natalino* kamen wir vom Himmel gefallen. Er füllte Wein in seine Blechschüssel und ließ die Kelle kreisen, denn es gab weder Gläser, noch einen Tisch. Wir hockten einfach auf dem Boden, teilten unseren Proviant, tranken und freuten uns. Zwar verstanden wir kein Wort von seinem sardisch-katalanischen Dialekt, so wenig wie er uns. Aber wir unterhielten uns wie alte Bekannte, lachten und tranken miteinander, und als der Regen vorüber war, hinterließ ihm mein Freund zum Abschied sein Schweizer Taschenmesser und ich meine Armbanduhr. *Natalino* winkte uns mit dem Jungen noch lange nach. An jenem Nachmittag hatte sich eine armselige Kate in einen stattlichen Landsitz, in einen Traum vom Raum verwandelt. Man glaubt gar nicht, was man alles nicht braucht.

Ach, Morus

Thomas Morus, der große Humanist und Philosoph, den weder seine Staatskunst, noch seine Weisheit davor schützte, 1535 enthauptet zu werden, weil er sich gegen die Abkehr seines Landes vom Katholizismus wandte, widmete 1516 *Erasmus von Rotterdam* sein Modell einer neuen idealen Gesellschaft auf einer Insel, der er den Namen „Utopia" gab, der Ort, der nirgendwo existierte: der U-topos.

Im Zentrum der Insel liegt Amaurote, eine von 54 Städten, die einander genau gleichen. „Wer eine dieser Städte kennt", schreibt *Morus* „der kennt sie alle, so gleich sind sie sich". *Morus* nimmt mit seiner radikalen Utopia die soziale Stadt der Zukunft vorweg. Es gibt kein Eigentum, auch die Häuser sind alle gleich. Die Bewohner müssen sie alle zehn Jahre wechseln, um sich an kein Besitztum zu gewöhnen, weshalb sie auch nicht verschließbar, sondern nur mit Pendeltüren ausgestattet sein dürfen.

Hand in Hand mit der stringenten Gliederung der Stadt entsteht eine totale Identität. Nicht das Individuum ist die kleinste Einheit, sondern die Gemeinschaft: Dieselbe Sprache, dieselben Manieren, Bräuche, Gesetze. Es gibt keine Abwandlung der städtischen Gestalt, keine Verschiedenheit der Kleidung, keine individuellen Farben. Das war der Beginn der neuen Zeit: Standardisierung, Reglementierung, kollektive Herrschaft, alles Grau in Grau. War das die Verheißung vom guten Ort oder vielmehr der künftige Alptraum? Stellte sich *Morus* schon auf das kommende Zeitalter der Despoten ein, so bereit er auch als Revolutionär war, den Nächstbesten selbst herauszufordern? Was bewog ihn, im Fehlen von Vielfalt und der Auswahl ein Ideal zu sehen? Hatte er mit noch tieferer Intuition den Preis vorausgeahnt, den unser Zeitalter schließlich für seine maschinelle Produktion und seine Überflusswirtschaft würde zahlen müssen?

Aber dort, wo es um die Umsetzung in die äußere Form geht, stockt die Fantasie bei *Morus*, wie schon bei *Platon* und den vielen, die von der idealen Stadt träumten. Vielmehr erstarrten ihre Bilder in der Form ihrer Zeit und in der Vorahnung des Tyrannen, den es zur Realisierung ihrer Träume bedurft hätte. Aber wenn Tyrannei eine Folge von demokratischer Verwirrung und Unfähigkeit ist, so ist ebenso gewiss, dass die Tyrannei in ihren letzten Stadien zu einer demokratischen Willkür ohne Reglementierung und Ordnung führt, die die Stadt dem Chaos überlässt. *Morus* lieferte das Idealkonzept zu einer kommunistischen Stadt der Gleichheit aller. War ihre Unrealisierbarkeit schon eingeplant? War nicht die Identifizierung mit der totalen Gleichheit einer dirigistisch-sozialistischen Gesellschaft eine Voraussetzung, die die totale Unterordnung des Einzelnen unter das herrschende

System verlangte? „Eigentum ist Diebstahl" verkündete der Sozialphilosoph *Pierre Joseph Proudhon*, ein Hauptvertreter des Anarchismus und zugleich ein erklärter Gegner des Marx'schen Kommunismus, den er erbittert bekämpfte. Aber wo blieb in diesen ideologischen Auseinandersetzungen die Übereinkunft von Architektur und Gesellschaft, wo blieben die eigentlichen Menschen mit ihren Träumen von besseren Räumen?

My house is my castle

An sinnigen Sprüchen hat es nie gefehlt, über die Tür geschnitzt, auf Kacheln gemalt, in die Kissen gestickt: – Wer muss leben in andrer Leut Häuser, der ist ärmer, wie ein Karthäuser – Trautes Heim, Glück allein – Klein, aber mein – Eigner Herd ist Goldes wert! – „Beatus ille homo, qui habet suo domo, qui sedet post fornacem, et habet bonam pacem". Eigenes Haus bedeutet Schutz und Sicherheit, Besitz und Stolz, Unabhängigkeit und Verfügbarkeit, Ortsbindung, Mitverantwortung. *Ernst Bloch* konstatierte: „Wohnen ist ein Produktionsversuch von Heimat".

Was Wohnen alles bedeutet, haben die Brüder *Grimm* längst aufgelistet; „Wunian – una" – indogermanisch: nach etwas trachten, gern haben, sich wohlfühlen, sich aufhalten, verwurzelt sein, zufrieden sein. Uns ist es gelungen, den Begriff vom Wohnen tief im Gemüt zu versenken. Die Einrichtung wird zum Glaubensbekenntnis, die Wohnung zur moralischen Anstalt. Oder zum Möbelmagazin, überfüllt mit Gemütsheu, das kaum noch Platz zur Bewegung lässt und den Raum im Volumen erstickt. Von Allem zu viel. Viel zu viel zu viel!

Halli-Hallo, wir fahren!

„Wohnen heißt bleiben!" proklamierte vor einem halben Jahrhundert der Schwarzwaldphilosoph *Heidegger* auf dem Holzweg des Seins. Schon damals hatte am Wochenende die Fahrerflucht aus den Städten begonnen. Menschenleere Straßen verkündeten, dass die Ferienzeit ausgebrochen war: Hinaus in die Ferne!

Mit Kind und Kegel, den halben Hausrat auf dem Autodach, stundenlange Standzeiten. „Räder müssen rollen!" für die Eroberung des Raumes. Für welchen denn diesmal? Der Traum vom Wohnwagen, vom Campingplatz, wo sich alles wiedertrifft. Mallorca, Ibiza, Rügen oder Timmendorfer Strand. Oder zum Ferienhaus auf Sardinien oder im Tessin. Traumreisen zu Billigpreisen erleichtern die Flucht in die Halbwelt. „Schön, dass Sie da sind!" Ahasver darf nicht wohnen, muss reisen. Ohne festen Wohnsitz ist man kein Einwohner. Statt wohnhaft „Wohnhaft". Die Straße ist zum eindimensionalen Raum geworden. Es gibt nur noch vor und zurück. „Ich möcht' ja so gerne noch bleiben; aber der Wagen der rollt!" Endlich wieder daheim! Und wozu das Ganze? Man kann Wohnen auch ganz abschaffen.

Heimatlos?

Eddi Constantine, dem durch seine populären Kultfilme bekannten Geheimagenten *Lemmy Caution*, widmeten Studenten zu seinem 75. Geburtstag Entwürfe für 15 Traumhäuser an den verschiedensten Orten der Erde. Er ließ sich die schönen Modelle und Pläne vorführen und sollte nun wählen, welche ihm am besten gefielen. „Eigentlich gefallen mir alle recht gut", meinte er. Aber am liebsten habe er immer im Hotel gewohnt, wo er sich um gar nichts kümmern müsse, sich hinter einer Zeitung in der Lobby verstecken und die Leute beobachten könne. Erst als er sich nicht mehr ständig auf der Leinwand mit Spionen und Gangstern herumschlagen musste, wohnte er zur Miete ganz in der Nähe eines schönen Parks, wo er kurz danach sein Arkadien gefunden hatte.

Heinrich Heine – vielleicht der größte deutsche Lyriker – schloss sich den freiheitlichen Strömungen seiner Zeit an und suchte in Paris Erlösung von dem unerträglich gewordenen deutschen Muckertum und verließ seine Heimat. „Denk ich an Deutschland in der Nacht", beginnt jenes Gedicht, das wie kaum ein anderes eine tiefe Verbundenheit mit seinem Vaterland spüren lässt. Um diese in der Fremde zu bewahren, schuf er sich, was er seine „portative Heimat" nannte, wie so mancher Emigrant, der nicht aus freien Stücken sein Land verlassen musste. Und die Dichterin *Rose Ausländer* schrieb im Exil den Roman „In der Fremde daheim". Auch ihre Träume waren Räume der Erinnerung, die so viele nie wieder sehen sollten.

Über Traumhäuser

Kann man denn gar nichts dagegen tun? Wöchentlich, täglich werden die Briefkästen mit Immobilienanzeigen vollgestopft, die sich schamlos Traumhäuser nennen, mit denen man Nashörner vertreiben könnte, und im Fernsehen wurde allabendlich von einer wohltätigen Lotterie „Ihr Traumhaus" als Superpreis präsentiert. Das schneeweiße Zuckerbäckerhäuschen scheint inzwischen einen Abnehmer gefunden zu haben, der nun nach einem Grundstück suchen muss, das zu seinem Haus passt. Hoffentlich liegt es nicht zwischen Güterbahnhof und Schlachthof, ist einigermaßen eben, gut zur Sonne orientiert und vernünftig erschlossen, sonst hat der Gewinner Pech gehabt, denn die Lage ist nicht weniger wichtig als das Haus.

So viel Traum war nie! Die Annoncen überpurzeln sich: Üppige Villa mit Alpenblick! (solange die anderen einem noch nicht die Aussicht verbaut haben); Luxuriöse Königin-Residenzen (ab 52 Quadratmeter)! Entdecken Sie wunderbare neue Wohngefühle; individuelles Wohnen am Waldesrand; hochherrschaftliche Doppelhaushälfte!, „Doppio-Villa" am See, italienische Neorenaissance; gönnen Sie sich ihre exklusiven Träume!

Hallo, Aufwachen! Wer formuliert nur solche unverfrorenen Texte, wer wirbt mit so unbeholfenen Bildern und hochgestochenen Schlagworten für lächerliche Talmi-Paläste, bei deren Anblick man vor lauter Ekel in die Wüste fliehen möchte. Investoren kaufen Gelände für neue Leerstände. Baugesellschaften verwirklichen sie – gelegentlich sogar noch mit Architekten – Kreditinstitute finanzieren, Immobilienhändler vermarkten, Baubehörden genehmigen sie unter Berufung auf die Gestaltungsfreiheit und verwandeln unsere Landschaft, an der uns doch so viel liegt, in eine Streuobstwiese von „Traumhäusern". Wie einer sein Traumhaus einrichtet, ist seine Sache, eine „res privata". Aber wer ein Innen baut, baut auch ein Außen und damit wird es zur „res publica", sobald es im Kontext mit anderen Häusern in einer Gruppe, an einer Straße, einem Platz oder mitten in der Stadt steht, woraus sich die Pflicht der verantwortlichen Koordinierung ergibt. Wer unbedingt sein Traumhaus bauen will, wird entweder ein genügend großes Grundstück oder einen so guten Geschmack brauchen, dass er nicht Nachbarn beim Träumen stört. Am besten ist immer noch, er erkundigt sich sorgfältig nach einem kreativen und begeisterungsfähigen Architekten und lässt ihn erstmal machen, denn gute Ideen entstehen nicht durch Geschäftsanweisungen. Es ist eine bedauerliche Feststellung, dass viele Bauherren keine eigenen Wünsche mehr haben, sondern nur noch Bedarf, Bedürfnisse und Programme. Weil viele schon alles zu haben glauben, haben sie das Wünschen verlernt.

Doch „Traumhäuser" kann man nicht in der Fachbuchhandlung kaufen. Das wäre zu vordergründig und materialistisch gedacht. Viele kleine und große Häuser sind mir bekannt, die ich bewundere, ohne den Wunsch zu haben, darinnen zu wohnen. Ein Bekannter, der mit seiner Familie berufsbedingt schon in vielen Häusern gewohnt hatte, erzählte davon: „Unser liebstes Haus war eigentlich ziemlich unpraktisch. Es gab tote Winkel, geheime Nebenräume, helle und dunkle Zimmer, große und kleine, aber es war einfach unbeschreiblich behaglich und ein schöner alter Nussbaum stand vor dem Eingang. Auch unsere Besucher kamen gern und fühlten sich wohl. Wir fragten uns auch nie, ob das Haus eigentlich besonders schön sei. Aber es hatte eine Seele, denn ohne Seele ist das schönste Haus nichts als ein Gegenstand aus toten Räumen. Eigentum wird es erst durch Arbeit und Liebe und durch die Menschen, die das verstehen. „Die Zeit, die du für deine Rose verloren hast, sie macht deine Rose so wichtig" sagte der Fuchs zum kleinen Prinzen. Ich glaube, das ist auch das Geheimnis des Traumhauses.

Literatur

Bächer, M. (1965), Wohnlichkeit aus dritter Hand, Die Kunst zuhause zu sein, Piper und Co., S. 25-38

Bächer, M. (1971), Das geplante Verkehrschaos, in: Umwelt aus Beton oder unsere unmenschlichen Städte, Rowohlt, S. 38-46

Bächer, M., Gestalterische Thesen für eine humane Stadt, Schwäbische Heimat, 10, 1974, S. 250-259

Bächer M. (1974), Auf der Suche nach der schöneren Stadt, Frankfurt

Bächer M., Zerstören und Aufbauen sind gleich an Wichtigkeit, Simon du Ry, Deutsches Architektenblatt 2/1981

Bächer M., Gedanken zur Stadtgestaltung, Forum für Stadtentwicklung 1981, S. 23-30

Bächer M., Wenn Baukunst ein Spiegel der Gesellschaft ist, Deutsches Architektenblatt 6/1986

Bächer M., Was heißt Verantwortung in Architektur und Baukunst, Verantwortung in der Wissenschaft, THD Schriftenreihe, 1988, S. 115-137

Bächer M., Baukompetenz und Denkmalerhaltung, Landesdenkmalamt Baden-Württemberg, Heft 4/1993, S. 69-73

Bächer M., In der Stadt zuhause, Arbeitsgemeinschaft Baden-Württembergischen Bausparkassen, 11/1998

Bächer M. (2001), Annäherungen an den Raum, Die pädagogische Gestaltung des Raumes, Verlag Julius Klinkhard, S. 15-29

Bächer, M. (2001), Es kommt darauf an, was man draus macht, Architekturgalerie Am Weissenhof, S. 1-29

Bächer M., Bundesstiftung Baukultur oder viel Lärm um nichts?, TU Karlsruhe Juli/August 2003, S. 2-12

Die heilende Kraft der eigenen vier Wände

Sabine Bergmann-Pohl

Wenn ich mich meiner Kindheit erinnere, so ist diese Erinnerung stets mit dem Wohnhaus verbunden, in dem meine Familie damals lebte. Es war ein großes Fachwerkhaus in einem kleinen Ort in Thüringen. Das Haus lag auf einem Hügel und war von meiner Schule, die sich am Fuße dieses Hanges befand, gut zu sehen. Die Räume waren großzügig. Das Wohnzimmer war mit einem großen Kamin und einer Holzbalkendecke ausgestattet. Eine idyllisches Fleckchen Erde, für uns Kinder ein Paradies.

Warum ist die Erinnerung an meine Kindheit in Thüringen so fest mit diesem Haus verbunden?

Zum einen war es das Gefühl der Geborgenheit, geprägt durch ein harmonisches Familienleben. Zum anderen sind es Kindheitserlebnisse, die sich in vielen Einzelheiten mit diesem Haus und seiner Umgebung verbinden.

Ich habe dann nach Abschluss meiner beruflichen Ausbildung bald versucht, eine vergleichbare Situation zu schaffen, was meiner Familie, insbesondere den Kindern sehr förderlich war. Am Ende des beruflichen Alltags mit seinen immerwährenden Anforderungen und Schwierigkeiten boten mir die eigenen vier Wände Ausgleich und seelisches Wohlbefinden.

Als ich dann 1990 für ein Jahrzehnt nach Bonn gehen musste, womit ja auch zahlreiche Reisen im In- und Ausland verbunden waren, blieb mir das eigene Haus Lebensmittelpunkt. Wenn ich hin und wieder an meinen politischen Wirkungsmöglichkeiten zweifelte, kam mir ein Zweizeiler von *Friedrich Rückert* in den Sinn, der da lautet: „Wer sich behaglich fühlt zu Haus, der rennt nicht in die Welt hinaus." Tröstende Auflösung war dann aber doch die Erkenntnis, dass ich die Fährnisse der Welt vor allem durch mein Zuhause ertrage. *Hermann Hesse* sagte einmal: „Mir das Leben leicht und bequem zu machen, habe ich leider niemals verstanden. Eine Kunst aber, eine einzige, ist mir immer zu Gebote gestanden: die Kunst, schön zu wohnen". Darin steckt wohl diese Wechselwirkung von Lebensleistung und Wohnsituation.

Die eigene Wohnung ist elementarer Teil der Daseinsvorsorge, räumlicher Mittelpunkt unseres Lebens. Dabei spielt es zunächst keine Rolle, wie groß und welche Ausstattung ihr eigen ist. Sie ist wesentlicher Bestandteil der Lebensqualität eines jeden Menschen. Lebensqualität umfasst einen mehrdimensionalen Sachverhalt, wozu Arbeitsbedingungen, Wohnverhältnisse, Gesundheit, Bildung, Sozialbeziehungen etc. gehören. Sie hat eine objektive und eine subjektive Dimension. Auf die Wohnverhältnisse bezogen, ist die Größe einer Wohnung eine objektive Bezugsgröße, während die Zufriedenheit der Bewohner trotz gleicher Wohnverhältnisse entsprechend ihren subjektiven Bedürfnissen durchaus unterschiedlich sein kann.

Was bedeutet Gesundheit? Nach der ausgreifenden Definition der Weltgesundheitsorganisation von 1948 ist Gesundheit der Zustand vollkommenen physischen, psychischen und sozialen Wohlbefindens, nicht lediglich Abwesenheit von Krankheit. Ich möchte mich nicht der Diskussion der Unerfüllbarkeit dieser Forderung stellen, sondern hervorheben, dass soziales Wohlbefinden wichtige Voraussetzung ist für den Erhalt der Gesundheit. Viele Untersuchungen zu Armut und Gesundheit belegen das. Ebenso ist die Gesundheit vom subjektiven Lebensgefühl des einzelnen Menschen und seinen individuellen Wertvorstellungen abhängig. Dementsprechend ist die Heilung, die Wiederherstellung der Gesundheit auch im Sinne einer Verbesserung des sozialen Wohlbefindens zu sehen.

Am 3. Oktober 2005 wurden bei vielen Veranstaltungen in unserem Land 15 Jahre Deutsche Einheit gewürdigt. 15 Jahre Wiedervereinigung in unserem Land hat viele Facetten. In der materiellen Erfolgsbilanz in den neuen Bundesländern stehen die umfassenden baulichen Veränderungen, die Schaffung moderner Wohnverhältnisse und die Entwicklung von Wohneigentum obenan.

In der DDR gab es Mangel an Wohnraum. Die Kriegsschäden konnten nur mühselig und in langen Zeiträumen überwunden werden. Der überwiegende Teil des Wohnbestandes wurde kommunal verwaltet. Es gab einen Spruch, der damals häufig die Runde machte: „Ruinen schaffen ohne Waffen". Angesichts mangelnder Werterhaltung und Instandsetzung setzte Ende der siebziger Jahre ein enormer Verfall der Altbaubestände ein. Ohnehin war in der DDR bis 1970 im Vergleich zur Bundesrepublik, gemessen an der Bevölkerungszahl, nur knapp halb so viel an Wohnungen gebaut worden, wobei die tatsächlich geschaffene Wohnfläche pro Kopf wiederum nur einem Drittel des in Westdeutschland erstellten Wohnraums entsprach. Unzureichende Reparaturen durch ständigen Mangel an Material, angefangen von Baumaterial über Farben, einschließlich der notwendigen Malerutensilien, bis zu Elektromaterial und Armaturen und einem entsprechenden fehlenden Angebot an den Dienstleistungen durch Handwerker minderten die Wohnqualität. Damit wuchs die Unzufriedenheit der Bürger über die allgemeine Situation hinaus auch mit ihrer individuellen Wohnsituation. Verstärkt wurde diese Unzufriedenheit, wenn DDR-Bürger, die Verwandte in der Bundesrepublik besuchen durften, die gepflegten Städte und Dörfer im Westen sahen.

Selbst die Gründung einer Familie bewegte die Wohnungsverwaltungen nicht unbedingt, entsprechenden Wohnraum bereitzustellen. Er war nicht da. So mussten junge Familien oder Frauen mit Kindern oft über einen längeren Zeitraum in der Wohnung der Eltern verbleiben. Hinzu kam der mangelnde Komfort in den Altbauwohnungen, die bis in die achtziger Jahre meist ohne Bad und teilweise mit einer Toilette im Treppenhaus ausgestattet waren.

Allerdings waren diese Wohnungen besonders bei jüngeren Leuten beliebt, weil der Wohnraum durch viel Eigeninitiative und Kreativität individueller gestaltet werden konnte als in den genormten Neubauten.

In Berlin war der Stadtbezirk Prenzlauer Berg mit seinen vielen Hinterhöfen bei Studenten schon zu DDR-Zeiten bevorzugtes Wohngebiet. Wohnungen wurden durch Mundpropaganda weitergegeben. Die Miete wurde meist im Namen eines Mieters bezahlt, der schon seit längerem die Wohnung verlassen hatte.

Auch ich habe trotz hervorragender Wohnverhältnisse bei meinen Eltern im dritten Studienjahr eine solche Hinterhofwohnung bezogen, weil das Bedürfnis nach dem selbstbestimmten Leben so groß war, dass ich eine Einzimmerwohnung mit Außentoilette der Fünfzimmerwohnung mit Bad und Gästetoilette meiner Eltern vorzog. Die Steigerung der Lebensqualität bestand darin, dass Bevormundung und ständige Kontrolle wegfielen. Das schätzte ich sehr.

Hier zeigt sich eben, dass das soziale Wohlbefinden wesentlich vom individuellen und damit subjektiven Wohlbefinden abhängig ist.

Um den Wohnungsmangel zu mildern, wurden in der DDR ab Mitte der fünfziger Jahre eintönige Plattenbauten aus Beton errichtet. Der Höhepunkt dieser Bauweise war in den siebziger Jahren die Errichtung ganzer neuer Stadtgebiete und Stadtbezirke in den Großstädten, vor allem in Ostberlin. Die Monotonie wurde nicht nur durch die einfallslos graue und triste Plattenbauweise bestimmt, sondern auch durch den gleichen Schnitt aller Wohnungen. So konnte man sich mühelos in den Wohnungen der Nachbarn zurechtfinden. Nicht nur der gleiche Grundriss der Wohnung, sondern auch die Ausstattung mit Einbauschrank an der einen Wand und Couchgarnitur an der gegenüberliegenden sowie die Essecke vor der Durchreiche zur Küche machten jeden ernsthaften Versuch der individuellen Gestaltung zunichte. Die äußerlich uniforme Bauweise, dazu das einheitliche Grau bereiteten besonders Kindern große Schwierigkeiten, weil sie oft nicht den richtigen Eingang zu ihrem Wohnhaus fanden. Abhilfe wurde durch unterschiedliche farbige Gestaltung zumindest der Eingänge geschaffen.

Und trotzdem waren diese Wohnungen begehrt. Denn endlich konnte man ein wenig Luxus genießen, ein eigenes Bad und oft auch einen Balkon. Die notwendige Infrastruktur mit Kaufhalle, Schule, Sandkästen und Klettergerüsten für die Kinder, medizinischer Versorgung aller Fachrichtungen unter einem Dach in der Poliklinik und Gaststätten waren in akzeptabler Entfernung. Damit wurde dem DDR-Bürger soziales Wohlbefinden buchstäblich „nahegebracht".

Wohneigentum spielte in der DDR eine völlig untergeordnete Rolle. Nur wenige Familien hatten die Möglichkeit, ein eigenes Haus zu bauen. Der Erwerb von Häusern wurde durch die mangelnde Finanzkraft vieler Bürger der geringen Löhne wegen erschwert. Dazu kam, dass man über den erworbenen Wohnraum nicht verfügen durfte. Das Belegungsrecht hatte ausschließlich das Wohnungsamt. Selbst wenn man ein Einfamilienhaus erworben hatte, aber in einer Mietwohnung wohnte, hatte man kein Wohnrecht in dem Haus, solange der Mieter nicht auszog. Eine Kündigung wegen Eigenbedarf war zwar möglich, aber meist ohne Erfolg, da anderer Wohnraum nicht zur Verfügung stand.

Der Ausweg gerade in den städtischen Ballungsgebieten war ein eigener kleiner Garten in einer Gartenkolonie mit einer kleinen Laube oder einer sogenannten Datsche. Das Wort „Datscha" stammt aus dem Russischen und bezeichnet ein Landhaus. Die Gärten wurden in der Regel gepachtet, die Gebäude waren Eigentum. Sie gaben den Menschen das Gefühl eines kleinen abgeschlossenen Reiches, das sie gestalten konnten, obwohl in der Regel auch dort ein Gartenvorstand bestimmte, was wegen der allgemeinen Mangelversorgung an Gemüse und Obst anzubauen war.

Diejenigen, die über etwas mehr Geld verfügten, bauten sich in der näheren Umgebung Wochenendhäuser, in der Regel ebenfalls auf gepachteten Grundstücken. Diese Häuser wurden wie Kleinode behandelt, denn sie bedeuteten Freiheit in begrenztem Umfang, auch mit dem subjektiven Gefühl, sich dem Staat, wenn auch nur für wenige Stunden oder Tage, zu entziehen. Das war umso wichtiger als der Staat und manche gesellschaftlichen Gremien sich alle Mühe gaben, den Bürger zu betreuen und „umsorgen", d. h. zu bespitzeln.

Nach der Wiedervereinigung wandelte sich das Bild von Grund auf. In den neuen Bundesländern setzte ein Bauboom ein. Im Lauf der Jahre wurde die zerfallende Bausubstanz saniert und rekonstruiert. Bereits 1996 kam es zu einer Übersättigung des Mietwohnungsmarktes, was durch die hohe Abwanderung verstärkt wurde. Plattenbauten verwaisten zunehmend und wurden abgerissen. Andere wurden umgebaut, erhielten neue Fassaden und verbesserte Wohnungen.

Der Auszug aus diesen uniformen Gehäusen versinnbildlicht die Sehnsucht des Menschen nach individueller Gestaltung der eigenen vier Wände. Nicht nur der Drang nach Ruhe und Geborgenheit, sondern auch der Wunsch nach individueller Lebensgestaltung ist die Triebkraft. Das ist ein Teil der 1990 errungenen Freiheit.

Auch Wohneigentum wird immer begehrter. Denn Eigentümer verfügen im Durchschnitt nicht nur über größere und besser ausgestattete Wohnungen als Mieter, sondern genießen auch eher die Freiheit, die vier Wände nach Geschmack und eigenem Gutdünken zu gestalten. Hinzu kommt das Gefühl der Sicherheit; Schutz vor Kündigung, Mietfreiheit im Alter und die Möglichkeit, den Kindern manche Sorge abzunehmen. Damit sind wichtige Faktoren für soziales Wohlbefinden gegeben. Allerdings ist der Anteil an Wohneigentum in Ostdeutschland nicht so hoch wie in Westdeutschland und insgesamt auf dem Lande mehr verbreitet als in den Städten, insbesondere den Großstädten. Die vor allem bei der älteren Bevölkerung verbreitete Tendenz, aus der Stadt in die peripheren Räume umzuziehen, ist ursächlich sowohl familiär als auch außerfamiliär begründet. So spielen nicht nur die Preise für Wohneigentum eine Rolle, sondern auch die Sehnsucht nach Natur und Ruhe. Wesentliches Motiv ist der Wunsch, mehr für die eigene Gesundheit zu tun.

Naturbezogenheit und gesundheitsbewusstes Handeln spielen beim Erwerb von Wohneigentum bei Jüngeren ebenfalls eine wichtige Rolle. Die Kinder sollen in einer sicheren und gesunden Umgebung aufwachsen.

Zäsuren in der Lebensplanung oder der beruflichen Karriere werden gemildert durch einen Lebensmittelpunkt, der Geborgenheit und Sicherheit gibt. Das können familiäre Beziehungen sein, aber auch die eigenen vier Wände.

Die Psyche des Menschen, d. h. das seelisch-geistige Leben in seiner Gesamtheit, ist abhängig von der sozialen und dinglichen Umwelt. Die Heilung von körperlichen oder seelischen Störungen kann nicht losgelöst von der Umwelt mit ihren ständig sich verändernden Einflüssen und subjektiven Wahrnehmungen betrachtet werden. Psychosomatische Medizin ist eine Betrachtungsweise des Menschen und seiner Krankheiten, in der psychische und soziale Faktoren der Krankheitsentstehung und des Krankheitsverlaufs immer gleichberechtigt mit den organischen Faktoren berücksichtigt werden.

Das bedeutet hinsichtlich des Wohnumfeldes, dass zum Beispiel besonders harte berufliche Belastung mit ungünstigen Rahmenbedingungen im Arbeitsumfeld psychosomatische Krankheitsbilder hervorrufen kann, wenn die Möglichkeit fehlt, in ein gesichertes und stressfreien Umfeld auszuweichen.

Ein Arzt, der bei der Erkrankung eines Patienten bei den diagnostischen Untersuchungen – und dazu gehört die Erhebung der Anamnese (Krankheitsgeschichte) –, nicht auch das soziale Umfeld, wie Arbeitsplatz und Arbeitsumfeld, Familie, Lebensgewohnheiten einschließlich Wohnsituation berücksichtigt, wird bei der Therapie wenig Erfolg haben. Manche organische Störungen können ursächlich durch diese Faktoren verursacht sein, jedenfalls wesentlichen Einfluss haben.

Die Möglichkeit, sich in seine eigenen vier Wände zurückziehen zu können, dort nach eigenem Ermessen sein Leben und sein Umfeld gestalten zu können, gehört mit zur Therapie.

Als der englische Jurist und Politiker *Sir Edward Coke* (1552-1634) den Spruch prägte „my home ist my castle", rechtfertigte er im Rahmen der Interpretation von alten englischen Gesetzen und Gerichtsbeschlüssen, seinen Besitz gegen Diebe, Räuber und Angreifer auch notfalls mit Waffengewalt zu verteidigen.

Im Deutschen wird heute damit zum Ausdruck gebracht, dass, was in den eigenen vier Wänden geschieht, niemanden etwas angeht. Die Privatsphäre ist ein Schutz-raum.

Literatur

Born, K.M./Goltz, E./Saupe, G. (2003), Untersuchungen von Wanderungsmotiven lebens-älterer Personen, die ihren neuen Wohnort in ländlichen Gebieten des äußeren Entwicklungs-raumes gewählt haben, Projektbericht FU–Berlin

Bulmahn, T., Zur Entwicklung der Lebensqualität im vereinten Deutschland, Aus Politik und Zeitgeschichte, Bd. 40, 2000

Heydemann, G., Gesellschaft und Alltag in der DDR, Informationen zur politischen Bildung, H. 20

Jurczek, P./Koppen, B., Aufbau oder Abriss Ost? KAS – Zukunftsforum Politik, H. 63, 2000

Klocke, A., Sozialberichterstattung mit Umfragedaten, Abschlußbericht der Seminargruppe im SS 2002, Fachhochschule Frankfurt a. Main

Kurz, K. (1998), Soziale Ungleichheit beim Erwerb von Wohneigentum, Informationsdienste soziale Indikatoren 20, S. 5–9

Ministerium f. Ges. u. Soz. Sachsen-Anhalt, Pressemitteilung Nr. 130/03

Widersprüche der Freiheit

Joachim Fest

Die Freiheit ist zwar viel ersehnt, gefeiert und besungen worden, doch dem genaueren Blick hat sie stets ein Doppelgesicht offenbart. Dessen Zweideutigkeiten lassen sich nicht auf die Jubelzeile einer Gedenktagshymne verkürzen. Wo immer sie erobert wurde, zerriss sie ältere Herrschaftsfesseln, unterminierte aber auch vertraute Lebensformen, so dass das Verlangen nach Freiheit in wachsenden Gegensatz zum Bedürfnis nach Sicherheit geriet. Die halbreligiösen, auf Ideologie und Führertum gestützten Zwangsregime des 20. Jahrhunderts waren nicht zuletzt Versuche, diesen Widerspruch aufzulösen. Ihr Versprechen ging dahin, dem unversehens auf sich selbst verwiesenen Einzelnen durch eine mobilisierende Zukunftsidee Ziel und Glaubensgrund zurückzugeben. Darüber hinaus sollte er auch Bindungen sowie Motive für das zusehends ins Leere laufende Verlangen nach uneigennützigem Tun erhalten und mit alledem das verlorene Gefühl wieder finden, aufgehoben zu sein in einer bergenden Gemeinschaft. Vermutlich hat den totalitären Ordnungen zu dem Massenanhang, den sie fanden, kaum etwas so wie die Tatsache verholfen, dass die Menschen sich nicht mehr jener Freiheit überlassen fühlten, die sie nach pathetischem Gewinn vor allem als Verlust an Daseinssicherheit erlebten. Stattdessen verlangten sie Freiheit und soziale Sicherheit zugleich und wollten sich keine Rechenschaft darüber geben, dass das eine nur auf Kosten des anderen zu haben ist.

So verkümmerte der Freiheitsgedanke zusehends zu einem parasitären Anspruch auf immer neue Daseinserleichterungen. Die Gegenwart hat diesen Wandel auf je verschiedene Weise in den meisten entwickelten Staatsgebilden kennen gelernt. Irgendeine noch so geringe Gegenleistung für das Freiheitsrecht wird von der überwiegenden Menge verweigert, jede Balance im Verhältnis zwischen Bürger und Staat verzerrt.

Das vorherrschende Verständnis sieht den Staat als umfassende, für alle Daseinssorgen zuständige Alimentenagentur. Zu den erfolgversprechenden Voraussetzungen einer politischen Karriere gehört inzwischen die Fähigkeit, Nöte zu erfinden, und kein Widerspruch kommt dagegen an. Nach den Worten eines lang gedienten Bundestagsabgeordneten gibt es in seinem Wahlkreis Großfamilien mit an die dreißig Personen, von deren Mitgliedern nicht ein einziges, nun bereits in der dritten Generation, von anderen Einkünften als der Sozialkasse gelebt hat.

Und wo die vermeintlich bestehenden Nöte von den Neokarrieristen nicht aus dem Blauen manipulierter Statistiken erdacht werden, gibt es mancherlei Hilfestellungen. Niemand leugnet, dass in der reichen Gesellschaft dieses Landes arme oder zumindest bedürftige Gruppen anzutreffen sind. Aber was trieb die Gewerkschaften, eine umfangreiche Schrift zu veröffentlichen, die den Leser auf manche undichten Stellen der Sozialgesetze verweist mitsamt den ungezählten Tricks, auf Kosten der öffentlichen Kassen zu leben? Und was veranlasste einen führenden Sozialpolitiker der SPD zu der Aufforderung, die ureigensten Lebensfragen des Einzelnen auf den Staat zu übertragen und das Gemeinwesen allen Ernstes für, wie es wörtlich heißt, „Arbeit, Wohnen, Freizeit, Lieben, Leben und Sterben" zuständig zu machen? Dergleichen kommt der schrittweisen, wenn auch vom Mantel der Fürsorge verdeckten Entmündigung des Einzelnen nahe und schmälert die Bürgerrechte.

Die Fehlentwicklungen, die diese Politik im Gefolge hat, werden nach vielen Jahren der im Leeren verhallenden Warnrufe endlich öffentlich erörtert. Doch sind es überwiegend finanzielle Erwägungen, die den Anstoß bewirken. Die weit größere Gefahr besteht darin, dass die Gabentische, die an jeder Straßenecke aufgebaut sind, das Menschenbild ruinieren, auf das eine freiheitliche Gesellschaft so sehr angewiesen ist, dass dessen Ende geradezu unweigerlich auch deren Einsturz nach sich zieht. Aber solche Einwände bewirken nichts, zumal die politische Algebra Rechenergebnisse unter dem Gesichtspunkt der Zumutbarkeit betrachtet. Den Wahlbürgern ist schlechterdings nichts zumutbar, dem Staat und den nachfolgenden Generationen dagegen alles. Als gelernter Almosenempfänger ist der Einzelne längst dazu übergegangen, die Politik als Konsument anzusehen und sie gleichsam von der Marktbude oder gar von der Loge aus nach ihrem Unterhaltungswert zu beurteilen. Das ist das Gemeinwesen, dessen Wortführer landauf, landab zugleich die Politikverdrossenheit beklagen.

Kurzum: Die Gefährdungen des freiheitlichen Gemeinwesens kommen derzeit weniger, wie in vielen Jahrzehnten zuvor, aus den viel verheißenden Kartenhäusern der Utopie, die ihre wortmächtigen Anpreiser hatten und den Menschen eine Welt des Glücks, des Friedens und des Lebenssinns versprachen. Stattdessen erwachsen die Bedrängnisse, seit der äußere Feind fehlt, aus diesen Gesellschaften selbst, aus der Tendenz zur Überdehnung der Freiheit im Namen der Freiheit.

Dazu gehört der immer unverhohlener bekannte Abbau der Werte, die in nahezu jeder Unterhaltungssendung des Fernsehens dem Hohn des Publikums preisgegeben werden; ferner die Verwirrung der Begriffe, die Dauergereiztheit vieler tonangebender Intellektueller gegen die stets unvollkommene Wirklichkeit im Namen irgendwelcher Bilderbuchwahrheiten und anderes mehr, was längst die Erfahrung jeden Tages ist. Weil alle Normalität am Ende zur Langeweile führt, kann die Gegnerschaft zu geordneten Verhältnissen auch aus der Lust an der Destabilisierung kommen, aus Überdruss am Alltäglichen, Hass auf das Bestehende und anderen absurd erscheinenden Motiven. In dem seit der Aufklärung vorherrschenden Menschenbild haben derartige oder verwandte Tendenzen keinen Platz. Tatsächlich aber besitzen sie stärkere Macht über die Köpfe und die Herzen, als viele sich träumen lassen. Im gern verheimlichten Doppelgesicht der Freiheit zählen solche Neigungen zu den markantesten Zügen.

In alledem liegt, wie die historische Erfahrung lehrt, die verwundbare Flanke der offenen Gesellschaften. In den zwanzig Jahren der so genannten Zwischenkriegsphase von 1919 bis 1939 gingen in sämtlichen Staaten Ost- und Mitteleuropas sowie in zahlreichen Ländern Südeuropas die freiheitlich organisierten Ordnungen unter, und 1933 in Deutschland auch. Natürlich waren die Ursachen dieser Abkehr verschiedenartig und hatten weniger mit dem Widerwillen gegen die Bequemlichkeiten des gesicherten Daseins zu tun als mit dem Verlangen nach dem Absoluten, nach Abenteuer und Größe, Entscheidung und Extrem. Auch nach charismatischen Führungsfiguren, wie sie stets zu den großen Versuchungen transitorischer Zustände zählen, wenn die gewohnten Lebensformen zerbrechen und neue sich noch nicht gebildet haben.

Alexis de Tocqueville, der im frühen 19. Jahrhundert als der erste kritische Beobachter demokratischer Gesellschaften gilt, hat zu den unerlässlichen Bedingungen dieser Ordnungen gezählt, dass die Menschen jederzeit an die Gefährdungen der Zukunft denken und angesichts ihrer Ungewissheiten stets auf der Hut sind. Und der polnische Politiker *Bronislaw Geremek* hat in den Jahren der großen Wende, als Polen sich auf das Wagnis einer freiheitlichen Ordnung einließ, bemerkt, dass die offenen Systeme, und schienen sie noch so gefestigt, immer gefährdet sind. Sie seien geradezu Musterfall eines schwachen Regimes, das sich kaum verteidigen kann, ohne die eigenen Grundsätze in Not zu bringen. Man kann noch einen Schritt weitergehen und einiges an der Erwägung finden, dass diese Ordnungen ein Experiment gegen die Gewissheit sind, kurze Entr'actes in der Tragikomödie der Welt, ehe die alten bösen Hymnen wieder angestimmt und von Millionen aufgerissenen Mundes mitgesungen werden.

Denn zuletzt gründen die freiheitlichen Ordnungen auf einer Reihe von Voraussetzungen, die streng genommen gegen die menschliche Natur gerichtet sind. Man hat verschiedentlich vermerkt, dass ihr Gebrechen vor allem in der Tatsache liegt, dass sie die Voraussetzungen nicht schaffen können, denen sie ihre Existenz verdanken. Aber das ist nur ihre erkennbare Schwäche. Weit größere Mühe macht das Eingeständnis, dass sie auf einem System der Instinktverleugnungen und Selbstverbote beruhen wie Duldung und sogar Privilegierung von Minderheiten, dem verfassungsmäßig gesicherten Recht der Schwächeren, auch des Fremden und Nichtzugehörigen. Nichts von alledem ist dem Menschen eingeboren, und so bedarf es einiger Erziehungsmühe, es ihn zu lehren. Und hinzu kommen die zahlreichen Anstrengungen, die weder von den Gesetzen noch von den Umständen erzwungen sind, sondern der allezeit unterlegenen Stimme der Einsicht in das Richtige, das Erlaubte oder menschlich Gebotene folgen.

Die Regimes, von denen die Rede ist, bieten für diese Anforderungen kaum Rechtfertigung, die über die freie und geordnete Alltäglichkeit hinausreichen. Sie halten keine Verheißungen mit grandiosem Weltenprospekt parat und nicht einmal eine für alle verbindliche Wahrheit. Wie man am besten zur Seligkeit gelange, überlassen sie der „Fasson" jedes Einzelnen. Das einzige Versprechen der offenen Gesellschaften ist die prekäre, immer von Mühsal und Selbstverleugnung begleitete Aussicht auf ein halbwegs auskömmliches Zusammenleben von Menschen mit Menschen.

In diesem gewöhnlichen Wesen liegt aber das eigentümliche Pathos der Idee einer freien Ordnung. Angesichts ihrer fast widernatürlichen anmutenden Anforderungen schien nichts in der Geschichte des Menschen unwahrscheinlicher als das Dergleichen je zustande käme. Und doch war es so, dass die freiheitlichen Systeme, die aus schwierigen Anfängen entstanden, sich im Fortgang der Zeiten wieder und wieder ihrer äußeren Feinde erwehrten und sogar die vielfältigen Bedrohungen aus ihrer Mitte überwanden. Das ist zwar eine schwache Gewissheit für die Zukunft. Aber sie gewährt dem, der sich keine bessere Ordnung des Zusammenlebens vorstellen kann und will, immerhin ein ausreichendes Maß an skeptischer Zuversicht.

Das Haus, das ich schon immer bauen wollte

Ingeborg Flagge

1.

Die Antwort auf die Frage nach meinem Lieblingshaus muss ich negativ beantworten. Ich habe keines. Jedenfalls keines, das irgendwo steht und das man besichtigen kann. Das Haus, das ich schon immer bauen wollte, ist immer das nächste schöne Haus, das mir begegnet, in Spanien, in Dänemark, in Irland, nächste Woche, in einem Jahr. Es gibt Begegnungen mit Häusern, die mich atemlos machen und hinreißen, die mich immer wieder neu für Architektur begeistern. Aber ich weiß inzwischen auch, dass mein Enthusiasmus und meine Freude an guten Bauten immer wieder neu aktiviert werden können. Das Haus, das ich schon immer bauen wollte, wird vermutlich nie fertig werden. Denn es ist ein Traum von einem Raum, der immer wieder anders und immer wieder neu ist. Und ich hoffe, dass dieser Traum nie aufhört.

Der Traum von einem Haus ist spannender als das reale Haus. Der Traum birgt Möglichkeiten und Geheimnisse, die die Wirklichkeit nicht kennt. Deswegen liebe ich vermutlich auch den norwegischen Architekten *Sverre Fehn* so, der um die Magie der Phantasie beim Bauen weiß und sie fördert, wo er kann. Er erzählt vom Bau eines seiner schönen Einfamilienhäuser, der Villa Busk, deren Bauherren, ein Ehepaar, er einmal in der Woche sah, um mit ihnen den Baufortschritt zu besprechen. Bei diesen Treffen hatte er immer auch einen separaten Termin mit der fünfjährigen Tochter. Mit ihr besprach und diskutierte er ein unsichtbares Zimmer, von dem die Eltern nichts wussten. Es war ein Geheimnis zwischen *Sverre Fehn* und ihr. Und als das Haus der Eltern fertig war, war auch das verborgene Zimmer der Tochter fertig, ein Raum der Phantasie und des Zaubers, ein Luftschloss, das dann verschwand. Aber es hatte den geheimnisvollen Raum gegeben, und nur das war wichtig und war das Glück des Kindes.

Was für ein wundervolles Vertrauensverhältnis dieses kleine Mädchen zu dem Architekten und zur Architektur allgemein durch dieses Erlebnis aufgebaut hat, lässt sich nur vermuten.

Ganz anderes meint *Bertold Brecht* in den Eingangszeilen zu seinem Gedicht „Über die Bauart langandauernder Werke":

> „Wie lange
> Dauern die Werke? So lange
> Als bis sie fertig sind.
> So lange sie nämlich Mühe machen,
> Verfallen sie nicht …
> Die zur Vollständigkeit bestimmten
> Weisen Lücken auf
> Die langandauernden
> Sind ständig am Einfallen
> Die wirklich groß geplanten
> Sind unfertig …"

Am fertigen Bau hängt das Herz nicht, vorausgesetzt man hat eine andere Bleibe. An der gebauten Realität dockt die Phantasie selten an. Der unfertige Bau dagegen macht Mühe, und Mühe beschäftigt einen, fordert heraus, provoziert die weitere Arbeit daran. In der Anregung der Phantasie und im Spannungsreichtum der Reaktionen trifft sich der unfertige Bau *Brechts* mit dem geheimen Zimmer *Sverre Fehns*.

2.

Das Haus, das ich schon immer bauen wollte, vereinigt die Besonderheiten und die Reize aller schönen Häuser, die ich je gesehen und besucht habe, in sich. Es ist das Idealhaus, von dem *Kurt Tucholski* in seinem Gedicht „Das Ideal" sagt:

> „Ja, das möchste:
> Eine Villa im Grünen mit grosser Terrasse,
> vorn die Ostsee, hinten die Friedrichstrasse,
> mit schöner Aussicht, ländlich mondän,
> vom Badezimmer ist die Zugspitze zu sehn,
> abends zum Kino hast dus nicht weit.
> Das Ganze schlicht, voller Bescheidenheit:
> Neun Zimmer,– nein, doch lieber zehn!
> Ein Dachgarten, wo die Eichen drauf stehn,
> Radio Zentralheizung, Vakuum,
> eine Dienerschaft, gut gezogen und stumm,
> eine süsse Frau voller Rasse und Verve –
> (und eine fürs Wochenende, zur Reserve) –,
> eine Bibliothek und drumherum
> Einsamkeit und Hummelgebrumm."

Kein anderer Text nennt so treffend die widersprüchlichen Anforderungen an das eigene Wohnen, die der Mensch hat. Ich mache da keine Ausnahme. In der Tat fände ich es schon schwierig zu entscheiden, wo ich dieses Traumhaus bauen sollte – in der Einsamkeit des Waldes, an einem steilen Felsen über glitzerndem Wasser, auf einer Obstwiese auf dem flachen Lande, mitten in Hamburg an der Binnenalster, im dunklen Norden oder im heißen Süden. Je nach Stimmung ist das eine so gut und so passend wie das andere. Warum aber den Wachträumen durch eine konkrete Entscheidung ein Ende bereiten?

3.

Die Häuser, die ich seit langem liebe und bewundere und die ich schon immer bauen wollte, haben eines gemeinsam. Sie sind einfach und reduziert, Form, Material und Raum bilden eine Einheit. Es sind minimalistische Häuser, weitgehend frei von ornamentalem Beiwerk. Klarheit und Strenge zeichnen sie aus, alles Überflüssige ist weggelassen. Die Architektur der frühen Romanik ist so, die kubischen und weißen Bauten der griechischen Kykladen zeigen diese Merkmale. Japanische Zengärten folgen solcher spartanischen Gestaltung. Zugegeben, die meisten Menschen können mit der kühlen Eleganz einer minimalistischen Architektur nichts anfangen. Sie fühlen ihre Phantasie durch sie nicht herausgefordert, sie langweilen sich mit und in ihr.

Für mich ist solche Architektur wesentlich, was nach *Aristoteles* „das ist, wodurch ein Ding ist, was es ist." Für mich ist die Idee der Sparsamkeit eines Hauses herausfordernder als ein überladener Bau und die schlichte Ästhetik eines einfachen Hauses faszinierender als jede erdrückende Fülle. Die häufig abstrakte Schönheit reduzierter Gestaltung lässt mir mehr Luft zum Atmen als barocke Überladenheit, sei sie noch so kunstvoll. Minimalistische Architektur beruhigt mich und lässt mich still werden, was der Architekt *Claudio Silvestrin* als untrügliches Merkmal qualitätvollen Bauens definiert.

Solche Architektur ist nicht um jeden Preis auf Neues aus, sie will nicht der letzte Schrei sein, sie ist in gewisser Weise zeitlos, auch wenn das eine abgenutzte Vokabel ist. Es ist eine Architektur, die nicht nur aus der Schönheit des reduzierten Raumes lebt, sondern auch aus der Begrenzung ihrer Materialien und einfachen Details. Ich kann in solchen Räumen atmen und leben, andere können es nicht. Für mich ist die einfache Klosterzelle und die sparsame Eleganz der Shaker-Möbel eine größere Herausforderung als prachtvolle Objekte und Ambientes. Viele Menschen aber nennen das, was ich schön finde und was mir gut tut, kalt und abweisend. Architektur als dritte Haut des Menschen ist mir im einfachen Gewande à la *Jil Sander* dennoch lieber als in den verrückten Kreationen à la *Vivienne Westwood*.

4.

Das Haus, das ich schon immer bauen und haben wollte, gibt es in zahlreichen Beispielen. Eines der mir liebsten ist der Barcelona Pavillon von *Mies van der Rohe*, den er 1929 fertig stellte. Die Begegnung mit ihm war für mich, die Archäologin, geradezu ein Schlüsselerlebnis. Die radikale Form dieses offenen, asymmetrischen Raumes verschlug mir den Atem, als ich ihn das erste Mal sah. Hier war ein Haus, das sich durch geschickt gestellte Scheiben aus dem großen Raum seinen Bau-Raum herausschnitt und dennoch Teil des Ganzen blieb. Ein einfacher, äußerst präziser Bau in einer geradezu abstrakten Komposition aus horizontalen und vertikalen Linien. Der Grundriss des Pavillons liest sich als räumliches Kontinuum und als integrierter Teil der Gesamtplanung. Edle Materialien, eine extrem reduzierte Formgebung und eine geradezu suggestive Leere füllen den Raum. *Robert Wilson* schreibt dazu: „Der Raum ist nie leer. Die Leere gibt es nicht … sie ist vielmehr unendliche Freiheit". Ich hatte dergleichen offenen Raum vorher nie gesehen. Allerdings ist es mir bei aller Bewunderung nie gelungen, den Barcelona Pavillon in Gedanken für meine Wohnbedürfnisse so einzurichten und umzubauen, dass ich dort alle meine Bücher und meine Bilder unterbringen konnte. Auch eine Küche und ein Gästeraum hätten mich wohl auf Konfrontationskurs mit dem Denkmalschutz gebracht. Nun muss ich zugeben, dass der Barcelona Pavillon nicht zum Wohnen bestimmt war; insofern ist es unfair, ihm Zweckmäßigkeit abzuverlangen.

Der Pavillon ist minimalistische Architektur pur. Er versammelt die Quintessenz des Denkens und Bauens von *Mies van der Rohe* in dessen Wahlspruch: „Weniger ist mehr." Gewiss ist dieser Satz einer der missverstandensten und missinterpretiertesten der Baugeschichte, aber ebenso unzweifelhaft ist *Mies* einer der größten Architekten überhaupt. An seiner Architektur aus Haut und Knochen gibt es „nicht ein Detail, das überflüssig, nicht eines, das nebensächlich wäre" (*Manfred Sack*). *Mies* verstand seinen Wahlspruch als moralische Verpflichtung, so als habe der liebe Gott ihm höchstpersönlich empfohlen, so und nicht anders zu bauen." Ich arbeite so hart, um herauszufinden, was ich tun muss, nicht was ich tun möchte." *Mies* ging es in seinen Bauten nicht um persönliche Vorlieben, sondern um eine allgemeine Wahrheit. Umso schlimmer für ihn und die elegante Kargheit seiner Architektur, dass in seiner Nachfolge „weniger ist mehr" durch eine große Zahl von untalentierten Nachahmern zum Rezept eines billigen rationellen Bauens verkam und die Architektur weltweit in die Negativschlagzeilen brachte.

5.

Wer minimalistische Architektur liebt, ist meist auch ein Anhänger der Farbe Weiß im Bauen. Das hat mit ihrer Abstraktheit zu tun und damit, dass sie den idealen Hintergrund für ein sparsames Wohnen bildet, in dem jedes Detail und jedes Material wie ein Bild wirkt.

Man darf dies allerdings nicht zum Dogma machen, denn Weiß kommt auch häufig bleich und gräulich daher und erscheint in der Tat oft hart und abweisend. Dennoch sind die meisten Häuser, die ich schon immer bauen wollte, weiß; weiß im Sinne des amerikanischen Architekten *Richard Meier*, der einmal sagte: „Für mich ist Weiß die Farbe, die das natürliche Licht am besten reflektiert … Die Weißheit von Weiß ist ja niemals nur weiß … Weiß wird durch das Licht permanent verändert …Weiß behält seine Absolutheit …Und vor einer weißen Oberfläche lässt sich das Spiel von Licht und Schatten, von Flächen und Einschnitten, am besten verstehen …"

Ich liebe die weiße Architektur *Richard Meiers*. Bei der Arbeit an einem Buch über ihn lernte ich das Haus Smith in Connecticut und das Haus Douglas in Michigan kennen und war von beiden begeistert. Beide gehören zu den außergewöhnlichsten Häusern, die ich je gesehen habe. Beide könnte man als Lieblingsbauten bezeichnen. Beide sind lichthungrige Häuser, beide leben aus der Konfrontation der dramatischen Landschaft, in der sie stehen, mit der weißen Perfektion der Architektur. Beide Bauten sind typische *Meier*-Gebäude. Hohe verglaste Wohnräume bilden ihre Mitte; sie öffnen sich zu der Umgebung und holen die großartige Natur ins Innere. Offene Galerien umgeben diese Zentren und gestatten Ausblicke wie von hohen weißen Schiffen. Die beiden Wohnbauten sind transparente Gebilde, die aus der Verknüpfung und Durchdringung von Kuben, geschlossenen Wandscheiben und Rahmen leben. Zauberisch das virtuose Spiel des Lichtes im Inneren und auf der weißen Außenhaut dieser Häuser. Die komplexe Schönheit dieser fast schwerelosen Architekturen verbindet poetische Präsens mit kühler Eleganz.

Richard Meiers Häuser sind reine Gefäße des Lichtes. Sie verändern sich ständig im, mit und durch das Licht. Das Licht der Jahreszeiten spielt in das Innere der Häuser hinein, das rötliche Licht der Herbstsonne färbt die Räume und malt sie warm aus. Das kühle weiße Licht des Frühjahrs erhöht ihre Weißheit.

Wo Licht ist, ist bekanntlich auch Schatten, sein dunkler Bruder. *Richard Meier* arbeitet mit exakten Schatten, die er durch die Elemente seiner Architektur schickt, durch Arkaden, durch Rahmen, durch offene Kuben, damit sich der Schattenfall als Linien, als Gitter, als Netze, als Umrisse auf Böden und Wände legt. Das Licht und die Schlagschatten bespielen die blendendweißen Häuser *Meiers* wie Leinwände und wandeln die konstruktiven Strukturen in bildhafte Muster um. Das Licht in seinen Häusern ist nicht milde, sondern direkt und hart, es sickert oder fließt nicht von außen nach innen, sondern stürzt überfallartig in seine Räume.

Ein atemberaubendes Schauspiel, das man so leicht nicht vergisst.

6.

„Der Architekt ist zuerst und zuletzt immer ein Poet, der Baustoffe verwendet wie der Maler Farben und der Musiker Töne." Diese Worte des amerikanischen Architekten *Louis Sullivan* beschreiben eine Einschätzung, die für alle Architekten gelten sollte, der aber nur wenige entsprechen. Mit einer derjenigen, für den das ohne

Abstriche Gültigkeit besitzt, ist *Luis Barragan*, einer der besten Baumeister und gleichzeitig bis heute einer der unbekanntesten. Das Haus, das ich schon immer bauen wollte, begegnete mir an dem Wochenende, an dem mir der mexikanische Architekt seine Bauten zeigte, mehrfach. Allerdings hatte ich bis dahin nicht gewusst, dass es solche Architektur gab.

Wir lernten uns zufällig kennen, als ich Mitte der 70iger Jahre auf den Spuren alter und neuer Architektur mit einer Gruppe in Mexiko unterwegs war. Ich war der Gruppe müde, im Hotel zurückgeblieben und studierte bei einem Kaffee in der Lobby in mehreren Führern, was ich mir allein anschauen wollte. Dabei sprach mich ein distinguierter Herr vom Nebentisch an. In unserem Gespräch über mexikanische Architektur fragte er mich, ob ich die Bauten von *Luis Barragan* kannte. Ich hatte nie von ihm gehört, gab dies offen zu und er bot an, mir einige von dessen Häusern zu zeigen. Es war der Auftakt zu dem aufregendsten Architekturerlebnis meines Lebens. Erst am Spätnachmittag beim Tee begriff ich, dass mich *Barragan* selbst geführt hatte. Als er sich mir am Morgen vorgestellt hatte, hatte ich ihn für irgendeinen Architekten gehalten und seinen Namen nicht richtig verstanden.

Mexiko, soviel wusste ich zu Beginn unserer Rundfahrt, die noch den nächsten Tag dauerte, ist ein wildes Land, in dem Gegensätze hart aufeinander treffen. Nuancen und Abstufungen sind selten. Literatur, Musik, Kunst und Architektur spiegeln starke Emotionen wider, unergründliche Traurigkeit und überschwängliche Fröhlichkeit. Krieg und Frieden wohnen so eng beieinander wie eine unbarmherzige Sonne und dunkler Schatten. *Luis Barragans* Häuser reflektieren diese Eigenart. Nie zuvor sind mir Bauten von so bestürzender Schönheit und von so fremdartigem Reiz begegnet.

Barragan ist Landschaftsarchitekt, kein Hochbauarchitekt. Insofern sind seine Häuser, auch die kleinsten, vor allem aber die ländlichen Villenkomplexe, die er für Pferdeenthusiasten gebaut hat, gebaute Landschaften, die abstrakten Bildern gleichen. Wer diese späten Gärten und Höfe betritt, fühlt sich wie an Fabelorten, wie in Regionen metaphysischer Träume, in denen alles möglich ist. In den surrealen Inszenierungen aus kubischen Häusern, Wänden, Toren, Wasser, Natur und Licht scheinen Ort und Zeit aufgehoben wie in den Bildern des Surrealisten *Magritte*. Die dreidimensionalen Massen seiner Bauten wirken wie abstrakte Flächen. Mauern sind Rahmen und Paravents, Durchblicke schaffen Tiefe, Raumfolgen in starken Proportionen erschließen sich wie bei einem Bühnenbild, das zunehmend an Tiefe gewinnt, je länger man es betrachtet.

Was in *Barragans* Architektur einerseits asketisch und mönchisch-streng wirkt, ist andererseits reich in der Einfachheit der immer neuen Interaktionen aus Masse und Leere. Barragans Häuser sind abstrakte Kompositionen voller Stille und Strenge, kinetisch bewegt durch Himmel, Sonne , Farben und immer wieder Wasser – Wasser als Spiegel, als rauschender Wasserfall, als ruhiges Aquädukt, als ungestümer Bach, als stiller Tümpel, als Brunnen, dessen Geplätscher die brütende Mittagshitze unterbricht. Die Magie dieser fremdartigen gebauten Landschaften, in denen das Pferd wie eine Gottheit lebt, ist beunruhigend.

Es sind Orte geschaffen aus einem absoluten Schönheitssinn. Nichts ist zufällig, alles ist komponiert. Dunkelschwarze Materialien kontrastieren zu hellen weißen Wänden. Raue Flächen gesellen sich zu polierten, gewachsener Fels steht neben geschliffenem Stein. Amorphe Formen liegen in flachen durchsichtigen Wasserbecken, deren glitzernde Oberfläche der Wind kräuselt. Und die Farben! Unter der harten Sonne Mexikos behaupten sich nur grelle Farben. Aber sie ermüden rasch und dörren aus. *Barragans* Farben, die alle scheinbar unversöhnlich scheinen, sind Rosa, Zitrone, Koralle, Ocker, Violett in den unterschiedlichsten Stadien des Verbleichens. Sie stehen nebeneinander und ergänzen sich auf das Beste. Eine Farbleidenschaft in der Architektur und ihre Beherrschung, wie ich sie bis dahin nicht erlebt hatte.

7.

Es ist schwer, über *Barragan* zu schreiben und nicht übertrieben zu wirken. Doch die enthusiastischen Zeilen halten jeder Überprüfung stand. Deswegen zum Schluss ein letztes Haus, das ich schon immer bauen wollte, das ich aber niemals bauen werde, weil es erstens schon viele Häuser dieser Art gibt und ich zweitens nie nostalgisch und retroperspektivisch bauen würde. Es gibt diesen kleinen Bau in zahlreichen Ausführungen, immer in Holz, anmutig-einfach, manchmal ein wenig verziert. Diese Holzhäuser sind immer weiß, zweigeschossig, mit umlaufenden Balkonen. Man findet solche Bauten in Key West, Miami, aber auch in Schweden und Dänemark. Sie sind um 1900 oder vorher entstanden und stehen am Strand, auf dem Lande oder in der Stadt. Ihre Architektur atmet Bescheidenheit, Ruhe und Idylle. Wenn sie in Filmen mitspielen, wehen immer lange weißeVorhänge, die bis auf den Boden reichen, sacht im Wind. Vermutlich sind diese schlichten Häuser einfacher zu bewohnen als *Barragans* noble und einsame Bauten.

8.

„Der Bau von Luftschlössern kostet nichts. Aber ihre Zerstörung ist sehr teuer" so *Francois Mauriac*.

Hartnäckige Villenbesitzer?
Über reale und fiktive Häuser deutscher Dichter

Wolfgang Frühwald

Das Jahr 1806 war ein Katastrophenjahr im Leben *Goethes*. Schon im Vorjahr hatten ihn die chronisch gewordenen Nierenkoliken so gequält, dass er selbst die geplante Totenfeier für den Freund *Friedrich Schiller*, der am 9. Mai 1805 in Weimar gestorben war, hatte absagen müssen. Jetzt im Januar und Februar 1806 kam das Übel erneut und verstärkt zurück. „Wenn mir doch der liebe Gott eine von den gesunden Nieren der Russen schenken wollte, die zu Austerlitz gefallen sind", soll er zu *Heinrich Voß* damals gesagt haben. In der Dreikaiserschlacht bei Austerlitz hatte *Napoleon*, am ersten Jahrestag seiner Kaiserkrönung, am 2. Dezember 1805, bekanntlich einen glänzenden (also blutigen) Sieg über die verbündeten österreichischen und russischen Truppen errungen. Doch sein schwarzer Humor half *Goethe* nichts. Die Koliken kehrten alle drei oder vier Wochen wieder. Bilsenkraut, ein Halluzinationen erregendes Betäubungsmittel, als Zutat zur Hexensalbe bekannt, nahm er nun statt Opium. Kutsche und Pferd schaffte er ab, um durch Bewegung des Übels Herr zu werden. Im März 1806 aber soll er unter einem der Schmerzanfälle so geschrien haben, „daß ihn die Wachen am Tor hören konnten". Erst beim Kuraufenthalt in Karlsbad von Juni bis August 1806 ließen die Anfälle nach.

Doch nun zogen sich Kriegswolken am Horizont zusammen. Die Friedenszeit nahm auch für das hinter der lange Zeit haltbaren Demarkationslinie liegende, nördliche Deutschland ein Ende. Preußen (damit auch das mit ihm verbündete Herzogtum Sachsen-Weimar) trat gegen *Napoleon* an. Jena soll *Goethe* damals mehrfach im Traum brennend gesehen haben und ist deshalb rechtzeitig vor der für die Preußen verlorenen Doppelschlacht von Jena und Auerstedt in sein Haus nach Weimar zurückgekehrt. „Früh Kanonade bei Jena", heißt es in *Goethes* Tagebuch am schicksalsträchtigen 14. Oktober 1806, „darauf Schlacht bei Kötschau, Deroute der Preußen. Abends um 5 Uhr flogen die Kanonenkugeln durch die Dächer. Um ½ 6 Uhr Einzug der Chasseurs. 7 Uhr Brand, Plünderung, schreckliche Nacht. Erhaltung unseres Hauses durch Standhaftigkeit und Glück." Was in dieser kurzen Notiz einer den Marodeuren gehörenden Nacht nicht steht: der vor Schreck starre, von den Plünderern an Leib und Leben bedrohte *Goethe* wurde nur durch das beherzte Eingreifen von *Christiane Vulpius*, die sich vor ihn geworfen hatte, gerettet. Sie wußte, was Plünderer wollten, drückte ihnen Geld und einige in der Eile zusammengeraffte silberne Leuchter in die Hand und drängte sie aus dem Haus. Am 19. Oktober hat *Goethe Christiane Vulpius* (nach achtzehnjähriger „Gewissensehe") geheiratet. Die Stadt war angefüllt mit Verwundeten und Sterbenden. Die Hofkirche, in deren Sakristei sich *Goethe* mit Christiane, die offiziell als seine Haushälterin galt, trauen ließ, wurde als Notlazarett verwendet. Die Spuren dieser Nutzung waren noch kaum beseitigt. Seinen und *Christianes* Trauring aber hat *Goethe* „vom 14. Oktober [1806]" datiert. Ganz Weimar hat sich über diese, wie man meinte, nicht standesgemäße und überstürzte Hochzeit den Mund zerrissen. „Ich habe nicht Glück wünschen können wie andere und schwieg lieber", schrieb *Charlotte Schiller* an *Fritz von Stein* am 24. November 1806. „Es war etwas Unberechenbares in diesem Schritt, und ich fürchte, es liegt ein panischer Schrecken zum Grunde, der mir des Gemüts wegen wehe tut, das sich durch seine eigene große Kraft über die Welt hätte erheben sollen." *Goethe* hat das Eindringen des Krieges in sein eigenes Haus, den Umsturz aller bürgerlichen Verhältnisse als das endgültige Ende „seiner" Welt, einer Epoche des Friedens, der Sicherheit, der Persönlichkeit erfahren. Er fühlte sich ausgesetzt, entwurzelt, heimatlos. Das Bewusstsein der Todesnähe und der Zerbrechlichkeit aller menschlichen Dinge ist seither nicht mehr von ihm gewichen. „Wer", soll er damals ausgerufen haben, „nimmt mir Haus und Hof ab, damit ich in die Ferne gehen kann?" Die Bedrohung seines Hausfriedens durch die Marodeure, die er in dem Versepos „Hermann und Dorothea" (1797) poetisch vorweggenommen hatte, hat ihn zutiefst erschüttert. So hat er zu befestigen versucht, was ihm geblieben war: die Familie und das diese repräsentierende, sie beschützende Haus.

Am Ende des Katastrophenjahres 1806 schrieb *Goethe* an den *Herzog von Weimar*, der mit seinem Sohn noch bei der Armee stand, einen bemerkenswerten Brief. Es ist der vielleicht denkwürdigste Brief in diesem an denkwürdigen Texten so reichen Leben. Den ersten Teil des Briefes hat *Goethe* diktiert. Darin meldete er dem Herzog die Geburt eines natürlichen Sohnes, den *Caroline Jagemann*, des Herzogs Geliebte, am 25. Dezember in Weimar geboren hatte. *Goethe* hat ihn alleine aus der Taufe gehoben. Das Kind bekam des Herzogs und seinen Namen: *Carl Wolfgang*. Da die Geburt des Kindes zusammenfiel mit dem 17. Geburtstag seines Sohnes August, hat *Goethe*, wie nebenbei, dem Herzog die ohne Erlaubnis vollzogene Hochzeit mit *Christiane Vulpius* angezeigt, bei der *August* als Trauzeuge fungierte. Nach diesem Diktat aber, als *Goethe* eigenhändig fortschrieb, zerfließt der Stil, weisen die sprunghafte Syntax, die Gedankensprünge auf den Lebensschrecken, den er erlitten hat. Er beschreibt dem Herzog, dass und wie dessen Häuser, dessen Gärten und Sammlungen aus dem Chaos gerettet wurden, daß die geplünderte Wohnung *Caroline Jagemanns* wiederhergestellt, die Bibliothek „wunderbar erhalten" sei. Dann aber folgt in einer Nachschrift die Bitte, auf die hin alle Umwege angelegt waren: die Bitte, ihm das vom Herzog geschenkte Haus am Frauenplan, in das er „in glücklichen (jetzt möchte man beinahe sagen in Schlaraffen-)Zeiten, mehr als billig hineinverwendet", endgültig zu übereignen: „Es wird ein Fest für mich und die Meinigen sein, wenn die Base des entschiedenen Eigentums sich unter unsern Füßen befestigt, nachdem es so manchen Tag über unserm Haupte geschwankt und einzustürzen gedroht hat."

Dieser Brief (geschrieben vom 25. bis zum 29. Dezember 1806), der früher seiner Zerrissenheit wegen als drei unterschiedliche Briefe gelesen wurde, hat seinen Zweck erreicht: der Herzog übereignete *Goethe* das Haus am Frauenplan und gab damit auch äußerlich sichtbar sein Einverständnis zu dessen nicht standesgemäßer Hochzeit. Der diesmal endgültige Besitz des repräsentativen Hauses am Frauenplan in Weimar schuf neue gesellschaftliche Fakten: *Christiane Vulpius*, die ehemalige Hilfsarbeiterin aus Bertuchs Fabrik künstlicher Blumen, wurde zum Entsetzen der Weimarer Hofgesellschaft die „Geheimrätin Goethe", die auch die Loge *Goethes* im Theater in Besitz nehmen durfte; ihr uneheliches Kind war nun der legitime Sohn des Geheimrats, dem eine Karriere im Dienst des Herzogs offenstand. *Goethe* wusste sehr wohl, was er in den Tagen des Unglücks getan hat. Dem „panischen Schrecken" hat er ein nüchtern-bürgerliches Kalkül gegenübergestellt. Schließlich war er schon einmal aus dem von ihm 1782 gemieteten Haus am Frauenplan vertrieben worden. Das war im November 1789, als er mit der hochschwangeren *Christiane* und deren Familie in das Jägerhaus vor dem Frauentor hatte umziehen müssen, weil die Herzogin und die Damen des Hofes den täglichen Anblick seiner „Mätresse" und des unehelichen Kindes nicht ertragen wollten. Auch das Domizil im Jägerhaus, wo im Dezember 1789 sein Sohn geboren wurde, hatte er nur der Freundschaft des Weimarer Herzogs zu verdanken. Die Damen des Hofes hätten es wohl vorgezogen, wenn er nach Jena ausgewichen wäre. Erst 1792, noch vor dem Frankreichfeldzug, der mit der Kanonade von Valmy so unrühmlich endete, hat der Herzog das Haus am Frauenplan gekauft und es *Goethe* mit einer Summe von 1500 Talern für die Einrichtung zum Geschenk gemacht. Zwischen 1792 und 1798 aber hat *Goethe* dann für Renovierungs- und Umbauarbeiten die Summe von 3968 Talern aufgewendet (etwa zwei Jahresgehälter), bis jener – von *Erich Trunz* so bezeichnete – „Fuchsbau" entstanden ist, in dem die Repräsentations- und Empfangsräume säuberlich getrennt waren von dem „artigen kleinen Quartier", 62 m^2 umfassend, in dem er lebte und arbeitete. Hier war der „Unbehauste" zuhause. In dieses Innerste seines Hauses ist als ungebetener Gast nur der bayerische *König Ludwig I.* eingedrungen, als er *Goethe* im August 1827 den berühmten Geburtstagsbesuch machte und sich unter dem Vorwand, einen Waschraum zu suchen, in die Gartenstuben schlich. Dort hat ihn der nach ihm ausgesandte Bediente zu seinem Erstaunen und zum Unbehagen des Hausherrn, versunken in neugieriger Betrachtung der Privaträume, gefunden.

Wie sehr *Goethe* darauf angewiesen war, ein „behagliches" Refugium zu haben, in dem er ganz bei sich und den Seinen war, ein Refugium, das ihm gehörte, in dem er nicht auf Abruf lebte, in das er immer wieder zurückkehren konnte, zeigt die Geschichte der Häuser in seinem Besitz. Zu Beginn des Weimarer Jahrzehnts war das Gartenhaus am Stern, das der Herzog seinem Freund im April 1776 geschenkt hatte, das Buen Retiro, das er zu konzentrierter Arbeit und zur Erholung von den Amtsgeschäften benutzte. Dort versteckte er für die Kinder der *Frau von Stein* bunte Ostereier, dort empfing er die Freunde. Dort traf er sich 1788, nach der

Rückkehr aus Italien, wochenlang von Späheraugen unbemerkt, mit *Christiane Vulpius*, ehe *Fritz von Stein*, der einen Schlüssel zu diesem Haus hatte, sie eines Tages dort entdeckte und es seiner Mutter erzählte. Je mehr *Goethe* heimisch wurde im Haus am Frauenplan, umso weniger zog er sich ins Gartenhaus zurück. Am 20. Februar 1832 vermerkt das Tagebuch dort seinen letzten Besuch. Er habe, meinte er 1827, „in diesem Gartenhäuschen tüchtige Jahre verbracht". Doch *Goethes* Lebensstil glich damit eher dem des Adels seiner Zeit als dem des aufsteigenden Bürgertums, das sich zu Beginn des 19. Jahrhunderts noch nicht jene der Renaissance nachempfundenen Stadtpaläste baute, wie im letzten Drittel dieses Jahrhunderts der Industrie, der Technik, der Bourgeoisie. Das Haus, das sein eigen war, schien *Goethe* der Kontrapunkt zur flüchtigen Existenz des Dichters, der es mit Gebilden der Phantasie zu tun hatte, mit deren Exzessen auch, mit einer Welt aus Schein und Luftgebilden, die ihn unstet werden ließ in der Alltagswelt, ihn abbrachte vom Karriereweg des bürgerlichen Erwerbs. Das Haus (und später die Ehe) sollte seine Existenz im Leben befestigen, den „Unmenschen" zum Menschen wandeln, ihm zwischen Genuß und Begierde noch ein Drittes erlauben, die häusliche Ruhe. In *Fausts* Streitgespräch mit *Mephisto* um *Fausts* Liebe zu *Margarete* ist die ganze Qual einer poetischen Existenz präsent, wie sie später die romantische Generation gelebt und beschrieben hat:

> „Bin ich der Flüchtling nicht? der Unbehauste
> Der Unmensch ohne Zweck und Ruh?
> Der wie ein Wassersturz von Fels zu Felsen braus'te
> Begierig wütend nach dem Abgrund zu.
> Und seitwärts sie, mit kindlich dumpfen Sinnen,
> Im Hüttchen auf dem kleinen Alpenfeld,
> Und all ihr häusliches Beginnen
> Umfangen in der kleinen Welt."

Erst durch Goethe hat das Wort „unbehaust" die Bedeutung von „heimatlos" angenommen, erst seit *Goethes* „Faust" kann man von einer „unbehausten Existenz" sprechen, vorher meinte dieses Wort die unbewohnte Gegend, das Land ohne Häuser.

*

Schiller und sein (sehr schwäbischer) lebenslanger Kampf um ein eigenes Haus, in Jena, in Weimar, wo er mit seiner Frau und zuletzt vier Kindern leben konnte, war stärker als *Goethe* Vorbild für das bürgerliche Streben nach Hausbesitz. Für jene, welche sich den Wechsel zwischen dem luftigen und hellen Sommerhaus und der dumpfen, aber warmen Winterwohnung in der Stadt nicht leisten konnten, galt als Ideal des Wohnens zunächst das kleine, das bequeme und behagliche Haus der biedermeierlichen Familie. Auf die Innenausstattung wurde größerer Wert gelegt als auf die Fassade. In solchen Häusern wollte man, hinter zugezogenen Fenstervorhängen, mit den befreundeten Dingen, mit erlesenem Mobiliar, mit Bildern und Büchern leben. Dieses Lebensgefühl wurde in den Gärten der Zeit auch in die Natur übertragen. *Adalbert Stifters* Häuser, das Rosenhaus in seinem Roman „Der Nachsommer" (1857) etwa, aber auch die „vier großen Musterhöfe" in der Erzählung „Brigitta" (1843), gehören zu diesen Häusern, in dem eine Utopie des Glücks zu leben ist, eine Welt aus „Dingen" geschaffen wird, welche die Trauer des Himmels vergessen macht. Die Hütten im Tal ob Pirling baut der Doktor in Stifters „Mappe meines Urgroßvaters" (1841/42) aus und um:

„So will ich denn nun Tal ob Pirling, dachte ich, über dem der traurige Himmel ist, ausbauen, und verschönern, hier will ich machen, was meinem Herzen wohl tut, hier will ich machen, was meinen Augen gefällt – die Dinge, die ich herstelle, sollen mich gleichsam lieben [...]. Dann sollen diejenigen, die, wenn sie den Namen Tal ob Pirling aussprechen, nur immer mein Haus allein dabei im Auge haben, nicht aber die Gruppe von Hütten, die früher diesen Namen trugen, noch mehr Recht bekommen, wenn sie nur das Haus so benennen."

An diese Zeit und ihr bürgerliches Ethos dachte noch der im Jahr vor *Goethes* Tod (1831) geborene *Wilhelm Raabe* zurück, wenn er den bescheidenen Besitz rühmte. In den „Akten des Vogelsangs" (1901) hat er den Reichtum der *Helene Trotzendorff* ebenso verworfen wie die resolute Askese des Velten *Andres*. Beide, Reichtum und Askese, machen im Kontrast zu einem Leben, das dem Tode von Anfang an gehört, das Ende zu schroff, zu scharfkantig bewusst. Die Maxime des Oberregierungsrates *Dr. Karl Krumhardt*, der diese „Akten" einer Freundschaft angelegt hat, scheint allein dem Leben zugeneigt: „Das Haus, die Frau, die Kinder ..." Ein solches Leben freilich ist (dem Erzähler durchaus bewusst) nostalgisch verklärt. Es preist das Gefühl der Nachbarschaft in einer Zeit, in der im Getriebe der Großstädte dieses Gefühl verloren geht. Den Großstädten aber entspricht eine Poesie, welche den Tod nackt zur Schau stellt, welche um den Friedhof gleichsam eine kahle Backsteinmauer baut, ihn nicht – wie noch in der Kindheit des Erzählers – mit einer grünen, von Vögeln bewohnten Hecke vor den Augen der Lebenden verbirgt. Das große Kunstwerk, meinte *Thomas Mann* in einer genialen Beschreibung der Erzählungen und der Gedichte *Theodor Storms* (im Juni 1930), sei „ein Produkt barmherziger Illusionierung". Die Kraft, sich illusionieren zu lassen, komme dem Dichter „aus dem Vollendungs- und Lebenswillen des außerordentlichen Kunstwerks".

*

Als *Thomas Mann* in seinem ersten, ganz im Exil erschienenen Roman „Lotte in Weimar" (1939) *Goethes* Haus am Frauenplan beschrieb, hat er Wert gelegt auf den Teil dieses Hauses, wo der Geheimrat, die Exzellenz *Goethe* die Gäste empfing, nicht auf die behaglichen Gartenzimmer. Die Hofrätin Charlotte Kestner, die nach mehr als 40 Jahren den Jugendfreund in Weimar besucht, ist „beeindruckt von der Noblesse des Treppenhauses, in das man eingetreten war, dem breiten Marmorgeländer, den in splendider Langsamkeit sich hebenden Stufen, dem mit schönem Maß verteilten Schmuck überall". *Thomas Mann* nämlich kannte aus der Familie seiner Frau die (ihm wenig sympathischen) Wohnpaläste der *Pringsheims*, die außen und innen mit renaissancistischer Pracht ausgestattet waren. Er kannte das Haus von *Katias* Großvater *Rudolf Pringsheim*, in der Berliner Wilhelmstraße, das von den berühmtesten Malern der Zeit, u.a. von *Piloty* und *Anton von Werner*, ausgemalt worden war. *Theodor Fontane* freilich, dem selbst so manche charakteristische Beschreibung repräsentativer Häuser und Herrensitze gelungen ist, hat (in einem Brief an seine Frau *Emilie* vom 5. August 1875), mit Bezug auf diesen pseudomediceischen Palazzo, von „Kakel-Architektur" gesprochen. *Thomas Mann* kannte auch das von den Nazis später enteignete und abgerissene Haus von *Katias* Eltern in der Münchner Arcisstraße, das von *Hans Thoma* ausgemalt und in das die Innenausstattung französischer Schlösser eingebaut war. Er selbst liebte die Repräsentation durchaus, aber schlichter als *Katias* Familie. Das Haus Poschinger Straße 1 in München, die von den Kindern liebevoll so genannte „Poschi", wo *Thomas Mann* mit seiner Familie von Januar 1914 bis Februar 1933 wohnte, war das Wohnhaus einer großen Familie, nicht der Wohnpalast eines zu Reichtum gekommenen Unternehmers oder das repräsentative Haus eines gelehrten, eifernden Wagnerverehrers. Zwar hat *Thomas Mann* mit *Gerhart Hauptmann* (um die Repräsentation des kulturellen Deutschland) auch im Bau der Villen konkurriert, doch sein hartnäckiges Beharren auf einem Haus, einer bürgerlich-realen Basis des Schreibens und Dichtens, war stärker an *Goethe* als an *Richard Wagner* orientiert. Dessen (offenkundig haltbare) Familiendynastie ist bekanntlich in der Bayreuther Villa (Wahnfried) ebenso abgebildet wie im dortigen Festspielhaus. Einen „hartnäckigen Villenbesitzer" hat *Hermann Kesten Thomas Mann* genannt, weil er auch im Exil, in der Schweiz, in Princeton, in Pacific Palisades und schließlich, nach der Rückkehr nach Europa, nochmals in der Schweiz, in Erlenbach und in Kilchberg, stets in großen Häusern wohnte, mit hellen Arbeitszimmern, umgeben von liebgewordenen „Dingen", die ihn durch das Leben begleiteten. Ihm ging es um das Wohlgefühl des Lebens, die Voraussetzung für sein hartes und konsequentes Tagewerk des Prosaschreibens. Er hatte „Freude an der gehaltenen Eleganz der Räume", an der Restaurierung des „mit römischen Emblemen in Goldfarbe geschmückten Empire-Stuhles" in seinem Arbeitszimmer, am eigenen Badezimmer „wie in Cailfornien" und an dem alten Sofa aus Pacific Palisades, in dessen Ecke sitzend er schreiben oder ruhen konnte. All diese Notizen finden sich im Tagebuch von 1954, als er mit *Katia* und *Erika* in Kilchberg in die Alte Landstraße 39 eingezogen ist. Dieses letzte Haus seines Lebens schien ihm „entschieden angenehm und erfreulich, nicht herausfordernd aber anständig und bequem".

Die Barbaren, die 1933 in Deutschland die Herrschaft ergriffen, kannten vielleicht *Thomas Manns* Freude an seinem Münchner Haus, um das er lange (und, was die Innenausstattung betrifft, nicht ganz vergeblich) gekämpft hat. Sie haben jedenfalls das Haus in der Poschinger Straße nicht wie das in der Arcisstraße abgerissen, sondern geschändet. Der Lebensborn, so schreibt *Klaus Mann* nach dem Wiedersehen mit der zerstörten Heimat an den Vater am 16. Mai 1945, habe darin sein Münchner Hauptquartier gehabt, eine „Züchtungsstelle nordischen Geblüts". Das geschändete und zerstörte Haus in der Poschinger Straße schien *Klaus Mann* Sinnbild des Abgrundes, der ihn von der Kindheit trennte, „wild-wildfremd: mit makabren Resten von Urvertrautheit". Häuser sind mehr als ein vorübergehender Aufenthalt, mehr als ein Ruhe- und Rückzugsraum im Treiben der Welt, mehr als Schutz gegen Witterung und Kälte, sie sind die Basis und ein Teil des dem Tode abgerungenen Lebens, Illusionsraum des Glücks, Erinnerung an die Fülle des Daseins, gerade dann, wenn der Abend des Lebens dämmert. Darum heißt es in *Rilkes* berühmtem Gedicht „Herbsttag":

> „Herr: es ist Zeit. Der Sommer war sehr groß.
> Leg deinen Schatten auf die Sonnenuhren,
> und auf den Fluren laß die Winde los.
>
> Befiehl den letzten Früchten voll zu sein;
> gib ihnen noch zwei südlichere Tage,
> dränge sie zur Vollendung hin und jage
> die letzte Süße in den schweren Wein.
>
> Wer jetzt kein Haus hat, baut sich keines mehr.
> Wer jetzt allein ist, wird es lange bleiben,
> wird wachen, lesen, lange Briefe schreiben
> und wird in den Alleen hin und her
> unruhig wandern, wenn die Blätter treiben."

Literatur

Bergner, H./Dittman, U. (Hrsg.) (1982), Adalbert Stifter, Werke und Briefe. Historisch-kritische Gesamtausgabe. Bd.1,5, Stuttgart Berlin Köln Mainz

Biedrzynski, E. (1992), Goethes Weimar. Das Lexikon der Personen und Schauplätze, Zürich

Frühwald, W. (2005), Das Talent, Deutsch zu schreiben. Goethe – Schiller – Thomas Mann, Köln

Herwig, W. (Hrsg.) (1969), Goethes Gespräche. Eine Sammlung zeitgenössischer Berichte aus seinem Umgang auf Grund der Ausgabe und des Nachlasses von Flodoard Freiherrn von Biedermann, Bd. II 1805 – 1817, Zürich und Stuttgart

Jens, I. und W. (2005), Katias Mutter. Das außerordentliche Leben der Hedwig Pringsheim, Reinbek bei Hamburg

Jens, I. (Hrsg.) (1995), Thomas Mann, Tagebücher 1953 – 1955, Frankfurt am Main

Mann, K. (1993), Der Wendepunkt. Ein Lebensbericht. Mit einem Nachwort von Frido Mann, Reinbek bei Hamburg

Mann, Th. (1930), (Einleitung zu) Theodor Storm, Sämtliche Werke, 2 Bde., Berlin

Mann, Th. (1967), Lotte in Weimar. Roman, Frankfurt am Main

Raabe, W. (1904), Die Akten des Vogelsangs, Berlin

Sengle, F. (1993), Das Genie und sein Fürst. Die Geschichte der Lebensgemeinschaft Goethes mit dem Herzog Carl August, Stuttgart Weimar

Trunz, E. (1990), Ein Tag aus Goethes Leben. Acht Studien zu Leben und Werk, München

Unterberg, R. (Hrsg.) (1993), Johann Wolfgang Goethe, Napoleonische Zeit. Briefe, Tagebücher und Gespräche vom 10. Mai 1805 bis 6. Juni 1816. Teil I: Von Schillers Tod bis 1811, Frankfurt am Main

Wysling, H./Schmidlin, Y. (Hrsg.) (1998), Thomas Mann. Ein Leben in Bildern, Düsseldorf Zürich

Die Verantwortung der Politik für die Landschaft

Alois Glück

1. Landschaft – was für Bilder tauchen in Ihrem Inneren auf bei diesem Wort? Haben Sie eine Lieblingslandschaft? Eine Heimat in Bildern?

Bei den meisten Menschen verbinden sich jedenfalls mit dem Wort Landschaft Emotionen, Erlebnisse, eine bestimmte Ästhetik, ob ein nach den Regeln der Landschaftsarchitektur gestalteter Garten oder die Harmonie ursprünglicher Naturlandschaft. Für die meisten Menschen ist Landschaft in erster Linie verbunden mit Erholung, Entspannung – oder auch Gleichgültigkeit. Der moderne Mensch hat sich in großem Umfang der Natur entfremdet; selbst Liebhaber bestimmter Landschaftsbilder haben häufig nur noch wenig Ahnung vom Leben der Natur, ihren Zusammenhängen, ihren Gesetzmäßigkeiten. Gedankenlos oder mit Ignoranz haben wir daher im Lauf der Jahrzehnte gegen Regeln der Natur gehandelt und erhalten dafür zunehmend die Quittung. „Wir sind der Natur gefährlicher geworden, als sie es uns jemals war" (aus der Dankesrede des Friedenspreisträgers *Prof. Dr. Hans Jonas* am 11.10.1987). Das ist eine bedrohliche Entwicklung. Mit ihr ist zugleich eine besondere Verantwortung der Politik für die Landschaft beschrieben: Eine Verantwortung, die angesichts einer wachsenden Zahl von Unwettern, von Naturereignissen mit Katastrophencharakter allmählich immer mehr ins Bewusstsein rückt.

Landschaft hat nicht nur vielfältige Kulturprägungen und ganz unterschiedliche Bezüge zu Menschen. Die Landschaft – verstanden als Natur und Naturhaushalt im umfassenden Sinne – hat auch unterschiedliche Funktionen. In weniger entwickelten Zivilisationen ist die Landschaft vor allem Grundlage der Ernährung. Die Existenz des Menschen hängt davon ab. Aber auch in der hoch technisierten Zivilisation mit einer langen Kette der Bearbeitung von Nahrungsmitteln – vom Wachstum in der Natur bis zum Fertigprodukt – ist die Urproduktion entscheidende Lebensgrundlage. Der weit verbreitete Hunger in der Welt beschreibt dies eindrucksvoll.

Die Bedeutung der land- und forstwirtschaftlichen Nutzflächen als Wirtschaftsfaktor und Lebensgrundlage ist also einer der großen Verantwortungsbereiche der Politik für die Landschaft – was folgt daraus an konkreten Aufgaben?

Bezogen auf die Landschaft muss die Agrarpolitik vor allem auf die umweltgerechte, umweltverträgliche Produktion ausgerichtet sein. Diese Steuerung erfolgt

einmal durch Umweltgesetze, etwa für den Einsatz von Schädlingsbekämpfungs-
mitteln, die Düngemittelverordnung und ähnliche Regelungen. Der betriebswirtschaftliche Anreiz dagegen geht in Richtung möglichst intensiver Nutzung, was
auch zu Übernutzung und Naturschäden führen kann. Der Staat muss die entsprechenden Grenzen setzen. Neben den Verboten geschieht es aber auch durch
Anreizsysteme, wie etwa Prämien für Nutzungsbeschränkungen, etwa aus Rücksicht auf den Wasserhaushalt, für Förderung und Erhalt der Artenvielfalt durch
extensivere Nutzung und die Ausweisung von Schutzgebieten aus Gründen des
Naturschutzes. Hier kommt es regelmäßig zum Konflikt zwischen den Interessen
der Nutzer und denen des Naturschutzes. Im Mittelpunkt steht dann die Frage nach
Verpflichtungen und Grenzen der Sozialpflichtigkeit. Welche Beschränkung muss
unter diesem Aspekt akzeptiert werden, wo beginnt die Entschädigung und in welchem Umfang? Mit dem Ziel der Marktentlastung werden aber auch Flächenstill-
legungsprämien bezahlt. Generell ist festzustellen, dass die Agrarförderung der
Europäischen Union in den letzten Jahren als Reaktion auf Marktüberschüsse
immer mehr in flächenbezogene Prämiensysteme wechselt. Damit sucht man die
Verbindung der Ziele Marktentlastung einerseits, Umwelt- und Landschaftspflege
andererseits. Die Kehrseite ist eine wachsende Bürokratie, die für die Grundstücksbesitzer, die Landwirte, mittlerweile zum alltäglichen Albtraum wird. Das
Thema prägt Bauernversammlungen mittlerweile mehr als agrarpolitische Fragen.

Aufgabe der Politik ist es aber auch, den Landwirten die notwendigen Rahmenbedingungen zu geben, damit sie weiter wirtschaften können. Dies gilt insbesondere im Hinblick auf Wegeerschließung und Wegenutzung für die zunehmend
schweren Landmaschinen, für entsprechende Raumordnung, die die Interessen der
Landwirtschaft berücksichtigt.

Die Verantwortung der Politik bezieht sich auf die „Nutzfunktionen" der Landschaft. Die Landschaft ist der Raum, in dem moderne Infrastruktur, Wohnbau und
Gewerbeflächen errichtet werden. Dazu gehören auch Freizeitnutzung und dementsprechend die dafür erschlossene Landschaft. Wer aus dem Flugzeug das Land
betrachtet, erlebt in vielen Gegenden eine Kulturlandschaft ähnlich einem großen
und gepflegten Garten. Mit Kulturlandschaft verbinden wir das Handeln des Menschen und die Art und Weise, wie durch dieses Handeln die Landschaften geprägt
wurden: von der Rodung bis zur technikgerechten Landschaft für Landwirtschaft,
Verkehrswesen und Freizeit. Kulturlandschaft – die Spanne reicht von der landwirtschaftlichen Nutzfläche bis zu kleinen und großen Gärten, die für das Erleben
der Menschen wichtig sind, die nach dem Denken und Fühlen der jeweiligen Zeit
gestaltet wurden. In diesen Landschaften entwickelt sich häufig der Konflikt zwischen Nutzern und Schützern.

Die Alternative zur Kulturlandschaft ist die Urlandschaft, die noch nicht durch
menschliches Tun geprägt ist. In Deutschland und in Mitteleuropa sind dies nur

noch Restlandschaften. Je dichter bevölkert und genutzt das Land ist, um so weniger bleibt Raum dafür. Nationalparks und Schutzgebiete dienen dieser Aufgabe, die in aller Regel mit mehr oder minder heftigen regionalen Konflikten verbunden ist. Dies ist vom Wattenmeer bis zu den Alpen ständig zu beobachten.

2. Die Politik muss hier nach den Maßstäben der Gemeinwohlverpflichtung gestalten und regeln. Aber was sind die Maßstäbe dafür?

Ziehen wir ein Zwischenfazit: „Landschaft" ist ein Sammelbegriff für sehr unterschiedliche Prägungen der Natur ebenso wie für sehr unterschiedliche Erwartungen und Nutzungen. Der Umgang mit der Natur, die Nutzungsformen und die Aufgaben der Politik für und gegenüber der Natur haben sich damit im Laufe der Geschichte und insbesondere der letzten Jahrzehnte stark gewandelt. In den verschiedenen Regionen der Erde sind nicht nur aus religiös-kulturellen Gründen, sondern auch aufgrund der existentiellen Lebenssituation des Menschen Erwartungen und Konflikte unterschiedlich. Der Kampf um Ernährung und Lebensraum in immer dichter bevölkerten Entwicklungsländern und die damit verbundene Übernutzung von Landschaften oder die Rodung von Regenwäldern stehen dafür exemplarisch. Übernutzung ist in anderer Weise aber auch das Merkmal aller modernen Zivilisationen, ein weltweites Problem und Fanal. Der langjährige Präsident der Deutschen Forschungsgemeinschaft *Prof. Hubert Markl* schreibt dazu in seinem Buch „Natur als Kulturaufgabe": „Wo ehedem Naturgewalten den Menschen bedrohten, da bedroht heute Menschengewalt die Natur. Aber vergessen wir nicht: Der Mensch ist nicht außer der Natur, er kann nur in ihr existieren! Daher gilt die Drohung und Herausforderung: Was wir heute und in den nächsten Jahrzehnten für oder gegen die Natur dieser Erde tun, wird das Schicksal eines großen Teils lebender Organismenarten – die unsere eingeschlossen – für alle kommenden Generationen vorausbestimmen. (…) Naturkatastrophen markieren die Epochen der Erdgeschichte. Was Geologen als Erdzeitalter beschreiben, wird in der Schichtenfolge der Fossilablagerungen durch die Reste jeweils charakteristischer Lebensentfaltungen gekennzeichnet. Am Übergang von Zeitalter zu Zeitalter verschwindet eine Fülle vordem beherrschender Tier- und Pflanzenformen und wird durch einen Schwarm neuer Lebenstypen abgelöst. (…) Den Paläontologen sind heute mindestens fünf solcher ‚Lebenswechsel' (Faunenschnitte) als Massenartsterben und in der Folge massenhafte Neubesiedelungen bekannt. (…) Wir befinden uns zur Zeit mitten in einem solchen dynamischen Wechsel, dazu in einem, der nach Ausmaß, Geschwindigkeit und Tragweite offenkundig nie seinesgleichen in der Erdgeschichte hatte." (*Hubert Markl* 1986, Natur als Kulturaufgabe, Stuttgart, S. 318-321).

Der richtige Umgang mit der Natur ist angesichts von Ausmaß und Intensität der Folgen menschlichen Handelns zur weltweiten Aufgabe geworden. Dies bedarf politischer Führung und Entscheidung. Beides erfordert wiederum Regeln, die vor allem Begrenzungen und Einschränkungen bedeuten – was dann zu Spannungen zwischen Anspruchs- und Verfügungsrecht von Eigentümern führen kann. Die Verantwortung der Politik gegenüber der Landschaft ist in dieser Zeit eine anspruchsvolle fachliche Aufgabe, in der die Erkenntnisse der Ökologie letztlich Maßstab sind. Die letzten Jahrzehnte haben immer drastischer die Lektion erteilt, dass wir gegen die Natur auf Dauer nicht erfolgreich sein können. Dies ist gleichzeitig auch ein zentrales gesellschaftspolitisches Thema, bei dem immer wieder aufs Neue die Abwägung zwischen Gemeinwohlanspruch und Eigentum Differenzen erzeugt. Besonders deutlich, wenn es um den Erhalt der Schutzfunktionen der Natur geht, also Begrenzungen notwendig sind, um der Natur ihre Vitalität und innere Stabilität zu erhalten. Schließlich leben wir nicht nur von Nahrungsmitteln, sondern auch von gesunder Luft, reinem Wasser – den Wohlfahrtswirkungen der Natur.

Der Politik kommt also die Aufgabe der Prioritätensetzung zu. Es geht um Konfliktmanagement bei der Abwägung zwischen den verschiedenen gesellschaftlichen Ansprüchen: Wahrung der Sozialpflichtigkeit des Grundbesitzes einerseits, Wahrung der Eigentumsrechte andererseits. Die wachsenden Spannungsverhältnisse zwischen Nutzen und Schützen führen zu einem immer dichteren, erstickenden Regelwerk.

2.1 In Deutschland gewann der Naturschutz neuen, politischen Stellenwert durch die Anstrengungen im Europäischen Naturschutzjahr 1970. Die Naturschutzbewegung stand dabei in enger Verwandtschaft zum Denkmalschutz. Schützen und Erhalten – konservative, mit dem Heimatgedanken verbundene Zielsetzungen – bestimmten die Richtung. Deshalb waren auch die eher dem konservativen Denken zugewandten politischen Kräfte Vorreiter im politischen Raum. Die von der CSU bestimmte Staatsregierung in Bayern gründete nach der Landtagswahl 1970 das erste Ministerium für Landesentwicklung und Umweltfragen. Das war das erste Ministerium mit der Aufgabe des Natur- und Umweltschutzes in Europa, wahrscheinlich sogar weltweit. In den folgenden Jahren wurde die Erkenntnis, dass es mit Schützen nicht getan ist und es nicht ausreicht, vom Aussterben bedrohte Tierarten oder Pflanzen durch spezielle, isolierte Maßnahmen zu schützen, gewonnen. Man lernte, dass die Natur in Zusammenhängen, in Systemen, in Lebensräumen, in vernetzten Lebensbezügen existiert. Die Ökologie eroberte das Denken. Ebenfalls in Bayern war schon 1969 ein „Landwirtschaftsförderungsgesetz" verabschiedet worden, mit dem erstmals die Wohlfahrtswirkungen, der Erhalt und die Pflege der Landschaft genauso den Aufgaben der Landwirtschaft zugeordnet wurden wie die klassische Aufgabe der Nahrungsmittelproduktion. Das war eine historische Zäsur.

Mit dem Wohlstand stiegen in den 70er, 80er und 90er Jahren aber auch die Ansprüche an die Erholungsnutzung. Es öffnete sich ein neues Konfliktfeld mit der Natur, und häufig auch mit Eigentümern. Der Ausbau der Infrastruktur als Folge der wirtschaftlichen Entwicklung des Wohlstands war eine weitere Folge. Der Landverbrauch wurde zu einem wichtigen Thema, wobei viele Besitzer dabei ihren „goldenen Schnitt" machten, während wachsende Zerstückelung der Landschaft wiederum neue Gefährdungen nach sich zog. Über viele schmerzliche Konflikte und Lernprozesse entwickelte sich im Laufe der Jahre als weithin akzeptierter Maßstab, dass im Umgang mit der Landschaft ein gesunder Naturhaushalt für Lebensraum und Lebensqualität des Menschen von zentraler Bedeutung ist. Generell werden damit in unseren Lebensräumen die Schutzfunktionen wichtiger als die Nutzungsansprüche. Im Einzelfall bedeutet dies eine konkrete Abwägung. Das Ziel ist nicht Konservierung der Landschaft – wie es manchen Naturschützern auch vorschwebt. Das Ziel ist ein gesunder Naturhaushalt.

2.2 Was ist für die Politik dabei der leitende Maßstab?

In den schmerzlichen Lernprozessen aus Reaktionen der Natur auf ihre Nutzung wurde ein altes Prinzip bäuerlichen Wirtschaftens wieder entdeckt, das Prinzip der Nachhaltigkeit. In der internationalen politischen Debatte hat sich dieser Begriff mit der UN-Konferenz für Umwelt und Entwicklung in Rio de Janeiro im Jahr 1992 etabliert. Nachhaltigkeit bedeutet so zu leben und zu wirtschaften, dass wir damit nicht die Substanz mindern oder gar verzehren und dass wir nicht mehr nutzen, als sich wieder regeneriert. In den Agrargesellschaften war und ist dies eine notwendige Regel für den Erhalt der Lebensgrundlagen der Familien. Die Natur zu überfordern, bleibt eine Realität in vielen Regionen dieser Welt, geboren aus Existenznot, um zu überleben. Dabei ist dies nur kurzfristiger Zeitgewinn auf der langen Fahrt in die Sackgasse.

Der Maßstab der Nachhaltigkeit im Umgang mit Landschaft, mit der Natur, ist damit notwendige Überlebensstrategie für die Zivilisationen, ja für die Weltgesellschaft geworden. Das ist die große, zentrale und gemeinsame Verantwortung und Aufgabe der Politik, von den lokalen Entscheidungen in der Kommunalpolitik bis hin zu internationalen Abkommen. In der Umweltbewegung wurden diese Zusammenhänge auf die Formel gebracht: „Global denken und lokal handeln".

Diese allgemeine, generell einsichtige Maxime ist allerdings im Konkreten konfliktschwanger. Wie soll man dies denjenigen verständlich machen, die um ihr Überleben kämpfen? Das Heute bestimmt den Lebenskampf, nicht das Morgen und Übermorgen. Wie soll man auch diejenigen gewinnen, die der Natur und ihren Zusammenhängen weitgehend entfremdet sind? Bei jeder Reaktion der Natur, von Wassermangel, krassen Witterungsumschwüngen bis hin zu Hochwasserkatastrophen und Wirbelstürmen erschrecken sie, um danach alles wieder zu vergessen.

Wie ist solche Politik der Nachhaltigkeit durchzusetzen? Die Schwierigkeit liegt darin, dass die Regeln oder Reaktionsweisen der Natur langfristig und somit völlig konträr zum kurzfristigen Erfolgsdenken unserer Zeit sind. Es dauert lange, bis das Ausgleichsvermögen, die „Abpufferung" gegen Eingriffe in die Natur ein Öko-System zum Kippen bringen. Es dauert aber auch sehr lange, bis ein neues Gleichgewicht gefunden oder die Regeneration wieder erreicht ist.

Der Maßstab Nachhaltigkeit, der aus den Erfahrungen der Menschheit im Umgang mit der Natur stammt, wird damit zu einer der großen ethischen Herausforderungen unserer Zeit, konkreter Prüfstein für Zukunftsverantwortung. Nachhaltigkeit bedeutet langfristig zu denken, nicht mehr nur mit Blick auf die Vergangenheit, sondern vor allem mit Blick in die Zukunft. Je mehr wir mittels unserer technischen Möglichkeiten in den Naturhaushalt eingreifen, desto mehr wächst unsere Verantwortung für die Folgen unseres Tuns. Häufig werden wir dies gar nicht sofort erkennen. Aber in vielen Fällen ist aus den Erfahrungen der letzten Jahrzehnte offensichtlich, was wir tun dürfen, ohne von der Natur bestraft zu werden, und was wir besser bleiben lassen. Dies läuft elementar der Machermentalität unserer Zeit zuwider, den kurzfristigen Erfolgsnotwendigkeiten. Es ist vor allem unvereinbar mit einer modernen Lebenseinstellung, bei der das persönliche Wohlergehen einziger Maßstab des Verhaltens und der Akzeptanz politischer Entscheidungen ist.

Nachhaltigkeit bedeutet vor allem, Verantwortung zu übernehmen für die Lebenschancen der jungen und nachfolgenden Generationen. Woher nimmt ein Volk, nehmen die modernen Zivilisationen diese Kraft? Es geht also nicht nur um die richtigen Sachentscheidungen. Es braucht vor allem moralische Kraft, um solche auch zu realisieren und in Konfliktsituationen durchzusetzen. Dieser Maßstab ist auch der Rahmen für die Abwägungen im Hinblick auf Eigentum an Land, das Verfügungsrecht des Eigentümers und die notwendigen Begrenzungen aus Gemeinwohlverpflichtung und Zukunftsverantwortung.

Zukunftsverantwortung verlangt Nachhaltigkeit. Beides ist nicht auf die Ökologie, auf die Verpflichtung zum Erhalt der natürlichen Lebensgrundlagen beschränkt. Dieser Maßstab gilt auch für die Neugestaltung des Generationenvertrages in der Sozialpolitik, für den Umgang mit Staatsverschuldung, für die Abwägung der Ausgaben für Konsum einerseits, Forschung und Entwicklung andererseits.

„Die Lebenskraft einer Epoche zeigt sich nicht in ihrer Ernte, sondern in ihrer Aussaat."

(*Ludwig Börne,* Publizist, 1786-1837).

Wandel des Lebens durch Mobilität –
Das große Glücksversprechen

Bernd Gottschalk

Materie ist aus sich heraus bewegungslos, damit leblos. Mobilität erst ist Leben. Die Biologen benennen Bewegung als notwendige Bedingung für Leben. Mobilität ist somit allem Leben, aller Regungs- und Entwicklungsfähigkeit immanent.

Der Mensch hat sich frei gemacht, die Welt als Nomade erkundet, sich in Freiheit die Plätze und Wege gesucht, die ihm das Überleben ermöglichen. Sesshaft wurde er nicht, um immobil zu werden, sondern weil er sich an Orten ansiedeln konnte, von denen aus sich der Lebensraum optimal erschließen ließ. Deshalb liegen Siedlungen und bedeutende Städte in allen Kulturen der Menschheit eben dort, wo die Schlagadern der Zivilisation zusammenfließen, wo sie einander kreuzen. Dafür stehen die militärischen Achsen ebenso wie die großen Handelsstraßen. Oft fallen sie zusammen und sichern den Menschen Frieden, Wohlstand, Wahlfreiheit im Konsum, bei der Arbeit und in der Freizeit.

Ganz so idyllisch war es nicht immer und nicht zu allen Zeiten. Die Zwangsmobilität in den Kohorten der römischen Legionen wird von den Söldnern ebenso wenig wie der Zug der Sklaven über die Straßen des Orients als freiheitstiftend oder großes Glücksversprechen empfunden worden sein. Das Gegenteil dürfte der Fall gewesen sein.

Auch die Massenmobilität in der Industrialisierung des 19. Jahrhunderts, mit dem Entstehen der Arbeiterviertel und Fabriken entlang der Eisenbahntrassen, mit der Proletarisierung der Arbeiterschaft, hat die Verelendungstheorie, aber keine Heilsbotschaft geboren.

Durchschlagend freiheitstiftend wird Mobilität erst im 20. Jahrhundert mit der Erfindung des Individualverkehrsmittels, des „Auto"-mobils, des „selbst-beweglichen" Geräts. Sein Erfolg ist allein darauf zurück zu führen, dass es in allen Lebensbereichen dem einzelnen Menschen wirklich neue Freiräume schafft, sein Leben – und das Leben anderer – reicher macht. Darin liegt das große Glück, das das Auto den Menschen nicht nur verspricht, sondern auch tagtäglich in Erfahrung bringt. Das wird im Folgenden für alle Daseins-Grundfunktionen – soweit sie materieller Natur sind – gezeigt: Das Wohnen und Häusle-Bauen, das Arbeiten im Beruf, das Lernen, Bildung und Kultur, die Freizeit. In allen Lebensbereichen bringt uns die individuelle Mobilität einen größeren „Er-fahrungshorizont", ver-

größert systematisch unseren Aktionsradius, macht uns mehr und mehr Nutzungs-
alternativen verfügbar und damit unabhängiger. Diese große individuelle „Unab-
hängigkeitsbewegung" konnte erst mit dem Automobil einsetzen. Es hat unsere
durchschnittliche Bewegungsleistung gegenüber dem vor-automobilen Zeitalter
auf über 10.000 Kilometer pro Kopf und Jahr mehr als verzehnfacht – und damit
unseren Aktionsradius.

Neben der Bildung von Bausparkapital mit der Hilfe der Bausparkassen war das
Auto die zweite unverzichtbare Voraussetzung für Millionen von Menschen, sich
ihren Traum vom eigenen Haus im Grünen als Ausdruck des Glücksversprechens
zu realisieren. Das Wohnen im Grünen wird als die Welle des Ausschöpfens positiver externer Umwelteffekte durch die Masse der Bevölkerung identifiziert.

Wie eng das Auto mit dieser Entwicklung zusammenhängt, zeigen die Datenrei-
hen zum Motorisierungsgrad einerseits und zu Bevölkerungsverteilung, Eigentümerquote und Wohnflächenentwicklung andererseits.

- Die Pkw-Dichte, d. h. die Anzahl der Pkw/1.000 Einwohner, verzigfachte sich
  seit 1950 von 34 auf heutzutage 545.

- In der gleichen Periode stieg der Anteil der außerhalb der kreisfreien Städte in
  Landkreisen lebenden Personen von 63% auf 68%.

- Das preiswertere Bauland im Grünen machte den Erwerb von Wohneigentum
  auch für Mittelschichten erschwinglich. Alleine seit 1961 führte dies zu einem
  Anstieg der Wohneigentümerquote von 34% auf heutzutage 45%.

- Das größere Grundstücksangebot erlaubte seit 1965 nahezu eine Verdoppelung
  der durchschnittlichen Wohnfläche/Kopf von damals 22 qm/Person auf heute
  40 qm/Person.

Das höhere Mobilitätsversprechen durch das Automobil trägt auch zur Erfüllung
des beruflichen Glücks bei. Es vermindert die wirtschaftliche Abhängigkeit vom
einzigen, räumlich erreichbaren Arbeitgeber, in der zahlreiche Arbeitnehmer in
den Anfangszeiten der Industrialisierung standen – mit allen negativen Konsequenzen für Arbeitsbedingungen und Lohnentwicklung. Somit wird auch die
soziale und wirtschaftliche Emanzipation gefördert und damit letztlich die faire,
marktgerechte Verteilung des gesamtwirtschaftlichen Einkommens – auch dies ist
ein Aspekt des Eigentums. Hinzu kommt, dass der Erwerbstätige durch sein räumlich größeres Arbeitsplatzangebot Stellen annehmen kann, die besser auf seine
spezifische Ausbildung und Qualifikation passen als je zuvor – mit der Folge
gesamtwirtschaftlichen Wertschöpfungs- und Einkommensgewinns. Diese Wirkung der Mobilität, dass die Arbeitskräfte besser auf die geeigneten Stellen zu ver-

teilen sind, ist in Zeiten hoher Arbeitslosigkeit beachtenswerter denn je. Untersuchungen zeigen, dass in Westdeutschland im Jahr 1990 nicht 2,1 Millionen, sondern 3 Millionen Menschen arbeitslos gewesen wären, wenn die Mobilität auf dem Stand von 1960 stehen geblieben wäre. Kein Wunder also, dass die mittlere Weglänge von Arbeits- und geschäftlichen Wegen alleine seit 1976 von 10,8 Kilometer auf heute 16,5 Kilometer zugenommen hat. Selbst Pendelwege von über 100 Kilometern sind keine Seltenheit mehr. Sie sind für viele – namentlich Ostdeutsche – nicht zuletzt Rettung vor der Arbeitslosigkeit.

Die Mobilität vergrößert aber auch die Wahlmöglichkeiten der Menschen beim Eigentumserwerb – sprich: bei der Deckung ihres täglichen Bedarfs. Statt 3,5 Kilometer für einen Einkauf wie in 1976 legen die Menschen heute mit 6,3 Kilometern fast das Doppelte zurück – mit gutem Grund: Der fußläufig erreichbare Tante-Emma-Laden um die Ecke zur Zeit der Gründung der Schwäbisch Hall, 1931, bot bestenfalls 100 Artikel; beim Wocheneinkauf in den großen Supermärkten auf der grünen Wiese sind heute bis zu 60.000 Artikel im Angebot – verglichen mit damals ein Füllhorn. Frische ist kein Problem, woher auch immer die verderbliche Ware kommt – übrigens dank des Nutzfahrzeugs.

Das gleiche gilt für den Ausbildungsverkehr. Niemand wird heute mehr durch Mobilitätsdefizite in seinen Bildungschancen – wichtigste Voraussetzung für den Erwerb von Eigentum – begrenzt. Dank des Automobils ist die durchschnittliche Entfernung von 8,5 Kilometern zu unserer Ausbildungsstätte heute kein Problem mehr. Mitte der Siebziger waren wir noch auf Ausbildungsstätten festgelegt, die in einem durchschnittlichen Umkreis von 6,8 Kilometern lagen – Mobilität bildet! Selbst Studenten wollen heute nicht mehr ohne Auto leben. Sie lieben die Freiheit, die es ihnen gibt – gerade wenn in der 62-qm-Studentenbude, die die Eltern als Anlageobjekt über die Bausparkasse finanzieren, die Wände eng werden.

Ganz unmittelbar erfahren wir die Erfüllung des Glücksversprechens durch Mobilität im Freizeitverkehr. Konnten wir früher nur die Menschen in der nächsten Nachbarschaft aufsuchen, ist heute der Sonntags-Kurztrip zu Freunden und Verwandten, die über hunderte von Kilometern entfernt leben, kein Problem mehr – das Auto verbindet. Statt den obligatorischen Spaziergang um den eigenen Häuserblock abzuhalten, fahren die Menschen heute am Wochenende „raus ins Grüne" oder zu weit entfernten, immer neuen Freizeit- und Kulturangeboten. Noch deutlicher wird die Freiheit im Ferienverkehr. Wer erinnert sich nicht an die allsommerliche „Teutonenwelle" Richtung Italien, als das Automobil in der deutschen Wirtschaftswunderzeit allgemein verfügbar wurde? Heute liegen Kurzreisen mit zwei bis drei Übernachtungen im Trend. Sie machen heute bereits rund 40% der Urlaubsreisen aus – eine Kurzreise zum Musical-Besuch in anderen Städten oder ins benachbarte Ausland ist kein Problem mehr. Dazu passt, dass nach eigenem Bekunden bis zu 40% der Menschen das Autofahren als Lebenslust und Alltagsflucht verstehen. Für Personen bis zu einem Alter von 34 Jahren wird sogar das Auto selbst zunehmend zu einer Art zweitem Zuhause, wie eine Befragung des B.A.T-Freizeitforschungsinstitutes im März 2005 herausfand.

Das Auto hat das Glücksversprechen der Mobilität eingelöst. Mobilität hat uns frei und unabhängig gemacht. Im Kontext der „Kultur des Eigentums" muss jedoch auch über unseren Freiheitsbegriff bezüglich des Automobil-Eigentums nachgedacht werden. Hier erleben wir in den letzten Jahren und Jahrzehnten einen klaren Mentalitätswandel. Wurden die Autos früher gekauft, gibt es heute den Trend zum Leasing. Im Jahr 2005 wurden sogar bereits etwa 30% der Neu-Fahrzeuge geleast – mit weiter wachsender Tendenz. Dies entspricht der allgemeinen Entwicklung. Der gesamte Leasing-Markt wuchs im Jahr 2005 gegenüber dem Vorjahr um 8,7% auf ein neues Rekordergebnis im Neugeschäftsvolumen von 51,1 Mrd. €. Davon entfielen 13% auf das Immobilien- und 87% auf das Mobilienleasing. Bei den gewerblichen Nutzern macht sich hier natürlich der Bedarf nach flexiblen Finanzierungslösungen, die schnelle Anpassung an veränderte wirtschaftliche Rahmendaten erlauben, sowie die Sicherung ihres cash-flows bemerkbar. Auch private Nutzer versuchen, durch Leasing ihren häuslichen „cash flow" zu verbessern. Hinzu kommt bei privaten Nutzern möglicherweise aber auch ein Mentalitätswandel: Während wir im Eigenheimbau – auch vor dem Hintergrund der auslaufenden Eigenheimzulage – in den letzten Jahren einen regelrechten Boom erleben, scheinen die Menschen ansonsten statt auf Eigentumserwerb eher auf bedarfsorientierte Nutzung zu setzen – vielleicht auch eine Begleiterscheinung der zunehmenden Flexibilisierungsbedürfnisse im beruflichen Leben wie in den sozialen Beziehungen.

- Und wie sieht die Zukunft der Mobilität aus, wo doch die Deutschen immer älter und immer weniger werden?

- Sterben unsere Wohnsiedlungen im Grünen langsam aus?

- Ziehen die Menschen im Alter in die Stadt zurück?

- Wollen sie am Ende auf die freiheitsschaffende Kraft der Automobilität verzichten?

- Wo werden wir 2030 stehen?

Die gängigen Bevölkerungsprognosen gehen von einem Schrumpfungsprozess aus und erwarten, dass die deutsche Bevölkerung von heute rund 82 Millionen Menschen auf 77,6 Millionen im Jahre 2030 abnimmt. Dem steht der Bedarf nach weiter steigender Wohnfläche pro Kopf gegenüber – getrieben von wachsenden Wohnansprüchen, dem zunehmendem Anteil älterer Haushalte und steigenden

Flexibilisierungsbedürfnissen der Menschen im Privat- und Berufsleben. Die Wohnfläche pro Kopf nimmt nach Schätzungen des Berliner Forschungsinstituts „empirica" jedes Jahr um 0,4 bis 0,8 Quadratmeter zu. Anzunehmen ist daher ein Anstieg der Pro-Kopf-Wohnfläche auf 56 Quadratmeter bis 2030. Dies vollzieht sich übrigens weiterhin parallel zur – wenn auch abgeschwächt – wachsenden Pkw-Dichte. Diese soll nach Schätzungen des ADAC bis 2020 von heute 545 Pkw/1.000 Einwohner auf 600 Pkw/1.000 Einwohner anwachsen. Der Bedarf an Wohnfläche ändert sich daher trotz Bevölkerungsrückgang kaum. Es wird außerdem eine Re-Urbanisierung geben, wobei, anders als im 19. Jahrhundert, nicht nur die Arbeits-, sondern auch die Freizeit- und Kulturmetropole die Menschen anzieht. Neu wird sein: Sie wollen dabei auf die gewohnte Automobilität nicht verzichten. Es wird eine Renaissance der Stadt mit automobilem Zugang geben, aber auf neuem Qualitätsniveau – mit Komfort-Tiefgaragen, emissionsfreien Automobilen und individueller Verkehrsführung, die dem Glücksversprechen von einem stadt-, umwelt- und selbst menschengerechten Autoverkehr nahe kommt. So könnte das Glücksversprechen der Zukunft lauten: Mehr Freiheit erleben – mit dem Auto zurück in die Stadt.

Fazit: Das Glücksversprechen ist keine Illusion. Freiheit durch Automobilität macht das Leben schöner, angenehmer, länger, „erfahrungs"-reicher, bewegter. Dabei ist die wachstumsschaffende Kraft durch mehr Arbeitsteilung in der Wirtschaft durch individuelle Mobilität von Personen und Gütern noch gar nicht einbezogen.

Zudem ist es nicht nur die physische Mobilität von Menschen und Gütern, die in der Marktwirtschaft mehr Freiheit und Glück ermöglicht. Ein entscheidender Faktor ist auch die freie Mobilität des Kapitals. Das führt uns aktuell die politisch-polemische Debatte über „Vaterlandslose Gesellen", die im kostengünstigen Ausland investieren, sowie über „Heuschrecken", die uns Deutschen zuhause die Betriebe abkaufen, vor Augen. Ohne die Mobilität der internationalen Kapitalbewegungen wäre indessen Globalisierung als Triebfeder des hohen Wachstums der Weltwirtschaft gar nicht denkbar. Dieses wiederum ist der Wachstumsmotor für die Mobilität von Personen und Waren, die heute über immer weitere Distanzen in zunehmend arbeitsteilige Regionen der Welt gehen. Ohne den See- und Luftverkehr und ohne das Automobil im Landverkehr wäre unsere global vernetzte Welt nicht funktionsfähig. Sie bilden das World Wide Web des Transports, ohne das die Verfügbarkeit weltweiter Informationen aus dem Internet wenig wert wäre.

Das Hotel, ein Traum

Jan Kleihues

1.

In seinem Roman „Das Beben" (München 2005) beschreibt der Schriftsteller Martin Mosebach einen erfolgreichen Hotelarchitekten aus Frankfurt am Main, der eine Liebesflucht in die Arbeit antritt. Bei der Besprechung eines neuen großen Bauprojekts verliebt er sich Hals über Kopf in die verwöhnte Tochter des Auftraggebers. Leider stellt sie sich bald als Luderchen heraus. Schmerzhaft scheitert die Liebe des Architekten an ihren Allüren. Immer wieder betrügt sie ihn mit prominenten Architektur- und Literaturvertretern der Frankfurter Szene. Da stürzt er sich in die Arbeit und flüchtet nach Indien, um dort dem verarmten Maharao von Sanchor im heruntergekommenen und verwaisten Palast der Ahnen ein Luxushotel einzurichten. Voll des kolonialen Gerümpels aus britisch-indischer Vergangenheit, mit Thronen, Sesseln, Diwanen, Sofas, Spiel- und Esstischen, Leuchtern und Lüstern, ist die Anlage auf die traditionelle indische Lebensweise zugeschnitten. Schattig schmale Innenhöfe, Arkaden, Frauentrakte, Badehäuser und anderes spiegeln die Rituale einer vormodernen Aristokratie wider. Der liebeskranke Architekt arbeitet daran, in das Labyrinth aus Sälen und Gängen, Kammern und Innengärten die Standards und Ansprüche des modernen, globalen Zeitgenossen einzupassen.

Wenig ficht ihn dabei ein ökologisches Gewissen an. Unabweisbar braucht ein solches Hotel immense Mengen Wasser und Energie. Aber der Architekt „homo faber" vertraut auch in Wüsten wie Sanchor auf die logistischen Angebote der technischen Zivilisation. Und doch spürt er die kulturellen Dissonanzen. Er findet sich fasziniert und versinkt in lähmendes Grübeln und beginnt die Lebensform eines Fürstenhofes zu erahnen, dessen Aura aus der überlieferten Selbstverständlichkeit und dem Willen herrührt, die Existenz zu behaupten, wie sie immer war und nicht mehr sein kann. Und das mit einer Kraft und durchgeformten Würde, die jeglichem Überlegenheitsgefühl der modernen westlichen Gesellschaft Hohn sprechen. Mit Staunen registriert er die gesättigten, in sich ruhenden, vollendet kultivierten Rhythmen und Lebensformen von Herrschaft, Repräsentation, Dienen, Armut und Reichtum im alten Gemäuer. Er vermag ihnen kein Credo moderner Betriebsamkeit und Geschäftigkeit entgegenzusetzen, kein vom westlichen Fortschritt überzeugtes „Nieder mit dem Alten". Er kann das Althergebrachte nicht kritisieren, aber rechtfertigen kann er es auch nicht. Vielmehr erscheint ihm die rätselhafte Kuh Indiens als Symbol einer zeitentrückten, maßstablosen

Balance von Überlieferung und Gegenwart. Auch in der zeitgenössischen Kultur behauptet sie ihren geheiligten Platz jenseits aller Nützlichkeitserwägungen, umgeben von einer Aura der Heiligung, die nicht zu sprengen ist.

Der Hotelbau scheitert, aber nicht an solcher Unvereinbarkeit von westlicher Moderne und aristokratisch-indischer Vergangenheit, sondern an einer Enthemmung. Offensichtlich sieht der Schriftsteller Martin Mosebach sie um sich greifen und betrachtet sie als ein Grundübel. Glanz und Würde des Alten, fern allen glamourösen Tands, werden dem zufolge nicht mehr wertgeschätzt, vor allen rational abwägenden Argumenten und Bedenken nicht einmal wahrgenommen. Hemmungslos werden stattdessen eigene Wünsche und Bedürfnisse umgesetzt. Unversehens lässt Martin Mosebach das Frankfurter Flittchen zur Geliebten des Maharao werden, der auf dem Liebesbett aber sogleich einem Schlaganfall erliegt: Tod Indiens nach dem Frankfurter Modell kultureller Globalisierung? Vielleicht. Wohl möglich.

2.

Im satirisch leicht und perlend daher kommenden Roman von *Martin Mosebach* kann man viel über die Schwierigkeiten lernen, heute ein Hotel zu entwerfen, das eigenen Vorstellungen und Träumen entspricht. In aller Regel sind es nämlich nicht die technischen, meist auch nicht die finanziellen Anforderungen, die den Weg verstellen, sondern die, kurz gesagt, ästhetische Libertinage in der deregulierten Kultur der Moderne. Die Beliebigkeit der Lebensstile und der enorm gewachsene Wohlstand zumal der westlichen Gesellschaften kennen keinen inneren Konsens allgemein anerkannter Verhaltensregeln mehr, die zum Maßstab für Entwurf und Gestaltung eines Hotels genutzt werden könnten. In vielerlei Hinsicht steckt man bei Konzeption und Realisierung eines Hotels, das einen solchen Namen verdient, permanent im Dilemma eines aristokratisch gesättigten alten Indien zur einen, und einem modernen, enthemmten, betriebsamen Frankfurt zur anderen Seite. Indien durch einen Namen Europas oder eines Grand Hotels der alten Zeit zu ersetzen, Frankfurt durch New York, Paris oder London auszutauschen, zählt dabei nicht. Nur darf keine der Seiten siegen. Denn so schön der Plunder, die Reliquien und Relikte einer großen Vergangenheit auch sein mögen, zur heutigen Realität der Hotelbenutzer wie der Bauherren eines solchen Hauses gehört die „Frankfurter Geschäftigkeit", von wo auch immer sie anreist. Der Architekt hat angesichts dessen für die Austarierung der Botschaften aus und der Sehnsucht nach einer großen Vergangenheit mit den Belangen und Anforderungen einer komplett liberalisierten Gegenwart zu sorgen. Anders gesagt, muss er die innere Richtschnur von Ausgewogenheit und Stimmigkeit in einem Feld heterogener, geradezu atomar aufgesplitteter Bedürfnisse und Wünsche finden.

Die zu Recht als Befreiung des Individuums gerühmte demokratische Kultur, die Liberalisierung der Lebensverhältnisse, ist für Architekten schon beim Entwurf privater Häuser oft eine Herausforderung. Alle früher für selbstverständlich angesehenen Abläufe des alltäglichen Lebens zwischen Damensalon und Raucherzimmer, Arbeitszimmer des Herrn, Speisesaal und Stube (für die Dienerschaft) sind dahin. In den Zwanziger Jahren, also vor noch nicht 100 Jahren, zählten sie auch für die Modernen ihrer Zeit noch zu den unbezweifelten Regeln des Villenbaus. Fraglos wurden in den kubischen Häusern mit Flachdach und Panoramafenstern sogar Chauffeurstuben über den Garagen vorgesehen – fast undenkbar heute oder nur in seltensten Ausnahmen realisiert. Die individuellen Wünsche des Bauherrn nach Komfort und „Selbstverwirklichung im eigenen Lebensstil" führen auch hier zu Lösungen, die aus architektonischer Sicht oft als Patchwork bezeichnet werden müssen. Ererbtes und modernes Mobiliar setzt sich in Räumen, deren Grundriss einer berühmten Vokabel zufolge zum Fließen gebracht worden ist, zu einer Ästhetik zusammen, die in Jeans ebenso zu nutzen sein muss wie im Smoking. Eine Hierarchie oder Priorität von Verhalten und räumlicher Nutzung kommt allein aus individuellen Vorlieben und Maßstäben, nicht aus sozialen und überindividuell oder gar allgemein geltenden Regeln.

Um vieles mehr gilt das für ein Hotel. Von jeher bieten Hotels eine bloß temporäre Heimstatt, Ort für das transitorische, das durchlaufende Leben. Historisch ist „hôtel" eine sprachliche Modernisierung des altfranzösischen „hostel", in dem sich noch das lateinische „hospitale" verbirgt – changierend zwischen Gasthaus und Krankenstation. Vor rund 300 Jahren bezeichnete ein „hôtel" die Stadtwohnung der Adligen, vornehmlich natürlich in Paris, das durch den königlichen Absolutismus zur Weltstadt aufstieg. Ein älterer Sprachgebrauch kennt auch heute noch das „hôtel particulier" als Adelshotel oder Stadtpalais. Erst mit dem Bürgertum im 19. Jahrhundert und mit der Erfindung des modernen Tourismus in dessen Ausgang, verselbständigte sich das Hotel zu dem Beherbergungs- und Bewirtungsbetrieb, den wir heute darunter verstehen.

Geschäftsreisende, Vergnügungsreisende, Sport- und Ferienreisende, dazu allerlei nomadisierendes Publikum aus Kultur und heute auch aus Film, Medien und Entertainment finden seither im Hotel vorübergehende Wohnung. Gegenwärtig wird stärker als noch in den 1980er Jahren wieder die Zeit der Grand Hotels bewundert, ob St. Moritz oder Nizza, ob Brüssel, Paris, Venedig oder London. Aber sie hat doch eine recht kurze Periode um die vorletzte Jahrhundertwende zum Hintergrund, die man gern in die opulenten Zwanziger Jahre hinein verlängern möchte. Die Entstehungsdaten so berühmter Häuser wie des alten, des echten „Adlon" in Berlin, des „Metropol" in Brüssel oder des noch im alten Gemäuer authentisch erhaltenen „Waldhaus" in Sils Maria im schweizerischen Engadin sind dafür ein Beleg. Sie wurden alle etwa um 1900 eröffnet und leiten ihren Nimbus, ihr Renommee und ihren legendären Ruf in aller Welt aus einer Epoche her, die gerade einmal 30 oder 40 Jahre währte.

Von da an aber durchzieht die Kulturgeschichte des Hotels neben dem Glanz eines quasi fürstlichen Lebens unabweisbar auch der Hautgout des Zwiespältigen, Fragwürdigen, ja Anrüchigen, der Frivolität und Unverbindlichkeit. Depossedierte Adlige, die im Zuge der Demokratisierung der europäischen Gesellschaften im 19. Jahrhundert um ihren Besitz gebracht wurden, ob aus eigener Spielsucht und Blasiertheit, aus ökonomischer Ahnungslosigkeit oder durch politische Umstände wie die Russische Revolution und den Ersten Weltkrieg – ihre Existenz landete oft im Hotel. Immerhin, es gibt Schlimmeres als ein Leben im Grand Hotel. Aber gemessen an eigenen Schlössern, Gütern und Equipagen ist die hoteleigene Limousine alle mal ein Abstieg. Die Literaturgeschichte ist voller Episoden und Anekdoten solcher Lebensläufe, ob es *Hugo von Hofmannsthals* Graf Waldner in dessen letzter Oper „Arabella" (1929) ist, der seine Tochter aus Finanznot und Spielsucht gegen gute Mitgift verheiraten muss, oder die Biographie des russisch-amerikanischen Schriftstellers *Vladimir Nabokov*, der aus altem Adel Russlands durch die Revolution erst nach Berlin, dann in die USA vertrieben wurde. Nach seinem Weltbestseller „Lolita" konnte er sich ab 1961 für 16 Jahre im Palace Hotel in Montreux am Genfer See niederlassen, einem der ältesten und vornehmsten Grand Hotels der Welt – für *Nabokov* persönlich ohne fürstlichen Pomp, aber doch bewusst als Ausgleich für die Verluste in der russischen Heimat gewählt.

Auch das Werk der Schriftstellerin *Vicki Baum* ist von der zarten Fremdheit und dem volatilen Leben im Hotel durchzogen, zumal ihr berühmtester Titel „Menschen im Hotel" von 1929, in Hollywood sogleich verfilmt wurde. Ganz unverächtlich kann man ihn auch als Loblied auf die Vorzüge der Anonymität lesen, als Laudatio auf den Kosmos von Amouren, flüchtigen Begegnungen, sich kreuzenden Nachrichten und Biographien. Das Hotel ist bei ihr nicht nur Symbol des modernen, großstädtischen Lebens schlechthin, sondern Ort für Aufstieg, Sturz und Verwandlung von Lebenskarrieren, eben weil sie sich im Jenseits der identifizierbaren, vorgezeichneten und festgelegten Berufs- und Privatsphären abspielen: ein kleiner Buchhalter wird zum Lebemann, ein Unternehmer zeigt sich als billiger Betrüger, ein verarmter Baron betätigt sich als diebischer Fassadenkletterer, und die einst gefeierte Diva versinkt in Melancholie – das Hotel als Bühne für Masken, angenommene Persönlichkeiten und Desillusionierungen.

Aus jüngster Zeit wird man zu den bewegenden Zeugnissen einer solchen Lebensweise zwischen Heimat und Nirgendwo im Hotel den Film „Lost in Translation" von *Sofia Coppola* (2004) nennen wollen. Er erzählt mit betörenden Bildern vom spröden Kennen lernen zweier verlorener Seelen, die von den Zufällen der Medienexistenz als Schauspieler und Fotografin auf die einsame Insel eines teuren Hotels in Tokio geschleudert werden. Gleichgültig umbraust das geschäftige

Leben des Betriebs die zarten Versuche, ihre ausgenüchterten Leben einander anzunähern; schon schwappt das nächste Event über die zaghaft erreichte Nähe. Es bleibt das einsame Zimmer im Hotel.

3.

Vermutlich ist es diese deregulierte, durch und durch liberalisierte Kultur der Gegenwart, die viele Hotels und viele Architekten dazu veranlasst, mit formalem Lärm und ästhetischem Spektakel in die Konkurrenz um die Aufmerksamkeit beim zahlenden Publikum einzutreten. Immerhin entscheidet jeder Benutzer durch sein unbestreitbares Recht, bei Missfallen das Haus sofort wieder zu verlassen oder es nie mehr aufzusuchen, über Gelingen und Scheitern des Hotels und seiner Gestaltung. Es ist zwar keine, wie die Redeweise geht, Abstimmung mit den Füßen, wohl aber mit der Kreditkarte. Das scheint den Druck zu erhöhen, durch ästhetischen und formalen Aufwand Aufmerksamkeit zu erringen. Allemal sind es Design- und wie auch immer etikettierte Kunst-Hotels, die in unseren Tagen einen Trend im Hotelbau ausmachen.

Doch wirkt das bei Lichte besehen wie ein magisches Beschwörungsritual. Offensichtlich muss die formale Lautstärke umso schriller ausfallen, je lastender die Stille oder das Fehlen des kulturellen Konsenses sind. Allemal führt es zu absurden Phänomenen gerade in Häusern, die durchaus nicht zur Discounter-Kategorie der Hotelketten zählen, sondern zum höheren und gehobenen Standard: zwischen Bad und Zimmer eines alten, gediegenen Hauses werden bei der Modernisierung gläserne Türen gesetzt, die jede Notdurft zum Schaustück für die Begleitung machen. Oder Badewanne und Bett werden in ein Designobjekt verschmolzen, das der Form einer Ozeanwelle nachgebildet ist; „Nass-Schlafen" als neueste Form des Amüsements. Auch die jedenfalls durch einen Schalter abblendbaren Glastafeln zwischen Duschplatz und Zimmer kann man als unverfrorene Aufforderung zum permanenten Exhibitionismus ansehen.

Gewiss reagiert das geschulte Auge eines Architekten empfindlicher auf die Misshelligkeiten der Design-Objekte als die des flüchtigen Hotelbenutzers. Aber Objekte, denen man die Stabilität nicht zutraut, um als Bidet oder Klosett zu dienen, sind ebenso ärgerlich wie Seifenschalen, die als Tulpe oder Lilie geformt wurden. Zu den Ärgernissen zählen auch spillerige, flüchtig an die Wand geheftete Holzplatten, die als Schreibkonsole herhalten sollen, aber optisch kaum ein Blatt Papier tragen können. Und ob ein Knauf ein Türgriff ist oder nicht doch das Radio anschaltet, möchte man eigentlich schon gern auf Anhieb erkennen können, auch ohne einem Funktionsdogma der Moderne aufzusitzen. Und sicherlich ist es dieses Sammelsurium, diese Allotria aus Schnickschnack des Design und Kunstwollen der Ausstattung, die einen Architekten bewegt, von einem Hotel zu träumen.

Radikal und rigoros geträumt (wenn das geht!) wäre es ein Haus, das ohne „Musak", ohne Dauerberieselung einer Lärmbeschallung auskommt, das vor allem einen eigenen, erkennbaren Hauskörper besitzt. Der jedoch würde sich nicht selbstverliebt aus dem Ensemble der umgebenden Bauten lösen – es sei denn, er ist auf die „grüne Wiese", in einen dichten Wald oder in die Alpen fern der Stadt gestellt. Hier gelten Ausnahmebedingungen einer Rücksichtnahme auf das natürliche Ambiente. Sonst und üblicherweise aber regiert das „Symphoniegebot der Architektur", nämlich der Zusammenklang des Virtuosen mit dem Orchester der umgebenden Bauten. Und wie im Konzertsaal die Instrumente des Virtuosen meist aus besonderem Holz und mit besonderer Kunstfertigkeit hergestellt sind, zählt auch die überlegte Wahl des Materials für die Fassade sowie ihre Gestaltung zu den Essentials des erträumten Hotels; ruhige Kraft gaukelt es vor Augen. Und lässt schon dieses erkennbar Eigene, aber Dezente des Hauses die aufgeregt geschäftige Seele des Träumers lächeln, darf das Innere nicht abfallen. Nichts ist unangenehmer und schmerzlicher als der scharfe Kontrast von äußerem Auftritt und innerer Gestaltung, gleich welchen Gegensatz von Plüsch und Moderne, Bestand und fuchtelnder Marmor- oder Stahlkunst hier als Schreckbild in den Traum drängt.

Soll man den leicht biedermeierlichen Klang der Behaglichkeit scheuen, wenn man sich in der Lobby freundlich aufgenommen sehen möchte? Weder überfallen von gleißendem Licht aufdringlicher Halogenstrahler oder dem Flimmern irgendwelcher Screens, noch belästigt von der übereifrigen Beflissenheit der Portiers und Conciergen? Vielmehr umfangen von Zurückhaltung und Willkommen im Optischen wie im Benehmen der Angestellten? Nein, der Traum kennt keine Grenze modisch-schicker Zensur. Und behaglich heißt ja nicht nur deutsche Eiche im Gelsenkirchener Barock, sondern behaglich wird's der träumenden Seele durch die stimmige Zurückhaltung blick- und handbeständiger Materialien, ob Holz, ob Stein oder Metall, gleichviel. Nur bitte keine Touchscreens oder frei fliegende Notebooks mit akustischer Gasterkennung und Wunscherfüllung, bevor der Wunsch geäußert wurde – von einem heutigen Hotel verlangt der Träumer alle technologischen Features auf allerhöchstem Niveau, selbstverständlich. Aber eben deswegen haben sie es nicht nötig, sich ständig selbst auszustellen.

Natürlich kennt der radikale Traum eines Architekten den Wunsch, jeden Raum, jedes Zimmer eines Hotels anders und unverwechselbar einzurichten, vielleicht nicht bei den Türgriffen, den Armaturen von Bad und Dusche oder den Fensterlinsen. Diese sollten nur alle für das Haus einem eigenen Entwurf folgen. Nein, die Unverwechselbarkeit der Zimmer meint die Atmosphäre und Gestaltung, den Zusammenklang von Bett und Schreibtisch, von Paneelen und Tapeten, von Teppichen und Sesseln, der Farbpalette und dem Material. Keiner träumt allein und unbegrenzt von Samt und Seide, aber ein Architekt wäre der nicht, der auch damit nicht gerne einmal spielte, wenn der Ort, der Raum, das erträumte Bild der Atmosphäre es verlangt.

Dann erwacht der träumende Architekt und wird Realist. Noch benommen von den Bildern, respektiert er im nüchtern weichen Licht des Tages die Vielzahl der Wünsche reisender, geschäftiger Hotelbenutzer und will auch dem Bauherrn nicht, wie das Wort geht, das letzte Hemd vom Leibe reißen. Also erinnert er sich eingedenk seines Traums an die Devise jedes wirklichen Architekten, dass Bauherr und Architekturbenutzer den Kunst*wert* seiner Arbeit anerkennen mögen (das auch gerne wollen), aber dennoch nicht ein Kunst*werk* haben möchten. Sondern ein Hotel. In die Vielfalt der Wünsche und Erwartungen eine Einheit der Gestaltung zu bringen, den Zusammenklang, die Symphonie der Farben und Formen zu erreichen, wird ihm daher zum ersten Ziel.

Sein oder De-sign?

Die Manufaktur der schönen Körper

Irene Krawehl

„Spieglein, Spieglein an der Wand ..."

Wer heute nicht die gewünschte Antwort erhält auf die Frage nach der Schönsten im Lande, greift nicht zum vergifteten Apfel für die Rivalin, sondern bemüht Skalpell oder Spritze des Schönheitschirurgen. Das moderne Schneewittchen heißt *Claudia Schiffer*, *Heidi Klum*, *Angelina Jolie* oder wer immer die Hitlisten anführt. Und es ist, wie es scheint, reproduzierbar.

Schicksalsergebenheit wird von Mann und Frau längst nicht mehr akzeptiert. Seit die Stilisierung des Körpers durch Reifrock oder Korsett abgeschafft wurde – und weil auch die kühnste Kosmetik keine Wunder bewirkt – geht der Trend zur vorbildorientierten Selbstgestaltung mit anderen Hilfsmitteln. Vom Bodystyling, Bodyshaping durch schweißtreibendes Training über Workout Programm oder Diät, vom Absaugen, Injizieren bis hin zur plastischen Chirurgie reicht das Arsenal zur Optimierung der menschlichen Natur. Und wenn man schon einmal dabei ist: Body Enhancement lautet das Zauberwort, das statt Korrektur oder Reparatur gleich die Verbesserung der einzelnen Organe und Gliedmaßen zum Ziel hat. Der rasante Fortschritt der Biowissenschaften auf dem Weg, den menschlichen Bauplan zu entschlüsseln, lässt die Möglichkeit aufscheinen, in die natürliche Evolution einzugreifen. Der Körper wird nach Wunsch formbar. Die Grenze von der geistigen Selbstbestimmung zur körperlichen Neuschöpfung ist längst überschritten. Eine hochgradig individualisierte und von verbindlichen religiösen oder traditionellen Normen stetig sich entfernende Gesellschaft überlässt die Sinnsuche dem Einzelnen, der ihn bei sich selbst zu finden hofft. Design yourself! Doch indem wir unserem Geist eine schönere Behausung geben, welcher Vision folgen wir? Und welches Bewusstsein schafft dieses Sein?

Lange bevor der Mensch Hand an sich legte, träumte er sich künstliche Geschöpfe. Golems und Frankensteins zeitgemäße Brüder und Schwestern heißen Cyborgs oder Replikanten. Die schöne Olympia aus „Hoffmanns Erzählungen", in die sich der Dichter hoffnungslos verliebte, war und blieb letztlich eine bewegliche Puppe. Doch heute sind die Schranken zwischen künstlich und natürlich, zwischen Mensch und Maschine zunehmend verwischt. Willkommen im Reich von Terminator und Robocop! Datenverarbeitungssysteme könnten demnächst die Leistungsfähigkeit des Gehirns weiter verbessern, elektrochemische Signale von Empfindungen könnten mit elektronischen Signalen von Computern in Interaktion treten und so Freude oder Lust erzeugen. Mensch-Maschine-Zwitter beherrschen die Scheinwelt des Internet. Die Heldin des Computerspiels „Tomb Raider" Lara Croft ist zum Idol vieler Frauen geworden, die chirurgische Manipulationen an sich vornehmen lassen, in der Hoffnung, dieser Kunstgestalt mit der fiktiven Biografie zu gleichen. Eine alterslose digitale Schimäre wird Vorbild, die allein wegen ihrer perfekten Symmetrie in der Realität niemals existieren könnte. Das heißt Selbsterfindung. Die mediale Dauerpräsenz makelloser Figuren schöner Top Models und durchtrainierter Sportlerkörper, die zahllosen Ratgeber für Schönheit und Gesundheit, Trainingscamps, Fitnessclubs und Beautyfarmen, dokumentieren den Kult um den Körper. Und die soziale Macht der Schönheit. Sie gilt als Schlüssel zu Erfolg und Glück im Leben. Attraktive Menschen wirken tatsächlich wie ein sozialer Kompass; wo sie sind ist Leben, ist Spannung, konzentriert sich das Interesse. Und damit bestätigt sich die self-fulfilling prophecy: die Schönen müssen erfolgreich sein, weil es von ihnen erwartet wird. Und da die Kluft zwischen dem Wunsch nach Idealmaßen und ihrer Erfüllung durch technische Maßnahmen überbrückt werden kann, ist der neue Narzissmus fast schon logische Konsequenz. Die erfolgreichen Reality Shows nicht nur im amerikanischen Fernsehen: „Beauty Queen – I want a Famous Face" oder „The Swan", in der vermeintlich hässliche Entlein zu Schwänen mutieren, – all dies zeigt, dass es sich wohl nicht nur um eine modische Lifestyle Laune handelt.

Die Obsession hat sich global ausgebreitet. Chinesinnen lassen sich die Beine verlängern, Japanerinnen die Augen runden, Afrikanerinnen den Teint bleichen. Im Iran wünschen immer mehr Frauen, die sich doch nur verschleiert der Öffentlichkeit zeigen, eine Verkleinerung der Nase usw. Im Übrigen haben die Männer beim Spiegelgefecht im Badezimmer oder Studio längst gleichgezogen. Lidstraffung, Beseitigung der Tränensäcke, Fettabsaugung und gelegentlich ein Muskelimplantat gehören inzwischen zum maskulinen schönheitschirurgischen Standard. Die tägliche Fron an der Schönheitsfront, die durchaus auch Spaß machen kann, dient offenbar nur dem einen Ziel, uns mit jenen harmonischen Proportionen zu versehen, die einst als der Goldene Schnitt griechischen Bildhauern vor Augen stand. Warum gerade sie? Und wie steht es mit dem Gleichgewicht von Äußerem und Innerem, von Seele, Aura, Erotik, Charme, Charakter kurz all jenen Eigenschaften, die einst das geistige Äquivalent zur physischen Vollkommenheit bildeten? Mit anderen Worten: was wird als schön empfunden? Welche Erwartungen werden an Schönheit geknüpft?

Die historische Spurensuche ist deshalb schwierig, weil sich die meisten Wissenschaftler (Anthropologen, Soziologen, Biologen, Psychologen, Philosophen) kaum in der Diagnose einig sind, geschweige denn in der Bewertung. Unstreitig scheint: Die Lust am Schönen liegt in der menschlichen Natur. Ob dieses Wohlgefallen „ohne jedes Interesse" (wie *Kant* fordert) erfolgen muss oder als eine Art Selbstbelohnungssystem funktioniert (wie neurologische Studien neuerdings behaupten), ist in diesem Kontext unerheblich. Sicher spielen Wahrnehmung, Urteil und ihre Verknüpfung und affektive Besetzung, (also nach *Kant* „das Zusammenspiel aller Vermögen") und die daraus resultierenden Handlungen die entscheidende Rolle. Unzweifelhaft ist auch die diffuse Hoffnung, das „Versprechen des Glücks", das mit dem Anblick des Schönen verbunden wird.

Folgt man *Charles Darwins* Theorien über die natürliche Auslese, so haben ästhetische Präferenzen von Mensch und Tier (choice and selection) zur Verstärkung vorhandener Merkmale geführt. Sportlichkeit und Fitness halfen beim Überlebenskampf. Der Einsatz von Lockmitteln, die Ornamentierung, Vortäuschung und Übertreibung primärer und sekundärer Geschlechtsmerkmale erhöhten für den Einzelnen die Chancen des Paarungserfolges mit dem Ziel der optimalen Fortpflanzung. Beide Geschlechter wählen und werden gewählt, so dass die „sexual selection" über viele Generationen dazu führt, dass wir heute die Vorlieben des jeweils anderen Geschlechts repräsentieren. Allerdings mussten die männlichen Tiere (und die ersten Menschen) sich im allgemeinen sehr viel mehr bemühen, die Gunst zahlreicher Partnerinnen zu erringen, um möglichst viele Nachkommen zu zeugen, so dass die „beauty trap" in archaischen Zeiten eher männliche Opfer hatte. Nun haben neuere Evolutionsbiologen erhebliche Anstrengungen unternommen, die ästhetische Auswahl als Handicap Theorie quasi ins Gegenteil zu verkehren. Der spektakuläre Pfauenschweif, das riesige Geweih seien nichts anderes als Zeichen besonderer Überlebensqualitäten trotz dieser ornamentalen Behinderungen. Ob die Höhlen-Eva nun Adams Bizeps und Waschbrettbauch erregend fand und er ihre Brust, die schmale Taille und langen Beine begehrenswert oder ob beide dies nur als neutrale Signale der Überlebenstüchtigkeit werteten, dürfte kaum mehr exakt verifizierbar sein.

Eins allerdings steht fest: Seit der griechische Bildhauer *Polyklet* vor zweieinhalbtausend Jahren seinen Kanon des perfekten Körpers aufstellte, folgen wir bewusst oder unbewusst seinen Vorstellungen. Seine berühmtesten Statuen (die „Amazone" und der „Speerträger", nur als römische Kopien überliefert) weisen genau jene standardisierten Maße von Kopfgröße, Armlänge, Brustbreite usw. im Verhältnis zum Gesamtkörper auf wie die „Aphrodite von Knidos" des *Praxiteles*, der „David" von *Michelangelo*, der übrigens bis heute seine Favoritenstellung auch gegenüber Sexsymbolen und Hollywoodstars wie *Brad Pitt* behauptet. Dass die „Kapitolinische Venus" im neuen Jahrtausend kaum zum Covergirl taugen würde, spricht nicht gegen diese These. Supergirl ist ein Produkt, das als Folge gesellschaftlicher Umwälzungen in den späten sechziger Jahren entstand. Die emanzipierte selbstbewusste Frau zeigte ihren Protest gegen die Mutterrolle durch extreme Sportlichkeit, Schlankheit und einen Schuss Androgynität. Der üppige Busen, die Wespentaille, die überlangen Beine wurden dann das Ergebnis sich kreuzender Wunschvorstellungen. Dass bei der Festlegung der Proportionen nicht reine Willkür waltete, sondern Glaube an die Magie der Zahlen und dass die mythische Bedeutung ihrer Relation zueinander eine Rolle spielte, sei am Rande bemerkt. Von *Leonardo da Vinci* und seinen Zeitgenossen über *Albrecht Dürer* bis hin zu den Modernen, das Schema der idealen Proportionen beschäftigte Künstler und Wissenschaftler in heftigsten Kontroversen. Und bei den internationalen Schönheitswettbewerben unserer Zeit bilden Oberweite, Taillenumfang, Hüftweite die ersten Hürden zur Qualifikation um den Titel. Die gleiche Fixiertheit auf die perfekte Zahlensymmetrie perfekter Körper treibt junge Mädchen heute zu selbstzerstörerischen Aktionen.

Diese Schematisierung weist auf ein anderes Merkmal des Schönen hin: den Mangel an Individualität. Durch Überblendung und Vergleich vieler Einzelkörper wird ein Muster gefunden, das der Natur zu Grunde liegt. Es ist also gerade ihre Durchschnittlichkeit, welche als schön empfunden wird. Und gerade darauf beruht auch die von *Kant* postulierte prinzipielle Allgemeinheit des ästhetischen Urteils, die sich übrigens mit Hilfe moderner Techniken sehr leicht überprüfen lässt. Gibt man die Ergebnisse psychologischer Befragungen in einen Computer, kommt regelmäßig ein virtuelles Geschöpf heraus, das von den anschließend Befragten einmütig als die Schönste bezeichnet wird, schöner auch als jede reale Miss Universum. Je weniger markante individuelle Merkmale jemand aufweist, desto größer ist seine Chance, als attraktiv eingestuft zu werden.

Apollo und Aphrodite gelten im abendländischen Kulturkreis als Inbegriff des klassischen Schönheitsideals. Die Vergötterung physischer Schönheit im antiken Griechenland wird nicht zuletzt an den bildlichen Darstellungen deutlich. Das dekorative Faltengewand enthüllt mehr, als es verbirgt. Vasenbilder zeigen deutlich die herausragenden sexuellen Merkmale männlicher Pin-ups. Die körperlichen Übungen und Wettkämpfe in den Gymnasien bei minimaler Bekleidung waren nichts anderes als ein permanenter Schönheitswettbewerb. Doch für den Betrachter verfügten die dargestellten Götter darüber hinaus noch über geistige und moralische Qualitäten: Apollo, den klugen Seher, der vollendet die Lyra spielte, den Jäger und kriegerischen Helden, zeichneten (ebenso wie sein menschliches Gegenbild Achill) Mut, Tapferkeit, Großmut und Hilfsbereitschaft aus. Aphrodite, die göttliche Verführerin war Symbol der Fruchtbarkeit, Göttin der Gärten und des Lebens. Menschliche Schönheit musste beseelt sein, „sprechen". Es gehörten besonders in der deutschen Klassik ideale sittliche Werte dazu. Das Wahre und Gute war unverzichtbarer Bestandteil des Schönen.

In der Gestalt des Adonis (oder des Nacissus) werden Zwiespalt und Gefahr des Nur-Schönen deutlich. „Die idealschönen Jünglinge sterben, bevor oder während sie den Schritt in die sexuelle und soziale Rolle des erwachsenen Mannes tun", schreibt *Winfried Menninghaus* in „Das Versprechen der Schönheit" (S. 19/20). Er schildert die Irrungen und Wirrungen jener Männer, die prädestiniert scheinen, Begehren zu entfachen, ohne es je befriedigen zu wollen. Ihre unantastbare Jugend, ihre sexuelle Gleichgültigkeit gepaart mit außergewöhnlicher Attraktivität macht sie zur Projektionsfläche weiblicher Fantasien, die gerade nicht auf den Fortpflanzungszweck gerichtet sind und daher unerlaubt. Zwei Göttinnen streiten sich um die Gunst des Unvergleichlichen, doch selbst Aphrodite scheitert an der erotischen Passivität dieses Anti-Helden. Adonis geht lieber auf die Jagd, als das Lager der Liebesgöttin zu teilen und wird von einem Eber getötet. Aus Liebe, wie dieser versichert. Er habe ihn umarmen wollen. Was diesem Mythos einen zusätzlichen homoerotischen Touch verleiht, denn der Eber verkörpert virile Macht und Potenz. Adonis wie auch Narcissus sind Verkörperung steriler, sich selbst genügender Schönheit. Der häufige Vergleich mit Statuen ist daher kein Zufall. Die Vorstellung des makellos Schönen, also quasi Vollendeten, lässt eine Veränderung in Richtung Alter oder Krankheit gar nicht zu, so dass der frühe Tod nur konsequent scheint. Ein Gedanke, der vor allem in der Romantik wieder auflebt.

Ein Blick ins Märchenarchiv bestätigt diese Ambivalenz in der Beziehung von Schönheit und Begehren. Einerseits verspricht Schönheit intimste Verbundenheit, die Vereinigung mit dem oder der Geliebten. Andererseits kennzeichnet höchste Schönheit auch Kälte, Grausamkeit, Hochmut. Aschenputtel & Cie. müssen erst einige Prüfungen hinter sich bringen, bevor ihnen die quasi geläuterte Schönheit den sozialen Aufstieg ermöglicht. Die stolze Turandot lässt zunächst reihenweise die Verehrer köpfen, bis sie sich schließlich dem klugen Prinzen ergibt. Auch hier liegt zwischen dem sexuellen Glücksversprechen und der Erfüllung ein schwieriger, für manche tödlicher Weg.

Obwohl archaische ästhetische Vorlieben unbewusst in uns fortleben, haben Zivilisation und Kultur im Laufe der Jahrhunderte unseren Geschmack entscheidend geprägt. Der Wandel der Umwelt, die monogame Lebensweise machte für den Menschen die intellektuelle Anpassung erforderlich. Doch selbst wenn bei der Partnerwahl der Gedanke der Fortpflanzung nur noch eine marginale Rolle spielte und nicht zuletzt ökonomische und dynastische Aspekte die Entscheidung beeinflussten, setzte das die erprobten Mechanismen der Verführung durch Lockmittel nicht außer Kraft. Die teils aufwendigen Prozesse der Selbstverschönerung wurden durch soziale oder moralische Reglementierungen traditioneller Gesellschaften nur modifiziert. „Erzeugten schöne Menschen schöne Bildsäulen, so wirkten diese hinwiederum auf jene zurück, und der Staat hatte schönen Bildsäulen schöne Menschen mit zu verdanken". Das Zitat aus *Gotthold Ephraim Lessings* „Laokoon" wird gern als Beispiel für die Rolle der Kunst als Leitbild unseres Schönheitsempfindens hergenommen. Es sagt aber zugleich, dass es sich dabei um eine Momentaufnahme handelt, die nur begrenzte Zeit gültig ist. Der relativ unbefangenen Einstellung der Menschen in der Antike zum nackten Körper folgte im Mittelalter die demonstrative Verhüllung, die alles Aufreizende in die Fantasie verlegte.

Diese leidenschaftliche Epoche, hin- und hergerissen zwischen Höllenangst und Lebensgier, voller alltäglicher Brutalität und tränenreicher Empfindsamkeit suchte den Ausweg aus dem Dilemma in der Scheinwelt des Rittertums und der Stilisierung der Liebe durch die keusche Minne. Da der Körper nichts als eine vergängliche Hülle war, die Sinnenlust sündhaft und alles Heil erst im Jenseits zu erwarten, blieb nur die betonte Kultivierung des schönen Lebens in den Formen eines Heldenideals. Die romantischen Ritter der Artusrunde kämpften todesmutig für die Ehre einer Dame, waren Beschützer der Schwachen, der Witwen und Waisen. Die Körperdarstellung im ritterlichen Turnier und in den höfischen Ritualen hatte allerdings durchaus eine sinnliche Komponente. Die Brustharnische und Beinschienen mit ihrer künstlichen anatomischen Muskulatur, der mit gewaltigen Hörnern oder einem Federbusch geschmückte Helm, die erhobene Lanze, die übertrieben große Schamkapsel zeigten eindeutig erotischen Charakter. Die heldische Pose sollte nicht nur Widersacher einschüchtern, sondern zugleich die Dame des Herzens beeindrucken. Selbst die asketische höfische Liebe, die nicht mehr von der Hoffnung auf Erfüllung getragen war und deren Reiz gerade in der Sublimierung lag, gab den Zusammenhang mit der natürlichen Liebe nie ganz auf. Die Lyrik ist voller Anspielungen auf die verschleierten Wünsche des Tugendsamen. Die Angebetete ihrerseits bediente sich subtiler modischer Signale. Die Farbe des Gewandes, Blütenschmuck, Perlen, das Falten eines Tüchleins wurden zu Symbolen unterschiedlicher Grade der Zuneigung. Gesicht und Hände erhielten mangels deutlicherer Merkmale signifikante Bedeutung. Die Darstellung der Nacktheit war zwar nur im religiösen Kontext gestattet und der Begriff des künstlerisch Schönen weitgehend unbekannt, trotzdem unterstrich auch die sakrale Kunst die Idolisierung des Körpers. Christus, der Gott, der Mensch wird, kann nur schön sein. Seine Mutter Maria, Vorbild aller Frauen, darf keinen Makel zeigen. Adam und Eva im Paradies oder die Schar der Heiligen – sie wurden angebetet und bestimmten den Ablauf des gesamten irdischen Lebens. Es wäre unrealistisch, den Einfluss ihrer Bilder selbst in einer auf ein Ziel im Jenseits gerichteten Gesellschaft zu negieren.

Für die Kleidung als verdeckte, aber unübersehbare Form sexueller Reizung entwickelten gerade jene Epochen höchste Kunstfertigkeit, welche die offene Darstellung nicht gestatteten. Das viktorianische Zeitalter bietet dafür hinreichend drastische Beispiele: „Die Kleidung eines Mannes betonte seinen Kopf und seine Hände, d. h. seine Fähigkeit, Frau und Kinder zu ernähren… Entsprechend finden wir im Schlips-und-Kragen-Ensemble – diesem steifen, dicken Krawattenpenis, der unter ein paar Kragentestikeln hängt – das übertragene und vergrößerte Geschlechtsorgan… Die Dame entleiht sich ihre Lockmittel aus der bisexuellen und doch so weiblichen Welt der Blumen. Der Kegel ihres geradlinigen, steifen Rocks formt den Sockel für ihre Brüste, die wie ein Gesims die Vasenform krönen welche durch ihre eng geschnürte Taille entsteht…" Soweit *George L. Hersey* in seiner Studie „Verführung nach Maß", S. 31/32.

Mit der Renaissance schlug die Geburtsstunde jenes Denkens, das den Menschen befähigt, sein Leben selbst zu gestalten und daraus seine Würde zu gewinnen. Es scheint, als sei mit dem Humanismus alle Düsternis hinweggefegt, um der Heiterkeit, Freiheit und Harmonie des Ebenmaßes im Rückblick auf die Antike Platz zu machen. Der Künstler fühlte sich nicht länger nur als Werkzeug höherer Bestimmung und trat aus der Anonymität. Der Mensch kehrte aus dem Jenseits zurück und entdeckte das Paradies auf Erden. Sinnlichkeit und Überschwang dominierten nicht nur Architektur und Malerei. Eine exzessive Prachtentfaltung nach außen und innen sollte den Herrschaftsanspruch der neuen Geldfürsten manifestieren, die den Geburtsadel ablösten (zunächst in Florenz durch die Familie *Medici*). Ihr Beispiel machte Schule und erreichte schließlich auch die übrigen europäischen Fürstenhöfe.

Eine nicht zu unterschätzende Rolle kam dabei den Mätressen der Mächtigen zu, die zum Vorbild der gesamten aristokratischen Gesellschaft wurden. Ihnen ging es um den passenden Rahmen für ihre Schönheit: prächtige Kleider, kostbarer Schmuck, edle Möbel, Teppiche, seidenbespannte Wände, behagliche Betten, Porzellan, Spiegel und zahllose dekorative Elemente, deren Gestaltung hohe Kunstfertigkeit erforderte. Eine mittelalterliche Kathedrale war die Stein gewordene Hymne an die Allmacht Gottes, an der mehrere Generationen bauten. Persönlicher irdischer Luxus und Eitelkeit waren verpönt. Eine Kurtisane aber wollte hier und jetzt genießen und sich durch ihren Lebensstil gesellschaftlich herausragend positionieren. Zum ersten Mal wurde die Gestaltung der gesamten Lebenswelt zum ästhetischen Maßstab, nicht nur der geschmückte Körper. Da sie ihre Stellung nicht der Geburt sondern zunächst meist körperlichen Vorzügen verdankte, war ihre Schönheit und deren Stilisierung und effektvolle Betonung durch ein entsprechendes Umfeld für sie überlebensnotwendig. Ein Heer von Schneidern und Stilisten, Putzmacherinnen und Perückenmachern stand ihr bei dieser Inszenierung ebenso zur Verfügung wie Maler, Architekten, Musiker, Goldschmiede usw. Deren Aufgabe bestand darin, diese Reize zu überhöhen. Die Dame musste dabei „buen gusto" beweisen, guten Geschmack also. Dieser schillernde Begriff, der sowohl angeborene wie erworbene Fähigkeiten umfasste, der individuell und zugleich allgemein verbindlich sein sollte, entstammt dem „Handorakel", eine Art Lebenshilfe des spanischen Jesuiten *Balthasar Graciàn* für den neuen Höfling. Der hatte nun erlesene Manieren, umfassende Bildung und Verstand mit Empfindsamkeit, Eleganz und Delikatesse zu verbinden. Es waren im Kern humanistische Ideale. Auch der französische „honnête homme" musste sittliche Werte zum Maßstab seines Handelns machen. Der Geschmack übernahm die Rolle des ästhetisch-moralischen Zensors. Dass die Favoritinnen diesem Ideal mit verfeinerten erotischen Signalen zu entsprechen hatten, machte deren Arbeit an der Selbstornamentierung und Platzierung in ein sexuell aufgeladenes Ambiente höchst kompliziert. *Botticellis* Gemälde „Die Geburt der Venus" zeigt die schaumgeborene Göttin mit nichts bekleidet als ihren langen goldenen Haaren. Ob das Modell des Malers eine fürstliche oder die eigene Geliebte darstellt, ist nicht überliefert. Hingegen trat die schöne Favoritin von *König Heinrich dem Zweiten* von Frankreich, *Diane de Poitiers*, gern als nackte keusche Göttin Diana mit Pfeil und Bogen auf. Die Allegorie erlaubte, was sonst selbst in diesem freizügigen Jahrhundert als schamlos gegolten hätte. Und ganz nebenbei wurde sinnliche Schönheit mit göttlichen Eigenschaften assoziiert.

Aufklärung und Romantik machten jeder überindividuellen Leitidee des ästhetischen Urteils den Garaus. Das Schöne war endgültig nicht mehr Abglanz einer höheren Wirklichkeit oder Symbol besonderer Tugenden, sondern naturhaft in jedem Lebewesen, in Baum und Strauch, aber auch in einem großen Kunstwerk selbst vorhanden und unterlag lediglich dem Gesetz des Erkennens.

Um dieses geschmackliche Erkennen kreisen zahlreiche philosophische Schriften von *Montesquieu, Voltaire, Goethe, Herder, Winckelmann, Kant, Burke* oder *Hume*. Der „Standard of Taste" sollte sich an klassischen Vorbildern schulen, sollte auf Urteils- und Unterscheidungsvermögen beruhen, aber zugleich instinktiv sein, sensibel auf das Außergewöhnliche reagieren, kurzum individuell sein und doch wegen eines angeborenen Empfindens wieder auch irgendwie verbindlich. Der Widerspruch irritierte schon *Goethe*: „Warum will sich Geschmack und Genie so selten vereinen? Jener fürchtet die Kraft, dieses verachtet den Zaum". Und tatsächlich: mit dem spätromantischen Geniekult fallen alle Geschmacksbarrieren. Erlaubt ist, was der überbordenden Fantasie des genialen Künstlers gefällt. Das ist deswegen von Bedeutung, weil mit der von allen Fesseln befreiten künstlerischen Macht des Genius jetzt auch der Selbstschöpfung des Menschen nichts mehr im Wege stand. Und der urteilende Geschmack, nunmehr willkürlich emotional oder modisch trendbezogen, büßte seine Funktion als geistiges Regulativ ein.

Das 20. Jahrhundert entkoppelt das Glücksversprechen der Schönheit von jeder moralischen Verpflichtung. Es trennt den Körper, das Material des Schönen, von seinen transzendentalen Wurzeln. Damit wird er beliebig manipulierbar, weil ihm nun eigenes Sinnstiftungspotenzial zuwächst. Das kann politisch geschehen, wenn Hunderte von schönen, starken und gesunden Modellathleten in grandiosen Inszenierungen zu Botschaftern einer diktatorischen Ideologie werden. Und es geschieht in Form von Werbung jeden Tag. Raffiniert ausgeleuchtet und digital perfektioniert, gehen makellose Frauen- und Männerkörper eine Symbiose mit jenen Produkten ein, deren Philosophie sie transportieren. Anonym, austauschbar, seelenlos erfüllen sie ihre Funktion als Projektionsfläche unserer Sehnsüchte, seien dies Autos, Kosmetika, Mode oder Schokolade. Glück bedeutet dabei materiellen Zugewinn.

Und da die Kunst sich längst von der Schönheit verabschiedet hat, fungieren die auf Hochglanz lackierten Bilder der Supermodels dank neuester Techniken allüberall als Leitbilder unseres Schönheitsempfindens. Um ihnen nahe zu kommen, bedarf unser eigener Körper der Bearbeitung. Im Zeitalter des Design, wo jeder Gebrauchsgegenstand bis zum letzten Klingelknopf einer bestimmten Design-Philosphie zu gehorchen hat, wo vom Interiordesign bis zum Kommunikationsdesign nichts mehr ungestaltet bleibt, kommt diesen Hilfsmitteln neue Symbolik zu. Der Zeichenwert der Gegenstände überhöht den Produktwert. Das gilt auch für den eigenen Körper, der sich der Diktatur der Perfektion unterwirft. Die Zeitschrift „Psychology Today" bewies in zahlreichen Studien, dass das Körperimage zum wichtigsten Faktor des eignen Persönlichkeitsbildes und des sozialen Verhaltens geworden ist. Und der Anpassungsdruck steigt im gleichen Maße, wie die Vorbilder unerreichbar werden. Mehr als 70 Prozent der 10- bis 18-Jährigen glauben, dass Aussehen wichtiger ist als Charakter. Und dass Mode für die Lebensgestaltung fast ebenso viel bedeutet wie die eigene Familie. Sie haben nicht einmal Unrecht. Im Zeitalter der flüchtigen Begegnungen, im Flugzeug, Restaurant, Theater oder in der Disco, überall muss man kritischen Blicken standhalten. Je höher die Mobilität der Gesellschaft, desto stärker der Wunsch, durch Habitus und modische Selbstinszenierung sich zu einer Gruppe zu bekennen oder sich zu distanzieren. Der „erste Eindruck" entscheidet nicht selten über Berufschancen und private Lebensgestaltung. Das aristokratische Prinzip des Distinktionsgewinns führt auf dem Gebiet der Schönheit zu gnadenloser Selektion. Ihre Macht beginnt in der Wiege mit dem „süßen Baby", setzt sich im Kindergarten, in der Schule fort durch größere Zuwendung und macht auch in der Arbeitswelt nicht halt. „Schöne Menschen haben es gar nicht nötig, auch noch gut zu sein", sagt der Regisseur *Lars von Trier* ebenso lässig wie provokant in einem Interview der „Süddeutschen Zeitung" vom 12./13. November 2005. Womit er das Kernproblem unserer Zeit, Ästhetik statt Ethik, bündig umschreibt.

Da erscheint es auch nicht mehr absurd, mit einer Maschine quasi Freundschaft zu schließen und ihr via Internet anonym und körperlos zu begegnen. In dieser virtuellen Scheinwelt werden die alltäglichen Enttäuschungen und Zumutungen spielerisch überwunden. Durch die Wahl von „nicknames" kann man sich selbst neu erfinden und mit all den Eigenschaften ausstatten, die einem die Natur versagt hat. Den Wunschpartner aber zeichnen jene Qualitäten aus, die man in der Realität vermisst. In den beliebten Online-Fantasy-Spielen, wo sich zahlreiche Nutzer treffen, erleben Elfen, Zwerge und Prinzessinnen aus der Grimm'schen Märchenwelt ihr vereinfachtes virtuelles Comeback. Gute Helden besiegen böse Monster. Die kaltherzige Stiefmutter von Cyber-Schneewittchen entgeht ihrer Strafe nicht. Manche Userin träumt dann wohl davon, so stark, schön und unbesiegbar wie Lara Croft zu sein. Und versucht im Extremfall, ihr wenigstens in der Optik ähnlich zu werden.

Diese neoromantische Form des Eskapismus lässt vermuten, dass der seit längerem konstatierte und von einer überwältigenden Mehrheit getragene Wunsch nach Rückkehr zu den „alten Werten" nicht nur eine Art Nostalgietrend ist. Darin manifestiert sich auch Unbehagen an der Oberflächlichkeit und der neurotischen Fixierung eines zum Exzess getriebenen Schönheitskults. Der moderne Narziss verliert seine Jünger. Das Dilemma von Schönheit und Begehrtwerden, von sterilem Selbstgenügen bis zur Desexualisierung und enttäuschten Partnerschaftshoffnungen lässt viele die Verlockungen der Selbstoptimierung als Sackgasse erkennen. Der „Stern" veröffentlichte im letzten Jahr eine mehrteilige Serie über „die neue Sehnsucht nach alten Werten". Mitleid, Solidarität, Gerechtigkeit, Respekt, Ehrfurcht, aber auch Liebe und Treue, Eigenschaften, die von der Spaßgesellschaft längst entsorgt schienen, werden inzwischen in sämtlichen Medien ausführlich diskutiert, als könne man sie auf diese Weise zurückholen. Die Erfahrung, dass die eigene äußerliche Neuschöpfung uns nicht zugleich eine andere erwünschte Identität beschert, wird teuer bezahlt. Aber Schönheit war immer nur ein Versprechen, das wir selbst einzulösen haben.

Leben ohne Eigentum

Hermann-Josef Kugler

Wir Ordensleute versprechen in unseren Gelübden, ohne persönliches Eigentum zu leben. Dieses Gelübde der Armut ist herausfordernd. Nicht selten werden wir kritisch gefragt: Seid ihr wirklich arm? Ihr habt doch alles, was ihr braucht. Im Empfinden der Menschen sind die Klöster nicht arm. Was heißt dann aber, Leben ohne persönliches Eigentum? Was bedeutet das Gelübde der Armut, und wie wird es konkret gelebt?

1. Das Grundproblem: Leben ohne Eigentum – ein positiver Wert?

Wir können nicht ein Leben in Armut versprechen, ohne einen positiven Zugang dazu zu finden. Und da ist schon das Grundproblem. Wir können am voll gedeckten Tisch leicht von Armut reden und schreiben, dann vor allem, wenn es uns nicht direkt betrifft. Wir können nicht von Armut sprechen, wenn wir uns bewusst machen, dass für viele Menschen auf der Welt Armut die bittere Realität darstellt, wo Armut Hunger, vielleicht auch Verhungern, Not und Elend bedeutet. Armut ist existenzbedrohend. Armut macht abhängig und wehrlos. Streben nach Besitz ist somit nicht nur ganz menschlich, sondern sichert das Überleben. Nicht umsonst umschreibt unsere deutsche Sprache Besitz so treffend mit „Vermögen". „Wer besitzt, vermag vieles, was dem Armen versagt ist. Solche Absicherung ist weder unvernünftig noch unchristlich und lässt sich im allgemeinen auch gar nicht vermeiden, wenn man Not vermeiden möchte." (*Riebl/Salmen* 1982, S. 80) Warum also wird die Armut in der Kirche so idealisiert? Selbst ein frei gewähltes Leben ohne Eigentum, wie es die Ordensleute versprechen, ist damit nicht unanfechtbar. Können wir wirklich etwas so Erbärmliches idealisieren wie Hunger, Elend und Not? Und erscheint es nicht schizophren, dass wir Christen uns dafür einsetzen, die Armut in dieser Welt zu bekämpfen, aber andererseits ein Leben in Armut als sinnvoll und erfüllend ansehen wollen? Diesen Widerstreit bringt *Karl Rahner* so auf den Punkt: „Armut ist, was man beim anderen durch die Hilfe der Nächstenliebe zu bekämpfen sucht ... und sie ist zugleich das freiwillig geschaffene Lebensmilieu, das einem selbst wahres Christentum ermöglichen soll." (*Rahner* 1972, Schriften zur Theologie Bd. 10, S. 520)

Der Begriff Armut umfasst viele unterschiedliche Dinge, die irgendwie zusammenhängen, aber dennoch in gewisser Spannung zueinander stehen. Da ist die unfreiwillige materielle Armut, die ein Übel darstellt, und die mit allen Mitteln auch von denen, die selbst nicht arm sind, überwunden werden muss. Andererseits gibt es die Armut, die zu einem christlichen Leben gehört. Damit gemeint ist mehr eine innere Haltung der Armut, die sich bewusst in Abhängigkeit von Gott stellt und die die eigenen Grenzen annimmt. Sie ist freiwillig und – weil aus religiösen Gründen gewählt – auch eine Sache der Gnade. Allerdings bleibt dann die Frage, wie solche freiwillig gewählte Armut auszusehen hat, wenn diese innere Haltung auch glaubwürdig gelebt werden soll?

Armut ist zudem ein relativer Begriff. Es ist ein Unterschied, ob ich von der Armut in Brasilien oder in Westeuropa spreche. Armut ist immer bezogen auf eine bestimmte Wirtschaftssituation. So könnte man heutzutage sagen, dass unsere Klöster in Europa im Vergleich zu früher weit ärmer und ungesicherter sind. Die großen Klostergebäude konnten ja nur entstehen, weil es oft die Unterstützung des Landesherrn gab oder der Konvent eine entsprechende Größe hatte. Heutzutage sichert aber weder ausreichender Nachwuchs noch Unterstützung der Umgebung den Bestand eines Klosters. Auf der anderen Seite sind Klöster im heutigen Staatsgebilde weit gesicherter als früher. Durch Versicherungen verschiedener Art versuchen sich auch Ordensleute gegen materielle Not in Krisen zu helfen. Und wie eingangs erwähnt, sind die Klöster im Empfinden der Menschen nicht arm. Dabei sind es wohl nicht einmal die Konsumgüter, die die Klöster reich erscheinen lassen, sondern vielmehr die Produktionsgüter, die angeschafft werden, um rationeller arbeiten zu können, und die einen gewissen Lebensstandard mit sich bringen.

Eine andere Frage ist, wie sich das Zueinander zwischen dem einzelnen Ordenschristen und der Gemeinschaft verhält. Auch wenn eine Gemeinschaft als Ganzes Eigentum besitzt und auch in gewissem Umfang besitzen muss, um bestimmte Aufgaben zu erfüllen, so ist es doch eine ganz andere Frage, inwieweit der Einzelne arm ist. Denn die Armut des einzelnen Ordenschristen besteht wohl weitgehend darin, dass er über das Eigentum der Gemeinschaft nicht so ohne weiteres verfügen kann. Damit verbindet sich das Gelübde der Armut mit dem Gelübde des Gehorsams. (vgl. *Pesch*, Erbe und Auftrag 2002, S. 277/278)

Wir können also positiven Zugang zum Leben in Armut nur gewinnen, wenn wir die verschiedenen Aspekte eines Lebens ohne Eigentum berücksichtigen und darüber hinaus auch die Sicht des christlichen Glaubens einbeziehen. Da Ordenschristen ihr Leben wesentlich nach dem Evangelium ausrichten, lohnt es sich, die Heilige Schrift und insbesondere die Haltung Jesu in den Evangelien zum Thema Armut und Besitz näher anzuschauen.

2. Die biblische Sichtweise eines Lebens ohne Eigentum

2.1 Armut im Alten Testament

Gott erscheint in den Schriften des AT immer als Spender aller Gaben. Er schenkt Glück und Frieden, Sättigung und Besitz, eine große Nachkommenschaft und Land. Wenn wir in das Buch Ijob schauen, dann stellen wir fest, dass gerade Armut ein Zeichen der fehlenden Gegenwart Gottes ist, ein Zeichen, dass der Mensch gesündigt hat. Gott aber will, dass es seinem Volk gut geht. Von Anfang an wird die Geschichte des Volkes Israel getragen von der großartigen Verheißung von Land und Nachkommen (vgl. Gen 13, 14f.). Und zu dieser Verheißung steht Gott auch dann, als das Volk Israel Not und Elend erleiden muss in der Zeit der Unterdrückung durch den Pharao. Er will sein Volk befreien aus der Knechtschaft Ägyptens und es in das Land hinführen, da Milch und Honig fließen (vgl. Ex 3,8). Natürlich spricht auch das AT von den Armen, die im Volk Israel leben. Dafür finden wir im AT zahlreiche Vorschriften und Bestimmungen, die sie schützen sollen. Vor allem die Propheten sind es, die immer die soziale Verantwortung der Menschen einfordern und deutlich machen, dass Gott keine Freude an Opfergaben hat, solange es noch Arme gibt (vgl. Am 4,1f.). Eine positive Sicht der Armut als Weg, Gott näher zu kommen, fehlt im AT vollständig. Erst in der nachexilischen Zeit (nach 538 v.Chr.) entsteht eine Bewegung der Armenfrömmigkeit, die sogenannten Anawim. (vgl. *Winter*, Ordens-Korrespondenz 2002, S. 306)

2.2 Die Armut Jesu

Das Verhältnis Jesu zum Besitz wird im NT kaum angesprochen. Jesus gebraucht die Dinge, wie es üblich ist. Er übt keine strenge Askese und ist frei von ängstlicher Sorge um Hab und Gut. An einer einzigen Stelle im NT wird ausdrücklich von der Armut Jesu gesprochen. Paulus betont im Korintherbrief die geistige Armut Jesu: „Er, der reich war, wurde euretwegen arm …" (2 Kor 8,9). Die Armut Jesu ist in seiner Selbstentäußerung begründet, wie sie auch der bekannte Philipperhymnus (Phil 2, 6-8) beschreibt. Jesu Geschichte ist die Geschichte seiner Entäußerung: „Gott war sein ganzer Reichtum. Damit hatte er alles – was wollte er mehr? Er hätte es dabei belassen können, niemand konnte ihn daran hindern. Nach menschlichem Ermessen musste alles so bleiben, wie es war: Was man hat, das hat man. Wer weiß, was kommt. Auf jeden Fall den Besitzstand wahren. – So dachte er nicht! Er hielt nicht seinen Besitz fest, als sei ihm nur das Privateigentum heilig. Er gab, was er hatte, und das war nicht wenig, das war alles." (*Bours/Kamphaus* 1981, S. 74) Und diese Entäußerung fand am Kreuz seinen Höhepunkt, als er sein Leben schenkte. Nicht ohne Grund nennt *J.B. Metz* das Kreuz das „Sakrament der Armut". (zitiert nach *Winter* 2002, S. 306)

Ähnliches gilt freilich auch für die Jünger Jesu, die in seiner Nachfolge stehen. Sie sollen kein reiches, abgesichertes Leben führen, sondern sollen ihr Leben unter dem Licht der Seligpreisungen führen. „Selig ihr Armen" (Lk 6,20); „Selig die Armen vor Gott" (Mt 5,3) – beide Verse stellen die verschiedenen Dimensionen der Armut vor. „Nicht nur die Physisch-materiell Armen werden seliggepriesen (Lk 6,20), sondern die Armen „vor Gott" (Mt 5,3). Armut bezeichnet also auch eine Grundhaltung des Menschen, die oft durch physische Armut ermöglicht oder ausgelöst wird, aber nicht an sie gebunden ist."(*Reibl/Salmen* 1982, S.90) Diese Haltung der Armut, wie sie in den Seligpreisungen beschrieben wird, ist vor allem eine Haltung des Vertrauens, der Offenheit und der Empfangsbereitschaft. Ganz bewusst bezeichnet deshalb *Ulrich Geniets* dieses Gelübde der Armut – auch im Blick auf den armen Jesus mit seinen ausgestreckten Armen am Kreuz – als „das Gelübde der offenen Hände" (*Geniets*, Gesandt wie Er 1984, S.70).

Ein Leben ohne Eigentum ermöglicht ein offenes Herz und innere Freiheit. Der reiche Jüngling (Mk 10, 17-27) dagegen wird durch seine Bindung an den Reichtum an der Nachfolge gehindert. Diese Geschichte zeigt anschaulich, dass Reichtum an sich nichts Böses ist, aber dass er in sich die Gefahr birgt zu binden und vom Reich Gottes auszuschließen.

Logische Konsequenz dieser Haltung der Offenheit ist die Solidarität mit den Armen und Notleidenden. Vor allem in Mt 25 führt Jesus seinen Hörern ganz eindringlich vor Augen, dass er sich mit den Armen solidarisiert und so sehr identifiziert, dass er selbst im ärmsten und geringsten seiner Schwestern und Brüdern gegenwärtig ist. Paulus knüpft in seinen Briefen daran an, wenn er seine Gemeinden wiederholt zu Spenden und Kollekten aufruft und damit betont, dass ein solcher selbstloser Dienst bei den Bedürftigen Dankbarkeit und Gottesliebe hervorruft (2 Kor 9, 10-15). An mehreren Stellen im NT wird deutlich gemacht, dass die Reichen aufgerufen sind, den Armen Anteil an ihrem Wohlstand zu geben. Es finden sich vor allem in der Apostelgeschichte Hinweise, die das Streben der Urkirche bezeugen, eine Lebensform zu finden, die die Freiheit vom Besitz zum Ziel hat. Lukas führt hier in seinen idealen Schilderungen der Jerusalemer Urgemeinde die Gütergemeinschaft an, die für ihn ein Zeichen für die Verbundenheit der Christen darstellt, die soziale Schranken überwindet und die Sorge um die Armen in der Gemeinde ermöglicht (vgl. Apg 2, 44-45; 4, 32-37).

3. Armut in der Ordensregel des hl. Augustinus

Gerade diese Gütergemeinschaft, wie sie in der Apostelgeschichte beschrieben wird, ist Vorbild und Ideal der ersten abendländischen Klosterregel, die der *hl. Augustinus* wohl im Jahr 397 n.Chr. verfasst hat. Erst etwa 100 Jahre später hat der *hl. Benedikt von Nursia* seine bekannte Regel geschrieben, in der auch einige augustinische Elemente zu finden sind. Gleich zu Beginn seiner Regel schreibt *Augustinus*: „Bei euch darf von persönlichem Eigentum keine Rede sein" (Augustinusregel I, 3). Für ihn stellt die Gütergemeinschaft den ersten Ausdruck und die erste Verwirklichung der Nächstenliebe dar. Sie bedeutet für ihn natürlich auch das freiwillige Sich-Einschränken im Hinblick auf materielle Dinge sowie die Bereitschaft zum Teilen. Das Wesen der Liebe zeigt sich darin, dass das, was jedem einzelnen gehört, zum gemeinsamen Besitz aller wird. So schreibt *Augustinus* einmal in einem Kommentar zum Johannesevangelium: „Wenn du liebst, hast du nicht nichts. Denn wenn du die einsgewordene Gemeinschaft liebst, dann hat jeder, der in ihr etwas besitzt, es auch für dich. Überwinde die Missgunst, und dir gehört alles, was ich besitze. Auch ich will die Missgunst überwinden, und mir gehört alles, was du besitzt. Besitze in Liebe, und du besitzt alles." (zitiert nach *Bavel* 1990, S. 44) Wenn *Augustinus* hier von Gütergemeinschaft spricht, dann meint er natürlich nicht nur die materiellen Güter, es geht ihm auch um die geistlichen Güter. Und diese umfassen die eigenen Talente und Begabungen, den Charakter, die Gedanken und Ideen, aber auch den persönlichen Glauben. Der Augustinuskenner *Tarsicius van Bavel* charakterisiert *Augustins* Auffassung so: „Augustinus betrachtet die Armut im Sinn eines Mangels an lebensnotwendigen irdischen Gütern nie als einen Wert an sich. Armut als Mangel kann niemals etwas Gutes sein und muss mit aller Kraft bekämpft werden. Materielle Armut erhält bei Augustinus erst dann eine positive Bedeutung, wenn sie mit echten Werten verbunden wird, z.B. wenn einer die freigewählte Armut in den Dienst der Freiheit, der Solidarität oder der Liebe stellt. Erzwungene Armut ist nie etwas Positives. Darum passen Formulierungen wie „Gütergemeinschaft" oder „Einfachheit im Lebensstil" besser zu Augustins Spiritualität als der Begriff „Armut". (*Bavel* 1990, S. 45) Ein Leben ohne Eigentum zu führen heißt dann aus augustinischer Perspektive: Nein-Sagen zum Hochmut des Habens und zur Verbitterung des Nicht-Habens, Nein-Sagen zu angelernten Bedürfnissen und eingeredeten Notwendigkeiten, Sicherheiten preisgeben können, erworbene Rechte aufgeben, Zeit und Energie frei machen füreinander. Es bedeutet: geben, teilen, schenken. Es bedeutet: Abweisen vom Streben nach immer mehr. (vgl. *Geniets*, Gesandt wie Er 1984, S. 68-70)

4. Konkrete Umsetzung und Erfahrungen mit einem Leben ohne Eigentum

Die Frage, die am Ende dieser Ausführungen stehen muss, ist die Frage nach der Wirklichkeit des Ordenslebens. Wie wird nun diese biblisch begründete Sicht von Armut im Sinne des *hl. Augustinus*, Gütergemeinschaft und persönlicher einfacher Lebensstil, in die Praxis umgesetzt? Wie schaut ein Leben ohne Eigentum konkret aus?

Jedes Mitglied, das in ein Kloster eintritt und sich nach einer längeren Probezeit für immer an die Ordensgemeinschaft bindet, hat seine zeitlichen Güter zu regeln. Spätestens vor der ewigen Profess haben alle Ordensleute ein nach weltlichem Recht gültiges Testament zu errichten. „Der Professe ist in bezug auf den Inhalt des Testamentes hinsichtlich seines mitgebrachten oder nachträglich erworbenen Privatvermögens frei, so dass er zum Erben einsetzen kann, wen er will, und beliebige Vermächtnisse (Legate) diesbezüglich hinzufügen darf." (*Lederhilger*, Ordensnachrichten 2005, S. 32/33) Es gehört zur Eigenart bestimmter Ordensgemeinschaften, dass mit der ewigen Profess verpflichtend auch der volle Vermögensverzicht geleistet werden muss. Mit dieser Verzichtserklärung, die bei den feierlichen Gelübden abgelegt wird, verliert der Professe nach kirchlichem Recht die Erwerbs- und Besitzfähigkeit. Allerdings wird diese völlige Vermögensentäußerung im Zivilrecht vielfach nicht anerkannt. *(*vgl. *Lederhilger*, Ordensnachrichten 2005, S. 34/35*)*

Trotzdem ist dieser Vermögensverzicht für jeden durchaus ein persönlicher Einschnitt, der Konsequenzen hat. Alles, was sich in meinem Besitz befindet, ist Eigentum der Gemeinschaft, das mir zur Verfügung gestellt wird. Auf der einen Seite entlastet das, weil ich als Einzelner nicht mehr um mein irdisches Wohl besorgt zu sein brauche. In den meisten Klöstern gibt es einen Mitbruder oder eine Mitschwester, die sich um die finanziellen Belange der Gemeinschaft sorgt. Die großen finanziellen Entscheidungen werden in der Regel in den Kapiteln, den Versammlungen aller ewigen Professen, oder in den Abts- bzw. Provinzräten beraten und beschlossen. Wir haben es in unseren Klostergemeinschaften in Windberg und Roggenburg so geregelt, dass jeder Mitbruder ein monatliches Verfügungsgeld erhält, mit dem er sich persönliche Dinge besorgen kann, die er zum Leben braucht, wie etwa Kleidung, Toilettenartikel, u.a. Sollte ein Mitbruder Sonderanschaffungen für seinen persönlichen Gebrauch tätigen müssen (z. B. Computer, u.Ä.), dann hat er das mit dem zuständigen Finanzverwalter (= Provisor) bzw. mit dem Oberen abzuklären. Somit ist der Einzelne gefordert, mit seinem Verfügungsgeld auszukommen, was mitunter durchaus Schwierigkeiten machen kann. Jeder kann dann selber entscheiden, was er unbedingt braucht und was nicht. Die Eigenverantwortlichkeit, die hier zum Ausdruck kommt, ist eine typische Eigenart augustinischer Spiritualität. Allerdings ist das auch ein hoher Anspruch. So heißt es in der Augustinusregel: „Denn es ist besser, wenig nötig zu haben als viel zu besitzen" (Augustinusregel III, 5). Es sind in einer Gemeinschaft nicht alle Mitbrüder gleich. Jeder hat andere Bedürfnisse, alle kommen sie aus unterschiedlichen Schichten und Familien. Darauf gilt es Rücksicht zu nehmen. Freilich erfordert das von allen ein hohes Maß an Rücksichtnahme und brüderlicher Verantwortlichkeit. Leider bleiben da Neid und Missgunst nicht aus. Und eine der größten Schwierigkeiten in unseren westeuropäischen Gemeinschaften ist die Abhängigkeit von anderen. Einen anderen fragen oder auch um etwas bitten zu müssen, kostet manchen viel Überwindung. Das fällt schwer. Eine andere Schwierigkeit stellt die mangelnde Sorgfalt im Umgang mit dem Gemeinschaftseigentum dar. Alles, was wir im Kloster haben, ist uns zum Gebrauch anvertraut. Dem entsprechend haben wir damit sorgsam und verantwortlich umzugehen. Aber auch das gelingt nicht immer. Das zeigt: Leben ohne (persönliches) Eigentum fordert von jedem

Einzelnen eine große Eigenverantwortung gepaart mit einem entsprechendem Gemeinschaftssinn, die Fähigkeit, sich selbst immer wieder kritisch zu hinterfragen, und die Haltung der Dankbarkeit.

Ein Leben ohne Eigentum heißt, die Dinge, die mir geschenkt sind, wertzuschätzen und dankbar zu sein für das, was mir geschenkt und anvertraut ist. *Karl Rahner* spricht mir aus der Seele, wenn er schreibt:

„Nur wer den Reichtum des Lebens liebt, für den die ökonomischen Güter Ausdruck und Mittel sind, nur wer die Tapferkeit der Selbstverantwortung besitzt, nur wer echter personaler Liebe fähig ist, kann wirkliches Verständnis für den Verzicht der evangelischen Räte haben."(zitiert nach Winter 2002, S.308)

Literatur

Bavel van, T. (1990), Augustinus von Hippo – Regel für die Gemeinschaft, Würzburg

Bours, J./Kamphaus, F. (1981), Leidenschaft für Gott, 2. Aufl. Freiburg im Breisgau

Geniets, U. (1984), Die evangelischen Räte im Lichte der Augustinus-Regel, in: Handgrätinger, T. (Hrsg.), Gesandt wie Er, S. 60-73

Lederhilger, S., Vermögensverzicht und Gütergemeinschaft, in: Ordensnachrichten 2/2005, S. 17-40

Pesch, M., Sind wir arm? Sollen wir arm sein?, in: Erzabtei Beuron (Hrsg.), Erbe und Auftrag 2002, S. 276-285

Rahner, K. (1972), Die Unfähigkeit der Kirche zur Armut, in: Schriften zur Theologie, Bd. 10, S. 520-530

Riebl, M./Salmen, J. (1982), Ja zu Liebe, Leben, Freiheit, Innsbruck

Winter, T., Zum Gelübde der Armut, Ordenskorrespondenz 2002, S. 306-308

Haus der Bücher

Haus des Lebens

Klaus-Dieter Lehmann

Seit mehr als 3.000 Jahren gelten die großen Bibliotheken als kulturelles und geistiges Fundament der menschlichen Zivilisation. Das schriftlich fixierte Wort, ob in Tontafeln geritzt, auf Papyrus, auf Pergament oder Papier geschrieben oder gedruckt, hatte immer einen besonderen Ort.

Die alten Ägypter nannten die Bibliothek „Haus des Lebens", die Römer formulierten „Ein Raum ohne Bücher ist ein Körper ohne Seele". So sind Bibliotheken als das Haus der Bücher ein wahrlich beseelter Ort.

Die Grundlage der europäischen Kultur ist die Textkultur. Das bestimmende Medium ist das Buch. Buch, Druck und Papier haben die Wendepunkte europäischer Geschichte immer in ganz entscheidendem Maß beeinflusst. Das technische Phänomen der Verbreitung war dabei neben den inhaltlichen Aspekten besonders wirkungsvoll. Die Ausbildung der Hochsprachen, die breite Bildungsentwicklung und die Chance, Wissenschaft zu öffentlichem Wissen zu machen, wären ohne das Buch und die Bibliothek nicht denkbar.

So war das Erbe der Antike, das die Humanisten neu belebten, nur im Buch und durch das Buch verfügbar. *Francesco Petrarca* war einer der Ersten. Was er vor 700 Jahren an geistigen Grundlagen für die Kulturgemeinschaft schuf, war für die gesamte bibliotheksgeschichtliche und wissenschaftliche Entwicklung von hoher Bedeutung. Es war der Respekt *Petrarcas* vor dem Originaltext, die Garantie zu möglichst fälschungsfreien Kopien, das Bekenntnis zur Berufung auf den Autor, den subjektiven Urheber, so wie es die moderne nationalbibliografische Berichterstattung und die seriöse wissenschaftliche Zitierpraxis heute als ganz selbstverständlich ansieht. Heute würde man *Petrarca* mit diesem Verständnis für die Bedeutung des Autors und die Bedeutung der eindeutigen Identifizierbarkeit eines Textes als konsequenten Vertreter für den Schutz des geistigen Eigentums bezeichnen und Vorbild für die historisch-philologische Forschung. Er, der wohl die zu seiner Zeit größte Privatbibliothek besaß, wusste sehr genau um die Gefahren der Manipulierbarkeit von Texten und der Einflussnahme von Institutionen, Themen, die durch die Entwicklung der neuen digitalen Medien und Netzpublikationen aktueller denn je sind.

Das alles geschah noch zu Zeiten als *Petrarca, Dante* und *Boccaccio* dem 14. Jahrhundert den Ruf einer literarischen Blütezeit Italiens eingebracht haben und zu Zeiten, die noch vor der Erfindung des Buchdrucks durch *Gutenberg* lagen. Schon die zweite Hälfte der Renaissance konnte sich der bahnbrechenden *Gutenberg*-Erfindung bedienen und entsprechend erfolgreich agieren.

Die Reformation wiederum ist ohne das Massenmedium Buchdruck nicht denkbar. In mehr als 300.000 Exemplaren wurden *Luthers* Texte zwischen 1517 und 1520 verbreitet. Für die Aufklärung war der gedruckte Text das prägende Kriterium schlechthin. Die Enzyklopädie als Kompendium des gesammelten Weltwissens wurde zum Symbol dieser Zeit.

Mit den stetig wachsenden Zahlen der Buchproduktion entwickelte sich parallel eine stetige Aufwärtsentwicklung des Lesens und im Gefolge damit eine Vermehrung der Bibliotheken. Die Hofbibliotheken öffneten ihre Büchersäle für die breite Nutzung, es entstanden Lesegesellschaften, Universitätsbibliotheken wie Göttingen zogen im 18. Jahrhundert die gelehrte Welt an. Für das Bürgertum war es selbstverständlich, im Haus einen Raum für die Privatbibliothek vorzusehen.

Das 19. Jahrhundert mit der Ausbildung der Nationalstaaten entdeckte und förderte die Bibliothek auch als Kristallisationspunkt nationaler Identität und nationaler Repräsentation. Gewaltige Kuppeln überwölbten die Lesesäle. Hier fand die kulturelle Überlieferung ihren umfassenden Resonanzboden. Auch die verspätete deutsche Nation realisierte zu Zeiten *Wilhelm II.* einen großen Prachtbau, um in den Wettbewerb der Nationalbibliotheken einzutreten, die Preußische Staatsbibliothek Unter den Linden.

Heute sind Bibliotheken gleichermaßen Schatzhäuser der Ideen, kulturelle Werkzeuge und unentbehrliche Serviceeinrichtungen. Als Orte der Begegnung und geistigen Stimulanz sind sie ein bestimmender Faktor für Information, Bildung, Wissenschaft und Forschung. Als lebendige wandlungsfähige Arbeits- und Trainingsstätte des Geistes vermitteln sie nicht nur Fakten, sondern Zusammenhänge. Sie trainieren traditionelle intellektuelle Fertigkeiten und lehren modernste Kulturtechniken. Sie bieten ein Angebot für alle Altersklassen, für Lehrende und Lernende, für Berufstätige und Arbeitslose. Sie ermöglichen einen individuellen persönlichen gestalteten Zugang zum Wissen der Menschheit, und sie vermitteln ein Gefühl von geistiger Gemeinschaft und menschlicher Nähe.

Bibliotheken sind aber nicht nur friedliche und geschützte Plätze. Im Lauf der Geschichte sind Bibliotheksbestände auch geplündert, gestohlen, durch Zensur unzugänglich gemacht oder entfernt worden. Die Angst vor dem gedruckten Wort seitens der Herrschenden zieht sich wie ein roter Faden durch die Bibliotheksgeschichte.

In der Zeit der nationalsozialistischen Diktatur wurde eine ganze Generation von Schriftstellern aus dem Bewusstsein des deutschen Volkes getilgt. Als „entartete Kunst" wurden die Bücher fast aller deutschsprachigen Autoren von Rang und Namen aus den Bibliotheken entfernt und den Flammen übergeben, was in der Zeit des Expressionismus gedichtet wurde, blieb bis heute deshalb weitgehend vergessen. Raubzüge gegen unliebsame Bibliotheksbestände bezogen aufgrund der Rassengesetze gezielt auch den jüdischen Buchbestand ein. Schon ab 1933 wurde jüdische Literatur als verbotene Literatur aus Leihbüchereien, Volksbüchereien und Studentenbüchereien entfernt, Privatbibliotheken von zur Emigration gezwungenen oder deportierten Juden konfisziert, Sammlungen in kriegsbesetzten Gebieten beschlagnahmt und die Synagogenbibliotheken meistens verbrannt. Wenn man bedenkt, dass es häufig die jüdischen Sammler waren, die als großzügige Mäzene im 19. und frühen 20. Jahrhundert die Bibliotheken bedachten, ist der Akt der Plünderung als tiefer Kulturbruch noch barbarischer.

Aber es wurden nicht nur die Bücher entfernt oder vernichtet, auch namhafte Bibliothekare wurden ihrer Ämter enthoben. Der Beruf des Bibliothekars zählt wie die Bibliothek nach Jahrtausenden. Es ist ein Beruf, dem die jeweilige kulturelle Mentalität und die wissenschaftlichen Bedürfnisse die entscheidenden Leitlinien setzen, der mit seiner Kompetenz für das Bewahren, Ordnen und Vermitteln auch einen hohen gesellschaftlichen Anspruch erfüllen muss: Unabhängigkeit und Glaubwürdigkeit. Schließlich sind es Bücher, die als Ideenträger wirken, Bildung ermöglichen und die Freiheit des Wählenkönnens bieten. Diese Freiheit muss er schützen! Es ist nicht wenig, was Bibliothekare in Händen halten und weitergeben können.

Viele haben schon vergessen, wie Bücher in den Giftschränken der Bibliotheken der DDR verschwanden, weil man ihre Sprengwirkung fürchtete, wie Autoren bedrängt und schikaniert wurden, wie aber auch einzelne Bibliothekare geistig nicht vor der Ideologie kapitulierten, sondern mit Festigkeit und Kenntnisreichtum Schlupflöcher öffneten – Fachleute erster Klasse, aber Bürger zweiter Klasse, das war die persönliche Konsequenz.

Bibliotheken haben auch große Zerstörungen erfahren, durch Kriege, durch Feuer. Diese Ereignisse prägen sich besonders in das Gedächtnis ein. Zuletzt erlebten wir in Deutschland den Brand der Anna-Amalia-Bibliothek in Weimar, ein identitätsstiftender Ort, der mit dem Namen der Deutschen Klassik, mit *Goethe*, *Schiller*, *Wieland* und *Herder* zutiefst verbunden ist. In der Brandnacht vom 2./3. September 2004 wurden rund 50.000 Bücher vernichtet. Von den 62.000 vom Feuer und Löschwasser stark beschädigten Bücher sind nur rund 40.000 zu retten – insgesamt also ein großer Verlust, der zu einer spontanen Solidarität und Spendenbereitschaft geführt hat. Der Wiederaufbau mit dem wunderschönen Rokokosaal soll 2007 abgeschlossen sein. Das vitale öffentliche Interesse macht deutlich, dass man sich der Einzigartigkeit solcher Häuser der Bücher bewusst ist, dass man sich aber auch darüber klar sein muss, Bibliotheken sind als öffentliches Gut kein Monument, sie sind lebendige Orte des Geistes, auch dann, und gerade dann, wenn sie eine tiefe historische Dimension haben. Weimar steht in ganz besonderer Weise für die Vermittlung von kultureller Bildung. Ohne Wissen, Geschichte und Tradition ist sie nicht denkbar. Mit diesen Voraussetzungen aber sind soziale Kompetenz, Inspiration und Offenheit zu vermitteln.

Längst sind die Zeiten vorbei, in denen Bibliotheken das publizierte Wissen nahezu vollständig zur Verfügung halten konnten. Die Bildung breiter Volksschichten, die Spezialisierung der Wissenschaften, die immer kürzer werdenden Erkenntnisschritte führten zu einem exponentiellen Wachstum bei der Zahl der Publikationen. Es ist bezeichnend, dass eine Denkschrift der British Library den Titel trägt: Selection for Survival (Auswählen um zu überleben).

Wissenschaftliche Texte und Informationen sind schon lange nicht mehr gleichbedeutend mit gedruckten Informationen auf Papier, Informationen werden zunehmend in digitaler Form angeboten und vertrieben, sei es in physischer Form als Disketten oder CD-ROMs oder in immaterieller Form als Publikation im Netz. Selbst die Printmedien sind heute das Resultat elektronischer Textverarbeitung als eine unter mehreren Ausgabeformen. Sicher ist, dass sich die Anwender, besonders in Wissenschaft und Forschung zeitgemäßer Informationsmethoden bedienen. Darüber hinaus wird auch die nachträgliche Digitalisierung großer Bibliothekssammlungen als strategisch wichtige Maßnahme angesehen.

Der Umstand, dass sich unsere wissenschaftlichen Informationen alle 10 Jahre verdoppeln und die hohen Produktionskosten bei sinkenden Exemplarzahlen die gedruckten Texte überproportional verteuern, musste zu neuen Lösungen führen. Digitale Publikationen haben hier durchaus attraktive Eigenschaften: beliebige Verfügbarkeit, wahlweise Bereitstellung, flexibler Zugriff, Kombinierbarkeit von Text, Bild und Ton, leichte Aktualisierbarkeit und Interaktivität.

Aber es sind gleichermaßen auch Probleme damit verbunden: physischer Verfall der Speichermedien, Änderung von Codierung und Betriebssystemen, digitale Publikationen sind nicht unbedingt unveränderlich und öffentlich, sie sind so weit oder so eingeschränkt zugänglich wie es der Produzent bestimmt.

Das führt zu Unsicherheiten bezüglich Verfügbarkeit auf Dauer, aber auch zu mangelnder Zitierbarkeit bezüglich der Authentizität digitaler Publikationen. Bibliothekarisches Denken basierte über die lange Geschichte auf dem physischen Besitz der Bücher. Ihre Bedeutung wurde stets an der Größe ihrer Sammlungen gemessen: So verbinden sie Vergangenheit und Gegenwart. In der langen Geschichte hat es immer wieder auch technische Transformationen gegeben. Keine aber war so radikal wie die jetzige.

Die Fähigkeit zur Anpassung und zum schnellen Wandel wird über Erfolg und Nichterfolg bei den Bibliotheken entscheiden. Wissen und Können sind nicht mehr länger statische Größe. Bibliotheken müssen Orte der Kommunikation sein, ohne dass Bibliotheksmauern Grenzen ziehen. Netzwerke und Partnerschaften ersetzen die Autarkie der Bibliothek. Diese Netze benötigen nicht nur technische Netzknoten, sondern auch menschliche Knoten: Expertise, Beratung und Mentalitätswechsel im Sinne von Investition in die Zukunft und Leitlinien aus dem Nutzerbedarf abgeleitet.

Bei den digitalen Publikationen geht es um mehr als nur um Sichtung, Auswahl und Verwaltung durch Bibliotheken. Es geht auch um langfristige Sicherung des geistigen Eigentums. Versäumen es die Bibliotheken, diese Position aktiv zu gestalten, werden sie ihre Funktion als Informationsvermittler und objektives Gedächtnis der kulturellen Überlieferung allmählich verlieren. Aber es geht nur mittelbar um Bibliotheken, unmittelbar geht es um den Nutzer: Ihm garantieren Bibliotheken in unserer Gesellschaft den ungehinderten Zugang, sie ermöglichen Beziehungen zwischen der individualisierten Gesellschaft und der kulturellen Tradition mit ihrer historischen Dimension. Gerade in Zeiten tief greifender Veränderungen, arbeitsteiliger Prozesse und enger internationaler Partnerschaften sind Bibliotheken wichtiger denn je.

Goethe hat einmal formuliert: „Jede Bibliothek vergreist, wenn man sie nicht fortführt." Er hat dabei sicher nicht an digitale Publikationen gedacht, aber die Formulierung ist durchaus auch darauf anwendbar, denn Papier ist kaum ein ausreichendes Kriterium für die ausschließliche Definition von Bibliotheksaufgaben. In der griechischen Mythologie gibt es eine Geschichte, die die Situation ganz amüsant illustriert: Eos, die Göttin der Morgenröte und Liebhaberin gut aussehender junger Männer, traf den schönen Trithonos und verliebte sich so stark in ihn, dass sie Zeus bat, ihm das ewige Leben zu schenken. Zeus entsprach der Bitte. Eos hatte aber vergessen, ihn auch um die ewige Jugend für Trithonos zu bitten. Es kam wie es kommen musste. Der Unsterbliche wurde alt und grau, schwach und unansehnlich. Eos wollte nicht länger das Lager mit ihm teilen und verbannte ihn in ein abgelegenes Zimmer, aus dem nur das dünne Stimmchen zu hören war. Schließlich verwandelte sie ihn in eine Grille, damit das Zirpen ihr wenigstens zur Unterhaltung diente. Könnte das das Schicksal der Bibliotheken mit ihrer mehrere Jahrtausende alten Existenz werden – zwar ewig existent, aber letztlich nur noch geduldet oder zur Unterhaltung gut?

Die Entscheidung liegt bei den Bibliotheken. Wenn die Bibliotheken die Entwicklungen sorgsam analysieren und mit den an sie gestellten Anforderungen in Einklang zu bringen versuchen, eröffnen sich ausgezeichnete Chancen.

Die Nutzer von Bibliotheksquellen erwarten inzwischen, dass ihnen die kulturelle Überlieferung nicht nur in immer größerem Umfang digital angeboten wird, sondern dass dieses Angebot auch vergleichende, multifunktionale und interdisziplinäre Aspekte vermittelt. Dabei soll der Zugriff auf ursprünglich digitale Medien und nachträglich konvertierte digitale Medien gleichartig organisiert sein. Durch die heute verfügbare Technik haben sich radikale Veränderungen im Hinblick auf Reproduktion, Distribution, Kontrolle und Publikation von Informationen ergeben.

Mit der Kommerzialisierung und der Integration der Informationstechnik ist die Informationsnutzung Bestandteil unseres täglichen Lebens geworden, nicht nur als beruflicher, sondern auch als privater und persönlicher Bestandteil. Die Informationstechnik verwischt den Unterschied zwischen Publikation und privater Distribution.

In diese Welt der strukturellen Überlegungen und ersten größeren Digitalisierungsprojekte von Bibliothekssammlungen platzte die Ankündigung von Google um die Jahreswende 2004/2005 15 Millionen Bücher im Volltext zu scannen und mit seinem regulären Web-Service zugänglich zu machen. Google Print wie der Dienst heißen sollte, hat trotz der Klagen amerikanischer Verleger- und Autorenverbände, trotz der Kritik europäischer Verbände, auch des deutschen Börsenvereins, seine Web-Bibliothek eröffnet, wenn auch gegenüber seinen früheren Vorstellungen mit einigen markanten Einschränkungen. So wird künftig Google Print Google Book Search heißen. Es beschränkt sich zunächst auf urheberrechtlich freie Bücher, um Konflikte mit Rechteinhabern zu vermeiden. Die Such- und Indexfunktionen erlauben zunächst nur die Einsicht in je drei Seiten urheberrechtlich geschützter Bücher. Da Google bekanntermaßen sein Geld mit Werbung verdient und nicht durch das Einscannen von Büchern, wird die Suchmaschine auch die gleiche Logik zur Hierarchisierung benutzen wie bisher auch.

Die Google-Initiative hat aus ganz unterschiedlichen Gründen zu erheblichen Gegenreaktionen geführt. Sicher ist es zunächst die Größenordnung, bei der schnell die Gefahr einer Monopolisierung sichtbar wird. In Lesefabriken sollen Automaten bis zu 5.000 Bücher pro Tag durchblättern und scannen, bis 15 Millionen Bücher erreicht sind. Google will so die Attraktivität seiner Suchmaschine für Werbekunden weiter erhöhen. Ob es wirklich die schiere Masse macht? Liegt dem nicht die Erwartung zugrunde, dass alle Kommunikation nur noch digital und monolithisch abläuft? Man darf Zweifel haben.

Kritischer noch ist die Auswahl und Positionierung der digitalen Bücher bei Google. Von den fünf Partnerbibliotheken, die ihre Sammlungen digitalisieren lassen, sind vier US-Bibliotheken und eine englische Universitätsbibliothek. Schon die Wahl der Partnerbibliotheken, aber auch die Nähe zur kaufkräftigen Werbung werden die englischsprachigen Publikationen deutlich in eine prominente Position bringen. Die anderen europäischen Sprachen, besonders die kleinen, werden aus dem Bewusstsein schwinden.

Aber es ist nicht nur die „Artenvielfalt" der Sprachen, die dadurch reduziert wird. Es sind die speziellen Themen, die innovativen Entwicklungen, die Ideen, die noch nicht Eingang gefunden haben in die gesellschaftliche Diskussion, sie fallen durch das Google-Netz. Das ist aber gerade der kulturelle Humus, den wir benötigen. Die Struktur der Hierarchisierung wird ferner zu einer stärkeren Konzentration der Verlage und des Handels führen. Kleine Verlage sind bei der Positionierung benachteiligt, denn es zählt die Massennutzung. Die Google-Suchmaschine hat die Tendenz, durch die Art und den Grad der Verlinkung immer konzentrierter Segmente des Internetangebots hervorzuheben und zu betonen, die den genannten Phänomenen der kulturellen Verarmung Vorschub leisten.

Google Print hat inzwischen bei der Europäischen Kommission zum Nachdenken und zu Gegenreaktionen geführt. Vielleicht benötigt Europa zur Handlungsfähigkeit immer einen „äußeren Feind". Ein Programm „i2010: Digitale Bibliotheken", mit erheblichen Finanzmitteln ausgestattet, soll ab 2007 eine europäische Digitale Bibliothek schaffen. Mit einem Buchbestand allein in den Bibliotheken der Europäischen Union von 2,5 Milliarden Büchern steht ein riesiges Reservoir zur Digitalisierung zur Verfügung. Aber gerade deshalb ist eine intelligente Vorgehensweise notwendig, die mit vertretbaren Mitteln einen optimalen Effekt gewährleistet.

Das Konzept einer digitalen europäischen Bibliothek mit einem zentralen europäischen Internetportal und einem dezentral verantworteten Servernetz für Digitalisierung, Pflege und Verwaltung ist dafür geeignet. Es entspricht einerseits europäischen Strukturen und andererseits der Internetphilosophie. Es kann die bislang zersplitterten Ressourcen zusammenführen, von Anfang an Text- und Bildkultur durch die Beteiligung von Bibliotheken, Archiven und Museen berücksichtigen und sich der notwendigen Partnerschaft mit Verlagen und Wissenschaftsorganisationen öffnen und vergewissern. Entscheidend wird die Auswahl sein, die Auswahl der Partner und ihrer Sammlungen.

Nicht umsonst lautet der Vorschlag des Konvents zu Art. 1, Abs. 3 der Europäischen Verfassung: „Die Union wahrt den Reichtum ihrer kulturellen und sprachlichen Vielfalt und sorgt für den Schutz und die Entwicklung des kulturellen Erbes in Europa". Auch wenn die Verfassung derzeit noch keine Ratifizierung erfahren hat, bleibt diese Aussage ein kulturpolitisches Herzstück der staatlichen Verpflichtung.

Google gibt den Europäern genügend Anlass, über die eigene Verantwortung und strategische Gestaltungsfähigkeit nachzudenken, den medientechnologischen Übergang heute zu leisten. Das ersetzt nicht das gedruckte Buch, aber erweitert die Vermittlungsmöglichkeiten von Information und Wissen. Die Bibliotheken sollten deshalb die Chancen der kulturellen Vielfalt mutig und kreativ verbinden mit vorausschauenden technologischen Lösungen. Es sind die Schlüsselfragen der Zukunft.

Die Frage stellt sich nicht, ob oder ob nicht, sondern wie Bibliotheken künftig Qualität sichern helfen, pluralistische Strukturen auf der Angebotsebene erhalten und den Zugang zu Information und Wissen gewährleisten. Die Zukunft wird mehreren Medien gehören. Entscheidend wird sein, ob es gelingt, die Vorzüge des digitalen Mediums mit den Standards zu verbinden, durch die uns die bisherigen materiellen Speicher am kulturellen Gedächtnis haben teilhaben lassen.

Vom Hausbesetzer zum Hausbesitzer

Oswald Metzger

Was waren das für Zeiten in den frühen Siebziger Jahren, als die Haare noch lang waren und die antibürgerliche Kleidung aus Jeans und Parka bestand – flankiert vom obligatorischen schwarz-weiß gerauteten Palästinensertuch. In dieser Aufmachung kämpften neben einem späteren Außenminister unzählige spätere Mitglieder und noch mehr künftige Wählerinnen und Wähler der Grünen im Frankfurter Westend und vielen anderen Wohnungsbrennpunkten der Republik gegen spekulativen Leerstand, der allein das Ziel hatte, bei den Stadtverwaltungen die lukrative Umnutzung von Wohn- in gewerbliche Nutzung durchzusetzen. Da war der Hausbesitzer für viele Streetfighter noch Hassobjekt der politischen Agitation („Friede den Hütten, Krieg den Palästen!"), war die Hausbesetzung legitimes Widerstandsmittel mit Sympathien bis weit in das linksliberale Bürgertum. Selbst in der Provinz wurde die Hausbesetzung in jenen Tagen zum probaten Mittel, selbstverwaltete Jugendhäuser durchzusetzen. Merkwürdig war allerdings von Anfang an ein Phänomen: Nicht wenige Akteure der politisch motivierten Hausbesetzerszene stammten aus bürgerlichen Familien, in denen das Wohnen in den eigenen stattlichen vier Wänden ein selbstverständlicher Wohlstandsparameter war. Doch im Aufbegehren gegen die bürgerliche Attitüde des eigenen Elternhauses wurde auch das eigene Heim zum Gegenstand der Ablehnung.

Interessanterweise näherte sich im Laufe der späteren Siebziger Jahre – die RAF hatte den Kampf gegen das System längst im blutigen Terror münden lassen; die „tageszeitung" (taz) war als linke Antwort auf die Pressezensur in Zeiten der *Schleyer*-Entführung geboren; die Parteigründung der Grünen wurde 1979 vorbereitet – die linksalternative Szene auf zweierlei Weise dem Eigentum. In den Großstädten breitete sich die Alternativökonomie aus: Alternativkinos und -kneipen, Fahrrad- und Ökoläden, Kollektiv-Firmen aller Art mit dem Anspruch der hierarchielosen Organisationsform, die häufig statt in der gewünschten Selbstverwirklichung in der unerwünschten Selbstausbeutung endeten. Doch diese Szene brauchte natürlich Räumlichkeiten, die sie anfänglich anmietete, zunehmend aber kaufte, um mehr Gestaltungsmöglichkeit zu haben. Im Eigentum manifestierte sich auch noch im Alternativmilieu ein Mehr an Sicherheit und Planbarkeit bei betrieblichen Investitionen. In den ländlichen Regionen der Republik grassierte das „Landkommunen-Fieber". Glücklich war, wer mit Gleichgesinnten ein altes Bauernhaus mieten konnte, um mit ein bisschen Landwirtschaft zur Selbstversorgung das selbstbestimmte Leben in vollen Zügen zu genießen. Der Ärger mit Nachbarn und Polizei war programmiert, der unzähligen lautstarken Feten und auch des gelegentlichen Hanfanbaus wegen. Der nachfolgende Ärger mit den Vermietern endete häufig mit der Kündigung. Also entschloss sich der härtere Kern der Landkommunen-Szene bald zum Kauf von heruntergekommenen Gehöften und Anlagen, weil nur Eigentum eine längere selbstbestimmte Existenz sicherte.

Als die Grünen 1983 erstmals in den Deutschen Bundestag gewählt wurden, hatten die links-alternativ-ökologischen Milieus längst ihren Frieden mit dem Immobilieneigentum gemacht. Obwohl die Fünf-Prozent-Hürde damals nur knapp übersprungen wurde und die absolute Zahl der Stimmen so niedrig war, wie nie mehr seit jener Wahl, hatten die Grünen schon in den Anfangszeiten überdurchschnittliche Stimmenanteile in den gutsituierten Quartieren der Städte. Anscheinend ahnten die bürgerlichen Wähler frühzeitig, dass sich hinter der links-ökologischen Etikette der frühen Grünen durchaus starke bürgerliche Wurzeln verbargen. Die grünen Akteure und erst recht die grünen Wähler profitierten in den folgenden Jahrzehnten von dem allseits bekannten wirtschaftlichen Faktor, dass gute Ausbildung sich bezahlt macht. Denn was viele lange nicht wahrhaben wollten, ist längst empirische Gewissheit: Die Grünen sind mit deutlichem Vorsprung die Partei, deren Wählerschaft das höchste formale Bildungsniveau aufweist. So viele Akademiker hat keine andere Partei als Wähler, so wenige Geringqualifizierte auf der anderen Seite ebenfalls keine. So erklärt sich, ganz nebenbei, warum die Grünen in den gehobenen Stadtquartieren oft ihre besten Wahlergebnisse haben, grüne Wähler überdurchschnittlich häufig über Haus- und Grundbesitz verfügen, ja grüne Wähler sich überdurchschnittlicher Einkommen erfreuen. Gute Ausbildung garantiert natürlich im Lebenszyklus einen höheren wirtschaftlichen Ertrag, dessen Rendite sich auch in der Fähigkeit ausdrückt, in Wohneigentum investieren zu können und zu wollen.

In den Achtziger Jahren etablierte sich mit dem Erstarken der Umweltbewegung aber auch eine gewachsene Sensibilität für ökologisches Bauen. Ob bei der Auswahl der Bau-, Dämm- und Farbstoffe oder der Heizungs- und Klimatechnik bis hin zum Versiegelungsgrad des Grundstücks – allenthalben begannen Bauherren sich auf ökologische Maßstäbe zu besinnen. Hier leisteten Einzelkämpfer grüner Gesinnung oft Pionierarbeit, weil die meisten Handwerker und Architekten gegenüber dem ökologischen Bauen hinhaltenden Widerstand leisteten. Denn in deren Ausbildungsgängen hatten ökologische Techniken lange keine Rolle gespielt. Doch die Pionierhäuser waren in jedem Dorf, in jeder Stadt lebendiger Beweis, dass es sich in solchen Häusern nicht nur gut leben, sondern nebenbei auch die Rechnung für Strom und Wärme massiv reduzieren lässt. Die Praxiserfahrung führte zu weiteren Effizienzsteigerungen – und heute sind vielerorts Normen Stand der Technik, für die sich vor nicht einmal zwanzig Jahren ökologisch bewusste Bauherren von vielen Baufirmen noch für verrückt erklären lassen mussten. Geholfen hat natürlich die Preisrallye für die fossilen Brennstoffe Öl und Gas, die dann im Geleitzug auch elektrische Energie massiv verteuerte. Ohne die

Explosion der Energiekosten hätten wir heute selbst bei den Durchschnittsbauherren noch kein derart geschärftes Bewusstsein für Wärmedämmung und alternative Energieformen. Und ohne das Erneuerbare Energien-Gesetz (EEG), das maßgeblich von den Grünen in den sieben rot-grünen Regierungsjahren vorangetrieben wurde, hätte sich die Markteinführung von Photovoltaik, Wind- und Biomassenutzung nicht so stürmisch entwickeln können, dass Deutschland inzwischen Weltmarktführer auf dem Gebiet der Alternativenergie ist. Gelebte ökologische Praxis beim Bauen ist längst kein Synonym mehr für grüne Wahlgesinnung. Rote, schwarze, liberale und linke Bauherren surfen ebenfalls auf dem Öko-Trip. Und das ist gut so, weil nachhaltiges Bauen damit längst aus der ökologischen Nische herausgewachsen ist und mittel- und langfristig einen starken Beitrag zur dringend erforderlichen CO^2-Minderung liefert.

Der auch von grünen Bauherren über Jahrzehnte gepflegte Trend zum Eigenheim im Grünen konterkarierte natürlich das ökologische Lamento über die gigantische Flächenversiegelung in unserer Republik. Lieber saßen die Bauherren täglich regelmäßig auf dem Weg zur Arbeit im Stau, als dass sie in den teuren Stadtlagen Etageneigentum oder kleinparzellierte Reihenhausanteile erwarben. Ein großes Grundstück musste es schon sein. Weil das aber nur auf dem Land erschwinglich war, wuchs die Entfernung zwischen Wohnung und Arbeitsstätte ständig. Doch der Fiskus subventionierte den immer weiteren Weg zur Arbeit. Selbst in Zeiten der grünen Regierungsbeteiligung wurde die „Pendlerpauschale" erhöht, obwohl sie programmatisch seit vielen Jahren als „Zersiedelungsprämie" stigmatisiert worden war. Der Wegfall der Entfernungspauschale, die von der Großen Koalition in Berlin bald umgesetzt werden soll, betrifft nur den Nahbereich bis 20 km. Das Fernpendeln samt großem Grundstück im Grünen ist dem Fiskus voraussichtlich auch längerfristig eine ordentliche Subvention wert.

Immobilieneigentum hat auf Dauer natürlich nur dann einen Reiz, wenn dort, wo man gebaut hat, auch Lebensqualität zu finden ist. Zur Lebensqualität gehört Nachbarschaft, die man noch erlebt, weil die Nachbarn nicht frühmorgens aus dem Haus gehen und spät abends erst heimkommen. Zur Lebensqualität gehören Kinder, die für Sozialkontakte im Quartier sorgen, die aber im alternden Deutschland immer mehr zu exotischen Erscheinungen geworden sind – vor allem in den gut situierten Wohngegenden. Lebensqualität bedeutet aber auch die wohnraumnahe Versorgung mit Geschäften des täglichen Bedarfs. Doch Bäckereien und Metzgereien oder Lebensmittelfachgeschäfte sind in vielen Wohnregionen längst ausgestorben. Der Einkauf konzentriert sich auf Supermärkte und Discounter auf der grünen Wiese – weitab von den Wohnquartieren. Ohne Auto kommt der Mensch nicht einmal mehr an Toilettenpapier. Wir sind schon eine merkwürdige Gesellschaft, in der alle Welt über die Vereinzelung, ja Vereinsamung der Menschen klagt; in der das Aussterben des Fachhandels in den vergangenen fünf Jahren in atemberaubenden Tempo zu beobachten ist; in der die aus der Stadtplanung längst empirisch belegte Stabilität sozial und altersmäßig heterogener Wohnquartiere systematisch ignoriert wird, weil man die sozialen Schichten ebenso wie Alte und Junge fein säuberlich und je für sich sortiert; in der in weiten Landstrichen – und zwar nicht nur in der ehemaligen DDR, sondern auch im Westen – Dörfer und Kleinstädte nur noch Schlafstätten sind, wo es weder Betriebe noch Geschäfte, mangels Nachwuchs weder Kinderbetreuungseinrichtungen noch gar Schulen gibt. Selbst Kneipen machen sich in solchen Regionen rar.

Inzwischen sind natürlich auch die Grünen der frühen Tage – ob als schon wieder Ex-Außenminister, als Parteifunktionäre, als grüne Bauherren oder einfach als grüne Wähler – in einem Alter angekommen, wo die Aussicht auf das einsame Leben im eigenen Heim in den stadtfernen grünen Regionen keine rechte Lebensfreude aufkommen lässt. Selbst dann nicht, wenn Pension oder Rente in Sichtweite kommen. Auch wer es sich voraussichtlich leisten kann, im Ruhestand in der Welt herumzureisen, verspürt doch ein merkwürdiges Gefühl bei der Vorstellung, im Alter weitab vom Schuss zu wohnen – ohne soziales Umfeld, mit wenig Kultur, mit weiten Wegen zum Einkauf. Immer öfter erleben deshalb viele in der Altersgruppe um die Fünfzig bei diversen runden Geburtstagen Gespräche mit Freunden und Bekannten, die um den Kauf von Stadthäusern kreisen. Die Vorstellung, das Häuschen im Grünen abzustoßen, solange der Marktpreis den Verkauf noch halbwegs lukrativ erscheinen lässt, und dafür ein Mehrfamilienhaus in möglichst zentraler Lage in Stadtkernen mit Freunden gemeinsam zu kaufen, entwickelt immer mehr Charme. Jeder hat seine eigene Etage, gemeinsam wird ein Fahrstuhl eingebaut, man verspricht sich wechselseitige Kommunikation und Fürsorge, wenn altersbedingt der Aktionsradius sinkt. Am geistigen Horizont taucht eine Begrifflichkeit auf, die man seit Studentenzeiten oder der Ära der Landkommunen aus dem eigenen Wortschatz verbannt hat: die „Alten-WG". Von der Espressobar im Erdgeschoß als Kommunikationstreffpunkt der Hausgemeinschaft bis zur gemeinsamen Beauftragung von ambulanten Pflegediensten im hohen Alter reicht die konkrete Phantasie. Der Immobilienmarkt zeichnet diesen individuellen Trend der gutsituierten Avantgarde bereits ab. In den Innerortslagen steigen die Preise, in den Randlagen sinken die Preise der Eigenheime. Kurze Wege und die wohnumfeldnahe Lebensqualität werden in der alternden Gesellschaft auch die Wohntrends verändern. Das Leben auf dem Land wird unattraktiver, die Stadt erlebt eine Renaissance als Wohnort. Fachgeschäfte in den Innerortslagen werden ebenfalls eine Wiedergeburt erleben, weil ältere, aber kaufkräftige Kunden die wohnortnahe Versorgung suchen – nicht nur im Premium-Segment.

Und irgendwann kann sich dann der imaginäre ökologische Gesamtgrüne zufrieden zurücklehnen und diverse Entwicklungslinien miteinander verknüpfen: Weil soziale Nähe in einer stärker auf Eigenverantwortung setzenden Gesellschaft neue Netzwerke schafft, weil die Alterung unserer Gesellschaft kurze Wege erzwingt und weil das mietfreie Wohnen in der selbst genutzten Immobilie einen signifikanten Beitrag zum Alterseinkommen leistet – aus all diesen Gründen (und noch vielen anderen mehr) haben die Grünen natürlich ein ungebrochenes Verhältnis zum Eigentum, ist selbst mancher Hausbesetzer vergangener Tage längst Hausbesitzer.

Die Kraft, die aus der Marke kommt

Bernd M. Michael

Vorbemerkung

Ist gutes Ansehen ein Besitzstand? Kann etwas Eigentum sein, das nicht aus substantiellen, sondern ideellen Werten besteht? Ist ein ideeller Wert ein bleibender Wert – oder nur ein scheinbarer? Wie lässt sich der Ansehenswert eines Unternehmens oder eines Produktes messen? In Heller und Pfennig? Und was besitzt man eigentlich, wenn man einen guten Ruf oder – wie man es heute bezeichnen würde – einen Markenwert besitzt? Die Marke als Vermögenswert. Die Marke als Wettbewerbs-Instrument. Die Marke als Orientierungswert für Millionen Menschen und die Marke als Werttreiber für ertragsreiches wirtschaftliches Tun – das ist der Inhalt des folgenden Artikels. Passend zu einer Entwicklung, die gerade von den USA auf Europa übergreift: Markenwert als bilanzfähige Position und nicht mehr nur als imaginärer Mehrwert, der jahrzehntelang als mystische Formel abgebucht und als zweifelhafter Kostenaufwand verdächtigt wurde. Heute ist die Marke unbezweifelt ein wichtiger Faktor in den Weltmärkten, um im Wirtschaftskrieg der Quantitäten endlich wieder zu mehr Qualitäten zu kommen. Qualitäten die messbares Eigentum und zählbare Besitzstände schaffen: Die Marke als intellektuelle Leistung, die Eigentum bildet. Das soll in den folgenden Ausführungen sichtbar gemacht werden.

Die Marke – Schlüsselfaktor der Gesellschaft

Die Rolle der Marke in unserem Wirtschaftsleben hat mit jedem Jahrzehnt an Bedeutung hinzu gewonnen. Im gleichen Maße, in dem sich Produkte und Dienstleistungen in ihrer faktischen Beschaffenheit immer ähnlicher geworden sind, ist die Idee der Marke als Unterscheidungs- und Orientierungs-Merkmal immer wichtiger geworden.

Die Idee der Marke, ihre Inhalte und ihre Bedeutung haben Marketingleute und Ökonomen in allen Kontinenten beschäftigt, und die Ergebnisse haben Bibliotheken gefüllt. Ein Ergebnis ist sicher das: Die Marke ist eine der Entwicklungen, die unsere heutige westliche Gesellschaft mitgeprägt haben. Das Wirtschaftsmodell und das soziale Umfeld, in dem die Marke eine tragende Rolle spielt, haben sich als erfolgreich erwiesen.

Die Marke ist zunächst und historisch gesehen daraus entstanden, dass einem beliebigen, anonymen Produkt besondere Eigenschaften hinzugefügt wurden, die es aus seiner Beliebigkeit erlöst, in die Einmaligkeit – und damit Markenhaftigkeit – überführt haben. Diese Eigenschaften, die den Mehrwert darstellen, waren am Anfang Gewährleistungen in Sachen Qualität, Preis, Verfügbarkeit und Unveränderlichkeit. Es war eine frühe Form der Normierung mit Hilfe technischer und logistischer Mittel. Später addierten sich emotionale Aspekte hinzu. Immer mehr davon, je weniger die faktischen Unterschiede spürbar blieben. Alles Weitere hat sich daraus entwickelt.

Der Konsument orientiert sich an der Marke

Eine Welt ohne Marke ist heute nicht mehr vorstellbar. Alles ist Marke geworden oder hat Marke zu werden, wenn es Bedeutung behalten soll oder Bedeutung erreichen will. Marke ist ein Wertesystem unseres Wirtschaftslebens geworden, selbst für die Börse. Marke ist Werttreiber in einem wettbewerbs-orientierten ökonomischen Umfeld. Das gilt für Produkte wie für Unternehmen, für Dienstleistungen, für den Handel, wie für Menschen, für Parteien und für Organisationen. Der Konsument verlangt es. Er braucht Orientierung in einer Welt des Überflusses und der Informations-Überlastung. Er fordert auf allen Gebieten grundsätzlich erst einmal die Prägnanz und die Erkennbarkeit, die Gewähr, die die Marke ihm bietet. Im Idealfall bietet, sollte man besser sagen.

Deshalb ist es zunächst einmal richtig, den Konsumenten als einen verlässlichen Mitspieler im Markt einzuordnen. Der Konsument will Marke, weil er sie braucht. Er braucht sie als eines von mehreren Mitteln, um seine Lebenspläne adäquat zu verwirklichen: Wünsche, Träume, Selbstdarstellung, Identität. Seine Vorstellung von Freiheit hängt auch eng mit der Freiheit seiner Entscheidungen als Konsument zusammen. Es ist aber falsch, daraus abzuleiten, dass sein Verhalten in Bahnen verläuft, die dem Markt folgen. Der Konsument folgt nicht oder nur bedingt dem Markt. Er folgt vielmehr seinen Lebenszielen, und die wiederum werden vom Zeitgeist geprägt, sie sind veränderlich. Besonders heute sind Zeitgeist-Zyklen und -Änderungen immer kürzeren Rhythmen unterworfen.

Also: Nicht der Konsument folgt dem Markt. Vielmehr hat der Markt dem Konsumenten zu folgen, der seine Präferenzen wechselt, der seine Forderungen ständig erhöht, und der es dadurch immer schwieriger macht, mit ihm auf Augenhöhe zu bleiben. Der Erfolg von Marken und Dienstleistungen hängt deshalb vom immerwährenden und hautnahen Kontakt zum Konsumenten ab. Er hängt davon ab, sich von der Bewegung des Konsumenten und von seinen unvermittelten Kursänderungen nicht überraschen zu lassen, an seiner Seite zu bleiben, der Schatten seiner Wünsche zu werden.

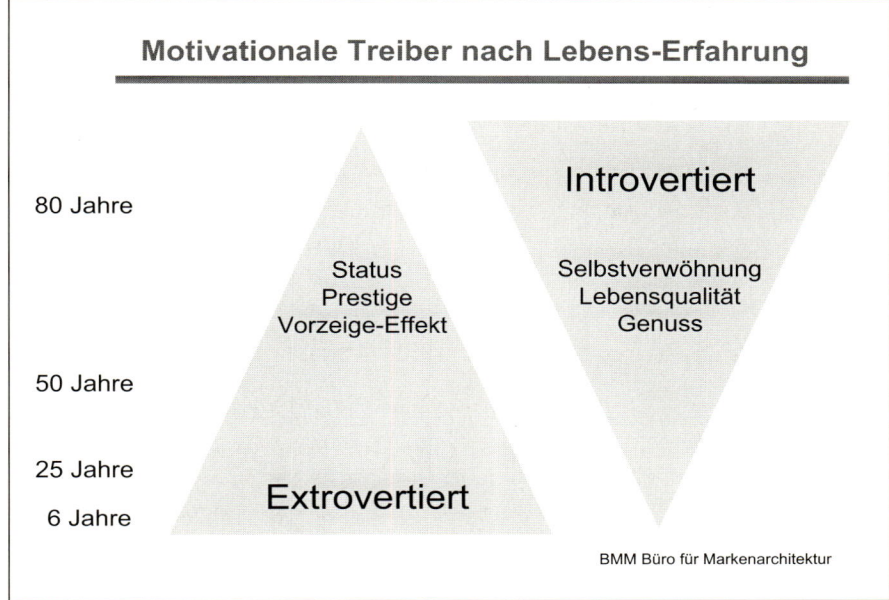

Die Rolle, die Marken für Menschen spielen, wandelt sich im Laufe des Lebenszyklus. Von einer eher extrovertierten, profil-gebenden in den jungen Jahren bis zur selbstverwöhnenden, introvertierten in den reiferen Jahren. Das ist einer der Leitgedanken, den es in der Markenführung zu beachten gilt.

Der Konsument hatte am Anfang wenig Geld und war in seinen Wünschen, Träumen und Bedürfnissen einfach strukturiert. Der Konsument von heute hat viel mehr Geld, und er ist komplex strukturiert. Er braucht nichts mehr wirklich, sein Interesse gilt nicht mehr dem Essentiellen sondern dem Optionalen. Es gehört nicht viel Phantasie dazu, sich vorzustellen, dass morgen alles noch viel verwickelter sein wird. Dass wir es morgen mit einem Konsumenten zu tun haben werden, der aus seiner Tagesform heraus denkt, fühlt, handelt und fordert. Heute so – morgen so. Der Wiener Philosoph *Günther Anders* hat es so ausgedrückt: In einer Welt des Überflusses wird nicht mehr das Angebot knapp, sondern die Wünsche.

Wie funktioniert eine Marke?

Das Spannungsfeld zwischen Realität und Perzeption ist das Wirkungsfeld von Marken und Marken-Images. Die Marke signalisiert den funktionalen, technischen oder faktischen Wert einer Sache, ergänzt um den emotionalen gefühlten Wert. Damit erreicht sie beide Seiten des menschlichen Gehirns – die linke, rational-mathematische und die rechte, emotional-fantasieorientierte zugleich. Starke

Marken schaffen es, mit einer ausgeprägten Balance dieser Einflüsse im Kopf der Menschen eine Einstellungsveränderung zu bewirken. Je intensiver beide Bereiche in die Meinungsbildung einwirken, umso positiver ist der Mensch zu dieser Marke eingestellt. In der Regel führt ein ausgeprägtes Marken-Image – also hoher Bekanntheitsgrad, Sympathie und ein starkes Image-Profil der Marke zu Präferenzen im Entscheidungs- und Kaufverhalten.

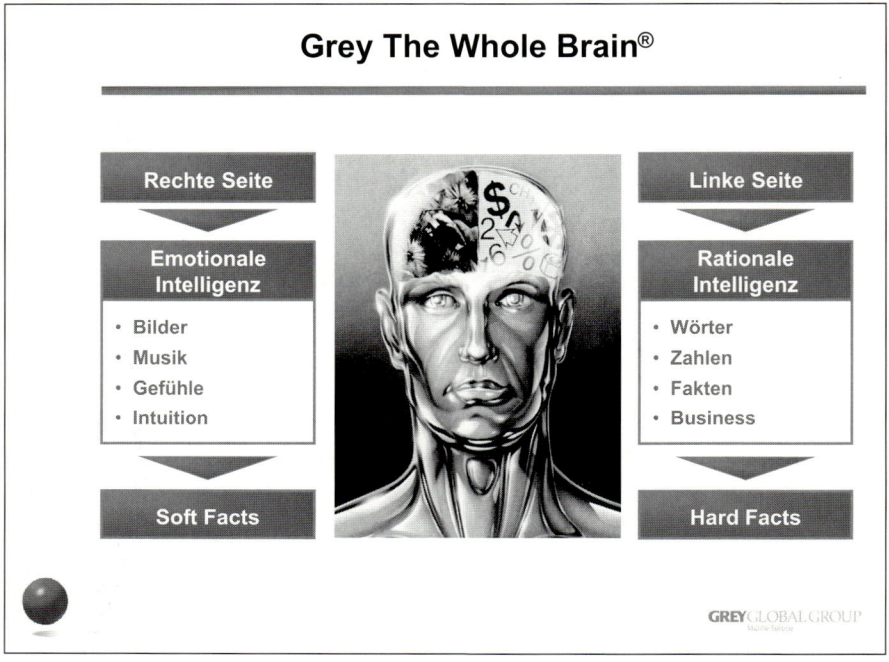

Vor allem durch die geradezu inflationäre Vielzahl der Botschaften, die über die Medien und die Kaufstätten auf die Menschen in den letzten Jahren eingeströmt sind, ist die Orientierungs- und Bevorzugungs-Funktion durch Marken-Kommunikation ein wichtiger Wettbewerbsfaktor geworden. Je stärker eine Marke sich im Kopf (oder Herz) der Menschen durchgesetzt hat, also gelernt, gemocht und gewünscht wurde, umso erfolgreicher ist dieses Marke im Markt. Sie hat dann meist den Status eines Markt- und Meinungsführers erreicht und daraus oft sogar Verdrängungskraft gegenüber dem Wettbewerber erreicht und sich an die Spitze gesetzt.

Marken brauchen Verdrängungskraft

In einer Wirtschaftswelt, in der wir nahezu überall Überkapazitäten zu verzeichnen haben – 30% zuviel Verkaufsfläche, 25% zuviel Produktions-Kapazität, bis zu 50 % zuviel Marken und vielleicht auch etwa 40 % zuviel Medien – herrscht heftiger Verdrängungs-Wettbewerb. Und die Kraft einer großen Marke schafft es, andere, weniger profilierte Marken schneller und nachhaltiger zu verdrängen. Sie besitzt einen bevorzugten Platz im Kopf der Menschen und ist in der heutigen Zeit einer Überflussgesellschaft ein Besitzstand für die Unternehmen, der oft wichtiger geworden ist als das Produkt oder die Dienstleistung selbst. „Markenkapital wird wichtiger als Stammkapital" ist sicher eine provokante Formulierung. Aber in Märkten wie Konsumgüter, aber auch schon Gebrauchsgüter und Finanzdienstleistungen spielt die Kraft der Marke eine entscheidende Rolle. Je austauschbarer die Angebote der Wirtschaft in ihrer Leistungs-Struktur werden, umso mehr wird der Eindruck und die Bindung zu Marken kaufentscheidend. Und je mehr die Signale, die die Marke sendet, mit den Wünschen und Erwartungen eines potentiellen Käufers oder Nutzers übereinstimmen, umso erfolgreicher ist sie. Manche Marken besitzen die Kraft, eine ganze Kategorie zu symbolisieren – also eine ganze Gattung zu repräsentieren. Denken Sie an Marken wie Tempo oder früher Knirps. Oder heute McDonalds oder Coca Cola. Auch Schwäbisch Hall gehört wie Persil oder Nivea, wie Mercedes oder Lufthansa, wie Nokia oder Telekom, wie Deutsche Bank oder Ikea zu den Marken, die für eine ganze Branche stehen. Und deren Markenkraft viele andere in dieser Branche überstrahlt und in den Marktanteilen auf die nachgelagerten Plätze verweist.

Die Marken-Architektur führender Marken

Marktführer verfügen in der Regel über eine Marken-Architektur, deren Elemente unverwechselbar sind, von den Menschen gelernt und als wichtiger Teil – manchmal auch als unwichtiger, aber emotional erwünschter Teil – des Alltagslebens gesehen werden. Zum Beispiel signalisiert das Blau im Kosmetikregal Nivea und es wird assoziiert mit Pflege. Pflege nicht nur für – wie vor 50 Jahren – die Hände, sondern für über 100 Pflegeprodukte, die alle Bereiche des Körpers, für Mann, Frau und Kind, für arm und reich, ja selbst für anspruchsvoll oder sogar uninteressiert stehen. Eine Marke also, die es geschafft hat, in der Mehrzahl aller deutschen, und inzwischen auch europäischen Familien, eine Rolle zu übernehmen. Oder der kluge oder besser noch „schlaue" Fuchs von Schwäbisch Hall, der als Symbol des cleveren Hauseigentümers gilt und eine Einschätzung der Marke Schwäbisch Hall aufgebaut hat, die von keinem der Wettbewerber erreicht wird. Im Zeitalter des Smart Shoppings hat diese Markenfigur geradezu eine Renaissance erlebt, weil sie den Zeitgeist und die mentale Verfassung aller Haushaltsführenden in idealer Weise aufgreift und bestätigt. Fast ein Glücksfall der Werbe- und Markengeschichte und gerade im Jubiläumsjahr ein Vorbild konsequenter und kontinuierlicher Markenführung. Ein Kapital des Unternehmens von unschätzbarem Wert. Und wenn man den Begriff Eigentum in diesen Zusammenhang setzen will, geht der noch weit über dieses Markensignal hinaus. Die Markenarchitektur von Schwäbisch-Hall besitzt noch weitere Bausteine – in diesem Fall wörtlich zu nehmen. Einer davon ist die Farbkombination – rot/gelb – als Markenfarbe. Oder ein weiterer Baustein ist das Markenversprechen „Auf diese Steine können Sie bauen".

Eine nahezu komplette Statik, die bei führenden Marken idealerweise aus Wortmarke, Bildmarke, Markenfarbe, Markenversprechen, Markenwelt und Hörmark (also Jingle/Musik) bestehen sollte.

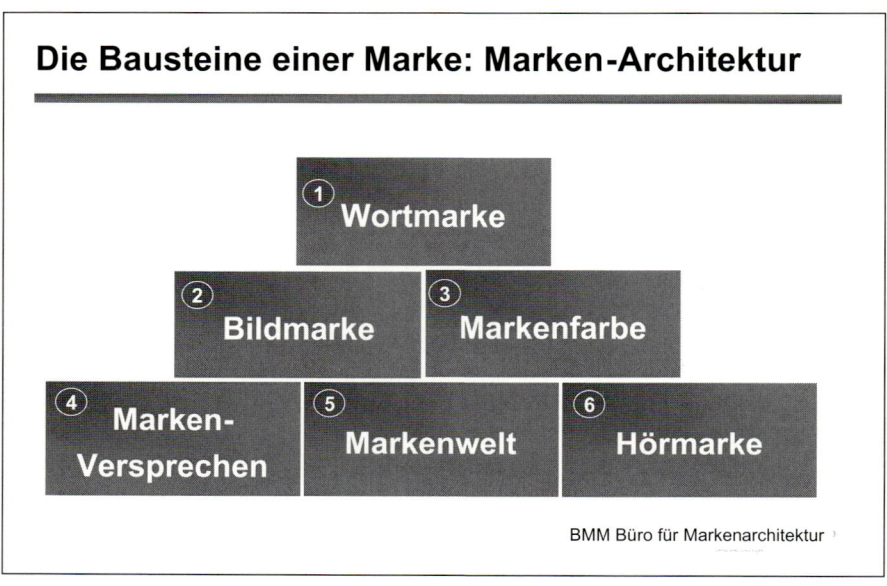

Die Bausteine einer Marke: Marken-Architektur

① Wortmarke

② Bildmarke

③ Markenfarbe

④ Marken-Versprechen

⑤ Markenwelt

⑥ Hörmarke

BMM Büro für Markenarchitektur

Je kompletter diese Elemente die Marken-Architektur ergänzen umso stärker wird das innere Bild im Kopf der Menschen in ihrer Summe nicht nur unverwechselbar, sondern signalisiert in ihrer Aussage und Überzeugungskraft auch Überlegenheit. Man spricht von Marken-Signalen, die einen Besitzstand für Unternehmen darstellt, die vom Verbraucher spontan erkannt und der richtigen Marke zugeordnet werden. Oder noch besser: Die bei den Menschen Assoziationen und Beschreibungen auslösen, die mit dem idealen Wunschbild des Produktes oder der Dienstleistung, die er haben möchte, übereinstimmt. Je kompletter die Markenarchitektur mit den richtigen Signalen, umso stärker die Kraft der Marke.

Wenn man die Komplexität der heutigen Markentechnik betrachtet, kommt man zu ganz erstaunlichen Feststellungen: Im Falle BMW zum Beispiel beginnt die Philosophie der Marke bereits bei der Architektur des Verwaltungsgebäudes. Wir erinnern uns, dass Anfang der 70er Jahre das berühmte, zylinder-ähnliche BMW Verwaltungsgebäude am Rande des Münchner Olympia-Geländes ein Markenstatement für BMW etabliert hat. Oder dass Städte ihre Identität durch markentypische Architektur wie Eiffelturm, Guggenheim-Museum oder Atomium signalisieren und diese markenhaften Symbole gezielt im Wettbewerb der Städte einsetzen. Stadt-Marketing nennt man das. Und es wirbt markenhaft um Bürger, Industrieansiedelungen oder Touristen und Meinungsführer.

Ansehenskapital ist wichtiger als Stammkapital

Marke ist ein Ansehenswert. Sie verkörpert einen perzeptiven, also imaginären Wert, der sich aus realen und gefühlten Kriterien zusammensetzt. Absolut gesehen ist – so haben wir festgestellt – ein Markenwert der Unterschied zwischen Realität und Wahrnehmung. Relativ gesehen ist die Marke der Abstand zum Wettbewerb. Beides ist der Maßstab, wie tauglich sie als Wettbewerbs-Instrument eingesetzt werden kann. Wenn heute Firmen verkauft werden, steht der Marken-Wert des Unternehmens oder seiner Markenprodukte oft mehr im Mittelpunkt als die übrigen Assets wie Maschinen, Anlagen oder Immobilien. In unserer heutigen Welt existiert eine Fülle von Marktführern, die einige Stufen der Wertschöpfung total auslassen aber immer seltener die Hoheit über die Marke. Nike ist nicht etwa ein Sportschuh-Hersteller sondern eine Marketing-Organisation, die Sportartikel herstellen lässt und sich auf Markenführung, Vertriebs- und Preisstrategie konzentriert. In Sachen Kapitaleinsatz war das eine seinerzeit bahnbrechende Strategie. Auch Dell, heute der größte PC-Hersteller der Welt, ist über seine Markenkraft groß geworden, und hat Produkte nie selbst hergestellt. Und wenn man in den Markt der Premium-Marken geht, ist es die Kraft der Marke, der den überproportionalen Teil der Wertschöpfung ausmacht. Die Guccis, Pradas, Porsches, Rolex und die Four Season's und Tiffany's lassen grüßen.

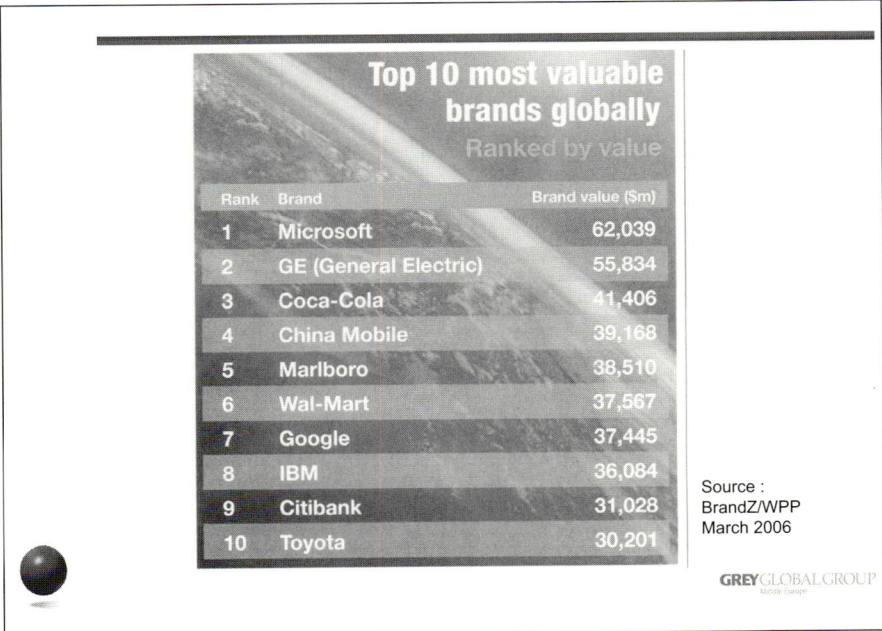

Der Besitz einer Marke wird immer unverzichtbarer, um sich anhaltendem Preis- und Konditions-Druck zu entziehen und es ist nicht überraschend, dass selbst im Business-to-Business Markt das Thema Marke an Bedeutung gewinnt. Wie die Marken Intel oder Gore-Tex das eindrucksvoll dokumentieren. Bei Intel hat es die Marke geschafft, für die Käufer wichtiger zu werden als die Marke des Computer-Herstellers. Ein vorbildliches Beispiel eines Zulieferers, der durch den Aufbau von Markenstatus zur Leitwährung von Computermarken geworden ist. Und sicher ein Signal für das gesamte Business-to-Business Geschäft der Zukunft. Je preis-aggressiver die Märkte, umso wichtiger wird in Zukunft die Kraft der Marke um die Wertschöpfung zu sichern.

Die Evolution der Marke im Zeitgeist:

Marken hatten ursprünglich nur eine Aufgabe: Sie mussten als Vermarktungs-hilfen funktionieren und beim Käufer die Kaufentscheidung sichern. Mit dieser Mono-Funktion wird sich zukünftig kein CEO mehr begnügen. Dafür ist auch das Investment in die Marke zu hoch. Heute, in einer Welt voller Verdrängungswett-bewerb auf der einen Seite, aber auch zunehmender CSR (Corporate Social Responsibility), ist der Wert der Marke multipler als je zuvor einzusetzen.

Die Markenführung hat nun die Multi- Funktion der Marke entdeckt. Die Marke zielt darauf, gleichzeitig mehrere Zielgruppen abzudecken, die den Bestand und die Akzeptanz des Unternehmens maßgeblich beeinflussen. Eine durchaus kom-plexe Aufgabe, die gekonnt synchronisiert werden muss, um hohe Economics of Scale zu erreichen. Diese Multi-Funktion kapitalisiert die Marke auf die bestmög-lichste Weise und schafft Wettbewerbsvorteile an folgenden fünf Fronten gleich-zeitig:

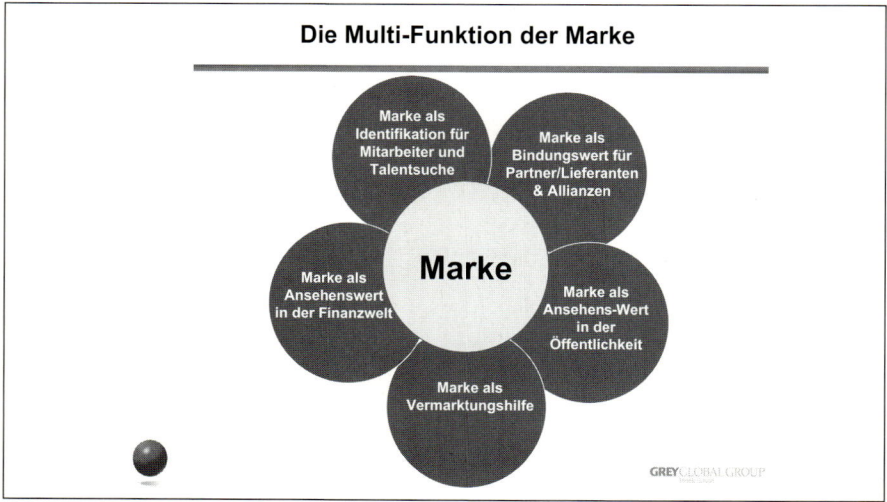

1. Ansehens-Wert in der Finanzwelt: Die zunehmende Bedeutung der Börse und des Kapital-Marktes erfordert die Pflege dieses meinungsbildenden Bereiches durch die Unternehmensführung. Das zentrale Element dafür ist die Ausrichtung der Unternehmens-Marke. Die Kriterien nach denen die Finanzwelt ein Unternehmen beurteilt, befinden sich heute im Wandel. Waren es früher Fakten und Bilanzen, sind es heute ergänzend dazu Visionen und Perspektiven der CEO's und Chairmen. Gleichzeitig gilt es, das Ansehen des Unternehmens insgesamt auf die Kriterien der Analysts, der Börsenmakler und der großen Anleger auszurichten. Auch hier ist permanente Pflege und Kontinuität, vor allem vor dem Hintergrund schneller wechselnder Markt-Gegebenheiten, von hoher Bedeutung. Der visionäre Blick nach vorn, welche Rolle das Unternehmen als Marke in Zukunft spielen will, wird für den Kapitalmarkt wichtiger als der Blick zurück auf die Bilanzen der Vergangenheit.

2. Identifikations-Wert für Mitarbeiter und Talente: Die entscheidende Ressource der Zukunft ist das, was man heute auf neudeutsch „Human Capital" nennt. In allen Assets wie Rohstoffe, Maschinen, Kapital, Patente usw. nähern sich die Unternehmen mehr und mehr an. Zum entscheidenden Wettbewerbsvorteil werden das Wissen und die Motivation des Personals. Wem es gelingt, die Besten an sich zu ziehen, schafft Vorsprünge. Und die Besten gehen nur zu Unternehmen mit dem höchsten Ansehen und der höchsten Reputation. Seit Jahren zeigen Studien, dass die Auswahl der Unternehmen sowohl von den Top-Studenten als auch von den führenden Praktikern sich immer mehr an Ihrem Image- also ihrem Marken-Wert orientiert. Die Zahl der Rankinglisten in den Medien ist Legion – national wie international. Der Personalmarkt aber orientiert sich weitgehend an diesen Daten Und damit ist die Aufgabe der Markenbildung klar: Die Attraktionspunkte, Mitarbeiter in diesem Unternehmen zu werden, sind Inhalt der Markenführung.

3. Bindungs-Wert für Partner/Lieferanten und Allianzen: Marken spielen eine zentrale Rolle bei Fusionen, Akquisitionen, strategischen Allianzen oder vertikaler Integration aus Industrie- und Handelsstufe. Ihr Bindungs-Wert knüpft Partnerschaften und ist Entscheidungskriterium für Lieferanten Wer bekommt als erstes die Innovationen eines Lieferanten? Wer wird Referenzkunde? Mit welcher Lieferantenmarke zeigt sich die Kundenmarke am liebsten öffentlich? Das Profil der Marke liefert hier einen maßgeblichen Beitrag zur Identifikation.

4. Vertrauens-Wert in der Öffentlichkeit: Die Stichworte Corporate Social Responsibility und Sustainability im weiteren Sinne dominieren die Schlagzeilen der Medien. Die soziale Akzeptanz von Unternehmen in der Öffentlichkeit ist zum Tagesthema geworden. Manche Umweltverschmutzungen oder manche soziale Härte im Umgang mit Mitarbeitern haben die Aufmerksamkeit der breiten Öffentlichkeit erregt. Unternehmen agieren nicht mehr nur für sich selbst,

sondern müssen sich als Teil der Öffentlichkeit betrachten. Eine Politik der gläsernen Wände, eine Strategie der totalen Transparenz – nach innen und nach außen – ist das Gebot der Stunde. Unternehmens-Marken müssen nach diesen Kriterien ausgerichtet und geführt werden. Präventives Crisis Management – und wenn es nur für die Schublade ist – ist Pflicht für jeden Vorstand. Je höher der Industrialisierungs-Grad wird, umso kritischer wird die öffentliche Meinung. Umso akzeptabler muss sich eine Unternehmensmarke gegenüber der öffentlichen Meinung präsentieren.

5. Vermarktungs-Wert: Mit dem Vermarktungs-Wert von Marken hat alles begonnen. Ursprünglich wurden Produkte zu Marken gemacht, um Ihre Unterscheidbarkeit und Wiedererkennbarkeit in der Vermarktung an Käufergruppen deutlich zu machen. Diese ursprüngliche Aufgabe der Marke ist geblieben. Zugegeben, heute stehen wir vor überbesetzten Märkten – sowohl im Bereich der Herstellung als auch in der Menge der Verkaufsflächen des Handels. Ein Krieg der Marken tobt, Verdrängung ist angesagt. Der Ausleseprozess ist in vollem Gange und die Zahl globaler und lokaler Marken wird neu justiert.

Fazit: Jede dieser fünf Zielgruppen bedarf sorgfältiger Analysen der Wert-Treiber, ihrer Prioritäten und muss maßgeschneidert die Mentalität dieser Einflussgruppen treffen. Es wird die Kunst zukünftiger Markenführung sein, alle fünf Bereiche im Wert der Unternehmens-Marke reflektiert zu sehen.

Die Zukunft der Marke

Strategische Markenführung erlebt zurzeit eine besonders große Herausforderung. Trends und Werte wechseln schneller als je zuvor. Dabei erlebt Markenführung selbst einen Paradigmen-Wechsel. Denn diese Strategie akzeptiert keinen Lebenszyklus der Marke mehr. Das Management spezifischer Phasen der Marken-Lebenskurve (Einführung, Aufschwung, Reife/Sättigung oder Schrumpfung) ist ein Relikt aus guten alten Tagen. Stattdessen hat das Informations- und Medienzeitalter die permanente Evolution der Marke möglich gemacht.

Im Idealfall wird die Marke zum zeitlosen Wert, der es schafft, sich permanent im Gespräch zu halten. Die Werthaltigkeit von Marken wächst mit Ihrer permanenten Abstimmung auf den Zeitgeist. Nur dann kann die Marke ein Besitzstand des Unternehmens bleiben, der als echter Vermögenswert betrachtet werden kann und der hilft, die Zukunft des Unternehmens zu sichern.

Was wollen 1.300 Millionen Chinesen?

Kay Möller

„Wir müssen die Entwicklung von Stadt und Land, die Entwicklung unter den Regionen, die wirtschaftliche und soziale Entwicklung, die Entwicklung von Mensch und Natur, sowie die innere Entwicklung und die weitere Öffnung zur Außenwelt in ein Gleichgewicht bringen."

– Premierminister *Wen Jiabao*, Bericht an den Nationalen Volkskongress, 5. März 2004.

Im Juli 2005 verzichtete die Provinzregierung von Hebei im Norden von China auf die Enteignung von 26 Hektar Land für eine Industrieansiedlung. Einen Monat zuvor hatte der potentielle Investor einen Schlägertrupp in das betroffene Dorf entsandt, das die angebotene Entschädigung als unzureichend abgelehnt hatte. Sechs Bauern kamen ums Leben, 48 wurden verletzt.

Im August 2005 verhaftete die Polizei in der nordchinesischen Provinz Shaanxi dreizehn Privatunternehmer, die im Namen von 60.000 Kleininvestoren gegen die Enteignung von Ölquellen durch die Provinzregierung geklagt hatten. Die Behörden hatten sich erst für das Projekt interessiert, als es Profite abwarf.

Ebenfalls im August 2005 wurden die Gerichte der Volksrepublik angewiesen, Individualklagen gegen die Umwidmung von Wohngrundstücken in solchen Fällen nicht mehr zuzulassen, in denen der Eigentümer den Bewohnern eine Entschädigung angeboten hatte. Eine Untergrenze für Entschädigungen wurde nicht festgesetzt.

Soweit sie nicht zur Rolls Royce und Mercedes-Elite gehören, wollen 1.300 Millionen Chinesen entweder sichere Lebensgrundlagen oder ein besseres Leben. Das bedeutet für die jüngeren, gut ausgebildeten Bürger der Städte eine eigene Wohnung, Bildungsperspektiven für das eine Kind, soweit vorhanden, und vielleicht eines Tages ein eigenes Auto. Bauern diesseits und jenseits der Armutsgrenze brauchen einklagbare Bodenrechte als Grundlage für die Akkumulation von Kapital. Gleichzeitig geht es für das wachsende Heer der Arbeitslosen und Unterbeschäftigten in Stadt und Land in erster Linie um die Befriedigung elementarer Bedürfnisse. In diesem Tableau hat sich der Widerspruch zwischen einer traditionellen Sozialbindung des Eigentums und seiner kapitalistisch-individualistischen Variante so dramatisch verschärft, dass sich die Politik zum Eingreifen veranlasst sah. Die eingeleiteten Maßnahmen sind allerdings halbherzig und teils widersprüchlich ausgefallen, so dass aus der Krise der Werte eine Krise des Systems werden könnte.

Seit Beginn der wirtschaftlichen Öffnung Chinas 1978 hat sich das Einkommen des Durchschnitts-Bürgers nahezu verdreißigfacht und liegt heute bei ca. 1.000 US-Dollar. Gleichzeitig sind allerdings zunehmend negative Begleiterscheinungen wie Umweltzerstörung und Epidemien, Vernichtung von Ackerland und Korruption aufgetreten, das Einkommensgefälle zwischen Stadt und Land, Küste und Hinterland, sowie innerhalb der Städte hat beträchtlich zugenommen, und ein Staatssektor, der immer noch über die Hälfte der städtischen Arbeiterschaft beschäftigt, schreibt zunehmend rote Zahlen und kann seine traditionelle gesellschaftspolitische Rolle nicht mehr wahrnehmen. Die Staats- und Parteiführung ist bemüht, diesem Trend mit Investitionen im Hinterland und dem Aufbau eines rudimentären Systems der sozialen Sicherung gegenzusteuern, aber diese Aufgabe erweist sich angesichts begrenzter Mittel und einer wachsenden Zahl einflussreicher Akteure mit divergierenden Prioritäten als äußerst schwierig. Mittlerweile kommt es in China alljährlich zu mehreren zehntausend kleineren und größeren, friedlichen und gewalttätigen Protesten, auf die die Behörden entweder mit Konzessionen oder mit Gewalt reagieren.

Die Antwort des (städtischen) Durchschnitts-Bürgers auf die neuen Ungewissheiten besteht in erster Linie in Sparen. Vor der 2007 anstehenden Öffnung des inländischen Marktes für Bankdienstleistungen heißt das normalerweise Sparen bei den vier staatseigenen Handelsbanken, die das Geld wiederum an staatseigene Betriebe verleihen, die zum überwiegenden Teil Verluste machen. Die ca. 150.000 verbliebenen Staatsbetriebe tragen heute nur noch etwa fünfzehn Prozent zur industriellen Produktion bei. Da die Regierung darüber hinaus Mehrheitsbeteiligungen an zahlreichen kleinen und mittelgroßen Aktiengesellschaften und Genossenschaften hält, liegt der Anteil des Privatsektors am industriellen output bei nur 30-40 Prozent. Obwohl dieser Sektor während der ersten zwanzig Reformjahre eher geduldet als gefördert wurde, wuchs er zwischen 1978 und 2001 von Null auf 38 Millionen kleinerer und mittlerer Firmen an, die 160 Millionen Menschen beschäftigten. Er wurde 2004 verfassungsrechtlich gleichgestellt, blieb aber etwa bei der Kreditvergabe weiter benachteiligt (Deutsche Bank Research 2004, S. 5). Im selben Jahr wurde auch das Privateigentum grundsätzlich unter den Schutz des Staates gestellt, aber die Verabschiedung eines Ausführungsgesetzes hat sich seither verzögert.

Eine der wenigen Alternativen zum Sparen besteht für Stadtbewohner im Erwerb einer Wohnung. Seit dieser Sektor Mitte der 90er Jahre privatisiert wurde, ist der chinesische Anteil an Wohneigentum weltweit einer der höchsten. Allerdings hat die Politik sich bis heute nicht festgelegt, ob sie hier vornehmlich soziale oder eher gesamtwirtschaftliche Ziele verfolgt, und während die wachsende Zahl armer und geringfügig wohlhabender Haushalte mit steigenden Mieten oder Räumungsbefehlen konfrontiert wird, kommt die öffentliche Förderung des Wohnraumerwerbs vornehmlich den reicheren Schichten zugute (*Duda/Zhang/Dong* 2005, S. 26/7).

Neben dieser städtischen Zweiklassengesellschaft existiert eine gesamtstaatliche. 60 Prozent der Chinesen leben auch heute noch auf dem Lande, und 44 Prozent sind in der Landwirtschaft tätig. Hatten Bauern anfänglich am meisten von der Reform profitiert, so beträgt ihr Pro-Kopf-Einkommen heute nur noch gut 300 US-Dollar. Seit 2002 dürfen sie über das Land, das sie bebauen, grundsätzlich für 30 Jahre verfügen. Diese Bestimmung hat allerdings lokale und Provinzbehörden nicht davon abgehalten, Bauern nach Gutdünken zu enteignen, um Industrien anzusiedeln, Golfplätze und Spielkasinos zu bauen. Wie in den Städten verschwammen auch auf dem Lande die Grenzen zwischen Funktionärs- und Unternehmertum, ein Spiel, an dem sich Familienangehörige Pekinger Spitzenpolitiker zunehmend beteiligten. In den Grauzonen zwischen Einparteienstaat und Markt grassiert eine Korruption, die der Einparteienstaat allenfalls selektiv und vielfach unter Anlegung rechtsfremder Kriterien ahndet.

Man kann die gesellschaftlichen Widersprüche, die die chinesische Realität seit 1978 in wachsendem Maße bestimmen, mit Spannungen „zwischen gewohnheitsrechtlichen Normen und politischer Instrumentalisierung des Eigentums als Rechtsinstitut" (*Herrmann-Pillath* 2003, S. 169) oder mit einem „nahezu Lockeschen Naturzustand" beschreiben, „in dem die Charakteristika eines künftigen Eigentumsrechts äußerst unklar sind, während die kulturellen und politischen Kräfte nur kurzsichtigen Individualismus produzieren." (*Li/Rozelle/Huang* 2000, S. 38). Auch im Westen war die Frühphase des Kapitalismus von Korruption und mangelnder Rechtssicherheit gekennzeichnet, bevor sich ein Verständnis für die Wechselwirkungen zwischen individuellen und gesellschaftlichen Aspekten des Eigentums herausbildete, das sich etwa im Steuersystem niederschlug. Allerdings gab es im Westen auch eine Tradition von Privatsphäre und horizontaler Gewaltenteilung.

China ist heute eine „de facto-Föderation" (*Wu* 2003, S. 24), in der Provinz- und Lokalfunktionäre als „Torhüter" von Land und anderen Ressourcen überproportionalen Einfluss ausüben. Diese Variante der vertikalen Gewaltenteilung war für Peking solange hinnehmbar, als in- und ausländische Investoren die resultierenden Kosten abschrieben, alle gesellschaftlichen Gruppierungen unterschiedlich von dem gesamtwirtschaftlichen Wachstum profitierten und sich der Zorn der Modernisierungsverlierer auf die Lokalbehörden konzentrierte. Mittlerweile gibt es nicht nur relative, sondern auch absolute Verlierer (*Wang* 2003, S. 52), transregionale Vernetzungsversuche zwischen einzelnen Protestbewegungen und Marktverzerrungen bei den Preisen für Geld, Energie und Land, die unter anderem zu einer Immobilienblase geführt haben. Ihr Platzen ginge auf Kosten der Staatsbanken, deren notleidende Kredite vermutlich derzeit schon 60 Prozent des Brutto-Inlandsprodukts ausmachen (*Roubini/Setzer* 2005, S. 8).

Peking sieht diesen Entwicklungen nicht tatenlos zu, aber während es nur in den Städten bescheidene Sozialleistungen gibt und auch hier Wanderarbeiter und andere Unterprivilegierte nicht in deren Genuss kommen, haben Milliardeninvestitionen in die Erschließung des Hinterlandes zusätzlich zu Korruption und Funktionärswillkür beigetragen. Gleichzeitig nahmen behördliche Menschenrechtsverletzungen seit Ende der 90er Jahre wieder zu.

Wenn man nationalistische Szenarien ausschließt, steht die chinesische Führung vor der Wahl zwischen einer weiteren Verrechtlichung und Institutionalisierung des Öffnungsprozesses, die vor ihrem Machtmonopol letztlich nicht Halt machen würde und einer schleichenden Aushöhlung dieses Monopols von innen. Derzeit gibt es Anzeichen für beide Tendenzen, so dass insgesamt ein Eindruck von Improvisieren und Flickschusterei entsteht. Anstatt Bau- und Bodenspekulation und andere Varianten der Veruntreuung von Staatseigentum in den eigenen Reihen entschlossen zu bekämpfen, will die Kommunistische Partei nun auch noch Privatunternehmer integrieren und ein bereits gigantisches Patronagenetzwerk so noch weiter ausdehnen. Dieses „staatszentrische" Entwicklungsmodell war Ende der 90er Jahre bereits in anderen ostasiatischen Staaten an seine Grenzen gestoßen und ein Grund für die so genannte Asienkrise gewesen. Natürlich ist der chinesische Markt größer als der südkoreanische und könnte die Volksrepublik theoretisch versuchen, ihr vornehmlich exportgetriebenes Wachstum durch eine stärkere binnenwirtschaftliche Orientierung zu ersetzen. Aber auch eine solche Strategie bedarf eines größeren Maßes an Rechtssicherheit für Bauern und Stadtbewohner, die mit der heutigen Dorf- und Stadtteildemokratie nicht zu gewährleisten ist. Gleichzeitig schärfen Dorf- und Stadtteildemokratie aber den Blick für die neuen Ungerechtigkeiten und tragen so eher noch zu den sozialen Spannungen bei. Rolls Royce und Mercedes fahrende Eliten haben zwar überall auf der Welt Probleme bei dem Versuch, sich als fürsorgliche Patriarchen zu präsentieren, aber der Versuch wird in dem Maße provokativer, als sie unkontrolliert und auf Kosten der Allgemeinheit misswirtschaften können.

Solange diese Erkenntnis in Peking nicht zu systematischen Konsequenzen führt, hängt Chinas langfristige Stabilität davon ab, ob eine starke städtische Mittelklasse entsteht, die ihre spezifischen Interessen gegenüber den politischen und wirtschaftlichen Eliten hinreichend geltend machen kann. Der Anteil dieser Gruppe an der Gesamtbevölkerung wird heute auf maximal neunzehn Prozent geschätzt, und diese Schwäche ist (neben einer in den Küstenstädten weiter verbreiteten Aufbruchstimmung) dafür verantwortlich, dass die Zivilgesellschaft in der Volksrepublik keinen Kristallisationspunkt findet. Ein deutliches Anwachsen der Mittelklasse würde eine zügige Urbanisierung mittels Stärkung der Privatwirtschaft in Stadt und Land voraussetzen, die bisher an den dominanten Interessen scheitert.

Insofern könnte das Zugeständnis der Provinzregierung von Hebei hoffnungsfroh stimmen, wäre es nicht erst erfolgt, nachdem ein Videoband von dem Überfall auf die Dorfbewohner in die Hände eines ausländischen Journalisten gelangt war. Die Eigentumsfrage steht symptomatisch für Chinas Dilemma. Hier wie anderswo beißt sich die politische Katze in den marktwirtschaftlichen Schwanz.

Literatur

Deutsche Bank Research (9.7.2004), Unternehmensreform und Aktienmarktentwicklung in China, Frankfurt a. M.

Duda, M./Zhang, X./Dong, M, (July 2005), China's Homeownership-Oriented Housing Policy: An Examination of Two Programs Using Survey Data from Beijing, Cambridge MA

Hermann-Pillath, C. (2003), Eigentum, *in:* Staiger, A./Friedrich, S./Schütte, H.-W. *(Hrsg),* Das große China-Lexikon, S. 168-171

Li, G./Rozelle,S./Huang, J. (December 2000), Land Rights, Farmer Investment Incentives, and Agricultural Production in China, Davis

Roubini, N./Setser, B. (April 2005), China Trip Report, New York, Oxford

Wang, S. (December 2003), Openness and Inequality: The Case of China, Issues and Studies 2005 (39/4), S. 39-80

Wu, W. (20 July 2003), The Origin of Private Property Rights in China: A Game between Central and Local Governments, Singapur

Wie wollen wir morgen wohnen?

Leben in der Stadt der Zukunft

Horst W. Opaschowski

Die Menschen träumen vom guten schönen Leben in der Stadt – irgendwo. Vage umschrieben mit dem Wort: Urbanität. Die moderne Stadtforschung hat dieses Zauberwort in den letzten Jahren zunehmend in die Nähe von „Sehnsucht" (*Kegler* 1998), „Utopie" (*Siebel* 1999) oder „Mythos" (*Wüst* 2004) gerückt. Urbanität ist zum Zeitlos-Thema geworden und gerade darum so faszinierend. Stadtleben muss immer wieder neu entdeckt und belebt werden. Die bereits vor über dreißig Jahren vom Deutschen Städtetag empfohlenen „Wege zur menschlichen Stadt" müssen auch im 21. Jahrhundert unbeirrt weitergegangen werden. Denn ökonomische, ökologische und soziale Probleme gefährden die Lebensqualität unserer Städte. Es ist schon bezeichnend, dass der erste Armuts- und Reichtumsbericht der Bundesregierung als ein politisches Leitziel der Zukunft formuliert: „Den Menschen ein Zuhause geben".

Ohne ausreichenden, bezahlbaren und lebenswerten Wohnraum kann es kein Zuhause für Menschen geben. Das Wunschbild „Besser leben, schöner wohnen" erfüllt sich schließlich nicht von selbst. Wer besser leben will, muss mithelfen, eine bessere Gesellschaft zu schaffen. Die moderne Stadtforschung muss jedoch selbstkritisch eingestehen: „Das Wissen um die Bedürfnisse der Stadtbewohner ist dürftig" (*Alisch* 2004, S. 72). Oft unbrauchbare Datenfriedhöfe täuschen darüber hinweg, dass es an aufbereiteten Informationen über spezifische Bedürfnislagen (z. B. Wohnwünsche, Hilfsbereitschaften, Netzwerkpotentiale) mangelt. Das Leitbild einer urbanen Zukunft mit menschlichem Maß muss keine Utopie sein, wenn die Städter wieder fündig werden können bei ihrer Suche nach Lebensqualität und ihrem Wunsch: *So wollen wir wohnen!*

Die Stadt der Zukunft muss also nicht neu erfunden werden. Es genügt, Arbeiten, Wohnen, Verkehr, Freizeit, Kultur und Kommunikation so zu mischen, dass wieder eine lebendige Melange entsteht – aus Parks und Passagen, Kinos und Cafés, Kunstgalerien und Kindertagesstätten. Nur dann gilt: *Zukunft findet Stadt.* Stadtleben heißt wieder Stadt erleben! Stadtplanung und Stadtleben stehen im 21. Jahrhundert vor neuen Herausforderungen. Zur Zeit zeichnen sich eine Reihe von Perspektiven ab, die unser Leben verändern werden und sich in den folgenden 15 Thesen zum Leben in der Stadt der Zukunft zusammenfassen lassen:

These 1: Die Zukunft ist urban

Weltweit zieht es immer mehr Menschen in die Stadt. Zum ersten Mal in der Geschichte der Menschheit lebt mehr als die Hälfte der Bevölkerung in Städten. 2030 werden wir eine urbane Weltbevölkerung von etwa sechzig Prozent haben, was einer Verdoppelung seit den fünfziger Jahren entspricht. In Zukunft wird vieles anders sein: Arbeiten, Wohnen, Freizeit und Kultur wachsen wieder zusammen, ja das Leben auf dem Lande wird dem Stadtleben immer ähnlicher. Beides ist dann möglich: Die Verstädterung der Dörfer und die Verdörferung der Städte oder in der Sprache der Planer: Die Verdichtung und die Entdichtung.

These 2: Die Menschen wandern zum Wohlstand

Erfahrungsgemäß zieht es die Menschen dorthin, wo es Arbeit gibt. Die „besten Köpfe", also junge und gut ausgebildete Menschen, lösen starke Binnenwanderungen aus und verschärfen die Ungleichgewichte zwischen den Regionen. Von den 40 zukunftsfähigsten Kreisen sollen allein 23 in Bayern und 14 in Baden-Württemberg liegen. Andererseits gibt es auch eine Gegenbewegung: Die Ungleichgewichte zwischen Städten und Regionen verschärfen sich. Einige Großstädte verlieren bundesweit Bewohner und damit Steuerkraft an das benachbarte Umland. Vor allem Jugendliche und junge Familien verlassen Städte mit geringeren Arbeitsmöglichkeiten. Gleichzeitig ist in einigen Umlandregionen eine regelrechte Bevölkerungsexplosion feststellbar.

These 3: Die Pendler kehren in die Stadt zurück

Viele Bürger haben in den letzten Jahren die Stadt als Pendler verlassen – und kehren als Stadtbewohner wieder zurück. In den Zukunftsvorstellungen der Bevölkerung kommen Lebensqualitätswünsche zum Ausdruck, die mit den Attributen „zentral"/„nah"/„kurz" auf eine Abkehr von der Pendlergesellschaft hinweisen. Sicher: Randlagen und Satellitenstädte wird es auch in hundert Jahren noch geben, haben aber keine expansive Zukunft mehr vor sich. Wer es sich leisten kann, wohnt citynah – und spart Zeit. So gesehen wird die innerstädtische Wohnlage wieder attraktiver. Die Bequemlichkeit bei der Wahrnehmung der Einkaufs-, Kultur- und Freizeitmöglichkeiten wird als wichtiger eingeschätzt als mögliche Nachteile durch Lärm und Abgase sowie höhere Preise bei Mieten oder Eigentumserwerb. Vieles deutet darauf hin, dass sich der Trend zum innerstädtischen Wohnen in Zukunft verstärken wird.

These 4: Jeder zweite Single lebt in der Stadt

Single-Haushalte breiten sich in den Städten aus. Selbst an den Stadträndern werden Einfamilienhäuser zu Einpersonenhäusern. In Deutschland leben mehr als elf

Millionen Menschen ohne Partner. In den Großstädten ist jeder Dritte allein. Das Geschäft mit den Singles boomt. Die Singles stellen neben der 50plus-Generation die attraktivste und lukrativste Zielgruppe in einem neuen Dienstleistungsmarkt dar. Das Alleinleben entwickelt sich immer mehr zu einer eigenständigen und nicht selten auch dauerhaften Lebensform. Nur etwa ein Drittel der Singles lebt ein bis drei Jahre allein, jeder Zweite dagegen mindestens sechs Jahre lang. Singles verfügen über die höchsten persönlichen Nettoeinkommen.

These 5: Die Bundesrepublik wird zur Altenrepublik

Bis Mitte dieses Jahrhunderts haben die meisten Menschen eine Lebenserwartung von über achtzig Jahren vor sich. Und der Anteil der Rentnerhaushalte, die im Alter mit der Rente der Gesetzlichen Rentenversicherung nicht mehr auskommen, wird weiter zunehmen. Für eine immer größere Gruppe älterer Menschen bzw. für die so genannte Erbengeneration der Zukunft wird das mietfreie Wohnen im eigenen Haus oder in der Eigentumswohnung die Rente ergänzen. Wer in Zukunft an dem prognostizierten Milliarden-Markt der Neuen Senioren partizipieren will, muss sich ihren Bedürfnissen anpassen und eine doppelte Dienstleistung erbringen: Den erworbenen Lebensstandard (z.B. durch Spareinlagen, Versicherungen, Aktien oder Immobilien) sichern und zugleich die ganz persönliche Lebensqualität (z. B. durch Kulturangebote, Gesundheitsdienste und Reiseservice) verbessern helfen.

These 6: Deutschland wird Einwanderungsland

Nach einer Vorausberechnung der Vereinten Nationen (UN: Replacement Migration 2000) wird der Anteil der zugewanderten Bevölkerung in Deutschland einschließlich der bereits hier lebenden Menschen ohne deutschen Pass bis zum Jahr 2050 rund ein Drittel im Bundesdurchschnitt und in den Großstädten über 50 Prozent erreichen – und trotzdem wird die Bevölkerungszahl zurückgehen. In Zukunft werden Regionen, Städte und Kommunen immer mehr um junge qualifizierte und motivierte Nachwuchskräfte aus dem Ausland wetteifern. Dazu müssen sie mehr bieten als „harte" Standortfaktoren wie z. B. hohe Einkommen und Karrieremöglichkeiten. Als neuer Standortfaktor kommt in Zukunft die örtliche Toleranz für ethnische Minderheiten hinzu. Die soziale Integrationsfrage wird zu einer politischen Machtfrage in den Städten.

These 7: Städte schrumpfen und wachsen zugleich

Die Weltbevölkerung wandert und wächst, Deutschlands Bevölkerung hingegen altert und schrumpft. Jahr für Jahr verliert das Land drei- bis vierhunderttausend junge Menschen. Auf die Städte in Deutschland kommt eine schwierige Gratwanderung zwischen Schrumpfung und Wachstum zu. Manche Regionen müssen mit massiven Bevölkerungsrückgängen rechnen, andere entwickeln sich zu regelrechten Wachstumsregionen. Aus städtepolitischer Sicht gleicht die Entwicklung mehr dem Bild einer bipolaren Stadt. Großsiedlungen am Rande der Stadt durchleben Schrumpfungsprozesse, während gleichzeitig die Alt- und Innenstadt als Stadt der kurzen Wege ihre Magnetwirkung entfaltet.

These 8: Wohnungsunternehmen werden soziale Dienstleister

Immobilienbranche und Wohnungsunternehmen bieten in Zukunft auch ein soziales Management an, das vor allem soziale Dienste für die wachsende Zahl alter, hochaltriger und langlebiger Menschen leistet. Das soziale Wohnungsmanagement wird wie ein sozialer Kitt wirken, wozu Altenbetreuung, Mietschuldenberatung, Beschäftigungsprojekte, Nachbarschaftshilfsvereine, Tauschringe u. a. gehören. Soziales Wohnungsmanagement kann auch in ökonomischer Hinsicht erfolgreich sein.

These 9: Nachbarschaftshilfe wird immer bedeutsamer

Institutionelle Hilfeleistungen durch Behörden, Vereine und Verbände haben im Alltagsleben der Bevölkerung eine viel geringere Bedeutung als die spontane Hilfsbereitschaft in den eigenen vier Wänden, vor der Haustür oder um die Ecke. Die Bürger haben ganz konkrete Vorstellungen, in welchen Bereichen sie sich engagieren wollen. Im einzelnen sind dies: Betreuung von alten Menschen und von Kinderspielplätzen, sozialer Fahrdienst, z. B. Essen auf Rädern, Lotsendienst, z. B. Begleitung von Patienten zu Therapien sowie Telefondienst für Tagesmüttervereine.

These 10: Immer mehr wollen in zentraler Lage wohnen

Der wachsende Wohnwunsch „Bezahlbare Wohnung in zentraler Lage" gleicht einer Quadratur des Kreises. Denn Citywohnen stößt erfahrungsgemäß schnell an die Grenze der Finanzierbarkeit. In den Wunschvorstellungen der Bevölkerung gleicht die Stadt der Zukunft einem modernen „Sesam-öffne-dich". Ganz obenan steht der Wunsch nach einem Wohnort der kurzen Wege und Wartezeiten. Das zeichnet die besondere Qualität städtischen Lebens aus. Wohnortnah arbeiten, in zentraler Lage leben und preisgünstig wohnen.

These 11: Das Eigentumsdenken verändert sich

Weil sich das Eigentumsdenken verändert, wird das Wohnerleben neu definiert: Wohnen wie im eigenen Haus – aber sich nicht wie ein Eigentümer um alles kümmern müssen. Im Unterschied zu den traditionellen Mietern, die sich zwar ein eigenes Haus wünschen, es sich aber nicht leisten können, breitet sich eine nach oben mobile Gruppe aus, die Miete statt Eigentum wählt und in den USA bereits ein Drittel aller Haushalte ausmacht. Dabei handelt es sich um so genannte „Lifestyler", die nur das Gefühl haben wollen, wie im eigenen Haus zu wohnen – ohne die lästigen Verpflichtungen, die mit Eigentum verbunden sind.

These 12: Die Städter wollen Lebensstile mieten

Wie in den USA werden immer mehr spezielle Wohnsiedlungen mit gemeinsamen Interessen gebaut. So entsteht eine Art Privatopia, in dem die Menschen Lebensstile und nicht nur Wohnhäuser kaufen. Wer neue Gleichgesinnte sucht, wählt eine Interessen-WG auf Zeit. Im 21. Jahrhundert werden also interessenbezogene Wohnanlagen besonders gefragt sein. Gibt es in Zukunft jeweils eigene Städte und Wohnquartiere für Singles, Paare, Familien, Rentner und Zuwanderer, die jeweils auf die individuellen Bedürfnisse der Zielgruppe zugeschnitten sind und in denen ein Leben unter Gleichgesinnten und Gleichgestellten („Communities") garantiert werden kann?

These 13: Generationen wohnen unter einem Dach, aber jeder für sich

Neue Wohnkonzepte geben in Zukunft konkrete Antworten auf die Folgen einer Gesellschaft des langen Lebens. Dabei geht es auch um Alternativen zu den traditionellen Pflegeheimen. Möglich sind in Zukunft neue Hausgemeinschaften für Senioren, bei denen ein ambulanter Pflegestandard garantiert wird und in denen Bewohner eigenständiger und selbstbestimmter als in Heimen leben können. Gefragt sind in Zukunft vor allem generationsübergreifende Wohnkonzepte: Wie im Dorf und doch in der Stadt. Ganze Großfamilien –Enkel, Kinder, Eltern, Großeltern – leben so in unmittelbar räumlicher Nähe zusammen. Generationenwohnen in Baugemeinschaften und Wohngenossenschaften ist im Trend.

These 14: Die Renaissance von „Wahlfamilien" im „ganzen Haus"

Im 21. Jahrhundert entstehen durch eine Art Adoption neue Wahlfamilien: Enkel-, Kinder- und Familienlose werden wie durch Adoption in Wahlfamilien und -verwandtschaften aufgenommen. Gleichzeitig wird der Familienbegriff um den Gedanken des „ganzen Hauses" erweitert. Im „ganzen Haus" haben in Zukunft wieder alle Platz und werden in die Haus- und Wohngemeinschaft aufgenommen. So können alle ein selbstbestimmtes Leben führen – aber nicht allein. Gemeinsam statt einsam heißt das Wohnkonzept der Zukunft: Mehr Generationenhaus und Baugemeinschaft als Heimplatz und betreutes Wohnen.

These 15: Altwerden mit Familie und Freunden
statt Einweisung ins Heim

Mit jedem Wandel einer Lebensphase ändern sich die Wohnstile. Mit der Zunahme der Lebenserwartung muss jede(r) viele und vielfältige Lebensphasen (und damit Wohnformen) durchlaufen. Idealiter müsste mit jeder neuen Lebensphase das Haus bzw. die Wohnung neu eingerichtet oder gar umgebaut werden. Lebensgemeinschaft wird neu definiert: „Soziale Konvois" werden als lebenslange Begleiter immer wichtiger. In Zukunft ist eher bescheideneres Wohnen mit sozialer Lebensqualität als komfortableres Wohnen mit räumlicher Isolation gefragt. Und es heißt auch: Mehr Selbstständigkeit und soziale Geborgenheit. Wohnen wird wieder Heimat mit Nestwärme.

Ausblick in die Zukunft: Wo lebt es sich am besten?

In der Einschätzung der Bewohner ist – jeweils im Vergleich der zehn größten Städte – Hamburg die schönste und lebenswerteste Stadt, Bremen die weltoffenste und atmosphärischste Stadt, München die gastfreundlichste und freizeitattraktivste Stadt, Berlin die kulturvielfältigste Stadt, Köln die toleranteste Stadt und Stuttgart die wohlhabendste und sicherste Stadt.

Zugleich decken sie schonungslos die sozialen Defizite des Stadtlebens auf: Für Kinderfreundlichkeit, Familienfreundlichkeit und Seniorenfreundlichkeit finden sich in der Bevölkerung keine Mehrheiten mehr. Dies sind offensichtlich die größten Herausforderungen für das Leben in der Stadt der Zukunft.

Im 21. Jahrhundert wird und muss die Stadtplanung von folgenden Prioritäten ausgehen:

- Mehr Innenstadtförderung als Bauen auf der grünen Wiese
- Mehr Lebenskonzepte als Bauprojekte
- Mehr Lebensstilmiete als Wohnungskauf
- Mehr Nachbarschaftshilfe als Sozialamtshilfe
- Mehr ambulante Betreuung als stationäre Pflege
- Mehr Wohnen daheim als Einweisung ins Heim.

So genannte „integrierte Zukunftskonzepte" (*Eichener* 2003, S. 9) sind gefragt und werden zu einem harten Qualitätswettbewerb von Wohnungswirtschaft und Stadtentwicklung führen.

Literatur

Alisch, M. (2004), Wachsende Stadt und soziale Stadt, in: U. Altrock/D. Schubert (Hrsg.) Wachsende Stadt, Wiesbaden, S. 67-76

Eichener, V. u .a. (2003), Zukunft des Wohnens. Bd. 1 der Schriftenreihe des VdW Rheinland-Westfalen, 2. Aufl., Düsseldorf

Kegler, H., Mehr als Sehnsucht nach der alten Stadt. New Urbanism in der USA, in: Die alte Stadt 4 (1998), S. 335-446

Opaschowski, H. W. (2005), Besser leben – schöner wohnen? Leben in der Stadt der Zukunft, Darmstadt

Siebel, W., Ist Urbanität eine Utopie?, in: Geographische Zeitschrift 2 (1999), S. 116-124

Wüst, Th. (2004), Urbanität. Ein Mythos und sein Potential, Wiesbaden

Weitere Informationen unter:

www.opaschowski.de

Hoch hinaus

Ein Gespräch mit *Ulrike Meyfarth-Nasse*

geführt von Jochim Stoltenberg

Ein „Flop" hat ihr Leben verändert. Das ist im Sportjargon ein Hochsprung rückwärts über die Latte. Ulrike Meyfarth schaffte 1972 bei den Olympischen Spielen in München 1,92 Meter – Goldmedaille. Zu Beginn des Wettkampfs am 4. September noch eine Unbekannte, war sie um 19.05 Uhr der Liebling aller Deutschen. Sechzehn Lenze zählte sie damals. Der frühe Ruhm allerdings hatte einen Preis: Es folgte ein sportliches Tief. Doch 12 Jahre später stand sie wieder oben auf dem Treppchen: Gold 1984 in Los Angeles. Nach einer so langen Durststrecke noch einmal Olympiasiegerin zu werden, das hat bis heute keine andere Leichtathletin auf der Welt geschafft. Wer etwas über Höchstleistungen, Motivation und unbändigen Willen lernen will, der kann *Ulrike Meyfarth* fragen.

Was also hat sie angetrieben, nach dem ersten Gold und der bald folgenden sportlichen Ernüchterung bis hin zum Ausscheiden in der Qualifikation für die Spiele 1976 in Montreal doch noch einmal zum großen Sprung anzusetzen? „Der Olympia-Sieg 1972 ist mir in den Schoß gefallen. Er war wirklich ein überraschendes Geschenk, das ich mir nicht erarbeiten musste. Ich war ja nur als Nachwuchsspringerin nominiert, man gab mir überhaupt keine Medaillen-Chance. Ich sollte nur olympisches Flair für die nächsten Spiele in Montreal schnuppern. Dass dann alles ganz anders gekommen ist, löste die große Euphorie aus. Natürlich war ich überglücklich. Aber schnell wurde mir klar, dass ich diese Medaille nicht wie einen Lottogewinn einstreichen kann. Dazu war ich zu jung. Ich wollte mich und meine Leistung bestätigen. Weil ich schon damals überzeugt war, dass man nichts im Leben geschenkt bekommt, dass man für alles bezahlen muss. …"

Dieser Einsicht folgt ein herzerfrischendes Lachen, dann der bestätigende Rückblick, dass der Gold-Sprung von München für ihre sportliche Entwicklung und die ihrer Persönlichkeit zu früh kam. „Erfolg hat auf Dauer – egal ob im Sport oder im Beruf – nur, wer sich langfristig etwas erarbeitet oder erkämpft."

Zu groß, zu überraschend war nach München der Erwartungsdruck, der auf der Schülerin lastete. „Ich war plötzlich eine Person des öffentlichen Lebens und Interesses. Mein damaliger Trainer meinte, eine Olympiasiegerin dürfe nicht unter 1,80 Meter springen, und meine Lehrer wussten überhaupt nicht, mit mir normal umzugehen. Die hatten auch Probleme mit meinem Erfolg."

Dem sportlichen Absturz – nach dem Abitur wurde sie 1976 selbst zum Sportstudium erst im zweiten Anlauf zugelassen – folgten nach dem Vereinswechsel von Köln nach Leverkusen und unter einem neuen Trainer (*Gerd Osenberg*) ab 1979 neue Höhenflüge. Diesmal generalstabsmäßig geplant und hart erarbeitet mit dem klaren Ziel: Zweites Gold, Bestätigung von München. „Die zweite Goldmedaille bedeutet mir mehr als die erste. Weil ich sie mir wirklich erarbeitet und verdient habe….“ Danach beendet sie entschlossen ihre sportliche Karriere. Was sollte dann noch kommen? Sie denkt heute wie damals: „Man muss erkennen, wann die Höchstleistung erreicht ist und sollte mit einem Höhepunkt abtreten…“

Eine nachdenkliche, aber auch immer wieder herzerfrischend lachende *Ulrike Meyfarth* sitzt mir gegenüber. Von wegen verschlossen, mürrisch oder schnippisch; so erinnern sich Kollegen an frühere Begegnungen mit ihr. Ich bin zu ihr nach Leverkusen gefahren. Am Rande des kleinstadtgroßen Bayer-Werksgeländes treffe ich sie in ihrem Büro im Verwaltungstrakt einer modernen Sporthalle. Kaum zu glauben, dass diese Frau bald fünfzig wird: rank und schlank, halblange dunkelbraune Haarpracht, hellwache grüne Augen, zum rosa Cashmere-Pullover eine Jeans. Sport hält jung: Wenn diese Lebensweisheit seine Berechtigung hat, dann ist *Ulrike Meyfarth* der beste Beweis. Wir fahren in ihrem schwarzen VW Touareg, den sie zu VIP-Konditionen bekommen hat, zu einem Italiener um die Ecke. Das Ambiente so bescheiden wie die Qualität der Spaghetti Bolognese. „Wir haben nichts Besseres in der Nähe. Aber hier können wir uns jedenfalls ungestört unterhalten…“

Auch das macht *Ulrike Meyfarth* sympathisch: Allüren und Gehabe sind ihr fremd. Sie steht, wie man so sagt, mitten im Leben. Wohl auch eine Folge ihrer wechselvollen Karriere.

Dieses Auf und Ab hat jüngst die Initiative Neue Soziale Marktwirtschaft angeregt, den noch immer klangvollen Namen *Ulrike Meyfarth* in eine Anzeigenkampagne einzubinden. Unter dem Motto „Reformen lohnen sich“ macht sie darin den Deutschen angesichts der derzeitigen Konjunkturschwäche aus eigenem Erleben Mut: „Ich weiß, dass man längere Durststrecken nur durch viel Einsatz überwindet. Das waren zwölf harte Jahre zwischen München und Los Angeles, in denen ich mich wieder nach vorn arbeiten musste. Ich sehe da durchaus eine Parallele zur aktuellen Lage in der Bundesrepublik…“ steht da schwarz auf weiß gedruckt.

Erfolgreiche Sportler als Antreiber für andere – kann das wirken? „Ich sehe wirklich Parallelen zu meiner damaligen Situation und der heutigen in Deutschland. Für einen neuen Aufschwung muss man sich selber in den Hintern treten. Diese Anzeige spricht jeden an und wer will, kann sich eine Scheibe davon abschneiden…“

Was hat die kleine *Ulrike* einst selbst zum Sport motiviert? Hatte sie Vorbilder, denen sie nacheifern wollte? „Nein. Ich habe nur wie viele andere den Sprungstil vom Amerikaner *Dick Fosbury* übernommen. Der sprang den nach ihm benannten Flop erstmals 1968 bei den Olympischen Spielen in Mexiko. Und gewann Gold. Ich war als Kind schon sehr groß, wurde in der Schule als Klappergestell gehänselt. Das hat bei mir Minderwertigkeitsgefühle ausgelöst, die ich dann mit dem Sport kompensiert habe….“

Über Minderwertigkeitskomplexe zu Höchstleistungen? „Ja, das ist durchaus möglich, nicht allein bei mir. Wenn man sich nur unter Seinesgleichen bewegt, so wie ich beim Hochsprung mit groß Gewachsenen, dann bringt das durchaus Vorteile. Es spornt zusätzlich an, und über immer bessere Leistungen wächst das Selbstwertgefühl.“

Was treibt Menschen an, mehr zu leisten als andere, Höchstleistungen zum persönlichen Ziel zu erklären? „Ich glaube, es ist der Wille, sich an die eigenen Grenzen zu führen. Aber natürlich muss man diese auch im Vergleich zu anderen Menschen erkennen können. Man muss also um sein Talent, sein Können und sein Potential wissen. Dann ist man bereit, diese Grenzen auszureizen.“

Das ist wohlklingende Theorie. Was aber ist Realität, wann hat *Ulrike Meyfahrt* das erkannt? Sie lächelt und denkt an ebenso selige wie schwere Zeiten zurück. „Als ich mit sechzehn Jahren Gold gewann, hatte ich noch längst nicht den Leistungshöhepunkt eines Leichtathleten erreicht. Der liegt bei Ende zwanzig. Weil ich darum wusste, habe ich nach dem sportlichen Tief noch einmal den Neuanfang gewagt, hart und auch entbehrungsreich trainiert.“ Der Lohn: 1982 sprang sie mit 2,02 Meter, 1983 mit 2,03 Meter Weltrekord. 1984 in Los Angeles dann die zweite Goldmedaille: wieder 2,02 Meter – Olympia-Rekord. Da war sie 28 Jahre alt und hörte auf.

Heute wird in fast allen Sportarten versucht, die Leistungsgrenzen durch Doping hinauszuschieben. Werden da sportliche Höchstleistungen nicht zunehmend fragwürdig? Zum ersten Mal zögert *Ulrike Meyfarth* mit der Antwort. Ein heikles Thema. „Darüber wurde schon immer geredet. Aber zu meiner Zeit noch nicht so stark und in den Medien kaum thematisiert. Kontrollen gab es auch damals, aber nur unmittelbar nach dem Wettkampf. Es ist, nicht allein im Sport, nur menschlich, mit allen Hilfsmitteln Höchstleistungen zu erreichen. Deshalb sind die Dopingkontrollen mittlerweile ja auch verbessert und ausgeweitet worden. Ich fürchte aber, dass das Doping den Kontrollen immer einen Schritt voraus sein wird…“ Ist das nicht unfair, ja eine Verhöhnung des Sportgedankens, wenn Chemielabors letztlich über Höchstleistungen entscheiden? „Darüber zu diskutieren ist müßig. Eigentlich kennt doch jeder die Grenzen ohne Einsatz von Hilfsmitteln: bis hierhin und nicht weiter. Aber dass jeder diese Grenze einhält, ist leider illusorisch. Zumal es heute, wieder anders als zu meiner Zeit, immer auch um sehr viel Geld geht…"

Beim Stichwort Geld und den mit Höchstleistungen verbundenen lukrativen Werbeverträgen beschleicht die mit einem Anwalt verheiratete Mutter zweier Töchter leichte Wehmut. Zu ihren Gold-Zeiten herrschten noch strenge Amateurparagraphen. Selbst als ihr nach dem Triumph von München ein Frisör im damals heimischen Wesseling bei Köln kostenlos die Haare fönte und dafür werbewirksam ein Foto von „Gold Ulrike" ins Schaufenster stellte, griffen die strengen Wächter des Amateurstatus sogleich ein.

Erst ab 1983 ließ das IOC es zu, dass sie ein paar Werbeverträge unterschreiben durfte. Als erste Sportlerin machte sie Werbung in einem Fernsehspot; für Strumpfhosen. Den pekuniären Lohn für die sportlichen Höchstleistungen hat sie prompt zur Bildung von Eigentum genutzt: „Vom ersten Werbevertrag hab ich mir eine Eigentumswohnung in Leverkusen gekauft. Aber für den Ruhestand reichte das nicht. Ich wusste, dass ich dann auch mal würde ‚normal' arbeiten müssen..." Damals wurden sportliche Erfolge vor allem mit festen Arbeitsverträgen belohnt. *Ulrike Meyfarth* wurden solche schon zu ihrer aktiven Zeit von ihrem Sportausrüster Adidas und ihrem Werksverein Bayer Leverkusen angeboten. „Ich musste immer genau wissen, was danach kommt. Ohne diese Absicherung hätte ich kein gutes Gefühl gehabt und mich nicht so für den Sport motivieren können, wie für Höchstleistungen notwendig."

Nach dem Rücktritt arbeitete sie elf Jahre lang als Diplom-Sportlehrerin in der Gesundheitsprävention für die Betriebskrankenkasse der Bayer AG. „Ich wollte weg vom Leistungssport und eine ganz neue Herausforderung suchen." Heute spürt sie in Schulen und Vereinen Nachwuchstalente auf und organisiert die Jugendarbeit der Leichtathletikabteilung bei Bayer 04 Leverkusen.

Ein bisschen neidisch, wenn sie hört, wie professionell heute sportliche Höchstleistungen vermarktet werden? „Ein bisschen schon. Aber es war in dieser Beziehung eben die noch nicht so lukrative Zeit für mich. *Heike Henkel*, Hochspringerin wie ich und Olympiasiegerin 1992, hat schon richtig cash gemacht. Oder *Franziska van Almsick*. Bei ihr lief der Vermarktungsprozess fast optimal, auch ihrer äußeren Erscheinung wegen. Die wenigsten wissen wahrscheinlich, dass sie nie eine Goldmedaille geholt hat. Sie hat diese Diskrepanz wohl auch selbst gespürt und sich deshalb immer mehr nach einem Olympiasieg als nach weiteren Werbehonoraren gesehnt. Auf der anderen Seite: Viele Sportler sind mit dem plötzlich und schnell verdienten Geld nicht seriös und verantwortungsbewusst umgegangen und stehen heute längst nicht so solide und gut situiert da wie ich…"

Betrübt es die zweifache Goldmedaillengewinnerin, dass die deutsche Leichtathletik kaum noch Top-Athleten hervorbringt? „Natürlich. Aber die Jugend hat heute so viele Angebote und Möglichkeiten, sich körperlicher Anstrengung zu entziehen. Außerdem schreckt die im Ausland stärker gewordene Konkurrenz. China ist auch im Sport gewaltig im Kommen, die Entwicklungsländer sind schon seit einiger Zeit auf leichtathletischem Weltniveau. Die Afrikaner rennen und rennen; nicht allein nach Rekorden, sondern gezielt auch nach Antritts- und Siegprämien, mit denen sie ihre Familienclans ernähren. Deshalb ist der Sport, insbesondere die Leichtathletik, offenbar ein größerer Anreiz für sie. Bei unserer Jugend sind andere Sportarten wie Fußball oder Basketball attraktiver. Leichtathletik ist derzeit eher uncool…"

Wie ein roter Faden zieht sich durch *Ulrike Meyfarths* Antworten immer wieder die Einsicht, die zugleich Aufforderung ist: Leistung will erarbeitet sein; Höchstleistung allemal. „Was uns etwa in den Pop-Shows wie ‚Deutschland sucht den Superstar' im Fernsehen geboten wird, ist auch erzieherisch bedenklich. Da wird den Jugendlichen vorgegaukelt, wie man schnell zum Erfolg kommen kann. Über diese schnellen vermeintlichen Stars redet kurze Zeit später kaum noch einer. Auch nicht darüber, wie die sich jetzt fühlen, wie sie sich aus dem Tief, in das sie zwangsläufig und zu Recht nach dem kurzen Hype fallen, wieder herausarbeiten. Die müssen ja wieder ganz von vorn anfangen, um in die Normalität zurückzufinden. Für den kurzfristigen Erfolg bekommen sie alle nur denkbare Hilfe. Danach werden sie dann meist wieder sich selbst überlassen. Das alles hat, nach meinem Verständnis, mit Leistung, mit Höchstleistung schon gar nichts zu tun."

Und wie sieht es mit neuen sportlichen Höchstleistungen in der Familie *Nasse-Meyfarth* aus? Da lacht die Mutter mit dem Gardemaß von 1,87 Meter wieder aus vollem Herzen und schüttelt den Kopf mehr als dass sie mit ihm nickt. „Die Kleine ist 13. Sie macht einmal in der Woche Leichtathletik, außerdem Tennis und Basketball. Alles noch nicht so ganz ernsthaft. Aber aus ihr könnte vielleicht mal etwas werden. Allerdings kann und will ich sie dazu nicht drängen. Der Antrieb zu Höchstleistungen muss aus eigenem Wollen und Ehrgeiz kommen. Die Ältere ist 17 und war mit der Leichtathletik-Jugend von Bayer 04 Leverkusen schon Deutsche Mannschaftsmeisterin. Sie orientiert sich momentan aber mehr zum Tanz und Schauspiel." Würde es die Mutter denn überhaupt wollen, dass eine Tochter in ihre Fußtapfen tritt? „Das fände ich schon interessant. Andererseits ist da dann immer der Vergleich mit der Mutter. Das wiederum ist für die Tochter nicht so einfach…"

Der Anreiz, es der Mutter vielleicht doch irgendwann gleich zu tun, ist zu Hause in Odenthal, einer beschaulichen Gemeinde im Bergischen Land nahe Köln, täglich zu besichtigen: Im Bücherschrank sind zwei Goldmedaillen drapiert, die Trennwand zu Nachbars Garten hat die Weltrekordhöhe von 2,03 Meter und gegenüber an der Efeu berankten Wand baumelt in gleicher Höhe eine alte Hochsprunglatte…

Wie Gott in Frankreich?

Wandel und Kontinuität der französischen Wohnstile

Jean-Paul Picaper

Oft heißt es, dass die Franzosen, wie alle romanischen Völker, weniger Wert auf das Wohnen legen als Deutsche, Skandinavier und Engländer. Man sieht zwar im Süden Europas mehr Menschen draußen oder auf der Türschwelle und an den Fenstern ihres Hauses oder ihrer Wohnung als in Nordeuropa. Manche tragen sogar Stühle oder Hocker nach draußen, legen ein Kissen auf das Fensterbrett, um sich bequemer hinauslehnen zu können. Zugegeben, ein Grossteil des Lebens spielt sich, besonders im Süden Frankreichs, im Freien, auf der Strasse, auf öffentlichen Plätzen ab. Dass man dort hinausgeht, hinausschaut, ist sicherlich auch klimatisch bedingt.

Indessen, dass die Franzosen keinen Wert auf Haus oder Wohnung legen, ist grundlegend falsch. Gerade gegen die Hitze im Süden ist das massive Haus von früher der beste Schutz. Man bleibt dort in den Mittagsstunden lieber im Haus, man schließt alle Fensterläden und Türen und sprüht zur Abkühlung frisches Wasser auf die Fliesen. Wer diese verdunkelten, frischen und stillen Räume in Steinhäusern des Südens in seiner Kindheit erlebte, während die Sonne draußen alles erdrückt, wird es nie vergessen. Da wird das Haus zum Refugium, entsprechend der alten Bedeutung des Wortes „maison", von „mansion", einer Unterkunft auf der großen Reise.

In allen Provinzen Frankreichs tragen die Häuser andere Bezeichnungen, „ousta" in Languedoc, „etche" im Baskenland, „ker" in der Bretagne. „Casa", das kleine Haus des Südens, nimmt in Familiennamen wie „Cazamayou" oder „Casamajor" deutliche größere Ausmaße an. Die Traditionen unterschieden sich, so beerdigten die Basken ihre Toten unter oder neben dem Haus, das für sie Wohnstätte und Tempel mit der „Swastika", dem Sonnenrad, war. Überall steht das Haus jedenfalls im Mittelpunkt des Lebens und sorgt für die Kontinuität der Sippe. In Südwestfrankreich hatten die Familien eigentlich keinen Namen, die Bewohner übernahmen den Namen des Hauses. Wenn es Winter wird oder wenn es Krieg oder Krise gibt, steigt der Wert des Hauses, und alles verkriecht sich in seine kuschelige Wärme.

Dass die Wertschätzung des Wohnens in Frankreich sehr hoch ist und nicht jüngeren Datums, davon zeugt die französische Literatur ausgiebig. Alle Schüler lernen bei uns (oder lernten zu der Zeit, als man in der Schule noch Gedichte auswendig lernte) das Gedicht des *Joachim Du Bellay* (geb. 1522): „…Wann werde ich leider den Rauch meines kleinen Dorfes emporsteigen wieder sehen, und in welcher Jahreszeit werde ich den Zaun meines armen Hauses wieder erblicken, das für mich eine ganze Provinz ist und viel mehr sogar? Besser gefällt mir die Wohnstätte, die meine Ahnen gebaut haben, als der kühne Giebel römischer Paläste, mehr als harter Marmor gefällt mir feiner Schiefer…"*(1)*

Unter vielen anderen besang *Jean-Jacques Rousseau*, der Vorläufer der Romantik und der Emanzipation, mit Inbrunst die Häuser, die er meist als Gast, aber für längere Zeit bewohnt hatte, so z.B. das Haus „Les Charmettes" bei Chambéry, „ein kleines Haus auf der Neige eines Tälchens" („Une petite maison au penchant d'un vallon" in „Les Confessions"), wo er von 1732 bis 1742 weilte. Interessant ist, dass er der umgebenden Natur, einer halbgezähmten Natur als Garten, viel Augenmerk schenkte. Ein anderes Lebensgefühl, das bis dato nur bei den Reichen, Adeligen eine Rolle gespielt hatte. Ins Haus zurück kehrte im 19. Jahrhundert der Fürst aller Dichter, *Charles Baudelaire*, indem er sich in seiner kärglichen Bleibe „ein gutes Haus, eine Frau, die mit Vernunft bestückt ist, und eine durch die Bücher herumstreunende Katze sowie Freunde, ohne die er nicht leben konnte" *(2)* wünschte. Mit anderen Worten „ein gastlich Haus" aber ein Haus, wo die Stille herrscht, wo man innere und äußere Ruhe findet!

Ganz zu schweigen von *George Sand*, die die „littérature campagnarde" (Dorfromane) erfand, in welche viele Deutsche heutzutage bewusst oder unbewusst hineintauchen, indem sie Sommer- oder Herbstwochen in ihrem Dorfhaus in der Provence oder der Bretagne verbringen, und damit französische Dorfidylle konkret erleben. Dort leben sie aus ihrer Sicht „wie Gott in Frankreich", was wohl ein spezifisch deutsches Gefühl im Unterschied zum Leben in Deutschland sein soll. Es hat nichts mit einem Leben in Saus und Braus zu tun. Es ist verbunden mit „Nonchalance", „Laisser-faire", „Laisser-aller" und etwas „savoir vivre". Dazu gehören „baguettes", das französische Weißbrot, Käse und Rotwein in ländlicher Atmosphäre, von einfachen Menschen umgeben. Nur so kann man sich gelegentlich laut *Friedrich Sieburg* oder *Ernst von Salomon* („Boche in Frankreich") der Pflicht und der Last entledigen, Deutscher zu sein. Die Engländer tun ihrerseits dasselbe in der Dordogne und in der Normandie, wo sie sich massenweise eingekauft haben. Diese beiden Nachbarnationen holen dort mit eingespartem Geld die verlorenen Eroberungen der Vergangenheit friedlich nach.

Uns näher als die Literaturgroßmutter *George Sand* haben die Schriftsteller der Provence wie *Alphonse Daudet*, *Jean Giono* und der große *Marcel Pagnol* das Wohn- und Ferienhaus, das Bauernhaus in den Mittelpunkt ihres Werkes gesetzt. *Daudet* beschrieb das einfache Leben in der Mühle von Meister Cornille, und *Pagnol* sehnte sich nach dem schlichten Miethäuschen in der Natur, wo er mit seinem Vater, einem Grundschullehrer, seiner Mutter und dem kleinen Bruder in den

„großen" Ferien das wahre Leben entdeckte und nannte diese Kate „das Schloss meines Vaters" („Le château de mon père"). Die Bücher des Engländers *Peter Maile*, insbesondere sein Erstling „Une année en Provence" – über sein Bauernhaus in der Provence, haben erst jüngst diesem konkreten Mythos aus Quadersteinen und Holzbalken eine wahre Wiedergeburt verschafft.

Empfindsame Nostalgie und traute Abgeschiedenheit waren die paradiesischen Merkmale des Heimes der Jugend bzw. aus der Kindheit in der Literatur. So ist es kein Wunder, dass die Franzosen, allesamt in der zweiten, dritten, jedenfalls vierten Generation von Bauern abstammend, sich heutzutage wieder intensiv nach dem ländlichen Nebenwohnsitz sehnen. Man erlebt einen Zulauf zurück zu den Wurzeln, zur Bodenständigkeit. Man verschafft sich die Illusion, wieder zu leben wie die Altvorderen. Innerhalb von zwei Jahren ist die Zahl der Franzosen, die sich eher als „ländlich" denn als „städtisch" betrachten, von 20 % auf 28 % gestiegen. Der Trend, aus der Stadt hinaus in den grünen Speckgürtel zu ziehen, verstärkt sich ebenfalls. Man nimmt Transportzeit in Kauf, um zur Arbeitsstätte zu fahren: 48 Minuten im Durchschnitt statt 39 vor zwei Jahren. Die Zunahme der Attraktivität der résidence secondaire „im Grünen" ist das eigentliche Phänomen der letzten drei Jahrzehnte in Frankreich. Jeder vierte französische Haushalt in der Gruppe der leitenden Angestellten und der Intelligenz besitzt einen Nebenwohnsitz auf dem Lande in den so genannten touristischen Regionen. Nur 4,7 % der Arbeiter besitzen einen Nebenwohnsitz auf dem Lande oder an der Küste. Ihnen gehören jedoch aufgrund ihrer größeren Zahl 19 % der Nebenwohnsitze im ganzen Land. Man zählte bereits in den 90er Jahren 2.414.000 Nebenwohnsitze; 9,5 % der Haushalte haben einen akquiriert; zehnmal mehr sind es als 1946; sie machen 10 % der gesamten Bausubstanz aus. Inzwischen sind es noch mehr geworden (es fehlen leider neuere Zahlen). Das ist auf jeden Fall einmalig in ganz Europa.

In den 60er und 70er Jahren wurde von den Ideologen, die damals das Denken zu ihrem Monopol erklärt hatten, der Besitz eines Nebenwohnsitzes als Symptom der Zugehörigkeit zu den „Reaktionären und Ausbeutern" verdächtigt. Es kam aber dann eine progressive Erdkundlerin, *Françoise Cribier*, die hervorhob, dass die Übertragung von Wohneigentum gerade für minderbemittelte Familien eine wichtige Funktion der Lebenssicherung war. Sie betonte auch, dass viele Arbeiter- und Angestelltenfamilien ein Nebenwohnhaus oder eine Nebenwohnung außerhalb der Stadt besaßen (in Frankreich ist das deutsche Phänomen der Schrebergärten, außer in der Gegend von Marseille, wenig verbreitet). So änderte sich die Meinung dazu, und Vorurteile wurden abgebaut, zumal viele der vorübergehenden Dorfbewohner sich am Dorfleben beteiligen, statt „auf Kosten der Bauern" zu leben. Die Gebildeten unter ihnen lassen sogar oft idealisierte Lokalbräuche wieder aufleben oder schaffen neue Geselligkeit. Sie bringen auch Geld in die Gemeinden und restaurieren verfallene Häuser. Schnellzüge wie der französische ICE, der TGV (Train à Grande Vitesse), und manchmal neue Autobahnen, wie die zwischen

Paris und Montpellier über Clermont-Ferrand, haben Regionen erschlossen und die Entfernung zu den Metropolen verkürzt. So kann man die „Wochenendhäuser" häufiger besuchen. In unserer bewegten Zeit, wo so häufig von der gesprengten Familie („la famille éclatée" der Soziologen) oder von der kleinen Ehepaarfamilie die Rede ist, trägt das Landhaus als Nebenwohnstätte oft zur Verstärkung, ja zur Wiederherstellung verlorener Familienbande bei. Nicht nur treffen sich dort Generationen, wenn die Grosseltern etwa kommen, um die Enkelkinder zu erleben oder zu hüten, sondern Familienfeste, Hochzeiten, Geburtstage werden dort zelebriert, was man in der Stadt nur sehr selten getan hatte. Raum und Zeit stehen dort eher als in der Stadt zur Verfügung. Geschwister und deren Partner und Nachwuchs kommen dort wieder zusammen.

Frankreich erlebt eine Wiedergeburt der Dörfer. Aber die Hauptwohnstätte in der Stadt oder im Städtchen, von wo aus man arbeiten geht und die Kinder in die Schule schickt, ist aber auch im Wandel. **Erstens** ist der Drang zu Eigentum statt Miete stärker geworden. Auffällig ist, dass 75 % der Franzosen, die ein Haus oder eine Wohnung kaufen, als Grundmotivation den Traum angeben, Eigentümer zu werden. Auch die Zahl derjenigen, die vom Willen motiviert sind, ihren Kindern ein Erbe zu hinterlassen, steigt: 68 % heute gegen 41 % vor zwei Jahren. 43 % heute gegen 39 % im Jahre 2003 wollen damit eine Vermögensanlage tätigen und 28 % nach 26 % vor zwei Jahren geben an, ein Wohneigentum für ihren Ruhestand haben zu wollen. Die Neigung zur Wohninvestition, was die Franzosen „in den Stein investieren" nennen, nimmt also zu. Daher haben die Immobilienpreise in den letzten Jahren einen noch nie da gewesesenen Anstieg erfahren.

Es gibt freilich andere Faktoren, die den Haus- und Wohnungskauf fördern, wie die Verlängerung der Lebenserwartung, das längere Verbleiben der Kinder im Familienkern, die den Tausch der Wohnungen von Generation zur Generation abbremsen sowie die Vermehrung von Sparkapital bei den „baby-boomer"-Generationen früherer Jahrzehnte – zumindest bei den Beschäftigten. Darüber hinaus sind die Mieten um 7,8 % binnen drei Jahren gestiegen. So sind viele der Meinung, dass die Tilgung eines Kredites weniger kostspielig als eine Miete ist, was in den meisten Fällen stimmt. Denn die Zinsen bei mittel- und langfristigen Bau- und Eigenheimkrediten sind außerordentlich niedrig geworden, zwischen 3 und 4 % bei Laufzeiten bis 25 und 30 Jahren, während sie anfangs der 90er Jahre bei 12 % gipfelten, was der „Immobilienblase" von damals den Garaus gemacht hatte. Die Kredite werden länger und die Zinsen niedriger, je höher die Immobilienpreise steigen.

Insgesamt 29,1 % der Franzosen haben einen Immobilienkredit unterschrieben. Dabei gibt es große Unterschiede in der Preisskala zwischen den Regionen, was eine Auswanderung aus Großstädten, insbesondere aus Paris in Richtung günstigerer Mittel- und Kleinstädte bzw. Landgemeinden auslöst. So erreichte im ersten

Quartal 2005 ein Quadratmeter Altbau in Paris 5.143 Euro (12,6 % Anstieg in einem Jahr), 2.389 Euro (+21,1 %) in Lyon, 2.019 (+22,7 %) in Bordeaux, aber nur 1.292 Euro (+11,3 %) in Limoges und 1.172 Euro (+16,7 %) in Brest. Keine Region aber, wo die Preise sanken. Paris ist nach London, Stockholm, Brüssel und Madrid die Hauptstadt, wo die Preise in den letzten fünf Jahren am meisten gestiegen sind. Es gibt aber Zeichen, dass der Anstieg sich allmählich verlangsamt. Bis er sich zu einem Abstieg umkehrt, kann es aber noch eine Weile dauern, da der Immobilienmarkt wenig flexibel ist.

Zweitens hat sich die Haltung der Franzosen im Verhältnis zu der eigenen Wohnung sehr geändert. Das Einfamilienhaus bleibt Traum vieler Franzosen, weil der Begriff des Hauses im Unterbewusstsein deutlicher das Gefühl des „Eigentumbesitzes" und des „Zuhause-Seins" verkörpert als die Wohnung. Man kauft auch ein Haus für die Kinder, denn 84 % der Käufer eines Hauses sind der Meinung, dass die Kinder sich in einem Haus besser entfalten können. Mit dem Haus ist auch der Gedanke verbunden, vor der Stadt und ihren Umweltschäden zu fliehen, um in der Stille zu leben – was häufig gar nicht der Fall ist. Doch solche Archetypen sind im Unterbewusstsein sehr stabil. Auf der anderen Seite bietet die Wohnung mehr Sicherheit. Elektronik und Sicherheitssysteme am Hauseingang sowie eine gepanzerte Stahltür sind gefragt. Es richten viele Leute ihre Wohnung wie ein Haus ein. Ein gutes Drittel der Bewohner votiert für Steinmauern, selbst innerhalb einer Wohnung. Der Eingang muss, vor allem im Norden und in gehobenen Kreisen, aus schönem Parkettboden, dagegen im Süden und in den mittleren und unteren Schichten der Bevölkerung, aus Kachelbelag sein. Teppichboden ist nicht mehr so gefragt. Das Wohnzimmer und die Küche müssen groß und geräumig sein. Alle Bevölkerungsgruppen halten viel von dem Wohnzimmer, ähnlich wie früher das Gemeinschaftszimmer der großen Bauernhäuser, aber auch von der gekachelten Küche (94 % wollen Kacheln am Boden der Küche!). Dort nimmt man, wie früher auf dem Bauernhof, Frühstück, Mittagessen und Abendbrot im Familienkreise ein. In kleineren Städten ermöglicht die längere Mittagspause im Betrieb und in der Schule das Mittagessen im Familienkreise zu Hause.

Die Einstellung zu den anderen Zimmern ist allerdings moderner geworden. So reduzieren die Eltern die Fläche ihres Schlafzimmers zugunsten der Kinderzimmer, wo die Hausaufgaben gemacht werden müssen – mit Schreibtisch und häufig mit Computer. Aber das Elternschlafzimmer bleibt etwas größer als die Kinderzimmer. Zwei Badezimmer, eines für die Eltern, eines für die Kinder, sind wünschenswert. Man duscht in der Woche, badet am Wochenende. Überraschend ist, dass die WC zum Prunkstück werden. Früher waren die Toiletten spartanisch eingerichtet. Heutzutage sind sie vielfarbig, mit Dekoration ausgestattet, mit Klobrillen aus buntem Kunststoff mit schönen Motiven. Dort soll man sich nach Angaben von 7 % der befragten Franzosen am wohlsten fühlen. Viele denken auch so, sagen es aber nicht. Das alles gehört zur häuslichen Gemütlichkeit.

Nach letzten Umfragen steht das Haus ganz oben in der Werteskala bei 69 % der Franzosen, von der Arbeit bei 59 % und von der Freizeit bei 48 % gefolgt. Zwei von fünf unter ihnen „haben das Gefühl, ihrer Wohnung immer mehr Bedeutung" beizumessen. Für zwei Drittel ist das Haus eine Zuflucht vor dem Berufsstress und für mehr als die Hälfte bevorzugter Ort der Freizeit und der Sozialisierung. In jedem Fall bürgt das Haus für die Identität des Einzelnen. Drei von vier Franzosen sehen im Haus das Sinnbild des Familienerfolges und 63 % geben zu, dass sie aufblühen, wenn sie sich mit ihrer Hauseinrichtung befassen. Die Verkürzung der Arbeitszeit spielt dabei auch eine Rolle sowie die Telearbeit, das Heimkino, Internet und der Teleeinkauf über Internet oder per Telefon. Für die meisten leitenden Angestellten und Freiberufler gewinnt auch das Büro innerhalb der Wohnung oder des Hauses an Boden. Kurzum, die Menschen gehen weniger aus. Die Strassen sind abends menschenleer.

Die Soziologen unterscheiden bei dem Trend zu Rückkehr ins Haus bzw. zum „Hausgefühl in einer Wohnung" mehrere Typen von Beziehungen, von „Beziehungskisten" könnte man beinahe sagen, denn manch einer ist in sein Haus wie in eine Frau oder Mätresse verliebt. Es gibt das heimelige „Cocon-Haus", wo man sich geschützt fühlt und im persönlichen Ambiente regeneriert. Das „Gutsbesitzerhaus" zeugt seinerseits von Erfolg und Zusammenhalt der Familie. Dieses Haus kann repräsentativ sein. Wenn es kleiner ist, wird es wie ein Juwel gepflegt. Dann gibt es das „Schaufensterhaus", das modern, nach außen offen, im Trend ist und die Unternehmungslust der Familie sichtbar macht. Es gibt auch das „instrumentalisierte Haus", das sich zum Ziel setzt, andere Menschen zu empfangen, und umgekehrt aber viel seltener das „verlassene Haus", unbeliebt, fern, das fünfte Rad am Familienwagen, meist ein Erbstück, das man nicht mehr loswerden kann und leider unterhalten muss. Vielleicht werden die Kinder oder Enkel eines Tages etwas daraus machen …

Trotz des Wandels im Wohngefühl und in der Ausstattung der Wohnung versuchen sich die Menschen in Frankreich an Traditionen festzuklammern. Modernes wird durchaus akzeptiert. Aber das Grundschema bleibt als Wunsch, im Unterbewusstsein, oder in der Realität, was Eingang, Wohnzimmer und Küche angeht, dasjenige des althergebrachten Bauernhauses. Verstärkt wird dieser Eindruck durch die zunehmende Popularität des Holzhauses, insbesondere bei den gehobenen Schichten sowie durch die Attraktivität des Steins auch in Stadtwohnungen. Vor allem bleiben Haus und Wohnung Ruhestätte und Zuflucht auf der Reise des Lebens – von der Geburt bis zum Tod. Das ist das Haus aus der Sicht dieses Volkes, wovon die große Mehrheit davon träumt, einmal Eigentümer zu werden und ihr Eigentum der nächsten Generation zu vermachen. Glücklich ist derjenige, der in seinem Leben noch nie umziehen musste!

(1) „Quand reverrai-je, hélas, de mon petit village /Fumer la cheminée, et en quelle saison / Reverrai-je le clos de ma pauvre maison, / Qui m'est une province et beaucoup davantage?/ Plus me plaît le séjour qu'ont bâti mes aïeux, /Que des palais romains le front audacieux, / Plus que le marbre dur me plaît l'ardoise fine …"

(2) „Je voudrais une bonne maison, une femme ayant sa raison, / un chat passant parmi les livres, / et des amis sans lesquels je ne peux pas vivre."

Literatur

Patrimoine. La France que nous aimons. „Le Figaro Magazine" du 30 décembre 2000

Le „Top 25" du mètre carré en Europe. „Le Figaro Magazine" du 2 octobre 2004

Si la bulle éclate, comment atterrir en douceur. „Le Figaro Magazine" du 16 octobre 2004

Où vit-on le mieux en France? Cent villes au banc d'essai. „Le Point" du 27 janvier 2007

Patrimoine. Nos conseils pour le placer et le transmettre. „Valeurs Actuelles" du 13 mai 2005

Immobilier. Ce qu'il faut savoir. „Valeurs Actuelles" du 24 juin 2005

Les Français et leur maison. „L'observateur Cetelem". Catherine Sainz – Directeur des études, Catherine.sainz@cetelem.fr, www.cetelem.com. 2005

Les causes du retour à la maison. Valérie Musset. „Dossier resis".www.resis.com/Dossiers/LieuxVie/ maison1.htm; Www.resis.com/Dossiers/LieuxVie/maison2.htm 2005

La folle ascension. Spécial Immobilier. „Le Point" du 31 mars 2005

On peut encore acheter en 2005. Spécial Immobilier. „Femme Actuelle" du 12 septembre 2005

Le logement idéal des Français. Groupe „De Particulier à Particulier". Edition spéciale, 15 septembre 2005

Le logement idéal des Français rapetisse à mesure que son coût augmente. mes@finances.fr. Rédaction web des Echos. „Les Echos" weekend 23 septembre 2005

Français que consommez-vous ? „Valeurs Actuelles" du 30 septembre 2005

Das Haus als Firma

Elisabeth Plessen

Ein Haus ist ein Haus ist ein Haus, hätte *Gertrude Stein* gesagt. Man muss es jedoch planen und bauen. Ein Haus kann eine (Eisen-, Glas-) Hütte sein, ein Ein- oder Mehrfamilienhaus, eine Burg, ein Bauernhaus, Hochhaus, Gutshaus oder Schloß, ein Wolkenkratzer, ein Stadtpalais, ein Schuppen, ein Leihhaus, ein Verlagshaus, ein Bankhaus etc. Jedem Haus trotz seiner unterschiedlichen Funktionen eignet eines: ein Dach über dem Kopf, das Haus birgt, es schützt, es ist ein Unterschlupf. Eine Familie oder eine Gemeinschaft ist im Haus zum Leben und/oder Arbeiten versammelt und unter sich. Ein Königshaus ist ein Haus, aus dem der König kommt, man sieht ihn, wie er vor den Hof, also den Hofstaat, sein Gefolge, tritt. Er führt. Ein Königshaus ist ein Haus, das den König stellt. In den Rosenkriegen kämpfte eine weiße Rose mit einer roten Rose um die Macht im England des ausgehenden Mittelalters. Der Krieg – ein äußerst blutiger Erbstreit um die Krone unter hartnäckigenVerwandten – dauerte von 1455 bis 1487 – dreißig Jahre, bis sich das House of Lancaster mit dem House of York durch Heirat versöhnte. Aus dieser dynastischen Familienzusammenführung entstand das House of Tudor – das sich auf verschlungensten heiratspolitischen Pfaden bis zu *Elizabeth II* fortgebaut hat, auch wenn das Haus heute House of Windsor heißt.

Ein Haus hat keinen Baum, doch hat auch ein Baum ein Dach, das Blätterdach, ein Baum hat Stamm und Zweige. Er wurzelt und wächst. Eine Familie wie das House of Tudor oder, um ein neues Beispiel zu nehmen, das House of Hanover/das Haus Hannover, dessen neugotische Marienburg in Niedersachsen heute als Stammsitz der Familie gilt, obwohl das Geschlecht der Welfen einen Stammbaum hat, der urkundlich belegt bis ins neunte Jahrhundert zurück reicht, definiert sich durch Nachfolge bzw. Erben und in zeitlicher Hinsicht – im Unterschied zum Baum, der Ringe ansetzt, – durch Generationen. Durch geschickte Heiratspolitik gelang es der Welfen-Familie, zu einem der einflußreichsten Adelsgeschlechter des Römischen Reiches aufzusteigen. Dass *Kurfürst Georg Ludwig* als *Georg I.* den britischen Thron besteigen konnte, verdankte er seiner Mutter, einer Urenkelin von *Maria Stuart*. Im Hause Stuart – wie generell in England galt/gilt die weibliche Erbfolge, im Unterschied zu deutschen regierenden Häusern. Der letzte Welfe auf dem britischen Thron war *William IV.* Da er kinderlos starb, und seine Brüder ebenfalls ohne Nachkommen blieben, wurde seine Nichte *Viktoria* 1837 zur Königin von England gekrönt. Auf der Marienburg fand kürzlich unter Sotheby´s Hammer eine Auktion statt: die letzten Welfenprinzen trennten sich von einem Teil ihres mobilen Besitzes. Der Erlös wird in eine Familien-Stiftung zur Erhaltung der

Burg eingebracht. Mit neuem Museumskonzept und Cafébetrieb soll sie demnächst dem Publikum offen stehen.

Ein Stamm wächst in die Höhe, ein Stammbaum fängt in der Höhe an, manchmal
auch in legendärer Höhe (wie mein Baum, der in Odins Gefilden beginnt und sich
erst im dreizehnten Jahrhundert zur Zeit der Kreuzzüge durch *firma* auf dem Weg
nach Jerusalem zu erkennen gibt.) Ein Stammbaum wächst in die Gegenwart
herein – er stirbt möglicherweise aus oder er wächst stetig und weiter in die Breite.

Das Wortbild „Stammsitz" ist mit Land verbunden, wohingegen das Stammhaus
nicht sofort Land, Feudaladel oder Junkertum assoziiert. Das Geburtshaus der
Krupps zum Beispiel, ein Bürgerhaus, stand am Flachsmarkt in Essen. Dort wurden durch drei Generationen *Krupp*-Erben, zuletzt *Alfr(i)ed Krupp* geboren. Ihr
„Stammhaus" nannte die Familie aber das Kamp am Scheewinkel. Wie in standes-
bewußten Bürgersfamilien üblich, hielten sich auch die *Krupps* vor den Stadttoren
einen Lustgarten mit Sommerhaus. Auf dem Gelände erbaute *Friedrich Krupp*,
der Firmengründer, 1811 eine Gußstahlfabrik und ein kleines Aufseherhäuschen.
Und so begann der Aufstieg – kein stetiger am Anfang, doch halfen Kredite von
Verwandten die ersten Durststrecken zu überbrücken – zum größten Waffen- und
Rüstungslieferanten der Kaiserzeit, zum größten Kriegsgewinnler des Ersten
Weltkriegs, zum größten Waffenproduzenten, Kriegsvorbereiter und Handlanger
der Nazis im Zweiten Weltkrieg. *Kaiser Wilhelm II.* hatte dem Haus *Krupp* – da es
keinen männlichen Erben gab – bei *Bertha Krupps* Heirat erlaubt, nunmehr den
Namen *Krupp von Bohlen und Halbach* zu tragen, „damit die Einheit von Werk
und Familie auch weiterhin sichtbar bliebe". (1)

Der Gotha, das genealogische Nachschlagewerk des Adels, unterteilt die Familien
in drei Sparten und Farben – den fürstlichen, i.e. regierenden bzw. ehemals regierenden Häusern verpaßt er einen blauen Einband, den gräflichen einen roten, den
freiherrlichen einen grünen. In dem Nachschlagewerk erfährt man etwas über die
komplexen genealogischen Verbindungen, Geburts- und Todesdaten, nichts
jedoch über die finanziellen Ressourcen der Familien, und auch nichts über das
„what made, what makes them tick"? Für bürgerliche Häuser gibt es so ein Nachschlagewerk nicht. „What made, what makes them tick?" steht in einzelnen Biographien.

Ein Haus ist ein Geschäft, etwa, wenn man es verkauft. Ein Schloß ist kein
Geschäft. Ein Schloß kostet – wie man am Beispiel der Marienburg sieht. Ein
Geschäft in einem Haus ist dazu da, um Geschäfte zu machen oder anders gesagt:
ein Geschäft will Geschäfte machen. Es will verdienen. Es will im Wettbewerb
Rendite machen und investieren. Es will expandieren. Die Familie *Oetker* zum
Beispiel begann mit *Louis Carl Oetker* klein – 1870 stellte er in Altona Marzipan
in einer Konditorei her, in der er auch wohnte. Erster Absatzmarkt jenseits der

(Staaten)Grenze waren die leckermäuligen Hamburger und Hamburgerinnen. Die zweite Firmen-Säule „baute" der ältere Bruder *Albert* in Krefeld als Seidenfabrikant. Das Backpulver, Backin u.a., das die Familie weltweit berühmt und reich machte, gesellte sich in Bielefeld erst später hinzu. Das heutige *Oetkersche* Wirtschafts-Imperium, das nun im Werk in Bielefeld sein „Stammhaus" sieht und eine Aktiengesellschaft ist, ist „ein riesiges Reich: Alles in allem besteht die *Oetker*-Gruppe gegenwärtig aus nicht weniger als 332 Unternehmen, von denen 130 im Ausland sitzen. Sie zählt … mehr als 20 000 Menschen zu ihren Mitarbeitern und erwirtschaftet einen jährlichen Umsatz von rund 5,5 Milliarden Euro." (2) *Rudolf-August Oetker* machte noch 2003 seine Abneigung gegen den Einfluß fremder Kapitalgeber und die Börse deutlich: „Wir machen unsere eigene Firmenpolitik und richten uns nicht nach dem, was knapp 30-jährige sicherlich intelligente Menschen sagen, die noch nie ein Unternehmen geführt haben und auch keine Verantwortung dafür tragen … Unsere Mitarbeiter wissen genau, wir werden nicht übernommen." (3) Was ja nichts über ein Abstoßen bzw. Verkauf von „Töchtern" sagt und über die sozialen Härten, die bei einer „Sanierung" etwa die Belegschaft trifft. Acht oetkersche Familienstämme werden sich nach dem Tod des Patriarchen (*Rudolf-August*) das Eigentum an dem Konzern gleichberechtigt teilen müssen.

Reichtum stellte sich bei der Familie *von Bismarck*, die mehr schlecht als recht in der Altmark in der Nähe von Stendal auf Gut Schönhausen saß, erst 1866 durch die Dotation von 400.000 Talern an *Otto von Bismarck* nach dem Sieg über Österreich ein, – die Auflage dabei lautete, von dem Geld ein Erbgut zu kaufen. *Otto von Bismarck* kaufte Varzin in Hinterpommern. Eine zweite Dotation für den Sieg im Deutsch-Französischen Krieg brachte ihm Friedrichsruh und den riesigen Sachsenwald vor den Toren Hamburgs ein. Inzwischen war aus dem Herrn von *Graf von Bismarck* geworden, 1871 kam der Fürstentitel dazu. „Abgesehen von den Einnahmen aus Land- und Forstwirtschaft sowie einiger Nebenbetriebe – Holzschliff- und Papiermühle in Varzin, Kornbrennerei in Friedrichsruh – vergrößerten auch Gewinne aus gut angelegtem Kapital, das „sein" Bankier *Gerson von Bleichröder* mit viel Geschick zu dessen Nutzen verwaltete, sein Vermögen." (4) So verband sich Vermögen mit hohem gesellschaftlichem Ansehen und politischer Macht, bis *Wilhelm II. Bismarck* 1890 den Laufpass gab.

Anders wiederum lagen die „Firmenverhältnisse" bei den *Dohnas* in Ostpreußen – die Vorfahren des letzten Fürsten hatten über 400 Jahre ihren Landbesitz durch Zukäufe von Gütern vermehrt, bis sie schließlich mit mehreren zehntausend Hektar zu den mächtigsten Großgrundbesitzern östlich der Elbe zählten. Aus opportunen Gründen „flirtet" *Alexander Fürst zu Dohna-Schlobitten* in den Jahren 1933/34 mit den Nazis (wie auch die *Bismarcks* in Friedrichsruh). Der Fürst brachte es bis zum SS-Anwärter und lud *Hitler* ein und – wie seine Vorfahren früher die preußischen Könige und den Kaiser zur Jagd nach Schlobitten gebeten hatten – bat er seinerseits *Himmler* und *Göring* – wohl auch, um in den Genuß des

NS-Erbhofgesetzes von 1933 zu kommen und kein Land von dem vielen Land für Siedlung abgeben zu müssen. Am Ende des 2. Weltkriegs hatte der Fürst den gesamten Besitz verloren, darunter auch unschätzbare, nicht fortschaffbare Kunstgegenstände in den Schlössern, die entweder in Flammen aufgingen oder geplündert wurden. Was er hatte mitnehmen können gemäß den „Pflichten des Adels" (5) waren Menschen und „bewegliche Güter". Er schreibt in seinen Erinnerungen: „Das uralte Vertrauensverhältnis zwischen den Leuten und uns hatte zur Folge, daß wir uns wie *eine* große Familie fühlten, deren Spitze meine Frau und ich bildeten". (6) Aus diesem Verhältnis entstand Ende 1943 die Idee zum Treck: „Alles zurücklassen, was man geschaffen hat" (7) , war für alle – die Familie *Dohna* und die Landarbeiterfamilien – nicht leicht, und alle schafften es nicht, weil sie sich Ende Januar 1945 auf dem eisigen Weg nachts über die Weichsel schon verloren, aber 330 Menschen mit 140 Pferden und 38 Wagen folgten dem Fürsten auf der Völkerwanderung in den Westen. Der Treck löste sich in einem Dorf an der Weser auf. Die *Dohnas* zog es in den Süden Deutschlands und die Schweiz. Man traf sich aber alljährlich zum „Familientreffen" an der Weser. Das patriarchalische Band hielt und verband auch die Nachgeborenen. Der Fürst machte in Lörrach eine Firma auf: die Kette der chemischen Reinigung namens Dohna. Ihr Logo: die hauseigenen Wappenfarben Weiß und Blau.

Die *Bismarckschen* Erben in Friedrichsruh verloren 1945 nur einen Teil ihres Besitzes, sie pflegen nach wie vor das Erbe ihres großen Vorfahren, des „Eisernen Kanzlers", und sie leben darin. Sie geben ihn als „Stammvater" aus, obwohl sich die Familie bis ins 13. Jahrhundert zurückverfolgen läßt. Bereits *Otto von Bismarcks* ältester Sohn, *Herbert*, der 1890 gleichzeitig mit dem Vater von seinem politischen Amt als Staatssekretär des Äußeren zurückgetreten war, gab 1898 die „Gedanken und Erinnerungen" des Vaters heraus, im Jahr 1900 folgten die „Brautbriefe". *Herbert* eröffnete das Mausoleum in Friedrichsruh und das *Bismarck*-Museum in Schönhausen, das bis 1948 bestand, dann aufgelöst, „ordnungsgemäß", wie mir sein heutiger Leiter *Buchholz* am Telefon erklärt, mit dem gesamten Inventar archiviert und 1998, zum 100. Todestag *Otto von Bismarcks*, nun in der Schule des Dorfs wieder eröffnet wurde. Die Erben überstanden die politische Instrumentalisierung ihres großen Vorfahren, sei es von Rechts, wie im Dritten Reich, sei es von Links, wie in der 68er Zeit. Ihre Konsequenz aus dem Dilemma oder dem kontroversen Diskurs: Sie förderten 1994 die Gründung der bundesunmittelbaren *Otto-von-Bismarck*-Stiftung, in die sie Objekte aus dem Familienbesitz als kostenlose Dauerleihgabe gaben. Die Familie ist in die Arbeit der Stiftung eingebunden. Darüber hinaus engagiert sie sich auch heute noch im sozialen Bereich – in alter feudaler Tradition. Zugleich lebt sie vom Markenzeichen „Fürst Bismarck": „die Fürst-Bismarck-Quelle in Aumühle sowie diverse gastronomische Betriebe. Teile davon sind jedoch bereits in den 70er Jahren verkauft oder verpachtet worden. Hinzu kamen neue touristische Angebote wie der Schmetterlingsgarten in Friedrichsruh, bereits in den 1950er Jahren Investitionen in Hotelbetriebe an der spanischen Mittelmeerküste und – nach 1990 – in den neuen Bundesländern sowie Wald- und landwirtschaftliche Flächen in Paraguay und in den USA." (8)

Im Gegensatz zur Firma haftet dem Haus etwas Statisches, wenig Gewinnbringendes an. Das ändert sich allemal bei seinem Verkauf. Eine Firma ist auf Verkauf jedoch von vornherein nicht aus. Sie will das ganz und gar nicht. Weder will sie pleite gehen noch von einer größeren Firma geschluckt werden, wenn schon, will *sie* auf ambulante Weise schlucken und sich einverleiben. Der harte Kern des Begriffs Firma ist erzkapitalistisch. In ihm versteckt sich das revolutionäre Prinzip der industriell-marktwirtschaftlichen Produktionsweise, also das, was *Joseph Schumpeter* „schöpferische Zerstörung" nannte – gesellschaftliche Veränderung durch z. B. die Dampfmaschine, den Ottomotor, das Telephon, die Pille, die digitale Datenverarbeitung.

Alles, was die Produktivität erhöht, schafft auch Kosten, und die gehen zumeist auf die Kosten oder zu Lasten überflüssig gewordener Arbeitskräfte, die sich dann auf der Straße wiederfinden, nämlich gänzlich ohne „Haus" dastehen.

Ab wann ist ein Haus ein Haus? Wenn ein Sohn, also ein Erbe bzw. Nachfolger da ist? Und wie bleibt ein Haus ein Haus in den Generationen, die auf seine Gründung folgen? Läßt sich ein Haus sichern? Und was macht das Haus zum Haus, wenn es eine Firma ist? Ich will die Fragen am Beispiel *Krupp* zu beantworten versuchen. *Alfred*, der Sohn des Firmengründers, hatte 1873 die repräsentative Villa Hügel gebaut und bezogen und damit für sich und seine Familie die „Dissoziation von privatem Leben und Berufstätigkeit" vollzogen. (9) Er ist darin nur ein Beispiel für viele Unternehmer. Eine derartige Entkoppelung von Wohn- und Arbeitsplatz betrifft natürlich heute in viel größerem Maße die Arbeiter. „Man arbeitet nicht mehr dort, wo man lebt; man lebt nicht mehr dort, wo man arbeitet – dieses Prinzip gilt nicht nur für die einzelne Wohnung, den einzelnen Arbeitsplatz, sondern für ganze Stadtviertel. Tag für Tag bringen riesige Wanderungsbewegungen die Menschen von ihrem Wohnort zur Arbeitsstelle und wieder zurück. Auto und öffentliche Verkehrsmittel verbinden zeitweilig zwei Räume, die einander tendenziell ausschließen." (10) Doch zurück zu *Alfred Krupp*. Sechs Jahre nach dem Umzug in die Villa Hügel legte er in einem Generalregulativ fest, daß die Fabrik in einer Hand bleiben und nicht unter den Erben aufgeteilt werden dürfe. Er folgte darin dem adligen Vorbild des Fideikommiss – gegen das Prinzip des bürgerlichen Erbrechts. Die nachfolgenden *Krupp*-Generationen hielten sich an die Verpflichtung. Die Gemeinwohlverpflichtung, auf die der Firmenbegründer ebenfalls großen Wert gelegt hatte, zeigte sich nicht nur in der Sozialbindung, – Werkswohnungsbau, der Stiftung einer Fülle von Einrichtungen der Arbeiterwohlfahrt, sondern „sie besagte auch und vielleicht sogar in erster Linie, daß stets die Firma im Mittelpunkt zu stehen habe." (11) Auch darin folgte die Firma *Krupp* dem patriarchalischen Vorbild des Feudaladels, der Besitzbewahrung in einer Hand. Diskreditiert nach der Nazi-Zeit wegen Ausplünderung besetzter Gebiete und Beschäftigung von Zwangsarbeitern, war das Haus *Krupp* am Ende des Dritten Reiches weder mehr ein Haus noch eine Firma: *Alfried Krupp* wurde mit elf Direktoren im Nürnberger Prozeß verurteilt, er selber zu 12 Jahren Haft, sein Vermögen konfisziert. 1951 wurde er begnadigt, Beschlagnahmung und Demontage des Vermögens wurden aufgehoben. Aber die Alliierten bestanden auf Entflechtung des Konzerns, außerdem hatte *Alfried Krupp* seine vier Geschwister und einen Neffen mit je 11 Millionen DM abzufinden. Danach war er Alleineigentümer des Restvermögens. „In den folgenden Jahren verfolgte *Krupp* gemeinsam mit seinem 1953 in die Firma eingetretenen Generalbevollmächtigten *Berthold Beitz* unbeirrt das Ziel, die Verkaufsauflagen des Entflechtungsplans abzuschütteln und den Konzern in seiner alten Struktur wiederherzustellen. An der Trennung der Firma von der Familie hielt er hingegen fest." (12)

„Beruf, Sohn" hatte *Willy Sachs* auf das Anmeldeformular geschrieben, als er im Herbst 1940 den Erstgeborenen, *Ernst Wilhelm,* u.a. mit intensiver Unterstützung seiner Parteigenossen und Jagdfreunde *Himmler* und *Göring* aus der Obhut der Mutter *Elinor von Opel,* die nach der Scheidung mit den Söhnen nach Lenzerheide gezogen war, aus der Schweiz herausgeklagt hatte. Den Zweitgeborenen, *Gunter,* auch auf den familieneigenen „Adelssitz" Schloß Mainburg zurückzuführen, war *Willy Sachs* nicht gelungen. So wuchs *Gunter Sachs* nicht im Schatten des Vaters auf wie der im Schatten des seinigen, des Firmengründers *Ernst Sachs. Ernst Sachs* hatte es in einer Generation zu einer steilen Karriere gebracht: Er war vom Handwerker aus der schwäbischen Provinz durch Erfindungen im Kugellagerbau, vor allem der Fahrrad-Freilauf-Rücktrittnabe Torpedo in Schweinfurt zum Großindustriellen und Millionär mit fast feudalem Lebensstil aufgestiegen. Er hatte nicht nur die Mainburg außerhalb Schweinfurts gekauft, von deren Höhe er auf das Fabriksgelände Fichtel & Sachs in der Mainebene sehen konnte, sondern als passionierter Jäger – eine Passion, die er seinem Sohn *Willy* vererbte – auch die Rechenau, ein Jagdgut in Oberbayern.

Die Gründungsväter der deutschen Industriellenfamilien waren mit dem (protestantischen) Arbeitsethos des 19. Jahrhunderts an den Auf- und Ausbau ihrer Firmen gegangen – worunter Bescheidenheit, Sparsamkeit, Fleiß und Pflichterfüllung firmierten – z.T. auch, wie bei *Emil Quandt,* Zucht- und Ordnungsliebe, so daß er im Streikfall sofortige Kündigung aussprach. Zugleich hatten sie eine über Generationen hinweg gehende Vision von der Familie oder dem Clan und seinem auch zukünftigen Zusammenhalt. Mit anderen Worten: Sie dachten dynastisch. Die Erben folgten dem Prinzip des Erhalts des Ererbten und seiner Mehrung mit mehr oder weniger Erfolg, teilweise nur ruchlos. Was soll man denn noch sagen, wenn *Günther Quandt* auf dem Gelände der Akkumulatorenfabrik in Hannover-Stöcken zur Steigerung der Produktivität ein hauseigenes KZ errichten ließ nach dem Motto: „Der Tod wird mit eingeplant und bewußt kalkuliert"? (13)

Nur in der Kunst bestehen mehrere Wahrheiten nebeneinander, in der Realität nicht. Nach Kriegsende verschafften sich die reichen, so ruhmreichen und politisch diskreditierten Großindustriellen durch Weißwäsche ihre Persilscheine, also durch Täuschung der so oft uninformierten Laiengerichte bei der Entnazifizierung. Sie schafften es mit Hilfe von Lügen, Verleumdung und Herunterspielen der Fakten, und so hatten sie nach der Währungsreform am boomenden bundesrepublikanischen Wirtschaftswunder wieder ihren Teil. Darüber hinaus verhalf die Steuerpolitik ihnen auch, ganz legal einen großen Teil ihres Vermögens an der Versteuerung vorbei ins Ausland zu verschieben, mit anderen Worten: das Haus nicht nur zu mobilisieren, sondern auch mobil zu machen und mobil zu erhalten – ein Zustand, der einem Haus für gewöhnlich nicht eignet. Eine Firma kann sich über Landesgrenzen hinwegsetzen.

Gunter Sachs hat das Bild des deutschen Playboys ein für alle Mal geprägt. Sein Bruder *Wilhelm Ernst* und *Arndt von Bohlen* haben es nur bis zu kleineren Ausgaben seines Jetset – homme à femmes – glamour – global-player – Millionärsleben geschafft. *Gunter Sachs* gibt sich das Air eines self made man. Das väterliche Erbe hat er längst verkauft. Er lebt nicht in Deutschland. Alle paternalistische Tradition, die sein Vater bis zu seinem Selbstmord als „guter Familienvater" „seinen" Arbeitern gegenüber und als „Herr im Hause" hoch hielt, hat er abgeschüttelt. Jetzt ist er ein „lupenreiner Kapitalist." (14) Durch gekonnte Selbstdarstellung in der Presse und anderen Medien hat *Gunter Sachs* es geschafft, das öffentliche Interesse an seiner Herkunft in den Hintergrund zu drängen und die eigene Person in den Mittelpunkt zu rücken. Das inszenierte private Leben in der Öffentlichkeit hat die Neugier der Öffentlichkeit auf das wahre private Leben nicht geschmälert. Nun hat *Gunter Sachs* seine Memoiren veröffentlicht. Er firmiert, für sich.

Anmerkungen

1) *Wolbring, B.* (2005), Die Krupps, in Deutsche Familien – Historische Portraits von Bismarck bis Weizsäcker, in: Volker Reinhardt (Hrsg.), München, S. 85

2) *Jungbluth, R.* (2004), Die Oetkers – Geschäfte und Geheimnisse der bekanntesten Wirtschaftsdynastie Deutschlands, Frankfurt/ New York, S. 369

3) *Ders.*, S. 372

4) *Epkenhans, M.* (2005), Die Bismarcks, in Deutsche Familien, in: Volker Reinhardt (Hrsg.), München, S. 41

5) *Dohna-Schlobitten, A. Fürst zu* (1989), Erinnerungen eines alten Ostpreußen, Berlin, S. 30

6) *Ders.*, S. 179

7) *Ders.*, S. 260

8) *Epkenhans, M.* (2005), Die Bismarcks, in Deutsche Familien, in Volker Reinhardt (Hrsg.), München, S. 43

9) *Prost, A./Vincent, G.* (Hrsg.) (1993), Band 5: Vom Ersten Weltkrieg zur Gegenwart, in: Ariès, P. / Duby, G. (Hrsg.) Geschichte des privaten Lebens, Frankfurt am Main, S. 38

10) *Ders.*, S. 40

11) *Wolbring, B.* (2005), Die Krupps, in Deutsche Familien, in: Volker Reinhardt (Hrsg.), München, S. 91

12) *Ders.*, S. 91

13) *Jungbluth, R.* (2002), Die Quandts – Ihr leiser Aufstieg zur mächtigsten Wirtschaftsdynastie Deutschlands, Frankfurt/ New York, S. 190

14) *Rott, W.* (2005), Sachs – Unternehmer, Playboys, Millionäre – Eine Geschichte von Vätern und Söhnen, München, S. 338

Literatur

Ariès, P./Duby, G. (Hrsg.) (1993), Geschichte des privaten Lebens, Band 2: Vom Feudalzeitalter zur Renaissance; Band 3: Von der Renaissance zur Aufklärung; Band 4: Von der Revolution zum Großen Krieg, Frankfurt am Main

Berdrow W. (1943), Alfred Krupp und sein Geschlecht – Die Familie Krupp und ihr Werk von 1787 bis 1940 nach den Quellen des Familien- und Werksarchivs geschildert, Berlin

Grimm (1984), Deutsches Wörterbuch von Jacob und Wilhelm Grimm, München

Siedler, W. J. (2000), Ein Leben wird besichtigt, 2000, Berlin

The Royal House of Hanover / Das Königshaus von Hannover – Illustrated Handbook & Index / Illustriertes Handbuch & Register I–III, Sotheby's, Schloss Marienburg 5.–15. Oktober 2005

Das menschliche Gehirn – das Haus aller Häuser

Idan Segev

„Machines think? You bet! We're machines and we think, don't we?" (*Claude Shannon*).

„You, your joys and sorrows, your memories and your ambitions, your sense of personal identity and your free will are in fact no more than the behaviour of a vast assembly of nerve cells and their associated molecules" (*Francis, Crick; Nobel Laureate*).

In unserem Kopf befindet sich eine faszinierende Maschine – unser Gehirn, ein Gehäuse für zehn Milliarden ästhetischer Bewohner – Nervenzellen (Abb. 1).

Diese winzigen Mikroprozessoren verbinden sich untereinander mittels elektrischer Fasern (den Axonen) bzw. an ihren Kontaktstellen über chemische Apparate (den Synapsen) und formen so weitgespannte und intensiv kommunizierende neuronale Netzwerke. Diese neuronalen Netzwerke sind der lebendige Beweis, dass physikalische Bauteile hoch entwickelte Intelligenz aufweisen, Körperfunktionen kontrollieren, Erinnerung bilden, Gefühle erzeugen und schöpferischen Tätigkeiten nachgehen können. Die vielleicht wichtigste Eigenschaft des Gehirns besteht darin, dass es auf die Welt einwirkt (z.B. Gebäude errichtet) und im Gegenzug durch diese Interaktion mit der Welt ständig selbst physikalisch verändert wird. Diese wechselseitige Interaktion von Gehirn und Welt bildet die Grundlage für Lernen und Gedächtnis. In der Tat reagiert das Gehirn eines Architekten aufgrund seiner Ausbildung und Erfahrung anders auf ein Haus als das eines Nicht-Architekten. In gleicher Weise sind bestimmte Regionen im Gehirn eines Londoner Taxifahrers dichter miteinander vernetzt und zeigen mehr elektrische Aktivitäten als Gehirne, die nicht mit der Aufgabe konfrontiert sind, eine interne Straßenkarte von London zu generieren. Wie können wir im „21. Jahrhundert des Gehirns" diese erstaunliche plastische Gehirn-Maschine verstehen, instand setzen und verbessern?

Die Hirnforschung vor neuen Zielen.

„It is in our brain that the poppy is red, that the apple is odorous, that the lark sings" (*Oscar Wilde*).

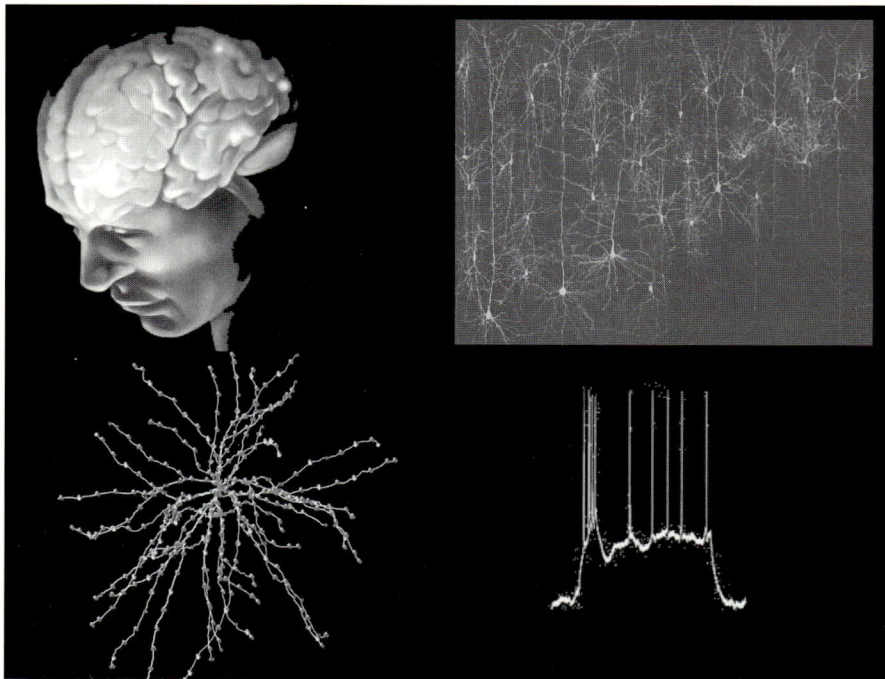

Abbildung 1: Elemente des Gehirns. Unser Gehirn ist ein Gehäuse für Milliarden miteinander verbundener Nervenzellen (oben rechts). Jede einzelne Nervenzelle (unten links) ist ein winziger elektrochemischer Mikroprozessor, mit Ein- und Ausgabe und einer baumähnlichen Struktur (den Dendriten). Eine Nervenzelle erhält über ihre Oberfläche tausende synaptischer Kontakte, die von Axonen anderer Nervenzellen stammen. Wenn diese synaptischen Kontakte aktiviert werden (z.B. als Antwort auf sensorische Reize) erzeugt die Zelle eine Reaktion in der Form von Sequenzen stereotyper elektrischer Signale, den so genannten „Spikes" oder Aktionspotentialen (unten rechts). Unsere Gedanken und Gefühle, sensorische Wahrnehmung und motorisches Handeln werden alle durch einen von diesen Aktionspotentialen implementierten Code repräsentiert.

1. Eine Theorie des Gehirns – eine Synthese wird gebraucht

Es wird in zunehmendem Maße deutlich, dass allein multidisziplinäre, experimentelle und theoretische Ansätze ein vertieftes Verständnis dieser erstaunlich komplizierten Gehirn-Maschine aus Milliarden Nervenzellen, deren gemeinsame Wirkung komplexe Verhaltensweisen ermöglicht, erlaubt. Die Zeit ist reif für eine umfassende Synthese, die über die Errungenschaften der mechanistischen Ansätze des 20. Jahrhunderts hinausgeht. Es ist Zeit für ein neues theoretisches Fundament, um die gewaltige Menge an „Gehirn-Daten" in funktionalen – bzw. verhaltensbasierten – Begriffssystemen zu interpretieren. Ohne ein solches theoretisches Fundament können wir nicht sagen, wir wüssten, wie das Gehirn funktioniert.

Computational Neuroscience ist eine neue Forschungsdisziplin, welche diesen in Entstehung begriffenen, multidisziplinären Ansatz der Hirnforschung nutzt. In neuen Zentren der Hirnforschung – wie dem Interdisziplinären Zentrum für „Neural Computation" der Hebräischen Universität zu Jerusalem – arbeiten Physiker, Psychologen, Ingenieure, Informatiker und Philosophen Seite an Seite mit Neurobiologen und Ärzten. Fortgeschrittene Lehrprogramme bilden eine neue Gattung begabter Wissenschaftler des Typus „Renaissance man" aus, der Experimentator und zugleich Theoretiker ist. In diesen Forschungszentren werden gewagte Fragen gestellt und ziehen erste Antworten nach sich: Welches ist der Code, durch den Millionen von Nervenzellen eine bestimmte Betrachtungseinheit (z.B. ein Gesicht, eine Bewegung, ein Gefühl) repräsentieren? Wie können wir diesen Gehirn-Code nutzen, um direkt durch das Gehirn Roboter anzusteuern, mit deren Hilfe verlorene Funktionen, wie z.B. das Sehvermögen, wiederherzustellen sind?

Welche Fehler ereignen sich im Gehirn-Code bei zerstörerischen Krankheiten wie Alzheimer, Parkinson, Autismus oder Schizophrenie? Wie können wir das Wachstum neuer Nervenzellen anregen (z.B. im alternden Gehirn oder nach einem Schlaganfall)? Können wir verstehen, wie die winzigen genetischen Differenzen zwischen uns, zusammen mit den unterschiedlichen Umständen, in denen wir aufgewachsen sind, ein einzigartiges Gehirn formten, welches uns unser Gefühl der eigenen, einzigartigen Individualität gibt? Worin besteht die neurobiologische Grundlage für Bewusstsein, freien Willen und Kreativität? Werden wir als Resultat eines tiefen theoretischen Verständnisses des Gehirns vielleicht eines Tages sogar in der Lage sein, schöpferische Maschinen zu konstruieren, die sich ihrer Existenz bewusst und wie wir in der Lage sind, Kunst und ästhetische Bauwerke zu schätzen? Die ethischen Konsequenzen eines solchen Durchbruches, wenn er denn kommen sollte, sind unabsehbar.

Moderne Hirnforschung setzt sich hohe Ziele – und muss es tun. Auf alle diese Fragen reagiert sie mit konstruktiver Zuversicht. Doch werden wir abwarten müssen, ob wir wirklich so raffiniert und klug sind, wie wir meinen, um das Gehirn zu erklären – den ultimativen Architekten aller Häuser. Vielleicht finden wir heraus, dass das Gehirn zu kompliziert ist (oder vielleicht zu einfach), sich selbst zu begreifen. Bleibt zu hoffen, dass die gemeinsame Anstrengung vieler Gehirne weltweit den Durchbruch herbeiführt, das Gehirn zu verstehen. Wir sind auf der Suche nach dem Gehirn-Code – und das wird noch lange dauern. Das Gehirn ist eine unvergleichliche Rechenmaschine: Es empfängt sensorische Informationen (z.B. eine Suite von *Bach*, die an beiden Ohren in Gestalt von Schallwellen ankommt), transformiert (encodiert) diese in eine elektrische und chemische „Sprache", verarbeitet diese und erzeugt letztlich ein Ergebnis (erfreut sich an der *Bach'schen* Suite, spielt sie auf dem Klavier). Aber welches ist die angemessene Abstraktionsebene, die notwendig ist, diesen Gehirn-Code zu beschreiben? Darüber besteht keine Einigkeit, aber die Mehrheit der Forscher würde doch den folgenden Aussagen von *Valentino Braitenberg* in seinem „Manifesto of Brain Science" zustimmen:

„We believe that the distribution of electrical signals observed at a spatial resolution of 1 µm and temporal resolution of about 1 msec is all we need to know as the material counterpart of behaviour. Behaviour may be modified by hormones, or by pharma, or by pathological unbalance of some transmitter substance, but the actual effect of these is always expressed in terms of the occurrence or not occurrence of action potentials in neurons."

Wenn dies tatsächlich zutrifft, dann sollten wir uns darauf konzentrieren, wie große Mengen von Aktionspotentialen innerhalb großer Verbände, von miteinander in Wechselwirkung stehenden Neuronen, sensorische Informationen wiedergeben. Gegenwärtig werden bereits neue Technologien entwickelt, um die elektrische Aktivität vieler Neuronen in Tieren aufzuzeichnen.

Ein Ansatz besteht in der Entwicklung von Multi-Elektroden Systemen, die in lebende Gehirne implantiert werden, um die elektrische Aktivität vieler Nervenzellen in vivo in verschiedenen Hirnregionen aufzuzeichnen. Optische Verfahren für die Erfassung von Hirnaktivität auf Einzelzellniveau werden ebenfalls vorangetrieben (z.B. das neue Zwei-Photonen-Mikroskop, Abb. 2). Diese bringen uns der Chance nahe, das aktive Gehirn während seiner Arbeit mit der angemessenen Auflösung in Raum und Zeit zu beobachten. Mit leistungsfähigen Computern und schnellen Algorithmen zur Signalverarbeitung sowie neuen Theorien über den Code, der sich innerhalb dieser elektrischen Signale versteckt, haben wir begonnen, die Sprache des Gehirns zu entziffern.

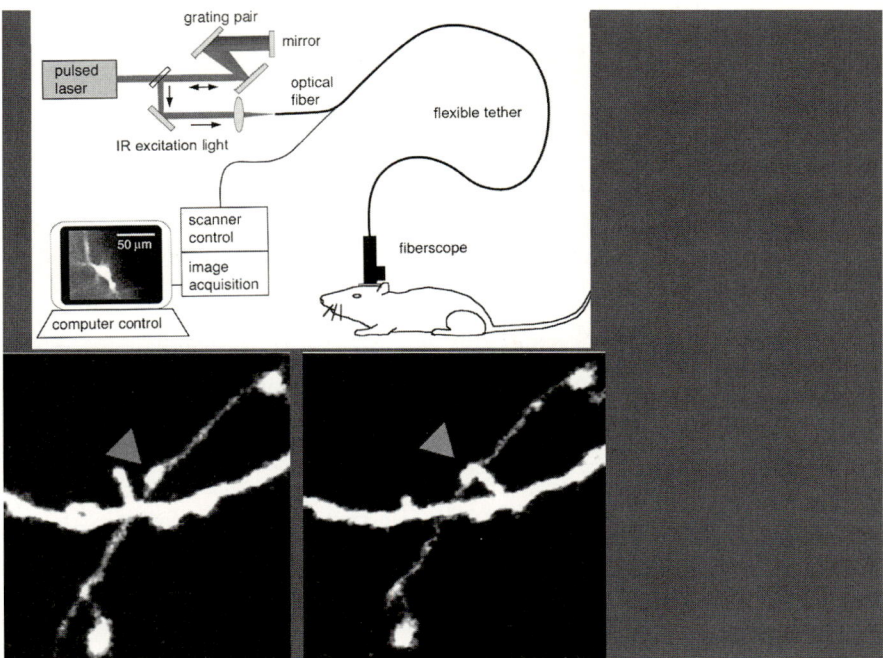

Abbildung 2: Einblick in anatomische Veränderungen im lebenden Gehirn. Schematische Darstellung eines Zwei-Photonen-Mikroskops bestehend aus einem kleinen Mikroskopteil, das auf dem Kopf einer Maus montiert ist, und einem Laserstrahl, der durch eine winzige Schädelöffnung in das Gehirn eindringt. Dieses System erlaubt es, wiederholt dieselbe Stelle mit mikrometergenauer Auflösung (der Größe einzelner Synapsen) zu beobachten. Das Bild unten links zeigt das Axon einer Nervenzelle (dünne weiße Linie) nahe (aber ohne Kontakt) dem Dendriten einer anderen Zelle (dicke weiße Linie). Einige Tage später ist an derselben Stelle eine synaptische Verbindung zwischen dem Axon und dem Dendriten entstanden (Pfeilspitze). Wir vermuten, dass solche anatomische Neuordnung synaptischer Verbindungen in lebenden Gehirnen die physikalische Grundlage für Lernen und Gedächtnis darstellen.

2. Reparatur des Gehirns –
Schnittstelle zwischen Gehirn und Maschine

Ein neues Forschungsfeld, genannt „Brain-Repair", nutzt Erkenntnisse und Methoden aus dem Bereich der Nanotechnologie mit dem Ziel, verlorene Hirnfunktionen wiederherzustellen. Molekulare und optische Verfahren helfen dabei, erkrankte Hirnregionen zu identifizieren und das Wachstum neuer Zellen in diesen Gebieten anzuregen (z.B. durch Injektion embryonaler Stammzellen).

„Brain-Machine-Interfaces" (BMI = Schnittstellen zwischen Gehirn und Maschine) werden momentan entwickelt. Diese können das Gehirn elektrisch stimulieren, um irrlaufende elektrische Aktivität zu korrigieren (fehlerhafte Codes), die von kranken Hirnregionen erzeugt wird (z.B. fand man bei der Parkinson'schen Krankheit pathologische, oszillatorische elektrische Aktivität in tiefen Hirnregionen, die sich im typischen Zittern von Parkinson-Patienten wieder finden).

Erstaunlicherweise ist diese „deep brain stimulation" (DBS) enorm erfolgreich bei der Behandlung von Parkinson (und in jüngerer Zeit auch bei der Behandlung von Epilepsie und behandlungs-resistenter Depression).

Das BMI-System wird heute auch in umgekehrter Weise genutzt. Anstatt das Gehirn elektrisch zu stimulieren, ist es möglich, die elektrische Aktivität in motorischen Gehirnregionen aufzunehmen (gegenwärtig vorerst nur von einigen hundert Nervenzellen), während ein Versuchstier gesteuerte Bewegungen ausführt.

Weil wir mittlerweile den in diesen Signalen enthaltenen Code für die Bewegung von Armen recht gut verstehen, können wir sie dazu verwenden, direkt vom Gehirn aus künstliche Roboter zu steuern. Ein solches „Handeln durch Denken"-System wird gegenwärtig bei Affen angewandt, die einen externen Roboterarm in Echtzeit direkt mit dem Gehirn ansteuern, um Nahrungsmittel an den Mund heranzuführen (Abb.3).

Hybride Schnittstellen zwischen Gehirn und Maschine werden wahrscheinlich in naher Zukunft revolutioniert werden. Nanometrische Sensoren, im Gehirn verteilt wie kleine Staubpartikel, werden die elektrische Aktivität vieler tausender oder gar Millionen von Nervenzellen gleichzeitig aufnehmen und diese Signale – mit telemetrischen oder optischen Verfahren – aus dem Gehirn heraus übertragen. Echtzeit-Analyse dieser Signale wird es ermöglichen „intelligente" künstliche Gliedmaßen (mit hoch entwickelten Bewegungsfähigkeiten) direkt durch das Gehirn zu steuern und somit verlorene motorische Fähigkeiten (Klavierspielen für Amputierte oder Menschen mit Rückenmarksverletzungen) oder sensorische Funktionen (z.B. Sehvermögen) wiederherstellen. Wenn wir die elektrische Aktivität einer großen Anzahl Nervenzellen genau registrieren können, so wird uns das in die Lage versetzen, den neuronalen Code komplizierter Fähigkeiten in unserem Gehirn zu enträtseln, wie z.B. das Gesicht der Mona Lisa zu erkennen, das Gefühl der Liebe zu enträtseln oder die Rotheit von Rot zu beschreiben. Wir werden dann die klassische philosophische Frage beantworten können: „Entspricht die Repräsentation von Rot in Deinem Gehirn der von Rot in meinem Gehirn?"

Man muss betonen, dass angemessenes Verhalten in der realen Welt (und somit Überleben) voraussetzt, dass wir die Außenwelt ständig in unserem Gehirn internalisieren (repräsentieren). Wenn wir einen Stift zum Schreiben verwenden, ist dieser Stift (insbesondere seine Spitze) durch die elektrische Aktivität einer spezifischen Gruppe von Nervenzellen in unserem Gehirn repräsentiert, so dass wir den

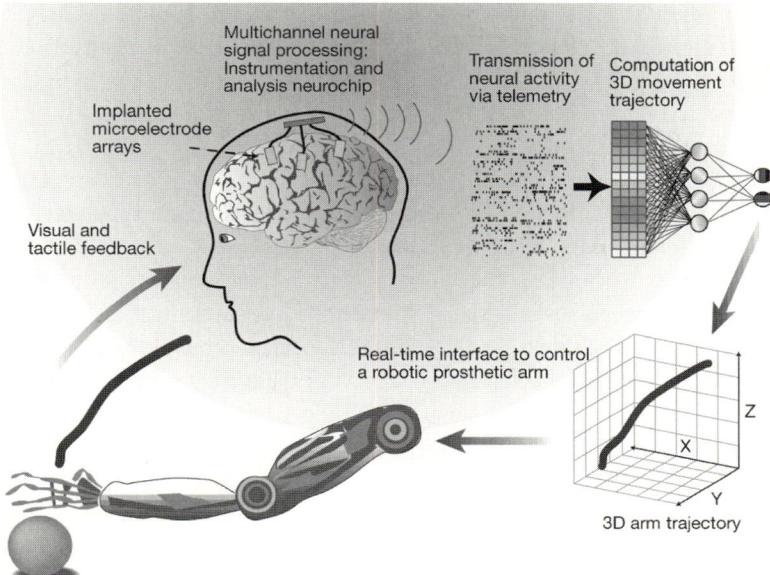

Abbildung 3: Handeln durch Denken – Schnittstelle zwischen Gehirn und Maschine. Die Aufzeichnung elektrischer Aktivität von Hirnregionen, die Bewegungen planen und durchführen, hat uns in die Lage versetzt, den elektrischen Code zu entschlüsseln, über den Gruppen von Nervenzellen intentionale Bewegungen repräsentieren. Zukünftige, bereits in Entwicklung begriffene Technologien, werden es ermöglichen, Nano-Chips ins menschliche Gehirn einzupflanzen und dadurch die Aktivität von tausender (oder mehr) Nervenzellen simultan aufzuzeichnen. Diese Gehirn-Signale werden telemetrisch übertragen, um hoch entwickelte Roboterarme in Echtzeit anzusteuern. Dieses „Handeln durch Denken"-System wird eine enorme Hilfe für Menschen mit Rückenmarksverletzungen und Amputierte darstellen. Gegenwärtige Vielkanaltechnologie basiert auf dünnen Elektroden, die in Gehirne von Affen eingeführt werden, um die Aktivität weniger hundert Nervenzellen aufzunehmen. Überraschender Weise können Affen solche eher eingeschränkten Systeme dazu verwenden, direkt mit ihren Gehirnen einen Roboterarm zu steuern, der Nahrungsmittel an ihren Mund heranführt.

Stift, nach einiger Übung, feinfühlig handhaben können. Ebenso lernen wir, wenn wir ein Auto steuern, seine äußeren Abmessungen in unserem Gehirn abzubilden, so dass wir nicht mit anderen Autos zusammenstoßen. Der gleiche Lernprozess ist notwendig, wenn wir das Gehirn elektrisch stimulieren, um ein externes Objekt (z.B. ein Gesicht, das mit einer Video-Kamera aufgezeichnet wurde) zu repräsentieren.

Wir müssen diese elektrischen Signale nicht notwendiger Weise in jene Hirnregion einspeisen, wo ursprünglich eine bestimmte Funktion zuhause war (z.B. der visuelle Kortex im Falle eines Sehverlusts durch Schlaganfall). Andere Gehirnregionen können diese Funktion übernehmen; diese müssen jedoch zunächst lernen, die elektrischen Signale, die sie empfangen, korrekt und zielgerichtet zu interpretieren.

3. Das physische Substrat für Gedächtnis und Lernen im Gehirn

Das Zwei-Photonen-Mikroskop, kombiniert mit molekularen Sonden, ermöglicht uns erstmals, einzelne synaptische Verbindungen im lebenden Gehirn zu beobachten, wie es neue Informationen erfasst und erinnert. Diese neuen Methoden haben die Tatsache enthüllt, dass sowohl kleine strukturelle Veränderungen in der Organisation (Konnektivität) neuronaler Netzwerke als auch Veränderungen in der Stärke der synaptischen Verbindungen zwischen den Nervenzellen auftreten.

Wichtig ist, dass die Gesetzmäßigkeiten, welche die plastischen Veränderungen der synaptischen Verbindungen beherrschen, allmählich zu Tage treten; eine dieser Regeln besagt, dass, wenn zwei Nervenzellen gemeinsam aktiv sind, sie sich verbinden. Genauer: dass sie stärker miteinander verbunden werden. Aber wie erlauben uns diese winzigen strukturellen Veränderungen, zusammen mit den Veränderungen in den synaptischen Stärken, ganze Gedächtnisinhalte zu repräsentieren und zu rekonstruieren, z.B. eine Landschaft aus der Kindheit (oder im Falle von *Marcel Proust* die Madeleine-Plätzchen)? Die Antwort auf diese Frage ist noch immer eine anspruchsvolle Denkaufgabe.

4. Durch das Gehirn inspirierte Maschinen

„Neuromorphic engineering" ist ein neues, viel versprechendes Forschungsfeld. Es steht zu erwarten, dass wir nach dem Vorbild des Gehirns lernen, intelligente Maschinen zu bauen. Denn das Gehirn ist die einzige Maschine, die dieses Problem bereits gelöst hat. Neues hardware design wird eingesetzt (z.B. VLSI oder elektro-optische Technologie) um künstliche Neurone zu erzeugen, die auf elektrische Stimulierung mit der Erzeugung von Aktionspotentialsequenzen antworten. Mit dieser Technologie werden künstliche Synapsen erzeugt, die plastisch modifiziert werden können. Große synthetische Netzwerke, bestehend aus Millionen verbundener Nervenzellen, werden im hardware design implementiert. Nach diesem Paradigma können kleine neuromorphische Maschinen gebaut werden, die anhand vieler Beispiele Generalisierungen erlernen (z.B. lernen sie, Druckbuchstaben eines zuvor noch nicht gesehenen Schrifttyps zu lesen). Die Frage bleibt, ob sich diese durch das Gehirn inspirierten Maschinen in Zukunft weiterentwickeln und sich in der Welt, die uns umgibt, anpassen und verhalten, wie wir es können?

5. Neuroästhetik

Einer der Fehler der überspezialisierten Forschung des 20. Jahrhunderts besteht in der weitgehenden Trennung zwischen Geistes- und Naturwissenschaften. So entstanden die „zwei Kulturen" (*C.P. Snow*), die so gut wie nie miteinander ins Gespräch kommen. Dies war deutlich anders bei *Leonardo da Vinci*, dem Weltgenie der Renaissance, dessen Gehirn großartige Wissenschaft und außergewöhnliche Kunstwerke hervorbrachte. In der Tat beschäftigen sich Wissenschaftler und Künstler mit gemeinsamen Problemen, sicherlich können sie voneinander lernen.

Das Verständnis der neuronalen Hirnaktivität könnte die Arbeit von Künstlern genauso beeinflussen, wie Künstler in der Vergangenheit in großem Maße durch die Kenntnis der anatomischen Beschaffenheit des menschlichen Körpers beeinflusst wurden. Auf ähnliche Weise könnten die enormen Erfahrungen von Künstlern und ihre Intuition Neurowissenschaftlern helfen, die Gesetze zu formulieren, die das visuelle System beherrschen, jene Regeln zum Beispiel, die es ermöglichen, Farben und Formen wahrzunehmen, Entfernung und Bewegung: Künstler bedienen sich, bewusst oder unbewusst, dieser Gesetzmäßigkeiten, um im Gehirn des Betrachters ästhetische Erfahrung zu erzeugen. In dieser Hinsicht könnte man Künstler als Hirnforscher ansehen.

Neuroästhetik ist eine Forschungsrichtung, mit dem Ziel, Regeln zu verstehen, welche menschliche Kunsterfahrung beherrschen, und die neuronalen Mechanismen, die diese Erfahrung vermitteln. Durch nicht-invasive bildgebende Verfahren (wie z.B. funktionelle Magnetresonanztomografie fMRI) zur Untersuchung des Gehirns, während es die Erfahrung von Schönheit (oder Hässlichkeit) durchmacht, ist es möglich, jene Hirnregionen zu bestimmen, die an diesem einzigartigen Gefühl beteiligt sind. Ebenso sind psychophysikalische Experimente möglich, um zu erforschen, ob sich im Gehirn des Homo Sapiens universell gültige Regeln der ästhetischen Sinneserfahrung entwickelt haben (vor nur etwa 50.000 Jahren, als wir begannen, Kunst zu erzeugen) und zu fragen, warum diese Regeln so sind, wie sie sind.

Eine Vision des 21. Jahrhunderts ist es, neue Gebäude zu errichten, physisch und geistig, wo Künstler und Wissenschaftler zusammenarbeiten, einander beeinflussen, zusammen die besten Studenten unterrichten, übergreifende Themen wie Kreativität aufgreifen und gemeinsam versuchen, die Welt durch Formulierung kompakter Modelle zu verstehen, jeder seine Sprache nutzend. Der Maler *Juan Miro* sagte: „Kunst ist der Versuch, das Alphabet des Geistes zu finden". Eben dies versucht auch „Computational Neuroscience" mit mathematischen Methoden.

Pablo Picasso sagte: „Kunst ist die Lüge, welche die Wahrheit enthüllt". Gilt dies nicht auch für die Wissenschaft?

Epilog

„It would be possible to describe everything scientifically, but it would make no sense; without meaning, as if you described a *Beethoven* symphony as a variation of wave pressure" (*Albert Einstein*).

Vom Gehirn zu lernen, wie es lernt, was geschieht, wenn es krank wird, warum es ästhetische Gefühle braucht, wie es die Entfernung zwischen uns und dem Glas Wein auf dem Tisch berechnet und den Arm anleitet, nach diesem zu greifen – das sind einige der großen wissenschaftliche Herausforderungen des 21. Jahrhunderts. Besseres theoretisches und praktisches Verständnis des Gehirns wird es uns ermöglichen, uns selbst besser zu verstehen, und damit auch unser Gehirn, und es durch die Entwicklung von Maschinen erweitern, die aus Erfahrung lernen und ihre Leistungsfähigkeit verbessern, für uns Bücher lesen oder medizinische Diagnosen erstellen. Die Industrie wird dann vollständig automatisiert sein – überwacht durch künstliche Gehirne. Wir werden dann freie Zeit haben, um zu denken, um künstlerisch kreativ zu sein, um gemeinsam miteinander Zeit zu verbringen, Zeit für uns und um die Welt um uns. Eines ist sicher – vor uns liegt eine faszinierende Gehirn-Reise.

Geistige Wege zur Stadt

Über Urbanität und Bewusstsein

Rolf Schneider

Es gibt in Deutschland Ortschaften mit 13.000 Einwohnern, die nach wie vor eine Gemeinde sind, und es gibt Städte, die weniger als tausend Menschen zählen. Was also macht die Stadt aus? Einwohnerzahl oder räumliche Ausdehnung sind es offenbar nicht. Die Antwort klingt tautologisch: Stadt ist, was Stadt sein möchte, entsprechend den Bedürfnissen und dem Willen der Bewohner. Die Existenz der Stadt verdankt sich einem kollektiven Wunsch. Wir haben es mit einem mentalen Phänomen zu tun.

Der Mensch, homo sapiens, ist, wir wissen es, an- und ausgelegt nicht als einzelnes, sondern als gesellschaftliches Wesen. Seine ursprüngliche Organisationsform ist die Horde. Seine Lebensgestaltung kennt zwei Möglichkeiten: nomadisches Dasein oder Sesshaftigkeit. Beide lassen sich ihrerseits unterteilen: das Nomadentum in die Existenz von Jägern und Sammlern zum einen und in die Existenz von Viehhaltern zum anderen. Die Sesshaftigkeit gibt es ländlich-dörflich und städtisch.

Alles dies existiert bis heute, manchmal nebeneinander auf engem geographischen und geopolitischen Raum. Das Leben der Jäger und Sammler ist die kultur- und entwicklungsgeschichtlich älteste Form menschlichen Daseins, wie auch Nomadentum älter ist als Ansiedlung. Dass sich Jäger und Sammler nicht zwangsläufig zu ständiger Migration entschließen müssen, beweisen neben etlichen Naturvölkern in Afrika, Asien und Lateinamerika etwa unsere heimischen Fischer, und ebenso ist die Tierhaltung nicht zwingend an Wanderbewegungen von Viehherden gebunden, man kann dergleichen auch in Stallungen betreiben.

Dass agrarische Arbeit hauptsächlich in Dörfern geleistet wird, gilt nach wie vor. Lediglich der Anteil der dabei tätigen Personen hat sich, jedenfalls in unseren Breiten, ständig verringert, was an der Intensivierung der Produktionsweisen liegt. Innerhalb der letzten hundert Jahre schrumpfte die ländliche Bevölkerung in Deutschland auf ein Zehntel, bei gleichbleibender, wo nicht höherer Produktion. Ähnliches gilt für unsere geographischen Nachbarn, was man unter anderem an den Quotenregelungen und Stilllegungsprämien der EU-Behörden in Brüssel ablesen kann.

Solche Entwicklung vollzieht sich, freilich mit Abstufungen, auf unserem gesamten Globus. Die Statistiken der UN lassen uns wissen, wir stünden kurz davor, dass die Hälfte der Weltbevölkerung in Städten wohnt. Für die hochentwickelten Regionen gilt das bereits seit längerem. Dort liegt der Anteil der Stadtbewohner an der Gesamtpopulation bei drei Vierteln und darüber. Die urbane Existenz ist dabei, zu einer normalüblichen Form menschlichen Lebens zu werden – sofern sie es nicht überhaupt schon ist.

Die Gründe sind einfach. Die Stadt verspricht Komfort, Wohlstand und Arbeit. Dass diese Verheißung, wie andere Verheißungen, oft Täuschung oder Lüge ist, was die Slums, Favelas und Bidonvilles dieser Welt beweisen, ändert nichts daran. Nach wie vor strömt arbeitsloses Landproletariat in die urbanen Zentren und sucht dort verzweifelt nach seiner Chance, in Volkschina nicht anders als in Indien, Afrika und Lateinamerika. Die Stadt, so die dahinter stehende Überzeugung, ist allemal besser als das Dorf. Sie eröffnet Möglichkeiten des Überlebens, und sei es auf den Müllkippen der Reichen.

Jedenfalls ist die Stadt dem Dorf strukturell überlegen, so wie das Dorf dem Beduinenzelt und dieses der Naturhöhle. Dass es Ausnahmen gibt, widerspricht der generellen Gültigkeit nicht. Die massive Armutsmigration bezeugt es ebenso wie die Kulturgeschichte.

Denn die Organisationsform Stadt ist alt. Die frühesten uns bekannten Beispiele stammen aus den Reichen der Pharaonen, der Hethiter, der Assyrer. Durchweg handelt es sich um frühe Hochkulturen, die sich ihrerseits im Vorhandensein von Städten manifestieren. Die Stadt ist Ausdruck und Gefäß fortgeschrittener Organisation und überlegener Herrschaft. Derlei prägt Lebensgefühl und Bewusstsein ihrer Bewohner.

Es gibt die Stadt als alleinige Staatsform, wie in den Stadtstaaten des antiken Griechenland, wo sich auch eine neue Form der politischen Teilhabe herausbildet: die Herrschaft des Demos, des Volks. Es kürt sich seine Regenten in dem Bewusstsein, der eigentliche Souverän zu sein.

Die politische Organisation des Nomadentums ist Tribalismus. Die übliche politische Organisationsform bäuerlichen Lebens ist Feudalismus, da die Grundherren oder ihre Stellvertreter – die Vögte, Hausmeier, Ministerialen und Dorfschulzen – die Herrschaft ausüben. Die natürliche politische Organisationsform der Stadt ist die Demokratie.

Sie ist das nicht immer. Die Städte des alten Persien ebenso wie die des vorkolumbianischen Amerika waren Despotien. Nicht alle Städte kennen Demokratie, doch alle Demokratien kennen Städte, und es sind die Städte, die vordemokratische

Strukturen einschränken, stürzen und durch Mitbestimmung ersetzen. Der Bastillesturm im Paris des Jahres 1789 ist das spektakulärste Beispiel.

In Mittel- und Nordeuropa setzte die Welle der Stadtgründungen um das Jahr 1200 ein. Begünstigt wurde sie durch das Macht- und Handelsbündnis der Hanse und durch die Germanisierung der Gebiete zwischen Elbe und Weichsel; die Westslawen, die zuvor dort gelebt hatten und jetzt unterworfen wurden, kannten keine Städte.

Über Größe, Ausdehnung und Anzahl dieser urbanen Neuansiedlungen sollte man keine übertriebenen Vorstellungen hegen. Die Einwohnerzahl betrug oft nur wenige hundert. Auch über die Lebensqualität soll man sich nicht täuschen. Die Leute wohnten beengt, erheblich enger als auf den Dörfern, durch die finsteren Straßen floss Unrat, in dem Ratten und Schweine umherliefen, wie übrigens noch in der Residenzstadt Weimar zu Zeiten des Ministers *Johann Wolfgang Goethe*.

Was also machte die Überlegenheit? Was machte die Attraktion?

Die frühe Stadt bot mehr Schutz vor willkürlichen Übergriffen militärischer Gegner aller Art. Eine ihrer wichtigsten Aufgaben war die Verteidigung. Eines der ersten Bauvorhaben, neben Markt und Stadtkirche, war die Befestigungsmauer.

Die Stadt war produktiver. Arbeitsteiligkeit und Spezialisierung brachten ein Mehr an Fertigkeiten, billigere Preise und ein reiches Produktenangebot. Ob politisch irgendwie abhängig von einem Fürsten oder nicht, eine gewisse Selbstverwaltung existierte überall. Die Bürgermeister wurden von Stadtbewohnern bestimmt oder doch mitbestimmt.

Stets war die reichste und deswegen einflussreichste Sozialschicht das kaufmännische Patriziat. Es stand gesellschaftlich höher als die Warenproduzenten des Handwerks. Die Handwerker schlossen sich, anders als auf den Dörfern, zu Gebiets-, Wehr- und Interessenverbänden zusammen: Gilden und Zünften. Sie entschieden über Qualifikation und Niederlassung, was beides war, Marktregulierung und Selbstbestimmung.

Die relative oder absolute Verwaltungshoheit in den Städten schloss Rechtsprechung und Gerichtsbarkeit ein. Das Recht war hier anders, nämlich liberaler als das in ländlichen Gebieten, unter geistlicher oder weltlicher Feudalhoheit praktizierte Recht.

Dies betraf vorrangig die personale Freiheit. Die noch bis in unsere Neuzeit bestehenden Bindungen agrarischen Personals, Leibeigenschaft genannt oder Hörigkeit (was nicht viel besser war als Sklaverei), gab es in den Städten nicht. Wer als

Unfreier in die Stadt flüchtete, kam von seinem sozialen Malus los: „Stadtluft macht frei". Dies, mitsamt dem nicht durch Privilegien feudaler Provenienz, sondern durch kaufmännische Tüchtigkeit und durch Handwerksfleiß erworbenen Wohlstand, verlieh der Stadt ihre zivilisatorische Überlegenheit. Sie bestimmte das Bewusstsein ihrer Bewohner, das ein individuales, ein kritisches, ein Bildungs-, Sozial- und Selbstbewusstsein war.

Das gesamte Mittelalter hindurch blieb die Stadt, in unseren Breiten, eine Ausnahmeerscheinung. Um 1200 lebten in Deutschland, so schätzt man, neunzig Prozent der Menschen auf dem Land. Die Ausnahmeexistenz erzeugt ein besonderes, ein elitäres Gefühl. Dem standen bestimmte Erfahrungen entgegen. Die Seuchenzüge, voran die Pest, wüteten in den Städten, aufgrund der dort herrschenden Wohnverhältnisse, schlimmer als auf dem Land. In *Boccaccios Decamerone* kann man nachlesen, welche mentalen Folgen das brachte.

Mit dem Aufkommen des Schießpulvers wurden die herkömmlichen, gemauerten Stadtbefestigungen obsolet. Damit entfiel ein entscheidender Zivilisationsvorteil. In den Städten entwickelte sich eine spezifische Kriminalität, über die, für Paris, der Literat *François Villon* in seinen genialen Versen beredte Auskunft gibt. Der Handel, Herzstück jeder Stadtwirtschaft, wurde immer wieder von Erschütterungen ereilt: durch ausbleibende Lieferungen, durch Verluste, durch Absatzschwierigkeiten, durch Konjunkturschwankungen. Gebietsübergreifende Rechtsordnungen setzten das spezielle Stadtrecht allmählich außer Kraft.

Aus alledem erwuchs ein Krisenbewusstsein, das sich, erstmals im Spätmittelalter, zu massiven Weltuntergangsvisionen verdichtete. Auch sie sind ein städtischen Produkt. Denn allein in Städten erwarb man dazu die sinnliche Erfahrung, verfügte man über den nötigen Bildungsgrad, besaß man ein breites Publikum. Fortan würde das Krisenbewusstsein als mentales Korrektiv fungieren, dieweil die urbane Zivilisation in Europa voran schritt.

Je mehr die Stadt zu einer häufigen oder üblichen Form der Sesshaftigkeit gedieh, je mehr sich demzufolge die dörflichen Regionen entvölkerten, desto mehr wurde die Stadt als Problemzone empfunden, das Dorf als reizvolle Alternative gepriesen. Die Naturtändeleien des Barockzeitalters und die bürgerliche Naturhinwendung der Engländer und des Welschschweizers *Jean Jacques Rousseau* gingen dem voraus. Die deutsche Romantik wurde darin federführend. Die von *Franz Schubert* vertonten Texte des *Wilhelm Müller*, die Lyrik *Brentanos*, *Arnims* und *Eichendorffs*, die Prosa von *E. T. A. Hoffmann* und *Novalis* bejubeln eine stadtferne Natur mit Dörfern und Mühlen, und sogar ein sentimentalischer Rückgriff auf die nomadische Existenz erfolgt da, im Topos des Wanderers. Die Stadt hingegen, sofern nicht dämmernde Mittelalterkulisse, erscheint als Schauplatz der Unwirtlichkeit.

Dies alles verstärkt sich mit der einsetzenden Industrialisierung. Die Stadt, bis dahin überwiegend kleinstädtischen Zuschnitts, beginnt zu expandieren. Die Fabriken ziehen massenhaft ländliches Personal an und schaffen die neue Sozialschicht des Industrieproletariats, materiell ausgebeutet und in finsteren Wohnquartieren hausend. Die aus der Romantik bezogene Aufwertung des Ländlichen mündet um die Wende zum 20. Jahrhundert in Ideologien und Aktionen wie die Gartenstadtbewegung und die Lebensreform mit ihren Vegetarierkolonien. Die Stadt, als Großstadt, wird zu einem verabscheuungswürdigen Ort, wo Verbrechen, Sünde, Geschlechtskrankheiten, Tuberkulose, Spiel und Alkohol wüten.

Es bildet sich jener ideologische Dualismus Stadt-Land, der für viele Jahrzehnte die Gemüter bewegt, der im deutschen Nationalsozialismus als Blut- und Boden-Gesinnung eine extreme Ausformung erfuhr und der bis heute nicht verschwunden ist, wie uns eben erst wieder die Hippiebewegung bewies, nichts anderes als die anhaltende Lauben-, Bungalow-, Datschen- und Sommerhauskonjunktur, dazu der Drang begüterter Städter in die grünen Vororte.

Das Negativimage der Großstadt hat vielfältige künstlerische Widerspiegelungen erfahren: in der Bildenden Kunst durch die Szenarien der Neuen Sachlichkeit, bei Malern wie *Nerlinger, Grosz, Dix* und *Käthe Kollwitz*. In der Schönen Literatur begann das noch früher, mit den Romanen von *Victor Hugo, Charles Dickens* und *Emile Zola*, in Deutschland eine Generation später mit dem Naturalismus von *Arno Holz* und *Gerhart Hauptmann*. Doch es gibt auch eine gegenläufige Bewegung. Dies sei hier an zwei Beispielen dargetan, immer eingedenk, dass die Kunst, Belletristik zumal, so etwas ist wie die Äußerung eines kollektiven Bewusstseins und ein Archiv kollektiver Erinnerung.

Zitiert werden zwei Gedichte. Beide entstanden ungefähr zur gleichen Zeit, beide handeln von der ersten und bis heute größten Stadt Deutschlands, also Berlin.

Hier das erste:

> *Mond über Dächern Berlins,*
> *über Lichtreklamen und eilenden Schriften,*
> *die zwei Häuser breit hintastend schreiben*
> *unter die langsame Schrift der Sterne.*
>
> *Über Augen, die nicht hinaufsehn,*
> *sucht der Sichelmond still die Geäste*
> *kahler Bäume auf steinernen Plätzen;*
> *wie sich Landsleute suchen,*
>
> *die vom Dorf, von heimatlichen*
> *Kindheitsbergen gekommen, endlich*

> *In irgendeiner entlegenen Kneipe*
> *Der Vorstadt sitzen, froh gemeinsamen Dorfs –*
>
> *Sucht und findet im Dunst die Geäste,*
> *hängt sich hinein, eine Kreuzweglaterne,*
> *fremd, scheu, bescheiden,*
> *aus der Provinz ...*
>   (*Rosenkranz* 1987, S. 79)

Hier das zweite:

> *Ich geh eine ganz vergoldete Straße entlang,*
> *Der Himmel zerfließt im Sonnenuntergang.*
>
> *Da kommen Frauen, märchenschön,*
> *Und bleiben vor glitzernden Läden stehn.*
>
> *In Blüten schwimmt der Potsdamer Platz,*
> *Er träumt vom Mond, dem Götterschatz.*
>   (*Rosenkranz* 1978, S. 23)

Das erste Gedicht stammt von *Wilhelm von Scholz*, das zweite von *René Schickele*. *Scholz* sucht in der Großstadt verzweifelt das dörfliche Idyll, und er findet es, wiewohl nur ansatzweise, in Suburbia. *Schickele* schreibt einen Hymnus auf den städtischen Platz, der zu jener Zeit als verkehrsreichster in ganz Deutschland galt. *Scholz*, übrigens ein Konservativer, der sich auf einen Deal mit den Nazis einließ – er war 1933 federführend bei der so genannten Entjudung der Dichterklasse in der Preußischen Akademie der Künste – verbrachte den Großteil seines Lebens auf einem Schloss am Bodensee. *René Schickele*, gebürtiger Elsässer, gehörte während des Ersten Weltkriegs zu den radikalen Pazifisten und war überzeugter Großstadtbewohner; er lebte in Berlin, in München und, vor allem, Paris.

Sein Gedicht weist in die Zukunft, die unsere Gegenwart ist, auch literarisch. In dem Maße, wie Stadt und Großstadt zu unserem Lebensraum wurden, schloss sich die schöne Literatur dem an: da sie es musste; sie orientiert sich dort, wo die Menschen leben, als Modell wie als Publikum. Dass die Steinmeere der Städte schön sein können, dass selbst das dort herrschende Elend bis hin zum Verbrechen faszinierend ist, wurde in den letzten acht Jahrzehnten ein keiner Rechtfertigung bedürfendes Thema aller Belletristik weltweit. Das Kino schloss sich dem an. Allein New York City, als Beispiel von vielen, ist der oft geradezu süchtig gesuchte Ort von Versen und Geschichten, deren Umfang von solcher Art ist, dass schon die Aufzählung unseren Rahmen sprengen würde.

Die Groß- und Megastädte erzeugen ein anderes, neues Bewusstsein. Oft ist es vernetzt mit Empfindungen der Angst und der Einsamkeit; die Anonymität schreckt, und man hilft sich, indem das Dörfliche simulierende Quartiere entsteht; Berlin ist ein prominentes Beispiel, dort nennt man dergleichen Kietz und die darin vorherrschende Ideologie Kietzbewusstsein. Es gibt Berliner, die ihren Kietz ungern oder selten oder gar nicht verlassen, kaum einer kennt sämtliche Quartiere der Stadt.

Es gibt weiterhin Stadtflucht, es gibt sie auch in der schönen Literatur. Den New-York-Beschwörungen von *John Dos Passos* und *Paul Auster* steht „On The Road" von *Jack Kerouac* gegenüber mitsamt der übrigen Dichtung der Beatnicks. Gleichermaßen gibt es literarische Großstadtflüchter bei den Deutschen, ob sie *Ernst Jünger* heißen oder *Sarah Kirsch*. Doch in jenem Maße, wie unsere Zivilisation immer weiter verstädtert, wie Dörfer industrialisiert werden und bereits Kleinstädte als Idyllen und zivilisatorische Alternativen auftreten können, droht dergleichen mehr und mehr zur Ausnahme zu werden, zur Marotte, zur schönen Träumerei, der man sich hingeben darf, die sich aber kaum mehr verwirklichen lässt.

Literatur

Boockmann, H. (1987), Stauferzeit und spätes Mittelalter, Berlin

Rosenkranz, J. (1987), Berlin im Gedicht, Husum

Schneider, R. (2000), Deutschland vor 1000 Jahren, Augsburg

Alle meine Zelte

Peter Scholl-Latour

Schon in der Heiligen Schrift steht zu lesen, dass die Vögel ihre Nester haben und die Füchse ihre Höhlen, dass es also auch dem Menschen vorgegeben sei, nach einem festen eigenen Platz zu suchen, wo er sein Haupt betten kann. Nun haben mir Beruf, Schicksal und Neigung einen Lebensstil auferlegt, der der „tranquillitas loci", einer Voraussetzung benediktinischer Frömmigkeit, nicht entsprach. Zwar verfüge ich über feste Wohnsitze, die ich nicht missen möchte und die mir für das Verfassen von Büchern wohl unentbehrlich sind, aber bis ins hohe Alter überkommt mich immer wieder der Drang, fremde und exotische Ufer anzusteuern.

Dennoch tauge ich wohl nicht zum Nomaden. Die Romantik des Zeltlebens ist mir sehr früh ausgetrieben worden. Im Frühjahr 1946 mussten wir in winzigen Ein-Mann-Zelten unter dem kalten Nieselregen des „crachin" am morastigen Ufer des Roten Flusses bei Haiphong im Norden Vietnams campieren. Als das Wetter plötzlich umschlug und unsere Notquartiere sich unter glühender Sonne in Brutkästen verwandelten, wurde der Aufenthalt noch unerträglicher, zumal die Insektenschwärme durch das Moskitonetz nur unzureichend abgewehrt wurden.

In späteren Jahren war es mir vergönnt, im Hochgebirge von Kaschmir – umringt von orientalischen Trägern und Dienern – in einem prunkvollen, reich dekorierten Großzelt zu nächtigen. Die Karawane ahmte den grandiosen Stil der muslimischen Herrscher nach, die den indischen Subkontinent unterworfen hatten und sich zur Sommerfrische vor der erdrückenden Hitze des Indus- und Ganges-Tals in die Kühle der Himalaja-Ausläufer absetzten. Eine solche Expedition, „Mogul-Style" genannt, war hoch komfortabel, aber auch ein wenig prätentiös.

Wenn wir schon von Zeltlagern sprechen, so bleibt mir am eindruckvollsten der Besuch jener Beduinen vom Stamm der Rgiba in Erinnerung, die in den Sanddünen der ehemals Spanisch-Sahara einen verzweifelten Widerstand gegen die weit überlegene Armee des Königs von Marokko leisteten. Unter einem hohen Gebilde aus schwarzen Ziegenfellen fanden sich die in indigo-farbene Gewänder gehüllten ältesten Krieger zur Beratung, zur „Schura" zusammen. Dort herrschte noch die Atmosphäre jenes maurischen „Dschihad", der sich der christlichen Reconquista in Spanien mit heiligem Eifer entgegengestemmt hatte. Ein noch jugendlicher Anführer, Sayid-el-Wali, der kurz danach bei einem tollkühnen „Rezzu", einem Überfall auf die mauretanische Hauptstadt Nouak Schott dem „strafing" eines französischen Jagdfliegers erlag, reichte uns den Tee in drei winzigen Tassen. Die erste, so erklärte er, sei bitter wie das Leben, die zweite süß wie die Freundschaft, die dritte mild wie der Tod. Diese feierliche Zeremonie in der Mondlandschaft des „Sakhiet-el-Hamra" gehört heute bereits einer fernen Epoche an.

In den 60 Jahren, die ich meinen Reisen rund um den Erdball widmete, habe ich eine kuriose Form der Sesshaftigkeit schätzen gelernt. Mochte die Unterkunft noch so karg, rudimentär oder gefährdet sein, stellte sich nach ein paar Wochen dort dennoch eine wohlige Vertrautheit ein, ob es sich um „Peter's Guest House" in Kabul, das zerschossene „Holiday Inn" in Sarajevo oder das „Rimal"-Hotel in Bagdad handelte. In Saigon habe ich stets auf die Vorzüge der amerikanisch gestylten Luxus-Herberge „Caravelle" verzichtet, um im alt-kolonialen „Continental" mich auf durchgelegenen Betten und bei schnaufender, kaum kühlender Klimaanlage dem volksnahen Zauber Ostasiens hinzugeben, den *Graham Greene* ebendort beschrieben hatte. Sogar die Kakerlaken, die im heutigen Kinshasa, dem Leopold Ville des einst belgischen Kongos das Hotel „Regina" bevölkerten, beim Lichteinschalten vom Kopfkissen flüchteten und einem beim Rasieren über die Füße liefen, änderten nichts an dem Gefühl einer gewissen Geborgenheit, das sich bei der Rückkehr von Expeditionen nach Katanga oder Kivu einstellte.

Ich gestehe allerdings, dass ich – wenn sich die Gelegenheit dazu bietet – dem Komfort der großen internationalen Wohnquartiere den Vorzug gebe, seien es nun die bizarren Märchen-Türme von Dubai, das „Orient" von Bangkok oder der „Nelson Park" in Kapstadt. Man soll die Freude an der „couleur locale" nicht in Masochismus ausarten lassen. „Glücklich ist zu preisen, wer wie Odysseus eine große Reise unternahm oder wie jener Held der Antike, der das Goldene Vlies eroberte" schrieb nach Vollendung einer Italien-Tournee der französische Poet *du Bellay* zur Zeit der Renaissance. Er fügte hinzu, dass er erst nach diesem Aufenthalt in der Fremde die „douceur" seiner heimischen Loire-Landschaft des Anjou wirklich zu schätzen lernte und im Kreis seiner Verwandtschaft gemächlich den Rest seines Lebens genoss. Doch wem ist es in unserer von der Hektik der Globalisierung geschüttelten Gesellschaft schon vergönnt, zu angestammten Wurzeln zurückzufinden? „… Doch Du und die Lüfte, Ihr habt kein Haus", so heißt es bei dem berühmten schwäbischen Dichter *Eduard Mörike* (Gedicht „Im Frühling").

Die Ewige Stadt

Der Umbau Roms zur modernen Hauptstadt Italiens im späten neunzehnten Jahrhundert

Gustav Seibt

Am 20. September 1870 besetzten Truppen des Königreichs Italien die Stadt Rom, die Weltkapitale der katholischen Kirche – gegen den Widerstand des Papstes und seiner Anhänger in aller Welt. In den folgenden Monaten wurde der Umzug der italienischen Hauptstadt von Florenz in die Ewige Stadt vorbereitet, der dann im Frühjahr 1871 ins Werk gesetzt wurde. Doch darüber hinaus musste die ganze *Urbs* ihrer neuen Rolle als Kapitale eines modernen Nationalstaats angepasst werden – eine der größten architektonischen und urbanistischen Herausforderungen der neueren Geschichte, die Rom viele Jahrzehnte in Atem hielt und sein Bild bis heute prägt. In Deutschland ist diese wichtige Episode seltsamerweise kaum mehr bewusst, obwohl nach 1870 gerade deutsche Gelehrte und Schriftsteller lebhaften Anteil an ihr nahmen – und obwohl unser eigener Hauptstadtumzug von Bonn nach Berlin und seine Vorbereitung seit 1990 von diesem Exempel einiges hätte lernen können.

Für die Stadt Rom jedenfalls begann im Winter 1870/71 eine der anstrengendsten Phasen ihrer Geschichte. Sie musste alle wesentlichen städtischen Strukturen neu aufbauen: Verwaltung, Schulwesen, Wohlfahrt, Bauplanung. Nun war es vorbei mit dem pontifikalen Müßiggang. Am 17. Februar 1871 wurde auf dem Kapitol die erste Zivilehe geschlossen. Im ersten Jahrzehnt der Hauptstadt gründete man 130 neue Schulen. 1873 entstand der erste Bebauungsplan – er formulierte allerdings eher die Probleme, als dass er die Bautätigkeit wirklich gesteuert hätte. Diese folgte einem enormen Bevölkerungsdruck: Die Einwohnerzahl Roms verdoppelte sich bis zur Jahrhundertwende auf fast eine halbe Million Einwohner, wobei sich das Tempo des Anstiegs in den achtziger Jahren deutlich beschleunigte – 1881 hatte der Zensus 300.000 Einwohner gezählt, zehn Jahre später waren über 100.000 dazugekommen. „Man baut mit Furie", notierte *Ferdinand Gregorovius* in seinem Tagebuch schon am 12. Januar 1873. „Die Viertel, Monti werden ganz umgewühlt. Fast stündlich sehe ich ein Stück des alten Rom fallen." Und am 9. Juni 1875 findet er ein drastisches Bild: „Die Umwühlung und die Verzerrung Roms ist greuelvoll. Wenn ich den Viminal und Esquilin besuche, wo hundert Arbeiter und hundert Herren im Schutt wühlen und ihn fortschaffen, so kommt mir Rom vor wie ein alter, zerlumpter Prachtteppich, welchen man ausstäubt, während er selbst darüber in Fetzen zerfällt." Die bebaute Fläche stieg von 383 Hektar 1871 auf 398 im Jahre 1881 und explodierte bis 1891 auf 530 Hektar. Schon im ersten Jahrzehnt war der Raummangel so groß, dass die durchschnittliche Wohndichte pro Zimmer von 4 auf 11 Personen stieg. Hinter dieser Zahl verbirgt sich allerdings vor allem ein immenses Armuts- und Obdachlosenproblem. Schon früher hatten in Sommermonaten Hirten und Landarbeiter, die sich bei Sonnenuntergang vor der Malaria in Sicherheit bringen wollten, in der Stadt unter freiem Himmel übernachtet, in Kircheneingängen, unter den Bögen von Ruinen und Kolonnaden. Nun kamen die Bauarbeiter dazu, die oft in den halbfertigen Häusern kampieren mussten. Der Bevölkerungszuwachs und die Wohnungsnot erzeugten ein heftiges Spekulationsfieber in der Bauwirtschaft: die Quadratmeterpreise für Baugrund innerhalb des aurelianischen Mauerrings verzwanzigfachten sich bis 1887, die Aktien der Immobiliengesellschaften, die dutzendweise Mietshäuser hochzogen, stiegen in schwindelnde Höhen, bis 1887 ein furchtbarer Krach die Spekulationsblase platzen ließ. Noch bis weit in die neunziger Jahre bezeugten halbfertige Bauruinen mit leeren Fensterhöhlen in aufgerissenen Niemandsländern den wirtschaftlichen Einbruch und boten illegalen Hausbesetzern eine notdürftige Unterkunft.

In dieser Zeit verwandelten sich Physiognomie und Grundriss Roms so schnell wie noch nie in seiner langen Geschichte. Neben der spätmittelalterlich-barocken Kernzone im Tiberknie zwischen Porta del Popolo, Kolosseum, Kapitol und der Tiberinsel entstand zunächst im Osten eine gänzlich neue und andere Stadt. Das alte Rom war eng, verwinkelt, schattig; doch weitete es sich immer wieder zu anmutigen oder großartigen Plätzen, den Vorhöfen der ihre Viertel beherrschenden Adelspaläste, den Bühnen der prachtvollen Kirchen; lange, schnurgerade, dabei erstaunlich schmale Sichtachsen durchquerten diesen in Jahrhunderten langsam gewachsenen, unregelmäßigen Raum und gaben den Blick auf ferne Apsiden, Obelisken und hell schimmernde Fassaden frei. So bot das päpstliche Rom ein mannigfaltiges Spiel optischer Überraschungen. In dieser an vielen Stellen bezaubernd komödiantischen Kulisse entfaltete sich ein oft noch ganz ländliches Volksleben, mit Hühnern, Eseln und Pferden auf den Straßen, aufgehängter Wäsche, Blumentöpfen und Knoblauchbündeln an den Fenstern, mit Geschrei und Gestank. Wenn der Tiber nur ein wenig anschwoll, dann trat das Wasser des Flusses aus der Kanalisation hervor und überschwemmte die niedrig gelegenen Plätze, zum Beispiel beim Pantheon: „Ich erinnere mich", berichtet der Danteforscher *Manfredi Porena* aus seiner Jugend, „als Kind sehr häufig gesehen zu haben, wie die Säulen des Tempels aus dem Wasser stiegen und sich in ihm spiegelten, ohne dass es eine veritable Überschwemmung gegeben hätte; und der in die Stadt gedrungene Tiber – *Tevere inurbato* – breitete sich auf dem Platz bis zu einer mehr oder weniger weit von dem Portikus entfernten Linie aus: eine Linie, die von den Behörden zur Warnung der Fußgänger, aber vor allem der Fahrzeuge abends mit einer langen Reihe von auf den Boden gestellten Papierlampen gekennzeichnet wurde." So erzeugte auch hier das hygienische Übel ein märchenhaft schönes Bild.

In den piemontesischen Neubaugebieten auf den östlichen, gut belüfteten Anhöhen von Esquilin und Viminal entstand dagegen eine Musterregion des Fortschritts: Gerade Linien, rechte Winkel und breite Straßen verwirklichten die zivilisatorischen Ideale der Symmetrie, der Hygiene, der Gleichförmigkeit. Zwei Bautypen herrschten vor: Das fünfstöckige Mietshaus mit Innenhof in einem schematischen Renaissancestil, bemalt mit der billigsten Farbe, einem lehmigen Ockerton, der zum beherrschenden Kolorit des italienischen Rom aufstieg, und das etwas luxuriösere, von einem Vorgarten umgebene *Villino*, die ins Bourgeoise übersetzte Version des herrschaftlichen Landhauses, deren Exemplare sich vor allem vor den Toren an den nördlichen und östlichen Konsularstraßen aufreihten. Die Meinungen zu den Neubaugebieten waren von Anfang an meist ablehnend: Nur nachsichtige Beobachter wie *Viktor Hehn* behaupteten, nach langem Herumirren in den labyrinthischen Altstadtvierteln und übersättigt von deren malerischen Motiven, empfinde man in diesen Anfängen einer amerikanischen Stadt vorübergehendes Wohlsein. Kirchliche Kritiker höhnten, auf den breiten, schattenlosen Straßen hole man sich schon beim bloßen Überqueren einen Sonnenstich, die Kunstreisenden fanden die neuen Zinshäuser einfach kasernenhaft und reizlos.

Die Ausdehnung Roms nach 1870 war eine Urbanisierung ohne Industrialisierung. Die vom päpstlichen Zoll beschützten einheimischen Kleinindustrien waren nach dem Anschluss sofort von der italienischen Konkurrenz weggefegt worden. Der Bauboom zog alles freie Kapital an sich: Es war, als hätte der geschichtsschwere und teure Boden Roms jede sonstige Initiative verschluckt. Das entsprach allerdings den Absichten der neuen Regierung. Italien, das auf revolutionärem Weg entstanden war, lebte in beständiger Revolutionsfurcht, und die Staatsspitze wünschte sich eine ruhige Hauptstadt – bloß kein Druck der Straße oder gar ein italienisches Paris! Die Bauwirtschaft und die großen Dienstleistungsunternehmen – für Wasser, später dann Tramverkehr, Gas, Telefon und Elektrizität – blieben die wichtigsten Arbeitgeber. Für die in Rom entstehende kleine Arbeiterklasse begann man 1883 am Testaccio – weit entfernt, vom Rest der Stadt durch die breite archäologische Zone geschieden – ein eigenes, ebenfalls sehr rechteckiges Viertel auf den scherbenreichen Sand zu setzen; doch blieb es in Folge des Immobiliencrashs von 1887 bis 1907 eine halbfertige Baustelle – fast eine Generation lebten die Bewohner in einer Wüste ohne Märkte und Schulen.

Es blieb freilich nicht bei dem Nebeneinander von Alt und Neu, von Düster-Verwinkelt und Geradlinig-Hell. Die neue Stadt griff nach der alten, um sie dem modernen Verkehr zu öffnen und nach ihren Maßstäben zu sanieren. Bis zur Jahrhundertwende wurde die Altstadt durch breite Straßen, die Tiberverbauungen und neue Brücken erschlossen und umorientiert. Die Via Nazionale wurde vom Bahnhof zur Piazza Venezia nahe dem Kapitol fortgeführt, von wo sie sich während der achtziger Jahre mit Schwung mitten durch das alte Zentrum in Richtung Vatikan fraß. Die Via Nazionale und diese Fortsetzung, der Corso Vittorio Emanuele, bilden die Basis eines umgedrehten T, dessen Stiel der alte Corso ist, der von der Piazza del Popolo kommt. Dieser Platz war der barocke Empfangssalon des päpstlichen Rom gewesen, wo die von Norden kommenden Reisenden, so auch *Goethe*, die ersehnte Stadt feierlich betreten hatten. Die alte Achse des Corso wurde durchlässig gemacht, indem man hinderliche Paläste abriss oder, wie den Palazzetto Venezia vor dem Kapitol, einfach umsetzte. Das neue auf dem Kopf stehende T richtete die Stadt nun auf eine neue Mitte aus: auf das seit den achtziger Jahren am Kapitol, beim Monumentalbezirk des Forum Romanum entstehende riesige Denkmal für den Gründerkönig *Viktor Emanuel II*. Von dort sollte *Mussolini* dann seine Via dell'Impero als Aufmarschstraße quer über die Kaiserforen zum Kolosseum führen, während andere Schneisen am Palatin vorbei und nach Trastevere geschlagen wurden. Die Tiberverbauung – begonnen in den späten siebziger Jahren und zur Jahrhundertwende weitgehend vollendet - mit ihren breiten Uferstraßen und ihren Platanenreihen komplettierte das neue hauptstädtische Straßensystem, dem 40 Prozent der nachantiken römischen Bausubstanz zum Opfer gefallen sein sollen. Gewaltige Brücken im Pariser Stil verbanden die beiden Stadtseiten am Tiber miteinander. All das hat, ohne dass die Planer es beabsichtigt hätten, Rom vorbereitet für den Autoverkehr, der heute die Stadt mit seinem ununterbrochenen Strom von Fahrzeugen, Lärm und Dreck durchzieht, und der die Erinnerung an das idyllische Rom der Päpste nachhaltiger zerstört hat als irgendeine einzelne Baumaßnahme es vermocht hätte.

Viele dieser immer wieder getadelten Entwicklungen und Entscheidungen waren unvermeidlich, wenn man Rom nicht einfach historisch einfrieren wollte, vieles war auch bereits in der letzten päpstlichen Zeit in Gang gesetzt worden. Die Sanierung des jüdischen Ghettos – sie wurde seit 1885 energisch vorangetrieben –, wo eine prächtige neue Synagoge entstand, war ebenso unabweisbar wie die Befreiung der Stadt von den periodischen Tiberfluten. Ob man dafür allerdings den barocken Ripetta-Hafen unbedingt opfern musste, bleibt zweifelhaft.

Und jedenfalls eine singuläre historische Chance wurde in den achtziger Jahren, in der Zeit des Baufiebers, sehenden Auges verspielt: die Erhaltung der Grünbezirke im Stadtgebiet. Es begann mit der Bebauung der Wiesen hinter der Engelsburg, der *Prati di Castello*. Schon immer hatten kirchenfeindliche Politiker darauf gedrängt, die moderne Zivilisation bis an die Mauern des Vatikan heranzurücken. Von dort hatte man bisher auf eine seltsam schöne Einöde geblickt, ein beliebtes Ziel römischer Wochenendausflüge, das *Manfredi Porena* noch zwei Generationen später, als es längst verschwunden war, in sentimentales Schwärmen brachte: „Die sogenannten Kastellwiesen waren, außer in der Zeit der Sommertrockenheit, ein wundervoller unermeßlicher Teppich smaragdgrünen Grases, der selbst den Erwachsenen den verrückten Wunsch einflößte, loszurennen, sich um sich selbst zu drehen, sich auszustrecken; und wo die Kinder und die Hunde von einer Art wahnwitziger Trunkenheit erfaßt wurden. Auch fehlten für die, die Freude daran hatten, nicht die

Gelegenheiten für eine andere Art der Trunkenheit, denn dort, auf diesem herrlichen Teppich, standen kleine Wirtshäuser herum. Und von einer noch anderen Trunkenheit wurde der Geist des Künstlers und des Betrachters ergriffen angesichts des einzigartigen Schauspiels jenes unermeßlichen natürlichen Billiardtisches, auf dem sich mit ihrer ganzen Wucht die Massen der Engelsburg und der Peterskirche erhoben. Ein Sonnenuntergang über Prati war das Poetischste und Bezauberndste, was man sich vorstellen kann.

Hier entstanden zu Beginn der achtziger Jahre Mietshäuser, aus denen Wäsche zum Trocknen hing, dazu gewaltige Kasernen der Carabinieri sowie Ziegelöfen mit hohen Schornsteinen. „Der Rauch zieht in schmutzigen Wolken in die päpstlichen Gärten hinein." Der die Klage über diese „modernen Höhlenkonglomerate" führte, war der Kunst- und Literaturhistoriker *Herman Grimm*, der gefeierte Biograph *Michelangelos* und *Raffaels*. Mit dem ganzen kulturellen Sendungsbewusstsein eines Berliner Professors schleuderte er 1886 eine Streitschrift über „Die Vernichtung Roms" in die Ewige Stadt. Anlass seines Aufschreis war die 1886 begonnene Bebauung der Villa Ludovisi im Osten der Stadt. Im Inneren des antiken Mauerrings war Rom auf dieser Seite von einer ununterbrochenen Reihe solcher adeligen, meist barocken Landschaftsgärten mit ihren Lustschlössern umgeben, die einen bukolischen Übergang vom bebauten Stadtkern zum leeren Umland herstellten – mit einer kunstvollen Parklandschaft voller Alleen, Statuen, Brunnen, Baumgruppen, Hecken. Diese innere Umgebung wurde nun – großenteils von den Eigentümern selber – der Bodenspekulation geopfert, ohne dass die Stadt schützend dazwischengetreten wäre. *Grimm* sah hier ein Menschheitserbe untergehen, an dem ein allgemeines Bildungsinteresse bestünde und das zu zerstören die zufälligen Bewohner des modernen Rom kein Recht hätten. In dasselbe Horn stieß *Gregorovius*, der damals bereits zum römischen Ehrenbürger ernannt und längst eine in kulturpolitischen Fragen oft konsultierte Autorität geworden war; er hatte beispielsweise schon zu Beginn der achtziger Jahre die photographische Bewahrung der Denkmäler des römischen Mittelalters angeregt, die der Innenstadtsanierung zum Opfer fielen. Die Villa Ludovisi galt auch ihm als einer der schönsten Gärten der Welt, „ein Park für Könige und Weise, so zauberhaft und weihevoll, dass im Schatten ihrer Lorbeerhaine und Zypressengänge auch Horaz und Virgil, Marc Aurel und Dante mit Andacht würden gewandelt haben. Nichts hat die öffentliche Empfindung in Deutschland so schwer verletzt, als die Vernichtung dieser weltberühmten Villa." *Grimm* und *Gregorovius* fragten, welche Notwendigkeit es geboten habe, diese Natur- und Kunstdenkmäler in Bauplätze fürs gemeine Bedürfnis zu verwandeln – und sie hatten Recht mit ihrem Zweifel. Wäre die Stadt damals gleich ins Umland außerhalb ihrer Mauern gegangen, und hätte sie ihre barocken Parks erhalten, sie hätte in den folgenden Jahrzehnten gesünder und reicher gelebt. Der Ton der Deutschen war allerdings so hochfahrend, dass sie ihrer Sache vor Ort kaum zu nützen vermochten; ein Ehrenpunkt wurde berührt, der es den in ihrem Selbstgefühl gekränkten Italienern schwer machte, den ausländischen Protest ernsthaft zu erwägen. Die Zypressen sanken ächzend zu Boden und machten der langweiligen Bequemlichkeit einer gehobenen Wohngegend Platz.

Die Empörung über den Untergang der Villa Ludovisi war nur die Spitze eines allgemeinen Unbehagens, das sich allerorten in Europa, aber auch in Italien, über die Entwicklung Roms verbreitet hatte. Es war wie immer, wenn sich ein lange ersehntes Ziel erfüllt hat und ein längst erwartetes Ereignis eingetreten ist: Ernüchterung kam auf. „Fragt man jetzt herum", so *Viktor Hehn* 1878, „in den Städten und auf dem Lande, unter Menschen jeden Standes und Berufes, überall nur Klagen und Erbitterung." Die alte Ruhe war weg, „der wundervolle Zauber der Geschichtlichkeit ist der modernsten Bauspekulation zum Opfer gefallen. Die majestätische Stille der Stadt hat sich in fieberhafte Unruhe verwandelt", befand *Gregorovius*. „Diese Transformation ist ein notwendiger Prozess, und ich sage mir, dass es das höchste Interesse gewähren muss, ihn zu erleben und anzusehen. Aber trotzdem macht mir all das neue Wesen nur Pein." (*Seibt* 2005). Die Deutschen sahen das Rom ihrer klassischen Bildung untergehen, die Stadt *Winckelmanns* und *Goethes*, einen Fleck Erde, so unwahrscheinlich wie das auf Wasser gebaute Venedig: ein von Blüten überwachsenes Trümmerfeld, eine Reichsmitte als Schäferidyll, eine nachlebende Vergangenheit, ein erhabener Traum, in dem sich doch spazieren gehen und mit den Leuten reden ließ. Stattdessen Gewühl auf dem Corso, nachts ein Stück Paris, Speisewirte neben Liqoristen, mit Spiegeln, Marmortischen und roten Samtpolstern! In den weltstädtisch gewordenen Weinkneipen hing nicht mehr die Madonna über den Flaschen, sondern staubte eine Gipsbüste *Viktor Emanuels* vor sich hin. Abends gab es Festbälle, Diners, Konzerte, ja selbst halbverhüllte Verführungen, die früher unter dem Priesterregime undenkbar gewesen wären. Die vornehmen Geschäfte für die Damen hatten sogar am Sonntag geöffnet, was klerikale Beobachter scharf missbilligten. Aber ein echtes Paris war es eben doch nicht – schon wenige Schritte vom Corso herrschte im Gassengewinkel die alte ländliche Stille und mussten noch immer die Lichter unter den Heiligenbildern eine moderne Straßenbeleuchtung ersetzen. Rom hatte seinen unvergleichlichen Charakter großenteils verloren, ohne doch wirklich mithalten zu können mit den modernen Großstädten des Nordens.

Literatur

Seibt, G. (2005), Roma o Morte. La lotta per la capitale d'Italia, Milano

Abschied vom bürgerlichen Bauen

Die Architektur der Nachkriegszeit krankt nicht an den Architekten, sondern an der Abwesenheit von Bauherren

Wolf Jobst Siedler

Über die Qualität des Wiederaufbaus des kriegszerstörten Berlin findet seit Jahrzehnten eine heftige Debatte statt. In den ersten Jahren nach dem Kriege gab es fast keinen Wiederaufbau. Über Reparatur der Trümmer des Luftkrieges ging es nicht hinaus. Aber ab Mitte der fünfziger Jahre meldete sich die Bauwirtschaft wieder zu Wort, wobei das beginnende Wirtschaftswunder ihr allmählich zu Hilfe kam.

Die Architektur des Neubeginns knüpfte fast überall an die zwanziger Jahre an. Es war ja auch nur ein Dutzend Jahre gewesen, dass der Bauwille des Dritten Reiches geherrscht hatte, und selbst da hatte man, besonders deutlich in den Bauten von *Peter Behrens*, *Wilhelm Kreis* und *Ernst Sagebiel*, auf Architekten der zwanziger Jahre zurückgegriffen; selbst *Ludwig Mies van der Rohe*, der bis 1938 in Deutschland geblieben war, bevor er sich zur Emigration entschloss, beteiligte sich an allen möglichen Wettbewerben des Generalbaumeisters *Speer*, um am Baufieber des Dritten Reiches teilzuhaben.

Den großen Bruch, von dem man heute oft spricht, hat es nie gegeben. Selbst *Albert Speers* Neue Reichskanzlei hätte genauso gut in London, Paris oder New York stehen können. In der Einhaltung der Traufenhöhe der umliegenden Gebäude und der Formensprache des Neoklassizismus fiel sie nicht aus dem Stilwillen der Epoche heraus; das Pariser Musée de l'Art Moderne oder die Londoner Admiralitätsgebäude unterscheiden sich nicht so sehr von dem, was gleichzeitig *Mussolini* den italienischen Architekten und *Hitler* den deutschen verordnete.

Was *Hitler* und mit ihm *Speer* für die vierziger Jahre planten, insbesondere der „Führerpalast", das „Reichsmarschallamt" und die Nord-Süd-Achse als Gegenstück zur Ost-West-Achse, steht auf einem anderen Blatt. Diese Gigantomanie wäre wirklich aus allem herausgefallen, was die Städte Europas bis dahin geprägt hatte. Die ungebaute Architektur des Dritten Reiches ist das eigentlich Erschreckende, nicht das, was mit dem Reichssportfeld *Marchs* oder dem Zentralflughafen *Sagebiels* verwirklicht wurde.

*

Hat sich die „Demokratie als Bauherr" wirklich in dem zur Geltung gebracht, was nach dem Dritten Reich zwischen 1950 und 2000 gebaut wurde? Dann wäre die Demokratie ein mediokrer Bauherr gewesen. Die Steingebirge am Rand der wieder aufgebauten Großstädte der Bundesrepublik waren weder imperial noch demokratisch. Frankfurt-Nord, Münchens Neuperlach und Berlins Märkisches Viertel folgten einer Ideologie, die in den sechziger und siebziger Jahren in ganz Europa triumphierte. Nicht die Architektur hat versagt, sondern das Denken, das mit einem Mal anderen Visionen folgte. Es bleibt sonderbar, wie eine ganze Generation von Architekten und Städteplanern plötzlich der neuen Ideologie der „Großsiedlungen" verfiel, das Bauen der Weimarer Zeit wurde mit einem Mal als Kleineleute-Architektur denunziert. Dem Bauen der zwanziger Jahre schwor man ab, aber beim Gang durch das Berlin des letzten Jahrhunderts kommt es einem so vor, als seien gerade die zwanziger Jahre der Höhepunkt des Städtebaus gewesen.

Es ist auch im Nachhinein schwer zu begreifen, weshalb eine neue Städtebauphilosophie plötzlich von ganz Europa Besitz ergriff. Das neue Bauen von Stockholm-Vällingby, Rom-Tusculano und Sheffield drängte nicht nur die faschistische Doktrin zurück, sondern auch das demokratische Ideal der zwanziger Jahre. Die jungen Leute, die den Gesamtentwurf des Märkischen Viertels konzipierten, waren durchaus bemerkenswerte Architekten, als sie in ihren frühen Dreißigern einen Auftrag erhielten, der auch an Volumen alles in den Schatten stellte, was Albert Speer und seine Generationen jemals gebaut hatten.

Werner Düttmann hatte die etwas geschmäcklerische Akademie der Künste am Rand des Hansa-Viertels entworfen, die jetzt schon seit fast einem halben Jahrhundert ihre Brauchbarkeit bewährt, was von *Günther Behnischs* Greisenavantgardismus, seinem spektakulären Akademie-Neubau am Pariser Platz nicht zu erwarten ist. *Georg Heinrichs* hatte für bemerkenswerte Einfamilienhäuser und die neuen Leitz-Werke den Berliner Kunstpreis gewonnen. *Hans Müller* hatte sich einen Namen als Kontaktarchitekt von *Wils* Ebert und *Walter Gropius* für das Hansa-Viertel gemacht. Begabtere Architekten hatte Berlin damals nicht zu bieten, aber sie erlagen dem scheinbaren Aufbruch in eine neue Welt, als sie vor die Aufgabe gestellt wurden, auf unbebautem Gelände bei Reinickendorf ein neues Stadtviertel für 40.000 Bewohner aus dem Boden zu stampfen. Es wurde ein monströses Betongebirge daraus, das alle Sünden der Epoche vorführt. Die Details sind durchaus ansehnlich, die Grundrisse mancher Wohnungen sogar beachtlich. Aber die zugrunde liegende Philosophie der „Großsiedlung" ruinierte alles, und sie sprach sich in Berlin wie in Frankfurt und München aus. Das Bauen scheint in besonderem Maße dem Zeitgeist zu erliegen. Wer sich ihm nicht fügt, hat schon verloren.

Diese Erfahrung hatte schon die Generation nach dem Klassizismus und vor dem Elan des großen Aufbruchs gemacht, der sich Ende des 19. Jahrhunderts mit *Hermann Muthesius*, *Peter Behrens* und *Alfred Messel* allmählich durchsetzte.

Das vereinzelte Genie ist verloren, die Begabungen treten meist gruppenweise auf. Aber das gilt nicht nur für die Architektur, sondern im selben Maße auch für die Literatur, wo um 1900 nach Jahrzehnten des Mittelmaßes, mit *Gerhart Hauptmann, Thomas Mann, Stefan George* und *Hugo von Hofmannsthal* mit einem Mal ein neuer Geist die Epoche beflügelte.

Vielleicht hilft es weiter, wenn man nicht die ausführenden Architekten, sondern die auftraggebenden Bauherren ins Auge fasst. Mit dem Untergang der bürgerlichen Welt – vornehmlich und insbesondere auch des jüdischen Bürgertums – durch den Krieg und die Gewaltherrschaft war auch die Schicht verschwunden, die bis dahin das Bauen getragen hatte, die vermögenden Unternehmer, die an der Grenze zur Industrie stehenden Fabrikanten und die arrivierten Handwerker, die hinter dem Bauen der zweiten Hälfte des neunzehnten Jahrhunderts standen. Man kann die großen Boulevards des späten 19. Jahrhunderts als Exempel nehmen – hinter Münchens Maximilianstraße, Hamburgs Jungfernstieg, Düsseldorfs Königsallee oder Berlins Kurfürstendamm standen jeweils einzelne Bauherren, und deshalb ist ein Blick auf die Auftraggeber der Architekten fast wichtiger als die Musterung ihrer selbst. Insofern ist das Nichtmehrvorhandensein der das Bauen tragenden Schichten gravierender als das Verschwinden bedeutender Architekten, was vielleicht noch hinzukommen mag.

Ein Blick in die Grundbücher gibt Auskunft über diese Veränderung hinter dem Baugeschehen der Nachkriegszeit. Nehmen wir als Muster den Kurfürstendamm. Er war fast ausschließlich von einzelnen Auftraggebern zwischen 1890 und den ersten Jahren des ersten Weltkrieges gebaut worden, genau genommen zwischen 1890 und 1916, von vermögenden Unternehmern, in der Vorweltkriegszeit zu einem Wohlstand gekommenen Anwälten, Ärzten und Fabrikanten wie den *Mousons*, die mit ihren Cremes und Parfums solches Kapital angesammelt hatten, dass sich ihnen, als einer Berliner Familie, das größte Bauvorhaben der damaligen Zeit am Kurfürstendamm als Anlage empfahl. So gehörten ihnen noch nach dem Kriege ein hochherrschaftliches, palaisartiges Mietshaus am Kurfürstendamm, daneben die Ruine eines im Bombenkrieg vernichteten Mietshauses Ecke Meineckestraße, dazu mehrere Häuser in Dahlem.

Diese Fabrikantenwelt gab es in den fünfziger oder sechziger Jahren nicht mehr, und sie sollte sich auch trotz allen Wirtschaftswunders nie wieder herstellen. An ihre Stelle traten anonyme Gesellschaften, die die ausgebrannten Häuser aufkauften, wenngleich sie oft mit Leichtigkeit hätten wiederaufgebaut werden können. Sie fassten zehn oder fünfzehn Parzellen zu einem Komplex zusammen, um sie einheitlich zu bebauen. Damit aber wurde der Boulevard als Boulevard ruiniert, und noch heute sind die Folgen an den gesichtslosen Komplexen abzulesen, die damals in einer Scheinmoderne entstanden, und an deren Stelle man sich die bombengeschädigten Häuser von 1890 erträumt. Bauherren gab es nicht mehr, die

wenigen arrivierten Architekten kamen nicht zum Zuge und auch jene Terrain-
gesellschaften, die hinter den „Colonien" vom Jahrhundertausgang standen, waren
verschwunden.

Das Bauen der Nachkriegszeit war weithin eine Abschreibungssache, oft kannten
die Geldgeber die Sache gar nicht, die mit ihrem Kapital von anonymen Gesellschaften errichtet wurde. In diesem Sinne ist die Misere der neuen Städte – und
wieder dient der Kurfürstendamm als Exempel – eine Misere der Bauwirtschaft
mehr als eine solche der Architektur. Doch darüber zu reden, wär ein weites Feld.

Zur Zukunft des Städtischen nach dem Scheitern der Moderne

Hans Stimmann

Wer – was schwer vorstellbar ist – seit dem Fall der Mauer nicht mehr in Berlin war und auch sonst keine Gelegenheit hatte, die Entwicklung der Stadt über die Medien zu verfolgen, würde bei der Lektüre aktueller Schlagzeilen aus dem Bereich Städtebau und Wohnungswesen aus dem Kopfschütteln nicht mehr herauskommen. Man sähe sich konfrontiert mit Meldungen über den öffentlich geforderten und geförderten Abriss der noch vor gar nicht langer Zeit mit Mitteln des Staates bzw. der Kommunen gebauten Wohnungen in den Großsiedlungen der früheren DDR. Das dazu gehörige politische Programm trägt die Überschrift: „Stadtumbau Ost".

Unter einer anderen Schlagzeile fände man einen Text über den Verkauf städtischer Wohnungsbaugesellschaften oder doch größerer Bestände derselben an amerikanische Immobilienfonds und fände vielleicht auf derselben Seite der Zeitung die Beschreibung eines Projektes, bei dem es im Zentrum der deutschen Hauptstadt um den Bau 4- bis 5-stöckiger privater Wohnhäuser auf schmalen, 6 m breiten Grundstück ginge. Dieses Projekt firmiert unter dem Modernität versprechenden Namen – Townhouses –, um damit dem ganz und gar traditionellen Vorhaben bürgerlichen Wohnens den Anschein von etwas radikal Neuem zu verpassen.

Solche kaum miteinander in Verbindung zu bringenden aktuellen Meldungen erzählen, wenn auch mit unterschiedlichen Akzenten, vom allmählich sichtbar werdenden Ende der städtebaulichen und architektonischen Moderne. Mindestens gilt dies für Ostdeutschland und Berlin.

Der in diesen Meldungen zum Ausdruck kommende Paradigmenwechsel städtebaulicher und architektonischer Haltungen reflektiert die dramatischen Veränderungen der mit dem Projekt der architektonischen Moderne unauflöslich verbundenen sozial-politischen Grundlagen, ihrer ökonomischen Perspektive und vor allem ihres utopischen gesellschaftsverändernden politischen Anspruchs.

Bei aller Unübersichtlichkeit der aktuellen gesellschaftlichen Entwicklung ist doch klar, dass das sozialistische Gesellschaftsmodell mit dem Fall der Mauer gescheitert ist. Dass dieser Epochenbruch aber etwas zu tun hat mit der Architektur der Moderne wird vielen Architekten, Architekturkritikern und Theoretikern erst nach und nach klar.

Wir erinnern uns: Es begann mit Pamphleten und Schlachtrufen, wie dem von *Bruno Taut*, als er formulierte: „Reißt sie ein die gebauten Gemeinheiten", mit dem er und seine avantgardistischen Freunde die Architektur der vormodernen – d. h. vor allem der gründerzeitlichen Stadt des späten 19. Jh. meinte. Solche Schlachtrufe richteten sich gegen unterschiedliche Aspekte der heute bei jung und alt, bei Investoren und Architekten ach so beliebten Architektur gründerzeitlicher Stadtquartiere:

● gegen die „Verließe der Erinnerung" (*Le Corbusier*), gegen alles Geschichtliche auch der des Ortes, der Region, gegen Kontinuität, Kohärenz und Konvention

● gegen die Form der dichten, mit Geschichte vollgesogenen Stadt und die darin eingebettete Architektur ihrer Häuser, gegen ihre Bauweise, Grundrisse und ihre handwerkliche Materialität. Sie propagierte stattdessen eine Architektur des radikalen Neufanfangs, gesäubert von allen Formen der Vergangenheit, losgelöst von materiellen und ästhetischen Zwängen.

● gegen die funktional und sozial gemischt genutzte Stadt mit ihren die Entstehungszeit reflektierenden Stadtgrundrissen, ihren unterschiedlich proportionierten Straßen, Plätzen, Boulevards und Parkanlagen, an denen sich private und öffentliche Häuser aufreihten. Sie propagierte die Ablösung der Dominanz des Städtebaulichen und damit die des öffentlichen Raumes und nahmen die gut besonnte und belüftete Sozialwohnung oder die Fabrik zum Ausgangspunkt ihrer Planungen. Von da aus ergaben sich die funktionsgetrennten Siedlungen mit ost-west-orientierten Zeilen, später mit dem frei stehenden Objekt, zusammengefasst in sauberen Siedlungen und nach 1960 in Großsiedlungen, deren Abriss heute mit dem Begriff „Stadtumbau Ost" nur mühsam kaschiert wird.

● gegen die traditionelle stadttypische Trennung von öffentlichen Stadträumen und privaten Grundstücken bzw. Häusern. Mit den neuen (Groß-)Siedlungen kommunaler oder genossenschaftlicher Wohnungsbaugesellschaften sollten sowohl die sozialen, als auch die ökonomischen Grundlagen traditioneller Städte überwunden werden. Sie stellten die kapitalistische Marktlogik in Frage und wagten damit erste, räumlich begrenzte Schritte zur Ablösung der bürgerlichen Gesellschaft.

Die ersten architektonischen Bilder dieser Idee einer neuen Stadt für eine neue Gesellschaft wurden zunächst für Arbeiter- und Genossenschaftssiedlungen außerhalb der bis dahin existierenden Bebauungsgrenzen gezeichnet. Erst nach dem Ende des 1. Weltkrieges wurden auch Überlegungen zur Transformation existierender Städte zu Papier gebracht. Exemplarisch stehen hierfür die Zeichnungen von *Le Corbusier* für Paris oder der Plan von *Ludwig Hilberseimer* für die barocke Berliner Friedrichstadt. In diesen Zeichnungen avantgardistischer Architekten konkretisierte sich der komplexe Anspruch der architektonischen Moderne nicht nur zur Ablösung der alten Stadt, sondern auch der bürgerlichen Gesellschaft und ihrer für die Architektur der Moderne hinderlichen Eigentumsverhältnisse zugunsten einer „neuen Gesellschaft in neuen Gehäusen" (*Hans Scharoun*).

Die furchtbaren Jahre der 1933 beginnenden NS-Herrschaft bereiteten diesen sozialen und ästhetischen Experimenten auch als Ausdruck einer Verbindung von politischer und baukünstlerischer Avantgarde ein brutales Ende.

Erst nach den physischen und geistigen Verwüstungen des zweiten Weltkrieges wurden die Ideen der architektonische Moderne Grundlage für Politik und Planung in fast allen deutschen Städten. Zum ersten Mal waren damit die architektonischen Utopien aus den 20er Jahren des 20. Jahrhunderts auch für die zerstörten Innenstädte in den Bereich des Machbaren gerückt. Exemplarisch konkretisierte sich diese Idee der „neuen Gesellschaft in neuen Gehäusen" in den Plänen von *Hans Scharoun*, dem ersten noch von der sowjetischen Kommandantur eingesetzten Stadtbaurat (1945/46) der zerstörten Reichshauptstadt. Für ihn und sein Planungskollektiv stellte sich die durch Kriegszerstörungen ausgeweidete Hauptstadt als „mechanische Auflockerung" dar, die die Möglichkeit eröffnete, daraus eine Stadtlandschaft zu gestalten. Um die Radikalität dieser Konzeption zu erfassen, muss man sich die Wettbewerbsbeiträge von *Spengelin* und *Pempelfort* (1. Preis), von *Le Corbusier*, *P. Allison* und *P. Smithson*, *H. Scharoun* u. a. zum 1957/58 ausgelobten Hauptstadtwettbewerb für die Innenstadt ansehen. Bei fast allen Projekten erinnert so gut wie nichts mehr an die große Tradition der in Jahrhunderten gewachsenen Stadt. Stattdessen breiten sich vom Alexanderplatz über die mittelalterliche Altstadt und die barocken Stadterweiterungen bis zum ehemaligen großbürgerlichen Tiergartenviertel sämtliche Muster der architektonischen Moderne flächenhaft aus. Daran eingestellt sind lediglich einige wenige historische Bauten (z. B. Kirchen, die Museumsinsel, das Brandenburger Tor etc.). Diese Projekte zeugen nicht nur von einer aus heutiger Perspektive kaum mehr nachvollziehbaren Ignoranz gegenüber der Geschichte, sondern hatten auch die Inanspruchnahme mehrerer Tausend bis dahin grundbuchlich gesicherter, exakt eingemessener Grundstücke zur Voraussetzung. Die Planungen von *Spengelin, Scharoun, Le Corbusier* etc. für eine neue Gesellschaft in einer neuen Hauptstadt setzten allerdings voraus, dass das Verhältnis von privaten Bauherren und rahmensetzender Stadtplanung und damit das der europäischen Stadt als Ausdruck genau dieser Rechtsverhältnisse aufgehoben wurde. Die traditionellen Rechtsverhältnisse zwischen Kommune und Bürger sollten abgelöst werden durch die Machtverhältnisse einer sozialistischen Gesellschaft, die wenigstens im Zentrum kein bürgerliches Grundeigentum mehr kannte. Diese Ideen einer städtebaulich, architektonisch und politisch radikal neuen Stadtlandschaft haben sich in unterschiedlicher architektonischer Form in die Wirklichkeit der bis 1989 geteilten Stadt eingegraben.

Die quasi volkseigenen Grundstücke im früheren Ost-Berlin waren zwar mehreren Rechtsträgern oder der Baudirektion zugeordnet, da die Stadtplanung aber nahezu verstaatlicht war und somit den Weisungen der SED folgte, spielten die verschiedenen Rechtsträgerschaften in der Praxis nur eine untergeordnete Rolle. Geplant, abgerissen und gebaut wurde, was politisch gewollt war. Mit der freien Verfügung über die ehemals oft seit mehreren Generationen in Privatbesitz befindlichen Grundstücke, hatte die DDR-Stadtplanung einen Zustand erreicht, von dem Generationen von Stadtplanern, Architekten und Wohnungspolitikern des 20. Jh. geträumt hatten. Nun konnten sie endlich ihren heroischen Anspruch, Städtebau und Architektur als Manifest einer neuen Gesellschaft zu verstehen und so ihre Stadtvorstellungen aus wechselnden Mustern durchgrünter, verkehrsgerechter Strukturen und frei komponierter Objekte verwirklichen.

Die bereits in der Weimarer Republik von Architekten wie *Le Corbusier*, Walter *Gropius*, *Ludwig Hilberseimer*, *Otto Rudolf Salvisberg*, *Hans Scharoun*, *Bruno Taut* etc. entworfenen Stadtmuster der Moderne wurden nicht nur an der Peripherie, sondern auch auf den historischen Stadtgrundrissen, der aus dem 17. und 18. Jh. stammenden Königsvorstadt, der Luisen- und der Friedrichstadt sowie in den Gründungskernen von Berlin und Cölln Realität. Die vehemente Verteidigung des Städtebaus aus der Zeit vor dem Fall der Mauer gegenüber dem neuen städtebaulichen Leitbild der „Kritischen Rekonstruktion" bzw. dem 1999 vom Senat beschlossenen „Planwerk Innenstadt", mit dem die historischen Stadtgrundrisse und grundstücksbezogenen Bebauungen wieder zur Grundlage der Stadtentwicklung gemacht wurden, hat hier ihre Wurzeln.

Sozial utopische Stadtplanungsideen mit moderner Architektur zu verbinden, um die „Lösung der Wohnungsfrage" als qualitatives und den Großstadtautoverkehr als quantitatives Problem zu bewältigen, war kein Privileg der ehemaligen DDR. Auch in West-Berlin hat man bis weit in die 70er Jahre hinein Städtebau nach diesem Modell betrieben. Das Hansaviertel, der Mehringplatz, die Otto-Suhr-Siedlung, das Kulturforum auf dem Boden des ehemaligen Tiergartenviertels, später das Märkische Viertel oder die Gropiusstadt unterscheiden sich nicht grundlegend von den Siedlungsmustern Ost-Berlins. Lediglich im Umgang mit dem privaten Grund und Boden wurden die bürgerlichen Konventionen formal gewahrt, Tradition stärker respektiert. Die Grundstücke wurden entsprechend den neuen Planungen zusammengelegt, neu organisiert und sodann vom Senat für die Projekte zum Verkehrswert erworben und die Grundbücher entsprechend fortgeschrieben. Daher waren in West-Berlin nach der Wiedervereinigung keine Grundstücke zu restituieren oder neu zu ordnen. Die zahlreichen Beispiele des kommunalisierten Stadtbaus machten Berlin so gesehen zum attraktivsten Ort der städtebaulichen und architektonischen Moderne der letzten 50 Jahre. So erinnert der zweite Bauabschnitt der Karl-Marx-Allee in fast jedem Detail an die Vision von *Ludwig Hilberseimer* für die Friedrichstadt. Hier, auf dem Grundriss der zuerst 1690 angelegten Königsvorstadt bzw.

Stralauer Vorstadt, wurde eingelöst, was sich *L. Hilberseimer* u. a. als Ziel der Moderne vorstellten: serielle Zeilenbauten ohne Rücksicht auf den vorhandenen Stadtgrundriss, ohne Widerstand privater Eigentumsverhältnisse, ohne Rücksicht auf Bau-, Kunst- und Sozialgeschichte. Für den radikalen Zugriff der architektonischen Moderne in diesem Sinne ist das ehemalige Ost- und West-Berlin ein Freilichtmuseum für Architekturtouristen.

Darin sind eingestellt das Hansaviertel, der erste und zweite Bauabschnitt der Karl-Marx-Allee, die Hochhausbebauung auf dem 1230 angelegten Stadtgrundriss von Cölln, die Bebauung der barocken Leipziger Straße mit Scheiben- und Punkthäusern und natürlich die des Kulturforums, als dem exemplarischen Beispiel für die Vorstellung *Hans Scharouns* von einer Stadtlandschaft der Moderne. Wo bis 1933 in mehr als über 200 Häusern Künstler, Galeristen, Bankiers; Hotel- und Kaufhausbesitzer gelebt haben, gibt es heute genau drei Grundstückseigentümer: die Stiftung Preußischer Kulturbesitz, das Land Berlin und die Evangelische Kirche Berlin-Brandenburg.

Die geschichts- und traditionsfeindliche architektonische Moderne hat sich aber nicht nur in den Innenstädten, sondern vor allen Dingen in den Großsiedlungen aus den Nachkriegsjahrzehnten in die Struktur der Städte eingeschrieben. Dafür stehen in Berlin das Märkische Viertel, die Gropiusstadt im ehemaligen West- und Marzahn, Hohenschönhausen und Hellersdorf im früheren Ost-Berlin.

Um auf die Beschreibung der Ausgangssituation zurückzukommen: in diesen Großsiedlungen erlebt die Moderne gerade derzeit ihre eigentliche Niederlage. Es zeigt sich, dass die Avantgarde ihrem eigenen Anspruch einer vergangenheitsfreien Zukunft für den neuen Menschen nicht gewachsen war.

Derzeit werden, wie erwähnt, nicht nur in Berlin, sondern auf dem gesamten Territorium der ehemaligen DDR Tausende von Wohnungen in Großsiedlungen abgerissen. Gleichzeitig profilieren sich die vormodernen Stadtquartiere zum räumlichen Ausgangspunkt der Transformation vieler Städte zu einer modernen jungen Dienstleistungsgesellschaft. Das Motto dieses etwas verschämt „Stadtumbau Ost" genannten Abrissprogramms könnte lauten „Reisst sie ein, die gebauten Gemeinheiten der Moderne" und auch ein solcher – natürlich nicht wünschenswerter Schlachtruf – richtete sich in komplexer Weise nicht nur gegen die serielle Architektur, die funktionalistische Trennung etc., sondern auch gegen die durchgängig öffentlichen Eigentumsverhältnisse in diesen Siedlungen.

Die andere Seite dieses Abgesangs auf die architektonische und gesellschaftliche Utopie der Moderne ist der überall zu beobachtende Trend – Zurück zum Arbeiten, Wohnen, Leben und natürlich auch Bauen in der Kulisse und oft auch in den Formen der traditionellen Stadt. Dieser von öffentlichen Kommunen und den Ländern lange Zeit kaum unterstützte Trend (immerhin gab es bis vor kurzem die „Pendlerpauschale" für die Fahrt mit dem Auto vom peripheren Wohn- zum zentralen Arbeitsort und die Zulage für das frei stehende Eigenheim) hat drei Dimensionen. Es geht um das – Zurück zur Stadt – im inhaltlichen und räumlichen Sinne, also in den baulichen Kontext der traditionellen Stadt, mit dem breiten Angebot zur Entfaltung individueller Lebensentwürfe. Es geht weiter um ein städtebauliches und wohl auch architektonisches Rückbesinnen auf die Qualitäten städtischer Straßen, Plätze und Parkanlagen und der dazu gehörigen individuellen städtischen Architektur und schließlich um die Wiedereinführung privaten Grund-, Haus- und Wohneigentums in den Städten. Die architektonische Moderne und ihre Anwälte in Kulturpolitik und Wirtschaft wehren sich vehement gegen diese gesellschaftliche Tendenz zur Beendigung der Tabula-rasa-Mentalität in Bezug auf die vormoderne Stadt. Schließlich steht eine fast 100 Jahre alte Fortschrittsidee auf dem Prüfstand, bei der die Architektur eine Schlüsselrolle spielte. Sie war mindestens in den 20er Jahren des vorigen Jahrhunderts das Leitmedium sozialer und politischer Strategien.

Die Renaissance des Städtischen ist trotz des starken Widerstands in Deutschland ziemlich umfassend. Es gibt in den letzten zehn Jahren kaum ein innerstädtisches Transformationsprojekt, das sich im städtebaulichen Maßstab an den Mustern der architektonischen Moderne orientierte. Allen voran gilt das natürlich für die Berliner Vorgehensweise beim Bau neuer Vorstädte und bei dem vom Berliner Senat vorgelegten „Planwerk Innenstadt". Interessant ist dieser schon in der Mitte der 60er Jahre einsetzende sichtbar werdende Weg zurück zur „Architektur der Stadt" (*A. Rossi*), die ihre Identität in ihrer Geschichte findet und deren Typologien und Strukturen ihre Permanenz und damit auch Wiedererkennbarkeit sichert, weg von den Stadtlandschaften der Moderne und der „Architektur der Siedlung", insbesondere weil dies unter gesellschaftlichen Bedingungen passiert, die eigentlich das Gegenteil erwarten ließen: Die dramatische Individualisierung, der hohe Grad der Motorisierung, die technologischen Möglichkeiten der ortlosen Kommunikation, die Konzentration der Immobilienwirtschaft sprechen eigentlich für eine Renaissance der Moderne aber mindestens doch für eine „reflexive Moderne" (*Ulrich Schwarz*).

Die Debatte, die nach der Wende in und über die neue Architektur Berlins geführt wurde, hat sich dann auch mit den unübersehbaren Phänomenen der Individualisierung bei gleichzeitiger Beschleunigung des Lebens befasst und daraus Konsequenzen z. B. für den Charakter des Städtischen abzuleiten versucht.

Rem Koolhaas, holländischer Avantgardist folgerte daraus, dass „der öffentliche Raum tot sei" und die traditionellen europäischen Städte nach und nach durch Shopping-Malls, Entertainmentcenter mit Autobahnanschluss ersetzt werden würden, das Einkaufszentrum mit integrierter Tankstelle, Freizeiteinrichtungen auf der grünen Wiese oder auf einer Industriebrache gleichsam als Stadtkrone. Die Stadt als „Supermarkt", als „Telepolis", „Data-Town" oder „Foam City" und wie dergleichen Schlagworte und Buchtitel lauteten.

Angesichts solcher Aussichten haben wir uns die Frage gestellt, ob die Gesellschaft am Beginn des 21. Jahrhunderts in den Fragmenten des Junkspace, in Architekturen episodischer Ballungen strandet oder ob es nicht doch eine Chance gibt, die Jahrhunderte alte Kultur der europäischen Stadt sowie die komplexen Eigentumsverhältnisse weiter zu entwickeln und damit die Stadt – wie schon seit Jahrhunderten – als Innovationsort zu erhalten.

Wenn das Letztere der Fall ist und sich gerade junge Menschen wieder mit Stadtbaugeschichte auseinandersetzen und hieraus einen Teil ihrer Identität schöpfen, empfinde ich das nicht als Niederlage, sondern als einen längst überfälligen gesellschaftlichen Fortschritt und als Anfang einer neuen, von überzogenen gesellschaftlichen Ansprüchen befreiten „Architektur der Stadt", wie sie *Aldo Rossi* vorgeschwebt haben mag.

Natürlich dürfen Städtebauer und Architekten nicht die Augen verschließen vor den neuen Herausforderungen einer globalisierten Ökonomie. Es gilt nicht nur, das Wohnen in der Stadt zu bewahren, wo dies verloren gegangen ist, zurückzuholen und dafür geeignete Typologien zu entwickeln, sondern es geht auch um die neuen Formen des Arbeitens und des Einkaufens. Ausreichend Platz bieten die deutschen Städte mit ihren brach gefallenen Fabrikgeländen, den überflüssigen Eisenbahnflächen, Hafenarealen usw. für solche Experimente städtischer Architektur. Auch wenn das städtebauliche und architektonische Projekt der Moderne, zumindest in Deutschland, als gescheitert angesehen wird und alle Alternativen zum Weg einer kapitalistisch-parlamentarischen Gesellschaft sich ganz erübrigt haben, lebt die Idee der Moderne als utopisches Projekt fort.

Derzeit erlebt sie ihre zweite Blüte in den autoritären Gesellschaften arabischer Emirate, in Asien und vor allem in China. Die dort existierenden Bedingungen der freien Verfügung über Grund und Boden, die Unterstützung des Staates bilden ideale Voraussetzungen für den Siedlungs- und Städtebau der Moderne. Bedenklich sollte allerdings stimmen, dass der einst so enge und scheinbar unauflösliche Zusammenhang zwischen politischer und ästhetischer Avantgarde gerade in diesen Breiten nicht mehr existiert.

Die Befreiung von überzogenen gesellschaftlichen Ansprüchen an den Städtebau und die Architektur heißt nicht, dass eine Renaissance städtischer Verhältnisse, die Architektur eingeschlossen, sich von allein einstellt. Es geht bei dem Versuch, solche Strukturen zu entwickeln und durchzusetzen, weder um eine trügerische Verklärung vormoderner bürgerlicher Verhältnisse, noch um ein unkritisches Ver-

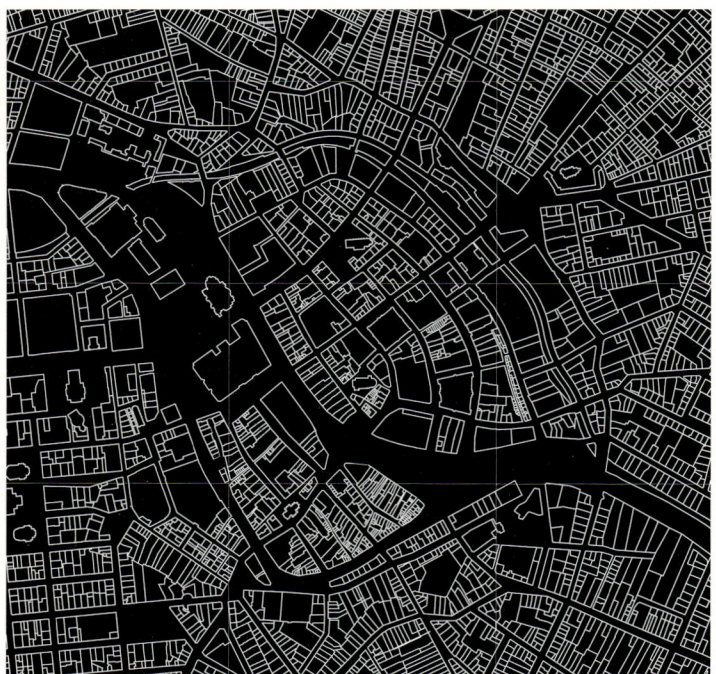

Parzellenplan Berliner Innenstadt 1940

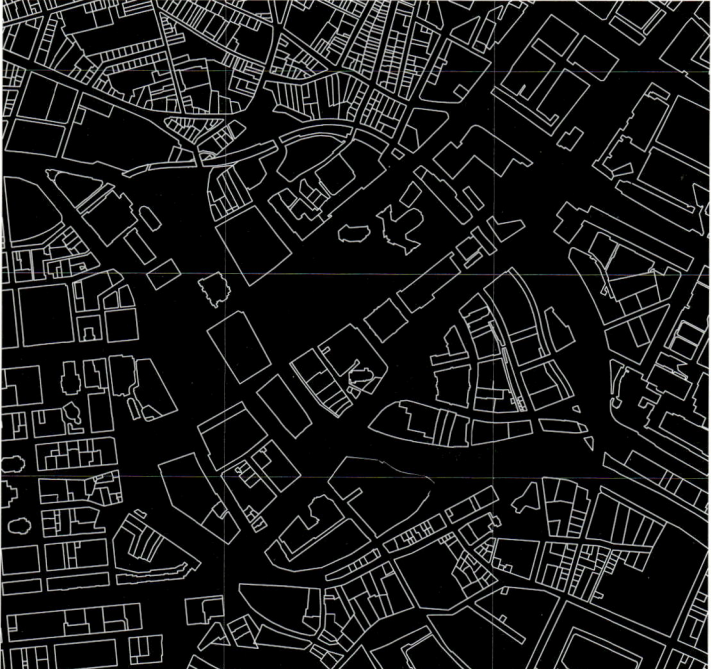

Parzellenplan Berliner Innenstadt 1989

trauen in die Leistungsfähigkeit der internationalen Immobilienwirtschaft. Im Gegenteil – eine Stadt, die im 21. Jh. sich dem Leitbild der europäischen Stadt verpflichtet fühlt und nicht nur an Fassaden interessiert ist, muss selbst etwas zum Gelingen beitragen. Sie kann dies durch gezielte, kleinteilige Grundstücksvergabe, planungsrechtliche Konditionierungen und durch permanente Öffentlichkeitsarbeit. Der Berliner Senat verfolgt das Projekt der Überwindung der Stadtlandschaften der Moderne nunmehr seit über 15 Jahren. Die bescheidenen Erfolge auf diesem Weg zeigen, wie viel Widerstand intellektueller und wirtschaftlicher Art zu überwinden ist. Dass der Weg prinzipiell gangbar ist, zeigt nicht nur die Stadthausbebauung auf dem Friedrichswerder, sondern ein inzwischen breit angelegtes politisches Programm zur Unterstützung beim Bau privater Stadthäuser in der Berliner Innenstadt durch eine rot-rote (SPD/PDS) Regierung.

Missfällt den Medien das Eigenheim?

Peter Voß

Am Abend des 20. Dezember 1953 stellte sich im Süddeutschen Rundfunk ein Herr vor, der den Hörern ans Ersparte wollte. Sein Name: Meister Hämmerle. Seine Mission: Spenden sammeln für Vertriebene und Flüchtlinge. Sein Motto: „Überall helfen und zupacken, wo Not am Mann ist." Der Erfinder des Meister Hämmerle war *Albrecht Baehr*, ein Unterhaltungsredakteur, der aus Schlesien stammte und schon viele Sendungen zur Situation der Flüchtlinge gestaltet hatte. Daher wusste er, dass viele von ihnen auch acht Jahre nach Kriegsende noch in Notunterkünften lebten, zum Teil unter erbärmlichen Bedingungen. Daran wollte *Baehr* etwas ändern und erfand eine Hilfsaktion, mit deren Erlös Eigenheime für Flüchtlinge gebaut werden sollten. *Albrecht Baehr* pries die „Hilfsbereitschaft, besonders des süddeutschen Menschen". Als Verkörperung dieser Hilfsbereitschaft rührte Meister Hämmerle nun jeden Tag im Radioprogramm die Werbetrommel. Die Auftritte der Kunstfigur endeten stets mit diesem Vierzeiler:

> „Nun geht in Euer Kämmerle
> und denkt an Meister Hämmerle.
> Erweist Euch seines Beispiels wert
> Und schafft dem Flüchtling Heim und Herd."

Zwei Monate lang rief Meister Hämmerle die Hörer zum Spenden auf. Ende Januar 1954 war immerhin so viel Geld zusammengekommen, dass man den Bau von 20 Eigentumswohnungen bezuschussen konnte. Zwei Baugesellschaften, die *Württembergische Heimstätte* und die *Badische Heimstätte*, wurden beauftragt, es entstanden zwei Reihenhäuser: das eine in Plochingen, das andere in Wertheim. Im Spätherbst 1955 konnten die letzten von 20 Flüchtlingsfamilien in ihre Wohnungen einziehen. Jede der Wohnungen hatte drei Zimmer und – das war seinerzeit noch der Erwähnung wert – ein Bad. Die glücklichen Familien, die einen Zuschuss erhielten, hatte ein Ausschuss ausgesucht: Ministerien, Kommunen und Bauträger hatten unter vielen Bewerbern zu wählen. Zum Zug kamen Familien, die seit Kriegsende in Baracken hatten leben müssen.

Gemessen an der Zahl der Flüchtlinge, die dringend eine würdige Unterkunft suchten, war die „Südfunkhilfe" natürlich ein kleines Projekt. Aber sie zeigte schon früh: Radio (und später Fernsehen) sind nicht nur da, um konsumiert zu werden. Radio und Fernsehen schaffen Aufmerksamkeit für gesellschaftliche Probleme. Unsere Aufgaben sind Information, Bildung und Unterhaltung. Aber gelegentlich stiften wir mit Hilfsaktionen auch zum Handeln an. Dass man zugunsten von Mitbürgern spendet, die eine Eigentumswohnung kaufen wollten, war eine Besonderheit der Nachkriegszeit und wäre heute wohl kaum vorstellbar. Und wenn doch, dann würden wir sicher viel mehr Programm daraus machen: Von der Grundsteinlegung bis zum Einzug wäre die Kamera dabei. Denn Hausbau und Hauskauf, Planung, Umzug und Wohnungsgestaltung sind bildstarke Themen, und unterhaltsam dazu. Da spielen sich kleine Dramen des Alltags ab, die manches über unsere Gesellschaft erzählen, über Moden im Wandel, über bleibende Gewohnheiten und über Mentalitäten. Bauen und Wohnen sind Sujets, über die sich gerade im Fernsehen vieles transportieren lässt. Kein Wunder also, dass „die eigenen vier Wände" seit einem halben Jahrhundert ein Dauerbrenner im öffentlich-rechtlichen Rundfunk sind – ein Thema, mit dem wir immer wieder heftige Diskussionen ausgelöst haben. Dabei ging es allerdings nicht immer um Lifestyle, sondern mitunter um handfeste Konflikte.

Eines der merkwürdigsten Dokumente in den Archiven des Südwestrundfunks ist ein Band aus dem Juli 1960. Der Film trägt den Titel „Verwirrung im Quadrat", eine Dokumentation über aktuelle Probleme auf dem Wohnungsmarkt. Ein Teil des Films war der Explosion der Grundstückspreise gewidmet. Da klagt ein Bauwilliger aus Köln, für einen Bauplatz in Stadtrandlage müsse man 20 bis 25 Mark pro Quadratmeter bezahlen. Insgesamt würde ihn ein Hausbau 60.000 bis 70.000 Mark kosten. Und der Reporter ergänzt für den Zuschauer: Noch vor zehn Jahren (also 1950) habe es Grundstücke für nur 2 Mark pro Quadratmeter gegeben. Der rheinische Häuslebauer ist empört: „Da wird immer so viel von Eigentumsbildung geredet für den kleinen Mann, aber da kommt nix bei raus!" Nachdem noch eine Reihe von Beispielen für explodierende Baulandpreise gezeigt worden ist, bemüht sich der Vertreter einer Bausparkasse, das Problem zu relativieren: Es gebe in der Bundesrepublik keine Baulandnot – örtliche Schwierigkeiten vielleicht, aber die solle man bitte nicht dramatisieren.

Und jetzt kommt das Merkwürdige: Schnitt – und es erscheint ein Moderator des DDR-Fernsehens, der das bisher gezeigte kommentiert, etwa im Stil von *Karl-Eduard von Schnitzlers* „schwarzem Kanal". Der Kommentar gipfelt in dem Hinweis: „Übrigens – in der deutschen demokratischen Republik ist Bodenspekulation verboten." Dann verschwindet der Moderator aus Adlershof, und die SWF-Dokumentation geht mit dem Thema Mietsteigerungen weiter, bis abermals der Studiokommentar aus dem Fernsehen der DDR erscheint. Wie diese staatssozialistisch „ergänzte" Fassung des Films ins Archiv nach Baden-Baden gekommen ist, dürfte heute kaum noch zu klären sein. Fest steht nur: Der Film über Probleme auf dem westdeutschen Wohnungsmarkt schien den Oberen des DDR-Fernsehens als Argument im Kalten Krieg zeigenswert, aber eben nicht unkommentiert. Die SWF-Autoren legen durchaus nicht das an den Tag, was „Sudel-Ede" einen sozialistisch gefestigten Klassenstandpunkt genannt hätte. Um die gewünschte Wirkung beim Publikum im SED-Staat zu erzielen, musste also nachgeholfen werden. Offensichtlich hat das DDR-Fernsehen die SWF-Sendung aufgezeichnet (vielleicht auch einfach vom Fernseher abgefilmt, wofür die schlechte Bildqualität spricht), dann auseinander geschnitten und die Kommentare eingebaut. Wir wissen nicht, mit welchem Erfolg.

Mit den Baulandpreisen jedenfalls war ein Thema etabliert, das sich über Jahrzehnte hin durch die Berichterstattung zog. „Häuslebau am Ende?" fragt eine Dokumentation des Südwestfunks im März 1985. Die ersten O-Töne des Films klingen so wie die 1960 aufgenommenen. Da sagt eine junge Frau: „Meine Eltern haben vor 25 Jahren angefangen, ein Haus zu bauen. Da war es ja wirklich noch einfacher. Aber heute kann man sich das ja fast nicht mehr leisten". Und ihr Ehemann ergänzt: „Da zahlt ja die Tochter nachher noch dran, an den ganzen Schulden!" War also wieder einmal früher alles besser? Die Reporterin verneint die Frage. Die Baukosten sind in den 70er und 80er Jahren nicht stärker gestiegen als die Löhne und Gehälter. Der Film spricht aber auch andere Themen an und ist damit exemplarisch für die 80er Jahre: Viele Familien sind in den Jahren zuvor aus den großen Städten weggezogen, weil im Umland das Bauland billig ist. Nun treten nachdenkliche Bürgermeister von Stadtrandgemeinden auf, denen Zweifel kommen, ob es sinnvoll war, großzügig Neubaugebiete auszuweisen. Die Debatte führen in jenen Jahren viele Kommunen, das Stichwort dazu heißt: Zersiedelung. Der Film schlägt als Lösung Platz sparendes Bauen vor. Außerdem werden Planungsgemeinschaften in Ballungsräumen vorgestellt – mit Bauschwerpunkten einerseits und neubaufreien Zonen andererseits. Öffentlich-rechtliches Fernsehen hat die Aufgabe, dem Zuschauer Orientierung zu bieten. Beim Thema Wohneigentum geht es dabei natürlich um guten Rat: Was muss ich beim Bauen und Kaufen beachten? Zur Orientierung gehört es aber auch, unterschiedliche Interessen zu zeigen, die Frage nach dem Gemeinwohl zu stellen und – wo möglich – einen Interessenausgleich vorzuschlagen. Im konkreten Fall war dies der Ausgleich zwischen den aktuell Bauwilligen und den nachfolgenden Generationen, die ein Interesse an unverbauter Landschaft haben.

Aber zum Fernsehen gehört eben auch die Unterhaltung. Legion sind die modischen Doku-Soaps, die sich um Neu-, Um- und Ausbau drehen, das Heimwerkerwesen eingeschlossen. Es ist kein Wunder, dass dieses Thema sich solcher Beliebtheit erfreut, sind doch Pleiten, Pech und Pannen beim Schaffen der eigenen vier Wände keine Seltenheit. Das Thema ist nicht neu, aber jede Zeit hat ihre eigene Herangehensweise. 1969 zeigte der SDR im Vorabendprogramm die Serie „Hilfe, wir bauen!" Acht Folgen zu je 25 Minuten, der Plot ist schnell erzählt: Ein Studienrat und seine Frau entscheiden sich in fortgeschrittenem Alter, ein Haus zu bauen. In die Handlung ist alles eingebaut, was den Hausbau dramaturgisch attraktiv erscheinen lässt. Die Titel der einzelnen Folgen verraten es: Der große Plan – Vorsicht Spekulanten! – Der Erdrutsch – Korruptionsverdacht – Das gestörte

Richtfest – Einzug mit Hindernissen. Das Drehbuch stammt von dem späteren Grimme-Preisträger *Daniel Christoff*. Er hat mit der Fernsehspielredaktion lange über das Konzept der Serie korrespondiert. Nicht der Klamauk sollte im Vordergrund stehen, sondern eine realistische Darstellung von Problemen, wie sie beim Hausbau vorkommen. Dazu hat sich *Christoff* offenbar tief in Finanzierungsmodelle eingearbeitet. Bisweilen führte das zu Dialogen, die bei einem skeptischen Zuschauer von heute fast schon den Verdacht auf Schleichwerbung hervorrufen. Eine Kostprobe:

> Familienvater: „Unter 130, 140 ist doch so'n Haus gar nicht mehr hinzustellen."
> Mitarbeiter der Bausparkasse: „Auf dem Land kann man wesentlich billiger bauen. 40 Prozent Eigenkapital, 60 Prozent Fremdfinanzierung. Monatliche Belastung nicht viel über 650 Mark."

Auch die Redaktion in Stuttgart gab sich Mühe, möglichst viel Lehrreiches in die Vorabendserie zu packen. Vor Drehbeginn 1967 schreibt der Redakteur dem Drehbuchautor: „Hier schicke ich Ihnen den Auszug aus dem BGB, der sich auf das Vermieterpfandrecht bezieht. Ich glaube, dass Sie daraus schon etwas machen können, wenn es sich um größere Beschädigungen im Flur handelt." Herausgekommen ist etwas, das man als „didaktisches Fernsehspiel" bezeichnen könnte, mit vielen Altersweisheiten wie: „Vorsicht bei allzu billigen Bauunternehmern!". Das sind ewige Wahrheiten wie *Sepp Herbergers* „Das nächste Spiel ist immer das schwerste!" oder „Der Ball ist rund." Aber gerade in der scheinbaren Banalität liegt der Schlüssel zum Verständnis der anhaltenden Aktualität des Themas: Wenn's ums Haus (oder die Wohnung) geht, können viele mitreden.

Radio- und Fernsehformate wandeln sich wie Baustile. Meister Hämmerle ist längst in Vergessenheit geraten. In der Gegenwart können unsere Zuschauer dafür eine Diskussion im „Nachtcafé" verfolgen zum Thema „Die eigenen vier Wände – Traumhaus oder Albtraum?". Oder eine Reportageserie in 37 Teilen, bei der zwei Familien auf dem Weg vom Legohaus zum Eigenheim begleitet werden. Viele haben eigene Erfahrungen gemacht oder haben sie noch vor sich – und erwarten von uns, dass wir sie begleiten, informieren und orientieren.

Wohneigentum im Spannungsfeld der Politik

Andreas J. Zehnder

In kaum einem anderen Wirtschaftsbereich nimmt der Staat so stark Einfluss auf das Geschehen wie im Bereich des Wohnens. Durch Gesetzgebung und Fördermaßnahmen, wozu auch die steuerlichen Rahmenbedingungen gehören, beeinflusst der Staat die Investitionsentscheidungen der Anbieter von Wohnungen; das Wohnen zur Miete wird durch Mietrecht und Mietgesetzgebung reglementiert. Das hat seine Ursache nicht zuletzt in der Einschätzung des Gutes „Wohnen": Während auf der einen Seite die Auffassung vertreten wird, es handele sich um ein normales Wirtschaftsgut, dessen Preis über den Markt bestimmt werden sollte, vertreten andere die Auffassung, die Wohnung sei ein Sozialgut, auf das jeder Bürger einen Anspruch habe und in dessen „Verteilung" die öffentliche Hand unbedingt eingebunden sein sollte.

Die ökonomische Bedeutung der Wohnimmobilien für die gesamte Volkswirtschaft, insbesondere aber auch für die privaten Haushalte, ist evident: Vom gesamten Anlagevermögen in Deutschland in Höhe von 6.500 Mrd. € entfallen 85 % auf Immobilien. Davon wiederum sind fast 60 % Wohnbauten; absolut sind dies 3.200 Mrd. €. Selbstgenutztes Wohneigentum wiederum macht mehr als die Hälfte dieses Vermögenswertes aus. Zu der überragenden Bedeutung des Wohneigentums für die Vermögensbildung der privaten Haushalte hat nicht zuletzt auch die staatliche Förderung beigetragen.

In seiner ersten Regierungserklärung stellte Bundeskanzler *Konrad Adenauer* schon 1949 fest: „Wenn es nicht gelingt, das Privatkapital wieder für den Wohnungsbau zu interessieren, ist eine Lösung des Wohnungsbauproblems nicht möglich." Ein Jahr später bezeichnete er in einer Rede vor dem Deutschen Bundestag die Schaffung von Eigenheimen und Kleinsiedlungen als den sozial wertvollsten und am meisten förderungswürdigen Zweck staatlicher Wohnungsbau- und Familienpolitik.

Der Gesetzgeber hat dieser Zielsetzung formal Rechnung getragen. So hieß es im § 1 des 1956 erlassenen Zweiten Wohnungsbaugesetzes, „dem Grundgesetz" für die staatliche Wohnungspolitik und die Wohnungsbauförderung nach dem Krieg in Deutschland (das bis 2002 Gültigkeit hatte): „Die Förderung des Wohnungsbaus soll überwiegend zur Bildung von Einzeleigentum (Familienheimen und eigen genutzten Eigentumswohnungen) dienen. Zur Schaffung von Einzeleigentum soll Sparwille und Bereitschaft zur Selbsthilfe angeregt werden."

1954 wollte der damalige Wohnungsbauminister *Victor-Immanuel Preusker* außerdem einen Rechtsanspruch auf öffentliche Förderung für solche Bauherren einführen, die ein Familienheim errichten und einen Eigenkapitalanteil von mindestens 30 % aufbrachten. Dieser Vorschlag ließ sich allerdings politisch nicht durchsetzen. Er hätte die Eigentumsbildung vermutlich erheblich beflügelt. Gleiches galt für einen Vorschlag, den der Wohnungspolitische Sprecher der CDU, *Paul Lücke*, zur gleichen Zeit vorgelegt hatte: Danach sollten die gemeinnützigen Wohnungsunternehmen nur dann öffentliche Förderungsmittel erhalten, wenn sie die Wohnung nicht nur bauten, sondern anschließend auch verkauften. Auch dieser Vorschlag hätte die Wohneigentumsquote wahrscheinlich merklich erhöht.

Der Forderung des Zweiten Wohnungsbaugesetzes „Vorrang für die Eigentumsförderung" ist allerdings nicht konsequent Rechnung getragen worden. Zwar wurde 1949 die steuerliche Förderung im Rahmen des Einkommensteuergesetzes in Form erhöhter Abschreibungsmöglichkeiten nach § 7 b des EStG für das selbst genutzte Wohneigentum eingeführt; der Schwerpunkt der Wohnungsbauförderung lag jedoch in der Nachkriegszeit bis in die jüngste Vergangenheit hinein immer auf dem vor allem sozialen Mietwohnungsbau. Erst mit der Umstellung der Wohneigentumsförderung von der steuerlichen Förderung auf die Eigenheimzulage im Jahre 1996 und dem gleichzeitigen Abbau der steuerlichen Förderung des Mietwohnungsbaus als Folge einer zunehmenden Entspannung der Wohnungsmärkte haben sich die Gewichte der Förderung in der letzten Jahren zugunsten des Wohneigentums verschoben.

Die Förderung der Wohneigentumsbildung hat sich in den vergangenen Jahrzehnten auf verschiedenen Ebenen abgespielt. Sie erfolgte über die direkte Förderung im Rahmen des sozialen Wohnungsbaus, die indirekte Förderung durch Steuervorteile bei der Einkommensteuer, die Förderung durch Vorteile bei anderen Steuerarten und nicht zuletzt die Förderung der Eigenkapitalbildung über das Bausparen. Einzelne Instrumente haben dabei unterschiedliche Gewichtung und zahlreiche Veränderungen erfahren. Wesentliche Marksteine waren

- die Novellierung des § 7 b EStG im Jahr 1964 mit einer Änderung der Abschreibungssätze,

- die Reform der Einheitsbewertung durch das Bewertungsgesetz im Jahr 1975, mit dem die Einheitswerte auf das Jahr 1964 zuzüglich 40 % festgesetzt wurden,

- die Ausdehnung der Förderung nach § 7 b EStG auf den Erwerb von Bestandsobjekten im Jahre 1977,

- die Abschaffung der Nutzungswertbesteuerung, was zur Behandlung des Wohneigentums als Konsumgut im Jahre 1987 führte (§ 10 e an Stelle des § 7 b EStG), und letztlich

- die Einführung des inzwischen zum 1. Januar 2006 abgeschafften Eigenheimzulagengesetzes im Jahr 1996, mit dem der § 10 e des EStG abgelöst wurde.

Die Politik hat sich bei der Wohneigentumsförderung im Laufe der Zeit von einer steuerlichen Abschreibungsregelung hin zu einer sozialpolitisch ausgerichteten „Subvention" gewandelt. Stand zunächst der Neubau, nicht zuletzt unter versorgungspolitischen Gesichtspunkten, im Vordergrund, so gesellten sich 1977 mit der Ausweitung auf den Bestandserwerb auch vermögenspolitische Zielsetzungen hinzu. 1982 erfolgte dann mit der Einführung eines Baukindergeldes auch eine stärkere familienpolitische Ausrichtung. Diesem Gesichtspunkt wurde zudem mit einer laufenden Anpassung der Höhe des Baukindergeldes Rechnung getragen. Mit der Einführung von Einkommensgrenzen im Jahr 1992 erfolgte dann eine stärkere sozialpolitische Ausrichtung der Wohneigentumsförderung. Dieser Aspekt wurde 1996 weiter dadurch verstärkt, dass die zuvor steuerliche und damit (systembedingt) auch einkommensabhängige Förderung auf einen einheitlichen Förderbetrag, die Eigenheimzulage, umgestellt wurde, der für jeden Einkommensbezieher in gleicher Höhe gewährt wurde. Mit der Streichung der ergänzenden steuerlichen Absetzungsmöglichkeiten (Geltendmachung von Kosten vor dem Einzug: Vorkostenabzug und Erhaltungsaufwendungen) im Jahr 1999 wurden dann die letzten „Reste" aus dem Steuerrecht beseitigt. Die Wohneigentumsförderung hatte den Charakter einer „sozialmotivierten" Subvention angenommen.

Die Position des Wohneigentums ist ein wichtiger Aspekt der Gesellschaftspolitik. Das Fundament des Wohneigentums ist dessen gesellschaftliche Akzeptanz. Oberstes Ziel der Wohnungspolitik sollte also die gesellschaftspolitische Förderung der Eigentumsidee und die Ermutigung zu einer breit angelegten Vermögensbildung sein. Wo breit gestreutes Vermögen vorhanden ist, halten sich auch die Ansprüche an den Sozialstaat in Grenzen. *Oswald von Nell-Breuning* verdeutlicht dies, wenn er feststellt: „So wird die Institution des Eigentums umso besser gesichert sein, je mehr Menschen über Eigentum, d. h. über ein, wenn auch zunächst nur bescheidenes Vermögen verfügen, das sie zu erhalten und zu vermehren wünschen."

In ähnlicher Weise hat sich eine wohnungspolitische Expertenkommission, die zu Beginn der 90er Jahre von der Bundesregierung eingesetzt worden war, in ihrem Abschlußbericht 1994 geäußert: „Darüber hinaus wird die Erhöhung der Selbstnutzerquote als prinzipiell wünschenswert angesehen, weil das Erleben von Eigentum und der Gewinn an Unabhängigkeit im eigenen Heim Lerneffekte in Gang setzt, die für den Zusammenhalt des Gemeinwesens nützlich sind, (sowie) eine Bejahung der Gesellschaftsordnung und eine größere Unabhängigkeit bei

Einkommens- und Arbeitsplatzverlust und somit eine geringere Neigung zur Radikalisierung (darstellen). Als erwünscht angesehen wird auch die hohe Sparquote der selbstnutzenden Eigentümer."

Das Wohnen stand also immer im Blickpunkt der Politik, wobei die Schwerpunktsetzung zwischen „Sozialgut" auf der einen Seite und „Investitionsgut" auf der anderen Seite durchaus unterschiedlich war. Gerade in den letzten Jahren hat die Wohnungspolitik allerdings ihre aktive Rolle in der Politik des Bundes eingebüßt. Nicht zuletzt die Entspannung der Wohnungsmärkte hat dazu geführt, dass die Wohnungspolitik und damit auch die Eigentumspolitik an Priorität deutlich verloren hat. Die Aufgabe eines eigenständigen Bauministeriums und des entsprechenden Ausschusses im Deutschen Bundestag im Jahre 1998 sowie die Abschaffung der Eigenheimzulage ab 2006 sind Ausdruck dieser Entwicklung.

Betrachtet man die Wohnungspolitik und ihre Wirkungen auf den Wohnungsbau bzw. die Wohnungswirtschaft als Ganzes, so lassen sich bestimmte Zusammenhänge und Verhaltensmuster erkennen. *Seeger* (1995) hat versucht, wohnungspolitische Entscheidungen und Verhaltensweisen im Zeitablauf modelltheoretisch zu erfassen und in einem „Interaktionsmodell der Wohnungspolitik" abzubilden. Das Modell basiert auf den Grundannahmen und der Phaseneinteilung des Politikmodells von *Philipp Herder-Dorneich* (1977). Ziele des Modells sind der Nachweis und die Verallgemeinerung politischer Verhaltsmuster im Bereich der Wohnungswirtschaft.

Danach gibt es in den Legislaturperioden der verschiedenen Bundesregierungen relativ typische Verhaltensmuster der wohnungspolitischen Akteure, die innerhalb einer Wahlperiode in folgende Phasen unterteilt werden können: die Regierungsbildungsphase, die Nachwahlphase, die Nominierungsphase und die Wahlkampfphase. In jeder dieser Phasen beeinflussen unterschiedliche Abhängigkeiten das Beziehungsgeflecht zwischen den Bürgern (als Wählern), den Politikern und den Verbänden.

In der *Regierungsbildungsphase* nimmt die Regierung in der Regel in ihren Stellungnahmen zur Wohnungspolitik eine Position ein, die sich an derjenigen im zurückliegenden Wahlkampf orientiert. Dies hängt allerdings auch davon ab, inwieweit sich die wirtschaftspolitische Ausgangslage verändert hat. Bei angespannter Wirtschaftslage, Misserfolgen der Wirtschaftspolitik, starkem Druck der Öffentlichkeit oder anderen neuartigen Problemen wird die Regierung ihre ursprünglich vor der Wahl vertretenen Positionen weitgehend beibehalten. In einer wirtschaftlich entspannten Situation ist der Druck auf die Regierung und die Aufmerksamkeit in der Öffentlichkeit deutlich geringer, so dass die Regierung gewisse Spielräume in der Positionierung besitzt.

Je höher die Bedeutung der Wohnungspolitik in der öffentlichen Meinung ist, was besonders bei Versorgungsdefiziten der Fall ist, desto geringer sind die Spielräume der Regierung bei einer Positionierung ihrer Politik. Im umgekehrten Fall entspannter Wohnungsmärkte und der Dominanz anderer wirtschaftspolitischer Themen sind die Spielräume der Regierung in der Wohnungspolitik relativ groß. Die Opposition wird dagegen nach der Wahl zu extremeren Standpunkten in der Wohnungspolitik übergehen. Mit einer Positionierung bei den ihr nahe stehenden Verbände kann die Opposition in ihren Stellungnahmen die Verbandsinteressen dabei stärker berücksichtigen.

Die *Nachwahlphase* kann auch als „verbandsdemokratische" Phase bezeichnet werden, weil in ihr der Kontakt der Verbände zu den Regierungspolitikern, Parteien und Bürgern besonders stark ausgeprägt ist. In der Nachwahlzeit, die mit ein bis zwei Jahren angesetzt werden kann, wenden sich die Regierungspolitiker verstärkt den Forderungen und Interessen der Verbände zu. Dabei spielt die Vergessensfunktion der Wähler eine große Rolle. Durch das relativ kurze Gedächtnis der Wähler haben die Parteien in der Nachwahlphase Spielräume, um die Forderungen der Verbände zu berücksichtigen. Sie können sich Abweichungen von vor den Wahlen eingenommenen Positionen erlauben. Die Politiker stehen den Vorschlägen der Verbände vergleichsweise offen gegenüber.

Die Verbände wiederum sind bemüht, ihre Forderungen und Interessen im politischen System deutlich zu machen. In dieser Phase besteht für die Verbände die größte Chance, Interessen der Verbandsmitglieder durchzusetzen. Den Verbänden kommt in der verbandsdemokratischen Phase eine wichtige Doppelfunktion zu. Auf der einen Seite bündeln und organisieren sie die Forderungen ihrer Mitglieder und stellen Informationen über politische Alternativen zur Verfügung. Auf der anderen Seite sind sie an einem „Austausch" mit den Politikern interessiert, damit die Forderungen der Verbandsmitglieder auch berücksichtigt werden. In der Nachwahlphase hat die Dominanz der wohnungspolitischen Themen in der Öffentlichkeit allerdings eine geringere Bedeutung als in den anderen drei Phasen, da das Interesse der Wähler an politischen Prozessen generell gesunken ist.

Im politischen System der Bundesrepublik haben die Interessengruppen zwar Affinitäten zu der einen oder anderen Partei, pflegen aber gute Kontakte zu allen Parteien, um das Risiko zu senken, bei einem Regierungswechsel den direkten Zugang zum Regierungsapparat zu verlieren.

Am Anfang der *Nominierungsphase* erfolgt ein fließender Übergang von verbandsdemokratischen zu parteidemokratischen Positionierungen. Parteiinterne Prozesse stehen hier im Vordergrund. Die Parteien suchen die Nähe zum Wähler und geben Konzeptionen für die zukünftige Politik bekannt. Dabei müssen die Parteien – zur Hälfte der Legislaturperiode – gemäßigte Standpunkte anstreben, um mittelfristig in die Nähe einer Mehrheitswählerposition überwechseln zu können. In dieser Phase überwiegt die kurzfristige Politikersichtweise bei wirtschaftlichen und sozialen Entscheidungen, da keine genügend große Zahl von nichtorganisierten Wählern ausgemacht werden kann, die die erst später eintretenden Vorteile bei der kommenden Wahl honorieren. Die Vergessenshypothese hat nicht mehr die vorrangige Stellung, sondern verliert an Bedeutung. Dagegen wird die Unterteilung in organisierte und nicht organisierte Wähler wichtig, da sich die Parteien zunehmend von den organisierten Wählern abwenden und die Interessen der nicht organisierten Wähler berücksichtigen.

In der *Wahlkampfphase* nimmt die Beziehung der Parlamentarier zu den Wählern eine bevorzugte Stellung ein. Dieser Zeitraum bis zur Bundestagswahl wird auch als „konkurrenzdemokratische" Phase bezeichnet, weil die Parteien untereinander in einem Wettbewerb um die Stimmen der Wähler stehen. Mit dem Beginn des Wahlkampfes konvergieren die Wahlkampfprogramme der Regierungs- und Oppositionsparteien immer mehr, wobei Standpunkte in der Nähe der Mehrheitsposition der Wähler eingenommen werden. Die Öffentlichkeit ist im Vergleich zu den anderen Phasen deutlich mehr an den politischen Prozessen und der Effizienz der Wohnungspolitik interessiert. Damit sind aber auch die Positionierungsspielräume der Politiker stark eingeschränkt; sie müssen sich in Richtung der Mehrheitsposition der Wähler bewegen.

Die wohnungspolitischen Programme der Parteien sind breit gefächert angelegt, um einen relativ großen Kreis von Wählern anzusprechen. Je näher der Termin der Bundestagswahl kommt, desto vielschichtiger werden die Aussagen und Stellungnahmen der wohnungspolitischen Akteure und desto deutlicher wird die Familien- und Kinderfreundlichkeit der jeweiligen Konzeptionen in den Vordergrund gestellt. Je wichtiger die Wohnungspolitik in der Öffentlichkeit gesehen wird, desto geringer sind die Spielräume der Wohnungspolitiker, Positionswechsel vorzunehmen. Anders dagegen bei entspannten Wohnungsmarktlagen: Hier ergeben sich Handlungsspielräume bei den Stellungnahmen der Politiker; sie können sich idealtypisch positionieren. Bei angespannter Versorgungslage dagegen werden breit angelegtere Reformkonzepte und vielschichtige Aussagen zur Wohnungspolitik vorgetragen.

Die seit einigen Jahren relativ entspannte Situation an den Wohnungsmärkten in Deutschland hat dazu geführt, dass die Wohnungspolitik im Allgemeinen und die Eigentumspolitik im Speziellen in den aktuellen Konzeptionen bzw. Wahlprogrammen zur Bundestagswahl 2005 keine oder nur eine untergeordnete Rolle spielten. Die Notlage der öffentlichen Haushalte und die Misserfolge in der Wirtschaftspolitik mit hoher Arbeitslosigkeit und fehlendem Wirtschaftswachstum als Folge dominierten die öffentliche Diskussion und haben alle anderen Themen an den Rand gedrückt. Im „Erlebnishorizont" der Politiker taucht das Wohneigentum derzeit nur in „weiter Ferne" auf. Akuter Handlungsbedarf wird kaum gesehen. Die Erfahrungen aus den letzten Jahren zeigen, dass sich das schnell ändern kann.

Immerhin hat die Große Koalition aus CDU, CSU und SPD in ihrer Koalitionsvereinbarung nach der Bundestagswahl vorgesehen, das selbstgenutzte Wohneigentum ab 2007 besser in die private Altersvorsorge – quasi als „Ersatz" für die Eigenheimzulage – zu integrieren.

Literatur

Seeger, H. R. T. (1995), Wohnungswirtschaft im Wahlzyklus der Politik

Herder-Dorneich, P./Groser, M. (1977), Ökonomische Theorie des politischen Wettbewerbs, Göttingen

From Slum to Urban Property: How to Reinvent a City

Bernd Zimmerman

1. Insights After the Fact

It was in the South Bronx where an urban catastrophe of major proportion played itself out in the 1960s and 70s. That part of the borough was characterized by rental housing and high population density. It was there where the market and concomitant social forces, including the sub-urbanization of American cities, greed, and other unscrupulous behavior of the power elites, insidiously threw a vulnerable population of the urban poor into despair. Destruction of its civic culture, and subsequently physical devastation followed. The North Bronx was different. There smaller building types and vast areas of private homes prevailed. Families, social structures, and neighborhood life remained in tact, enabling the north to hold its own, survive, and lend strength to efforts of reclaiming the south.

The Bronx became THE example of urban decay in America after World War II when the nation's economic base shifted from manufacturing to service industries. These required different skill sets in the workplace. In fact The Bronx's demise and that of others cities led to the prediction of the death of the American city altogether. By contrast, suburbia's future was painted in rosy colors as it housed the better skilled workforce. These predictions never materialized despite unabated sprawl and a ferocious appetite to eat up the American landscape with single family homes.

This points to the fact that urban development is more "art" than science. More precisely, it is about finding the balance between the needs of the "environment of action", the physical city, and that of the "intra-action environment", the social city, which is the total of the systems of individual beliefs, cultural values and social structures, which organize and guide human behavior and interaction. The latter determines a city's ability to reinvent itself in response to outside pressures.

Indeed, form and condition of a city's physical realm is merely a reflection of its social structure as well as of its psychological and social homeostasis from where social cohesion and stability flow. However, if rigidly entrenched at the expense of flexibility social structures can become dangerously obsolete and may explode into chaos and destruction if unable to manage change. Obviously this is what happened in the South Bronx.

In no way is The Bronx an isolated experience. Unique in its intensity, yes. But societies and cities anywhere confront mismatches among their social and physical infrastructures all the time. The need for reform and periodical tune-ups of both is ubiquitous. While we placed much emphasis on the physical city in the past and left it to the design professions to solve problems, things must change as we go forward.

Today it is globalization, which leaves societies with many new open fields, unanswered questions and troubling uncertainties. This is true for the U. S. and Europe alike, where cities – city-regions rather – compete with one another domestically as well as world-wide. Now even suburbia and its middle class may see their problems coming.

Yet, one may hope that there is a new future for cities. Much depends on how they "play their cards". The outsourcing of jobs, unrestricted capital flow to anywhere in the world and other factors render the old economies quite vulnerable. Therefore, city building needs to shift from grand architectural and fanciful engineering to social visions with priority.

Consequently, city building equals human capital formation. It is people building first and foremost. In the era of knowledge based economies it is imperative that urban development reinvent itself by shifting to the "human agenda". Economic development today is identical with human capital and social capital formation. Policies must be based on social visions of empowered civil societies, where the development of man's intellectual and social capacity, creativity, initiative and sense of responsibility are key.

Not any one economic, social, design or other discipline can therefore stake claim to city building. They are all interdependent and need to inform each other. City building has morphed into a holistic enterprise with the purpose of unleashing the human potential. It is not only economic growth and wealth that matters but simultaneously man's ability to cope with uncertainty, risk, changing expectations, including those related to the standard of living. After all, real estate, be it a house, a commercial structure or the physical city at large, are only as efficient and good as the people who live or work in them.

2. Devastation and the Rebirth of The Bronx

2.1 Devastation

Compared to the 1960s and 70s, the rebirth of The Bronx comes close to a miracle. More than that, it is also a case study with universal implications. It is a lesson about human needs and complex social processes. It is about the ability to understand and control one's own environment, and the ability to participate in shaping one's own future. It is a lesson about the fact that positive outcomes require owner- ship: ownership of the problem settings, and of the processes to solve them. It is a lesson about place making in both the social and physical sense, not the least about the interrelationship of homeownership with its ability to build families, the role of families in building communities, and the role of neighborhoods as building blocks of society. It is a lesson about the forces of hope.

All this was lost when The Bronx was burning. Then, in a period of only ten years, its population dropped from 1.4 million to 1.1 million people and 50,000 housing units were consumed by arson and fire. 12,000 fires per year raged through the borough. Most were set by greedy landlords motivated by collecting insurance premiums.

Poverty, socio-economic and ethnic segregation, uncertainty and despair related to joblessness, lack of control over life's circumstances, exploitation, criminal behavior of the social and economic "elites" spawned confusion, and stress. Hope- lessness ultimately unloaded itself in drug consumption, crime and violence. So insidious was the affect of urban sprawl with little if any "social capital" remain- ing. It was the demise of the civic culture that caused the physical destruction of the South Bronx where communities and neighborhoods were devastated in record time.

2.2 The Emergence of a New Social Infrastructure

Broadly speaking, two planning cultures subsequently emerged in New York City in the early 1980s. In view of the complexity of the issues of The Bronx the "urban experts" threw in the towel and withdrew to Manhattan. There they maintained a planning culture of traditional city building. As part of the urban regime of bureau- crats, urban professionals, political, social, and public policy elites, aided by the media establishment, they defined the city's issues and crafted Manhattan-centric development policies. These had the purpose of securing the health and well-being of Manhattan's real estate market. This planning culture still dominates the city today. It is largely characterized by top-down processes.

The other is bottom-up. It germinated at the grass roots in poor communities where it manifested itself in self-help initiatives by the people who were directly affected by despair caused by poverty, unemployment, and homelessness. This culture focuses on the simultaneous development of housing, people, and quality of life. Here the community is viewed as a resource for human and social capital develop- ment. It is driven by the will to take responsibility, and to control and plan for the circumstances of one's life in view of the failure by the traditional elites. It is about community building and productive neighborhoods, where the inclusive participatory processes themselves become community building elements of strategic importance.

Luckily, these self-help groups were not on their own. The civil rights movement had reached into the philosophies and missions of many organizations of the American philanthropy. These recognized both the dilemma of the inner-city poor as well as the potential for democratic renewal of a civil society. They saw in this grass roots movement the emergence of a new social force. In particular, the Ford Foundations and the Local Initiatives Support Corporation among other intermediaries took it upon themselves to nurture it. They set out to building development and business capacity at the community level. By funding increasingly more sophisticated projects, ranging from housing development and management to social service delivery systems, they helped accumulate success stories, experience, and self-confidence. New social organizations with the will to take charge thus emerged. The "community development industry" was born.

2.3 Rebuilding Through Community Ownership of Affordable Rental Housing

At the center of the battle to rebuild, was the need for stable and affordable housing. However, conventional housing speculatively built and operated by the private sector would not do in view of the assorted socio-psychological problems. Housing, now a social issue, needed to be on a different footing. Ownership, to be exact, was the charge the philanthropic organizations gave the community based groups. They sought to empower these in building and managing their own neighborhoods.

Capacity building thus meant imbuing these groups with the prerequisite wherewith-all. Their graduation to proficient "community development corporations" – CDCs – became a milestone and in fact the catalyst for affordable housing as well as the locus of the community development industry. The CDCs came to dominate the redevelopment scene of the South Bronx as they did in many other "come back cities" throughout America.

For all practical purposes the CDCs took community development out of the realm of the public bureaucracy. As "not-for-profit" private sector entities they organized, owned and managed development for their individual neighborhoods, out of which they came, where they lived and worked, and whom they were accountable to on the daily basis. Their investments were driven by self-interest and became a mechanism by which goals and objectives for the urban poor would be defined, translated and implemented.

In the end the CDCs were an indispensable private-sector partner to government in the business of city rebuilding. In the mid-1980s, when the lack of affordable housing drove New York City's economic outlook to crisis point, the city administration had to respond by a massive affort. Funded through local taxes at a level of approximately $5.5 billion, its Ten Year Affordable Housing Program should become the major money source for the reconstruction. The Bronx CDCs availed themselves extensively of the program, strongly supported by borough government. So sophisticated had their track record become.

Fortuitous was the fact that a quirk of New York City's real property tax law allowed the administration to expropriate private landlords who accumulated real property tax delinquencies. Through "in rem" takings the city became landlord of last resort. In conjunction with project financing through the Ten Year Housing Program it passed title to the property to the CDCs.

Practically all the burnt out and abandoned buildings, for which The Bronx was notorious were thus reclaimed. Over 60,000 units of affordable housing came back on line, aided by new construction through other programs. In the process property ownership shifted so to speak to the communities via their own corporations.

The CDCs are not guided by ideology. They are simply result oriented. They are financially flexible, have, because of foundation grants, monetary discretion, and can respond pragmatically to problems and issues unlike cumbersome governmental agencies. They are grounded in people and place based solutions. They represent new social structures, which deliver day care, senior care, job training, job placement, health care, economic development etc. They strive to renew social structures in their communities by nurturing involvement and voluntarism in all fields. CDCs represent a major stepping stone in meeting the four basic human needs: health, education, safety and economic well-being. They are in the business of social and physical "place making".

2.4 Rebuilding Through Ownership of Small Homes

The stabilizing role of homeownership in the North Bronx and other communities throughout the nation was not lost on the South Bronx. Homeownership was clearly understood as family builder. Furthermore, homes were seen as a force that builds neighborhoods and communities in a variety of tangible and intangible ways.

In fact, sprawl and certain planning mistakes in the form of other large scale developments in the North Bronx, such as Co-op City, had drawn everybody who could afford so to move out of the South Bronx. It became obvious that these "come back neighborhoods" needed nothing more desperately than the stabilizing affect of a sound socio-economic mix. The only resource left to tab were the achievers. But achievers if given no other options, too would pack up and leave the ghetto at the first opportunity like the rest.

To give them an option the city and state jointly created the New York City Housing Partnership Small Homes Program. The program indeed dissuaded the achievers from leaving. With a subsidy of $25,000 for each new unit built and the rest financed on the money market, a massive building program commenced on tracts of vacant land where burnt out ruins once stood. Families with annual incomes between $35,000 and $72,000 could now afford to buy their own "piece of the rock" in the inner city.

Thus the achievers were able to realize the "American Dream" in the neighborhoods they knew, where they were rooted in social networks, at a price highly competitive with sub-urban locations. Approximately 10,000 units have since been built in large clusters of homes, albeit unimaginative and conventional. They make for a new image of The Bronx. Building types range from single-, to two-, three- and four-family row houses, the latter being reminiscent of New York City's most beloved and successful building type: the brownstone.

Charlotte Gardens, built in the mid-1980s, was the psychological break-through. Its some 90 single family homes on ¼ acre lots at Charlotte Street preceded the Partnership program. It demonstrated the pent up demand for small homes even in poverty stricken, devastated neighborhoods. For The Bronx it rivals the significance the Empire State Building has for Manhattan. It unleashed an insatiable appetite for a home by folk who would rather skip a meal than a mortgage payment.

Today The Bronx features a healthy small homes market. Over 90% of the homes were originally bought by residents from the immediate vicinity, many even from public housing. Today they are being built without or at a much lower level of public subsidy. The Bronx has become a destination for home buyers from other parts of the city. It shook its horrifying image and bridged its north-south divide.

Not a small achievement that is! A walk through the Melrose Commons neighborhood on East 161st Street, for example, attests to that. A no-man's land practically 10 years ago featuring remnants of a once lively community sprinkled over its 40 devastated blocks, is making a remarkable come back. Stamina and will of the community combined with insightful local political leadership, which, rather than controlling, got out of the way by empowering the community to action, made it happen.

A new urban middle class is in the making with all the social, psychological, and sociological benefits for stable inner city life. Sure there are many issues left to address but The Bronx has re-invented itself in a major way. It is no longer to be avoided as its neighborhoods have become "places" once again.

Families stay together. They are no longer pulled apart by uncontrollable forces as they were in the past. Social cohesion and the political will are on the up-swing. Homeowners became entrepreneurial in the process too. With rental income they are amortizing their mortgages and live practically for free. Streetscapes improve. Adjacent properties see face lifts. Local merchants benefit from the increased buying power, which circulates locally rather than migrating to the suburban mall. Social networks enhance public safety. Homeowners demand good municipal services and get involved in school and local issues, and they vote.

3. Building Human Capacity for the Future of Society

It may be somewhat risky to assign ownership such a central role for the well-being of society. By the same token it must be acknowledged that human capital formation takes place in stable but dynamic neighborhoods. The vagaries and challenges posed by globalization and by knowledge based economies make it imperative that neighborhoods unleash self-confidence, creativity, tolerance, know-how, and intellectual mobility.

Ownership provides stability, responsibility, and drive. It helps build man. Otherwise, if there is nothing to loose, why bother? Hopelessness will quickly be followed by lethargy, or worse, by crime and violence?

Building cities and societies for the future is building productive neighborhoods, which foster new life styles, new social structures, generate ideas and new product lines, and allow for new ways of doing business. Cities must periodically reform their social and their physical infrastructures alike in order to respond to the challenges of the times. Human capital is the "gold" of modern societies. Its formation is a call for new concepts of city building. Identification with place, emotional and/ or economic investments, are key to their future. Otherwise cities will quickly see their talent migrate to better places.

Bibliography

Grogan, P. S. / Proscio, T. (2000), Comeback Cities. A Blueprint For Urban Neighborhood Revival, Westview Press, Boulder, Colorado

Parsons, T. (1966), Societies. Evolutionary and Comparative Perspectives, Prentice-Hall, Inc., Englewood Cliffs, N.J.

Reichl, A. J. (1999), Reconstructing Times Square. Politics & Culture in Urban Development, University Press of Kansas

pro domo

Der Bausparer

Ulli Kulke

Trümmerlandschaften ziehen vorbei, hin und wieder, draußen vor dem Fenster des D-Zuges, der gemächlich durch deutsche Lande dampft. Fast zehn Jahre waren sie erst her, die letzten Bombennächte, als Städte und Vororte in Trümmer fielen. Hier und da allerdings wachsen an jenem Frühlingstag wieder neue Wände. Ziegel auf Ziegel, zu kleinen Wohnhäusern, ja mancherorts schon zu ganzen Siedlungen, wie dort, rechts und links der neuen Straße, den Hügel hinauf.

Die Menschen im Abteil beobachten das genau. Sie sprechen darüber. Über die Wohnungsnot nach dem Krieg, über den Traum vom Eigenheim. Und was es wohl koste. Woher nehmen, die 25.000 D-Mark? Nur der mürrische Herr mit Hut auf dem Fensterplatz links will davon nichts wissen Er grantelt vor sich hin. Er verdient wohl genug im Übrigen. Was soll das armselige Gerede? Doch neben ihm der Klempner, der preist sein kleines neues Häuschen, als wäre es ein Schloss. Bis er aussteigen muss und das junge Paar von gegenüber, das ihm sehnsuchtsvoll zugehört hatte, frisch verheiratetet, zu sich einlädt. Zur Hausbesichtigung. Man ist begeistert.

Es war der Tag im Jahre 1954, als *Walter* und seine Frau *Mariechen* die Entscheidung trafen, einen Bausparvertrag abzuschließen. Und in den 80er Jahren ihr Sohn *Christian* ebenso, wobei das noch eine andere Geschichte ist. Nicht dass *Walter* und *Mariechen* im Zug gesessen und dem Klempner zugehört hätten. Sie waren nicht das junge Paar. Und doch waren sie dabei. 90 Minuten lang, im Kino. „Ein Traum wird wahr" hieß der Film über den D-Zug und das Eigenheim. Ein Bausparfilm – in den 50er Jahren ein fast so erfolgreiches Genre wie der Heimatfilm, der Schlager-, der Autofahrer- oder der Ferienfilm.

Es waren Kassenschlager, auch wenn sie keinen Eintritt kosteten. Doch Streifen wie „Ein Traum wird wahr", „Ferien vom Alltag" und ähnliche halfen mit, die Bausparidee, die in Deutschland noch nicht alt war, unter die Leute zu bringen. Eingebettet in Liebesdramen, mit Spannungen zwischen Gut und Böse und natürlich einem Happy End mit Freudentränen unterhielten sie das Nachkriegspublikum abendfüllend. Die Außendienstmitarbeiter der Bausparkassen mieteten sich für die Vorführung den Saal einer Dorfkneipe oder das örtliche Kino, was zu jener Zeit oft noch dasselbe war. So wie „Bei Carthus" in Benthe bei Hannover, ein Vorführraum oben im Nebengebäude, jeden Samstag und Sonntag. Da fiel mitten in der schnellsten Verbrecherjagd schon mal die Leinwand um. Doch an jenem Tag, als *Walter* und *Mariechen* den Film anschauten, der so bedeutsam für ihr weiteres Leben sein sollte, blieb die Projektion stabil – im Kino und in der weiteren Planung fürs Eigenheim.

Der Grantler im Abteil war dabei nicht nur als dramaturgischer Effekt mit auf die D-Zug-Reise geschickt worden. Er ist – so scheinen es die Öffentlichkeitsstrategen der Bausparkassen zu sehen – das alter ego eines jeden angehenden Kunden. Der Bausparmuffel, der die Idee nicht nur unnötig findet, sondern spießig. Der auch nicht erst von sich reden machte, als die jungen Leute Ende der 60er Jahre rebellisch wurden und in manchen Kreisen, den lautstarken zumal, jede finanzielle Zukunftsabsicherung, sei es Rente oder eben der Groschen für den Hausbau, als kleinbürgerlich verpönt war.

Selbst heute, da zum Beispiel „Schwäbisch Hall" im einstigen Traumland vieler der Vorsorge-Verweigerer von damals, in der Volksrepublik China nämlich, längst eine Vertretung unterhält und die Idee unters Volk bringt, gibt sich die Branche bisweilen immer noch defensiv. Die Landesbausparkassen jedenfalls schätzen den Ruf ihres Kunden selbst so ein: „Er wird je nach Sozialisation und Herkunft auch Spießer, Pragmatiker oder Cleverle genannt". Und sie schalten einen Werbespot im Fernsehen, in dem sogar ein Vater seiner Tochter sagt, Bausparer seien Spießer. Nicht gerade eine Reputation, die Sexappeal ausstrahlt oder Sogwirkung entfachen könnte. Zu Recht?

Zu Recht jedenfalls insoweit, als *Christian*, während er in den 80er Jahren in einer Frankfurter Wohngemeinschaft mit drei anderen Studenten lebte, seinen Bausparvertrag, den er mit 19 abgeschlossen hatte, unter seinen Freunden besser geheim hielt (*Walter*, der Vater, hatte ihm nach eigenen Erfahrungen nach dem Abitur die Anschubfinanzierung geschenkt). „Trau keinem über 30" stand auf der Tontafel im Wohngemeinschafts-Küchenregal, die die frühere Freundin zu *Christians* fünfundzwanzigstem Geburtstag getöpfert hatte – um ihn dann folgerichtig und sicherheitshalber kurz vor dem achtundzwanzigsten zu verlassen. Sie war weg, der Spruch blieb. Was sollte es da für einen Eindruck machen, in eine Zukunft weit nach dem dreißigsten Geburtstag, wohl auch nach dem vierzigsten, zu investieren, Spargroschen für Spargroschen, ganz brav, nach der Devise „Schaffe, schaffe, Häusle baue"? Für eine Zeit mithin, in der man doch schon die ganze Welt aus den Angeln gehoben haben wollte.

Zu Unrecht war der Ruf aber insoweit, als *Christian* eben dennoch einen Bausparvertrag hatte. Wie seit eh und je viele seiner Altersgenossen, viel mehr von ihnen jedenfalls, als man vermuten wollte, auch wenn sie es untereinander meist verschwiegen. Wie auch *Christians* Frau *Heike*. „Mitte der 80er Jahre kam mir die Idee, als ich im Sommer bei Tante *Eva* im Garten unterm Apfelbaum lag und in den Himmel schaute," sagt sie. Betört vom Duft der Blumen und dem Gezwitscher der Vögel wollte sie, die damals in einem besetzten Haus in Berlin-Kreuzberg lebte und eigentlich kaum Einkommen hatte, dann auch gleich einen Vertrag mit einer so hohen Summe abschließen, dass sie sich sogar von der Dame am Bankschalter bremsen lassen musste. „Machen Sie wenigstens zwei Verträge", riet die, „damit es keine Probleme gibt, wenn Sie mal weniger Geld für die Prämie haben." Auch *Heike* redete nicht mit ihren Freunden darüber, sie lebte in einem „alternativen Wohnprojekt" und das sollte die offizielle Perspektive sein. So sehr, dass sie den Bausparvertrag – das Geld wurde regelmäßig abgebucht – im Grunde selbst so gut wie vergessen hatte. Obwohl die Zuteilung zwischendurch fällig geworden war, und sie erneut abgeschlossen hatte. Sie dachte einfach nicht mehr daran, bis zu dem Zeitpunkt, als sie und *Christian* vor drei Jahren anfingen, ihre Guthaben zu zählen, weil sie nun – Mitte 40 und mit zwei Kindern – tatsächlich gemeinsam ein Haus bauen wollten. Fast eine freudige Überraschung war es da, was sich an Erspartem aufgebaut hatte, samt staatlichem Zuschuss zu Vertrag und günstigem Kredit.

Anders bei Christian, der seine Jugend in Schwaben verbracht hatte, wo auch der bescheidenste Groschen nicht schnell vergessen wird. Aber das war nicht der einzige Grund. Denn einige Jahre, nachdem er aus der Wohngemeinschaft mit dem Anspruch ewiger Jugend ausgezogen war, hatte er eine erneute, etwas peinliche Phase zu durchleben, wenn es abends beim Bier um die persönlichen Finanzen ging. Über die sprach man nun etwas häufiger, so in der Mitte der Lebenszeit. Das waren die Zeiten, da der Bausparvertrag bei der Kneipenrunde wie ein Kloß im Hals ihm die Sprache fürs Mitreden verschlug.

Es waren die Jahre rund um das Millenium. Nicht mehr ging es nun darum, die Welt aus den Angeln zu heben. Eher schon darum, Shareholder Value zu scheffeln und auf der Welle der explodierenden Aktienindizes die Kapitalisten, die früher abgeschafft werden sollten, nun spielerisch und flott zu überholen. New Economy war Trumpf, Exotenwerte stachen, kein Ende des Booms absehbar. Die Kurse verdoppelten, verdreifachten, ja verzehnfachten sich, manch einer war da monatelang immer kurz davor, das Penthouse auf Pump zu kaufen. *Christian* stand da lieber an der Ecke vom Tresen, da, wo kein Hocker mehr war, mit seinem soliden Bausparvertrag – auch wenn *Heike* ja auch noch einen hatte, genauer gesagt zwei. Aber ein Bausparvertrag? Mit den paar Prozent auf die Einlagen? Dass sich diese Genügsamkeit einmal ausgleichen sollte durch geringe Zinsen auf den späteren Kredit zur Baufinanzierung – wer wollte dies schon hören, angesichts der explodierenden Kurse und der so neuen Zockermentalität, die alles Bodenhaftige als lächerlich erscheinen ließ.

Das Ende des so beliebten Kneipenthemas ist bekannt. Die New Economy zerbrach, Exotenwerte verloren ihren Sexappeal. Das Penthouse wurde nie gekauft. Im Gegenteil, viele Kameraden, die ihre gesamten Ersparnisse in Aktien gesteckt hatten, waren plötzlich jegliche Träume auch nur vom kleinen Appartement los. Manche träumten statt dessen anschließend davon, irgendwann mal wieder schuldenfrei zu sein.

Die Bausparverträge von *Christian* und *Heike* haben alle Popularitätskrisen an WG- und Kneipentischen abgewettert. Neue Krisen ihres Geheimtipps, als der er letztlich bei ihnen überlebte, brauchen die beiden nicht zu fürchten. Es gibt bei ihnen keine Bausparverträge mehr. Sie sind zugeteilt, verbaut und beliehen für den Kredit. Ein Reihenhaus ist es geworden, am Rande von Berlin, in einer Siedlung so ähnlich wie die aus dem Film damals, den sich Vater *Walter* angesehen hatte, hinter dem D-Zug-Fenster, rechts und links der Straße den Hügel hinauf. Nur dass es eben ein Reihenhaus ist, in Stadtnähe, da ist nicht viel Platz für ein großes Grundstück. Dafür ist auch der Gemüsegarten für Kartoffeln, Möhren und Tomaten – damals noch fester Bestandteil auch von Arbeiter-Anwesen – heute in der Regel zu einem kleinen Kräuterbeet für Salbei und Sauerampfer geschrumpft.

Andererseits ist der Platzbedarf innen umso stärker gewachsen, das Kinderzimmer ist heute so groß wie früher Wohn- und Waschküche zusammen. 70 Quadratmeter hatte sich einst Vater Walter angespart, zwischen Frankfurt und Hanau. 160 Quadratmeter bei Berlin sind es 50 Jahre später für *Christian* und *Heike* samt ihrer Söhne im Grundschulalter. Damit liegen sie noch über dem Schnitt des Durchschnittsbausparers. Und der ist sowieso schon besser bedient als der ideelle Gesamthäusleschaffer. Der leistet sich nämlich eine durchschnittliche Wohnfläche von 121 Quadratmetern, der Bausparer dagegen bringt es auf 129. Und zahlt entsprechend mehr, obwohl er weniger verdient. Bausparparadoxon könnte man dieses umgekehrte Verhältnis nennen. Den Grantler aus dem Zug und den stolzen Klempner unterscheiden aber auch andere Bau-Merkmale: 60 Prozent des von Bausparern erworbenen Wohneigentums sind Neubauten, bei Nicht-Bausparern sind es 40 Prozent. Der Bausparer – eine eigene Spezies? Betreibt er das Wohnen intensiver, nimmt er es ernster als seine Zeitgenossen?

Davon will *Christian* nichts wissen, obwohl auch er nun in einem Neubau wohnt mit weit überdurchschnittlicher Wohnfläche – was bei ihm allerdings nicht ganz so paradox ist, weil er als Geschäftsführer schon überdurchschnittlich verdient und *Heike* ebenfalls im Beruf steht. Die Einkommensgrenze für die staatliche Förderprämie erreichten sie dennoch nicht. Sie kamen in ihren Genuss.

Ganz so eigen ist die Spezies Bausparer denn auch nicht. Wenn auch die Kassen in der Öffentlichkeit selbst bisweilen mit dem Renommee spielen, Spießigkeit zu bedienen – dann sind wir eben ein Volk von Spießern, bekennen uns wenigstens insgeheim dazu. Und da auch noch besonders die Jungen. Die im Grunde ans genossenschaftliche Sparmodell angelehnte Anlageform erfreut sich jedenfalls größter Beliebtheit, ist unterm Strich betrachtet dann doch eher „Big Business".

Für 61 Prozent, also fast zwei Drittel aller Deutschen zwischen 16 und 25 Jahren ist der Bausparvertrag die beliebteste Anlageform, ergaben Umfragen der letzten Jahre. Aktien mit zwölf Prozent auf Bundesschatzbriefe mit drei verschwinden dahinter fast völlig. Der Vorsprung könnte sich, zumindest nach Trends, sogar noch vergrößern. Schlossen 1993 noch 3,3 Millionen Deutsche einen Neuvertrag ab, so waren es zehn Jahre später bereits fünf Millionen – deutlicher Trend, der nur einen kurzen Knick aufwies in jener Zeit rund um die Jahrtausendwende, als die Aktienblase der New Economy so lukrativ erschien, aber eben auch flüchtig war. Gewiss half die seit langem dauernde Debatte über die Abschaffung der Eigenheimzulage in den letzten Jahren in Torschlusspanik zu zusätzlichen Abschlüssen, ließ die Zahlen allerdings, als es akut wurde, im Jahr 2005 erstmal ein wenig absinken. Die elf Landesbausparkassen haben nach eigenen Angaben 9,5 Millionen Kunden, die privaten Häuser 21,2 Millionen Verträge. Marktführer: Schwäbisch-Hall, mit einem guten Viertel aller Neuverträge.

Die Spießer unter den Deutschen scheinen Geld zu haben. Die Tochter im besagten Werbespot fürs Fernsehen antwortet jedenfalls ihrem Vater: wenn Bausparer Spießer seien, dann möchte sie später eben auch mal Spießer werden. Oder vielleicht wenigstens einen kennen lernen?

Sie ist populär, die Bausparsamkeit zu Beginn des 21. Jahrhunderts. In England hatte man die Idee zuerst geboren. Auch damals schon waren die persönlichen Finanzen offenbar Kneipengespräch, ausgerechnet in einem Pub beim Pint Bier und Tabakrauch wurde das Modell 1775 erdacht. Es war die Konstruktion, die das Denken des „my home is my castle" schon in seiner Anfangszeit finanziell auch für die wachsende Arbeiterklasse absicherte. In Deutschland dauerte es noch ein wenig länger – rund eineinhalb Jahrhunderte.

Als *Walter* in den 50er Jahren den Film sah, da waren die ersten Bausparkassen gerade mal gut 25 Jahre alt. Gewiss, Pastor *Friedrich von Bodelschwingh*, Begründer der Behindertenanstalten von Bethel, wollte 1885 auch der Wohnungsnot im Lande Linderung verschaffen und zog in Bielefeld eine Bausparkasse auf. Bald schon musste er wieder aufgeben. 1921 dann ein weiterer Versuch. In Stuttgart schlossen sich einige Pioniere zur „Gemeinschaft der Freunde" zusammen, 10.000 Reichsmark kamen binnen Monaten zusammen, doch die auch heute noch beispiellose Inflation 1922/23 zerstörte alle Träume. Als sie schließlich überwunden war, fand die Idee zu ihrem Erfolg.

Politische Turbulenzen der Zwanziger Jahre, die gedankliche Vereinnahmung in den dreißiger Jahren in die Ideologie von Sippe und Scholle setzten der Bausparidee in der Folgezeit zwar zu. Doch der zügige und nachhaltige Erfolg nach dem Krieg versetzte das Modell Bausparen bald in die Sphäre der Zeitlosigkeit.

Walter begann, als das kleine Siedlungshäuschen das Paradies auf Erden war und ließ sich von einer Filmschnulze anstecken. Er hatte keine Ahnung, was er anrichtete, als er seine Idee an *Christian* weitergab, in welch geheime Außenseiterrolle er ihn stieß. Heute ist *Christian* Insider. In seinen eigenen vier Wänden.

Vom Umgang mit fremdem Geld

Matthias Metz

Ohne Zweifel ist das Bankwesen und sind die Bankinstitute eine starke Säule der „Kultur des Eigentums". Banken sind unverzichtbar, da sie als Finanzintermediär die Funktionalität jeder Form des Eigentums stützen und heute dazu beitragen, das Eigentum breiter Bevölkerungskreise zu mehren. Dies gilt traditionell für die deutschen Bausparkassen, die 25 Millionen Bausparerinnen und Bausparer zu ihren Kunden zählen. Die Bausparkasse Schwäbisch Hall bedient davon rund 6,5 Millionen! Für den Umgang mit den Mitteln der Kunden muss Vorsorge getroffen werden. Dafür hat Schwäbisch Hall ein geeignetes System der „Gesamtbanksteuerung" entwickelt.

Die Bausparkassen in Deutschland durchlaufen – wie die gesamte Finanzdienstleistungsbranche – seit mehreren Jahren gravierende Veränderungsprozesse. Im Wettbewerb sind neue Anbieter wie Direktbanken und Vertriebsorganisationen hinzugekommen, die mit preisaggressiven Angeboten bei Spar- und Darlehensprodukten und neuen Vertriebswegen traditionelle Finanzinstitute unter Druck setzen. Die Erwartungen der Kunden an ihre angestammten Finanzpartner haben sich ebenfalls geändert. Die Kunden reagieren preisbewusster, verlangen erstklassigen Service und attraktive Produktangebote, um ihren komplexer werdenden Vorsorgebedarf abdecken zu können. Die Wohnungsbaupolitik hat mit der Abschaffung der Eigenheimzulage und der angekündigten Integration des selbstgenutzten Wohneigentums in die private Altersvorsorgeförderung einen Paradigmenwechsel vollzogen. Hinzu kommt das nun schon seit Jahren anhaltende Niedrigzinsniveau, das im vergangenen Jahr einen historischen Tiefststand erreicht hat.

Die hohen Wachstumsraten im Neugeschäft können nicht darüber hinwegtäuschen, dass die Bausparkassen diese großen Herausforderungen bewältigen müssen. Vor allem ihre Funktion als sehr erfolgreiche zusätzliche Vertriebskanäle von Finanzverbünden und Allfinanzkonzernen hat den Aspekt der wertorientierten Unternehmensführung stärker in den Mittelpunkt gerückt. Es geht darum, die Ertragskraft einer Bausparkasse – unabhängig von den oben genannten äußeren Faktoren – nachhaltig zu sichern und für die Zukunft auszubauen. Dies kann selbstverständlich nur gelingen, wenn gleichzeitig der Kundennutzen im Vordergrund steht.

Kernelement der wertorientierten Unternehmensführung einer Bausparkasse ist die Gesamtbanksteuerung mittels eines integrierten Risikomanagements. Dabei wird ein ausgewogenes Verhältnis von Chancen und Risiken angestrebt, wobei nur solche Risiken eingegangen werden, die der Erreichung der festgelegten Unternehmensziele dienen. Bei Schwäbisch Hall dient als zentrale Steuerungs- und Zielgröße für die Erfolgsmessung die Eigenkapitalrendite. Als weitere Ziele der aktuellen Unternehmensstrategie sind festgelegt: Geschäftswachstum verbunden mit dem weiteren Ausbau der Marktführerschaft im Bausparen, die Sicherung der Kollektivstabilität zur Nutzenstiftung für die Bausparer sowie die Wertschaffung für das Unternehmen und den genossenschaftlichen FinanzVerbund.

Eine wesentliche Aufgabe der Gesamtunternehmenssteuerung ist die Konzeption der Risikosteuerung. Hier soll sichergestellt werden, dass für alle Risiken des Unternehmens insgesamt eine ausreichende Risikodeckungsmasse vorhanden, d.h. die jederzeitige Risikotragfähigkeit gegeben ist[1]. Es wird systematisch ermittelt, welche Risiken in den einzelnen Geschäftsbereichen existieren. Dafür ist eine entsprechende Risikodeckungsmasse bereitzustellen, die im Rahmen eines Limitsystems möglichst effizient auf die verschiedenen Risikosegmente verteilt wird. In der Praxis werden heute moderne wertorientierte (Barwert-)Konzepte und traditionelle GuV-bezogene Ansätze parallel eingesetzt. Diese „duale Steuerung", welche die Bausparkasse Schwäbisch Hall anwendet, sollte jeweils ineinander überführbar sein. Ziel ist es, neben einer betriebswirtschaftlichen Ausrichtung der Risikosteuerung auch die angestrebte GuV-Entwicklung gewährleisten zu können.

Im Rahmen des integrierten Gesamtbanksteuerungskonzepts werden für die Bausparkasse Schwäbisch Hall insgesamt sechs unterschiedliche Risikoarten gemessen und ausgewertet: Marktpreisrisiko, Liquiditätsrisiko, Kreditrisiko, operationales Risiko, strategisches Risiko und Beteiligungsrisiko. Die folgenden Ausführungen konzentrieren sich auf die Bereiche Marktpreisrisiko, Kreditrisiko sowie operationale und strategische Risiken, da diese Risikoaspekte einer besonderen Aufmerksamkeit und Steuerung bedürfen.

Marktpreisrisiko

Grundsätzlich umfasst das Marktpreisrisiko Zins-, Aktien- und Fremdwährungsrisiken. Bausparkassen dürfen aber aufgrund von gesetzlichen Vorschriften keine Aktien- oder Fremdwährungsrisiken eingehen. Daher reduziert sich hier die Risikosteuerung auf Zinsänderungsrisiken. Die zunächst vielleicht nahe liegende Auffassung, dass Bausparkassen aufgrund der festen Zinsdifferenz zwischen Bauspareinlagen und Bauspardarlehen keinem Zinsänderungsrisiko unterliegen, erweist sich bei genauerer Betrachtung als falsch. Die Zinssicherheit für die Bausparer und

---

[1] Schwäbisch Hall hat ein solches System – wie es heute durch die MaRisk gefordert wird – bereits seit Jahren etabliert.

die mit dem Bausparvertrag verbundenen Optionsrechte (*Raaymann* 1995, S. 34 ff.) des Bausparers stellen für das Zinsänderungsrisiko bei Bausparkassen eine große Herausforderung dar. Insbesondere bei extrem niedrigen Zinsen sind Bausparkassen einem erheblichen Risiko ausgesetzt: einerseits können die durch die steigende Anzahl von Darlehensverzichtern freiwerdenden Mittel dann nur zu schlechteren Konditionen am Kapitalmarkt angelegt werden; anderseits sind die zugesagten Zinssätze der Bauspareinlagen aus bestehenden Verträgen beizubehalten. Die Einführung eines neuen Bauspartarifs wirkt dabei sowohl auf der Einlagen- wie auch auf der Darlehenseite erst deutlich zeitlich verzögert (*Metz/Herzog*, Immobilien & Finanzierung, 06/2002, S. 174-177.

Für die Analyse und Steuerung des Zinsänderungsrisikos stehen als Methoden die Barwert- und die GuV-Steuerung ergänzt um die Gap-Analyse (Zinsbindungsfristen) zur Verfügung. Die Bausparkasse Schwäbisch Hall wendet seit 1999 diese Methoden an und hat beste Erfahrungen mit dem integrierten Einsatz dieser Konzeption gemacht (*Hamann/Herzog* 2004, S. 545-558).

Bausparkassen bilden das zinssensitive Kundenverhalten mit Hilfe von Simulationsmodellen ab. Bei zwei wesentlichen Parametern des Kundenverhaltens lassen sich derzeit signifikante Abhängigkeiten zum Kapitalmarktzinsniveau finden: für das Tilgungsverhalten und die Darlehensinanspruchnahme.[2] Die Bausparer verhalten sich tendenziell rational: Je niedriger der Kapitalmarktzins, desto attraktiver ist die Tilgung des Bauspardarlehens, da alternative „Anlagemöglichkeiten" ebenfalls nur gering verzinst werden. Bei niedrigen Kapitalmarktzinsen steigt die Bereitschaft auf das Bauspardarlehen zu verzichten, falls die Effektivzinssätze für Alternativfinanzierungen günstiger sind.

Kreditrisiko

Die Bedeutung des Kreditrisikos hat – vor allem aufgrund der schlechten konjunkturellen Rahmenbedingungen, aber auch wegen der gestiegenen aufsichtsrechtlichen Anforderungen (Stichwort Basel II) – in den vergangenen Jahren deutlich zugenommen. Bausparkassen konzentrieren sich auf das Privatkundengeschäft. Ihr Kreditportfolio ist durch viele vergleichsweise kleine Darlehen in aller Regel hoch diversifiziert. Klassische Klumpenrisiken wie Groß- und Gewerbekredite oder Auslandsdarlehen treten aufgrund dieser Portfoliostruktur und der Risikostrategie im Kreditgeschäft nicht auf. Außerdem zeigt die Erfahrung, dass die Verlustquote bei Bauspardarlehen äußerst gering ist: Der Bausparer hat mit seiner meist langjährigen Besparung des Bausparvertrages bewiesen, dass er auch in der

---

[2] Dies zeigen die Analysen nicht nur bei Schwäbisch Hall, sondern in der deutschen Bausparwirtschaft insgesamt. Vgl. bspw. auch bei *Beck/Ebeling/Hafemann,/Recker*, Die Bank, Heft 4/2003, S. 268 – 273.

Lage ist, die Rückführung seines Darlehens leisten zu können. Unerwartete Verluste (Credit-Value at Risk) nehmen daher bei Bausparkassen einen vergleichsweise geringen Stellenwert ein. Im Mengengeschäft bei Bausparkassen lässt sich – insbesondere auch unter Kosten-/Nutzenaspekten – sehr gut ein optimiertes Scoring-Verfahren einsetzen. Bausparkassen, die auf eine spezialisierte Kreditfabrik zurückgreifen können, sind hier durch die automatisierten Abläufe in einem Kosten-(Risiko-)Vorteil. Ein weiterer wichtiger Aspekt der Kreditrisikosteuerung liegt in der vorausschauenden Beobachtung der Immobilienmärkte, um die Werthaltigkeit der Sicherheiten richtig einschätzen zu können.

Operationales Risiko

Auch das operationale Risiko einer Bausparkasse ist geprägt vom Privatkundengeschäft. Risiken liegen hier vorwiegend in den Bereichen Informationstechnik und Processing, zumal das Mengengeschäft nur mit Hilfe eines hohen Automatisierungsgrades und einer durchgängigen DV-Unterstützung – für die Bausparkasse und ihre Kunden gleichermaßen – effizient und profitabel betrieben werden kann. Risikoszenarien dienen der konkreten Beschreibung von potenziellen Verlusten und den Ereignissen und Faktoren, die zu diesen Verlusten führen können. Die operationalen Risiken sind mit ihrem GuV-Bezug (eingetretene Schäden) und in barwertiger Hinsicht (Value at Risk auf Basis Monte-Carlo-Simulation) im Gesamtlimitsystem integriert.

Strategisches Risiko

Unerwartete Veränderungen der Wettbewerbssituation, der rechtlichen Rahmenbedingungen oder des Kundenverhaltens können die Ursache für eine falsche strategische Ausrichtung und damit einhergehenden Ergebniseinbrüchen sein. Schwäbisch Hall hat bereits 1999 durch eine strategische Neuausrichtung mit den Kerngeschäftsfeldern Bausparen, private Baufinanzierung und Vorsorge seine Struktur als Monoproduktlieferant aufgebrochen, um das strategische Risiko zu minimieren. Innerhalb des strategischen Risikos des Geschäftsfelds Bausparen werden Neugeschäftsrisiko und Kollektivrisiko unterschieden. Insbesondere die ungünstige Entwicklung von Rahmenbedingungen für das Bausparen ist hier von Bedeutung. Potenzielle Auswirkungen werden direkt beim Neugeschäftsvolumen erkennbar. Auch das Bausparkollektiv reagiert auf langfristige Verhaltensänderungen der Kunden. Hieraus können also potenzielle Risiken für die Funktionsfähigkeit des Kollektivs entstehen.

Wertorientiertes Risikomanagement

Mit einem wertorientierten Risikomanagement wird das Ziel verfolgt, das Reinvermögen eines Unternehmens oder den Marktwert des Eigenkapitals im Zeitablauf kontinuierlich zu steigern, also eine laufende Performance zu erwirtschaften, ohne unkalkulierte Rückschläge in der Wertentwicklung hinnehmen zu müssen. Das bedeutet, alle Ergebnisbeiträge und Risiken werden barwertig als Effekt auf das Reinvermögen erfasst und gesteuert.

Ein wertorientiertes Risikomanagement ist mehrstufig aufzubauen: Zunächst wird die vorhandene barwertige Risikodeckungsmasse ermittelt und mit der für den geplanten Geschäftsumfang erforderlichen Deckungsmasse (Summe der Verlustlimite) abgeglichen. Der Puffer zwischen der vorhandenen und der zugeteilten Risikodeckungsmasse dient dazu, Stresstests und Modellrisiken abzudecken, aber auch um den langfristigen Bestand des Unternehmens zu sichern (Kundenschutz). Das festgelegte Limitsystem wird auf Gesamtunternehmensebene laufend auf seine Einhaltung hin überprüft. Auf dieser Basis sind Risk-/Return-Kennziffern wie RoRaC (Return on Risk adjusted Capital) oder EVA (Economic Value Added) zu ermitteln. Daran kann die Verzinsung auf das ökonomische Kapital bzw. die Wertschaffung nach Kapitalkosten abgelesen werden (*Lutz/Herzog*, Finanz Betrieb, Heft 12/ 2005, S. 765-773).

GuV-bezogenes Risikomanagement

Eine barwertorientierte Risikosteuerung allein kann aber nicht sicherstellen, dass trotz einer guten Gesamtperformance die Gewinn- und Verlustrechung des laufenden Jahres gesichert ist. Deshalb müssen wertorientierte und GuV-Steuerung eng miteinander verzahnt werden. Die GuV-bezogene Risikosteuerung erfolgt in mehreren Schritten: Zunächst wird die GuV-bezogene Risikodeckungsmasse ermittelt (Überschuss des Planergebnisses über das Mindestergebnis sowie kurzfristig realisierbare Reserven). Daraus wird die GuV-bezogene Verlustobergrenze für das laufende Jahr abgeleitet, wobei die Ergebnisfähigkeit für die folgenden Jahre genau zu beobachten ist. Insbesondere müssen die GuV-bezogenen Risiken in den relevanten Bereichen Kreditrisiko, Zinsänderungsrisiko und operationales Risiko limitiert werden, da diese auch sehr kurzfristig schlagend werden können. Auch hier wird die Auslastung der Limite durch aufgelaufene Ergebnisse (eingetretene Planabweichungen in der GuV) und zukünftige potenzielle Risiken laufend überwacht.

Die Verbindung von wertorientierter und GuV-orientierter Steuerung dient der Vermögenssteigerung und der Erwirtschaftung potenziell ausschüttungsfähiger GuV-Ergebnisse. Die Bausparkasse Schwäbisch Hall hat in den vergangenen sieben Jahren ausgezeichnete Erfahrungen mit dieser integrierten und dualen Ergebnis- und Risikosteuerung gemacht. Vor dem Hintergrund des historisch niedrigen Zinsniveaus mit den eingangs genannten Auswirkungen auf das Marktpreisrisiko einer Bausparkasse sind die Ergebnisse beachtenswert. So wurde in diesem Zeitraum nicht nur die Eigenkapitalrendite auf 15 Prozent verdoppelt, sondern die betriebswirtschaftliche Steuerung hat unsere Marktposition auch und gerade zum Nutzen unserer Kunden verstärkt. Die etablierte Steuerung erlaubt uns, weiterhin mit einem höchst attraktiven Produktangebot auf unsere Kunden zuzugehen, die Stabilität des Kollektivs zu gewährleisten und so die Bausparer dauerhaft in den Genuss der Ausübung ihrer vielfältigen Wahlrechte kommen zu lassen. Damit ist Schwäbisch Hall betriebswirtschaftlich und marktbezogen bestens gerüstet, um in dem aggressiver werdenden Wettbewerb zu bestehen und auch mögliche Unwägbarkeiten ohne größeren Schaden zu überstehen.

Literatur

Beck, A./Ebeling, F./Hafemann, B./Recker, H., Integration des Kollektivgeschäfts in die Risikosteuerung einer Bausparkasse, in: Die Bank, Heft 4/2003, S. 268-273

Hamann, Th./Herzog, W. (2004), Besonderheiten des Risikomanagements einer Bausparkasse, in: Bank, M./ Schiller, B. (Hrsg.), Finanzintermediation, Theoretische, wirtschaftspolitische und praktische Aspekte aktueller Entwicklungen im Bank- und Börsenwesen, Festschrift für Prof. Dr. Wolfgang Gerke zum sechzigsten Geburtstag, Stuttgart, S. 545-558

Lutz, A./Herzog, W., Kapitalsteuerung in der Finanzwirtschaft – Aufsichtsrechtliche Anforderungen und wertorientierte Unternehmenssteuerung, in: Finanz Betrieb, Heft 12/ 2005, S. 765-773

Metz, M./Herzog, W., Das Zinsänderungsrisiko-Management bei Bausparkassen, Immobilien & Finanzierung, 06/2002, S. 174-177

Raaymann, J. G. (1995), Entscheidungsorientierte Zinsergebnisrechnung im Kollektivgeschäft von Bausparkassen, Bern u.a.

Totgesagte leben länger!

Ansichten und Einsichten eines Marktforschers

Rüdiger Szallies

Der Titel „Totgesagte leben länger" illustriert, dass Experten die Zukunftsfähigkeit des Bausparens in gewissen Abständen immer wieder in Zweifel ziehen.

So wurden bereits vor mehr als 20 Jahren, nach dem starken Einbruch des Neugeschäftes von 1981, die „Totenglocken" für das Bausparen geläutet. Insbesondere eine große deutsche Bank postulierte in der ersten Hälfte der 80er Jahre, dass das Bausparen noch vor der Jahrtausendwende seinen „Geist" aufgeben würde. Mit der Gründung einer eigenen Bausparkasse machte diese Bank allerdings eine Kehrtwendung, die den Glauben der Branche stärkte, dass es so schlimm um die Zukunft des Bausparens offenbar nicht bestellt sein kann.

Die nächste Glaubenskrise entstand Ende der 90er Jahre als viele annahmen, die gewaltige Nachfrage nach Investmentfonds und der Aktienboom würde dem alten Finanzklassiker den Garaus machen.

Aktuell hat sich das Bild wieder gedreht. Seit Mitte 2002 wächst das Bauspar-Neugeschäft kräftig –, eine Entwicklung, die völlig außerhalb jeglicher Prognosen lag. Doch mit dem schmerzhaften Abschied von den Verheißungen der New Economy waren plötzlich wieder die Finanzprodukte gefragt, die gewissermaßen den „safe haven" darstellten.

In der zeitpunktbezogenen Bewertung von Entwicklungen liegt also eine grundsätzliche Gefahr, denn der Mensch neigt offenbar dazu, seinen jeweiligen historischen Standort zu überschätzen und die jeweilige Situation als einmalig darzustellen. Erst im Kontext weitreichender historischer Bezüge sind Trends auf ihre langfristige Nachhaltigkeit abschätzbar und damit zu relativieren.

Im ständigen Auf und Ab der Neugeschäftsentwicklung des Bausparens der letzten 25 Jahre mischten sich in den Schwächephasen immer wieder die Meinungen ins Spiel, das Bausparen als Monokultur sei nicht überlebensfähig.

Deshalb sollen verschiedene Aspekte dargelegt werden, die die Perspektiven des Bausparens aus unterschiedlichen Sichtweisen unterscheiden.

1. Der gesellschaftspolitische Aspekt

Beim Bausparen handelt es sich um ein altes Produkt und es ist richtig, dass Ideen, die zu Produkten führen, einem Lebenszyklus unterliegen. Deswegen ist es hilfreich, sich mit den Wurzeln und der Historie des Bausparens auseinander zu setzen, um die grundsätzliche Frage zu beantworten, ob die Idee und der Hintergrund, vor dem diese Idee entstanden ist, auch unter den heutigen Marktbedingungen noch modern ist. Das Bausparen hat eine über 200 Jahre alte Tradition. Die Idee entwickelte sich offenbar in England, wo sie 1775 in der Kettwick Building Society ihre erste institutionelle Ausprägung fand. Bemerkenswert erscheint die Entwicklung in Deutschland, wo ein evangelischer Theologe, *Friedrich von Bodelschwingh*, 1885 die „Bausparkasse für Jedermann" in Bethel bei Bielefeld gründete. Diese Episode in der Geschichte erscheint insofern von Bedeutung, als hier zum Ausdruck kommt, dass das Bausparen ein Finanzprodukt mit einem starken sozialen Hintergrund ist. Das trifft in keinem Maße – vielleicht noch für das Sparbuch – für irgendein anderes Finanzprodukt zu. *Bodelschwinghs* Zitat aus einem Vortrag auf dem ersten evangelisch-sozialen Kongress in Berlin 1890 *„Mehr Luft, mehr Licht und eine ausreichend große eigene Scholle für den Arbeiterstand"* unterstreicht, dass dem eigenen Heim eine zentrale, sozialfürsorgerische Maßnahme für eine bessere Integration der Arbeiter in die Gesellschaft zukommt und dazu beitragen könnte, die eklatante Wohnungsnot des Proletariats Ende des 19. Jahrhunderts zu lindern.

Gleichzeitig kommt eine erzieherische Aufgabe hinzu, die Wohneigentumsbildung über einen Anspar- und Darlehensmechanismus im Kollektiv als ein erstrebenswertes Ziel der Lebensplanung zu fördern.

Diese familien- und gesellschaftsstabilisierende Bedeutung des Wohneigentums ist bis heute aktuell geblieben und wird möglicherweise sogar aufgrund wachsender ökonomischer und sozialer Ungleichgewichte in unserer Gesellschaft noch zunehmen. D. h., das Bausparen leistet damals wie heute einen entscheidenden Beitrag zur stetigen Förderung der Wohneigentumsbildung – eine der zentralen Voraussetzungen für einen in seinen Strukturen intakten Wohlfahrtsstaat. Die Kraft dieser Idee ist heute immer noch zeitgemäß und wird auch für einen überschaubaren Zeitraum zeitgemäß bleiben.

2. Der produktpolitische Aspekt

Das Bausparen charakterisiert sich über eine unique finanztechnische Konstruktion, d. h. der Kombination aus Passiv- und Aktivgeschäft –, einer Konstruktion, die bis heute einmalig geblieben ist. Die Idee, auf Basis einer relativ geringen monatlichen Belastung einen angemessenen zweckgebundenen Betrag anzusparen und dann ein Baudarlehen zu erhalten, dessen Zinshöhe für die Laufzeit der

Darlehensphase garantiert ist, kann in der Form von keinem anderen Finanzprodukt erfüllt werden. In empirischen Studien wurde immer wieder belegt, dass der garantierte Darlehenszins, d. h. die Zinssicherheit für den Kunden, ein ganz entscheidender Vorteil des Bausparens ist. Trotz dieser spezifischen Konstruktion ist das Bausparen ein einfaches, für den Kunden leicht verständliches Produkt. Akzeptanz setzt Transparenz voraus –, eine Anforderung, die nicht unbedingt von jedem Finanzprodukt erfüllt wird (siehe beispielsweise Riesterrente).

Auch ein weiterer produktpolitischer Aspekt erscheint bemerkenswert: Aufgrund seiner Geldanlagefunktion wurde das Bausparen häufig als Substitutionskonkurrenz für das standardisierte Passivgeschäft z. B. von Sparverträgen gesehen. Doch immer wieder haben Database-Analysen bewiesen, dass genau das Gegenteil der Fall ist: Das Bausparen ist ein Kundenbindungsprodukt par excellence. Der Bausparer ist ein „guter Kunde" auch für die Bank, die Bausparverträge vermittelt, weil ein Bausparer im Durchschnitt deutlich mehr Produkte bei einer Bank oder Sparkasse nutzt als ein Nicht-Bausparer.

3. Der marktpolitische Aspekt

Mittlerweile hat sich auch in der Finanzdienstleistungsbranche langsam die Erkenntnis durchgesetzt, dass der Übergang vom Produkt- zum Kommunikationswettbewerb vollzogen wurde. D. h. nur derjenige, der mit seiner Kommunikation erfolgreich ist, wird auch mit seinem Angebot Erfolg haben. Gemessen an den Kommunikationsanstrengungen speziell der Banken aber auch der Versicherungsgesellschaften geben die Bausparkassen in Summe vergleichsweise wenig Geld für Werbung aus. Betrachtet man allerdings die sog. Durchsetzungsfähigkeit von Werbemaßnahmen, fällt auf, dass sich unter den 10 bundesdeutschen Finanzmarken mit der höchsten Kommunikationspräsenz allein vier Bausparkassen befinden. Bausparwerbung erreicht also eine ausgesprochen hohe Werbeerinnerung, u. a. auch deswegen, weil die Bausparkassen nur ein Produkt bewerben und dieses Produkt eine hohe Attraktivität aufweist. Das Bausparen ist ein Markenartikel geworden, denn es ist für den Kunden relevant, differenziert sich im Wettbewerb mit anderen Finanzprodukten und wird durch die entsprechenden Anbieter glaubwürdig vertreten.

Man muss es der Branche neidlos konzedieren, dass sie in der Lage ist, eine sehr effiziente Kommunikation zu betreiben.

Nun wäre es sicherlich wenig glaubwürdig, dem Bausparen ohne Wenn und Aber eine rosarote Zukunft zu versprechen. Sowohl das Wetter als auch die Entwicklung von Märkten neigen in Deutschland zur Unbeständigkeit, so dass auch Aspekte hinterfragt werden müssen, die sich negativ auf die Bausparnachfrage auswirken könnten. Auch hier sollen im Wesentlichen – ohne damit Vollständigkeit zu reklamieren – drei Aspekte angeführt werden:

1. Das Image des Bausparens scheint nicht mehr zeitgemäß zu sein.
   In der Tat wurde häufig festgestellt, dass speziell Großstadt-Jugendliche zwischen 14 und 18 Jahren keine große Affinität dem Bausparen gegenüber aufweisen bzw. sich sogar despektierlich zum Bausparen äußern. So ist es auch nicht überraschend, dass man im Vokabular der subtilen Verunglimpfungen im Internet neben Ausdrücken wie „Du Badekappenträger", „Beckenrand-Schwimmer", „Bei-Bambi-Weiner" oder „Buswinker" auch die perfide Unterstellung „Du Bausparer" findet. Nun sollte man solche im jugendlichen Großstadtmilieu entstandenen Schimpfwörter nicht überbewerten, sind sie doch eine Art Trotzhaltung gegenüber Konvention und Establishment. Bereits nach wenigen Jahren kehrt sich nämlich die Einstellung um. So ist bereits für die 20-30-jährigen das Bausparen durchaus attraktiv und rangiert in der Skala der für besonders sinnvoll gehaltenen Finanzprodukte an dritter Stelle (nach der Privaten Altersvorsorge und der Unfallversicherung).

2. Schwerwiegender ist schon der Gegenwind, der von der gesellschaftspolitischen Seite zu erwarten ist, denn der wohneigentumsaffine Haushaltstypus wird mittelfristig an Bedeutung verlieren. Die Entwicklung in der Familienstruktur in Deutschland könnte einen in der Tendenz negativen Einfluss auf die Wohneigentumsbildung haben. Der Anteil von Ehepaaren mit Kindern an allen Haushalten lag 1979 noch bei 39% und ist aktuell auf unter 25% gesunken (Quelle: Stat. Bundesamt Wiesbaden 2005). Die klassische Familienkonstellation: zwei Erwachsene + zwei Kinder, ist weiter auf dem Rückmarsch und kommt, wenn die Entwicklung so weiter geht, bald auf die Liste der bedrohten Arten. Auch wenn aktuell die Diskussion in Gang gesetzt wird, überrascht es doch, wie wenige familienpolitische Impulse in Deutschland spürbar werden. Man kann auch polemisieren: Was ist das für eine Gesellschaft, in der die „Alten", d. h. die über 65-jährigen, neuerdings als Hoffnungsträger unserer Volkswirtschaft apostrophiert werden –, wobei doch jede Statistik zeigt, dass sich der Konsum bei älteren Menschen sukzessive reduziert.
   Wir brauchen in Deutschland eine Revitalisierung der Gesellschaft, d. h. mehr Kinder, um sowohl die gesellschaftlichen als auch die wirtschaftlichen Strukturen im Gleichgewicht zu halten. Ansonsten wird nicht nur das Bausparen in Mitleidenschaft gezogen, sondern auch die volkswirtschaftliche Größe des Privaten Verbrauchs wird an Bedeutung verlieren und die konjunkturelle Entwicklung in Deutschland nachhaltig schwächen.

3. Die aktuell gute Entwicklung des Bausparmarktes hing letztlich auch damit zusammen, dass der Traum der New Economy, mit dem Geld schnell Geld zu verdienen, innerhalb kurzer Zeit in einem bösen Erwachen endete. Allerdings

könnte sich die Situation in den nächsten Jahren wieder drehen –, denn der Mensch vergisst und kann letztlich nur überleben, indem er verdrängt. Wenn sich die Sparfähigkeit und die Sparbereitschaft der Bundesdeutschen nicht verändert – und davon ist nach dem augenblicklichen Stand der Dinge auszugehen – dann wird der Kampf um die Einlagen weiter zunehmen und das Bausparen durch die wachsende Attraktivität der Fonds, aber auch durch „wachsende Investitionen" in die Private Altersvorsorge in Bedrängnis geraten.

Auch die Zunahme der horizontalen Konkurrenz könnte dem Bausparen zu schaffen machen. So kann durchaus der Abschluss eines Bausparvertrages konkurrieren mit der Buchung eines Abenteuertrips nach Alaska oder dem vorzeitigen Kauf eines neuen PKW –, alles auf Raten, versteht sich. Wenn das „Hier und Jetzt-Denken" und das „Ego statt Lego-Prinzip" weiter präsent bleiben, könnte eine Finanzdienstleistung, die sich an der Konvention eines langfristigen Lebensplans orientiert, an Bedeutung verlieren.

Doch Gegenwind sorgt für einen aufrechten Gang, denn selbst bei Würdigung dieser kritischen Aspekte bleibt die Perspektive für das Bausparen insgesamt positiv –, insbesondere, wenn die Branche die folgenden Optionen aufgreift:

1. Knapp sechs von zehn Haushalten in Deutschland wohnen derzeit zur Miete. Davon können sich 14% konkret vorstellen, einmal Wohneigentum zu besitzen. 29% sind noch unentschlossen, 56% haben keine Absicht, Wohneigentum zu bilden (Quelle: icon-Studie 2002). Die Vorstellung, in Zukunft Wohneigentum zu besitzen, ist bei den unter 40-jährigen Mietern besonders ausgeprägt.
Bei einer möglichen Aktivierung dieser 2,7 Mio. Haushalte ergäbe sich eine rein rechnerische Eigentumsquote – ausgehend von heute 42% – in Höhe von 49%.
Ob dieses Potenzial aktivierbar ist, hängt neben den Einkommensvoraussetzungen vor allen Dingen von der Preisentwicklung für Mieten auf der einen Seite und der für Eigenheime bzw. Eigentumswohnungen auf der anderen Seite ab. Während die Einkommensentwicklung angesichts der zurückhaltenden Konjunkturerwartungen für die nächsten Jahre eher ein Hemmnis für die Realisierung des Mieterpotenzials ist, könnten steigende Mieten der Schaffung von Wohneigentum in den Mieterhaushalten einen Schub verleihen, denn seit Jahren steigt der Mietpreisindex stärker als die Lebenshaltungskosten.

2. Auch das Gebrauchtimmobilienpotenzial wird aufgrund steigender, z. T. beruflich bedingter Mobilitätsanforderungen bzw. einer wachsenden Zahl vererbter Immobilien steigen und hat damit Relevanz für das Bausparen. Hiermit kommt auch noch ein weiterer Aspekt zum Tragen, der zunehmende Modernisierungs- und Renovierungsbedarf. Allein in den letzten fünf Jahren haben pro Jahr ca. 5 Millionen Haushalte in Deutschland Häuser bzw. Wohnungen renoviert oder modernisiert (Quelle: LBS-Research 2005).

In Deutschland sind fast 80% der Wohngebäude mindestens 35 Jahre alt. Im Moment stehen größere Sanierungen in Gebäuden mit renovierungsbedürftiger und z. T. sogar schädlicher Bausubstanz aus den 70er Jahren an. Zwar hat die Rolle der Bauspardarlehen für die Finanzierung von Modernisierungsmaßnahmen in den letzten Jahren zugenommen, aber nicht in dem Maße, wie es der Entwicklung des Modernisierungsmarktes entsprechen würde.

Da aber die Modernisierung und Renovierung den wachsenden Komfortbedürfnissen der Wohneigentümer entgegenkommt und Modernisierung und Renovierung auch längerfristig planbar ist, entspricht es geradezu in idealer Form der Zweckausrichtung des Bausparens.

3. Auch die Popularisierung der Idee Wohneigentum als Altersvorsorge steht erst am Anfang, denn für viele Menschen ist die Vorstellung des mietfreien Wohnens im Alter in höchstem Maße attraktiv und erstrebenswert. Hier eröffnen sich nicht zuletzt durch die Chance der Einbeziehung des selbstgenutzten Wohneigentums in die Förderung der Privaten Altersvorsorge neue Möglichkeiten. Auf der anderen Seite benötigt die Popularisierung dieser Idee genügend Rückenwind durch Kommunikation. Die Bausparbranche ist also gut beraten in absehbarer Zeit diesem Aspekt einen großen Stellenwert einzuräumen.

D. h., trotz einer Reihe kritischer Aspekte bleibt die Gesamtschau positiv: Totgesagte leben länger. Die große Kraft der Idee wird sich auch in den neuen Zeiten bewähren, zumal sich das Bausparen zunehmend als ein exportfähiges Produkt herausstellt. So schlecht oder wenig zeitaktuell kann das Bausparen nicht sein, wenn Länder mit z. T. völlig anderen gesellschaftlichen Strukturen die Idee des Bausparens aufgreifen.

Von dem berühmten Schriftsteller, Journalisten, Testpiloten *Saint-Exupéry* stammt der Satz: „Man kann nicht in die Zukunft schauen, aber man kann den Grund für etwas Zukünftiges legen, denn Zukunft kann man bauen." Diese so schön beschriebene Analogie zwischen Bauen und Zukunft bringt das zum Ausdruck, was Sinn und Zweck des Bausparens ist: Auch den Menschen mit bescheideneren finanziellen Möglichkeiten die Chance zu geben, sich den Traum der eigenen vier Wände zu erfüllen. Die Realisierung dieses Traums mit Hilfe eines einfachen und gerade deshalb intelligenten Produktes wird auch für die überschaubare Zukunft viele Anhänger finden.

Die Zeichen für die Branche werden also weiterhin günstig stehen.

Wir werden es erleben.

Autorenverzeichnis

Professor Dr. E.h. Max Bächer, Darmstadt
Freier Architekt BDA

Dr. Hans D. Barbier, Bonn
Vorsitzender der Ludwig-Erhard-Stiftung e. V.

Dr. Martin Bartenstein, Wien
Bundesminister für Wirtschaft und Arbeit

Professor Dr. Hermann Bausinger, Tübingen
Ludwig-Uhland-Institut für Empirische Kulturwisssenschaft
Eberhard Karls Universität Tübingen

Dr. Sabine Bergmann-Pohl, Berlin
Bundesministerin a. D.

Professor Dr. Kurt H. Biedenkopf, Dresden
Ministerpräsident a. D.

Professor Dr. Dr. Dr. h.c. mult. Ernst-Wolfgang Böckenförde, Freiburg
Richter des Bundesverfassungsgerichts a. D.

Professor Dr. Peter Bofinger, Würzburg
Lehrstuhl für Volkswirtschaftslehre, Geld und internationale
Wirtschaftsbeziehungen
Bayerische Julius-Maximilians Universität Würzburg

Fritz Bokelmann, Osterholz-Scharmbeck
Vorsitzender des Vorstands Volksbank eG, Osterholz-Scharmbeck
Vorsitzender Verbandsrat Bundesverband der Deutschen Volksbanken
und Raiffeisenbanken e.V. (BVR)

Professor Ph.D. Axel Börsch-Supan, Mannheim
Mannheimer Forschungsinstitut Ökonomie und demographischer Wandel (MEA)
Universität Mannheim

Dr. Dorit Brandwein-Stürmer, Berlin
Repräsentantin Hebräische Universität Jerusalem

Dr. Hans-Michael Brey, Berlin
Generalsekretär Deutscher Verband für Wohnungswesen,
Städtebau und Raumordnung e.V.

Professor Dr. Otto Depenheuer, Köln
Seminar für Staatsphilosophie und Rechtspolitik
Universität zu Köln

Dr. Alexander Erdland, Stuttgart
Vorsitzender des Vorstands Wüstenrot & Württembergische AG
(bis 28.02.2006 Vorsitzender des Vorstands
der Bausparkasse Schwäbisch Hall AG)

Professor Dr. h.c. Joachim Fest, Kronberg/Taunus
Publizist

Dr. Heinz-Joachim Fischer, Rom
Frankfurter Allgemeine Zeitung, Corrispondente per l'Italia ed il Vaticano

Professor Dr. Ingeborg Flagge, Bonn

Prof. Dr. Dr. h.c. mult. Wolfgang Franz, Mannheim
Präsident Zentrum für Europäische Wirtschaftsforschung GmbH (ZEW)
und Universität Mannheim

Lutz Freitag, Berlin
Präsident und Vorsitzender des Verbandsvorstands des GdW
Bundesverband deutscher Wohnungs- und Immobilienunternehmen

Professor Dr. Dr. h.c. mult. Wolfgang Frühwald, Augsburg
Präsident der Alexander von Humboldt-Stiftung

Eckhard Fuhr, Berlin
Chef des Feuilletons DIE WELT

Professor Dr. Dr. h.c. Karl Ganser, Breitenthal

Petra Gerster, Mainz
Zweites Deutsches Fernsehen, Heute-Redaktion

Alois Glück, München
Präsident des Bayerischen Landtags

Professor Dr. Bernd Gottschalk, Berlin
Präsident Verband der Automobilindustrie (VDA)

Dankwart Guratzsch, Berlin
Architekturkritiker und Journalist, DIE WELT

Dr. Dieter Haack, Erlangen
Bundesminister a.D.

Heinrich Haasis, Berlin
Präsident Deutscher Sparkassen- und Giroverband

Professor Dr. Gertrud Höhler, Berlin
Unternehmensberaterin

Bischof Professor Dr. Wolfgang Huber, Berlin
Ratsvorsitzender der Evangelischen Kirche in Deutschland

Jean-Claude Juncker
Premierminister von Luxemburg und Präsident der Eurogruppe

Professor Dr. Dr. h.c. mult. Franz-Xaver Kaufmann, Bielefeld

Jan Kleihues, Berlin
Architekt BDA

Dr. Irene Krawehl, München
Publizistin, Condé Nast Verlag

Eberhard von Kuenheim, München
Vorsitzender des Vorstands (1970 bis 1993) und Vorsitzender des Aufsichtsrats (1993 bis 1999) BMW AG

Abt Hermann Josef Kugler
Prämonstratenser-Abtei Windberg

Ulli Kulke, Berlin
Journalist, DIE WELT

Professor Dr. Ing. Vittorio Magnago Lampugnani, Zürich und Mailand
Institut für Geschichte und Theorie der Architektur
Eidgenössische Technische Hochschule Zürich

Professor Dr. phil. h.c. Klaus-Dieter Lehmann, Berlin
Präsident Stiftung Preußischer Kulturbesitz

Karl Kardinal Lehmann, Mainz
Bischof von Mainz, Vorsitzender der Deutschen Bischofskonferenz

Professor Dr.-Ing. E.h. Berthold Leibinger, Ditzingen
Vorsitzender der Geschäftsführung TRUMPF GmbH + Co. KG

Professor Dr. habil. Thomas Lützkendorf, Karlsruhe
Stiftungslehrstuhl Ökonomie und Ökologie des Wohnungsbaus
Universität Karlsruhe (TH)

Professor Dr. Dr. h.c. mult. Hubert Markl, Konstanz
Fachbereich Biologie
Universität Konstanz

David Marsh, London
Publizist und Unternehmensberater

Dr. h.c. Helmut O. Maucher, Vevey
Ehrenpräsident Nestlé AG

Dr. Matthias Metz, Schwäbisch Hall
Vorsitzender des Vorstands Bausparkasse Schwäbisch Hall AG

Oswald Metzger, Bad Schussenried
Mitglied des Landtags Baden-Württemberg

Friedrich von Metzler, Frankfurt am Main
B. Metzler seel. Sohn & Co. KGaA, Bankier

Ulrike Meyfarth-Nasse, Odenthal
Olympiasiegerin

Bernd M. Michael, Düsseldorf
Strategic Advisor Grey Global Group

Dr. phil. Kay Möller, Berlin
Stiftung Wissenschaft und Politik

Klaus-Peter Müller, Berlin
Präsident Bundesverband deutscher Banken

Professor Dr. Paul Nolte, Berlin
Friedrich-Meinecke-Institut, FB Geschichts- und Kulturwissenschaften
Freie Universität Berlin

Professor Dr. Horst W. Opaschowski, Hamburg
Zukunftswissenschaftler und Politikberater
Universität Hamburg

Alexander Otto, Hamburg
Vorsitzender der Geschäftsführung ECE Projektmanagement

Professor Dr. Dr. h.c. Hans-Jürgen Papier, Karlsruhe
Präsident des Bundesverfassungsgerichts

Dr. Jean-Paul Picaper, Berlin
Korrespondent Le Figaro

Dr. Christopher Pleister, Berlin
Präsident Bundesverband der Deutschen Volksbanken und Raiffeisenbanken e.V.
(BVR)

Dr. Elisabeth Plessen, Berlin
Schriftstellerin

Professor Dr. Bernd Raffelhüschen, Freiburg
Institut für Finanzwissenschaft und Volkswirtschaftslehre I
Forschungszentrum Generationenverträge
Albert-Ludwigs-Universität Freiburg

Professor Dr. Josef H. Reichholf, München
Zoologische Staatssammlung

Dr. Petra Roth, Frankfurt am Main
Oberbürgermeisterin

Dr. Wolfgang Schäuble, MdB
Bundesminister des Innern

Christine Scheel, MdB
Mitglied des Finanzausschusses des Deutschen Bundestags

Professor Dr. Karl Schlögel, Frankfurt an der Oder
Professur für Geschichte Osteuropas
Europa-Universität Viadrina

Professor Dr. Edzard Schmidt-Jortzig, Kiel
Bundesminister a. D.
Lehrstuhl für Öffentliches Recht
Christian-Albrechts-Universität zu Kiel

Rolf Schneider, Berlin
Freier Schriftsteller

Dr. Oscar Schneider, Nürnberg
Bundesminister a. D.

Jörg Schoder, Freiburg
Institut für Finanzwissenschaft und Volkswirtschaftslehre I
Forschungszentrum Generationenverträge
Albert-Ludwigs-Universität, Freiburg

Dr. Peter Scholl-Latour, Paris und Berlin
Publizist

Professor Dr. Günther Schulz, Bonn
Historisches Seminar
Rheinische Friedrich-Wilhelms-Universität Bonn

Professor Dr. Hans-Peter Schwarz, München
Historiker, München

Professor Dr. Idan Segev, Jerusalem
Institute of Life Sciences
The Edmond Safra Campus of the Hebrew University

Dr. Gustav Seibt, Berlin
Journalist und Historiker

Dr. Konrad Seitz, Wachtberg-Pech
Botschafter a.D.

Wolf Jobst Siedler, Berlin
Publizist und Verleger, Siedler Verlag GmbH

Dr. Cora Stephan, Frankfurt am Main
Schriftstellerin

Dr. Hans Stimmann, Berlin
Senatsbaudirektor

Jochim Stoltenberg, Berlin
Chefkorrespondent Berliner Morgenpost

Professor Dr. Christoph Stölzl, Berlin
Vizepräsident des Abgeordnetenhauses von Berlin
Generaldirektor a. D. Deutsches Historisches Museum Berlin

Professor Dr. Michael Stürmer, Berlin
Historiker und Chefkorrespondent DIE WELT

Rüdiger Szallies, Nürnberg
Chairman ICON ADDED VALUE GmbH

Professor Dr. h.c. Horst Teltschik, Berlin
Präsident Boeing Deutschland

Professor Dr. Hans-Ulrich Thamer, Münster
Historisches Institut
Westfälische Wilhelms-Universität

Professor Dr. Klaus Töpfer, Nairobi und Berlin
Bundesminister a.D.
Exekutivdirektor UNEP

Kurt F. Viermetz, Frankfurt am Main
Vorsitzender des Aufsichtsrats Deutsche Börse AG

Professor Peter Voß, Stuttgart
Intendant Südwestrundfunk

Professor Dr. Martin Wentz, Frankfurt am Main
Wentz Concept Projektstrategie GmbH

Dr. Otto Wiesheu, Berlin
Staatsminister a.D.
Mitglied des Vorstandes Deutsche Bahn AG

Dr. Uwe Wittstock, Bad Vilbel
Korrespondent, DIE WELT

Professor Dr. h.c. Reinhold Würth, Künzelsau-Gaisbach
Vorsitzender des Stiftungsaufsichtsrats Adolf Würth GmbH & Co. KG

Andreas J. Zehnder, Berlin
Hauptgeschäftsführer Verband der Privaten Bausparkassen e.V.

Hans-Bernd Zimmermann, New York
Former Director Bureau of Planing and Development New York,
Office of the Bronx